완벽한 반도체 학습을 위한 렛유인의 **도서 구매 무료 혜택**

쿠폰 번호

PACK - S3M2 - LBOK - 7E09

※ 쿠폰 사용은 등록 후 6개월까지 가능합니다.

쿠폰 등록 방법

렛유인 홈페이지 로그인 (www.letuin.com)

[마이페이지] - [할인쿠폰] 등록

[할인쿠폰]에서 PDF 다운로드

도서 구매 혜택

무료 반도체 유튜브 기초 강의
*이용 방법은 뒷페이지 확인

반도체 인성•전공 면접 기출문제 500제(PDF)

반도체 주요 기업 심층분석집(PDF)

삼성전자 & SK하이닉스 최종 합격 후기(PDF)

렛유인 회원전용 무료 테스트

반도체 무료 레벨 테스트

이공계 직무 LBTI TEST

삼성 GSAT 온라인 진단 모의고사

[반도체 이론편] 도서 구매자들을 위한 특별 무료 혜택

5일 만에 끝내는 반도체 핵심이론
무료 반도체 유튜브 기초 강의

유제규 선생님

반도체 30년 경력!
삼성전자 반도체 수석연구원 출신!

정건화 선생님

삼성전자/SK하이닉스/외국계
소자 & 공정 엔지니어 출신!

1일차	2일차	3일차
• 반도체 제품의 발전 방향 • 반도체 제품의 분류 • 반도체 산업	• FinFET의 도입 • FinFET의 제조 공정 • FinFET의 구조 • FinFET의 기술적 문제 • GAA FET	• 포토공정 • 감광제 • 포토공정 순서 • 노광 공정 • 포토공정 트렌드와 차세대 리소그래피(EUVL) 기술

4일차	5일차
• Evaporation • Sputtering • Sputtering 공정 과정 • DC Sputtering • Step Coverage	• 테스트 공정 • 테스트 장비 • 웨이퍼 테스트 • 패키지 테스트 • 패키징 공정 • 패키징 기술과 TSV

무료 반도체 유튜브 기초 강의 바로 보러가기 ⟶

이공계 누적 합격생 34,431명이 증명하는
렛유인과 함께라면 다음 최종합격은 여러분입니다!

이공계 취업특화 **1위**

소비자가 뽑은 교육브랜드 **1위**

이공계 특화 전문 강사 수 **1위**

이공계 취업 분야 베스트셀러 **1위**

취업 준비를 **렛유인**과 함께 해야하는 이유!

포인트 1

Since 2013 국내 최초, **이공계 취업 아카데미 1위 '렛유인'**

2013년부터 각 분야의 전문가 그리고 현직자들과 함께 이공계 전문 교육과정 제공

포인트 2

이공계 누적 합격생 34,431명 합격자 수로 증명하는 렛유인의 합격 노하우

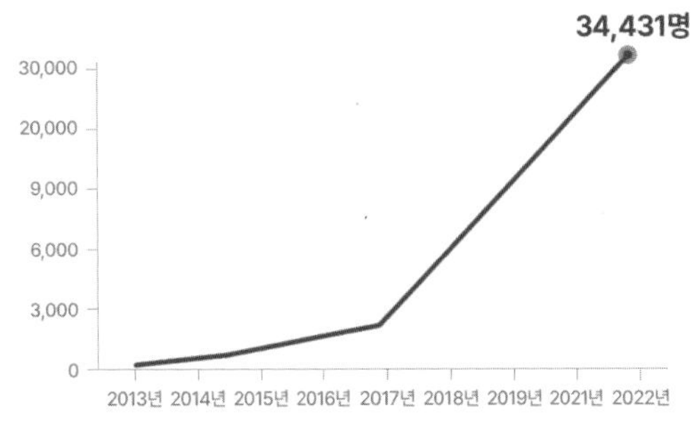

포인트 3

이공계 5대 산업(반·자·디·이·제) 전문 강의 제작 수 업계 최다!

[반도체 / 자동차 / 디스플레이 / 이차전지 / 제약바이오]

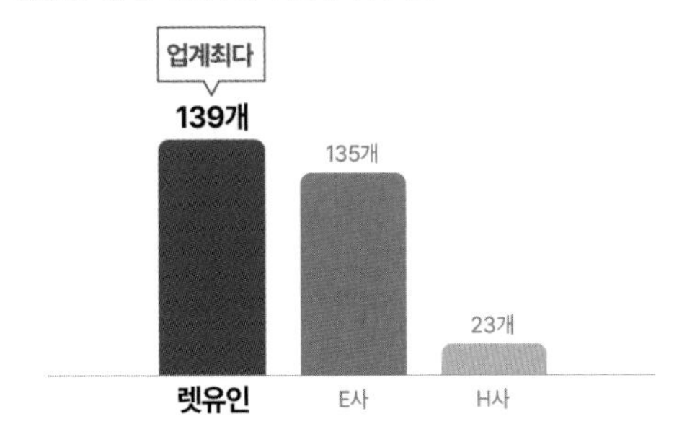

포인트 4

이공계 취업 분야 도서 베스트셀러 1위

대기업 전·현직자들의 노하우가 담긴 자소서 / 인적성 / 산업별 직무 / 이론서 / 면접까지 베스트셀러 도서 보유

* 누적 합격생 34,431명: 2015 ~ 2022 서류, 인적성, 면접 누적 합격자 합계 수치
* 이공계 취업 아카데미 1위: 이공계 특화 취업 교육 부문 N사/S사/E사 네이버키워드 PC+모바일 검색량 비교 기준(2018.10~2019.9)
* 소비자가 뽑은 교육브랜드 1위: 3만여 명의 소비자가 뽑은 대한민국 교육 브랜드 대상 기술공학교육분야 3년 연속 1위 (2018 ~ 2020)
* 이공계 특화 전문 강사 수 1위: 렛유인 76명, W사 15명, H사 4명 (2023.01.13 기준)
* 이공계 취업 분야 베스트셀러 1위: YES24 2022년 8월 취업/면접/상식 월별 베스트 1위(한권으로 끝내는 전공·직무 면접 반도체 이론편 3판 기준)
* 업계 최다: 렛유인 139개, E사 135개, H사 23개(2023.02.11 기준)

이공계 취업 아카데미 1위
렛유인

한권으로 끝내는

전공·직무 면접 반도체 이론편

최신판

최신 7개년 반도체 대기업 면접 기출문제를 기반으로
트렌드, 기초이론, 소자, 8대 공정, 패키징/테스트 공정 이론 완성

공지훈, 정건화, 유제규, 렛유인연구소 지음

*근거문구 뒷표지에 기재

한권으로 끝내는 전공 · 직무 면접
반도체 이론편

4판 2쇄 발행 2024년 09월 02일
지은이 공지훈, 정건화, 유제규, 렛유인연구소
펴낸곳 렛유인북스

총괄 송나령
편집 권예린, 김근동
표지디자인 감다정
일러스트 김지혜, 이지영

홈페이지 https://letuin.com
유튜브 취업사이다
대표전화 02-539-1779
이메일 letuin@naver.com

ISBN 979-11-92388-23-6 13500

머리말

최근 들어 반도체 산업의 위상이 점점 높아지고, 반도체 산업을 둘러싼 전세계적 관심이 증가하고 있다. 코로나 유행 이후 비대면 생활 비중이 증가하고, 자율주행과 인공지능 등의 붐으로 반도체의 수요가 늘어나고 있을 뿐 아니라, 안정적인 반도체 수급을 위한 정치/경제 등 외부 환경 요인이 산업에 미치는 영향 또한 증가하여 '제2의 석유'라는 표현이 사용될 정도가 되었다. 이에 따라 반도체가 차지하는 비중이 큰 한국 경제 역시 많은 영향을 받고 있으며, 자연스레 삼성전자, SK하이닉스 같은 대기업뿐만 아니라, 후공정 업체, 외국계 업체, 팹리스 업체, 소재 업체, 장비 업체 등 많은 기업에서 양질의 인력을 필요로 하고 있다. 본서에서는 반도체 산업 및 관련 산업에 필요한 인력 양성에 도움이 될 수 있도록 전공 지식과 현업에서의 사례 등을 취업준비생과 현업에 있는 분들에게 교육하고 공유하고자 한다.

[한권으로 끝내는 전공 · 직무 면접 반도체 이론편]은 방대한 양의 반도체 관련 지식 중에서, 현업에 필요한 분량을 나름대로 추려 작성을 하였다. 반도체 기업에 취업을 목표로 하여 짧은 기간에 반도체 관련한 지식을 습득하여 기술 면접에 도움을 받고자 하는 사람들과, 현업에 배치받아 업무 이해도를 높이고자 하는 사람들에게 도움이 되도록 책을 구성하였다.

먼저 반도체 산업과 관련 전공에 대해 설명하여, 취업과 자기계발을 준비하는 분들이 어떠한 내용을 공부해야 하는지 알 수 있게 설명하였다. 반도체 분야는 매우 넓어 전체 반도체를 이해하기 어렵기 때문에, 산업에 이어 반도체 기본 물리, 제품, 소자, 공정, 설비 등의 넓은 분야를 이해할 수 있도록 관련한 내용을 순차적으로 정리하였다. 이를 통해 반도체 업계에 종사하지만 범위가 넓어 전체 반도체를 이해하기 어려워하는 분들에게도 도움이 될 수 있을 것이라고 기대한다.

본 도서는 챕터별 요약이 한 페이지로 정리되어 있어 핵심 내용이 무엇인지 파악하기 좋다. 학습 내용별로 난이도에 차이가 있을 것인데, 먼저 요약 내용을 중심으로 책의 내용을 이해하고 파트 Summary 중요 포인트를 정리하는 것으로 학습 방향을 잡으면 도움이 될 것이다. 다만 챕터별로 분량의 편차가 커 요약 내용의 분량 편차는 아쉽게 생각하며, 이에 대한 설명은 기회가 되면 강의에서 만회하고자 한다.

끝으로 본 도서를 통해 반도체 분야로 취업을 준비하시는 분들에게 무궁한 영광을 기원한다. 또한 현업에 계시는 분들께서는 이 책을 통해 자기계발의 기회를 가질 수 있었으면 하며, 관련 내용의 오류가 있으면 따끔한 질책을 해주시길 바란다. 독자들의 성공을 위해 수 많은 원고를 편집하고, 헌신해주신 편집자들의 진심이 독자들에게 닿길 바란다.

저자 공지훈, 정건화, 유제규

추천의 글

20년간 대학에서 반도체 교육과 연구를 수행하면서 반도체 공학, 반도체 소자, 반도체 공정, 그리고 반도체 패키징 교과목을 강의했던 광범위한 반도체 소재 · 부품 · 장비에 대한 내용이 이 책에 모두 담겨있다. 반도체 소부장 전공자들에게는 전반적인 전공 지식을 단기간에 복습하기에 적합하고, 반도체 설계 전공자들에게는 회로설계 이외의 반도체 분야를 이해하기에 충분한 교재이다. 무엇보다 비전공자가 반도체 분야로 진로를 선택한 경우에도 전공도서보다 이해하기 쉽고 체계적인 학습이 가능할 것 같다. 반도체 분야로 진로를 선택했다면 누구에게나 도움이 될 만한 교재이다.

홍상진
명지대학교 반도체공학과 교수
명지대학교 반도체공정진단연구소 소장

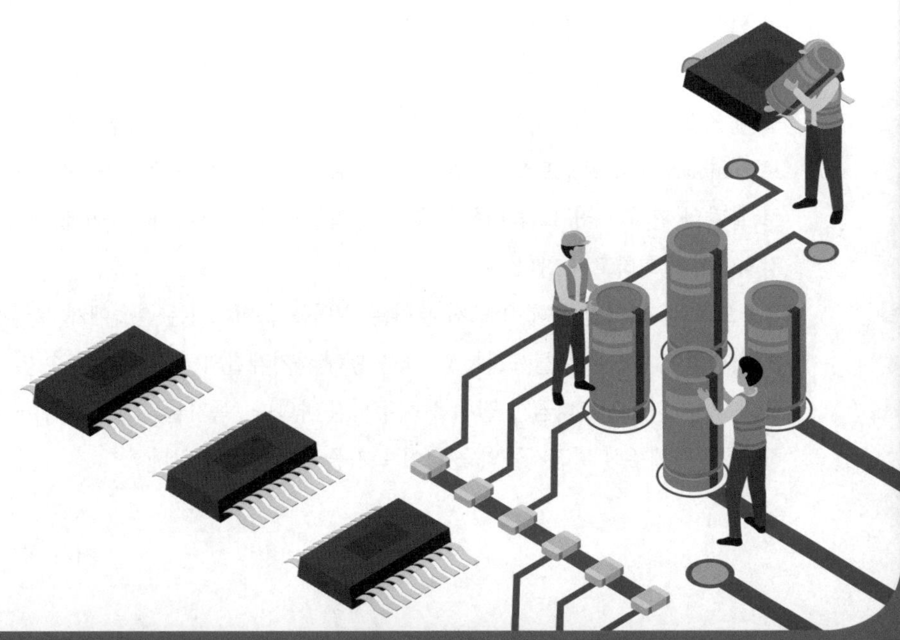

이공계 취업은 **렛유인**

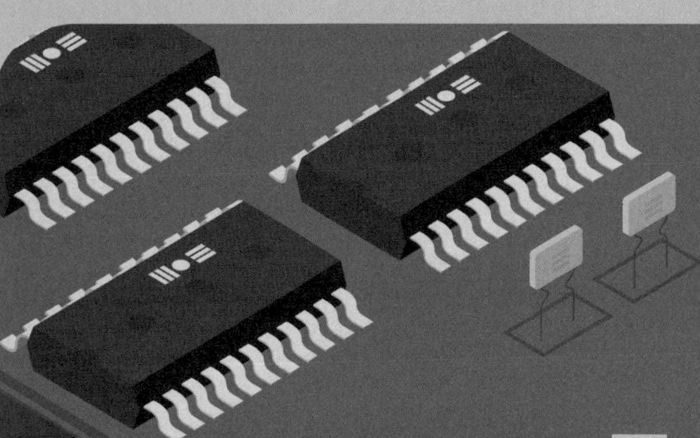

목차

Part 03 반도체 소자

Part 04 반도체 공정

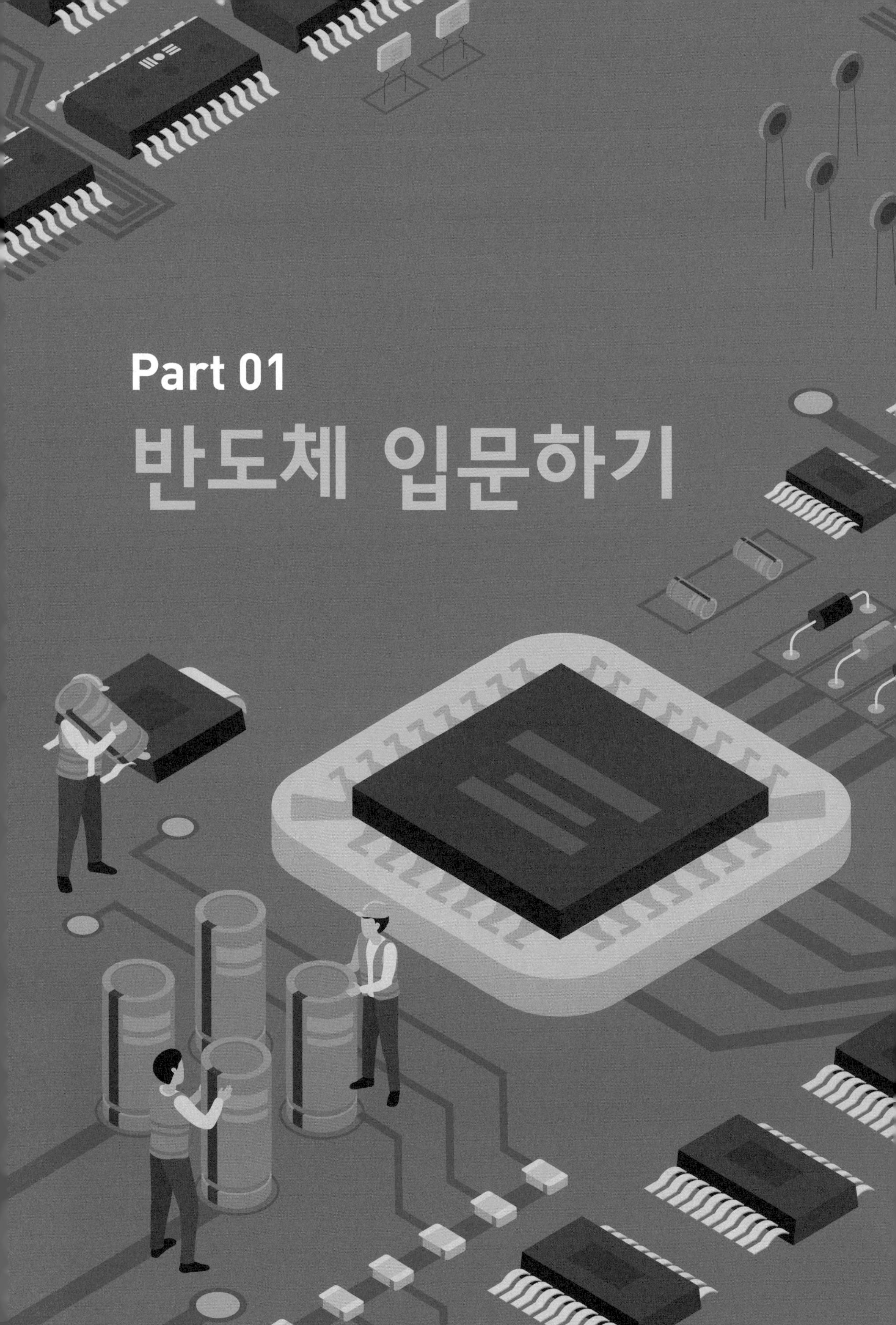

Part 01
반도체 입문하기

Chapter 01

반도체 알아보기

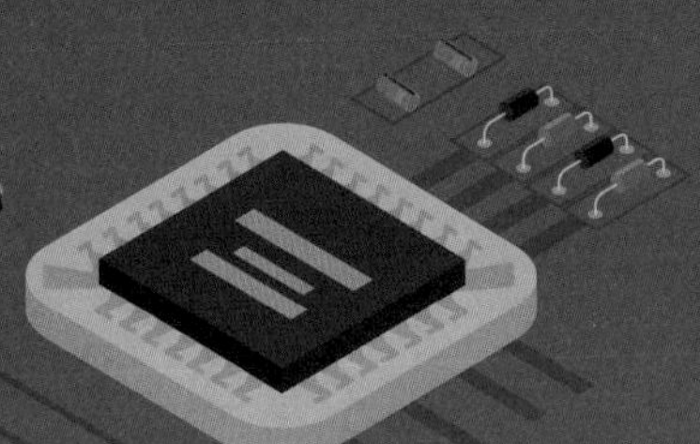

핵심요약

정의, 기초

반도체	순수한 상태에서는 전기가 잘 흐르지 않는 부도체와 비슷한 특성을 보이나 특정한 처리에 의해 전기전도도가 늘어나 전류가 잘 흐르게 되는 도체의 성질도 갖고 있는 물질

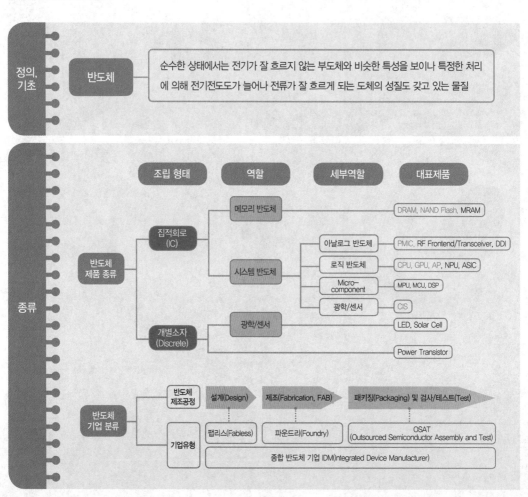

종류

반도체 제품 종류

조립 형태	역할	세부역할	대표제품
집적회로(IC)	메모리 반도체		DRAM, NAND Flash, MRAM
	시스템 반도체	아날로그 반도체	PMIC, RF Frontend/Transceiver, DDI
		로직 반도체	CPU, GPU, AP, NPU, ASIC
		Micro-component	MPU, MCU, DSP
		광학/센서	CIS
개별소자(Discrete)	광학/센서		LED, Solar Cell
			Power Transistor

반도체 기업 분류

반도체 제조공정	설계(Design)	제조(Fabrication, FAB)	패키징(Packaging) 및 검사/테스트(Test)
기업유형	팹리스(Fabless)	파운드리(Foundry)	OSAT (Outsourced Semiconductor Assembly and Test)
	종합 반도체 기업 IDM(Integrated Device Manufacturer)		

학습 포인트

반도체의 개념과 반도체 제품의 종류에 대해 정의하며 반도체에 대한 기본적인 지식에 대해 학습한다.

1 반도체란 무엇인가

많은 사람들이 '반도체'라는 용어를 일상 속에서 쉽게 접하는 시대가 되었다. 우리 주변에서도 쉽게 반도체가 들어간 제품을 찾아볼 수 있다. 반도체가 들어있지 않은 전자제품을 찾는 것이 힘들 정도이다.

그러나 반도체에 대한 접근성에 비해 반도체의 개념에 대해서는 쉽게 이해하지 못하는 사람들이 많다. 이는 '반도체 물질', '반도체 소자', '반도체 제품' 등의 개념을 구분하지 않고 혼용하는 경우가 많기 때문이다. 우리가 흔히 '반도체'라고 하는 것은 '반도체 소자' 혹은 '반도체 제품'을 의미한다. 이 얘기는 '반도체'라는 용어는 다른 것을 말한다는 것이다. 실제로 '반도체'라는 용어는 특정한 성격을 띠는 물질을 나타낸다.

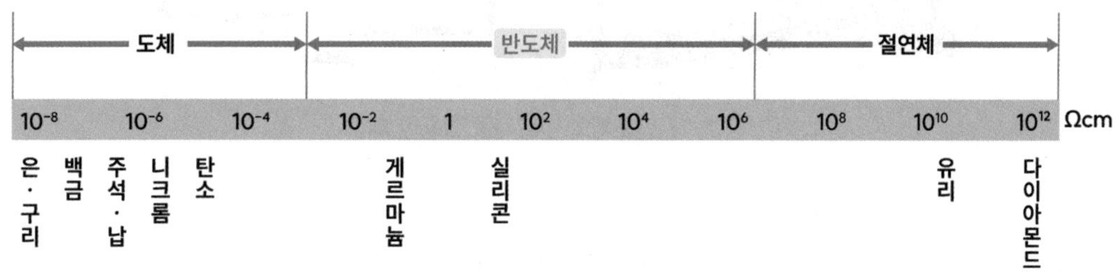

[그림 1-1] 전기전도도에 따른 물질 분류

전기전도도가 높아 전자(Electron)나 정공(Hole) 등의 전하가 잘 이동하는, 즉 전류가 잘 흐르는 물질을 도체라고 한다. 모든 금속이 여기에 속하는데, 대표적인 예로 건전지의 양극과 음극을 알루미늄 호일로 연결하면 전류가 흐르면서 알루미늄이 타는 것을 볼 수 있을 것이다. 이에 비해 전류가 잘 흐르지 않는 물질을 부도체라고 한다. 주변에서 흔히 보이는 부도체로는 목재, 유리, 도자기, 플라스틱 등이 있다. 이들은 저항이 매우 커서 전압을 인가하였을 때 전류가 거의 흐르지 않아 다른 말로는 절연체라고도 한다.

반면, 반도체는 위와 같이 명확한 정의를 갖지 않는다. 전기전도도로 나타내면 도체와 부도체의 중간 정도가 되는 물질을 반도체라고 할 수 있는데, 그 범위는 해석하기 나름이어서 사람들의 편의에 따라 일정 범위를 정하여 반도체라고 한다. 반도체는 순수한 상태에서는 전기가 잘 흐르지 않는 부도체와 비슷한 특성을 보이나 특정한 처리 과정을 거치면 전기전도도가 늘어나 전류가 잘 흐르게 된다. 즉, 반도체라는 물질은 사람의 의도에 따라 전류의 흐름을 '제어'하기에 적합한 물질인 것이다.

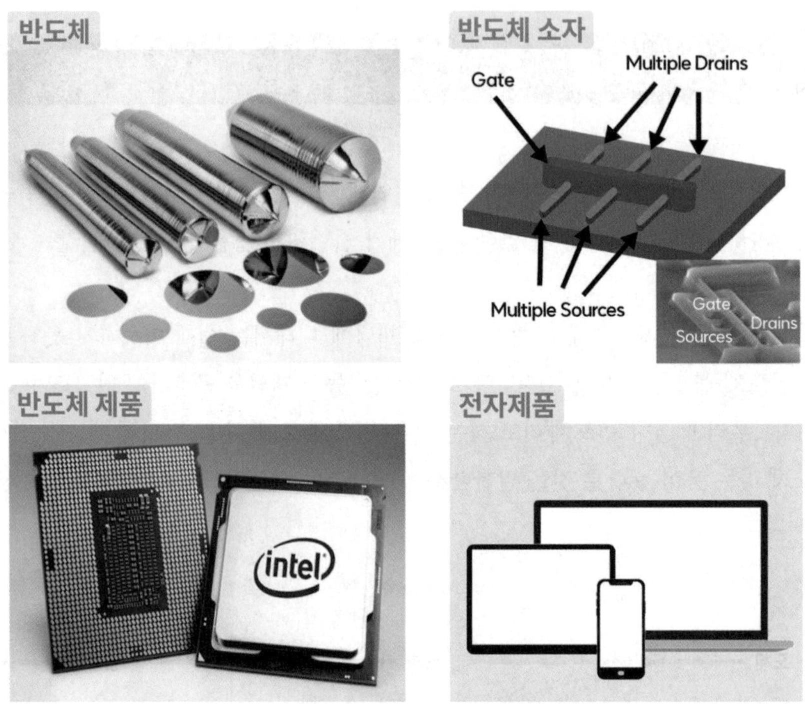

[그림 1-2] 반도체와 반도체를 활용한 제품

본 도서에서는 반도체 제품에는 어떤 것이 있는지 먼저 알아보고, 이와 관련한 반도체 시장에 대해 다룰 것이다. 그 이후 반도체 이해를 위한 기본 지식인 반도체의 물질적 특성에 대해 학습할 것이다. 이어 반도체로 제작하는 반도체 소자의 종류와 각각의 특징에 대해 학습하고, 마지막으로 반도체 소자를 만드는 과정인 반도체 공정에 대해 다루도록 한다.

1. 반도체 제품의 발전 방향

반도체를 이용해 제작한 MOSFET, 플래시 메모리, LED 등을 반도체 소자라 한다. 이러한 반도체 소자를 조합하여 제작한 CPU[1]나 SSD[2]와 같은 제품을 소비자에게 제공하게 된다. 이처럼 주로 전자 제품의 부품 형태로 사용되는 것들을 일컬어 반도체 제품이라고 한다.

반도체 소자와 제품이 발명된 후 전자제품은 급격한 발전을 하게 되었다. 전자제품이 끊임없이 발전할 수 있었던 것은 다음과 같은 사람들의 욕구를 충족시킬 수 있었기 때문이다. 그에 따라 자연스레 찾는 사람이 늘어나고 그 시장을 바탕으로 더 나은 제품이 등장하는 선순환이 가능해졌다. 전자제품을 찾는 사람들의 욕구를 간략히 요약하면 다음과 같다.

- (성능) 속도가 느리지 않아 사용 시 답답하지 않은 것
- (가격) 구입할 때와 사용할 때 비용이 크지 않은 것
- (편의성, 휴대성) 언제, 어디서나 쓸 수 있으며 들고 다니기 편한 것
- (심미적 기능) 미적으로 아름다운 것

위와 같은 사람들의 욕구를 끊임없이 충족시키려면 결국 그 전자제품 안에 들어가는 반도체 소자와 제품 역시 꾸준히 발전해야 한다. 위의 항목들을 만족시키기 위해 반도체 제품에 요구되는 항목은 다음과 같다.

- 고속 동작을 위한 소형화/미세화
- 저렴한 가격으로 제공하기 위한 집적화
- 낮은 에너지 소비를 위한 고효율, 저전력 동작

대표적 반도체 소자인 트랜지스터(Transistor)와 이를 이용한 여러 반도체 제품의 발전사는 위의 목적을 충족시키는 방향으로 끊임없이 진행되었다. 트랜지스터는 특정한 전기적 조건에서 신호 증폭과 스위칭 동작[3]을 하여 반도체 제품의 동작 특성을 결정하는 핵심 소자다. 트랜지스터의 특성 중에서, 전자제품과 반도체 제품에서 가장 우선시 여기는 항목인 성능과 직접적인 관련이 있는 것은 고속 동작이다. 트랜지스터의 동작 속도를 높이기 위해서는 소자를 가로질러 이동하는 전자의 이동 시간을 줄여야 한다. 이동 시간은 결국 이동 거리에 반비례하기 때문에, 반도체 소자의 크기를 줄이는 노력들이 끊임없이 지속되어 왔다. 이에 따라 초창기 반도체 소자의 크기는 수 μm 수준이었으나, 최근에 제작되는 반도체 소자의 크기는 최소 선폭이 불과 수십 nm 수준에 불과할 정도가 되었다.

---

1 Central Processing Unit, 중앙처리장치
2 Solid State Driver
3 전류가 흐르거나 흐르지 않도록 하는 동작

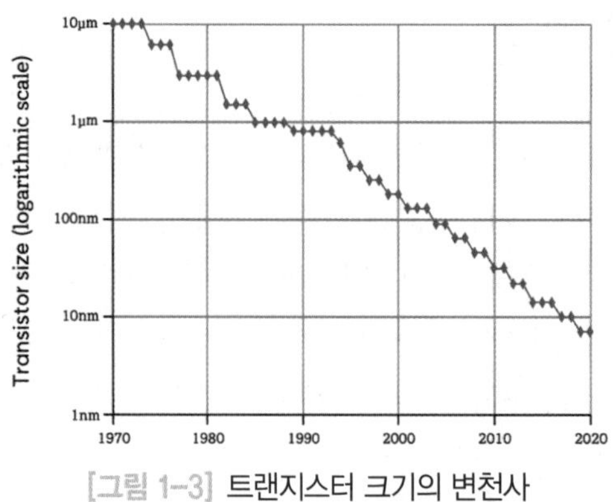

[그림 1-3] 트랜지스터 크기의 변천사

트랜지스터의 속도 향상을 위한 미세화에 더해, 반도체 제품 전체의 속도를 높이고 제품의 면적을 줄여 소형화하기 위한 새로운 제품에 대한 요구가 있었다. 이에 트랜지스터, 저항, 도체, 축전기 등을 연결하여 한 회로 위에 구현하는 집적회로(Integrated Circuit, IC)가 등장하여 제품의 소형화를 실현하게 되었다. 집적회로의 등장으로 회로의 대량생산이 가능해져 반도체 제품 가격을 급격히 떨어뜨리게 되었고, 이로 인해 반도체 제품을 사용한 전자제품이 더욱 널리 사용되었다.

집적화와 관련한 유명한 용어로는 '무어의 법칙(Moore's law)'이 있다. 1965년 인텔(Intel)의 공동 설립자인 고든 무어(Gordon Moore)가 발표한 것으로, 반도체 집적회로의 성능이 24개월마다 2배씩[4] 증가한다는 법칙이다. 다만 이 법칙은 대단한 통찰에 의한 것이 아니고 단순한 예견에 불과한 것이었는데, 되려 무어의 법칙에 맞도록 로드맵을 짜고 이를 맞추기 위해 엔지니어들이 고군분투하는 결과를 낳았다. 최근 들어 무어의 법칙은 한계에 도달하였다는 의견이 지배적이나, 한편으로는 아직도 이를 연장하기 위한 노력이 진행되고 있다.

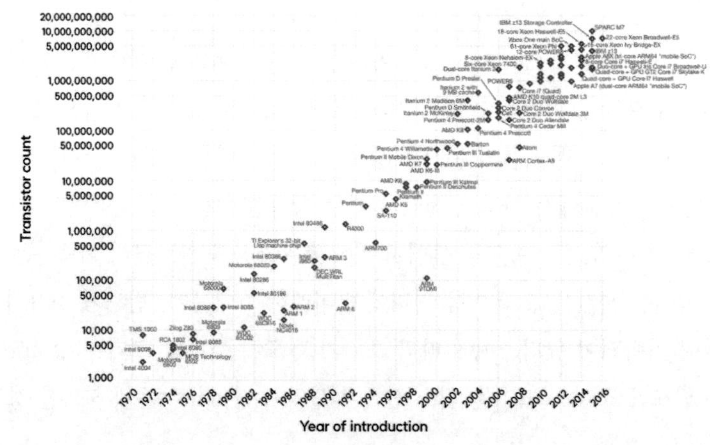

[그림 1-4] 무어의 법칙 – 시간에 따른 트랜지스터 집적도 증가

4 처음에는 18개월마다 2배가 될 것이라 발표하였으나 기술 개발 속도가 둔화되면서 24개월로 바뀌었다.

아래의 표는 인텔(Intel) 사에서 1971년에 발표한 4004 프로세서와 2017년에 발표한 카비레이크 프로세서, 두 CPU를 비교한 것이다. 40여년 동안 말 그대로 기하급수적인 발전이 있었음을 알 수 있다.

[표 1-1] 4004 프로세서와 카비레이크 프로세서 비교

	4004(①)	카비레이크(②)	비율 (②/①)
트랜지스터 수 (EA)	2,300	< 10억	434,783
회로 선폭	10㎛	14㎚	0.0014 (1/714)
최대 클럭 속도	740㎑	4.2㎓	5,676

최근 들어서는 고효율, 저전력 동작을 위한 노력들이 필요하게 되었다. 배터리를 이용한 포터블 전자제품들이 등장하면서, 전자제품의 사용 시간 역시 사용자가 고려할 구매 요소가 되었기 때문이다. 배터리를 늘리는 것도 전자제품의 사용 시간을 늘리는 하나의 방안이 될 수 있으나, 무게와 부피가 증가하는 등 휴대성이 강조되는 최근의 전자제품 개발 추세와는 맞지 않는다. 따라서 이를 보완하기 위해 소형화, 고효율화, 저전력화된 반도체 소자와 제품의 개발이 필수가 되었다. 저전력 소자 개발에는 공정(소자 제작) 미세화뿐 아니라 전력 낭비를 방지하는 설계, 절연 특성과 전기 전도 특성에 적합한 재료를 개발하는 연구 등이 병행되어야 한다.

2. 반도체 제품의 종류

반도체 제품으로 매우 다양한 종류가 존재한다. 찾아보기 쉬운 전자제품인 핸드폰을 예로 들어보자. 카메라로 사진을 찍을 때 사용하는 센서, 이를 저장하는 메모리 반도체, 타 단말기와 통신을 하는 통신용 반도체 등이 사용된다. 이외에도 기능에 따라 여러 가지 종류로 반도체의 종류를 분류할 수 있다.

[그림 1-5] 사람의 몸에 비유한 여러가지 반도체

다음의 그림을 보면 반도체의 조립 형태, 역할 그리고 세부 역할에 따라서도 다양한 제품이 존재하는 것을 알 수 있다. 모든 제품에 대해 알 수 있으면 가장 좋겠지만 여기에서는 대표적인 반도체 몇 가지만 언급하도록 한다.

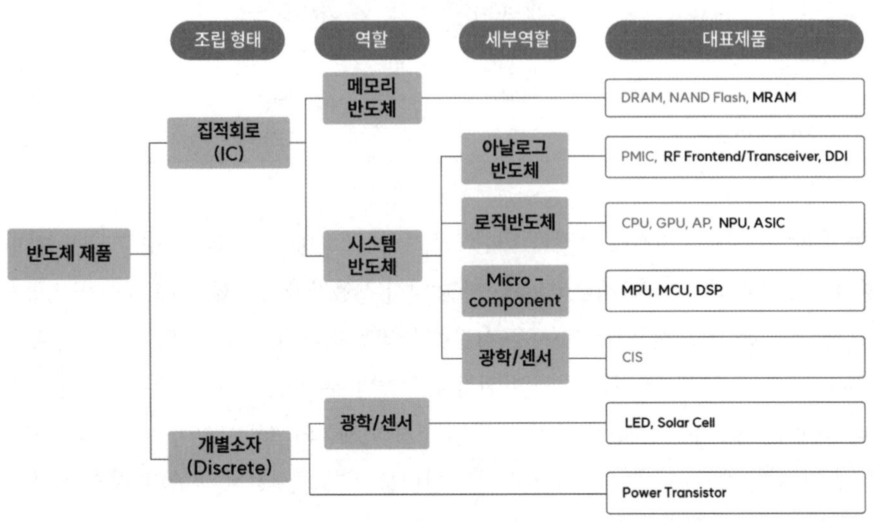

[그림 1-6] 반도체 제품의 분류

(1) 시스템 반도체

시스템 반도체는 사람의 두뇌 역할을 하는 칩(Chip)[5]으로, 주로 정보의 연산, 처리, 제어, 가공 기능을 담당하는 반도체를 말한다. 정보의 저장 기능을 담당하는 메모리 반도체와 대비해 통상 비메모리 반도체로 부르기도 하지만, 비메모리 반도체에는 센서나 광소자 등 시스템 반도체에 포함되지 않는 제품도 있어 주의하여야 한다. 시스템 반도체는 종류만 2만 여 가지 이상으로 매우 다양하게 사용하고 있어 일일이 분류하기는 어렵다. 대신 센서 및 광소자 등을 제외한 시스템 반도체를 크게 로직(Logic) 반도체, 아날로그(Analog) 반도체, 마이크로컴포넌트(Microcomponent) 등으로 분류하여 설명하도록 한다.

① 로직 반도체

로직 반도체는 사람의 두뇌 중에서 연산(계산), 판단, 명령에 해당하는 역할을 한다. 대표적으로 컴퓨터를 많이 접한 사람에게는 친숙한 CPU(Central Processing Unit, 중앙처리장치), GPU(Graphic Processing Unit, 그래픽처리장치) 등이 있다. 이외에도 요즘 떠오르고 있는 NPU(Neural Processing

5 낱개로 잘라낸 반도체 제품

Unit, 신경망처리장치)나 ASIC(Application Specific IC, 주문형집적회로) 등의 제품들도 로직 반도체에 속한다.

CPU는 흔히 얘기하는 컴퓨터의 연산을 담당하는 장치다. 다양한 범위의 입력을 받아서 처리하며, 판단과 명령을 내리는 것 역시 아주 넓은 범위를 담당한다. 문서 작업만 하더라도 키보드에 의한 입력, 입력된 데이터의 화면 표시, 수식을 통한 계산, 결과의 화면 표시 등 여러 작업이 동시에 일어나게 된다. CPU는 이렇게 여러 작업을 담당하는 데 최적화된 제품이다. 반면 GPU는 CPU보다 사용 목적이 특정한데, 주로 그래픽 처리에 특화되어 연산을 진행하는 제품이다.

CPU는 비교적 어려운 문제를 순차적으로 연산하여 깊게 생각하고 계산할 수 있는 반면, GPU는 비교적 쉬운 문제를 한꺼번에 처리하는 병렬 연산에 특화되어 있다. 따라서 GPU는 동시에 많은 것을 처리해야 하는 그래픽 처리에는 적합하지만, 여러 번의 연산을 거쳐야 하는 경우에는 사용하기가 어렵다.

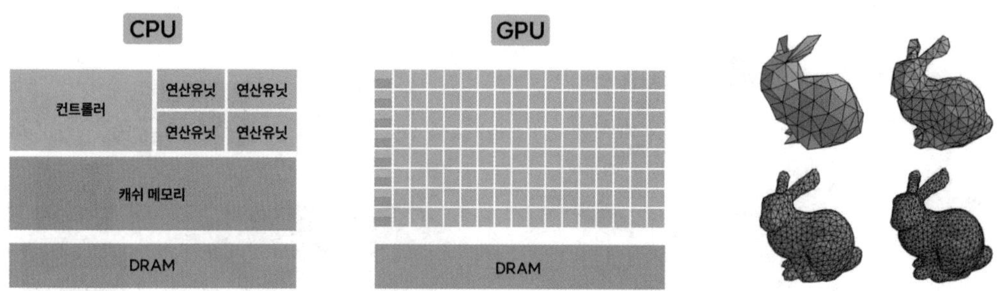

[그림 1–7] (왼쪽) CPU와 GPU의 구조 차이,
(오른쪽) GPU가 유리한 예시 – 병렬 연산을 통해 Polygon[6]으로 나타낸 토끼

② 아날로그 반도체

아날로그 반도체는 일상생활에서 발생하는 빛 · 소리 · 압력 · 온도 등 연속적으로 변화하는 아날로그 신호를 다루거나, 이러한 각종 아날로그 신호를 컴퓨터가 인식할 수 있는 디지털 신호로 바꾸는 역할을 하는 반도체를 말한다. 각종 증폭 회로나 전압 안정화 회로 등으로 구성되며, 대표적인 제품으로는 PMIC(Power Management IC, 전원 관리 집적회로), DDI(Display Driver IC, 디스플레이 구동 회로) 등이 있다.

PMIC는 전자제품에 필요한 전력 공급을 조절하는 반도체다. 예를 들어, 스마트폰에서 고성능 게임 모드와 저전력 대기 모드를 조절하는 것, 주변 밝기를 감지하여 화면의 밝기를 조절하도록 소비전력을 조율하는 것을 담당한다. 비단 전력 소비 및 제어뿐만 아니라 충전 시의 제어에도 사용되어,

6 다각형

고속 충전이나 과충전 방지 등의 역할을 담당하기도 한다. 이러한 PMIC를 인체에 비유하자면 심장에 해당한다고 할 수 있다. 전력 그 자체의 저장소는 배터리지만, 전력을 적재적소에 배치하는 기능을 하기 때문이다. 로직 반도체와 메모리 반도체가 각각 두뇌의 연산과 기억 기능을 담당하고 있다면, PMIC는 이 두뇌가 돌아갈 수 있도록 피를 적재적소에 공급하는 역할을 한다. 다만 인체와 다른 점은 사람의 심장은 하나지만 PMIC는 각 반도체 제품별로 붙어서 동작을 한다는 것이다. 각 제품별로 동작 전압/전류/속도 등이 다르기 때문에 이에 맞는 PMIC가 별개로 필요하다.

DDI는 디스플레이의 화소를 조절하여 색을 조절하는 반도체다. 사용자가 반도체 제품 혹은 전자제품을 구동할 때 대부분을 시각에 의존하여 사용하게 된다. 필연적으로 디스플레이의 수와 크기가 증가하였으며, 화소수 역시 늘어나게 되었다. DDI는 디스플레이를 구성하는 수많은 화소들을 구동하는 데에 쓰이는 칩으로, 각 화소에 존재하는 부화소인 RGB[7]를 조절하는 역할을 한다. 또한 최근에는 터치스크린 디스플레이가 널리 사용되면서 이를 컨트롤하는 기능 역시 DDI가 도맡게 되었다.

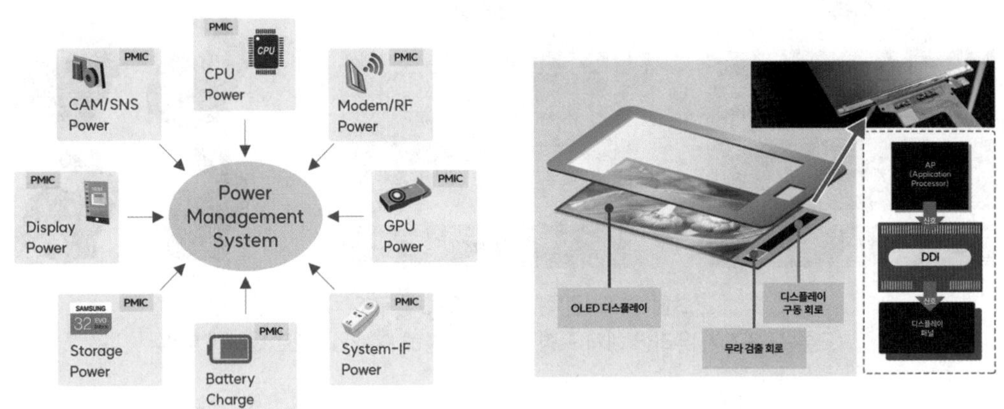

[그림 1-8] (왼쪽) 휴대폰 부품과 PMIC의 관계, (오른쪽) DDI와 DDI의 역할

③ 마이크로컴포넌트

마이크로컴포넌트는 앞서 설명한 로직 반도체나 아날로그 반도체 등을 소형화한 것이다. 대표적인 제품인 MPU(Microprocessor Unit)는 컴퓨터의 핵심 기능인 연산, 제어 기능을 수행하는 것으로 다른 기능이 없이 연산만 가능한 CPU를 소형화한 칩이다. MPU는 주로 극소형 컴퓨터나 산업용 장비에서 CPU로 사용한다. MCU(Microcontroller Unit)는 MPU 외에 주변 장치를 포함하여 특정 시스템을 제어할 수 있는 전용 칩이다. CPU만을 소형화한 MPU와는 달리 하나의 컴퓨터를 소형화한 것이라고 할 수 있다. MCU는 대부분의 전자제품에 들어가는 핵심 부품으로, 냉장고나 세탁기 등의 가전제품 뿐 아니라 자동제어 시스템, 도난 방지 시스템 등 다양한 제품을 제어하는 두뇌 역할을 한다.

7 Red, Green, Blue

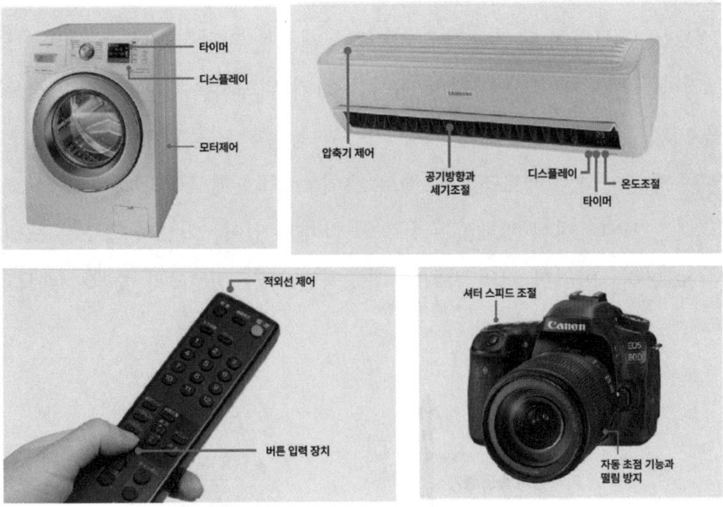

[그림 1-9] 전자제품 내 MCU의 역할

최근에는 MPU와 같이 하나의 기능을 가지는 칩들을 조립하여 하나의 시스템으로 구현하는 것이 대세로 자리잡고 있다. 이와 같은 방식을 SoC(System-on-Chip)이라고 한다. MPU와의 차이는 MPU는 하나의 칩이, SoC는 여러 칩이 작은 컴퓨터의 역할을 하는 것이다. SoC 방식의 대표적인 제품은 스마트폰에 들어가는 모바일 AP(Application Processor)가 있다. 아래의 그림처럼 여러 칩이 하나의 모바일 AP를 구성한다.

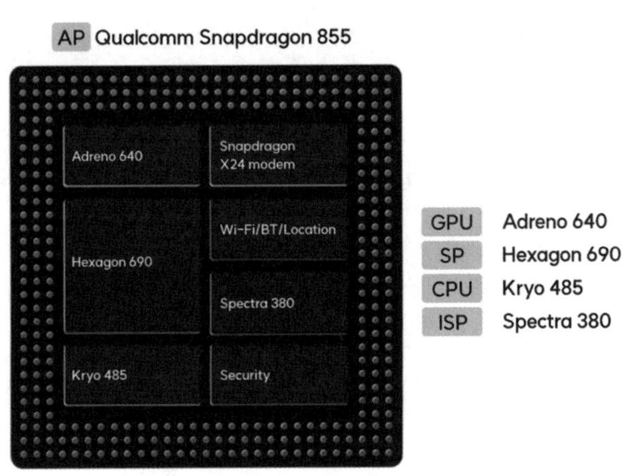

[그림 1-10] Qualcomm 사의 모바일 AP 블록 구성도

(2) 메모리 반도체

사람의 뇌는 정보를 인식하여 판단하기도 하지만, 때로는 저장한 기억들을 바탕으로 사고하기도 한다. 사람이 그러하듯 반도체 역시 어떠한 연산을 하기 위해서는 많은 정보를 필요로 한다. 이 때 필요한 정보들을 미리 저장해놓는, 뇌의 저장 기능과 동일한 기능의 반도체를 메모리 반도체라 한다. 가장 가까운 곳에 존재하는 메모리 반도체는 캐쉬(Cache) 메모리라 하여 연산 소자 안에 회로로 구현된 경우가 많다. 그러나 캐쉬 메모리는 용량의 한계가 있어, 이보다 속도는 느리지만 용량이 큰 기억 장치를 필요로 한다. 이러한 기억 장치의 대표적인 예가 DRAM과 플래시 메모리이다.

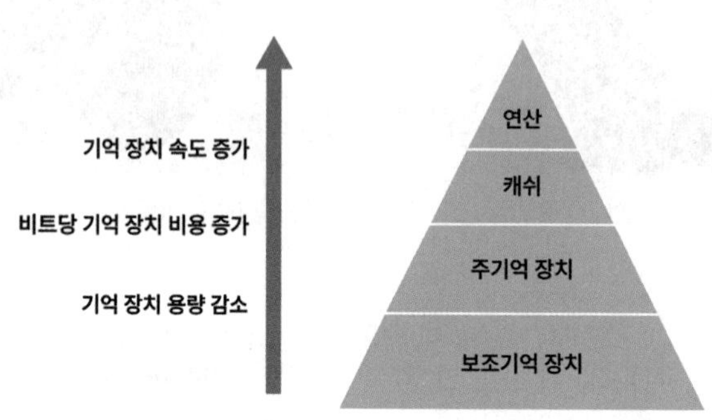

[그림 1-11] 컴퓨터 메모리 계층 구조

① DRAM(Dynamic Random Access Memory)

DRAM은 RAM이라고 하는 대표적인 주기억 장치를 담당하는 메모리 반도체의 종류다. 주기억 장치는 컴퓨터가 작동하는 동안 연산 소자가 필요로 하는 일이 많은 프로그램 명령어와 자료를 저장하는 역할을 한다. 응용 프로그램의 일시적 로딩, 데이터의 일시적 저장 등에 사용된다. RAM에는 DRAM과 SRAM(Static RAM)이 있으며, 그 중 DRAM은 구조가 간단하고 저렴하며 빠른 동작 속도와 적은 소비 전력 특성을 가져 널리 사용되고 있다.

뇌의 기억 기능은 크게 두 가지로 나눌 수 있다. 하나는 단시간에 필요한 기능이며, 하나는 장시간 보관이 필요한 내용이다. DRAM은 주로 단시간에 필요한 저장 기능을 한다. 자동차를 타고 이동 시에 내비게이션이 얼마 후에 우회전하라는 신호를 줄 것이다. 운전자는 그 내용을 잠깐 기억하지만 우회전 후에는 굳이 기억할 필요가 없다. 또 다음 경로에 신경써야 하므로 기존 기억을 지우고 다시 새로운 기억을 받아들여야 한다. 이렇게 데이터가 사라지는 것을 휘발성이라 하는데, DRAM은 대표적인 휘발성 메모리 반도체이다. DRAM은 컴퓨터가 켜져 있을 때, 전원이 공급될 때만 메모리가 저장된다는 특징을 가지고 있다. 따라서 컴퓨터가 작동하고 있을 때만 저장된 데이터의 사용과 삭제를 반복하면서 CPU의 연산 기능을 돕는다.

DRAM의 저장소는 트랜지스터(Transistor)와 축전기(Capactior)로 이뤄진 DRAM Cell의 배열로 되어 있으며, 저장된 데이터를 입력하고 출력하는 컨트롤러가 붙어서 DRAM 제품을 이룬다. DRAM의 저장소는 각각 행과 열로 이뤄진 주소를 가지고 있어 데이터에 접근하기 쉽고 접근하는 속도 역시 빠르다. 그러나 보조기억 장치보다는 용량이 작다는 한계가 있으며, 무엇보다도 저장하는 데이터를 영구적으로 저장하지 못한다는 단점이 있다.

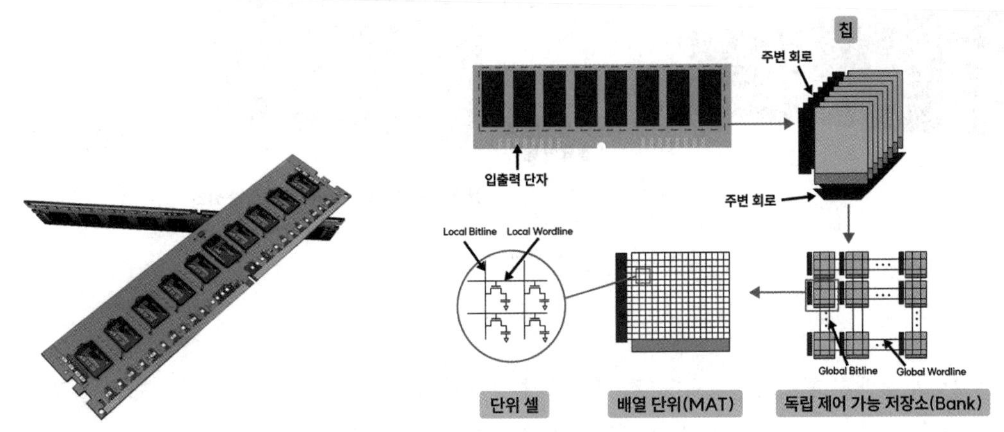

[그림 1-12] DRAM 제품과 구조

② 플래시 메모리(Flash Memory)

플래시 메모리는 대표적인 보조기억 장치 소자다. 주기억 장치에도 용량의 한계가 있고, 사람들이 사용하는 데이터의 크기가 점점 더 커짐에 따라 주기억 장치 외에도 데이터를 추가로 보관하는 보조기억 장치가 필요하다. 보조기억 장치는 입력되는 자료와 처리결과를 보관하거나, 연산 소자에서 간헐적으로 필요로 하는 각종 프로그램들을 저장하는 데 사용한다.

앞선 내비게이션의 예에서, 내비게이션은 지도 데이터를 가지고 있어 운전자에게 정보를 전달해 줄 수 있다. 이 데이터는 일시적인 것이 아닌 영구적으로 저장해야 하는 것이다. 이렇게 영구적으로 보존할 수 있는 메모리 반도체를 비휘발성 메모리라고 한다.

플래시 메모리는 비휘발성 메모리로 보조기억 장치에 적합한 소자다. 특히 플래시 메모리 중에서도 낸드(NAND)[8] 타입의 낸드 플래시 메모리는 단위 면적당 높은 집적도를 바탕으로, 이를 이용한 SSD나 eMMC[9] 등의 제품이 보조기억 장치로 많이 사용되고 있다. 이들의 처리 속도는 주기억 장치보다 느리지만, 기존의 보조기억 장치인 고전적인 자기 테이프나 하드 디스크[10] 등의 자기 디스크,

8 논리연산 중 입력이 모두 1일 때 출력이 0이 나오는 연산
9 embedded Multi Media Card
10 HDD, Hard Disk Drive

CD[11] 및 DVD[12]와 같은 광학 디스크에 비하면 속도가 빠르다. 예전에는 이들에 비해 플래시 메모리가 속도가 빠름에도 비교할 수 없을 정도로 비싸 널리 사용되지는 않았는데, 현재는 기술 수준이 점점 더 올라가면서 플래시 메모리의 가격 단가가 획기적으로 낮아져 널리 보급되고 있다.

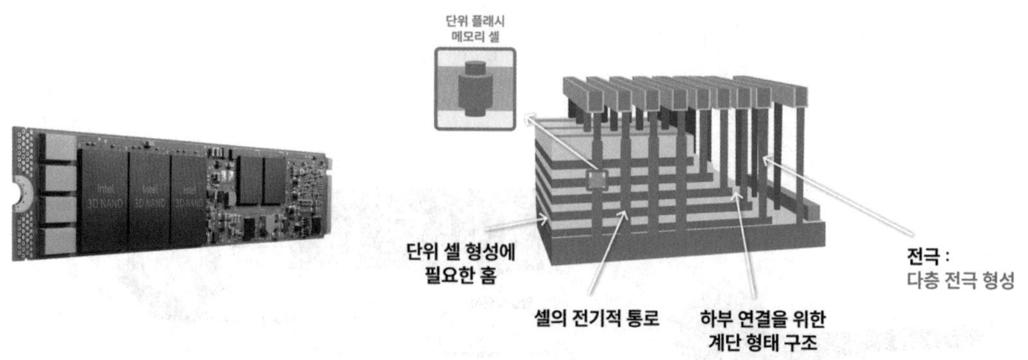

[그림 1-13] 낸드 플래시 메모리 제품과 구조

DRAM과 플래시 메모리는 모두 규격이 정해져 있어 용량을 늘리기 위해 제품의 크기를 무작정 키우는 것이 불가능하다. 따라서 더 빠른 동작 속도와 더 큰 저장 용량을 위해 이들을 구성하는 메모리 소자의 크기를 줄이려는 노력이 지속적으로 수반되고 있다. 뿐만 아니라 각 메모리 반도체를 적층하여 제품을 구성하는 신기술이 개발되어, 비싼 단가에도 불구하고 서버 등 고속 대용량 처리를 필요로 하는 제품에 꾸준히 공급되고 있다.

(3) 광학/센서 반도체

사람의 뇌에 해당하는 시스템 반도체와 메모리 반도체가 있다면, 뇌에 정보를 전달해주는 입력기관 역시 존재해야 한다. 이를 담당하는 반도체들이 센서다. 센서 역시 넓게 보면 비메모리 반도체에 속한다. 눈을 대신하는 센서, 귀를 대신하는 센서, 주변 환경을 인지하는 센서 등 기능에 따라 여러 가지가 존재하며, 각자의 위치에서 주변 사물과 여러 주변 상황들을 감지하여 메모리와 로직 반도체 등에 정보를 전달하는 기능을 한다.[13]

센서 반도체의 대표적인 예로 CIS(CMOS Image Sensor)를 꼽을 수 있다. CMOS[14]라고 하는 트랜지스터의 조합을 바탕으로 만들어진 것으로, 주변 환경을 시각적인 이미지로 변환하는 반도체이다. DSLR, 미러리스 카메라와 스마트폰의 카메라에서 모두 사용하는 부품이다. CIS는 점 하나를 나타내

11 Compact Disc

12 Digital Video Disc

13 용어의 혼돈을 방지하자면, 본문에서 말하는 센서는 하나의 완벽한 제품으로써 통신 모듈, 전원 모듈 등이 모두 갖추어진 제품을 말하는 것이 아니라 주변을 인식하는 개별 센서를 의미하는 것이다.

14 Complementary Metal-Oxide-Semiconductor

는 각 화소마다 빛을 받아 전기 신호로 변환하는 기능을 한다. 이때 빛을 전기로 바꿔주는 포토다이오드(Photodiode)와 전기 신호를 컨트롤하는 트랜지스터 등의 반도체가 사용된다.

센서 반도체는 동작 속도도 중요하지만, 본질적 기능인 인식 기능을 향상하고 오류를 줄이는 것을 제일 목표로 한다. 특히 자동차의 라이다 시스템, 위험작업 환경에서의 가스 감지 시스템 등 인명과 관련된 센서들도 있어 정확도를 높이는 것이 매우 중요하다.

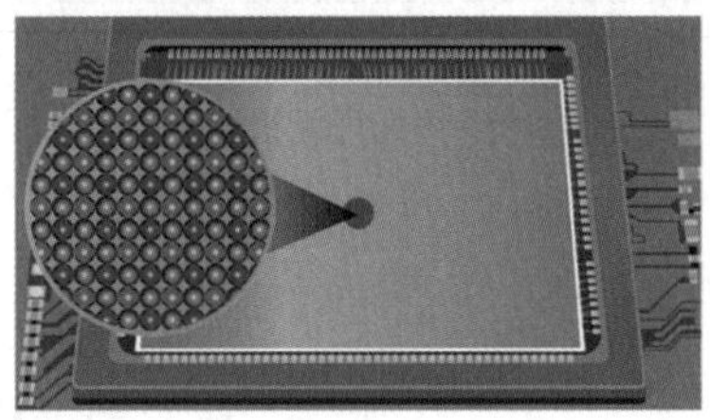

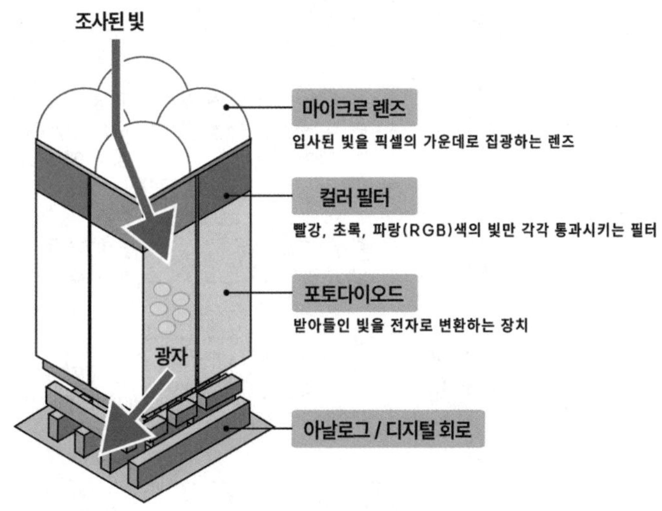

[그림 1-14] CIS 제품과 구조

이외에도 수백~수천 볼트(V)의 고전압 동작에 사용하는 파워반도체, 수십~수백 기가헤르츠(GHz) 동작에 사용하는 초고주파용 반도체 등 다양한 반도체들이 존재한다. 이러한 반도체들은 실리콘(Si)을 사용하는 경우도 있지만 갈륨비소(GaAs), 질화갈륨(GaN), 인화인듐(InP) 등 복잡한 형태의 물질을 사용하기도 한다. 상술하였듯이 이들을 여기서 모두 다루는 것은 불가능하다. 다만 실리콘 반도체는 여기서 다룬 것처럼 시스템 반도체, 메모리 반도체, 광학/센서 반도체의 많은 부분을 담당하고 있다는 정도를 기억하면 좋을 것이다.

Chapter 02

반도체 산업과 시장

핵심요약

반도체 밸류체인

구분	설명	기업
팹리스(Fabless)	생산설비가 없는, 칩의 설계를 전문으로 하는 업체	Qualcomm(퀄컴), Broadcom(브로드컴), Nvidia(엔비디아), 실리콘웍스, AMD, Apple, Google
파운드리(Foundry)	설계 전문업체(팹리스)로부터 주문받은 칩의 생산을 전문적으로 하는 업체	TSMC, UMC, GlobalFoundries(글로벌파운드리), 삼성전자, SK하이닉스시스템IC, DB하이텍
반도체 후공정(OSAT)	후공정을 전문적으로 담당하는 업체	Amkor, ASE, ChipPAC, JCET, J-Devices, Power-tech, SPIL
종합 반도체 기업(IDM)	설계부터 제조, 패키징 및 검사까지 일괄 공정체제를 구축한 완성업체	삼성전자, SK하이닉스, 마이크론, 인텔, 온세미컨덕터
칩리스(Chipless)	수요에 맞춰 블록을 제공해주는 업체	ARM, 에이디테크놀로지
디자인하우스(Design House)	팹리스 업체가 제조한 설계 도면을 레이아웃으로 다시 디자인하거나, 팹리스에서 제작한 레이아웃을 검증하는 등의 백엔드(Back-end) 디자인을 수행하는 기업	GUC, 알파칩스

학습 포인트

반도체 산업 구조를 역할에 따라 나누고 그들 간의 관계가 어떠한지 연관지어 설명한다. 최근 반도체 산업의 동향에 대해서도 학습한다.

1 반도체 시장

이제는 기술의 가치를 평가하는 중요한 척도인 제품별 반도체 시장의 점유율을 살펴보고 그 영향에 대해 알아보자. 2023년 세계 반도체 시장 통계기구[1]에서 발표한 자료에 따르면, 2022년 반도체 산업의 총 매출 규모는 5,801억 달러 수준이다. 반도체 산업 규모는 2019년만 해도 4,120억 달러 수준이었으나, 최근 디지털 트랜스포메이션(DX) 가속화에 따라 반도체 수요가 급증하면서 불과 3년 만에 40%가 증가하였다. 각 해마다 경제 상황에 따라 규모의 변동은 있을지 언정 반도체 시장은 앞으로도 견고할 것으로 전망된다.

앞서 설명한 것처럼 반도체 제품은 개별소자, 광소자, 센서, 집적회로 등으로 분류한다. 이 중 반도체 시장에서 가장 큰 부분을 차지하는 것은 83%에 해당하는 4,800억 달러 규모의 집적회로 제품이다. 집적회로 중 많은 사람에게 가장 친숙한 제품은 한국 반도체 기업이 강세를 보이는 메모리 반도체일 것이다. 2022년 기준, 메모리 반도체의 시장 규모는 1,344억 달러로 집적회로 중에서는 28%, 전체 반도체 시장 중에서는 23%를 차지한다. DRAM과 플래시는 각각 메모리 반도체의 57.5%와 42.5%를 차지하는 수준으로 각각 수백억 달러 단위의 매출을 차지해 단일 제품 중에서는 비중이 높은 편이라 할 수 있다. 그러나 전체 집적회로 대비 비중을 계산하면 메모리 반도체 외 비메모리 반도체의 비중이 높기 때문에, 메모리 시장을 점령한 한국 기업들이 이제 시스템 반도체를 위시한 비메모리 반도체 시장을 차지하기 위해 도전하고 있는 추세다.

집적회로에서 메모리 반도체를 제외한 나머지를 비메모리 반도체라 한다. 제품의 범위나 시장 규모를 따졌을 때 메모리 반도체보다 두 배 이상 높은 비중을 차지하고 있기 때문에, 이들을 뭉뚱그려 비메모리 반도체로 묶는 것이 오히려 부당할 정도라고 느낄 수 있다. 기존에도 많은 투자가 있었으나 최근 들어 한국 반도체 기업들이 비메모리 반도체에 더욱 눈을 들이는 이유가 여기에 있다. 그 중에서 가장 규모가 큰 것은 대부분 최선단 공정을 선호하는 모바일 AP, CPU, GPU 등으로 대표되는 로직 반도체다. 넓은 범위에서는 MCU도 로직 반도체의 일종에 가깝다. 최근 들어서는 AI의 발전에 따라 딥러닝 계산에 유리한 기존의 GPU 제품 외에도, AI 처리 속도를 높이는 NPU나 칩 내 하드웨

1 WSTS(World Semiconductor Trade Statistics)

어를 재프로그래밍하여 유연성이 높은 FPGA 등의 수요가 급격히 증가하고 있어 로직 반도체의 수요가 꾸준히 증가하는 추세에 있다.

아날로그 반도체는 로직 반도체와는 다르게 초미세 공정을 사용하면 도리어 소자의 성능이 열화되는 특성을 가지는 경우가 많다. 이에 예로부터 성숙 공정(Legacy Node)의 꾸준한 수요와 공급이 있는 제품군이며, 최선단 공정 노하우가 필요하여 대기업에 집중된 메모리나 로직 반도체와 달리 중견 반도체 업체도 경쟁력이 충분하여 많은 업체들이 제작에 뛰어들고 있다. 집적화 및 초대량 생산 방식을 따르는 로직 반도체에 비해 아날로그 반도체는 다품종 소량 생산도 필요하다. 이에 맞춰 로직 반도체나 메모리 반도체와 같이 12인치 반도체 라인에서도 생산이 이뤄지지만, 많은 수가 여전히 8인치 반도체 라인에서도 제작되고 있다. 현재에도 꾸준히 8인치 반도체 설비의 수요를 견인하는 요소라 할 수 있다.

[표 1-2] 2022년 글로벌 반도체 시장 규모

(단위 : 억 달러)

Discrete Semiconductors			34,098	5.9%
Optoelectronics			43,777	7.5%
Sensors			22,262	3.8%
Integrated Circuits	Total		479,989	82.7%
	Analog		89,554	15.4%
	Microcomponent		78,790	13.6%
	Logic		177,238	30.6%
	Memory	Total	134,407	23.2%
		DRAM (추정)	77,277	13.3%
		Flash (추정)	57,129	9.8%
Total			580,126	100%

(© WSTS, 추정치 비중은 옴디아 참조)

집적회로가 아닌 반도체들도 비중은 낮지만 그 시장 크기는 무시할 수 없다. 개별 소자, 광학 소자, 센서를 합하면 1,001억 달러 규모로 상당한 규모를 자랑한다. 개별 소자는 주로 전력 반도체가 차지하고 있으며, 실리콘(Si) 외에도 질화갈륨(GaN)이나 실리콘카바이드(탄화실리콘, SiC) 등 차세대 반도체 소재를 이용한 제품이 포함된다. 질화갈륨은 내압 특성이 우수하고 스위칭 속도가 빨라 고주파, 고출력 환경의 무선통신용으로 적합하다는 평가를 받는다. 실리콘카바이드는 내압 특성이 우수하고 안정성이 좋아 전기차를 비롯한 오토모티브 시장에서 수요가 증가하는 추세다.

광학 소자에는 광전지, 레이저, LED 등이 있으며, 이 중에서 태양전지의 비중이 최근의 친환경 추세에 맞춰 증가하는 추세이다. 센서 시장은 카메라 센서로 사용하는 CIS의 시장 규모가 급격히 증가하고 있다. 카메라에서 모바일 분야로 시장 범위가 넓어진 후 꾸준히 증가하던 수요가 카메라 성능 포화에 따라 잠시 주춤한 적도 있었으나, 고성능 카메라 센서의 개발에 따른 수요 증가에 따라 시장 규모가 다시 커지고 있다. 자동차에서도 자율주행을 위해 라이다(LiDAR), 레이더(Radar) 등과 함께 카메라 센서의 사용이 기하급수적으로 늘어나고 있어 시장 규모 증가폭도 가파른 오름세를 보일 것으로 예상된다.

이처럼 반도체 시장은 전반적으로 상승 추세에 있다. 국제 정세 및 환경에 따라 부침이 있을 수는 있으나, 생활 환경 변화에 따라 반도체 제품 사용량이 늘어날 것으로 예상되어 앞으로도 시장이 커지는 것은 당연한 일이라 여겨진다.

② 반도체 산업의 밸류체인

반도체 산업 역시 다른 산업들과 마찬가지로 가치사슬(Value Chain)을 가지고 하나의 생태계로 운영된다. 비슷한 예로 들 수 있는 것은 건축업계가 있다. 건물을 짓기 전에 설계를 하는 것, 설계도를 보고 공사를 하는 것, 공사가 제대로 이뤄졌는지 감리를 하는 것 등의 프로세스가 있는데, 이는 많은 부분에서 반도체 산업과 유사하다.

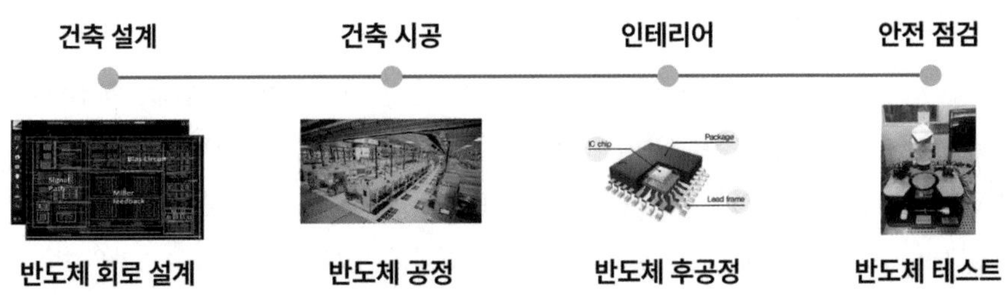

[그림 1-15] 건축과 반도체 제작 순서의 비교

건물 건축을 주문하는 발주처와 마찬가지로 모바일 AP와 같은 칩을 주문하는 발주처가 존재하고, 설계도대로 시공하는 시공사처럼 반도체 제품을 제조해주는 제조사가 있다. 물론 건축에서는 콘크리트 바깥의 외장재도 시공사가 담당하지만, 반도체에서는 포장을 전문적으로 해주는 패키징(Packaging) 회사가 별도로 존재하는 경우도 있다. 뿐만 아니라 건물을 짓는 재료가 되는 철골, 시멘트와 같은 재료뿐 아니라 타워크레인 및 굴착기와 같은 장비 업체 등이 존재하는 것처럼 반도체 산업에서도 반도체를 제조하는 데 필요한 재료와 설비공급 업체 등이 존재한다.

[표 1-3] 건축 산업과 반도체 산업의 비교 예시

	건축 산업		반도체 산업	
발주처	건물 운영사	롯데물산 외	반도체 제품 제조사	퀄컴
의뢰 건	초고층 빌딩	제2롯데월드	모바일 AP	Snapdragon
설계	설계 회사	KPF (Kohn Pedersen Fox)	반도체 제품 회사의 설계팀	퀄컴
제작	시공사	롯데건설	반도체 제조사	삼성전자 DS부문, TSMC
재료	철골, 시멘트	포스코, 쌍용양회 등	포토레지스트	동진쎄미켐, 신에츠케미칼 등
장비	굴삭기, 타워크레인	두산인프라코어, ㈜한국타워크레인 등	증착 설비, 식각 설비	어플라이드 머티어리얼즈, 램리서치 등
외장	시공사	롯데건설	패키징 회사	ASE
점검	감리사/인허가 단체	한미글로벌/소방 당국, 시청	반도체 제품 제조사	퀄컴
고객	건물 입주자	오피스, 고급 레지던스	전자제품 회사	삼성전자 무선부문, 노키아 등

1. 반도체 산업 및 회사

상술한 바와 같이 많은 반도체 제품들이 있다. 이러한 제품들을 제조하는데 기여하는 회사들을 반도체 회사라 하는데, 이들에는 어떠한 종류가 있는지 알아보도록 하자. 앞서 언급한 반도체 산업의 가치사슬을 조금 더 자세하게 살펴보면, 가치사슬은 아래 그림과 같이 제조 공정에 따라 설계(Design) → 제조(Fabrication, FAB) → 패키징(Packaging) 및 검사/테스트(Test) 단계로 나타낼 수 있다. 각 단계별로 도맡은 기능에 따라 회사를 부르는 명칭이 각각 다른데, 설계만 담당하는 경우를 팹리스(Fabless), 제조/생산만 담당하는 경우를 파운드리(Foundry), 제품 포장에 해당하는 패키징 및 검사/테스트만 전문으로 하는 업체를 OSAT(Outsourced Semiconductor Assembly and Test)라고 분류한다. 또한 상기의 전 과정을 하나의 기업이 수행할 경우도 있는데, 이처럼 모든 스텝을 진행하는 회사를 IDM(Integrated Device Manufacturer, 종합 반도체 기업)이라 부른다.

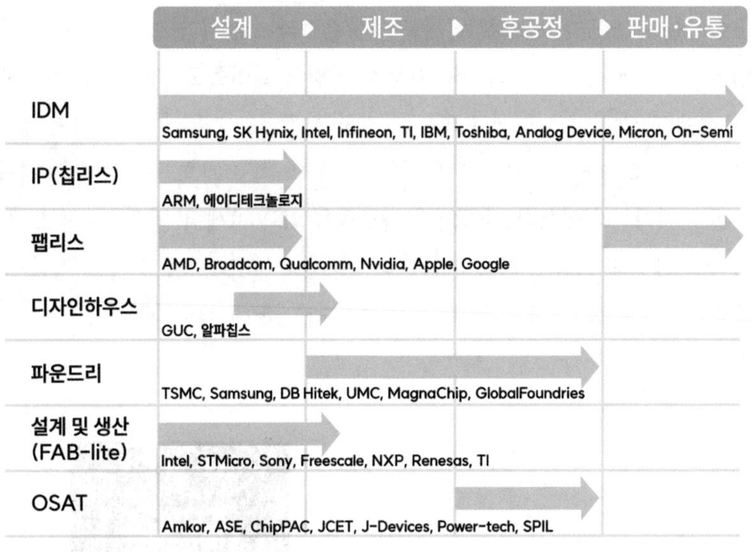

[그림 1-16] 반도체 Value Chain과 기업유형[2]

(1) 반도체 설계 산업 – 팹리스(Fabless) 업체

반도체 설계는 특정한 부품을 구동시키기 위해 칩을 디자인하는 것을 말한다. 예를 들어 휴대폰에 들어갈 GPU가 필요하다고 한다면, GPU 블록 안의 여러 부분(예 GPU에 들어갈 연산처리장치, DRAM과 데이터를 주고받을 통신부, 캐쉬 메모리 등)을 디자인하는 것이다. 현재의 반도체 칩은 복잡도가 높아 한두 사람이 모든 부분을 설계할 수 없다. 따라서 수많은 사람들이 각자 맡은 파트인 블록(Block)을 담당하여 설계를 하며, 최종적으로는 수많은 블록을 모아 하나의 칩을 완성하게 된다. 각 블록을 설계하는 것도 중요하지만 블록을 조합하는 것 역시 수많은 시행착오를 겪어 얻은 노하우가 중요하다. 이에 최근에는 설계 전문 회사인 팹리스의 중요성이 점점 증가하는 추세이다.

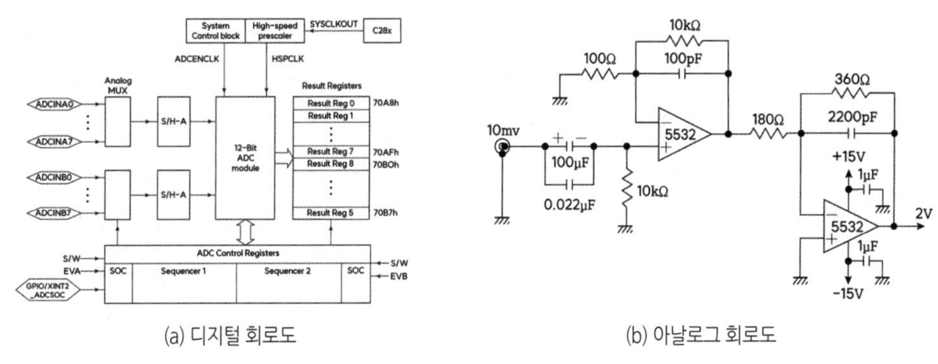

(a) 디지털 회로도 (b) 아날로그 회로도

[그림 1-17] 반도체 설계도면 예시

2 반도체 제조에 관한 Value chain이다. 넓은 범위에서는 이외에도 설비/재료/부품 업체, 시뮬레이션 및 디자인 툴 업체 등이 있다.

[그림 1-18]에서 볼 수 있듯이 반도체 설계도면은 소자와 소자의 연결, 더 나아가 블록들과 블록들의 복잡한 연결로 구성된다. 각 블록들의 기능을 바탕으로 이들을 조합하여 전체 제품을 설계하는데, 회로의 특성에 따라 아날로그 회로 또는 디지털 회로라고 부른다. 그림의 설계도면은 반도체 설계 중 가장 간단한 구조/형태로, 설계도면을 소자 기호와 회로 기호 등으로 많은 사람들이 알아볼 수 있도록 나타낸 것이다. 각 블록과 간략화된 기호들을 더욱 자세히 들여다보면 트랜지스터, 다이오드와 같은 각각의 반도체 소자로 나타나게 된다. 그리고 마지막으로 이들을 정말로 건축 설계도면과 같이 나타내어 반도체 제조 회사에 칩을 만들어달라고 전해주는 최종 도면인 레이아웃(Layout)을 제작해야 한다.

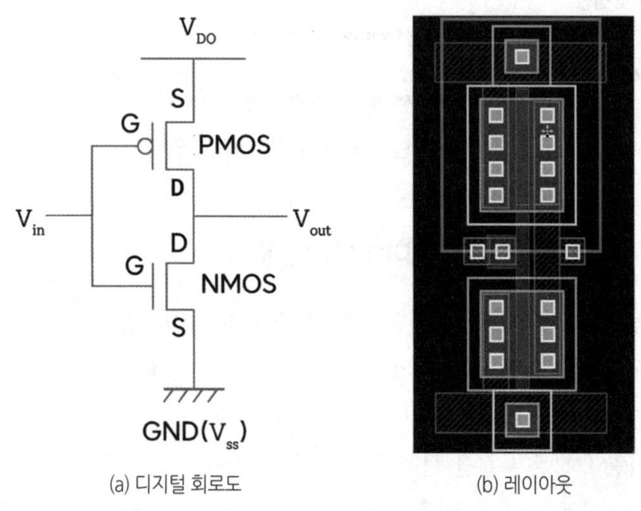

(a) 디지털 회로도 (b) 레이아웃

[그림 1-18] CMOS 설계 예시[3]

팹리스(Fabless)는 생산설비가 없는, 칩의 설계를 전문으로 하는 업체를 말한다. 건축 설계 사무소에서 건물의 설계도를 그리는 것과 유사하다. 이들은 제조 시설을 보유하지 않기 때문에 고정비의 대부분이 연구 개발비 및 인건비로 구성된다. 매출액에서 고정비를 뺀 나머지가 대부분 이익으로 환원되므로 일정 매출 이상에서는 이익률이 급격히 상승하는 특징이 있고, 이외의 고정비가 필요하지 않아 거액의 투자비에 대한 위험이 적어 다양한 회사의 진입이 가능하다. 대표적인 팹리스 기업으로는 가장 유명한 통신칩 공급 업체인 Qualcomm(퀄컴), RF칩 전문업체 Broadcom(브로드컴), GPU 공급 업체로 유명한 Nvidia(엔비디아) 등이 있으며, 한국 업체 중에서는 DDI 칩에 강세를 보이는 실리콘웍스 등이 있다.

3 Complementary MOS. NMOS 트랜지스터와 PMOS 트랜지스터로 이루어진 간단한 회로로 자세한 내용은 뒤에서 다루도록 한다.

[표 1-4] 2021년 IC 디자인 시장 점유율(출처: 트렌드포스)

(단위: 백만 달러)

Rank	Company	2021 Revenue	2020 Revenue	YoY Change
1	Qualcomm	29,333	19,407	51%
2	Nvidia	24,885	15,412	61%
3	Broadcom	21,026	17,745	18%
4	MediaTek	17,619	10,929	61%
5	AMD	16,434	9,763	68%
6	Novatek	4,836	2,709	79%
7	Marvell	4,281	2,942	46%
8	Realtek	3,767	2,635	43%
9	Xilinx	3,677	3,053	20%
10	Himax	1,547	888	74%
Top 10 Total		**127,405**	**85,971**	**48%**

세계 팹리스 매출액은 2000년부터 연평균 13.0%의 높은 성장률을 기록하고 있다. 반도체 산업 내에서의 매출액 비중이 지속적으로 상승하여 반도체 산업 내에서의 매출액 비중이 2004년 13.9%에서 2014년 26.2%로 높아졌다. 또한 전 세계 반도체 매출액 상위기업 15개 중 Fabless 업체는 2019년 4개 업체에서 2021년 6개 업체[4]로 증가할 정도로 현재도 빠른 성장세를 보이고 있다.

[표 1-5] 2021년 상반기 전세계 상위 15개 반도체 공급업체 매출 순위(출처: 가트너)

(단위: 백만 달러)

2021년 순위	2020년 순위	업체	2021년 매출	2021년 시장점유율	2020년 매출	2020~2021년 성장률
1	2	Samsung Electronics	75,950	13.0%	57,729	31.6%
2	1	Intel	73,100	12.5%	72,759	0.5%
3	3	SK hynix	36,326	6.2%	25,854	40.5%
4	4	Micron Technology	28,449	4.9%	22,037	29.1%
5	5	Qualcomm	26,856	4.6%	17,632	52.3%
6	6	Broadcom	18,749	3.2%	15,754	19.0%
7	8	MediaTek	17,452	3.0%	10,988	58.8%
8	7	Texas Instruments	16,902	2.9%	13,619	24.1%
9	10	Nvidia	16,256	2.8%	10,643	52.7%
10	14	AMD	15,893	2.7%	9,665	64.4%
Others(outside top 10)			257,544	44.1%	209,557	22.9%
Total Market			**583,477**	**100.0%**	**466,237**	**25.1%**

4 2021년 기준 Qualcomm(5위), Broadcom(6위), MediaTek(7위), Nvidia(9위), AMD(10위), Apple(12위)

국가별 팹리스 시장 점유율은 미국 68%, 대만 21%, 중국 9%, 유럽/일본/대한민국 1% 내외로 미국이 압도적인 비중을 차지하고 있다. 최근 들어 팹리스 시장이 급격히 성장하고 있는 곳은 중국이다. 중국은 정부 차원에서 팹리스 산업을 전략적으로 육성하여 2010년 5%를 차지한 점유율을 2019년 15%까지 끌어올렸다. 비록 2021년에는 점유율이 9%대로 하락하였지만, 육성의 결과로 팹리스 기업 50위권 내 중국 업체 수가 2009년 1개에서 2017년에는 10개로 증가하였다. 반면 한국의 팹리스 기업들은 대부분 영세한 규모와 낮은 영업이익률로 인해 연구 · 개발에 대한 투자 여력이 부족한 상황이며 팹리스 기업 수도 중국의 20분의 1에 머무르는 수준이다.

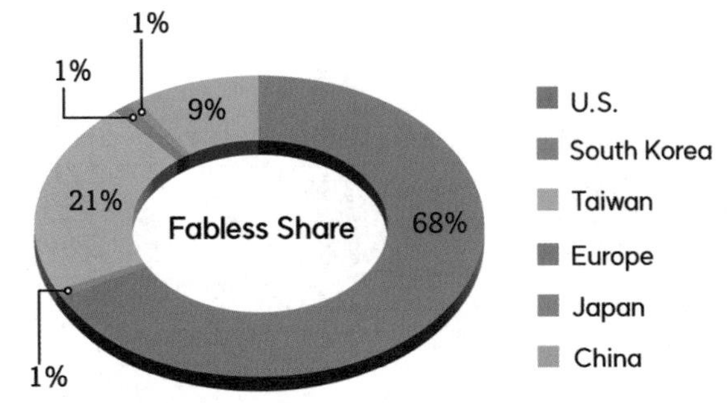

[그림 1-19] 2021년 IC 디자인 시장 지역별 점유율(© IC인사이트)

(2) 반도체 전공정 및 제조 산업 – 파운드리(Foundry) 업체

반도체 제품을 구현하기 위한 제조 과정을 전공정이라 한다. 건축으로 따지면 도면을 받아 건물의 뼈대와 배선, 기타 내부 구조를 건설하는 것과 같다. 실제 제작 과정은 여기서 다루기에는 너무 길기 때문에 여기서는 간단하게 그림으로 제작된 반도체의 측면 구조만 보고 설명해보도록 하겠다. 다음 그림은 3D 낸드 플래시 소자 구조를 나타낸 것이다. 이와 같은 구조를 만들기 위해 여러 층의 물질을 균일하게 증착하기도(쌓기도) 하고, 가운데 부분을 형성하기 위해 구멍을 위에서부터 뚫은 다음 그 안을 다시 채우기도 한다. 전공정 과정은 실제로 물리적으로 반도체 제품을 구현하는 부분이기도 하고, 또 금전적인 부분과 가장 연관있는 부분이기 때문에 전체 산업에서 가장 중요한 부분이라고 할 수 있다.

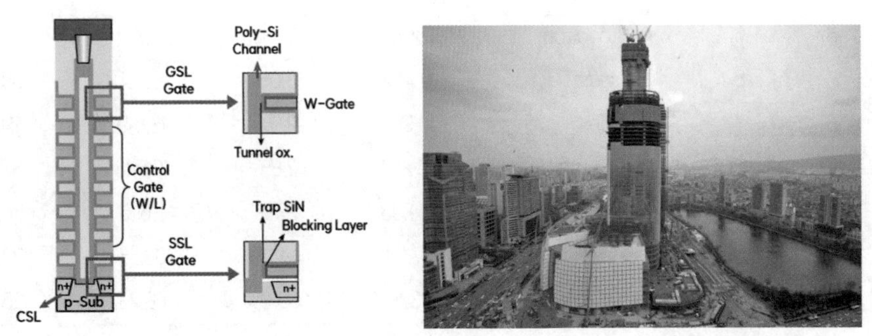

[그림 1-20] 3D 낸드 플래시 소자와 초고층 건물 건축 구조

건축에서 설계도를 넘겨받아 건물 시공을 전문적으로 하는 회사들이 있는 것처럼, 반도체 역시 칩을 설계하지 않고 설계 전문업체(팹리스)로부터 주문받은 칩의 생산을 전문적으로 하는 회사들이 있다. 이들을 수탁제조업체, 혹은 파운드리(Foundry)라 한다. 파운드리 산업이 안정적으로 뒷받침되어야 팹리스 업체들도 시설투자에 대한 부담없이 연구 · 개발에 투자를 집중할 수 있다. 대표적인 파운드리 업체로는 대만의 TSMC, UMC, 미국의 GlobalFoundries(글로벌파운드리) 등과 한국의 삼성전자, SK하이닉스 시스템IC, DB하이텍(구 동부하이텍) 등이 있다. 파운드리 업체는 자체적으로 공정기술을 개발하며, 자신들의 공정기술을 써서 제품을 만들어달라고 설계 업체에 마케팅을 한다. 이때 고객에게 제공하는 파운드리의 기술수준, 기술 특징, 설계에 도움이 되는 요소 및 디자인 툴 등을 통틀어 PDK(Process Design Kit)라 한다.

PDK 내용	반도체 제조 회사
최소 크기	구현 가능한 최소 선폭
디자인 룰	디자인 시 지켜야 할 최소 간격 및 기타 조건
제공 옵션	제공하는 소자 종류 (일반 소자, RF 소자, 고출력 소자 등)
블록과 레이아웃 변환	디지털 회로 → 레이아웃으로 변환
스펙	소자 성능(전류, 동작 속도 등) 및 소비 전력

[그림 1-21] (왼쪽) 고객사에 전달하는 PDK
(오른쪽) 새로운 소자 개발을 통한 성능 개선을 고객에게 홍보하는 자료 (© 삼성전자)

파운드리는 크게 자체설계 없이 수탁생산만을 하는 Pure-Play(순수) 파운드리와 자체설계 제품의 생산과 함께 수탁생산도 병행하는 IDM 파운드리로 나뉜다. 현재 Pure-Play 파운드리 업체가 전 세계 파운드리 시장의 80% 이상을 차지하고 있다. 파운드리 산업은 2021년 기준 상위 5개 업체가 시장 매출액의 90%를 차지하고 있는데, 실제로는 시장점유율 1위인 TSMC가 53%를 차지할 정도로 승자독식이 매우 강한 시장이다. 이러한 경향은 2위인 삼성전자의 시장점유율을 고려하면 더욱 공고해지는데, TSMC의 시장점유율에 삼성전자의 시장점유율 18%를 합한 매출 비중은 무려 70%에 해당한다.

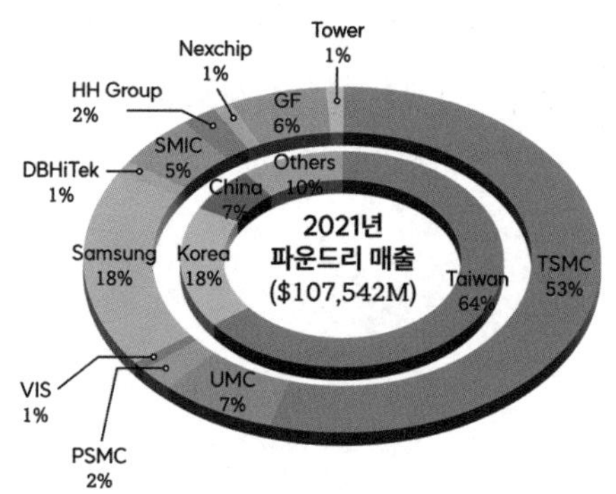

[그림 1-22] 2021년 글로벌 파운드리 시장 점유율

국내 시장에서 이용 가능한 Pure-Play 파운드리 업체로는 DB하이텍이 유일하며, 추가적으로 국내에서 이용 가능한 업체는 삼성전자, SK하이닉스 시스템IC, 매그나칩 반도체 등이 있다. 얼마 전까지는 국내 팹리스 업체들이 해외 파운드리 업체에 의존하는 비중이 매우 높았으며, 이에 따른 운반 비용 증가와 생산일정 지연과 소통의 어려움 등의 문제가 다수 존재하였다. 최근 들어 정부와 산업계가 시스템 반도체 육성을 위해 파운드리 업체들을 지원하고 있는데, 이에 맞춰 국내 파운드리 업체들 역시 적극적으로 팹리스 업체들을 지원하기 위한 여러 움직임을 보이고 있다.

(3) 반도체 후공정 – OSAT(Outsourced Semiconductor Assembly and Test) 업체

반도체 전공정이 끝난 칩을 제품으로 만들어주기 위해서는, 반도체 칩의 데이터 입력과 출력 단자를 외부와 연결하는 패키징(Packaging)과 생산이 끝난 제품을 대상으로 정상 동작 유무를 판별하는 검사 및 테스트(Test)가 필요하다. 이들 공정을 반도체 후공정이라고 한다. 후공정을 전문적으로 담당하는 업체를 OSAT(Outsourced Semiconductor Assembly and Test)라고 한다.

패키징은 칩과 외부를 연결하는 작업으로 반도체 칩을 물리적으로 보호하고 상호 배선 및 전력 공급을 위해 필요한 공정이다. 과거에는 데이터 입력과 출력 단자 수가 적었기 때문에 반도체 패키징도 단순한 구조가 주류를 형성하였으나, 최근 스마트폰 등 각종 디지털 가전시장이 확대되면서 패키지 타입도 과거보다 복잡해지고 종류도 다양해지고 있다. 특히 저항을 최소화하는 상호 접속 기능과 성능 향상을 위한 발열 관리 능력, 더 나아가 패키지 통합 기능 등 반도체 기능을 극대화하는 역할이 강조되고 있다. 테스트는 FAB 공정(제조, 생산 공정)이 끝난 웨이퍼를 대상으로 하는 웨이퍼 레벨 테스트(Wafer Level Test)와, 양품을 선택[5]하여 패키징을 진행한 후 패키지가 완료된 칩을 검사하는 패키지 테스트(Final Test)로 구분된다. 대표적인 업체로는 ASE(대만), Amkor(미국) 등이 있다.

건축물에서 인테리어는 디자인으로만 끝나는 것이 아니다. 단열재를 사용하여 외부의 온도 변화에도 건물 내부의 온도를 유지하기 쉽도록 하는 기능, 원활한 공기 순환을 위한 환기 기능 등을 포함해야 한다. 반도체 역시 마찬가지로 단순 포장에만 신경 쓰는 것이 아니라 부가적인 기능을 담당한다. 반도체 칩은 예전에 비해 크기가 매우 작아지고 고속 동작을 하는데, 이로 인해 발생하는 발열은 반도체 성능을 저하시키는 가장 큰 요인이다. 동영상 시청 등의 고성능 동작으로 휴대폰을 오랜 시간 사용해 본 사람들은 휴대폰이 뜨거워지면서 어느 순간이 되면 버벅거리는 것을 느꼈을 것이다. 이러한 문제를 해결하기 위해 패키징에서는 발생한 열을 바깥으로 잘 빼주는 방열 기능이 매우 중요해졌고, 자연스레 패키징 재료 연구 및 공정 개발 역시 예전에 비해 훨씬 중요해졌다.

---

5 EDS(Electrical Die Sorting)

[그림 1-23] (왼쪽) 패키징의 배선 과정, (오른쪽) 고분자 레진 수지로 덮인 패키지 형태

패키징과 테스트의 시장 규모는 2018년 기준 약 300억 달러였으며 5년간 연평균 5.2%씩 성장할 것으로 전망되고, 첨단 패키지 시장은 연평균 약 8%씩 성장하여 2023년에는 약 390억 달러에 이를 것으로 전망된다. 지금은 기술의 고도화에 따른 패키징 전문화 추세, IDM이나 파운드리의 고정비 절감 목적을 위한 아웃소싱 증가로 당분간 패키징과 테스트 아웃소싱 시장은 성장세가 지속될 것으로 예상된다. OSAT의 지역별 점유율을 살펴보면 대만이 52%, 중국이 24%를 차지하고 있는 과점체제이며, 한국은 6%에 불과하지만 2018년 3%에 비해 두 배 증가한 점유율을 보이고 있다. 또한 한국 업체들은 삼성전자와 SK하이닉스 등이 자체적으로 어드밴스드 패키징(Advanced Packaging)[6]을 개발하고 있다는 점을 염두에 두어야 할 것이다.

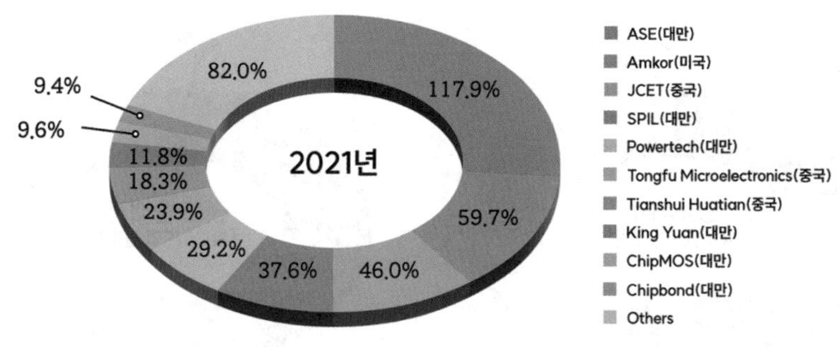

[그림 1-24] 2021년 OSAT 시장 점유율(2021년 매출 기준)

(4) IDM(Integrated Device Manufacturer, 종합 반도체 기업)

IDM은 설계부터 제조, 패키징 및 검사까지 일괄 공정체제를 구축한 완성업체를 말한다. 기술력과 규모의 경제를 통한 경쟁력 우위를 얻을 수 있어 거대 자본 투자를 통해 얻을 수 있는 수익이 높은 형태인 반면, 실패에 따른 위험 역시 높은 편이다. 이러한 모델은 높은 기술력을 바탕으로 소품종 대량생

6 첨단 패키징 기술

산이 가능한 경우가 가장 적합하다. 잘 알려진 예로 반도체 협회의 가이드에 따라 정해진 규격대로 생산해야 하는 DRAM이나, 통신규격이 정해진 SSD에 들어가는 플래시 메모리 등의 메모리 반도체가 있다. 대표적인 회사로는 삼성전자 메모리사업부, SK하이닉스, 마이크론 등이 있다. 이외에도 CPU 제조사인 Intel(인텔), 파워 반도체 제조사인 온세미컨덕터(On Semiconductor) 등이 대표적인 IDM 회사다.

IDM은 반도체 제품 생산에 해당하는 거의 대부분의 공정을 담당하기 때문에 이로 인한 매출 역시 매우 높은 편이다. 2021년 전 세계 반도체 매출액 상위기업 15개 중 10개 업체가 IDM이며, 그 중 2위/3위/4위에 해당하는 삼성전자, SK하이닉스, Micron(마이크론) 등 메모리 업체가 차지하는 매출액이 상당함을 알 수 있다.([표 1-5] 참고)

현재 전체 반도체 시장을 보면 삼성전자와 인텔의 2강 체제가 매우 공고하다. 그러나 메모리 반도체로 눈을 돌리면 이야기가 달라진다. [그림 1-25]에서 볼 수 있듯 DRAM의 경우 일부 대만 업체를 제외하고는 3개의 업체가 거의 95%에 육박하는 비중을 차지하는 전체적인 과점시장이다. 그 중에서도 삼성전자와 SK하이닉스의 비중이 매우 큰 것을 알 수 있다. 낸드(NAND) 플래시 메모리 시장 역시 삼성전자가 가장 높은 점유율을 보이고 있다. SK하이닉스의 점유율은 DRAM에 대비하여 낮은 편이지만, 2022년 1분기 기준 SK하이닉스가 인텔의 플래시 메모리 공장 인수 후 설립한 솔리다임(Solidigm)과의 합산은 18%를 차지하고 있다. 이는 18.9%로 2위를 차지한 Kioxia(키옥시아)와 비등한 수준이다. (출처 : 트렌드포스)

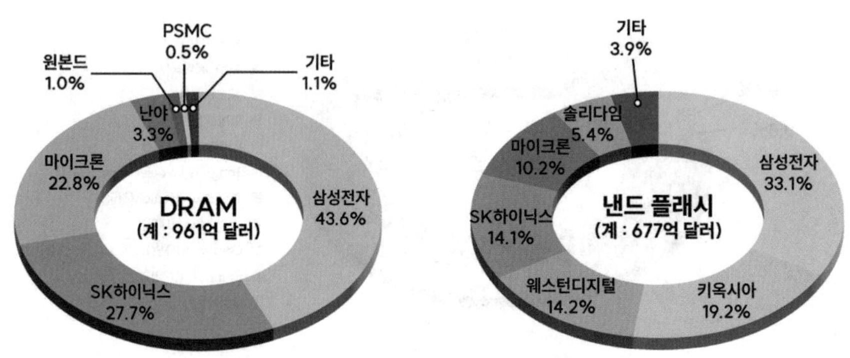

[그림 1-25] DRAM 시장, 낸드 플래시 메모리 시장 점유율(2021년 기준)

(5) 칩리스(Chipless)

예전에는 반도체 설계를 하는 데 있어 팹리스 업체가 모든 것을 담당하였다. 그러나 칩의 기능과 크기가 증가하면서 복잡도가 늘어나 이를 팹리스 업체가 모두 담당하기 버거워졌다. 칩 내에서 하나의 기능을 담당하는 부분을 블록(Block)이라고 하는데, 칩이 고도화되면서 각기 다른 기능을 가진 블록이 여러 개 필요하게 되었다. 예전에는 팹리스가 각 블록을 모두 개발하였으나, 다양한 제품에 맞춘 특화 설계의 필요성이 늘어나 인력과 시간에 쫓기다보니 블록 개발을 외주화하게 되었다.

이처럼 수요에 맞춰 블록을 제공해주는 업체를 칩리스(Chipless)라 한다. 칩리스가 제공하는 블록을 IP(Intellectual Properties)라고 하는데, IP는 특정 기능을 하는 설계 블록의 설계도(Cell library)의 지적재산권이라 보면 된다. 특정 IP를 차용하면 라이선스에 따른 로열티를 제공해야 하기 때문에 팹리스와 파운드리 회사 역시 IP 개발에 많은 노력을 기울이고 있으나, 앞서 말한 것처럼 자원의 한계에 따라 모자란 부분을 칩리스가 채우고 있다.

칩리스가 IP를 제공하면 팹리스 업체가 차용한다. 팹리스는 자사칩을 설계해 외부에 판매하는데, 이 때 칩리스 업체는 칩에 대한 소유권이 없으며 팹리스에서 제작한 제품은 팹리스의 이름을 달고 출시된다. 대표적인 예로 삼성전사 시스템 LSI 사업부가 제조한 모바일 AP인 Exynos(엑시노스)의 경우, GPU는 ARM사의 Mali GPU를 차용하지만 엑시노스 자체의 소유권은 ARM이 가지지 못하는 것을 들 수 있다.

[그림 1-26] SoC 칩 내에 사용된 블록의 예시

시스템 반도체의 중요성이 부각되면서 칩리스의 중요성 역시 더욱 증가하는 추세다. 팹리스 뿐 아니라 파운드리 업체 역시 칩리스 업체와의 협업을 늘리는 추세이다. 파운드리 사업의 1인자인 TSMC의 경우 많은 칩리스 파트너를 두고, 칩리스의 IP를 TSMC가 독점적으로 확보하여 팹리스 파트너에게 제공하는 방식의 전략을 세우고 있다. 이러한 IP의 차이로 인해 팹리스 업체가 쉽게 파운드리 업체를 바꾸지 못하는 경우도 발생한다.

(6) 디자인하우스(Design House)

파운드리는 팹리스 업체의 도면을 보고 칩을 제조한다. 이 때 필요한 도면이 레이아웃(Layout)으로, 앞서 반도체 제조에 맞춘 설계도면이라 설명한 바 있다. 반면 팹리스 업체가 최초 설계한 도면은 트랜지스터들의 조합이나 각 블록의 조합으로 이뤄진 것으로 레이아웃과는 거리가 멀다. 따라서 이들 사이에 변환해주는 기능이 필요하다. 이를 전문적으로 하는 업체를 디자인하우스라 한다. 디자인하우스는 팹리스 업체가 제조한 설계도면을 레이아웃으로 다시 디자인하거나, 팹리스에서 제작한 레이아웃을 검증하는 등의 백엔드(Back-end) 디자인을 수행하는 기업이다.

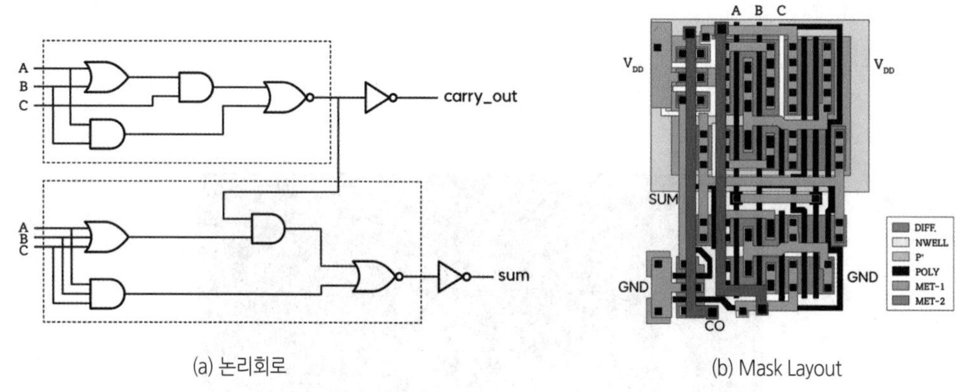

(a) 논리회로 (b) Mask Layout

[그림 1-27] Full-adder 회로

위의 그림은 칩리스/팹리스 업체가 설계한 논리회로를 레이아웃으로 변환한 것이다. 원칙적으로는 이러한 변환은 팹리스가 자체적으로 하거나, 혹은 파운드리에서 제공해주는 것이 맞다. 그러나 다음의 두 가지 경우에 의해 외주를 주는 것이 보편적으로 통용된다. 첫 번째는 팹리스에서 레이아웃에 대한 이해나 변환에 쓰는 자원을 아끼기 위해 외주를 주는 것이다. 두 번째는 파운드리에서 다양한 고객이 몰릴 경우 일일이 커버를 하지 못하는 경우이다. 특히 파운드리 업체 입장에서는 구조적으로 디자인하우스 업체가 필요해지게 되었다. 중소형 고객사들까지 모든 물량을 영업하기 어려울 뿐더러, 프로젝트가 많아지고 파운드리 비즈니스가 커질수록 파운드리 업체가 세밀한 영역까지 커버하는데 한계가 있기 때문이다.

팹리스가 디자인하우스 역할까지 수행 > 비효율적

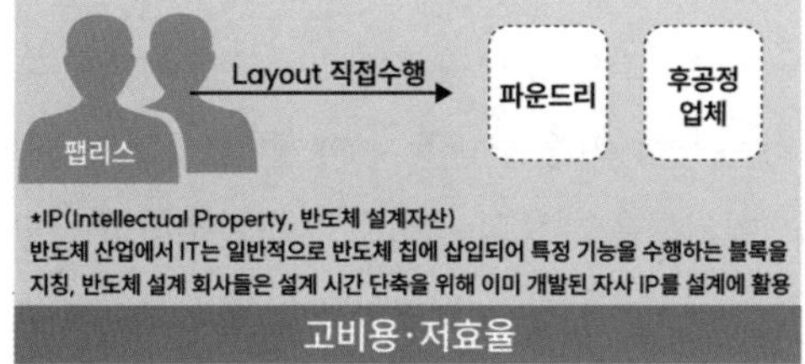

디자인하우스가 중간 디자인을 담당 > 효율적

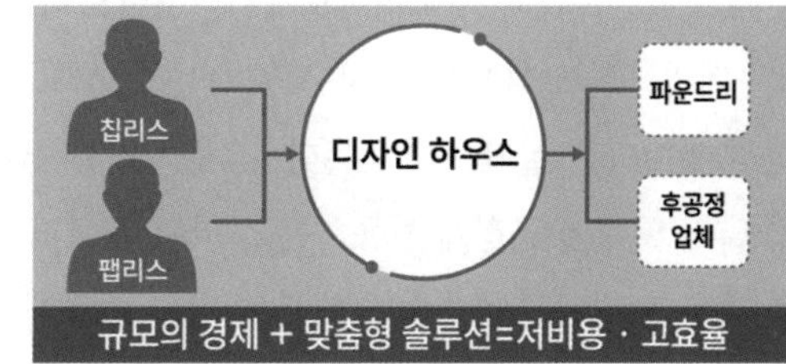

[그림 1-28] 디자인하우스의 역할

앞서 칩리스에서 말한 것처럼, 파운드리 1인자인 TSMC는 디자인하우스 역시 자체의 가치사슬 안에 포함시키는 많은 노력을 하였다. 대표적인 디자인하우스를 선정하여 외부에서 제조 의뢰가 들어올 경우 이들을 통해서만 설계도를 받는 방식이다.[7] 이들 역시 TSMC와 함께 설계 기술을 개발하고 지적재산권을 쌓아오면서 성장하게 되는데, 이러한 배타적 관계가 공고하여 파운드리 2위인 삼성전자 파운드리 사업부가 선단공정을 빠르게 개발하여도 쉽게 팹리스 고객을 끌어오지 못하는 상황이 발생한다. 이에 삼성전자 파운드리 사업부 역시 자체 가치사슬 프로그램[8]을 구동하는 노력을 하고 있다.

2. 반도체 재료 및 장비 산업

앞서 살펴본 것처럼 반도체 제품을 만들기 위해서는 많은 업체들이 있어야 한다. 이외에도 반도체 제조에 필요한 재료를 제공하는 업체, 제조에 필요한 장비를 제공하는 업체 등이 대표적인 반도체 산업을 형성한다. 이외에도 소프트웨어, 건설 및 시설관리, 환경 등 여러 분야에서도 도움이 필요하지만 이들은 여기서 다루지 않기로 한다.

(1) 반도체 재료 산업

반도체 제조에 있어 기술력이라는 표현을 많이 사용한다. 이러한 기술력은 재료에서부터 시작한다. 뛰어난 설계 능력과 첨단 공정 제조 능력 등을 뒷받침하기 위해서는 특징에 맞는 재료부터 선정해야 하며, 필요한 소재가 없는 경우 그것들을 개발하는 것 역시 필요하다. 예를 들어 제아무리 뛰어난 패키징 기술이 있는 업체라 하더라도 원재료인 에폭시와 같은 소재가 발열을 막지 못하는 소재라면 제조기술의 의미가 퇴색되기 마련이다.

반도체 재료는 크게 반도체 공정이 이루어지는 웨이퍼 재료와 반도체 전공정을 진행하는데 필요한

7 주로 중소형 팹리스 업체에게 이런 전략을 사용한다.
8 SAFE(Samsung Advanced Foundry Ecosystem)

공정 재료, 반도체 패키징에 필요한 구조 재료로 나뉘어진다. 웨이퍼 재료는 비교적 간단한데, 대부분의 로직반도체와 메모리반도체, 센서반도체는 실리콘(Si)을 정제한 후 웨이퍼로 제작하여 사용한다. 실리콘은 모래에 많이 함유되어 있어 모래를 고온에 녹여, 그 안의 실리콘을 고순도로 정제한 후 식혀 웨이퍼용 실리콘을 얻는다. 다음 그림과 같이 실리콘 원통 기둥을 만든 후에 슬라이스 치즈처럼 얇게 떠내면 공정에 사용하는 실리콘 웨이퍼가 된다. 실리콘은 재료의 성질도 우수할뿐더러 상술한 대로 모래에서 추출하기 때문에 다른 재료에 비해 경제적이어서 널리 사용되고 있다.[9] 실리콘 웨이퍼를 제조하는 대표적인 회사로는 SK실트론(한국), SUMCO(일본) 등이 있다.

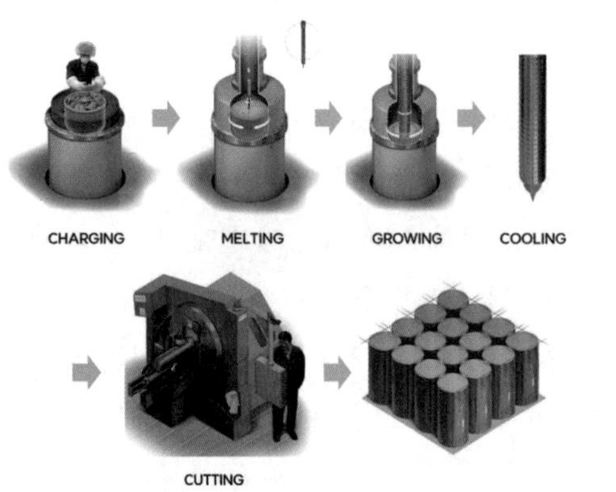

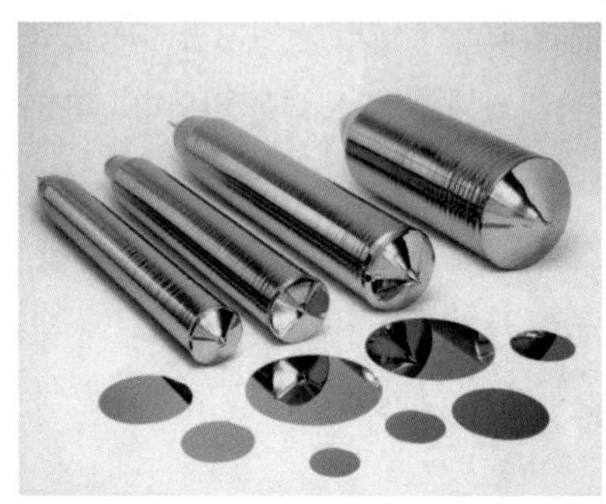

[그림 1-29] (왼쪽) 실리콘 웨이퍼의 원재료인 실리콘 잉곳을 생산하는 과정, (오른쪽) 실리콘 잉곳과 웨이퍼

반도체 전공정 재료와 후공정 재료는 주로 재료 전문 업체들이 개발하여 제공한다. 반도체 공정에는 유기물질, 가스, 세정제 등 수많은 물질들이 필요한데, 반도체 제조업체가 이들을 일일이 다 개발할 수 없어 개발과 공급을 담당하는 수 많은 재료업체가 존재한다. 일본의 소재 수출 제한 목록에 있었던 불화수소(HF, 불산), 감광제인 포토레지스트(Photoresist, PR) 등이 반도체 재료의 대표적인 예이다. 필요한 경우에는 반도체 제조 업체들이 재료 개발에 뛰어들지만, 이들은 주로 납품받은 물질들이 공정개발에 적합한지를 판단하고 문제가 발생하였을 때 재료 전문 업체와 함께 그 원인을 분석하는 역할을 담당한다.

반도체 소자를 형성하는 재료는 별도의 업체가 공급하는 것을 그대로 사용하는 것도 있지만, 일부는 반도체 제조 업체가 자체 개발하거나 공정 과정에서 생성되기도 한다. 예를 들어 트랜지스터 각 극간의 전기적 분리를 위한 부도체 절연막을 사용할 때, 기존의 실리콘 산화물(SiO_2)을 개선하여 우수한 절연 특성, 높은 화학 내성, 낮은 유전율[10]을 가지는 물질을 만들어야 할 필요가 있다. 이에 반도체 제조업체는 재료 업체들이 제공한 가스 등의 재료를 이용해 공정을 진행하여 이를 충족하는 실리콘 산탄질화물(SiOCN)이라는 물질을 개발하여 사용 중이다.

9 이외에 목적에 따라 저마늄(Ge), 갈륨비소(GaAs), 질화갈륨(GaN), 탄화규소(SiC) 등의 재료들도 웨이퍼로 사용되나, 아직까지는 그 비율이 높은 편은 아니다.

10 어떠한 재료가 저장할 수 있는 전하량

[표 1-6] 반도체 재료업체의 분류

대분류	기능	설명	예시(제품)
전공정 재료	기능 재료	반도체의 기판	웨이퍼
	공정 재료	웨이퍼를 가공하여 칩을 제조하는 데 사용되는 소재	포토마스크, 포토레지스트, 반도체용 고순도 화공약품 및 가스류, 펠리클, 배선재료 등
후공정 재료	구조 재료	패키징에 사용되는 소재	리드프레임, 본딩와이어, 밀봉재(봉지재)

반도체 재료 시장은 2019년 521억 달러 규모에서 2021년 642억 달러 규모로 증가했다. 이 중에서 [그림 1-30]와 같이 대형 파운드리와 고급 패키징 기술력을 강점으로 가진 대만의 반도체 재료 시장 규모가 147억 달러로 가장 크다. 한국 역시 전세계적인 반도체 제조업체들이 존재하여 이들의 수요를 맞출 수 있는 재료업체 역시 다수 존재한다. 그러나 일부 첨단 재료는 기초 기술력이 뛰어난 일본의 소재업체에 다수 의존하고 있는 실정이다. 이로 인해 2019년 일본의 반도체 재료 대한 수출제재 시 제조업체들이 비상 상황에 돌입하기도 하였으며, 이를 극복하기 위해 주로 일본에 집중된 반도체 재료의 다원화 및 자급화를 추진하게 되었다. 정부 차원에서 소재/부품/장비 업체를 집중 육성하기로 하고 많은 지원을 하고 있어 앞으로는 첨단 소재 개발이 더욱 활발히 이루어질 것으로 예상된다.

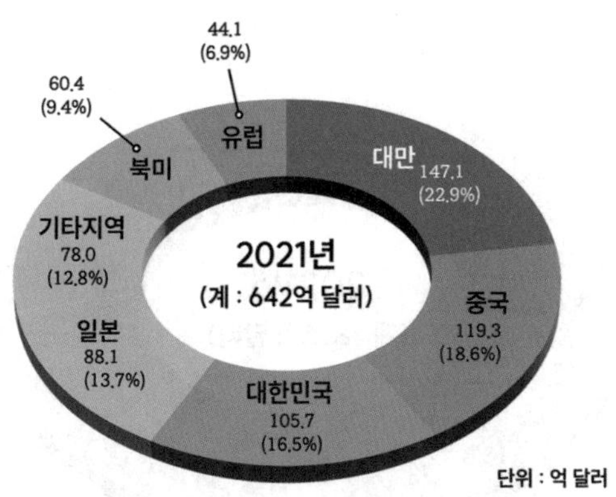

[그림 1-30] 반도체 재료 시장 규모(© SEMI)

(2) 반도체 장비 산업

반도체업은 다른 표현으로 '장비 산업'이라고도 한다. 반도체 제조에 있어 반도체 장비가 차지하는 역할이 매우 중요하기 때문이다. 반도체 재료가 반도체 제조의 근본이라고 할 수 있지만, 훌륭한 재료가 있더라도 그를 운용하는 기술이 있어야 우수한 제품을 만들 수 있다. 건물을 지을 때에도 뛰어난 설계도를 수행하는 장비 없이 인력에 의존하면 그만큼 시간과 노력이 많이 든다. 우수한 장비를 사용하면 이를 줄일 뿐 아니라 품질 역시 훨씬 뛰어날 것이다. 반도체 역시 마찬가지다.

반도체 장비는 반도체 생산을 위해 준비하는 웨이퍼 제조/가공을 포함해 칩 생산, 조립 및 검사에 활용되는 모든 장비를 말한다. 웨이퍼를 개별 칩으로 분리하기 전까지 단계인 전공정, 패키징과 검사에 해당하는 후공정까지 모두 필요하므로 시장 전체의 규모가 매우 크고, 각 공정별로 세분화하여 전문화된 장비를 사용하는 것이 필요하다는 특징이 있다. 일반적으로 반도체 장비의 비중은 전공정 70%, 후공정 30%로 구성된다. 전공정 장비는 고도의 기술을 필요로 하여 소수의 대기업들이 과점하는 체제인 반면, 후공정 장비는 진입장벽이 비교적 낮아 가격 경쟁력이 중요한 요인이다. 따라서 대부분의 메이저 업체는 전공정 장비를 담당하는 업체들이며, 반도체 장비의 시장점유율에서도 이러한 경향이 나타난다. 어플라이드 머티어리얼즈(Applied Materials), ASML, 램리서치(LAM Research), 도쿄일렉트론(TEL)과 검사장비 전문업체인 KLA-Tencor가 전체의 약 76%의 매출을 보이고 있다.

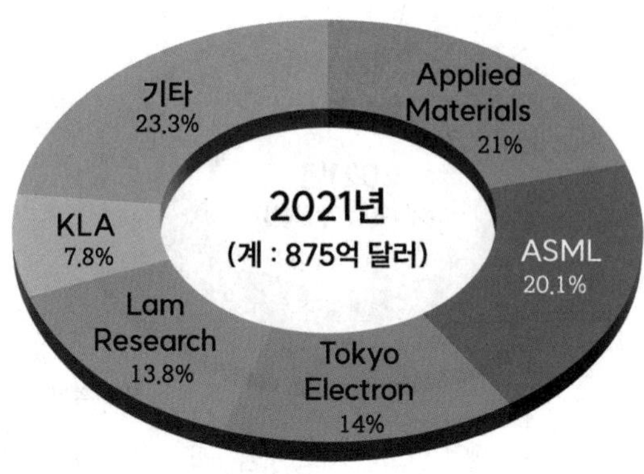

[그림 1-31] 반도체 전공정 장비업체 시장점유율

반도체 장비는 전기 · 전자공학, 화학, 광학, 정밀가공 기술 등 다양한 최첨단 기술들이 요구되는 기술집약형 융합산업이다. 또한 한 세대 반도체 장비 기술이 완전히 성숙되기 전에 다음 세대의 반도체 장비 기술로 전환되는 속도가 빠른, 수명주기가 짧은 지식집약적 고부가가치 산업이다. 이에 글로벌 장비 회사의 경우 R&D 비중이 매출액 대비 12%를 차지할 정도로 그 투자액이 높은 편이다.

반도체 장비의 경우 반도체 제조업체의 요구에 대응하는 기술을 적시에 제공하는 것이 중요하다. 따라서 반도체 장비 발주가 반도체 호황기에 집중되고 불황기에는 급감하여, 변동 폭이 반도체 및 타

산업 대비 큰 편이다. 글로벌 반도체 장비투자액은 반도체 호황이었던 2018년 645억 달러에서 2019년에는 596억 달러로 감소하였지만, 코로나 사태로 인한 반도체 수요 증가로 인해 2020년에는 710억 달러, 2021년에는 1,025억 달러로 증가하였다.

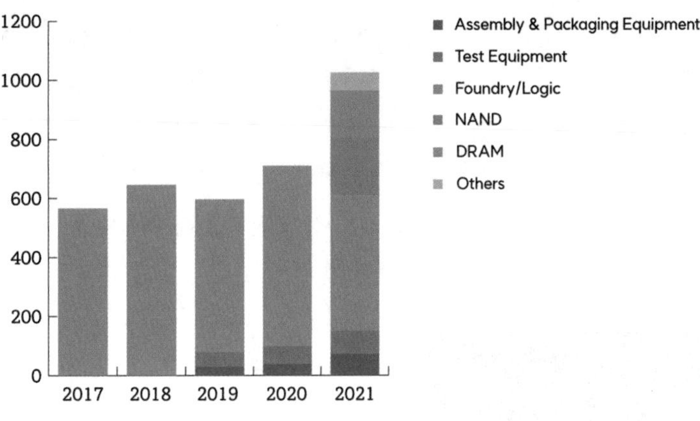

[그림 1-32] 반도체 장비업체 시장 규모

지역별 반도체 장비 시장규모를 살펴보면 중국, 대만, 한국 등이 반도체 장비시장을 이끌고 있는 것을 알 수 있다. 주목할 점은 최근 들어 중국의 반도체 장비 구매 규모가 기하급수적으로 증가하였다는 것이다. 중국은 파운드리와 메모리에 적극 투자해 2021년에는 최대 투자지역으로 자리매김하였다. 최근 미국과의 분쟁으로 2022년에는 투자금액이 줄어들긴 하였으나, 그럼에도 220억 달러 이상 투자한 것으로 알려져 있다. 삼성전자, SK하이닉스 등의 현지 공장 투자도 큰 몫을 하였지만, 중국 업체의 자체 투자 역시 크게 늘어나고 있어 중국의 반도체 장비에 대한 투자규모는 눈여겨봐야 할 것이다. 다만 앞서 언급하였듯이 미중 분쟁에 의해 반도체 설비 수입이 줄어들 수 있는 변수가 있다. 최근에는 미국에 대대적인 반도체 라인 건설이 발표되면서, 미국에 투자되는 반도체 장비의 규모 역시 매우 증가할 것으로 예상된다.

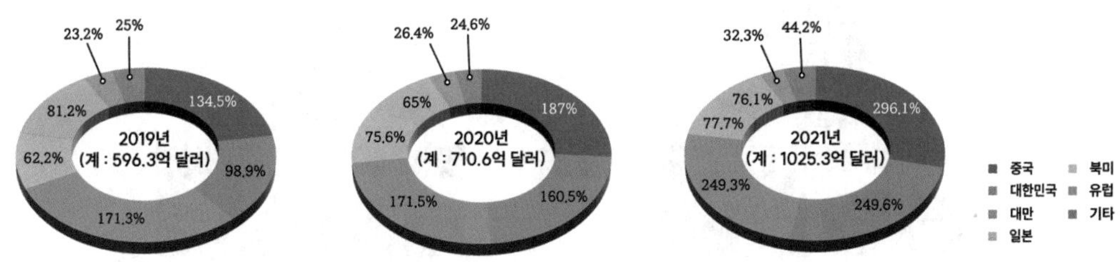

[그림 1-33] 지역별 반도체 장비시장 규모

(3) 반도체 장비 부품 산업

반도체 장비가 중요한 만큼 그를 구성하는 장비 부품 역시 매우 중요하다. 반도체 공정은 특성상 부식성 가스나 고열을 사용하는 경우가 많아 높은 화학적, 열적 내구성을 필요로 하는 경우가 많다. 매우 적은 변성에 의해서도 수율이 극도로 감소할 수 있으므로 새로운 재료를 연구하고 부품을 적용하는 것 역시 매우 중요하다. 반도체 제조업체에서는 매번 새로운 비싼 부품을 갈아 낄 수 없으므로 주기적으로 화학적 세척 · 세정을 통해 그 수명을 늘리는 노력을 한다. 또한 전문적으로 부품의 재생 및 세정을 진행하는 업체들도 다수 존재한다. 대표적인 소모품으로는 가스의 흐름을 감지하고 유량을 조절하는 MFC(Mass Flow Controller), 반도체 공정을 진행할 때 웨이퍼를 고정하는 역할을 하며 화학가스에 노출이 많이 되는 세라믹 클램프 등이 있다.

[그림 1-34] (왼쪽) 설비 후면 가스 공급 시스템과 MFC, (오른쪽) 반도체 설비 안의 세라믹 클램프

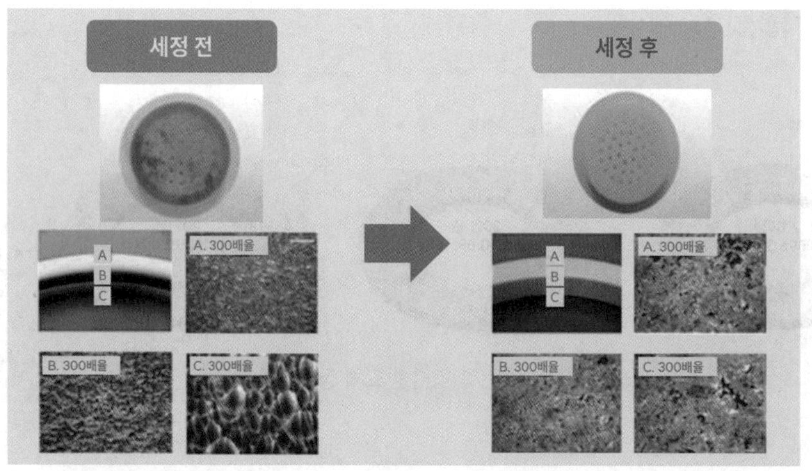

[그림 1-35] 반도체 공정 부품의 세정 전후 비교(© 아이원스)

소모품이 아닌 장비의 보조 설비에는 전원 랙(Power lack), 펌프(Pump), 가스 컨트롤러(Gas Controller) 등이 있다.

(4) 반도체 부대설비 산업

반도체 제조에 관한 거의 모든 산업을 알아보았다. 마지막 남은 것은 반도체 공장인 라인(Line)에 대한 설명이다. 반도체를 제조하는 공장을 라인(Line)이라고 한다. 라인에서 실제로 반도체가 만들어지는 곳은 클린룸(Cleanroom)으로, 클린룸은 미세 입자의 수, 온도, 습도, 진동 등을 제어하는 공간이다. 반도체의 크기가 미세화됨에 따라 매우 작고 적은 오염에 의해서도 쉽게 소자의 특성이 저하되는 양상을 보인다. 따라서 이들을 제어할 수 있는 공간이 필수적이다. 클린룸은 여러 특성을 제어하는 수준에 따라 급이 나뉘며, 평당 가격 또한 급에 따라 기하급수적으로 상승한다.

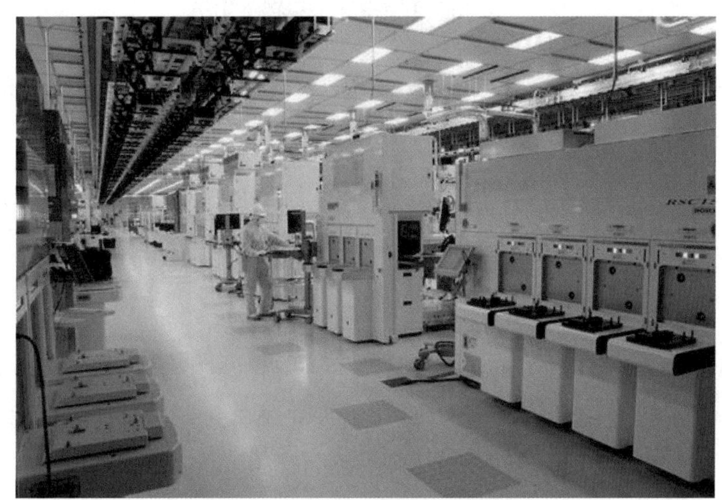

[그림 1-36] 클린룸 (© 글로벌파운드리)

반도체 라인은 제조사의 기밀로 분류되어 철저한 관리 감독을 거친다. 건물이 몇 층으로 지어지는지, 각 층의 역할은 무엇인지도 누설할 수 없다. 라인 안의 장비 배열 같은 단순한 정보도 기밀에 해당하므로 라인의 사진 촬영 등은 특별한 경우가 아니면 허락을 받기가 어렵다. 건축에 있어서도 마찬가지다. 반도체 라인은 특성상 건축에 필요한 노하우가 많이 필요하고, 또 라인의 구성 자체가 제조 회사의 기밀과도 직결되어 실제로 반도체 라인을 건축할 수 있는 능력을 갖춘 회사는 많지 않다.

라인에는 이외에도 여러 시설이 있다. 가장 먼저 반도체 제조에 필요한 약품을 공급하는 배관 시설이 있다. 배관 시설은 가스, 용액 등의 공급이 원활하게 이뤄지도록 유량을 관리하는 시설로 누출 및 누수 없이 시공하는 것이 중요하다. 공급뿐 아니라 사용된 가스와 용액의 회수와 순환도 제대로 이뤄지도록 해야 한다. 다음으로는 반도체 공정 중 발생하는 부산물을 처리하는 배기 시설이 있다.

배관 시설의 일부에 해당하기도 하는데, 반도체 공정 중 발생한 부산물을 포집하여 안전하게 처리하는 역할을 한다. 반도체 공정 부산물에는 질소와 같이 인체에 무해한 것도 있으나 대부분은 독성이나 환경에 악영향을 미치는 물질들을 포함한다. 예를 들면 황산이나 염소가스와 같은 독성물질과 프레온가스 같은 환경유해물질, 실레인(SiH_4)과 같은 발화성 가스 등은 스크러버(Scrubber)와 같은 세정장치를 통해 정화된 후 배출된다.

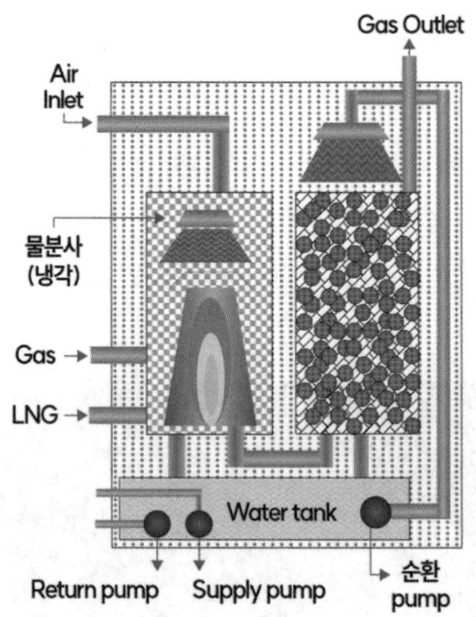

[그림 1-37] 물을 분사하여 가스를 세정하는 습식 스크러버

이외에도 OHT(Overhead Hoist Transport)라 불리는 웨이퍼 운반 자동화 시스템 설비도 있다. 반도체 라인의 효율과 직결되는 일종의 로봇 시스템이다. 단순해 보이지만 먼지와 진동을 최소한으로 줄이면서 빠르게 이동하는 하드웨어와, 통이 움직이는 최적 경로를 계산하는 제어 및 소프트웨어 기술이 필요하다.

[그림 1-38] 클린룸 내의 OHT 시스템

③ 최근 반도체 산업 트렌드

1. 끊임없는 인수 합병

반도체 업종은 일종의 성숙기에 진입한 시장이기 때문에 비교적 큰 뉴스가 나오기 어렵다. 그럼에도 최근 들어 공룡 업체들의 인수 합병이 끊이지 않고 있어 관심을 끌고 있다.

비메모리 업계에서는 GPU Geforce 시리즈로 잘 알려진 미국의 반도체 기업 엔비디아(Nvidia)가 영국의 반도체 설계 기업 ARM 인수를 시도했던 것[11]과 역시 미국의 반도체 기업인 AMD가 FPGA[12] 반도체의 대표주자 자일링스(Xilinx)를 인수[13]한 것이 대표적 예다. 결과적으로 실패하였으나 엔비디아는 ARM 인수로 반도체 설계 분야에서 칩리스/팹리스를 망라한 광범위한 경쟁력 확보를 노렸으며, CPU/GPU에서 강점을 가진 AMD는 데이터센터, 무선통신장비, 항공운영 시스템 그리고 자율주행에 강점을 가진 FPGA 영역으로 사업 범위를 넓히게 되었다. 엔비디아와 AMD 모두 자사의 주력분야와 겹치지 않는 분야를 인수하여 포트폴리오를 넓히고 자사칩을 다양한 프로세서(운영체계)에 활용하는 방향의 전략을 펼치는 것이다. 한편 Intel(인텔), Qualcomm(퀄컴), 삼성전자 등의 IC 디자인 회사 뿐 아니라 메모리 제조사인 SK하이닉스도 경쟁력 제고를 위해 엔비디아의 인수가 무산된 ARM 인수를 노리고 있는 상황이다.

이들보다 더 성숙화된 메모리 업계에서도 '빅딜'이 있었다. SK하이닉스가 인텔의 NAND 플래시 사업을 인수[14]하였는데, 이로써 SK하이닉스는 DRAM에 이어 플래시 메모리에서도 세계 2위 기업으로 성장할 발판을 마련하게 되었다. 인수한 인텔의 부문은 중국 다롄에 있는 공장으로, 중국 업체가 호시탐탐 노리던 반도체 제조시설을 인수하여 중국 업체의 신규 진입을 막는 전략적 선택이라는 평가도 있지만 동시에 중국 의존도가 높아진다는 우려 역시 커지게 되었다.

파운드리 산업에서도 인수합병이 끊임없이 이뤄지고 있다. SK하이닉스에 메모리 공장을 넘긴 인텔은, 파운드리 시장에 재진입 선언을 하며 사업 확장에 박차를 가하고자 세계 8위 파운드리 업체인 타워 세미컨덕터(Tower Semiconductor)를 인수[15]하기로 했다. 타워 세미컨덕터는 고주파 소자 및 고전력 소자 등 아날로그 반도체 제조에 강점을 가진 회사로, 로직 반도체 위주인 인텔의 사업 다각화에 도움을 줄 것으로 예상된다. SK하이닉스 역시 기존에 자회사로 둔 SK하이닉스시스템IC 외에도, 2022년 키파운드리(Key Foundry)를 인수하여 8인치 파운드리 생산량 및 라인업을 탄탄히 하게 되었다.

---

11 400억 달러. 2020년까지 반도체 업계 사상 최고 금액이었으나 미 FTC 제소 등으로 무산되었다.

12 Field-Programmable Gate Array. 사용자가 프로그래밍을 바꿔 사용할 수 있는 반도체로 CPU 등의 범용반도체와 주문형반도체 ASIC의 중간 단계의 반도체이다. 칩을 프로그래밍을 통해 업그레이드 할 수 있어 자율주행 등 업데이트가 많이 필요한 경우에 유리하다.

13 350억 달러

14 90억 달러

15 54억 달러

2. 기술력 강화 경쟁

인수합병으로 인한 사업 역량 확장이 아닌 업체들 간 자체 기술력 강화 경쟁도 계속되고 있다. 메모리 중에서는 NAND 플래시의 경쟁이 격화되고 있다. 마이크론이 2020년 말 NAND 플래시 메모리에서 세계 최초로 176단 제품을 양산한데 이어 232단 제품 역시 세계 최초로 소비자용 SSD 제품을 출시하였는데, 이는 시장 점유율 5위권인 업체가 세계 최고급의 기술력을 보유하였다고 과시한 셈으로 놀라운 기술 개발 능력을 보여주는 증거라 할 수 있다. 2023년 삼성전자와 SK하이닉스 등 경쟁자들도 각각 236~238단 NAND 플래시를 개발하여 양산을 준비하고 있으며, YMTC라는 중국 업체도 232단 NAND를 양산했다고 발표하는 등 기술력 경쟁이 점점 심화되고 있다. 이외에도 Kioxia, Western Digital(웨스턴디지털) 등의 경쟁사들이 NAND 플래시에서 경쟁을 하고 있다. 반면 DRAM의 경우 공정 성숙도가 높아 삼성전자, SK하이닉스, 마이크론을 제외하고는 유의미한 경쟁사가 없다. 그럼에도 AI 등 고속, 고대역, 고용량 메모리를 필요로 하는 어플리케이션에 맞춰 기술 경쟁을 꾸준히 진행하고 있다.

로직 반도체 업계에서도 기술력 강화 경쟁이 치열하다. 현재 로직 반도체 매출은 공정 노드 10나노미터 이하 제품들이 50퍼센트 이상을 차지하는데, DRAM처럼 10나노미터 이하 공정이 가능한 업체는 인텔, TSMC, 삼성전자 3개 회사밖에 없다. 한동안 인텔은 로직 반도체를 주도하는 선구자였으나, FinFET이라는 신구조 개발 후 마케팅에 치우치는 전략을 고수하다 기술 경쟁에서 잠시 뒤처지게 되었다. 이를 놓치지 않은 TSMC와 삼성전자가 부동의 반도체 매출 1위였던 인텔을 밀어내는 등 로직 반도체 기술 개발의 선두주자 역할을 하게 되었다. 이들은 EUV 설비 도입, EUV 활용 공정 개선, FinFET 구조 최적화와 GAA 구조 신규 개발의 대결 등 화려한 경쟁사를 장식하고 있다. 여기에 다시 인텔이 칼을 갈고 파운드리 사업에 재진출하는 등 경쟁이 더욱 심화되고 있다.

이러한 경쟁은 설계 분야에서도 이뤄지고 있다. 그동안 PC에 인텔의 칩을 받아서 사용한 애플은 자체 개발한 반도체 칩을 탑재한 노트북 제품을 선보였다. 그간 스마트 디바이스 등에서만 자체 개발한 SoC 칩을 사용하였던 애플이 약 15년 만에 자체 칩을 다시 사용하게 된 것이다. 이로 인해 파운드리 사인 TSMC에 대한 의존도가 높아진 것은 사실이지만, 그러한 위험을 감수할 수 있을 정도로 월등한 설계 능력을 보유하였다는 것은 애플의 끊임없는 기술 개발 노력의 산물이다. 이와 같은 자체 칩을 사용하면 사용자 경험의 차별화가 가능하고 신제품 출시 시기를 당길 수 있어 여러 업체가 자체 칩을 제작하고 있다. 예전에는 Google(구글), Microsoft(마이크로소프트), Amazon(아마존) 등 IT 업종으로 평가받던 기업들이 자체 칩을 생산하려는 시도를 하고 있으며, 이는 더 이상 놀라운 일이 아니다. 팹리스가 증가할수록 디자인하우스의 중요성 역시 높아지고 있으며, 팹리스와 디자인하우스가 모두 설계 인력을 필요로 하는 만큼 설계 인력의 수요도 높아지고 있다.

3. 생산력 증대를 통한 경쟁력 강화

자체 생산 인프라의 확장으로 경쟁력을 강화하는 시도도 지속되고 있다. 삼성전자는 2020년 파운드리 / DRAM / NAND 플래시의 생산라인을 모두 갖춘 당시 세계 최대의 공장인 평택2라인을 가동한 바 있다. 이 공장은 EUV 설비를 공통적으로 사용할 수 있도록 설계된 복합적 라인으로 시너지를 극대화하였다. 여기서 얻은 노하우를 바탕으로 세계 최대 공장 크기를 갱신한 평택3라인을 2022년 완공하여 가동하였다. 이외에도 평택4라인과 미국의 테일러 시 등에 추가로 라인을 건설 중이다.

경쟁자들 역시 투자를 아끼지 않고 있다. 세계 최대 파운드리 회사인 TSMC는 2022년 360억 달러를 투자한데 이어 2023년 330억 달러를 투입할 예정으로, 전망이 사실이라면 2년 연속으로 세계 반도체 기업 중 설비투자비용 1위를 차지하게 된다. 인텔 역시 2022년 오하이오에 최소 200억 달러를 투자해 새 반도체 라인 건설을 시작하는 등 생산력 증대에 힘쓰고 있다. 이외에도 전술한 바 있듯이 인수합병을 통해 생산력을 늘리는 방식도 다양한 업체들이 채택하고 있는 방법이다.

이들 수요를 맞추기 위해 덩달아 실리콘 웨이퍼 업체들도 증산하고 있다. 그러나 반도체 생태계 중 가장 늦게 변화에 발을 맞춘 업종이어서 최근의 수요에 맞는 공급이 따라가지 못하고 있는 상황이다. 현재의 예측으로는 2023년부터 5년 정도는 실리콘 웨이퍼의 공급이 수요를 따라가지 못할 것으로 예상되고 있어, 생산력 증가를 노리는 업체들에게는 또 다른 변수가 기다리고 있다고 할 수 있다.

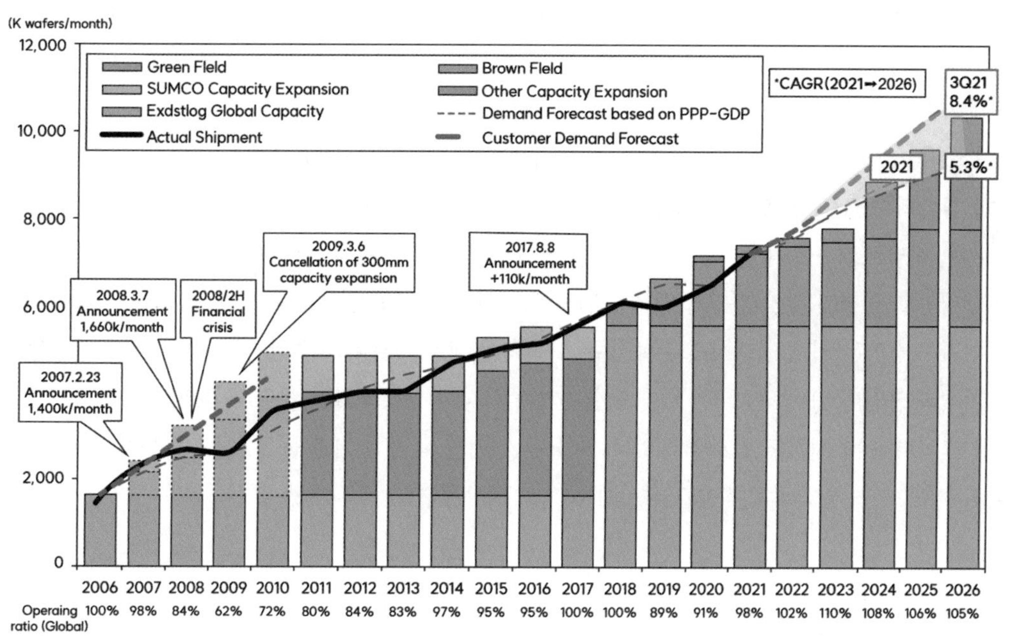

[그림 1-39] 300mm Wafer의 글로벌 공급량 및 수요 전망(2022년 2월) (© SUMCO)

4. 새로운 수요 - AI용 반도체와 차량용 반도체의 성장

반도체 시장은 반도체 제품이 활용되는 새로운 어플리케이션이 등장할 때마다 계단식으로 성장해 왔다. 대표적인 예가 '스마트폰 혁명'으로 일컬어지는 모바일 기기의 대두다. 이전에도 반도체 제품은 PC, 노트북 컴퓨터, 서버 등 컴퓨터 부품 위주로 활용되었으나, 이 시점으로 모바일 제품에서의 반도체 수요가 급증하여 메모리 반도체와 로직 반도체의 매출이 폭발적으로 성장하게 되었다. 유튜브 등의 스트리밍 업체들이 등장하였을 때도 마찬가지로, 데이터 센터의 수요가 폭발적으로 증가해 이에 맞춰 반도체 시장 역시 급성장하였다.

최근에도 AI와 자동차라는 새로운 반도체 활용처가 등장하여 반도체의 수요가 또 다시 한 단계 도약할 것으로 예상하고 있다. AI 반도체는 활용 가능성이 무궁무진하므로 정의나 활용처를 무엇이라 간략히 정의하기는 어렵다. 하나의 예시로 자동차의 자율주행을 예로 들 수 있는데, 자율주행을 위해서는 자동차가 상황에 따라 빠르게 반응을 할 수 있도록 하는 제품이 필요하다. 먼저 설계 관점에서는 딥러닝(Deep Learning) 기술을 적용해 자율주행에 적합한 알고리즘을 만들고 이를 구현할 회로를 설계해야 한다. 제조 입장에서는 입력 신호를 빠르게 처리할 수 있는 고속의 로직 반도체 기술이 필요하므로 최선단 공정의 필요성이 더욱 높아지고 있다. 이 외에도 빠른 응답시간을 갖도록 메모리 반도체와 로직 반도체를 최대한 가까운 거리에서 연결하는 패키징 구조를 적용해야 한다. 이러한 관점에서 최첨단 패키징의 중요도가 그 어느 때보다도 높아져 OSAT 업체의 기술력이 주목받고 있으며, OSAT 업체의 몸값 역시 높아지고 있다. 아예 메모리 반도체 제품의 메모리 영역 아래에 연산 기능을 하는 회로를 실장하는 기술들도 개발되고 있다. 이들을 종합하면 거의 대부분의 분야에서 획기적인 기술 개발이 필요한 어플리케이션이 등장했다고 봐도 무방하다.

자동차는 기존에 사용하던 인포테인먼트 외에도 주행보조장치, 자율주행용 센서, 무선통신 등 다양한 분야의 제품이 필요하다. 이를 반도체 제품으로 보면 로직 반도체 외에도 고속/고대역 메모리 반도체, 아날로그 반도체 등 범주가 매우 넓다. 이 중 일부는 자동차 부품으로써 제품의 수명이 사람의 생명과도 직결되는 것도 있기 때문에 반도체 제품의 신뢰성이 우수해야 한다. 따라서 자동차 업계가 가지고 있는 자체 신뢰성 표준에 맞는 고신뢰성 제품 개발이 요구되고 있으며, 이와 관련된 평가 기술과 산업 등이 발전하고 있다. 또한 전기차 시장이 활성화되면서 SiC와 GaN과 같은 신소재를 이용한 전력 소자 시장도 증가하고 있다. 이들은 전기차 급속 충전과 동적 성능 등에서 실리콘 대비 성능이 우수하여 앞으로도 수요가 증가할 것으로 예상된다.

5. 반도체 산업을 둘러싼 환경적 요인

생산력 증대와 함께 외부 요인에 대한 위험 분산을 꾀하고 있는 업체들도 있다. SK하이닉스의 자회사인 SK하이닉스IC는 한국의 공장 설비를 중국으로 이설하는 등 고객과의 접점을 넓히는 방향으로 전략을 펼치고 있다. 팹리스 업체들도 하나의 파운드리와만 거래하는 것이 위험하다고 판단하고 다채널(Multi Channel)을 유지하려는 노력을 하고 있다. 이를 위해 예전에는 거래하지 않던 파운드리에도 일감을 분산하는 등의 변화를 보이고 있다.

환경적 요인 중 정치적 요인이 중요해진 것도 변수가 되고 있다. 특히 경제안보라는 개념으로 반도체 제조 시설을 자국 혹은 자국에 우호적인 나라에만 두려는 경향이 강해짐으로써, 이에 맞춰 시장 전략을 수정하는 일들이 비일비재하게 일어나고 있다. 대만의 파운드리 대표업체인 TSMC는 자국에만 공장을 신설하던 관례를 깨고 미국에 신규 공장 설립을 추진하며 생산력 증대와 함께 미중 갈등에 대한 정치적 요인으로 위험 분산을 꾀하고 있다. 또한 미국, 일본, 대만의 반도체 동맹에 발맞춰 일본에도 새로운 공장을 건설하고 있다. 전술한 국가들 외에도 유럽연합 등 다양한 지역에서 반도체 지원법을 통해 수백억 달러 규모의 보조금을 지원하여 투자를 독려하고 있는 실정이다.

인수합병도 이러한 관점에서 다시 볼 필요가 있다. 전술한 인텔의 타워 세미컨덕터 인수는 단순한 파운드리 사업의 확대뿐 아니라, 아시아 지역의 영향력을 키우려는 의도가 있다고도 볼 수 있다. 영국은 국가안보가 우려된다는 이유로 중국 기업의 영국 반도체 회사 인수를 철회하라는 명령을 내리기도 하였다[16]. SK하이닉스의 키파운드리 인수 역시 용량 증설의 목적 외에도 한국 공장을 다시 확보하려는 차원도 있다.

우리나라도 이러한 지정학적 이슈에서 자유롭지 않다. 당장에 삼성전자와 SK하이닉스는 메모리 제조 시설이 중국에 있으며, 이들의 규모 역시 상당하다. 파운드리의 경우 선단 노드는 중국 고객에게 제공하기 어려운 상황이 되어 삼성전자의 중국 매출 역시 확대하기 어려운 상황이며, SK하이닉스IC의 공장 중국 이전 역시 득실을 따져봐야 한다. 또한 각국의 공격적 투자가 당장에는 한국 반도체 시장에 표면적 악영향은 없지만, 일부 시스템 반도체 분야에서 경쟁하는 기업들은 영향을 받을 것이라는 전망도 있다. 특히 일본, 유럽 기업들이 장악하고 있는 자동차용 반도체 시장에 있어서는 국산화 비중이 더욱 줄어들 것이라는 우려도 있다.

이와 같이 반도체 기업들의 경쟁력 강화 시도는 접근 방향성에서 차이를 보인다. 그러나 공통적으로 장기적 관점에서 현재의 약점을 보완하고, 각자가 보유한 강점을 극대화시켜 시장에서의 입지를 공고히 하려는 동일한 지향점을 가지고 있다. 특히 앞으로는 일시적 수급 불균형으로 인한 가격 하락뿐만 아니라 정치 · 외교 등의 외부 요인에 대한 내성을 키우고 변함없는 시장 지배력을 확보하려는 시도가 더욱 활발할 것이다.

---

16 중국의 Wingtech Technology(윙테크 테크놀로지)가 네덜란드 자회사를 통해 NWF(뉴포트 웨이퍼 팹)을 인수한 건

Chapter 03

반도체 취업

핵심요약

종류

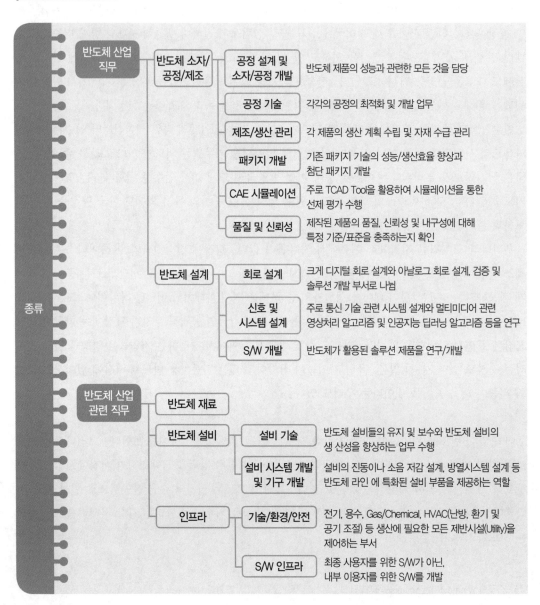

- **반도체 산업 직무**
  - **반도체 소자/공정/제조**
    - **공정 설계 및 소자/공정 개발**: 반도체 제품의 성능과 관련한 모든 것을 담당
    - **공정 기술**: 각각의 공정의 최적화 및 개발 업무
    - **제조/생산 관리**: 각 제품의 생산 계획 수립 및 자재 수급 관리
    - **패키지 개발**: 기존 패키지 기술의 성능/생산효율 향상과 첨단 패키지 개발
    - **CAE 시뮬레이션**: 주로 TCAD Tool을 활용하여 시뮬레이션을 통한 선제 평가 수행
    - **품질 및 신뢰성**: 제작된 제품의 품질, 신뢰성 및 내구성에 대해 특정 기준/표준을 충족하는지 확인
  - **반도체 설계**
    - **회로 설계**: 크게 디지털 회로 설계와 아날로그 회로 설계, 검증 및 솔루션 개발 부서로 나뉨
    - **신호 및 시스템 설계**: 주로 통신 기술 관련 시스템 설계와 멀티미디어 관련 영상처리 알고리즘 및 인공지능 딥러닝 알고리즘 등을 연구
    - **S/W 개발**: 반도체가 활용된 솔루션 제품을 연구/개발
- **반도체 산업 관련 직무**
  - **반도체 재료**
  - **반도체 설비**
    - **설비 기술**: 반도체 설비들의 유지 및 보수와 반도체 설비의 생 산성을 향상하는 업무 수행
    - **설비 시스템 개발 및 기구 개발**: 설비의 진동이나 소음 저감 설계, 방열시스템 설계 등 반도체 라인 에 특화된 설비 부품을 제공하는 역할
  - **인프라**
    - **기술/환경/안전**: 전기, 용수, Gas/Chemical, HVAC(난방, 환기 및 공기 조절) 등 생산에 필요한 모든 제반시설(Utility)을 제어하는 부서
    - **S/W 인프라**: 최종 사용자를 위한 S/W가 아닌, 내부 이용자를 위한 S/W를 개발

학습 포인트

반도체 산업에 종사하는 엔지니어의 직무에는 무엇이 있는지 설명하고, 상세 업무에 따른 유관부서의 종류와 엔지니어가 갖춰야 할 소양은 무엇인지 이해한다.

1 반도체 직무 종류와 직무별 엔지니어가 하는 일

반도체에 대해 상세히 알아보기 전, 이번 챕터에서는 반도체 산업의 직무를 나름대로 분류하여 설명하고자 한다. 본 도서는 반도체 소자와 공정에 대해 주로 다루고 있기 때문에, 제조에 직결되는 관련 업무와 이외의 직무로 분류한 후, 세부 직무를 나누어 설명하도록 하겠다.

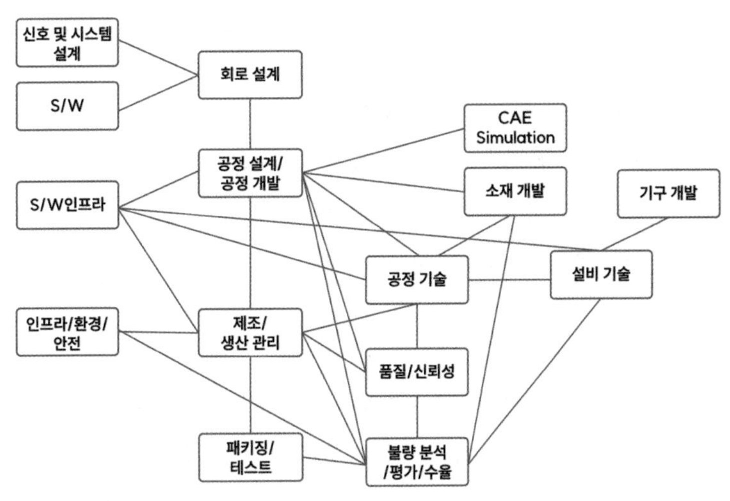

[그림 1-40] 직무별 관계도

1. 반도체 산업 직무

(1) 반도체 소자/공정/제조

반도체 소자/공정/제조 업무는 실제 소자 제작과 관련된 업무를 담당한다. 여러 반도체 직무 중 가장 핵심적인 직무로, 실제 제품을 만들어 내는 역할을 한다. 업무 시 고려해야 할 사항이 많고 다각도로 분석하고 개발해야 하므로 여러 업무 부서와 협업을 해야 한다.

① 공정 설계 및 반도체 소자/공정 개발

반도체 제품의 성능과 관련한 모든 것을 담당하는 부서로 각 회사의 기밀을 가장 많이 알고 있는 부서다. 특정 세대/제품이 요구하는 성능과 수율, 품질을 확보하기 위해 소자의 구조를 디자인하고 공정 프로세스를 설계하는 역할을 한다. 대표적인 예로 FinFET이나 GAA 소자, 3D NAND 구조 등을 개발하는 역할의 중추라고 볼 수 있다. 대외적으로 공표되는 반도체 제품 혹은 노드의 성능과 직결되는 부서이므로 가장 중요한 역할을 한다고 볼 수 있다. 다른 말로는 여러 부서 중에서도 가장 난이도가 높은 업무를 수행하고 압박이 심한 직무라고도 할 수 있다.

업무 종류로는 고객 또는 설계 부서에 최적의 Layout 구조 / 소자 성능의 수치화 / 모델안 제시를 포함한 PDK(Process Design Kit) 제공, 불량 발생에 따른 공정 개선점 확인, 제품 요구 사항에 따른 공정 설계 변경 등 여러가지가 있다. 대표적인 업무는 Process Integration이다. 단위 공정에서 제공하는 여러 Recipe를 조합하여 제품이 최상의 성능과 수율을 갖도록 만들어야 한다. 각 단위 공정에서는 본인들이 담당하는 공정의 최적 Recipe를 제공하지만 다른 공정의 상황이나 실제 소자의 구조에 대해서는 면밀히 파악하기 어렵다. 이들을 조율하여 최적점을 찾는 업무가 Process Integration이다. 구조 디자인에 대한 검증과 Recipe 변화에 따른 성능/수율의 변화 확인은 필수적이고, 각 설비의 사용 주기를 고려한 개발 업무 수행 등 고려할 점이 많다. 또한 회로 설계 부서나 고객 등의 요구사항을 반영해 개발을 진행해야 하므로 앞뒤로 치이는 것이 많은 부서이다.

위의 사항들을 고려하였을 때, 공정 설계 엔지니어는 반도체 업무 중 가장 넓은 범위를 파악하고 있어야 한다. 반도체 전공 지식뿐 아니라 공정 기술에 해당하는 물리, 화학, 재료적 지식을 갖추는 것도 업무에 도움이 된다. 전공 지식 외에도, 혼자서는 할 수 있는 것이 많지 않아 수많은 부서와의 협업이 필요하므로 커뮤니케이션 능력이 우수해야 한다.

② 반도체 공정 기술

여기서 말하는 공정 기술이란, 반도체 제조 과정에 필요한 단위 공정을 의미한다. 개념적/이론적으로 정립한 소자를 실제로 구현하기 위해 필요한 기술들로, 크게 전공정과 후공정으로 분류 가능하다. 더 좁은 의미로는 전공정에 해당하는 소위 8대 공정(포토, 식각, 박막, 배선, 산화, 도핑 및 이온 주입, CMP, 세정) 각각을 말한다. 이들 기술을 통해 물질을 실제로 층층이 쌓고 원하는 형상으로 깎아냄으로써 소자들의 형태를 만들고, 또한 반도체의 전기적 특성을 좌우할 수도 있다.

공정 기술 직무는 담당하는 공정 각각의 최적화 및 개발 업무를 수행한다. 새로운 공정 노드에 맞춰 새 공정을 개발하는 것도 중요하지만, 제조 비용 감소 및 수율을 높이기 위한 균일도 향상 등의 최적화 업무 역시 중요하다. 특히 최근 반도체 제품의 미세화 및 고집적화가 이뤄짐에 따라 이러한 업무의 난이도가 올라가 전문성이 증가하게 되었지만, 대신 타 기술과의 협업이 점점 어려워지게 된다는 단점은 있다. 공정 기술 단독으로 가능한 업무도 있지만, 설비 기술과의 협업을 통해 진행해야 하는 업무도 많아 주 협업 부서는 설비 기술 부서다.

공정 기술 엔지니어는 자신이 담당하는 공정만 개발하면 되므로 업무의 범위가 넓은 편은 아니다. 그러나 제조, 개발 등에서 본인이 담당하는 공정 기술이나 설비에 문제가 있으면 즉각 대응해야 하므로 책임이 큰 편이다. 이러한 이의 제기는 언제 발생할지 모르기 때문에 대부분의 부서에서 24시간, 3교대 근무를 수행한다. 따라서 물리, 화학, 재료 등의 전공 지식 외에도 체력적인 면을 요구하는 직무이다.

③ 제조/생산 관리

반도체 제조뿐 아니라 양산을 하는 다른 많은 분야에서도 필수적인 부서다. 각 제품의 생산 계획을 수립하고 자재 수급을 관리할 뿐 아니라, 생산성을 높이기 위해 설비 상황에 맞게 제품의 진행을 배치하기도 한다. 각 라인 혹은 공정별로 생산하는 제품이 다르고, 특정 설비에서 공통으로 사용하는 서로 다른 공정이 있는 경우도 많기 때문에 이들을 적시 적소에 배치하는 것이 생산 효율성과 직결된다. 특정 공정이나 설비에서 문제 발생 시 즉각 모니터링할 수 있는 시스템을 운용하여, 문제가 발생한 경우(Alarm, Interlock 등) 담당 공정 및 설비 엔지니어에게 해당 사항을 전달하고 후속 조치를 진행한다.

제조 관리 엔지니어는 주로 자재 관리 측면에서 전문성을 발휘하므로 산업공학 혹은 제어공학 등의 지식을 갖추는 것이 중요하다. 물론 반도체 지식도 어느 정도는 갖추고 있어야 한다. 양산 계획 외에 개발 목적의 자재가 투입되는 경우에도 이를 맞춰 배정해야 하는데, 해당 자재가 공정이나 설비에, 나아가 양산 진행에 미치는 영향을 파악해야 하므로 최소한의 반도체 지식은 갖추고 있어야 한다. 이러한 능력이 서투른 경우 양산 일정 지연이 발생할 수도 있고, 공정 설계나 공정 기술과 같은 개발 부서에서 일정 조정 요청이나 이의 제기가 많아질 수 있다.

④ 패키지 개발

패키지는 후공정으로 치부하여 많은 사람들이 홀대하기 쉬운 분야다. 그러나 반도체 소자 크기의 물리적 한계에 가까워지는 시점에서 후공정은 하나의 게임 체인저가 될 것으로 예상된다. 칩 다이싱(Dicing), 몰딩(Molding) 등 패키지 전유의 공정뿐 아니라 전공정만큼 미세한 공정은 아니지만 포토, 박막(Sputtering), 범프(Bump) 도금 등의 단위 공정이 사용되어 해당 직무의 엔지니어들이 필요하다.

패키지 개발은 기존 패키지 기술의 성능/생산효율 향상과 첨단 패키지를 개발하는 업무를 수행한다. 패키지 디자인은 전공정을 통해 제조된 칩과 기판 간의 신호 및 전력 전송에 필요한 선로 및 방열 구조, 재료 등의 종합 디자인을 하는 업무로, 전기적 / 열적 / 기계적인 시뮬레이션을 통한 패키지의 구조와 소재, 공정의 최적화를 최우선으로 한다. 최첨단 패키지 개발은 성능 극대화를 위한 칩의 수직 적층 구조 및 경제성을 극대화하기 위해 다수의 칩을 한 번에 패키징하는 기술을 개발하는 업무를 맡는다. 최첨단 패키지 개발의 예로 광대역을 이용한 고속 DRAM인 HBM, 이종의 Chip을 접합하여 경제성을 높이는 Chiplet 구조 등이 있다.

3D 패키징은 칩을 수직으로 쌓아 거리를 줄이는 기법이다. 이를 위해서는 실리콘 웨이퍼의 상하부를 관통하는 전극인 TSV(Through Silicon Via)를 만들어줘야 한다. TSV의 개발 초기에는 패키지 개발 쪽에서 접근하여 패키지 개발 엔지니어들이 전공정에 대한 이해도를 높일 것으로 예상되었으나, 현재는 전공정에서 TSV를 형성하는 추세로 굳어지고 있다.

⑤ 품질 및 신뢰성

품질 및 신뢰성 업무는 제작된 제품의 품질, 신뢰성 및 내구성에 대해 특정 기준/표준을 충족하는지 확인하는 업무를 담당한다. 많은 경우 품질과 신뢰성 업무를 한 부서에서 담당하지만 실제 직무는 불량 판단 및 원인을 파악하는 품질 업무와 시간에 따라서도 문제가 발생하지 않는지 검사하는 신뢰성 업무로 나뉜다.

품질 업무는 기본적인 모니터링 소자를 평가하는 공정 개발이나 제조 부서와는 달리 특정한 평가용 회로와 이에 맞는 평가 프로그램을 실행시켜 문제가 있는지를 판단한다. 수많은 프로그램 실행 결과를 분석하여 불량을 파악하고 문제 원인을 분류하는데, 문제가 발생한 프로그램의 종류에 따라 문제 발생 원인이 소자 성능 저하, 공정 불량, 회로 설계 상 마진에서 기인하는지를 판단한다. 이외에도 평가 이론 및 평가 프로그램을 개발하여 더 빠르고 정확한 원인을 파악하는 업무를 담당한다. 업무 수행에 있어서는 소자에 대한 지식만큼 회로에 대한 지식 역시 필요하며, 이를 종합적으로 고려하여 판단하는 능력이 필요한 직무다.

신뢰성 업무는 소자가 오랜 시간 혹은 일정한 기간만큼 사용이 가능한지 평가를 하는 업무다. 특정한 숫자가 바로 튀어나오는 소자나 회로 결과와 달리, 온도와 전압 조건 등 다양한 조건에 따라 계산식을 달리하여 수명을 예측해야 한다. 이때 사용되는 계산식은 회사별로 상이하며 노하우에 가까워 상당히 폐쇄적인 업무의 성격을 띠고 있다. 어떠한 공정이 개발되면 간단한 Qual(Qualification, 자격) 평가를 하며, 양산 준비 시에는 웨이퍼 레벨에서의 신뢰성 진행, 양산 중에도 간간히 신뢰성 검사 진행(ORM, On-going Reliability Monitoring) 등을 수행한다.

품질 및 신뢰성 부서는 필요에 따라 제조, 공정 개발, 회로 설계, 고객에게 피드백을 주고받는다. 제조업체 내에서는 가장 고객에 가까운 입장에서 전달을 하므로 다른 부서 입장에서는 상대하기에 가장 까다롭고 껄끄러운 부서다. 또한 개발 부서와 달리 성과가 도드라지게 보이지 않아 업무 대비 저평가 받을 수도 있다. 그럼에도 본인들이 제품의 마지막 보루라는 것을 명심하고 일을 해야 하는 직무다.

⑥ 평가 및 분석

평가 및 분석은 공정 중 혹은 최종적으로 제작된 소자를 평가하는 것을 말한다. 평가 및 분석이 제대로 셋업되어 있어야 공정 기술 및 공정 설계 분야에 빠른 피드백을 줄 수 있기 때문에, 새로운 소자 개발에 있어 납기를 단축시키는 키를 가지고 있다고 해도 무방하다. 공정에 따른 소재의 특성 변화, 형상 변화, 전기적 특성의 열화 등을 빠르게 캐치하는 것이 중요하다. 분석학, 반도체 소자, 고체물리 뿐 아니라 사진이나 신호를 분석하여 의미 있는 데이터로 결과를 내주는 신호 및 시스템 등의 전공 지식이 필요한 분야다.

최근에는 빅데이터를 이용한 수율 분석이 중요해지고 있다. 특정 공정, 소재, 설비 등 문제 발생 시 근본 원인을 찾는 Commonality(공통성) 파악을 위해 딥러닝을 사용하는 추세다. 이를 통해 예전보다 더 빠른 수율 향상이 이뤄지고 있다. 통계학 및 수치 분석학 등의 전공 지식과 빅데이터 처리를 위한 프로그래밍의 필요성이 증가하였다. 그러나 도메인 영역의 지식이 부족하면 의미 없는 분석이 될 수 있기 때문에 반도체 소자에 대한 지식이 수반되어야 한다는 점을 명심해야 한다.

평가 및 분석에서 내린 결과는 비단 공정 설계 부서에만 피드백을 주는 것이 아니다. 문제 원인 소지에 따라 제조 관리, 패키지, 공정 기술, 설비 기술, 심지어 인프라까지 다양한 부서에 문제를 통보할 수 있다. 특정한 편견이나 선입견을 가지고 분석하면 원인을 파악하지 못하는 경우도 발생하기 때문에, 다양한 면을 고려하고 냉정하게 판단하는 능력이 필요한 직무다.

⑦ CAE 시뮬레이션

컴퓨터의 도움을 받는 CAE(Computer Aided Engineering) 중 반도체 소자 성능 개선에 직접적으로 도움이 되는 것은 주로 TCAD(Technology Computer-Aided Design)이다. TCAD는 반도체 물질과 관련한 여러 모델 중 적합한 것을 선택하여 특정 영역을 그물(Mesh) 구조로 나누어 계산하도록 하는 프로그램이다. 대체로 특정한 변화에 따른 경향성을 확인하는 용도로 많이 사용한다. 이러한 Tool을 다루는 직무가 시뮬레이션 직무이다. 반도체를 잘 모르더라도 Tool을 잘 다루면 어느 수준까지는 업무 수행이 잘 되겠으나, 주로 공정 설계 직무와 피드백을 주고받는 경우가 많으므로 최소한의 지식은 알아두는 것이 유리하다.

과거에는 의뢰를 받는 대로 시뮬레이션을 해서 결과를 전달해주는 정도의 업무를 수행하였기에 반도체 소자나 구조에 대한 이해도가 높지 않아도 되었다. 그러나 최근에는 소자 미세화에 따라 다양한 양자물리 현상이 발생하고 TCAD 시뮬레이션의 정확도가 감소하기 시작하였으며, 공정 비용 증가에 따라 시뮬레이션을 통한 선제 평가가 중요해지면서 공정 설계 부서와의 협력이 중요해졌다. 실제로 TSMC는 2nm 공정 개발을 TCAD 시뮬레이션 업체인 시놉시스(Synopsys)와 협력해 회로 설계에 도움을 줄 예정이다.

(2) 반도체 설계

① 회로 설계

회로 설계와 관련한 전공은 매우 제한적일 수밖에 없다. 여러 분야의 전공을 융합하는 여타의 부서와 달리, 전자공학 전공 중에서도 회로 설계를 전공하지 않으면 접근이 쉽지 않은 분야다.

회로 설계는 크게 디지털 회로 설계와 아날로그 회로 설계, 그리고 검증 및 솔루션 개발 부서로 나눌 수 있다. 디지털 설계는 CPU/GPU/NPU/ISP 등의 디지털 IP를, 아날로그 설계는 센서, PMIC,

DDI, RFIC 등의 아날로그 IP를 설계한다. 주로 프로젝트 단위로 팀이 꾸려지므로 필요한 경우 부서 간 협업을 하거나, 개인이 반대의 업무(예 디지털 회로 설계 직무군이 아날로그 설계를 하는 경우)를 하기도 하지만, 일반적으로는 개인이나 부서가 맡은 설계를 벗어나지 않는 편이다. 디지털 회로 설계는 주로 전자공학, 제어공학 뿐 아니라 컴퓨터 공학에서도 많이 다루는 편이지만, 아날로그 회로 설계는 오직 전자공학에서만 다루며 전문성이 필요해 석박사 이상급의 인력이 집중적으로 배치되는 경향이 있다.

과거에는 설계 부서가 제조와 동떨어져 있어 설계 부서가 회로를 넘기면 제조하는 부서나 회사가 받아서 제조를 담당하였다. 그러나 최근에는 미세화 및 집적화가 고도로 진행됨에 따라 최적화를 위해 서로의 한계를 확인하고 협조하는 경우가 많다. 이러한 업무를 DTCO(Design-Technology Co-Optimization)이라 하며, 이로 인해 설계 부서에서도 공정 및 소자에 대한 지식을 필요로 하게 되었다.

회로 검증 및 솔루션 개발의 경우, 설계 과정의 회로 검증과 불량 분석의 최적화 방안을 연구하고 제품별 요구사항 및 실제 사용 환경에서의 동작 및 효율성을 검증한다. 또한 고객이 사용할 Tool의 개발 및 기술을 지원한다. 최종 사용자에게 있어서 가장 중요한 검증 과정으로써, 반도체 업계의 경쟁이 심화됨에 따라 더 중요한 직무가 되고 있다.

② 신호 및 시스템 설계

신호 및 시스템 설계는 주로 통신 기술 관련 시스템 설계와 멀티미디어 관련 영상처리 알고리즘 및 인공지능 딥러닝 알고리즘 등을 연구하는 직무다. 아날로그 반도체와 마찬가지로 전문성이 필요해 석박사 이상의 고학력자들을 선호한다. 전통적으로는 반도체와 직접적으로 관련이 있는 부서로 보지 않으며 회로 설계를 거쳐 반도체와 연결되는 부서라고 할 수 있다. 오히려 IT 업종에 가까우며 전자공학뿐 아니라 컴퓨터 공학을 필요로 하는 경우도 많다.

최근에는 고출력/고주파 통신 반도체의 필요와 인공지능의 발전에 따른 맞춤형 반도체 제작 등의 이유로 반도체 제조와 직접적으로 연관이 되고 있다. 여전히 반도체 제조에 대한 이해는 필요하지 않을 수 있으나, 제조업체가 제공하는 PDK를 이해하는 수준 정도는 갖추고 있는 것이 유리하다.

③ S/W 개발

소프트웨어 개발 업무는 반도체가 활용된 솔루션 제품을 연구/개발하는 직무다. 펌웨어, 미들웨어, 시스템 소프트웨어, 애플리케이션 소프트웨어를 개발하는 부서로 각 제품(SSD, eStorage, DRAM Module, CPU, GPU 등)의 요구사항에 부합하는 소프트웨어를 개발하고, 각 제품에 적용되는 부분에서 평가 및 제품 성능의 최적화, 그리고 호스트 시스템 동작연구와 제품 호환성을 연구한다. 소프트웨어 기술에 관한 지식을 활용하여 최종 사용자가 사용하는데 문제가 없도록 하는 부서로, 반도체 제조와는 아주 거리가 먼 부서라고 할 수 있다. IT업계와 인력 풀이 겹쳐 인력난이 발생하고 있는 직군이라고 볼 수 있다.

최근에는 Automotive 및 인공지능, 클라우드 시스템 개발 등이 각광받고 있다. 머신러닝, 딥러닝,

음성 및 자연어 처리와 클라우드 플랫폼 개발은 사물 인터넷(IoT)의 기본이 되며, 이들을 해킹의 문제없이 안전하게 사용할 수 있도록 하는 보안 소프트웨어 개발 역시 중요도가 증가하고 있다. 이와 관련한 암호화, 통신/네트워크 보안 평가 등을 개발하는 업무도 수행한다.

대부분은 컴퓨터 관련 전공으로 업무를 수행할 수 있으나, 임베디드 시스템의 경우 회로도나 하드웨어적인 면에서 문제가 발생할 경우 분석이 어려울 수 있다. 반면 전기/전자 전공자로 소프트웨어 업무를 맡는 경우 여러 언어를 접해야 하는 고충이 있을 것이다. 이러한 엔지니어들은 여러 언어 중에서도 C를 잘 다루는 것이 업무의 확장에 있어 유리하다.

2. 반도체 산업 관련 직무

(1) 반도체 재료

반도체 소재 산업은 반도체 산업에서 매우 중요한 역할을 한다. 반도체 공정에 사용되는 재료 물질과 관련된 산업뿐만 아니라, 넓은 범위로 따지면 실리콘 웨이퍼를 제공하는 것도 소재 산업에 들어간다. 반도체 재료 직무는 이러한 재료들의 개발, 생산 및 가공하는 업무를 말한다.

반도체 제조 회사에서는 직접 재료를 생산하는 업무보다는 상용화되었거나 연구 개발 단계에 있는 재료를 도입하여 새로운 공정에 적용하는 것을 주 업무로 한다. 반도체 공정이 미세화 됨에 따라 기존 공정으로는 한계에 봉착하는 경우가 많아졌는데, 이 한계가 물질/재료에서 기인하는 경우 대체제를 찾기 위해 신물질을 평가하는 것이다. 이외에도 제조 공정을 지속적으로 개선하여 수율을 높이고 비용을 줄이는 평가도 같이 진행한다. 공통적으로 유기/무기화학, 고분자공학, 금속/세라믹 재료 등의 재료공학과 평가를 위한 분석학 등을 공부하는 것이 필요하며, 특정 재료에 한해서는 재료 공정, 재료의 기계 거동, 결정학 등의 분야에 대한 이해도 필요할 수 있다.

상술한 평가 항목들은 소자 성능, 신뢰성, 수율 및 경제성을 종합적으로 평가해야 한다. 소자 성능은 공정 설계, 신뢰성은 평가 및 수율, 경제성은 제조 및 생산관리 등과 협업을 진행해야 한다. 특히 재료 직군은 실제 웨이퍼를 제조하는데 권한이 매우 적기 때문에 공정 설계나 제조 부서의 긴밀한 도움이 필요하다.

(2) 반도체 설비

① 설비 기술

설비 기술 직무는 주로 라인 내에서 사용하는 반도체 설비들의 유지 및 보수와 반도체 설비의 생산성을 향상하는 업무를 중점적으로 수행한다. 사전 보수(PM, Preventive Maintenance)에 많은 시간을 투자하는 편으로 이를 통해 설비 가동률 향상과 성능 유지를 하는 업무를 기본으로 하며, 설비 구조의 변경을 통해 공정 특성 및 균일도 향상 등의 성능 개선을 담당한다. 또한 빅데이터 분석을 통해 설비에서 발생하는 동일 문제를 사전 확인하여 제거하는 업무도 진행한다.

반도체 설비 직무는 자명하게도 기계공학을 전공하는 것이 유리하다. 설비를 제어하는 데 필요한 제어공학뿐 아니라 반도체 공정 성능 향상에 영향을 미치는 열역학, 유체역학 등의 전공 이해도 역시 중요하다. 최근에는 금속/세라믹재료, 광학 등과 융합한 업무들이 등장하였으며, 설비가 최첨단화될수록 인접 학문과의 융합이 중요해지고 있다.

설비 기술 직무의 대다수는 연구 분야보다는 설비 유지 보수를 담당하게 된다. 따라서 공정 기술과 마찬가지로 24시간 3교대를 하는 경우가 대부분으로 체력적으로 힘든 경우가 많다. 대부분 공정 기술과 협업하여 문제를 파악하고 해결하는 경우가 많은데, 아이러니하게도 동일 문제를 가지고 책임 소지를 놓고 공정 기술과 다투는 경우가 많다. 또한 협력사와 갑을 관계를 갖는 경우가 많아 준법 경영에서 문제의 소지가 되는 경우가 많으므로 업무 시 주의해야 한다.

② 설비 시스템 개발 및 기구 개발

설비 시스템 개발 및 기구 개발 직무는 반도체와는 거리가 있는 편이며 설비 기술을 지원하는 부서에 가깝다고 인식된다. 주로 설비의 진동이나 소음 저감 설계, 방열시스템 설계 등 반도체 라인에 특화된 설비 부품을 제공하는 역할을 한다. 동일 원인으로 라인 내 문제가 발생하는 경우에도 해결책을 제시하는 업무를 맡는다. 이외에도 배선이나 제어보드 등을 설계하고 이들을 제어/관리하는 솔루션을 제공한다.

설비 직무와 마찬가지로 기계공학을 전공하는 것이 유리하다. 특히 CAE 시뮬레이션 툴을 많이 사용하므로 툴 사용의 숙련도를 높이는 것이 필요하다. 특이한 점으로는, 업무 특성상 부품을 제공하는 협력사와 일종의 경쟁 관계를 갖는 경우가 있어 가장 마찰이 많은 부서이기도 하다.

(3) 인프라

인프라는 비단 반도체에 국한된 것은 아니다. 공장 운영 및 연구 진행에 필요한 지원을 하는데 필요한 모든 것을 지원하는 직무를 통칭하여 인프라라고 한다.

① 인프라 기술/환경/안전

인프라는 전기, 용수, Gas/Chemical, HVAC(난방, 환기 및 공기 조절) 등 생산에 필요한 모든 제반시설(Utility)을 제어하는 부서다. 안정적인 유틸리티를 효율적으로 제공하기 위한 시스템을 설계, 개발하고 유지 보수를 총괄한다. 업무에 따라 건설 기술, 제반시설 관리, Gas/Chemical 관리, 전기 기술 등으로 분류한다. 라인을 운영하는 데 있어 필수적인 직무들이지만, 최근 들어 시장이 기업의 ESG에 주목하여 인프라 기술/환경/안전에 신경을 쓰는 회사가 증가하고 있다.

건설 기술은 초기 Fab 건설 시 프로젝트를 기획하고 설계, 감리를 담당한다. Fab 완성 후에도 Fab에 필요한 제반시설을 사전에 건설하는 업무를 맡는다. 시설 관리는 건설 기술이 준비한 여러 Utility를 활용하여 실제 설비에 연결하는 역할을 하고, Gas/Chemical 관리는 공급하는 Gas/Chemical의 순도와 압력, 유량 등을 관리한다. 시설 관리와 Gas/Chemical 관리는 설비에서 실제 사용하는 Utility의 양을 계산하여 공급 부하율을 계산하고 최적화하며, Fab 내 Leak 발생 등의 비정상 상황 시 대응하는 활동을 한다. 전기 기술은 Fab 내 전원 사양 및 전력 사용량에 맞춰 전원을 공급하고, 순간 정전 등에 의한 설비/공정 손상을 방지하도록 UPS/GPS 등의 시스템을 구성하고 관리한다.

전술하였듯 기업의 ESG 운영에 있어 매우 핵심적인 역할을 맡는 직무다. 반도체 라인에서 사용하는 물질 중에는 유독한 물질이 많기 때문에 이를 다룰 때에도 주의해야 하며, 사용전 / 사용중 / 사용후 보관 시에도 유독한 상태로 누출이 되지 않아야 한다. 전력에 의한 안전사고 역시 발생하지 않도록 유의해야 한다. 해당 업무들은 분야에 따라 다양한 전공을 요구하므로 특정하기는 어려우나, 전기/화학 등에 대한 전공 외에도 건축/환경/안전 관련 전공이 업무 수행에 도움이 된다.

② S/W 인프라

S/W 인프라는 최종 사용자를 위한 S/W가 아닌, 내부 이용자를 위한 S/W를 개발하는 직무다. 각 사 별로 자체적으로 개발에 필요한 Tool을 제작, 배포하고 유지 보수하는 업무를 담당한다. 정형화된 데이터의 경우 범용 Tool을 사용하여 분석하기 용이하나, 대부분 양산에서 발생하는 데이터는 비정형 데이터로 데이터 판단 주체의 입맛에 맞도록 맞춤형 S/W를 운용한다. 그럼에도 자체 개발이 어려운 경우는 상용 S/W를 평가하고, 업무 사용에 적합한 경우 전체 시스템에 적용할 수 있도록 구매하여 배포한다.

프로그래밍을 통한 업무 자동화 추세에 맞춰 직접 비정형 데이터를 추출하여 가공하려는 엔지니어가 증가하고 있다. 이들은 자체 S/W 및 사용 S/W의 제한적인 형식, 느린 속도 등을 개선하고자 하는 목적을 가진다. S/W 인프라 직무는 여기에 맞춰 자체 개발에 필요한 환경을 제공하는 역할도 담당한다.

2 반도체 엔지니어를 꿈꾸는 여러분에게

1. 반도체 산업에 대한 개인적인 생각과 반도체 엔지니어의 장단점

반도체 산업은 앞으로도 절대 크기가 줄어들지 않을 먹거리가 될 것이다. 시간을 100여 년 전으로 돌려 생각하면, 대부분의 인프라와 관련된 것에는 기계공학과 토목공학이 사용되지 않은 것이 없다고 봐도 무방하다. 이들 공학의 대부분은 혁신적인 발견, 발명과 이론 정립은 이미 오래전에 정리되었다. 그러나 그 상태로 멈춰 있는 것이 아니라 지금도 발전하고 있지 않은가? 신재료 및 IT 등과의 연계로 새로운 활로를 찾아 꾸준한 연구가 진행되고 있다.

앞으로의 반도체 산업 역시 마찬가지다. 다양한 분야에서 전자기기를 사용하므로 그 안에 들어가는 필수 부품인 반도체 제품의 시장 크기는 앞으로도 증가할 수밖에 없다. 개발과 연구 측면에서도 꾸준한 수요가 있을 것이다. 물리적인 크기의 한계에 도달했다는 뉴스가 나올 정도로 반도체 산업과 공학은 일종의 성숙기에 진입했다고 생각할 수 있는 수준이기도 하다. 그러나 IT나 바이오 등 일부 업종을 제외하고는 지금도 발전 속도가 상당히 빠른 분야인 것도 사실이다. 냉정하게 앞으로 반도체 분야에서 혁신적인 무엇인가를 발명하거나 새로운 이론을 만들어낼 기회는 많지 않을 수도 있지만, 기존의 다른 분야들처럼 꾸준히 발전할 것임은 분명하다.

반도체 엔지니어의 가장 큰 장점은 진입장벽이 높다는 것과 데이터 사이언스에 가장 밀접한 직종이라는 것이다. 반도체 분야는 눈으로 관찰하기 어렵다는 것이 특징이다. 그만큼 장비, 재료, 제조, 설계 등 모든 분야에서 진입장벽이 높다. 특히 제조 같은 경우는 다루는 제품의 크기가 아주 미세하기 때문에 접근하기가 어려우며, 설계에서는 결과물의 동작은 눈으로 볼 수 있지만 그 안의 동작원리와 회로를 좇아가기엔 난이도가 너무 높아 오히려 진입장벽이 더 높은 편이다. 이러한 점을 바탕으로 전문성을 인정받기에 매우 유리한 측면이 있다. 그뿐만 아니라 업종에 따라 다르지만, 시시각각으로 변하는 다른 형태의 수많은 데이터를 다루게 되므로 최근 추세인 빅데이터 처리 능력을 키우기 위한 데이터 접근성도 우수한 편이다.

위와 같은 점들이 반도체 엔지니어의 장점이 될 수도 있지만, 앞서 얘기했듯 반도체 산업의 발전 속도는 매우 빠른 편이라 적응하지 못하고 뒤처지기도 쉽다. 변화에 맞춰 꾸준히 공부하여 부족한 면을 보완하여야만 한다. 또한 진입장벽이 높은 만큼 반대로 다른 업종으로 전환하기도 어렵다는 단점을 가지기도 한다. 아주 세세한 분업화가 이루어지고 있으며, 결과물이 눈에 보이는 것이 많지 않기 때문에 실제로 내가 무엇을 해냈다는 느낌을 받기도 쉽지 않다. 그래서 다른 업종과의 호환 혹은 내 결과물에 대한 확신을 위해서라면 데이터를 다루고 가공하는 능력을 키우는 것이 매우 중요하다.

2. 내가 면접관이라면?

공채가 되었든 수시 모집이 되었든 채용 프로세스 자체는 크게 변하지 않는다. 자기소개서나 이력서 등의 서류 검토, 전공과 인성을 판단하는 면접 등의 절차가 그것이다. 이를 기준으로 심사관이나 면접관 입장에서 어떠한 인재를 채용하고 싶은지 의견을 전달하려 한다.

우선 서류의 경우 가장 먼저 보는 것은 글의 전체적인 윤곽이다. 말하고자 하는 내용이 분명한지, 근거를 제시한다면 그 근거는 타당성이 있는지를 확인한다. 화려한 미사여구를 동반한 글은 필요하지 않다. 오히려 맞춤법, 띄어쓰기와 비문 등 기본적인 글쓰기 능력이 사람을 판단하는 첫인상이 된다. 이를 확인한 후에 비로소 서류의 본문을 심도 있게 검토한다. 이때 주의할 점은 약간의 과장은 섞을 수 있을지 언정 절대 거짓을 얘기하지는 말라는 것이다. 없는 내용을 작성하면 높은 확률로 앞뒤가 안 맞거나, 면접 시 관련된 질문으로 대다수가 걸러진다.

면접 시에는 깔끔한 인상으로 임하는 것이 좋다. 사람을 판단하는 데 있어 첫인상이 매우 높은 비중을 차지한다는 연구결과도 있다. 비싼 옷을 입거나, 양복을 차려입지 않아도 좋다. 비즈니스 캐주얼이 대세가 되어가는 만큼 단정하게 입는 것이라도 하라는 이야기다. 소개팅을 가더라도 깔끔하게 가는 것이 예의인데, 처음 보는 면접관을 대하는 자리에 이 정도는 해야 하지 않을까. 최근에는 개성을 존중하는 기조가 있어 외적인 면에 조금 더 관대해진 편이지만, 본인의 개성은 살리되 최대한 깔끔한 모습을 보여주는 것이 최소한의 예의가 될 것이다.

당연하지만 인상만 중요한 것은 아니다. 말하기 능력이 면접 당락을 결정하는 중요한 요소가 된다. 물론 직원을 선택하는 데 있어 가장 중요한 것은 전공 지식에 대한 이해도이다. 나와 같이 일할 사람을 선택하는 데 있어 기본 지식의 유무는 매우 중요한 기준이 된다. 이것만큼 중요한 것이, 이를 바탕으로 한 대화와 논리적인 의견 전달의 가능 유무이다. 즉 '말이 통하는' 사람을 뽑고자 하는 것이다. 따라서 면접 시에는 최대한 논리적으로 이야기하는 것이 유창한 말하기보다 더 중요하다. 면접관의 질문에 즉답하는 것도 좋은 요소이지만, 조금 늦게 답하더라도 논리를 고민하여 대답한다면 면접관이 높게 평가하기도 한다. 이를 위해 평소에 말하기 연습을 하는 것이 중요하다. 다른 사람의 입장에서 들어보는 연습이 큰 도움이 될 것이다.

사실 면접관의 입장에서 가장 뽑고 싶은 사람은 협업을 잘 하는 사람이다. 많은 일이 혼자서 하는 일이 아니기 때문이다. 그러나 대다수의 면접 시스템은 개개인의 능력을 판단하는데 적합하지만 협동심이나 조직 적응력 등을 판단하기는 쉽지 않다. 적지 않은 수가 '조직에 녹아들지 못하는' 모습을 보이기도 하고 개인적으로는 우울증, 회사 측면에서는 인재의 이탈 등 많은 손실을 부르기도 한다. 이를 개선하는 것이 면접 주체의 숙제이기도 하다. 본인의 강점이 이러한 측면이라면 강조하는 것도 좋은 전략이 될 수 있다.

3. 후배들에게 기대하는 것

뛰어나지는 않지만 그래도 조금이라도 앞서 업계에 몸을 담은 사람으로서 감히 후배들에게 해주고픈 조언들이 몇 가지 있다. 부디 도움이 되는 말이길 바란다.

반도체 엔지니어에게 최우선적으로 기대하는 것은 배운 내용의 숙지다. 이 책을 읽는 대상을 한정하고 싶지는 않으나, 대부분 4년제 대졸자라 한정하고 예를 들면 반도체 전공에 대한 지식과 이해를 기대한다. 졸업 직전에는 학부 때 학습한 어렵고 방대한 내용들을 기억하고 이해하던 사람들이 입사만 하면 많은 부분을 잊는다. 심지어 신입사원 교육 때 전공 기초를 복습하는데도 그러하다. 현업 투입 후에는 현업 업무에 대한 교육을 하고 업무를 맡기지만, 부족한 전공 지식을 보충해 줄 정도로 여유가 있지 않는 경우가 많다. 개인의 이해도에 따라 회사 내에서 업무 수행의 출발선이 달라질 수도 있고, 흔한 표현으로 내공을 끌어올리는 속도가 영향을 받기도 한다.

전공지식 외에도 엑셀/PPT 등의 사무 프로그램에 대한 연습도 업무에 도움이 된다. 컴퓨터 활용능력 시험을 보고 자격증을 따라는 의미가 아니다. 다른 사람과의 소통의 도구로써 사무 프로그램이 필요하다는 것을 받아들였으면 한다. 나의 결과는 결국 다른 사람에게 전달이 되고 인정을 받아야 하는데, 아무도 이해를 하지 못한다면 조직의 입장에서는 의미가 없는 시간을 쓴 셈으로 성과로 인정받을 수 없다.

최근에는 이러한 사무 프로그램 외에도 자동화를 활용한 업무 효율화를 추구하는 추세이다. 연구 직군에서는 데이터를 정리해서 나가는 과정에서 사람의 실수나 왜곡된 의도가 반영되는 것을 경계해야 하는데, 이를 방지하기 위해 공용 공간에 저장된 데이터를 바로 코딩을 통한 시각화 혹은 데이터 전처리 후 시각화 도구 사용 등을 통해 공유하는 것을 시도하고 있다. 소프트웨어 직군이 아닌 이상 최소한의 코딩은 할 수 있으면 좋으며, 공학 쪽 활용도가 높은 파이썬, R, MATLAB 정도의 활용도가 높은 편이다.

마지막으로 두 가지 조언을 드리고 싶다. 첫 번째는 꾸준히 공부하라는 것이다. 빠르든 늦든 산업은 계속 발전하고 있는데, 가만히 있으면 뒤처질 수밖에 없다. 반도체 산업은 결과물이 눈으로 잘 보이지 않기에 체감하기 어렵지만 여러 산업 중 발전 속도가 빠른 편이다. 많은 이들이 듣기 싫어하겠지만 꾸준히 공부하는 수밖에 없다. 두 번째는 협업 마인드를 기르라는 것이다. 사적인 면에서 개인주의적인 것은 상관없다. 그러나 업무에 있어서는 협업이 매우 중요하다. 커뮤니케이션 부재나 협업 마인드 부재로 제대로 되던 일도 엎어지는 것도 많이 보게 된다. 아직까지 한국 사회와 회사에서는 사적 / 공적 경계가 모호한 면이 있어 말하기 어려운 주제지만, 부디 자기 잘난 맛에 살며 일하지 말았으면 한다. 전 세계적으로 몇 명의 천재 빼고는 거의 대부분의 산업이 혼자서만 잘 하는 구조로는 돌아갈 수 없다는 것을 알았으면 한다.

Memo

Part 02
반도체 기초 이론

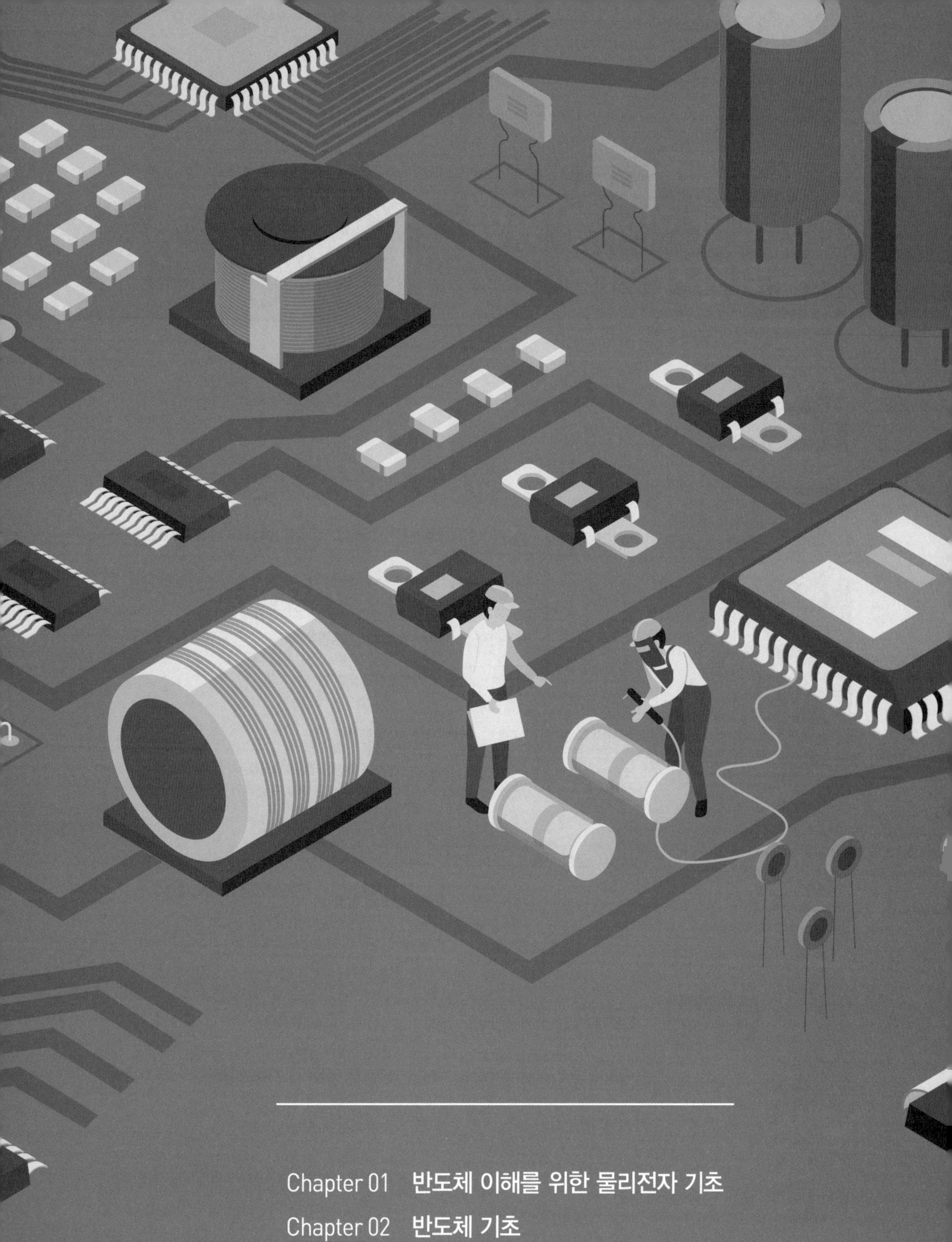

Chapter 01

반도체 이해를 위한 물리전자 기초

핵심요약

정의, 기초

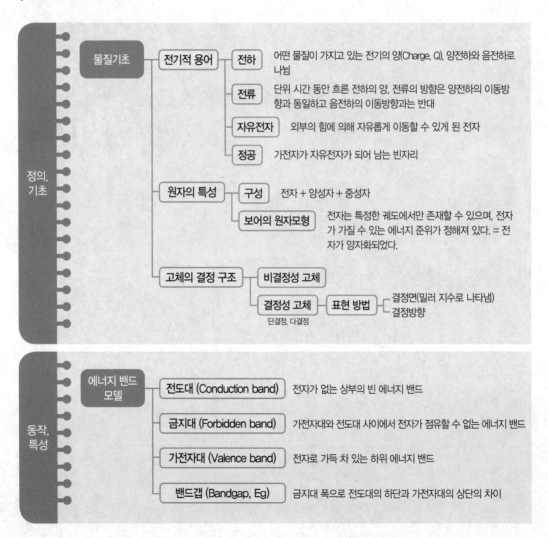

- 물질기초
  - 전기적 용어
    - 전하: 어떤 물질이 가지고 있는 전기의 양(Charge, Q), 양전하와 음전하로 나뉨
    - 전류: 단위 시간 동안 흐른 전하의 양, 전류의 방향은 양전하의 이동방향과 동일하고 음전하의 이동방향과는 반대
    - 자유전자: 외부의 힘에 의해 자유롭게 이동할 수 있게 된 전자
    - 정공: 가전자가 자유전자가 되어 남는 빈자리
  - 원자의 특성
    - 구성: 전자 + 양성자 + 중성자
    - 보어의 원자모형: 전자는 특정한 궤도에서만 존재할 수 있으며, 전자가 가질 수 있는 에너지 준위가 정해져 있다. = 전자가 양자화되었다.
  - 고체의 결정 구조
    - 비결정성 고체
    - 결정성 고체 (단결정, 다결정)
      - 표현 방법
        - 결정면(밀러 지수로 나타냄)
        - 결정방향

동작, 특성

- 에너지 밴드 모델
  - 전도대 (Conduction band): 전자가 없는 상부의 빈 에너지 밴드
  - 금지대 (Forbidden band): 가전자대와 전도대 사이에서 전자가 점유할 수 없는 에너지 밴드
  - 가전자대 (Valence band): 전자로 가득 차 있는 하위 에너지 밴드
  - 밴드갭 (Bandgap, Eg): 금지대 폭으로 전도대의 하단과 가전자대의 상단의 차이

학습 포인트

원자 구조를 이해하여 자유전자와 정공의 개념을 정의하고, 원자들의 집합인 격자 구조에서의 에너지 밴드가 무엇인지 설명할 수 있도록 한다.

1 물질기초 이론

이 장에서는 물질기초에 대해 학습하도록 한다. 이제부터는 순서대로 반도체 물질과 반도체 소자에 대해 학습할 예정인데, 가장 먼저 반도체 물질과 관련한 용어부터 다룰 것이다. 이어 반도체 물질인 실리콘이 어떠한 구조로 결정을 이루고 있는지 확인하도록 한다.

1. 전기적 용어

(1) 전하와 캐리어, 전류

어떤 물질이 가지고 있는 전기의 양을 전하(Charge, Q)라 한다. 전하는 물질이 가지고 있는 고유한 전기적 성질이자 전기현상을 일으키는 주체적인 원인이다. 우리가 전기가 통한다, 전류가 흐른다, 혹은 전압이 세다 등등 전기와 관련된 모든 것은 전하로부터 시작한다. 다시 말해 모든 전기적인 효과는 전하의 공간적 분포 및 운동에 의해 나타난다고 말할 수 있다. 전하는 플러스(+) 전기와 마이너스(−) 전기에 대응하여 각각 (+)전하인 양전하와 (−)전하인 음전하를 정의할 수 있다. 이들은 같은 극끼리는 반발력(척력)이 작용하여 밀어내고, 다른 극끼리는 인력이 작용하여 서로 끌어당기는 성질을 지닌다.

[그림 2-1] 전하의 인력과 척력

전류(Current, I)는 이러한 전하들의 흐름을 나타낸 것으로, 단위 시간 동안에 흐른 전하의 양으로 정의한다. 전류의 방향은 이동하는 전하의 극성에 따라 결정된다. 전류의 방향은 양전하의 이동방향과 동일하고 음전하의 이동방향과는 반대가 된다.

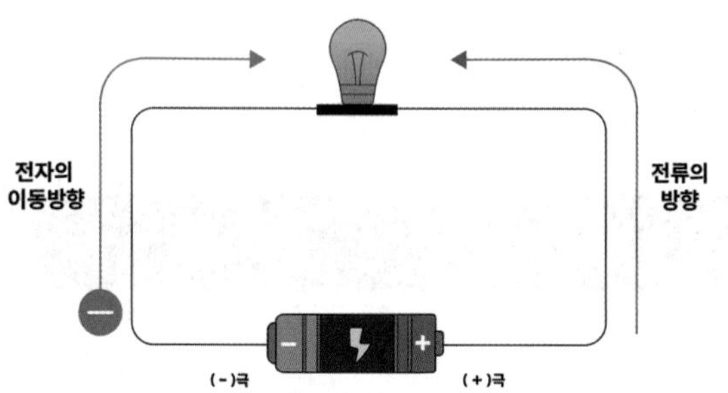

[그림 2-2] 전하의 이동방향과 전류의 이동방향

전하들은 그 자체로 이동할 수는 없고, 특정한 전하를 띄는 물질이 이동하여 전기적 효과를 발생한다. 이렇게 특정한 전하를 띄고 전하를 옮기는 물질을 캐리어(Carrier 혹은 Charge Carrier)라고 한다. 양전하와 음전하를 전송하는 캐리어가 각각 다르게 존재하며, 이들 캐리어의 종류는 아래의 표를 참조하기 바란다.

[표 2-1] 캐리어의 종류

대분류	양전하	음전하
액체, 기체	양이온	음이온, 공간 전자
고체	정공	자유전자

(2) 자유전자와 정공

우리 주변의 모든 물질은 원자(Atom)로 구성되어 있다. 원자를 조금 더 잘게 쪼개어보면 전기적 양성을 띠는 양성자(Proton), 전기적 음성을 띄는 전자(Electron), 그리고 질량은 있으나 전기적인 특성은 없는 중성자(Neutron)로 나눌 수 있다. 이 중 양성자와 전자가 가지는 전하를 기본전하라 하며, 물질의 전하는 기본전하의 정수배의 값을 가진다. 이들은 양성자/중성자와 전자의 전기적 인력으로 결합되어 있어 외부의 힘이 없는 평형 상태에서는 별도로 떨어져 존재하지 않는다. 이때 묶여 있는 전자 중 최외각에 있는 전자를 최외각 전자 혹은 가전자(Valence Electron)라고 한다.

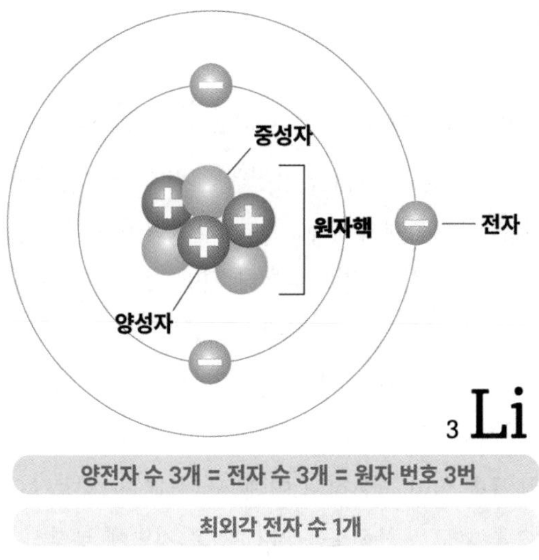

[그림 2-3] 원자번호 3번 리튬(Li)의 원자 모형

외부에서 어떠한 전기적 힘이 가해지면 이들 입자는 서로 떨어지게 된다. 이들 중에서 가전자는 상대적으로 작은 에너지에도 결합에서 떨어져 나올 수 있다. 외부의 힘에 의해 자유롭게 이동할 수 있게 된 전자를 자유전자(Free electron)라 하고, 가전자가 자유전자가 되어 남는 빈자리를 정공(Hole)이라 한다. 앞서 상술한대로 자유전자와 정공은 각각 (−)와 (+) 극성을 띠는 캐리어다. 이들은 반도체 내에서 이온에 비해 이동이 자유로워 이들의 흐름에 따라 많은 전기현상을 해석할 수 있다. 같은 (+) 극성이지만 자유전자의 빈자리인 정공과, 원자의 원자핵을 구성하는 양성자는 완전히 다른 물질임을 혼동하지 않도록 한다.

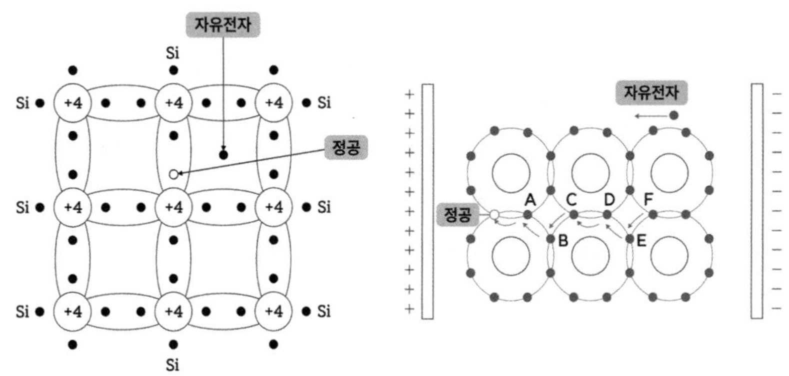

[그림 2-4] 자유전자와 정공, 자유전자와 정공의 이동과 전류[1]

1 이 그림에서 자유전자는 F → E → D → C → B → A 순으로 이동하고, 정공은 반대로 움직인다.

(3) 전기 에너지와 전압

전기 에너지는 전기적 위치 에너지(Potential Energy)와 운동 에너지(Kinetic Energy)의 합으로 구할 수 있다. 따라서 전하가 움직이지 않는 상태를 가정하면 위치 에너지를 구할 수 있다. 전기적 위치 에너지는 물리계 안에 놓인 전하 사이에서 발생하는 정전기력이 변화하는 발생 에너지를 의미한다. 조금 쉽게 설명하면, 일반적으로 무한 원점[2]으로부터 해당 지점까지 단위 전하를 가져다 놓기 위해 필요한 일을 의미한다.

어떠한 사람이 10m 높이에서 1kg에 해당하는 물을 물통에 담고 있다가 바닥으로 붓는다고 가정을 하자. 10m 높이 위의 물이 가지고 있는 위치 에너지가 있을 것이다. 물을 붓는 순간부터 중력이라는 어떠한 크기의 장(場, Field) 혹은 힘이 작용하고 이에 따라 물이 아래로 이동을 하게 된다. 장의 크기에 따라 떨어지는 물은 가속을 하고, 큰 속도를 가진 채로 지면에 부딪히게 될 것이다. 앞의 예시를 전기적인 것으로 바꾸어 보자. 물 분자를 어떠한 캐리어라고 생각한다면, 1kg에 해당하는 물 분자의 수만큼의 전하량이 있다고 여길 수 있다. 또한 물통이 있는 위치인 10m 역시 전기적인 위치로 치환할 수 있다. 이 전기적 위치를 줄여 전위(Electric Potential)라고 하며, 전위의 차이를 전위차 혹은 전압(Voltage)이라 부른다. 예를 들어, 물을 10m 높이에서 0m로 떨어뜨리면 높이의 차이는 10m이고, 10m에서 3m로 떨어뜨리면 높이의 차이는 7m가 된다. 전기도 마찬가지로, 전위 10V에서 전위 3V로 이동하게 되면 전위차, 즉 전압은 7V가 된다.

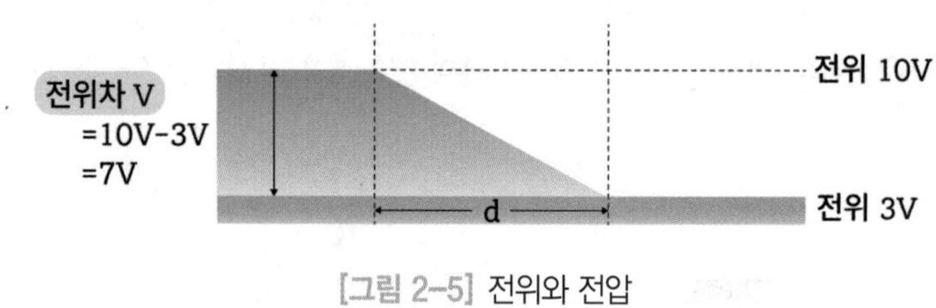

[그림 2-5] 전위와 전압

위의 예시에서 물이 움직이는 속도를 가지게 하는 9.8m/s^{2}의 중력가속도가 있을 텐데, 이는 중력장의 세기와 같다. 전기적 힘으로 생각하면 중력장은 전하가 가속을 할 수 있는 전기장(Electric field)으로 치환할 수 있다. 그림에서는 기울기가 전기장의 크기와 대응된다고 할 수 있다. 정리하면 전하를 이동하기 위해서는 캐리어가 필요하며, 이 캐리어에 속도를 주기 위해서는 전하를 가속시키는 전기적 힘인 전기장이 있어야 한다.

그런데 순수하게 전기장을 조절하였을 때, 그 값을 일정하고 정확하게 인가하는 것이 쉽지 않다. 이를 해결하는 쉬운 방법이 바로 전압을 인가하는 것이다. 1차원적으로 전기장이 평행하게 진행할

2 전기적 에너지의 영향을 받지 않는다고 가정할 수 있는 무한히 먼 점

때, 전압 V는 전기장 E와 거리 d의 곱으로 나타낼 수 있다(V=E×d). 무한하게 넓은 범위의 판 양단에 전압을 인가하면 캐리어는 일정한 전기장 V/d만큼을 받는다는 것이다. 이론적인 전기적 해석에 있어서는 전기장을 쓰는 경우가 많지만, 이처럼 실제로 어떠한 반도체 소자를 동작시키는 것은 전압을 인가하여 사용하는 것이 직관적이고 편리하다.

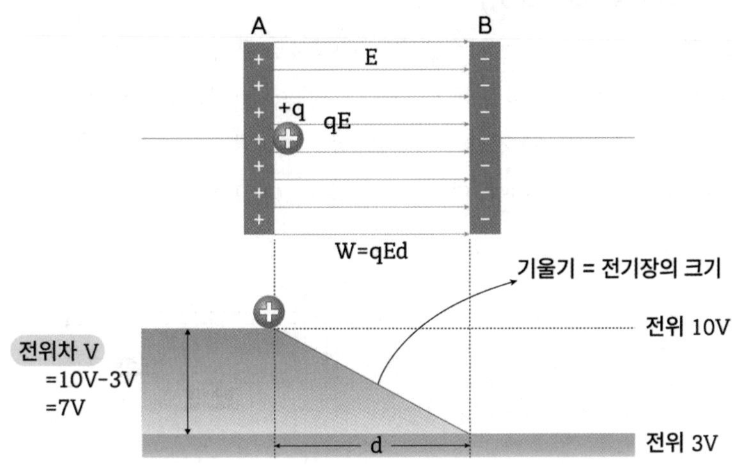

[그림 2-6] 1차원에서의 전압과 전기장

물을 10초 동안 떨어뜨린다고 하였을 때 떨어진 물의 총량을 이동한 총 전하량이라고 쉽게 생각할 수 있다. 이를 단위 시간인 1초당으로 계산하여 단위 시간당 흐르는 물의 양을 계산할 수 있는데, 이것이 바로 전류가 된다.

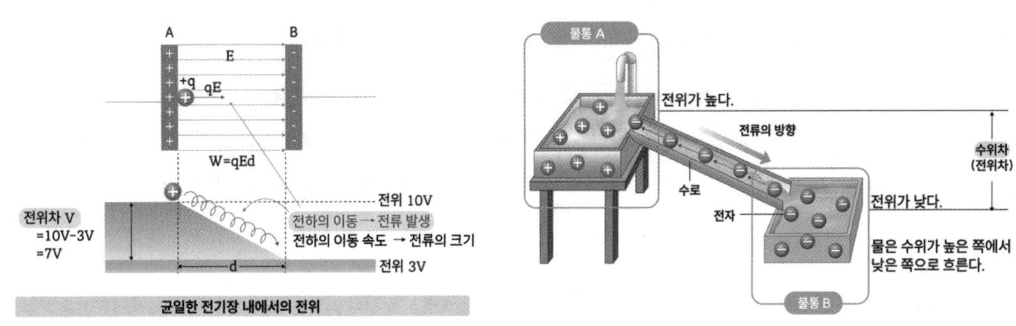

[그림 2-7] 전기장에 의한 전류 발생

2. 원자와 전자

고체 상태의 반도체 물질에서 전하의 원천은 원자에서 생성되는 캐리어인 자유전자와 정공이다. 다시 원자로 돌아가서 원자의 특성에 대해 조금 더 알아보도록 하자.

(1) 원자 구조와 오비탈(Orbital)

원자는 전자와 함께 원자핵을 구성하는 양성자, 중성자로 구성된다. 보어[3]는 수소(Hydrogen, H) 선 스펙트럼을 통해 전자가 특정한 파장의 에너지만을 방출하는 것을 확인하였다. 이는 곧 전자는 특정한 궤도에서만 존재할 수 있으며, 전자가 가질 수 있는 에너지 준위(레벨)가 특정한 값으로 정해져 있다는 것을 의미한다. 다른 말로 이를 '전자가 양자화되었다'고 표현한다.

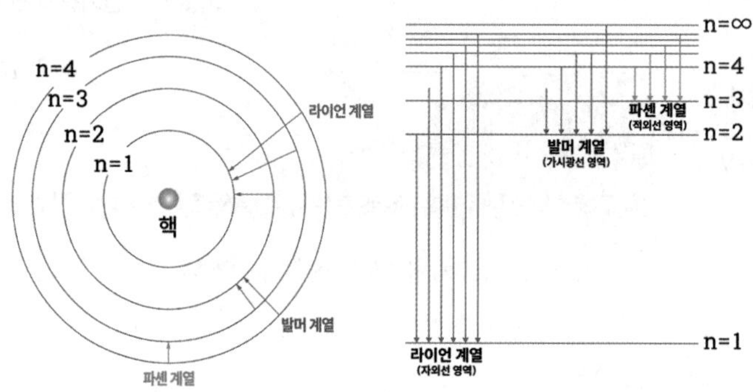

[그림 2-8] 보어의 수소 원자 모형과 수소 선 스펙트럼 결과

더 나아가 드 브로이[4], 슈뢰딩거[5], 하이젠베르크[6] 등은 전자가 파동의 성질을 지녔다는 사실을 바탕으로 새로운 원자모형을 정리하게 되었다. 이에 따르면 전자[7]는 특정한 순간에 어떠한 위치와 운동량을 동시에 측정하는 것이 불가능하기 때문에, 우리는 전자가 원자핵 주위를 움직이는 궤도를 확률에 기반한 통계적 수치로만 해석할 수 있게 되었다. 이처럼 전자의 정확한 위치는 알 수 없고 확률만을 측정할 수 있다는 사실에 기반한 '전자의 확률적 궤도'를 오비탈(Orbital)이라고 한다. 본서에서는 오비탈에 대해서 자세히 다루지는 않도록 한다. 다만 아래 그림처럼 일정한 순서로 오비탈에 전

---

3 Niels Bohr, 덴마크의 물리학자. 원자 구조의 이해와 양자역학의 성립에 기여한 업적으로 1922년에 노벨 물리학상을 수상하였다.

4 Louis de Broglie, 프랑스의 물리학자. 물질의 파동성을 주창하여 양자 역합의 입자-파동 이중성 개념에 결정적 영향을 준 업적으로 1929년 노벨 물리학상을 수상하였다.

5 Erwin Schrödinger, 오스트리아의 물리학자. 드 브로이의 전자의 파동 이론을 발전시켜 슈뢰딩거 방정식을 수립하여 파동 역학을 정립하였다. 이러한 업적으로 1933년 노벨 물리학상을 수상하였다.

6 Werner Heisenberg, 양자역학의 핵심 이론인 위치-운동량에 대한 불확정성의 원리를 정립하고, "양자역학을 창시한" 공로로 1932년 노벨 물리학상을 수상하였다.

7 전자를 포함한 모든 입자들을 포함하여

자가 채워지며, 각 오비탈에는 전자가 최대 2개까지 존재할 수 있다. 예를 들어 s 오비탈은 1개, p 오비탈은 3개, d 오비탈은 5개이므로 1s나 2s 오비탈은 각각 전자가 2개, 2p는 6개, 3d는 10개의 전자를 가질 수 있게 된다.

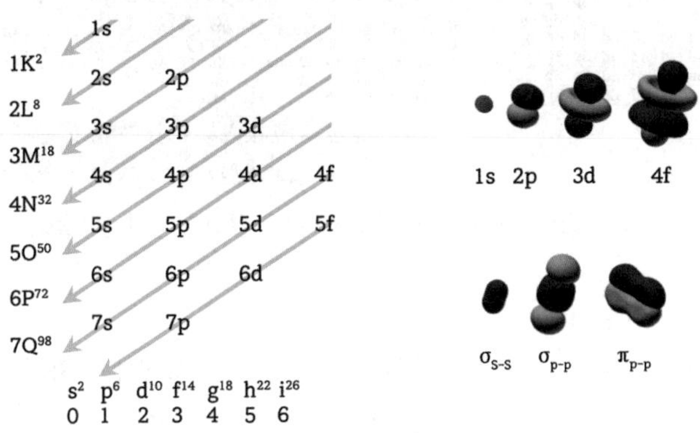

예시 **원자번호 9번 불소(F) : $1s^2 2s^2 2p^5$**
원자번호 14번 실리콘(Si) : $1s^2 2s^2 2p^6 3s^2 3p^2$
원자번호 26번 철(Fe) : $1s^2 2s^2 2p^6 3s^6 4s^2 3d^6$

오비탈당 전자의 최대 개수와 누적 최대 개수

: $1s^2_2$ $2s^2_4$ $2p^6_{10}$ $3s^2_{12}$ $3p^6_{18}$ $4s^2_{20}$ $3d^{10}_{30}$ $4p^6_{36}$ $5s^2_{38}$ $4d^{10}_{48}$ $5p^6_{54}$ $6s^2_{56}$ $4f^{14}_{70}$ $5d^{10}_{80}$ $6p^6_{86}$ $7s^2_{88}$ $5f^{14}_{102}$ $6d^{10}_{112}$ $7d^6_{118}$

[그림 2-9] 오비탈에 따른 전자 구름의 예시와 전자 배치

(2) 주기율표와 옥텟 규칙

과학자들은 원자들을 각기 가지고 있는 양성자의 수(원자번호 순)에 따라 배열을 하면 비슷한 특성을 가지는 원자들이 주기적으로 나타나는 것을 확인하였다. 이들 원자들을 주기적으로 배열한 형태를 주기율표(Periodic table)라 한다. 주기율표가 만들어질 때만 해도 많은 원소들이 발견되지 못했다. 그러나 주기율표가 구체화된 후에는 주기율표상의 비어 있는 칸에도 특정한 성질을 가지는 원소가 있을 것으로 추측하게 되었고, 이로 인해 새로운 원소의 발견이 앞당겨지기도 하였다.

양자역학이 발전하고 난 후 주기율표는 더욱 발전하였는데, 현재 우리가 알고 있는 주기율표는 양자역학의 영향을 받은 주기율표다. 원자번호 순 뿐 아니라 오비탈 순으로 배열하였더니 전이 금속 등 더욱 특성이 비슷한 원자들을 배열할 수 있게 되었다. 이렇게 만들어진 주기율표의 세로줄은 족, 가로줄은 주기라고 한다. 같은 주기에서는 원자들에 따라 녹는점, 전기 전도성, 반응성 등의 성질이 변한다. 주기가 바뀌면 성질의 변화가 비슷하게 반복된다. 원소들은 족에 따라서 유사한 특성을 보이며, 이에 같은 족에 속한 원소들을 동족 원소라고 부른다.

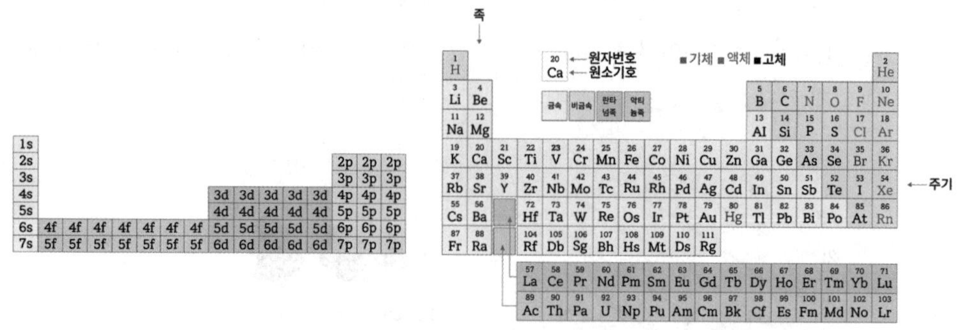

[그림 2-10] (왼쪽) 오비탈에 따른 원소의 배치와 (오른쪽) 현대의 주기율표

원자들이 분자를 구성할 때, 분자를 이루는 각각의 원자는 최외각 껍질에 전자가 8개가 들어갔을 때 가장 안정된 상태라고 하는 옥텟 규칙(Octet rule)을 따르게 된다. 1주기 원소인 수소(H)와 헬륨(He)은 1s 오비탈밖에 없으므로 해당하지 않고, 주로 2주기 원소에서 성립하는 규칙이다.[8]

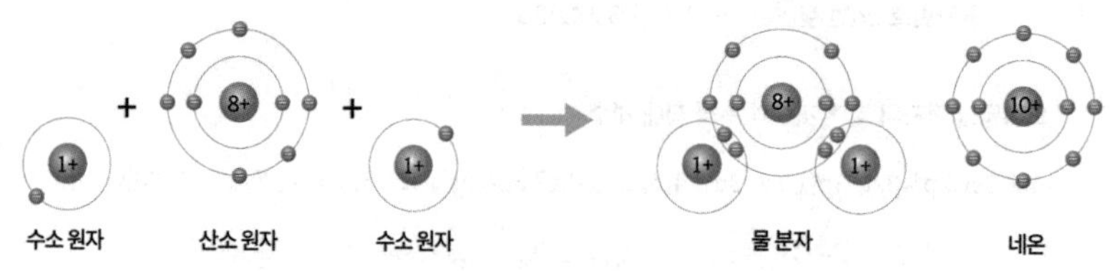

[그림 2-11] 옥텟 규칙을 만족하는 예

(3) 화학 결합 모델(Bonding model)

분자들이 옥텟 규칙을 만족하면서 구조를 형성할 때, 이들의 형태를 직관적으로 이해할 수 있도록 그림으로 나타낸 것을 결합 모델(Bonding model)이라고 한다. [그림 2-12]처럼 CH_4(Methane)를 예로 들면, 탄소(C)와 수소(H)가 전자를 공유하여 형성하는 모형을 3D로 그려낸 것을 3D 결합 모델이라 한다. 3D 결합 모델은 직관적으로 단위 분자의 형상을 이해하기는 쉬우나, 여러 분자의 결합 및 복잡한 화학 반응을 설명하기에는 구조적으로 표현하기 어려워 이를 쉽게 나타내는 모형이 필요하게 되었다. 이에 반도체에서는 화학 반응을 모델로 나타낼 경우 주로 원자핵을 원소 기호를 나타내는 영문자로, 전자를 점으로 표현하는 2D 결합 모델이 주로 사용된다. 마지막으로 분자 형성 시 원자들이 전자를 공유하고 있는 경우에는 [그림 2-12]의 맨 오른쪽처럼 선으로 표시하여 2D 결합 모델을 더욱 간략하게 표기한다. 2D 결합 모델의 경우 자유전자와 정공을 표기하는 것이 매우 용이하다. 보통 자유전자는 결합 구조 바깥의 점으로, 정공은 가운데가 비어있는 점으로 표시하여 알아보도록 한다.

8 3주기 이상에서도 옥텟 규칙이 성립하나, 예외가 많다.

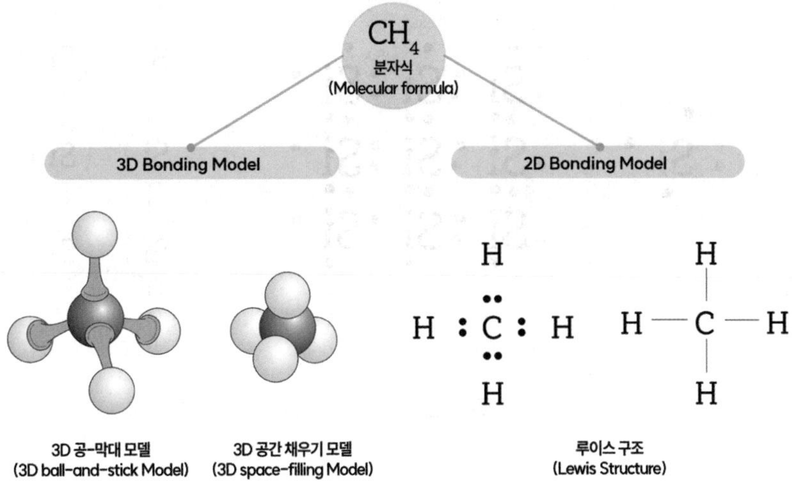

[그림 2-12] 3D Bonding Model과 2D Bonding Model의 예시[9]

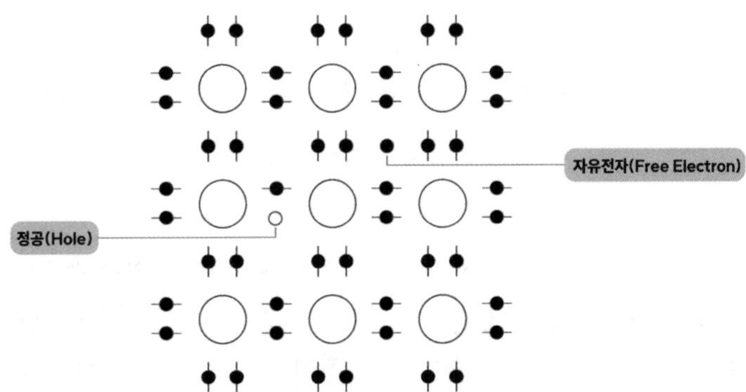

[그림 2-13] 2D Bonding Model로 표현한 자유전자와 정공

실리콘(Si)은 원자번호 14번으로 최외각 전자가 4개인 4족 원소다. 오비탈에 따르면 $1s^22s^22p^63s^23p^2$의 전자배치를 갖는다. 이에 실리콘은 실리콘 그 자체로 결합을 이뤄 옥텟 규칙을 만족하여 실리콘 결정을 이룬다.

9 루이스 구조(Lewis structure)는 루이스 전자점식(Lewis electron-dot diagram)이라고도 한다.
3D 공간 채우기 모델(3D space-filling model)은 칼로트 모델(Calotte model)이라고도 한다.

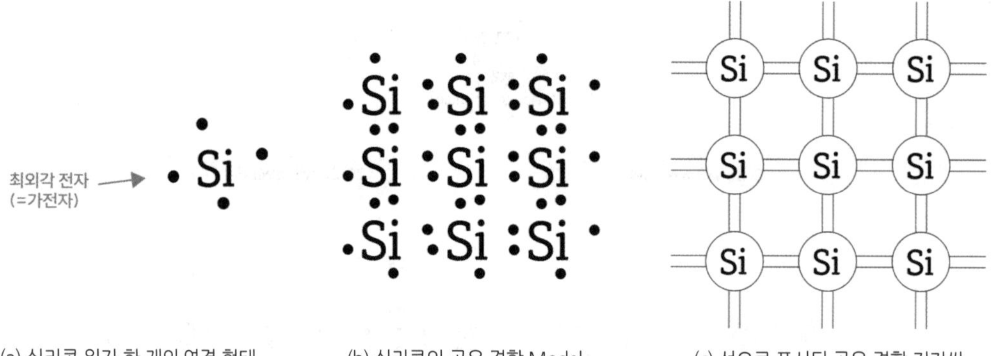

[그림 2-14] 실리콘의 2D bonding model: 공유 결합 시

3. 고체 결정 구조

(1) 고체 결정 구조와 실리콘(Si)의 특성

물질 중 고체는 비결정성 고체와 결정성 고체로 나눌 수 있다. 이 중 단위 격자 혹은 단위 구조(Unit cell)를 가지고, 이들이 규칙적 · 반복적으로 배열되어 있는 물질을 가리켜 결정성 고체라 한다. 결정성 고체는 다양한 종류가 있기 때문에 결합구조 역시 다양하며, 고유한 결합구조를 가지게 된다.

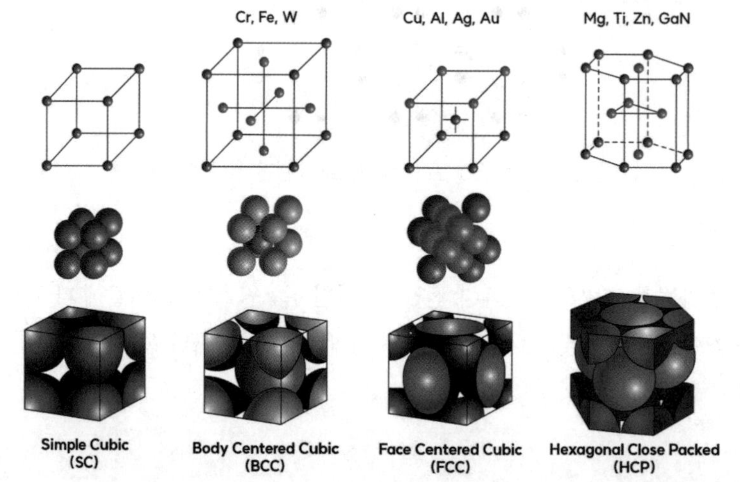

[그림 2-15] (위) 다양한 물질의 결합 구조, (아래) 단위 격자로 나누었을 때의 원자 분포

[표 2-2] 결합 구조별 단위 격자 안의 원자 개수

격자 구조	원자 개수				채움률[14]
	꼭짓점	면심	체심	총	
단순 입방 구조(SC[10])	1/8×8			1	52%
체심 입방 구조(BCC[11])	1/8×8		1	2	68%
면심 입방 구조(FCC[12])	1/8×8	1/2×6		4	74%
육방 밀집 구조(HCP[13])	1/6×12	1/2×2	3	6	74%

실리콘은 그 자체로 결합을 이뤄 결정성 고체로 존재한다. 실리콘은 여러 결합 구조 중 면심 입방 구조(FCC)를 가진다.

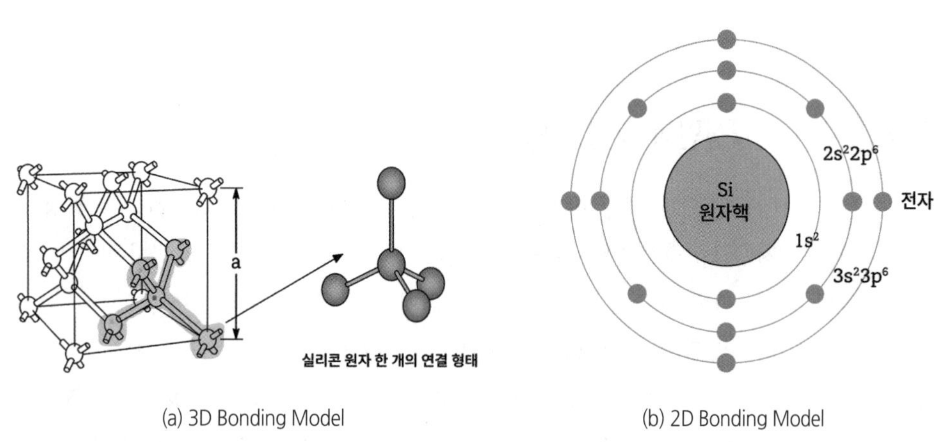

(a) 3D Bonding Model

(b) 2D Bonding Model

[그림 2-16] 실리콘의 결정 구조

(2) 원자 배열에 따른 고체의 결정 구조

모든 고체가 결정을 이루고 있는 것은 아니다. 원자 배열에 따라 단결정, 다결정, 비정질의 3가지 형태로 분류할 수 있다. 결정 내의 원자 배열이 주기적인 것을 단결정(Single crystalline) 고체, 전혀 주기성을 띄지 않는 것을 비정질(Amorphous) 고체라 한다. 부분적으로는 단결정을 이루고 있으나, 단결정들이 서로 다른 방향으로 여러 개 합쳐져 결정 입계(Grain boundary)[15]로 경계가 지어지는 물질을

10 Simple Cubic
11 Body Centered Cubic
12 Face Centered Cubic
13 Hexagonal Closed Packe
14 원자충진율(APF: Atomic Packing Factor)
15 미세한 결정의 집합체인 다결정 내의 단위 부분을 결정립(Grain)이라 한다. 이 때 결정립 간의 경계를 결정 입계라 한다.

다결정(Polycrystalline) 고체라 한다. 반도체 물질로 사용하는 실리콘은 거의 대부분 순수한 단결정 실리콘을 사용하고 있으며, 기타 박막(Thin film) 형태의 실리콘이나 산화물, 질화물 등의 다른 물질들은 다결정 또는 비정질 형태를 띠고 있다.

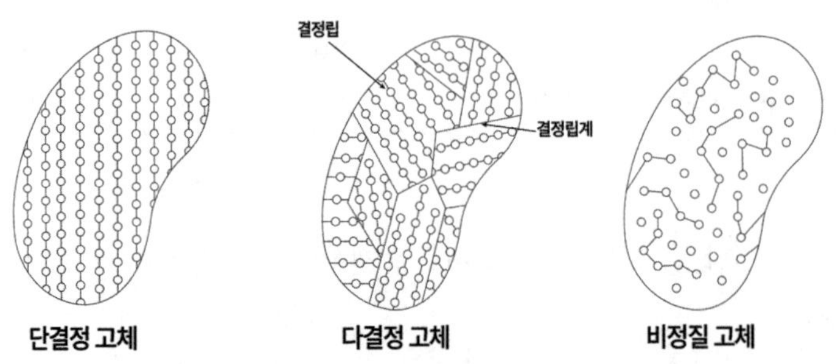

[그림 2-17] 원자 배열에 따른 3가지 형태의 고체

(3) 결정성 고체의 결정면과 결정 방향

결정 고체는 특정한 결정면과 결정 방향을 가지고 있다. 밀러 지수(Miller index)는 결정 구조의 결정면을 나타내는 지수로, 결정면은 3차원 직교 좌표의 각 축과 결정면이 만나는 점의 역수를 취하여 표시한다. 아래 그림의 (a)는 x, y, z 축과 만나는 점이 (1, ∞, ∞)이다. 따라서 결정면은 (1/1, 1/∞, 1/∞)인 (100)이 된다. 또한 (010), (001) 입방면은 (100) 면과 방향만 다르고 결정학적으로 동일하다. 이처럼 등가적 면들을 전체적으로 {100}으로 표시한다. 결정 방향은 결정면에 수직인 방향으로 표시하며 (100)에 수직인 방향을 [100]으로 표시한다. 결정면과 마찬가지로 [100], [010], [001] 면을 전체적으로 〈100〉으로 표시한다.

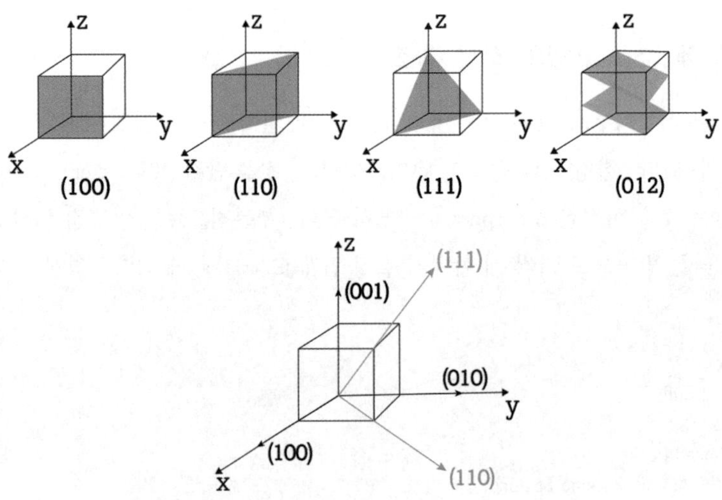

[그림 2-18] 격자의 (위) 결정면 및 (아래) 결정 방향

반도체로 사용하는 실리콘은 특정한 결정면과 결정 방향을 선택하여 제작한다. 결정 방향에 따라 소자의 특성이 달라지기 때문이다. 양산에서 사용하는 실리콘 웨이퍼는 대체로 균일하고 양호한 소자 특성의 확보가 가능한 (100) 면을 사용하며,[16] 실리콘 소자의 주축인 MOSFET 소자의 특성에 맞춰 [100] 방향 혹은 [110] 방향이 MOSFET 소자를 가로지르도록 방향을 맞춰준다. 이 방향을 맞춰주도록 웨이퍼에 정렬을 위한 표시를 하는데, 형태에 따라 평탄면(Flat zone) 또는 새김눈(Notch)이라고 부른다. 양산에서는 웨이퍼의 면적 낭비를 최소화화기 위해 새김눈을 많이 사용한다.

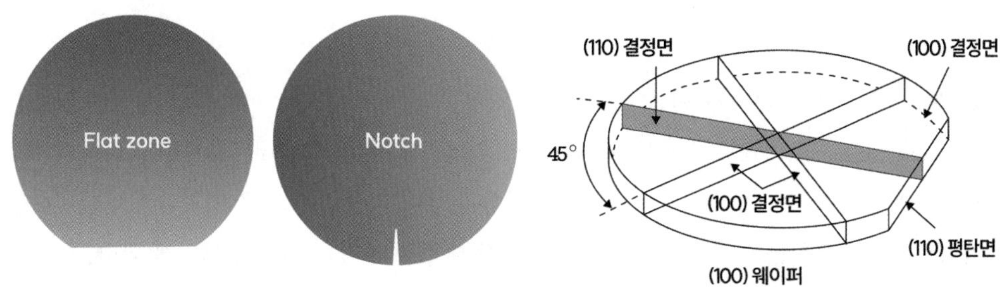

[그림 2-19] 웨이퍼의 Flat zone 및 Notch

② 에너지 밴드 이론

1. 에너지 밴드

(1) 에너지 밴드와 원자간 거리

실리콘(Si)은 원자번호 14번으로 최외각 전자가 4개인 4족 원소다. 오비탈에 따르면 $1s^2 2s^2 2p^6 3s^2 3p^2$의 전자배치를 갖는다. 실리콘 원자가 하나 있을 때는 훈트의 법칙에 따라 [그림 2-20]과 같이 3s 오비탈과 그보다 더 높은 위치 에너지인 3p 오비탈에 각각 전자가 2개씩 위치하게 된다.

16 실리콘 위에 성장하는 산화막(SiO_2)과의 경계면 특성이 우수하다.

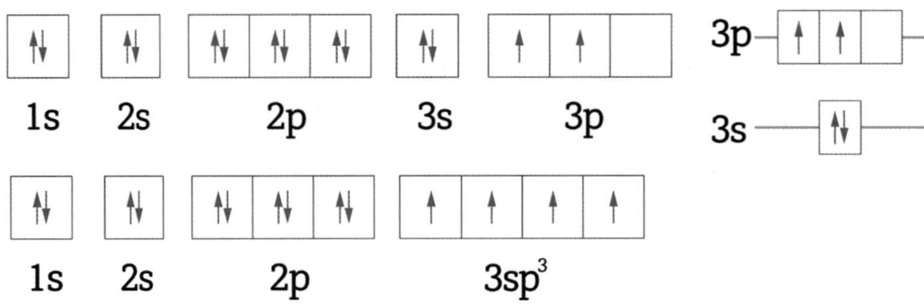

[그림 2-20] 실리콘의 전자 배치와 원자 상태에서의 에너지 레벨

실리콘이 격자 구조를 가지게 되면 이들이 상호작용을 벌이게 된다. 격자 내의 실리콘 원자간 거리(Inter-atomic distance)가 가까워지면서 전자들의 위치가 겹치게 되는데, 전자들은 하나의 에너지 준위에 하나의 전자만 위치할 수 있기 때문에 위치하는 에너지 준위가 조금씩 엇나가서 배치하게 된다. 수많은 에너지 준위들은 촘촘히 배치하여 일정한 대역을 가지는 띠처럼 보이게 되며, 이러한 띠를 에너지 밴드(Energy band)라고 한다.

에너지 밴드는 실리콘 원자간 거리에 따라 다르게 형성된다. 원자간 거리가 무한히 먼 상태에서 점점 가까워지면 이들의 상호 인력에 의해 위치 에너지값이 작아져 점점 더 안정한 상태가 된다. 그러나 원자간 거리가 너무 가까워지면 원자핵 사이의 반발력이 급격하게 커져 위치 에너지가 증가하여 불안정해진다. 따라서 가장 안정한 특정한 상태가 존재하고, 이때의 원자간 거리를 결합 길이(Bond length)라고 한다. 실리콘의 경우 2.35Å을 가진다.

(2) 실리콘 격자에서의 에너지 밴드

N개의 원자가 격자를 이루고 존재한다고 하자. 이때의 에너지 밴드를 살펴보면 [그림 2-21]과 같이 1s, 2s, 2p의 에너지 레벨은 전자가 가득 차있는 상태(Filled state)이지만 에너지 밴드를 형성하지 못한다. 또한 최외각 전자 바깥의 에너지 레벨(3d, 4s, ... 등)은 전자가 없는 상태(Empty state)로 아무런 영향을 주지 못한다.

그러나 최외각의 3s, 3p는 상위 4N개, 하위 4N개의 에너지 레벨로 양분된다. 실리콘이 원래 가지고 있던 총 4N개의 최외각 전자는 모두 하위 4N개의 에너지 레벨에 존재하는데, 이렇게 최외각 전자로 가득 차 있는 하위 에너지 밴드를 가전자대(Valence band)라고 한다. 반대로 전자가 없는 상부의 빈 에너지 밴드를 전도대(Conduction band)라고 한다. 두 에너지 밴드 사이에는 전자가 가질 수 없는 에너지 밴드인 금지대(Forbidden band)가 있다. 금지대의 폭은 전도대의 하단인 E_C(Conduction band energy)와 가전자대의 상단인 E_v(Valence band energy)의 차이와 같으며, 이를 밴드갭(Bandgap, E_g) 혹은 에너지 밴드갭이라 한다. 고체 격자 상태의 실리콘은 1.12eV의 밴드갭을 가진다.

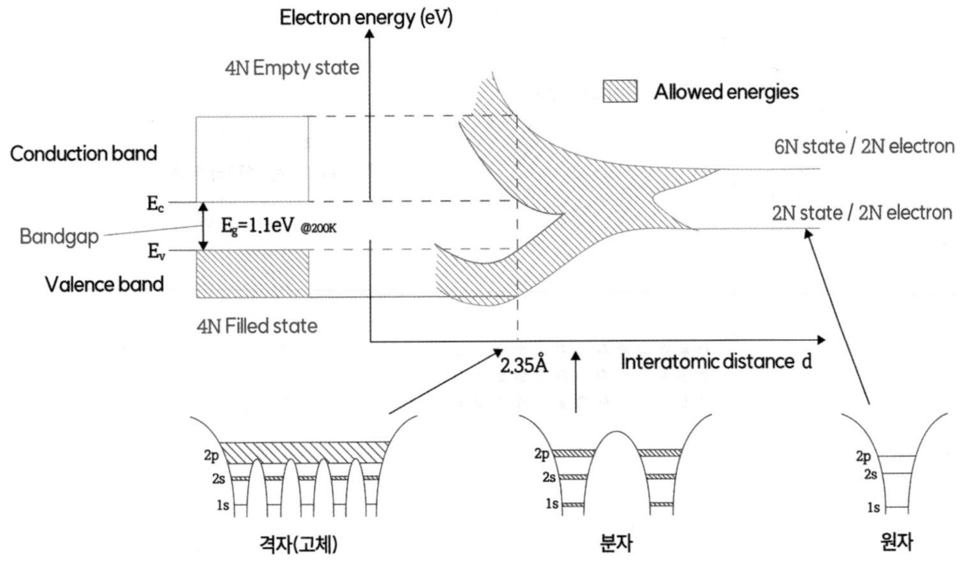

[그림 2-21] 원자 간 거리에 따른 실리콘 원자의 전자 에너지 레벨

2. 에너지 밴드에서의 전기 전도

전기 전도성을 가지게, 전류가 흐르게 하려면 외부에서 전기장[17]을 인가하였을 때 전자가 '의미있는 이동'을 해야 한다. 가전자대는 전자가 가득 차 있는 공간이지만 가전자대 내에 존재하는 전자는 원자핵에 묶여있는 상태이다. 이들은 외부에서 전기장이 인가되어도 자유롭게 움직이기 힘들다. 또한 이미 전자가 수없이 많기 때문에 어느 한 방향으로 움직이는 전자가 있어도 그를 상쇄하는 전자가 존재한다. 따라서 가전자대의 전자가 총 전류에 기여하는 양은 0이 된다.

전도대는 전자가 비어있는 상태다. 전자가 하나도 없는 상태라면 당연히 전류가 흐르지는 못한다. 그러나 만약 텅 비어있는 전도대에 전자가 존재한다면 이는 매우 자유롭게 이동할 수 있다. 이를 자유전자라 하는 것이며, 자유전자의 운동은 '의미있는 이동'이 되어 전류의 흐름으로 나타낼 수 있게 된다. 모종의 이유로 가전자가 하나 자유전자가 되었다면 가전자대에는 전자의 자리가 하나 비게 될 것이다. 이것을 일컬어 정공이라 한다.

17 전계라고도 하며, 전기장 내의 한 점에 단위 전하량(1C)을 가진 양전하가 존재할 때 그 전하가 받는 전기력의 크기를 말한다.

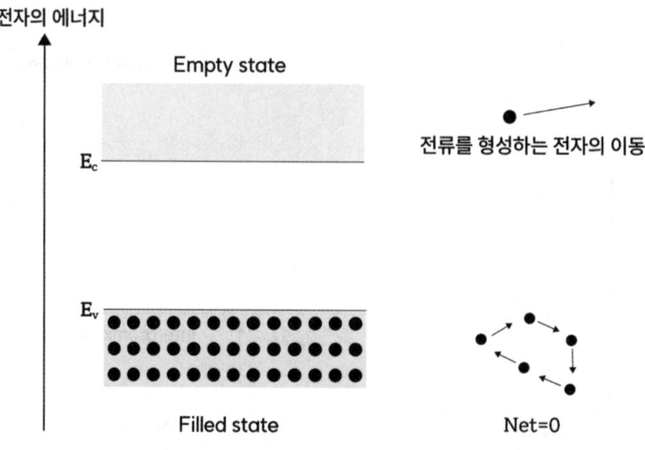

[그림 2-22] 에너지 밴드 내에서의 전기 전도

3. 에너지 밴드에 따른 물질 분류

앞서 전기전도도로 분류하였던 반도체 물질에 대한 개념을 에너지 밴드로 정의할 수 있다. 먼저 물질들을 아래 그림과 같이 밴드갭이 작거나 겹치는 물질, 적당한 밴드갭을 가지는 물질, 큰 밴드갭(〉 5eV)을 가지는 물질로 분류할 수 있다. 밴드갭이 작거나 없는 경우 가전자대에서 전도대로 전자가 자유롭게 이동할 수 있다. 외부 전기장에 의해 자유전자가 이동하며 전류가 잘 흐르게 되는 이러한 물질들을 도체라 한다. 밴드갭이 큰 물질은 자유전자가 생성될 확률이 낮아 전류가 잘 흐르지 않는다. 이들을 부도체라 한다. 마지막으로 적당한 밴드갭을 가지는 물질을 반도체라 한다. 이들은 특별한 처리를 하지 않은 상태에서는 부도체와 유사한 성질을 가진다. 부도체와 반도체를 나누는 기준은 명확하지 않으나, 반도체의 상위 한계에 해당하는 물질을 3.4eV의 밴드갭을 가지는 GaN으로 보고 있다. 이 이상의 밴드갭을 가지면 부도체로 분류한다.

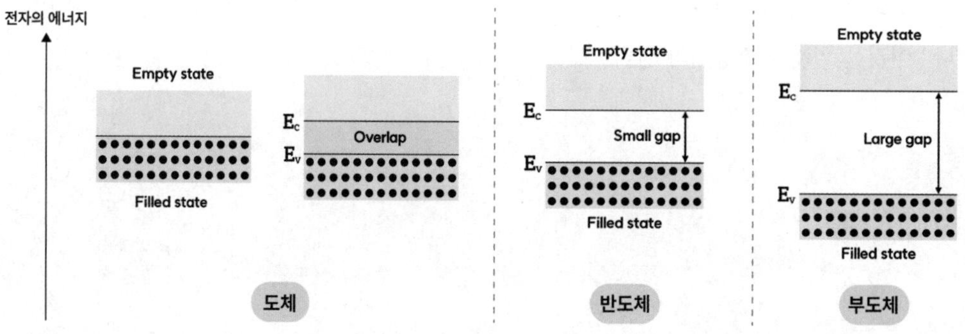

[그림 2-23] 도체, 반도체, 부도체의 에너지 밴드 다이어그램

[표 2-3] 반도체와 부도체의 에너지 갭 (@T = 300K(27℃))

Semiconductor		Insulator	
Si	1.12 eV	SiO_2	9 eV
Ge	0.67 eV	Si_3N_4	5 eV
GaAs	1.43 eV	HfO_2	5.3 eV
GaN	3.4 eV	Al_2O_3	7.2 eV
SiC	3.0~3.3 eV		

4. 비평형 상태에서의 에너지 밴드

지금까지 알아본 에너지 레벨은 모두 전자가 가질 수 있는 위치 에너지의 관점으로 바라본 것이다. 에너지 레벨이 하단에 위치할수록 원자핵에 더 가까워 가지고 있는 위치 에너지가 낮다는 의미이다.

여기에 외부에서 전압이 인가될 때를 살펴보도록 하자. 양전압이 인가되면 전자는 전압이 인가되는 쪽으로 이동하게 되며, 따라서 전자가 가지는 위치 에너지는 감소한다. 이를 에너지 밴드로 표현하면 에너지 밴드가 전체적으로 하강한다고 표시할 수 있다.

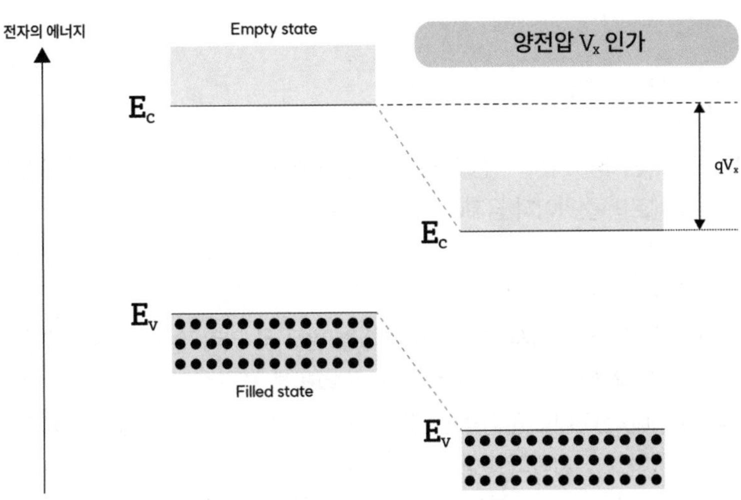

[그림 2-24] 양전압 V_x가 인가되었을 때의 에너지 밴드의 이동

실제 면접 기출문제 맛보기

실제 면접에서 나온 질문 난이도 ★★★ 중요도 ★★★★

- (실리콘) 반도체의 에너지 밴드 다이어그램을 설명하세요. SK하이닉스
- 페르미 준위에 대해 설명하세요. 삼성전자

1 질문 의도 및 답변 전략

면접관의 질문 의도

반도체 재료의 에너지 밴드와 밴드 갭에 대한 발생 원리와 밴드 구조를 정확하게 이해하는지 보고자 하는 문제이다.

면접자의 답변 전략

에너지 밴드가 가전자대, 금지대, 전도대로 구성됨을 설명하고, 이때 전자가 채워져 있는 가장 높은 에너지가 페르미 준위이며 금지대의 폭이 밴드 갭임을 설명한다.

\+ 더 자세하게 말하는 답변 전략

- 원자 수준에서 전자의 에너지 준위를 설명하고, 원자 간 거리가 가까워지면 파울리의 배타 원리에 의해 전자의 에너지 준위가 밴드 형태로 바뀌게 됨을 설명한다.
- 가전자대, 금지대, 전도대로 구성됨을 설명하고, 이때 전자가 채워져 있는 가장 높은 에너지가 페르미 준위이고, 금지대의 폭이 밴드 갭임을 설명한다.
- (심화) 실리콘의 밴드 구조로 질문이 한정된 경우, 14개의 전자가 에너지 준위를 채우는 과정 및 sp3 혼성결합(hybrid bonding)에 의해 3s(1개)–3p(3개)로 가전자대를 구성하고, 3s(1개)–3p(3개)에 각각 1개씩 총 4개의 전자가 더 들어갈 수 있는 전도대를 구성함을 설명해야 한다.

2 머릿속으로 그리는 답변 흐름과 핵심 내용

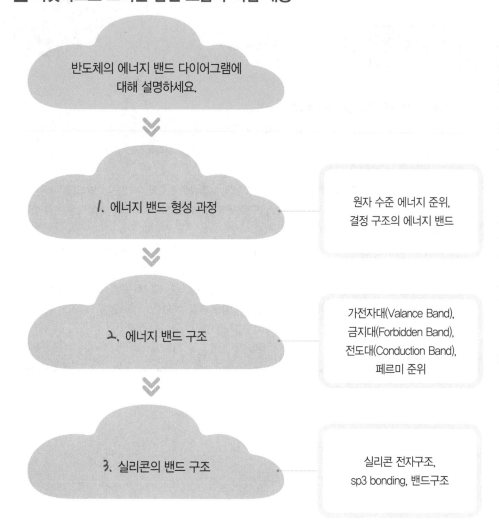

반도체의 에너지 밴드 다이어그램에
대해 설명하세요.

1. 에너지 밴드 형성 과정

원자 수준 에너지 준위,
결정 구조의 에너지 밴드

2. 에너지 밴드 구조

가전자대(Valance Band),
금지대(Forbidden Band),
전도대(Conduction Band),
페르미 준위

3. 실리콘의 밴드 구조

실리콘 전자구조,
sp3 bonding, 밴드구조

3 나만의 답안 작성해보기

자세한 모범답안을 보고 싶으시다면
[한권으로 끝내는 전공 · 직무 면접 반도체 기출편]을 참고해주세요!

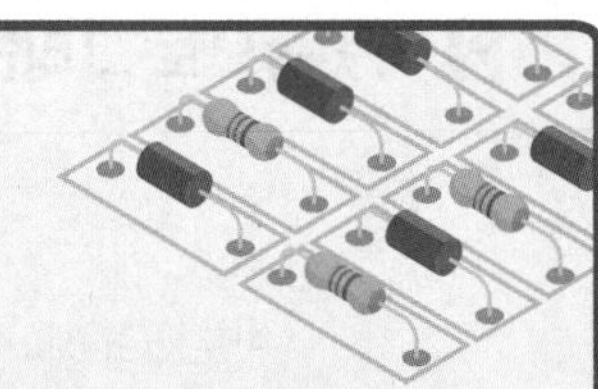

핵심 포인트 콕콕 파트2 Summary

Chapter01 반도체 이해를 위한 물리전자 기초

전하는 물질이 가지고 있는 전기의 양을 의미하는 것으로 양전하와 음전하로 구분할 수 있다. 전류는 단위 시간 동안 흐른 전하의 양으로 정의되며, 전하를 옮기는 물질을 캐리어라고 한다. 고체 상태 반도체 물질의 캐리어에는 자유전자와 정공이 있다.

고체의 결정 구조는 원자 배열에 따라 단결정, 다결정, 비정질로 분류할 수 있는데, 반도체로 사용하는 실리콘 물질은 단결정 실리콘을 사용한다. 반도체 제조 시에서는 소자의 특성에 맞춰 특정한 결정면과 결정 방향을 선택하여 제조한다.

반도체로 사용하는 실리콘은 격자 구조를 가지며, 격자에서는 원자 간 거리가 가까워져 수많은 에너지 준위들이 촘촘히 위치한 일정한 대역인 에너지 밴드를 형성한다. 가전자대와 전도대 사이에는 금지대가 있으며, 가전자대의 가장 높은 에너지 레벨과 전도대의 가장 낮은 에너지 레벨 사이 간격을 밴드갭이라 한다. 밴드갭에 따라 도체, 부도체, 반도체로 물질을 분류할 수 있으며, 실리콘은 1.12eV의 밴드갭을 가지는 반도체 물질이다.

Memo

Chapter 02

반도체 기초

핵심요약

정의, 기초

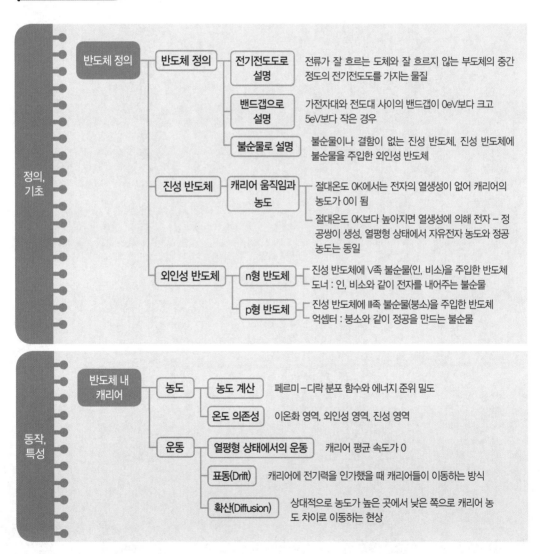

- 반도체 정의
  - 반도체 정의
    - 전기전도도로 설명: 전류가 잘 흐르는 도체와 잘 흐르지 않는 부도체의 중간 정도의 전기전도도를 가지는 물질
    - 밴드갭으로 설명: 가전자대와 전도대 사이의 밴드갭이 0eV보다 크고 5eV보다 작은 경우
    - 불순물로 설명: 불순물이나 결함이 없는 진성 반도체, 진성 반도체에 불순물을 주입한 외인성 반도체
  - 진성 반도체
    - 캐리어 움직임과 농도
      - 절대온도 0K에서는 전자의 열생성이 없어 캐리어의 농도가 0이 됨
      - 절대온도 0K보다 높아지면 열생성에 의해 전자 – 정공쌍이 생성, 열평형 상태에서 자유전자 농도와 정공 농도는 동일
  - 외인성 반도체
    - n형 반도체
      - 진성 반도체에 V족 불순물(인, 비소)을 주입한 반도체
      - 도너 : 인, 비소와 같이 전자를 내어주는 불순물
    - p형 반도체
      - 진성 반도체에 Ⅲ족 불순물(붕소)을 주입한 반도체
      - 억셉터 : 붕소와 같이 정공을 만드는 불순물

동작, 특성

- 반도체 내 캐리어
  - 농도
    - 농도 계산: 페르미 – 디락 분포 함수와 에너지 준위 밀도
    - 온도 의존성: 이온화 영역, 외인성 영역, 진성 영역
  - 운동
    - 열평형 상태에서의 운동: 캐리어 평균 속도가 0
    - 표동(Drift): 캐리어에 전기력을 인가했을 때 캐리어들이 이동하는 방식
    - 확산(Diffusion): 상대적으로 농도가 높은 곳에서 낮은 쪽으로 캐리어 농도 차이로 이동하는 현상

학습 포인트

도핑의 개념과 효과를 설명하고, 도핑된 반도체의 캐리어 농도를 계산하는 수식의 의미를 해석한다. 캐리어 운동의 종류인 Drift와 확산의 차이를 비교한다.

1 반도체 정의

1. 반도체 정의

반도체에 대한 정의를 복습하도록 하자. 여기서 말하는 반도체는 '반도체 물질'을 의미한다. 먼저 전기전도도로 설명을 하면, 전류가 잘 흐르는 도체와 잘 흐르지 않는 부도체의 중간 정도의 전기전도도를 가지는 물질을 반도체라고 하였다([그림 1-1] 참조). 또한 밴드갭(Bandgap)으로 설명을 하면 가전자대(Valence band)와 전도대(Conduction band) 사이의 밴드갭(Bandgap)이 0eV보다 크고 5eV보다 작은 경우를 반도체라고 정의한다([그림 2-23], [표 2-3] 참조).

반도체 물질 중 가장 대표적인 실리콘(Si)은 4족 원소로 그들끼리 공유결합을 이뤄 결정 구조를 이룬다. 이처럼 불순물이나 결함이 없는 거의 완벽한 반도체를 진성 반도체(Intrinsic semiconductor)라 한다. 아래 그림과 같이 절대온도 0K에서는 전자의 열생성[1]이 없어 전자가 반도체 공유결합 내에 묶여있게 된다. 따라서 0K에서는 캐리어의 농도가 0이된다. 절대온도가 0K보다 높아지면 열생성에 의해 전도대의 자유전자 – 가전자대의 정공쌍(Electron–Hole Pair)이 생성(Generation)되는데, 열평형 상태[2]에서의 자유전자 농도(n_0)와 정공 농도(p_0)는 동일하다. 이 캐리어 농도를 진성 캐리어 농도(Intrinsic carrier concentration, n_i)라 하며, 이들은 $n_0=p_0=n_i$, $n_0p_0=n_i^2$의 관계를 갖는다. 이러한 진성 캐리어 농도는 물질, 온도에 따라 어떠한 일정한 값을 갖는다. 실리콘의 경우 상온(300K)에서 $n_i=1.5\times10^{15}cm^{-3}$를 갖는다.

1 가전자대에 있는 전자가 열 에너지를 받아 전도대로 올라가, 전도대의 자유전자 – 가전자대의 정공쌍이 생기는 현상
2 열 에너지를 제외한 여타 에너지의 개입이 없는 상태

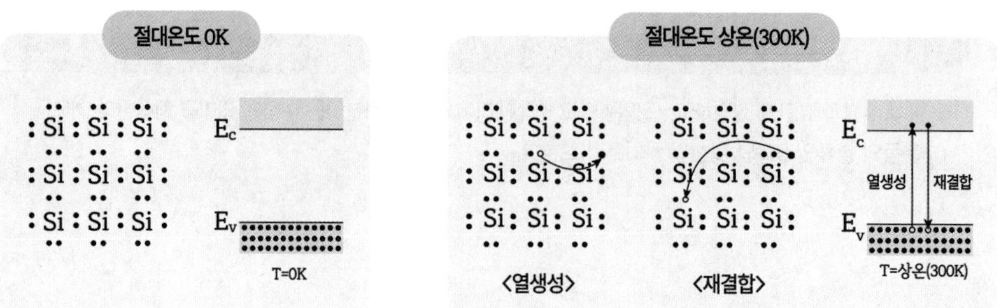

[그림 2-25] (왼쪽) 진성 반도체의 절대온도 0K와 (오른쪽) 상온에서의 에너지 밴드 및 캐리어의 이동

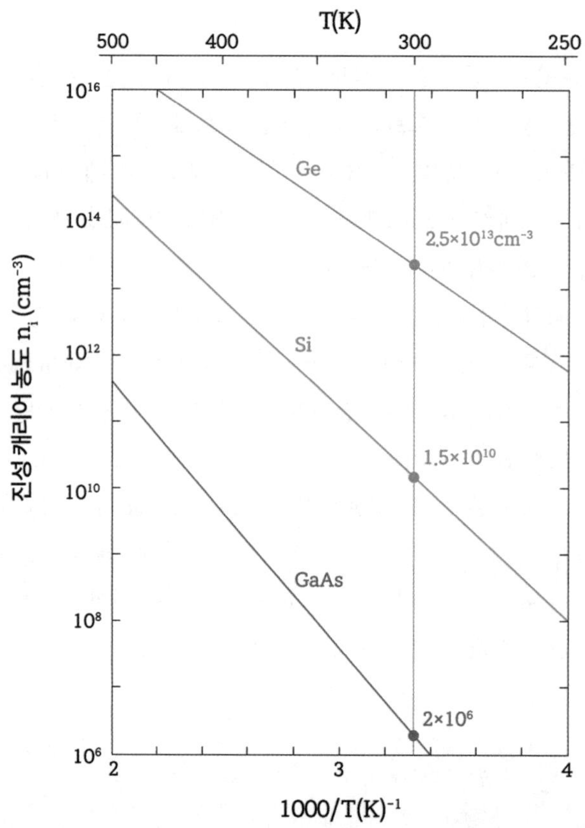

[그림 2-26] 온도에 따른 반도체 물질의 진성 캐리어 농도

2. 외인성 반도체

(1) 도핑(Doping)과 외인성 반도체(Extrinsic semiconductor)

① 도핑

진성 반도체는 열적으로 생성된 전자-정공쌍만이 캐리어로 작용한다. 이 수는 소자로 사용하기에 너무 적어 캐리어의 농도를 높여 반도체의 전기 전도도를 높이는 것이 필요하다. 캐리어의 농도를 높이는 방법으로 순수한 반도체에 불순물(도펀트, Dopant)을 주입하는 방법이 사용되는데, 이를 도핑(Doping)이라고 한다.

IV족인 실리콘 반도체는 전자의 농도를 높이기 위해 인(P), 비소(As)같은 V족 원소를, 정공의 농도를 높이기 위해 붕소(B)같은 III족 원소를 주입한다. 이들 불순물은 특성에 따라 인과 비소와 같이 전자를 내어주는 불순물을 도너(Donor, N_D), 붕소와 같이 정공을 만드는 불순물을 억셉터(Acceptor, N_A)라 한다. 격자 안에서 도너는 양이온의 형태로 존재하고 억셉터는 음이온의 형태로 존재한다. 이온 상태에서는 생성한 캐리어와 반대의 전기적 성질을 띤다.[3]

다음 그림과 같이 V족 원소나 III족 원소와 같은 불순물이 주입이 되어 있는 상태에서도, 0K에서는 잉여전자[4]나 정공이 움직이지 못하고 불순물에 묶여 있게 된다. 그러나 온도가 상승하면 이들이 자유롭게 움직일 수 있게 되어 캐리어로써 동작한다. 캐리어가 이동하고 나면 불순물은 원자 상태에서 전자를 하나 더 얻거나 잃는 이온의 상태로 존재한다.

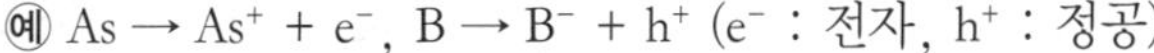

예 $As \rightarrow As^+ + e^-$, $B \rightarrow B^- + h^+$ (e^- : 전자, h^+ : 정공)

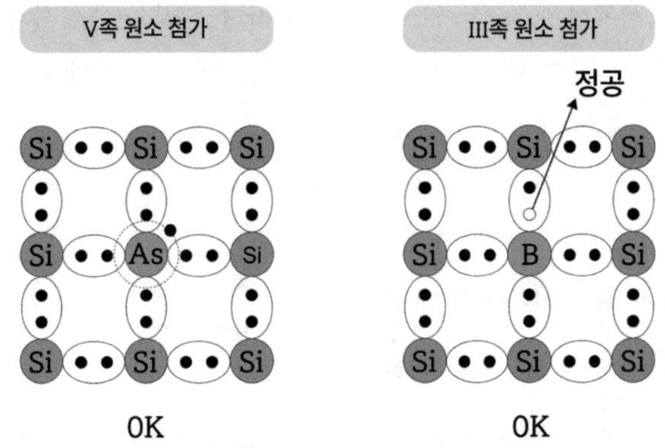

[그림 2-27] (왼쪽) V족 원소가 첨가된 Si, (오른쪽) III족 원소가 첨가된 Si의 0K에서의 상태

---

3 예를 들어, 비소(As)는 자유전자를 내놓지만 As^+ 이온은 양성을 띤다.

4 분자들의 공유결합에 참여하지 못한 전자

② 외인성 반도체의 다수 캐리어와 소수 캐리어

진성 반도체에 불순물을 주입하여, 캐리어의 농도가 진성 캐리어 농도보다 높은 반도체를 외인성 반도체(Extrinsic semiconductor)라 한다. 불순물을 주입하였다 하더라도 불순물이 생성하는 전자-정공쌍의 개수가 같아 모두 재결합(Recombination)[5]을 이루는 경우도 역시 진성 반도체에 해당한다. 다시 정리하면, 외인성 반도체는 불순물을 주입하여 반도체 내의 전자의 농도(n_0)와 정공의 농도(p_0)가 진성 캐리어의 농도(ni)와 다른 반도체를 말한다. 불순물 주입 후에도 전체적인 전하 중립성(Charge neutrality)은 유지되어 $n_0p_0=ni^2$의 관계가 성립하므로, 각 반도체에서 하나의 캐리어 농도가 증가하면 다른 하나는 감소할 수밖에 없다. 이때 반도체에서 농도가 더 높은 캐리어를 다수 캐리어(Majority carrier), 상대적으로 농도가 낮은 캐리어를 소수 캐리어(Minority carrier)라 한다.

실리콘 내에 주입된 불순문들은 이온화되는 정도가 다를 수 있지만, 보통은 불순물들이 모두 이온화되어 캐리어를 내놓는다고 가정할 수 있다($N_D=N_D^+$, $N_A=N_A^-$). 이를 가정하면 열평형 상태에서는 불순물과 캐리어가 다음과 같은 수식을 만족한다.

$$N_D-N_A+p-n=0$$ [수식 2-1] 전하 중성 조건(Charge Neutrality)

(2) n형 반도체와 p형 반도체

① n형 반도체

n형 반도체란 전자가 정공보다 많은, 다수 캐리어가 전자인 ($n_0 \gg p_0$) 반도체를 말한다. 전자의 농도를 높이기 위해 인(P), 비소(As) 같은 V족 원소인 도너를 도핑한다. 도너를 도핑하였을 때, 최외각 전자 중 4개는 실리콘과 공유결합을 하지만 남은 1개의 전자는 원자핵과의 인력이 약해 약간의 에너지만 받아도 쉽게 자유전자가 될 수 있다.

불순물로 도핑된 반도체에서, 불순물 원자로부터 전자나 정공을 생성시키는데 필요한 최소 에너지를 이온화 에너지라고 한다. 이 에너지가 작을수록 불순물이 실리콘에 주입되었을 때 실리콘 격자에서 이온으로 존재하고, 또한 캐리어를 쉽게 내어놓는다는 의미이다. n형 반도체에서는 아래 그림과 같이 이온화를 위해서는 E_C-E_d 만큼의 에너지가 필요하다.

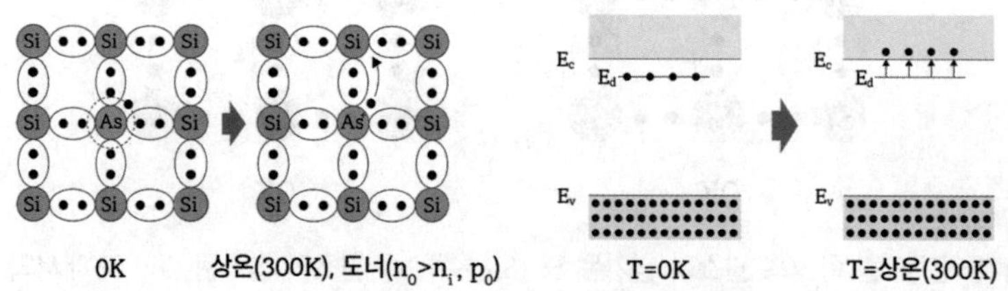

[그림 2-28] (왼쪽) n형 Si 반도체의 캐리어 이동, (오른쪽) 밴드 다이어그램

---

5 생성(Generation)의 정반대 동작이다.

② p형 반도체

p형 반도체는 n형 반도체와 반대로, 다수 캐리어가 정공인 (n_0 ≪ p_0) 반도체를 말한다. 정공의 농도를 높이기 위해 붕소(B) 같은 III족 원소인 억셉터를 도핑한다. 억셉터를 도핑하였을 때, III족 원소의 최외각 전자 3개가 실리콘과 공유결합을 하고, 부족한 1개의 자리가 정공이 되는 것이다.

다음 [그림 2-29]에서 볼 수 있듯이 p형 반도체에서는 이온화를 위해 $E_a - E_V$ 만큼의 에너지가 필요하다.

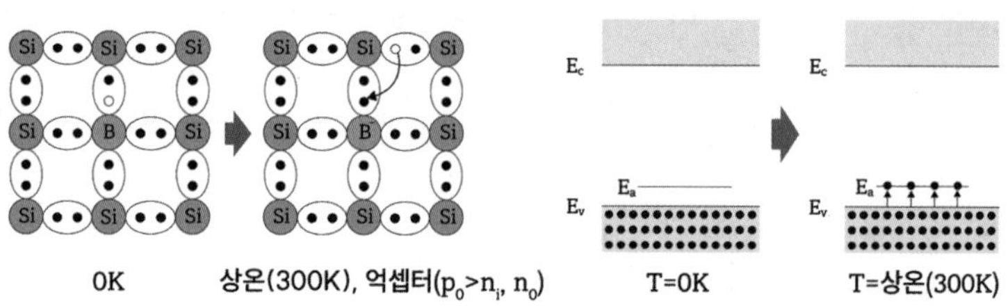

[그림 2-29] (왼쪽) p형 Si 반도체의 캐리어 이동, (오른쪽) 밴드 다이어그램

(3) 도너와 억셉터의 종류

앞서 말한 것처럼 이온화 에너지가 작을수록 불순물이 실리콘에 주입되었을 때 캐리어를 쉽게 내어놓는다. 다른 말로는 도너와 억셉터를 주입하였을 때의 이온화 에너지가 작을수록 도핑이 잘 된다고 표현한다고도 하였다. 실리콘 반도체에 사용할 수 있는 도너와 억셉터 물질은 다음의 [표 2-4]와 같이 여러 원소가 있는데, 이 중에서 이온화 에너지가 낮은 인(P), 비소(As), 붕소(B) 등이 불순물로 주로 사용된다.

[표 2-4] 도너와 억셉터 물질의 이온화 에너지

Donors (V족)		Acceptors (III족)	
P	0.039 eV	B	0.045 eV
As	0.045 eV	Ga	0.067 eV
Sb	0.054 eV	In	0.072 eV
		Al	0.16 eV

(4) 도핑에 따른 반도체의 표현

반도체에 도너와 억셉터가 동시에 도핑되면 어떻게 될까? [수식 2-1]을 참조하면 알기 쉽다. 예를 들어 N_D ≫ N_A인 경우, 반도체는 n형 반도체가 되고 이때의 전자 농도 n_0는 $N_D - N_A$가 될 것이다. ($p_0 \fallingdotseq 0$)

참고로 아래의 표는 도핑 농도에 따른 n형, p형 반도체를 부르는 명칭이다. 캐리어의 농도가 $10^{16}cm^{-3}$ 일 때 까지를 가벼운 도핑, $10^{18}cm^{-3}$ 이상이 되면 무거운 도핑이라고 부른다. 이때 기준이 되는 농도는 불순물의 도핑 농도와는 다르게, 도너와 억셉터에 의해 서로 생성된 캐리어의 차이를 고려한 순수(Net) 캐리어 농도를 의미한다.

[표 2-5] 도핑 농도에 따른 표현

Dopant	Concentration (Atoms/cm^3)			
Material type	〈 10^{14} (Very Lightly Doped)	10^{14} to 10^{16} (Lightly Doped)	10^{16} to 10^{19} (Doped)	〉 10^{19} (Heavily Doped)
N	N^-		N	N^+
P	P^-		P	P^+

② 반도체 내의 캐리어 농도

반도체 내의 캐리어 농도는 어떠한 에너지 레벨에 전자가 있을 확률과 에너지 레벨 자체의 밀도의 곱으로 결정된다. 전자를 페르미-디락 분포 함수(Fermi-Dirac distribution, f(E)), 후자를 에너지 준위 밀도(Density of states, DOS or g(E))라고 한다.

1. 페르미 레벨(Fermi Level)

고체 내부의 임의 에너지 레벨에서 전자가 존재할 확률 혹은 해당 에너지 레벨을 전자가 점유할 확률 함수를 페르미-디락 분포 함수(Fermi-Dirac distribution, f(E))라 한다. f(E)는 아래와 같은 수식으로 표현된다.

$$f(E) = \frac{1}{1+e^{(E-E_F)/kT}}$$

[수식 2-2] 페르미 함수(혹은 페르미-디락 분포 확률 함수)

k : 볼츠만 상수 8.62×10^{-5}eV/K (kT=0.26eV)

E_F : 페르미 에너지 준위

위 함수를 그래프로 나타내면 아래와 같은 그림을 가진다. 페르미 레벨은 페르미-디락 분포 함수의 값이 1/2가 되는 지점을 말한다. 0K에서는 페르미 레벨이 전자가 가질 수 있는 최대의 에너지 레벨이 된다. 진성 반도체에서는 E_C와 E_V의 중간값인 진성 에너지 레벨(Interinsic energy level, E_i)에 페르미 레벨이 위치한다(E_i=E_F). 온도가 상승할수록 전자가 차지할 수 있는 에너지 레벨은 증가하고, 반대로 페르미 레벨 아래의 에너지 레벨을 전자가 채울 확률은 감소한다.([그림 2-30]의 T_1, T_2) 정공이 에너지 레벨을 채울 확률과 전자가 에너지 레벨을 채울 확률의 합은 1이므로 정공이 에너지 레벨을 채울 확률은 1−f(E)가 된다. 중요한 것은 어느 온도에서도 페르미 레벨은 변하지 않는다는 것이다.

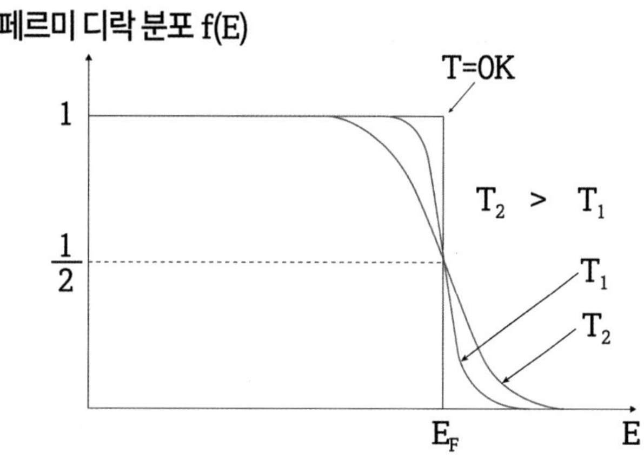

[그림 2-30] 온도에 따른 페르미-디락 분포함수

그러나 외인성 반도체에서는 페르미 레벨의 위치가 변화한다. n형 반도체는 전도대의 전자 농도가 가전자대의 정공 농도보다 높기 때문에 페르미 레벨이 E_C 근처로 올라가고, p형 반도체는 가전자대의 정공 농도가 전도대의 전자 농도보다 높아 페르미 레벨이 E_V 근처로 내려온다.

페르미 레벨에 대해 중요한 사실은, 열평형 상태에서는 소자 내에서 페르미 레벨이 모든 영역에서 일정하다는 것이다. 이는 뒤에서 다룰 PN접합(PN다이오드)을 이해할 때도 숙지하고 있어야 하는 사실이다.

2. 에너지 준위 밀도(Density of States)

전자가 존재할 수 있는 에너지 상태를 정의할 필요가 있다. 원자에 대한 설명을 하면서 언급하였듯이 전자가 존재할 수 있는 에너지 레벨은 양자화되어 있다. 이들이 겹쳐지면서 에너지 밴드와 같은 형태를 띠게 되고, 이를 함수로 나타낸 것을 에너지 준위 밀도(Density of states, g(E))라 한다.[6]

6 단위는 개/cm^3 · eV^{-1}

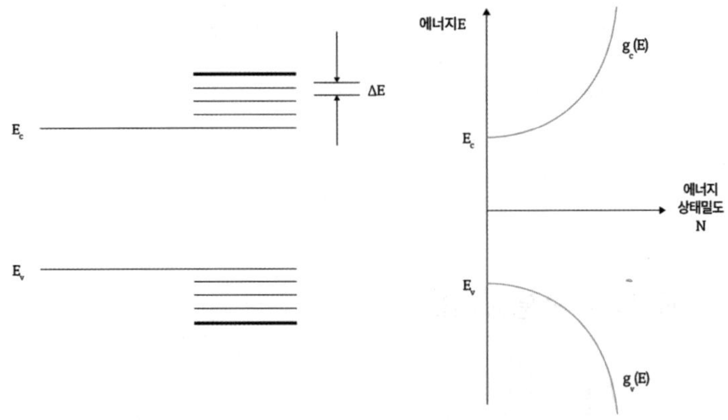

[그림 2-31] 전도대와 가전자대의 에너지 준위 밀도

위의 그림에서 g_C와 g_V는 각각 전도대와 가전자대의 에너지 E에서의 에너지 준위 밀도를 의미한다. 이들은 각각 E_C와 E_V에서 밀도가 가장 낮고, E_C 및 E_V로부터 멀어질수록 밀도가 높아진다. 참고로 에너지 준위 밀도 함수는 아래 그림처럼 차원에 따라 형태가 변화하는데, 대부분의 반도체에서 사용하는 실리콘의 대부분은 Bulk의 형태를 따른다. 수 nm 이하의 반도체에 대해서는 따로 다루지 않도록 하겠다.

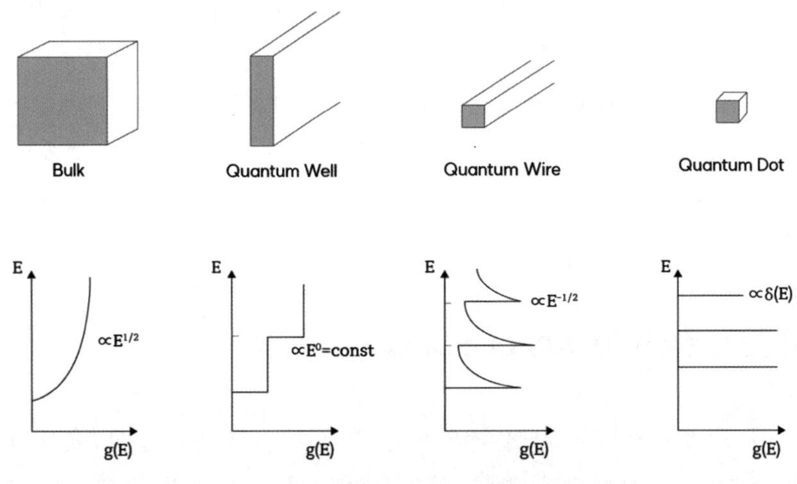

[그림 2-32] 차원에 따른 에너지 준위 밀도 함수의 차이

3. 캐리어 농도

(1) 평형 상태에서의 캐리어 농도

위에서 구한 f(E)와 g(E)를 바탕으로 평형 상태에서의 캐리어 농도를 구할 수 있다.

$$n_0 = \int_{E_C}^{\infty} g_c(E) f(E) dE$$ [수식 2-3]

$$p_0 = \int_{\infty}^{E_V} g_v(E)[1 - f(E)] dE$$ [수식 2-4]

n_0: 자유전자의 농도

p_0: 정공의 농도

$g_c(E)$: 전도대 내 에너지 E에서의 상태 밀도

$g_v(E)$: 가전자대 내 에너지 E에서의 상태 밀도

$f(E)$: 전자가 특정 에너지 레벨에 존재할 확률

$[1 - f(E)]$: 정공이 특정 에너지 레벨에 존재할 확률

다음 그림은 f(E)와 g(E), 그리고 두 값의 곱을 적분하여 구한 캐리어의 농도를 나타낸 것이다. 진성 반도체의 경우 전도대와 가전자대에 있는 각각의 전자와 정공의 농도가 동일하다. n형 반도체에서는 전도대의 전자 농도가 증가하였고, p형 반도체에서는 가전자대의 정공 농도가 증가하였다. 이는 외인성 반도체의 페르미-디락 분포 함수가 도핑에 따라 변화하였기 때문이다.

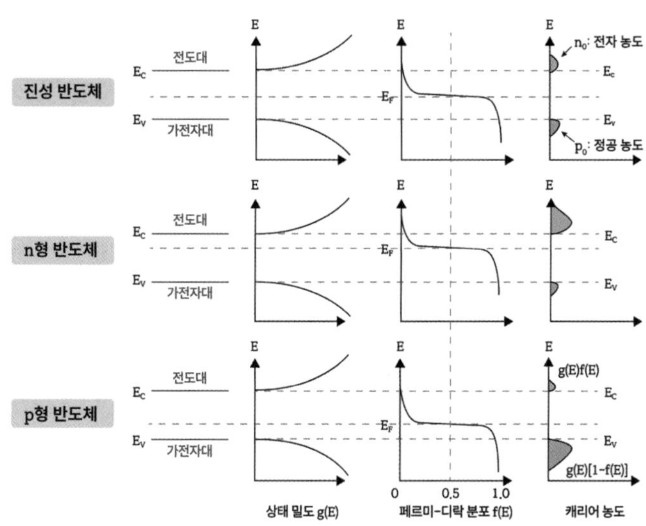

[그림 2-33] 반도체의 캐리어 농도 분포

앞의 적분식을 계산하면 다음과 같이 간략한 식으로 캐리어의 농도 분포를 구할 수 있다.

$$n_0 = N_c e^{\frac{-(E_C - E_F)}{kT}} = n_i e^{\frac{(E_F - E_i)}{kT}}$$ [수식 2-5]

$$p_0 = N_v e^{\frac{-(E_F - E_V)}{kT}} = n_i e^{\frac{(E_i - E_F)}{kT}}$$ [수식 2-6]

$n_0 p_0 = n_i^2$ [수식 2-7] 기본 반도체 방정식

E_F: 페르미 레벨

E_i: 진성 에너지 준위로 E_c와 E_v의 중간 지점의 에너지 준위

n_i: 진성 캐리어 농도 $1.5 \times 10^{15} cm^{-3}$(300K)

위 식에 따르면 n형 또는 p형 반도체처럼 페르미 레벨이 전도대나 가전자대 쪽으로 이동하는 경우, 페르미 레벨(E_F)과 진성 에너지 레벨(E_i)간의 차이에 지수함수로 전자나 정공이 증가함을 알 수 있다. 또한 [수식 2-7]은 상술한 바와 같이 전자와 정공의 합은 같다는 것 외에도, 둘 중 하나만 구하면 다른 하나의 농도 함수도 쉽게 구할 수 있다는 것을 의미한다.

참고로 [수식 2-5]와 [수식 2-6]에서 사용되는 N_c와 N_v는 밴드 내 유효 농도(Effective density of states of the band)로 각 물질별에 따라 정해진 상수처럼 여겨진다. 각 물질이 가지는 N_c와 N_v는 아래 표와 같다.

[표 2-6] 여러 물질의 300K에서의 N_C, N_V 값

	Ge	Si	GaAs
$N_c(cm^{-3})$	1.04×10^{19}	2.8×10^{19}	4.7×10^{17}
$N_v(cm^{-3})$	6.0×10^{18}	1.04×10^{19}	7.0×10^{18}

(2) 캐리어 농도의 온도 의존성

앞서 온도에 따른 반도체 물질의 진성 캐리어 농도가 변하는 것을 확인한 바 있다. 여기에 외인성 반도체를 추가하여 그림을 다시 그리면 아래의 그림과 같다. 위의 그림은 $10^{15} cm^{-3}$의 도너로 도핑된 반도체에서 온도에 따른 전자 농도의 상관관계를 보여주고 있다. 온도를 구간별로 나눠 설명하도록 하자.

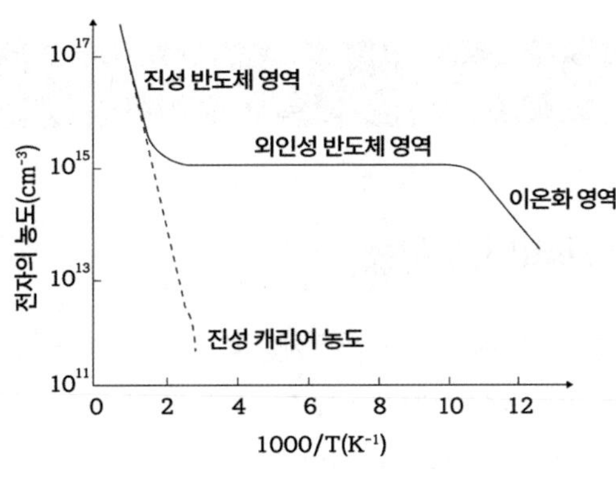

[그림 2-34] 실리콘의 캐리어 농도의 온도 의존성

저온(〈 100K)에서는 도너에 속한 전자가 도너 원자에 묶여 전자의 농도가 매우 낮으며, 온도가 상승할수록 도너 원자의 이온화 비율이 높아져 전자의 농도가 증가한다. 0~100K에 해당하는 이 영역을 이온화 영역이라 한다. 100K가 되면 고온 영역에 도달하기 전까지는 도너 원자가 전부 이온화 되어 전자의 농도가 주입한 원자의 수와 같아진다($n_0 \fallingdotseq N_D \fallingdotseq 10^{15}cm^{-3}$). 이 구간을 외인성 영역이라 하며 우리가 다룬 외인성 반도체의 성질을 보이는 부분이다. 고온 영역에서는 열생성으로 생긴 전자-정공쌍에 의해 전자 수가 매우 증가한다. 일정 온도 이상에서는 이렇게 생긴 전자 수가 도너에 의한 전자 수를 초과하기에(n_i 〉〉 N_D) 이를 진성 영역이라 부른다. 소자의 캐리어 농도 조절은 위와 같이 온도에 따라서도 조절이 가능하지만, 상온 및 현실에서의 동작 온도를 고려하여 안정적인 농도 조절이 가능한 도핑 방식을 택하게 된다. 또한 이는 소자 및 회로의 신뢰성 설계에도 매우 중요한 영향을 미친다. 외인성 반도체 영역을 벗어나지 않는 온도의 한계를 바탕으로 신뢰성의 평가가 필요하기 때문이다. 이 범위를 충족하는 125~150℃가 소자 및 회로의 고온 신뢰성 평가의 기준이 되며[7], 소자 및 회로의 동작 온도는 이를 벗어나지 않도록 설계하는 것이 중요하다.

7 Automotive 향으로는 175℃ 조건을 요구하기도 함

③ 반도체 내의 캐리어 운동

1. 열평형 상태에서의 캐리어의 운동

반도체 내의 전자와 정공들은 열 에너지를 받아 계속해서 매우 빠른 속도로 움직이고 있다. 이들의 움직임은 직선 운동이 아니며, 결정 내의 여러 입자(원자, 불순물, 다른 전자 등)와 부딪히면서 불규칙한 산란을 하게 된다. 전자의 경우 평균 열적 속도(Thermal velocity)가 10^7cm/sec 정도로 매우 빠르다. 그러나 열평형 상태에서의 운동은 전류를 생성하지 않는다. 전체 계를 거시적 관점에서 바라보면 한 캐리어의 이동은 다른 캐리어의 이동으로 상쇄되어 캐리어들의 평균 순(Net)속도는 0이 되기 때문이다.

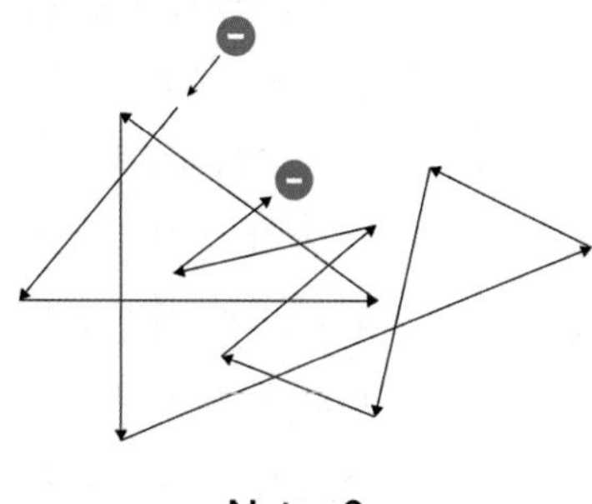

Net ~ 0

[그림 2-35] 반도체 내 캐리어의 열적 운동(외부 전계가 없는 경우)

2. Drift

(1) Drift(표동)의 정의와 이동도(Mobility)

Drift(표동)는 캐리어에 전기력을 인가하였을 때 캐리어들이 이동하는 방식을 말한다. 아래 그림과 같이 반도체에 외부 전기장이 인가되면 캐리어들이 열적 운동과 동시에 전기장에 의한 운동도 하게 된다. 따라서 캐리어들의 평균 속도는 0이 아니게 되고, 이때의 속도를 Drift 속도라 한다.

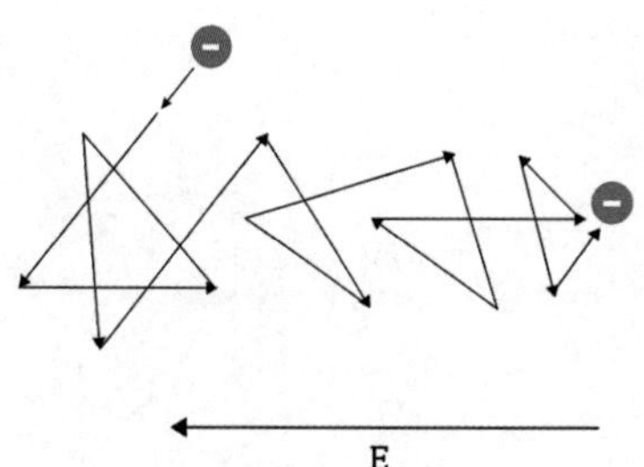

[그림 2-36] 전기장 인가 시 반도체 내 캐리어의 운동

외부 전기장 E가 인가될 때 캐리어의 표동 속도는 아래의 식과 같이 나타낼 수 있다. 이는 캐리어의 운동량과 전기장 내에서 캐리어가 받는 힘, 그리고 캐리어의 충돌 간 평균 자유 시간(Relaxation time, τ)을 고려한 값이다. 수식을 정리하면 캐리어의 속도는 외부 전기장과 특정한 상수의 곱으로 나타낼 수 있다. 이 상수의 의미는 속도의 전기장에 대한 민감도이며, 이를 이동도(Mobility, μ)라 한다 (단위는 cm^2/Vs). 전자의 경우는 전기장의 방향과 반대 방향으로 이동하기 때문에 수식에 음의 부호가 붙는다.

$v_p = \mu_p E(\mu_p = \frac{q\tau_p}{m_p^*})$ $v_n = \mu_n E(\mu_n = \frac{q\tau_p}{m_n^*})$ [수식 2-8] [수식 2-9] 정공과 전자의 표동 속도

- v_p, v_n: 정공, 전자의 표동 속도
- μ_p, μ_n: 정공, 전자의 이동도(Mobility)
- τ_p, τ_n: 정공, 전자의 충돌 간 평균 자유 시간
- m_p^*, m_n^*: 정공, 전자의 유효 질량[8]

아래의 표는 대표적인 반도체인 실리콘(Si)과 저마늄(Ge) 반도체의 캐리어 이동도를 보여준다. 정공의 유효 질량이 전자보다 무거워 정공의 이동도는 전자의 이동도보다 느리다.

[표 2-6] 실리콘과 저마늄 반도체의 캐리어 이동도

	Si	Ge
전자의 이동도 μ_n ($cm^2/V \cdot s$)	1400	3900
정공의 이동도 μ_p ($cm^2/V \cdot s$)	470	1900

(2) Drift 전류, 비저항(Resistivity), 전기 전도도(Conductivity)

Drift 전류는 어떠한 도선에 존재하는 캐리어들이 외부 전기장에 의해 움직인 단위 시간 당 캐리어를 의미한다. 아래 그림을 참조하도록 하자.

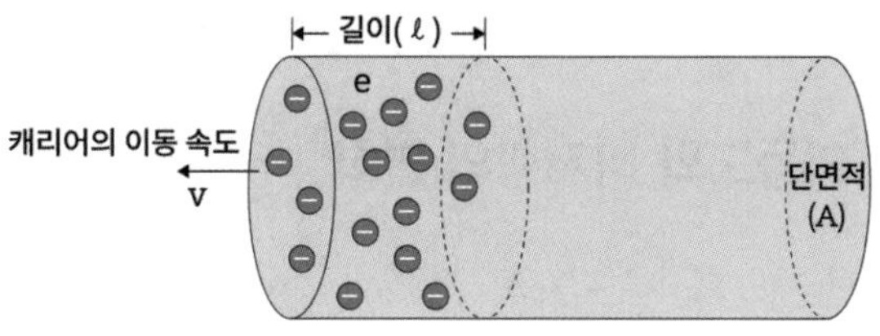

[그림 2-37] Drift 전류

8 반도체나 도체 등 어떠한 결정 내에서 '보이는 질량'. 캐리어가 자유로운 공간에서 움직일 때의 수식에 맞춰 계산할 수 있도록 질량을 재정의한 값이다. 고체 내의 격자 및 전기적 힘에 의해 캐리어의 이동이 영향을 받는 것을 고려한 것이다.

$$J_{n,drift} = \frac{I}{A} = \frac{Q}{At} = \frac{-qnAl}{At} = -\frac{qnAv_n t}{At} = -qnv_n = qn\mu_n E$$ [수식 2-10]

$$J_{n,drift} = qpv_p = qp\mu_p E$$ [수식 2-11]

$$J_{drift} = J_{n,drift} + J_{p,drift} = (qn\mu_n + qp\mu_p)E = \sigma E$$ [수식 2-12] 전기 전도도와 전류 밀도의 관계

$$\sigma = qn\mu_n + qp\mu_p$$ [수식 2-13] 전기 전도도의 정의

Q : 단위면적 A×d에 존재하는 총 전하량

n : 단위 부피당 전자의 개수

I : 전류 = 시간당 흐른 총 전하량

∴ 전류 밀도 = 전류/면적

이동한 전하량(Q)를 단위 시간(t)으로 나누면 전류가 되고, 이를 다시 단면적(A)로 나누면 전류 밀도(Current density, J)가 된다. 전자와 정공을 모두 고려해야 하는데, 앞서 말했듯이 전자의 이동 방향은 전류의 방향과 반대이므로 음의 부호를 붙인다. 전류 밀도는 다시 전기장과 일정한 상수의 곱으로 표시할 수 있으며, 이 상수값을 반도체의 전도도(Conductivity, σ)라 한다. 이보다 더 익숙한 표현은 전도도의 역수인 비저항(Resistivity, ρ)이다. 비저항은 물질이 전류의 흐름에 얼마나 세게 맞서는지를 측정한 물리량으로, 단위는 Ω · cm이다. 저항(Resistance)은 비저항에 길이를 곱하고 단면적으로 나눈 값이다.

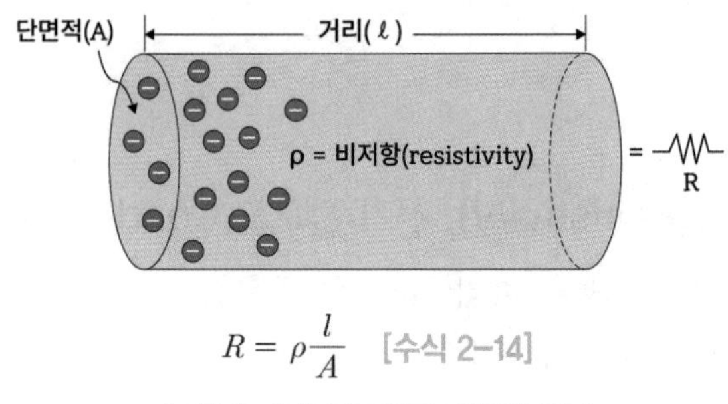

$$R = \rho \frac{l}{A}$$ [수식 2-14]

[그림 2-38] 비저항과 저항의 관계

3. Drift 운동에서의 이동도와 비저항의 변화

(1) 이동도의 변화

이동도는 전기장에 대해서 상수처럼 취급하지만, 실제로는 여러 조건에 따라 다른 값을 가지게 된다. 아래의 그림은 온도에 따른 캐리어의 이동도를 나타낸 것이다. 온도가 낮은 경우에는 캐리어들의 움직임이 느려, 캐리어가 도펀트 이온 사이를 지나갈 때 받는 전기적 힘(Electrostatic force or Coulomb force)이 캐리어들의 움직임을 방해한다. 이처럼 전기적 척력 혹은 인력에 의한 산란을 불순물 산란(Impurity scattering)이라 한다. 온도가 증가하면 캐리어들의 움직임이 활발해져 전기적 힘을 덜 받게 되고, 이에 따라 이동도가 증가하게 된다 ($\propto T^{\frac{3}{2}}$).

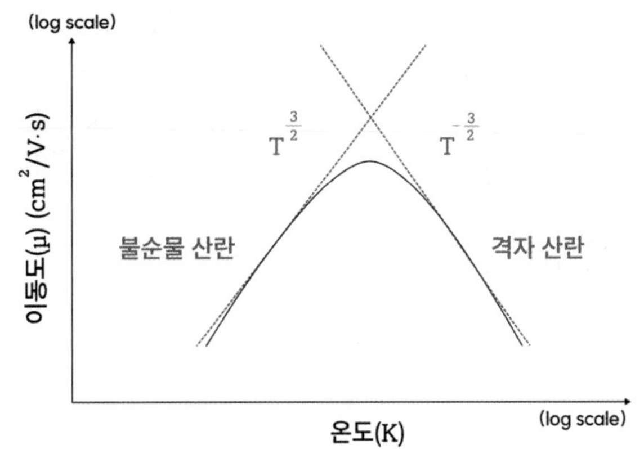

[그림 2-39] 온도에 따른 캐리어의 이동도

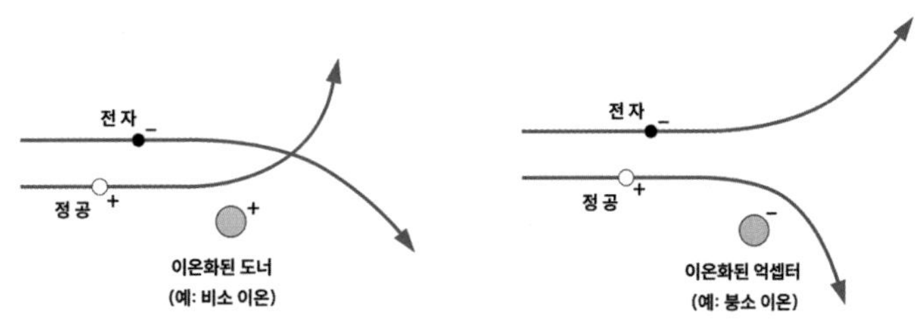

[그림 2-40] 쿨롱 힘에 의한 불순물 산란

일정 온도 이상의 고온이 되면 이동도를 제한하는 요소가 쿨롱 힘에서 격자 산란(Lattice scattering)[9]으로 바뀐다. 고온에서는 열에너지에 의한 격자의 진동이 증가하고, 이에 캐리어가 이동 시 격자와 충돌할 확률이 높아져 이동도가 감소하게 된다 ($\propto T^{-\frac{3}{2}}$).

산란 확률은 이동도에 역비례하므로 각 산란 메커니즘에 의한 이동도는 각 이동도의 역수의 합으로 나타낼 수 있다.

$$\frac{1}{\mu} = \frac{1}{\mu_I} + \frac{1}{\mu_L}$$ [수식 2-15]

$\frac{1}{\mu_I}$: 불순물 산란에 의한 이동도

$\frac{1}{\mu_L}$: 격자 산란에 의한 이동

9 Phonon scattering이라고도 함.

한편, 불순물 산란은 전기적 힘의 원천인 불순물의 농도가 높을수록 강해진다. 아래 그림처럼 일정 온도에서는 도핑 농도를 높이면 불순물 산란에 의한 이동도 감소가 보이는 것을 알 수 있다. 정공의 이동도는 [그림 2-41]과 같이 전자의 이동도의 약 1/3이며, 불순물 농도 증가에 따라 그 절대적 차이는 급속히 감소하는 것을 알 수 있다.

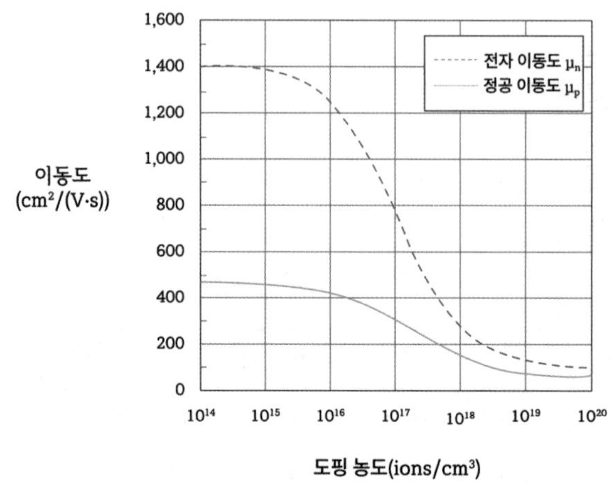

[그림 2-41] 일정 온도에서의 도핑 농도에 따른 이동도 변화

(2) 이동도와 강한 전기장 효과

이동도는 전기장의 크기 E에 따라서도 변화한다. 강한 전기장(>10^3V/cm)에서는 아래 그림과 같이 캐리어의 Drift 속도가 전기장에 비례하여 증가하지 않고 캐리어의 평균 열적 속도(전자의 경우 10^7cm/s) 부근에서 전기장과 무관하게 거의 일정한 속도로 포화되는 현상을 보인다. 이를 포화 속도(Velocity saturation)이라 한다.

강한 전기장은 격자에 에너지를 인가하여 격자 진동을 증가시킨다. 즉 격자 산란이 증가하여 이동도가 감소하기 때문에 포화 속도가 발생하는 것이다. 이러한 강한 전기장 효과는 반도체 소자의 크기가 미세화되면서, 작은 전압을 인가하여도 충분히 강한 전기장이 인가되기 때문에 더욱 도드라지게 나타난다.

(3) 도펀트 농도에 따른 비저항의 변화

아래 그림은 도펀트 농도에 따른 비저항의 관계를 나타낸 것이다. 동일한 도펀트 농도에서 전자의 비저항이 정공보다 작은 이유는 전자의 이동도가 크기 때문이며, 도펀트의 농도가 증가함에 따라 대략적으로 선형적 감소를 한다. 10^{16}cm^{-3} 근방에서 도펀트 농도가 증가하여도 비저항 감소가 덜 일어나는 부분이 발생하는데, 이는 앞에서 살펴봤듯 도펀트 농도가 증가함에 따라 불순물 산란이 증가해 캐리어의 이동도가 감소하였기 때문이다.

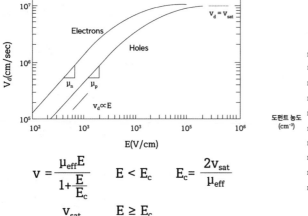

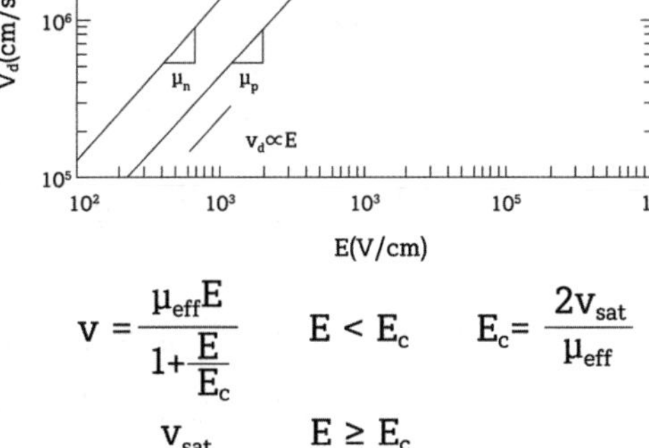

$$v = \frac{\mu_{eff} E}{1 + \frac{E}{E_c}} \quad E < E_c \qquad E_c = \frac{2v_{sat}}{\mu_{eff}}$$

$$v_{sat} \quad E \geq E_c$$

Si 내 전자의 포화 속도 ~ 10^7cm/s
Si 내 정공의 포화 속도 ~ 8×10^6cm/s

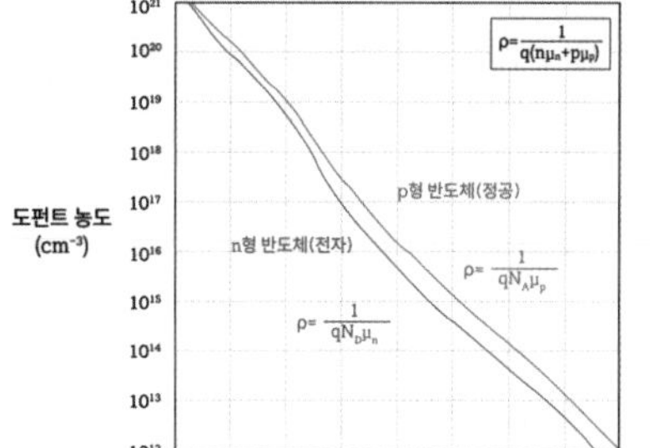

[그림 2-42] (왼쪽) Si 내의 전자와 정공의 포화 속도, (오른쪽) 도펀트 농도에 따른 비저항

4. 확산(Diffusion)

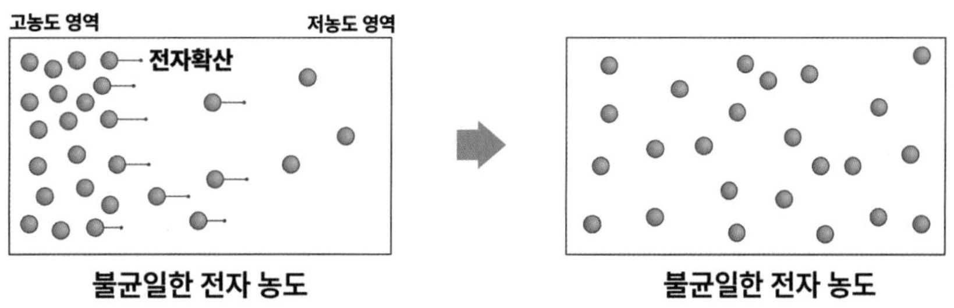

[그림 2-43] 캐리어(전자)의 확산

반도체에 흐르는 전류에는 Drift 외에 캐리어의 농도 차이로 인해 생성되는 확산(Diffusion)에 의한 전류가 있다. 확산이란 상대적으로 농도가 높은 곳에서 낮은 쪽으로 캐리어가 이동하는 현상으로, 확산에 의한 캐리어의 흐름을 플럭스(Flux)라고 한다. 플럭스는 캐리어 농도의 기울기에 비례하는데, 그 비례 상수를 확산 계수(D)라 한다. 확산 계수는 입자가 해당 반도체 내에서 얼마나 빨리 확산할 수 있는지를 나타내는 척도를 의미한다(단위: cm^2/s). 확산 계수도 이동도와 유사하게 실리콘보다 저마늄에서 더 크게 나타나며, 전자의 확산 계수가 정공의 확산 계수보다 크다.

[표 2-7] 전자 및 정공의 확산 계수

반도체	전자 확산 계수 D_n	정공 확산 계수 D_p
Si	35	12.4
Ge	101	49.2

$$F_n(x) = -D_n\frac{dn(x)}{dx},\quad F_p(x) = -D_p\frac{dp(x)}{dx}$$ [수식 2-16] [수식 2-17] 픽의 확산법칙(Fick's Law)

플럭스를 수식으로 나타내면 위와 같이 표시할 수 있다. 플럭스에 붙는 (−) 부호는 농도가 감소하는 방향이 캐리어의 이동을 나타내는 것이기 때문에 붙는 것이다. 캐리어 중 전자의 확산 전류는 자체의 음의 전하량으로 인해 양의 부호로 바뀌게 되어 전자와 정공의 전류 방향이 서로 반대가 된다. 이들 플럭스에 전하량(q)을 곱하면, 다음과 같이 단위 면적을 지나는 확산 전류 밀도를 구할 수 있다.

$$J_{n,diff} = -(-q)D_n\frac{dn(x)}{dx} = qD_n\frac{dn(x)}{dx}$$ [수식 2-18]

$$J_{p,diff} = -(+q)D_p\frac{dp(x)}{dx} = -qD_p\frac{dp(x)}{dx}$$ [수식 2-19] 전자와 정공의 확산 전류

이제 최종적으로, 외부 전기장이 인가되고(Drift) 캐리어 농도에 차이가 있는(Diffusion) 경우에 반도체 내부에 흐르는 전류를 구할 수 있다. Drift 전류 성분과 확산 전류 성분을 합하면 아래와 같은 수식으로 나타낼 수 있다.

$$J_n(x) = qn\mu_n E + qD_n\frac{dn(x)}{dx}$$ [수식 2-20]

$$J_p(x) = qp\mu_p E - qD_p\frac{dp(x)}{dx}$$ [수식 2-21]

열평형 상태에서는 전체 전류가 0이다. 이로부터 확산 계수와 이동도 사이에는 다음과 같은 관계가 성립한다. 이를 아인슈타인 관계식(Einstein relationship)이라 한다. 이를 통해 전하량, 온도, 외부 환경에 의한 이동도가 정의되면 확산 계수를 구할 수 있다.

$$\frac{D_n}{\mu_n} = \frac{D_p}{\mu_p} = \frac{kT}{q}$$ [수식 2-22] 아인슈타인 관계식

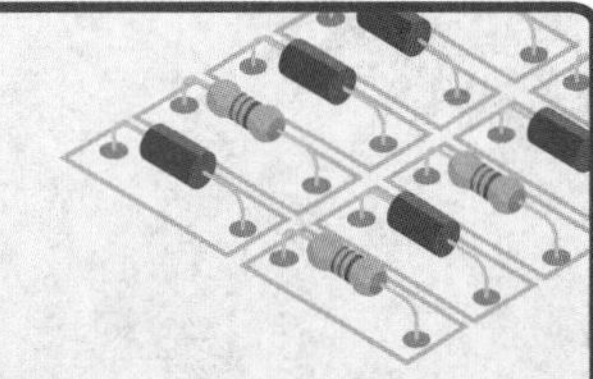

핵심 포인트 콕콕 파트2 Summary

Chapter02 반도체 기초

반도체는 전기전도도가 중간 정도이며, 밴드갭이 0eV보다 크고 5eV보다 작은 물질을 의미한다. Ⅳ족인 실리콘은 그들끼리 공유결합을 하여 결함이 거의 없는 진성 반도체 물질이다. 열에 의해 전자와 정공 쌍이 생성되며, 이때의 진성 캐리어 농도는 물질과 온도에 따라 일정한 값을 갖는다.

도핑을 통해 캐리어의 농도가 진성 캐리어 농도보다 높은 반도체를 외인성 반도체라 한다. Ⅳ족인 실리콘 반도체에 Ⅴ족 원소를 도핑하여 전자가 다수인 반도체를 n형 반도체, Ⅲ족 원소를 도핑하여 정공이 다수인 반도체를 p형 반도체라 한다.

반도체 내의 캐리어 농도는 에너지 레벨에 전자가 있을 확률(페르미-디락 분포 함수)과 에너지 레벨 자체의 밀도(에너지 준위 밀도)의 곱으로 결정된다.

반도체 내의 캐리어는 Drift 및 확산 메커니즘을 통해 움직인다. Drift는 외부 전기장에 의해 발생하며, 이동 속도는 이동도와 전기장의 곱으로 표현된다. 이동도는 산란에 의해 감소하며, 강한 전기장에서는 포화 속도 현상이 발생한다. 확산은 캐리어 농도 차에 의한 캐리어 이동을 의미한다. 이들을 조합하여 반도체에 흐르는 전류를 계산할 수 있다.

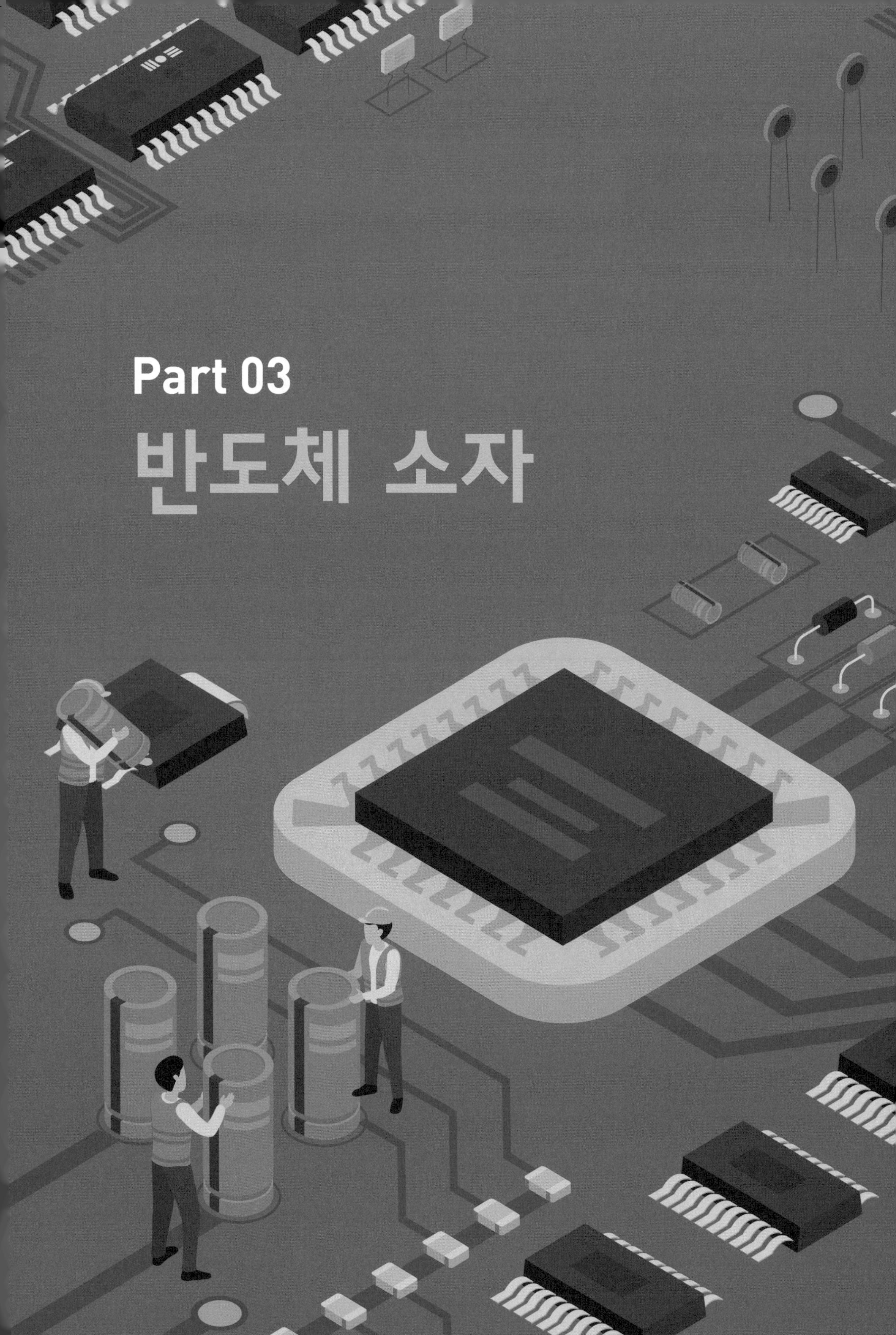

Part 03
반도체 소자

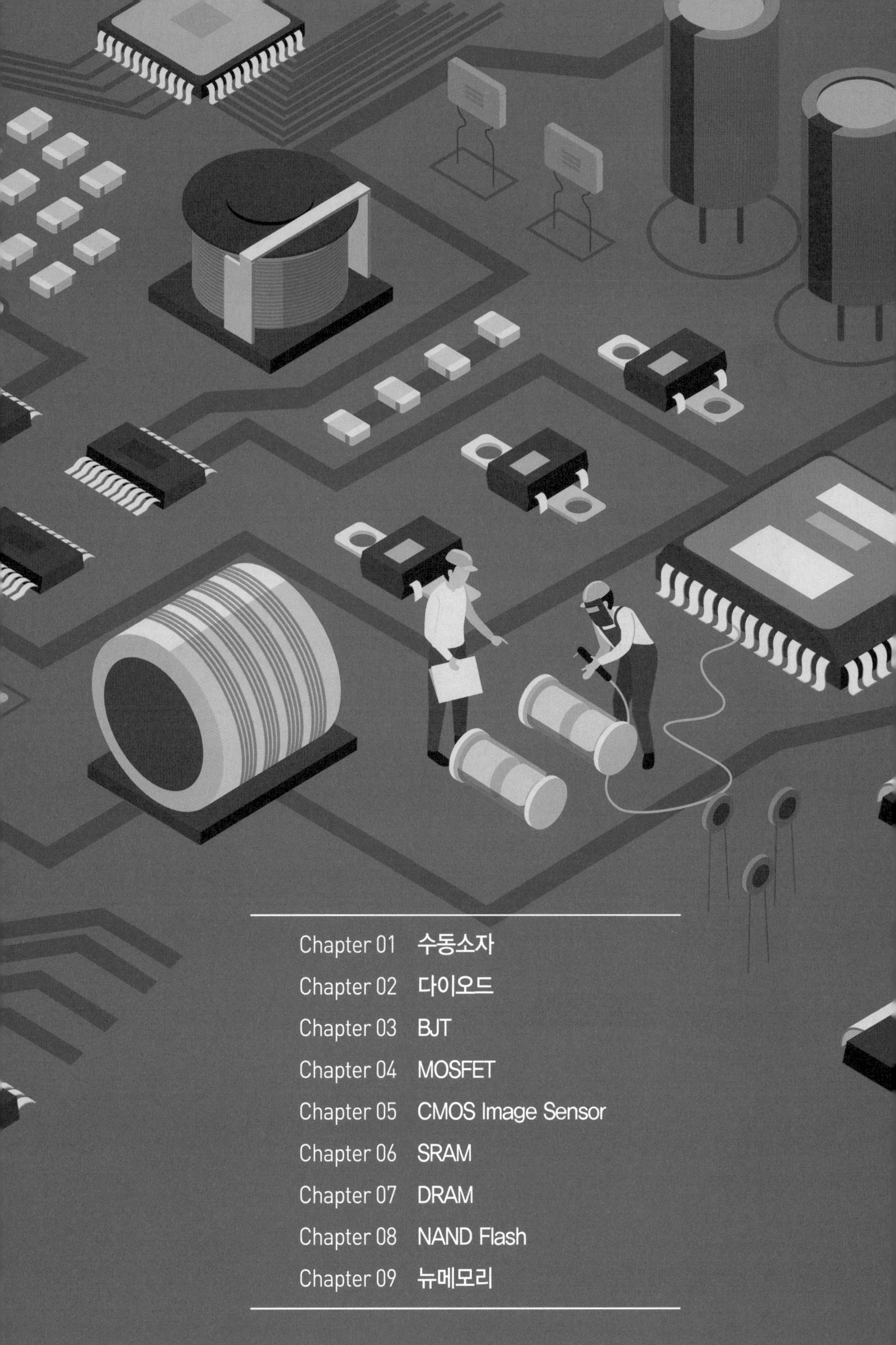

Chapter 01

수동소자

핵심요약

정의, 기초

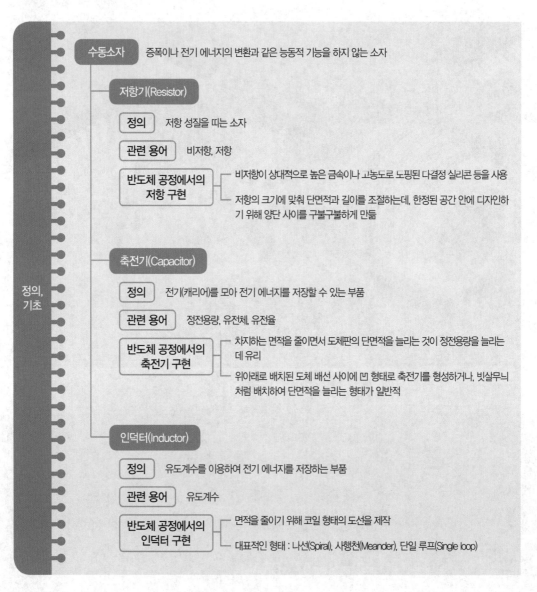

수동소자 증폭이나 전기 에너지의 변환과 같은 능동적 기능을 하지 않는 소자

저항기(Resistor)

- **정의** 저항 성질을 띠는 소자
- **관련 용어** 비저항, 저항
- **반도체 공정에서의 저항 구현**
  - 비저항이 상대적으로 높은 금속이나 고농도로 도핑된 다결정 실리콘 등을 사용
  - 저항의 크기에 맞춰 단면적과 길이를 조절하는데, 한정된 공간 안에 디자인하기 위해 양단 사이를 구불구불하게 만듦

축전기(Capacitor)

- **정의** 전기(캐리어)를 모아 전기 에너지를 저장할 수 있는 부품
- **관련 용어** 정전용량, 유전체, 유전율
- **반도체 공정에서의 축전기 구현**
  - 차지하는 면적을 줄이면서 도체판의 단면적을 늘리는 것이 정전용량을 늘리는 데 유리
  - 위아래로 배치된 도체 배선 사이에 凹 형태로 축전기를 형성하거나, 빗살무늬처럼 배치하여 단면적을 늘리는 형태가 일반적

인덕터(Inductor)

- **정의** 유도계수를 이용하여 전기 에너지를 저장하는 부품
- **관련 용어** 유도계수
- **반도체 공정에서의 인덕터 구현**
  - 면적을 줄이기 위해 코일 형태의 도선을 제작
  - 대표적인 형태 : 나선(Spiral), 사행천(Meander), 단일 루프(Single loop)

학습 포인트

반도체 공정을 통해 만들어지는 수동소자의 종류에 무엇이 있는지 설명한다.

1 수동소자

반도체 물질로 만든 전자 부품을 반도체 소자(Semiconductor device)라 한다. 반도체 소자는 증폭이나 전기 에너지의 변환과 같은 능동적 기능 여부에 따라 능동소자(Active device)와 수동소자(Passive device)로 나뉜다.

수동소자는 증폭이나 전기 에너지의 변환과 같은 능동적 기능을 하지 않는 소자를 말한다. 에너지를 단지 소비, 축적, 혹은 그대로 통과시키는 작용 등 수동적인 작용만 한다. 수동소자는 외부전원이 필요없이 단독으로 동작이 가능하다. 제작된 후에는 입력 조건에 의한 소자의 특성 변화가 불가능하고, 소자의 특성은 특정 상황에 알맞게 전류나 전압이 인가되지 않은 상태에서 이미 결정되어 있는 소자이다. 대표적인 수동소자로는 저항기(Resistor), 인덕터(Inductor), 축전기(Capacitor) 등이 있다.

2 R, L, C의 이해

1. 저항기(Resistor)

(1) 비저항(Resistivity)과 저항(Resistance), 저항기(Resistor)

물질의 비저항(Resistivity)은 물질이 전류의 흐름에 얼마나 세게 맞서는지를 측정한 물리량이다. 저항(Resistance)은 비저항에 길이를 곱하고 단면적으로 나눈 값으로, 단위는 옴(Ω)이다. 흔히 '저항'이라고 부르는 저항기(Resistor)는 저항 성질을 띠는 소자로, 양단에 전압 V가 인가되었을 때 흐르는 전류 I는 V/R이라는 옴의 법칙(Ohm's law)을 충실히 따르는 소자를 말한다.

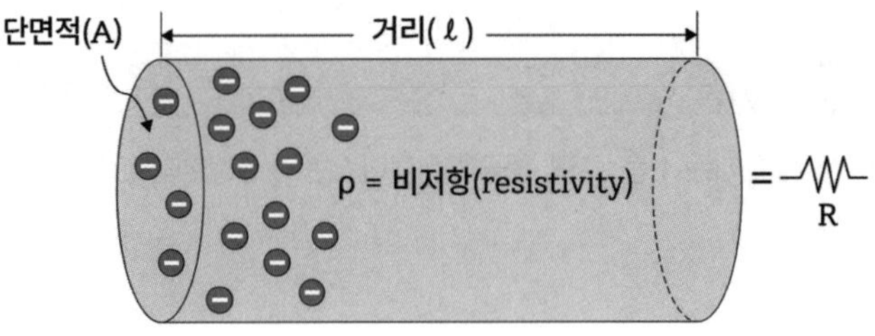

[그림 3-1] 비저항과 저항

$R = \rho \frac{l}{A}$ [수식 3-1]

$I = \frac{V}{R}$ [수식 3-2] 옴의 법칙

$P = VI = I^2 R = \frac{V^2}{R}$ [수식 3-3] 저항에서의 전력 소모

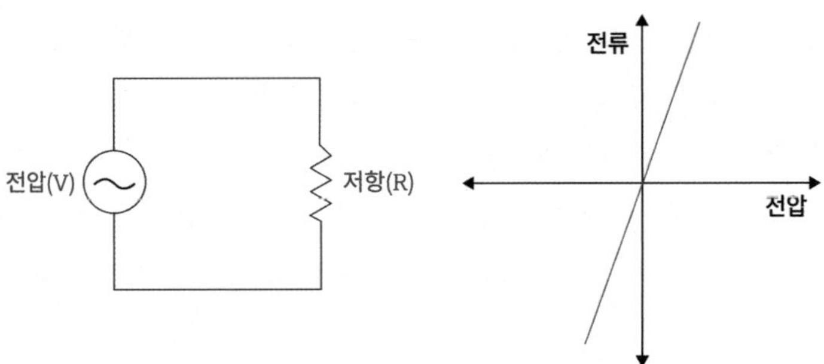

[그림 3-2] (왼쪽) 저항에 전압 인가, (오른쪽) 저항의 전류-전압 곡선

(2) 저항의 연결

저항은 직렬연결할 경우 총 길이가 늘어나는 효과가 있어 저항이 증가한다. 병렬연결하면 단면적이 늘어나는 효과가 있어 저항이 감소하며, 이때의 저항은 각 저항의 역수의 합이 최종 저항의 역수로 계산된다.

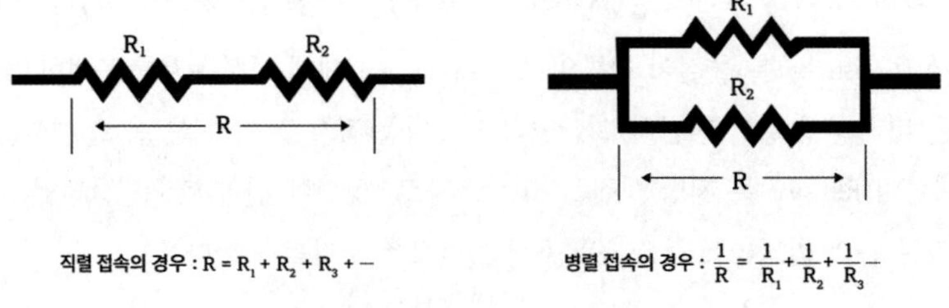

[그림 3-3] (왼쪽) 저항의 직렬연결, (오른쪽) 저항의 병렬연결

저항의 직렬 접속 계산

$R = \rho\frac{l}{A}$, $R_1 = \rho\frac{l}{A_1}$, $R_2 = \rho\frac{l}{A_2}$ [수식 3-4]

$l = l_1 + l_2$ [수식 3-5]

$\therefore R = R_1 + R_2$ [수식 3-6] 저항의 직렬 접속

저항의 병렬 접속 계산

$R = \rho\frac{l}{A}$, $R_1 = \rho\frac{l_1}{A}$, $R_2 = \rho\frac{l_2}{A}$ [수식 3-7]

$\frac{1}{R} = \frac{A}{\rho l}$, $\frac{1}{R_1} = \frac{A_1}{\rho l}$, $\frac{1}{R_2} = \frac{A_2}{\rho l}$ [수식 3-8]

$A = A_1 + A_2$ [수식 3-9]

$\therefore \frac{1}{R} = \frac{1}{R_1} + \frac{1}{R_2}$ [수식 3-10] 저항의 병렬 접속

(3) 반도체 공정에서의 저항 구현

저항은 캐리어의 이동이 있는 모든 곳에 존재한다. 집적회로 내의 많은 부분에서 원하지 않는 저항 성분인 기생 저항(Parasitic resistance)이 발생하면 소자의 성능이 저하되어 이를 감소하려는 노력이 필요하다. 그러나 회로에 따라서는 저항 성분이 필요한 경우가 있어 이 경우에는 의도적으로 저항기를 배치한다. 저항기는 얻고자 하는 저항의 크기와 공정 조건에 따라 비저항이 상대적으로 높은 금속[1]이나 고농도로 도핑된 다결정 실리콘(Polysilicon or Poly-Si) 등을 사용한다. 저항의 크기에 맞춰 단면적과 길이를 조절하는데, 한정된 공간 안에 디자인하기 위해 아래 그림처럼 양단 사이를 구불구불하게 만들기도 한다.

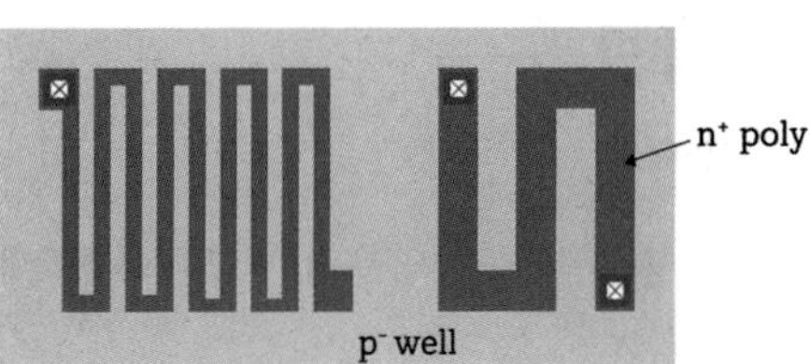

[그림 3-4] 도핑된 다결정 실리콘을 이용한 저항 디자인 예시(평면도)

[표 3-1] 저항 물질과 배선 물질의 비저항

용도	물질	비저항 (Ω · m)
저항	$Ni_{0.8}Cr_{0.2}$	$1.1 \times 10^{-6} \sim 1.5 \times 10^{-6}$
	TiN	$2 \times 10^{-6} \sim 1 \times 10^{-4}$ (CVD)
	B-doped poly-Si (NA = $1.7 \times 10^{19} cm^{-3}$)	2×10^{-4}
도체 (배선)	은(Ag)	1.59×10^{-8}
	구리(Cu)	1.68×10^{-8}
	알루미늄(Al)	2.65×10^{-8}

1 예) WSix, NiCr

2. 축전기(Capacitor)

(1) 정전용량(Capacitance)과 축전기(Capacitor)

축전기(Capactior)는 전기(캐리어)를 모아 전기 에너지를 저장할 수 있는 부품을 말한다. 일반적으로는 도체-부도체(절연체)-도체 구조를 가지고, 한쪽 도체에 양극(Anode, +전극)을 다른 한쪽 도체에 음극(Cathode, -전극)을 연결하여 축전기를 만든다. 축전기가 저장할 수 있는 캐리어의 총량(Q)은 전압(V)에 비례하는데, 여기서 상수에 해당하는 물리량을 정전용량(Capacitance, C)이라 한다. 정전용량은 축전기가 전하를 저장할 수 있는 능력을 나타내는 물리량이며, 단위는 패럿(F)을 사용한다.

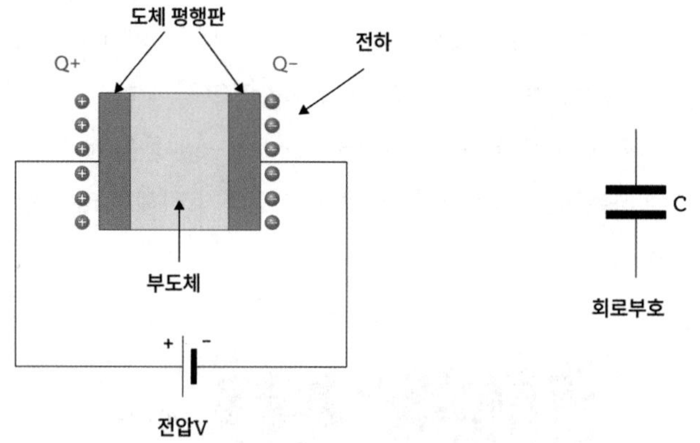

[그림 3-5] (왼쪽) 평행판 축전기의 형태와 (오른쪽) 회로에서의 표시

$Q = CV$ [수식 3-11] 축전기의 전하량과 정전용량의 관계

거리 d만큼 떨어진 두 평행한 도체판 사이에 전압 V가 인가되면 도체판의 양극에 모인 캐리어로 인해 전기장이 형성된다. 도체판 가장자리에서는 전기장이 휘어지는 효과(Edge effect)가 발생하는데, 이를 무시하기 위해 도체판의 면적(A)이 매우 큰 평행판을 가정하여 이상적인 평행판 축전기가 있다고 하자. 이상적인 평행판 축전기의 평행판 사이에서는 일정한 전기장(E=V/d)이 유지된다. 이에 수식을 다시 정리하면 다음과 같다.

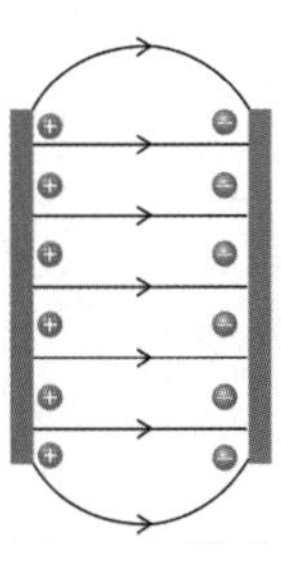

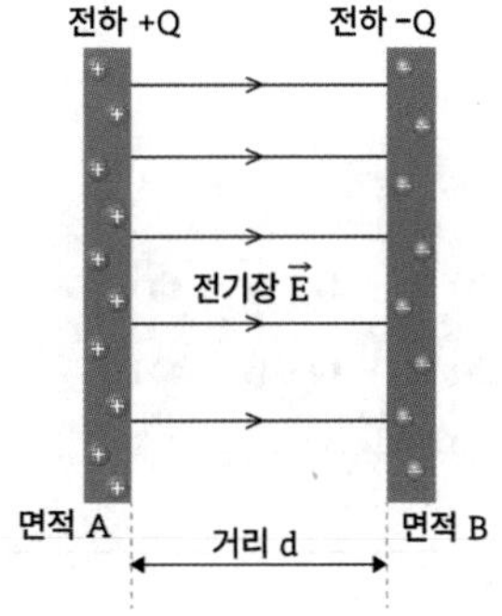

[그림 3-6] (왼쪽) 평행판 축전기, (오른쪽) 이상적인 평행판 축전기

$$V = Ed = \frac{Q}{\varepsilon A}d \quad \text{[수식 3-12]}$$

$$C = \varepsilon \frac{A}{d} \quad \varepsilon : \text{유전율} \quad \text{[수식 3-13]}$$

즉 축전기의 전하량을 높이기 위해서는 전압을 높이거나, 도체의 면적을 넓히거나, 도체 간 간격을 줄이거나, 유전율을 높이는 방법이 있다.

(2) 유전체(Dielectric material)와 유전율(Permittivity)

전기장 안에서 극성을 지니게 되는 절연체를 일컬어 유전체(Dielectric material)라 한다. 정의에 따라 차이가 있지만 실생활에서는 절연체와 유전체를 동일하게 봐도 무방하다. 유전체는 전기장 안에서 [그림 3-7]의 왼쪽처럼 방향성을 가지는 전기 쌍극자[2]가 생성된다. 이를 '분극 현상(Polarization)'이라 한다. 거시적 관점에서는 이들의 총합이 유전체 양극단에 대전되는 것으로 보인다. 분극 현상이 잘 일어날수록 유전체 양단에 있는 전하량이 증가하여 축전기에 저장할 수 있는 전하량이 증가한다. 이 때 분극이 되어 전기 쌍극자들을 만들 수 있는 능력을 유전율(Permittivity, ε)이라 한다 (단위 : [C/N · m²]).

2 전하량은 같고, 전하 부호는 다른 두 전하가 일정 거리 떨어져 있는 것

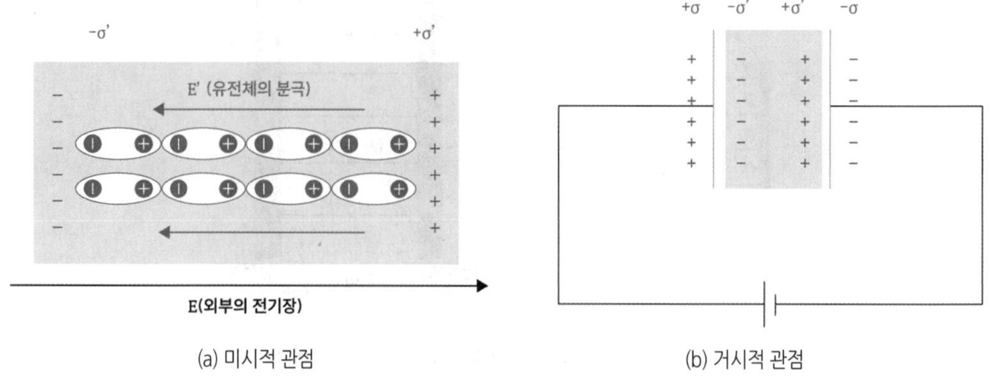

(a) 미시적 관점

(b) 거시적 관점

[그림 3-7] 유전체의 분극 현상

(3) 축전기의 연결

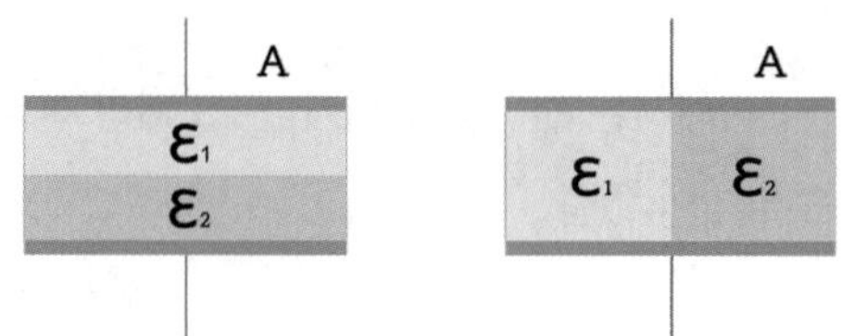

[그림 3-8] (왼쪽) 유전체의 직렬연결, (오른쪽) 유전체의 병렬연결

축전기 내의 유전체를 직렬 및 병렬 연결하는 경우를 살펴보자. 직렬연결은 각 유전체에 해당하는 평행판 사이의 거리 d를 나누어 가지므로, 역수의 평균인 조화평균을 갖게 된다. 병렬연결은 각 유전체에 해당하는 평행판의 면적 A를 나누어 가지게 되어 산술평균을 갖는다. 따라서 두 경우의 유전율은 다음과 같은 수식으로 구할 수 있다.

$$\varepsilon = \frac{2\varepsilon_1\varepsilon_2}{\varepsilon_1 + \varepsilon_2}$$ [수식 3-14] 유전체의 직렬연결 시의 유전율

$$\varepsilon = \frac{\varepsilon_1 + \varepsilon_2}{2}$$ [수식 3-15] 유전체의 병렬연결 시의 유전율

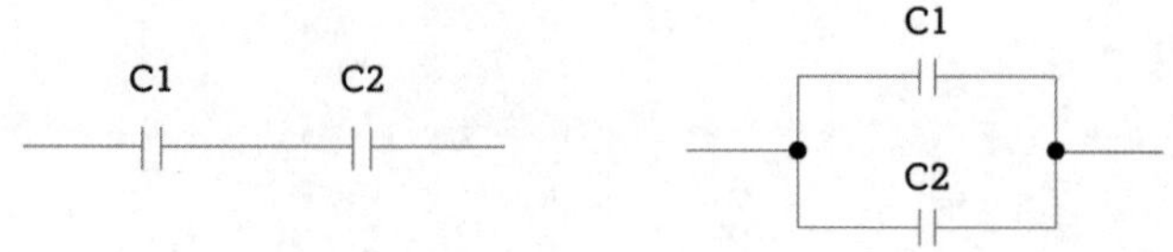

[그림 3-9] (왼쪽) 축전기의 직렬연결, (오른쪽) 축전기의 병렬연결

이번에는 축전기를 직렬 및 병렬 연결하는 경우를 살펴보자. 축전기를 직렬 연결할 경우, 최종 전하량 Q는 일정한 상태에서 축전기1(C1)과 축전기2(C2)가 인가되는 전압을 나눠 가지게 된다. Q = CV를 적용하여 계산하면 직렬연결의 정전용량은 총 정전용량의 역수가 각 축전기의 정전용량의 역수의 합으로 계산된다. 병렬연결에서는 양단의 전압이 같으므로 전하량 Q가 C1과 C2로 분배된다. 이에 정전용량은 각 축전기의 정전용량의 합이 된다. 따라서 직렬연결을 하면 총 정전용량은 감소하며, 병렬연결을 하면 총 정전용량은 증가한다.

축전기의 직렬 접속 계산

$V = V_1 + V_2$ [수식 3-16]

$\frac{Q}{C} = \frac{Q_1}{C_1} + \frac{Q_2}{C_2}$ [수식 3-17]

$\frac{1}{C} = \frac{1}{C_1} + \frac{1}{C_2} \quad (\because Q = Q_1 = Q_2)$

[수식 3-18] 축전기의 직렬연결

축전기의 병렬 접속 계산

$V = V_1 = V_2$ [수식 3-19]

$Q = Q_1 + Q_2$ [수식 3-20]

$CV = C_1V_1 = C_2V_2$ [수식 3-21]

$C = C_1 + C_2$ [수식 3-22] 축전기의 병렬연결

(4) 반도체 공정에서의 축전기 구현

축전기는 회로 내에서 다양하게 사용하고 있으며, 필요로 하는 정전용량의 크기는 천차만별이다. 매우 큰 정전용량을 갖는 축전기의 경우 디자인에 따라 회로 면적을 크게 차지할 수 있으므로 이를 줄이는 노력이 필수적이다. 디자인 적으로는 차지하는 면적을 줄이면서도 도체판의 단면적을 늘리는 것이 정전용량을 늘리는 데 유리하다. 이에 위아래로 배치된 도체 배선 사이에 凹 형태로 축전기를 형성하거나, 빗살무늬처럼 배치하여 단면적을 늘리는 형태가 일반적이다.

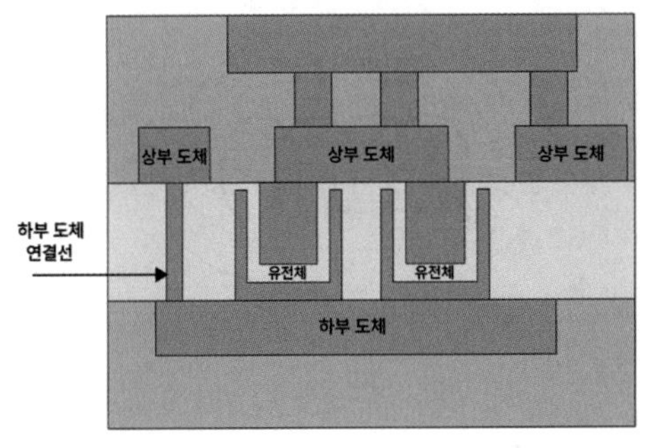

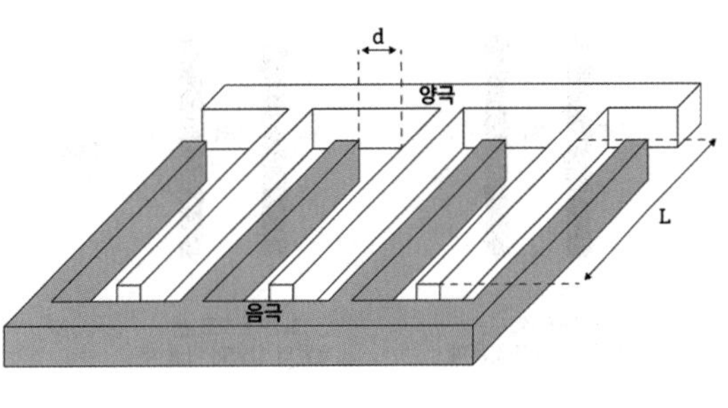

[그림 3-10] (왼쪽) 상 · 하부 도체를 이용한 MIM[3] 축전기의 정면도, (오른쪽) 빗살무늬 형태의 MIM 축전기

3 금속 – 부도체 – 금속

3. 인덕터(Inductor)

(1) 인덕터(Inductor)와 유도계수(Inductance)

전선을 통해 전류가 흐르면 도선 주위에 자기장이 형성된다. 전류의 크기가 일정할 때는 자기장에 변화가 없으나, 전류가 변화하려고 하면 자기장도 따라서 변화하려고 하는 성질이 있다. 그런데 전류가 변화할 때 도선 주위의 자기장이 바로 바뀌지 못하고 일정한 시간이 필요하기 때문에, 결과적으로는 이 자기장이 도선의 전류변화를 방해하는 역할을 하게 된다. 이처럼 전류의 변화를 방해하려는 특성을 유도계수(Inductance, L)라 한다 (단위 : H(헨리)).

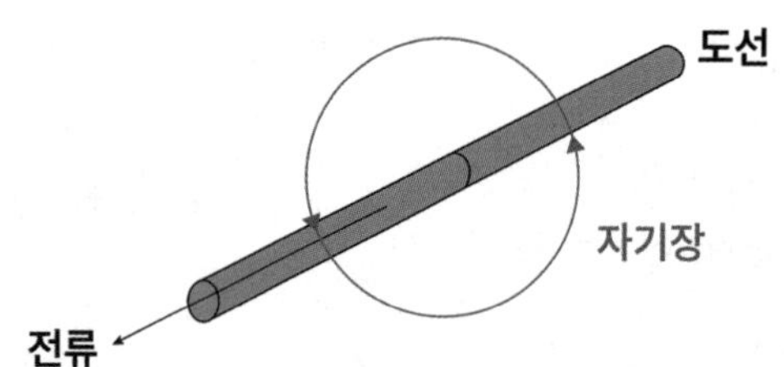

[그림 3-11] 도선에 전류가 흐를 때 발생하는 자기장[4]

인덕터(Inductor)는 유도계수를 이용하여 전기 에너지를 저장하는 부품을 말한다. 모든 도선은 전류가 흐를 때 자기장이 발생하기 때문에 인덕터가 될 수 있다. 다만 유도계수를 높이려면 도선의 길이가 길어져야 하므로 한정된 면적 안에서 구현하기에는 어려움이 있다. 적은 면적상에 많은 인덕턴스를 구현하기 위해 보통 코일 혹은 스프링모양으로 도선을 감아 인덕터를 구현한다. 특히 도선의 방향을 같게 도선을 감으면 상호 인덕턴스가 발생하여 더 많은 자기장을 발생시킬 수 있다.

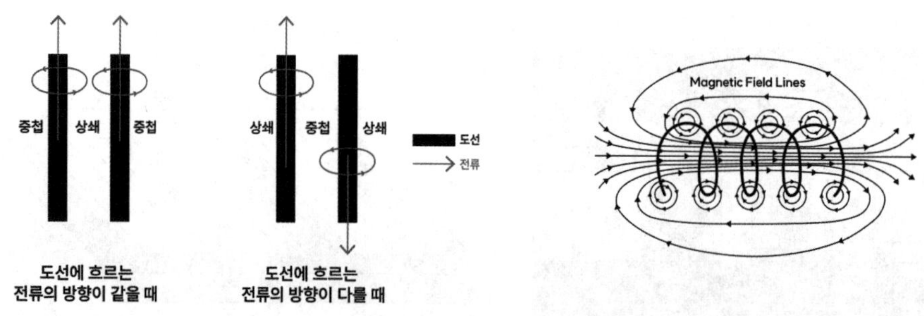

[그림 3-12] 다중 도선의 방향에 따른 자기장의 크기

4 앙페르의 오른나사 법칙

(2) 인덕터의 연결

인덕터의 연결은 저항과 동일하다. 직렬연결 시에는 인덕턴스가 증가한다. 병렬연결하면 자기장이 분산되는 효과가 있어 인덕턴스가 감소하며, 이때의 인덕턴스는 역수의 합을 구한 후 다시 역수를 취해 계산된다.

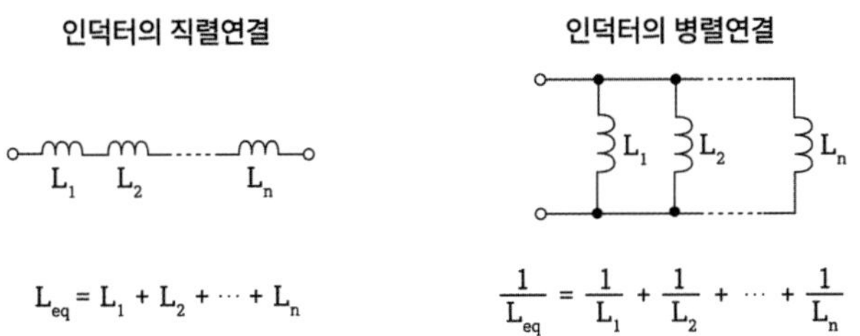

[그림 3-13] (왼쪽) 인덕터의 직렬연결, (오른쪽) 인덕터의 병렬연결

(3) 반도체 공정에서의 인덕터 구현

[그림 3-14] (왼쪽) 다양한 인덕터 형태의 정면도, (오른쪽) 나선 형태의 인덕터 디자인 예시

반도체 공정에서 인덕터를 구현할 때는 면적을 줄이기 위해 코일 형태의 도선을 제작한다. 대표적으로 나선(Spiral), 사행천(Meander), 단일 루프(Single loop) 형태가 있다. 나선 구조가 가장 높은 인덕턴스를 얻을 수 있어 많이 사용되지만 다층 배선이 필수적이라는 단점이 있다. 사행천 방식은 도선에 흐르는 전류의 방향이 서로 반대가 되어, 상호 인덕턴스가 상쇄되어 크기에 비해 높은 인덕턴스를 얻을 수 없다. 단일 루프 형태는 설계가 간단하고 계산이 용이하다는 장점이 있으나 얻을 수 있는 인덕턴스가 낮다.

[표 3-2] 다양한 인덕터 형태의 장단점

인덕터 형태	장점	단점
나선	• 높은 인덕턴스 구현	• 다중 배선 필수 • 배선 층간 기생 정전용량 발생
사행천	• 단일 배선으로 구현 가능 • 적당히 높은 인덕턴스	• 작은 상호 인덕턴스 • 면적 대비 인덕턴스 효율 낮음
단일 루프	• 단일 배선으로 구현 가능 • 설계 간단, 계산 용이	• 구현할 수 있는 인덕턴스가 낮음

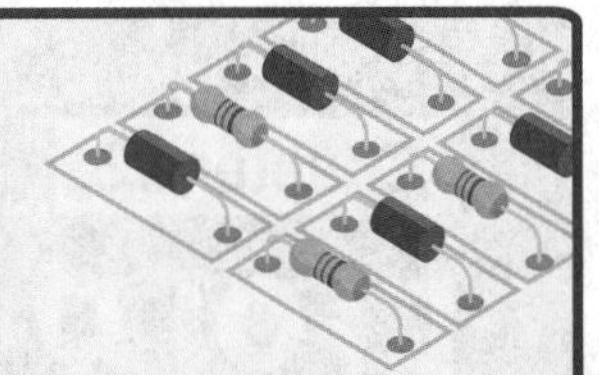

핵심 포인트 콕콕 파트3 Summary

Chapter01 수동소자

수동소자는 증폭이나 에너지 변환 등 능동적 기능을 하지 않고 수동적인 작용만 하는 소자로 저항기, 인덕터, 축전기 등을 예로 들 수 있다. 저항기는 전류의 흐름에 얼마나 맞서는지를 측정하는 비저항을 이용한 소자, 축전기는 두 개의 전극에 유전체를 끼워 놓았을 때 전하가 저장되는 소자, 인덕터는 전류가 흐를 때 형성되는 자기장에 의해 전기 에너지를 저장하는 소자다. 이들을 반도체 공정에서 구현할 때는 적절한 면적, 도체 간 간격, 유전체, 다층 배선 등을 조절하여 성능을 향상시키는 노력이 필요하다.

Chapter 02

다이오드

핵심요약

정의, 기초

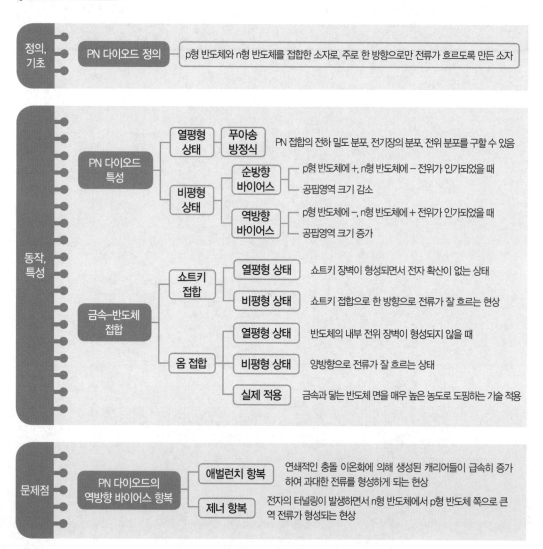

- PN 다이오드 정의 — p형 반도체와 n형 반도체를 접합한 소자로, 주로 한 방향으로만 전류가 흐르도록 만든 소자

동작, 특성

- PN 다이오드 특성
  - 열평형 상태
    - 푸아송 방정식 — PN 접합의 전하 밀도 분포, 전기장의 분포, 전위 분포를 구할 수 있음
  - 비평형 상태
    - 순방향 바이어스
      - p형 반도체에 +, n형 반도체에 − 전위가 인가되었을 때
      - 공핍영역 크기 감소
    - 역방향 바이어스
      - p형 반도체에 −, n형 반도체에 + 전위가 인가되었을 때
      - 공핍영역 크기 증가
- 금속-반도체 접합
  - 쇼트키 접합
    - 열평형 상태 — 쇼트키 장벽이 형성되면서 전자 확산이 없는 상태
    - 비평형 상태 — 쇼트키 접합으로 한 방향으로 전류가 잘 흐르는 현상
  - 옴 접합
    - 열평형 상태 — 반도체의 내부 전위 장벽이 형성되지 않을 때
    - 비평형 상태 — 양방향으로 전류가 잘 흐르는 상태
    - 실제 적용 — 금속과 닿는 반도체 면을 매우 높은 농도로 도핑하는 기술 적용

문제점

- PN 다이오드의 역방향 바이어스 항복
  - 애벌런치 항복 — 연쇄적인 충돌 이온화에 의해 생성된 캐리어들이 급속히 증가하여 과대한 전류를 형성하게 되는 현상
  - 제너 항복 — 전자의 터널링이 발생하면서 n형 반도체에서 p형 반도체 쪽으로 큰 역 전류가 형성되는 현상

학습 포인트

다이오드의 가장 기본적인 형태인 PN 다이오드의 구조와 동작에 대해 설명한다. 이어 금속–반도체 접합의 특징인 쇼트키 접합과 옴 접합을 구분하도록 한다.

1 PN 다이오드(PN Diode)

1. PN 다이오드의 정의

다이오드(Diode)는 두 개의 단자[1]로 구성되고, 주로 한 방향으로만 전류가 흐르도록 만든 소자를 말한다. 반도체 구성에 따라 PN 다이오드, 쇼트키(Schottky) 다이오드 등이 있으며, 이외에도 빛을 내기 위한 목적의 LED 등의 특수한 다이오드도 있다.

PN 다이오드는 p형 반도체와 n형 반도체를 접합[2]하여 만들어진 반도체 소자다. 각 반도체에는 외부와 전기적 연결을 위해 전극이 연결되어 있다. p형 반도체에 맞닿은 전극[3]이 양극(Anode, 애노드), n형 반도체에 맞닿은 전극이 음극(Cathode, 캐소드)이다. 일반적인 구조에서는 양쪽 단자에 인가한 전압의 극성에 따라 한쪽 방향으로만 전류가 흐르는 특징을 보인다. 이러한 특성으로 교류(AC)를 직류(DC)로 변환시키는 정류[4]소자나 논리회로를 구성하는 스위칭 소자 등으로 많이 사용된다.

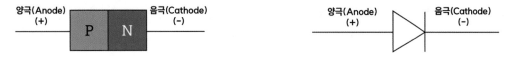

[그림 3-15] PN 다이오드의 구조 및 기호

1 전자회로, 전자기기 등이 외부의 회로와 연결되는 부분

2 다른 특성의 물질이 맞닿은 부분이나 맞닿게 함.

3 회로 내의 도체로 전류를 흘러들어가게 하거나 나오게 하는 단자이다. 전원에서 전류를 내보내는(자유전자를 받아들이는) 쪽이 양극(양전극, +), 전류를 받아들이는(자유전자를 내보내는) 쪽이 음극(음전극, −)이다.

4 한방향으로 흐르는 전류를 만드는 작용

2. 열평형 상태의 PN 다이오드 특성

(1) PN 접합의 캐리어 분포

어떠한 외부 에너지도 없는 열평형 상태를 가정하고, 이 때 불순물 농도가 각각 N_A, N_D로 일정한 p형 반도체와 n형 반도체가 접합을 이룰 때를 생각해보자. (이때 $N_A > N_D$인 상황을 가정한다.)

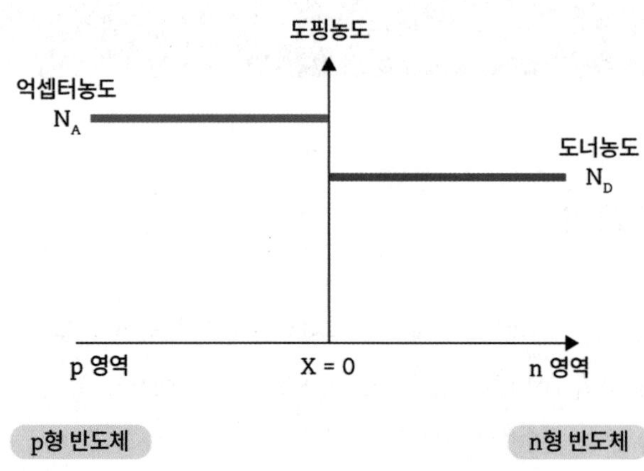

[그림 3-16] PN 다이오드의 이상적인 도핑 분포

p형 반도체와 n형 반도체의 접합순간(t=0)에는 자유전자와 정공의 이동이 없는 상태다. 접합 직후($t=t_1$)에는 전체 계로 보았을 때 자유전자와 정공의 농도차가 심하기 때문에 각 반도체의 다수 캐리어가 반대편으로 확산한다. p형 반도체의 정공은 n형 반도체로, n형 반도체의 자유전자는 p형 반도체로 이동한다. 이 과정에서 자유전자와 정공은 서로 재결합(Recombination)하게 되어 캐리어가 없는 부분이 발생한다. 각 캐리어의 농도는 거리에 따라 일정 기울기를 가지며 감소하는데, 실제 계산을 통해서는 캐리어가 없는 부분을 일정 영역 정의하는 것과 큰 차이가 없다고 밝혀졌다. 이처럼 캐리어가 없는 부분을 공핍영역(Depletion Region)이라고 한다.

공핍영역에는 이온으로 존재하는 불순물이 존재한다. 캐리어의 재결합 과정에서 접합 근처의 n형 반도체 영역에는 양의 도너 이온(N_D^+)이, p형 반도체 영역에는 음의 억셉터 이온(N_A^-)이 남는다. 이들은 고체 구조에 고정되어 있기 때문에 자유롭게 반대편으로 움직일 수는 없지만, 이온의 극성으로 인해 전기적 성질을 띠게 된다. 공핍영역에서는 이들에 의해 전기장이 발생하게 되는데, 접합의 길이가 매우 작기 때문에 공핍영역에서 발생하는 전기장의 크기는 매우 크다. 이들 이온은 특정 공간에 고정되어 전기적 특성을 띠므로 공간전하(Space Charge)라고도 부르고, 공핍영역을 공간전하영역(Space Charge Region, SCR)이라고도 부른다.

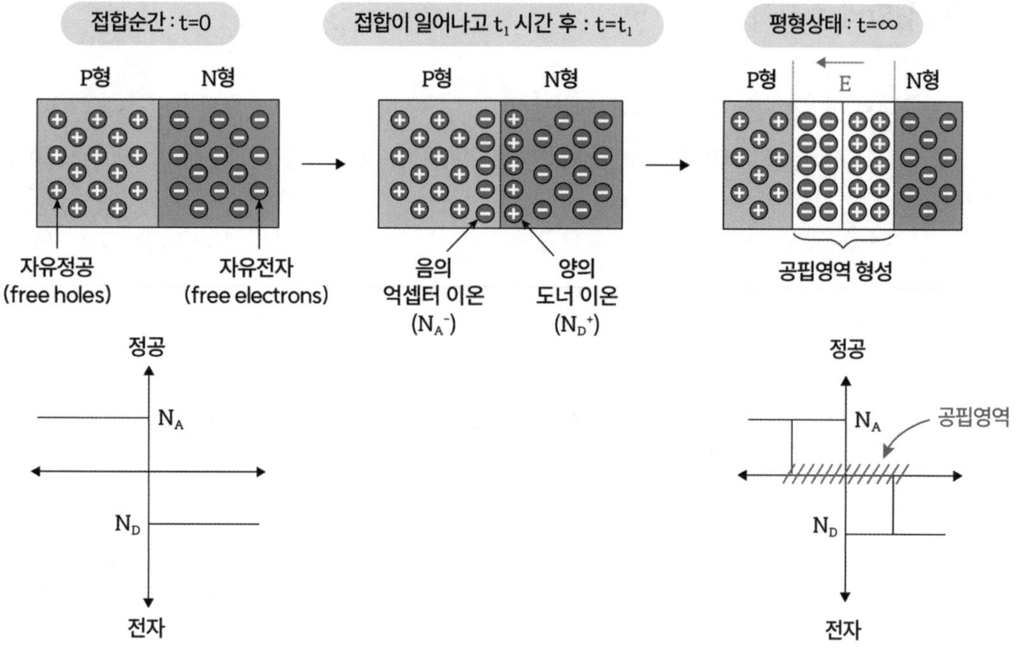

[그림 3-17] PN 접합과 공핍영역의 형성

최종적으로 시간이 무한히 흐르면(t=∞) 확산되는 캐리어와, 공핍영역 내의 전기장의 방향에 따라 확산과 반대방향으로 Drift하는 캐리어의 수가 평형을 이룬다. 평형상태의 공핍영역은 평형상태가 되기 전(t_1)에 비해 넓어지다가 특정 너비로 고정된다.

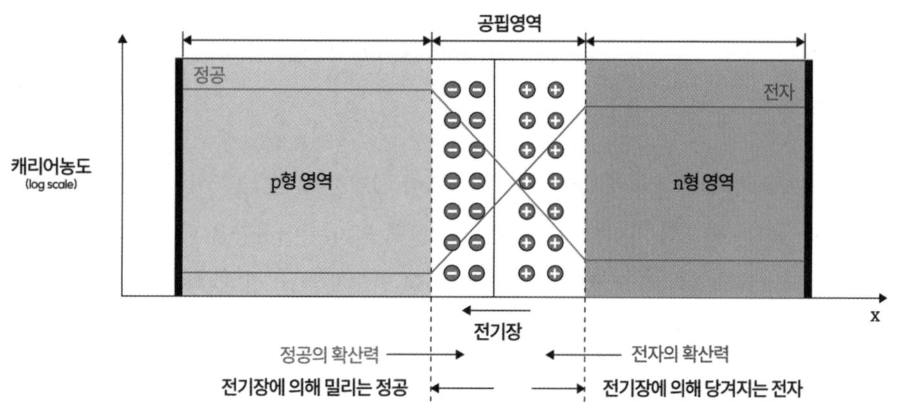

[그림 3-18] 평형상태의 PN 다이오드

(2) PN 접합의 수치적 해석

앞서 말한대로 공핍영역에서는 공간전하에 의해 전기장이 형성된다. 이로부터 PN 접합의 전하 밀도 분포와 전기장의 분포, 그리고 전위 분포를 구할 수 있다. 이에 관한 수식을 푸아송(Poisson) 방정식이라 한다.

$$\nabla \cdot \vec{E} = \frac{\rho}{\varepsilon} + \frac{q(p - n + N_D - N_A)}{\varepsilon}$$ [수식 3-23] 푸아송 방정식

$$\frac{\partial \vec{E}}{\partial x} = \frac{q(p - n + N_D - N_A)}{\varepsilon}$$ [수식 3-24] 1차원 푸아송 방정식

푸아송 방정식의 의미는 전기장을 위치에 대해 미분(Divergence)하면 전하 밀도 분포가 된다는 것이다. 다시 말해 전하 밀도 분포를 위치에 대해 적분하면 전기장을 구할 수 있다. 1차원으로 근사해서 계산하여, p형 반도체의 억셉터 전하 밀도(qN_Ax_p)를 $-x_p$ 위치부터 0까지 적분하고, n형 반도체의 도너 전하 밀도를 0부터 x_n까지 적분하자. 전기장은 $-x_p$~0까지 증가하여 x=0에서 최대치(E_{max})가 되었다가, 다시 0~x_n까지 감소하여 x_n에서 0이 된다([그림 3-19] 참조). 아래의 수식에서 볼 수 있듯이 n형과 p형 반도체 각각에서 각자의 도핑 농도(N_D, N_A)가 증가할수록 전기장의 크기도 증가한다.

$$E_p(x) = -\frac{qN_A}{\varepsilon_s}(x + x_p) \qquad (-x_p \le x \le 0)$$ [수식 3-25]

$$E_n(x) = \frac{qN_D}{\varepsilon_s}(x - x_n) \qquad (0 \le x \le x_n)$$ [수식 3-26]

$$E_{\max} = -\frac{qN_A}{\varepsilon_s}x_p = \frac{qN_D}{\varepsilon_s}x_n$$ [수식 3-27] PN 다이오드 내의 최대 전기장

x=0에서 전기장은 연속이어야 하므로 [수식 3-27]이 성립한다. $E_p=E_n$ 이라는 것에서 [수식 3-28]을 얻을 수 있다. 이는 밀도와 거리의 곱의 식으로, 곱의 의미는 전하량을 나타낸다. 즉 [수식 3-28]은 공핍영역 내의 p형 반도체의 − 전하의 총량과, n형 반도체의 + 전하의 총량이 같다는 것을 나타낸다. 또한 도펀트의 농도(N_D, N_A)에 따라 공핍 영역의 폭(x_p, x_n)이 반비례한다는 것도 알 수 있다.

$$Q_p^- = N_Ax_p = N_Dx_n = Q_n^+ \qquad (x = 0)$$ [수식 3-28]

전위는 전기장과 거리의 곱, 정확히는 전기장을 적분하여 얻을 수 있다. 전기장 [수식 3-25]와 [수식 3-26]을 위치에 대해 한 번 더 적분하면([수식 3-29]) 전위 분포 수식을 얻을 수 있다. 여기에 아인슈타인 방정식([수식 2-22])을 이용하여 전기장을 표현하고([수식 3-30]), 이를 통해 전위 분포를 [수식 3-31]과 같이 구할 수 있다. 최종적으로 $n(x_n)$은 N_D, $n(-x_p)$는 N_A가 되므로 최대 전위는 [수식 3-32]와 같이 구할 수 있다. 이 때의 최대 전위를 내부 전위(V_{bi}, Built-in potential)라 한다.

$$\vec{E} = -\nabla V = -\frac{\partial V}{\partial x} \quad \text{[수식 3-29]}$$

$$\vec{E} = -\frac{D_N}{\mu_n}\frac{dn/dx}{n} = -\frac{kT}{q}\frac{dn/dx}{n} \quad \text{[수식 3-30]}$$

$$V_{bi} = -\int_{-x_p}^{x_n} \vec{E}dx = \frac{kT}{q}\int_{n(-x_p)}^{n(x_n)} \frac{dn}{n} = \frac{kT}{q}ln\left[\frac{n(x_n)}{n(-x_p)}\right] \quad \text{[수식 3-31]}$$

$$V_{bi} = \frac{kT}{q}ln\left[\frac{N_A N_D}{n_i^2}\right] \quad \text{[수식 3-32] PN 다이오드의 내부 전위}$$

다시 방정식을 다른 방법으로 접근해보자. [수식 3-29]를 p형, n형 반도체에 대해 각각 적분하면 [수식 3-33]과 [수식 3-34]로 표현할 수 있다. 전기장과 마찬가지로 전위 역시 x=0일 때 연속이어야 한다. 따라서 [수식 3-33]과 [수식 3-34]가 같은 값을 가져야 하므로, 이를 다시 정리하면 [수식 3-35]를 얻게 된다.

$$V(x) = \frac{qN_A}{2\varepsilon_s}(x_p + x)^2 \quad (-x_p \le x \le 0) \quad \text{[수식 3-33]}$$

$$V(x) = V_{bi} - \frac{qN_D}{2\varepsilon_s}(x_n - x)^2 \quad (0 \le x \le x_n) \quad \text{[수식 3-34]}$$

$$\frac{qN_A}{2\varepsilon_s}x_p^2 = V_{bi} - \frac{qN_D}{2\varepsilon_s}x_n^2 \quad \text{[수식 3-35]}$$

[수식 3-28]을 [수식 3-35]에 대입하면 [수식 3-36], [수식 3-37]과 같이 각 반도체의 공핍영역의 폭(x_n, x_p)을 구할 수 있다. 총 공핍영역의 폭(W)은 x_n과 x_p의 합으로 나타내지므로, 이를 정리하면 [수식 3-38]을 구할 수 있다.

$$x_n = \left[\frac{2\varepsilon_s}{q} \frac{N_A}{N_D(N_A + N_D)} V_{bi} \right]^{\frac{1}{2}}$$ [수식 3-36]

$$x_p = \frac{N_D x_n}{N_A} = \left[\frac{2\varepsilon_s}{q} \frac{N_D}{N_A(N_A + N_D)} V_{bi} \right]^{\frac{1}{2}}$$ [수식 3-37]

$$W = x_n + x_p = \left[\frac{2\varepsilon_s}{q} \frac{(N_A + N_D)}{N_A N_D} V_{bi} \right]^{\frac{1}{2}}$$ [수식 3-38] PN 다이오드의 공핍영역의 폭

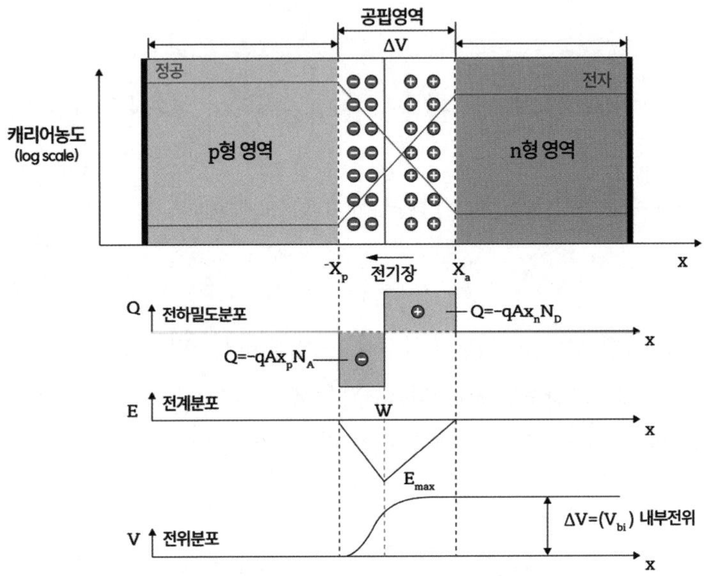

[그림 3-19] 열평형 상태의 PN 다이오드의 전하, 전기장, 전위 분포

위의 수식을 바탕으로 p형 반도체와 n형 반도체 각각의 폭에 대해 자세히 살펴보자. 예를 들어 n형 반도체의 도핑 농도(N_D)가 그대로인 상태에서 p형 반도체의 도핑 농도(N_A)가 변화하는 경우를 보면, N_A가 증가할수록 x_p는 감소, x_n은 증가한다. 반대의 경우 역시 마찬가지다. 즉 p형/n형 반도체 중 하나만 불순물을 늘렸을 경우 그 반도체의 공핍 영역은 감소하고, 반대편 반도체의 공핍 영역은 증가한다.

p형 반도체와 n형 반도체 각각의 도핑 농도가 동시에 증가하면 x_n과 x_p 모두 감소한다. 반대로 각각의 도핑 농도를 동시에 감소시키면 x_n과 x_p 모두 증가하는 것을 알 수 있다. 아래의 [표 3-3]에 각 반도체의 도핑 농도가 10배씩 증감할 경우의 x_n과 x_p의 상대적인 변화량을 나타내었다.

[표 3-3] 도핑 농도 변화에 따른 PN 다이오드의 공핍영역의 증감

N_a	N_d	X_p	X_n
0.1	0.1	3.16	3.16
0.1	1	4.26	0.43
0.1	10	4.45	0.04
1	0.1	0.43	4.26
1	1	1.00	1.00
1	10	1.35	0.13
10	0.1	0.04	4.45
10	1	0.13	1.35
10	10	0.32	0.32

※ P-type, N-type 농도가 같이 증가할 경우, 두 영역의 공핍영역 두께가 같이 감소

(3) PN 다이오드의 에너지 밴드 다이어그램

[그림 3-20]은 PN 접합의 에너지 밴드를 나타낸 것이다. 열평형 상태에서는 전체 계(System)의 페르미 레벨(E_F)이 일정하다. PN 다이오드에서 p형 반도체의 페르미 레벨은 전도대와 가깝고, n형 반도체의 페르미 레벨은 가전자대와 가깝다. 이들이 하나의 페르미 레벨을 갖기 위해서는 필연적으로 PN 접합의 에너지 밴드가 휘어져야 한다. 전술한 바와 같이 p형, n형 반도체를 접합시켰을 때 발생하는 공핍 영역에서 에너지 밴드가 휘는 것을 유추할 수 있다.

휘어진 에너지 밴드를 어떠한 장벽이라고 생각하자. 전도대의 전자는 빈 물통에 있는 물방울, 가전자대의 정공은 가득 찬 물통에 있는 기포라 생각하면 이들이 반대편으로 넘어가지 못하는 상황이 쉽게 이해될 것이다. 다시 정리하면 열평형 상태에서는, n형 반도체의 전도대의 전자와 p형 반도체의 가전자대에 있는 정공이 서로 반대 방향으로 넘어가려 할 때 전위 장벽을 느낀다고 할 수 있다. 이러한 전위 장벽이 앞서 수식으로 구한 내부 전위(V_{bi})다. 앞서 설명한 바와 같이 내부 전위는 다수 캐리어의 확산 전류와 소수 캐리어의 Drift 전류 사이에 평형을 유지하는 역할을 하는 데 불과하다. 외력이 작용하였을 때 내부 전위가 변화하여 전류의 이동에는 영향을 줄 수 있으나, 내부 전위 그 자체로는 별도의 외부 전류를 생성하는 역할을 하지 못한다.

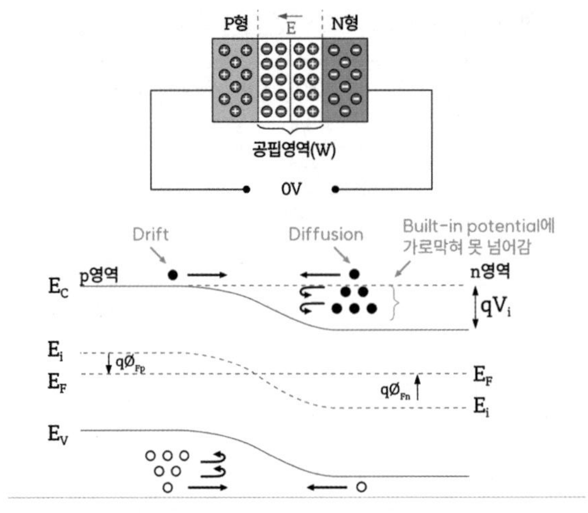

[그림 3-20] 열평형 상태의 PN 다이오드의 에너지 밴드 다이어그램

각각의 반도체가 가지는 진성 에너지 레벨(E_i)은 각 영역의 전도대와 가전자대의 중앙에 위치하고, p형 및 n형 반도체를 포함한 전체 계의 페르미 준위(E_F)는 도핑에 따라 변화한다. 내부 전위는 p형 반도체와 n형 반도체 각각의 E_i와 E_F의 차의 절대값의 합으로 구할 수 있다. 이는 앞서 [수식 3-32]에서 구한 바 있으며, 실리콘의 경우 0.7V 수준에서 결정된다.

3. 비평형 상태의 PN 다이오드 특성

열평형 상태의 PN 다이오드에 전압(외부 에너지)을 인가하면, PN 다이오드라고 하는 계가 비평형 상태가 된다. 비평형 상태에서는 인가된 전압에 따라 p형, n형 반도체의 전위가 변화하기 때문에 에너지 장벽의 변화가 생긴다. 이는 필연적으로 전기장과 전하 밀도의 분포를 변화시킨다. 또한 비평형 상태에서는 전체 계(System)가 일정한 페르미 에너지 준위를 갖지 않고, 변화한 전위 분포에 맞춰 p형과 n형 반도체 각각의 페르미 레벨이 분기하는 현상이 발생한다.

(1) 순방향 바이어스(Forward bias) 상태

PN 다이오드에서 p형 반도체에 +, n형 반도체에 – 전위가 인가되었을 때를 순방향 바이어스(Forward bias)[5]라 한다. 양단의 전압 V_F가 인가되면, 총 내부 전위는 열평형 상태에서 형성된 내부 전위(V_{bi})보다 작아져 $V_{bi}-V_F$가 된다. 순방향 바이어스 V_F에 의해 생성된 전기장 E_F는 열평형 상태의 공핍영역에서 발생한 전기장(E)와 반대 방향으로 형성된다. 이때의 에너지 밴드 다이어그램은 [그림 3-21]처럼 p형 반도체와 n형 반도체 사이의 에너지 레벨 차가 줄어든 모습을 보이게 된다.

5 정방향 바이어스라고도 한다.

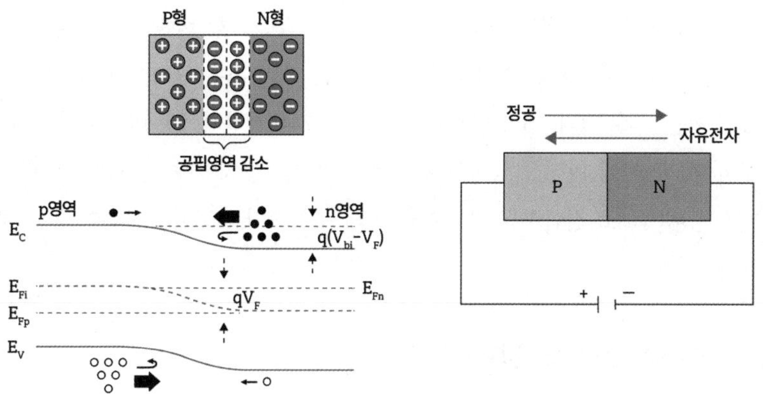

[그림 3-21] 순방향 바이어스 상태의 PN 다이오드

순방향 바이어스에서 p형 반도체에는 외부에서 정공이 공급되고, 이 정공들은 전기적 인력에 의해 반대편의 음극으로 이동한다. n형 반도체 역시 외부에서 자유전자가 공급되고, 이들은 반대편의 양극으로 이동한다. 이 경우에는 전압이 증가할수록 전류가 증가하는 형태를 나타낸다. 순방향 전압에서는 외부에서 다수 캐리어를 공급해주기 때문에 전압이 없는 상태보다 캐리어가 없는 공핍영역의 크기가 감소한다.

(2) 역방향 바이어스(Reverse bias) 상태

순방향 바이어스와 반대로, PN 다이오드에서 p형 반도체에 −, n형 반도체에 + 전위가 인가되었을 때를 역방향 바이어스(Reverse bias)라 한다. 양단의 전압 V_R가 인가되면, 총 내부 전위는 열평형 상태에서 형성된 내부 전위(V_{bi})보다 큰 $V_{bi}+V_R$이 된다. 전기장의 크기 역시 순방향 바이어스와 반대로 열평형 상태보다 증가하며, 에너지 밴드 다이어그램도 p형 반도체와 n형 반도체 사이의 레벨 차가 증가한 모습으로 그려진다.

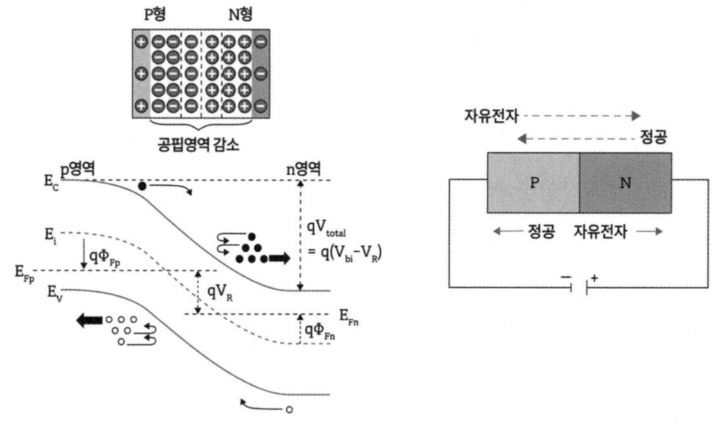

[그림 3-22] 역방향 바이어스 상태의 PN 다이오드

역방향 바이어스에서는 다수 캐리어인 p형 반도체의 정공과 n형 반도체의 자유전자가 전극 쪽으로 끌려간다. 이들은 전류에 아무런 영향을 주지 못한다. 다만 소수 캐리어만 확산에 의해 순방향 바이어스 상태처럼 이동할 수 있다. p형 반도체의 극소수 자유전자와 n형 반도체의 극소수 정공이 각각 반대로 이동하며, 이들에 의해 발생하는 전류는 매우 작다. 역방향 전압에서는 다수 캐리어들이 전극으로 이동한 상태이므로 접합부의 캐리어들이 더 부족하다. 따라서 전압이 없는 상태보다 공핍 영역의 크기가 증가한다.

(3) 이상적인 PN 다이오드의 전압-전류 특성

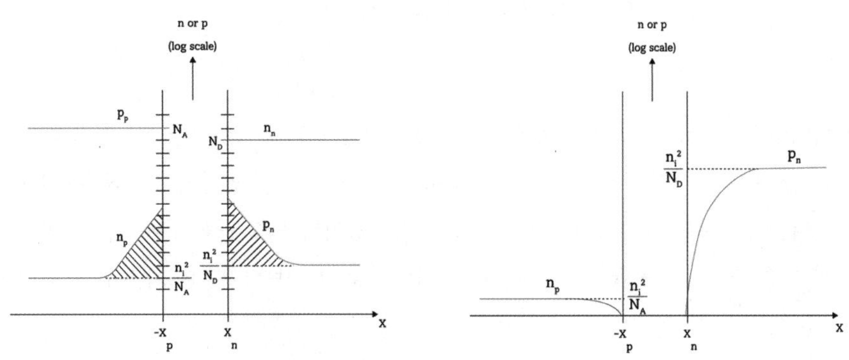

[그림 3-23] (왼쪽) 순방향 바이어스,
(오른쪽) 역방향 바이어스에서의 PN 다이오드 내의 다수 캐리어 농도와 소수 캐리어 농도 분포

[그림 3-23]은 순방향 바이어스, 역방향 바이어스가 인가되었을 때의 PN 다이오드 내의 다수 캐리어 농도와 소수 캐리어 농도의 분포를 나타낸 것이다. 순방향 바이어스에서는 다수 캐리어가 반대편으로 넘어가면 소수 캐리어가 되므로 표면에서의 농도는 감소하며, 반대편으로 넘어가 소수 캐리어가 되면 점차 농도가 감소하게 된다. [그림 3-23]의 왼쪽 그림의 예를 들어보자. p형 반도체의 다수 캐리어인 정공은 n형 반도체로 넘어가 그 표면에서는 $p_n(@x_n)$의 농도를 가지지만, 표면에서 거리가 점차 멀어짐에 따라 농도가 감소하여 나중에는 소수 캐리어의 농도인 n_i^2/N_D의 값을 가지게 된다. 전자 역시 마찬가지의 거동을 보인다. 반면 역방향 바이어스에서는 소수 캐리어가 반대편으로 이동하지 못하기 때문에 오히려 계면에서는 0에 가까운 농도를 보이며, 역시 계면에서 멀어질수록 본래의 소수 캐리어 농도를 가지게 된다.

순방향과 역방향 모두에서 캐리어 농도의 감소는 접합 계면 근처에서 발생한다. 즉 PN 다이오드의 전극 방면 끝에서는 인가된 바이어스와 독립적으로 캐리어 농도가 일정하게 유지된다는 것을 의미한다. 여기서부터 유추할 수 있는 것이, 역방향 바이어스에서 흐르는 전류는 소수 캐리어의 이동에 의한 것이기 때문에 일정한 값을 가진다는 것이다. 이를 외부 인가 전압과는 무관한 역 포화 전류 I_0라고 표현할 수 있다.

$$I = qA\left(\frac{D_p}{L_p}p_n + \frac{D_n}{L_n}n_p\right)(e^{\frac{qV}{kT}} - 1) = I_0(e^{\frac{qV}{kT}} - 1)$$ [수식 3-39]

$$I = I_0(e^{\frac{V_A}{V_{ref}}} - 1)$$ [수식 3-40] PN 다이오드의 전류식

역 포화 전류는 열적으로 생성된 소수 캐리어가 역방향 바이어스에 의해 공핍 영역을 지나면서 흐르는 전류이다. I_0는 전자와 정공의 확산 계수(D_n, D_p) 및 소수캐리어의 농도(p_n, n_p)에 비례하며, 전자와 정공의 평균적인 확산 길이(L_n, L_p)에는 반비례한다. 이는 결국 반도체에 도핑된 불순물의 농도가 높을수록 I_0가 증가한다는 것을 나타낸다. 정리하면, 불순물의 농도가 높을수록 반대편으로 확산 이동하는 캐리어가 많으므로 역 포화 전류가 높다고 할 수 있다.

수식의 지수 함수 내의 V는 외부 인가 전압이다. 순방향 바이어스의 경우 인가한 전압에 따라 전류가 지수에 비례하여 증가한다. 당연한 이야기겠지만 불순물이 많을수록 순방향 바이어스 인가 시 Drift로 이동하는 캐리어가 많아지므로, 전류가 증가하는 기울기가 증가한다 ([그림 3-24]의 ①). V가 0이면 지수부가 1이 되므로 전류는 0이 된다. V가 음인 역방향 바이어스의 경우에는 지수함수부가 1보다 매우 작아지게 되어, 역방향 바이어스가 커질수록 역방향 전류가 증가하지만 그 한계는 $-I_0$가 된다. 앞서 말한 것처럼 불순물의 농도가 높을수록 역 포화 전류가 크기 때문에, 불순물의 농도가 높을수록 역방향 전류 역시 증가한다 ([그림 3-24]의 ①).

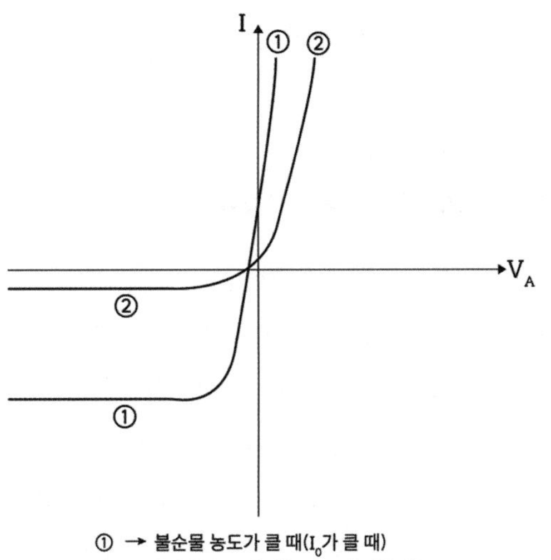

[그림 3-24] 불순물 농도에 따른 PN 다이오드의 전압-전류 곡선

4. PN 다이오드의 역방향 바이어스 항복(Breakdown)

이상적인 PN 접합은 역방향 바이어스 상태에서 매우 작은 전류만 흐르지만, 아래 그림과 같이 임계 역 바이어스 이상이 되면(강한 음전압이 인가되면) 큰 전류가 흐르게 된다. 이를 소자의 항복(Breakdown)[6]이라 하는데, 항복이 발생하면 과전류가 유발되어 소자가 파괴될 수도 있다. 항복에는 애벌런치 항복(Avalanche breakdown)과 제너 항복(Zener breakdown)이 있다.

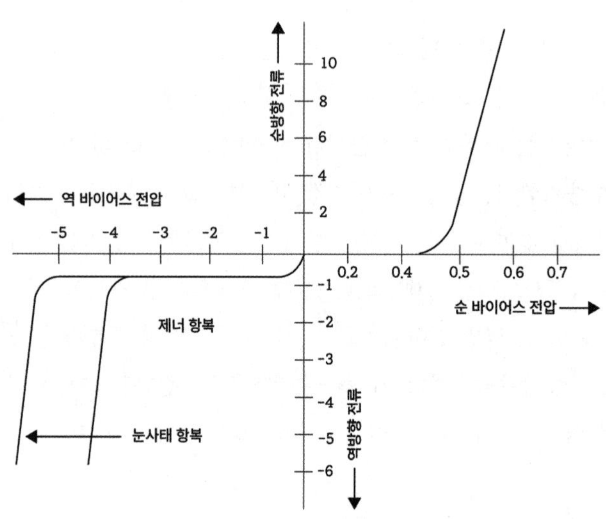

[그림 3-25] 애벌런치 항복과 제너 항복

(1) 애벌런치 항복(Avalanche breakdown)

아래 그림과 같이 높은 역 바이어스가 인가되면 접합 내 전기장이 증가하고, p형 반도체의 소수 캐리어인 전자가 drift에 의해 공핍영역을 가로지르게 된다. 공핍영역에서 형성된 강한 전기장에 의해 전자는 높은 운동 에너지를 얻는다. 이들 높은 운동 에너지를 얻은 전자(Hot electron)는 실리콘 내의 결정격자와 충돌하게 되는데, 매우 높은 에너지를 가진 전자(①)가 격자와 충돌하면 공유결합으로부터 전자-정공 쌍을 만들어 중성 실리콘 원자를 이온화시킨다(②). 이런 현상을 충격 이온화(Impact ionization)라고 한다. 충격 이온화로 인해 생성된 캐리어들은 다시 높은 전기장으로부터 에너지를 받아 연쇄적인 충돌(③)을 일으키고, 결과적으로 연쇄적인 충돌 이온화에 의해 생성된 캐리어들이 급속히 증가하여 과대한 전류를 형성(④)하게 된다. 이와 같은 현상을 애벌런치 항복(Avalanche breakdown) 또는 눈사태 항복이라 한다.

---

6 전압 항복이라고도 한다.

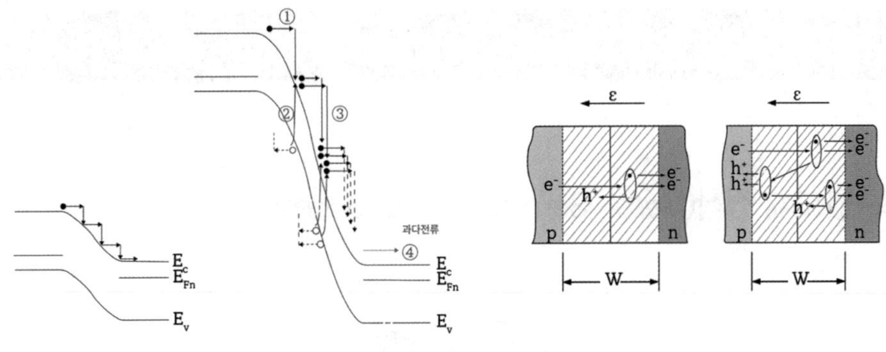

[그림 3-26] 애벌런치 항복의 에너지 밴드 모델 및 캐리어 이동 모델

(2) 제너 항복(Zener breakdown)

고농도로 도핑된 PN 다이오드에서는 공핍영역의 폭이 극도로 얇아진다. 이는 작은 역 바이어스가 인가되어도 강한 전기장을 형성하게 될 뿐만 아니라, p형 반도체의 가전자대와 n형 반도체의 전도대가 같은 높이에서 마주보게 될 때를 만들게 된다. 같은 에너지 레벨이지만 휘어있는 밴드갭에 의해 막혀있으므로 캐리어들은 반대편으로는 넘어가지 못해야 하는데, 실제로는 터널링[7]이 발생하여 반대편으로 이동하게 된다. p형 반도체의 가전자대에 있는 전자가 밴드갭을 뚫고 n형 반도체로 이동하며, 이동하고 남은 자리에는 정공이 형성되어 다시 외부 전기장에 의해 p형 반도체 쪽으로 이동한다. 이러한 현상으로 PN 다이오드에는 큰 역 전류가 형성되며, 이를 제너 항복(Zener breakdown)이라 한다. 이와 같은 제너 항복은 통상 애벌런치 항복보다 낮은 전압에서 발생한다. 제너 항복은 의도적으로 이 현상을 이용하기도 하는데, 특정 전압을 넘어서는 과전압이 인가되지 못하도록 할 수 있어 정전압원[8]이나 과전압 보호소자 등의 역할을 하는 제너 다이오드로 사용한다.

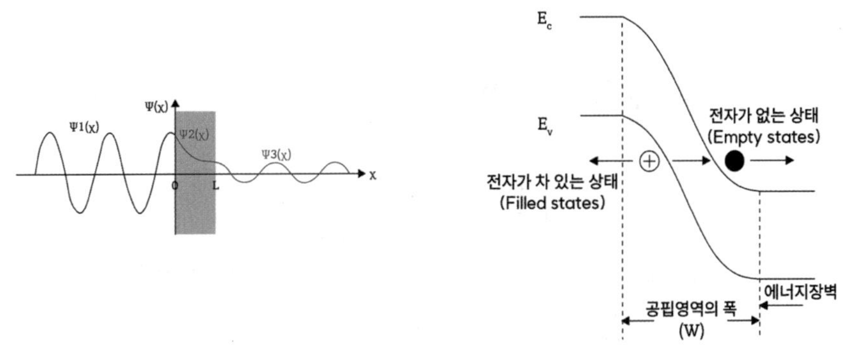

[그림 3-27] (왼쪽) 전자의 터널링과 (오른쪽) 제너 항복의 에너지 밴드 모델

7 캐리어가 에너지 장벽을 뚫고 통과할 수 있는 양자역학적 현상

8 일정 전압만을 출력시키는 전압원

② 금속-반도체 접합(Metal-Semiconductor Junction)

1. 금속-반도체 접합(Metal-Semiconductor Junction)

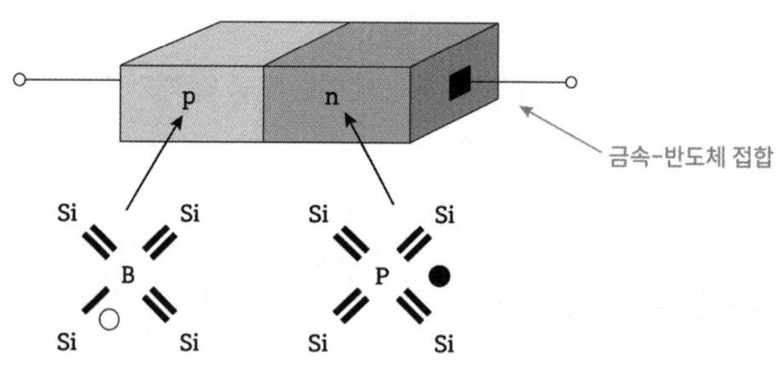

[그림 3-28] PN 다이오드에서의 금속-반도체 접합

PN 다이오드를 설명하면서 하나의 가정을 배경에 두고 설명을 하였다. 반도체 소자가 외부와 연결되는 단자는 이상적이라는 것인데, 실제로는 반도체의 외부 연결부인 금속-반도체 접합도 이상적인 동작을 하지 않는다. 금속-반도체 접합은 두 가지 종류로 구분할 수 있다. 하나는 PN 접합 다이오드와 같이 정류 특성을 가지는 쇼트키 접합(Schottky junction)이고, 다른 하나는 저항과 같이 전압에 전류가 선형적으로 변하는 옴 접합(Ohmic junction)[9]이다. 외부의 전압 강하를 막고 전류의 원활한 전달하기 위해서는 뛰어난 성능의 옴 접합이 필요하다. 예외적으로, 실리콘(Si) 반도체가 아닌 갈륨비소(GaAs)나 질화갈륨(GaN) 등에서는 쇼트키 접합을 이용하여 다이오드나 후에 다룰 FET(Field-Effect-Transistor) 등의 소자를 제작하기도 한다.

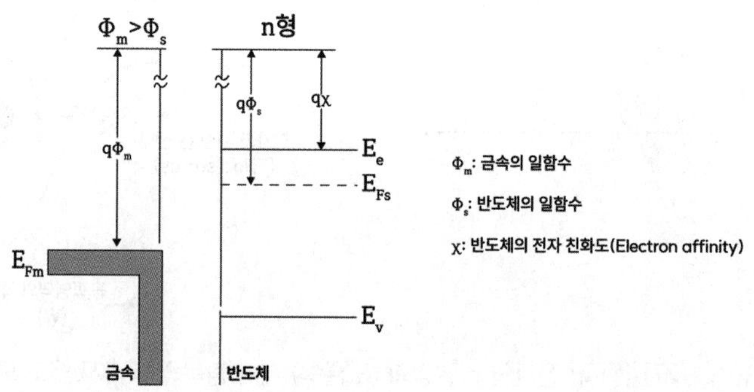

[그림 3-29] 금속-n형 반도체의 에너지 밴드 (접합 전)

9 많은 사람들이 오믹 접합이라고도 하지만 표준어는 옴 접합이다.

쇼트키 접합과 옴 접합을 알기 위해서는 에너지 밴드를 해석해야 한다. 에너지 밴드를 해석하기 위해서는 일함수(Work function, Φ)와 전자 친화도(Electron affinity, χ) 두 가지의 개념을 이해해야 한다. 일함수는 금속에서 전자를 떼어내는 데 드는 최소한의 에너지로서, 페르미 레벨과 진공 레벨(Vacuum level)[10]의 차이로 정의한다. 전자 친화도는 기체 상태의 원자가 전자 하나를 얻어 에너지 준위가 낮아지면서 방출하는 에너지로 정의하고, 전자 친화도가 클수록 그 입자는 전자를 얻기 더 쉽다는 의미가 된다. 에너지 밴드 측면에서 보면 반도체의 전도대역 최소에너지(E_C)에 있는 전자를 진공준위까지 끌어 올리는 데 필요한 에너지라 할 수 있다.

금속과 반도체를 접합하면 특별한 경우를 제외하고는 일함수의 차이가 발생한다. 물질을 접합하면 PN 다이오드와 마찬가지로 캐리어가 이동하며 평형 상태를 이루고, 페르미 레벨이 같아진다. 이때 일함수 차이와 반도체 극성에 따라 [표 3-4]와 같이 쇼트키 접합과 옴 접합을 분류하게 된다. 여기서는 n형 반도체와 금속의 접합에 대해서만 다룰 예정이고, p형 반도체와 금속의 접합은 n형 반도체의 경우와는 반대의 개념으로 이해하면 되므로 여기서는 생략하도록 한다.

[표 3-4] 일함수 차이에 의한 금속-반도체 접합 분류

	쇼트키 접합	옴 접합
n형 반도체	$\Phi_m > \Phi_s$	$\Phi_m < \Phi_s$
p형 반도체	$\Phi_m < \Phi_s$	$\Phi_m > \Phi_s$

※ Φ_m : 금속의 일함수
Φ_s : 반도체의 일함수

2. 쇼트키 접합(Schottky junction)

(1) 열평형 상태

아래 그림은 열평형 상태에서 $\Phi_m > \Phi_s$인 금속-n형 반도체의 에너지 밴드 다이어그램을 나타낸 것이다. [그림 3-30 (a)]는 금속과 반도체의 접합이 일어나기 전, [그림 3-30 (b)]는 접합 후의 에너지 밴드이다.

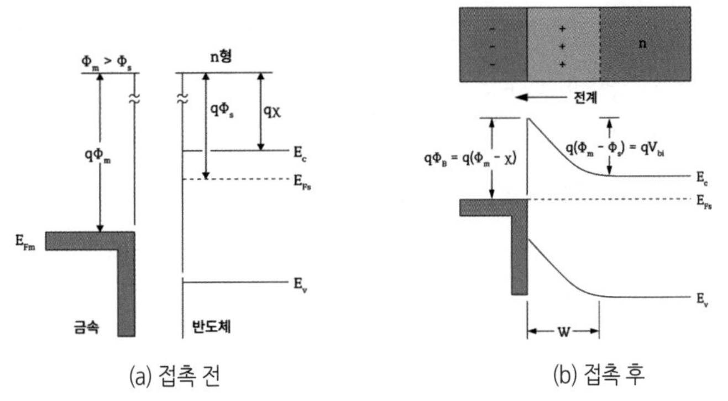

(a) 접촉 전 (b) 접촉 후

[그림 3-30] 평형 상태에서의 $\Phi_m > \Phi_s$인 금속-n형 반도체 접합의 에너지 밴드

10 전자가 표면에서 충분히 멀리 떨어져 금속 표면의 영향을 받지 않을 때의 에너지 레벨

금속과 반도체가 접합하면 페르미 레벨이 높은 반도체에서 페르미 레벨이 낮은 금속으로 전자가 이동한다. 금속(도체)은 에너지 밴드갭이 없어 캐리어가 풍부한 상태로, 반도체에서 캐리어인 전자를 공급 받아도 에너지 레벨의 변화가 없다. 반면 반도체의 계면은 양이온만 남게 되므로 공핍영역이 발생한다. 이로 인해 반도체 표면의 에너지 밴드는 위로 휘고, PN 다이오드와 유사하게 내부 전위 장벽이 형성된다. 표면이 아닌 반도체 영역은 다수 캐리어가 많은 상태로 유지되고 있어 에너지 레벨의 변화가 없다. 최종적으로 이를 나타낸 것이 [그림 3-30 (b)]가 된다.

일정한 내부 전위가 형성되면 더 이상의 전자 확산은 없게 되고 평형 상태가 이루어진다. 접합 후 금속 쪽 내부 전위 장벽의 높이($q\Phi_B$)는 $q\Phi_B - \chi$가 되고, 반도체 쪽의 내부 전위 장벽 높이(qV_{bi})는 $q(\Phi_m - \Phi_s)$가 된다. 이때 금속 쪽 내부 전위 장벽 Φ_B를 쇼트키 장벽(Schottky barrier)이라 한다.[11]

(2) 비평형 상태

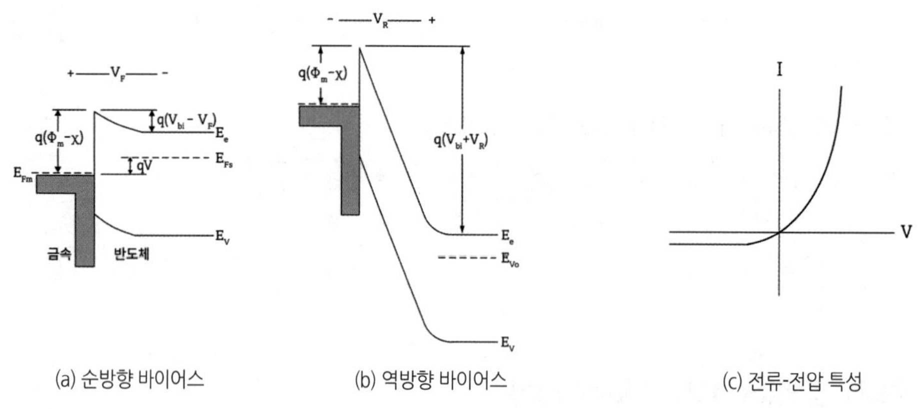

(a) 순방향 바이어스 (b) 역방향 바이어스 (c) 전류-전압 특성

[그림 3-31] 비평형 상태에서의 $\Phi_m \rangle \Phi_s$인 금속-n형 반도체 접합의 에너지 밴드

$\Phi_m \rangle \Phi_s$인 금속-n형 반도체 접합의 에너지 밴드를 유심히 보면 PN 다이오드의 절반(n형 반도체 영역)과 유사한 것을 알 수 있다. 실제 동작 역시 PN 다이오드와 유사하다. [그림 3-31]은 순방향[12]과 역방향[13] 바이어스일 경우의 에너지 밴드 다이어그램이다. 순방향 바이어스에서는 전압 V_F가 인가되면 반도체 쪽의 내부 전위 장벽이 $V_{bi} - V_F$로 감소하여 반도체 쪽에서 금속 쪽으로의 전자 이동이 일어나 큰 전류가 흐른다. 역방향 바이어스에서는 전압 V_R이 인가될 때 반도체의 에너지 밴드가 내려가 전자가 금속으로 이동하기가 어려우며, 이때의 내부 전위 장벽은 $V_{bi} + V_R$로 증가한다. 이에 PN 다이오드와 유사한 전압-전류 특성 곡선을 얻을 수 있다. 이와 같은 접합을 쇼트키 접합(Schottky junction)이라 하며, PN 다이오드와 유사하게 한 방향으로 전류가 잘 흐르기 때문에 이를 이용한 소자를 쇼트키 다이오드(Schottky diode)라 한다.

---

11 에너지에는 전위에 전하량 q가 곱해지는 것을 유의하자.
12 금속 쪽에 +전위, 반도체 쪽에 −전위
13 금속 쪽에 −전위, 반도체 쪽에 +전위

(3) 쇼트키 다이오드(Schottky diode)

쇼트키 다이오드는 쇼트키 접합을 이용한 소자로, PN 다이오드와 유사한 동작을 보인다. PN 다이오드의 공핍영역이 절반으로 준 상태에서 동작하는 것으로 생각하면 쉽게 그 동작을 추측할 수 있다. 순방향 바이어스에서는 PN 다이오드보다 내부 전위가 낮아 상대적으로 반도체의 자유전자가 쉽게 금속으로 이동한다. 따라서 쇼트키 다이오드는 소자에 전류가 흐르는 시점이 PN 다이오드보다 빨라 고속 스위칭 소자로 많이 사용된다.

역방향 바이어스에서는 PN 다이오드보다 공핍영역의 폭이 좁을뿐더러, 접촉면으로 갈수록 반도체의 에너지 밴드 폭이 좁아져 터널링이 쉽게 일어난다. 이에 PN 다이오드보다 누설 전류가 큰 경향을 보인다.

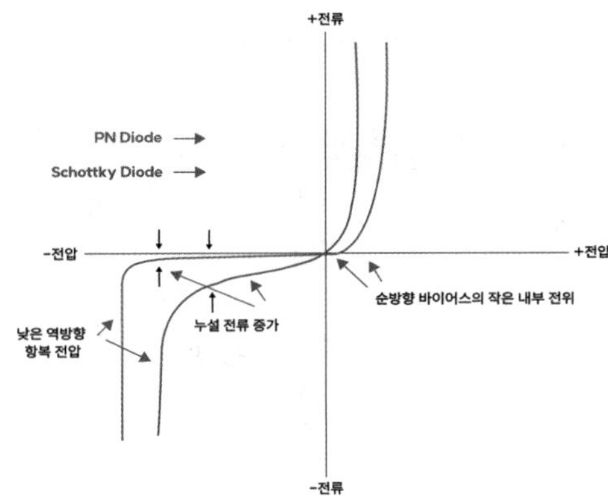

[그림 3-32] PN 다이오드와 비교한 쇼트키 다이오드의 전압-전류 곡선

3. 옴 접합(Ohmic junction)

(1) 열평형 상태

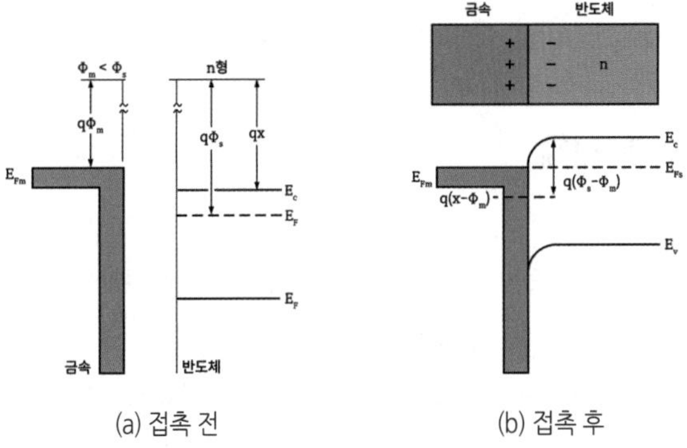

(a) 접촉 전 (b) 접촉 후

[그림 3-33] 열평형 상태에서의 Φ_m < Φ_s인 금속-n형 반도체 접합의 에너지 밴드

쇼트키 접합과는 반대로 평형 상태에서 $\Phi_m < \Phi_s$인 금속-n형 반도체 접합의 에너지 밴드 다이어그램을 살펴보자. 금속과 반도체를 접합시키면, 이번에는 페르미 레벨이 높은 금속에서 페르미 레벨이 낮은 반도체로 전자들이 이동한다. 쇼트키 접합과 마찬가지로 금속은 캐리어가 많아 에너지 레벨에 변화가 없는 반면, 반도체는 계면에 전자가 축적되어 에너지 밴드가 아래로 휘어진다. 쇼트키 접합과는 달리 내부 전위 장벽은 형성되지 않으며, 이와 같이 반도체의 내부 전위 장벽이 형성되지 않을 때를 일컬어 이상적인 옴 접합(Ohmic junction)이라 한다.

(2) 비평형 상태

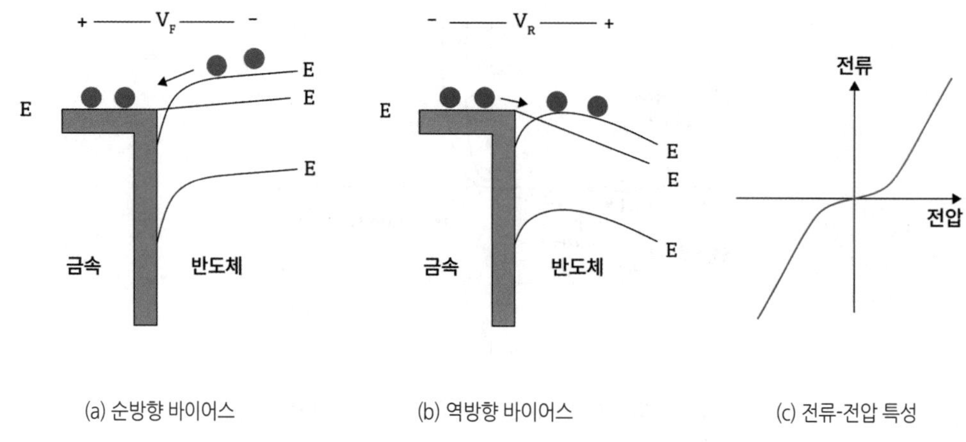

(a) 순방향 바이어스 (b) 역방향 바이어스 (c) 전류-전압 특성

[그림 3-34] 비평형 상태에서의 $\Phi_m < \Phi_s$인 금속-n형 반도체 접합의 에너지 밴드

위의 그림에서 볼 수 있듯이, 순방향 바이어스 인가 시에는 반도체 쪽의 에너지 밴드가 평형 상태에서 보다 더 올라가므로 반도체 쪽에서 금속 쪽으로 전자가 쉽게 이동한다. 역방향 바이어스 인가 시에는 반도체 쪽의 에너지 밴드가 아래로 휘어지게 되어 역시 금속 쪽에서 반도체 쪽으로 전자가 잘 이동할 수 있게 된다. 따라서 비평형 상태에서는 양방향으로 전류가 잘 흐르게 된다.

(3) 금속-반도체 접합의 실제

안타깝게도 이상적인 옴 접합을 형성하기란 쉽지 않다. 아래는 실제 반도체에서 사용하는 금속들의 일함수와 반도체의 전자 친화도를 나타낸 표이다. 대체로 반도체와의 접합에 사용되는 금속들의 일함수(Φ_m)는 4.3~4.5eV로 실리콘과 유사하며, 실리콘의 전자 친화도(4.01eV) 및 실리콘의 밴드갭(1.12eV), 그리고 금속과의 접합이 되는 부분의 도펀트 농도가 대부분 $>10^{18}cm^{-3}$ 임을 고려하면 n, p형 반도체 모두 쇼트키 접합이 형성된다.

[표 3-5] 금속별 일함수 및 반도체의 전자 친화도

원소	일함수, Φ_m
Al(Aluminum)	4.28
Ti(Titanium)	4.33
W(Tungsten)	4.55

원소	전자 친화도, χ
Ge(Germanium)	4.13
Si(Silicon)	4.01
GaAs(Galium arsenide)	4.07

이를 극복하기 위해 실제로는 금속과 닿는 반도체 면의 도핑을 매우 높은 농도로 도핑하는 방법을 사용한다. n형 반도체를 예로 들면, 고농도로 도핑을 하면 공핍 영역이 매우 얇아져 전자들이 장벽을 뚫고 터널링하여 반도체 영역과 금속 영역을 자유로이 드나들 수 있게 된다. 이를 통해 양방향으로 전류 흐름이 원활한 옴 접합이 가능해진다. p형 반도체의 정공 역시 마찬가지로 생각할 수 있다.

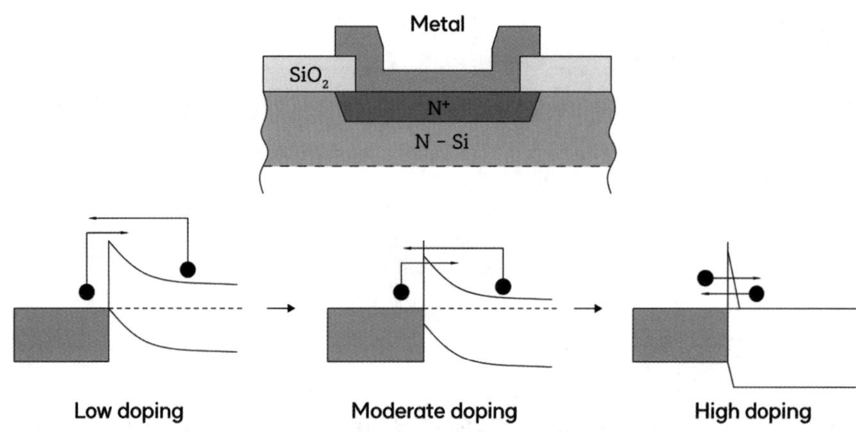

[그림 3-35] 고농도 도핑을 통한 옴 접합 형성

실제 면접 기출문제 맛보기

실제 면접에서 나온 질문 난이도 ★★★ 중요도 ★★★★★

- PN 접합에 대해 설명하세요. 삼성전자
- PN 접합의 에너지 밴드 다이어그램을 그리고 설명하세요. 삼성전자, SK하이닉스

1 질문 의도 및 답변 전략

면접관의 질문 의도

반도체 집적회로의 기본소자인 PN 접합 및 기본 특성에 대해 정확하게 이해하는지 보고자 하는 문제이다.

면접자의 답변 전략

PN 접합의 특성을 에너지 밴드 다이어그램을 이용하여 설명한다. 공핍층(Depletion Layer) 형성에 대해 설명하고, 평형상태에서 에너지 장벽(Built-in Potential) 형성 및 바이어스를 인가할 때 에너지 장벽 변화에 대해 설명하여야 한다.

\+ 더 자세하게 말하는 답변 전략

- P형 반도체와 N형 반도체의 에너지 밴드(전도대, 가전자대, 페르미 준위)를 그리고, 이를 붙였을 때 에너지 밴드 구조 변화에 대해 설명한다.
- 이때 접합 부위에 공핍층 및 내부 전위 장벽이 형성됨을 설명하면서 평형상태($V_p=V_n$, P형 반도체와 N형 반도체 사이에 전위차가 없음)에서는 전류가 흐르지 않음을 설명한다.
- (심화) 이후 PN 접합에 전압이 인가되면 전위차에 따라 순방향에서는 전류가 잘 흐르지만, 역방향에서는 전류가 거의 흐르지 않게 되는 I-V 특성 그래프를 에너지 밴드 다이어그램을 이용하여 설명하면 된다.

2 머릿속으로 그리는 답변 흐름과 핵심 내용

PN 접합의 에너지
밴드 다이어그램을 그리고 설명하세요.

1. P형/N형 반도체의 접합 전후의 에너지 밴드

접합 후의 에너지 밴드 변화, 휘어진(Bending) 에너지 밴드(=공핍층)

2. PN 접합 특성을 에너지 밴드로 설명

에너지 장벽(Built-in Potential), 전자/정공의 이동

3. 순방향/역방향 전압에서의 에너지 밴드 변화

순방향(장벽 낮아짐, 다수 전송자 확산 이동), 역방향(장벽 높아짐, 누설전류)

3 나만의 답안 작성해보기

자세한 모범답안을 보고 싶으시다면
[한권으로 끝내는 전공 · 직무 면접 반도체 기출편]을 참고해주세요!

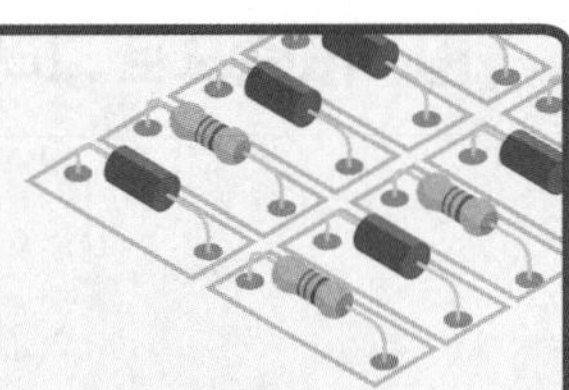

핵심 포인트 콕콕 파트3 Summary

Chapter02 다이오드

PN 다이오드는 p형과 n형 반도체를 접합하여 만들어진 반도체 소자로, 한 방향으로만 전류가 흐르도록 만들어져서 정류소자나 스위칭 소자 등으로 널리 사용된다. p형 반도체와 n형 반도체가 접합을 이루면 캐리어가 없는 공핍 영역이 형성되고, 이 영역에서 에너지 장벽과 이온에 의한 전기장이 발생한다. 공핍 영역의 폭은 p형 반도체와 n형 반도체의 도핑 농도에 의해 결정된다.

외부 전압을 인가하는 비평형 상태에서는 p형 반도체와 n형 반도체 사이의 에너지 장벽과 전기장 및 전하 밀도 분포에 변화가 생기며 전류가 변화한다. 전류의 크기는 인가되는 전압과 도핑 농도에 따른 역포화 전류의 크기에 의해 결정된다. PN 다이오드는 높은 역방향 바이어스 전압이 인가될 때, 애벌런치 항복 혹은 제너 항복이 발생하여 소자가 손상될 수 있다.

금속-반도체 접합 시 전위 장벽이 형성되는 경우를 쇼트키 접합, 양방향으로 전류가 흐를 수 있는 접합을 옴 접합이라 한다. 쇼트키 다이오드는 쇼트키 접합을 이용한 소자로 PN 다이오드보다 속도가 빠르지만 역방향 누설전류가 크다. 옴 접합은 자연적인 형성이 어려워 반도체를 높은 농도로 도핑하여 형성한다.

Memo

Chapter 03

BJT

정의, 기초

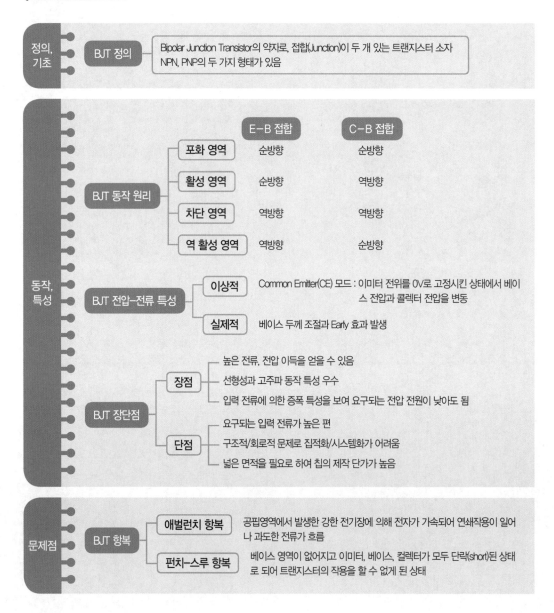

BJT 정의
- Bipolar Junction Transistor의 약자로, 접합(Junction)이 두 개 있는 트랜지스터 소자
- NPN, PNP의 두 가지 형태가 있음

동작, 특성

BJT 동작 원리

	E–B 접합	C–B 접합
포화 영역	순방향	순방향
활성 영역	순방향	역방향
차단 영역	역방향	역방향
역 활성 영역	역방향	순방향

BJT 전압–전류 특성
- 이상적: Common Emitter(CE) 모드 : 이미터 전위를 0V로 고정시킨 상태에서 베이스 전압과 콜렉터 전압을 변동
- 실제적: 베이스 두께 조절과 Early 효과 발생

BJT 장단점
- 장점
  - 높은 전류, 전압 이득을 얻을 수 있음
  - 선형성과 고주파 동작 특성 우수
  - 입력 전류에 의한 증폭 특성을 보여 요구되는 전압 전원이 낮아도 됨
- 단점
  - 요구되는 입력 전류가 높은 편
  - 구조적/회로적 문제로 집적화/시스템화가 어려움
  - 넓은 면적을 필요로 하여 칩의 제작 단가가 높음

문제점

BJT 항복
- 애벌런치 항복: 공핍영역에서 발생한 강한 전기장에 의해 전자가 가속되어 연쇄작용이 일어나 과도한 전류가 흐름
- 펀치–스루 항복: 베이스 영역이 없어지고 이미터, 베이스, 컬렉터가 모두 단락(short)된 상태로 되어 트랜지스터의 작용을 할 수 없게 된 상태

학습 포인트

BJT 소자의 구조가 PN 접합을 응용한 것임을 이해하고, 이를 바탕으로 BJT의 동작 원리에 대해 설명한다.

1 BJT(Bipolar Junction Transistor)

BJT는 가장 먼저 개발된 트랜지스터(Transistor) 소자다. 트랜지스터란 Trans + Resistor의 약자로, 특정 조건에 따라 저항이 변하는 소자를 의미한다. 다시 말해 입력 조건(전압 혹은 전류)에 의해 소자에 흐르는 전류량을 변화시키는 소자를 트랜지스터라 부른다.

1. BJT의 정의

BJT는 Bipolar Junction Transistor의 약자로, 접합(Junction)이 두 개 있는 트랜지스터 소자를 말한다. PN 접합을 두 개씩 가지고 있다는 의미로, 아래 그림과 같이 NPN, PNP의 두 가지 형태가 있다. NPN BJT를 예로 들면, 두 n형 반도체 중 도핑이 더 높은 영역을 이미터(Emitter), 낮은 n형 반도체를 콜렉터(Collector)라 하며, 이미터와 콜렉터 사이의 p형 반도체를 베이스(Base)라 한다. PNP는 NPN과 반대로 생각하면 될 것이다.

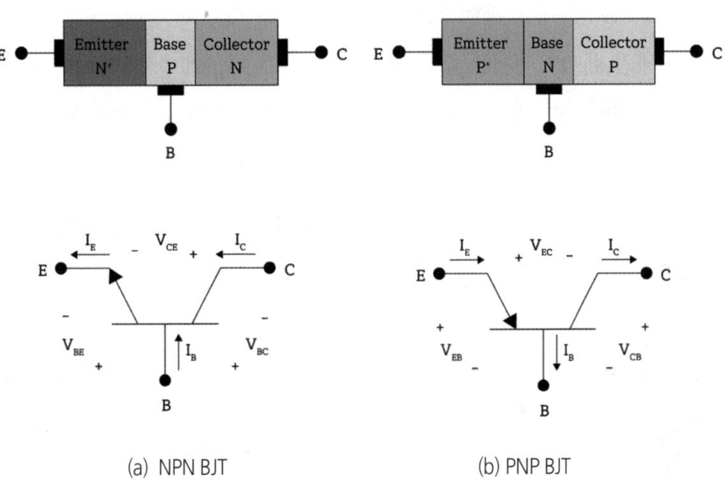

[그림 3-36] BJT의 구조와 회로도 표기

NPN BJT의 다이어그램을 그려보면 아래와 같이 나타낼 수 있다. 이미터가 콜렉터보다 도핑 농도가 낮기 때문에 E_c(Conduction band)의 높이 역시 낮게 위치한다. 베이스는 p형 반도체이므로 이미터-베이스(E-B) 사이에서 급격한 에너지 밴드의 휨이 발생하고, 베이스-콜렉터(B-C) 사이에서도 비슷하게 밴드가 휘지만 이미터에 비해 콜렉터의 도핑 농도가 낮기 때문에 휘는 기울기는 상대적으로 작다. PN 접합을 이루고 있는 E-B 계면과 B-C 계면에서는 공핍영역이 발생한다.

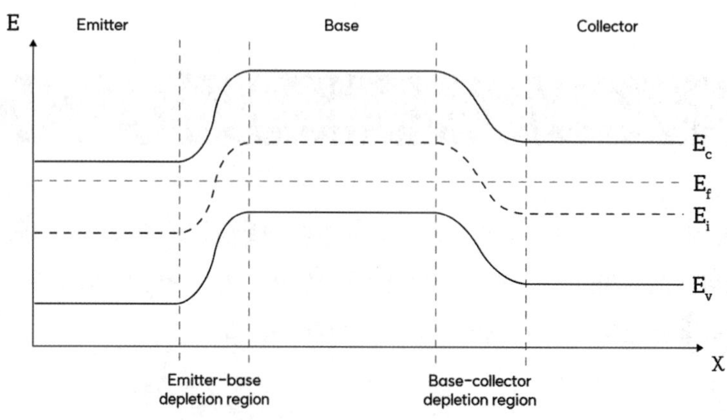

[그림 3-37] NPN BJT의 에너지 밴드 다이어그램

2. BJT 동작 원리

BJT는 이미터/베이스/콜렉터 간의 전압 차에 따라 동작 구조가 4개로 나뉜다. 각 동작에 따라 특성이 확연히 다른데, 일반적으로 큰 전류를 흘리는 On 상태는 활성(Active) 영역, 전류를 차단하는 Off 상태는 차단(Cutoff) 영역을 주로 사용한다.

후술하겠지만 BJT의 On 상태는 베이스의 두께가 충분히 짧아야 한다. n형 반도체의 다수 캐리어인 전자가 p형 반도체인 베이스에서는 소수 캐리어가 되기 때문에, 재결합(Recombination)되지 않고 반대편으로 이동하기 위해서는 베이스의 두께가 짧다는 전제조건이 필요하다.

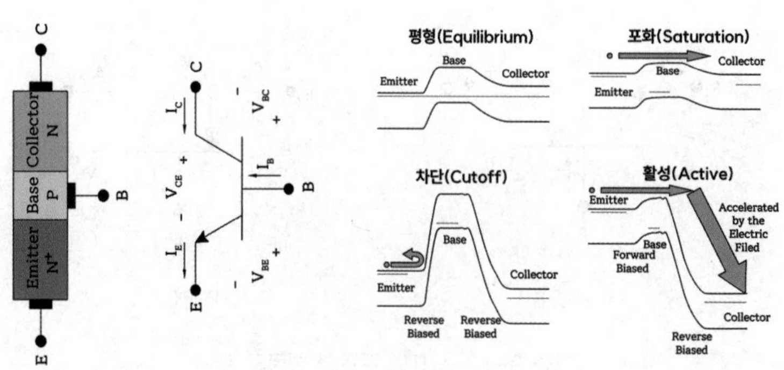

바이어스 모드(영역)	E-B 접합 바이어스	C-B 접합 바이어스	응용
포화(Saturation)	Forward	Forward	스위칭(On)
활성(Active)	**Forward**	**Reverse**	**증폭기**
역 활성(Inverted)	Reverse	Forward	응용 없음
차단(Cutoff)	Reverse	Reverse	스위칭(Off)

[그림 3-38] NPN BJT의 바이어스별 동작 분류

(1) 포화(Saturation) 영역

먼저 포화(Saturation) 영역을 살펴보자. 포화 영역은 E-B 접합이 순방향, C-B 접합도 순방향인 상태다. 즉 베이스 전위(V_B) 〉 이미터 전위(V_E), 베이스 전위(V_B) 〉 콜렉터 전위(V_C)를 만족한다 (V_{BE}[1]〉0, V_{BC}[2]〉0이라 표기한다.). 예를 들어 V_E=0V, V_B=1V, V_C=0.3V라 하자. 이 경우 V_{BE}는 1V, V_{BC}는 0.7V가 된다.

E-B 접합에서는 drift에 의해 전자가 이미터에서 베이스로 넘어온다. 그러나 이 전자는 순방향인 C-B 접합에서는 -인 콜렉터 전위에 의해 밀려나 콜렉터로 넘어가지 못한다. C-B 접합에서는 베이스의 다수 캐리어인 정공이 주로 콜렉터로 넘어갈 수 있는데, 베이스의 도핑 농도는 이미터보다 작기 때문에 낮은 정공 농도에 의한 작은 전류만 흐르게 된다.

V_C를 점점 증가시키면 V_{BC}는 감소하고, V_{CE}는 증가할 것이다. V_C가 0.9V가 된다고 하면, V_{BC}는 0.1V로 감소하여(V_{CE}는 0.9V) 콜렉터가 전자를 밀어내는 힘이 줄어든다. 만약 베이스가 BJT로 동작할 수 있을만큼 충분히 짧다면, 이때는 이미터에서 베이스로 넘어온 전자들이 콜렉터로 보다 많이 이동할 수 있다. 베이스에서 콜렉터로 이동하는 정공의 양은 줄어들지만 높은 농도로 도핑된 이미터에서 베이스를 거쳐 콜렉터로 이동하는 자유전자의 양이 증가하기 때문에, 결과적으로 콜렉터 전류(I_C)는 증가한다.

(2) 활성(Active) 영역

활성(Active) 영역은 E-B 접합이 순방향, C-B 접합은 역방향인 상태다. 즉 V_{BE}〉0V, V_{BC}〈0V 이다. 이 경우 E-B 접합은 drift에 의해 전자가 이미터에서 베이스로 넘어오는 것은 포화 영역과 동일하다. 베이스를 통과한 소수 캐리어인 전자는, C-B 접합에서는 공핍영역에 의해 발생한 강한 전기장에 의해 콜렉터로 이동한다. 많은 캐리어의 이동으로 인해 활성 영역에서는 큰 콜렉터 전류(I_C)가 흐른다.

1 $V_B - V_E$
2 $V_B - V_C$

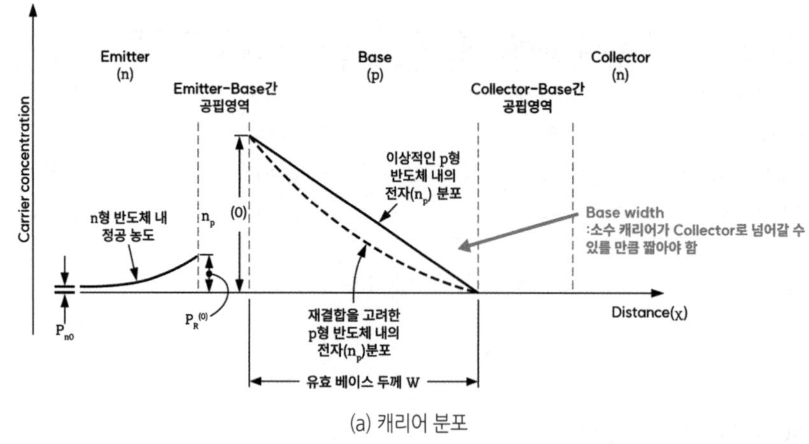

(a) 캐리어 분포

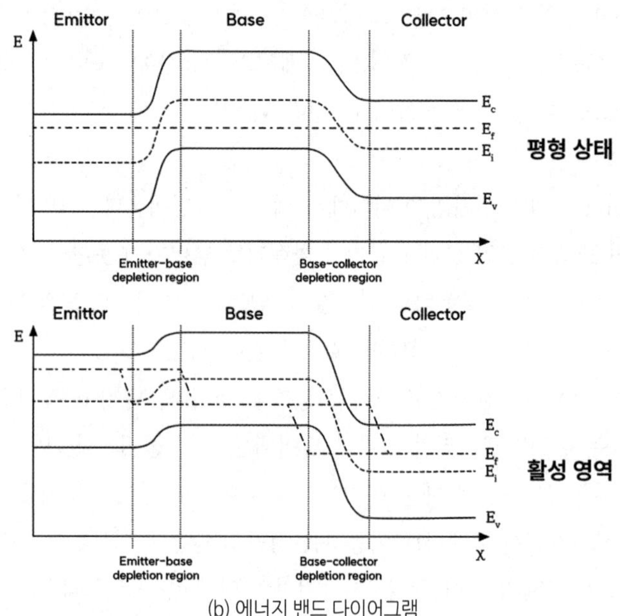

(b) 에너지 밴드 다이어그램

[그림 3-39] 활성 영역의 NPN BJT

활성 영역에서는 다음과 같은 동작이 연쇄적으로 작용한다.

- 베이스-이미터 간 순방향 바이어스 : 이미터의 다수 캐리어인 전자가 Drift 운동으로 베이스 영역으로 주입 ①
- ①과 동시에 베이스의 다수 캐리어인 정공은 이미터 영역으로 drift ②
- 이미터의 도핑 농도 〉〉 베이스의 도핑 농도 → ① 〉〉 ②
- 이미터→베이스 전자의 일부(③)와 베이스의 정공 일부(④)가 재결합, 소멸
- 나머지 전자(⑤ = ① - ③)가 공핍영역의 강한 전기장에 의해 콜렉터로 이동

이때 이미터 전류(I_E)는 100개의 전자와 1개의 정공에 의해 101의 전류가 흐른다고 하면, 베이스 전류(I_B)는 1, 콜렉터 전류(I_C)는 100이 될 것이다. 이 때 I_C/I_E를 α, I_C/I_B를 β라 한다. 특히 β는 높은 값을 가지는데, 이는 BJT 소자가 입력 전류 대비 출력 전류가 높은 증폭기 역할에 적합하다는 것을 의미한다.

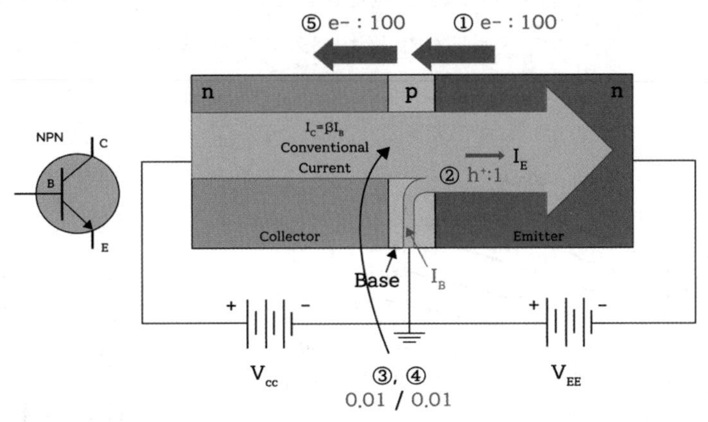

[그림 3-40] 활성 영역의 NPN BJT의 동작 원리

(3) 차단(Cutoff) 영역

차단 영역은 E-B 접합이 역방향, C-B 접합도 역방향인 상태다. 즉 $V_{BE}<0V$, $V_{BC}<0V$ 이다. 회로에서 베이스 영역의 전위가 가장 낮은 상태가 되므로, 이미터와 콜렉터의 전자들이 베이스로 이동할 수 없다. 따라서 차단 영역에서는 콜렉터 전류가 0에 가깝게 유지된다.

(4) 역 활성(Inverted) 영역

한편, 위 4가지 중 역 활성(Inverted) 영역(E-B: 역방향 바이어스, C-B: 순방향 바이어스)은 활성 영역과 유사한 동작을 한다. 그러나 활성 영역과 대비하여 이미터의 농도가 낮아 큰 전류를 얻을 수 없기 때문에 굳이 이 영역을 사용할 이유가 없다. 회로적으로는 BJT가 정상 기능을 하지 않는 것으로 본다.

3. BJT의 전압-전류 특성

(1) 이상적인 BJT의 전압-전류 특성

일반적으로 가장 많이 사용하는 Common Emitter(CE) 모드는 이미터 전위를 0V로 고정시킨 상태에서 베이스 전압과 콜렉터 전압을 변동시킨다. 이때의 전압-전류 곡선은 아래의 그림과 같다.

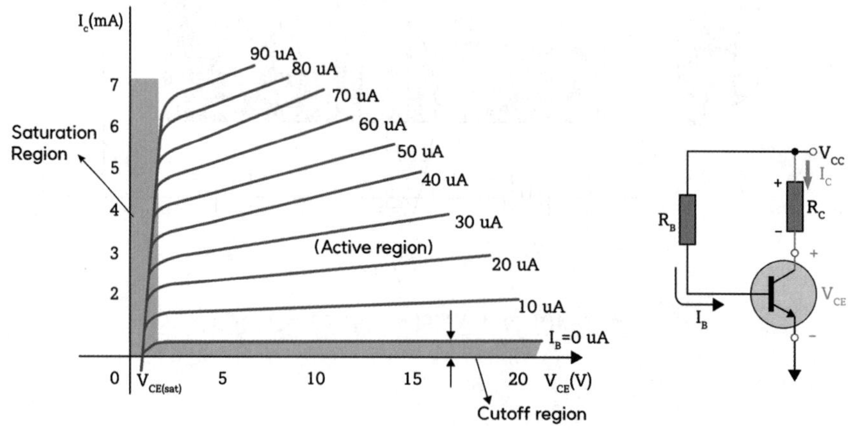

[그림 3-41] NPN BJT의 CE 모드에서의 전압-전류 곡선

$i_c = I_S e^{\frac{V_{BE}}{V_T}}$ (V_T는 문턱 전압) [수식 3-41] BJT의 콜렉터 전류

$I_S = \frac{A_E q D_n n_i^2}{N_A W}$ [수식 3-42]

BJT의 전류 곡선에 대한 수식 증명은 여기서는 다루지 않도록 한다. 다만 BJT의 콜렉터 전류를 나타내면 위의 [수식 3-41]처럼 계산이 된다는 것만 알아두도록 하자. 입력전압 V_{BE}에 따라 지수함수로 전류가 증가하는데, V_{BE}의 변화에 따른 전류 증가폭은 제어하기 어려울 정도가 된다. 실제 활용에서는 V_{BE}를 고정한 상태에서 베이스 전류 I_B를 미세하게 조절하여 BJT에 흐르는 콜렉터 전류 I_C를 조절한다. [그림 3-41]과 같이 베이스 전류가 증가할수록 콜렉터 전류가 증가하며, 이러한 동작을 입력'전류'에 의한 출력'전류'의 증폭이라고 표현한다.

[수식 3-42]에 표시된 I_S는 특정 조건에 따른 값을 상수화한 것이다. 면적, 도핑농도에 비례하며 베이스의 두께 W에 반비례한다. 정리하면, 베이스의 두께가 짧을수록, 도핑농도가 증가할수록, V_{BE}가 커질수록 콜렉터 전류가 증가한다.

(2) 베이스 두께 조절(Base width modulation)과 Early 효과(Early effect)

앞서 살펴본 것처럼 실제 BJT의 전압-전류 곡선을 그려보면 V_{CE}가 증가할수록 I_C가 증가하는 것을 확인할 수 있다. 이는 V_C가 증가하면서 C-B단에서 역방향 바이어스에 의해 공핍영역이 증가하기 때문으로, 공핍영역이 증가하면 실제로 베이스로 동작하는 영역의 폭이 줄어들게 된다. 바이어스에 따라 베이스 영역의 실질적 두께가 짧아지는 현상을 베이스 두께 조절(Base width modulation)이라 한다.

베이스 두께 조절이 일어나 베이스 두께가 감소하면, 베이스 내에서의 소수 캐리어가 가로질러 가는 거리가 감소한다. 다시 말해 이미터→베이스→콜렉터로 이동하는 전자의 개수가 증가하여, C-B간 역방향 포화 전류가 증가한다. 이렇게 전체 전류가 증가하는 것을 나타낸 것을 Early 효과(Early effect)라 하며, 콜렉터 전류(I_C)의 연장선상에서 V_{CE}와 만나는 절편의 값을 Early 전압(Early voltage, V_A)이라 한다.

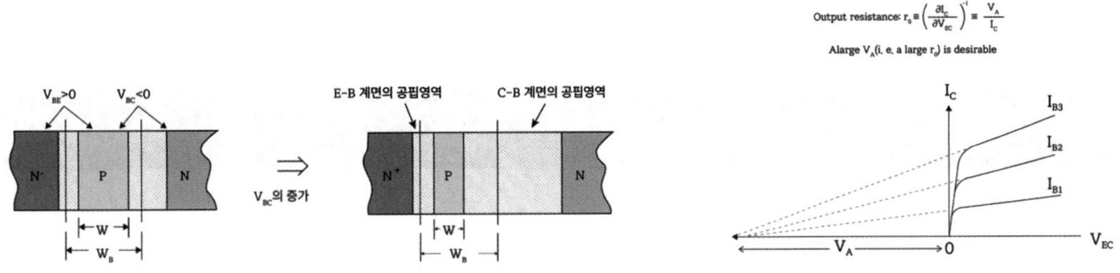

[그림 3-42] (왼쪽) NPN BJT의 Base width modulation의 개념도, (오른쪽) 그로 인해 발생하는 Early effect

(3) BJT의 항복(Breakdown)

BJT의 항복 메커니즘은 두 가지가 있다. 하나는 PN 다이오드와 유사한 애벌런치(Avalanche) 항복이고, 다른 하나는 공핍영역이 만나는 펀치-스루(Punch-Through) 항복이다.

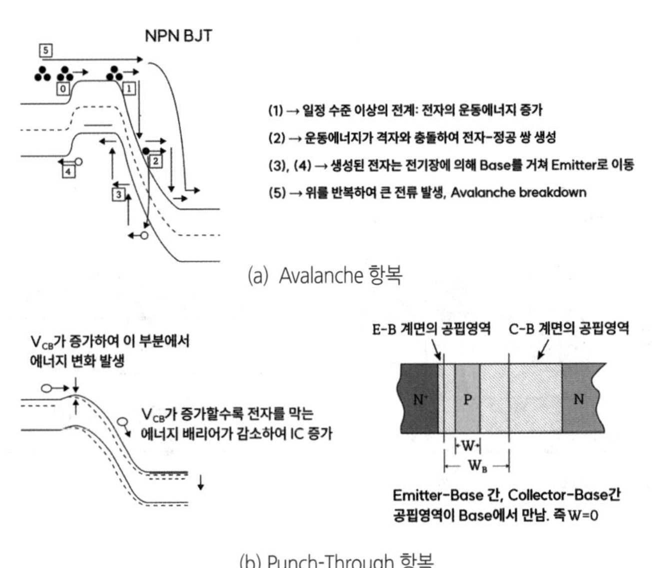

[그림 3-43] BJT의 항복 메커니즘

애벌런치 항복은 PN 다이오드의 애벌런치 항복과 유사하다. 베이스 영역의 폭이 어느 정도를 유지하고, V_C가 증가하여 V_{CB}에 역방향 바이어스가 인가될 때 발생한다. 열생성 혹은 이미터에서 넘어온 전자가, C-B 계면의 공핍영역에서 발생한 강한 전기장에 의해 가속되어 실리콘 격자를 이온화시킨다. 이어 PN 다이오드와 마찬가지로 연쇄작용이 일어나 과도한 전류가 흐르게 된다.

펀치-스루 항복은 바이어스는 애벌런치와 같으나, 베이스 영역의 폭이 매우 짧을 때 발생한다. C-B 계면의 공핍영역이 점점 베이스를 침범하다가, 어느 순간 베이스 영역이 없어지고 반대편의 E-B 계면의 공핍영역과 만나는 현상이 발생한다. 이미터에서 베이스로 넘어간 전자는 베이스의 상태와 상관없이 베이스 영역을 뚫고 이미터로 빨려 들어가기 때문에 이를 펀치-스루(Punch-through)라 한다.

② 현대 실리콘 회로에서의 BJT

1. BJT 구조 및 형성

예전에는 BJT가 회로에서 메인 영역을 차지하였으나, 현대에 들어와서는 후술할 MOSFET 소자에게 그 위치를 내어주었다. 최근의 반도체 공정(특히 선단 공정)은 MOSFET 소자 제어에 초점을 맞추고 있어 BJT 디자인을 위해 별도의 공정을 적용하지는 않는다. 다행히 MOSFET 소자에 맞춘 공정 디자인을 따르더라도 BJT 제작에 큰 문제가 있지는 않다. 이에 보통의 공정에서는 원가 절감을 위해 BJT 특성을 제어하기 위한 추가적인 공정을 진행하지 않고, MOSFET 공정에서 파생되는 BJT 소자를 제공한다. 다만 BJT의 정밀한 제어가 필요하거나 특성이 특별히 우수해야 하는 경우에는 추가적인 공정을 진행하는 경우도 있다.

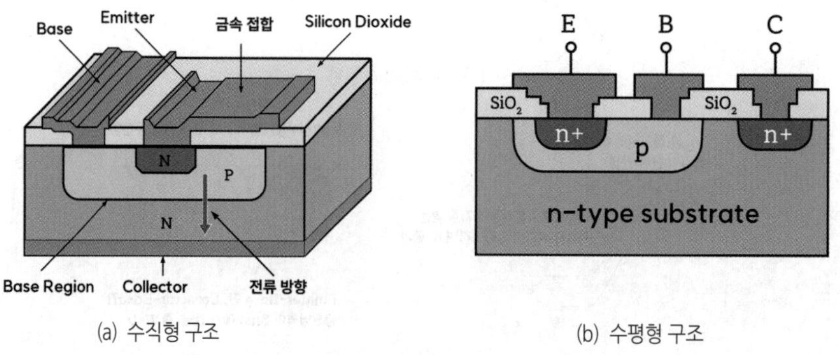

(a) 수직형 구조 (b) 수평형 구조

[그림 3-44] NPN BJT

BJT의 특성을 살리기 위해서는 넓은 콜렉터 구조를 갖는 것이 중요하다. 수직형 구조를 만들게 되면 콜렉터의 범위가 넓어 이를 충족할 수 있다. 그러나 전술한 바와 같이 MOSFET 제작을 따르게 되면 BJT 역시 수평형 구조로 만들 수밖에 없다. 수평형 구조는 수직형 구조 대비 제작이 용이하다. 그러나 콜렉터 전극과 먼 쪽의 n형 반도체는 저항에 의해 전위가 달라질 수 있어 이러한 부작용을 줄이는 디자인이 필요하다.

2. BJT의 장/단점

BJT는 높은 전류/전압 이득을 얻을 수 있으며, 선형성과 고주파 동작 특성이 우수하여 아날로그 반도체 및 고주파용 반도체에 적합하다. 또한 입력 전류에 의한 증폭 특성을 보이므로 요구되는 전압 전원이 낮아도 된다는 장점이 있다.

이러한 장점에도 여러 단점이 존재한다. 입력 전류에 의한 증폭이 되기 때문에, 전압 전원은 낮아도 되지만 반대로 요구되는 입력 전류는 높은 편이다. 또한 수직 방향으로 NPN 혹은 PNP 접합을 형성해야 하므로 넓은 범위를 도핑해야 하는데, 이 범위 전체에 균일한 불순물 농도를 가지게 하는 해야 하므로 공정이 어려운 편이다. 이외에도 전자제품의 소형화 트렌드에 비추어 보았을 때 가장 약점으로 꼽히는 것이 구조적/회로적 문제로, 집적화/시스템화가 어렵다는 단점이 있다. 여러 NPN 및 PNP 반도체를 인접하게 제작하는 것이 어려워, 회로 제작 시 넓은 면적을 필요로 하여 칩의 제작 단가가 높아지게 된다. 설상가상으로 MOSFET 소자는 미세화가 진행될수록 고주파 특성이 개선되고 있어 BJT의 사용량은 더욱 줄어들고 있다. 그러나 아직도 우수한 아날로그 및 고주파 특성이 필요한 곳들이 있기 때문에 BJT의 사용이 완전히 없어지지는 않을 것으로 예상한다.

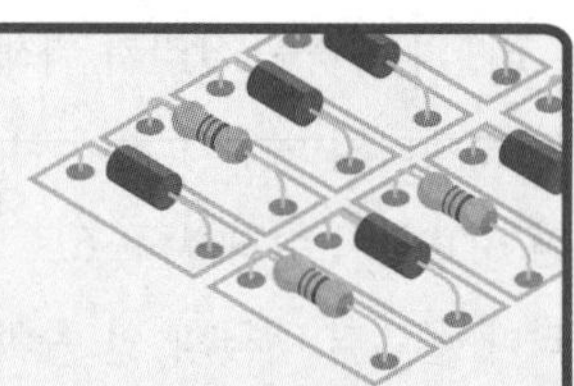

핵심 포인트 콕콕 파트3 Summary

Chapter03 BJT

BJT는 Bipolar Junction Transistor의 약자로, PN 접합을 두 개씩 가지고 있는 트랜지스터 소자이며, 극성에 따라 NPN과 PNP 두 가지 형태가 있다. BJT로써 동작하기 위해서는 두 접합의 가운데 부분인 베이스의 두께가 충분히 짧아야 한다.

BJT는 전압 차에 따라 동작 구조를 4개로 나눌 수 있다. 포화 영역에서는 콜렉터 전위 증가에 따라 콜렉터 전류도 증가한다. 활성 영역에서는 이미터의 캐리어가 베이스를 거쳐 콜렉터로 이동하여 콜렉터 전류가 매우 크게 흐르며, 입력 전류 대비 출력 전류가 높은 증폭기 역할에 적합하다. 활성 영역에서 콜렉터 전류는 입력 전압인 베이스-이미터 전압에 따라 지수함수로 증가하며, 콜렉터 전류의 미세한 조절은 베이스 전류를 조절하여 제어한다.

콜렉터-이미터 전압이 증가하면 베이스 두께 감소하여 포화 전류가 증가하는 Early 효과가 발생한다. 전압을 크게 인가할 경우 애벌런치(Avalanche) 항복과 펀치-스루(Punch-through) 항복이 발생할 수 있다.

BJT는 높은 전류/전압 이득과 우수한 고주파/선형성 특성이 있어 아날로그 반도체와 고주파용 반도체에 적합하나, 입력 전류가 높은 편이며 구조적/회로적 문제로 소형화와 집적화가 어렵다는 단점이 있다.

Memo

Chapter 04

MOSFET

핵심요약

정의, 기초

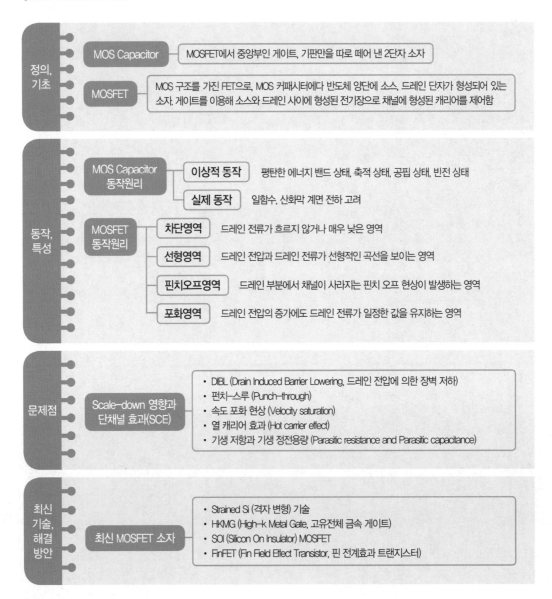

- **MOS Capacitor**: MOSFET에서 중앙부인 게이트, 기판만을 따로 떼어 낸 2단자 소자
- **MOSFET**: MOS 구조를 가진 FET으로, MOS 커패시터에다 반도체 양단에 소스, 드레인 단자가 형성되어 있는 소자. 게이트를 이용해 소스와 드레인 사이에 형성된 전기장으로 채널에 형성된 캐리어를 제어함

동작, 특성

- **MOS Capacitor 동작원리**
  - **이상적 동작**: 평탄한 에너지 밴드 상태, 축적 상태, 공핍 상태, 반전 상태
  - **실제 동작**: 일함수, 산화막 계면 전하 고려
- **MOSFET 동작원리**
  - **차단영역**: 드레인 전류가 흐르지 않거나 매우 낮은 영역
  - **선형영역**: 드레인 전압과 드레인 전류가 선형적인 곡선을 보이는 영역
  - **핀치오프영역**: 드레인 부분에서 채널이 사라지는 핀치 오프 현상이 발생하는 영역
  - **포화영역**: 드레인 전압의 증가에도 드레인 전류가 일정한 값을 유지하는 영역

문제점

- **Scale-down 영향과 단채널 효과(SCE)**
  - DIBL (Drain Induced Barrier Lowering, 드레인 전압에 의한 장벽 저하)
  - 펀치-스루 (Punch-through)
  - 속도 포화 현상 (Velocity saturation)
  - 열 캐리어 효과 (Hot carrier effect)
  - 기생 저항과 기생 정전용량 (Parasitic resistance and Parasitic capacitance)

최신 기술, 해결 방안

- **최신 MOSFET 소자**
  - Strained Si (격자 변형) 기술
  - HKMG (High-k Metal Gate, 고유전체 금속 게이트)
  - SOI (Silicon On Insulator) MOSFET
  - FinFET (Fin Field Effect Transistor, 핀 전계효과 트랜지스터)

학습 포인트

학습할 내용이 많은 단원이다. MOS Capacitor의 특성에 대해 먼저 이해한 후, 이 특성이 MOSFET에 어떻게 응용되는지 설명한다. 바이어스에 따른 MOSFET 동작을 이해하고, 미세화에 따른 MOSFET의 열화와 그 해결책들을 대응시킬 수 있도록 한다.

1 MOS Capacitor

1. MOS 커패시터(Capacitor)의 구조

MOS 커패시터(Metal-Oxide-Semiconductor Capacitor)는 금속-산화막-반도체의 접합 구조를 갖는 커패시터를 말한다. 추후 설명할 금속-산화막-반도체 전계 효과 트랜지스터(Metal Oxide Semiconductor Field Effect Transistor, MOSFET) 소자의 동작은 MOS 커패시터의 동작을 알아야만 이해가 가능하다. MOS 커패시터의 형태는 [그림 3-45]와 같이 금속-산화막-반도체 접합 중 금속과 반도체에 단자가 있는 2단자 소자의 형태를 띤다. 이는 게이트(Gate)/소스(Source)/드레인(Drain)/기판(Body)의 4단자로 구성된 MOSFET 소자에서 중앙부(게이트, 기판)만을 따로 떼어 낸 것과 동일하다.

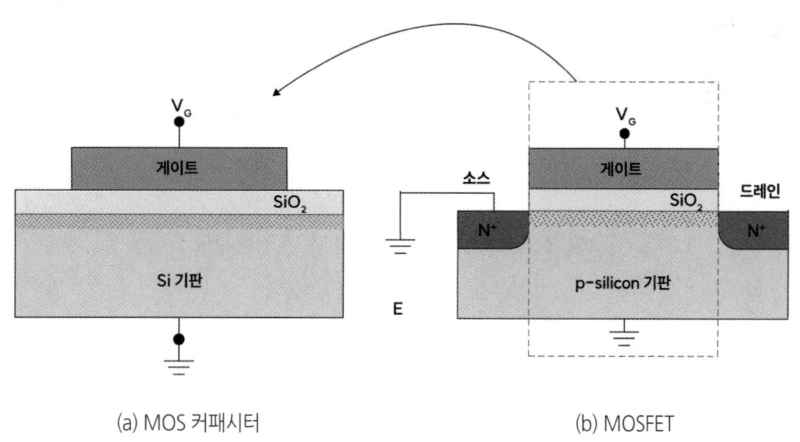

[그림 3-45] MOS 커패시터와 MOSFET

MOS 커패시터의 게이트는 금속 혹은 도핑된 다결정 실리콘(Poly-Si)으로 구성되어 있다. 산화막은 실리콘에서 성장이 용이한 실리콘 산화막(SiO_2)을 주로 사용하며, 최근에는 MOSFET 소자의 고도

화에 맞춰 높은 유전율을 가지는 물질을 사용하기도 한다. 하부 전극인 실리콘은 진성 반도체로 사용하는 경우는 거의 없으며, 대부분 n형 혹은 p형 반도체로 되어 있다. 원활한 MOS 커패시터의 설명을 위해, 금속 게이트와 p형 반도체 기판을 가진 경우를 기준으로 잡고 특성에 대해 설명하도록 하겠다.

2. 이상적인 MOS 커패시터의 동작

이상적인 MOS 커패시터란, 금속과 반도체의 일함수가 동일하고 실리콘 산화막 내부 및 실리콘 산화막과 실리콘 계면 등에 원치 않는 전하가 없는 경우를 말한다. MOS 커패시터의 동작을 알아보기 위해서는 실제로 고려해야 할 것이 많지만, 일단 가장 간단한 동작 상태를 파악하기 위해 이상적인 MOS 커패시터의 동작을 살펴보도록 하자. 또한 에너지 밴드와 매칭시키면서 설명을 할 예정으로, 앞으로의 MOS 커패시터 구조는 90도 회전한 구조를 사용하도록 하겠다.

(1) 평탄한 에너지 밴드(Flat band) 상태

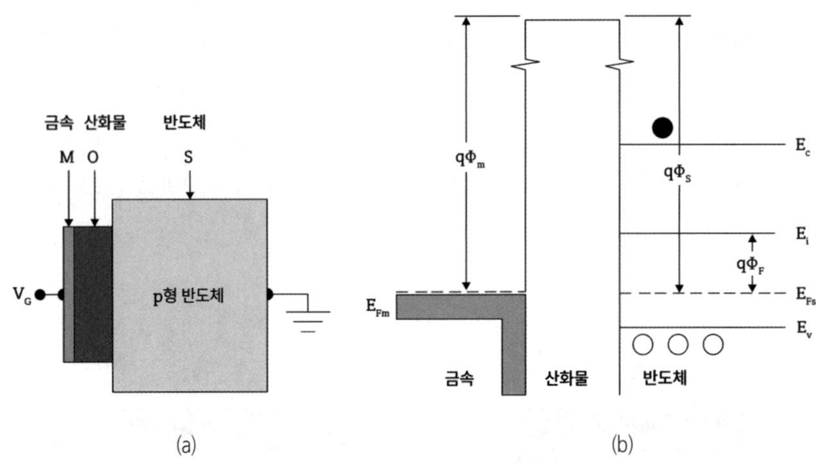

[그림 3-46] Flat band 상태의 MOS 커패시터

평탄한 에너지 밴드는 말 그대로 에너지 밴드가 전부 평탄화 되어 있는 상태를 말한다. 실제 반도체에서는 이를 위해 게이트에 평탄화 전압(V_{FB})을 인가해야 하나, 이상적인 MOS 커패시터에서는 게이트 전압(V_G)이 0V인 경우이다. 평탄한 에너지 밴드 상태에서는 금속과 반도체의 페르미 레벨(E_{Fm}, E_{Fs})이 일직선상에 있으며, 금속과 실리콘의 일함수(Φ_m, Φ_s) 역시 동일한 위치로 맞춰져 있다. 앞으로의 설명을 위해 반도체 내에서의 진성 에너지 레벨(E_i)와 페르미 레벨(E_{Fs})의 차이를 전하량(q)으로 나눈 값을 Φ_F라 정의하도록 하자.

(2) 축적(Accumulation) 상태

MOS 커패시터의 게이트에 음전압을 인가하면 게이트에는 음전하(Q_m)가 생성된다. 산화막에는 분극이 형성되어 M–O 계면에는 +, O–S 계면에는 – 전하가 유도되며, 이와 같은 크기로 반도체 표면에는 양전하(Q_{acc})가 유도된다. 이 양전하는 p형 반도체의 다수 캐리어인 정공이 모인 것이다. 반도체의 다수 캐리어가 일정한 구역에 모인다고 하여 이 상태를 축적(Accumulation)이라 한다.

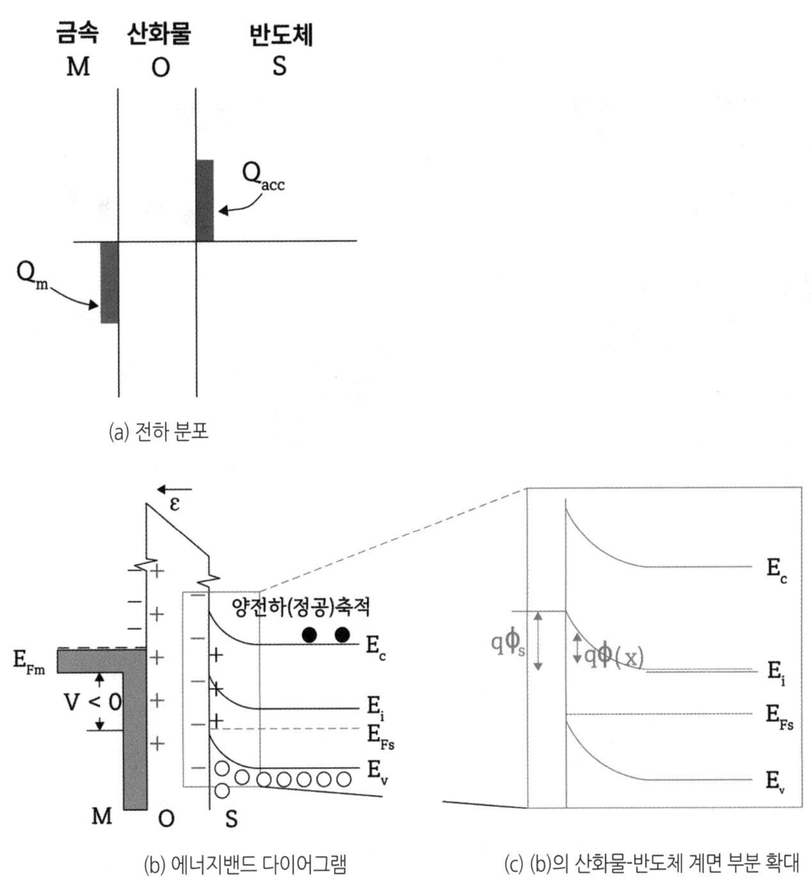

[그림 3–47] Accumulation 상태의 MOS 커패시터

에너지 밴드 다이어그램으로 보면, 게이트에 음의 전압이 인가되면 그만큼 게이트의 페르미 레벨이 상승하게 된다. 일함수(Φ_m, Φ_s)는 인가된 전압과 무관하여 페르미 레벨 상승분만큼 산화막의 에너지 밴드가 경사지게 된다. 반도체의 계면에는 정공이 축적되므로 상대적으로 p+ 도핑이 강하게 된 것과 같은 효과가 발생한다. 반도체 내에서는 페르미 레벨(E_{FS})이 변하지 않으므로 반도체 계면에서의 가전자대가 휘어 E_F와 E_V의 차이가 줄어들게 된다.

(3) 공핍(Depletion) 상태

MOS 커패시터의 게이터에 양전압을 인가하면 게이트에는 양전하(Q_m)가 생성된다. 산화막에는 분극이 형성되어 M−O 계면에는 −, O−S 계면에는 + 전하가 유도되며, 반도체에는 같은 크기로 음전하(Q_{dep})가 유도된다. 이때의 음전하는 자유전자가 아니라, p형 반도체의 다수 캐리어인 정공이 산화막 계면에 유도된 + 분극 전하에 의해 밀려난 것을 의미한다. PN 다이오드에서 설명하였듯이 정공이 밀려나고 남은 그 자리에 있는 음의 억셉터 이온(N_A^-)이 음전하를 만드는 것이다. 이 상태를 캐리어가 없는 상태라 하여 공핍(Depletion)이라 한다.

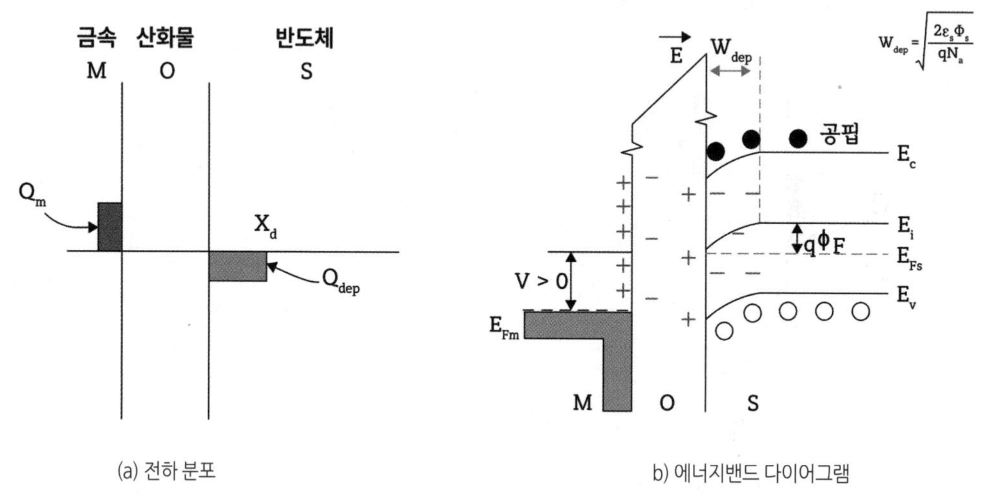

(a) 전하 분포 b) 에너지밴드 다이어그램

[그림 3-48] Depletion 상태의 MOS 커패시터

위의 그림과 같이 양전압이 인가되면 그만큼 게이트의 페르미 레벨은 하강한다. 산화막의 에너지 밴드 역시 축적과 반대 방향으로 기울어진다. 음전하에 의해 페르미 레벨은 E_C에 가깝게 이동하여 진성반도체 레벨(E_i)과 같은 수준까지 이동하게 된다. 이러한 공핍 상태는 $0 < \Phi_{surf}\ (1/q(E_F-E_i)_{@표면}) < \Phi_F$에서 만족한다. 이에 대해서는 바로 뒤의 반전에서 다루도록 한다.

(4) 반전(Inversion) 상태와 문턱 전압(Threshold voltage)

공핍 상태에서 게이트에 인가하는 양전압을 계속 증가시키면, 산화막에 유도되는 높은 양전하량을 맞추기 위해 반도체의 표면에 소수 캐리어인 전자가 유도된다. 따라서 실리콘 표면은 정공보다 전자의 농도가 증가하여 국부적으로 n형 반도체처럼 보이게 된다. 이를 반도체의 극성이 바뀌었다 하여 반전(Inversion)이라고 한다.

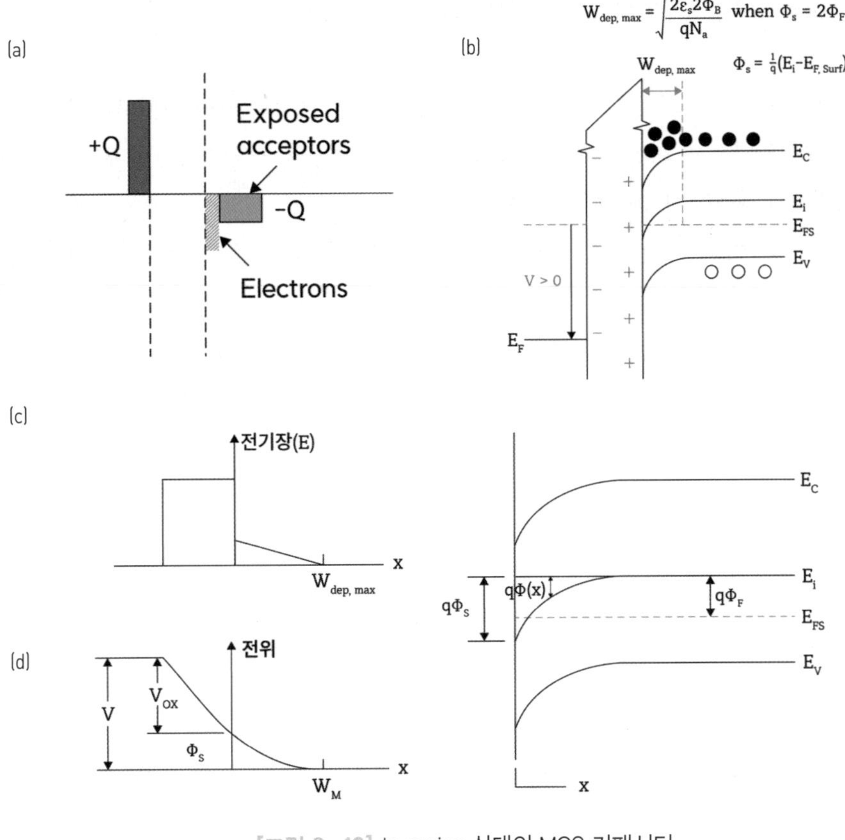

[그림 3-49] Inversion 상태의 MOS 커패시터

공핍 상태보다 더 높은 양전압을 인가하면 반도체의 에너지 밴드가 더욱 아래로 휘어져, 결국 E_F보다 E_i가 아래에 있는 역전 현상이 일어난다. $\Phi_F < \Phi_{surf} < 2\Phi_F$ 의 경우를 약 반전(Weak inversion)이라 하는데, 약 반전에서는 전자의 농도도 증가하지만 공핍 영역의 폭도 조금씩 증가한다.

약 반전에서도 전자가 증가하지만, 표면에 유도된 전자가 전기 전도성을 갖는데 충분하도록 하기 위해서는 더 많은 전자가 필요하다. 그러한 전자의 농도를 p형 반도체에 도핑된 불순물의 농도와 같다고 판단하는데, 이는 에너지밴드로 해석하면 $\Phi_{surf} = 2\Phi_F$ 가 될 때를 의미한다. 이때를 강 반전(Strong inversion)이라 하며, 이를 만족하는 게이트 전압을 강 반전의 문턱을 넘었다 하여 문턱 전압(Threshold voltage)이라 한다. 강 반전 상태의 표면의 전자 농도는 [수식 3-43]과 같이 계산할 수 있고, 표면 전위(Φ_{surf})는 반전 영역 내의 전자 농도로부터 [수식 3-44]와 같이 정리할 수 있다.

$$n_p = \frac{n_i^2}{N_A} = n_i e^{\frac{(E_F - E_i)}{kT}}$$ (n_p는 p형 반도체 내의 소수 캐리어인 전자의 농도) [수식 3-43]

$$\phi_{surf}(inv.) = 2\phi_F = 2\frac{kT}{q} ln\frac{N_A}{n_i}$$ [수식 3-44]

(5) 반전 상태의 문턱 전압(Threshold voltage) 유도

강 반전 상태 이후($\Phi_{surf} > 2\Phi_F$)에는 게이트에 인가된 전압을 높여도 표면 전위(Φ_{surf})의 변화가 거의 없다. 이에 공핍영역은 더 이상 증가하지 않으며, 반전층의 전자 농도만 증가한다. 따라서 $\Phi_{surf} = 2\Phi_F$에서 공핍영역의 폭은 최대가 된다($W = W_{dep,max}$).

다른 상태와 마찬가지로 반전 상태에서도 게이트의 총 양 전하량(Q_m)은 반도체의 전하량(Q_s)과 균형을 이룬다. 이때 Q_s는 공핍영역의 억셉터 이온 음전하량(Q_{dep})과 반전층의 전자에 의한 음전하량(Q_n)의 합으로 표시된다.

$$Q_m = -Q_s = -(Q_{dep} + Q_n) = qN_A W_{dep,\max} - Q_n \quad \text{[수식 3-45]}$$

또한, [그림 3-49 (d)]의 전위 분포도에서 게이트에 인가된 전압(V_G)은 산화막(V_{OX})과 반도체의 공핍 영역(Φ_{surf})에 나뉘어 걸린다. 산화막 양단에 유도된 전하 Q_{ox}는 실리콘에 유도된 전하 Q_s와 크기가 같으므로 [수식 3-46]을 얻을 수 있다.

$$V_{ox} = E_{ox}t_{ox} = \frac{-Q_s t_{ox}}{\varepsilon_{ox}} + \phi_{surf} \quad \text{[수식 3-46]}$$

(E_{ox} : 산화막 내 전기장의 크기, ε_{ox} : 산화막의 유전 상수(3.9), t_{ox} : 산화막의 두께)

이제 문턱 전압을 구해보도록 하자. [수식 3-38]과 [수식 3-44]로부터 강 반전 상태에서의 최대 공핍영역폭($W_{dep,max}$)과 공핍영역의 전하량(Q_{dep})을 구할 수 있다. 일반적으로 강 반전 상태에서는 표면에 유도된 전하에 의한 전하(Q_n)은 공핍영역의 공간전하(Q_{dep})보다 매우 작아 무시할 수 있다. 이는 공핍영역의 폭이 표면에 전자가 유도되는 폭보다 훨씬 넓기 때문에, 적분하여 구하는 전하량에서 큰 차이를 보이기 때문이다. 따라서 Q_n을 무시하고 나면 문턱 전압(V_{TH})은 [수식 3-49]와 같이 유도할 수 있다. 수식의 유도는 큰 의미를 둘 필요 없으나, 수식의 해석은 매우 중요하다. 이상적인 MOS 커패시터에서의 문턱 전압은 도핑 농도가 클수록 증가하고, 산화막의 정전용량이 작을수록 증가한다는 것을 이해하는 것이 필요하다.

$$W_{dep\cdot\max} = \left[\frac{2\varepsilon_s\phi_s(inv)}{qN_A}\right]^{\frac{1}{2}} = \left[\frac{\varepsilon_s kTln\left(\frac{N_A}{n_i}\right)}{q^2N_A}\right]^{\frac{1}{2}} \quad \text{[수식 3-47]}$$

$$Q_{dep} = -qN_A W_{dep\cdot\max} = -2\sqrt{\varepsilon_s qN_A\phi_F} \quad \text{[수식 3-48]}$$

$$V_{Th} = -\frac{Q_{dep}}{C_{ox}} + 2\phi_F = 2\phi_F + \frac{2\sqrt{\varepsilon_s qN_A\phi_F}}{C_{ox}} \quad \text{[수식 3-49]}$$

n형 반도체 기판을 사용하였을 때는 p형 반도체 기판을 사용하였을 때와 정반대로 생각하면 된다. 축적 상태는 양의 전압, 반전 상태는 음의 전압을 인가하는 것으로 이해하면 되며 반전 상태에서 표면에 모이는 캐리어를 전자에서 정공으로 바꾸면 그 외의 동작은 동일하다.

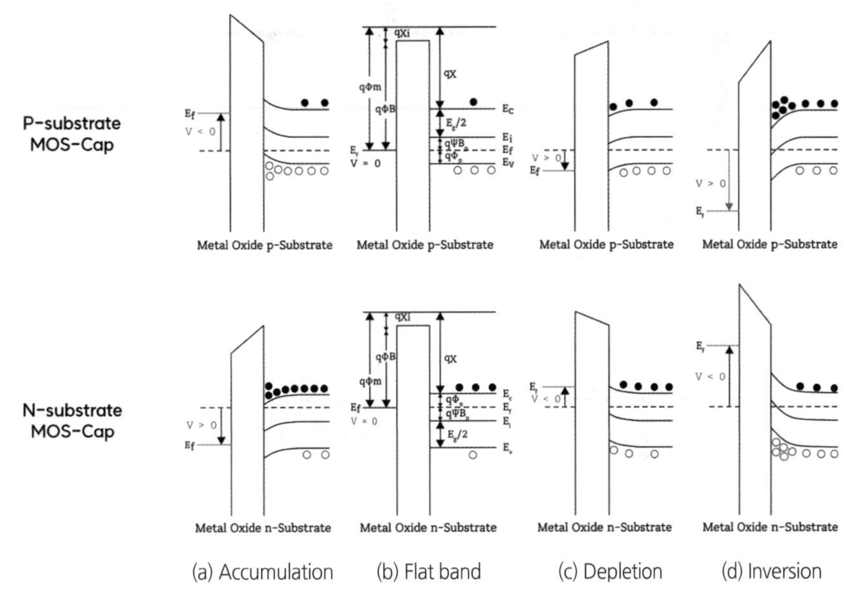

[그림 3-50] p형 반도체와 n형 반도체를 사용했을 때의 MOS 커패시터의 에너지 밴드 다이어그램

3. 이상적인 MOS 커패시터의 정전용량(Capacitance)

이상적인 MOS 커패시터는 교류 동작을 할 때 정전용량이 상태에 따라 변화한다. 또한 게이트에 인가되는 신호에 따라서도 정전용량이 변화한다.

(1) 축적과 공핍 상태의 소신호(Small signal) 동작

소신호 동작이란, 어떠한 동작 범위 중 일부만을 이용하여 처리하는 작은 신호를 말한다. 보통은 특정 직류(DC) 바이어스 전압/전류에 비해 진폭 변화가 작은 교류(AC) 전압/전류 신호를 의미한다. 소신호 동작 시에는 전하량이 상대적으로 조금씩만 변화한다.

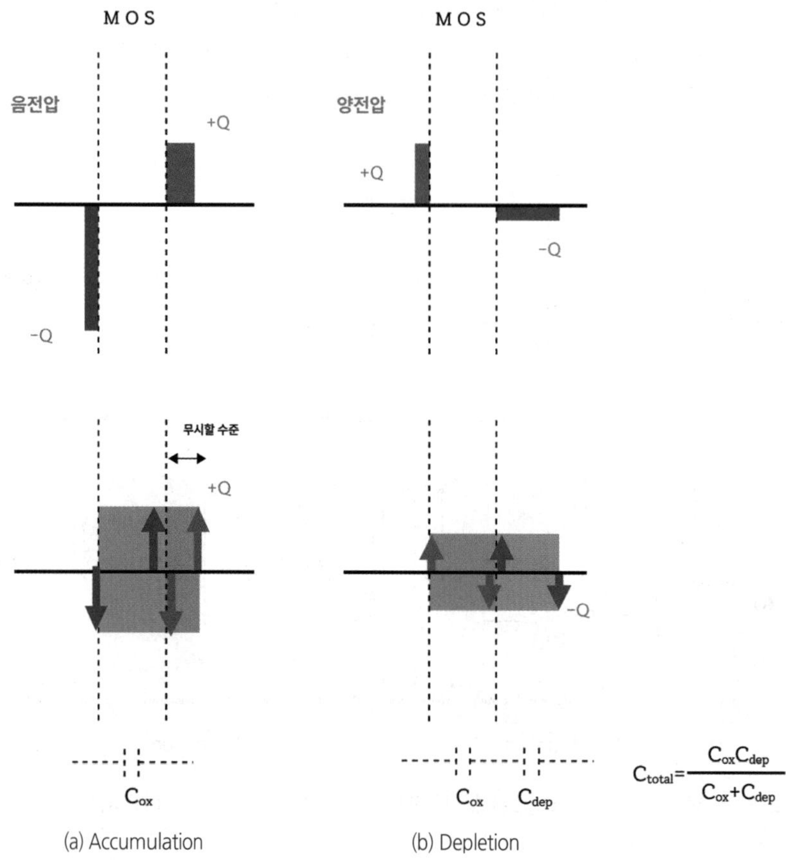

[그림 3-51] 소신호 동작 – Accumulation과 Depletion 상태의 MOS 커패시터의 정전용량

[그림 3-51]처럼 축적과 공핍 상태에서는 정전용량이 특정되어 있다. 축적 상태에서는 산화막의 정전용량(C_{ox})만 존재하기 때문에 전압에 따라서 큰 변화가 있지 않다. 공핍 상태에서는 총 정전용량이 산화막의 정전용량과 공핍영역의 정전용량(C_{dep})의 직렬연결로 나타난다. 따라서 공핍영역에서는 총 정전용량이 감소한다.

(2) 반전 상태의 소신호(Small signal) 동작

반전 상태에서는 반도체 영역에 영향을 주는 요인을 공간전하와 자유전자로 나눌 수 있다. 이들은 주파수에 따라 거동이 달라 총 정전용량도 주파수에 따라 달라진다. 저주파에서는 전하의 변화량이 자유전자의 변화량과 같다. 이에 총 정전용량은 산화막의 정전용량(C_{ox}) 값에서 거의 달라지지 않는다($C_{total} \sim C_{ox}$). 반면 고주파 동작에서는 게이트의 양전하 변화속도를 반도체 내의 소수캐리어인 전자가 따라가지 못한다. 음전하의 변화는 공핍영역에서 담당하게 되어, 전하 변화량이 공핍영역의 공간전하 변화량이 된다. 이 경우는 공핍 상태의 소신호 동작과 유사하게 산화막과 공핍영역의 정전용량이 직렬연결되어 있으므로 총 정전용량이 감소한다.

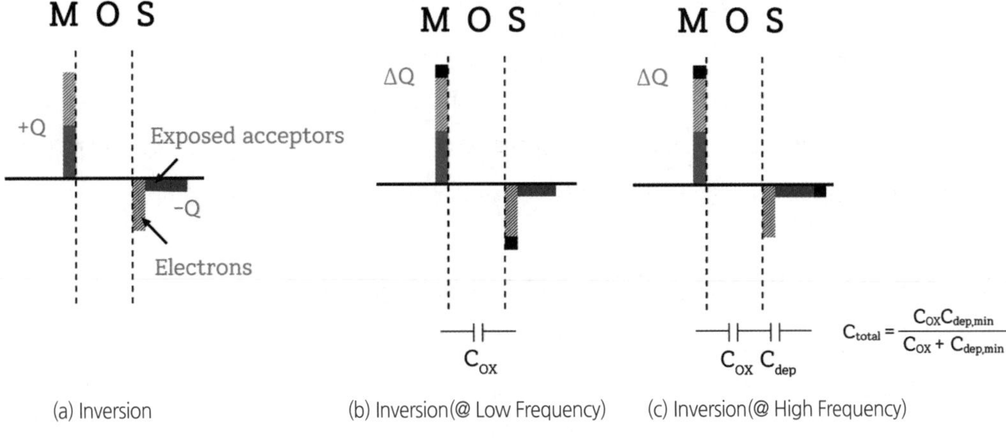

[그림 3-52] 소신호 동작 – Inversion 상태의 MOS 커패시터의 정전용량

(3) 대신호(Large signal) 동작

이번에는 바이어스 자체에 변동이 발생하는 대신호 동작을 알아보도록 하자. 게이트에 순간적으로 강한 전압이 인가되면, 소신호 동작과 달리 자유전자의 발생이 어렵다. p형 반도체 내의 전자는 소수 캐리어이기 때문에 반도체에서 빠르게 발생할 수 없기 때문이다. 따라서 강 반전 상태 대신 공핍영역의 크기가 매우 증가하는 깊은 공핍(Deep Depletion)이 발생하고, 에너지 밴드는 더 깊이 휘게 된다. 깊은 공핍이 발생하면 공핍영역이 넓어져 총 정전용량이 매우 감소한다.

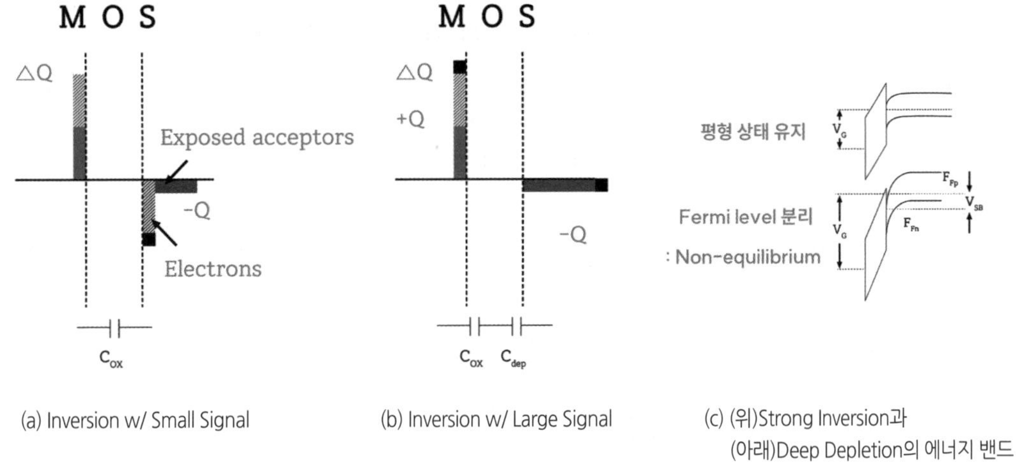

[그림 3-53] 대신호 동작 시 MOS 커패시터의 정전용량

위와 같은 동작은 "매우 빠른" 대신호 동작에 해당하는 것이다. 순간적으로 게이트 전압이 변하였을 경우 대신호 동작을 하지만, 곧바로 평형 상태를 찾아 돌아오게 된다. 따라서 정전용량은 매우 감소한다. 대신호 동작은 많이 사용하지는 않으며, 순간적인 신호가 인가된 후에는 특정 바이어스를 유지하게 된다. 이 경우 대신호 동작을 일시적으로 주고 난 "아주 잠깐의 시간 후"에는 바로 돌아와 소신호 동작에서의 바이어스로 돌아오게 된다. 이러한 현상을 완화(Relaxation)라 한다.

(4) MOS 커패시터와 MOSFET의 주파수에 따른 정전용량

이상과 같이 알아본 주파수에 따른 MOS 커패시터의 정전용량을 그리면 아래와 같이 나타낼 수 있다. 소신호 회로에서는 주파수에 따라 반전 영역의 정전용량이 달라지지만 축적과 공핍 영역에서는 변화가 없다. 대신호 회로에서는 깊은 공핍이 발생하여 정전용량이 낮아지지만, 깊은 공핍 발생 후에는 주파수에 따라 저주파/고주파 그래프의 형태로 이동하게 된다.

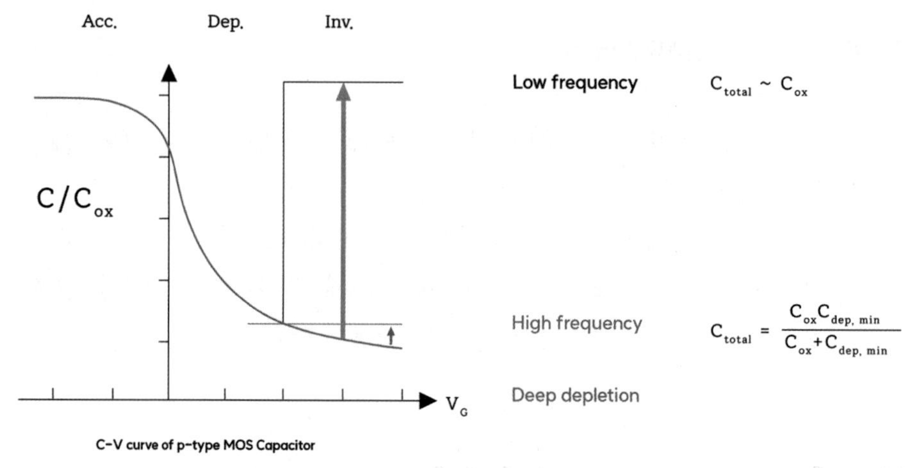

[그림 3-54] 주파수에 따른 MOS 커패시터의 정전용량

후술할 MOSFET은 MOS 커패시터를 이용하고, MOS 커패시터의 정전용량을 바탕으로 전류가 결정되므로 이를 숙지하는 것이 중요하다. 다만 MOSFET은 MOS 커패시터와 달리 소스와 드레인이라고 하는 단자에서 전자를 제공하는 변수가 있다. 이에 MOSFET에서는 고주파 동작이나 깊은 공핍 현상이 일어나지 않고, MOS 커패시터의 저주파 동작만 취할 수 있게 된다.

MOS 커패시터를 그 자체로 반도체 소자로 사용하기도 한다. 고주파 응용이 많은 아날로그나 RF 회로에서 주로 사용한다. 고주파 영역에서는 평범한 도선도 축전기나 인덕터와 같은 동작을 하며, 거꾸로 축전기나 인덕터의 성능도 주파수에 따라 심한 변동이 발생한다. 이에 특정 주파수 동작을 위해 가변 커패시터가 필요한 경우가 발생하는데 이때 적합한 것이 MOS 커패시터이다.

4. 실제 MOS 커패시터의 동작

지금까지는 게이트와 실리콘의 일함수가 동일하고, 게이트 산화막에 아무런 계면 전하가 없는 이상적인 MOS 커패시터에 대해 알아보았다. 이제는 이상적인 커패시터에 앞서 말한 요인들을 고려한 실제 MOS 커패시터의 특성에 대해 설명하도록 하겠다.

(1) 금속과 반도체의 일함수 차이

이상적인 MOS 커패시터와 달리, 실제 MOS 커패시터에서는 금속 게이트와 p형 실리콘 반도체의 일함수 차이($\Phi_m-\Phi_s$)가 발생한다. 게이트에 전압을 인가하지 않은 상태에서의(V_G=0V) 에너지 밴드 다이어그램을 그리면 이 크기만큼 에너지 밴드가 휘어진다. 다음 그림에서 볼 수 있듯이 약간의 양 전압이 게이트에 인가된 것 같은 상황이 된다.

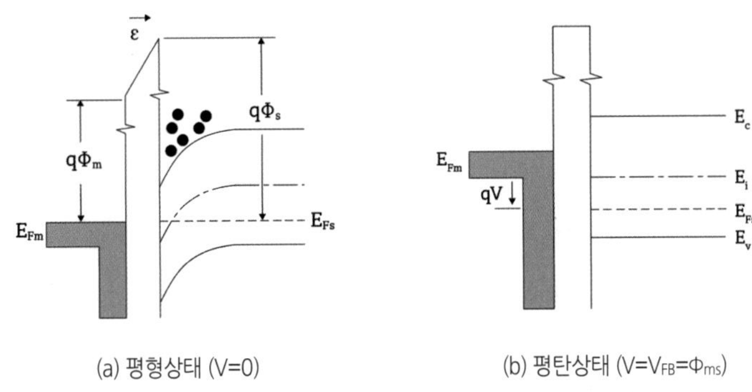

(a) 평형상태 (V=0)   (b) 평탄상태 ($V=V_{FB}=\Phi_{ms}$)

[그림 3-55] MOS 커패시터의 일함수 차이를 고려한 에너지 밴드 다이어그램

MOS 커패시터의 해석을 위해서는 평탄한 에너지 밴드 상태에서부터 시작하는 것이 유리하다. 일함수 차이($\Phi_m-\Phi_s$) 만큼의 음전압을 게이트에 인가하면 다시 평탄한 상태가 되는데, 이때의 전압을 평탄대 전압(Flat band voltage, V_{FB})이라 한다.

$$V_{FB}=\Phi_m-\Phi_s=\Phi_{ms}=\frac{E_{Fm}-E_{Fs}}{q} \quad \text{[수식 3-50]}$$

평탄대 전압은 일함수에 기인하므로, 반도체의 기판농도와 게이트 물질에 따라 달라진다. 아래의 [그림 3-56]은 n형, p형 실리콘 반도체의 기판 농도에 따른 다양한 알루미늄(Al), 다결정 실리콘(Poly-Si) 게이트와의 일함수 차이를 나타낸 것이다. p+ 다결정 실리콘 외에는 n형, p형 실리콘 반도체 모두 일함수 차이(Φ_{ms})가 음의 값을 보인다. n형 반도체의 경우는 기판농도의 증가에 따라 반도체의 일함수(Φ_s)가 감소하므로 일함수 차이가 줄어드는 반면, p형 기판인 경우는 그 반대이다. p+ 다결정 실리콘 게이트는 게이트의 일함수 값이 커서, 모든 경우에 있어 일함수 차이가 양의 값을 갖는다.

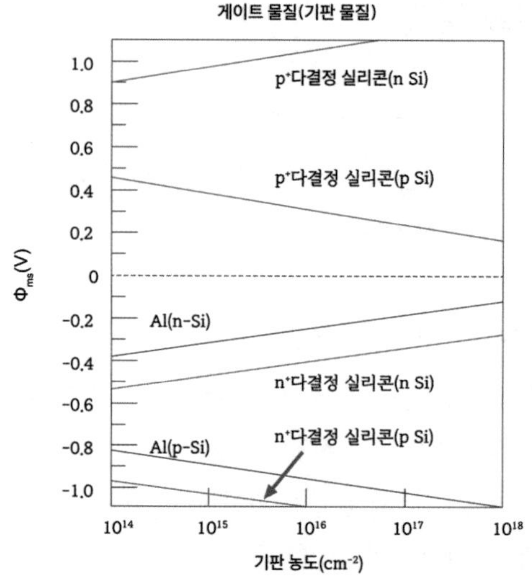

[그림 3-56] 실리콘 기판 농도에 따른 다양한 게이트-기판 간의 일함수 차이

(2) 산화막 계면 전하

게이트 산화막[1]에는 통상 실리콘의 열 산화(Thermal oxidation)를 통해 얻을 수 있는 고품질의 산화막을 사용한다. 그러나 아무리 고품질의 산화막이어도 산화막 내 또는 산화막과 실리콘 계면에 다양한 전하들이 존재하여 이들이 소자 특성에 영향을 미치게 된다. 계면 전하에는 유동성 이온 전하(Mobile ionic charge, Q_m[2]), 산화물 포획 전하(Oxide trapped charge, Q_{ot}[3]), 산화물 고정 전하(Oxide fixed charge, Q_f[4]), 계면 포획 전하(Interface trap charge, Q_{it}[5]) 등 다양한 종류의 전하가 존재한다. 이를 더 깊이 파고드는 것은 재료적 분석과 개선이 필요한 부분으로, 여기에서는 다양한 위치 분포와 상이한 전하량을 갖는 여러 전하들을 실리콘과 산화막 계면에 위치한 양의 전하로 단순화하여 분석하기로 한다. 이들을 뭉뚱그려 원래의 특성과 유사하게 정의한 '단위 면적당 유효 등가 양전하(Q_i)'라는 개념을 도입할 수 있다. 이렇게 정의된 양전하에 의해 실리콘 반도체 표면에는 음전하인 전자가 유도되고, 에너지 밴드는 아래쪽으로 휘어진다. 그리고 이 상태에서, 앞서 설명한 일 함수 차이에서와 같이 음의 전압(Q_i/C_{ox})을 게이트에 인가하면, 유효 등가 양전하에 의해 휜 에너지 밴드를 다시 평탄화 된 상태(Flat band mode)로 만들 수 있다.

1 게이트와 반도체 사이에 위치한 산화막
2 산화막 내의 Na^+, Li^+, K^+ 등의 양이온에 의한 전하. 이들은 산화막 내에서 쉽게 이동이 가능하다.
3 산화막의 불완전성으로 인해 포획된 전하
4 계면 근처에 존재하며, 열 산화를 통해 실리콘을 산화막으로 산화하는 과정이 끝날 때 일부 이온성 실리콘이 계면 근처에 양전하로 존재한다.
5 실리콘-실리콘 산화막(SiO_2) 계면에서 이들의 결정 격자 차이로 인해 생성되는 전하

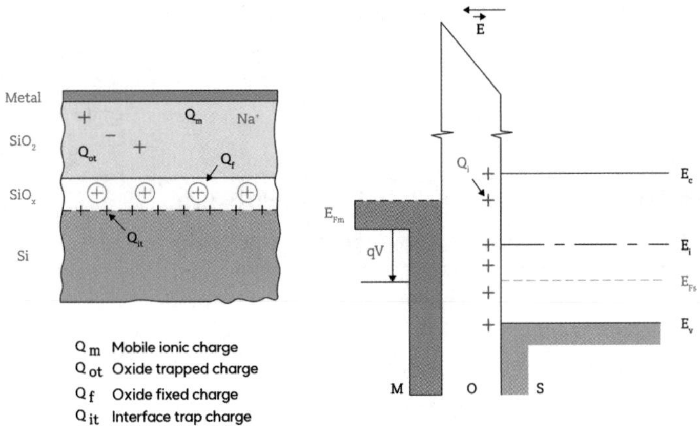

[그림 3-57] 다양한 산화막 계면 전하의 종류와 유효 등가 전하에 따라 Flat band를 만들기 위한 음의 게이트 전압 인가

$$V_{FB} = \phi_{ms} - \frac{Q_i}{C_{ox}}$$ [수식 3-51] 평탄 전압

일함수 차이와 산화막 계면 전하를 고려하면, 평탄 전압(V_{FB})은 다음과 같은 수식으로 표현할 수 있다.

5. 문턱 전압의 제어

(1) 문턱 전압(Threshold voltage)의 정의

지금까지 이상적인 경우에서 시작하여, 평탄전압과 산화막 계면 전하를 고려한 실제 MOS 커패시터의 동작 원리에 대해 살펴보았다. 정리한 내용을 수식으로 표현하면 아래의 [수식 3-52]로 정리가 가능하다. 이는 ①평탄대 전압(V_{FB}), ②공핍영역 전하(Q_{dep}), ③반전층 형성 전압($\Phi_{surf}=2\Phi_F$)의 세 항으로 구성된다. 즉 문턱 전압의 의미는, 채널에 원하는 농도의 캐리어를 만들어내기 위한 최소한의 전압을 말한다. 게이트 전압이 반전층 형성을 하기 위해, 평탄대 전압과 공핍영역 전하를 보상하고도 남은 값으로 채널을 강 반전 상태로 만들어야 한다는 의미이다.

$$V_{Th} = V_{FB} - \frac{Q_{dep}}{C_{ox}} + 2\phi_F = \phi_{MS} - \frac{Q_i}{C_{ox}} - \frac{Q_{dep}}{C_{ox}} + 2\phi_F$$ [수식 3-52] 문턱 전압

[표 3-6] p형 반도체 기판을 사용한 MOS 커패시터의 문턱 전압 결정 항목

항목	기호	부호	비고
일함수 차이	Φ_{ms}	–	p+ 다결정 실리콘 게이트 제외
산화막 계면 전하	$-Q_i$	–	양의 유효 등가 전하
공핍영역 전하	Q_{dep}	–(n형 기판), +(p형 기판)	
표면 전위	$2\Phi_F$	–(n형 기판), +(p형 기판)	

위 항목들 중 Q_i/C_{ox} 를 제외한 나머지 항목은 도핑 농도의 함수로 나타내진다. 일함수 차(Φ_{ms})와 반전층 형성 전압($2\Phi_F$)은 농도 변화에 비교적 둔감한 편이나, 공핍영역의 전하(Q_{dep})는 [수식 3-48]에서 볼 수 있듯이 도핑 농도의 제곱근에 비례한다. Q_i의 경우 산화 공정 기술이 발전하여 현재는 많이 감소하였으며, 산화막 두께의 감소로 C_{ox}값도 증가하여 Q_i/C_{ox}항은 거의 무시할 수 있는 수준이다.

(2) 문턱 전압의 제어

현대의 MOSFET 및 MOS 커패시터 소자들은 소자의 크기가 축소되는 경향(Scale-down)에 따라 동작 전압이 감소하기 때문에, 이에 따른 문턱 전압의 감소가 필연적이다. 또한 최근에는 Scale-down이 극에 달해(소자의 미세화), 이로 인해 단채널 효과(Short channel effect)와 같은 여러 부정적인 효과가 발생한다. 이들을 극복하기 위해서는 필요에 따라 문턱 전압을 증가시키거나 감소시키는 등의 제어 능력을 확보하는 것이 필수적이다. 문턱 전압을 제어하는 방법에는 다음과 같은 3가지를 들 수 있다.

① 불순물 농도 조절을 통한 일함수 차 조절

가장 쉬운 방법은 일함수 차를 조절하는 방법이다. 적정한 일함수를 갖는 게이트 물질을 선택하여 문턱 전압을 제어하는 방법을 예로 들어보면, 앞서 살펴본 바와 같이 n형 반도체 기판을 사용할 경우 음의 일함수 차이(Φ_{ms})를 가지게 되면 문턱 전압의 절대값이 매우 높아지는 문제가 발생한다 (n형 기판, p채널 소자의 문턱 전압은 음의 방향이다.). 이에 따라 적절한 문턱 전압을 형성하기 위해 [그림 3-56]과 같은 p^+ 다결정 실리콘 게이트를 적용한다. 후술하겠지만 일함수가 다른 금속을 사용하는 경우도 있고, 금속의 두께를 조절하여 일함수를 조절하는 기술을 사용하기도 한다.

또한 반도체 기판의 불순물 농도를 조절하면 적절한 문턱 전압을 가질 수 있다. 기판의 불순물 농도가 증가하면 문턱 전압이 증가하며, 농도가 감소하면 문턱 전압이 감소한다. 기판 전체의 불순물 농도를 조절하면 기판으로 흐르는 누설 전류(Substrate leakage current)가 증가하거나 소자의 항복 현상(Punch-through)이 나빠지는 등의 효과가 있어 최근에는 정밀한 이온 주입 공정[6]을 통해 국부적으로 불순물 농도를 조절한다.

6 반도체에 불순물을 주입할 때, 불순물을 이온화하여 강한 에너지로 국부 주입하는 공정

② 얇은 두께의 게이트 산화막 사용 및 고유전율 게이트 산화막 적용

문턱 전압에 영향을 주는 다른 요소인 게이트 산화막의 두께 역시 매우 중요하다. 게이트 산화막의 두께가 감소하면 게이트의 정전용량이 증가하여 문턱 전압을 낮출 수 있다. 그러나 산화막의 두께가 감소할수록 게이트 산화막을 통한 직접 터널링에 의해 누설 전류가 증가한다. 이에 기존의 실리콘 산화막(SiO_2) 대신, 이보다 높은 유전율(high-k)을 가지는 다른 물질을 사용하여 게이트 산화막을 형성하기도 한다. 또한 이런 고유전율 물질과 함께 n형 반도체, p형 반도체 각각에 맞는 일함수를 갖는 게이트 물질을 새로 발굴하여 문턱 전압을 조절하기도 한다. 추후에도 다루겠지만 이러한 공정을 HKMG(High-K Metal-Gate)라 한다.

③ 기판 바이어스 인가

마지막으로는 기판에 인가하는 바이어스에 의한 문턱 전압 제어 방법이 있다. 기판에 음의 전위가 인가되면 0V를 인가할 때보다 실리콘 반도체 표면의 공핍영역이 확장된다. 증가한 공핍영역의 전하를 보상하기 위해서는 게이트 전압이 더 필요하므로 문턱 전압이 증가하게 된다. 이러한 기판바이어스 효과는 기판의 농도 증가 없이 문턱 전압을 증가시켜 "Off 상태"의 전류(Off current)를 개선하고, 비트라인(Bit-line)[7]의 접합정전용량(Junction capacitance)을 감소시키기 위해 DRAM 기억소자에서 적용하는 방법이다. 또한 일부 모바일 제품과 고주파 소자에서도 대기 전류의 감소의 목적으로 동작 시에는 기판에 0V 인가, 대기 시에는 역방향 기판 바이어스를 인가하여 대기 전류(Stand-by current)를 줄이기도 한다.

2 MOSFET

1. MOSFET의 정의

(1) MOSFET의 정의

FET는 Field-Effect-Transistor의 약자로, 전기장에 의해 동작을 결정하는 트랜지스터 소자를 의미한다. MOSFET은 MOS 구조를 가진 FET으로, 아래 그림처럼 MOS 커패시터에다 반도체 양단에 소스, 드레인이라는 단자가 형성되어 있는 소자다. 게이트(Gate)와 기판(Substrate)의 MOS 커패시터 동작으로 기판과 산화물의 계면에 캐리어(전자 또는 정공)를 형성하고(채널, Channel), 소스와 드레인

---

7 메모리에서, 데이터를 읽고 쓸 때 데이터의 입출력 역할을 하는 선

사이에 형성된 전기장으로 채널에 형성된 캐리어를 제어하는 소자다. 소스는 캐리어를 공급하는 단자, 드레인은 캐리어를 빼내는 단자를 의미한다. MOSFET 구조에서 주의해야 할 점은 4단자(게이트, 기판, 소스, 드레인)가 기본이라는 것이다. 흔히들 기판의 역할을 빼놓기 쉬운데, 채널의 형성을 위해서는 기판의 전위가 필수적이다.

MOSFET은 BJT와 같은 트랜지스터다. 개별 소자로 보았을 때는 전류/전압의 증폭 특성 등에서 BJT가 MOSFET보다 우수한 점이 있다. 그러나 복잡한 회로를 구현하기 위해서는 수많은 트랜지스터들의 집적화가 필요한데, 이에 유리한 MOSFET이 현재는 많은 부분에서 사용되고 있다.

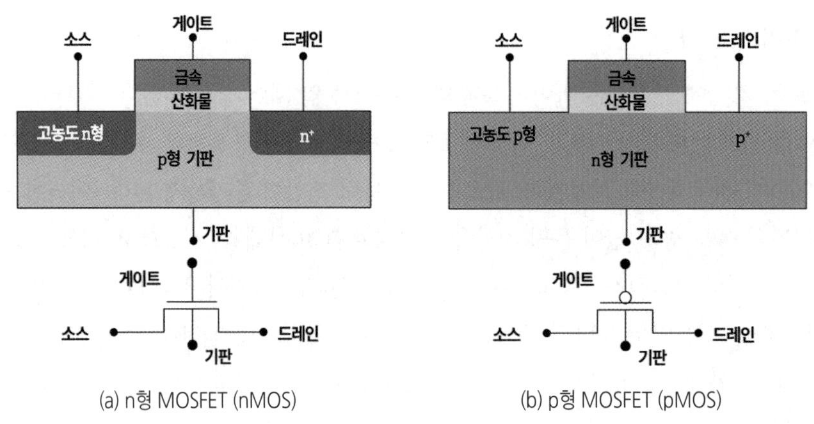

[그림 3-58] MOSFET 구조의 단면도와 회로 기호

(2) NMOSFET과 PMOSFET

위의 그림처럼 MOSFET은 채널의 극성에 따라 n형 MOSFET(nMOSFET, nMOS)과 p형 MOSFET(pMOSFET, pMOS)으로 구분한다. nMOS의 'n'과 pMOS의 'p'는 채널의 극성에서 따온 것으로, 'On' 상태를 기준으로 nMOS의 채널에는 전자가 pMOS의 채널에는 정공이 존재하도록 한다. 다시 설명하면, 반도체 기판을 p형 반도체를 사용한 MOS 커패시터의 채널에는 반전(Inversion) 상태에서 전자가 형성되는데, 이들의 원활한 이동을 위해 소스와 드레인 역시 n형 반도체로 구현한다. 이러한 소자를 nMOS라고 한다. pMOS는 nMOS와 반대로 반도체 기판을 n형 반도체를 사용한 것이다. 동작방식 역시 반대로 생각하면 될 것이다.

MOSFET의 캐리어들은 소스에서 나와 드레인으로 이동한다. nMOS는 드레인 쪽의 전압이 소스 쪽의 전압보다 높아 드레인에서 소스 쪽으로 전류가 흐르지만, pMOS는 소스 쪽의 전압이 더 높아 소스에서 드레인 쪽으로 전류가 흐른다. 회로도 상의 기호는 [그림 3-58]의 하단처럼 도식하며, pMOS는 게이트에 빈 원을 표시하여 nMOS와 구별한다.

2. MOSFET의 동작 원리

(1) 에너지 밴드 다이어그램

앞서 MOS 커패시터에서는 p형 반도체 기판으로 설명하였다. 이에 맞춰, MOSFET의 동작원리도 p형 반도체 기판을 사용하는 nMOS를 기준으로 설명한다. [그림 3-59]는 nMOS의 구조와 에너지 밴드를 나타낸 것이다. [그림 3-59 (a)]의 MOS 커패시터 방향을 x축, 소스-드레인 방향을 y축으로 놓도록 하자. [그림 3-59 (b)]의 2D 그림은 y축을 따라 그린 것이다. 보다 자세히는 아래와 같이 3D로 나타낼 수 있으나, 동작 해석에는 굳이 필요하지 않기 때문에 2D 그림을 바탕으로 설명하도록 한다.

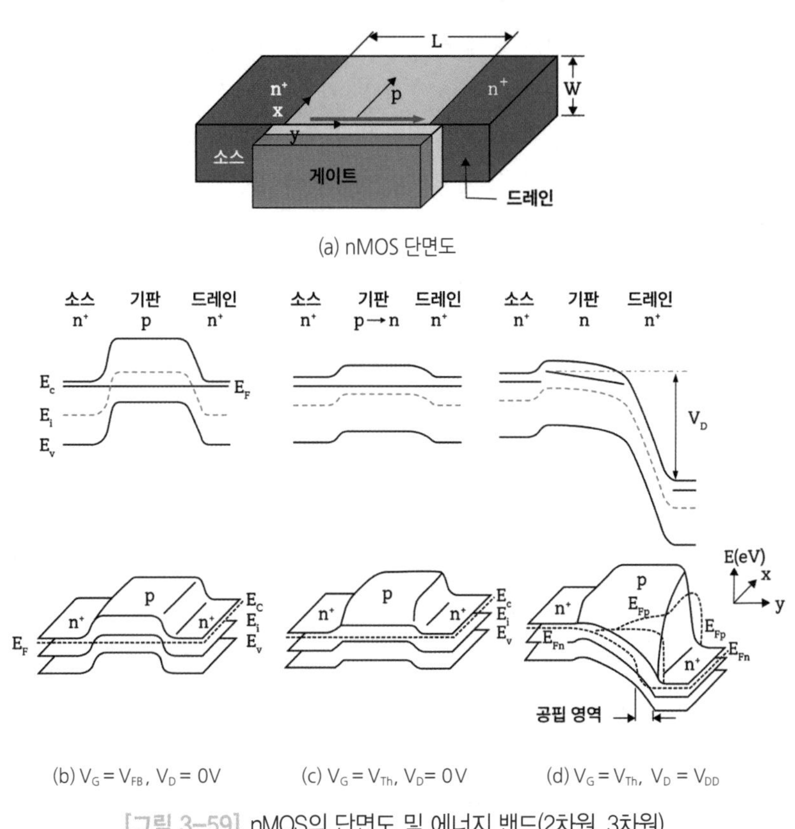

(a) nMOS 단면도

(b) $V_G = V_{FB}$, $V_D = 0V$ (c) $V_G = V_{Th}$, $V_D = 0V$ (d) $V_G = V_{Th}$, $V_D = V_{DD}$

[그림 3-59] nMOS의 단면도 및 에너지 밴드(2차원, 3차원)

[그림 3-59 (b)]는 MOSFET이 평형을 이루는 상태다. 게이트 전압은 V_{FB}와 같게 하여 x축의 에너지 변화가 없는 상태이며, 드레인 전압은 0V로 전류가 흐르도록 하는 바이어스 상태가 아니다. 이때의 페르미 레벨(E_F)은 일정한 값을 가지고, 소스-p형 반도체와 드레인-p형 반도체의 두 PN 접합에서는 공핍영역이 형성되고 있다.

다음 [그림 3-59 (c)]는 게이트에 문턱 전압을 인가(V_G=V_{TH})하고, 드레인에는 아직 전압을 인가하지 않은(V_D=0V) 강 반전 상태이다. n-p-n 접합에서 p형 반도체의 진성 페르미 레벨(E_i)이 페르미 레벨(E_F) 아래로 내려와 n형 반도체로 반전된 것을 확인할 수 있다. 그러나 드레인 전압이 0V인 상태로, y축을 따라서는 전위차가 없으므로 페르미 레벨이 일정하게 유지되고 전류가 흐르지 않는 상태다.

이 상태에서 [그림 3-59 (d)]와 같이 드레인에 양의 전압(V_D)을 인가하면 드레인 쪽의 밴드가 더 아래로 휘어진다. 소스의 전자가 전기장에 의해 Drift 되어 채널로 이동하고, 다시 Drift를 통해 드레인으로 이동한다. PN다이오드와 유사하게 이 상태에서는 비평형 상태이므로 에너지 레벨이 전위에 따라 크게 휘어지며, 페르미 레벨 역시 부분적으로 다른 위치에 존재하게 된다.

(2) 각 상태별 캐리어의 움직임 및 전류 – 전압 특성

MOSFET의 동작원리를 게이트와 드레인에 인가되는 전압에 따라 나눠서 살펴보도록 한다. 입력 신호의 전달(Transconductance characteristic, I_D-V_G) 및 출력(Output characteristic, I_D-V_D) 특성에 대해서도 살펴보도록 하자. 복잡한 전위 설명을 피하기 위해, 특별한 설명이 없는 한 소스(Source) 단자를 접지(V_S=0V)시켜 각 단자의 기준 전압으로 정하도록 하자. 예를 들면 드레인-소스 전압 V_{DS}는 드레인 전위 V_D와 같다.

[표 3-7] nMOS의 V_G, V_D에 따른 On/Off 동작 분류

	V_D 〈 0 V	V_D = 0 V	V_D 〉 0 V
V_G 〈 0 V	Off		
V_G = 0 V	Off		
V_T 〉 V_G 〉 0 V	Off		Off* (Sub–threshold region)
V_G 〉 V_T	Off		On

위의 표는 V_G, V_D에 따라 nMOS 소자가 동작을 어떻게 하는지 분류한 것이다. 흔히 소자가 동작한다고 표현하는 'On' 상태는 조건이 매우 한정적인 것을 알 수 있다. 드레인 전압이 소스보다 작은 경우(V_D〈0V)는 반도체 동작에서 잘 고려하지 않는 부분이므로, 이를 제외한 나머지에 대해 자세히 알아보도록 하자.

① 차단 영역(Cut–off region) (V_G〈V_{TH})

[그림 3-60]과 같이 게이트에 문턱 전압 아래의 전압(V_G〈V_{TH}) 인가된 경우를 보자. 이 경우에 채널은 공핍 또는 약 반전 상태가 되어, 채널에 전자가 충분하지 않다. 따라서 드레인에 전압이 인가되어도 소스에서 드레인으로의 전자 이동이 거의 일어나지 않는다. 이렇게 드레인 전류가 흐르지 않거나 매우 낮은 영역을 차단 영역(Cut–off region)이라 한다.

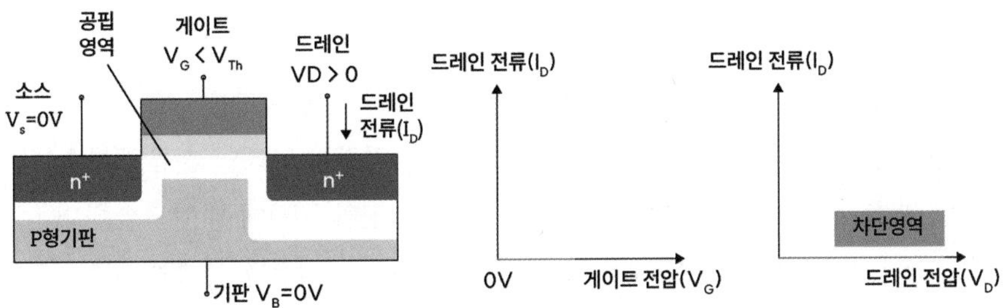

[그림 3-60] 차단 영역에서의 nMOS의 동작

채널에 전자가 충분하지 않다는 의미는, 의미있는 수준의 동작을 하지 못한다는 것이지 전류가 아예 흐르지 않는 것은 아니다. 이때에도 드레인 전압이 인가되면 미세한 양의 전류가 흐르는데, 이 전류를 문턱전압 이하 전류(Sub-threshold current)라 한다. 문턱전압 이하 전류는 그 양이 매우 작아 위와 같이 I_D-V_G 곡선에서는 거의 보이지 않는다. 후술하겠지만 I_G를 로그로 나타내면 이를 쉽게 관찰하고 이해할 수 있다. 뒤에서 설명할 여러 상태와 비교를 위해 수치로 예를 들어보자. 전자들의 속도가 0.1이고, 전자 100개가 채널에 있는 상태라고 하면 전류는 이들의 곱인 10에 비례할 것이다.

② 선형 영역(Linear region) (V_G 〉 V_{TH}, V_D 〈 V_G-V_{TH})

게이트에 문턱 전압 이상(V_G〉V_{TH})을 인가하고, 드레인에 V_G-V_{TH} 미만의 전압을 인가한 상황을 살펴보자. 이때 채널은 강 반전 상태가 되어 전자 채널이 생성되기 때문에 소스와 드레인 간의 전자 이동이 일어나 드레인 전류(I_D)가 흐르게 된다. 이때는 드레인 전류가 드레인 전압(V_D)에 대해 선형적으로 흐르게 되고, 반전된 채널층은 소스와 드레인 사이에서 저항의 역할을 한다. 드레인 전압과 드레인 전류가 선형적인 곡선을 보이는 이 영역을 선형 영역(Linear region)이라 한다. Drift 전류식 [수식 2-10]을 참조하여 살펴보면 이 경우는 전자의 개수(n), 이동도(μ)는 일정한 상태에서 전기장(E)가 증가하는 것으로 해석할 수 있다. 이때는 전자 100개가 있을 때, 전자의 속도는 소폭 상승하여 0.11이 되면 전류는 이들의 곱인 11에 비례하게 된다.

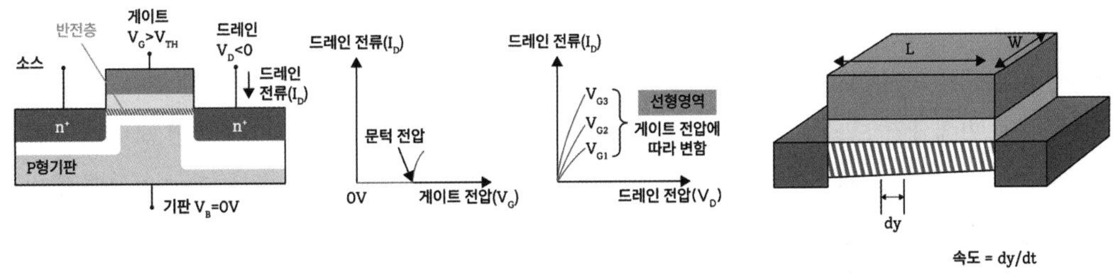

[그림 3-61] 선형 영역에서의 nMOS의 동작

선형 영역에서의 드레인 전류를 유도해보도록 하자. C_{ox}는 단위면적당 C를 의미하는 것이므로 [수식 3-53]처럼 Q를 표시할 수 있다. 이를 소스로부터의 거리 y에 대해 미분하여 [수식 3-54]와 [수식 3-55]를 구하는 것이 첫 번째 단계이다. 이어 캐리어의 이동 속도를 구해 [수식 3-56]을 구하는 것이 두 번째 단계이다. [수식 3-55]와 [수식 3-56]을 곱하여 드레인 전류에 대한 식을 구하고 ([수식 3-57]), 이를 각각 소스로부터의 거리 y와 y에서의 전압 V(y)에 대해 적분하면 [수식 3-59]를 얻을 수 있다. 드레인 전압(V_D)은 매우 낮으므로 제곱항을 무시하면 이때의 전달 컨덕턴스(g_{mLin})를 구할 수 있다.

드레인 전류 유도

$$Q = CV = C_{ox}AV = C_{ox}WyV \quad \text{[수식 3-53]}$$

$$\rightarrow dQ = C_{ox}Wy \cdot dV(y) = C_{ox}W[V(y) - (V_{GS} - V_{Th})] \cdot dy$$

$$\because Q_N = -C_{ox}(V_{GS} - V_{Th}) \quad \text{[수식 3-54]}$$

$$\rightarrow \frac{dQ}{dy} = -C_{ox}W[V_{GS} - V_{Th} - V(y)] \quad \text{[수식 3-55]}$$

$$velocity = \frac{dy}{dt} = \mu_n \vec{E}(y) = -\mu_n \frac{dV(y)}{dy} \quad \text{[수식 3-56]}$$

$$\therefore I = I_D = \frac{dQ}{dt} = \frac{dQ}{dy}\frac{dy}{dt} = \mu_n C_{ox}W[V_{GS} - V_{Th} - V(y)]\frac{dV(y)}{dy} \quad \text{[수식 3-57]}$$

$$\rightarrow \int_0^L I_D dy = \int_0^{V_{DS}} \mu_n C_{ox}W[V_{GS} - V_{Th} - V(y)]dV(y) \quad \text{[수식 3-58]}$$

$$\rightarrow I_D = \mu_n C_{ox}\frac{W}{L}\left[(V_{GS} - V_{Th})V_{DS} - \frac{1}{2}V_{DS}^2\right] \quad \text{[수식 3-59] 선형 영역의 드레인 전류식}$$

선형 영역의 전류 및 컨덕턴트 특성

$$g_{DS} = \frac{\partial I_D}{\partial V_D} = \mu_n C_{ox}\frac{W}{L}(V_{GS} - V_{Th} - V_{DS}) \quad \text{[수식 3-60] 선형 영역의 드레인 컨덕턴스(출력 컨덕턴스)}$$

$$g_M = \frac{\partial I_D}{\partial V_G} = \mu_n C_{ox}\frac{W}{L}V_{DS} \quad \text{[수식 3-61] 선형 영역의 트랜스 컨덕턴스(전달 컨덕턴스)}$$

[수식 3-59]~[수식 3-61]은 강 반전에 의한 채널이 형성되기 전까지 유효하다. 드레인 전류는 드레인 전압에 비례하여 흐르는 것을 알 수 있는데, 드레인 전압이 어느 정도 증가하면 드레인 전류의 증가폭이 감소하면서 약간 휘는 현상이 발생한다. 이는 드레인 부분의 공핍 영역이 증가하면서 반전된 채널층의 폭이 감소하게 되어 캐리어의 수가 감소하기 때문이다. 그럼에도 드레인 전압이 증가하면 전기장(E)의 크기가 증가하여 캐리어의 속도가 증가하므로 전류의 크기는 증가한다. 위의 수식에서는 제곱항($1/2V_D^2$)이 커짐으로써 전류 증가폭이 줄어드는 것을 설명할 수 있다. 앞서 예로 들었던 숫자를 가져와보자. 이제는 전자의 속도가 0.5가 되었지만, 전자의 개수는 채널이 감소하여 70이 되

어 전류는 35에 비례한다. 드레인 전압이 조금 더 증가하면 공핍 영역이 증가하므로, 전자의 속도가 10이 되었지만 전자의 개수가 10개로 줄어 전류는 100에 비례하게 될 것이다.

③ 핀치 오프(Pinch-off) ($V_G = V_{TH}$, $V_D = V_{DSat} = V_G - V_{TH}$)

게이트에 문턱 전압 이상(V_G〉V_{TH})을 인가한 상태에서, 드레인에 V_G-V_{TH} 만큼의 전압을 인가한 상황을 살펴보자. 이 경우에는 [그림 3-62]와 같이 게이트 전압에 의해 생성된 반전된 채널층이 드레인 전압에 의해 상쇄된다. 화살표가 가리키는 부위의 전위는 y축으로 보았을 때 $V_{GS}-V_{TH}$인데, 드레인 전압이 이와 같은 값이 될 때 완전한 채널층의 상쇄가 일어나, 이 부분에서는 캐리어가 존재하지 않고 공핍영역만 존재하게 된다. 전류식을 살펴보면, 이때는 전자의 개수(n)는 줄었으나 이동도(μ)는 일정한 상태에서 전기장(E)이 크게 인가되었기 때문에 선형 영역보다 큰 전류가 흐르게 된다. 이제는 공핍 영역에 의해 채널에 흐르는 전류가 1개가 되었다. 그러나 속도는 150으로 증가하여, 전류는 150에 비례할 것이다.

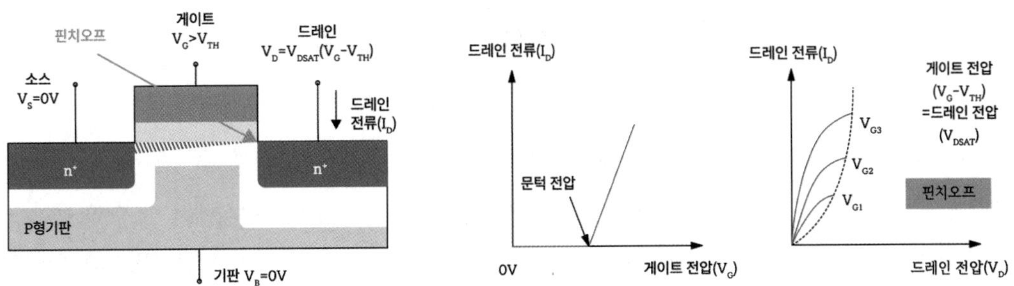

[그림 3-62] 핀치 오프에서의 nMOS 동작

이렇게 채널이 사라지는 현상을 핀치 오프(Pinch-off)이라 한다. 핀치 오프가 일어날 때의 드레인 전압을 포화 드레인 전압(Saturation drain voltage, V_{DSat})이라 하는데, 이 값은 V_G-V_{TH}와 같은 값을 가지므로 게이트 전압이 증가할 때 V_{DSat}도 같이 증가한다. 핀치 오프가 되는 영역은 V_D가 증가할수록 조금씩 소스 방향으로 이동하며, 핀치 오프 시점과 드레인 사이의 간격은 조금씩 넓어지게 된다. 이에 대해서는 뒤에서 다루도록 한다.

④ 포화 영역(Saturation region) ($V_G > V_{TH}$, $V_D > V_{DSat}$)

게이트에 문턱 전압 이상($V_G > V_{TH}$)을 인가한 상태에서 드레인에 V_{DSat} 이상의 전압을 인가하였을 때를 포화 영역(Saturation region)이라 한다. 포화 영역에서는 채널의 핀치 오프가 발생한 부분에서부터 드레인 쪽으로 전자가 이동할 때, 드레인과 채널 사이의 공핍영역으로 인해 발생하는 강한 전기장에 의한 Drift로 이동하게 된다. 핀치 오프 지점에서는 캐리어의 수가 감소하는데, PN 접합의 역방향 포화 전류에 의해 캐리어의 수는 일정하게 유지된다. 따라서 드레인 전압이 증가하여도 한 번에 이동 가능한 전자의 양이 일정하기 때문에, 드레인 전압의 증가에도 드레인 전류는 일정한 값을 유지한다.

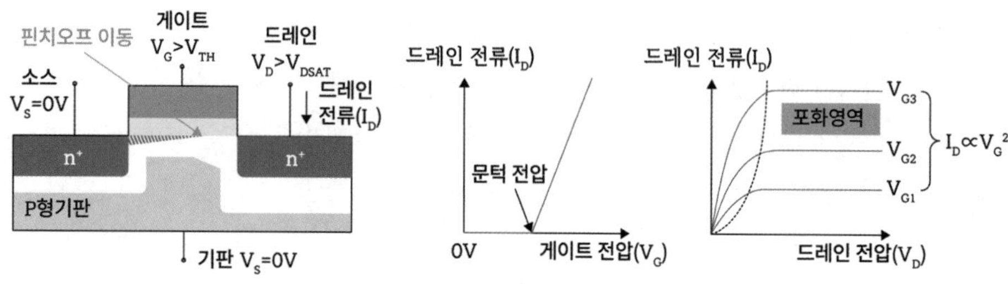

[그림 3-63] 포화 영역에서의 nMOS 동작

포화 영역의 드레인 전류 식은 선형 영역에서의 전류식을 변형하여 나타낼 수 있으며, V_{DSat} 이상에서는 전류가 일정하므로 $V_D=V_G-V_{TH}=V_{DSat}$를 대입하여 구할 수 있다. 수식에서 볼 수 있듯이 드레인 전류는 게이트 전압의 제곱에 비례한다. 또한 이를 게이트 전압(V_G)으로 미분하면 포화 영역에서의 전달 컨덕턴스(g_{mSat})도 구할 수 있다.

(3) nMOS와 pMOS의 비교

앞서 설명한대로 nMOS와 pMOS는 반도체의 극성이 다르고, 이로 인한 바이어스와 전류의 방향이 다르다. 이를 정리하면 아래의 표로 나타낼 수 있다.

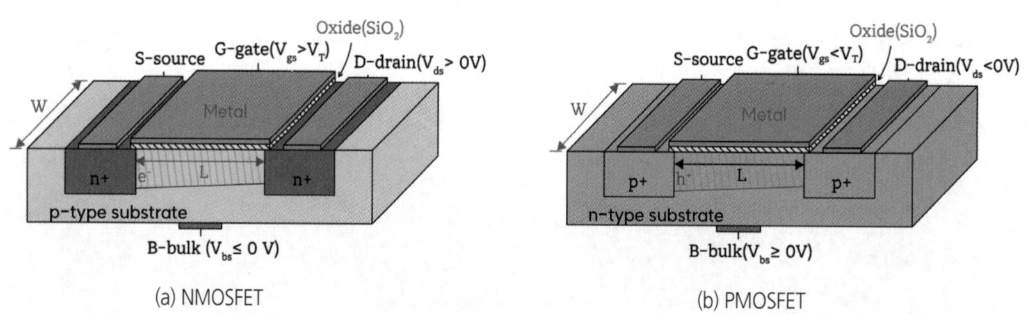

[그림 3-64] NMOS와 PMOS의 구조 비교

[표 3-8] NMOS와 PMOS의 특성 비교

	NMOSFET	PMOSFET
Channel	N Channel (Inv. with electron)	P Channel (Inv. With hole)
Substrate	P-type (P-well)	N-type (N-well)
Source / Drain	N-type	P-type
동작 Bias	$V_{gs} > 0$, $V_{ds} > 0$, $V_{bs} \le 0$	$V_{gs} < 0$, $V_{ds} < 0$, $V_{bs} \ge 0$
Channel 전류 방향	D → S (전자 이동과 반대 방향)	S → D (Hole 이동과 같은 방향)
Threshold voltage	"+" 방향으로 클수록 high	"−" 방향으로 클수록 high
비고	NMOS의 전류가 PMOS의 전류보다 통상적으로 2~3배 크다	

3. MOSFET 동작의 상세

(1) 문턱 전압 이하 영역 (Sub-threshold region)

지금까지의 MOSFET은 문턱 전압 이하에서 드레인 전류(I_D)가 흐르지 않거나 매우 작은 전류만 흐른다고 하고 넘어간 상태로 설명을 하였다. 하지만 실제 MOSFET은 문턱 전압 이전의 약 반전 상태($0<\Phi_{surf}<2\Phi_F$)에서도 미세한 전류가 흐르기 때문에 이를 살펴보도록 한다.

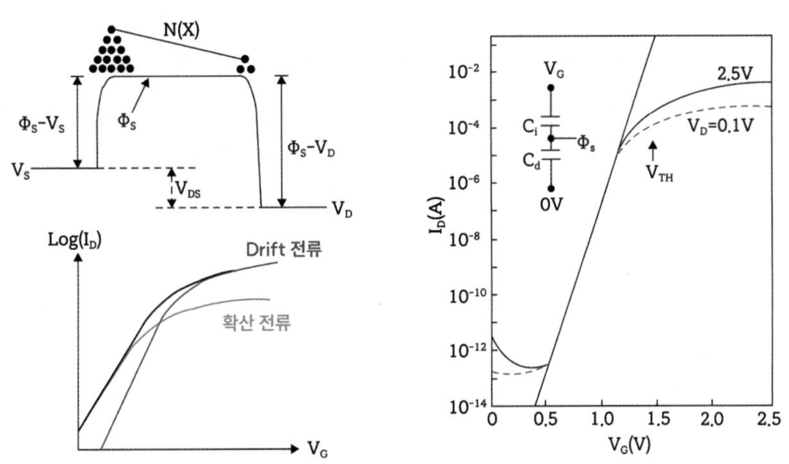

[그림 3-65] 문턱 전압 이하의 확산 전류 모델과 전압-전류 특성

게이트 전압이 문턱 전압보다 아래일 때($V_G<V_{TH}$)를 문턱 전압 아래 영역(Sub-threshold region)이라 한다. MOSFET 소자를 동작시킬 때는 전류가 흐르도록 의도하지만, 그렇지 않을 때는 흐르는 전

류가 모두 누설 전류(Leakage current)가 된다. 문턱 전압 이하는 소자를 'On'으로 만든 상태가 아니므로, 따라서 문턱 전압 이하에서 흐르는 전류는 누설 전류라고 할 수 있다. 이를 문턱 전압 이하 누설 전류(Sub-threshold leakage)라 한다.

[그림 3-65]와 같이 문턱 전압 이상에서는 전류의 대부분이 드레인 전압에 의한 drift 전류이지만, 아직 완전한 반전층이 생기지 않은 상태에서는 소스와 채널 사이의 캐리어 농도 차에 의한 확산 전류가 지배적이다. 문턱 전압 이하에서의 전류 식은 확산 전류 식과 캐리어 농도를 이용해 다음과 같이 나타낼 수 있다.

$$Subthreshold\ leakage = \mu C_{ox}\frac{W}{L}\left(\frac{kT}{q}\right)^2(1-e^{\frac{-qV_D}{kT}})(m-1)e^{\frac{q(V_{GS}-V_{Th})}{mkT}}$$

$$= \mu C_{dep}\frac{W}{L}\left(\frac{kT}{q}\right)^2(1-e^{\frac{-qV_D}{kT}})e^{\frac{q(V_{GS}-V_{Th})}{mkT}}$$

$$(when\ m = \frac{C_{ox}+C_{dep}}{C_{ox}} = 1 + \frac{C_{dep}}{C_{ox}})$$

[수식 3-62] 문턱 전압 이하의 드레인 전류식

지수 함수 항을 제외한 앞 부분은 주로 상수항이다. 첫 번째 지수 함수 항은 드레인 전압이 q/kT 이상으로 올라가면 (1-exp(-qVa/kT))가 1에 가까워진다. 중요한 것은 두 번째 지수 함수 항으로, 이는 게이트 전압에 따라 확산 전류가 지수 함수적으로 증가하는 것을 보여준다. 일반적인 I_D-V_G 곡선에서는 이 값이 작아 보이지 않는다. 드레인 전류(I_D)를 로그 함수로 나타내면 [그림 3-65]와 같이 나타낼 수 있으며, 지수 함수에 로그를 취하였기 때문에 문턱 전압 이하 영역에서는 선형적으로 표현할 수 있다.

위 수식을 바탕으로 새로운 항목을 하나 정의하자. 로그를 취한 드레인 전류를 게이트 전압으로 나누면 위 그래프에서 직선의 기울기에 해당한다. 이의 역수를 취한 값을 Sub-threshold swing(SS)라 한다. 결국 SS는 드레인 전류가 10배(로그 그래프의 1-order) 변화할 때의 게이트 전압의 변화량을 의미한다.

$$SS = \left[\frac{d(\log I_D)}{dV_G}\right]^{-1} = \frac{kT}{q}ln(10)\left(\frac{C_{ox}+C_{dep}}{C_{ox}}\right) = 60mV\left(1+\frac{C_{dep}}{C_{ox}}\right)$$ [수식 3-63] Subthreshold swing

SS는 앞서 말한대로 [그림 3-65]에서 보이는 문턱 전압 아래 영역의 기울기의 역수를 의미하며, SS값이 작을수록 트랜지스터의 On/Off 전류의 비가 커 On/Off 특성이 우수하다고 판단할 수 있다. On/Off 특성이 우수하므로 문턱 전압 이하 누설 전류 역시 대체로 감소한다. 일반적으로는 채널이 짧아질수록 SS값이 커지게 된다. 이는 온(On) 상태의 전류가 커지는 비율보다 오프(Off) 상태의 누설전류가 커지는 비율이 증가하기 때문이다.

SS를 감소시키기 위해서는 공핍영역에 의한 정전용량(C_{dep})을 줄이고, 게이트 산화막에 의한 정전용량(C_{ox})이 커야 한다. C_{dep}은 채널의 도핑 농도를 감소시켜 공핍 영역의 두께를 증가시킴으로써 줄일 수 있고, C_{ox}는 게이트 산화막의 두께를 감소시키거나 고유전율의 절연막을 사용하는 방법으로 증가시킬 수 있다. 하지만 이러한 방식은 결국 문턱 전압을 조절하는 것이기 때문에 사용에 신중을 기해야 한다. 문턱 전압이 필요 이상으로 낮을 경우 오프 상태에서의 누설 전류(Off current)가 증가할 수 있으며, 문턱 전압이 지나치게 높을 경우에는 온 상태의 전류(On current)가 감소하게 된다. 따라서 이들 사이에서 적절한 값을 찾아 사용하는 것이 중요하다.

앞의 수식을 다시 살펴보면, 결국 60mV/dec의 SS값이 최소값을 가지게 된다. 이 말은 기존의 실리콘 MOSFET은 이론적으로 60mV/dec 이하의 SS를 갖는 것이 불가능하다는 것이다. 훌륭한 설계와 공정이 뒷받침되어도 MOSFET의 SS는 60mV/dec보다 조금 더 큰 값을 가질 수밖에 없으며, FinFET과 같이 구조를 바꾼 MOSFET도 마찬가지다. 그럼에도 불구하고 새로운 구조를 적용하지 않았을 때는 SS값이 날아다니기 때문에 GAAFET 등 MOSFET에서도 최선의 구조를 찾는 노력이 계속되고 있다. 이외에도 Si MOSFET보다 낮은 SS를 갖는 소자를 구현하기 위해 기존의 MOSFET과 구동 방식이 다른 터널링 전계효과 트랜지스터(Tunneling FET, TFET)와 같은 새로운 개념의 소자, 혹은 저온 동작 트랜지스터 등의 다양한 연구가 진행되고 있다.

(2) 채널 길이 변조(Channel length modulation)

앞서 MOSFET에서 포화 영역을 설명할 때, 핀치 오프가 발생한 후에는 드레인 전압을 높여도 드레인 전류가 증가하지 않는다고 설명하였다. 그러나 현실에서는 드레인 전압이 증가하면 핀치 오프가 발생하는 지점이 드레인에서 소스 쪽으로 이동하여, 트랜지스터의 유효 채널 길이(Effective length, L_{eff})가 감소하게 된다. 이를 채널 길이 변조(Channel length modulation)라 한다. 원래의 길이 L보다 짧아진 유효 채널 길이($L_{eff} = L - \Delta L$)를 앞의 수식에 대입하면 아래와 같다. 이 때 λ는 채널 길이 변조 변수(Channel length modulation parameter)로, 이 값이 작을수록 채널 길이 변조가 덜 일어나 이상적인 MOSFET에 가까워진다. 보통은 기판의 불순물 도핑 농도를 높여 λ가 작은 값을 갖도록 하고 있다.

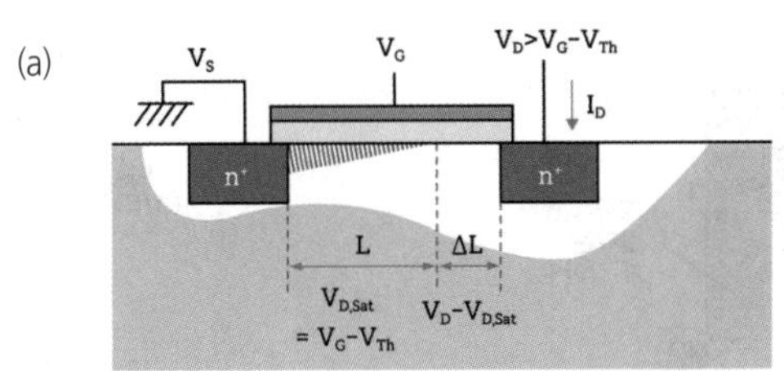

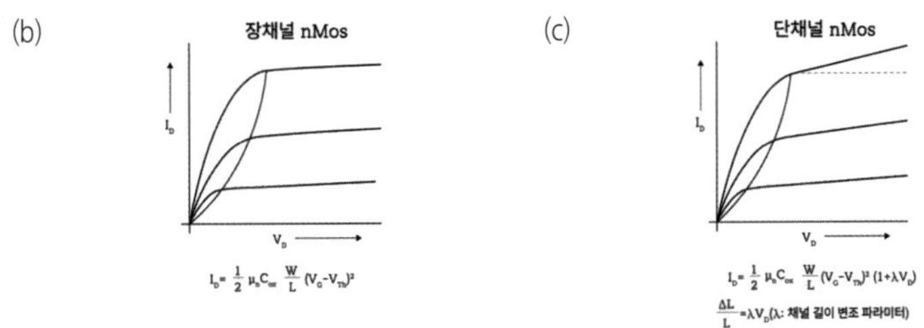

[그림 3-66] 채널 길이 변조 특성

이와 같은 채널 길이 변조는 L_{eff}/L의 비율에 따라 그 효과가 달라진다. 따라서 장채널(Long channel) 소자보다 단채널(Short channel) 소자에서 더욱 큰 영향을 미친다.

(3) 게이트 유도 드레인 누설 전류(Gate Induced Drain Leakage, GIDL)

오프(Off) 상태의 MOSFET에서 게이트와 드레인 간의 전압 차이가 클 때, 게이트/드레인/기판 쪽으로 매우 큰 누설 전류가 발생하는 현상이 일어난다. nMOS 기준으로 보았을 때, 게이트 전압에 0V 또는 음의 전압이 인가되고, 드레인에는 양의 전압을 인가하는 상황을 상정해보자. 이때 게이트와 드레인이 서로 중첩되는 드레인의 표면에는 양단 사이의 강한 전기장에 의해 전자가 표면으로부터 밀려나 공핍영역이 생성된다. 보통 드레인은 고농도로 도핑되기 때문에 이 공핍영역의 두께는 매우 얇다.

게이트와 드레인의 전위차가 큰 상황의 에너지 밴드를 그려보면, [그림 3-67]과 같이 페르미 레벨이 내려가고 에너지 밴드가 휘게 된다. 이어 가전자대의 전자가 얇아진 밴드를 터널링하여 전도대로 이동하면서 전자와 정공 쌍이 발생한다. 양전압에 의해 전도대로 이동한 전자는 드레인 전극으로, 가전자대에 생성된 정공은 음전압(혹은 0V)에 의해 기판으로 이동한다. 이들이 누설 전류를 일으키므로, 이 현상을 게이트 유도 드레인 누설 전류(Gate Induced Drain Leakage, GIDL)라 한다.

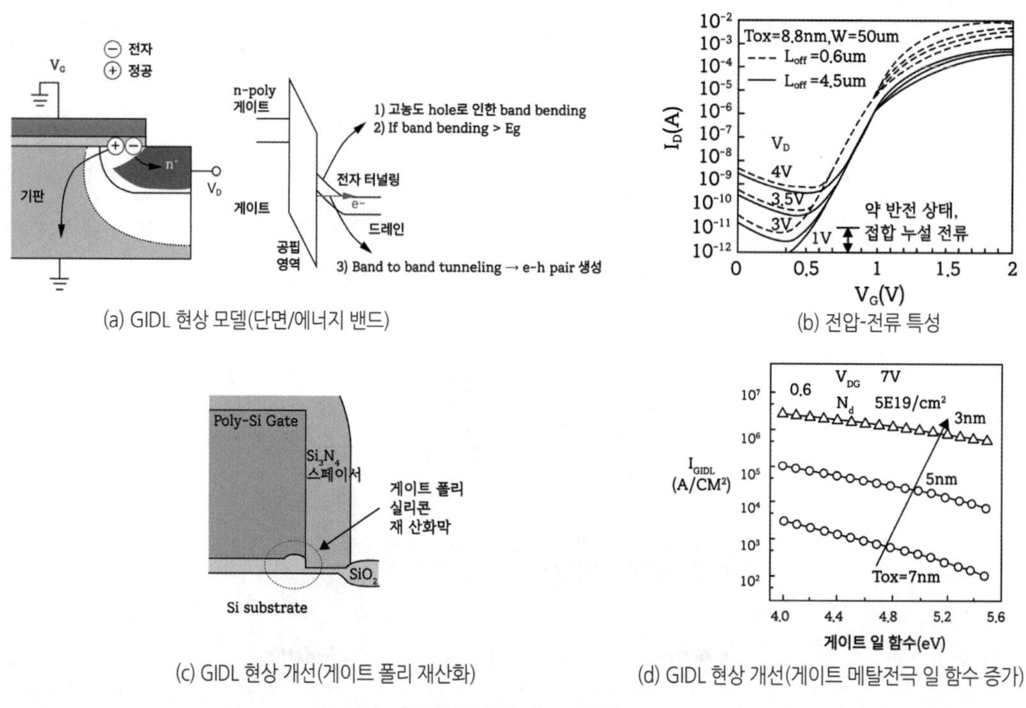

(a) GIDL 현상 모델(단면/에너지 밴드)

(b) 전압-전류 특성

(c) GIDL 현상 개선(게이트 폴리 재산화)

(d) GIDL 현상 개선(게이트 메탈전극 일 함수 증가)

[그림 3-67] GIDL 현상

GIDL 현상은 대기 전류를 증가시키고, 차단 영역에서 MOSFET의 누설 전류를 발생시키는 요인이다. GIDL은 Logic 소자에서는 대기전력을 증가시키고, DRAM에서는 셀 트랜지스터의 접합 누설 전류를 증가시켜 리프레시(Refresh) 특성 문제를 일으키므로 반드시 개선이 필요하다. 이를 개선하기 위해서는 다음과 같은 방법들이 사용된다.

- PN 접합 시 드레인의 농도를 경사지게(Graded junction) 형성시키는 방법
- 게이트 폴리 재산화(Gate poly re-oxidation): 게이트 식각 후 얇은 산화막을 성장시키고, 게이트 양끝단의 산화막 두께 증가에 의해 전계를 완화시키는 방법 ([그림 3-67 (c)])
- HKMG 공정을 적용하여 게이트 산화막의 두께를 높이는 방법 ([그림 3-67 (d)])

GIDL은 후술할 여러 단채널 소자에서 발생하는 현상들과는 달리, 채널 길이에 따른 영향성이 적은 편이다. 다시 말해 바이어스 조건만 맞는다면, 장채널 소자든 단채널 소자든 상관없이 발생할 수 있다는 것이다.

3 MOSFET의 Scale-down과 Short Channel Effect

1. Scale-down

(1) Scale-down의 정의

반도체에서 가장 유명한 법칙을 들으라 하면 인텔의 고든 무어가 발표한 '무어의 법칙(Moore's Law)'이다. 반도체 집적회로의 성능이 24개월마다 2배씩[8] 증가한다는 법칙이다. 다만 이 법칙은 대단한 통찰에 의한 것이 아니고 단순한 예견에 불과한 것이었는데, 되려 무어의 법칙에 맞도록 로드맵을 짜고 이를 맞추기 위해 엔지니어들이 고군분투하는 결과를 낳았다. 어찌됐건, 반도체 소자는 위의 법칙처럼 점점 더 높은 집적화를 이루기 위해 개별 소자의 크기가 점점 더 작아지고 있다. MOSFET 역시 마찬가지로, 미세화가 진행되면서 저전력, 고속 동작을 달성하게 되었다.

MOSFET의 미세화에 있어서 소자 축소를 합리적으로 달성할 수 있는 방법이 제시되었는데, IBM의 드나드(Dennard)는 게이트 길이만 감소시키는 것이 아니라 게이트 길이 감소에 따라 다른 항목들도 축소시켜 트랜지스터 내부의 전기장을 동일하게 유지하자는 등전기장 스케일링(Constant field scaling) 이론을 제시하였다. 이에 맞추어 MOSFET 소자의 미세화가 진행되었으나, 채널 길이가 짧아질수록 이를 만족시킬 수 없는 여러 효과들이 발생하였다. 이들을 통칭하여 단채널 효과(Short channel effect)라 한다.

---

8 처음에는 18개월마다 2배가 될 것이라 발표하였으나 기술 개발 속도가 둔화되면서 24개월로 바뀌었다.

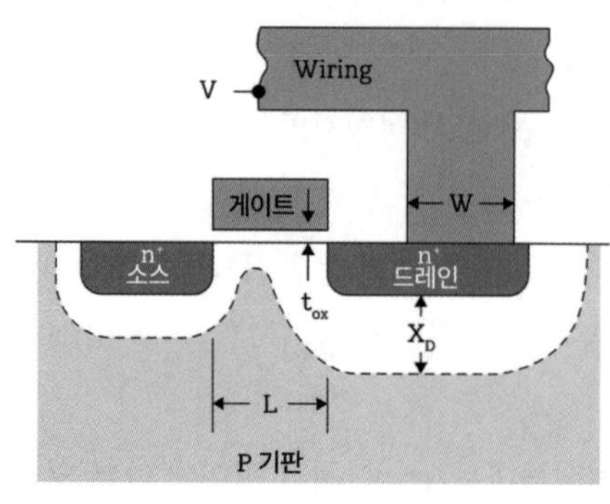

소자 또는 회로 파라미터	축소화 인자
소자크기, 게이트 산화막 두께(t_{ox}), L, W	$1/\kappa$
도핑 농도 N_a	κ
전압 V	$1/\kappa$
전류 I	$1/\kappa$
정전용량 $\varepsilon A/t$	$1/\kappa$
(회로) 지연 시간 VC/I	$1/\kappa$
(회로) 전력 소비 VI	$1/\kappa^2$
전압 밀도 VI/A	1

[그림 3-68] 드나드(Dennard)의 등전기장 스케일링

(2) 단채널 효과(Short channel effect)의 종류

단채널 효과(Short channel effect, SCE)는 좁은 범위로도, 넓은 범위로도 사용된다. 좁은 범위의 단채널 효과는 게이트 길이(채널 길이)가 짧아짐에 따라 문턱 전압이 낮아지는 현상을 말한다(V_{TH} 감소, V_t roll-off 라고 함). 채널 길이가 짧아지면 이외에도 수많은 현상들이 발생한다. 드레인 전압에 의한 장벽 서하(Drain Induced Barrier Lowering, DIBL), 펀치-스루(Punch-through), 캐리어의 속도 포화 현상(Velcotiy saturation), 열 캐리어 효과(Hot carrier effect) 등의 현상들이 발생한다.

2. V_t roll-off

좁은 의미의 단채널 효과는 채널 길이가 짧아짐에 따라 문턱 전압이 낮아지는 현상(Vt roll-off)을 말한다. MOSFET에서 채널이 형성될 때는 먼저 게이트 전압에 의해 채널 부분이 공핍된 후, 그 다음 반전층이 형성되어야 한다. MOSFET의 채널 아래에 생기는 공핍영역은 대부분 게이트 전압에 의해 만들어진다. 소스와 드레인에 의해 만들어지는 공핍영역도 있으나, 이들은 장채널 소자에서는 그 비율이 미미하여 무시할 수 있는 수준이다. 그러나 채널이 짧아지면서 드레인과 소스가 가까워지게 되는데, 이때는 소스와 드레인에 의해 만들어지는 공핍영역의 비율이 증가하게 되어 이를 무시할 수 없게 된다. 이러한 효과를 전하 공유(Charge sharing)라 한다. 전하 공유가 일어나면 게이트에 전압을 인가하지도 않았는데 이미 채널 영역이 공핍되기 시작한다. 따라서 이 상태에서 게이트에 전압을 걸면, 장채널일 때보다 더 낮은 전압에서 반전층이 형성되기 시작한다. 즉, 채널이 형성되는 문턱 전압(V_{TH})이 더 낮아지는 것이다.

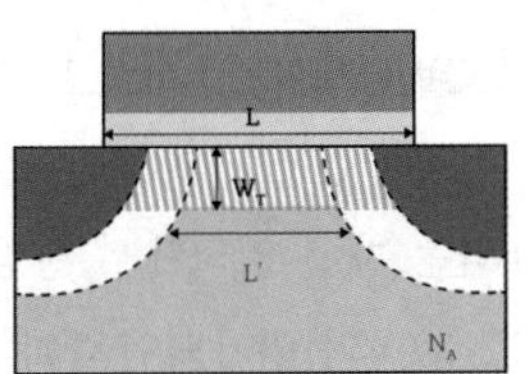

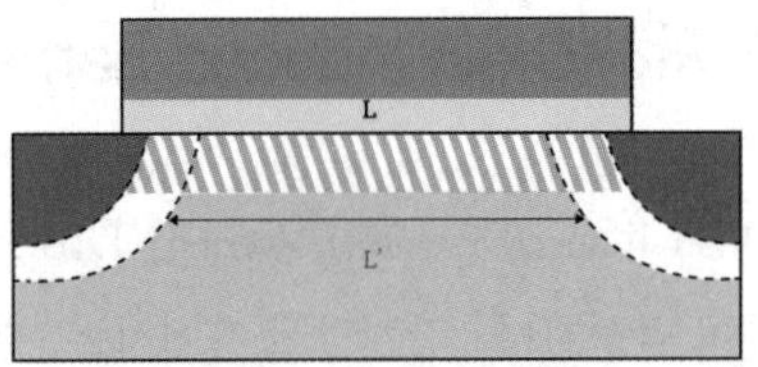

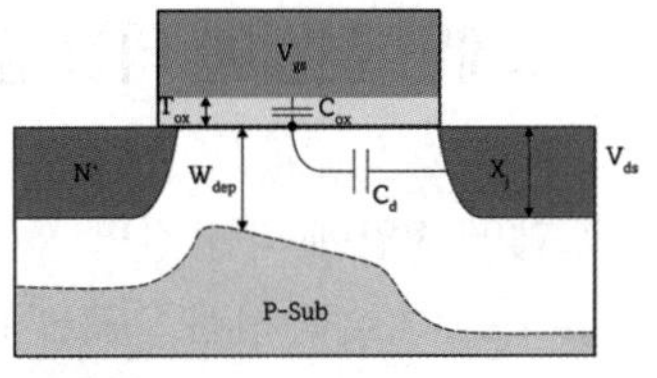

[그림 3-69] 전하 공유 모델에 의한 단채널 효과

전술한 바와 같이, 문턱 전압은 설계에 비해 너무 낮아져서도, 너무 높아져서도 안 된다. 설계에 따라서 Vt roll-off 현상을 보상해야 할 필요도 생기는데, 이를 위해 단채널 소자에서는 문턱 전압을 높이는 방법을 택한다. nMOS의 경우 p형 반도체 기판의 억셉터 도핑 농도(N_A)를 증가시키면, 반전층을 형성하기 위해 더 많은 수의 정공을 제거해야 하므로 문턱 전압이 증가한다. 이외에도 위의 그림에서 소스와 드레인의 깊이(X_j)를 얇게 하는 얕은 접합(Shallow junction) 형성을 통해 PN 접합에서 발생하는 공핍영역의 면적을 감소시켜 채널의 전하 공유를 최소화 하는 방법도 사용된다.

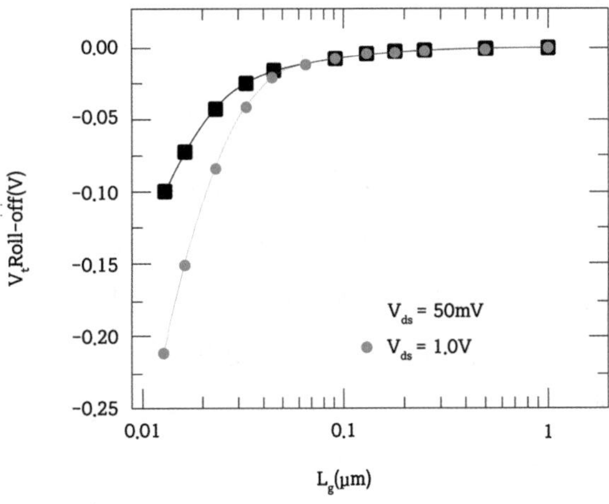

[그림 3-70] 게이트 길이에 따른 V_t roll-off

3. 드레인 전압에 의한 장벽 저하(Drain Induced Barrier Lowering, DIBL)

드레인 전압에 의한 장벽 저하(Drain Induced Barrier Lowering, DIBL) 효과는 채널 영역에서 형성되는 내부 전위 장벽의 높이가 변하여 발생한다. 장채널 소자에서는 게이트에 0V가 인가되었을 때, 드레인에 양전압(V_D)이 인가되어도 채널의 위치 에너지가 높기 때문에 소스의 전자가 드레인으로 이동하기 어렵다.

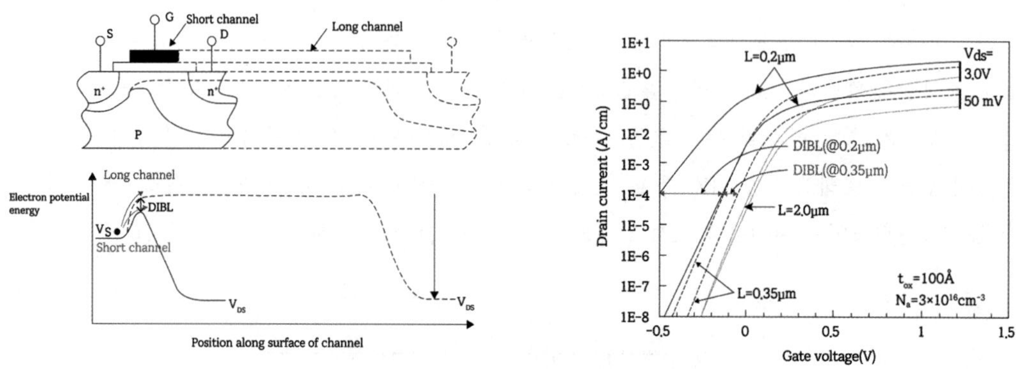

[그림 3-71] 드레인 전압에 의한 장벽 전하

그러나 단채널 소자에서는 게이트에 0V를 인가하여 트랜지스터가 Off가 되어도 드레인 전압이 증가하면 드레인-채널 사이의 공핍 영역이 소스-채널 사이의 전위 장벽이 휘는 지점까지 확장된다. 이에 게이트 전압이 아닌 드레인 전압에 의해 채널과 소스 사이의 내부 전위 장벽이 낮아지고, 이로 인해 게이트 전압과 상관없이 드레인 전압에 의해서만 소스에서 드레인으로 이동하는 캐리어가 증가하게 된다. 이러한 현상을 DIBL이라 하며, DIBL이 발생하면 드레인-소스 간 누설 전류가 증가하게 된다. 또한 [그림 3-71]처럼 드레인 전압이 높을 경우 문턱 전압의 감소가 심해짐을 알 수 있다.

DIBL은 드레인 전압에 의한 변화를 판단하는 것이므로, 아래의 수식과 같이 계산하여 판단하게 된다. MOSFET은 DIBL이 낮으면 드레인 전압과 상관없이 Off 특성이 좋은 소자라 판단한다.

$$DIBL = \left[V_{Th}(V_D^{low}) - V_{Th}(V_{DD}) \right]$$ [수식 3-64] DIBL

(V_D^{low} : MOSFET이 선형 동작을 하는 매우 낮은 드레인 전압, V_{DD} : 동작 드레인 전압)

DIBL을 줄이기 위한 대책으로는 반도체 기판의 불순물 농도를 높이는 방법이 있다. 이는 채널 영역을 침식하는 채널-드레인 간의 공핍영역의 확장을 막을 수 있어 DIBL을 개선할 수 있다. 그러나 기판 농도 변화에 따라 문턱 전압의 변화가 발생하기 때문에 이를 고려하여 사용해야 한다.

4. 펀치-스루(Punch-through)

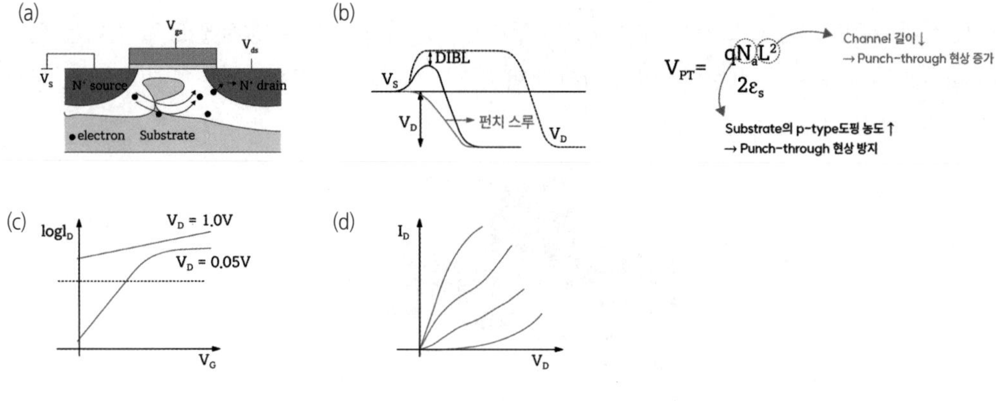

[그림 3-72] MOSFET의 펀치-스루

MOSFET에서는 공핍영역과 관련한 단채널 효과가 DIBL이 있지만, 이외에도 펀치-스루(Punch-through)가 발생한다. BJT의 펀치-스루 현상과 같은 현상이다. BJT에서의 펀치-스루는 이미터(E)-베이스(B)의 공핍영역과 콜렉터(C)-베이스(B)의 공핍영역이 맞닿아 캐리어가 베이스의 바이어스와 상관없이 이미터와 콜렉터 사이에서 이동하는 현상이었다. MOSFET에서는 채널 하부의 게이트 전압이 제어를 하지 못하는 영역에서 발생하는데, 드레인에 양전압이 인가되었을 때 기판-드레인의 공핍영역이 기판-소스의 공핍영역과 맞닿을 수 있다. BJT와 마찬가지로 이때는 게이트와 상관없이 누설 전류가 발생한다. 펀치-스루가 일어나는 전압은 다음과 같은 수식으로 나타낼 수 있다.

$$V_{PT} = \frac{qN_A L^2}{2\varepsilon_s}$$ [수식 3-65] 펀치-스루 전압

펀치-스루를 방지하기 위한 대책은 PN 접합의 공핍영역의 확장을 막는 것이다. 공핍영역의 확장을 막는 방법은 아래와 같은 방법들이 있다.

- 드레인의 도핑 농도를 낮추는 방법
- 드레인의 접합 깊이를 얕게 하는 방법 (Shallow Junction)
- 기판의 도핑 농도를 높이는 방법 / 국부적으로 도핑 농도를 높이는 방법 (Halo doping)

위의 방법 중 드레인의 도핑 농도를 낮추는 방법은 소자의 내부 저항을 증가시켜 특성 저하가 일어나므로 사용되지 않는다. 얕은 접합(Shallow junction)은 매우 효과적으로 많이 사용되고 있으나, 역시 소자의 내부 저항을 증가시키므로 주의하여 사용한다. 기판의 농도를 높이는 방법은 펀치-스

루 방지에 효과적이나 문턱 전압을 바꾸는 부작용이 있기 때문에, 기판 중에서 펀치-스루에 영향을 주는 드레인/소스 하단부의 포켓(Pocket) 영역에 국부적인 도핑하는 방법을 적용한다. 이와 같은 국부적 도핑을 할로 이온 주입(Halo ion implantation), 혹은 할로 도핑(Halo doping)이라 한다.[9] 할로 도핑을 하는 경우에도 고농도 도핑에 의해 채널의 두께가 감소하고, 캐리어가 채널에 잘 갇히는 현상(Channel concentration)이 발생한다. 이로 인해 문턱 전압이 증가하는 경향이 있으나 기판 농도 전체를 증가시킬 때보다는 그 상승폭이 낮다.

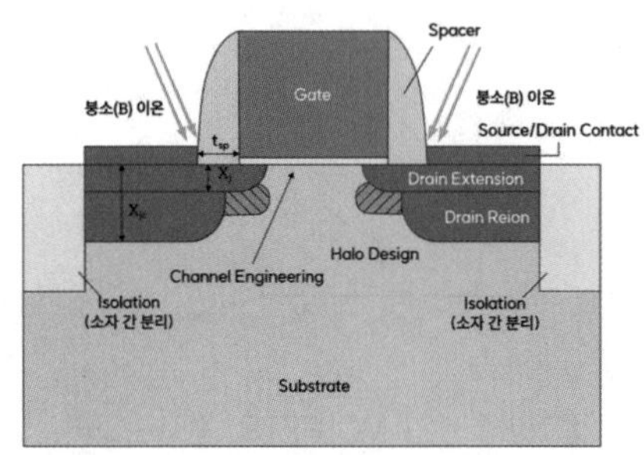

[그림 3-73] 펀치-스루 방지를 위한 Halo doping

할로 도핑을 하였을 때, 아래 그림과 같이 채널 길이가 감소함에 따라 문턱 전압이 저하되는 단채널 효과와 반대의 현상이 관찰된다. 어느 정도 채널 길이가 감소할 때 까지는 오히려 문턱 전압이 증가하는 이 현상을 반 단채널 효과(Reverse short channel effect, RSCE)라 한다.

초기 반도체 개발 시에는 이 현상의 원인이 할로 도핑에 의한 효과라고 알려졌다. 그러나 이후 연구를 통해 할로 도핑을 하지 않았을 때에도 동일한 현상이 발생하기도 하고, 할로 도핑 후 추가 열공정을 진행하였을 때 공정 조건에 따라서도 달라진다는 것을 확인하였다. 이에 소스/드레인에 주입된 불순물들을 활성화(Activation) 시키기 위해 진행하는 고온 열처리(Anneal)가 원인으로 밝혀졌는데, 열처리를 통해 소스/드레인에 존재하는 불순물들이 채널 및 기판으로 확산[10]하여 반 단채널 효과가 발생하는 것으로 알려졌다. 앞서 말했듯이 이를 줄이기 위해 여러 열처리 공정이 연구되었으며, 현재는 반 단채널 효과를 최소화 하도록 공정이 진행되고 있다.

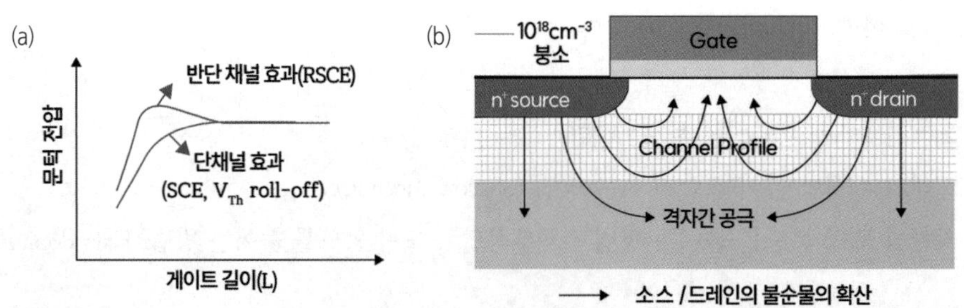

[그림 3-74] 반 단채널 효과와 그 원인

9 Halo 대신 Pocket 이라는 용어를 사용하기도 한다.
10 이 현상은 과도 종속 확산(Transient Enhanced Diffusion, TED)이라고 한다.

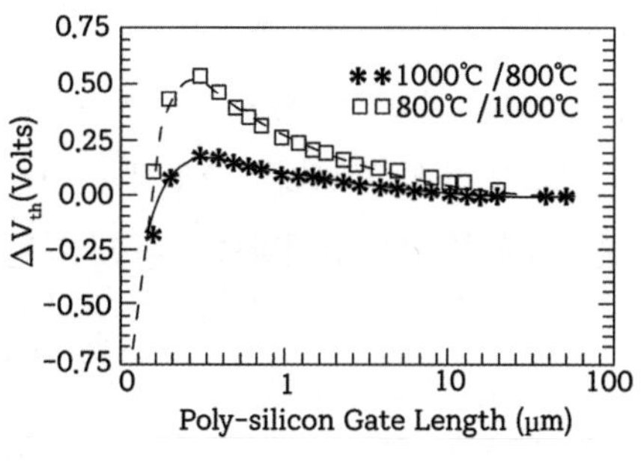

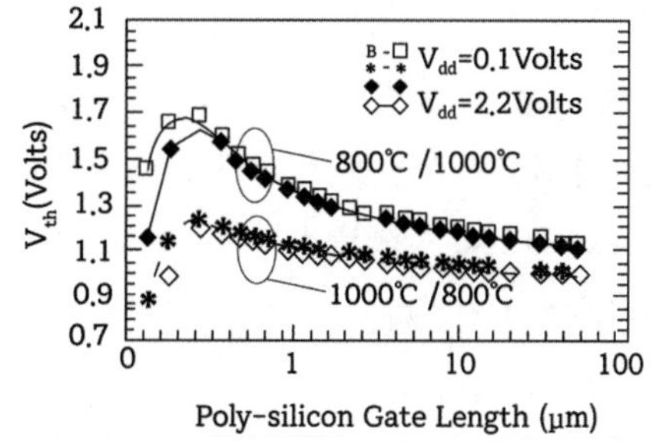

[그림 3-75] 열처리 조건에 따른 반 단채널 효과의 감소

5. 속도 포화 현상(Velocity saturation)

속도 포화 현상(Velocity saturation)은 캐리어가 매우 큰 속도로 가속되었을 때 발생하는 현상으로, On 상태의 드레인 전류를 현저히 낮추는 문제를 일으킨다. 캐리어의 속도는 일정 전기장 하에서는 전기장에 비례하다가, 강한 전기장($>10^3$V/cm)이 인가되면 특정 속도에서 포화되는 모습을 보인다(Si 전자의 경우 v_{sat}은 10^7cm/s). 이는 캐리어의 속도가 커질수록 캐리어가 인접한 격자들과 충돌할 확률이 높아지기 때문이다. 캐리어에 인가되는 에너지가 증가하여도 그 에너지가 속도 증가분에 기여하는 것이 아니라, 실리콘 격자 내로 전달되어 격자를 때리기 때문이다. 이에 대해서는 후술할 열 캐리어 효과에서 다루도록 한다.

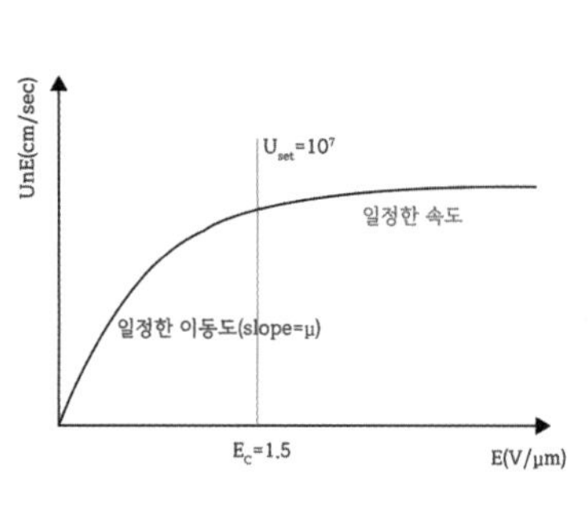

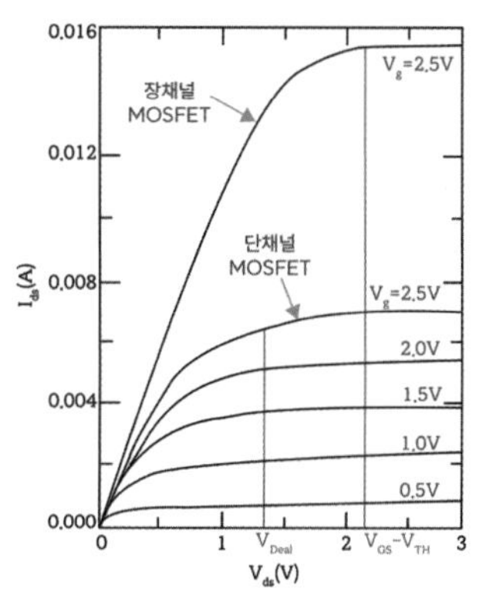

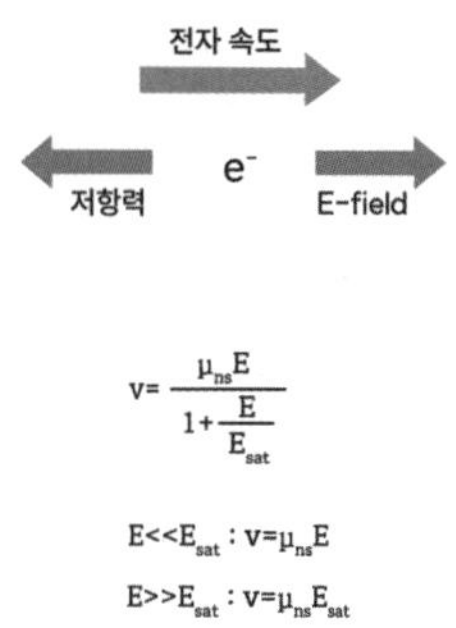

[그림 3-76] 속도 포화 현상

속도 포화 현상은 특히 단채널 트랜지스터에서 더 크게 나타난다. 일정한 전압에서 전기장은 거리에 반비례하기 때문에, 채널 길이가 짧을수록 채널에 인가되는 전기장이 훨씬 크게 작용한다. 이에 단채널 소자에서는 핀치 오프(Pinch-off)가 일어나기 전보다 더 낮은 드레인 전압에서 캐리어의 속도 포화 현상이 발생하며, 이에 따라 위의 그림처럼 전류의 포화 역시 장채널보다 더 낮은 전압에서 일어나기 시작한다.

전류식 I = qnvAd에서부터 MOSFET의 드레인 전류 수식을 유도할 때, 장채널에서는 속도(v)를 이동도(μ)와 전기장(E)의 곱으로 나타내어 드레인 전압(V_D)를 수식에 사용하였다. 포화 영역에서는 드레인 전압과 상관없이 일정한 전류가 흐르기 때문에 $V_{DSat}=V_G-V_{TH}$를 대입하여 우리가 아는 수식을 유도할 수 있었다. 그러나 단채널에서는 드레인 전류를 계산할 때 드레인 전압(V_D) 대신 캐리어의 속도(v)를 수식에 대입해야 한다. 이를 대입하여 수식을 유도하면 [수식 3-66]과 같이 나타낼 수 있다. 장채널 소자에서는 포화 상태의 드레인 전류가 게이트 전압의 제곱에 비례하나 단채널 소자에서는 게이트 전압과 선형적으로 증가하게 된다.

$I_{DSat} = Wv_{sat}C_{ox}(V_{gs} - V_t)$ [수식 3-66] 단채널 소자의 드레인 전류식

$I_{DSat} \propto V_G^2$ [수식 3-67] 장채널 소자에서의 드레인 전류와 게이트 전압의 관계

$I_{DSat} \propto V_G$ [수식 3-68] 단채널 소자에서의 드레인 전류와 게이트 전압의 관계

6. 열 캐리어 효과(Hot carrier effect)

● 열 캐리어 효과

MOSFET의 채널 길이가 짧아지면 채널 방향의 전기장이 증가한다. 이때 채널 내의 전기장은 등간격으로 분포하는 것이 아니라 특정 영역에서 최대치를 가지는 형태를 보인다. 최대치를 보이는 부분은 드레인에 인접한 영역이다. 따라서 이러한 강한 전기장 내에서 캐리어는 소스에서 드레인으로 움직이면서 높은 에너지를 받게 된다. 이렇게 높은 에너지를 가진 전자를 열 캐리어(Hot carrier)라 한다.

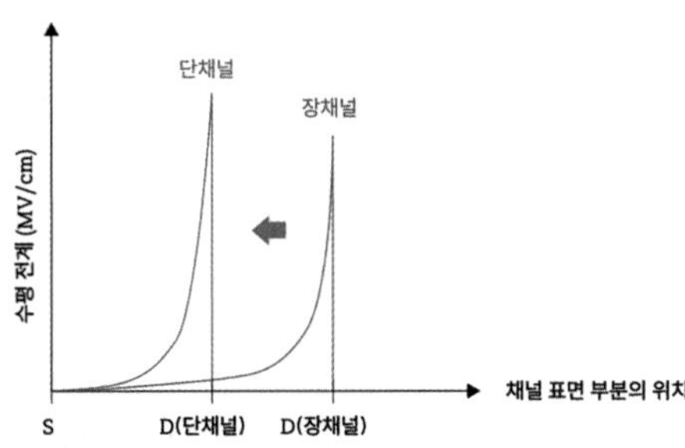

[그림 3-77] 채널 내의 수평 방향 전기장의 분포

nMOS로 예로 들어 설명하도록 하자. 캐리어인 전자는 채널을 따라 이동할 때 일자로 직진하는 것이 아니라 산화막 경계면에 충돌을 거듭하면서 드레인으로 이동한다. 이들 산화막은 형성 시 실리콘과의 계면에서 불포화 결합(Dangling bond)[11]이 형성되어 있는데, 이들이 전자의 이동을 방해하는 트랩(Trap)으로 작용한다. 불포화 결합을 제거하기 위해 보통은 수소 분위기의 열처리(Annealing)를 하여 피복(Passivation)[12]시킨다. 이때 높은 에너지를 가진 열 전자는 충돌을 통해 수소 결합을 끊어 다시 불포화 결합 상태를 복원한다.

불포화 결합 상태에 의해 계면에 전자가 포획되거나 전기력에 의해 전자의 움직임을 방해받아 이동도(Mobility)가 감소하게 된다. 이동도의 감소는 전달 전도도(Transconductance)의 감소로 이어지고, 이는 On 상태의 전류 감소와 고주파 특성의 저하를 불러온다. 또한 게이트 산화막에 전자가 포획되면 산화막 내의 추가적인 전하를 형성하기 때문에, 게이트의 전압이 채널에 전달되는 데 방해하는 역할을 한다. 따라서 채널을 반전시키는 데 필요한 문턱 전압(V_{TH})이 증가한다. 전자의 포획은 이외에도 소자의 신뢰성을 감소시키기도 한다.

11 어떠한 격자 내에서, 최외각 전자가 완벽하게 결합을 마치지 못하는 경우가 발생할 때의 최외각 전자들을 가리킴
12 피복을 통한 물질의 안정화

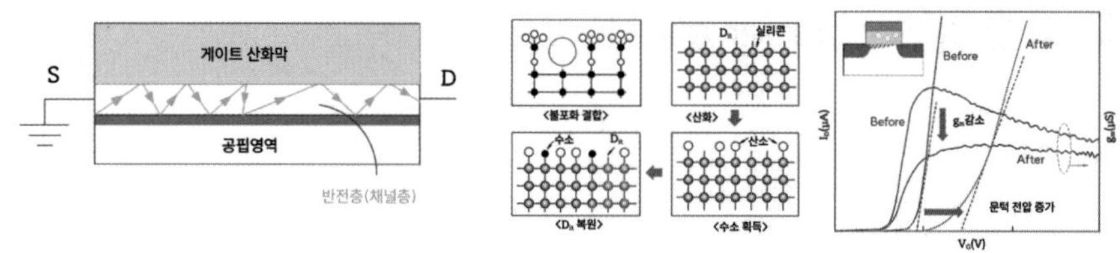

[그림 3-78] (왼쪽) 채널을 따라 이동하는 캐리어의 경로,
(가운데) 실리콘과 산화막의 계면 상태, (오른쪽) 열 전자 효과에 의한 특성 변화

만약 열 전자가 매우 높은 에너지를 받아 실리콘(Si)과 게이트 산화막인 실리콘 산화막(SiO_2)의 E_C 차이(3.1eV) 이상의 에너지를 얻게 되면, 열 전자는 실리콘 산화막을 넘어 게이트로 흘러가 원치 않는 게이트 누설 전류를 형성한다. 혹은 산화막에 트랩(Trap) 밀도가 높은 경우, 열 전자가 트랩을 거쳐서 게이트로 이동하여 게이트 누설 전류를 형성하는 경우도 발생한다.

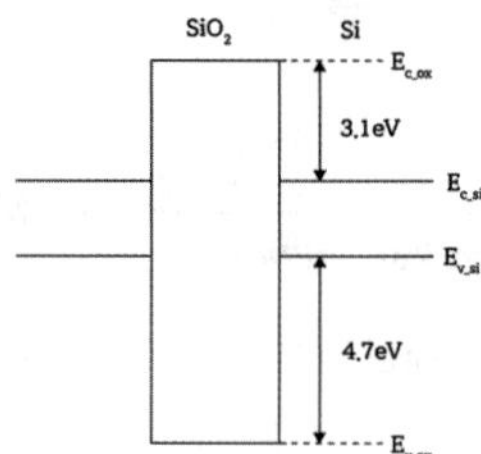

[그림 3-79] Si와 SiO_2 간의 에너지 밴드

● 충돌 이온화 – 스냅백과 래치업

열 전자는 이외에도 충돌 이온화(Impact ionization)를 일으킨다. 아래 그림처럼 열 전자가 실리콘 격자와 충돌하면 전자-정공 쌍이 생성되고, 이들은 다시 에너지를 받아 실리콘 격자와 충돌하여 또 다른 전자-정공 쌍을 만든다. 이 과정이 반복되면서 전자와 정공이 대량생성되며, 그 중 전자는 양전압이 인가되어 있는 드레인으로, 정공은 기판으로 빠져 나가면서 기판 전류(I_{sub})를 형성한다. 형성된 기판 전류는 저항으로 인해 기판 내에 전위차를 발생시켜 결과적으로 기판의 전위가 0V인 소스보다 높아진다. 이에 소스-기판-드레인이 BJT 동작을 하게 되어, 기판을 통해 드레인으로 이동하는 전자가 증가하면서 스냅 백(Snap-back)[13] 현상을 일으킨다. 또한 nMOS와 pMOS가 맞물린 CMOS 구조에서는, 기판의 BJT 효과가 서로 맞물려 래치 업(Latch up)[14] 현상 등의 원치 않는 불량을 일으키기도 한다. 이와 같은 현상을 통틀어 열 캐리어 효과(Hot carrier effect)라 한다.

---

13 드레인 전류가 정상적으로 흐르다 갑자기 증가하는 현상

14 CMOS에서 내부 접합부 일부가 도통되어, 순간적인 과전류가 흘러 소자 및 회로를 파괴시키는 현상

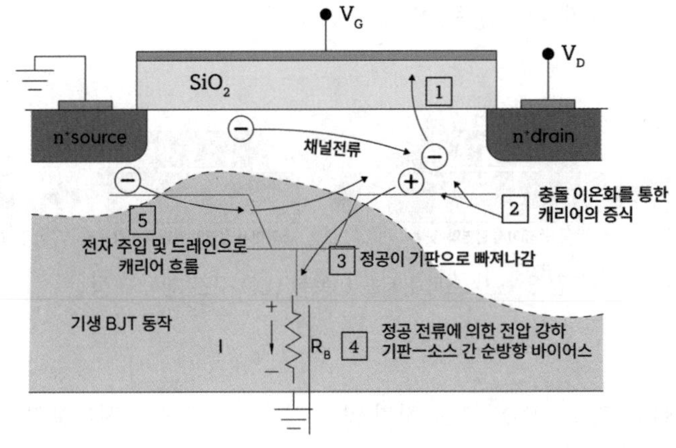

[그림 3-80] 열 전자에 의한 충돌 이온화 과정

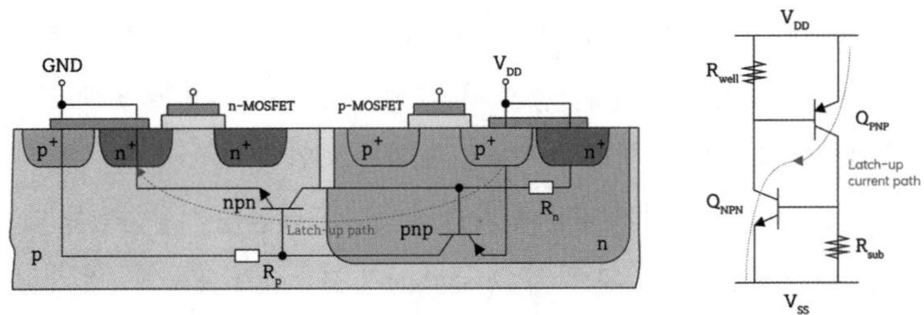

[그림 3-81] CMOS의 Latch-up 발생 과정

위와 같은 열 전자에 의한 효과는 pMOS와 열 정공에 의해서는 잘 발생하지 않는다. 정공이 전자에 비해 이동도가 낮아 열 정공 발생 확률이 낮을뿐더러, 실리콘과 실리콘 산화막의 E_V 차이도 4.7eV로 E_C 차이보다 크기 때문이다. 최근 들어 소자의 미세화가 진행되어 pMOS에서도 열 정공 효과가 발생할 것으로 예측하였으나 수nm 수준의 소자에서도 크게 문제가 되고 있지 않다. 따라서 정리하면 열 캐리어 효과(Hot carrier effect)는 nMOS와 전자에 의해서만 발생하는 것으로 이해하면 되며, 열 전자 효과(Hot electron effect)라고 불러도 무방하다고 생각하면 될 것이다.

● 열 캐리어 효과 감소 – LDD 기법

열 캐리어 효과를 줄이는 대책 중 가장 대표적인 것은 저 농도 도핑 드레인(Lightly Doped Drain, LDD) 기법이다. MOSFET은 게이트와 소스/드레인 간의 절연을 위해 사이에 스페이서(Spacer)[15]라고 하는 부분을 형성하여 사용한다. 저 농도 도핑 드레인 기법은 스페이서를 이용하면 쉽게 형성할 수 있다. 먼저 저 농도 소스/드레인 영역을 도핑한 다음 스페이서를 형성하고, 이후 고농도 소스/드

15 게이트 측면에 위치하는 절연막. 게이트와 소스/드레인 간의 절연 효과와, 공정상 실리콘 기판에 불순물을 주입하는 과정에서 스페이서 하단 영역의 도핑을 막아주는 역할을 한다

레인 영역을 도핑하면 쉽게 제작이 완료된다.

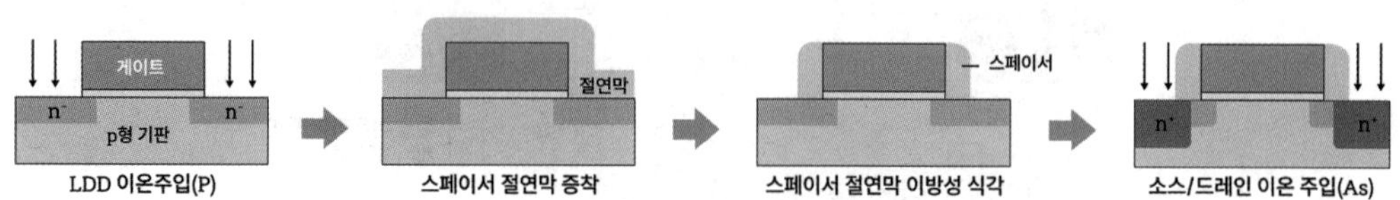

[그림 3-82] 스페이서를 이용한 LDD 구조 제작 과정

LDD는 [그림 3-83]과 같이 LDD를 적용하지 않은 기존의 구조에서 전기장의 크기가 최대치가 되는 채널에 인접한 드레인 도핑 농도를 감소시키는 것이다. LDD를 적용한 구조에서 드레인에 양의 전압을 인가하면, 도핑 농도가 낮은 LDD 영역의 공핍영역 폭이 커지고 이에 따라 전기장도 LDD가 끝나는 영역까지 확장된다. 전기장을 적분한 전압은 LDD가 있는 구조와 없는 구조에서 동일하기 때문에, 전기장의 최대값은 낮아지게 된다. 충돌 이온화(Impact ionization)는 최대 전기장에 지수함수로 비례하므로 LDD는 이를 줄이는 데 매우 탁월한 효과를 보인다.

다만 LDD 영역은 도핑 농도가 낮기 때문에 기존 고농도 드레인을 사용하였을 때보다 소스/드레인 영역에서의 직렬 저항이 증가한다. 따라서 On current가 감소하기 때문에, 열 캐리어 효과 감소와 On current 감소에 따른 소자 스피드 저하의 trade-off를 고려하여 농도, 깊이, 너비 등의 적정 조건을 적용하는 것이 중요하다. LDD의 최적 조건을 잡는 것은 복잡한 일이다. 최근에는 극심한 미세화가 진행되어 LDD도 큰 효과를 보지 못하는 경우도 발생한다. 이 경우에는 오히려 게이트 아래에 소스/드레인 영역을 확장하여 채널 길이를 줄이는 역할로 LDD를 사용하는 경우도 있다.

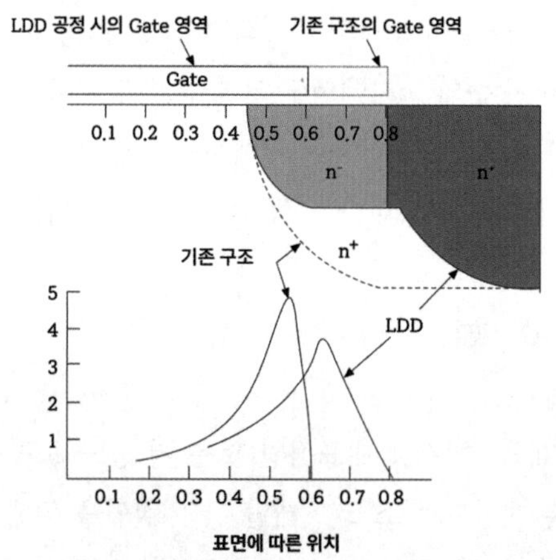

[그림 3-83] LDD 적용 시의 전기장 크기 감소 효과

7. 기생 저항과 기생 정전용량(Parasitic resistance and Parasitic capacitance)

미세화가 진행될수록 MOSFET 소자의 기생 저항(Parasitic resistance)과 기생 정전용량(Parasitic capacitance) 문제가 대두되고 있다. 이들은 신호의 전달을 지연하는데, 도선의 끝에 전달되는 신호는 아래의 수식처럼 기생 저항과 기생 정전용량의 곱에 따라 커진다. 이를 RC delay라 한다. RC delay는 소자의 성능을 열화시키기에 이를 최소화하는 것이 필요하다.

$$V(t) = V_{DD}e^{-\frac{t}{r}} \quad (where\ T = RC)$$ [수식 3-69] RC Delay

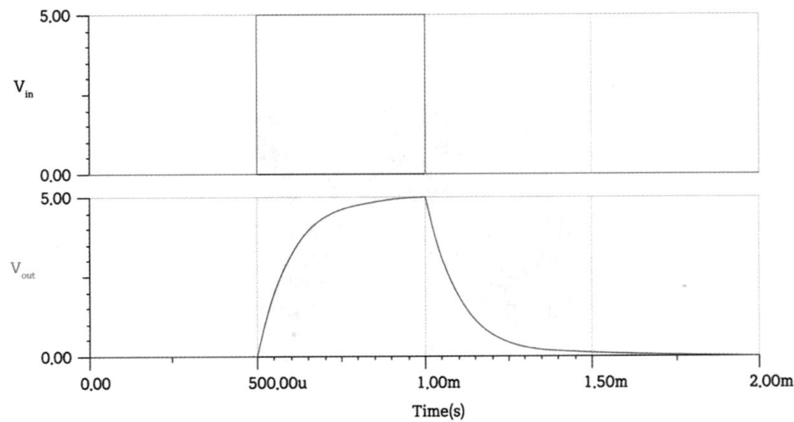

[그림 3-84] RC delay에 의한 신호 전달 지연

기생 저항은 소자에 존재하는 여러 저항을 나타낸다. 이 중 채널 저항(R_{ch})과 외부 드레인 저항(R_{EXT})은 소자의 문턱 전압과 전류의 크기, 신뢰성에 영향을 주므로 줄이기에 쉽지 않다. 오히려 미세화가 진행되면서 영향을 받는 부분은 소스/드레인 저항(R_{SD})과 소자-배선간 접촉 저항(R_{co})이다. 소스/드레인 저항은 DIBL, Punch-through 등의 단채널 효과를 줄이기 위해 소스/드레인의 깊이를 줄이는 얕은 접합(Shallow junction)을 사용하면서 증가하는 경향을 보인다. 또한 MOSFET 크기가 작아지면서 배선에서부터 소스/드레인에 연결하는 단면적이 감소하여 접촉 저항 역시 증가한다. 이들을 줄이는 방법으로 소스/드레인 영역을 재성장(Regrowth)하는 방법이 대두되었다. 소스/드레인 재성장은 소스/드레인을 얇게 파낸 후 높은 도핑 농도를 가지는 소스/드레인이 실리콘 표면 위로 올라가는 형태를 만드는 것이다. 이를 통해 얕은 접합을 유지하고, 고농도 도핑으로 소스/드레인 저항을 낮추며, 배선과의 간격을 줄여 접촉 저항을 줄이는 일석삼조의 효과를 얻을 수 있다.

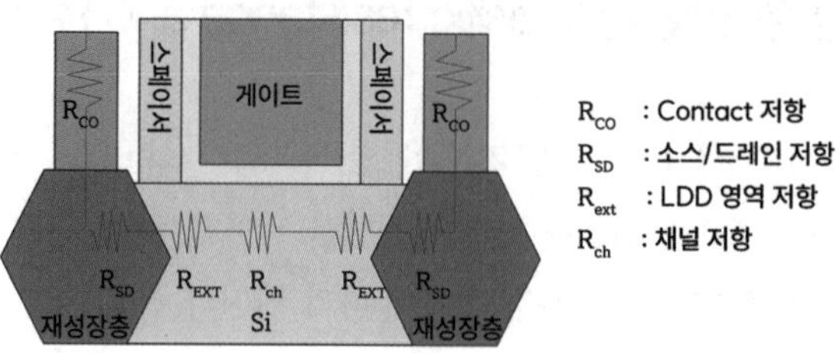

[그림 3-85] MOSFET의 기생저항과 소스/드레인 재성장

기생 정전용량은 채널층 형성을 위한 게이트-산화막-반도체의 정전용량을 제외한 나머지 정전용량을 의미한다. MOSFET 소자에서는 주로 게이트와 소스/드레인 간의 정전용량이 이를 차지하기 때문에, 이를 줄이기 위해 스페이서(Spacer)를 저유전체 물질(low-k)로 형성하는 기법을 사용하고 있다.

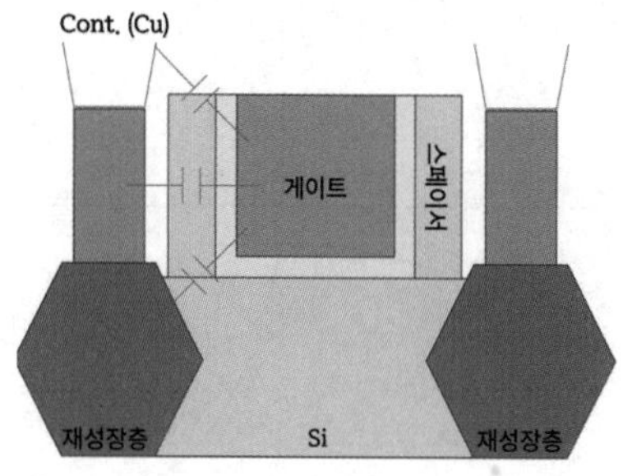

[그림 3-86] MOSFET의 기생 정전용량

한편, MOSFET 뿐만의 문제는 아니지만 소자와 소자를 연결하는 배선에서도 기생 저항과 기생 정전용량이 존재한다. 보통 배선은 다층 구조를 이루는데, 배선의 폭(h)과 높이(w)가 배선의 저항을 결정하고, 높이와 간격(x축, s) 그리고 배선 간 높이(z축, d)는 기생 정전용량을 결정하므로 이에 대한 최적화가 필요하다.

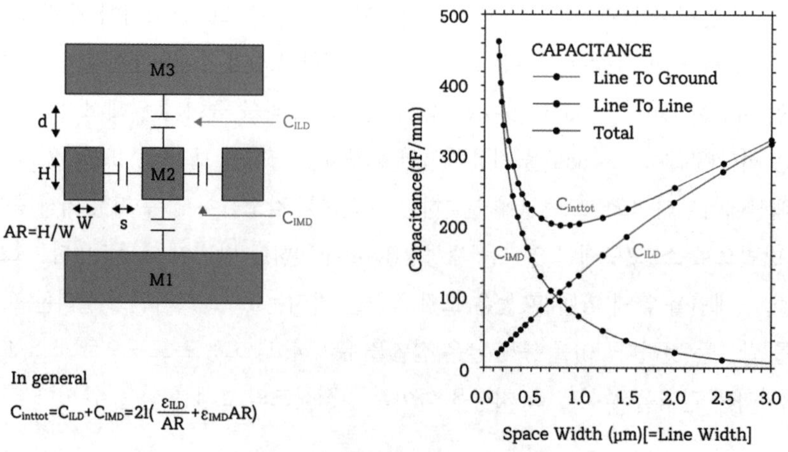

[그림 3-87] 배선의 기생 정전용량

4 최신 MOSFET 소자

소자의 미세화(Scale-down)가 진행되면서 앞에서 살펴본 여러 부정적인 현상들이 나타나게 되었다. 이에 기존 기술을 개량하여, 새로운 구조 및 소재를 가지는 MOSFET을 개발하게 되었다. 여기서 소개할 여러 기법들은 주로 MOSFET 소자 자체의 성능을 우선시 하는 로직 제품에서 우선적으로 사용하고 있으며, 점차 메모리 제품의 소자로도 확장되고 있는 추세를 보이고 있다.

1. 실리콘 격자 변형(Strained Si)

(1) 이동도(Mobility) 향상을 위한 C-SiGe 기법

전술하였듯이 단채널 MOSFET에서는 이동도(Mobility) 저하 현상이 발생하여 이로 인한 온 전류(On current) 감소가 발생한다. 이를 해결하기 위해 채널(Channel)의 캐리어 이동도를 높이려는 목적으로, 채널 부분을 실리콘(Si)보다 이동도가 높은 저마늄(Ge)을 혼합하여 형성하는 C-SiGe(Channel SiGe) 기법이 등장하게 되었다.

[표 3-9] 실리콘과 저마늄 반도체의 캐리어 이동도

	Si	Ge
전자의 이동도 μ_n(cm^2/V · s)	1400	3900
정공의 이동도 μ_p(cm^2/V · s)	470	1900

C-SiGe 기법은 이동도를 높이는데 일정 수준의 효과가 있었지만, nMOS와 pMOS 각각 다른 응력(Stress)를 인가해주는 것이 과제였다. 일반적으로 SiGe 채널은 pMOS에는 매우 효과적이었으나 nMOS에는 효과가 없거나 약간의 소자 열화를 가져왔다. nMOS를 pMOS처럼 성능을 올리기 위해서는 공정이 복잡해지는 문제가 있어 최선단 노드에서는 점차 다른 공정으로 전환되었다.

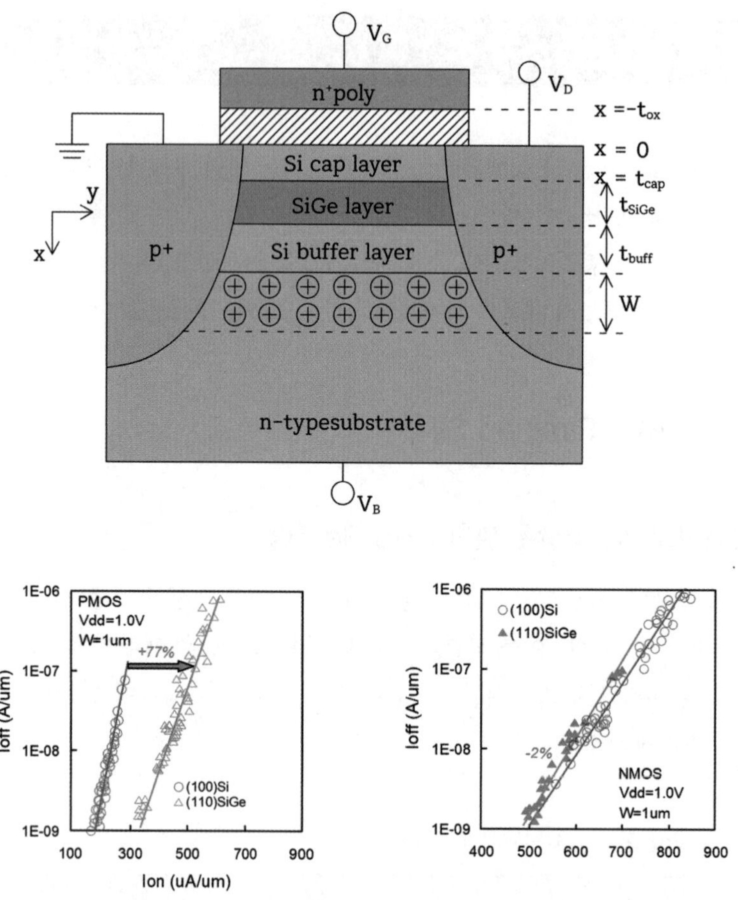

[그림 3-88] c-SiGe를 사용한 pMOS의 구조와 c-SiGe 사용 시의 nMOS, pMOS의 소자 성능 변화

(2) 응력(Stress)과 실리콘 격자 변형(Strained Si) 기법

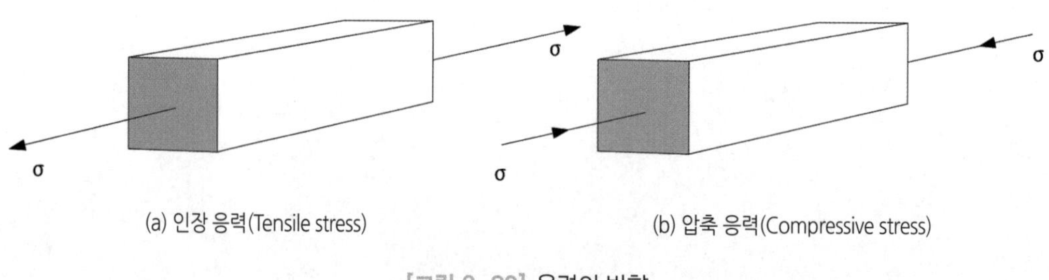

(a) 인장 응력(Tensile stress)

(b) 압축 응력(Compressive stress)

[그림 3-89] 응력의 방향

앞에서 응력(Stress)에 대해 설명하였다. 응력은 어떠한 격자나 박막에 가해지는 힘을 말하는데, 그 방향에 따라 인장 응력(Tensile stress)과 압축 응력(Compressive stress) 두 가지로 나뉜다. 아래 그림과 같이 어떠한 격자나 박막을 바깥쪽으로 잡아당기려는 힘을 인장 응력, 안쪽으로 밀어 압축하려는 힘을 압축 응력이라 한다.

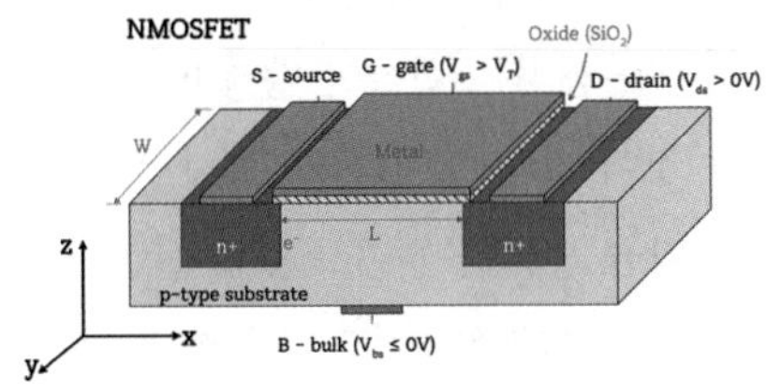

	Direction	nMOS	pMOS
x	Longitudinal	More tensile +++	More compressive ++++
y	Transverse	More tensile ++	More tensile +++
z	Out-of-plane	More compressive ++++	More tensile +

[그림 3-90] 실리콘 반도체에서의 응력에 따른 캐리어 이동도 변화

많은 과학자들과 공학자들에 의해 오랜 연구 끝에 실리콘에 기계적 응력(Stress)을 가하면 전자와 정공의 이동도가 변한다는 사실이 밝혀졌다.[16] 격자가 변형된 실리콘의 밴드갭과 캐리어의 유효 질량은 일반 실리콘과 다른 값을 가지므로, 실리콘의 격자를 변형하면 캐리어의 유효 질량을 감소시켜 캐리어의 이동도를 높인다는 것이다. 아래의 그림처럼 MOSFET에 인가되는 응력의 방향을 x, y, z 축으로 나누었을 때 채널에 인가되는 응력의 방향에 따라 전자의 이동도와 정공의 이동도가 개선되는 방향이 달라진다. 여러 방향에 응력을 줄 수 있겠으나 최근에는 공정 간소화 등의 이유로 x 방향(채널 방향)에 응력을 인가하는 기법을 많이 사용한다.

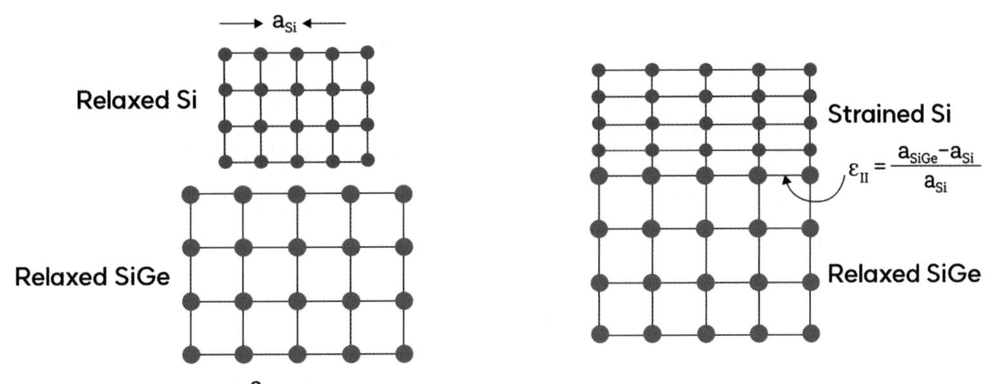

[그림 3-91] (왼쪽) 결합 전, (오른쪽) 결합 후의 Si와 SiGe 격자 구조 상태

16 변형 전위(Deformation potential 이론이라고 한다.

x 방향(채널 방향)을 고려하였을 때 전자는 인장 응력에 의해, 정공은 압축 응력에 의해 이동도가 증가한다는 사실이 이론 및 실험으로 증명되었다. 이를 인가하는 가장 좋은 방법은 전술하였던 소스/드레인 재성장(Regrowth)[17] 방법이다. pMOS의 경우 소스/드레인 영역을 실리콘-저마늄(Si-Ge) 막으로 성장시켰을 때, 실리콘 원자보다 큰 저마늄 원자의 격자 상수(Lattice constant)에 의한 격자 불일치(Lattice mismatch)로 인해 채널의 실리콘은 압축 응력을 받는다. 이렇게 pMOS의 소스/드레인을 SiGe로 구현하는 기법을 eSiGe(embedded-SiGe)라 한다. 격자 불일치가 클수록 응력이 증가하여 이동도를 더욱 높일 수 있으나, 격자 불일치가 너무 심해지면 격자가 깨지는 현상이 발생하기 때문에 저마늄 농도를 높이는데는 한계가 있다. 20% 정도를 사용하는 것이 한계로 예상되었으나 최근에는 단계적으로 농도를 높이는 기법이 적용되어 35% 이상으로도 저마늄 농도를 높이고 있는 실정이다.

한편 nMOS는 소스/드레인에 실리콘보다 격자 상수가 작은 탄소(C)를 실리콘과 결합한 탄화규소(SiC)를 사용하는 방법을 사용할 수 있다. 그러나 이 방법은 공정상 구현이 어렵고 투자 대비 성능 향상이 좋지 않아 양산에서 외면받고 있다. 다만 기생 저항을 줄이기 위해 nMOS에서도 소스/드레인을 고농도의 인(P)이나 비소(As) 도핑을 한 실리콘을 재성장하는 eSD(embedded-Source & Drain) 기법을 사용한다.

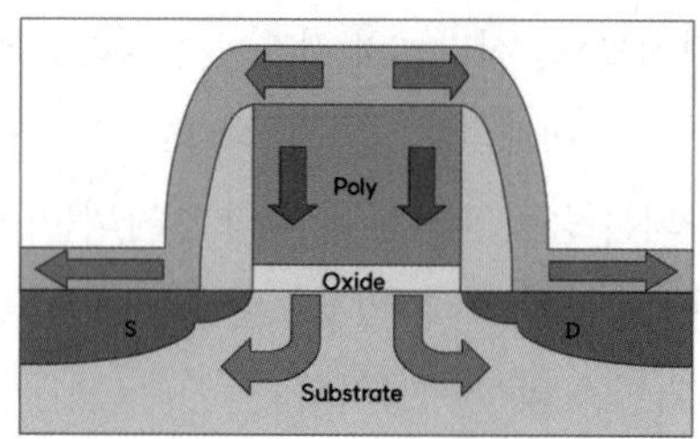

[그림 3-92] SMT

nMOS는 채널에 인장 응력을 인가하면 전자의 이동도가 증가하여 소자 성능이 개선된다. 이를 위해서는 SMT(Stress Memorization Technique)이라는 기법이 사용되는데, 이는 주로 강한 응력을 인가하는 실리콘 질화물(SiN)을 소자의 표면에 덮어주는 방법이다. 실리콘 질화물은 공정 조건에 따라 응력의 방향을 결정할 수 있는데, 채널에 인장 응력을 인가하도록 하는 실리콘 질화물을 증착한다.

17 웨이퍼 위에 같은 방향성을 갖는 단결정 막을 기르는 기술인 Epitaxy(에피택시) 방법을 사용한다.

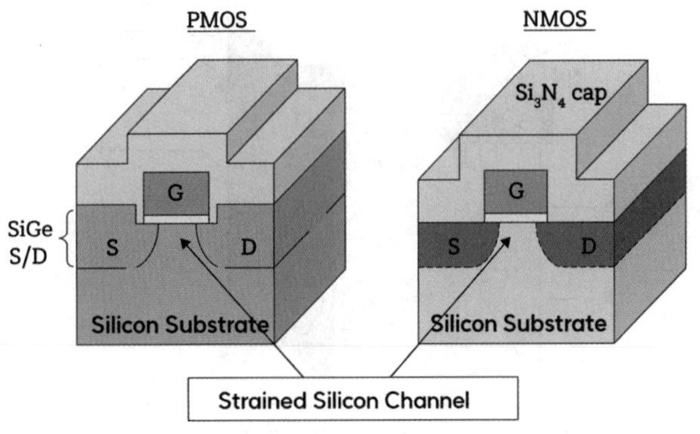

[그림 3-93] pMOS와 nMOS의 Strained Si 기법

이러한 Strained Si 기법은 실리콘 웨이퍼의 결정 방향에도 영향을 준다. 캐리어의 이동도는 결정 방향에 따라서도 다른데, 전자의 이동도는 〈100〉 〉 〈111〉 〉 〈110〉, 정공의 이동도는 〈110〉 〉 〈111〉 〉 〈100〉 이다. 예전에는 nMOS가 가장 우수한 특성을 가지는 〈100〉 방향의 채널을 많이 사용하되, pMOS는 nMOS보다 크게 구현하여 nMOS와 pMOS의 전류 레벨을 맞춰주었다. 그러나 최근에는 응력 엔지니어링이 발달하여, 〈110〉 채널을 사용하고 응력 엔지니어링을 적용하면 동일한 면적을 가지는 nMOS와 pMOS가 비슷한 수준의 전류 레벨을 가지도록 할 수 있다. 이에 최근 선단 노드에서는 〈110〉 채널을 많이 사용한다.

2. HKMG(High-K Metal-Gate)

HKMG는 High-K Metal-Gate의 약자로, 고유전체 물질 게이트 산화막과 금속 게이트를 같이 사용하는 공정을 의미한다. 이는 각각 실리콘 산화막(SiO_2)을 고유전체(High-k)로, MOSFET에서 공정 용이성 및 저렴한 가격으로 사용하던 다결정 실리콘(Polysilicon) 게이트를 금속(Metal)으로 바꾼 것이다. 어떠한 이유로 이들을 사용하게 되었는지 살펴보도록 한다.

(1) High-k(고유전체 게이트 산화막)

앞서 문턱 전압 이하 특성에서 살펴본 바와 같이, 단 채널 효과를 줄이기 위해서는 게이트 산화막의 두께를 감소시켜야 한다. 산화막의 두께를 줄이면 산화막의 정전용량이 증가하여, 채널에 대한 게이트의 제어 능력을 개선할 수 있다. 그러나 게이트 산화막인 SiO_2의 두께를 매우 얇게 형성하면, 터널링(Tunneling)에 의한 게이트 누설 전류가 증가한다. 이에 칩의 전력 소비가 급증하며 신뢰성 또한 악화된다. 또한 게이트 산화막에 강한 수직 전기장이 인가되어 산화막이 파괴되는 현상이 발생할 수도 있다. 이를 개선하기 위해 기존의 실리콘 산화막(SiO_2) 대비 더 높은 유전상수(High-k)를 가지는 물질을 새로운 산화막으로 도입하게 되었다.

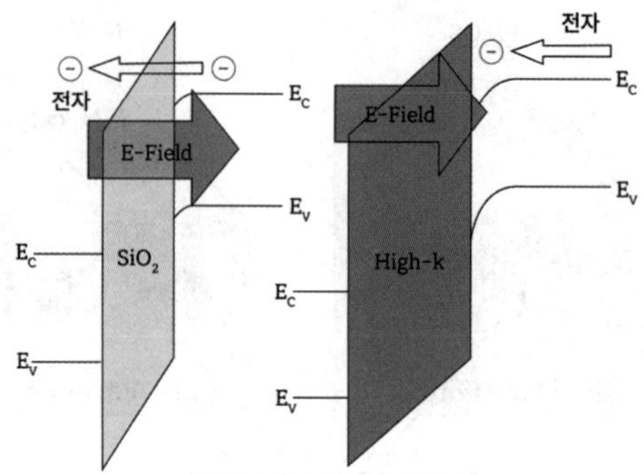

[그림 3-94] SiO_2와 High-k의 에너지 밴드

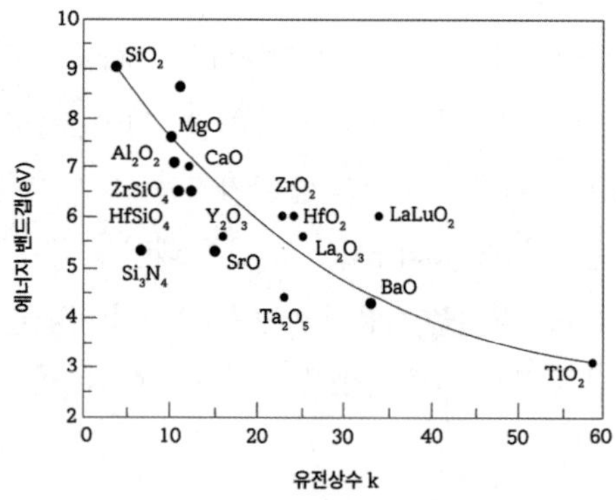

[그림 3-95] 고유전체 물질의 유전율과 밴드갭

[그림 3-95]에서 볼 수 있는 것처럼, 대부분의 고유전체 물질들은 실리콘 산화막보다 작은 에너지 밴드갭을 가지므로 유전체의 물리적 두께를 증가시키지 않으면 전극사이에 더 많은 누설 전류가 흐를 수 있다. 따라서 실리콘 산화막 사용 시보다는 두께를 더 증가시켜야 하며, 이 두께를 '적절히' 조절하여 소자의 누설 전류 감소와 높은 정전용량을 가질 수 있어야 한다. 이를 판단하기 위해 물리적 두께가 아닌 '전기적 두께' 라는 개념이 필요하게 되었고, 어떠한 고유전체가 가지는 정전용량을 실리콘 산화막으로 구현하였을 때의 두께를 정의하게 되었다. 이를 EOT(등가 산화물 두께, Equivalent Oxide Thickness)라 한다. EOT는 아래의 수식처럼 계산할 수 있다.

$$EOT = t_{SiO_2} = \frac{\varepsilon_{SiO_2}}{\varepsilon_{High-k}} \times t_{High-k} = \frac{3.9}{k} \times t_{High-k}$$ [수식 3-70] EOT

※ k는 High-k 유전체의 유전상수

예) ε가 23.4인 HfO_2 6nm → EOT = 1nm (∵ $\varepsilon_{SiO2}/\varepsilon_{HfO2} = 1/6$)

MOSFET 공정에서 통칭하는 High-k 유전체는 7 이상의 k값을 가지는 물질이다. 대표적인 예로는 산화 알루미늄(Al_2O_3), 산화 지르코늄(ZrO_2), 산화 하프늄(HfO_2), 란탄 산화물(La_2O_3) 및 하프늄 실리케이트(HfSixOy) 등이 있다. 이외에도 여러 가지 물질이 있지만 상기 물질들이 많이 사용되는 이유는 아래와 같다.

- 적절한 유전 상수 - 등가산화물두께(EOT)의 감소에 대한 지속적인 확장성
- 낮은 결함 밀도 - 게이트 문턱 전압의 안정성
- 캐리어 특성 유지 - 채널에서의 캐리어 이동성의 손실을 최소화
- 게이트 절연체의 신뢰성
- 낮지 않은 에너지 밴드갭

유전 상수(k)는 높을수록 채널 제어에 유리하다고 하였는데, 실은 이도 적절한 값을 찾아서 사용해야 한다. 게이트 산화막으로 유전 상수가 너무 큰 물질을 사용하면 드레인과 게이트 사이의 전기장의 관통(Fringing)이 발생한다. 이는 드레인에 인접한 산화막 부분의 전기장을 낮추기 때문에 산화막의 파괴(Breakdown) 현상을 줄이는 효과가 있지만, 게이트의 채널 제어 특성이 낮아져 단채널 효과(Short channel effect)가 오히려 가중될 수도 있다. 따라서 적정한 유전 상수를 가지는 물질을 선정하는 것이 필요하다.

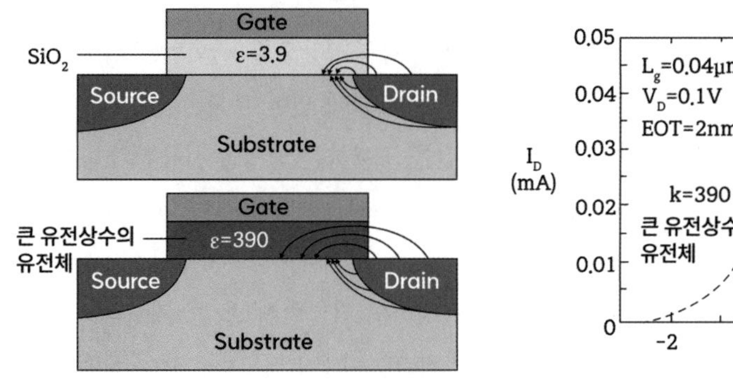

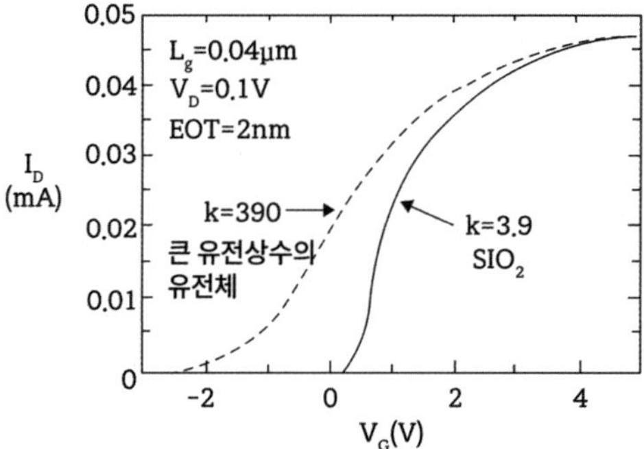

[그림 3-96] 초고유전체를 사용하였을 때의 Fringing 효과(시뮬레이션)

이러한 High-k 물질의 증착 방법은 스퍼터링에 의한 물리적 기상 증착(Physical Vapor Deposition, PVD) 및 화학적 기상 증착(Chemical Vapor Deposition, CVD), 원자층 증착(Atomic Layer Deposition, ALD) 방식 모두 가능하다. 이중에서 낮은 결함 밀도를 가지며, 피복능력(Step coverage)이 우수하고 정밀한 두께 제어가 가능한 ALD가 많이 사용되고 있다.

산화막의 결함 밀도는 소자의 속도에 영향을 주는 이동도(Mobility)에 영향을 준다. [그림 3-97]을 보면 캐리어의 이동도는 아래의 그림과 같이 High-k/Si 계면(HfO_2+poly-si)에서 크게 낮아지는 모습을 보인다.

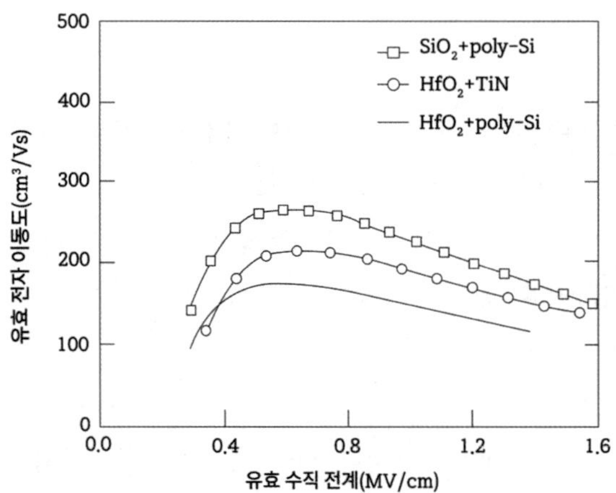

[그림 3-97] 게이트 산화막과 게이트 물질의 스택별 이동도

이러한 현상에는 여러 가지 이유가 있다. 먼저 High-k와 Si 채널과의 계면의 표면 거칠기를 원인으로 들 수 있다. 두 번째로는 High-k 유전체가 SiO_2 대비 훨씬 높은 산화물 포획(Oxide trap) 및 계면 포획(Interface trap) 밀도를 가져, 쿨롱 힘에 의한 불순물 산란이 SiO_2 대비 더 두드러지게 나타난다. 이는 SiO_2는 열 산화(Thermal oxidation) 공정을 통해 Si와의 계면 거칠기가 낮고 산화막 자체의 품질이 높아 내부 전하가 적은 반면, High-k의 경우 ALD를 사용하더라도 열 산화막(Thermal oxide) 대비 박막의 품질이 낮기 때문이다. 이에 대한 해결책으로 Si 채널에 면한 부분은 산화시켜 고품질의 IL(Interface layer) SiO_2를 형성하고, 그 위에 High-k 물질을 도포하는 공정을 사용한다.

높은 유전율을 가지는 물질을 사용할 때, 같은 유전율을 가지는 다른 물질이 있다면 그 중에서는 밴드갭이 큰 물질을 선호한다. 밴드갭이 작으면 채널과 게이트 사이에서, 게이트에 고전압이 인가되면 밴드가 휘어지면서 에너지 밴드가 좁아지는 부분이 발생하여 터널링이 발생하기 쉽다. 이러한 터널링을 FN(Fowler-Nordheim) 터널링이라 하는데, 결국 전자들이 FN 터널링을 통해 이동하기 쉬워지므로 게이트 누설 전류의 증가와 HfO_2의 전자 trap 등의 현상들을 일으킨다. 이러한 현상들은 일반적으로 사용하는 MOSFET 소자와 그 응용에서는 방지하고자 한다. 다만 플래시 메모리는 이를 의도적으로 응용하여 소자의 구동을 정의하기도 한다.

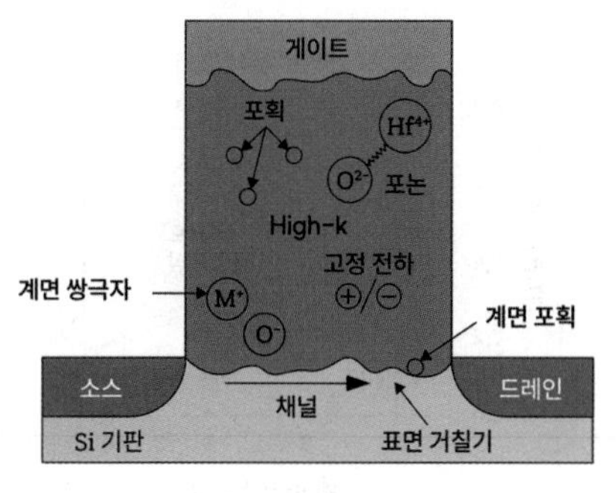

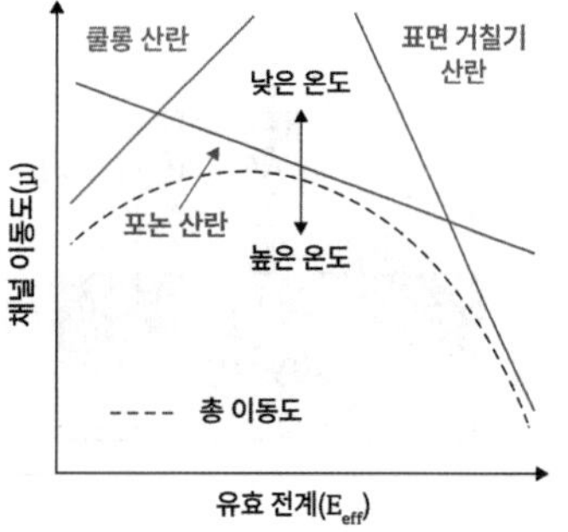

[그림 3-98] High-k 유전체 내 캐리어의 이동도 저하에 영향을 주는 인자

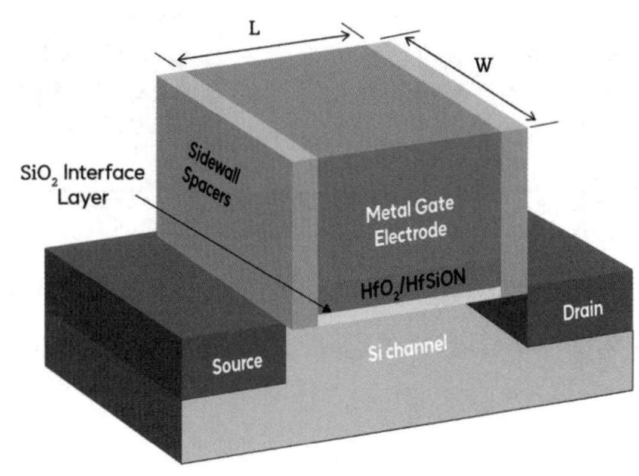

[그림 3-99] High-k/SiO_2 게이트 산화막 스택

(2) 금속 게이트(Metal gate)

다음은 게이트 전극 물질을 다결정 실리콘(Poly-Si)에서 금속으로 변경한 이유에 대해 알아보자. 첫 번째 이유는 다결정 실리콘 게이트의 공핍 현상 때문이다. nMOS를 예로 들어, nMOS의 게이트에 양전압을 인가한다고 가정해보자. 이때 기판은 음전하를 띤 전극의 역할을 하여 아래 그림처럼 n형으로 도핑된 다결정 실리콘 게이트의 하부 일부를 공핍시킨다. 이를 다결정 실리콘 게이트 공핍(Poly-Si gate depletion)이라 한다. 총 정전용량은 아래 그림과 같이 산화막의 정전용량(C_{ox}), 실리콘의 정전용량(C_{si}), 그리고 게이트 전극 공핍영역에 의한 정전용량($C_{d,poly}$)이 직렬로 연결되어 $1/C = 1/C_{ox}+1/C_{d,poly}+1/C_{si}$ 이 된다. 유효한 정전용량이 감소하기 때문에 구동 전류(On current)가 감소하고, 문턱 전압이 증가하며, 문턱 전압 이하 누설 전류 특성이 열화된다(SS 증가). 이를 해결하는 가장 간단한 방법은 게이트를 금속 게이트로 대체하는 것이다. 금속 게이트는 공핍 현상이 없어 이러한 효과를 줄일 수 있다.

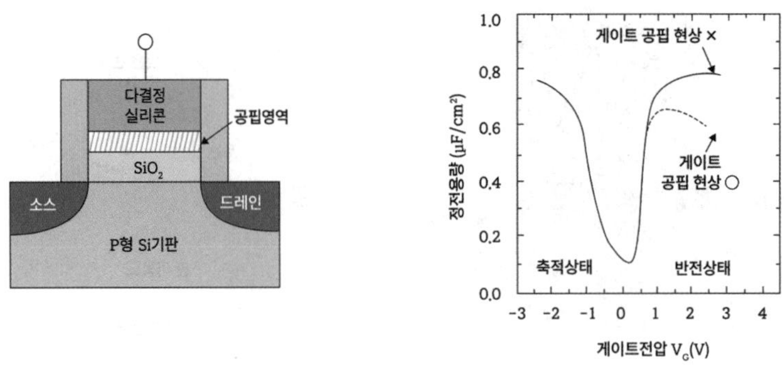

[그림 3-100] Poly-Si 게이트의 공핍 현상

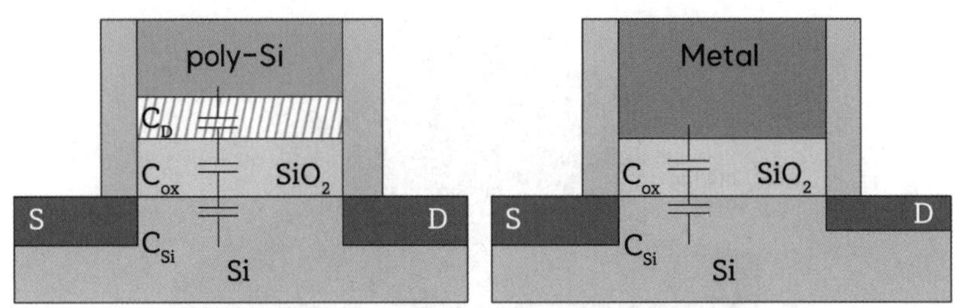

[그림 3-101] Poly-Si 게이트를 금속으로 대체하였을 때의 정전용량 비교

게이트를 금속으로 전환하면 앞에서 설명한 캐리어의 이동도 감소 역시 개선이 가능하다. 이동도에 영향을 주는 산란에는 쿨롱 산란, 표면 거칠기 산란 외에도 격자의 진동에 의해 발생하는 포논 산란이 있다. 이러한 포논 산란은 다결정 실리콘과 High-k 유전체 간의 전기적 상호 작용으로 인해 발생하는 문제로, 다결정 실리콘 내의 전자 밀도가 낮아서 생기는 현상이다. 따라서 전자 밀도가 매우 높은 금속 게이트로 변경하였을 때는 포논 산란을 감소시켜 이동도를 개선할 수 있다.

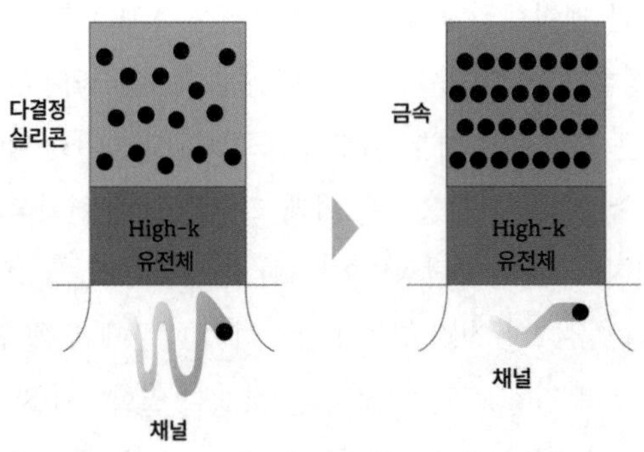

[그림 3-102] Poly-Si 게이트와 금속 게이트의 포논 산란 영향 비교

금속 게이트의 또 다른 장점은, MOSFET의 문턱 전압 제어를 조금 더 쉽게 할 수 있다는 점이다. High-k 유전체 내에는 많은 양의 고정 전하가 있다고 설명하였는데, 이들에 의해 전하 포획 외에도 페르미 레벨 피닝(Fermi level pinning) 현상이 발생하여 문턱 전압의 이동(Shift)이 발생한다. 아래 그림과 같이 High-k 유전체 내 결함에 의한 산소 빈자리(Oxygen vacancy, V_O)와 전자가 형성되면, 전자는 다결정 실리콘 쪽으로 이동하여 계면에 분극이 발생한다. 이에 따라 페르미 레벨이 이동하여 원치 않는 문턱 전압의 이동이 발생한다. 금속 게이트를 사용하면 이러한 효과를 완화시킬 수 있다. 이와 같이 High-k 절연체와 금속 게이트를 사용함으로써 MOSFET 성능을 개선하는 기술을 HKMG 라고 묶어서 부른다.

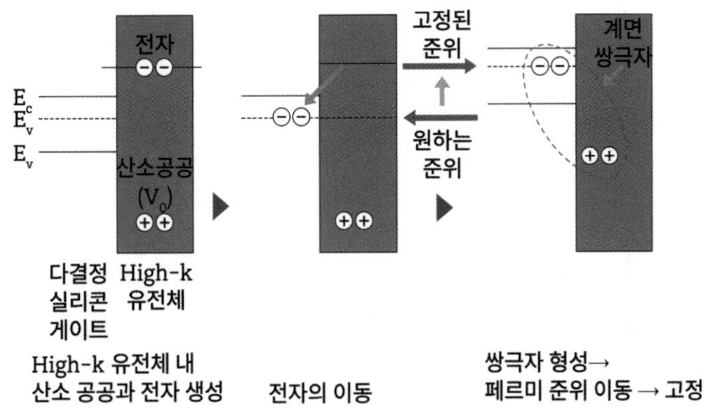

[그림 3-103] 페르미 레벨 피닝 메커니즘

(3) HKMG 공정의 상세

다결정 실리콘 게이트는 도핑 종류와 농도에 따라 페르미 레벨을 움직여 문턱 전압을 제어하였다. 금속 게이트는 이보다 직관적으로 nMOS와 pMOS 각각에 맞는 일함수를 갖는 물질을 사용하여야 한다. nMOS의 경우 Al과 같은 낮은 일함수(4.28eV)를 갖는 물질을 사용하나, pMOS의 경우 높은 일함수를 갖는 물질들이 비싸고 공정이 어려운 귀금속(Noble metal)에 해당하여 사용이 어렵다(예 : 금(Au), 백금(Pt), 이리듐(Ir) 등). 이에 최근에는 TiN(티타늄 질화물)과 같이 두께에 따라 일함수가 달라지는 물질을 게이트 전극으로 사용하기도 한다.

[표 3-10] 금속의 일함수

Metal	Metal Work Function Φ_m [eV]	Calculated Max SBH $\Phi_B = \Phi_m - \chi GaN$ [eV]	Contact good for
Ta	4.25	0.15	Ohmic
Al	4.28	0.18	Ohmic
Ti	4.33	0.23	Ohmic
Mo	4.6	0.5	Ohmic/Schottky
Au	5.1	1.0	Schottky
Pd	5.12	1.02	Schottky
Ni	5.15	1.05	Schottky
Ir	5.25	1.15	Schottky
Pt	5.65	1.55	Schottky

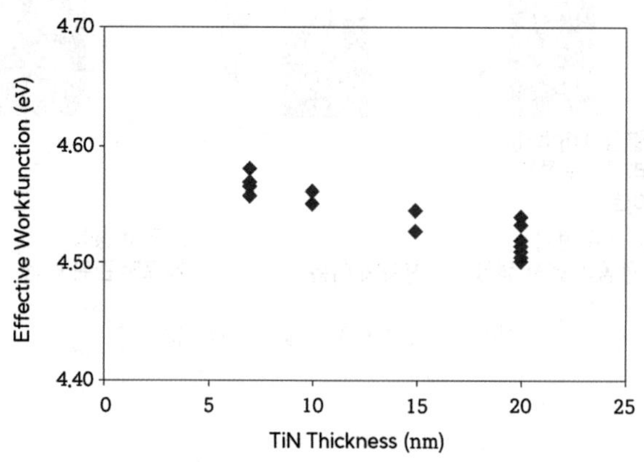

[그림 3-104] TiN 두께에 따른 일함수 변화

High-k 물질로는 HfO_2가 널리 사용된다. 이는 어느 정도의 높은 에너지 밴드갭을 유지하는 유전 상수가 높은 물질이기 때문이다. 예를 들면 탄탈륨 산화물(Ta_2O_5)은 유전 상수는 크지만 에너지 밴드갭이 너무 낮아 사용이 어렵다.

(4) Gate-First, Gate-Last

HKMG를 구현하는 방법은 두 가지가 있다. 첫 번째는 게이트를 먼저 형성하고 소스/드레인 등을 나중에 형성하는 게이트 퍼스트(Gate-First)이며, 두 번째는 소스/드레인 등 다른 부분을 먼저 구현하고 나중에 게이트를 형성하는 게이트 라스트(Gate-Last) 기법이다.

Poly-Si 게이트의 경우 일반적으로 Gate-First를 따른다. Gate-First는 완전한 게이트 스택이 형성된 후, 불순물 활성화를 포함한 후속공정에서 따라오는 높은 열 처리량(Thermal budget)을 견뎌야 한다. 이 방법은 공정이 용이하고, Poly-Si이 고온에서도 잘 견디기에 처음에는 HKMG에서도 위의 순서를 따라 진행하게 되었다. 그러나 HKMG 공정에서는 이렇게 고온에 노출되었을 때 대체로 열에 약한 금속 게이트의 특성에 변화가 오므로 게이트 스택을 위한 재료의 선택과 공정 방법에 제한이 크다.

Gate-Last 기법은 Poly-Si 게이트를 먼저 형성하여 공정을 진행하는 것까지는 동일하다. 이후 소스/드레인 및 다른 영역을 형성한 후, Poly-Si을 제거하고 다시 그 자리에 금속 게이트를 채워 넣는다는 차이점이 있다. 이에 Gate-Last 기법 혹은 금속 게이트를 다시 채워넣는 과정을 대체 금속 게이트(Replace Metal Gate, RMG)라고도 하며, Gate-First와는 달리 열 처리량이 높은 공정은 Poly-Si이 다 받아내기 때문에 금속 게이트 특성에 문제가 없다. 공정 난이도가 증가하고 공정 스텝이 늘어나 공정 비용이 증가한다는 단점이 있음에도, 소자 특성 및 신뢰성 측면에서 우수하여 현재 양산에서는 이 공법을 많이 사용하고 있다.

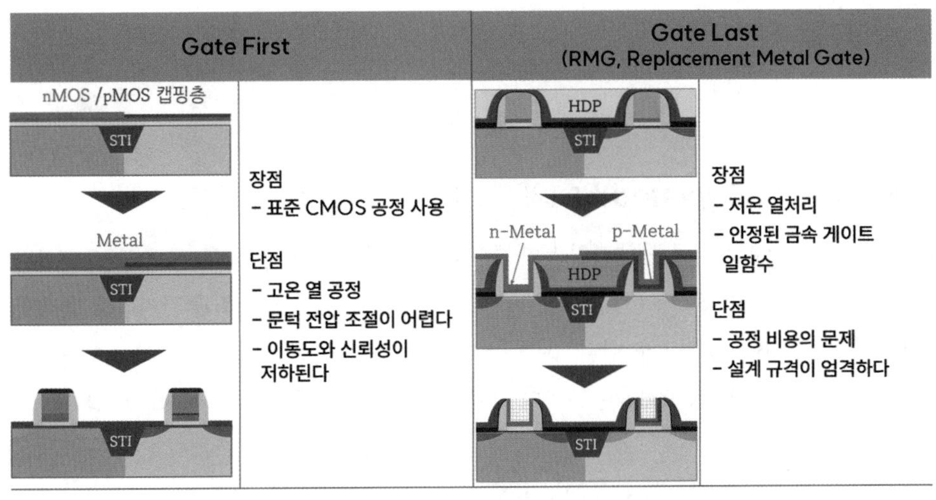

[그림 3-105] Gate-First와 Gate-Last 공정 비교

3. 절연체 기반 실리콘 MOSFET (SOI MOSFET)

(1) SOI(Silicon On Insulator) 구조

소자 미세화에 따른 단채널 효과를 개선하기 위한 최신 소자 기술 중 하나로 SOI(Silicon On Insulator)를 들 수 있다. SOI는 절연체 위에 단결정 실리콘을 형성하고, 그 단결정 실리콘에 MOSFET을 제작하는 기술이다. 아래 그림처럼 기존 MOSFET 구조와 비교하였을 때 가장 큰 차이점은 SOI MOSFET은 기판에 매립 유전층(Buried oxide layer, BOX)이 있어 소자와 기판을 분리시켰다는 것이

다. 일반적인 2차원 SOI MOSFET의 제조 공정은 기판 재료인 실리콘 웨이퍼를 제외하고는 벌크(Bulk) MOSFET(기존 MOSFET) 공정과 유사하다. SOI 웨이퍼는 아래 그림 오른쪽과 같이 위에서부터 ① 트랜지스터가 형성되는 표면의 얇은 실리콘 몸체(Body), ② 하부 절연층(BOX), ③ 기판 실리콘 웨이퍼 이렇게 3개의 층으로 구성된다.

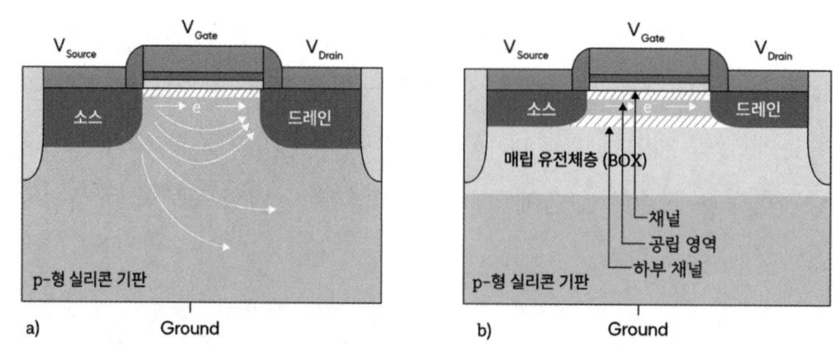

[그림 3-106] (왼쪽) Bulk 기반의 기존 MOSFET과 (오른쪽) SOI MOSFET 구조 비교

(2) PD(Partially Depleted)SOI와 FD(Fully Depleted)SOI

SOI MOSFET은 상부 실리콘 몸체층의 두께에 따라 부분 공핍형(Partially Depleted, PD)SOI와 완전 공핍형(Fully Depleted, FD)SOI로 분류된다. FDSOI는 매우 얇은 몸체 구조를 가지므로 초박형 몸체(Ultra Thin-Body, UTB) SOI라고도 한다. 보통 PDSOI는 몸체의 두께가 50nm~100nm이며, 매립 유전체층(BOX)의 두께는 100~200nm 수준이다. FDSOI는 몸체의 두께가 5~50nm, 매립 유전체층의 두께가 5~50nm 수준이다.

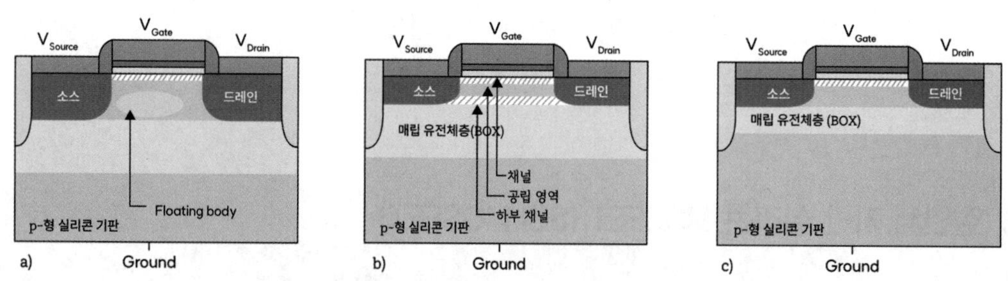

[그림 3-107] (왼쪽) PDSOI와 (오른쪽) FDSOI 구조 비교

PDSOI는 주로 마이크로 크기의 기계 부품이나 센서 소자인 MEMS(Micro-Electro-Mechanical System) 또는 전력소자 등의 아날로그 제품에 응용된다. 웨이퍼 제작이 쉬워 가격이 저렴하며, 기판으로 캐리어가 이동할 수 없기 때문에 기판 누설 전류가 매우 낮다는 장점이 있다. 반면, 캐리어가 빠져나가지 못

하는 것은 오히려 단점이 되기도 한다. nMOS를 예로 들면, 전자는 드레인쪽으로 이동하나 어떤 이유로든 생성된 정공은 빠져나가는 곳 없이 몸체 쪽에 쌓이게 된다. 이를 부유 몸체 효과(Floating body effect)라 하며, 부유 몸체 효과로 인해 몸체 전위가 소자의 이전 상태에 따라 달라지는 히스토리(History) 효과가 발생한다. 또한 몸체에 쌓인 정공이 어느 순간 오프 전류(Off current)를 증가시키거나, 드레인 전류가 드레인 전압의 어느 시점부터 갑자기 증가하는 킹크 효과(Kink effect)가 발생한다.

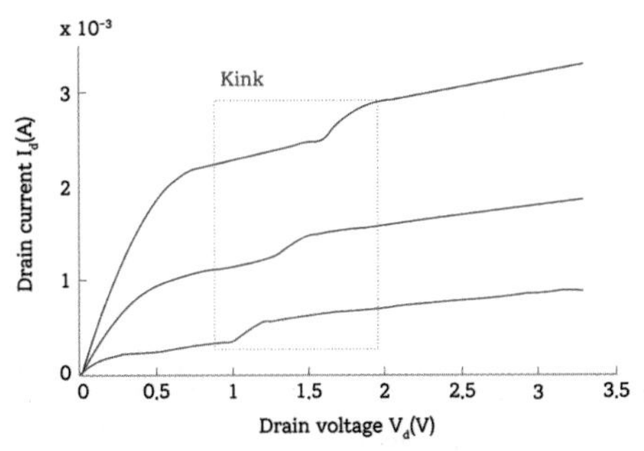

[그림 3-108] PDSOI 구조에서 발생하는 Kink Effect

FDSOI 소자는 PDSOI 소자에 비해 장점이 더 많다. 얇은 실리콘 몸체의 두께 때문에 게이트가 공핍전하를 쉽게 만들 수 있고, 따라서 동일 게이트 전압에서 더 많은 반전 전하를 만들 수 있어 동작 속도가 빠르다. 또한 아래 그림처럼 몸체 실리콘의 두께가 감소함에 따라 누설 전류가 감소하고, 게이트에 의해 몸체가 완전히 공핍되거나 반전이 되기 때문에 몸체 현상을 방지할 수 있다.

이러한 SOI 소자의 장점을 정리하면 아래와 같다.

- 매립 유전체층(BOX)으로 인해 드레인/소스와 기판 간의 기생 정전용량이 감소하여, 소자의 지연(RC delay) 및 전력 소비가 Bulk MOSFET에 비해 낮다. 이에 따라 빠른 스위칭 속도를 확보할 수 있어 고주파 동작에 유리하다.
- 공핍 영역에 의한 정전용량이 작아 문턱 전압 이하(Sub-threshold) 특성이 우수하다. 이에 누설 전류가 작고 SS(Subthreshold Swing)가 낮다.
- FDSOI의 경우는 게이트 전압에 의해 실리콘 몸체가 완전 공핍된다. 이에 채널에 문턱 전압 조절을 위한 도핑을 하지 않거나 매우 낮은 농도의 도핑이 가능하다(문턱 전압은 게이트의 일함수를 적절히 선택하여 조절). 이로써 캐리어의 이동 시 불순물 산란을 방지할 수 있고 불순물 수 증가에 따라 발생하는 랜덤 도펀트 변동(Random Dopant Fluctuation, RDF)에 의한 문턱 전압 변동 폭도 감소할 수 있다.
- 원하는 농도로 도핑된 기판을 사용할 경우, Bulk MOSFET에서 필요한 우물(Well) 공정이 필요하지 않다. 또한 소자 분리를 위해 절연시켜야 하는 깊이가 얕아 소자 분리 공정 (Shallow

Trench Isolation, STI)을 단순화 할 수 있다. 수직, 수평 방향의 소자 분리 특성이 우수하여 Bulk MOSFET 대비 높은 집적도를 얻을 수 있다.

- 아래 그림과 같이 우물(Well)이 없고 nMOS 및 pMOS가 완전 절연되어, CMOS의 기생 바이폴라(Parasitic bipolar) 동작에 의한 래치 업(Latch-up) 문제가 없다.
- 알파 입자(Alpha particle) 등의 우수한 방사선 내성 (Radiation tolerances)으로 소자 동작오류가 적어 우주항공용 반도체 응용이 가능하다.
- 필요에 따라 백게이트 바이어스(Back-gate bias)를 인가할 수 있다. 매립 유전체층(BOX) 아래에 백게이트 영역을 형성한 후, 인가한 바이어스에 따라 문턱 전압 제어가 가능하여 저전력 응용에 적합하다.

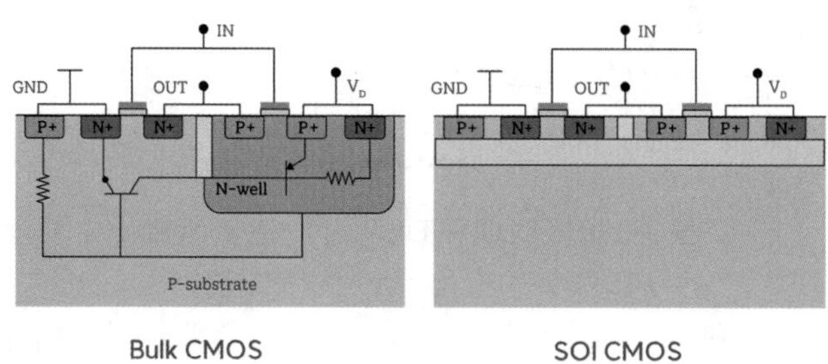

[그림 3-109] Bulk MOSFET과 SOI MOSFET의 Latch-up 비교

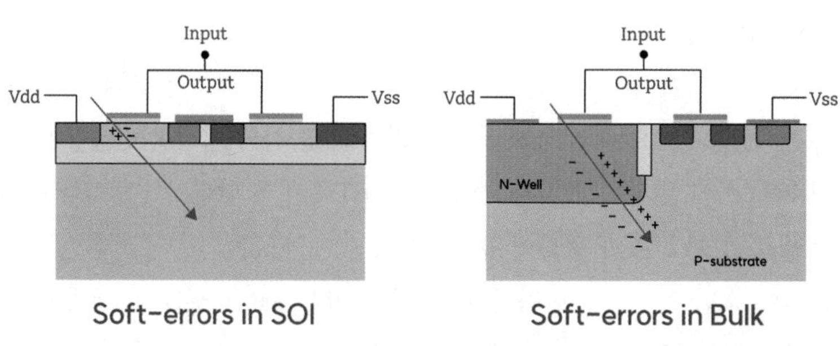

[그림 3-110] Bulk MOSFET과 SOI MOSFET의 방사선 내성 비교

SOI의 대표적인 단점은 앞서 설명한 부유 몸체 효과가 있다. 이를 해결하기 위해 FDSOI를 도입하였으나, FDSOI에서도 또 다른 문제인 자체 가열 특성(Self-heating effect)이 발생할 수 있다. SOI 소자의 실리콘 몸체 박막은 금속 전극과 접촉되는 영역을 제외하면 우수한 단열재인 SiO_2로 덮여 있다. 따라서 동작 중에 소비되는 전력에 의해 발생한 열을 방출하기가 쉽지 않다. 결과적으로는 몸체의 온도가 상승하여 소자의 이동도 및 전류가 감소하는 문제가 발생한다.

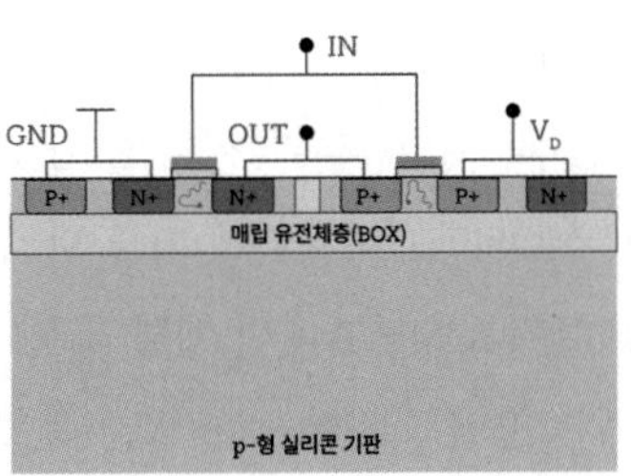

[그림 3-111] Self-heating effect

또한 필요에 따라 BOX 층을 제거해야 할 경우가 발생한다. SOI 구조에서는 깊은 영역까지 우물(Well) 영역을 형성해야 하는 BJT를 사용하거나, MOSFET 소자를 문턱 전압에 따라 세밀하게 나눠 여러 옵션을 가지게 하기는 매우 어렵다. 이에 BOX 영역을 제거하여 Bulk 실리콘을 드러나게 한 후 기존 공정을 그대로 적용하기도 한다. BOX를 제거한 영역을 No-SOI 혹은 NOSO 영역이라 하는데, NOSO와 SOI 구조를 결합한 하이브리드(Hybrid) 구조를 형성하기 위해서는 BOX 식각 시 표면의 손상이 없도록 세밀한 BOX 식각을 해야 하므로 공정 난이도가 증가한다. 이외에도 FDSOI 웨이퍼의 제조가 어려우며, 이를 공급하는 회사가 적어 웨이퍼 가격이 상대적으로 높다는 점도 단점으로 작용한다.

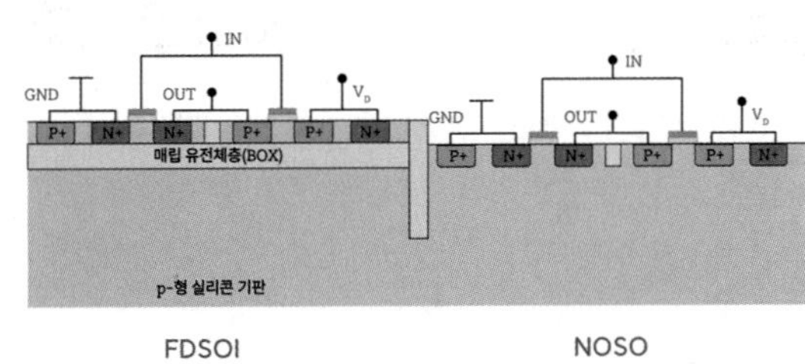

[그림 3-112] FDSOI MOSFET과 NOSO MOSFET의 Integration

4. 핀 전계효과 트랜지스터(Fin Field-Effect-Transistor, FinFET)

(1) FinFET의 도입 배경

FinFET은 MOSFET의 일종으로, 기존 Bulk MOSFET이나 SOI MOSFET이 2차원 구조를 가진데에 비해 3차원의 지느러미(Fin) 형태의 실리콘 채널을 가진 MOSFET을 말한다. 기존의 2차원 MOSFET에서는 게이트가 채널 한 면에 접촉하여 제어하는 구조였지만 FinFET 기본 구조는 적어도 2개 이상의 채널 면이 게이트에 의해 제어되는 구조다. 최근의 FinFET은 Fin의 양 옆면과 윗면의 3면을 게이트가 둘러싸는 구조를 사용한다.

FinFET의 Fin 두께를 얇게 만들면 FDSOI 구조와 유사하게 게이트의 채널 제어 능력이 향상된다. 이에 따라 문턱 전압의 균일도가 개선되고, 문턱 전압(Threshold voltage) 이하의 누설 전류(Sub-threshold leakage)를 줄일 수 있으며, MOSFET 미세화에 따른 단채널 효과(Short channel effect, SCE)들도 감소시킬 수 있다. 또한 FinFET은 MOSFET 대비 채널의 폭이 늘어나는 효과를 가짐으로써 On current 역시 증가한다. 다만, 기존의 2차원 소자에서는 채널 폭을 변경하여 소자의 전류 구동 능력을 자유롭게 선택할 수 있었으나 FinFET의 경우에는 채널 폭이 항상 핀 높이의 배수가 되기 때문에 임의의 채널 폭을 정의할 수 없는 문제가 있다. 다른 말로 이를 소자의 유효 폭이 양자화 되었다고 표현한다.

$$\text{채널폭}(W) = 2 \times \text{핀높이}(Fin\,Height) + \text{핀폭}(Fin\,Width)$$

[수식 3-71] FinFET의 채널 폭

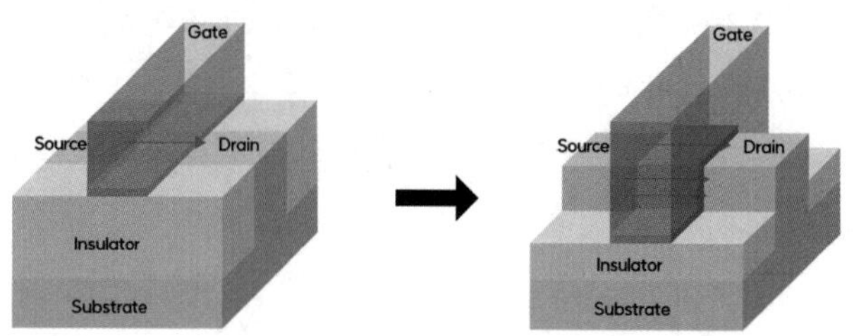

[그림 3-113] 2차원 MOSFET과 3차원 FinFET의 구조

(2) FinFET 제조 공정

아래 그림은 FinFET 제조 공정의 흐름도이다. 먼저 포토 및 실리콘 기판에 대한 식각 공정을 통해 활성 영역(Active)인 Fin을 형성하고 Fin 간의 절연을 위해 산화막을 증착한다. 이후 소자 분리 공정인 STI(Shallow Trench Isolation) 형성을 위해 식각 - 증착 - CMP(연마)를 진행한다. Fin을 덮고 있는 산화막은 추가 식각을 진행하여 Fin을 드러나게 한다. 이후는 게이트 산화막 및 게이트 전극을 형성하는 단계로, 공정의 난이도는 증가하지만 MOSFET의 공정과 대동소이하게 구성된다.

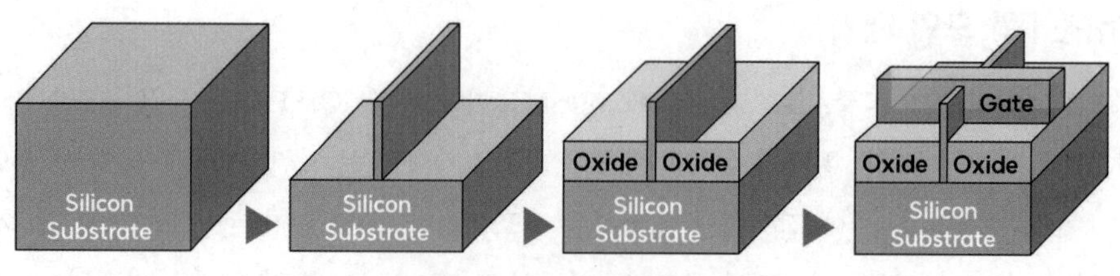

[그림 3-114] FinFET 제작 공정 흐름도

전술한 FinFET의 장점을 살리기 위해서는 Fin을 어떠한 형태로 구성하는지도 중요하다. 채널의 제어를 위해서는 Fin의 두께는 얇아야 하며, 문턱 전압 이하 특성을 유지하기 위해서는 Fin의 형태가 보다 수직적인 구조를 가져야 한다. 이 형태를 유지하면서도 Fin의 끝 부분 형태는 사각형을 유지하지 않도록 해야 한다. 사각형을 유지하면 구석 부분에 전기장이 몰리는 효과가 발생하는데, On 상태에서는 구석 부분이 다른 부분보다 많은 전류가 흐르는 불균일한 전류 밀도를 보이게 되고, Off 상태에서는 전기장이 구석 부분에서 최대치를 가져 소자 파괴 현상(Breakdown)에 취약해진다. 이러한 문제를 해결하기 위해 끝 부분 형태를 각지지 않고 부드러운 곡선을 가지도록 하는 기술이 필요하다.

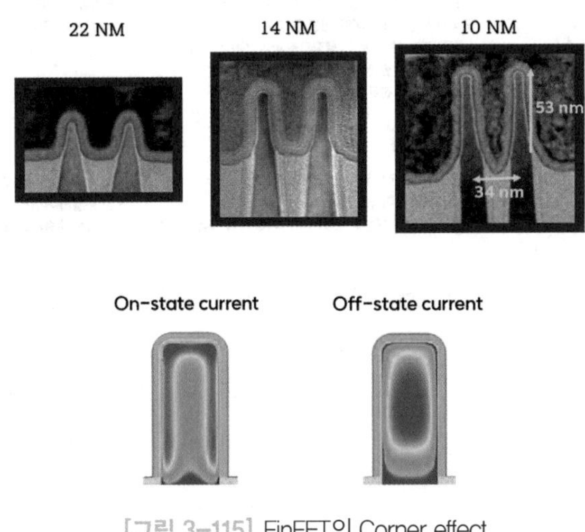

[그림 3-115] FinFET의 Corner effect

(3) 남아있는 FinFET의 기술적 문제

FinFET은 일부 DRAM 제품에도 변형 적용이 될 만큼 이미 기술이 어느 수준 성숙한 상태이다. 그럼에도 FinFET은 해결해야 할 문제가 몇 가지 남아있다. 생각해보면 FinFET의 기술 양산에 성공한 것은 2011년 인텔(Intel)로, 불과 10년밖에 되지 않은 최신의 기술이다. 아직 남아있는 이슈들에는 어떠한 것들이 있고, 이를 어떠한 방향으로 해결해야 하는지 살펴보도록 하자.

FinFET이 MOSFET과 다른 부분은 Fin이다. 따라서 Bulk MOSFET 대비 문제가 되는 부분은 Fin의 형성에 대한 부분이다. 아래 그림을 참조하면, 먼저 핀의 두께가 얇아 생기는 문제들을 들 수 있다. 핀의 두께가 얇아지면서 소스 및 드레인의 기생 저항이 증가하는 문제가 발생하는데, 이에 대해서는 소스/드레인을 재성장(Regrowth) 시키는 기술이 접목되었다. 또한 포토 공정의 한계를 넘는 미세한 Fin 형성을 위해서는 다중 패터닝(Multi-patterning)과 같이 공정 스텝이 증가하고 공정 기간이 길어지는 공정이 필요하여 FinFET의 제작 비용이 증가한다. 또한 Fin은 얇은 두께를 가지면서도 높은 종횡비(Aspect ratio)를 가지는 구조가 필요한데, 이를 형성하고 표면의 손상 방지를 위해 우수한 선택비[18]를 가지는 식각 공정이 필요하다. 이러한 Fin을 형성하는 과정 중 외부 충격에 의해 깨지거나 옆으로 눕는 현상들도 종종 발생한다. 습식 세정 후 웨이퍼를 건조, 소자 특성을 조절하기 위한 이온 주입, 식각 공정 시 모서리와 면에서의 식각율 차이, 열 산화 공정 시의 위치별 성장률 차이 등 다양한 이유에 따라 Fin 형태가 이상을 보이기도 한다. 이러한 문제를 개선하기 위해서는 단위 공정 및 소재 측면의 최적화가 필요하며, 전체 공정 설계 시에도 공정의 조합에서 문제가 발생하는 부분을 조정하는 노력이 필요하다.

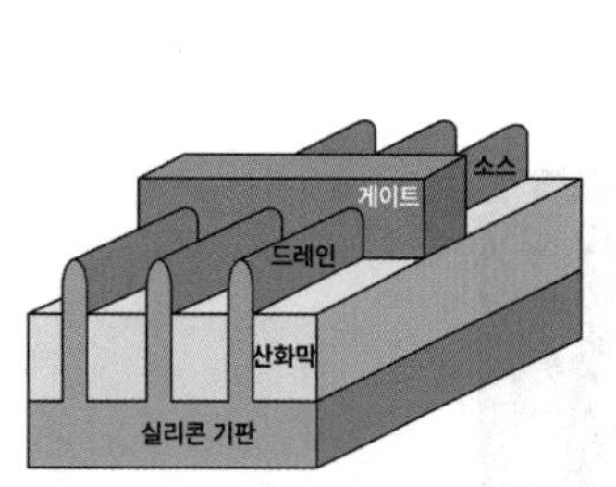

- **얇은 핀 형성**
  - 정교한 핀 높이, 폭 제어 (Profile)
  - 다중 패터닝에 의한 원가 상승
  - 핀 표면/측벽의 거칠기 제어 (Surface profile)
  - 식각 시 핀 손상 : 패임, 핀홀 등
  - 이온 주입 시 핀 손상 : 결정구조 파괴 (Stacking fault)
  - 열 충격에 의한 핀 손상 : Stress에 의한 핀 휨, 쓰러짐
  - 코너부 식각 잔유물에 의한 Defect 발생
- **소자적 문제**
  - Halo doping의 둔감화에 따른 문턱 전압 조절 제어 어려움
  - 소스/드레인의 기생저항, 게이트의 수직저항 증가
  - 게이트와 소스/드레인 간의 기생용량 증가
  - 정전기 방전(ESD) 취약성
- **핀 결정 방향**
  - 불균일한 세정, 식각, 산화 공정 발생
  - 캐리어들의 이동도 차이
  - 소스/드레인 재성장 방향에 따른 저항 특성 제어
- **게이트 형성**
  - 식각 시 고 선택비 공정 및 Hardmask 소재의 필요
  - 고 종횡비 게이트 스택 증착 시 고 피복성 필요
  - 핀 상부와 하부의 불균일한 게이트 구조 형성

[그림 3-116] FinFET의 공정 및 소자적 문제

웨이퍼의 방향을 선택하는 것 역시 중요한 문제가 된다. 게이트 산화막인 실리콘 산화막(SiO_2)의 품질을 위해 웨이퍼 표면은 〈100〉을 선택하는 것이 매우 일반적이다. 반면 소자의 채널 방향은 〈100〉이 아닌 다른 면을 사용하기도 한다. 실리콘 격자 변형(Strained Si)을 설명하면서 말했듯이 nMOS와 pMOS의 성능이 최대가 되는 방향은 각각 전자의 이동도가 최대가 되는 〈100〉, 정공의 이동도가 최대가 되는 〈110〉 면이다. 이들을 한 웨이퍼 상에 구현하려면 아래 그림과 같이 pMOS를 플랫 존에 수직(or 수평)하게 배치하고 nMOS는 45° 회전시켜 배치하는 방법이 있다. 그러나 이렇게 되면 면적의 손해를 보게 되므로 이런 방법은 양산에서는 절대 사용하지 않는다. 이에 대한 해결책으로는 앞에서도 다루었듯이 pMOS를 크게 구현할 필요가 없고, 원활한 CMOS의 사용에 도움이 되는 〈110〉면 + Strained Si 기법을 사용한다.

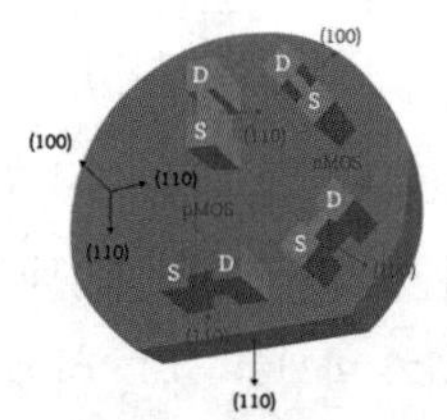

(a) 웨이퍼 상 nMOS와 pMOS FinFET

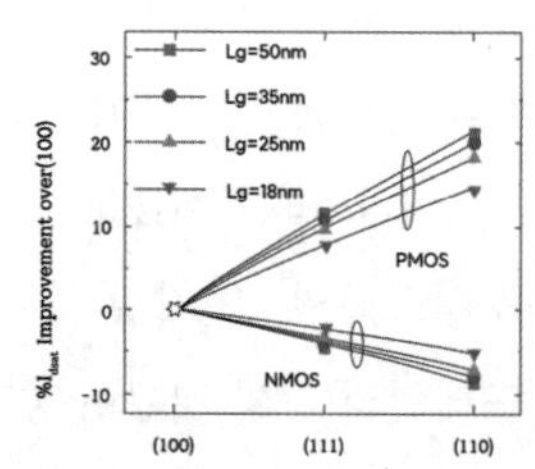

(b) 결정면에 따른 nMOS와 pMOS의 전류 변화

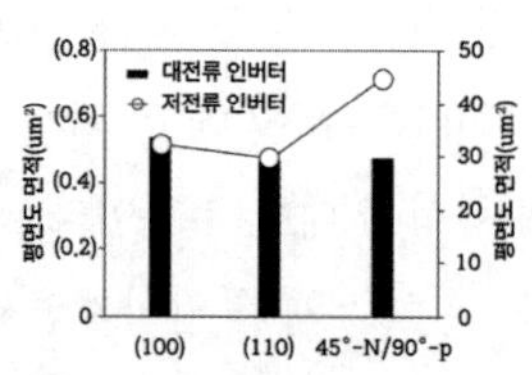

(c) 레이아웃 방식에 따른 면적 차이

[그림 3-117] 채널 방향에 따른 트랜지스터 특성의 차이

18 식각할 물질과 식각하지 않을 물질의 식각비

5. MOSFET 소자의 응용

(1) MOSFET 소자의 응용

MOSFET 소자는 반도체 회로의 기본일 뿐 아니라, 소자로써도 확장성이 매우 넓다. DRAM, 낸드플래시 등의 메모리 소자 역시 MOSFET 소자를 기반으로 제작된 것이다. 이외에도 CIS 등의 제품도 MOSFET 소자를 이용한다.

MOSFET 소자의 응용 제품들에 비해 MOSFET 소자 그 자체의 활용도는 상대적으로 적게 알려져 있다. 로직 반도체, 아날로그(RF) 반도체 등 응용이 다양한데, 같은 공정을 진행하더라도 응용에 따라 소자를 다르게 제공하는 것이 핵심이다. 한 Chip 안에서도 로직 연산에 적합한 부분이 있고 어떤 부분은 다른 소자들이 필요한 부분이 있기 때문이다. Chip의 I/O(Input/Output)을 담당하는 소자, 아날로그 특성 특화 소자, 고속 소자, 저전력 소자 등 다양한 소자들을 한 공정에서 제공하는 것이 파운드리나 IDM 회사의 능력이라고 할 수 있다.

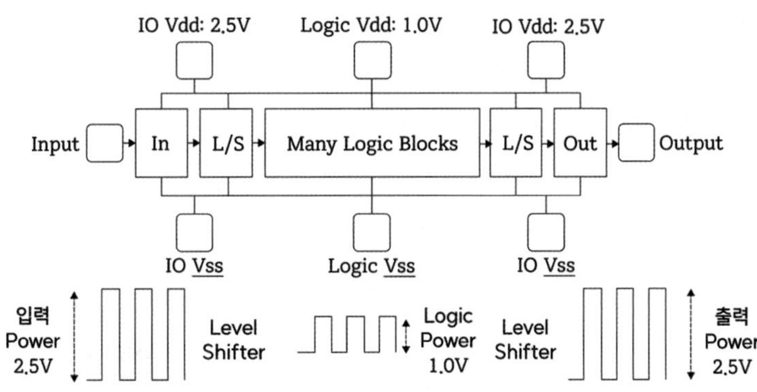

[그림 3-118] 다양한 MOSFET 소자를 이용한 회로 Block 예시

(2) MOSFET 소자의 응용 예시

MOSFET 소자의 활용은 매우 다양하므로 본서에서는 그 중 일부만을 다루려고 한다. I/O 소자, 고속 소자와 저전력 소자 등의 예시를 살펴보도록 한다.

아래의 그림은 MOSFET의 가장 기본적인 I_D-V_D 그래프와 $I_D-V_{G(log)}$ 그래프에서 추출할 수 있는 기본 파라미터인 V_{th}, I_{Dsat}, I_{Off} 들의 상관관계를 나타내는 그래프이다. V_{th}가 증가할수록 같은 V_G 값에서 I_{Dsat}은 감소하며, I_{Dsat}이 클수록 V_{th}가 작기 때문에 I_{Off}는 크다는 것을 유추할 수 있다. 이를 정리하면, 속도가 빠른 MOSFET은 대신 누설 전류가 크다는 것을 의미한다. MOSFET 소자의 V_{th} 조절은 앞서 여러번 언급한대로 할로 도핑 농도를 조절하거나, 게이트 물질을 바꿈으로써 게이트의 일함수를 변화시키는 방법 등을 주로 사용한다.

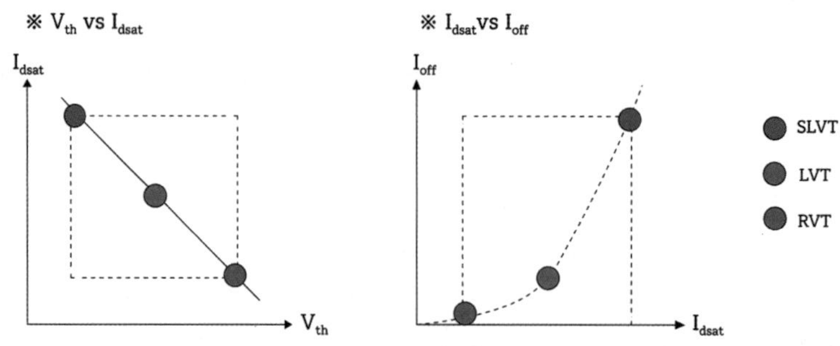

[그림 3-119] MOSFET 소자의 V_{th}별 특성

사용자는 회로를 디자인할 때 nMOS와 pMOS 중 하나만 사용하는 경우도 있고, 둘 다 사용하는 경우도 있다. 이에 제조사에서는 다양한 소자를 nMOS와 pMOS 쌍으로 제공하며, 이들의 관계를 나타내면 [그림 3-120]과 같다. 이들의 쌍을 무조건 같은 V_{th} 별로 사용할 필요는 없다. 회로 설계 측면에서는 같은 혹은 유사한 V_{th}를 갖는 소자를 배열하는 것이 유리하지만, 필요에 따라서는 SLVT nMOS와 RVT pMOS를 조합하는 등의 충분한 자유도가 있다.

고주파 소자, 고속 동작의 경우 낮은 V_{th}를 사용하는 것이 자명해 보인다. 반면 SRAM의 경우 데이터의 읽기/쓰기 속도도 중요하지만, 그보다는 데이터 보관(Data retention)이 중요하기 때문에 상대적으로 누설 전류가 높은 V_{th} 소자를 사용하는 것이 유리하다.

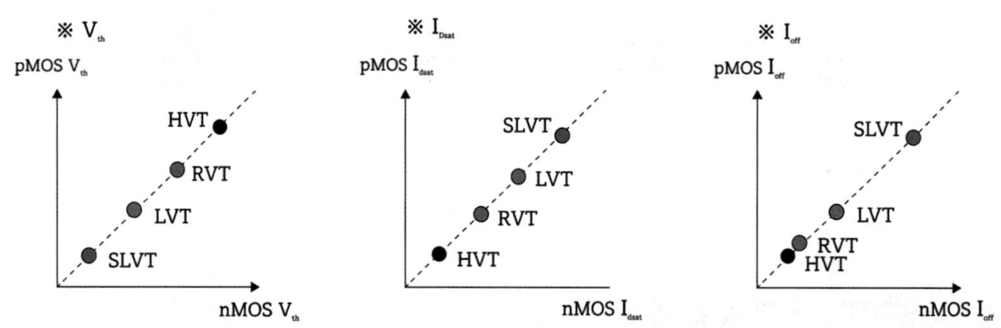

[그림 3-120] 다양한 MOSFET 소자의 V_{th}별 제공 예시[19]

앞의 예시들은 보통 High-k 물질과 그 아래에 얇은 두께의 SiO_2를 사용하는 경우이다. 선단 노드의 목표에 부합하는 공정 디자인이라 할 수 있다. 그러나 이러한 공정 조절만으로는 앞서 [그림 3-118]

19 TR의 종류별로 Size는 동일하나 공정 조건을 변경하여 V_{th}, I_{dsat} 수준을 조절

에서 보이는 I/O에 사용하는 MOSFET에 요구하는 범위까지 V_{th}를 넓히는 것이 어렵다. 이러한 경우에는 게이트 산화막의 두께를 두껍게 가져가 V_{th}를 증가시키기도 한다. 얇은 게이트 산화막의 두께를 사용하는 경우를 SG(Single Gate Oxide), 두꺼운 게이트 산화막을 사용하는 경우를 DG(Dual Gate Oxide) 등으로 지칭한다. SG MOSFET에서 다양한 V_{th}를 제공하는 것이 제조사의 능력이라고 한 것에 비해, SG MOSFET과 DG MOSFET을 동일 공정에서 제공하는 것은 제조사가 기본적으로 해야 할 것으로 평가를 받는다.

[표 3-11] 다양한 V_{th}별 MOSFET 소자의 응용

종류		Vth	Idsat	Ioff	Speed	Leakage	용도
SG	HVT	High	Low	Low	Bad(Slow)	Good	SRAM Cell
	RVT	Regular	Regular	Regular			
	LVT	Low	High	High	Good(Fast)	Bad(Leaky)	High Speed
	SLVT	Super Low	Very High	Very High	Very Good (Very Fast)	Very Bad (Very Leaky)	Critical timing
DG		Very High	Very Low	Very Low	Very Slow		High Voltage IO/Analog 등

6. Future work

현재의 MOSFET은 두 가지가 대세가 되고 있다. 첫 번째는 Strained-Si, HKMG, FinFET 기술이 모두 조합된 소자로 흔히 얘기하는 FinFET이며, 두 번째는 아날로그, RF 특성이 우수한 FDSOI 구조다. 특히 첫 번째는 최근 더욱 발전하여 게이트가 채널 전부를 감싸고 있는 GAA(Gate-All-Around) 기법이 최선단 노드에 적용 중이다.

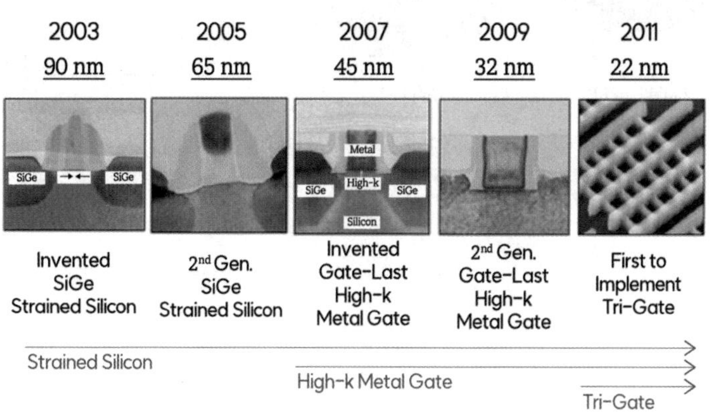

[그림 3-121] MOSFET 개발 변천사

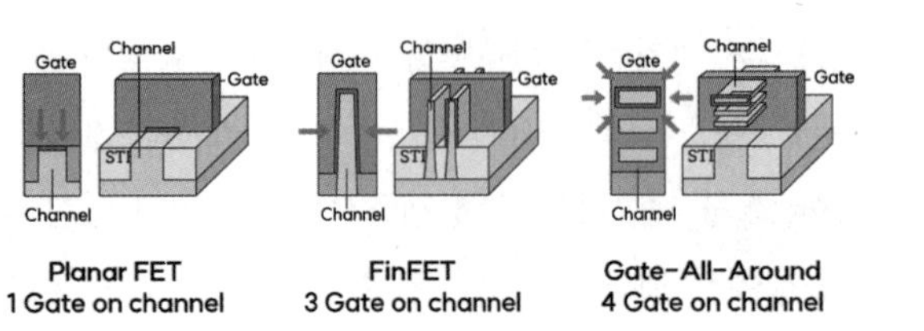

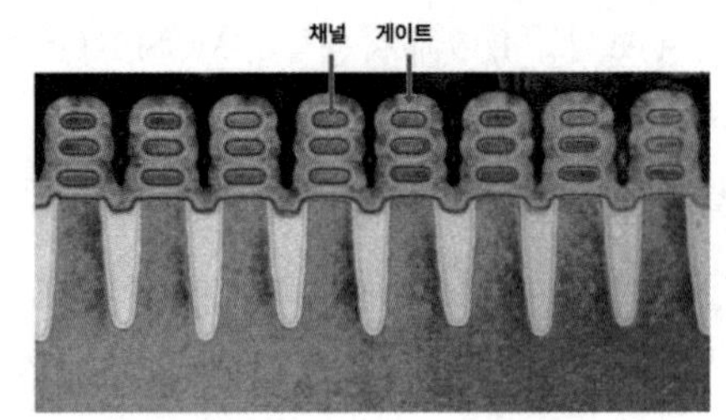

[그림 3-122] (왼쪽) Planar FET, FinFET, GAA FET 구조 비교, (오른쪽) GAA 소자의 실제 이미지

이외에도 이들을 뛰어넘고자 새로운 기술들이 개발되고 있다. 미래의 기술로 주목받고 연구되고 있는 기술들을 각각의 장점과 함께 나열하면 아래와 같다.

- Ⅲ-V FinFET : 고이동도
- 수직 FET(Vertical FET) : 높은 집적도
- 터널 FET(Tunnel FET, TFET) : 우수한 문턱 전압 이하 특성

아직까지는 이들 구조에서 괄목할만한 결과는 없다. 특히 기존의 로직 제품 및 아날로그, RF 제품 등 다양한 제품 분야에서도 GAA를 사용하였을 때의 특성이 우수하여 새로운 구조들의 진입장벽이 더욱 높아지고 있다.

5nm 또는 3nm 기술 노드 이후(예상)

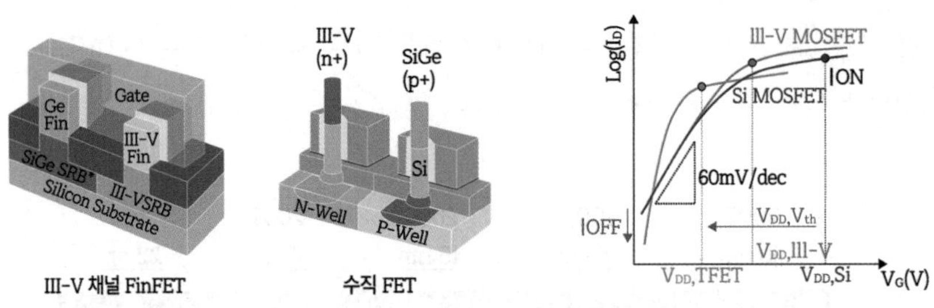

[그림 3-123] 다양한 새로운 소자 구조

* SRB: Strain relaxed buffer(스트레스 완화 버퍼)

실제 면접 기출문제 맛보기

실제 면접에서 나온 질문

난이도 ★★★ 중요도 ★★★★

- MOS Capacitor에 대해 설명해보세요. 삼성전자, SK하이닉스
- MOSFET 동작에 맞는 Band Diagram을 그리고 설명하세요. 삼성전자

1 질문 의도 및 답변 전략

면접관의 질문 의도

반도체 집적회로의 기본 스위칭 소자인 MOSFET의 채널영역에서 벌어지는 현상에 대해 정확하게 이해하는지 보고자 하는 문제이다.

면접자의 답변 전략

게이트 전극에 가한 전압에 의해 게이트 전극 밑의 반도체 상태가 축적, 공핍, 반전 상태를 가질 수 있음을 설명한다. MOSFET은 축적상태에서는 전류가 이상적으로 흐르지 않고, 공핍상태에서는 누설전류(subthreshold leakage) 수준, 반전 상태에서는 많은 양의 전류(Ion)가 흐름을 설명한다.

+ 더 자세하게 말하는 답변 전략

- MOSFET의 동작원리를 간단하게 설명한다. (게이트에 전압을 인가해 채널영역이 반전되면 전류가 흐른다.)
- N채널 MOS Capacitor(P형 반도체 기판) 구조를 그리고 게이트 전압에 따라 하부 반도체의 상태(축적, 공핍, 반전)가 바뀜을 설명한다.
- 위의 상태 변화에 따라 MOSFET 동작(소스-드레인 전류) 특성이 어떻게 바뀌는지를 설명한다.

2 머릿속으로 그리는 답변 흐름과 핵심 내용

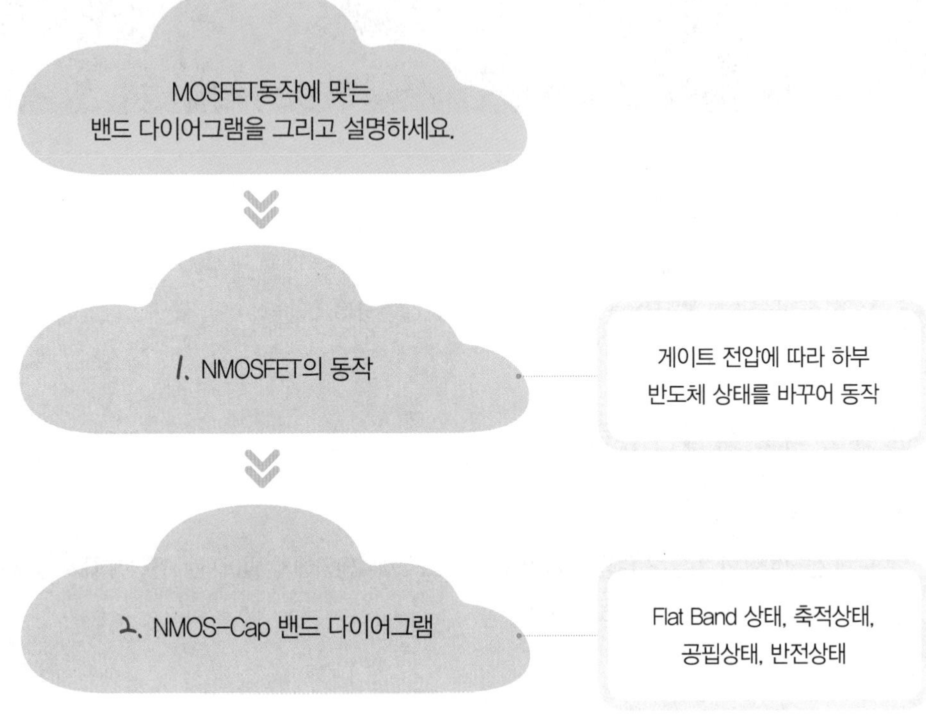

MOSFET동작에 맞는
밴드 다이어그램을 그리고 설명하세요.
1. NMOSFET의 동작
게이트 전압에 따라 하부
반도체 상태를 바꾸어 동작
2. NMOS-Cap 밴드 다이어그램
Flat Band 상태, 축적상태,
공핍상태, 반전상태

3 나만의 답안 작성해보기

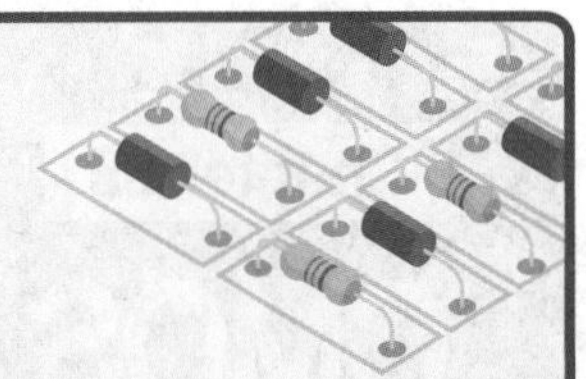

핵심 포인트 콕콕 파트3 Summary

Chapter04 MOSFET

MOS 커패시터는 금속–산화막–반도체의 접합 구조를 갖는 커패시터로, 바이어스에 따라 평탄/축적/공핍/반전 상태를 이룬다. 반전 상태 중 표면에 유도된 소수 캐리어 농도가 기판의 다수 캐리어 농도와 같아지도록 만드는 전압을 문턱 전압이라 한다. 문턱 전압은 도핑 농도 조절, 산화막 두께 및 물질 변화, 기판 바이어스 등에 의해 결정되는데, 실제 MOS 커패시터에서는 이외에도 계면 전하 및 금속과 반도체의 일함수 차이와 같은 요인이 추가적인 영향을 끼친다.

MOSFET은 MOS 커패시터에 소스와 드레인을 붙인 후 소스와 드레인 사이의 전기장을 통해 캐리어를 제어하는 트랜지스터를 말한다. MOSFET의 On 동작은 게이트에 문턱 전압 이상을 인가하여 동작시키며, 드레인 전압에 따라 컷오프, 선형 및 포화의 세 가지 작동 영역으로 분류한다. 실제 MOSFET 동작은 이상적인 MOSFET 동작 외에도 문턱 전압 이하 누설 전류, 드레인 전압에 증가에 의한 유효 채널 길이 감소, GIDL 등을 고려하여야 한다.

MOSFET의 소형화는 성능과 신뢰성을 감소시키는 단채널 효과(문턱전압 감소, DIBL, 펀치 스루, 속도 포화 현상, 열 캐리어 효과) 등을 유발한다. 이들을 해결하기 위한 방법으로 LDD, Shallow Junction, Halo Doping 등이 사용된다. 소형화가 될수록 기생 저항 및 기생 커패시턴스에 의한 RC 지연이 심각해지며, 이를 줄이기 위해 소스/드레인 재성장과 저유전율 스페이서 사용 등이 적용되고 있다.

최신 MOSFET에서는 전자와 정공의 이동도를 높이기 위한 격자 변형 기법과, 게이트 제어 특성 향상과 캐리어 이동도 개선을 위한 HKMG 공정을 사용하고 있다. 구조적 개선을 위해 SOI MOSFET과 FinFET이 개발되었으며, 이들은 일반적인 MOSFET 대비 여러 장점을 가진다. GAA 구조는 FinFET이 더욱 발전한 구조로 가장 최선단 노드에 적용되고 있다.

Chapter 05

CMOS Image Sensor

핵심요약

정의, 기초

- **CMOS Image Sensor(CIS)**: MOSFET의 회로를 이용한 이미지 센서로 CMOS와 포토 다이오드를 이용해 빛 에너지를 전기적 에너지로 변환하는 소자

동작, 특성

- **이미지 센서**
  - **동작 원리**: 이미지로부터 나오는 빛을 렌즈와 조리개를 이용하여 이미지 센서 위에 비춤
    → 각 화소에 빛의 세기에 비례하는 수의 전자가 축적
    → 각 화소에 축적된 진자의 수를 전압으로 변환
    → 다시 디지털 신호로 변환하여 메모리에 저장
  - **종류**: CCD 이미지 센서, CMOS 이미지 센서
- **CIS**
  - **구성**
    - **마이크로렌즈**: 빛을 모음
    - **컬러필터**: R-G-B 색을 분리
    - **포토다이오드**
      - 빛을 전기 신호로 바꿈
      - 전면조사형(FSI) 구조, 후면조사형(BSI) 구조

문제점

- **간섭현상**: 화소 미세화로 컬러필터를 거쳐 들어온 빛이 포토다이오드로 이동할 때 주변 화소로 새어나가는 현상으로, 색의 왜곡, 노이즈, 누설 전류 확대로 이어짐

최신 기술, 해결 방안

- **F – DTI 기법**
  - 화소와 화소 사이에 0.2um 정도 두께의 격벽을 형성하여 각각의 화소를 물리적으로 격리시키는 기법
  - 간섭현상을 감소시켜 정확한 색 표현, 노이즈 감소, 전력소모량 절감 효과를 얻음
- **VTG 기술**
  - 포토다이오드의 표면적이 감소하면서 빛(전하)의 양이 줄어드는 단점을 없애기 위해, 데이터를 전송하는 게이트의 구조를 수직으로 바꾸는 기술
  - 기존 수평 구조 대비 포토다이오드의 용량을 늘리고, 수광면적을 증가시킬 수 있게 함
- **화소 재배치 기법**: 조도에 따라 픽셀의 구성을 변환하여 수광능력을 올리는 기법

학습 포인트

CIS 제품의 개요와 시장에 대해 알아보고, 간섭현상을 제거하기 위한 노력이 어떻게 진행되고 있는지를 파악한다.

1 이미지 센서 개요

CMOS Image Sensor(CIS)는 MOSFET의 회로를 이용한 이미지 센서를 말한다. 스마트폰의 카메라가 급격하게 발달하고 있는 상황에서 CIS는 꾸준히 수요가 늘어나고 있으며, 중요성 역시 증가하고 있다. 이번 장에서는 이미지 센서에 대해 알아보고, CIS는 어떠한 구조로 제작되고 동작하는지 알아보도록 한다.

1. 이미지 센서(Image sensor) 개요

우선 CIS에 대해 알아보기 전에 이미지 센서란 무엇인지 알아보자. 이미지 센서(Image sensor)는 광학적 상(image)을 전기적 신호로 변환하는 반도체 소자로 사진 촬영, 저장(디지털 카메라), 동영상 촬영, 저장(디지털 캠코더), 과학, 군사, 의료 등 다양한 분야에서 사용되고 있다. 이미지 센서의 구조는 화소(Pixel, 픽셀)의 배열(Array)로 빛을 전기 신호로 바꿔주는 포토다이오드(Photodiode)가 평면에 배열되어 있다. 촬영하고자 하는 이미지로부터 나오는 빛을 렌즈와 조리개를 이용하여 이미지 센서 위에 비추게 되면 각 화소에 빛의 세기에 비례하는 수의 전자가 축적된다. 전자회로를 이용하여 각 화소에 축적된 전자의 수를 전압으로 변환하고, 다시 이를 디지털 신호로 변환하여 메모리에 저장한다.

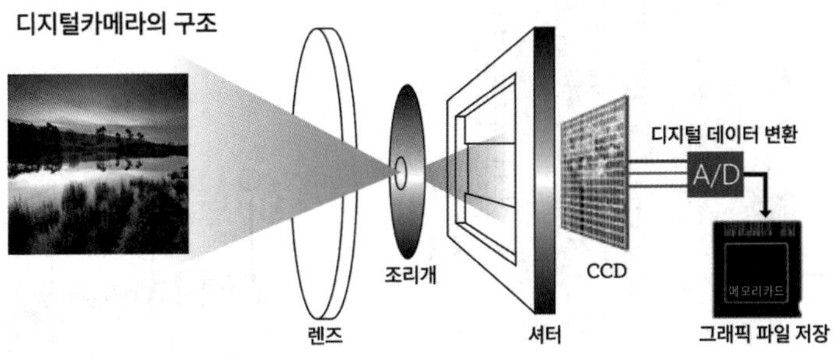

[그림 3-124] 이미지 센서를 이용한 디지털 카메라 구조

2. 이미지 센서의 종류

이미지 센서는 응용 방식과 제조 공정에 따라 또는 화소 어레이에 축적된 전자의 수에 비례하는 전압 신호를 읽어내는 방식에 따라 CCD(Charge-Coupled Device) 이미지 센서와 CMOS(Complementary Metal Oxide Semiconductor) 이미지 센서의 두 종류로 구분된다. CCD 이미지 센서는 아날로그 방식, CIS는 디지털 방식을 따른다.

[그림 3-125] (왼쪽) CCD 이미지 센서, (오른쪽) CMOS 이미지 센서

(1) CCD 이미지 센서

CCD 이미지 센서는 전자 형태의 신호를 직접 전송하는 아날로그 방식으로, CMOS 이미지 센서 대비 노이즈가 적다는 장점을 가지고 있어 고급형 디지털 카메라에 주로 사용된다. 화소가 커패시터로 상호연결 되어 있으며 연결된 커패시터를 통해 각 열의 화소에 축적된 전자를 순차적으로 전달한다. 예를 들어 빨간색 화소가 10개의 전자, 파란색 화소가 15개의 전자를 가지고 있다면 이를 디지털 회로로 그대로 전달한다. 다음 그림을 참조하면, +V 아래의 전하들이 현재 0V가 인가된 옆쪽으로 차근차근 이동하도록 전압을 계속 바꿔서 진행한다(① → ② → ③).

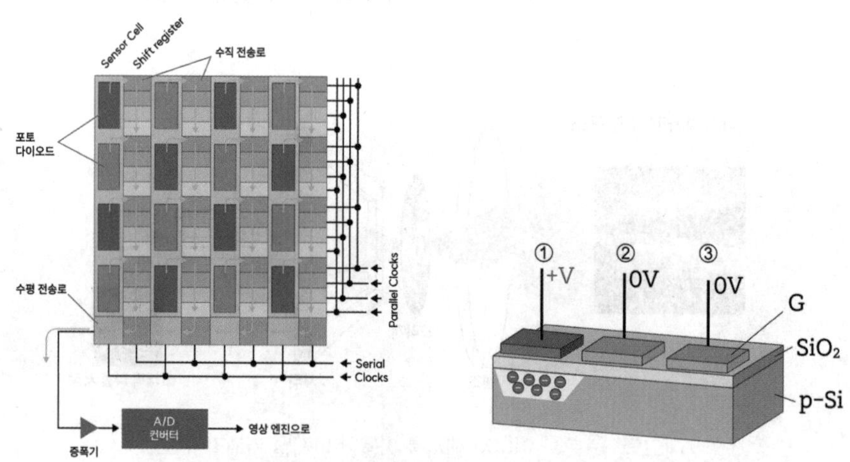

[그림 3-126] CCD 이미지 센서 구조 및 동작

CCD 이미지 센서는 색상의 인식(Recognition)을 위해 필터(Color filter)를 사용하여 각각의 R-G-B 센서(Capacitor)에서 충전된 빛의 양을 측정하여 디지털 신호로 변환한다. 이는 후술할 CIS와 같은 방식으로, CCD 이미지 센서와 CIS는 빛을 감지하는 부분에서는 차이가 없다.

(2) CMOS 이미지 센서(CIS)

CIS(CMOS 이미지 센서)는 신호를 전압 형태로 변환해 전송하는 방식으로, A/D(아날로그-디지털) 컨버터와 이미지 센서의 전체 컨트롤 기능을 하나의 칩에 통합한 것이다. 성숙한 반도체 공정을 사용하여 저렴한 제조비용으로 대량생산과 집적화, 소형화가 가능하다. 또한 CIS는 저전력 기술 구현에 부합하기 때문에 스마트폰이나 태블릿 PC 등에서 각광받고 있다. CIS는 각 행렬에 MOSFET이 연결되어 있어 행과 열을 컨트롤하기 용이하다.

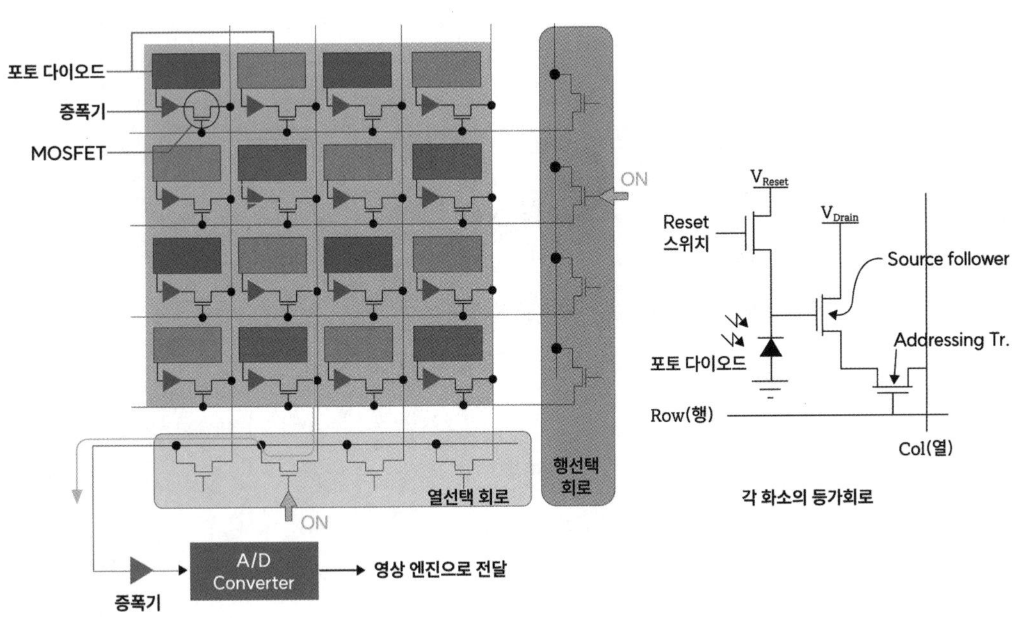

[그림 3-127] CIS 구조 및 등가회로

데이터의 감도 등 화질과 노이즈 측면에서는 있는 데이터를 그대로 받는 CCD가 유리하지만, CCD는 공정이 복잡하고 주변회로가 복잡하여 생산원가가 높다는 단점이 있다. 반면 CIS는 CMOS 공정을 통해 집적회로로 쉽게 구현할 수 있기 때문에 소형화가 용이하고 단가가 낮아 최근 들어 다양한 분야에서 사용되고 있다.

[표 3-12] CCD 이미지 센서와 CIS 비교

	CCD 이미지 센서	CIS
종류	CCD 이미지 센서 (Charge Coupled Device)	CMOS 이미지 센서 (Complementary Metal Oxide Semiconductor)
전송방식	전자 형태의 신호를 직접 전송	신호를 전압 형태로 변환해 전송하는 방식
장단점	• 노이즈가 적음 • 감도, 화질이 우수 • 저조도 특성 우수 • 소비전력 많음 • 주변회로가 복잡 • 생산원가 높음 • 추가 전원부설계 필요	• 주변 회로를 원칩화로 소형화 • 대량 생산 용이(저비용) • 소형화 용이 • 소비전력 낮음 • 저조도 감도 낮음 • 노이즈 많음

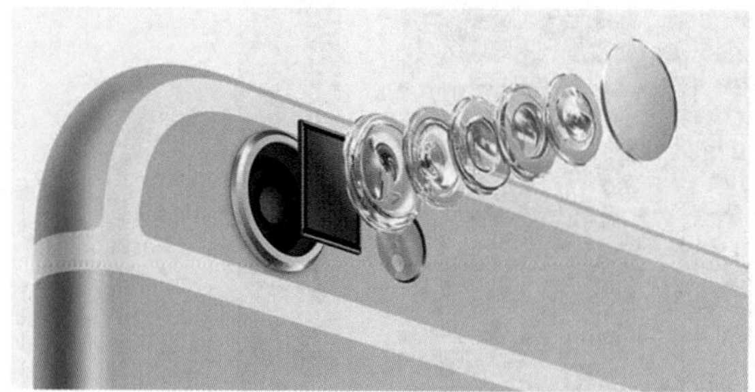

[그림 3-128] 스마트폰에 적용되는 CIS

2 CMOS 이미지 센서 개요

1. CIS

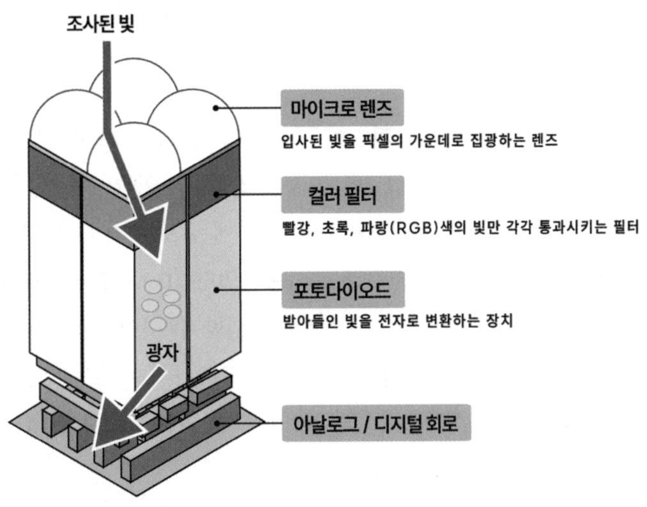

[그림 3-129] CIS 구조

CIS는 CMOS와 포토 다이오드를 이용해 빛 에너지를 전기적 에너지로 변환하는 소자이다. 반도체 공정인 CMOS 공정을 사용하기 때문에 가격 경쟁력이 있으며, 이미지 센서와 주변 회로를 통합하여 소형화 및 관리가 용이하다. 또한 집적도가 높고 전력 소비량이 적어 배터리 수명이 중요한 스마트 기기 시장에서 선호되고 있다.

(1) 포토다이오드

CIS는 CMOS 공정을 이용한 회로부와, 빛을 모으는 마이크로렌즈(Micro lens) / R-G-B 색을 분리하는 필터(Color filter) / 빛을 전기 신호로 바꾸는 포토다이오드(Photodiode)의 센서부로 구성된다.

이 중 포토다이오드는 빛을 받아 전자-정공쌍을 생성하는 다이오드다. 생성된 전자는 n형 반도체로, 정공은 p형 반도체로 이동하며 전류를 생성하는데, 이 전류를 MOSFET의 게이트 전압으로 드레인으로 흐르게 할지를 제어한다. 이러한 변환과정에는 항상 변환효율이 생기게 되는데 광 신호, 즉 광자(photon)를 전하량으로 변환하는 효율을 양자 효율(Quantum efficiency)이라고 한다. 이후 포토다이오드에 만들어진 전하량을 전압변화로 바꾸는 과정의 변환효율을 Conversion efficiency(uV/e) 또는 Conversion gain이라고 하며 그 역할은 화소 내부에 있는 초소형 커패시터가 담당하고 있다.

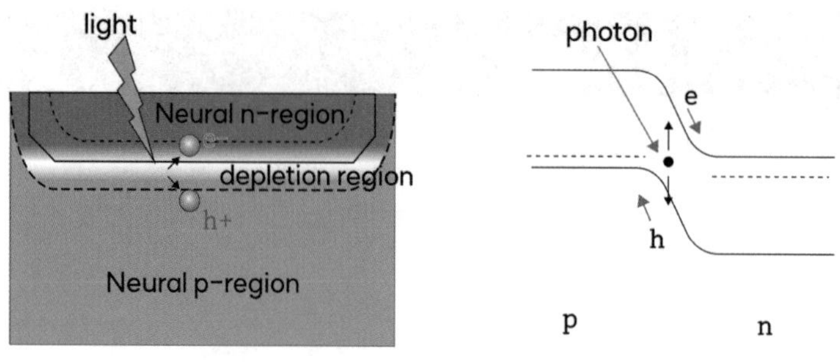

[그림 3-130] 빛을 받았을 때의 포토다이오드의 동작

제한적인 크기의 이미지 센서 안에 많은 화소를 구현하려고 하면 포토다이오드의 크기가 줄어들게 된다. 면적 및 비용적으로는 유리할 수 있으나, 기능적으로는 받아들이는 빛의 감도가 떨어지기 때문에 포토다이오드의 위치 조절이 필요하게 되었다. 처음에는 포토다이오드가 금속 배선 아래에 있는 전면조사형(Front-Side illuminated, FSI) 구조를 사용하였다. FSI 구조는 실리콘 웨이퍼 하나로 회로부분, 포토다이오드, 금속 배선 공정을 순차적으로 진행할 수 있어 공정 난이도가 낮고 비용이 저렴하다는 장점이 있다. 그러나 빛이 배선 영역을 지나서 포토다이오드로 주입되기 때문에 포토다이오드에 도달하는 빛의 양이 현저히 줄어든다. 이를 개선하기 위한 방법으로 배선 위에 포토다이오드를 형성하는 후면조사형(Back-side illuminated, BSI) 구조가 등장하였다.

후면조사형은 전면조사형에 비해 우수한 빛 감지 능력을 발휘할 수 있으나, 한 웨이퍼에서 배선 공정 위에 포토다이오드를 형성할 수 없어 두 개의 웨이퍼를 사용해야 하는 단점이 있다. 기판 웨이퍼에서는 회로부와 배선을, 포토다이오드 웨이퍼에서는 포토다이오드와 연결 배선을 형성한 후, 두 웨이퍼를 붙이고 TSV(Through Silicon Via) 등 깊은 참호형으로 배선을 서로 연결한다. 그 위에 컬러필터와 마이크로렌즈를 형성하는 공정을 거쳐야 하여 공정이 복잡하고 비용이 증가하게 된다.

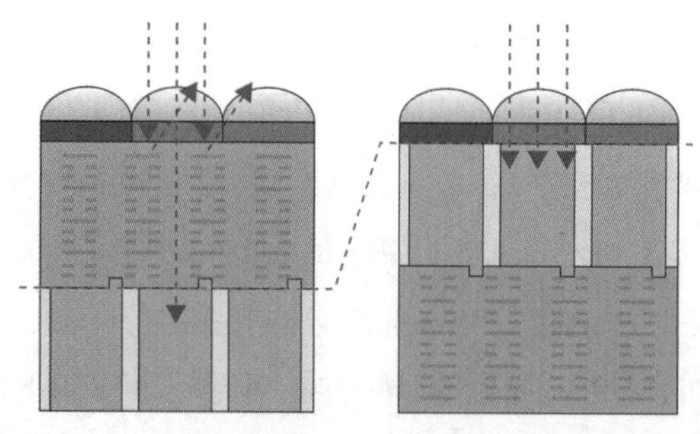

[그림 3-131] (왼쪽) FSI 방식, (오른쪽) BSI 방식 이미지 센서

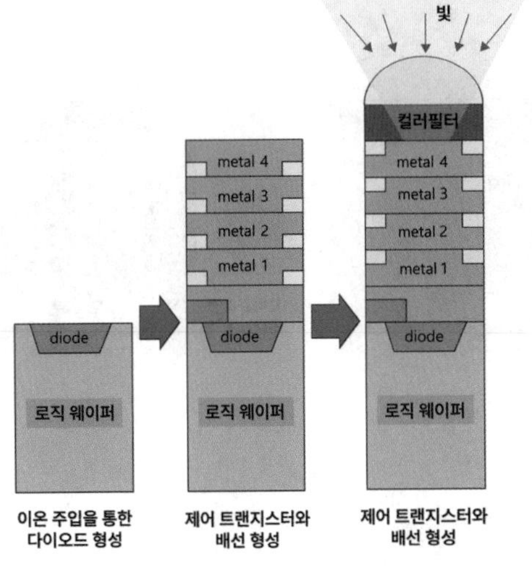

(a) FSI 이미지 센서 생산공정

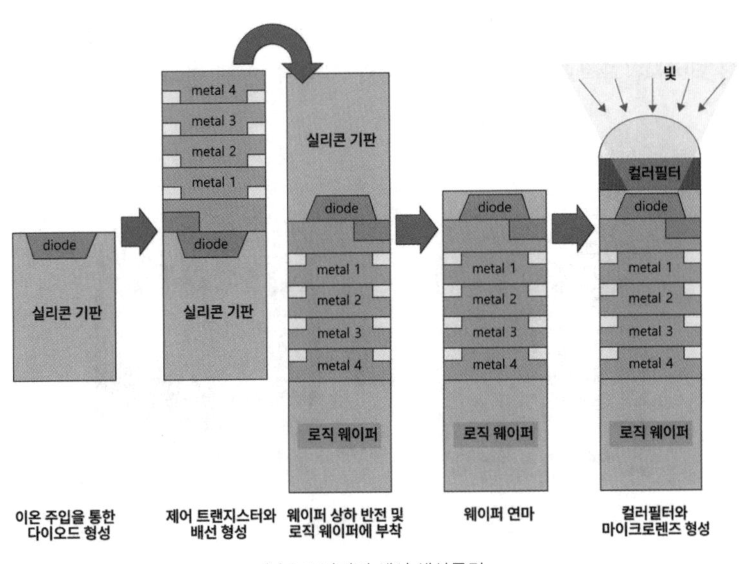

(b) BSI 이미지 센서 생산공정

[그림 3-132] 이미지 센서 생산공정

화소가 미세화되면서 화소 간격이 대폭 줄어듦에 따라, 컬러필터를 거쳐 들어온 빛이 포토다이오드로 이동할 때 주변 화소로 새어나가는 간섭현상(Crosstalk)이 발생한다. 녹색 화소로 들어갈 빛이 적색 혹은 청색 화소 용 포토다이오드로 새어 들어갈 수 있다는 얘기이다. 이는 곧 색의 왜곡, 노이즈, 누설 전류 확대로 이어진다. 이를 방지하기 위해, 화소와 화소 사이에 0.2um 정도 두께의 격벽을 형성하여 각각의 화소를 물리적으로 격리시키는 F-DTI(Frontside-Deep Trench Isolation) 기법을 적용하게 되었다. 이로써 간섭현상을 감소시켜 정확한 색 표현, 노이즈 감소, 전력소모량 절감 등의 효과를 얻게 되었다.

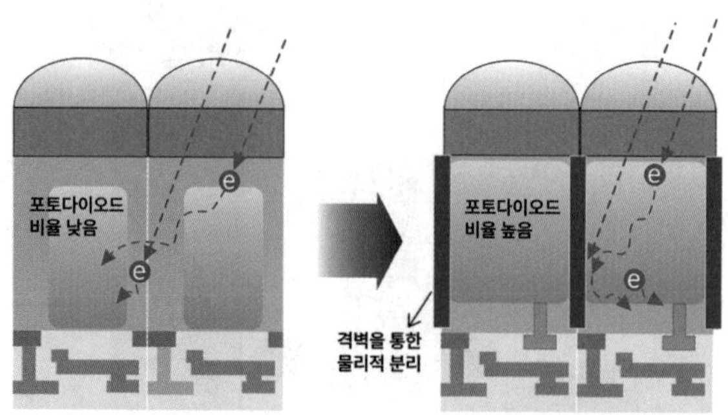

[그림 3-133] BSI와 F-DTI 구조 비교

또한 포토다이오드의 표면적이 감소하면 담을 수 있는 빛(전하)의 양이 줄어든다. 이러한 단점을 없애기 위해 데이터를 전송하는 게이트의 구조를 수직으로 바꾸는 VTG(Vertical Transfer Gate) 기술도 같이 적용되고 있다. 수평 구조였던 게이트를 수직으로 바꾸면서 기존 대비 포토다이오드의 용량을 늘릴 수 있게 되어, 결과적으로 수광면적[1]을 증가시킬 수 있게 한다.[2]

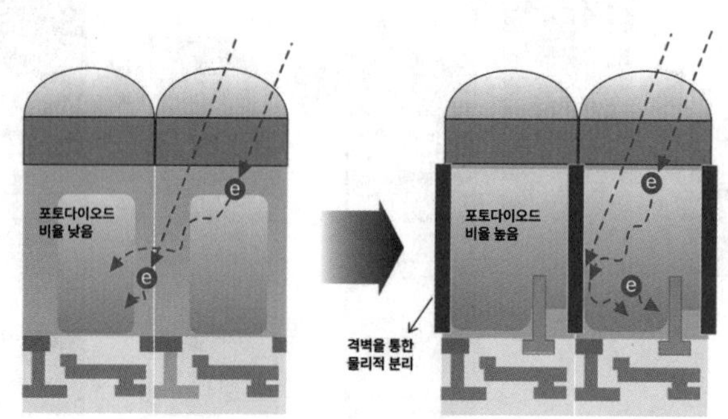

[그림 3-134] F-DTI +VTG 구조

(2) CMOS 이미지 센서의 영상처리 프로세스

광학 렌즈를 통해 입사된 빛이 CMOS 픽셀 어레이 위에 상을 맺고 픽셀 어레이에서는 입사된 빛의 세기에 따라 광전변화(Photon-to-Charge conversion)가 일어난다. 광전변화된 광자는 아날로그 신호 변환기에 의해 전압 또는 전류로 변환되고, 전압 또는 전류로 변환된 것을 신호처리용 DSP에서 인식하여 영상을 처리한다.

1 빛을 받는 면적

2 이러한 구조를 가진 ISOCELL은 삼성전자에서 설계한 CMOS 이미지 센서 브랜드이다.

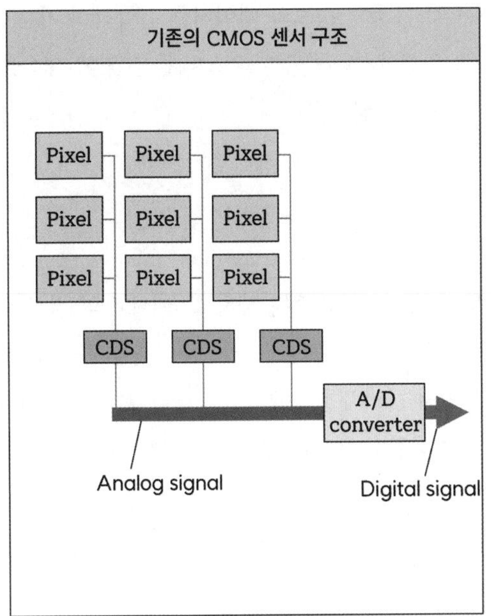

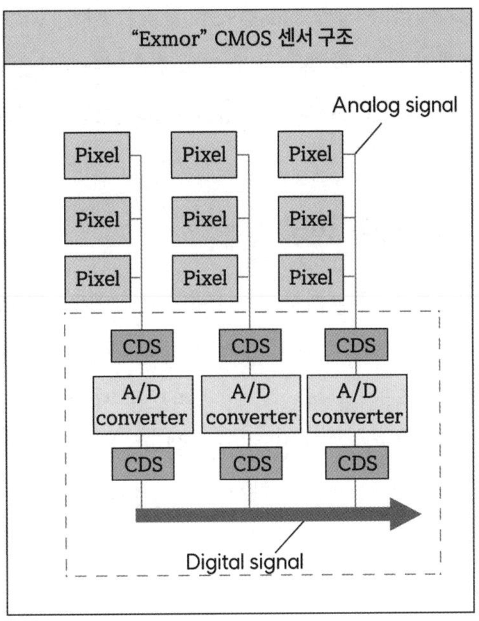

[그림 3-135] 소니의 엑스모어(Exmor) 이미지 센서 기술

엑스모어(Exmor) CIS는 소니의 이미지 센서 상표다. 기존 이미지 센서에 촬영 이미지의 노이즈를 제거하기 위한 CDS(Correlated Double Sampling) 회로가 탑재되었다. 기존 CIS의 경우 아날로그 신호 단계에서 CDS 회로를 통해 노이즈를 감소시킨 후 아날로그-디지털 컨버터를 거쳐 디지털화된 이미지를 생성한다. 엑스모어 CIS는 여기에 한 번 더 노이즈 감소를 위한 CDS 회로 보정(총 2회)을 하여 고품질의 이미지를 얻을 수 있는 것이다.

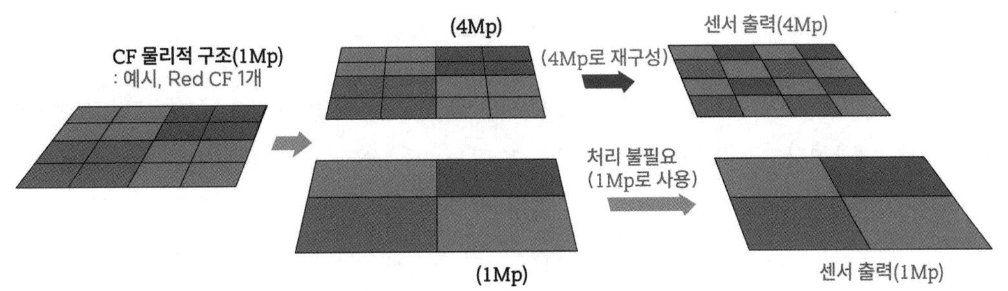

[그림 3-136] Re-mosaic 기능을 통한 화소 수 조절

하나 더 회로 제어 기법으로 소개할 기법은 조도에 따라 유효 화소 수를 조절하는 화소 재배치(Re-mosaic) 기법이다. 이는 조도에 따라 픽셀의 구성을 변환하여 수광능력을 올리는 방법이다. 위의 그림처럼 기존의 RGB 센서와 달리, 동일한 컬러 필터를 가진 픽셀을 4개의 그룹으로 나란히 배치하는

데, 카메라가 저조도 조건에서 촬영할 때 알고리즘은 각 그룹의 정보와 데이터를 결합하여 기본적으로 4개의 작은 픽셀을 큰 픽셀로 변환한다. 밝은 조명 조건에서는 특정한 알고리즘을 통해 화소를 기존 RGB 패턴으로 다시 매핑하여 고해상도 사진을 생성하게 된다.

2. CIS 시장 전망

이미지 센서는 피사체 정보를 읽어 전기적인 영상신호로 변환해주는 장치로, 카메라의 필름과 같은 역할을 한다. CIS는 저전력 기술 구현에 부합하기 때문에 그 동안 스마트폰과 태블릿PC 등에 사용되어 보급이 늘어났다가, 스마트폰 시장이 포화되면서 하락세를 겪었다. 그러나 최근에는 자율주행차, 의료, 머신 비전, 보안, 웨어러블, 가상현실, 증강현실 등 여러 산업 분야에서 사용될 것으로 전망되며 다시 빠른 성장세에 돌입했다.

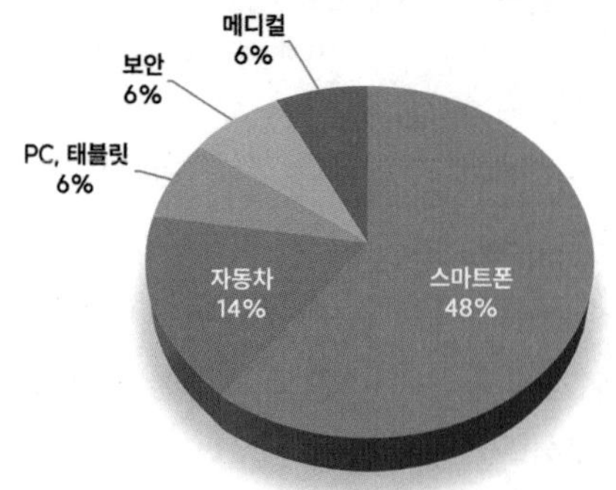

[그림 3-137] 이미지 센서 매출 점유율(2020년 기준, 출처: IC인사이츠)

전 세계 CIS는 2019년 193억 달러 수준으로 2018년 155억 달러에 비해 25% 증가했고, 2022년에는 258억 달러로 예측된다. CIS가 사용되는 산업은 스마트폰이 69%(133억 달러) 수준으로 압도적이지만, 자동차 산업에서의 사용이 2018년(9.2억 달러)에 비해 2019년(13억 달러)에 41%의 성장률을 보여 2020년에는 2위가 예상된다. 이런 시장변화는 여러 업체들이 오토모티브용 CIS에 주목하는 이유이다. 그 외 CMOS 이미지 센서가 사용되는 애플리케이션은 컴퓨팅(8%), 보안(6%), 인더스트리얼(3%), 메디컬(1%) 등도 소폭 성장할 것으로 기대된다.

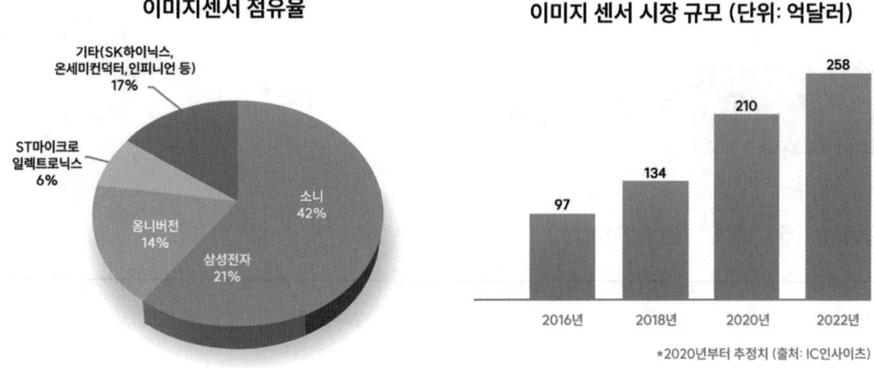

[그림 3-138] 이미지 센서 시장 순위

CIS 시장은 오랫동안 카메라 기술을 개발해온 소니가 절반 가량의 점유율을 차지하며 시장을 주도하고 있다. 2019년 기준으로 소니의 매출 점유율은 42%로 1위이며, 2위 삼성전자(21%), 3위 옴니버전(14%), 4위 ST마이크로 일렉트로닉스(6%) 순으로 뒤를 따르고 있다. 이외에도 SK하이닉스, 온세미컨덕터, 인피니언 등의 업체가 참여하고 있다.

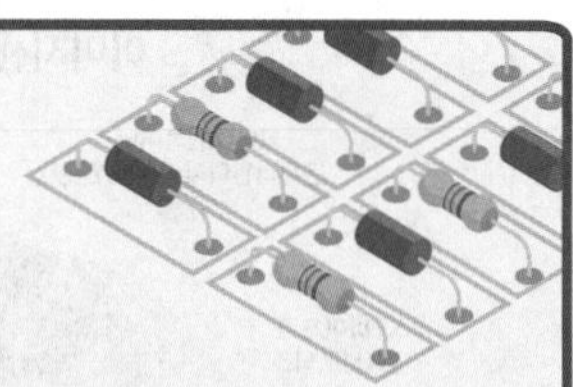

핵심 포인트 콕콕 파트3 Summary

Chapter05 CMOS Image Sensor

CMOS 이미지 센서(CIS)는 MOSFET 회로를 이용하여 전기 신호로 변환된 이미지를 저장하는 기능을 하는 소자다. 아날로그 방식인 CCD와 다르게 디지털 방식으로 제어가 가능하고 집적화 및 소형화가 가능하다는 장점이 있다.

CIS의 구성 요소인 포토 다이오드는 빛을 받아 전자-정공쌍을 생성하는 다이오드다. 포토다이오드와 배선의 배치에 따라 전면조사형과 후면조사형 구조로 나누며, 후면조사형 구조가 비용 증가 및 복잡한 공정에도 불구하고 감도에 유리하여 많이 사용된다. 여기에 더해 화소 간 간섭현상을 방지하고 화소 간격을 줄이기 위해 F-DTI 및 VTG 구조가 개발되어 공정에 적용하고 있다. 이외에도 화소 재배치 기법을 사용하여 조도에 따라 유효 화소 수를 조절하여 고품질의 이미지를 얻는 기법도 사용되고 있다.

Memo

Chapter 06

SRAM

핵심요약

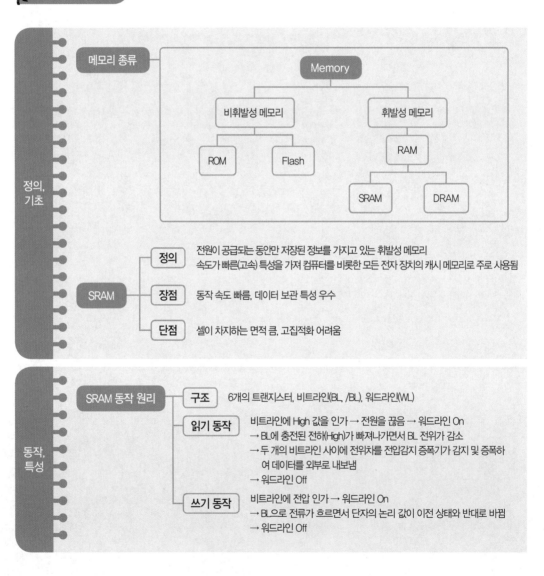

정의, 기초

메모리 종류

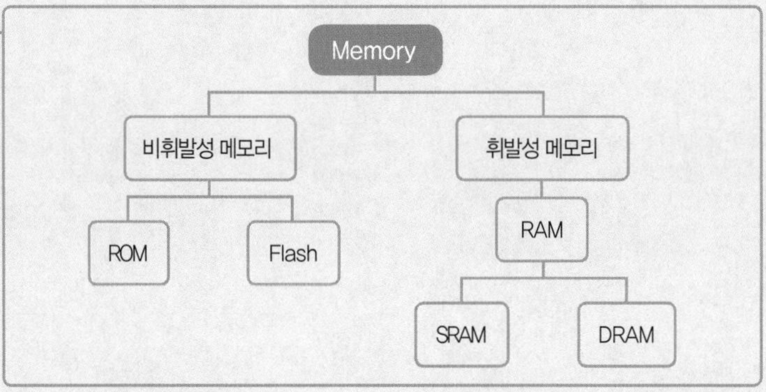

- Memory
  - 비휘발성 메모리
    - ROM
    - Flash
  - 휘발성 메모리
    - RAM
      - SRAM
      - DRAM

SRAM

- 정의: 전원이 공급되는 동안만 저장된 정보를 가지고 있는 휘발성 메모리
  속도가 빠른(고속) 특성을 가져 컴퓨터를 비롯한 모든 전자 장치의 캐시 메모리로 주로 사용됨
- 장점: 동작 속도 빠름, 데이터 보관 특성 우수
- 단점: 셀이 차지하는 면적 큼, 고집적화 어려움

동작, 특성

SRAM 동작 원리

- 구조: 6개의 트랜지스터, 비트라인(BL, /BL), 워드라인(WL)
- 읽기 동작: 비트라인에 High 값을 인가 → 전원을 끊음 → 워드라인 On
  → BL에 충전된 전하(High)가 빠져나가면서 BL 전위가 감소
  → 두 개의 비트라인 사이에 전위차를 전압감지 증폭기가 감지 및 증폭하여 데이터를 외부로 내보냄
  → 워드라인 Off
- 쓰기 동작: 비트라인에 전압 인가 → 워드라인 On
  → BL으로 전류가 흐르면서 단자의 논리 값이 이전 상태와 반대로 바뀜
  → 워드라인 Off

학습 포인트

SRAM의 구조가 CMOS 인버터와 어떠한 관계가 있는지 이해하고, 이 관점에서 SRAM의 동작 원리를 파악한다.

1 Memory의 정의와 메모리 계층도

현재 우리가 익숙하게 접하고 있는 컴퓨터 시스템은 전통적인 폰 노이만(Von Neumann)[1] 구조다. 폰 노이만 구조에서 필요한 메모리(기억장치)는 계층(Memory hierarchy)을 이루고 있으며, 그 계층도는 아래 그림과 같다. 계층도의 최상위의 캐시(Cache) 메모리는 주로 중앙 처리 장치(Central Processing Unit, CPU)에 내장(Embedded)되어 자주 사용하는 프로그램과 데이터를 기억하는 등 CPU와 긴밀히 통신을 하는 메모리이다. 이는 빠른 속도가 필요하기 때문에, 일반적으로 단위 면적당 단가가 높지만 속도가 가장 빠른 SRAM으로 구성된다.

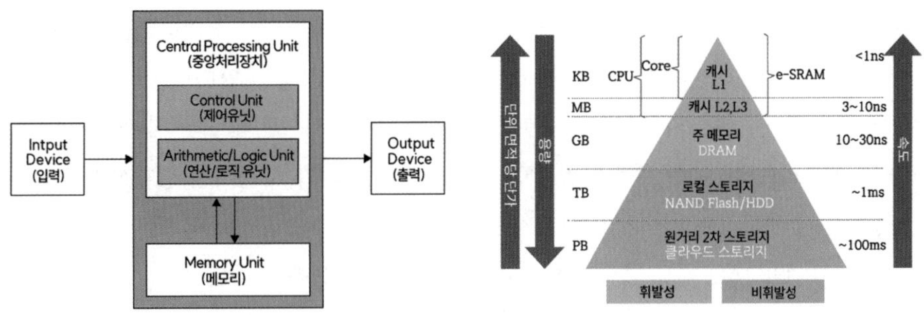

[그림 3-139] (왼쪽) 폰 노이만 구조, (오른쪽) 폰 노이만 구조의 메모리 계층도

캐시 메모리의 바로 아래층에는 컴퓨터의 주 메모리(Main memory, 주기억장치)가 있다. 주 메모리는 사용자가 자유롭게 내용을 읽고 쓰고 지울 수 있는 기억장치[2]로, 컴퓨터가 켜지는 순간부터 CPU는 연산을 하고 동작에 필요한 모든 내용이 전원이 유지되는 내내 이 기억장치에 저장된다. 우리가 복잡한 계산을 할 때 공책에 풀이해 가는 것처럼, 공책의 역할을 하는 것이 바로 주 메모리의 기능이다. 즉, CPU에서 이뤄진 연산을 기록하며 읽어오는 데 필요한 메모리다. 주 메모리로 사용되는 메모

1 수학자이자 물리학자 존 폰 노이만과 다른 사람들이 서술한 1945년 설명에 기반한 컴퓨터 아키텍처

2 캐시 메모리는 임의로 쓸 수 있는 기능이 없다.

리 소자/제품은 DRAM(Dynamic Random Access Memory)이다. DRAM은 SRAM보다는 느리지만 단순한 구조로 이루어져있어 용량 당 가격이 저렴하고 대용량의 데이터를 저장할 수 있다는 장점이 있다.

DRAM 아래에는 보조 메모리(보조기억장치)가 존재한다. 주로 사용되는 제품은 낸드 플래시(NAND Flash) 메모리 제품과, 하드 디스크 드라이브(Hard Disk Drive, HDD) 등이다. 낸드 플래시 메모리는 DRAM보다는 비싸지만 꾸준히 단위 실리콘 면적당 메모리 용량을 크게 하여 제품 단가를 낮추고 있고, HDD보다는 수~수십배 빠른 읽기/쓰기 속도를 가지고 있다. 이를 바탕으로 오랜 시간동안 보조 메모리 위치를 놓지 않은 HDD를 빠르게 대체하고 있다. 낸드 플래시 메모리는 주로 SSD(Solid State Drive)나 외장 USB(Universal Serial Bus) 메모리 형태로 사용된다.

개인 사용자의 입장에서, 계층도의 가장 마지막에 위치한 클라우드 저장소(Cloud storage)는 전통적인 계층도에는 없던 것이다. 예전에는 자기 테이프 등의 원초적인 저장 장치가 차지하고 있던 자리였다. 최근에는 대용량의, 동시 다발적인 데이터 저장이 가능한 서버가 등장하여 그 자리를 대체하는 새로운 개념이 등장하였다. 대표적인 예가 클라우드 저장소로, 클라우드 컴퓨팅(Cloud computing)이 발전하면서 새로 계층도에 추가된 영역이다. 예전부터 지금까지 사용되는 개념인 웹 서버(Web server)와 비슷한 개념으로, 인터넷상으로 제공되는 저장 공간에 본인의 정보를 저장해 두고, 필요할 때마다 본인의 단말기로 정보를 불러올 수 있는 편리한 기능을 제공한다. 다만 웹 서버는 그 자체가 저장소의 느낌이 더 강하다면, 클라우드 저장소는 그 자체에서 데이터의 편집 등이 가능한 컴퓨팅의 개념을 강조한다. 단점으로는 통신 기술의 제약으로 인해 속도가 느리고, 보안상의 문제 및 인터넷이 연결된 곳에서만 접근이 가능하다는 점이 있다. 전체적으로 계층도를 정리하면, 계층도의 아래로 내려갈수록 동작 속도는 느려지지만 메모리 용량은 증가하는 양상을 보인다.

여기서 메모리 간 큰 차이가 발생하는 부분이 주 메모리와 보조 메모리 사이다. 캐시 메모리(SRAM)와 주 메모리(DRAM)는 전원이 인가되지 않으면 데이터가 사라지는 휘발성(Volatile) 메모리인 데 반해, 나머지 메모리는 데이터가 사라지지 않는 비휘발성(Non-volatile) 메모리이다. 본서에서는 이들 중 SRAM, DRAM, 낸드 플래시 메모리에 대해 알아보도록 하겠다.

2 SRAM 구조와 원리

1. SRAM의 정의와 기본 구조

(1) SRAM 셀의 구조

SRAM은 정적 랜덤 액세스 메모리(Static Random Access Memory)의 약자로, 그 의미는 정해진 조건에서 메모리 내의 데이터가 변하지 않는다는 것이다. SRAM은 속도가 빠른(고속) 특성을 가져 컴퓨터를 비롯한 모든 전자 장치의 캐시 메모리(Cache memory)로 주로 사용된다. SRAM의 셀(Cell) 구조는 아래 그림과 같이 6개의 트랜지스터[3]를 가지는 것이 기본으로(6Tr SRAM), 이를 바탕으로 한 여러 파생 구조가 있다. 셀은 6개의 트랜지스터, 데이터 저장 역할을 하는 교차 결합의 CMOS 인버터(Inverter)[4] 데이터를 읽고 쓸 때 데이터의 입출력 선 역할을 하는 비트라인(Bit-Line, BL과 /BL), 그리고 메모리 셀의 동작을 제어하는 스위치 역할을 하는 워드라인(Word Line, WL)으로 구성된다.

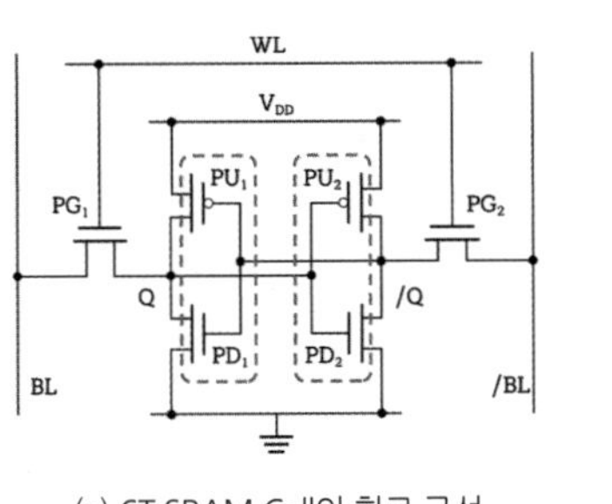

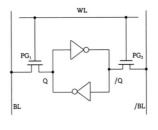

(a) 6T SRAM Cell의 회로 구성 (b) 6T SRAM Cell의 단순화 구성

[그림 3-140] SRAM의 구조

CMOS 인버터의 nMOS를 풀-다운(Pull-down, PD) 트랜지스터, pMOS를 풀-업(Pull-up, PU) 트랜지스터라고 한다. PU의 소스에는 동작 전압(V_{DD})을, nMOS의 소스에는 0V(V_{SS})를 인가한다. 인버터 내부에 접속할지를 결정하는 패스-게이트(Pass-gate, PG) 트랜지스터는 보통 nMOS를 사용한다. PG의 게이트는 WL에, 소스/드레인의 한 쪽은 CMOS 인버터에, 다른 한쪽은 비트라인 쌍(BL, /BL)에 연결된다. 비트라인은 항상 BL과 /BL 쌍으로 구성되며, /BL은 BL 논리값의 상보(Complimentary)[5] 값을 갖는다.

(2) CMOS 인버터(Inverter)

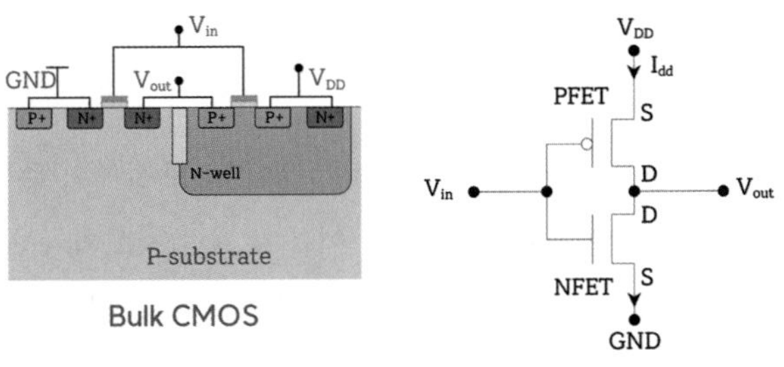

[그림 3-141] CMOS 인버터의 구조와 회로도

3 아래 그림의 PU_1, PU_2, PD_1, PD_2, PG_1, PG_2
4 논리회로에서 '0'을 입력하면 '1'을 출력하고, '1'을 입력하면 '0'을 출력하는 논리소자
5 서로 모자란 부분을 보충. 디지털에서는 0과 1 중 하나를 가졌을 때 반대의 데이터를 갖는다는 의미이다.

CMOS 인버터는 위의 그림처럼 회로의 가장 높은 전압(V_{DD})이 pMOS의 소스에, 회로의 가장 낮은 전압(V_{SS})이 nMOS의 소스에 연결되도록 한 회로이다. 둘 사이의 드레인과 게이트는 공유하고 있으며, 게이트가 입력 전압(V_{in})이 되고 드레인이 출력 전압(V_{out})이 된다. VDD에 2V, GND에 0V가 인가된 CMOS 인버터가 있다고 가정해보자. nMOS와 pMOS가 각각 따로 존재할 때는 아래 그림의 (a)처럼 게이트와 드레인 바이어스를 각각 설정하여 출력 전류를 조절할 수 있다. 그러나 CMOS 형태가 되는 순간 입력(게이트) 전압에 따라 nMOS와 pMOS의 드레인 전압이 고정되며, 최종적으로는 흐르는 전류와 출력 전압이 고정된다.

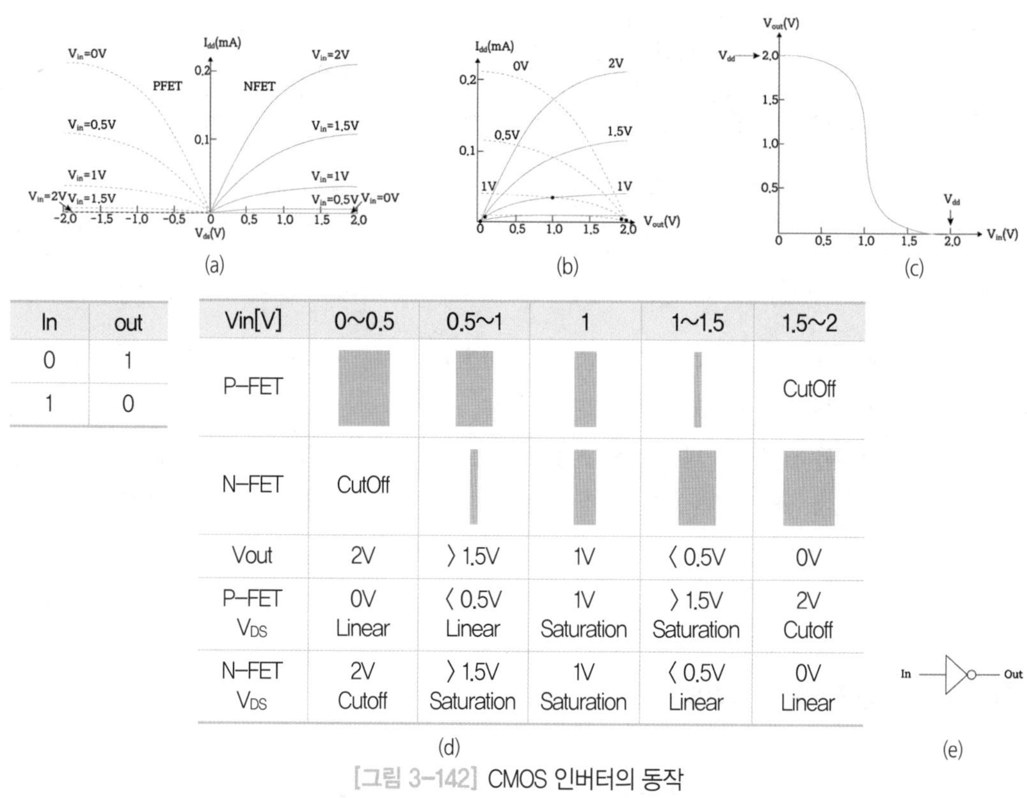

In	out
0	1
1	0

Vin[V]	0~0.5	0.5~1	1	1~1.5	1.5~2
P-FET					CutOff
N-FET	CutOff				
Vout	2V	〉1.5V	1V	〈 0.5V	0V
P-FET V_{DS}	0V Linear	〈 0.5V Linear	1V Saturation	〉1.5V Saturation	2V Cutoff
N-FET V_{DS}	2V Cutoff	〉1.5V Saturation	1V Saturation	〈 0.5V Linear	0V Linear

(d)

[그림 3-142] CMOS 인버터의 동작

CMOS 인버터의 특징은 [그림 3-142 (c)]처럼 입력 전압이 'high' 상태면 출력 전압은 'low'가 되고, 입력 전압이 'low' 상태면 출력 전압은 'high'가 된다. 이를 논리값으로 치환하면 입력이 논리 '1'이면 출력은 논리 '0', 입력이 논리 '0'이면 출력은 논리 '1'이라고 표현할 수 있다. 이를 논리회로로 표현하면 [그림 3-142 (e)]와 같이 표현한다. 또한 CMOS 인버터는 매우 낮은 구동전류를 가진다. nMOS의 동작 전압과 pMOS의 동작 전압이 교차하는 점을 이어보면, 가장 높은 전류가 흐를 때의 값은 입력전압이 1V일 때 교차하는 점이다.

(3) SRAM과 인버터

SRAM의 데이터 저장원리는 인버터의 순환으로 설명할 수 있다. 예를 들어 위에 위치한 인버터의 입력이 논리 '1'이면 출력은 논리 '0'이 되고, 이 출력이 아래의 인버터의 입력이 된다. 아래 인버터의 입력은 '0'이기 때문에 출력은 '1'이 되며, 이는 첫 번째 인버터의 입력값과 같다. 따라서 이들이 계속 순환하기 때문에 데이터가 변하지 않고 유지된다. 이 데이터는 SRAM에 전력이 공급되는 한 신호의 입력 논리가 유지(Latch)되기 때문에, 후술할 DRAM(Dynamic RAM)처럼 전하 누출에 따른 리프레시(Refresh)[6] 동작이 없어 정적(Static) 메모리라고 표현한다. SRAM의 저장소인 인버터에 들어있는 데이터는, 여러 메모리 위치가 주어졌을 때에도 접근을 원하는 메모리 셀에 해당하는 WL과 BL 쌍을 선택하여 해당 메모리 셀에 접근할 수 있다. 이러한 임의 접근(Random Access)이 가능한 메모리를 Random Access Memory 즉 RAM이라 하며, SRAM은 앞서 얘기한 정적 특성과 임의 접근 특성을 합쳐 부른 것이다.

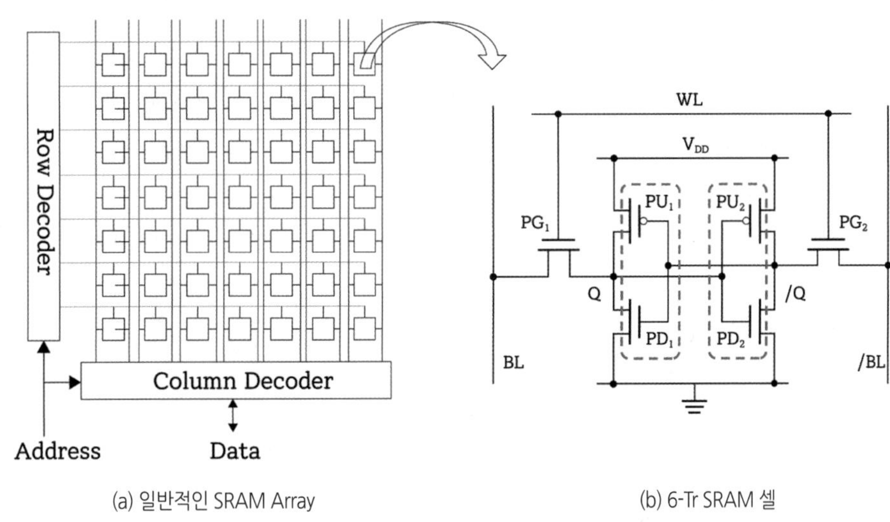

(a) 일반적인 SRAM Array　　(b) 6-Tr SRAM 셀

[그림 3-143] SRAM Cell Array 구조와 단위 SRAM Cell

(4) SRAM의 장단점

SRAM은 어떠한 메모리 소자에 비해 동작 속도가 훨씬 빠르다. DRAM은 데이터의 비휘발성으로 인해 필요한 리프레시(Refresh) 동작에 필요한 시간과, 쓰기 및 읽기 동작에서 사용하는 축전기를 충전/방전시켜야 하여 동작 속도가 SRAM보다 느리다. 플래시 메모리는 동작 원리가 터널링을 이용하

6　주기적 다시 쓰기 동작

기 때문에 이들보다 동작 속도가 더 느리다. 또한 SRAM은 앞서 말한 것처럼 두 개의 인버터가 상호 보완적으로 데이터를 유지하므로, 데이터의 보관(Retention) 특성이 매우 우수하다.

반면 최소 6개의 MOSFET으로 구성되기 때문에 셀이 차지하는 면적이 크고, 고집적화가 어렵다는 단점이 있다. 최근에는 공정 미세화를 통해 SRAM의 크기가 점점 더 작아지면서, Random Dopant Fluctuation(RDF)에 의해 발생하는 Mismatch[7] 현상에 매우 민감하게 되었다. 이를 극복하기 위해 읽기 동작이나 쓰기 동작의 안정성을 높이기 위해 MOSFET 및 배선을 추가하여 8Tr, 10Tr 구조를 사용하는 경우도 있다. 또한 저장된 메모리는 변하지 않지만 이는 데이터를 저장하고 있는 인버터에 전원(V_{DD}, V_{SS})이 공급될 때의 이야기다. 전원이 공급되지 않으면 데이터가 유지되지 않고 사라지게 되므로, SRAM 역시 휘발성 메모리라고 부른다.

2. SRAM의 동작원리

(0) 대기(Standby) 동작

SRAM의 대기(Standby) 동작은 앞서 설명한 바 있다. 이를 조금 더 자세히 설명하면 다음과 같다.

i. 워드라인(WL)에 '0'이 인가되어 있어 PG_1, PG_2가 Off 되어 있는 상태이다.

ii. 단자 Q에 논리 '0'이 인가, 단자 /Q에 '1'이 인가되어 있다고 가정하자. PU_2는 On, PD_2는 Off가 된다. 따라서 /Q는 논리 '1'을 유지한다.

iii. 단자 /Q가 논리 '1'을 가지므로 PU_1은 Off, PD_1은 On이 된다. 따라서 Q는 논리 '0'을 유지한다.

iv. ii와 iii이 반복된다.

SRAM의 대기(Standby) 동작은 아래 그림과 같다.

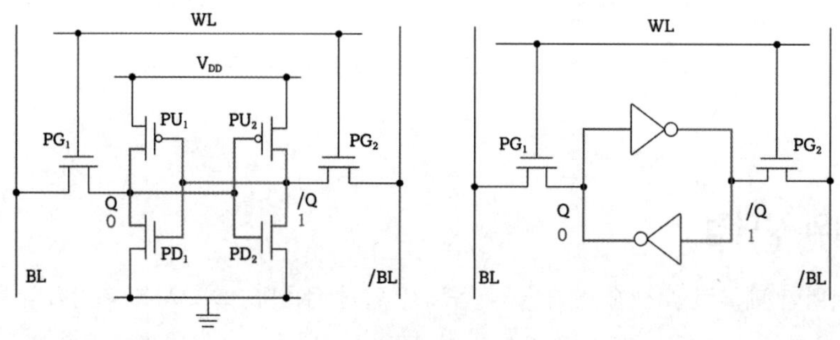

[그림 3-144] SRAM의 대기 동작

7 인접한 Cell 간의 특성 차이

(1) 읽기(Read) 동작

SRAM의 읽기(Read) 동작은 아래 그림과 같다.

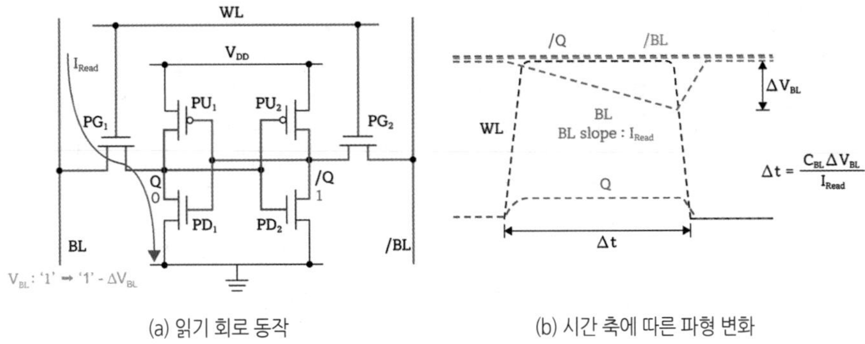

(a) 읽기 회로 동작 (b) 시간 축에 따른 파형 변화

[그림 3-145] SRAM의 읽기 동작

i. 단자 Q에 논리 '0', /Q에 논리 '1'이 저장되어 있고 이를 읽는 동작을 살펴보자. 이 상태에서 PD_1, PU_2 트랜지스터는 'On' 상태, PD_2, PU_1 트랜지스터는 'Off' 상태이다.

ii. 읽기 동작 전 대기 상태에서, 비트라인쌍(BL, /BL)에 High 값을 인가한 후(선충전, Pre-charge), 전원을 끊어 부유(Floating) 상태로 만들어 준다.

iii. 워드라인(WL)을 'On' 시킨다.

iv. BL에 충전된 전하(High)는 PG_1, PD_1을 통해 접지로 빠져 나간다. BL의 전위는 점차 0V로 향한다. (이를 다른 말로 표현하면 Q의 논리값 '0'이 BL에 반영된다고 한다.)

v. BL의 전하가 이동하여, 단자 Q의 전위는 순간적으로 상승한다. 이때의 Q값이 너무 크게 변화하지 않도록 하는 것이 중요한데, 값이 순간적으로 임계값을 넘어 논리 '1'이 되면 SRAM에 저장된 데이터 값이 변화하기 때문이다. 따라서 PD_1의 트랜지스터 특성이 PG1보다 강해야 하고, 이를 위해 PD_1의 트랜지스터 폭(Width)을 PG_1보다 크게 설계한다.

vi. 전압감지 증폭기(Sense Amplifier, S/A)가 BL과 /BL의 전위차를 감지 및 증폭하여 데이터를 외부로 내보낸다.

vii. 워드라인을 'Off'시킨다.

단자 Q에 '1'이 있는 상태에서 읽을 때에도 크게 다를 것은 없다.

(2) 쓰기(Write) 동작

SRAM의 쓰기(Write) 동작은 아래 그림과 같다. 아래의 설명은 단자Q에 논리'0'이 저장된 상태에서 '1'을 쓰는 과정이다.

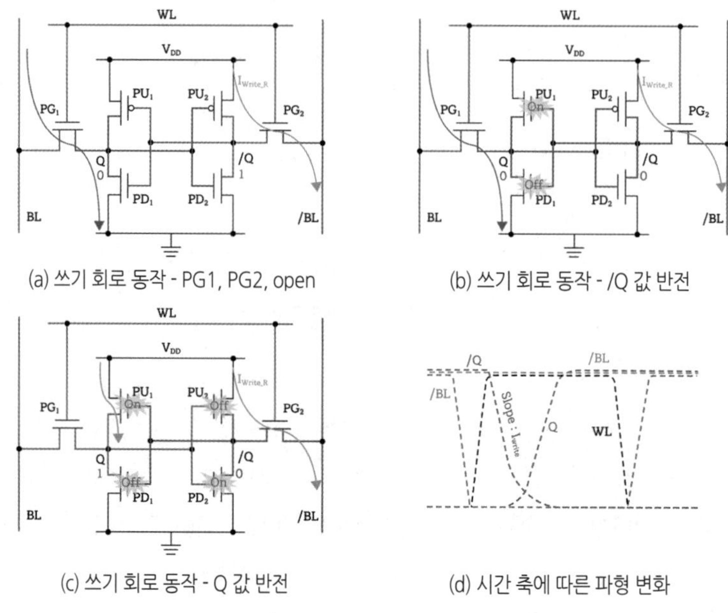

(a) 쓰기 회로 동작 - PG1, PG2, open

(b) 쓰기 회로 동작 - /Q 값 반전

(c) 쓰기 회로 동작 - Q 값 반전

(d) 시간 축에 따른 파형 변화

[그림 3-146] SRAM의 쓰기 동작

i. Q가 논리 '0', /Q가 논리 '1'을 가진 상태이므로, PD_1과 PU_2 트랜지스터는 'On', PD_2와 PU_1 트랜지스터는 'Off' 상태이다.

ii. BL에 논리 '1', /BL에 논리 '0'에 해당하는 전압을 인가한다.

iii. 워드라인을 'On' 시킨다.

iv. 'On' 상태인 PU_2와 PG_2를 통해 /Q에서 /BL으로 전류가 흐른다. 이에 /Q는 0V로 이동한다. 읽기 상태와 유사하게, PU_2보다 PG_2가 전류를 끌어내는 힘이 강해야 /Q 단자의 전위가 내려갈 수 있다. PG_1에서 유입되는 전하는 PD_1을 통해 접지로 빠져나가 Q는 0을 유지한다. 역시 PG_1보다 PD_1이 전류를 끌어내는 힘이 강해야 한다.

v. /Q가 '0'이 되며 PU_1을 'On', PD_1을 'Off'로 바꾼다. BL에서 유입되는 전하에 의해 Q가 논리 '1'로 변화한다.

vi. PD_2가 'On', PU_2가 'Off'로 바뀌면서 /Q가 논리 '0'으로 유지된다.

vii. 워드라인을 'Off' 시킨다.

반대로 단자 Q에 논리 '1'이 저장된 상태에서 '0'을 쓰는 경우도 마찬가지다. iv에서 Q에서 PG1을 거쳐 전류가 흘러가며, 이에 따라 /Q가 '1'로 변한다.

3. SRAM 동작의 실패(Fail)

(0) 유지 실패(Retention fail)

SRAM은 PU/PD로 구성된 인버터에 의해 데이터가 꾸준히 논리 '0'과 '1'을 반복하는 방식으로 데이터를 유지한다. CMOS 인버터의 전압-전류 곡선을 그려보면, 그림 [3-147]과 같이 nMOS(PD)와 pMOS(PU)의 전류 용량에 따라 데이터를 유지하는 마진이 달라진다. 마진은 그림에 표기된 사각형의 크기로 비교할 수 있으며 두 개의 사각형 중 작은 것을 기준으로 한다. 이 마진은 클수록 노이즈 값에 의한 데이터 변화가 일어날 가능성이 낮아 데이터 값 유지에 유리하다는 의미를 가져 정적 노이즈 마진(Static Noise Margin, SNM)이라고 부른다. SRAM의 한 인버터 쌍인 PU와 PD 각각의 전류 용량이 같을수록 SNM이 커지고 데이터 값 유지에 유리하다.

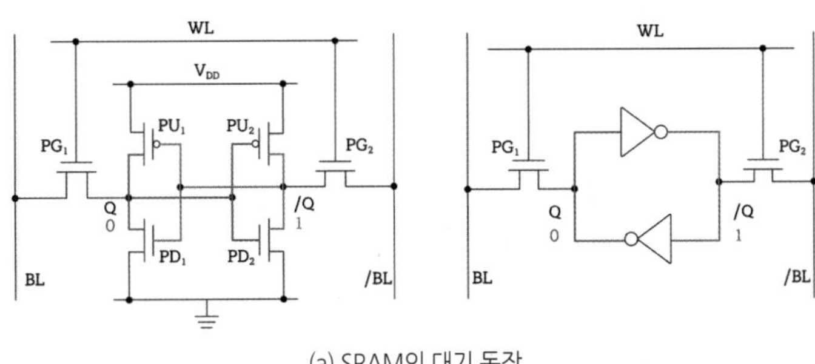

(a) SRAM의 대기 동작

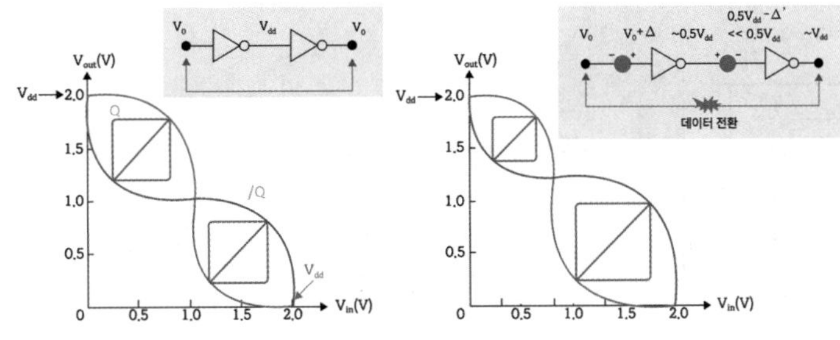

(b) SRAM의 유지 실패와 SNM - (왼쪽) SNM이 큰 경우, (오른쪽) SNM이 작은 경우

[그림 3-147]

(1) 읽기 실패(Reading fail)

위의 읽기 동작에서 SRAM의 데이터를 읽는 방식은 결국 증폭기(S/A)가 BL과 /BL의 전위차를 감지하는 것이다. SRAM에 저장된 '0'을 읽을 때 BL의 전위가 하강해야 하는데, 만약 전위의 변화량이 너무 작으면 우리는 이를 '0'으로 읽을 수 없다. 이는 주로 PG-PD 직렬 연결이 약한 경우, 즉 PD 소

자의 용량이 PG 소자의 용량보다 작은 경우에 주로 발생한다. 이외에도 PG 소자의 용량이 PU 소자의 용량보다 작은 경우에도 발생할 수 있다.

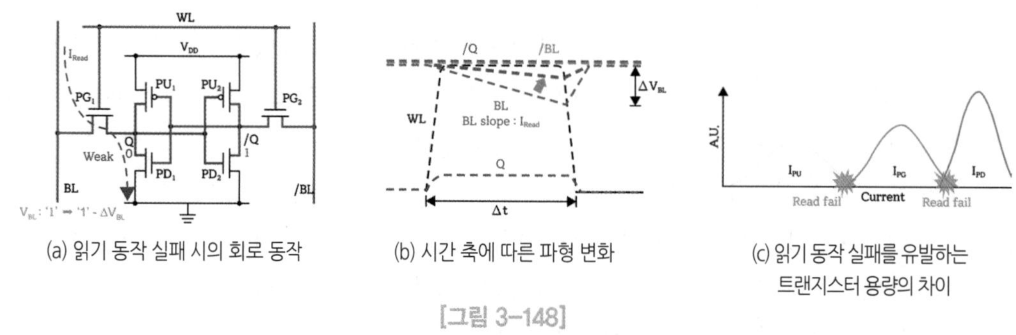

(a) 읽기 동작 실패 시의 회로 동작

(b) 시간 축에 따른 파형 변화

(c) 읽기 동작 실패를 유발하는 트랜지스터 용량의 차이

[그림 3-148]

(2) 쓰기 실패(Writing fail)

쓰기 동작 중 단자 Q의 상태를 논리 '0'에서 논리 '1'로 바꿔줄 때를 살펴보도록 하자. PU$_2$를 통해 흐르는 전류가 PG$_2$를 통해 /BL로 이동해야 하는데, 이때 PU$_2$에 흐르는 전류보다 PG$_2$의 전류가 작은 경우 단자 /Q가 '0'으로 이동하지 못하고 계속 '1'을 유지하게 된다. 인버터 동작에 의해 Q는 '0' 값에서 변하지 않는다. 이는 주로 PG 소자의 용량이 PU 소자의 용량보다 작은 경우에 발생한다. 따라서 이를 해결하기 위해서는 PG가 PU보다 많은 전류가 흐르도록 설계 되어야 한다(PU 〈 PG).

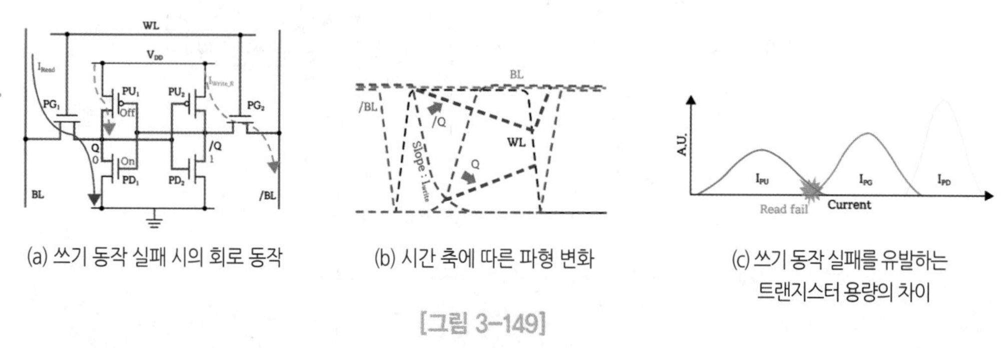

(a) 쓰기 동작 실패 시의 회로 동작

(b) 시간 축에 따른 파형 변화

(c) 쓰기 동작 실패를 유발하는 트랜지스터 용량의 차이

[그림 3-149]

(3) 간섭 유지 실패(Disturb fail)

간섭 실패는 읽기 동작 중 선택하지 않은 다른 셀의 데이터가 변하는 현상을 말한다. 각 SRAM 셀들은 워드라인을 공유하고 있기 때문에 한 셀을 읽을 때 다른 셀의 PG도 같이 On 상태가 된다. 이때 워드라인을 공유한 주변 셀의 값이 변할 수 있다.

워드라인을 공유한 주변 셀이 '0' 값을 가지고 있다고 하자. 이때 비트라인은 부유(Floating) 상태를 만들어준다. PG_1의 용량보다 PD_1의 용량이 큰 경우(Strong Cell)에는 BL의 전하가 PG_1과 PD_1을 통해 하락하면서 단자 Q가 '0'을 유지한다. 그러나 PG_1의 용량이 PD_1의 용량보다 큰 경우(Weak Cell) 단자 Q에 전하가 쌓이면서 '1'로 값이 전환된다. 근본적으로는 읽기 실패와 동일한 원인이며, 이를 방지하기 위해서는 워드라인 연결 시간(WL Access Time)을 줄여 전하가 쌓이지 못하게 할 수 있다. 또 다른 방법으로는 비트라인의 기생 축전용량(BL Capacitance)을 작게 만드는 방법이 있다. 이 경우 BL의 전위가 급격히 하강해 Q 단자의 전위와 동일한 수준이 되어 Q 단자에 전하를 축적하는 것을 막을 수 있다.

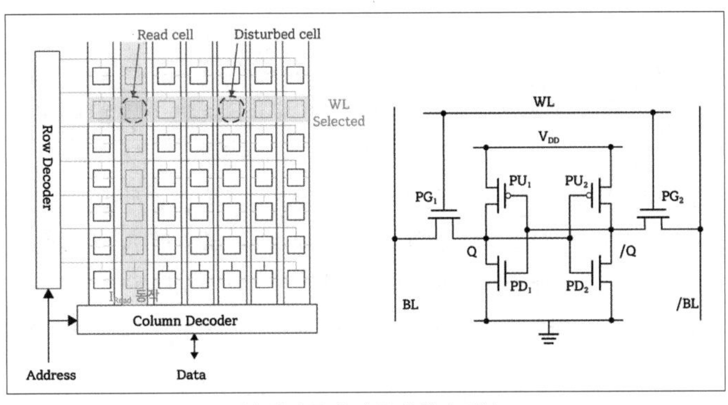

(a) 읽기 동작 시 주변 셀의 간섭

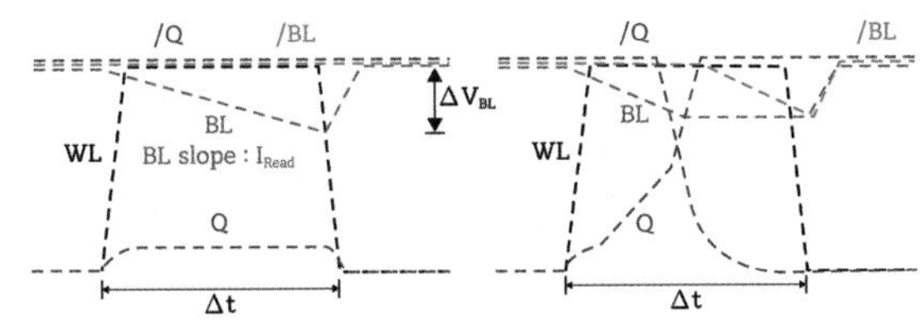

(b) 시간 축에 따른 파형 변화-(왼쪽) 정상(Strong) 셀, (오른쪽) 비정상(Weak) 셀

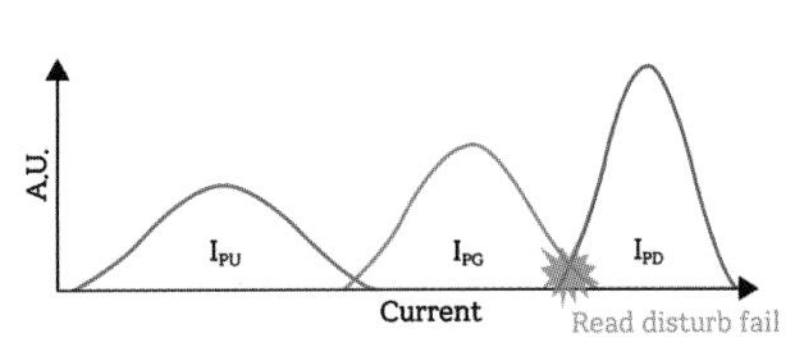

(c) 간섭 유지 실패를 유발하는 트랜지스터 용량의 차이

[그림 3-150]

(4) SRAM 셀 크기

이를 정리하면 SRAM은 PU 〈 PG 〈 PD 순으로 트랜지스터에 흐르는 전류의 용량이 커야 한다. 또한 당연한 이야기지만 SRAM을 세로로 절반을 나누었을 때 좌측과 우측의 동작은 동일해야 하므로, 좌측의 PU_1, PG_1, PD_1의 크기는 우측의 PU_2, PG_2, PD_2의 크기와 동일해야 한다.

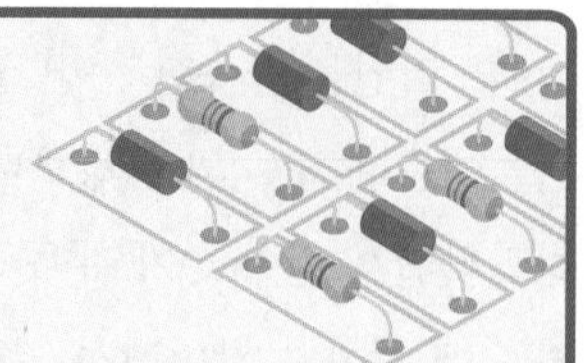

핵심 포인트 콕콕 파트3 Summary

Chapter06 SRAM

SRAM은 빠른 속도와 캐시 메모리로 사용되는 정적 랜덤 액세스 메모리이다. SRAM 셀은 최소 6개의 트랜지스터와 비트라인, 워드라인으로 구성되며, 이 중 4개의 트랜지스터가 2개의 CMOS 인버터 쌍을 형성한다. CMOS 인버터는 입력과 출력이 반대의 논리값을 가지는 소자로, SRAM에서는 데이터 저장을 위해 CMOS 인버터의 순환을 이용한다. 또한 CMOS 인버터는 매우 낮은 구동전류를 가져 사용하기에 유리하다.

SRAM은 임의 접근이 가능해 빠른 동작 속도를 가지고, CMOS 인버터의 순환을 이용해 데이터의 보관 특성이 좋다. 그러나 전원이 공급되지 않으면 데이터가 유지되지 않는 휘발성 메모리 특성을 가지고 있다. 이외에도 셀이 차지하는 면적이 크고, 고집적화가 어렵다는 단점이 있다.

SRAM의 읽기 동작은 워드라인을 On 시켜서 비트라인 쌍의 전위차를 감지하고, 쓰기 동작은 BL과 /BL에 해당하는 전압을 인가하여 워드라인을 On 시킨 후 데이터를 쓰는 과정이다. 동작 시 실패 가능성이 있는 네 가지 경우로 유지 실패, 읽기 실패, 쓰기 실패, 간섭 실패가 있다. 이러한 실패를 해결하기 위해서는 인버터 구조를 최적화하고, PU<PG<PD의 크기를 유지하도록 제작해야 하며, 마진을 고려한 설계가 필요하다.

Memo

Chapter 07

DRAM

정의, 기초

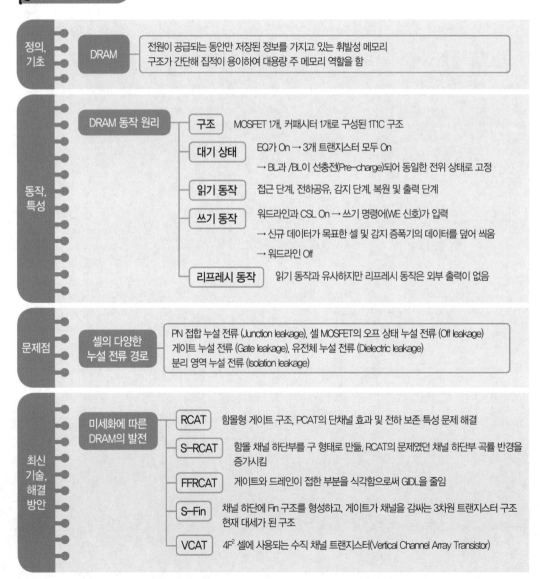

DRAM
- 전원이 공급되는 동안만 저장된 정보를 가지고 있는 휘발성 메모리
- 구조가 간단해 집적이 용이하여 대용량 주 메모리 역할을 함

동작, 특성

DRAM 동작 원리
- **구조**: MOSFET 1개, 커패시터 1개로 구성된 1T1C 구조
- **대기 상태**: EQ가 On → 3개 트랜지스터 모두 On → BL과 /BL이 선충전(Pre-charge)되어 동일한 전위 상태로 고정
- **읽기 동작**: 접근 단계, 전하공유, 감지 단계, 복원 및 출력 단계
- **쓰기 동작**: 워드라인과 CSL On → 쓰기 명령어(WE 신호)가 입력 → 신규 데이터가 목표한 셀 및 감지 증폭기의 데이터를 덮어 씌움 → 워드라인 Off
- **리프레시 동작**: 읽기 동작과 유사하지만 리프레시 동작은 외부 출력이 없음

문제점

셀의 다양한 누설 전류 경로
- PN 접합 누설 전류 (Junction leakage), 셀 MOSFET의 오프 상태 누설 전류 (Off leakage)
- 게이트 누설 전류 (Gate leakage), 유전체 누설 전류 (Dielectric leakage)
- 분리 영역 누설 전류 (Isolation leakage)

최신 기술, 해결 방안

미세화에 따른 DRAM의 발전
- **RCAT**: 함몰형 게이트 구조, PCAT의 단채널 효과 및 전하 보존 특성 문제 해결
- **S-RCAT**: 함몰 채널 하단부를 구 형태로 만듦, RCAT의 문제였던 채널 하단부 곡률 반경을 증가시킴
- **FFRCAT**: 게이트와 드레인이 접한 부분을 식각함으로써 GIDL을 줄임
- **S-Fin**: 채널 하단에 Fin 구조를 형성하고, 게이트가 채널을 감싸는 3차원 트랜지스터 구조 현재 대세가 된 구조
- **VCAT**: $4F^2$ 셀에 사용되는 수직 채널 트랜지스터(Vertical Channel Array Transistor)

학습 포인트

DRAM Cell의 구조에 대해 정확히 파악하도록 한다. 휘발성인 Cell 동작과, 이를 극복하기 위한 해결 방안에 대해 중점적으로 학습한다.

1 DRAM 구조와 원리

DRAM은 1966년 IBM의 연구원이었던 드나드[1]에 의해 발명되었다. 인텔, IBM 등의 강자들이 수익성을 이유로 손을 놓은 것을 보란 듯이 수십년간 대한민국 반도체의 대표격으로 자리한, 많은 사람들에게 익숙한 제품이다. 셀 구조가 간단할 뿐 아니라, 상대적으로 빠른 동작 속도, 높은 집적도를 바탕으로 한 큰 메모리 용량 덕분에 주 메모리(Main memory)의 역할을 하고 있다. 서버, PC 등의 컴퓨팅(Computing) 장치뿐 아니라, 모바일(Mobile) 기기 및 가전제품 등을 포함한 거의 모든 전자기기에 사용되고 있다.

1. DRAM 개요

(1) DRAM의 정의와 기본 구조

DRAM은 동적 랜덤 액세스 메모리(Dynamic Random Access Memory)의 약자로, 메모리 내의 데이터가 시간에 따라 변할 수 있어 끊임없이 어떠한 값을 다시 써줘야 하므로 '동적'이라는 RAM이라는 것이다. 이는 DRAM 셀의 구조를 이해해야 쉽게 이해가 될 것이므로 먼저 구조에 대해 알아보도록 하자. 기본 DRAM 셀은 아래 그림과 같이 MOSFET 1개와 커패시터(Capacitor, 축전기) 1개로 구성된 1T1C 구조를 갖는다. 각 셀에는 1 비트(Bit)[2]의 정보가 저장된다. DRAM 셀의 커패시터는 데이터 저장의 역할을 하고, MOSFET은 저장소에 데이터 쓰기와 읽기 등을 제어하는 스위치 역할을 한다.

1 Robert Dennard, Scale-down에서 소개한 정전기장 스케일링, 일명 드나드의 법칙을 제시한 사람
2 정보의 최소단위. '0' 이나 '1'의 값을 가질 수 있음

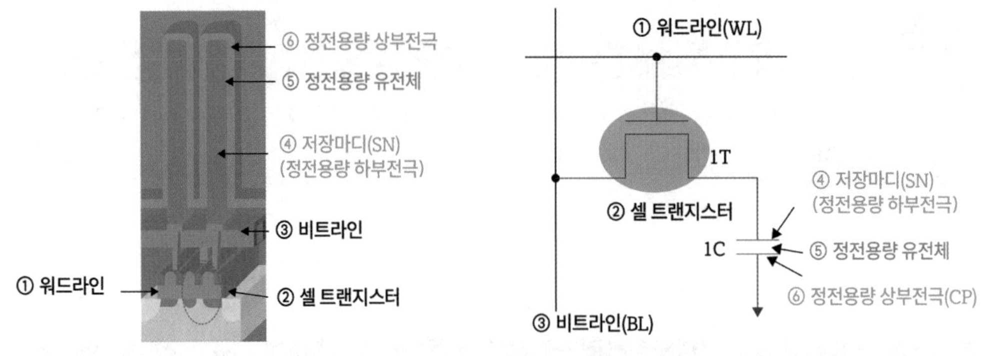

[그림 3-151] DRAM의 구조

DRAM 셀의 MOSFET은 한쪽은 데이터(전기 신호)가 드나드는 비트라인(BL)과 연결되고, 다른 한쪽은 데이터 저장소인 커패시터에 연결되어 있다. MOSFET의 게이트는 워드라인(WL)과 연결되어 있어, 이를 통해 해당 저장소를 선택하는 기능을 한다. 뒤에서도 설명하겠지만 DRAM 역시 SRAM과 마찬가지로 가로, 세로 행렬(Matrix) 구조의 셀 배열(Array)을 이루고 있다. 이 배열에서 가로(행, Row) 주소(Address)가 지정되었을 때 워드라인에 신호가 인가되고, 세로(열, Column) 주소가 지정되었을 때는 비트라인이 선택된다. 비트라인은 상보적 값을 가지는 BL과 /BL 쌍으로 동작한다. 이 이유에 대해서는 뒤의 DRAM 셀의 읽기(Read) 동작원리에서 다루도록 한다. DRAM의 MOSFET은 nMOS로, 예전에는 다결정 실리콘 게이트를 사용한 2차원 평면 구조였다. 최근에는 여러 이유로 금속 게이트를 이용한 3차원 입체 구조로 변화하였으며, 이에 대해서도 뒤에서 다루도록 한다.

DRAM 셀의 커패시터는 하부 전극-유전체-상부 전극으로 형성된다. 하부 전극은 MOSFET에 가까운 쪽으로 스토리지 노드(Storage Node, SN)라 하고, 상부 전극은 셀 플레이트(Cell Plate, CP)라고 한다. 두 전극은 초기에는 다결정 실리콘을 사용하였으나 최근에는 티타늄 질화물(TiN) 등이 주로 사용된다. 두 전극 사이에 위치하는 유전체는 초기에는 SiO_2/SiN(Oxide-Nitride, ON)에서 최근에는 하프늄 산화물(HfO_2), 지르코늄 산화물(ZrO_2) 등의 고유전체 물질로 변화하였다.

이제 MOSFET(nMOS)과 커패시터가 어떻게 연결되는지 알아보자. nMOS의 소스는 드레인 대비 낮은 전압이 인가되는 단자다. 다시말해 소스와 드레인이 정해지지 않은 상태로, DRAM 셀에서는 비트라인(BL)이나 커패시터의 스토리지 노드(SN) 중 높은 전압이 인가되는 쪽이 드레인이 된다. nMOS의 게이트에는 워드라인(WL)이 연결되는데, 워드라인과 게이트 사이를 비트라인 컨택(Bitline Contact, BLC)이 연결하고 있다. 마찬가지로 커패시터 역시 스토리지 노드(SN)은 스토리지 노드 컨택(Storage Node Contact, SNC)으로 nMOS와 연결되어 있다.

(2) DRAM의 구동 전압

DRAM의 외부에서 인가되는 동작 전압은 내부의 전압생성 회로를 거쳐 다양한 전압 수준으로 변환되어 사용된다. 동작 전압은 저전력화 추세에 따라 점차적으로 감소하여, 아래 그림과 같이 SDR(Single Data Rate) DRAM에서 사용한 3.3V에서부터 DDR(Double Data Rate)5에서 사용 중인 1.1V까지 감소되었다. 이러한 동작 전압은 제조사에서 일방적으로 만드는 것이 아니라, 여러 제조사와 사용자 등이 모여 규격을 정하고 이를 따르게 되는 것이다.

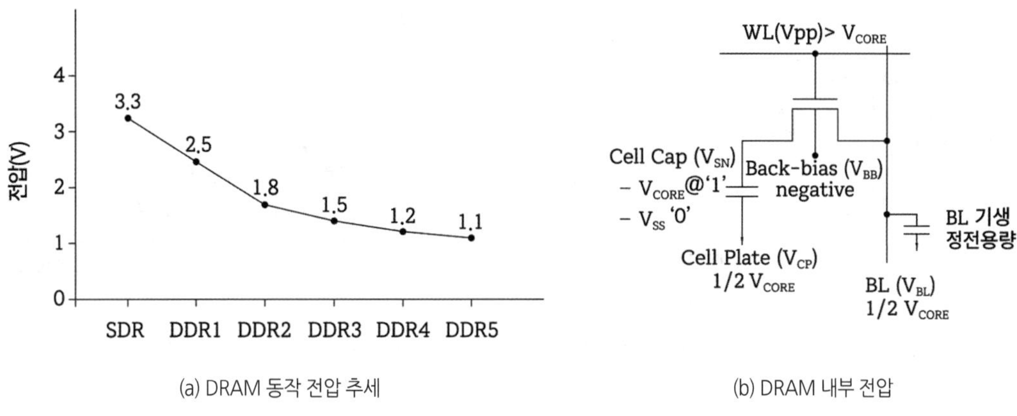

(a) DRAM 동작 전압 추세

(b) DRAM 내부 전압

[그림 3-152] (왼쪽) DRAM 동작 전압 추세, (오른쪽) DRAM 내부 전압

DRAM의 내부 전압에는 커패시터의 스토리지 노드에 걸리는 전압(V_{SN})과 MOSFET의 게이트에 걸리는 워드라인 전압, 그리고 V_{BL} 및 V_{CP}, V_{BB}가 있다.

① 코어 전압(Core voltage)

위의 그림처럼 V_{SN}에 걸리는 전압 중 논리 '0'은 접지 전압(V_{SS}), 논리 '1'을 나타내는 전압을 코어 전압(Core voltage, V_{Core})이라 한다. 코어 전압은 DRAM의 동작 전압보다 낮은 값을 갖는다. 약 0.5V 정도 낮은 값에 ±0.05V의 마진을 주는 것으로 알려져 있는데, 예를 들어 DRAM의 동작 전압이 1.7V라면 보통 V_{core}는 1.1~1.15V를 가진다.

nMOS의 게이트(WL)에는 V_{PP}라는 전압이 인가된다. V_{PP}는 DRAM에서 사용하는 전압 중 가장 높은 전압(Peak voltage)을 의미한다. 만약 워드라인 전압이 V_{Core}보다 높지 않으면 nMOS는 'Off'가 되기 때문에 V_{SN}이 충분히 상승하지 못한다. 다시 말해 V_{PP}가 충분히 높아야 V_{Core}만큼 SN에 저장이 가능하다. 따라서 워드라인 전압은 통상적으로 'V_{Core}+3V_{TH}' 정도로 코어 전압보다 높은 값을 사용한다. 또는 게이트 산화막 신뢰성 등을 고려하여 적정 수준으로 정도로 코어 전압보다 높은 값을 사용한다.

② 부전압 워드라인 전압(Negative Wordline voltage)

nMOS를 끄기(Off) 위해서는 통상 게이트에 0V를 인가한다. 최근에는 소자 미세화로 인해 MOSFET의 문턱 전압이 감소하면서 오프 상태의 누설 전류(I_{Off})를 무시하지 못하게 되었고, 이에 0V보다 작은 음의 전압을 인가해 I_{Off}를 억제하는 방법을 사용하고 있다. 이를 부전압 워드라인(Negative Wordline, NWL)이라 한다.

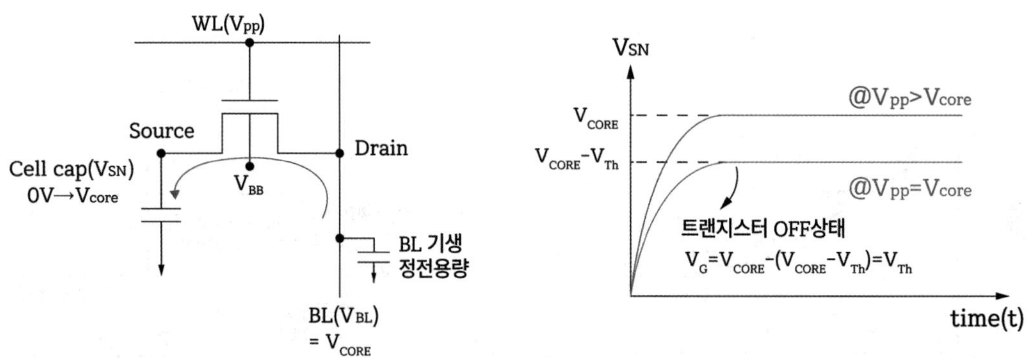

[그림 3-153] DRAM 동작 : V_{PP}가 충분히 높지 않은 상태(V_{PP}=V_{Core}일 때)의 DRAM 내부의 전압

③ 선충전 전압(Pre-charge voltage)과 셀 플레이트 전압(Cell plate voltage)

코어 전압(Vcore)의 1/2 값을 사용하는 경우가 두 가지 있다. 하나는 비트라인(BL)에 미리 인가해 주는 전압(선충전 전압, Pre-charge voltage)인 V_{BL}이다. V_{BL}은 후술하겠지만 읽기(Read) 동작을 통해 논리 '1' 또는 '0'의 신호를 감지한 후 이를 증폭할 때에 동작 속도를 높이고 전력 소모를 줄이기 위해 $1/2V_{core}$를 사용한다. 다른 하나는 셀 커패시터의 셀 플레이트 전압을 의미하는 V_{CP}가 있다. V_{CP}는 $1/2V_{core}$를 사용하였을 때, 스토리지 노드에 저장되는 데이터의 상태에 상관없이 유전체 양단에 인가되는 전압의 크기의 최대치가 가장 작아진다. 따라서 유전체의 신뢰성을 고려하여 이를 사용한다.

④ 기판 전압

DRAM은 기판에 음전압을 인가해 셀을 제어하는 경우가 있다. 이에 필요한 전압이 기판 전압(V_{BB})으로, 기판 전압에 음전압을 인가하는 이유는 크게 두 가지가 있다. 하나는 기판 바이어스(Back-bias) 효과에 의해 MOSFET의 문턱 전압을 높여 오프 상태 누설 전류(I_{Off})를 줄이는 것이다. 다른 하나는 MOSFET의 소스, 드레인과 기판 사이의 공핍영역 폭(Depletion width)을 증가시켜, 원하는 정전용량 외의 기생용량을 감소시키기 위함이다. 이 기생용량을 회로적으로는 [그림 3-153]에 표시된 것처럼 비트라인 기생용량(BL Parasitic capacitance, C_B)으로 나타낸다.

2. DRAM 아키텍처(Architecture)[3]

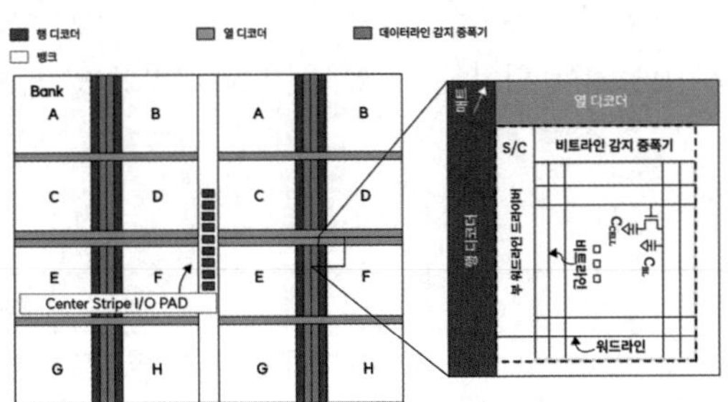

[그림 3-154] DRAM 칩의 구조

업체 및 제품마다 조금씩 차이는 있지만 기본적인 DRAM 칩(Chip)의 평면도(Floor plan)는 위와 같다. DRAM 칩은 크게 주변 회로(Periphery Circuit or Peripheral)와 뱅크(Bank)로 구성된다.

(1) 주변 회로(Peripheral)

주변 회로는 칩의 동작을 위해 필요한 회로를 통칭하는 것으로, 칩 중앙부를 제외한 나머지 가로와 세로 라인에 있는 회로들이다. 이들에는 각종 제어회로, 입출력 패드(I/O Pad), 전원 생성 회로(Power), 주소(Address)를 제어하는 행/열 디코더(Decoder)로 구성된다.

- **디코더(Decoder)** : 외부에서 주어진 주소를 변환하여 특정 셀 주소를 선택하도록 제어하는 회로.

(2) 뱅크(Bank)

뱅크는 DRAM 셀의 저장소들의 배열인 셀 어레이(Cell array)와, 저장소의 직접적 제어 및 저장된 값을 읽는데 필요한 회로인 코어 회로(Core circuit)로 구성된다. 다른 말로는 셀 행렬(Cell Matrix)이라고도 한다. 코어 회로에는 감지 증폭회로(Sense amplifier, S/A[4]), 부전압 워드라인 드라이버(Sub-Wordline Driver, SWD)로 구성된다.

- **감지 증폭회로(sense amplifier, S/A)** : BL과 /BL 사이의 미세한 전압 차이를 감지하고, 논리 '1'(V_{Core})과 논리 '0'(V_{SS})으로 증폭시키는 역할을 한다.
- **부전압 워드라인 드라이버(Sub-Wordline Driver, SWD)** : 행 디코더에서 신호를 받아 해

---

3 어떠한 시스템의 하드웨어 구조를 말하는 것으로, 시스템을 구성하는 요소들에 대한 전반적인 기계적 구조와 이를 설계하는 방법. 여기서는 DRAM의 회로 구성 및 구조를 의미한다.

4 혹은 Bit Line Sense Amplifier, BLSA라고도 한다.

당 뱅크 내 셀 어레이의 WL에 고전압인 V_{PP}를 인가하여 WL을 선택, 해당 MOSFET이 'On' 될 수 있도록 하는 역할을 한다.

- **Sub-hole Control(S/C) 회로**[5]: 감지 증폭회로(S/A)와 부 워드라인 드라이버 (SWD)가 교차하는 부분의 공간(Hole)에 위치하며, S/A의 드라이버와 IO Switch가 포함된다.

[표 3-13] DRAM 회로의 구성

분류		기능
Peripheral	Decoder	외부에서 주어진 주소를 변환하여 특정 셀 주소를 선택
Core	S/A	BL의 신호 증폭
	SWD	WL 선택
	Sub-hole	S/A와 SWD 구동 신호의 드라이버, I/O 스위치

DRAM 칩 면적 중 셀 어레이, 즉 순수하게 셀이 차지하는 비율을 셀 효율(Cell efficiency)이라 한다. 셀 효율은 통상 40~50% 수준으로, 이 값이 클수록 칩이 경제적으로 설계되었다는 의미다.

3. DRAM 동작 원리

(1) DRAM 셀 어레이와 감지 증폭기(Sense Amplifier, S/A) 회로

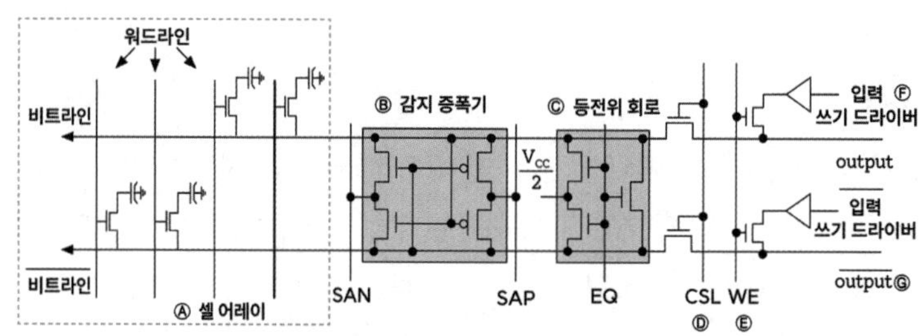

[그림 3-155] Cell matrix와 감지 증폭기(Sense Amplifier) 회로

DRAM의 동작 원리를 설명하기에 앞서 셀 행렬(Cell matrix) 내 셀 어레이(Cell array)와 감지 증폭기(S/A) 회로의 구조를 알아보자. 위의 그림은 여러 셀 어레이 구조 중 폴디드 비트라인(Folded BL) 구조로, 이에 대해서는 뒤에서 다루도록 하겠다. [그림 3-155]의 좌측에서부터 살펴보자. [그림

5 만나는 부분이라는 의미의 Conjunction 회로라고도 한다.

3-155]의 회로는 [그림 3-154]의 Cell을 90도 돌린 것이다. 따라서 [그림 3-155]의 초록색 네모 부분은 가로 방향이 비트라인과 연결되는 열(Column), 세로 방향이 워드라인 및 Tr의 게이트와 연결되는 행(Row)에 해당함을 인지하고 있어야 한다.

i. 셀 어레이 : 저장소. 1Tr + 1C의 구조들의 배열.

ii. 감지 증폭기 : BL과 /BL의 신호를 감지하여 신호를 증폭. SRAM 셀과 같이 CMOS 인버터의 입출력이 서로 교차되어 있다.

iii. 등전위 회로(Voltage equalization circuit) : 대기(Stand-by) 상태의 BL과 /BL을 미리 충전시켜 같은 전위로 만들어주는 역할을 한다(선충전, Pre-charge).

iv. CSL(Column Select Line) : On이 되었을 때, CSL Tr의 드레인 열(Column)과 연결된 셀 MOSFET의 드레인을 열어주는 역할

v. WE(Write Enable) : CSL이 On이고, WE도 On이 되었을 때 쓰기 기능을 하는 역할

vi. Input driver : CSL이 On일 때 외부에서 셀로 송신하는 입력 신호 드라이버. BL과 /BL 두 개가 동시에 존재한다.

vii. Output driver : CSL이 On일 때 셀의 데이터를 외부로 송신하는 출력 신호 드라이버

위를 살펴보면 데이터 출력(Read)의 경우 CSL만 선택하면 되지만, 입력(Write)을 위해서는 CSL과 WE가 전부 On이 되어야 한다는 것을 알 수 있다.

(2) 대기(Stand-by) 상태

대기 상태에서는 등전위 회로를 선택하는 신호인 EQ가 On이 된다. 이에 3개의 트랜지스터가 모두 On이 된다. 등전위 회로 내에서 좌측에 위치한 두 개의 트랜지스터는 $V_{BL}(=1/2V_{Core})$의 전위를 전달하여, BL과 /BL을 선충전(Pre-charge)한다. 우측의 EQ 트랜지스터(EQ Transistor)는 BL과 /BL의 전위가 달라지지 않도록 동일한 전위 상태로 고정하는 역할을 한다.

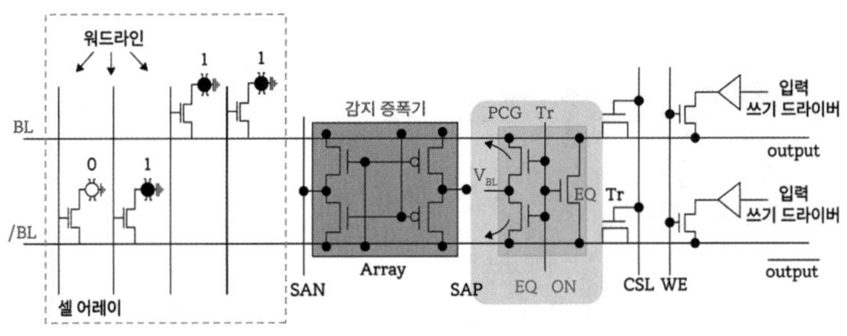

[그림 3-156] Cell matrix와 감지 증폭기(Sense Amplifier) 회로 - 대기 상태

(3) 쓰기(Write) 동작

[그림 3-157]는 DRAM의 쓰기(Write) 동작을 나타낸다. 데이터를 저장할 셀은 행과 열 주소(Address)로 지정한다. 정해진 셀에 맞춰 워드라인(WL)과 CSL이 켜지고 나면 외부로부터 쓰기 명령어(WE 신호)가 입력된다. 이어 입력 쓰기 드라이버를 거쳐 온 데이터가 저장할 셀뿐만 아니라, 감지 증폭기의 데이터도 덮어 씌운다(Over-writing). 셀에 데이터가 써지면, 마지막으로 다시 워드라인이 꺼지고 대기 상태로 돌아간다.

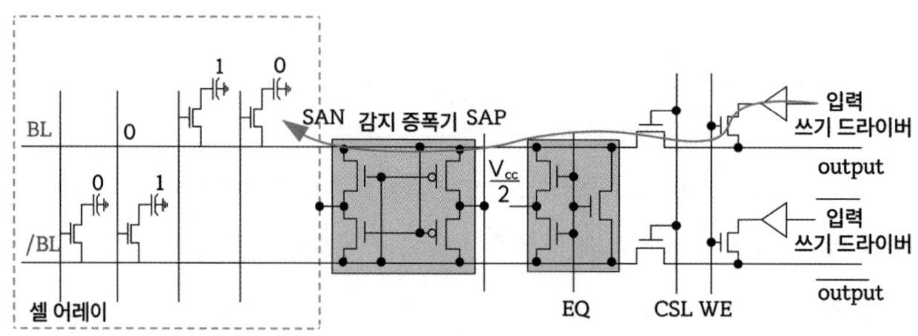

[그림 3-157] Cell matrix와 감지 증폭기(Sense Amplifier) 회로 – 쓰기 동작

읽기 동작에서도 마찬가지지만, 특히 쓰기 동작에 있어서 메모리 셀의 저항이 중요하다. 오래된 수도관에서 나오는 녹물을 막기 위해 샤워기에 필터를 설치해보면, 가끔씩 벗겨진 동 배관이 나와서 떠다니는 경우가 있다. 이런 이물질이 많으면 샤워기의 수압도 약해진다. 마찬가지로 쓰기 동작에서도 기생저항에 의해 전하 이동이 방해를 받게 되는 경우가 있다. 저항이 높으면 정해진 쓰기 내에 셀 커패시터에 전하 저장이 충분히 이루어지지 못하는 문제가 있다. DRAM 메모리 셀의 저항은 아래 그림과 같은 기생저항들로 구성되는데, 이들은 DRAM 메모리 셀이 미세화 됨에 따라 더욱 심각해진다.

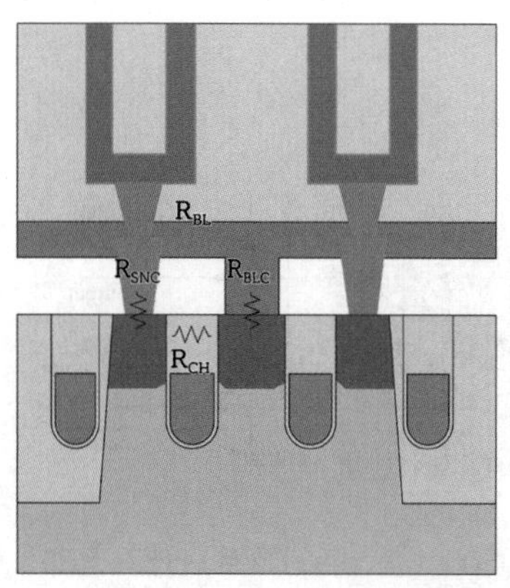

- R_{CH} : 트랜지스터의 채널 저항
- R_{BL} : 비트라인 저항
- R_{BLC} : 셀의 n형 소스/드레인 접합과 비트라인(BL)을 연결하는 다결정 실리콘 플러그(LP) 사이의 접촉 저항
- R_{SNC} : 셀의 n형 소스/드레인 접합과 스토리지 노드(SN)를 연결하는 다결정 실리콘 플러그(LP) 사이의 접촉 저항

쓰기 동작 시의 전체 셀 저항(R_C)
$= R_{CH}+R_{BL}+R_{BLC}+R_{SNC}$

[그림 3-158] DRAM 셀의 기생저항

(4) 읽기(Read) 동작

읽기 동작은 데이터에 접근하는 접근 단계(Access step), 감지 단계(Sensing step), 복원 및 출력 단계(Restore & Output step)으로 구성된다. 이들 각자도 수많은 순서가 있으니 주의하여 따라오도록 한다.

① 접근 단계(Access step)

아래 그림과 같이 EQ에 0V를 인가하여 등전위 회로를 모두 Off 시키면 BL과 /BL에 연결된 선충전(Pre-charge) 전압과의 연결이 끊겨 부유(Floating) 상태가 된다. 이 상태에서 셀 어레이 내 논리 '1'값이 저장된 목표 셀의 워드라인을 선택(On)하면([그림 3-159]의 붉은색 선), 논리 '1'값인 V_{Core}로 충전되어 있던 셀 커패시터 내의 전하가 BL의 기생 커패시터의 전하와 전하 공유(Charge sharing)를 한다.

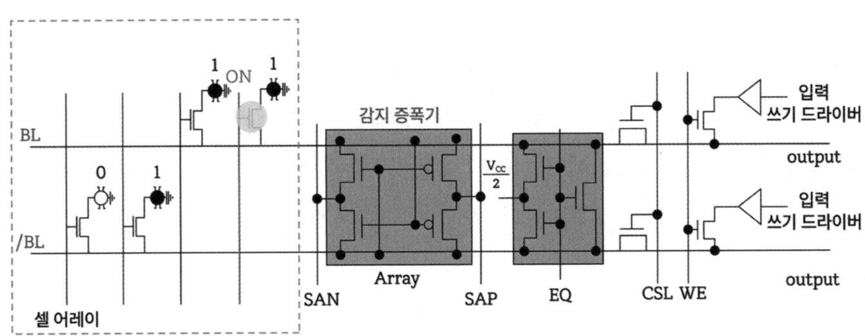

[그림 3-159] Cell matrix와 감지 증폭기(Sense Amplifier) 회로 – 접근 단계

② 전하 공유(Charge model)

셀 커패시터(C_S)와 BL 기생 커패시터(C_B)의 회로를 간략히 나타내면 아래의 그림과 같이 표현할 수 있다. 셀 MOSFET은 스위치로 표현하였다. 셀 커패시터의 하부 전극인 스토리지 노드(SN)에는 코어 전압(V_{Core})이 인가되어 논리 '1'인 상태이고, 다른쪽 전극인 셀 플레이트(CP)에는 V_{CP}(=1/2V_{Core})가 걸려있는 상태다.

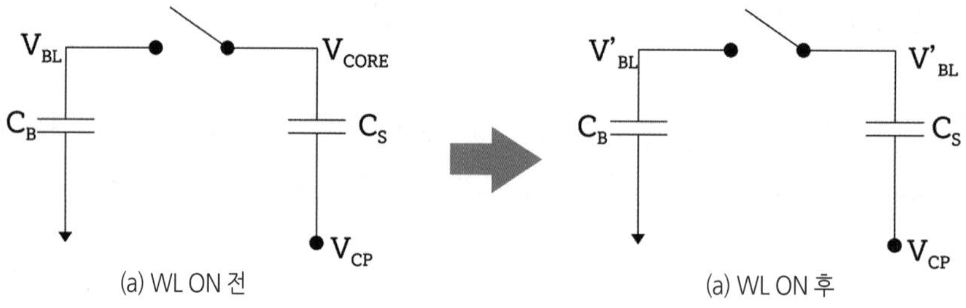

[그림 3-160] 전하 공유(Charge sharing)

$Q_{BL} = C_B \times V_{BL}$ [수식 3-72]

$Q_S = C_S \times (V_{CORE} - V_{CP})$ [수식 3-73]

$Q_T = C_S \times (V_{CORE} - V_{CP}) + C_B \times V_{BL}$ [수식 3-74]

$Q_T = C_S \times (V'_{BL} - V_{CP}) + C_B \times V'_{BL}$ [수식 3-75]

아직 셀 MOSFET이 On되지 않아 스위치가 열린 상태에서는 BL과 셀 커패시터에 저장된 전하량을 [수식 3-74]와 [수식 3-75]로 표시할 수 있다. 회로 내 전체 전하량(Q_T)은 셀 MOSFET이 On되어 스위치가 닫힌 상태에서도 동일하다. 이때 전하의 이동이 발생하는데, 전하의 이동은 두 단자의 전압이 동일한 전위(V'_{BL})를 가질때까지 일어난다. 이를 전하 공유(Charge sharing)라 한다. 전하 보존 법칙에 따라 V'_{BL}을 구하면 아래의 수식과 같다.

$C_s \times (V_{CORE} - V_{CP}) + C_B \times V_{BL} = C_S \times (V'_{BL} - V_{CP}) + C_B \times V'_{BL}$ [수식 3-76]

$V'_{BL} = \dfrac{C_S \times V_{CORE} + C_B \times V_{BL}}{(C_S + C_B)}$ [수식 3-77] 전하 공유 후의 비트라인 전위

위 수식에 따라 V'_{BL}은 V_{BL}보다 큰 값을 가지게 된다. 반대로 셀 커패시터의 스토리지 노드(N)에 논리 '0'이 저장되어 있다면 위 수식의 V_{Core}대신 0V를 대입하게 되는데, 이때의 V'_{BL}은 기존의 V_{BL}보다 감소하게 된다.

위 수식을 살펴보면 V_{CP}는 계산 과정에서 소거되어 V'_{BL}에 영향을 주지 않는다. 다만 셀 커패시터의 누설 전류를 최소화할 수 있는 $1/2V_{Core}$로 설정한다. $1/2\ V_{core}$로 설정함으로써, 스토리지 노드가 V_{core}일 때나 0일 때나 $V_{SN}-V_{CP}$의 값이 $1/2\ V_{core}$를 넘지 않도록 하는 것이다.

상기 내용을 이해하기 쉽게 수조 모델을 도입하여 설명해보자. 아래 그림처럼 전기 소자인 커패시터를 물을 담는 수조라 하고, 수조의 크기를 정전용량(Capacitance, C)이라고 하자. 두 수조 중 왼쪽의 큰 수조는 비트라인 커패시터로 회로에 연결된 기생 커패시터(C_B)이며, 작은 수조는 셀 커패시터(C_S)이다. 보통 기생 커패시터는 BL에 수백~수천 개의 셀이 달려있기 때문에 셀 커패시터 하나와

비교했을 때 매우 큰 값을 가진다.[6] 마지막으로 수조 내 물의 양은 전하(Q)를 의미하고, 수조 속 물의 높이는 전위(V)를 나타낸다.

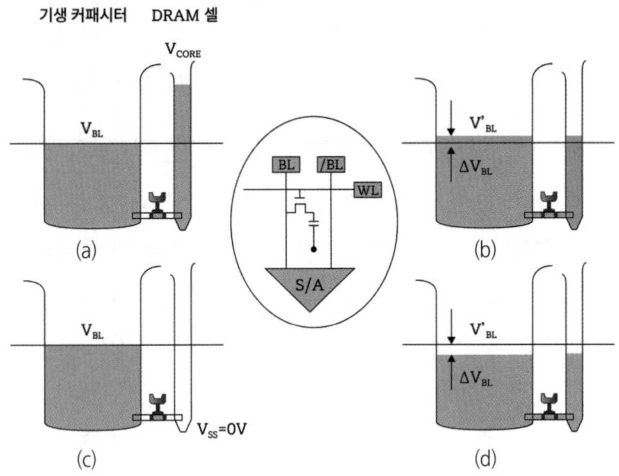

[그림 3-161] 전하 공유(Charge sharing)의 수조 모델

ⅰ. [그림 3-161 (a)]는 커패시터에 논리 '1' 상태(V_{Core})가 인가되어 있고, 비트라인(BL)은 $1/2V_{Core}(=V_{BL})$로 선충전 되어 있는 대기 상태이다.

ⅱ. 워드라인(WL)에 전압이 인가되어 셀 MOSFET이 On 되면 전하 공유가 일어난다. 즉 수조의 밸브가 열려 두 수조의 물 높이가 같아질때까지 물이 이동한다. [그림 3-161 (b)]

ⅲ. 수조 크기에 따라 큰 수조의 물 높이는 매우 조금 올라간 상태이다. 이때의 물 높이가 V'_{BL}이 된다.

반대의 경우도 생각해보자. 즉, 셀에 '0'이 인가되어 있는 상태를 가정하면,

ⅰ. [그림 3-161 (c)]는 커패시터에 논리 '0' 상태(0V)가 인가되어 있고, 비트라인(BL)은 $1/2V_{Core}(=V_{BL})$로 선충전 되어 있는 대기 상태이다.

ⅱ. 워드라인(WL)에 전압이 인가되어 셀 MOSFET이 On 되면 전하 공유가 일어난다. 즉 수조의 밸브가 열려 두 수조의 물 높이가 같아질때까지 물이 이동한다. [그림 3-161 (d)]

ⅲ. 수조 크기에 따라 큰 수조의 물 높이는 매우 조금 내려간 상태이다. 이때의 물 높이가 V'_{BL}이 된다.

6 CB는 pF 수준, CS는 fF수준. pF는 10^(-12)F, fF는 10^(-15)F다.

$$\triangle V_{BL} = V'_{BL} - V_{BL}$$ [수식 3-78]

$$\triangle V_{BL} = \frac{(C_S \cdot V_{core} + C_B \cdot V_{BL}) - (C_S \cdot V_{BL} + C_B \cdot V_{BL})}{(C_S + C_B)} = \frac{C_S \cdot V_{core} - C_S \cdot V_{BL}}{(C_S + C_B)} = \frac{V_{core} - V_{BL}}{1 + \frac{C_B}{C_S}}$$

[수식 3-79] 전하 감지 마진 전압

전하 공유가 끝나면 BL의 V'_{BL}과 /BL의 V_{BL}를 이용해 차이(△BL)를 위 수식처럼 구할 수 있다. 감지 마진은 C_B에는 반비례하며, C_S에는 비례 관계인 것을 알 수 있다. 코어 전압(V_{Core})을 늘리면 이 차이값을 쉽게 감지하겠지만 코어 전압은 DRAM 설계 시 결정되는 설계 변수 값으로, 정해진 규격이 있어 변경시킬 수 없다. 따라서 셀 정전용량(C_S)을 늘리고 비트라인 기생 정전용량(C_B)은 줄여 C_B/C_S를 줄여야 한다. 현재 20nm 수준의 DRAM은 C_B/C_S의 비율이 3 정도이며, 18nm 수준의 DRAM은 5 정도를 가진다.

③ 감지 단계 (Sensing step)

이제는 이 작은 전압 차이(△BL)를 크게 증폭하는 단계가 필요하다. 즉, 목표 셀(논리 '1')이 달린 BL은 코어 전압(V_{Core}) 수준으로, 다른 쪽 /BL은 V_{SS}(0V)로 크게 증폭하는 것이다. 이때 사용하는 장치가 감지 증폭기(Sense Amplifier, S/A)이고, 작은 전압 차이를 감지해 큰 전압으로 증폭하는 역할을 한다.

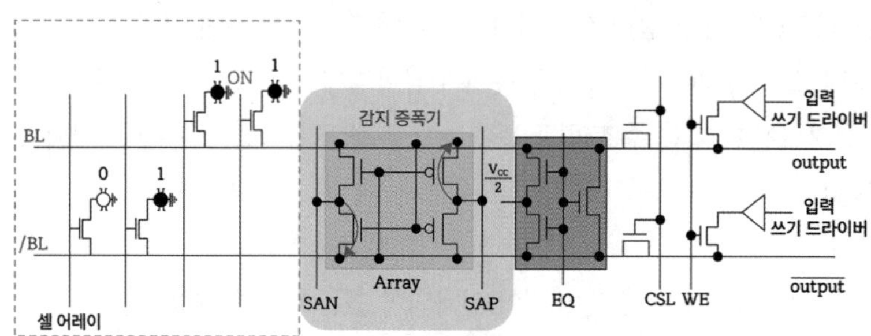

[그림 3-162] Cell matrix와 감지 증폭기(Sense Amplifier) 회로 – 감지 단계

감지 증폭기는 CMOS 인버터(Inverter) 두 개가 교차 결합(Cross coupled)된 형태를 가지고 있다. BL과 /BL 간 전압 차이(△BL)가 감지 증폭기 양단에 인가되면 nMOS 감지 증폭기 제어 신호인 SAN과 pMOS 감지 증폭기 제어 신호인 SAP가 켜진다. SAN에는 V_{SS}가 인가되어 있어 /BL의 전위를 끌어내리고, 유사하게 SAP에는 V_{Core}가 인가되어 있어 BL의 전위를 끌어올린다. 정리하면, SAN과 SAP 제어 신호는 감지 증폭기의 인버터가 각각의 최대(V_{Core}) 또는 최소 전압(0V)으로 구동되도록 하는 역할을 한다.

④ 복원 및 출력 단계(Restore & Output step)

워드라인(WL)은 계속 On인 상태다. 따라서 코어 전압(V_{Core}) 및 V_{SS}로 전위가 이동한 BL과 /BL의 전압은, 셀 MOSFET을 통해 셀 커패시터의 전하를 복원하게 된다. 이를 통해 △BL 만큼 이동한 전위를 복구하여, 데이터를 읽어도 셀의 데이터가 파괴되지 않고 원 값을 유지하는 것이다.

이와 동시에 CSL(Column Select Line)에 전압이 인가되면 외부에서 요청한 데이터가 출력 라인을 통해 내보내진다. 이렇게 모든 동작이 완료된 후, 워드라인(WL)에 0V가 인가되면서 셀 MOSFET이 Off 상태가 되고, 다시 EQ가 'On'이 되어 대기 상태로 돌아가게 된다.

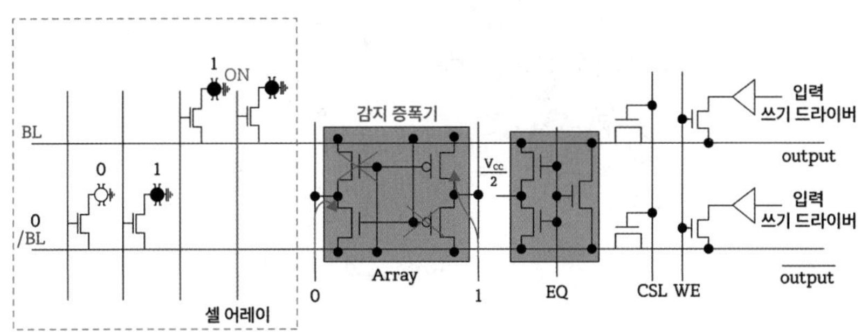

[그림 3-163] Cell matrix와 감지 증폭기(Sense Amplifier) 회로 - 복원 및 출력 단계

지금까지 설명한 읽기 동작을 시간-전압 그래프로 정리하면 아래의 그림과 같다. 아래의 그림을 보면 왜 BL 선충전 전압(V_{BL})을 $1/2V_{Core}$로 하는지 알 수 있다. △BL이 생성되고 감지 증폭기가 이를 감지하여 코어 전압과 V_{SS}로 증폭이 될텐데, 선충전 전압이 이들의 중간값인 $1/2V_{Core}$에서 시작하는 것이 전력소모나 속도 측면에서 유리하기 때문이다.

[그림 3-164]의 읽기 동작의 한 주기는 불과 수십 ns 수준인데, 여기에서도 이를 최대한 줄이기 위한 노력을 하고 있는 것이다.

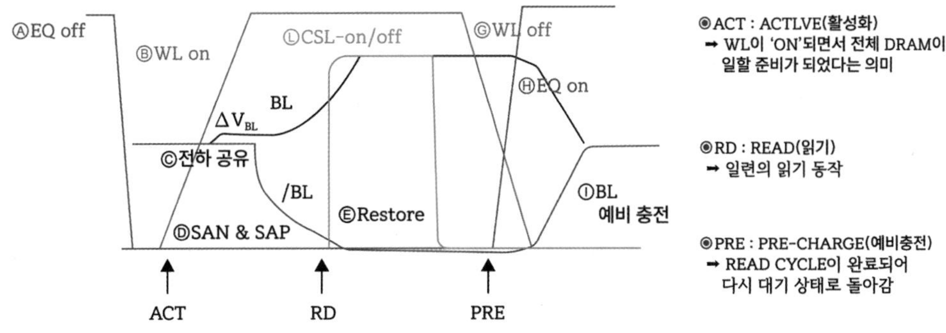

[그림 3-164] 읽기 동작의 시간-전압 파형

4. DRAM의 누설 전류와 Refresh 동작

(1) 셀 누설 전류(Cell leakage current)

DRAM은 셀 커패티서에 전하를 저장하는 방식의 메모리 소자다. 저장된 전하는 다양한 경로를 통해 유출되는데 이는 결국 데이터 손실 문제를 일으킨다. 아래 그림은 셀의 다양한 누설 전류 경로를 나타낸 것이다.

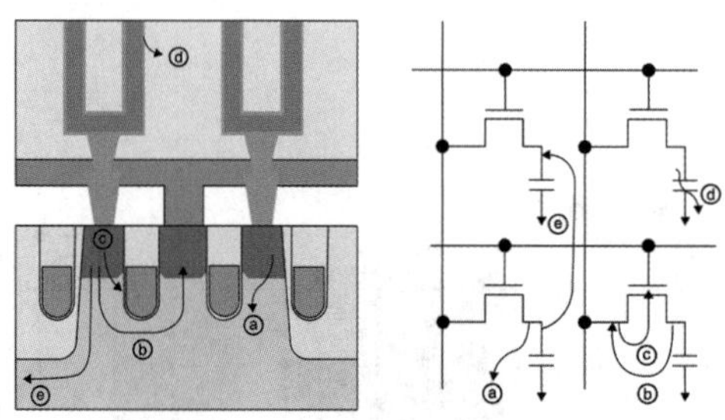

[그림 3-165] DRAM 셀의 누설 전류

① PN 접합 누설 전류(Junction leakage)

위 그림의 ⓐ는 셀 커패시터의 스토리지 노드(SN)와 연결된 셀 MOSFET의 소스부에서 발생하는 PN 접합 누설 전류이다. PN 접합 누설 전류의 원인은 두 가지로 나눌 수 있다.

첫 번째 원인은 소스-드레인과 기판 사이 접합부에서의 누설 전류다. 이는 접합부의 고농도 도핑에 의해 발생한 높은 공핍영역 내의 전기장의 형성, 또는 공정 문제(이온 주입 및 플라즈마에 의한 손상, 금속 오염, STI 계면 결함 등)에 의한 PN 접합의 결함(Defect)으로 발생한다. 이를 방지하기 위해서는 채널의 도핑을 줄여 전기장을 감소시키는 방법이나, 소스/드레인의 도핑 농도를 최적화하여 PN 접합의 디자인을 바꾸는 방법 등이 있다. 이외에도 이온주입 공정에서의 저 손상(Low-damage) 공정 개발, 혹은 손상 후에도 결함 제거를 위한 열처리 공정 적용 등의 방법을 사용하고 있다.

PN 접합 누설 전류의 또 다른 원인은 게이트에 의해 유도된 드레인 누설 전류(Gate Induced Drain Leakage, GIDL)다. 앞의 [챕터 4. MOSFET]에서도 다루었듯이, 소스/드레인과 게이트가 겹치는 부분에서 게이트의 전압이 상대적으로 낮을 때 발생하는 누설 전류이다. GIDL은 전하 보유 능력(Retention time) 특성에 가장 많은 영향을 주는 인자로 알려져 있으며, 특히 게이트에 음전압을 인가하는 부전압 워드라인(Negative word-line) 구조에서 이 문제가 더욱 심각해질 수 있다. GIDL의 발생 원인 및 대책에 대해서는 [챕터 4. MOSFET]에서도 다룬 바 있다. 이외에도 후술하겠지만 DRAM의 셀 MOSFET은 U자로 파인 형태의 게이트(RCAT, Recess Channel Array Transistor)를 형성하는데, 게이트 금속의 높이가 높을수록 드레인과 겹치는 부분이 늘어나 GIDL 현상이 증가한다. 따라서 게이트 금속 높이를 최대한 낮게 구성하는 것도 대책이 될 수 있다.

② 셀 MOSFET의 오프 상태 누설 전류(Off leakage)

ⓑ는 셀 트랜지스터의 오프 상태 누설 전류(Off leakage)로서, 소자 미세화에 따른 채널 길이 감소로 인해 발생한 단채널 효과와 낮은 문턱 전압에 의해 발생한다. 다른 말로는 Sub-threshold leakage라고도 한다. 스토리지 노드(SN) 접합부의 전기장 증가를 최소화하면서 오프 상태의 누설 전류를 감소시킬 수 있는 대책이 필요한데, 채널 도핑 증가와 같은 방법은 과도한 도핑 증가는 PN 접합 누설 전류를 증가시켜 적절한 값을 선택해야 한다. 이에 로직 반도체와는 반대로 게이트의 길이를 늘려 누설 전류를 줄이는 방법을 사용하는 것이 일반적이다. 오프 상태 누설 전류는 후술할 리프레시(Refresh) 특성을 악화시키는 원인이 된다.

③ 게이트 누설 전류(Gate leakage)

ⓒ는 대기 상태에서 스토리지 노드(SN) 접합부인 MOSFET의 소스/드레인과 게이트 산화막 사이에 흐르는 누설 전류이다. 게이트 산화막이 국부적으로 얇아지거나 공정 과정에서 발생하는 핀홀(Pin hole)이나 트랩(Trap) 등의 결함으로 인해 스토리지 노드(SN)의 전하가 게이트로 빠져나가는 것이다. MOSFET을 평면으로 사용하였을 때는 큰 비율을 차지 않으나, 실리콘을 식각하여 채널 길이를 증가시키는 RCAT(Recess Channel Array Transistor) 등의 수직 게이트 구조에서는 그 비율이 증가한다. 균일한 산화막을 얻지 못할 때 얇아진 국소 부분으로 전기장이 집중되면서 게이트 누설 전류가 증가할 수 있다. 이는 공정적으로 해결해야 하며, 실리콘 기판 결정면에 따라 균일한 두께의 산화막을 형성할 수 있는 라디칼(Radical) 산화 방식 등을 적용하여 해결할 수 있다. 최근에는 로직 반도체에서 사용하는 HKMG 기법을 적용하여 게이트 누설 전류를 줄이는 시도가 진행되고 있다.

④ 유전체 누설 전류(Dielectric leakage)

ⓓ는 셀 커패시터의 유전체를 통한 누설 전류를 말한다. DRAM은 읽기 동작에서 언급한 것처럼 셀 커패시터의 용량이 커야 한다. 이에 커패시터의 유전체 두께를 매우 얇게 가져가는데, 이 경우 터널링에 의한 누설 전류가 발생할 수 있다. 이에 고유전체(High-k) 물질을 상대적으로 두껍게 증착하여 대응하고 있지만, 워낙 커패시터 면적이 좁아 정전용량 확보와 누설 전류 감소를 동시에 만족시키기는 어려운 실정이다. 이는 DRAM의 미세화(Scale-down)시 가장 큰 제약사항이라고 할 수 있다.

⑤ 분리 영역 누설 전류(Isolation leakage)

ⓔ는 소자 간 분리(Isolation) 영역에서 발생하는 누설 전류이다. 주로 포토 및 식각 공정 등에 의한 물리적 불량[패턴 및 최소 선폭(Critical Dimension, CD) 불량 등]이 원인이다. 이에 세밀한 포토, 식각 공정 진행 혹은 분리 영역 하단에 캐리어 이동을 차단할 수 있는 이온주입 조건을 찾아 적용하는 것이 필요하다.

(2) DRAM의 리프레시(Refresh)

[그림 3-166 (a)]와 같이 DRAM 메모리 셀에 논리 '1'을 쓴 후 일정 시간이 지나면, 셀 커패시터의 스토리지 노드(SN) 전압이 감소하게 된다. 이는 다양한 경로를 따라 누설 전류가 발생하여 셀 커패시터의 전하가 빠져나가기 때문이다. 이렇게 데이터를 쓴 시점부터 감지 증폭기(S/A)가 감지 가능한 최소 전압수준까지 전압이 떨어지는 시간을 데이터 보존시간(Retention time, t_{RET})이라 한다. 이 시간이 경과하면 해당 데이터를 잃어버리는 것이기 때문에, 그 전에 주기적으로 해당 셀에 데이터를 다시 써주는 동작이 필요하다. 이를 리프레시(Refresh) 동작이라 한다.

최근 들어 DRAM은 더욱 고속화되었고, 저전력을 추구하게 되었다. 이에 맞춰 더 긴 DRAM의 데이터 보존 시간이 필요하게 되었다. 특히 모바일 등의 저전력 제품을 위주로 임의적으로 계속 리프레시를 하거나, 리프레시 주기를 임의적으로 설정하는 셀프 리프레시(Self-refresh) 동작을 하는 경우도 있다. 본서에서는 셀프 리프레시 및 기타 리프레시는 다루지 않고, 정해진 매 주기마다 리프레시를 하는 표준 및 확장 리프레시(Standard and Extended refresh)에 대해서만 다루도록 한다.

일반적으로 리프레시는 워드라인(WL) 단위로 동작시킨다. 특정 워드라인을 On 시켜 그 WL에 달려있는 전체 셀을 리프레시 한 후 다른 모든 워드라인을 순차적으로 On 시켜 리프레시를 진행한다. 그 후 다시 동일한 워드라인을 리프레시하는데, 동일 워드라인을 리프레시하는 시간 간격을 리프레시 시간(Refresh time, t_{REF})이라 한다[DRAM의 리프레시 시간(t_{REF})는 통상 정해진 규격으로 64ms를 많이 사용한다]. 따라서 데이터 보존시간(t_{RET})은 리프레시 시간(t_{REF})보다 반드시 길어야 한다.

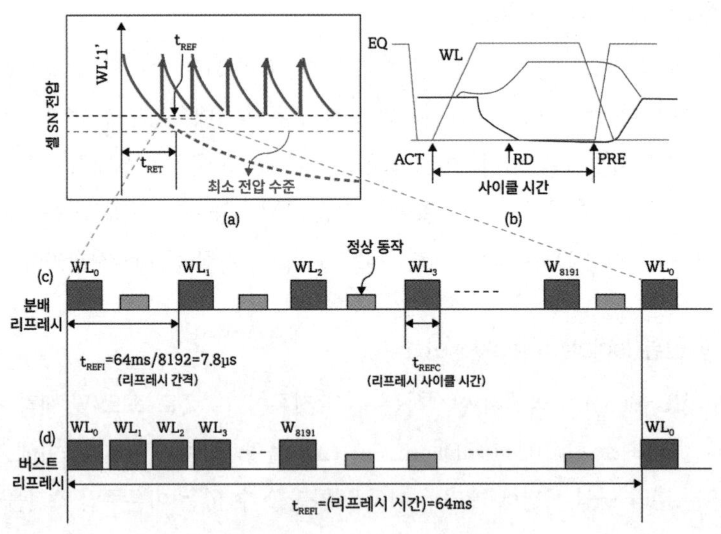

[그림 3-166] DRAM의 리프레시 동작

[그림 3-166 (b)]에서 볼 수 있듯, 리프레시 동작은 읽기(Read) 동작과 유사하다. 읽기 동작과의 차이는 읽기 동작은 CSL을 On 시켜 읽은 데이터를 외부로 출력시키지만 리프레시 동작은 외부 출력이 없다는 것이다. 리프레시는 단지 워드라인(WL)의 On을 통해 그 안에 연결된 셀들의 데이터를 다시 쓰기(Re-store)만 한다. 이렇게 한 개의 워드라인 당 리프레시에 걸리는 시간을 리프레시 사이클 시간(Refresh cycle time, t_{REFC})이라 한다. 집적도가 높아짐에 따라 워드라인당 연결된 셀의 수가 증가하므로 리프레시 사이클 시간은 증가한다.

또한 [그림 3-166 (c)]에서 볼 수 있듯, 리프레시 시간(t_{REF}) 동안 모든 워드라인(WL)을 순차적으로 리프레시 시켜야 한다. 즉 N개의 워드라인이 있을 때, 한 개의 워드라인에 최대한으로 쓸 수 있는 시간이 있다는 것이다. 이를 리프레시 간격(Refresh interval, t_{REFI})이라 하고, N개의 워드라인이 있는 경우에 리프레시 시간을 워드라인 개수로 나눈 시간(t_{REF}/N)으로 정의한다. 리프레시 간격(t_{REFI})는 리프레시 시간(t_{REF})과 DRAM의 구조, 즉 DRAM을 몇 개의 워드라인으로 구성할 것인가에 의해 결정된다. DRAM의 리프레시 시간(t_{REF})을 64ms라 하고, 워드라인 수가 8K(8192)개면 리프레시 간격(t_{REFI})은 7.8μs이 된다.

DRAM의 리프레시 방법은 다양하여 여기서 모두 언급할 수는 없지만, 표준 및 확장 리프레시에서 두 가지 정도만 간략히 설명하도록 하겠다. [그림 3-166 (d)]의 버스트(Burst) 리프레시는 모든 행(Row)이 순차적으로 접근(Access) 될 때까지 일련의 리프레시 주기를 수행하되, 리프레시 동안 다른 명령어는 허용되지 않는다. 따라서 리프레시 동안 DRAM은 정상적인 동작을 수행할 수 없어 일시적으로 성능이 감소하는 원인이 되고, 최대 전력 소모가 증가한다. 반면 [그림 3-166 (c)]의 분배(Distributed) 리프레시는 가장 표준적인 방식으로 균일 간격으로 리프레시를 분산 실행하는 방법이다. 분배 리프레시 방식은 리프레시가 수행되지 않는 행(Row)에는 외부 접속이 가능하므로 메모리 동작의 지연을 최소화 할 수 있어 유리하다.

2 최신 DRAM 동향

1. DRAM 특성 개선

최근의 DRAM 제품들은 선폭 20nm 이하, 최선단에서는 15nm 근방의 공정을 기반으로 제품 생산 및 연구가 진행되고 있다. 물리적 한계에 도달해 간다는 평을 받으면서도 지속적으로 미세화(Scaling)을 추진하고 있는 실정으로, 어느 순간에는 기술의 포화 상태에 도달할 것으로 예상된다. 궁극적으로는 DRAM을 대체할 뉴메모리(New memory)가 등장하기를 원하고 있으나 아직까지 완전한 교체를 하기에는 부족한 상황이다.

DRAM 제조업체의 사정과는 별개로, 시스템 제조업체들은 5G, 인공지능, 자율주행 등 새로운 데이터 집약적 애플리케이션을 위해 계속해서 더 큰 대역폭[7]과 더 빠른 속도를 가진 DRAM을 요구하고 있다. 이에 맞춰 DDR5[8] 및 HBM(High-Bandwidth Memory, 고 대역폭 메모리) 등 새로운 제품을 출시하고 있으나, DRAM 제작기술의 난이도 증가로 인해 기술의 발전과 제품의 양산 수율 측면에서 만족스러운 발전 속도가 나오지는 않고 있다. 이번 장에서는 DRAM 특성을 개선하기 위해 어떠한 방향으로 기술이 발전하였는지, 그리고 미세화(Scaling)가 진행되면서 어떤 문제점이 발생하였는지를 다루도록 하겠다.

(1) DRAM 셀 트랜지스터의 발전

셀 트랜지스터는 DRAM의 셀 커패시터와 비트라인(BL) 사이에서 스위치 역할을 하는 nMOS이다. DRAM 제품의 최소 선폭[9]이 감소하면서 [그림 3-167]와 같은 기존의 평면 트랜지스터(Planar Cell Array Transistor, PCAT)의 누설 전류가 증가하게 되었다. 이러한 누설 전류의 억제를 위해 채널 도핑을 높이면, 셀 커패시터의 스토리지 노드(SN)와 접하는 PN 접합부의 전기장이 증가한다. 이는 접합 누설 전류(Junction leakage)를 증가시켜 전하 보존 특성(Retention)을 악화하는 문제를 불러온다. 이에 구조적으로 접근하여, DRAM 셀 트랜지스터의 단채널 효과(SCE)를 개선하기 위해 [그림 3-167 (b)]의 함몰형 채널 어레이 트랜지스터(Recessed Channel Array Transistor, RCAT) 구조를 도입하였고, 이를 시작으로 다양한 3차원 셀 트랜지스터가 개발되었다.

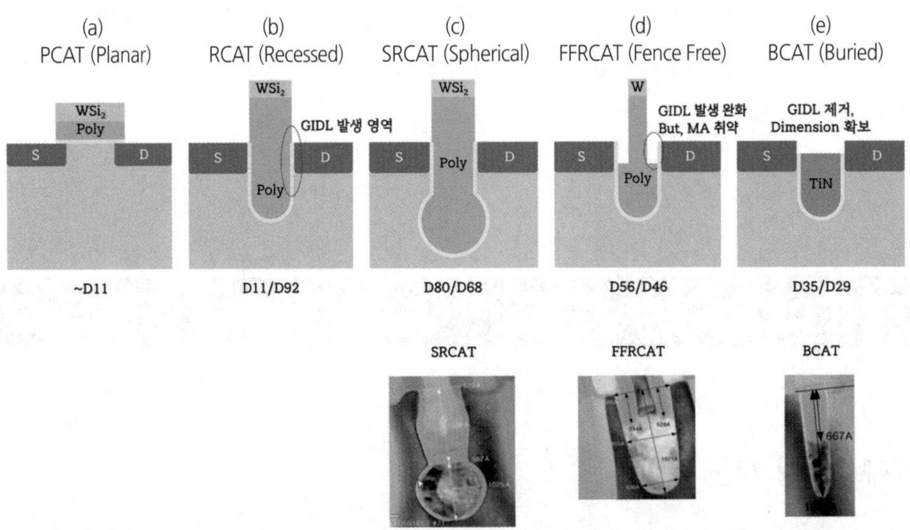

[그림 3-167] DRAM 셀 트랜지스터의 발전 동향

7 여러 가지 다른 주파수의 성분이 분포되어 있는 주파수 범위의 폭. 여기서는 한 번에 전달 가능한 데이터의 영역폭을 의미한다.
8 Double Data Rate 5 규격
9 반도체 칩 공정 중 사용되는 패턴의 최소값

① RCAT

가장 먼저 적용된 3D 구조인 RCAT은 채널이 형성될 부분의 실리콘을 적정 깊이로 식각한 함몰 게이트(Recessed gate) 구조를 가진다. 이 구조 덕분에 채널 길이(L_{eff})를 증가시켜 평면 트랜지스터(PCAT)에서 문제되었던 단채널 효과(SCE) 및 전하 보존(Retention) 특성 문제를 해결할 수 있었다. 그러나 DRAM 기술이 80nm 이하로 축소됨에 따라 RCAT의 하단 바닥 곡률이 커지면서 유효한 채널 길이 증가 효과가 둔화되었다. 이에 문턱 전압(Threshold voltage)의 상승, 기판 효과(Body effect)의 증가, 문턱 전압 이하 특성 저하(Subthreshold swing 증가) 및 DIBL 특성 악화 등 다양한 단채널 효과가 발생하였다.

② SRCAT

RCAT의 문제를 개선하기 위해 [그림 3-167 (c)]의 S-RCAT(Spherical-Recessed Channel Array Transistor) 구조가 등장하였다. RCAT은 비등방성 식각 / 등방성 식각의 두 단계 식각 공정을 진행하여 함몰 채널의 하단부를 구 형태(Spherical)로 만든 것이다. 간단한 공정 추가를 통해 RCAT에서 문제되었던 채널 하단부 곡률 반경을 증가시켜 채널 길이를 늘릴 수 있었다. 이에 RCAT의 문제점을 상당 부분 해결할 수 있어 40nm 이상[10]의 기술 노드까지 적용되었다. 그러나 최소 선폭이 더 줄어들면서 S-RCAT의 직선 부분과 구형 함몰 부분의 경계가 점점 희미해지고, 만나는 목(Neck) 부분에 전기장이 집중되어 게이트 누설 전류(Gate leakage)와 셀 트랜지스터의 신뢰성 악화가 발생하기 시작하였다. 이는 전하 보존(Retention) 특성의 악화, 셀 신뢰성 열화, 구동 전류 부족 문제를 불러오게 되었다.

③ FFRCAT과 BCAT

FFRCAT(Fence-Free RCAT)은 sRCAT에서 게이트와 드레인이 면한 부분을 식각함으로써 GIDL을 줄이는 효과를 얻을 수 있었다. 특히 구형 함몰 구조와 조합하였을 때 신뢰성 개선 효과가 있었으나, 공정상의 정렬 문제(Mis-align)에 취약하여 패터닝이 어렵다는 단점이 있었다.

이러한 문제들을 해결하고자 최종적으로 등장한 구조가 새들 핀(Saddle Fin, S-Fin) 구조다. S-Fin은 RCAT의 채널 하단에 Fin 구조를 형성하고, 게이트가 이 Fin 형태의 채널을 감싸는 3차원 트랜지스터 구조이다. 일반적인 로직용 FinFET과 달리 말의 안장 모습을 하고 있다고 하여 안장(Saddle)이라 불리게 되었다. 이 구조 역시 FinFET과 유사하게 채널 3면을 게이트로 제어하기 때문에 게이트 제어 능력이 향상되어 단채널 효과가 개선되고, 핀의 높이만큼 채널 폭(Width)이 증가되어 전류 구동 능력도 향상시킬 수 있다. 이를 바탕으로 현재 대세가 된 구조라 할 수 있겠다.

---

10 회사마다 40nm까지 사용한 회사도 있고, 60nm까지만 사용한 회사도 있다.

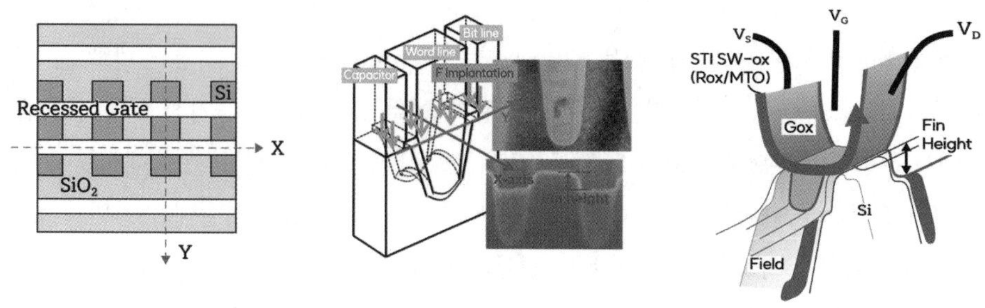

[그림 3-168] S-Fin 셀 트랜지스터 제작 방법

최근에는 산화막도 High-k 물질로 바꾸어, 로직 반도체에서 사용하는 HKMG 공정을 동일하게 적용하는 연구가 진행되고 있다. HKMG를 통해 다결정 실리콘(Poly-Si) 대신 TiN/W와 같은 금속 게이트를 사용하여 워드라인의 저항을 줄일 수 있고, 높은 일함수(Work function)로 인한 문턱 전압의 상승으로 채널 도핑을 더 낮게 가져갈 수 있어 데이터 보존 특성을 향상시킬 수 있다.

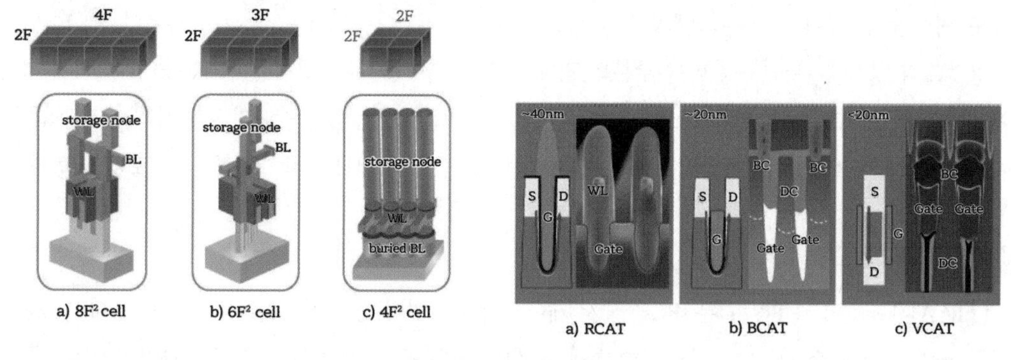

[그림 3-169] VCAT 구조

보다 나은 개선을 위해 위의 그림과 같은 $4F^2$[11] 셀에 사용되는 수직 채널 트랜지스터(Vertical Channel Array Transistor, VCAT) 구조 등의 후보들이 등장하고 있으나, 부유 몸체 효과(Floating body effect)와 BL(또는 WL)끼리의 정전용량 결합(Capacitive coupling), 공정상의 어려움 등으로 난항을 겪고 있다. 또한 DRAM을 대체할 신규 메모리의 상용화도 일정 시간이 필요할 것으로 보이므로, 당분간은 현재의 S-Fin 구조 개선을 통한 미세화가 계속될 것으로 전망된다.

11 F는 셀의 면적 단위를 나타낸다. 뒤에서 설명할 예정

(2) DRAM 셀 커패시터의 발전

DRAM의 셀 커패시터는 상부 전극(셀 플레이트, CP)-유전체-하부 전극(스토리지 노드, SN)으로 구성되어 있다. DRAM은 셀 커패시터를 충전 및 방전시킴으로써 데이터를 저장(Write)하고 읽는다(Read). 앞에서 다루었지만 데이터를 안정적으로 저장하고 감지하려면 최소 정전용량 값이 필요한데, 셀 커패시터의 최소 정전용량 값은 과거 셀당 20~25fF 정도였으나, 감지 증폭기와 관련 구동 회로의 최적화 덕분에 점차 감소하여 최근에는 셀당 약 10fF 수준까지 감소하였다. 그러나 여기에도 한계가 있기 때문에 셀 커패시터의 정전용량을 늘리는 노력은 계속 필요하다.

셀 커패시터의 정전용량은 다음 식을 통해 구할 수 있으며, 정전용량을 증가시키기 위해서는 절연체 박막 두께(d)의 감소나 커패시터 유효 표면적(A)의 증가, 또는 높은 유전율(k)의 물질을 사용해야 한다.

$$C_S = \varepsilon_0 \cdot k \cdot \frac{A}{d}$$ [수식 3-80]

(k: 유전체의 유전상수, ε_0: 진공에서의 유전율(8.854×10^{-12} F/m), A: 커패시터의 면적, d: 필름 두께)

① 셀 커패시터 구조의 변화

DRAM의 미세화에 따라 커패시터의 크기 축소를 검토한 적도 있었지만, 이는 곧 정전용량의 감소를 동반하므로 다른 방안이 필요하게 되었다. 그래서 아래의 그림과 같이 2차원 평면 구조에서 평면적은 줄이되, 수직치수(Vertical dimension)를 증가시켜 3차원적으로 면적을 늘려 왔다. 초창기에는 [그림 3-170]처럼 커패시터를 위로 빼는 기둥 형태와 실리콘 아래로 파고드는 참호(Trench) 형태가 경쟁하였다. 참호 형태는 형성하기 더 쉬운 반면 확장성이 떨어진다는 단점이 있었기에, 최종적으로는 기둥 형태가 승리하여 우리가 알고 있는 구조의 DRAM이 완성되었다.

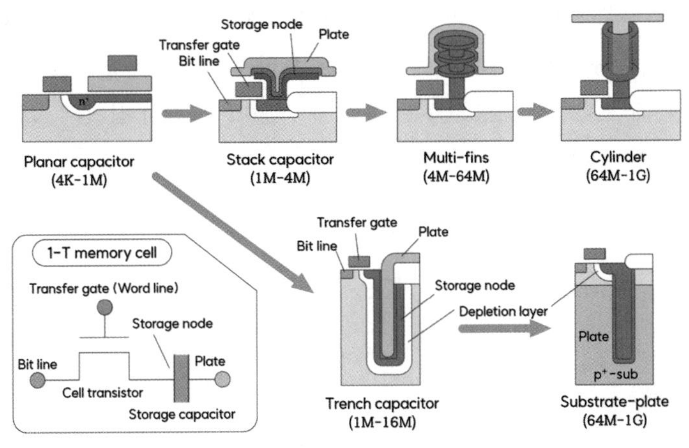

[그림 3-170] DRAM 셀 커패시터의 발전 동향 (초창기) - 기둥 형과 트렌치 형

기둥 형태의 커패시터 형상에는 실린더(Cylinder)와 필라(Pillar, 기둥) 형태가 있다. 실린더 방식은 높이에 비해 전극의 면적을 크게 확보할 수 있지만, 공정이 복잡하고 공간이 좁아 구현이 어렵다. 이에 비해 필라 형태는 모양이 단순하지만, 최소 정전용량을 확보하기 위해 실린더 대비 기둥의 두께를 증가시켜야 한다. 이로 인해 30:1~100:1의 높은 종횡비(High Aspect Ratio, HAR)를 갖는 구조가 되어 증착 및 식각 공정의 난이도가 기하급수적으로 상승하게 된다. 이러한 문제에 대해 기둥을 두 단계로 분리해 형성함으로써 종횡비를 완화시키는 방법이 도입되었으나, 공정 수의 증가 및 고도의 공정 정밀도 제어가 요구되고, 늘어난 공정 수만큼 공정 비용 역시 증가하게 되었다.

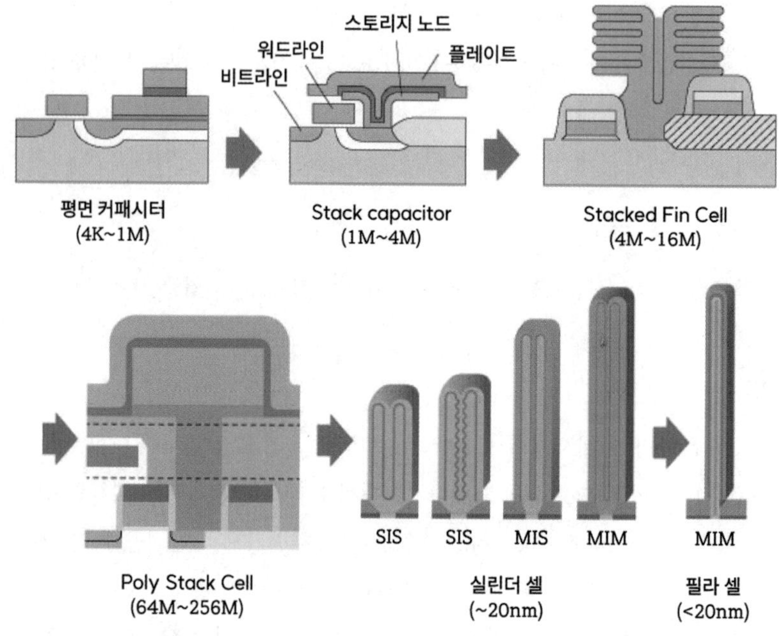

[그림 3-171] DRAM 셀 커패시터의 발전 동향 (최근)

그리고 이러한 높이의 증가는 기계적 한계에도 직면하게 되는데, 이로 인해 아래 그림처럼 고 종횡비(HAR)의 스토리지 노드(SN)끼리 서로 들러붙는 브리지(Bridge) 불량이 일어날 수 있다. 이러한 불량을 방지하기 위해 스토리지 노드(SN)를 [그림 3-172 (b)]와 같이 실리콘 질화물(SiN) 그물(Net)로 서로 엮는 메시(Mesh) 구조가 제안되었다.

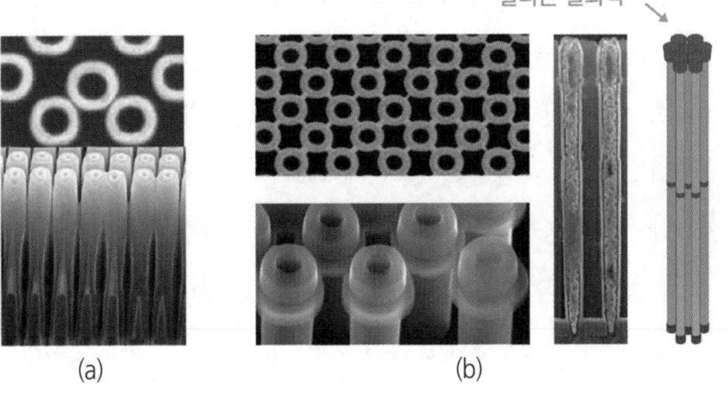

[그림 3-172] (왼쪽) 브리지(Bridge) 불량과 (오른쪽) 불량 방지를 위한 메시(Mesh) 구조

② 셀 커패시터 물질의 변화

구조적 변화와 함께 유전체 물질도 변화하였다. 기존에 사용하던 실리콘 산화막(SiO_2)이나 ONO(SiO_2/Si_3N_4/SiO_2), 알루미늄 산화막(Al_2O_3) 등은 상대적으로 유전율이 낮은 물질들이다. 이들을 사용하면서 미세화에 맞춰 정전용량을 높이려면 박막의 두께 감소가 필요하나, 두께가 감소할수록 터널링(Tunneling)에 의한 누설 전류 증가와 박막의 신뢰성 감소로 인해 고유전체(High-k)의 필요성이 대두되었다. 유전체들은 [그림 3-173]처럼 일반적으로는 유전체의 유전상수(k)가 증가할수록 에너지 밴드갭이 감소하는 모습을 보인다. 에너지 밴드갭이 감소하면 누설 전류가 증가하게 된다. 따라서 유전율이 높으면서도 에너지 밴드갭이 일정 수준 높은 물질을 선택하는 것이 중요하다. 현재는 HfO_2, TiO_2, ZrO_2 등의 산화물이 주로 연구되고 사용되고 있다. 이러한 고유전율 박막은 화학 기상 증착(Chemical Vapor Deopsition, CVD)이나 원자층 증착(Atomic Layer Deposition, ALD) 공정을 사용하여 증착할 수 있다. 최근에는 패턴의 크기가 매우 작아 박막 형성이 어려워져, 대부분 ALD 공정을 사용한다.

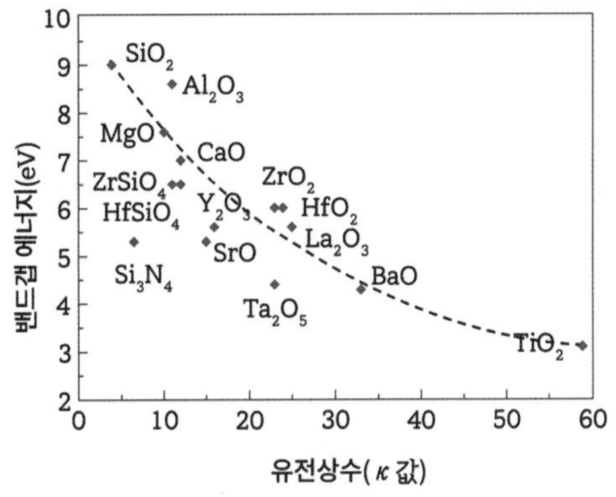

게이트 유전물질	유전 상수(K)	에너지 밴드캡 E_g(eV)
SiO_2	3.9	9
Al_2O_3	8	8.8
TiO_2	80	3.5
ZrO_2	25	5.8
HfO_2	25	5.8

[그림 3-173] 고유전체의 유전상수와 에너지 밴드갭

유전체 뿐 아니라 스토리지 노드(SN)와 셀 플레이트(CP) 전극의 물질도 변화하였다. 예전에는 다결정 실리콘(Poly-Si)을 사용하였으나 최근에는 금속을 사용한다. High-k 유전체 막의 치밀화(Densification)와, 전극과 유전체 간 계면 결함(Defect) 감소를 위해 열처리 공정이 필요하다. 다결정 실리콘을 전극으로 사용하면 스토리지 노드(SN)의 Poly-Si 계면에 유전율이 낮은 SiO_2층이 형성되고, 이로 인해 등가 산화막 두께(EOT)가 증가하게 된다. 따라서 공정 중에 유효한 정전 용량이 감소하는 문제가 발생한다. 전극을 금속으로 변경하면 이러한 문제를 해결할 수 있다. 주로 사용하는 금속 물질로는 티타늄 질화물(TiN) 또는 루테늄(Ru) 등이 있다.

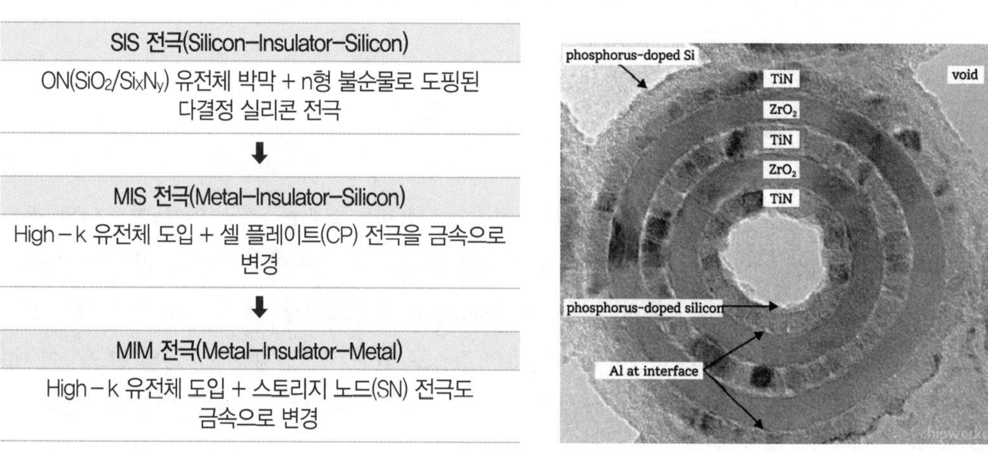

[그림 3-174] 전극과 유전물질의 변천사 및 20nm급 DRAM의 TEM 이미지 평면도

2. DRAM 셀 어레이 평면도(Layout)

(1) 폴디드 비트라인(Foled BL) 구조와 오픈 비트라인(Open BL) 구조

현재 사용중인 DRAM 셀 어레이의 구조는 크게 폴디드 비트라인(Folded BL) 구조와 오픈 비트라인(Open BL) 구조로 나눌 수 있다. 아래의 그림에 두 가지 구조의 평면 구조를 나타내었다. [그림 3-175 (a)]의 폴디드 비트라인 구조는 BL과 /BL 쌍이 하나의 셀 매트릭스(Cell matrix) 내에 존재하도록 구성된다. 비트라인 쌍은 동일한 감지 증폭기(S/A)에 연결되며, 배치상 바로 인접하여 위치한다. 만약 폴디드 비트라인 구조에서 WL0과 BL0이 선택된다면 메모리 셀은 하나만 선택되고, /BL0과 WL0에 연결된 메모리 셀은 존재하지 않으므로 /BL0과 /BL 간의 $\triangle V_{BL}$이 생성될 수 있다. 즉, BL과 /BL으로 구성된 한 개의 행(Column) 내에서는 워드라인(WL) 당 1개의 셀만이 연결되어야 하므로, [그림 3-175 (a)]와 같은 평면도가 되는 것이다.

(b) 6F2 : 오픈 비트라인, 칩 사이즈 축소

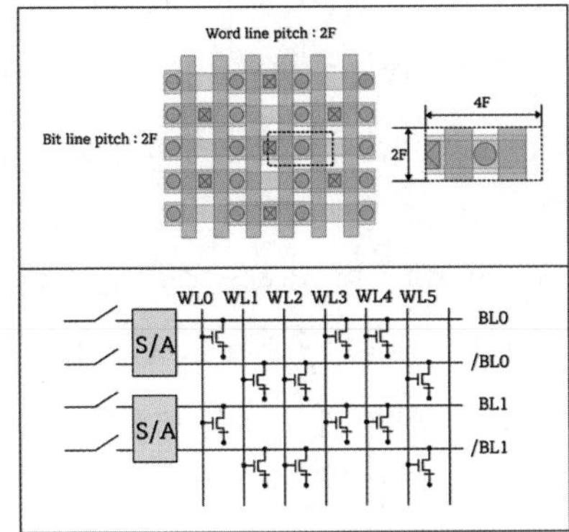

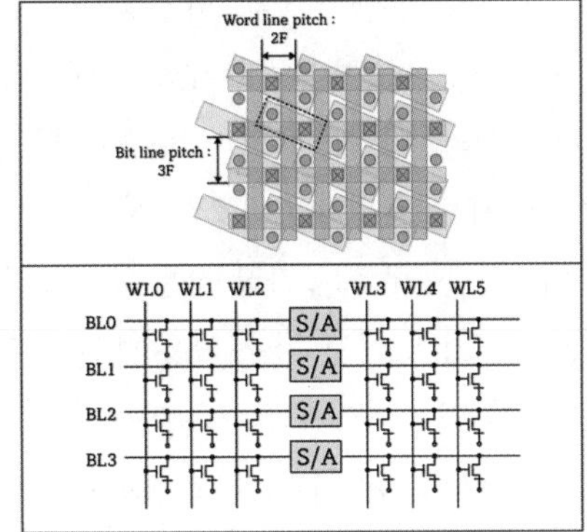

[그림 3-175] DRAM 셀 어레이 평면도

이에 반해 [그림 3-175 (b)]의 오픈 비트라인(Open BL) 구조의 경우에는, 워드라인(WL)과 BL이 교차하는 모든 지점마다 셀이 연결되어 있다. 이 구조에서는 같은 셀 어레이에 있는 BL과 /BL 쌍이 동일한 감지 증폭기(S/A)를 공유할 수 없게 된다. 오픈 비트라인 구조는 선택된 셀과 이웃한 셀 어레이의 BL 쌍이 감지 증폭기(S/A)에 연결되어 이를 감지 증폭기가 감지해내는 구조이다. 예를 들어 좌측 셀 어레이의 WL0과 BL0이 선택되는 경우, 우측 셀 어레이에는 해당 BL에 선택된 셀이 없으므로 /BL0으로 되고, BL0과 /BL0이 쌍을 이루어 감지 증폭기가 ΔV_{BL}을 감지 및 증폭하게 된다.

폴디드 비트라인 구조는 BL과 /BL이 물리적으로 바로 옆에 위치하여 제조 공정상 동일 형상으로 제작될 확률이 높아 잡음에 강한 장점이 있지만, 오픈 비트라인 구조에 비해 셀의 면적이 거의 2배가량 커지게 되는 단점이 있다. 반면 오픈 비트라인 구조는 셀 면적이 감소될 수 있다는 장점은 있지만, 서로 다른 셀 어레이의 BL, /BL쌍을 비교한다는 점에서 잡음에 취약할 수 있다.

(2) 최소 배선 폭(Minimum Feature Size, F)

각 구조별 셀 평면도가 차지하는 면적을 비교하기 위해, 최소 배선 폭(Minimum Feature Size, F)라는 용어를 정의할 필요가 있다. F는 주로 워드라인(행) 또는 비트라인(열) 피치(Pitch)의 절반(Half pitch)[12]으로 정의한다.

이에 따르면 폴디드 비트라인 구조는 BL 방향으로 4F(WL 4 half pitch), WL 방향으로 2F(BL 2 half pitch)가 되어 셀 면적은 $8F^2$가 된다. 두 셀이 동일한 활성층(Active)에 형성되고, BL이 형성되는 BL 컨택(BL Contact, BLC) 역시 두 셀이 공유하는 구조다. 활성층의 양단 날개 부분에 형성될 SN 컨택(SN Contact, SNC)과 BL이 만나지 않게 하기 위해 활성층 중앙부의 BL 컨택(BLC)이 형성되는 부분이 돌출되어 있다.

12 주기적으로 배열된 선들의 선폭과 선과 선 사이의 간격을 합친 값. 혹은 하나의 선에서부터 다음 선까지의 거리

이에 반해 오픈 비트라인 구조의 셀 평면도는 BM SN 컨택(SNC)의 합선(Short)을 방지하기 위해 활성층을 일정 각도 경사지게 하였고, 비어 있는 공간까지 활용할 수 있도록 WL과 BL이 만나는 지점마다 셀을 형성하였다. 오픈 비트라인 구조는 BL 방향으로 2F, (WL 2 half pitch), WL 방향으로 3F(BL 3 half pitch)가 되어 셀 면적은 $6F^2$가 된다. 현재는 오픈 비트라인 구조를 사용하고 있으며(〈 60nm), 폴디드 비트라인 대비 칩 사이즈가 25% 정도 줄어드는 효과를 얻게 되었다.

최근 연구되고 있는 구조는 가장 작은 셀 구조인 $4F^2$ 셀(WL, BL 방향 모두 2 half pitch)이다. 이는 기존의 셀 트랜지스터를 사용하였을 때는 얻을 수 없는 구조로, 수직형 셀 트랜지스터(Vertical Channel Array Transistor, VCAT)를 사용하여 구현 가능한 구조다. 매우 낮은 면적을 갖기에 상당 기간 업체 별로 개발되어 왔으나 아직 상용화에 성공하지는 못하였다.

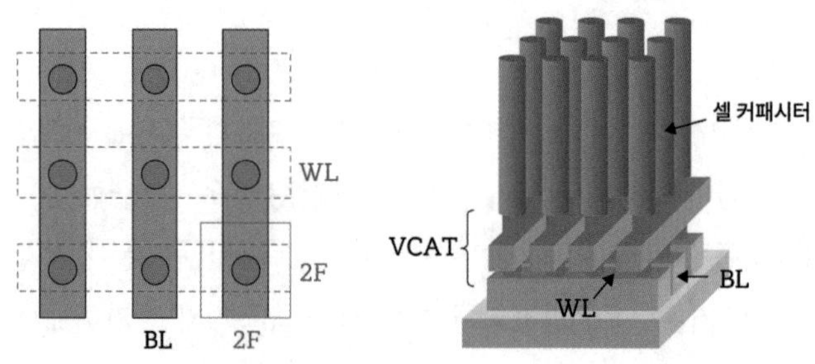

[그림 3-176] DRAM $4F^2$셀(수직 채널 트랜지스터)

실제 면접 기출문제 맛보기

실제 면접에서 나온 질문 난이도 ★★★★ 중요도 ★★★★

- DRAM의 동작 원리에 대해 설명하세요. 삼성전자, SK하이닉스
- DRAM의 구성 요소에 대해 설명하세요. 삼성전자, SK하이닉스

1 질문 의도 및 답변 전략

면접관의 질문 의도

현재 반도체 메모리 주 제품 중 하나인 DRAM에 대해 정확하게 이해하는지 보고자 하는 문제이다.

면접자의 답변 전략

DRAM은 1개의 트랜지스터와 1개의 커패시터를 단위 셀(Unit Cell)로 구성하는 메모리 제품이고, 커패시터에 전하가 저장되어 있는지 여부에 따라 데이터(0,1)를 저장하는 방식이다. 이에 따른 메모리 특성을 설명한다.

\+ 더 자세하게 말하는 답변 전략

- DRAM의 단위 셀 구조를 그린다. (판서를 할 수 없으면 1개의 트랜지스터와 1개의 커패시터가 직렬 연결되어 있다는 것을 설명한다.)
- 트랜지스터를 ON 시켜서 커패시터에 데이터를 쓰기/읽기를 하고, 트랜지스터를 OFF 시켜서 저장된 데이터를 유지한다는 것을 설명한다.
- 커패시터의 충전/방전 특성으로 인해 쓰기/읽기 속도는 빠르지만 데이터 유지 시간이 길지 않기 때문에, 주기적으로 데이터를 다시 써주는 작업(Refresh)이 필요하다는 것을 설명한다.

2 머릿속으로 그리는 답변 흐름과 핵심 내용

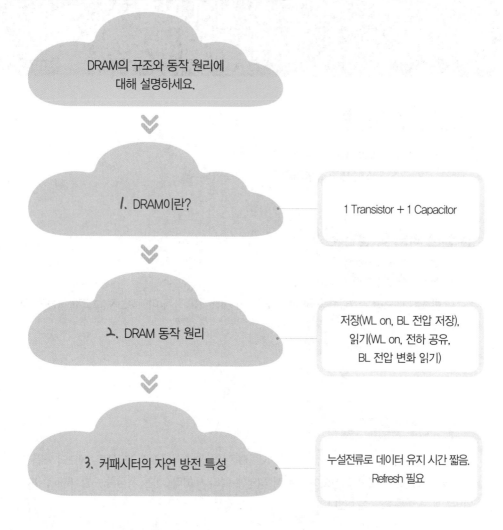

DRAM의 구조와 동작 원리에
대해 설명하세요.

1. DRAM이란?

1 Transistor + 1 Capacitor

2. DRAM 동작 원리

저장(WL on, BL 전압 저장),
읽기(WL on, 전하 공유,
BL 전압 변화 읽기)

3. 커패시터의 자연 방전 특성

누설전류로 데이터 유지 시간 짧음.
Refresh 필요

3 나만의 답안 작성해보기

자세한 모범답안을 보고 싶으시다면
[한권으로 끝내는 전공 · 직무 면접 반도체 기출편]을 참고해주세요!

핵심 포인트 콕콕 파트3 Summary

Chapter07 DRAM

DRAM은 수평 및 수직 매트릭스 구조로 배치된 MOSFET 및 커패시터로 구성된 메모리 장치다. DRAM 칩은 주변 회로와 셀 어레이로 구성되어 있으며, 셀 어레이 면적 비율을 나타내는 셀 효율은 DRAM의 경제성에서 중요한 요소다. 다양한 용도로 사용되는 내부 전압이 있으며 세대가 거듭될수록 사용 전압은 지속적으로 감소한다.

대기 상태에서는 BL과 /BL이 선충전 되고 쓰기 상태에서는 각 셀에 해당하는 주소에 전하가 저장된다. 읽기 동작 시에는 셀 캐패시터와 BL 캐패시터 사이에 전하를 공유하여 데이터를 읽게 되며, 선충전된 BL 값에 의해 누설 전류가 감소한다. DRAM 메모리 셀은 PN 접합 누설, 게이트 유도 드레인 누설 및 유전체 누설과 같은 누설 전류로 인해 데이터가 손실될 수 있으므로, 주기적으로 각 셀에 데이터를 다시 쓰는 리프레시 동작으로 데이터 손실을 방지한다.

DRAM 셀 트랜지스터는 누설 전류, 단채널 효과, 전하 유지 및 소자 열화와 같은 문제를 해결하기 위해 HKMG 공정과 S-Fin 등의 구조 변경이 개발되었다. 셀 커패시터 측면에서는 정전용량을 높이기 위해 고유전체 사용, 커패시터의 유효 표면적 변화, 금속 전극 사용 등이 개발되었다.

Open BL 구조는 WL과 BL의 교차로 인해 노이즈에 취약하지만 셀 면적이 작아 양산에 많이 사용된다.

Chapter 08

NAND Flash

핵심요약

정의, 기초

- NAND Flash
  - 플래시 메모리 셀을 직렬로 연결하고, 모든 소자에 입력을 '1'을 줄 때만 '0'을 읽음

동작, 특성

- NAND Flash 동작 원리
  - 쓰기 동작
    - 기록 동작: 소자에 기본 전압 펄스를 주어 기록 동작 시도
      → 소자 문턱 전압 측정하여 0과 1을 읽어내 기록이 안 됐으면 전압을 조금 더 높여 다시 펄스 인가
      → 목표 문턱 전압에 도달한 셀은 기록 동작 중단, 도달하지 못한 셀에는 인가 전압을 조금 더 증가
      → 원하는 데이터 입력될 때까지 반복
    - 소거 동작: 소스와 드레인을 플로팅 시킴
      → 소거할 블록에는 워드라인(게이트)에 0V, 소거하지 않을 블록에는 워드라인에 기판과 동일한 높은 양의 전압(~20V) 인가
      → FN 터널링에 의해 데이터 소거됨
  - 읽기 동작: 읽으려는 셀의 비트라인에 선충전 전압 인가 후 전원 끊어 플로팅 상태로 만듦
    → 워드라인에 읽기 전압(~0V) 인가, 나머지 셀 워드라인에는 On 상태가 될 수 있는 읽기 전압(~4.5V) 인가
    → 선택된 셀이 소거 상태인 경우 : 비트라인에 선충전된 전하가 방전되어 비트라인의 전위가 내려감
    선택된 셀이 기록 상태인 경우 : 비트라인에 선충전된 전하가 거의 방전되지 않고, 방전되는데 많은 시간이 걸림

문제점

- 플로팅 게이트 플래시 메모리의 한계
  - 공정의 한계
    - 포토 공정 및 공정 장비의 한계
    - 배선의 기생 저항 및 기생 정전용량 증가
    - 수직 방향 축소의 한계
  - 소자의 한계
    - 플로팅 게이트 내 전자개수의 감소
    - 인접 셀 간 누설 전류
    - 셀 간의 간섭 현상

최신 기술, 해결 방안

- 3D NAND Flash memory
  - 대표 구조: 대표적인 3D NAND 플래시 메모리는 TCAT 구조
  - 제조 공정: SiO_2 – SiN 적층 → 채널 형성을 위한 홀 형성 → 다결정 실리콘증착 → 산화막 매립 → 워드라인 분리 식각 → SiN 제거 → 터널 산화막 증착 → 전하 포획 질화막(CTN) 증착 → 블로킹 산화막 증착 → 제어 게이트(워드라인) 메탈 증착 → 인접 수직 셀간 분리
  - 셀 구조: GAA(Gate All Around) 게이트 구조, 마카로니 채널 구조

학습 포인트

플래시 메모리의 구조와 동작에 대해 파악한다. 플래시 메모리 셀 간의 간섭 현상을 타파하기 위해 도입된 기술인 CTF와 3D NAND 구조가 무엇인지 이해하도록 한다.

1 플래시 메모리(Flash memory) 구조와 원리

플래시 메모리는 DRAM 대비 동작속도는 느리지만, 고용량, 높은 집적도, 저비용의 장점을 가지고 있어 다양한 디지털 기기에 적용되는 메모리 소자다. 전원이 꺼져도 저장된 데이터를 유지할 수 있는 비휘발성 저장 특성을 가지며, DRAM과 달리 리프레시(Refresh) 동작이 필요하지 않아 에너지 측면에서 바라보았을 때 매우 효율적이다. 다만, 뒤에서 설명할 소자의 물리적 동작원리로 인해 데이터를 쓰고 지우는 데 시간이 많이 걸린다. 그리고 10V 이상의 고전압을 걸어 데이터를 쓰고 지우기 때문에, 백~천만 번 이상 프로그램 하면 소자의 수명이 다하게 되는 단점도 있다. 따라서 프로그램 동작에 따라 시시때때로 업데이트해야 하는 종류의 데이터들을 저장하기에는 적합하지 않다. 하지만 클라우드 컴퓨팅 및 서버 등 데이터 스토리지의 높은 수요로 인해 플래시 메모리의 시장은 계속해서 커지고 있다.

1. 플래시 메모리(Flash memory) 구조

플래시 메모리(Flash memory)의 구조를 먼저 살펴보지 않고 플래시 메모리가 무엇인지 정의하기란 쉽지 않은 일이다. 이에 먼저 구조를 알아보고, 정의는 플래시 메모리의 동작에서 설명하도록 하겠다.

다음 그림은 nMOS와 플로팅 게이트(부유 게이트, Floating gate, FG) 플래시 메모리의 셀 구조를 나타낸 것이다. 플로팅 게이트 플래시는 nMOS의 제어 게이트와 게이트 산화물 아래에 플로팅 게이트와 터널 산화막(Tunnel oxide)이 존재하는 구조를 갖는다. 기본적으로 nMOS와 유사한 동작을 하는데 이는 뒤에서 다루기로 하고, 먼저 각 구성 요소들의 기능을 살펴보도록 하자.

- **제어 게이트(Control Gate, CG)**: 셀을 선택하는 워드라인(Word line)과 연결되어 있다. 셀 어레이의 구분 단위인 페이지(Page) 단위의 셀들이 워드라인을 공유한다(서로의 게이트가 연결되어 있다.) nMOS의 게이트와 같이 기존에는 고농도 도핑 다결정 실리콘(Poly-Si)을 사용하다가 텅스텐 실리사이드(WSi), 코발트 실리사이드(CoSi) 등으로 발전하였으며, 최

근에는 매립(Gap fill) 성능이 우수한 텅스텐(W), 코발트(Co), 탄탈륨 질화물(TaN) 등의 금속 게이트로 발전하였다.

- **플로팅 게이트(Floating Gate, FG)**: 데이터(전자)를 저장하는 기능을 한다. 전자가 많이 존재하도록 n^+ 다결정 실리콘 물질로 구성한다. 플로팅 게이트 안의 전하는 의도하지 않았을 때 전하가 새어나가지 않도록 주변부 전부를 유전체로 둘러싸 셀 단위로 격리되어 있다. 저장된 전자가 이동할 수 있는 경로가 없기에 전원이 꺼지더라도 데이터가 유지되는 비휘발성 메모리 특성을 갖게 한다.
- **층간 절연막(Inter Poly Dielectric, IPD)**: 플로팅 게이트 내 전자가 제어 게이트로 이탈되는 것을 방지하는 절연막이다. 실리콘 질화막(SiN)을 주로 사용하며, 필요에 의해 통상 ONO(산화막-질화막-산화막) 구조로 되어있다.
- **터널 산화막(Tunnel Oxide, TOX)**: 셀의 쓰기(Write) 동작(기록(Program) 또는 소거(Erase)) 동작 시에 전자가 터널링(Tunneling) 현상으로 통과하는 산화막이다. 터널링이 일어나도록 산화막의 두께는 매우 얇아야 하며, 터널링 과정에서 전자들이 산화막에 붙잡히지 않도록 결함 구조가 거의 없는 고품질의 박막이 필요하다.

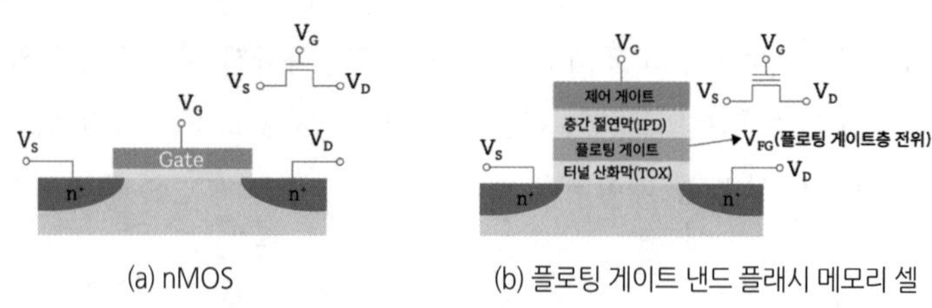

(a) nMOS (b) 플로팅 게이트 낸드 플래시 메모리 셀

[그림 3-177] nMOS와 플로팅 게이트 플래시 메모리 셀 구조

플로팅 게이트(FG) 플래시는 외부로부터 제어 게이트에 전압(V_G)이 인가될 때, 실제 트랜지스터 동작은 셀 내부의 플로팅 게이트 전위(V_{FG})의 영향을 받는다. 플로팅 게이트 전위(V_{FG})는 층간 절연막(C_{IPD})과 터널 산화막(C_{TOX})의 결합 정전용량(Coupling capacitance)에 의해 결정된다. 이들의 직렬 연결 비율에 따라 외부 전압의 일부가 플로팅 게이트(V_{FG})에 인가된다.

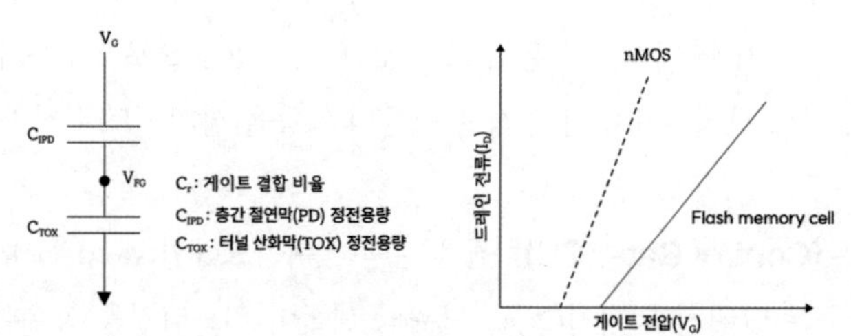

(a) 게이트 결합 비율(Gate coupling ratio) (b) nMOS와 낸드 플래시의 V_G - I_D 비교

[그림 3-178] 게이트 결합 비율과 nMOS 및 플래시 셀의 ID-VG 곡선

$$V_{FG} = C_r \times V_G$$

$$(when\ C_r = \frac{C_{IPD}}{C_{IPD} + C_{TOX}})$$

[수식 3-81] 플로팅 게이트에 인가되는 전압

(C_r : 게이트 결합 비율, V_G : 외부에서 인가된 전압)

[그림 3-178 (b)]와 같이 같은 크기의 일반적인 nMOS와 플래시 셀의 드레인 전류(I_D)-게이트 전압(V_G) 특성을 비교하면, 동일한 게이트 전압에서 플래시의 전류 수준이 더 낮은 것을 볼 수 있다. 이는 게이트 결합 비율만큼 문턱 전압이 증가하고, 제어 게이트와 채널 간의 거리가 멀어져 전달 컨덕턴스(g_m)가 감소하기 때문이다. 따라서 동일한 게이트 전압으로 더 높은 플로팅 게이트 전압(V_{FG})을 가져가기 위해서는 게이트 결합 비율(Cr)값의 증가가 필수적이다. 이를 위해 층간 절연막(IPD)의 정전용량(C_{IPD})을 크게 만들어야 한다. 이에 부합하며 공정이 쉬운 재료로는 실리콘 질화막(SiN)이 있다. 여기에 실리콘 질화막의 상대적 약점인 낮은 에너지 밴드갭으로 인한 누설 전류 특성을 보완하기 위해 실리콘 질화막 위아래로 실리콘 산화막(SiO_2)을 덮어준다. 이에 통상 층간 절연막(IPD)으로 ONO(산화막-질화막-산화막) 구조를 사용한다.

2. 플래시 메모리의 동작 원리

메모리의 기본 동작은 쓰기(Writing) 동작과 읽기(Reading) 동작이 있다. 쓰기 동작은 데이터를 저장소에 저장하는 기록(Program)과 소거(Erase)로 나뉜다. SRAM/DRAM은 기록과 소거 동작이 비트 라인에 논리값 '0'과 '1'을 써주는 방식으로 진행되나, 플래시 메모리는 이들과 달리 터널 산화막에서 발생하는 파울러-노드하임 터널링(Fowler-Nordheim Tunneling, FN 터널링), 혹은 NOR 플래시 메모리의 경우 열 캐리어 효과를 통해 이루어진다. 또한 SRAM/DRAM은 전하가 있는 경우를 '1'로 지칭하는 반면, 플래시 메모리는 반대로 전하가 있는 경우를 '0'으로 인식한다. 이에 대해서는 뒤에서 다루기로 한다.

(1) 쓰기(Writing) 동작 – 기록(Program) 동작

기록 동작은 아래 그림과 같이 소스, 드레인 및 기판을 모두 접지(0V)한 상태에서 제어 게이트(V_G)에 높은 양의 전압(~20V)을 인가할 때 이루어진다. 이 상태에서는 p형 기판에 있던 전자가 휘어진 밴드에 의해 좁아진 에너지 밴드 사이의 거리를 터널링하는 FN 터널링 메커니즘으로 터널 산화막을 통과해 플로팅 게이트로 이동하게 된다. 플로팅 게이트에 전하가 축전되어 기록 상태를 가진다. 기록 동작은 채널 게이트가 연결된 모든 소자에 영향을 미친다. 이러한 단위를 페이지(Page)라 하며, 이에 대해서는 뒤에서 다루도록 한다.

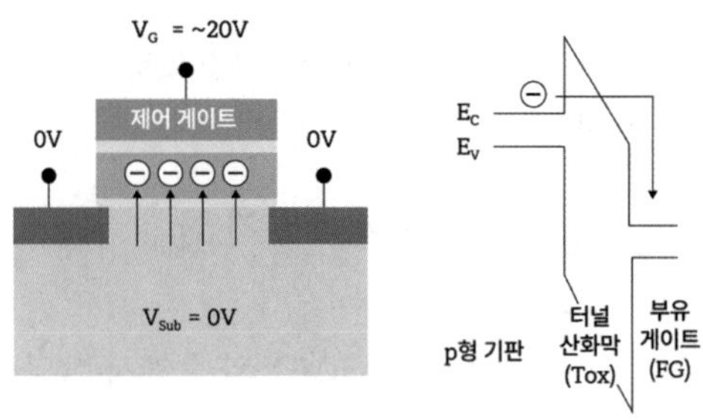

[그림 3-179] 플래시 메모리의 기록(Program) 동작

(2) 쓰기(Writing) 동작 – 소거(Erase) 동작

소거 동작은 기록 동작과는 반대로, 제어 게이트에 '음의 전압'을 인가하여 이루어진다. 마찬가지로 FN 터널링 현상을 이용해 플로팅 게이트 내의 전자를 p형 기판으로 이동시켜, 플로팅 게이트 내에 저장되어 있던 전자를 제거한다. 플래시 메모리의 '플래시(Flash)'라는 용어가 바로 소거 동작에서 비롯되었는데, 여러 메모리 셀들을 단 한 번의 동작으로 섬광(Flash)처럼 지울 수 있다는 데에서 유래되었다.

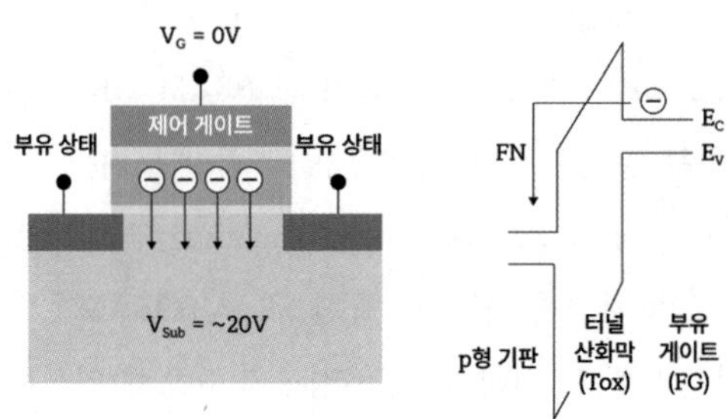

[그림 3-180] 플래시 메모리의 소거(Erase) 동작

기록 동작과 비교하였을 때 소거 동작에서 주목해야 할 점은, 게이트에 '음의 전압'을 인가해주기 위해 게이트에 '음의 전위'를 인가하지 않는다는 것이다. 다시 말해 −20V 가량의 전압을 게이트에 인가해주는 것이 아니다. 이렇게 전압을 인가하도록 설계할 경우, 회로 측면에서는 −20~+20V의 총 40V 전압을 생성하는 전원(Power source)이 필요하다. 따라서 이 폭을 줄이기 위해 소거 동작에서는 게이트 전위를 접지(0V)시키고 기판에 양의 전압(~20V)을 인가한다. 소거 동작은 기판이 공통으로 묶여 있는 소자들에 영향을 미치는데, 이 단위를 블록(Block)이라 한다. 블록은 페이지 대비 많은 수의 소자를 포함하므로 소거 동작 속도가 기록 동작 속도에 비해 느린 편이다(~1ms). 이에 대해서도 뒤에서 다루도록 한다. 한편 소거 동작 시 소스와 드레인은 플로팅 상태로 둔다.

(3) 플래시 메모리의 읽기(Read) 동작

위의 기록 동작과 소거 동작 후의 드레인 전류(I_D)-게이트 전압(V_G) 곡선을 살펴보자. 기록 상태에서는 [그림 3-179 (a)]와 같이 플로팅 게이트에 전자가 채워져 있어 이들이 채널에 전자가 모이는 것을 방해한다. 이에 전자가 없을 때와 동일한 전압을 인가하면 플로팅 게이트 내의 전자 수를 제외한 만큼의 전자가 채널에 생성된다. 채널의 반전을 위해서는 더 높은 전압이 필요하고, 다시 말해 이는 문턱 전압이 증가한다는 것이다. 소거 상태의 셀은 반대로 플로팅 게이트에 전자가 없어 문턱 전압이 감소한다.

읽기(Read) 동작은 기록과 소거 상태에서 발생하는 문턱 전압의 차이를 감지하여 동작한다. 제어 게이트에 기록 상태의 문턱 전압($V_{TH,P}$)과 소거 상태의 문턱 전압($V_{TH,E}$)의 사이에 위치한 읽기 전압(V_R)을 인가하면, 상태에 따라 플래시 메모리 셀이 'Off'가 되었는지 'On'이 되었는지를 판별할 수 있다. 기록 상태의 셀은 전류 흐름이 없어(Off) '0'의 상태가 되고, 소거 상태의 셀은 전류가 흘러(On) '1'의 상태가 된다.

이와 같은 문턱 전압의 변동은 제작 공정상의 차이가 아닌 플로팅 게이트의 전위차로 인해 발생되는 것이다. [그림 3-181 (a)]에서 볼 수 있듯 두 상태의 I_D-V_G 곡선은 문턱 전압의 차이만 있고 기울기의 차이는 보이지 않는다. 기록 및 소거 동작 후 전체 메모리 셀의 문턱 전압 분포를 그려보면 [그림 3-181 (b)]와 같은 분포를 가지게 되며, 각 상태의 문턱 전압 분포 변동 폭이 작을수록 좋은 셀 특성을 보인다고 할 수 있다.

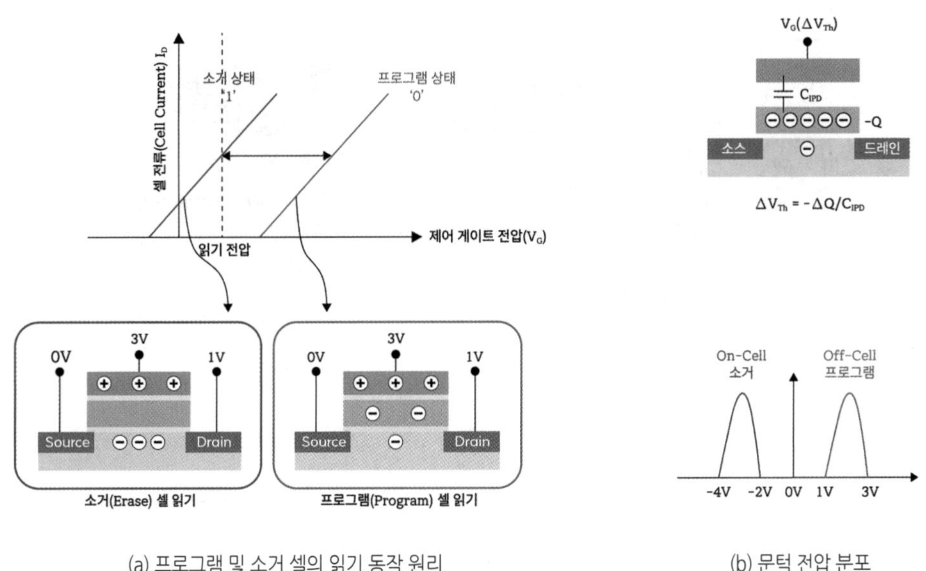

(a) 프로그램 및 소거 셀의 읽기 동작 원리

(b) 문턱 전압 분포

[그림 3-181] 플래시 메모리의 읽기(Read) 동작

3. 플래시 메모리의 종류 – SLC, MLC, TLC

(1) SLC, MLC, TLC의 분류

플래시 메모리를 이용한 다양한 저장 장치는 반도체 메모리 소자 중에서 비휘발성 성능과 저렴한 가격을 바탕으로 성장하고 있다. 특히 최근에는 가격 측면에서 초창기에 비해 더욱 저렴해졌는데, 이는 공정의 개발도 큰 역할을 하였지만 이외에도 하나의 트릭이 숨겨져 있다.

플래시 메모리 셀은 한 개의 셀이 몇 비트(Bit)를 저장할 수 있는지도 세밀하게 제어가 가능하다. 이에 따라 셀의 종류를 나눈다. 초창기에는 '0'(기록)과 '1'(소거)의 두 가지 상태로 구분하여 1비트 데이터를 저장하는 방식인 SLC(Single Level Cell)이 사용되었다가, 한 개의 셀에 '00'과 '01', '10', '11'(소거)의 4가지 상태로 구분하여 2비트 데이터를 저장하는 MLC(Multi Level Cell)이 사용되었다. 현재 소비자용으로는 이보다 더 세밀하게 '000'~'111'의 8개 상태, 3비트 데이터를 저장하는 TLC(Triple Level Cell)이 널리 사용되고 있으며, 16개 상태의 4비트 데이터를 저장하는 QLC(Quadruple Level Cell)를 이용한 제품들도 출시되고 있다.

중요한 것은 이들 셀의 종류는 공정적, 물리적으로 차이가 있는 것이 아니다. 제작된 셀은 동일하나 전하 저장 민감도에 따라서만 구분된다는 것을 알아두도록 하자.

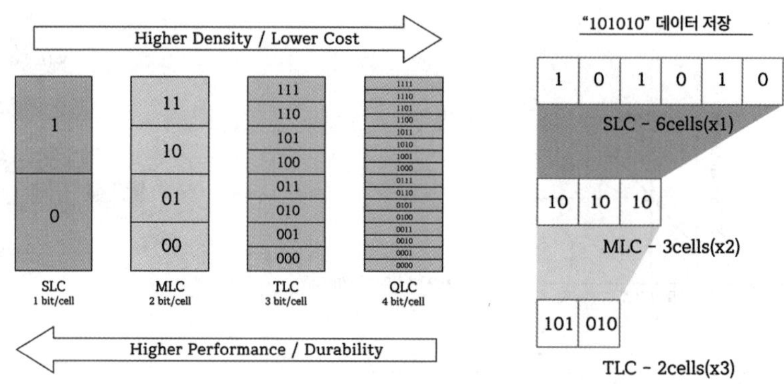

[그림 3-182] SLC, MLC, TLC의 데이터 저장 예시

앞의 그림과 같이 "101010"이라는 데이터를 SLC, MLC, TLC에 각각 저장하는 경우를 살펴보자. SLC는 6개의 셀이 필요한 반면, MLC는 3개, TLC는 2개의 셀로도 데이터의 저장이 가능하다. 다시 말해 물리적인 셀 수는 같지만 데이터 저장 방법에 따라 고용량화가 가능하다는 것이다.

(2) SLC, MLC, TLC의 구현

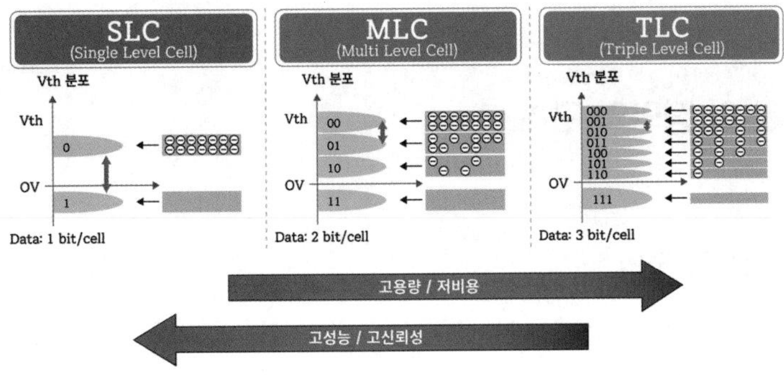

[그림 3-183] SLC, MLC, TLC의 데이터 저장 방식에 따른 문턱 전압 분포 및 전자 개수 모델

이들을 실제로 구현하는 방법을 알아보자. SLC는 위의 그림과 같이 플로팅 게이트 내 전자의 존재 여부를 확인하여 '1'과 '0'을 구분한다. 반면 MLC와 TLC는 저장된 전자의 개수를 정밀히 제어하여 하나의 셀에서 여러 가지의 문턱 전압 분포를 보이도록 한 후, 각 문턱 전압 분포에 해당하는 데이터 값을 정해 여러 비트를 저장한다. 전자의 개수와 비트의 값이 완전히 비례하지는 않는다. 이는 외부 제어 회로에서 보내는 신호(LSB, CSB, MSB)에 따라 순차적으로 데이터를 분기하기 때문으로, 일련의 과정은 [그림 3-184]를 참조하기 바란다.

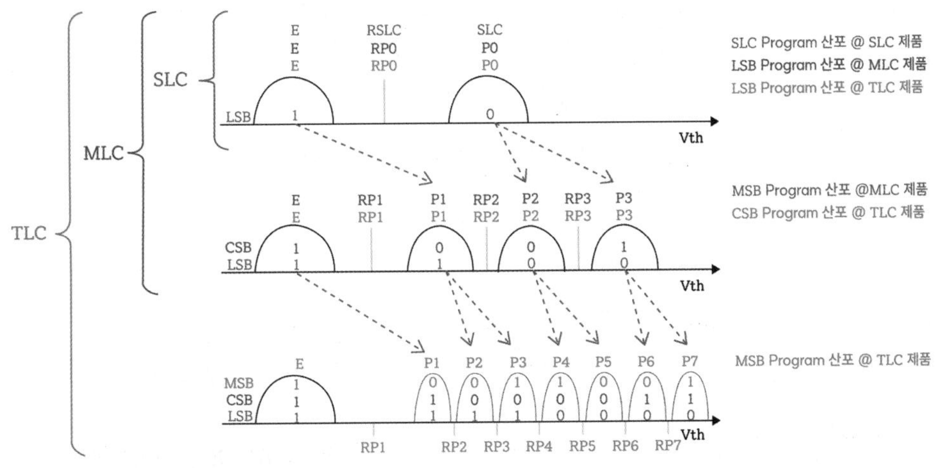

[그림 3-179] SLC, MLC, TLC의 데이터 배정 방식

2 NAND Flash 구조와 원리

1. NAND Flash의 정의와 구조

(1) NAND Flash의 정의

플래시 메모리는 셀의 연결 방법에 따라 NAND(낸드)와 NOR(노어)형 플래시 메모리로 구분 짓는다. NAND 플래시는 플래시 메모리 셀을 직렬로 연결하고, NOR 플래시는 병렬로 연결하여 DRAM과 유사한 어레이를 갖는다. 아래 그림은 NAND와 NOR의 논리 연산 표이다. NAND는 모든 소자에 입력을 '1'을 줄 때만 '0'을 읽으며, NOR는 모든 소자의 입력이 '0'일 때만 '1'을 출력한다. 앞서 동작에서 살펴보았듯이 플래시 메모리는 기록 상태에서 전류가 흐르지 않는 '0' 값을 읽기 때문에, 직렬연결인 NAND는 전부 '1'이면 '0'을 읽게 되고 병렬연결이 NOR는 전부 '0'일 때만 '1'을 읽는다. 따라서 이들을 연산 소자에 비견하여 NAND 플래시와 NOR 플래시로 표기한다.

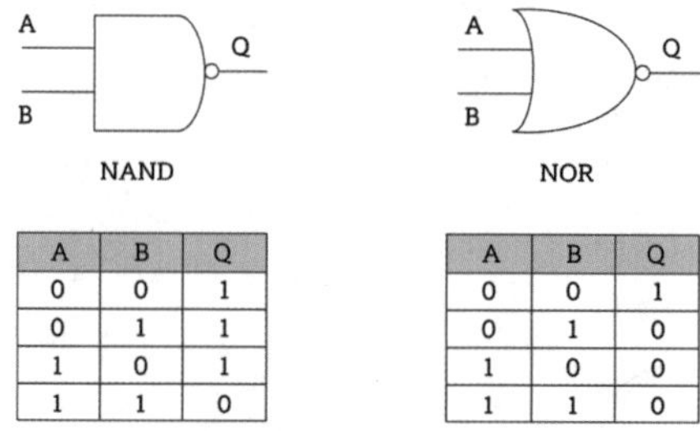

A	B	Q
0	0	1
0	1	1
1	0	1
1	1	0

A	B	Q
0	0	1
0	1	0
1	0	0
1	1	0

[그림 3-185] NAND와 NOR의 논리 연산

	NAND	NOR
Cell Array	Word line Unit Cell Source line	Bit line Word line Contact Unit Cell Source line
Layout	2F 2F	2F 5F
Cross-section		
Cell size	4F²	10F²

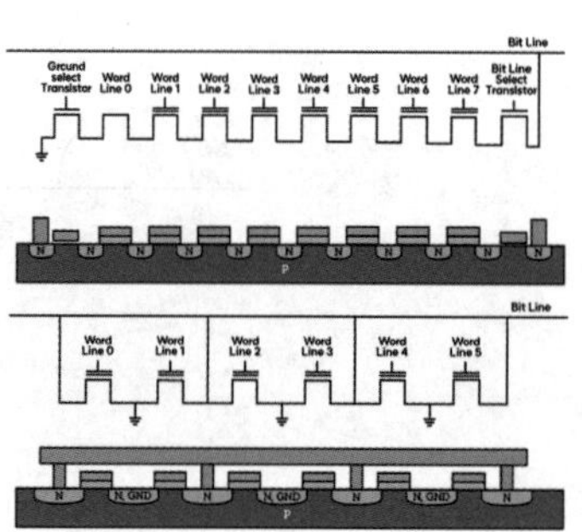

[그림 3-186] NAND 플래시와 NOR 플래시의 셀 어레이

우리가 통칭 플래시 메모리로 사용하는 제품들은 대부분 NAND(낸드) 어레이를 가진 NAND 플래시 메모리 소자 기반의 제품이다. 위의 그림에서 볼 수 있듯이 NAND 플래시 메모리는 $4F^2$의 매우 작은 면적을 가지고 있어 집적화에 유리하며, NAND 논리 구조를 만드는데 별도의 소자 배치 없이 각자의 소스/드레인을 직렬연결하면 되어 회로 구성이 간편하다.

(2) NAND Array 구조

NAND 플래시 셀의 어레이는 [그림 3-187]와 같이 셀이 연결된 횡 방향(Column), 종 방향(Row), 기판에 따라 동작 단위가 다르다.

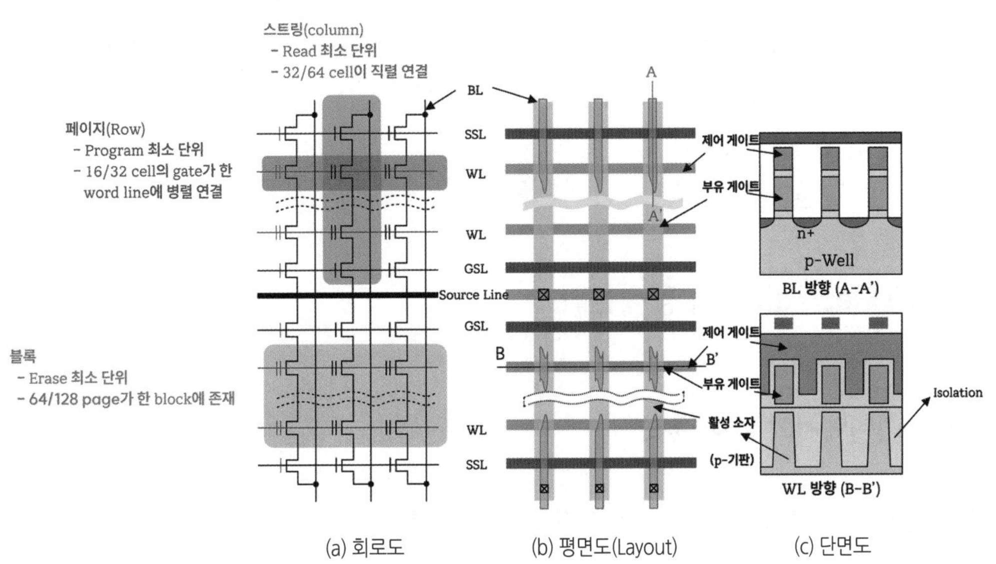

[그림 3-187] NAND 플래시 셀 어레이의 구조 및 단면

- **횡 방향(Row)**: 하나의 제어 게이트(워드라인)에 연결된 셀들의 집합인 페이지(Page)로 구성.
- **종 방향(Column)**: SSL(String Select) 트랜지스터와 GSL(Ground Select) 트랜지스터 및 셀들이 직렬로 연결되어 있는 스트링(String)으로 구성.
- **기판(Substrate)**: 하나의 기판 전극에 연결된 셀들의 집합인 블록(Block)으로 구성. 한 페이지에 연결된 셀 수와 스트링에 연결된 셀 수의 곱(WL 수 × BL 수)으로 결정됨.

SSL 트랜지스터는 모든 블록을 공유하는 비트라인을 특정 선택 스트링과 연결시켜주는 스위치이며, GSL 트랜지스터는 해당 스트링을 접지에 연결되어 있는 소스라인과 연결시켜주는 스위치이다.

이를 고려하여 동작 구조를 동작 단위와 비교하면 아래와 같다.

- **기록(Program)**: 워드라인에 전압을 인가하여 행해지므로 기록의 최소 단위는 페이지(Page)이다.
- **읽기(Read)**: 셀의 데이터를 스트링을 통해 판별하므로 읽기의 최소 단위는 스트링(String)이다.
- **소거(Erase)**: 기판에 전압을 인가하여 행해지므로 소거의 최소 단위는 블록(Block)이다. 소거를 하지 않아야 할 블록은 전기적, 물리적으로 격리해야 한다.

NAND 플래시의 페이지는 실제 데이터가 저장되는 데이터 어레이(Data array)와 ECC(Error Check Correction[1]) 등이 저장되어 있는 여분의 어레이(Spare array)로 구성되어 있다. 그리고 [그림 3-187 (c)]의 비트라인과 워드라인 방향으로의 단면 구조를 통해, 플로팅 게이트(FG)의 모든 면이 절연체로 격리되어 있음을 알 수 있다.

2. NAND Flash array의 동작원리

(1) 셀 어레이에서의 기록 동작

① 다수 셀의 문턱 전압 분포 개선 기록 방법(ISPP 동작)

앞에서는 단일 셀을 대상으로 한 기본 동작에 대해 설명하였다. 이번에는 실제 다수의 셀이 연결된 상태에서 데이터를 기록(Program)하는 회로와 알고리즘에 대해 알아보자.

플래시 메모리의 동작 원리가 확률적으로 일어나는 터널링 현상인 만큼 원하는 데이터를 입력하는 기록도 확률적으로 일어난다. 또한 다양한 공정상의 불균일 문제로 인해, 각 셀들은 동일한 제어 게이트 전압에 대해서도 다양한 문턱 전압 분포를 보인다. 문턱 전압 분포가 넓어지면 MLC(Multi Level Cell)나 TLC(Triple Level Cell)에 있어 읽기 동작에서 오류를 일으키고, 다양한 신뢰성 문제가 발생하기도 한다. 따라서 플래시 메모리는 데이터가 제대로 저장되었는지 확인하는 피드백 방식의 기록 펄스 시퀀스(Pulse Sequence, 연속적인 펄스 동작)를 사용한다. 그 대표적인 방법으로 ISPP(Incremental Step Pulse Programming)가 사용된다.

---

1 읽기 동작 시 불량이 발생하지 않도록 오류를 먼저 확인하는 동작을 수행

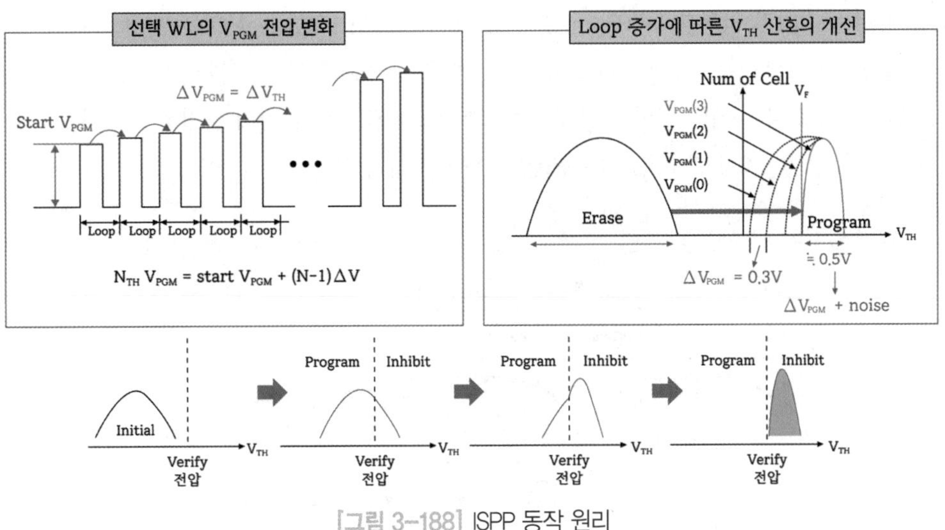

[그림 3-188] ISPP 동작 원리

ISPP 방법은 소자에 기본 프로그래밍 전압 펄스를 줘 기록 동작을 시도한 다음, 소자의 문턱 전압을 측정해 0과 1을 읽어내 아직 기록이 안 됐으면 전압을 조금 더 높여서 다시 펄스를 준다. 이때 목표로 하는 문턱 전압에 도달한 셀은 기록 동작을 중단(Inhibit)하고, 아직 목표 문턱 전압에 도달하지 못한 셀에 대해서는 인가 전압을 조금 더 증가시킨다. 이 과정은 원하는 데이터가 입력될 때까지 반복되기 때문에 결국 원하는 데이터 입력에 성공하게 된다. 만약 프로그래밍 시에 높은 전압을 한 번에 인가하여 진행하게 되면 문턱 전압의 분포가 매우 커질 우려가 있다. 따라서 [그림 3-188 (a)]와 같이 게이트 전압을 점진적으로 올리면서 매 상승 때마다 셀의 문턱 전압을 확인(Verify)하는 것이 필요하다.

[그림 3-188 (b)]와 같이 ISPP 동안 문턱 전압 분포는 소거된 상태에서 기록된 상태로 이동한다. 맨 첫 번째 기록 펄스($V_{PGM(0)}$)에서 가장 빠른 셀은 충분히 기록되어 확인한 문턱전압(V_{verify})보다 문턱 전압이 높다. 반면 가장 느린 셀은 V_{verify}보다 문턱 전압이 낮다. 한 번 더 펄스 동작을 수행하여 조금 더 높은($\triangle V_{PGM}$) 기록 전압 펄스($V_{PGM(1)}$)를 인가하면 셀의 문턱 전압 분포가 조금 더 기록 상태 방향으로 이동한다. 이 동작은 계속 반복되어 셀의문턱 전압이 $V_{verify} + \triangle V_{PGM}$의 범위 안에 분포되면 기록 동작이 완료된다. 따라서 기록 펄스($\triangle V_{PGM}$) 범위가 좁을수록, 즉 펄스 인가 및 확인 반복(Loop) 횟수가 많을수록 분포는 더 양호해진다. 그러나 이는 기록 동작 시간이 증가하기 때문에, 적절한 기록 펄스 전압을 선택하는 것이 필요하다.

② 다중 레벨 셀의 쓰기 동작

MLC, TLC, QLC 등의 다중 레벨 셀의 쓰기 동작은 앞서 다룬 바와 같이 SLC 신호를 제어하는 LSB(least significant bit), MLC 신호를 제어하는 CSB(central significant bit), TLC 신호를 제어하는 MSB(most significant bit, 최상위 비트) 동작에 따라 문턱 전압이 변화하며, 이 문턱 전압에 맞는 비트(Bit) 값을 기록한다. 이들 역시 기록 상태에 맞는 전압을 분기한 후에는 각 비트에 해당하는 문턱 전압 분포가 서로 겹치지 않도록 ISPP 동작을 수행한다. 아래의 [그림 3-189]는 다중 레벨 셀의 쓰기 동작 중 일반적인 TSP(Three Step Program) 알고리즘을 나타낸 것이다. 이와 같은 동작을 수행해야 하므로 일반적으로 다중 레벨 셀의 쓰기 동작은 그 속도가 SLC 셀에 비해 현저히 느리며, 특히 셀당 비트가 늘어날수록(QLC로 갈수록) 그 속도는 더욱 느려지게 된다.

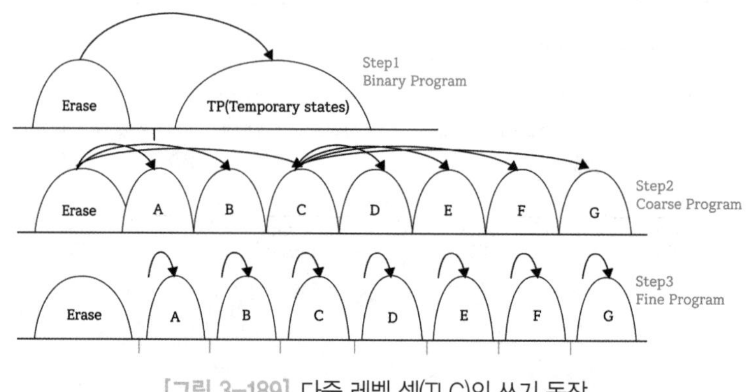

[그림 3-189] 다중 레벨 셀(TLC)의 쓰기 동작

(2) 셀 어레이에서의 소거 동작

셀 어레이에서의 소거 동작은 셀 단위 동작과 동일하다. 다음과 같은 과정으로 진행된다.

1) 각 셀에 연결된 소스와 드레인을 플로팅(Floating) 시킨다.
2) 소거 동작을 수행할 블록(Block)을 선택한다. 수행할 블록에는 워드라인(게이트)에 0V를, 수행하지 않을 블록에는 워드라인에 기판과 동일한 높은 양의 전압(~20V)을 인가한다.
3) FN 터널링에 의해 데이터가 소거된다.

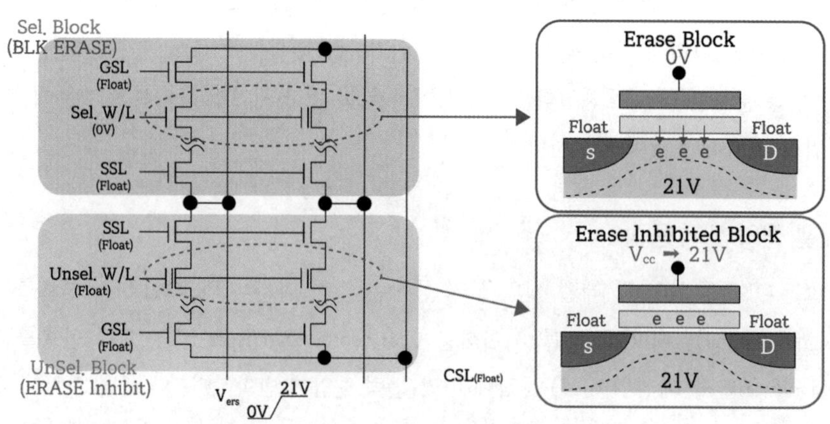

[그림 3-190] 셀 어레이에서의 소거 동작

(3) 셀 어레이에서의 읽기 동작

셀 어레이에서의 읽기 동작은 다음과 같은 과정으로 진행된다.

1) 읽으려는 셀의 비트라인에 선충전(Pre-Charge) 전압을 인가한 후, 비트라인에 전원을 끊어 플로팅(Floating) 상태로 만든다.
2) 읽으려는 셀(선택한 셀)의 워드라인에 읽기 전압(V_{Read}, ~0V)을 인가한다. 나머지 비선택 셀의 워드라인에는 기록된 셀도 On 상태가 될 수 있는 읽기 전압(V_{Pass}, ~4.5V)을 인가한다. 읽기 전압은 기록 전압보다는 낮은 값을 가져야 한다.
3) 선택된 셀이 소거 상태라면 전체 셀 스트링(String)을 통해 비트라인에 선충전된 전하가 방전되어 비트라인의 전위가 내려간다.
4) 반대로 선택된 셀이 기록 상태라면 선택된 셀이 Off 상태가 되어 비트라인에 선충전된 전하가 거의 방전되지 않고, 방전되는데 많은 시간이 걸린다.
5) 일정 시간 후 감지 시점에서 감지 레벨 대비 비트라인 전위의 고저에 따라 '1'과 '0'을 판별한다.

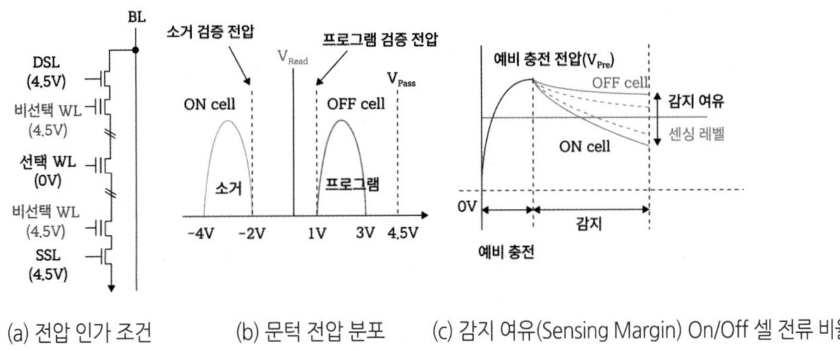

(a) 전압 인가 조건 (b) 문턱 전압 분포 (c) 감지 여유(Sensing Margin) On/Off 셀 전류 비율

[그림 3-191] 셀 어레이에서의 읽기 동작

3. NOR Flash와의 비교

NOR 플래시 메모리는 NAND 플래시 메모리와 달리, 모든 플래시 메모리 셀의 게이트와 드레인, 소스에 각각 워드라인, 비트라인, 소스라인이 연결된 병렬연결 형태를 갖는다. 이는 DRAM 셀 어레이와 유사한 형태로, NOR 플래시 메모리 역시 임의 접근(Random Access)이 가능하다. 이에 읽기 속도가 매우 빠른 장점이 있으나, 셀 단위로 기록을 해야 하므로 쓰기 속도가 느리다는 단점이 있다. 또한 각 셀에 연결되는 배선 면적으로 인해 집적도가 낮아 대용량 메모리로써는 아쉬운 면이 있다.

NAND 플래시 메모리는 직렬연결 되어있어 임의 접근이 불가능하고, 각 셀에서 순차적으로 데이터를 읽어내는 방식을 취하기 때문에 읽기 속도가 느리다. 그러나 메모리의 블록이 여러 페이지로 나누어져 있기 때문에 쓰기/소거 속도가 더 빠르며, 셀의 면적이 작아 고집적화가 용이하다. NOR 플래시 메모리와 NAND 플래시 메모리의 동작 구조는 [그림 3-186]을 참조하기 바란다.

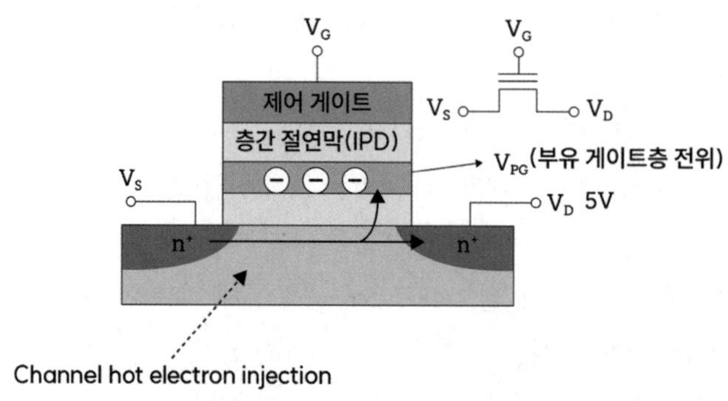

[그림 3-192] NOR 플래시 메모리의 기록 동작

NOR 플래시 메모리의 소거 동작은 NAND 플래시 메모리와 동일하게 FN 터널링을 이용한다. 기록 동작에서는 NAND 플래시 메모리가 FN 터널링만을 이용하지만, NOR 플래시 메모리는 FN 터널링 + 열 전자주입(Hot electron injection)을 이용한다. NAND의 경우 비트라인과 소스라인 사이에 셀이 여러 개 위치하여, 각 셀의 드레인과 소스간의 전압이 크지 않다. NOR는 하나의 셀에 비트라인과 소스라인이 연결되어 드레인과 소스간 전압이 커(~5V) 높은 전기장이 발생하며, 여기에 높은 게이트 전압(~12V)까지 인가되어 높은 에너지를 받은 열 전자(Hot electron)가 게이트 산화막을 터널링하여 플로팅 게이트에 저장된다는 원리다. NAND와 비교하였을 때 동작원리는 미세하게 다르지만 결국 전압에 따른 동작은 대동소이하다 할 수 있다.

정리하면, NAND 플래시 메모리는 높은 집적도를 갖는 장점이 있고, NOR 플래시 메모리는 집적도가 낮은 대신 개별 셀의 정보를 처리할 수 있다. 이러한 특징을 바탕으로 NAND 플래시 메모리는 대용량의 저장소로 주로 사용되며, NOR 플래시 메모리는 RAM과 같이 자주 수행하는 코드를 저장하는 저장장치로 사용하기에 적합하다. 프린터, TV 등 한번 저장한 설정을 잘 바꾸지 않고 읽기를 주로 하는 저장소가 필요한 경우에 NOR 플래시 메모리가 많이 사용되고 있다.

[표 3-14] NAND 플래시 메모리와 NOR 플래시 메모리의 특성 비교

구분		NAND Flash	NOR Flash
경제성	집적도	높다	낮다
	Bit당 cost	낮다	높다
성능	읽기 속도	느리다	빠르다
	쓰기/소거 속도	빠르다	느리다
동작	쓰기	FN 터널링	FN 터널링 + 열전자
	소거	FN 터널링	FN 터널링
	Interface	Indirect access	Random access
용도		데이터 저장에 적합 대용량 데이터 저장소	코드 읽기에 적합 임베디드 기기
Etc.			상대적으로 단순한 컨트롤러 (X, Y 좌표 제어)

③ 현재의 NAND 플래시 메모리 추세와 3D NAND

1. 플로팅 게이트 플래시 메모리의 한계

플로팅 게이트 플래시는 지속적인 미세화(Scale-down)를 통해 1x nm 노드 수준까지 공정이 유지되었다. 그러나 생산성 개선이 어려워 더 이상의 미세화는 어려워지는 상황이다. 이에 대한 원인과 해결 방안에 대해 알아보도록 하자.

(1) 공정 한계

① 포토 공정 및 공정 장비의 한계

로직, DRAM 제품과 마찬가지로 플래시 메모리도 1x nm급 제품을 출하하면서, 점점 더 포토 공정의 한계에 도달하게 되었다. 현재 주력으로 사용하는 액침 불화 아르곤(ArF immersion, ArFi) 노광과 다중 패터닝(Multi patterning) 기술은 미세화 측면에서 한계에 도달하였으며, 이를 이용해서 집적도를 높이려면 공정의 난이도뿐 아니라 공정 비용 역시 매우 증가하게 된다. 이에 타 제품과 마찬가지로 극자외선(EUV) 노광 기술을 적용하려는 시도가 있지만, EUV 기술은 설비의 기술 성숙도 및 운

용 능력 등이 부족하여 적용하기 어려운 점이 있다. 또한 플래시 메모리는 타 제품에 비해 상대적으로 저가 제품이기 때문에 고비용 공정을 적용하기가 어려운 상황이다.

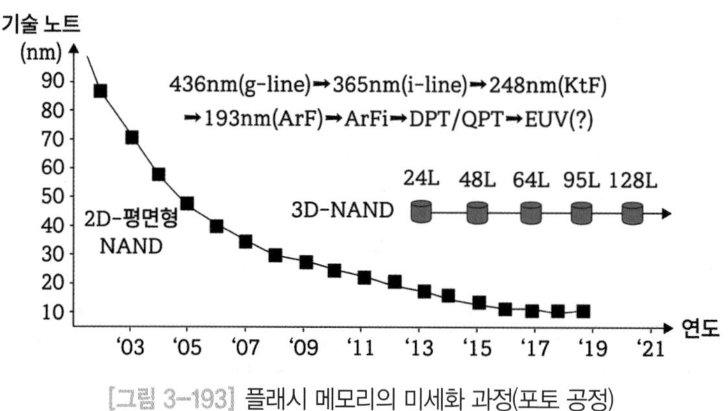

[그림 3-193] 플래시 메모리의 미세화 과정(포토 공정)

② 배선의 기생 저항 및 기생 정전용량 증가

소자 미세화가 신행됨에 따라 배선 선폭 및 배선 간 간격(Space)의 감소가 발생하였다. 이는 필연적으로 기생 저항(Parasitic resistance)과 기생 정전용량(Parasitic capacitance)의 증가를 불러오게 되어, 이들의 곱으로 나타내는 RC 지연(RC delay)이 증가하게 되었다. 이를 개선하기 위해 저저항 배선과 저유전체 IMD(Inter-Metal Dielectric) 절연체를 사용하고 있는 상황으로, 현재까지 연구되어 사용되고 있는 물질의 발전 상은 아래와 같이 정리할 수 있다.

- **워드라인(WL) 물질** : Poly Si → WSi → CoSi (or NiSi) → W
- **비트라인(BL) 물질** : W → A1 → Cu
- **Space 영역 절연체** : Nitride → Oxide → 다공성 저유전체 → Air-Gap(에어 갭)

③ 수직 방향 축소의 한계

수직 방향의 축소 역시 수평 축소 못지 않게 난이도가 높다. 그 이유들에 대해 알아보면 아래와 같다.

- **터널 산화막(TOX) 및 층간 절연막(IPD)의 두께** : 두께 감소 시 얇은 박막을 통한 터널링, 제어 게이트로의 FN 터널링 및 박막 결함을 통한 누설 전류로 인해 플로팅 게이트 내 저장된 전자의 유출 가능성이 높음.
- **플로팅 게이트의 두께** : 결합 정전용량(C_r) 보존을 위해 제어 게이트와 플로팅 게이트 간 최소한의 중첩 면적(Overlap area)의 확보가 필요하여 두께 감소 어려움.

이러한 수직 방향 축소의 어려움으로 인해 전기적으로는 동작 전압의 축소(Scaling)가 어려워지는 문제가 발생하였고, 이와 더불어 높은 종횡비의 게이트 적층 구조로 인해 세정 공정[2] 등에서 다양한 형태의 패턴 붕괴(Collapse)와 휨(Bending) 현상이 발생하였다. 또한 수직 방향 축소 한계로 인해 높은 종횡비 패턴의 식각 공정과, 그 패턴 사이의 골을 채울 수 있는 좋은 매립(Gap fill) 특성을 지닌 다결정 실리콘 및 금속 공정 기술 개발도 필요하게 되었다.

(2) 소자 한계

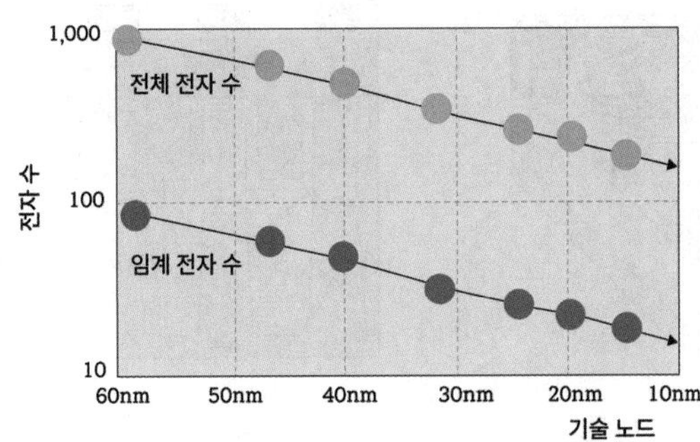

[그림 3-194] 기술 노드(node)별 프로그래밍을 위해 필요한 전자 수

① 플로팅 게이트 내 전자개수의 감소

[그림 3-194]와 같이 소자가 점점 작아지면서 플로팅 게이트 내에 저장할 수 있는 전체 전자 수와, 프로그래밍에 필요한 최소 전자 수(임계 전자 수)가 모두 감소하게 된다. 저장되는 전체 전자 개수가 감소하면 데이터 보관의 신뢰도가 감소하고, 임계 전자 수가 감소할 경우 동일 전하 변화량에 따라서도 문턱 전압의 변동 발생이 심해 안정적 구동이 어려워진다.

$$\Delta V_{Th} = -\frac{\Delta Q}{C_{IPD}}$$ [수식 3-82] 전하 변화에 따른 문턱 전압 변동

10nm 수준의 노드에서는 플로팅 게이트에 100개 가량의 전자를 저장할 수 있고, TLC 소자를 감안하면 각 상태를 구분하는 임계 전자 개수는 10개 정도로 추산된다. 이때 1개의 전자를 잃는 것을 가정하면, 임계 전압의 관점에서 보았을 때는 1/10의 전자를 잃어 1/10만큼의 매우 큰 문턱 전압 손실이 발생하게 된다. 이에 따라 전하 보존 능력(Retention)과 같은 신뢰성 불량을 유발하고, 다중 레벨 셀의 특성에도 악영향을 준다.

2 웨이퍼 표면의 오염 물질을 제거하는 공정

② 인접 셀(Cell)간 누설 전류

수평 간격이 줄어들면서 인접한 제어 게이트 간, 또는 플로팅 게이트 간에 누설 전류와 항복(Breakdown) 문제가 발생한다. 전도성을 억제하기 위해 소자 사이의 절연막을 저유전체(Low-k)나 빈 공간(Air gap)으로 형성하는 방법을 사용하기도 하지만, 이 방법들로 누설 전류와 항복 문제를 해결하는데에는 한계가 있다.

③ 셀 간의 간섭 현상

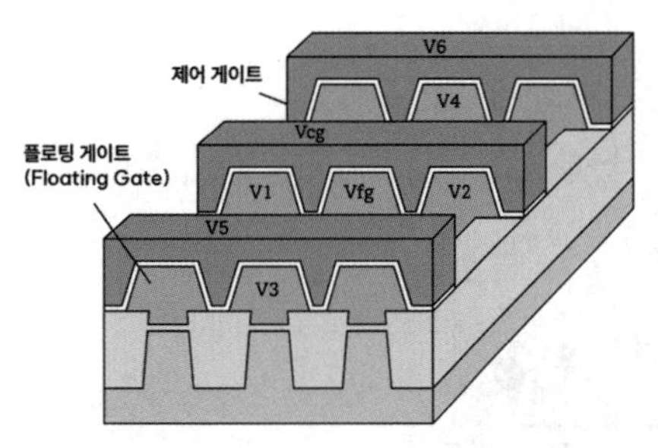

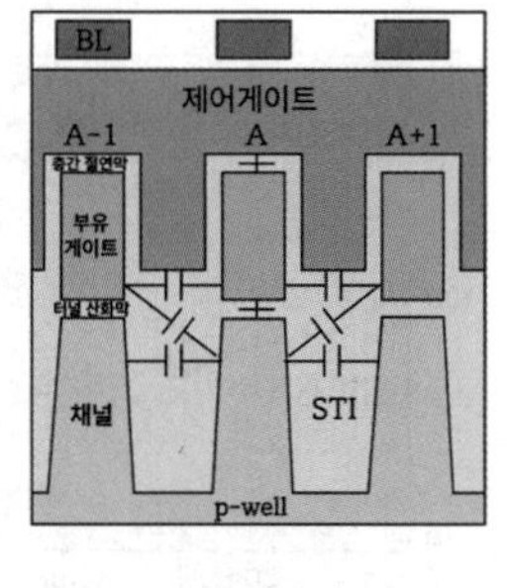

(a) 워드라인 방향

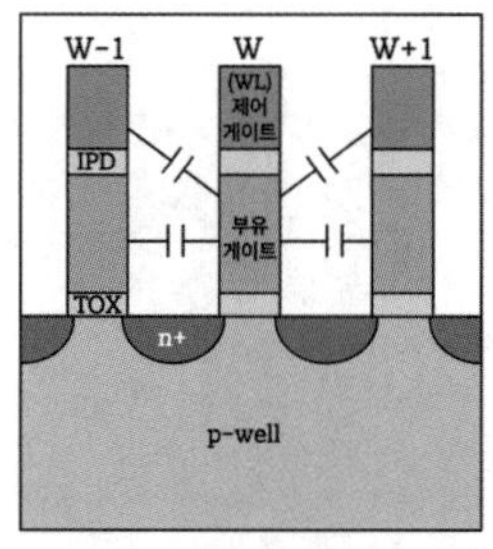

(b) 비트라인 방향

[그림 3-195] 이웃한 셀 간 정전용량에 의한 간섭 현상

셀 간 간섭 현상은 플래시 메모리 소자 미세화 과정에서 발생하는 여러 문제 중 가장 중요하고 해결하기 어려운 항목이다. 수평 방향의 축소가 진행될수록 선택한 셀과 이웃한 셀 사이의 간격이 감소하는데, 이때 이웃한 셀의 제어 게이트와 플로팅 게이트에 의해 기생 정전용량이 발생하여 셀 내 전하에 영향을 받는다. 셀 간의 정전결합(Coupling capacitance)은 프로그램 문턱 전압 분포의 변동과 같은 간섭 현상을 부르며 이를 상호 혼선(Cross-talk) 혹은 셀 간 간섭(C2CI, Cell to Cell Interference)이라 한다.

이를 감소시키기 위한 방법은 위의 인접 셀간 누설 전류 감소와 유사한 방법들이다. 공정적으로는 플로팅 게이트 간 간격을 최대한 확보하는 방법과, 셀들 사이를 저유전체 및 에어 갭으로 채우는 방법 등이 있다. 또한 플로팅 게이트 두께가 두꺼울수록 상호간에 영향을 받는 면적이 늘어나 정전결합 용량이 증가하므로, 플로팅 게이트의 두께를 줄이는 것도 하나의 방법이 된다. 이외에도 소프트웨어 제어를 통해, 선택한 셀과 이웃한 셀의 문턱 전압을 임시로 동기화시켜 간섭을 감소시키는 방법([그림 3-197]) 등의 다양한 알고리즘을 적용하기도 한다.

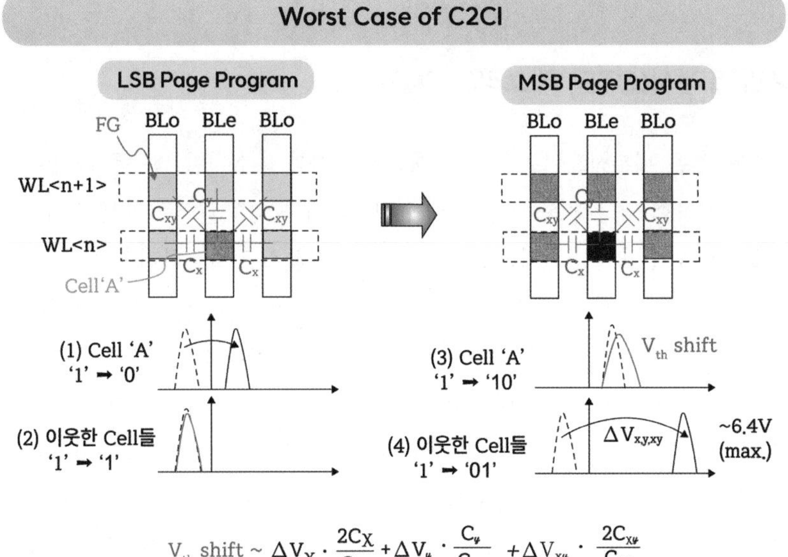

$$V_{th}\ \text{shift} \sim \Delta V_X \cdot \frac{2C_X}{C_{tot}} + \Delta V_y \cdot \frac{C_y}{C_{tot}} + \Delta V_{xy} \cdot \frac{2C_{xy}}{C_{tot}}$$

[그림 3-196] 간섭 현상으로 인한 소자 문턱 전압 변화 (다중 레벨 셀의 프로그래밍 예시)

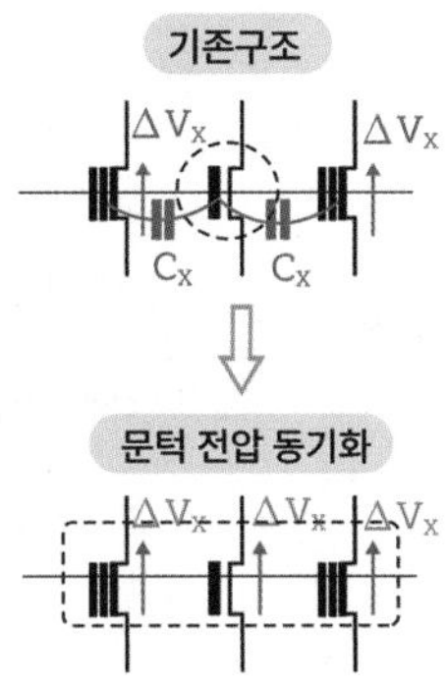

[그림 3-197] 문턱 전압 동기화를 통한 간섭 감소 방식 예시

위와 같이 플로팅 게이트의 미세화 과정에서 발생하는 공정적, 소자적 문제를 해결하기 위해 다양한 대책이 마련되었다. 그럼에도 10nm급 공정에서는 이들을 양산하는 데 기술적, 비용적 한계에 도달하였기 때문에 다른 공정을 탐색할 필요가 있었다. 이에 대부분의 NAND 플래시 업체들이 플로팅 게이트를 전하 포획층(Charge trap layer)으로 대체한 전하 포획 플래시(Charge Trap Flash, CTF) 셀을 기반으로 하는 3차원 NAND(3D NAND) 셀 구조를 도입하게 되었다.

2. 전하 포획 플래시(Charge Trap Flash, CTF) 메모리

(1) 전하 포획 플래시(CTF) 메모리의 구조

전하 포획(CTF) 셀은 세부적으로는 공정과 재료에 변화를 주겠지만, 큰 틀에서는 기존 플로팅 게이트(FG) 셀에서 저장소 역할을 하는 플로팅 게이트를 전하 포획층으로 바꾼 것이다. 플로팅 게이트는 주로 도체인 도핑된 다결정 실리콘(poly-silicon)을 저장소로 사용하지만 전하 포획 셀에서는 절연체인 실리콘 질화막(Si_3N_4)을 저장소로 사용한다. 이에 따라 전자의 저장 형태도 바뀌는데, 플로팅 게이트 셀에서는 다결정 실리콘의 전도대역에 자유 전자 형태로 전하가 저장되는 반면 전하 포획 셀에서는 실리콘 질화막의 밴드갭 내 Trap site(포획 구역)에 전자가 붙잡히는 형태로 저장된다.

이외에도 재료적인 변화점을 살펴보자. 플로팅 게이트 셀에서는 제어 게이트(Control gate) 아래의 절연층을 층간 절연막(Inter Poly Dielectric, IPD)이라고 하고 통상 ONO(산화막-질화막-산화막)를 사용한다. 같은 층을 CTF 셀에서는 블로킹 산화막(Blocking Oxide, BOX)이라 하고 고유전체(High-k) 물질을 사용한다는 차이점이 있다. 이들에 대해서는 아래의 [그림 3-198]을 참조하기 바란다.

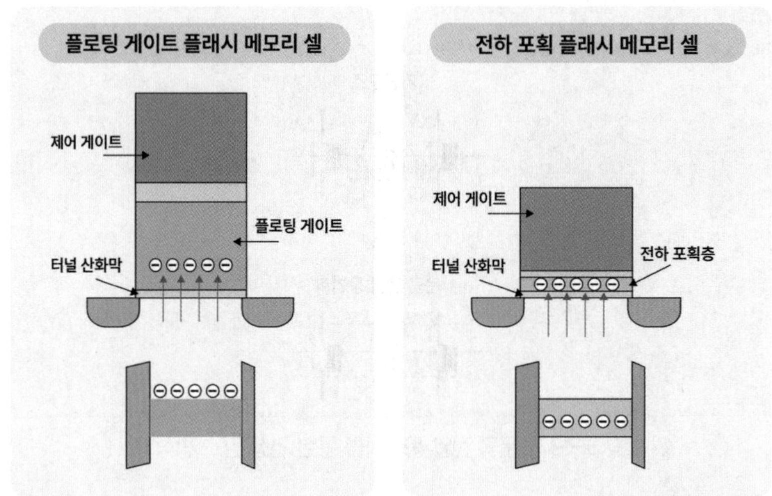

[그림 3-198] 플로팅 게이트 플래시 메모리셀, 전하 포획 플래시 메모리 셀의 구조 및 에너지 밴드 다이어그램 비교

(2) CTF 메모리의 장점

① 공정적 측면

플로팅 게이트 셀에서는 게이트 결합 비율(Gate coupling ratio)을 충분히 확보해야만 문턱 전압이 매우 커지는 현상을 방지할 수 있다. 따라서 플로팅 게이트의 다결정 실리콘을 두껍게 만들어야 한다. 그러나 전하 포획 셀은 포획 질화막(CTN)이 필요 이상 두꺼우면 전자를 무작위로 포획하는 특성에 의해 기록/소거 동작 시 오동작을 일으킬 수 있다. 따라서 적당한 수준으로 얇게 만들어야 하며, 이로 인해 수직 방면의 축소에 상대적으로 유리하다.

저장소가 도체와 부도체라는 것에서도 공정 난이도의 차이가 발생한다. 도체인 다결정 실리콘은 저장소를 각각 분리해야 하는 반면, 부도체인 CTN은 질화막이 절연체이므로 셀 간 분리 과정을 생략할 수 있다. 이에 공정을 상대적으로 단순화시킬 수 있다. 전하 포획 셀은 플로팅 게이트 셀 대비 제조 공정의 20%, 두께는 80% 정도를 축소시킬 수 있어 이를 통해 대용량 메모리의 일반화가 가능해졌다고 해도 무방하다.

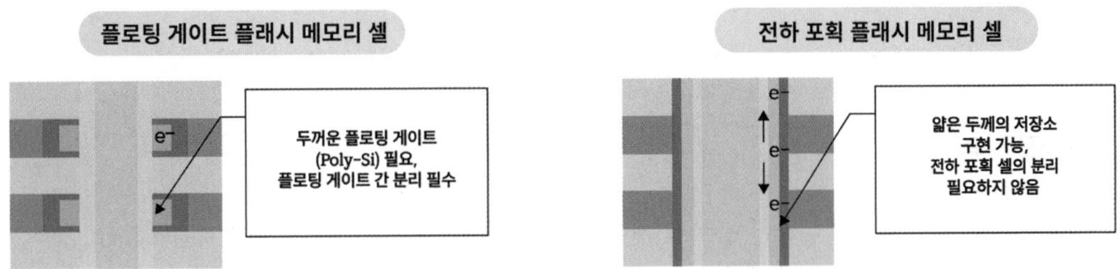

[그림 3-199] 전하 포획 플래시 메모리 셀의 공정적 장점

② 소자적 측면

플로팅 게이트 셀에서 가장 해결하기 어려운 것이 셀 간 간섭 효과라 하였다. 전하 포획 셀에서는 저장소를 부도체로 바꿈으로써, 셀 간 간섭 효과가 발생하지 않는다. 따라서 수평 방향의 축소(Scale-down)에 매우 유리하고, 집적도 역시 높아지게 되었다. 또한 포획 질화막(CTN)은 전하를 포획 구역 내에 붙잡아 두는 형태로 저장하는데, 이는 도체인 플로팅 게이트에 비해 전자가 자유롭게 이동하거나 바깥으로 탈출하는 것이 상대적으로 어렵다. 만약 저장소에 결함이 발생한다고 생각해보자. 등전위를 가지는 다결정 실리콘에서는 전자가 자유롭게 이동하여 결함을 따라 빠져나가는 것이 쉬운 반면, 포획 질화막은 절연막으로써 부분적으로 독립적인 전위를 유지하므로 내부에서의 이동이 어렵고 해당 부위의 전자만 빠져나갈 것이다. 따라서 결함에 대해서도 더욱 유리한 특성을 지닌다.

저장소에서의 전자 누설이 줄어들었기 때문에 전하 포획 셀은 터널 산화막(TOX)의 두께도 상대적으로 얇게 가져갈 수 있다. 이는 터널 산화막 내 포획되는 전자 수를 줄일 수 있어, 기록/소거 동작을 반복하였을 때 발생하는 터널 산화막의 열화를 방지한다. 터널 산화막의 내구성 증가는 쓰기 동작의 반복 내성(Program/Erase Endurance, P/E Endurance)의 증가로 표현하며, 결과적으로 더 안정적이고 수명이 긴 셀의 공급이 가능해졌다는 것을 의미한다.

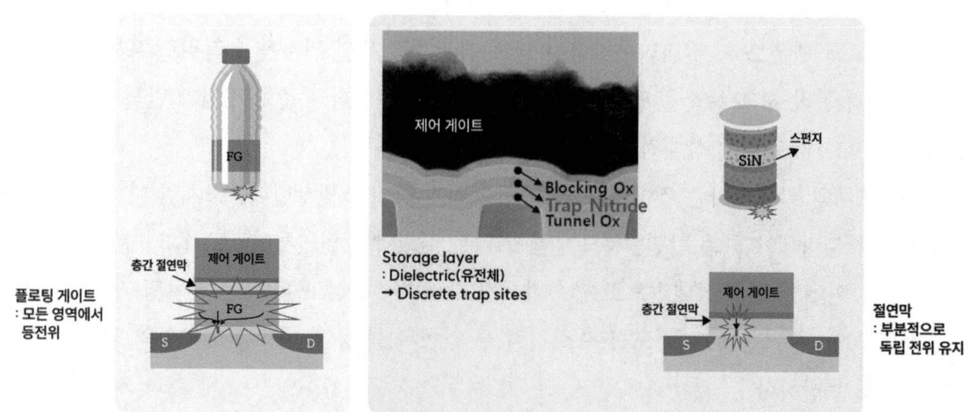

[그림 3-200] 터널 산화막 결함 시의 플로팅 게이트 셀과 전하 포획 플래시 메모리 셀의 비교

(3) 동작원리 및 특성

전자 포획 셀의 기본적인 동작은 플로팅 게이트 셀과 유사하다. 쓰기 동작 중 기록(Program) 동작에서는, 제어 게이트에 고전압을 인가하여 실리콘 기판에 있는 전자가 터널 산화막(TOX)을 FN 터널링으로 통과하게 된다. 전술하였듯이 플로팅 게이트 셀과의 차이는 이후 전자가 포획 질화막(CTN)의 포획 구역 내에 붙잡힌다는 것이다. 소거 동작 역시 플로팅 게이트 셀과 유사하게 기판에 높은 음전압을 인가한다. 다만 전자를 포획 구역에서 빼내는 것이 어렵기 때문에, 의도적으로 기판에서 CTN으로 정공을 주입하는 과정이 동반되기도 한다. 읽기 동작은 셀 특성과 상관없이 동일하다.

3. 3차원 NAND 플래시 메모리(3D NAND Flash memory)

3차원(3D) NAND 플래시 메모리는 2차원(2D) 구조의 플로팅 게이트 셀 및 전하 포획 셀의 미세화에 따른 각종 공정 및 소자상의 문제를 해결하기 위해 등장하게 되었다. 2D에서 3D로 구조가 바뀌면서 포토 공정의 한계와 셀 간 간섭 현상 효과를 매우 효율적으로 극복할 수 있게 되었다. 또한 다층 구조 형성 기술의 발전을 통해 플래시 메모리가 대중화된 요인인 집적도의 급증이 일어나게 되었다.

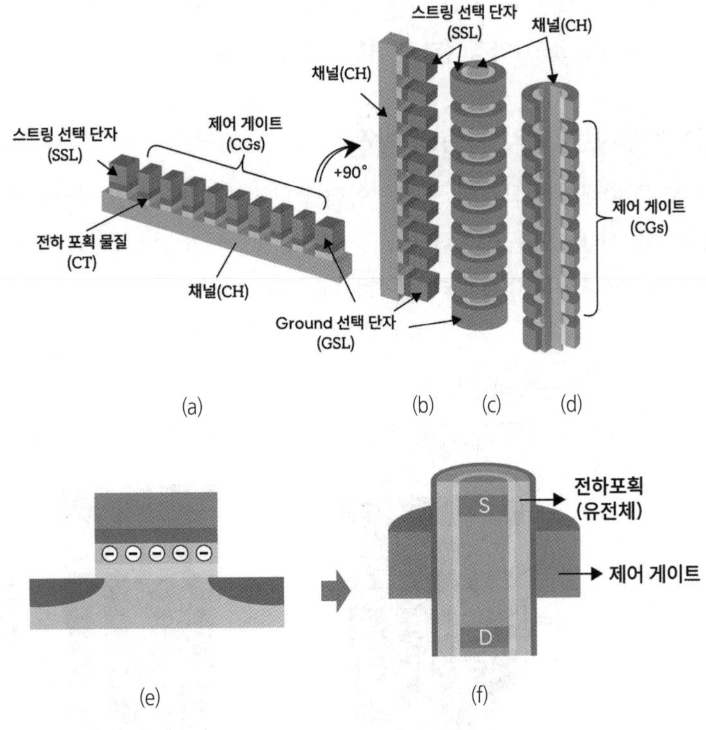

[그림 3-201] 2차원과 3차원 낸드 플래시 메모리 구조 비교
(a) 2차원 낸드 플래시 (b) 90도 회전 가정 (c) 원통형 셀구조 (d) 원통형 셀구조의 단면
(e) 2차원 전하 포획 셀 상세 단면 (f) 3차원 원통형 전하 포획 셀 상세 단면

3D NAND 플래시 메모리는 2D NAND 플래시 셀을 90도 회전시켜 위로 쌓은 형태를 갖는다. 2D 셀에서는 제어 게이트가 채널을 위에서 아래로 누르는 평면의 형태를 가진 반면, 3D 셀에서는 수직으로 서있는 채널 주위로 층층의 제어 게이트가 감싸고 있는 원통형의 모습을 갖는다. 2D 셀에서는 집적도를 높이기 위해 포토 공정을 통해 수평적인 면적을 줄이는 데 집중한 반면, 3D 셀에서는 층(단) 수를 증가시켜 메모리 셀의 집적도를 향상시킨다. 이론적으로는 동일 면적에서 쌓는 층 수만큼 집적도가 증가하므로 2D 셀 대비 수십 배의 집적도를 구현할 수 있다.

3D 셀은 쌓는 층의 두께를 조절하는 것이 용이하다. 이 두께는 2D 셀에서의 패턴 간 간격과 동일한 역할을 하며, 이를 높이게 되면 셀 간 간섭 현상을 줄일 수 있다. 여기에 전하 포획(CTF) 셀을 사용하여 간섭 현상의 축소를 극대화한다.[3] 반면 포토 공정의 한계를 극복한 대신 증착 공정과 식각 공정의 난이도는 증가한다. 수직으로 다층의 박막을 쌓은 후 형성된 높은 종횡비의 구조물을 깎고 다시 채워야 하기에 고난이도의 증착 공정과 식각 공정이 필요하다. 특히 층 수가 증가할수록 증착 공정에서 발생하는 스트레스의 제어, 고 종횡비의 수직 식각 등의 기술 난이도가 매우 높아진다.

3 일부 업체들은 아직 3차원에서도 플로팅 게이트(FG) 셀을 사용하기도 한다. 이에 대해서는 공정 비용, 기술적 난이도 외에도 소자 안정성과 관련한 이유를 든다.

일부 업체들은 아직 3차원에서도 플로팅 게이트(FG) 셀을 사용하기도 한다. 이에 대해서는 공정 비용, 기술적 난이도 외에도 소자 안정성과 관련한 이유를 든다.

(1) 3D NAND 플래시 메모리 기술의 발전

대표적인 3D NAND 플래시 메모리의 구조는 아래 표와 같이 2009년 일본 키오시아(Kioxia, 구 도시바(Toshiba))에서 개발한 BiCS 구조와 한국 삼성전자가 개발한 TCAT(Tetrabit Cell Array Transistor)가 있다. 여기서는 TCAT 구조를 바탕으로 설명하도록 한다.

[표 3-15] BiCS와 TCAT 구조 비교

명칭	P-BiCS	TCAT
구조	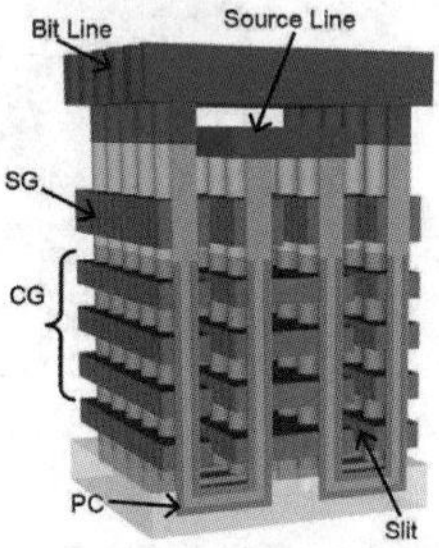	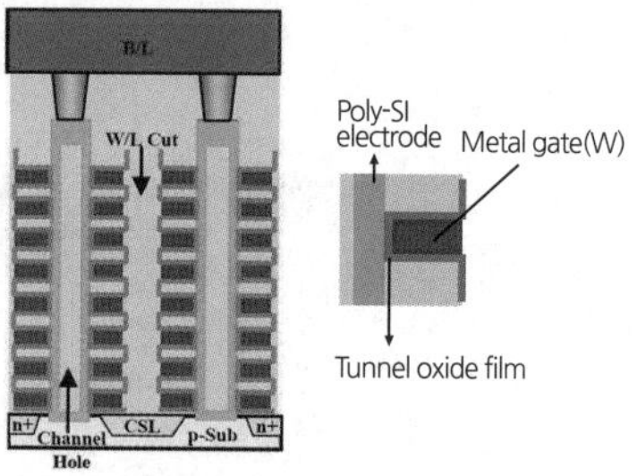
주요 업체	도시바	삼성전자
형태	U자형(SONOS - CTF)	I자형(MANOS – CTF)
공정	Gate First(게이트 우선)	Gate Last(게이트 최종)
게이트	GAA–Salicided Poly Silicon	GAA–Metal Gate(W or TaN)
종횡비	High	Very High
수직 방향 포획된 전자 이동	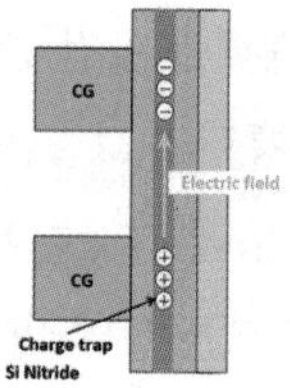 CTN 연결 → 전하가 인접 셀로 이동 가능 → Cell의 전하 보존 특성 열화 가능성	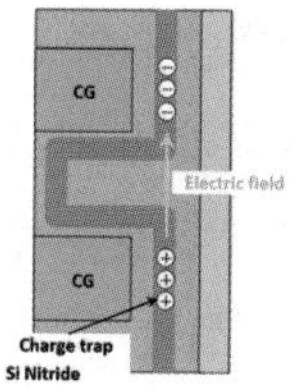 셀 간 CTN 분리 → 인접 셀 간 전하 이동 어려움 → Cell의 전하 보존 특성 양호

(2) 제조 공정

TCAT 방식 기준으로, 게이트를 나중에 형성하는 Gate Last 구조의 3D NAND 플래시 메모리 제작 공정을 다음과 같이 나타내었다. 업체에 따라 차이가 있음은 감안하도록 한다.

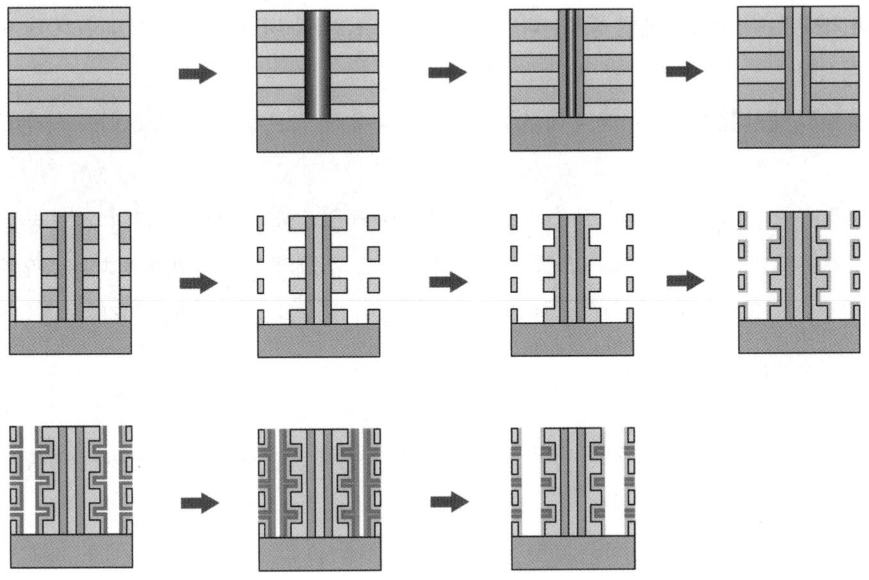

[그림 3-202] 3D NAND 공정 순서(TCAT 구조 기준)

① **SiO_2 – SiN 적층**: 3D NAND 플래시 단수(SiN 층수)를 결정하는 단계. 여기서의 SiN은 후속에 증착할 CTN이 아니고 게이트 영역을 미리 선점하는 부분이다. 추후 제거될 영역으로, 희생층(Sacrificial Layer)라고 한다. SiO_2는 셀 간 간격을 결정한다.

② **채널 형성을 위한 홀(Hole) 형성**: 높은 종횡비의 컨택(Contact) 홀의 식각 단계.

③ **다결정 실리콘증착**: 홀 측면을 따라 수직 채널을 형성하는 다결정 실리콘을 증착하는 단계. 채널 물질인 다결정 실리콘의 결정립계(Grain boundary) 면적이 크면 이동도 감소 효과가 있어, 채널 영역을 최소화하여 증착한다.

④ **산화막 매립(Gap–fill)**: 남아있는 원통의 가운데를 절연체인 SiO_2로 채우는 단계. 단면도에서는 절연체가 셀을 좌우로 나눈 것처럼 보이지만, 실제로는 빨대 형태의 안쪽을 채운 것이다. 이를 마카로니(Macaroni) 구조라 하며, 구조에 대해서는 뒤에서 다루도록 한다.

⑤ **워드라인 분리 홈 식각**: 각 제어 게이트에 연결되는 워드라인을 배치하기 위한 슬릿(Slit)을 식각하는 단계

⑥ **SiN 제거**: 높은 SiN/SiO_2 선택비를 보이는 인산[4]을 이용하여 SiN을 식각, 워드라인에 연결될 게이트 영역을 확보하는 단계

⑦ 터널 산화막(TOX) 증착 단계

⑧ 전하 포획 질화막(CTN) 증착 단계

⑨ **블로킹 산화막(Blocking oxide) 증착**: 주로 High–k를 증착하는 단계

4 인산은 상온에서 점성이 높아 고온에서 사용한다.

⑩ **제어 게이트(워드라인) 메탈 증착**: 티타늄 질화물(TiN)이나 탄탈륨 질화물(TaN)로 게이트 전극을 형성하고, 그 위를 텅스텐(W)으로 채우는 단계

⑪ **인접 수직 셀간 분리**: 슬릿 영역 메탈 게이트와 고유전체 블로킹 산화막(BOX)을 식각하는 단계

위의 구조를 형성하기 위해서는 고난이도의 공정 기술이 필요하다. 가장 기본이 되는 공정은 포토 공정이다. 2D NAND에서 3D NAND로 오면서 상대적으로 그 중요성이 떨어지기는 하였으나, 미세 패턴 형성과 집적도 측면에 있어 여전히 중요한 기술이라는 점을 명심하도록 하자. 그 외에도 중요한 공정 기술들은 다음과 같다.

① **채널 이동도**: 다결정 실리콘의 이동도 향상을 위한 증착 기술과, 이의 결정화를 위한 고온/단시간의 열처리(Annealing) 기술

② **패터닝**: 미세 패턴 형성을 위한 포토 기술, 높은 선택비를 갖는 하드마스크(Hardmask)[5] 재료 및 하드마스크의 식각기술

③ **셀 영역의 다층 증착**: 낮은 박막 응력(Low stress), 높은 균일도(Uniformity), 높은 생산성(Throughput)의 박막 증착 기술

④ **깊은 수직 식각**: 높은 종횡비(High aspect ratio)를 갖는 식각 기술

⑤ **게이트 및 전하 포획층의 형성**: 선택적 습식 식각(Wet etch) 기술, 높은 피복도(Good step coverage)를 갖는 증착 기술 (ALD), 저저항 메탈 증착 기술

⑥ **패턴 쓰러짐 방지 기술**: 박막의 응력 조절 및 추가적인 지지층 형성 기술

⑦ **검사 기술**: 형성한 홀(Hole), 슬릿(Slit) 등 높은 종횡비를 갖는 패턴의 검사 기술

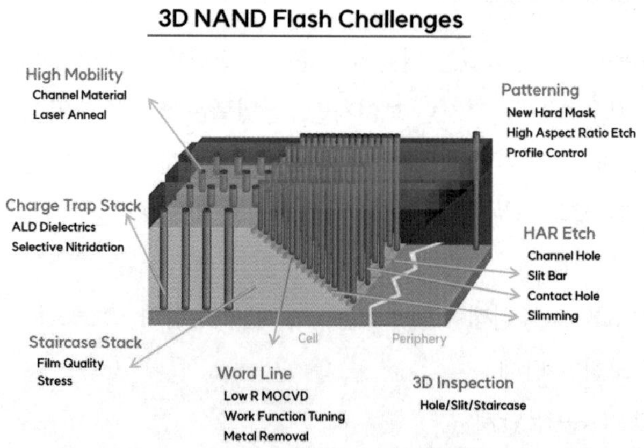

[그림 3-203] 3D NAND 공정에 필요한 기술

5 패턴 형성 시 패턴을 정의하는 재료인 감광제(Photoresist)를 보조하는 물질

(3) 3D NAND 플래시 셀 구조 및 주요 특성

① GAA(Gate All Around) 게이트 구조

3D NAND 플래시 셀의 게이트 구조는 제어 게이트가 채널을 완전히 감싸는 구조다. 이러한 구조를 GAA(Gate All Around)라 한다. GAA 구조는 채널 제어 특성이 우수하여 누설 전류를 줄이고 온(On)/오프(Off) 제어가 용이하다. GAA 구조에서는 셀의 크기가 작을수록, 즉 곡률 반경이 작을수록 전기장의 밀도차이에 의한 영향을 받는다. 곡률 반경이 작아질수록 전기장은 증가(D = εE[6])하는데, 이 차이로 인해 터널 산화막(TOX)에는 높은 전기장이, 블로킹 산화막(BOX)에는 상대적으로 낮은 전기장이 인가된다. 이로 인해 기록 및 소거 효율을 높일 수 있고, 동작 전압도 감소시켜 저전력 구현에도 유리하다.

3D NAND 플래시 셀은 수직 방향의 집적도 향상은 비교적 용이한 반면, 수평 방향의 축소(Scale-down)은 어려운 편이다. 평면 상으로 채널, 터널 산화막(TOX), 전하 포획 질화막(CTN), 블로킹 산화막(BOX) 및 워드라인이 단위 셀 내에 존재하므로, 수평 방향의 축소를 위해서는 이들 전부를 줄여야 한다. 이는 공정 제어로는 진행이 어려울 뿐더러 이를 고려하면 설계 과정부터 전부 새로 제작해야 하므로 난이도가 매우 높다.

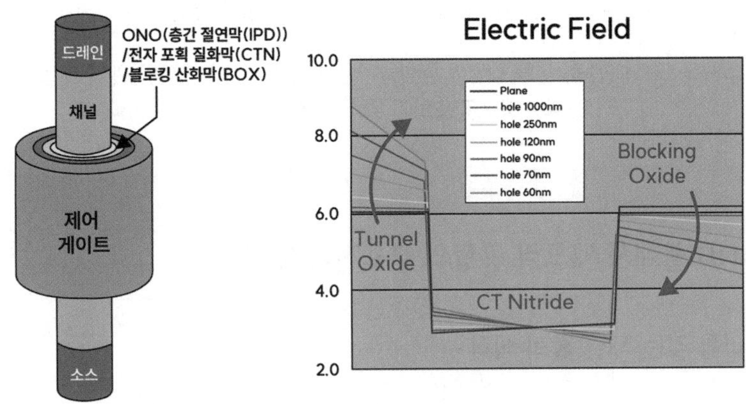

[그림 3-204] GAA 구조의 곡률 반경에 따른 전기장의 변화

② 채널 구조

3D NAND 플래시 셀은 2D와 달리 실리콘 기판의 고품질 단결정 실리콘을 사용할 수 없다. 빈 공간에 채널을 채워야 하기 때문에 증착 공정으로 실리콘을 형성하고, 이에따라 다결정 실리콘을 사

6 전하를 둘러싸는 임의의 폐곡면을 빠져나가는 전속(Flux)의 밀도(D)는 전기장(E)에 비례한다.

용하게 된다. 다결정 실리콘은 다결정의 특성상 발생하는 결정립계(Grain boundary)의 면적이 클수록 nMOS 영역의 채널의 포획(trap) 사이트가 증가게 된다. 이는 전자의 이동도 감소와 누설 전류 증가 등의 문제를 일으킨다.

이러한 문제를 개선하기 위해 채널 컨택 홀(Contact hole) 가운데를 실리콘 산화막(SiO_2)으로 매립하는 마카로니(Macaroni) 구조를 적용한다. 마카로니 구조를 통해 결정립계 면적을 줄이고 채널의 공핍영역(W_{dep})을 늘려 결정립계에 포획되는 전자를 줄일 수 있다. 이를 통해 문턱 전압 이하(Sub-threshold) 전류의 감소 및 스윙 특성 개선, 그리고 문턱 전압 변동 등을 개선할 수 있다.

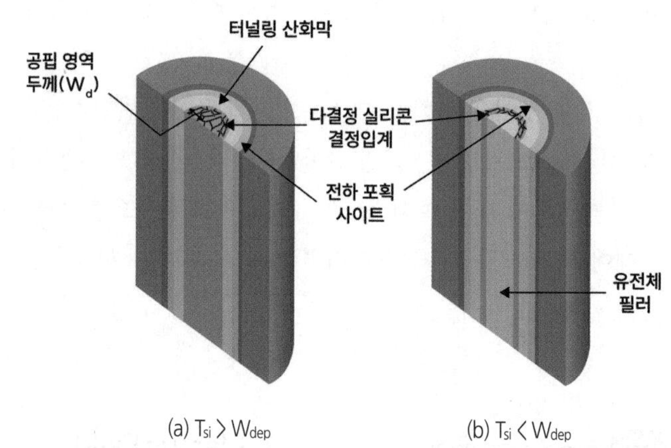

[그림 3-205] (왼쪽) 문턱 전압에 영향을 주는 다결정 실리콘 결정립계의 트랩 밀도, (오른쪽) 이를 감소하기 위해 적용한 마카로니 구조

(4) 3D NAND 플래시 메모리 공정의 문제점과 대책

① 높은 종횡비를 갖는 채널 홀의 식각

3D NAND 플래시 제조 공정의 초반 부분에서, 박막 증착 및 포토 공정을 진행하고 이후 고 종횡비(High Aspect Ratio, HAR)의 채널 홀(Hole)을 식각하면 아래 그림과 같은 모습이 된다. 식각 공정은 수직 방향 식각 특성이 우수한 반응성 이온 식각(Reactive Ion Etching, RIE[7])을 사용하는데, RIE를 통해 형성되는 수직 형태에도 한계가 발생한다. 상대적으로 식각되는 영역의 윗 부분은 너비가 넓고, 아래 영역은 폭이 줄어들어 옆에서 보았을 때는 사다리꼴 형태를 가지게 된다. 원통으로 생각하면 상부보다 하부의 반지름 및 곡률 반경이 더 작아지는 것이다. 이로 인해 상부에 위치한 셀보다 하부에 위치한 셀의 기록(Program) 문턱 전압이 증가하고, 소거(Erase) 후에는 문턱 전압이 감소하는 현상이

7 건식 식각 방법 중 이온(Ion)과 반응성 중성 기체(Radical, 활성종)에 의한 식각 방법이다. 뒤의 공정 파트에서 다루도록 한다.

발생한다. 상부와 하부의 불균형/비대칭 동작은 적층 수가 증가할수록 더욱 심해지기 때문에, 이를 해결하기 위해 각 워드라인에 인가하는 전압을 차별화하는 방법 등을 적용한다.

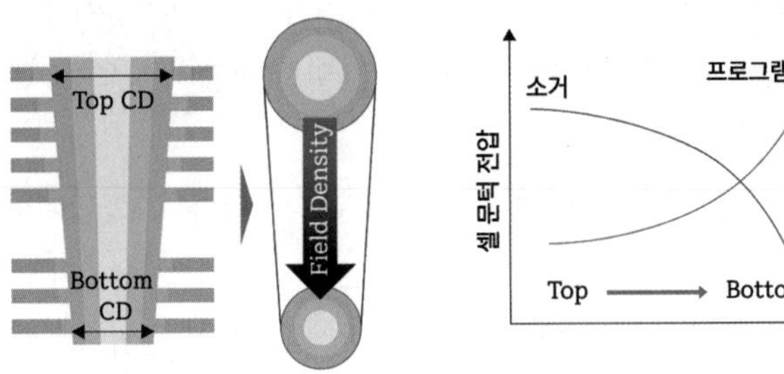

[그림 3-206] (왼쪽) 3D NAND 플래시 메모리의 채널 홀 식각 후 형상, (오른쪽) 워드라인 별 기록/소거(P/E) 문턱 전압의 차이

공정적으로 이들을 해결하는 방법으로는 두 가지를 예로 들 수 있다. 첫 번째는 셀의 스트링(String)을 나누어 제조하는 방법, 즉 다층(다단) 형성을 여러번으로 나누어 하는 방법이다. 예를 들어 128단의 셀을 수직 적층하려고 한다고 하자. 먼저 하부의 64단 셀을 제조한 후, 그 후 상부의 64단의 셀을 제조하여 최종적으로 128단의 셀을 형성할 수 있다.

단의 수가 낮을수록 식각 및 증착 공정의 난이도가 감소하지만, 상층 셀과 하층 셀의 정렬 정확도 문제나 상층 셀 구현 시 하층 셀의 손상 등이 발생할 수도 있다. 또한 제조 공정이 길어지므로 생산성의 감소가 발생하기 때문에 최대한 한번에 많은 단을 제조하는 기술을 확보하는 것이 중요하다.

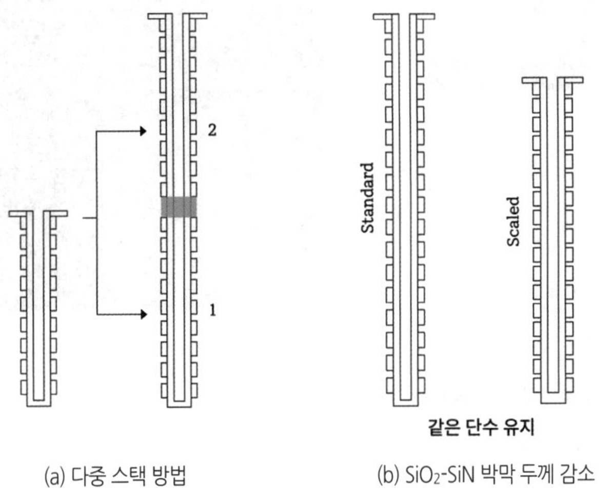

[그림 3-207] (왼쪽) 3D NAND 채널 홀 식각 후 프로파일 개선 방지책, (오른쪽) 박막 두께 감소에 따른 전체 높이 감소

다른 공정적 해법으로는 제어 게이트 간 절연층인 SiO_2 박막과 제어 게이트(워드라인)가 형성될 희생 SiN 박막의 두께를 줄이는 것이다. 이를 구현하면 동일 단수를 유지하면서도 전체 높이를 낮출 수 있으므로, 식각 시 종횡비가 낮아져 채널 홀의 프로파일을 개선할 수 있다. 그러나 이 방법은 제어 게이트의 두께가 감소하여 기생 저항이 증가하고, 게이트간의 간격이 줄어들어 인접한 셀 간의 전기적 간섭이 증가하게 된다. 식각과는 달리 얇으면서도 균일한 적층이 필요하므로 높은 난이도의 증착 기술을 필요로 한다는 문제도 있다.

현재까지 양산된 제품 중 가장 높은 단일 스택 방법은 삼성전자의 128단이다. 128단 형성 시에도 다른 업체들은 다중 스택을 활용하였다. 삼성전자가 단일 스택 방법을 끝까지 고수할 수 있었던 이유는 위의 공정적 해법 중 두 번째로, 기생 정전용량을 최대한으로 줄임으로써 높은 단수의 단일 스택 방법이 가능해졌다. 그러나 최근 3D NAND 셀의 단수(층수)가 232~238단까지 늘어나며 점점 더 단일 스택 방법을 사용하기가 어려워졌다. 삼성전자 역시 128단까지는 단일 스택 방법을 고수하였으나, 그 이상의 단수는 결국 다중 스택 방법을 사용하는 것으로 밝혀졌다.

② 워드라인 계단(Staircase) 형성 기술

3D NAND 플래시의 제어 게이트 층은 워드라인으로 연결되어, 특정 워드라인을 선택할 수 있는 회로인 워드라인 디코더(Decoder)로 연결된다. 이를 위해서는 각 층에서 개별적으로 워드라인을 연결해야 하며, 이를 구현하기 위해 등장한 구조가 아래 그림의 계단(Staircase)식 구조다.

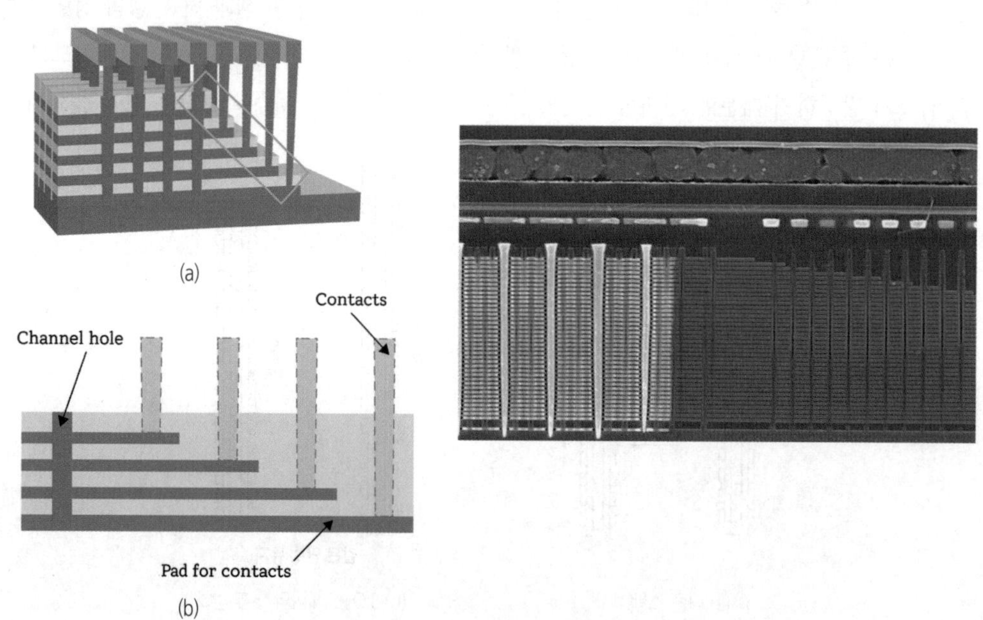

[그림 3-208] 3D NAND의 계단 구조

계단의 층수는 단수의 두 배를 가진다. 예를 들어 64단 3D NAND 플래시 어레이에 워드라인을 연결하기 위해서라면 64쌍의 SiO_2-SiN 박막의 계단 모양 구조를 형성해야 하는 것이다. 제어 게이트 층의 표면이 되는 계단 각 단을 노출시켜 이 표면에 수직으로 컨택 홀(Contact hole)을 형성하고, 상부의 금속 배선 층을 형성하여 워드라인과 연결한다.

계단 패턴 형성 공정을 기존의 포토 및 식각 공정으로 한 단씩 형성하면 생산성이 매우 떨어진다. 이에 포토 공정을 생략하는 기술인 트림(Trim) 기술이 대두되었다. 먼저 포토 공정을 통해 포토레지스트(감광제, Photoresist, PR) 패턴을 형성하고, 식각 공정으로 SiO_2-SiN 박막 한 단만을 식각한다. 이후 포토레지스트를 제거하지 않고 포토레지스트의 측벽을 깎은(트리밍, Trimming) 다음, 다음 계단에 상당하는 부분의 표면을 노출시킨다. 그리고 잔존한 포토레지스트를 마스크로 하여 다음 단의 SiO_2-SiN 박막 한 단을 식각한다. 이를 반복하여 계단 형상을 만드는 것이 트림 과정이다. 트림 과정을 위해서는 박막 식각과 수평 방향 포토레지스트 트리밍을 한 번에 진행할 수 있도록 다중 챔버(Multi-chamber) 설비를 사용한다.

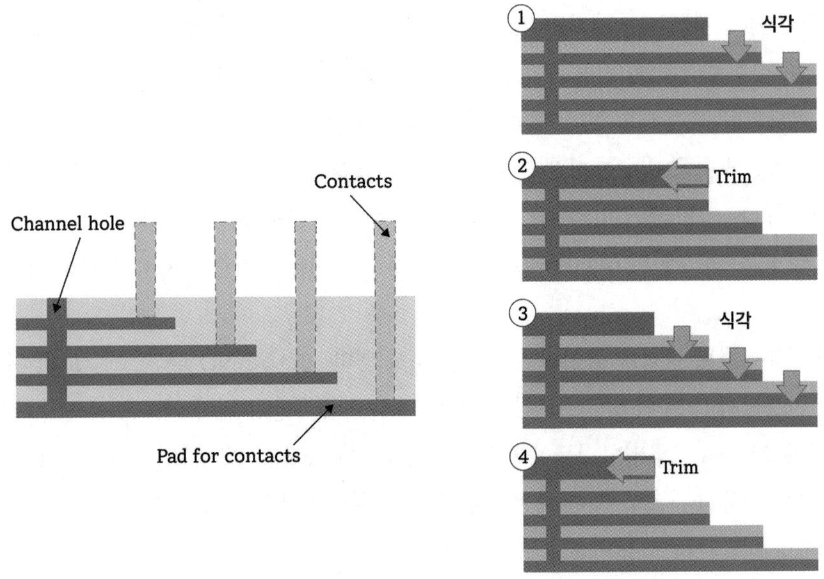

[그림 3-209] 3D NAND 워드라인 컨택 형성을 위한 트림 공정

트림 공정은 포토레지스트의 측벽을 식각하는 과정에서 포토레지스트의 상부도 일정량을 식각한다. 한 번의 트림 공정으로 진행할 수 있는 층수에는 한계가 있는데, 이보다 3D NAND 셀의 층수가 높아지면 추가 포토 공정을 통해 트림 과정을 반복해야 한다. 이러한 공정의 복잡성에도 불구하고 개별적으로 포토 및 식각 공정을 하는 경우와 비교하면 생산성이 매우 높아 양산에서 유용하게 사용하고 있는 기술이다.

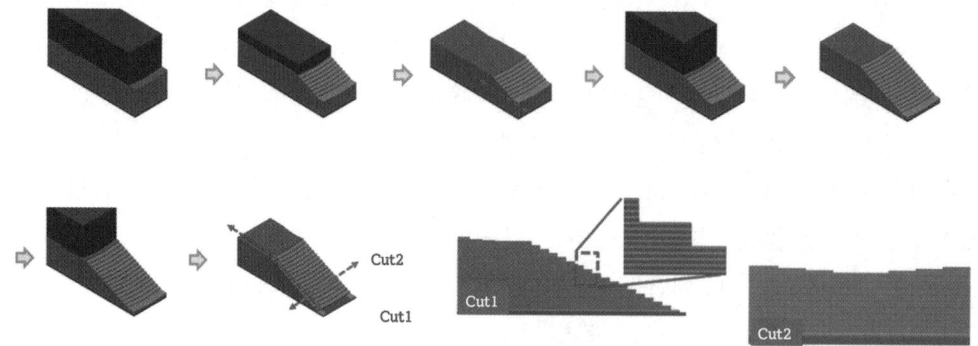

[그림 3-210] 3D NAND의 다단 트림 공정 과정과 형성된 계단의 단면도

③ 고밀도화와 대용량화

3D NAND 플래시 메모리는 메모리 셀과, 메모리 셀을 제어하는 주변 회로들로 구성된다. 면적 상으로 보면 주변 회로의 비율이 높은 편인데, 최근에는 이 부분의 면적을 줄이는 방법으로 플래시 메모리의 고밀도화를 구현하고 있다. 주로 사용하는 방법은 주변 회로를 저장소 셀 하부에 배치하는 방식이다. 접근 방식은 비슷하지만 회사 별로 이 기술을 부르는 명칭은 제각각이다. 삼성전자의 경우는 COP(Cell Over Periphery)라 하고, SK하이닉스는 PUC(Periphery UnderCell) 또는 4D NAND, 그리고 키오시아(구 도시바)는 CUA(Circuit-Under-Array), Micron은 CUA(CMOS Under the Array)라고 부른다.

메모리 셀 부분에서도 면적을 줄이려는 시도를 하고 있다. 3D NAND 셀 구조를 보면 워드라인을 계단 형태로 만들면서 넓은 면적을 소모하게 된다. 단수가 증가할수록 이 면적은 더욱 증가하기 때문에 이를 개선하고자 하는 여러 방식들이 제안되고 있다. 그 중 하나의 예가 [그림 3-211 (b)]처럼 나선 계단에 가까운 2차원 구조의 계단 패턴을 통해 사용하는 면적을 줄이는 것이다.

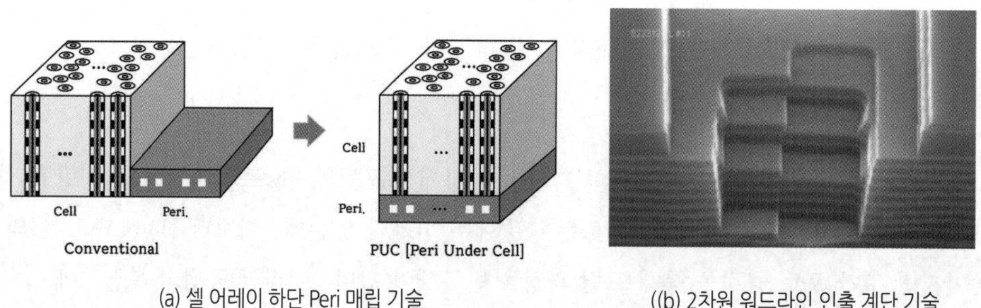

(a) 셀 어레이 하단 Peri 매립 기술　　((b) 2차원 워드라인 인출 계단 기술

[그림 3-211] 3D NAND의 고밀도화, 대용량화 기술

④ 고종횡비 식각 문제

높은 종횡비(High aspect ratio) 식각이 필요한 상황은 아래와 같다.

1) 채널 홀(Hole)을 형성하는 공정
2) 좁고 깊은 메탈 컨택(Contact) 홀을 형성하는 공정
3) 메모리 셀의 게이트 분리용 슬릿(Slit)의 형성 공정
4) 계단구조의 제어 게이트 형성 공정

높은 종횡비의 식각은 [그림 3-212]과 같이 다양한 패턴 불량을 야기한다. 가장 먼저 상부/하부의 홀 크기 차이에 의한 셀 균일도 저하를 생각해볼 수 있다. 이를 방지하기 위해 우수한 이방성[8]을 보이는 식각 기술의 확보는 필수적이다. 이외에도 고 선택비의 하드마스크(Hardmask) 소재 및 기술의 확보가 필요하다. 적절한 하드마스크의 선택은 식각 과정에서도 홀 크기의 증가를 방지하여 상부/하부의 불균일을 제어할 수 있다.

홀 식각 시 박막 응력에 의해 박막이 쓰러지는 현상도 발생한다. 주로 홀의 밀도가 높은 경우에 많이 발생하는데, 식각 시 홀 모양이 조금만 왜곡되어도 박막 응력 간의 차이가 극대화되어 나타나기 때문이다. 실제 제품에서는 한 장의 웨이퍼에서 1조 개가 넘는 홀이 존재하기 때문에 이를 제어하는 것이 매우 중요하다. 왜곡 없는 식각을 위해서는 높은 이온 에너지를 가지도록 높은 바이어스 파워를 적용할 수 있는 식각 설비와 기술의 확보가 필수적이다. 또한 적층 단계에서의 응력 엔지니어링은 필수적으로 뒷받침되어야 한다.

이외에도 불균일한 식각 공정에 의한 국부적 식각 불량 및 불완전 식각 등이 발생할 수 있다. 이에 대한 해결은 챔버의 대칭적 구조 및 균일한 공정 제어 등 공정적으로 전문적인 지식이 필요하기에 여기에서는 다루지 않도록 한다.

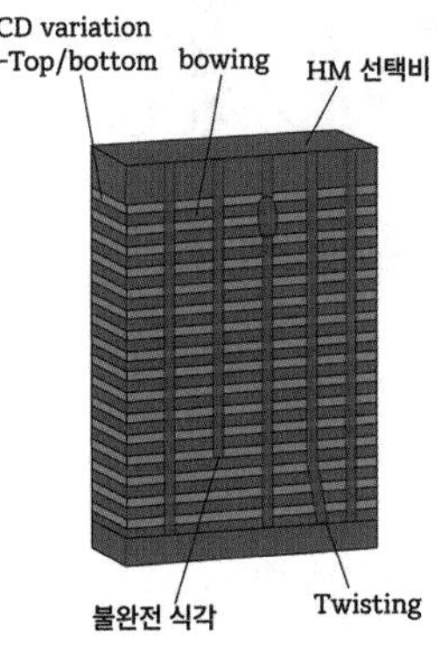

문제	원인	해결
상부/하부의 홀 크기 차이	높은 종횡비	고 선택비의 하드마스크 재료 및 공정 기술 적용
고밀도 홀 식각 시 박막 쓰러짐	박막의 응력	박막 엔지니어링, 고 이온 에너지/높은 바이어스 파워의 식각 기술 적용
국부적 식각 불량	공정 균일도	대칭 챔버 설계, 공정 중 균일한 온도 제어
세정 시 박막 쓰러짐	세정 공정의 외력	Low-stress의 건식 세정 공정 도입

[그림 3-212] 높은 종횡비 패턴 식각 시 발생 가능한 불량들

8 식각 방향이 하나의 특정한 방향인 것

패턴의 쓰러짐이나 박리 등의 불량을 방지하기 위해서는 식각 후 세정 공정의 역할 역시 중요하다. 세정에서 많이 사용하는 습식 식각의 경우 액체에 의한 쓸림 현상에 의해 박막 손상이 발생한다. 이를 최소화 하기 위해 기체(Gas) 형태의 세정제를 통해 세정 과정에서의 외력을 최소화하는 건식 세정(Dry cleaning) 공정을 도입하고 있다.

4. 플래시 메모리의 수명

(1) 수명 감소 원인

플래시 메모리는 플로팅 게이트 셀이나 전하 포획 셀 상관없이 터널 산화물(Tunnel Oxide, TOX)의 열화가 발생하면 셀 수명이 줄어든다. 이는 주로 쓰기 동작을 반복하면서 발생하는데, 전자가 통과하지 못하는 부도체를 억지로 터널링을 통해 기록/소거 동작을 하기 때문이다. 전자가 산화막을 통과하면서 산화막의 격자 구조와 충돌하고 이들이 반복되면 산화막의 격자 구조가 뒤틀린다. 이에 산화막 내부에 필라멘트(Filament) 형의 전자 이동 경로가 발생하여 누설 전류가 발생하거나, 전자를 잡아두는 포획(Trap)이 발생한다. 전자 포획의 경우는 전자들이 저장소와 기판 사이를 트랩 보조 터널링(Trap-Assisted Tunneling, TAT)을 통해 기판으로 이동하여, 누설 전류를 증가시키고 저장소에 저장되는 전자량에 변화를 불러온다. 이는 저장소에 저장되는 전자 수를 컨트롤하는 것을 더욱 어려워지게 만든다.

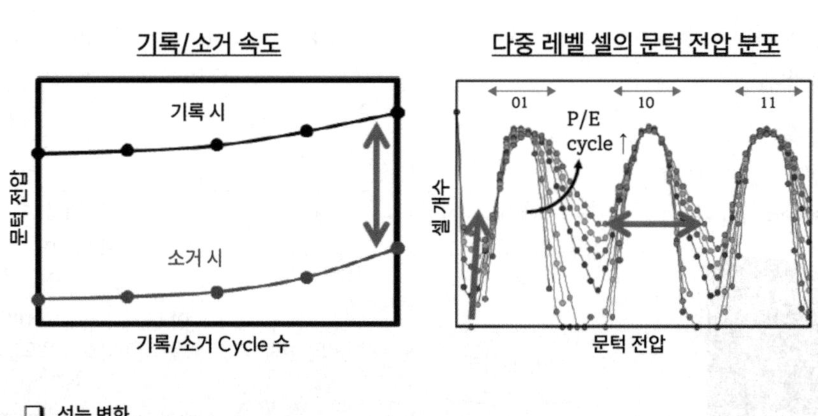

❑ 성능 변화
- 기록/소거 횟수가 반복될수록 기록 속도는 증가하고 제거 속도는 감소

❑ 비트 에러 비율(Bit Error Rate, BER) 증가
- 소거 억제 능력(선택되지 않았을 때도 소거 되는 경우를 방지하는 능력) 감소
- 문턱 전압 분포 확대

[그림 3-213] 기록/소거 동작 반복에 따른 문턱 전압의 변화

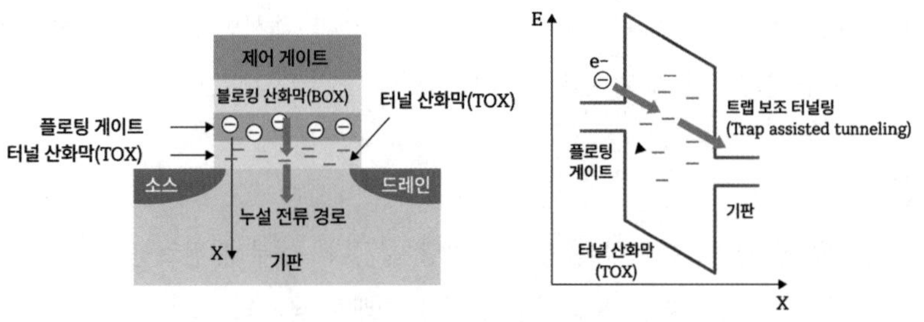

[그림 3-214] 트랩 보조 터널링을 통한 전자의 이동(누설 전류)

플래시 메모리의 수명은 동일한 셀을 SLC, MLC, TLC 중 어떤 것으로 사용하는지에 따라서도 결정된다. 공정 미세화에 따라 셀 크기가 감소하여 저장소에 저장할 수 있는 전자가 줄어들면 보다 정밀한 전자 컨트롤이 필요하다. 이때 SLC의 경우는 보다 관대한 전압 제어가 필요한 반면 TLC는 세밀한 전압 제어가 필요할 것이다. 예를 들어 표처럼 셀의 최대 전자 개수가 7개 줄어드는 경우를 살펴보자. 최대 셀의 개수가 490일 때는 SLC나 TLC의 전압 제어에 문제가 없다. 최대 셀 개수가 1/10로 줄어 49개가 되었을 때, SLC는 전압 제어에 큰 영향을 미치지 않으나 TLC는 인접한 다른 셀과 데이터가 겹치게 된다.

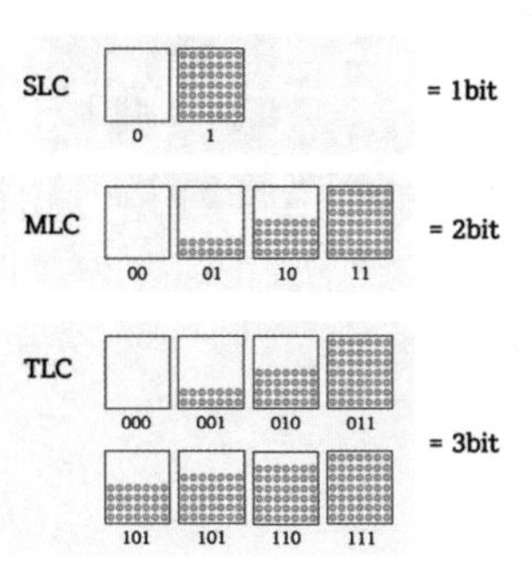

예시) Max. Charge가 7개 감소하는 경우

Fresh device	SLC	TLC
Large Cell (Max. Charge: 490개)	– 490 → 483개 – '1'로 읽는 데 문제 없음	– 490 → 483개 – '110' 기준 : 420개 – '111'로 읽는 데 문제 없음
Small cell (Max. Charge: 49개)	– 49 → 42개 – '1'로 읽는 데 문제 없음	– 49 → 42개 – '110' 기준 : 42개 – '111'을 읽을 때 '110'과 혼동

[그림 3-215] 미세화에 따른 SLC, MLC, TLC 셀의 수명의 영향

[표 3-16] SLC, MLC, TLC 셀의 특성 비교(수명 포함)

	SLC	MLC	TLC
Bits per Cell	1	2	3
P/E Cycles(2Xnm)	100,000cycles	5,000~10,000cycles	100~500cycles
Read Time	25us	50us	~75us
Program Time	200~300us	600~900us	900~1350us
Erase Time	1.5~2ms	3ms	~4.5ms
Typical Retention	5years	1year	3~12months

앞서 설명한 것처럼 이러한 수명 특성은 기록/소거 동작에 의해서만 영향을 받는다. 읽기 동작은 TOX에 영향을 주지 않으므로 플래시 셀의 수명에 영향을 주지 않는다.

(2) 해결 방안

현재로써는 이를 공정적으로 해결하는 방안이 마땅치 않다. 대부분 컨트롤러의 알고리즘을 조절하여 소프트웨어 적으로 해결한다. 가장 쉬운 방법은 플래시 장치의 모든 블록에 데이터를 균등하게 기록하는 웨어 레벨링(Wear Leveling) 방법이다. 모든 블록에 데이터를 균등하게 기록함으로써 특정 블록의 과도한 사용을 방지하여 플래시 제품에서 일어날 수 있는 장치 오류 및 데이터 손실을 사전에 예방할 수 있다.

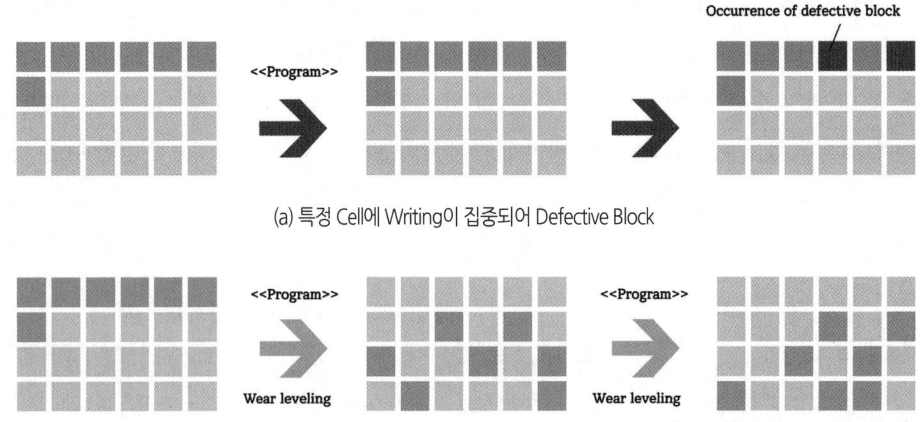

(a) 특정 Cell에 Writing이 집중되어 Defective Block

(b) Data를 분산시켜 Block 손상 예방

[그림 3-216] 웨어 레벨링 기법

셀의 수명을 늘리지는 못하지만, 오류를 미리 검출하여 제품의 수명을 늘리는 방법도 존재한다. ECC(Error Check and Correct) 방식은 추가적인 셀을 할당하여 셀의 데이터 오류를 검출하고 바로잡는 기술이다. ECC 방식에 필요한 코드는 셀이 작아질수록, 셀에 많은 비트를 저장할수록(TLC) 많이 필요하다. 이에 미세화 및 TLC를 이용한 고집적화가 이루어진 제품에서는 ECC 셀에 해당하는 코드 해석을 위한 시간이 증가하고, ECC 셀에 할당해야 하는 여분의 셀이 많이 필요하게 된다.

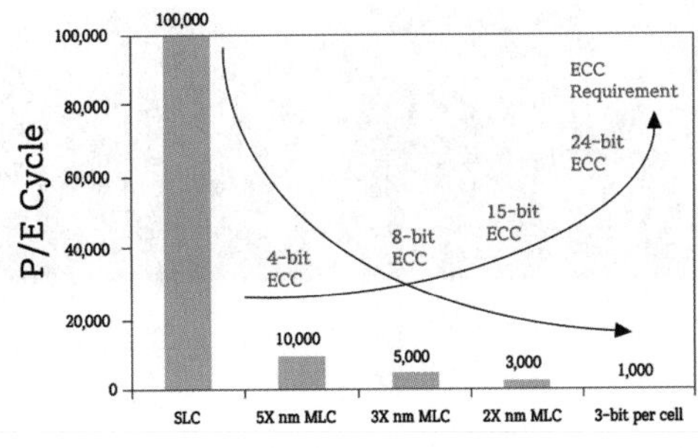

(a) Flash memory 타입에 따른 Writing 수명 및 필요한 ECC Code

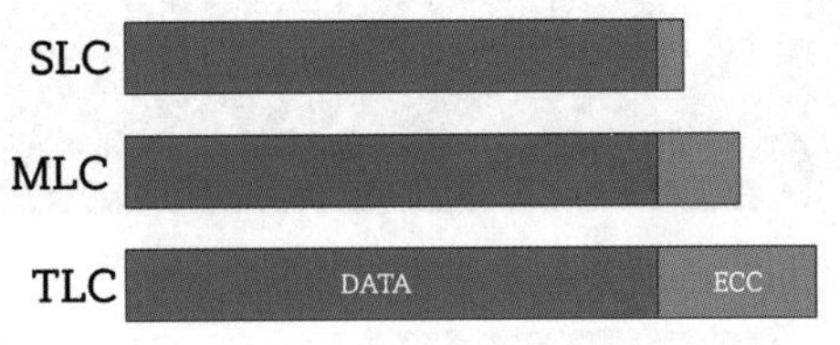

(b) Flash Memory의 Data Cell과 ECC cell 크기

[그림 3-217] ECC 기법

실제 면접 기출문제 맛보기

실제 면접에서 나온 질문

난이도 ★★★★ 중요도 ★★★★

- NAND 플래시 메모리의 동작원리에 대해 설명하세요. 삼성전자, SK하이닉스
- NAND 플래시 메모리에 데이터를 저장하고 읽는 방법을 설명하세요. 삼성전자, SK하이닉스

1 질문 의도 및 답변 전략

면접관의 질문 의도

비휘발성 메모리인 NAND Flash에 대해 정확하게 이해하는지 보고자 하는 문제이다.

면접자의 답변 전략

Flash Memory의 단위 셀 구조와 동작 원리, 데이터를 저장하고 저장된 데이터를 읽는 방법에 대해 설명한다.

+ 더 자세하게 말하는 답변 전략

- Flash Memory의 Floating Gate를 포함한 단위 셀 구조를 그리고 각 구성 요소의 역할을 설명한다.
- Floating Gate에 전하가 저장되어 있는지 여부에 따라 Flash Memory 단위 셀의 Vt가 바뀔 수 있음을 설명한다.
- 특정 게이트전압(0V)에서 단위 셀에 전류가 흐르는지 안 흐르는지를 파악하여 데이터 (1,0)를 인식하게 됨을 설명한다.

2 머릿속으로 그리는 답변 흐름과 핵심 내용

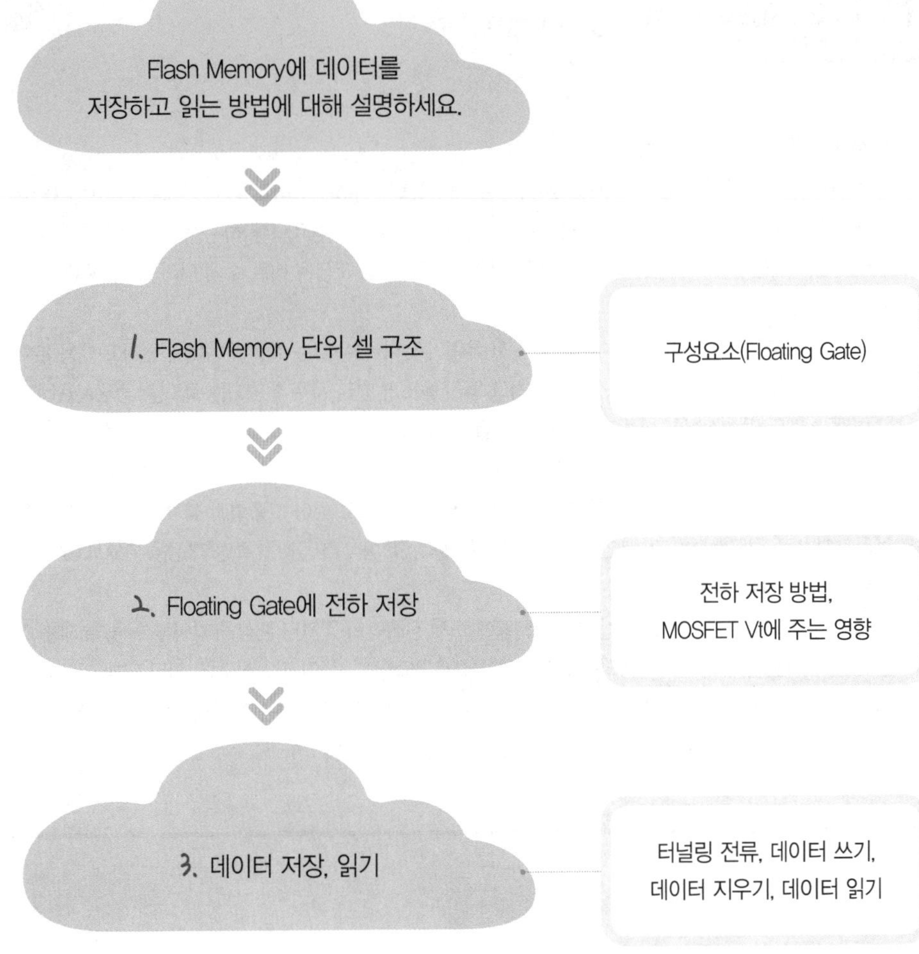
Flash Memory에 데이터를
저장하고 읽는 방법에 대해 설명하세요.
1. Flash Memory 단위 셀 구조
구성요소(Floating Gate)
2. Floating Gate에 전하 저장
전하 저장 방법,
MOSFET Vt에 주는 영향
3. 데이터 저장, 읽기
터널링 전류, 데이터 쓰기,
데이터 지우기, 데이터 읽기

3 나만의 답안 작성해보기

자세한 모범답안을 보고 싶으시다면
[한권으로 끝내는 전공 · 직무 면접 반도체 기출편]을 참고해주세요!

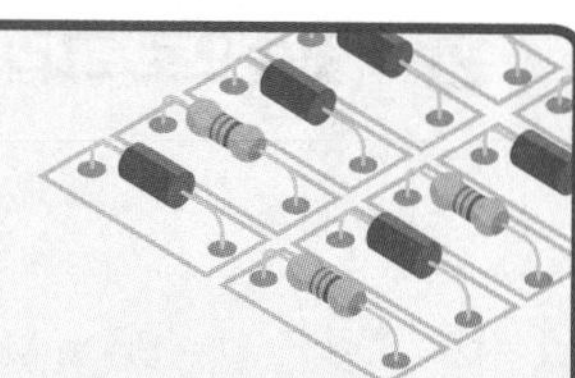

핵심 포인트 콕콕 파트3 Summary

Chapter08 Flash memory

플래시 메모리는 플로팅 게이트를 사용하여 데이터를 저장하는 비휘발성 소자로 Floating Gate, Tunnel Oxide, Control Gate 등으로 구성된다. 용량, 밀도가 높고 비용이 저렴하지만, 쓰기 동작은 터널링 메커니즘을 이용하여 기록 및 지우기 주기가 제한적이다. 셀은 저장된 비트 수에 따라 SLC, MLC, TLC, QLC 등으로 분류할 수 있다.

플래시 메모리에는 NAND와 NOR의 두 가지 유형이 있다. NAND는 회로 구성이 간단하고 대용량 저장에 사용되며, NOR는 임의 액세스가 가능하고 읽기 속도가 빨라 자주 실행되는 코드 저장에 사용된다.

플래시 메모리는 소형화 한계에 직면하여 이를 극복하기 위해 플로팅 게이트를 전하 트랩 층으로 대체한 CTF 구조를 사용한다. CTF 메모리는 제조 공정을 단순화할 수 있고 전자 누설이 적으며 3D NAND 구조 적용이 용이하다. 3D NAND 플래시 메모리는 셀을 수직으로 쌓아 고종횡비 식각 등 공정 난이도가 올라가지만, 집적도를 높이고 셀 간 간섭을 줄일 수 있다. 3D NAND 플래시 특성 개선을 위해서 GAA 게이트 구조, 마카로니 채널 등이 사용된다.

플래시 메모리의 수명은 쓰기 동작의 터널링에 의해 산화막의 격자가 손상을 받아 줄어들게 되며, 이는 누설 전류를 증가시키고 저장되는 전자량의 변화를 불러온다. 셀이 작아질수록, 멀티 레벨 셀을 사용할수록 더 정밀한 전자 제어가 필요하며 공정적으로는 셀의 수명을 늘리는 합리적인 해결책이 없다. 웨어 레벨링 및 ECC는 소프트웨어 적으로 문제를 완화하는 기법이다.

Memo

Chapter 09

뉴메모리

핵심요약

정의, 기초

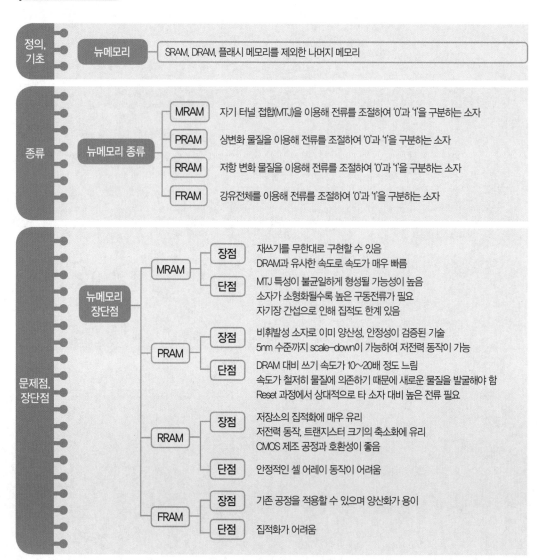

- 뉴메모리 — SRAM, DRAM, 플래시 메모리를 제외한 나머지 메모리

종류

- 뉴메모리 종류
  - MRAM — 자기 터널 접합(MTJ)을 이용해 전류를 조절하여 '0'과 '1'을 구분하는 소자
  - PRAM — 상변화 물질을 이용해 전류를 조절하여 '0'과 '1'을 구분하는 소자
  - RRAM — 저항 변화 물질을 이용해 전류를 조절하여 '0'과 '1'을 구분하는 소자
  - FRAM — 강유전체를 이용해 전류를 조절하여 '0'과 '1'을 구분하는 소자

문제점, 장단점

- 뉴메모리 장단점
  - MRAM
    - 장점: 재쓰기를 무한대로 구현할 수 있음 / DRAM과 유사한 속도로 속도가 매우 빠름
    - 단점: MTJ 특성이 불균일하게 형성될 가능성이 높음 / 소자가 소형화될수록 높은 구동전류가 필요 / 자기장 간섭으로 인해 집적도 한계 있음
  - PRAM
    - 장점: 비휘발성 소자로 이미 양산성, 안정성이 검증된 기술 / 5nm 수준까지 scale-down이 가능하여 저전력 동작이 가능
    - 단점: DRAM 대비 쓰기 속도가 10~20배 정도 느림 / 속도가 철저히 물질에 의존하기 때문에 새로운 물질을 발굴해야 함 / Reset 과정에서 상대적으로 타 소자 대비 높은 전류 필요
  - RRAM
    - 장점: 저장소의 집적화에 매우 유리 / 저전력 동작, 트랜지스터 크기의 축소화에 유리 / CMOS 제조 공정과 호환성이 좋음
    - 단점: 안정적인 셀 어레이 동작이 어려움
  - FRAM
    - 장점: 기존 공정을 적용할 수 있으며 양산화가 용이
    - 단점: 집적화가 어려움

학습 포인트

기존의 메모리인 DRAM과 플래시 메모리를 대체하기 위한 뉴메모리가 가져야 할 특성이 무엇인지 되새겨보자.

1 뉴메모리 개요

1. 뉴메모리(New memory) 개요

메모리는 데이터를 저장하는 소자를 통칭한다. 이 중 지금까지 알아본 SRAM, DRAM, 플래시 메모리를 제외한 나머지를 뉴메모리(New memory)라 한다.

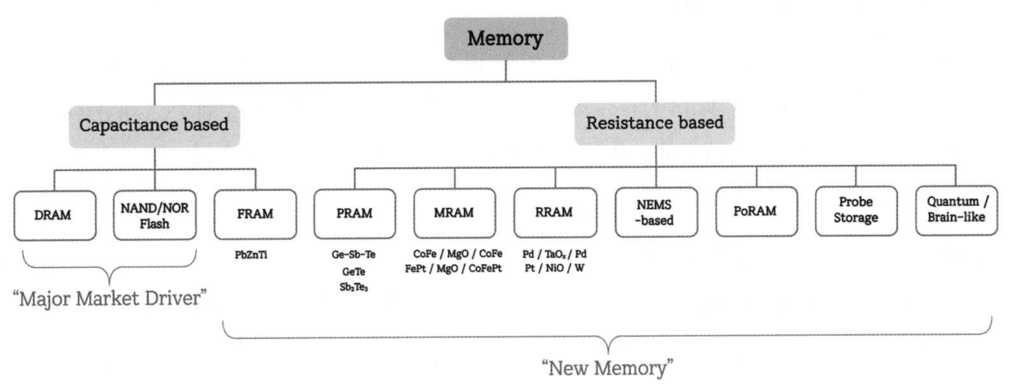

[그림 3-218] 메모리 소자의 종류

SRAM을 제외한 나머지 메모리는 정전 기반(Capacitance based) 저장 소자와 저항 기반(Resistance based) 저장 소자로 분류할 수 있다. 정전 기반 저장 소자에는 DRAM, 플래시 메모리 등 저장소에 전하가 저장되어 있는 상태를 중심으로 논리 '0'과 '1'을 구분하는 소자를 말한다. 저항 기반 저장 소자는 축전기가 아닌 가변 저항을 연결하여, 가변 저항의 상태에 따라 변하는 '전류의 양'을 바탕으로 '0'과 '1'을 구분한다. 위의 그림에서 볼 수 있듯 여러 메모리가 있지만, 본서에서는 이 중에서 현재까지 연구의 진척이 많이 진행되었으며 앞으로 상용화 가능성이 높은 MRAM, PRAM, FRAM, RRAM 등에 대해 다루도록 한다.

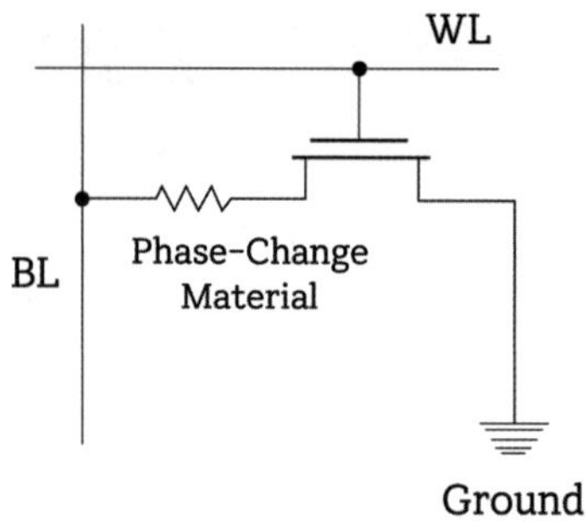

[그림 3-219] 저항 기반 저장 소자의 단위 셀 회로도

2. 뉴메모리의 목적

뉴메모리의 종류를 다루기 전에, 뉴메모리가 연구되기 시작한 이유를 알아보도록 하자. 현재 메모리의 대세는 DRAM과 플래시 메모리다. 이들은 높은 집적화를 이루어 값싼 가격으로 공급할 수 있으며, DRAM은 빠른 속도, 플래시 메모리는 비휘발성(Non-volatile) 특성이라는 각각의 장점을 바탕으로 메모리 시장을 양분하고 있다.

그러나 이들도 단점이 존재한다. 메모리 소자의 대표적인 3대 기능요소는 집적도(Density), 비휘발성(Non-volatility), 속도(Speed)라고 할 수 있다. 기존 메모리 소자인 DRAM과 (NAND)플래시 메모리는 불행히도 3대 요소를 다 만족하지 못하고 있다. DRAM은 휘발성(Volatile)과 커패시터 밀도(Density)의 한계, 플래시 메모리는 느린 속도와 낮은 안정성(Reliability)이라는 단점을 가지고 있어 대부분의 경우에 이들을 하나만 사용하지 않고 병용하게 된다. 뉴메모리의 연구 목표는 3대 요소를 충족시켜, 이들을 한 번에 대체하려는 것이다. DRAM보다 조금 느리지만 여전히 빠른 속도를 가지고, 플래시 메모리보다 조금 비싸더라도 꽤 높은 밀도를 가지는 비휘발성 소자를 만들면 굳이 이들을 병용할 필요가 없을 것이다.

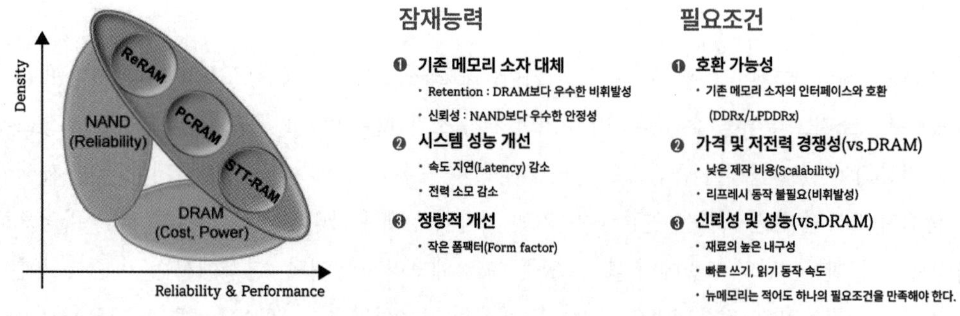

[그림 3-220] (왼쪽) 뉴메모리의 목표와 (오른쪽) 필요사항

앞에서 설명한 장점을 만족하는 소자가 등장하여도 뉴메모리로 바로 사용할 수는 없다. 뉴메모리로 사용하기 위해서는 몇 가지 조건을 만족해야 한다.

- 기존 메모리 소자들이 사용하는 규격과의 호환성
- DRAM 대비 낮은 비용과 소비 전력
- NAND 플래시 메모리 대비 높은 안정성과 성능
- 실리콘 공정 적용 가능성

상기 조건 중 1~3번은 뉴메모리가 성능 측면에서 보여줘야 하는 역량이다. 4번은 대량 양산에 적합한지를 따지는 것으로, 결국 전반적인 비용 측면에서 접근할 수 있을 것이다.

2 뉴메모리 소자

이번 장에서는 앞서 설명한 바와 같이 MRAM, PRAM, RRAM, FRAM(FeRAM) 등에 대해 다루도록 한다. 이 중 MRAM, PRAM, RRAM은 저항 기반 저장 소자이고, FRAM은 정전 기반 저장 소자이다.

1. MRAM

(1) TMR(Tunnel Magnetoresistance)과 MTJ(Magnetic Tunnel Junction)

MRAM을 이해하기 전에 TMR과 MTJ에 대해 알고 넘어가도록 하자. TMR(Tunnel Magnetoresistance, 터널자기저항)은 특정한 nm 수준의 매우 얇은 절연층 중, 상부와 하부에 각각 강자성체[1]를 붙였을 때 발생하는 저항 효과를 말한다. 절연층이므로 전하의 이동이 없어야 하는데 양자역학적 현상으로 이를 통과할 수 있다는 의미다. 특이한 점은 상부와 하부의 자성체를 어떻게 배치하느냐에 따라 저항이 달라진다.

상부 강자성체 – TMR – 하부 강자성체를 조합하면 TMR의 저항 크기를 바꿀 수 있다. 아래 그림처럼 TMR 상하부의 강자성체가 같은 스핀 방향을 가지면 TMR의 저항은 0에 가까워지며, 반대로 상하부의 강자성체가 서로 반대의 스핀 방향을 가지면 TMR의 저항은 매우 증가한다. 이러한 접합을

---

1 강자성이란 외부 자기장이 없는 상태에서도 자화되는 물질의 자기적 성질을 말한다. 물리학에서는 자성을 여러 종류로 분류한다. 대표적 물질로는 철(Fe)이 있다.

자기 터널 접합(Magnetic Tunnel Junction, MTJ)라 한다. 강자성체의 스핀 방향의 조합은 물질을 바꿔서 조합하는 것이 아니라, 이미 조합하여 제작한 물질에 자기장 혹은 전류 등의 외부 에너지를 인가해 스핀 방향을 바꾸는 것으로 조합하게 된다. 이에 대해서는 뒤에서 다루도록 한다.

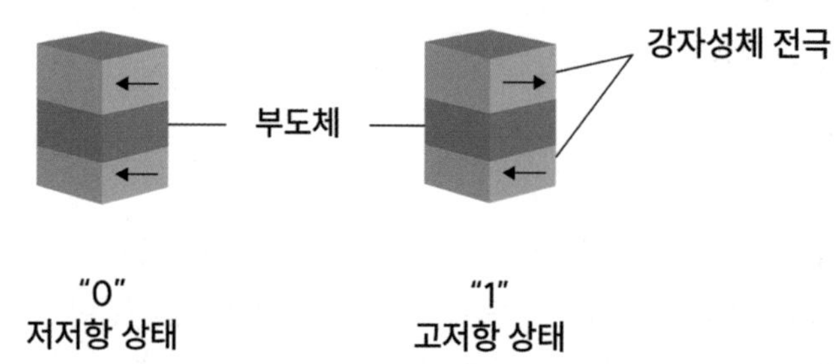

[그림 3-221] 강자성체 상, 하부와 TMR로 구성된 MTJ 소자와 구조 예시

(2) MRAM

MRAM(Magnetoresistive Random-Access Memory)은 MTJ를 이용해 전류를 조절하여 '0'과 '1'을 구분하는 소자다. 아래 그림처럼 MOSFET의 게이트를 워드라인(WL)에, 드레인을 MTJ를 통해 비트라인(BL)에 연결하면 MRAM의 단위 셀이 완성된다. MTJ의 저항에 따라 비트라인부터 소스라인(SL)까지 흐르는 전류의 크기가 결정되어, 전류가 잘 흐르면 '1' 흐르지 않으면 '0'으로 판단할 수 있다. MTJ는 MRAM의 비트라인으로부터 들어오는 자기장을 따라 조절 가능하며, 이를 위해 비트라인과 별도의 쓰기 전용 워드 라인(Write Word Line)에 각각 전류를 흘려 자기장을 인가한다.

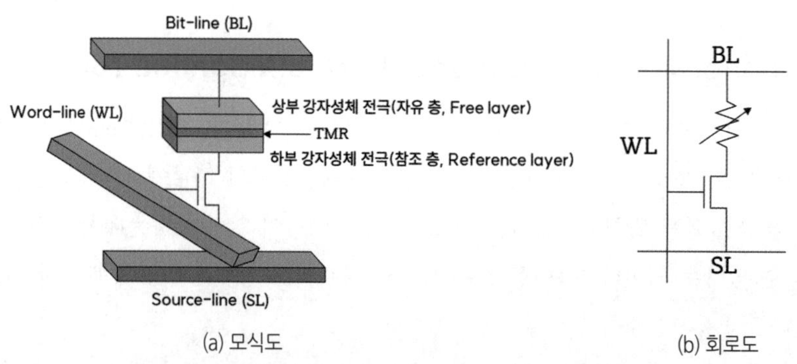

[그림 3-222] MRAM 소자의 (왼쪽) 모식도, (오른쪽) 회로도

MRAM은 외력이 없으면 자기장 방향의 변화가 없으므로 저항을 유지할 수 있기 때문에 비휘발성 특징을 가진다. 또한 자기장 변화에 따른 물질 내부 스핀의 변화를 이용하는데, 이는 물성에 영향을 주지 않아 재쓰기(Re-write)를 무한대로 구현할 수 있다. 이러한 스핀 변화의 속도 역시 매우 빨라 DRAM과 유사한 속도(쓰기 기준 ~수십ns)를 가진다.

MRAM을 구현하기 위해서는 TMR을 얼마나 정밀하게 만들 수 있는지가 주요 쟁점이 된다. 실제로 1Å의 두께 차이만 발생하여도 최대 1000배까지 저항이 차이날 수 있기 때문에 얇은 두께의 TMR을 균일하게 형성하는 것이 중요하다. 공정 뿐 아니라 소자 특성에서도 단점이 발생한다. 자기장은 전류에 비해 균일하게 인가하는 것이 어려워 MTJ 특성이 불균일하게 형성될 가능성이 높다. 또한 소자가 소형화될수록 스위칭에 필요한 자기장은 커지기 때문에 높은 구동전류가 필요하다. MRAM 소자의 배열도 문제를 일으킨다. 집적도가 높아질수록 인접한 TMR 간의 자성 영향으로 인한 오차가 발생하고, 소자 선택 시 자기장에 의한 인접 소자의 스핀이 변화하는 자기장 간섭 현상으로 인해 집적도에서도 한계를 보인다(20~30F²).

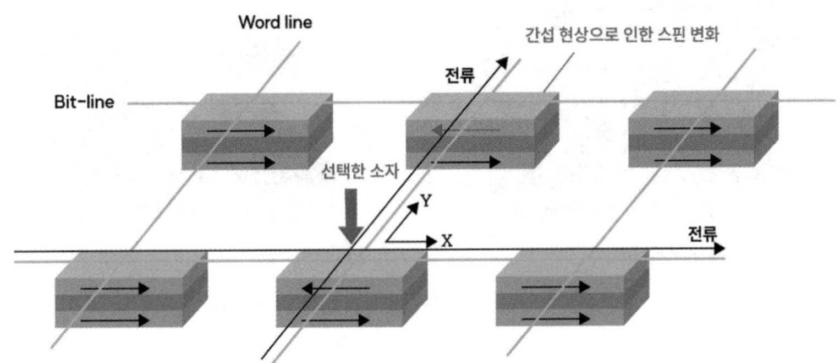

[그림 3-223] MRAM Cell array에서의 자기장 간섭 현상

[표 3-17] MRAM의 장점과 단점

장점	단점
1. 외력이 없으면 자화 방향 변화 없음 → 비휘발성 2. Rewrite 무한대 구현 3. 고속 Reading / Writing 구현	1. 정밀한 TMR 두께 제어 필요 2. 집적도가 높아질수록TMR 간의 자성 영향으로 인한 오차 발생 3. 불균일한 자기장으로 인한 소자 특성 불균일 4. 소자 소형화 : 스위칭 자기장 증가 → 높은 구동전류 요구

(3) STT-MRAM

전술한 MRAM의 단점을 보완하기 위해, MTJ의 자화 방향을 외부 자기장이 아닌 직접 전류 주입 방식으로 바꾸는 방식이 등장하였다. 이러한 소자를 STT-MRAM(Spin-Transfer-Torque MRAM)이라 한다. 직접 전류 주입 방식은 원하는 MTJ 셀만 제어 가능하여 셀 배열에서 발생하는 오차가 적다. 또한 스위칭 방식 대비 스위칭 전류가 획기적으로 감소하여 저전력화에 유리하며, 쓰기 전용 워드 라인이 없어도 돼 단순한 구조를 가지고 집적화에 용이하다. 이를 바탕으로 STT-MRAM은 삼성전자, 글로벌파운드리(GlobalFoundries) 등이 양산에 성공하여 주로 별도의 메모리 소자가 아닌 회로에 내장된 임베디드형(embedded MRAM, eMRAM)의 제품을 출하하고 있다. STT-MRAM은 소형 IoT 기기 등 소형 전자 제품에 사용되는 MCU의 저장 장치인 플래시 메모리를 대체하거나 SoC와 같은 시스템 반도체에서 작업 메모리로 사용되는 SRAM을 대신할 것으로도 기대된다.

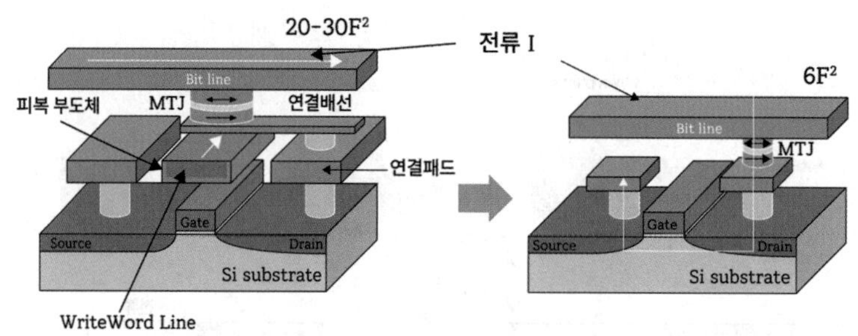

[그림 3-224] 기존 MRAM의 구동 방식과 STT-MRAM의 구동 방식

그럼에도 아직 해결해야 할 문제들이 존재한다. 소자적으로는 '0'과 '1'을 구분하는 저항비(High/Low resistance ratio)가 약 2.5:1 수준으로 낮다는 것이다. 회로의 오차를 줄이기 위해서는 최소 10:1 수준의 저항비가 필요하므로 새로운 재료에 대한 끊임없는 연구가 진행중이다. 공정적으로는 MTJ가 복잡한 적층 구조를 가지고 있어 공정이 어렵고 상대적으로 공정 비용이 높다. 또한 타 소자 대비 아직도 높은 쓰기 전류가 필요하므로 이를 낮추는 노력이 필요하다.

[표 3-18] STT-MRAM의 장점과 단점

기존 MRAM 단점	STT-MRAM 장점	STT-MRAM 단점
1. 정밀한 TMR 두께 제어 필요 2. 고밀도 집적 시TMR 간의 자성 간섭 → 오차 발생 3. 불균일한 자기장으로 인한 소자 특성 불균일 4. 소자 소형화: 스위칭 자기장 증가 → 높은 구동전류 요구	1. 전류를 통해 선택한 Cell만 스위칭 가능 2. 소자 소형화 시, 스위칭 전류 감소 → 저전력 소모 3. 단순한 구조, 집적화 용이(Good scalability, MTJ 〈 10nm)	1. 복잡한 MTJ Stacking구조 2. → High cost 3. 타 소자 대비 아직도 높은 쓰기 전류 4. Small data signal(High/Low resistance ratio ~2.5)

2. PRAM

(1) 상변화 물질(Phase Change Material)

PRAM은 상변화 물질(Phase Change Material)을 이용하는 메모리 소자다. MRAM과 마찬가지로 PRAM을 알아보기 전에 저항 역할을 하는 상변화 물질에 대해 먼저 이해해야 한다. 상변화 물질은 6족 원소인 Chalcogenide[2] 물질의 비정질(Amorphous)과 결정질(Crystalline)의 가역적 변화에 따라 저항이 변화하는 물질이다. 온도에 따라 비정질 형태나 격자 구조를 가지는데, 이에 따른 전하의 이동도 차이가 저항 변화를 일으킨다. 물질에 따라 온도의 차이는 있으나 녹는점(Melting Temperature) 이상의 고온에서 비정질 상태를, 유리전이온도(Glass Temperature) 이상 녹는점 이하의 온도에서 장시간(~수십ns) 유지시 격자 구조를 가진다. 이처럼 결정질 구조를 갖도록 하는 과정을 'SET', 비정질 구조를 갖도록 하는 과정을 'RESET'이라 한다. 대표적인 상변화 물질에는 GST(Ge-Se-Te, 저마늄 안티몬 텔룰라이드)가 있다.

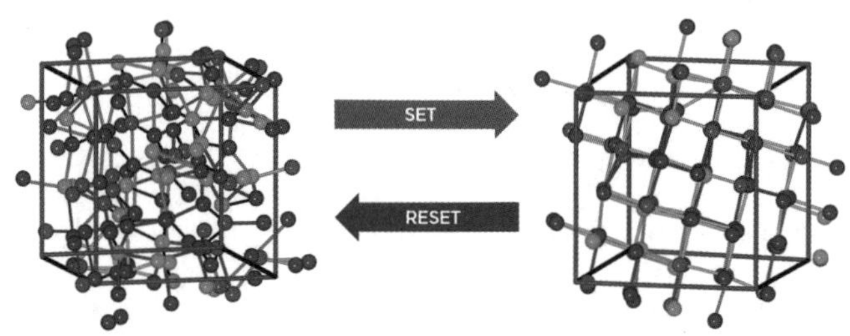

[그림 3-225] 상변화 물질의 비정질 형태와 격자(결정질) 구조

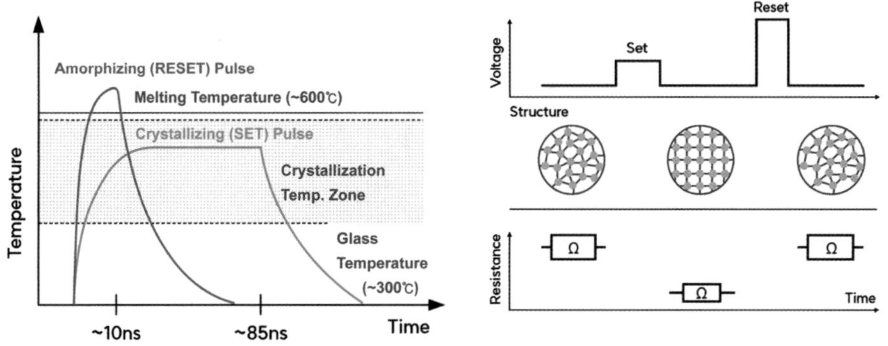

[그림 3-226] 상변화 물질의 상을 변화시키는 SET/RESET 과정

2 칼코게나이드/칼코지나이드. 주기율표 6족에서 산소(O)를 제외한 황(S), 셀레늄(Se), 텔레늄(Te) 등의 칼코젠 원소(산소족 원소)를 하나 이상 포함하는 이원계 이상의 화합물로 구성되어 있는 소재를 말한다.

(2) PRAM

PRAM(Phase-change Random-Access-Memory, PCM[3])은 상변이 물질을 이용해 전류를 조절하여 '0'과 '1'을 구분하는 소자다. 회로상으로는 MRAM과 대동소이하며, 단지 비트라인(BL)에 연결된 가변 저항만 MTJ에서 상변이 물질로 바뀌었다. PRAM의 상변이 물질은 열을 가해야 하는데 이를 위해서는 상변이 물질에 열 전달체인 저항(히터)이 필요하다. 저항에 흐르는 전류에 따라 열이 발생하며, 이를 조절하여 상변이 물질의 온도를 변화시켜 원하는 상을 결정한다.

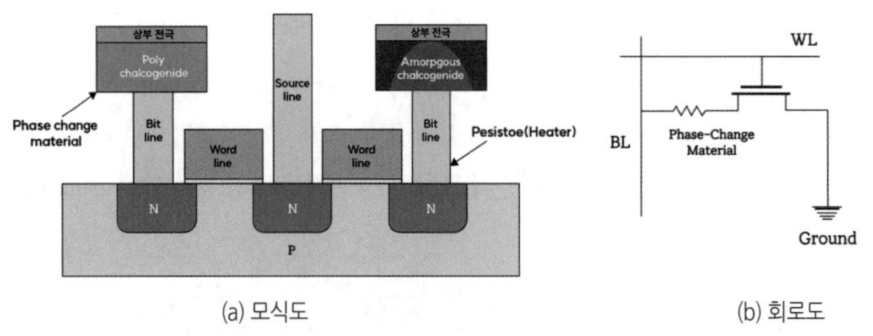

(a) 모식도 (b) 회로도

[그림 3-227] PRAM 단위 셀 소자

PRAM은 비휘발성 소자로써 이미 양산성이 검증된 기술이다. 일부 IOT 제품 및 데이터 센터용 제품으로 출시가 된 상태다. 이는 상변이 물질을 적용한 PRAM 공정이 기존 실리콘 공정과 호환이 잘 이루어지며, 그 안정성도 인정을 받은 것이라 할 수 있겠다. 또한 PRAM은 상변이 물질과 저항과의 접촉 면적을 줄일수록 소비전력이 급격히 낮아지는 경향을 보인다. PRAM은 5nm 수준까지 scale-down이 가능하여 저전력 동작이 가능하다.

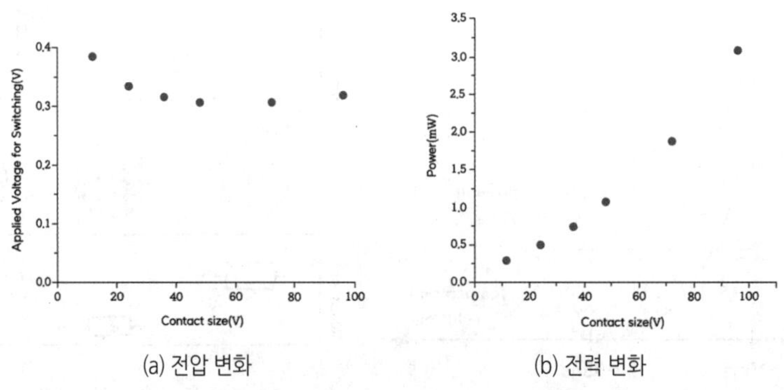

(a) 전압 변화 (b) 전력 변화

[그림 3-228] 상변이 물질과 저항과의 접촉면적에 따른 전압과 전력 변화

3 PCRAM이라고도 한다.

그러나 PRAM은 쓰기 속도가 약 1 us 수준으로, 플래시 메모리에 비하면 100배 가량 빠르나 DRAM 대비 10~20배 정도 느린 문제가 있다. 또한 현재 상용화 기술은 NAND 플래시 메모리에 비해 낮은 수준을 보이고 있다. PRAM의 응용을 높이기 위해서는 이 두 가지를 해결해야 한다. PRAM의 속도는 철저히 물질에 의존하기 때문에 새로운 물질을 발굴해야 한다. 그러나 일반적으로 PRAM의 속도는 비휘발성 성질과 Trade-off 관계를 보이고 있어 이들을 동시에 만족시키는 물질을 찾는 것이 급선무다. PRAM의 집적도를 높이는 것 역시 쉽지 않다. 동작 중의 발열 현상으로 인해 인접한 셀에 간섭 현상이 발생하므로, NAND 플래시 메모리와 같은 다층 구조의 접근을 진행하고 있다. 최근 인텔에서 발표하였던 옵테인(Optane) 메모리[4]의 구조를 보면 수직형 구조를 가지고 있으며 이를 통해 상당한 집적도의 발전이 이뤄진 것을 알 수 있다. 이외에도 반복적인 재쓰기(Rewrite) 과정에서 물성 변화에 따른 물성의 수명 제한이나, Reset 과정에서 상대적으로 타 소자 대비 높은 전류가 필요하다는 단점들이 존재한다.

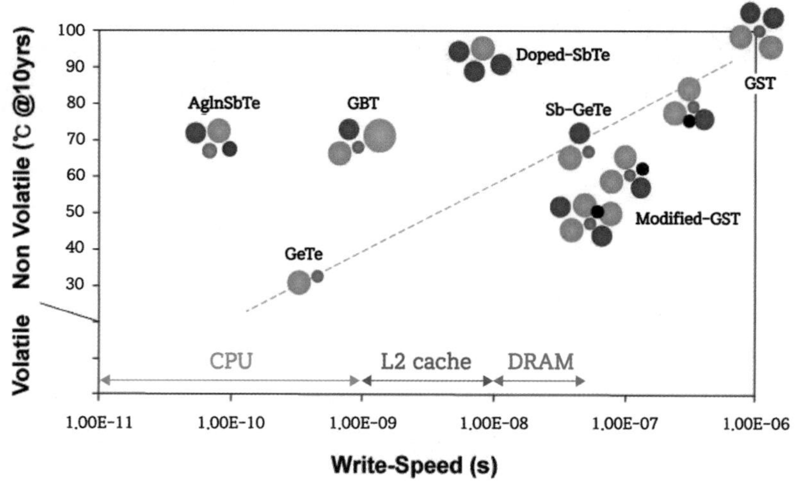

[그림 3-229] 상변이 물질에 따른 쓰기 속도와 비휘발성 성질의 Trade-off 관계

[표 3-19] PRAM의 장점과 단점

장점	단점
1. 상 변화 후 상태 유지 → 비휘발성 2. CMOS 제조 공정으로 생산 가능, 양산화 용이함 3. Good scalability (〈 5nm)	1. 물질 변화에 따른 수명 제한 (쓰기) 2. 빠른 상전이 속도 확보 필요 3. Reset 동작 시 높은 전류 필요 4. Chalcogenide화합물(Ge-Se-Te:GST)을 대체할 물질 필요

4 3D Xpoint 라는 상표명으로도 알려져 있다.

3. RRAM

(1) 저항 변화 물질(Resistive Change Material)

저항 기반 메모리 소자는 결국 가변 저항을 이용하는 것이다. 그렇다면 다른 외부 작용 없이 오직 전기 신호에 따라 변하는 저항 물질이 있다면 이를 메모리 소자로 응용하는 것 역시 가능할 것이다. 이러한 물질을 저항 변화 물질(Resistvie Chage Material)이라 하는데, 주로 하프늄 산화물(HfOx), 티타늄 산화물(TiOx), 아연 산화물(ZnO) 등 산화물에서 이러한 특성이 발견된다.

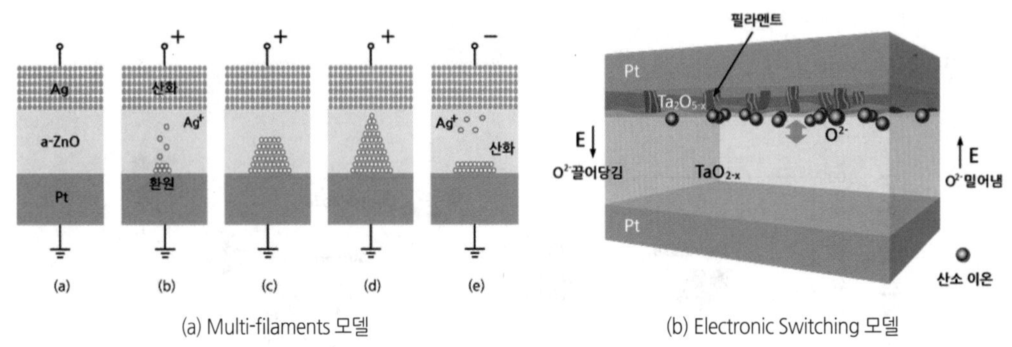

[그림 3-230] 전기 신호에 따른 저항 변화 물질 내부의 변화

대부분의 산화물은 절연체로써 전기가 통하지 않는다. 강한 전압이 인가되었을 때는 산화물이 파괴되면서 전하 이동 통로로써 작용한다. 그러나 일부 산화물은 양단에 큰 양전압이 인가되면 어느 순간 도통되었다가, 다시 큰 음전압을 인가하면 전하의 이동경로가 사라지는 현상을 보인다. 이러한 저항 변화 원인으로 제시되는 메커니즘으로는 박막 내부 구조적 변화에 의한 다중 다발(Multi-filaments) 모델과 내부 전기장 변화에 의한 캐리어의 이동(Electronic switching) 모델로 나뉜다. 두 모델은 세부적인 내용은 다르지만 결론적으로 저저항을 갖는 'SET' 상태에서는 필라멘트 형태의 산소 공공(산소 빈자리, Oxygen vacancy, V_O)을 따라 캐리어가 이동하며, 고저항을 갖는 'RESET' 상태에서는 필라멘트가 흩어지거나 필라멘트의 끝 부분만 경로가 차단되어 캐리어 이동을 막는다는 것이다. 이러한 저항 변화 물질은 은(Ag)-비정질 산화 아연(a-ZnO)-백금(Pt), 백금-탄탈륨 산화물(Ta_2O_5)-백금 조합 등 다양한 상부전극, 산화물, 하부전극의 조합으로 형성이 가능하다.

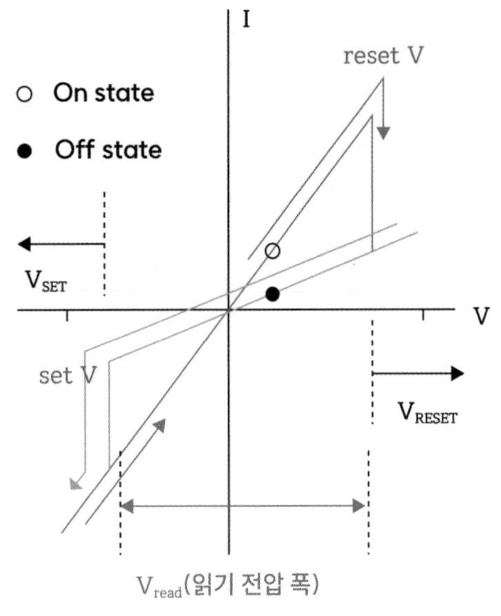

[그림 3-231] 저항 변화 물질의 전류-전압 곡선 예시

(2) RRAM

RRAM(Resistive Random-Access-Memory[5])은 저항 변화 물질을 이용해 전류를 조절하여 '0'과 '1'을 구분하는 소자다. 회로상으로는 MRAM, PRAM과 대동소이하며, 비트라인(BL)에 연결된 가변 저항이 저항 변화 물질로 바뀌었다.

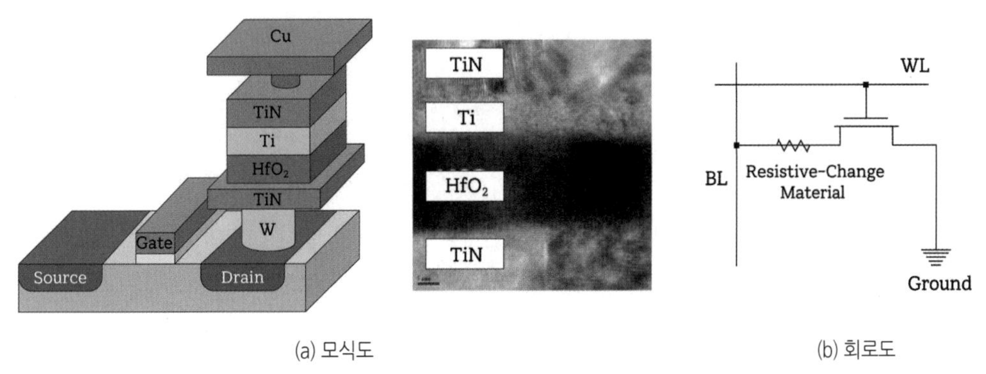

(a) 모식도 (b) 회로도

[그림 3-232] RRAM 단위 셀 소자

5 ReRAM이라고도 한다.

RRAM은 비휘발성 소자로써 별도의 외부 에너지나 열에 의한 간섭이 없기 때문에 저장소의 집적화에 매우 유리하다. 또한 스위칭 전류가 상대적으로 작아 저전력 동작에 유리하며, 높은 전류가 필요하지 않아 메모리 소자를 구동하는 트랜지스터 크기의 scale-down에도 매우 유리하다. CMOS 제조 공정과 호환성이 좋다는 것도 장점이다.

그러나 RRAM 소자의 문제는 셀의 스위칭 동작에 있어 산포가 커서 안정적인 Cell array의 동작이 어렵다는 점이다. RRAM의 동작은 절연체를 전도체로 만들어야 하는데, 필라멘트 형성이 모든 셀에서 정해진 전압에 의해 정해진 경로로 결정되는 것이 아니다보니 산포가 클 수밖에 없다. Off/On 상태의 저항비는 100:1 정도로 우수하지만, 모든 셀에서 이 수치를 동시에 확보하는 것이 어려운 상황이다. 이와 같은 근원적인 문제 개선을 위해 구조를 피뢰침 같은 구조로 만들어 항상 일정한 전도 경로가 발생하도록 하는 방법과, 스위칭 영역을 매우 작게 만들어 불확실성을 감소시키는 방법이 연구되고 있다.

[표 3-20] RRAM의 장점과 단점

장점	단점
1. 저항 특성 상태 유지 → 비휘발성 2. CMOS 제조 공정으로 생산 가능, 양산화 용이함 3. 저전력 소모	1. 물질마다 조금씩 다른 동작 특성 2. 완벽하지 않은 On/Off 상태 전환

4. FRAM

(1) 강유전체(Ferroelectric Material)

FRAM은 DRAM에서 사용하는 유전체인 '상유전체' 대신, '강유전체'를 사용하여 데이터를 저장하는 정전 기반 소자를 말한다. 강유전체는 외부의 전기장이 없이도 스스로 분극(자발 분극, Spontaneous polarization, Ps)을 가지는 재료로서 외부 전기장에 의하여 분극의 방향이 바뀔 수 있는 물질이다. 보통의 유전체(상유전체)는 전기장이 인가되면 분극이 일어나며 그 분극의 크기는 전기장에 비례한다. 따라서 전기장이 0인 경우에는 분극 현상이 없다. 그러나 강유전체는 외부 전기장이 강해짐에 따라 분극값이 증가하고, 일정한 전기장 이상에서는 분극값이 포화되는 현상을 보인다. 여기서 다시 전기장을 내려주면 분극이 0으로 돌아가지 않고 외부 전기장이 없더라도 일정한 분극값을 가지는데 이를 잔류 분극(P_R, Remanent polarization)이라 한다. 분극값이 0이 되기 위해서는 반대 방향의 전기장을 더 가해줘야 하며 이때의 전기장의 크기를 항전기장(E_C, Coercive field)라 한다. 반대 방향으로 전기장을 더 가해주면 처음에 전기장을 가해 준 것과 비슷한 모양으로 분극 값이 포화되고, 다시 원래의 방향으로 전기장을 가해주면 포화 분극이 될 때 하나의 폐곡선(loop)을 이루게 된다. 이러한 이력(Hysteresis)곡선은 강자성체의 이력곡선과 매우 유사하며 강유전체를 나타내는 가장 대표적인 특성이다. 메모리 소자로써 사용되는 강자성체는 티탄산 지르콘산 연($PbZrTiO_3$, PZT)이 오래 연구되어 왔으나, 최근에 연구된 바로는 하프늄 산화물(HfO_2)이 물질 특성이 우수하고 공정에 적용하기 쉬운 물질임이 밝혀졌다.

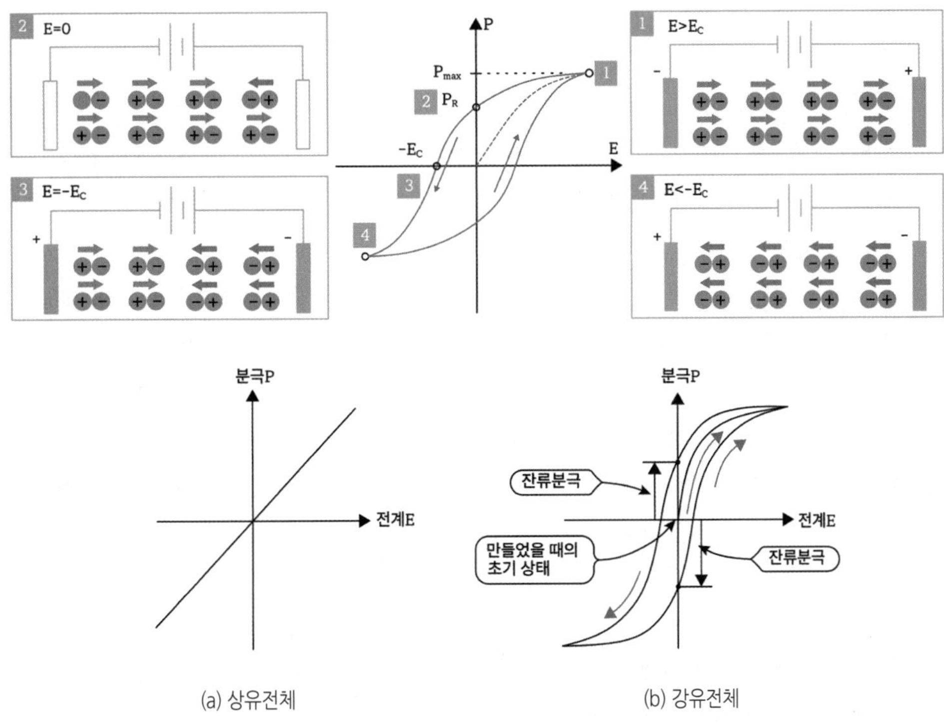

[그림 3-233] 전기장에 의한 자발 분극 현상

(2) 커패시터형 FRAM

강유전체를 이용해 FRAM을 만드는 손쉬운 방법은 DRAM과 같은 1Tr+1C 구조를 형성하는 것이다. DRAM에서 사용하는 커패시터를 강유전체로 대체함으로써, 전압이 끊겨도 유전체의 분극이 남아있기 때문에 캐리어들이 전기적 인력에 의해 남아있게 된다. 이를 통해 비휘발성 소자를 구현할 수 있다. 또한 DRAM의 커패시터만 바꾼 것이기 때문에 기존의 공정을 적용할 수 있으며 양산화가 용이하다. 그러나 강유전체의 두께가 얇을수록 자화 특성이 감소하기 때문에 집적화가 어렵다는 단점도 있다.

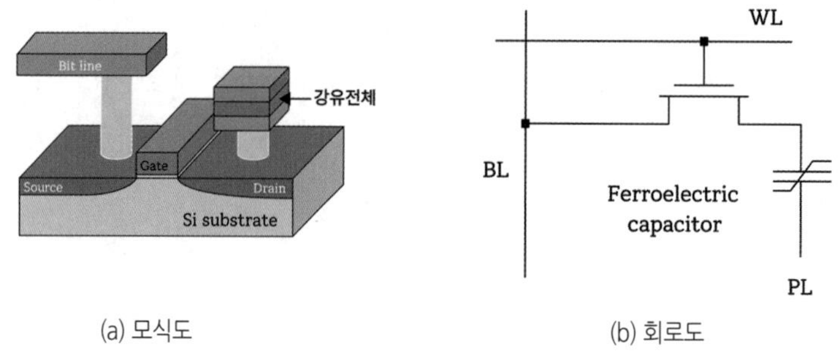

(a) 모식도　　　(b) 회로도

[그림 3-234] FRAM 단위 셀 소자

FRAM의 읽기 동작은 다른 소자와 달리 특별한 동작을 한다. 읽기 동작은 항상 '+' 펄스(Pulse)를 인가하는데, 먼저 커패시터에 '0'이 인가되어 있는 상태라면 아래 그림과 같이 펄스가 인가되었을 때 발생하는 분극량 차이가 작아 문제가 되지 않는다. 반면 '1'의 데이터가 있는 상태라면, '+' 펄스를 인가하였을 때 분극의 반전이 발생한다. 이와 같은 분극량의 차이를 감지 증폭기(Sense Amplifier)가 검출하여 정보가 '0'과 '1'을 구분한다. 여기서 주의해야 할 점은 강유전체의 이력(Hysteresis) 특성상 '1'의 정보를 읽은 후에 셀에 저장되는 정보가 '0'으로 바뀐다는 것이다. 즉 원래의 정보가 파괴되는 현상(Destructive Read)이 발생하므로 셀에 있는 데이터가 '1'인 경우에는 정보를 읽은 후 곧바로 반대 펄스를 인가하여 원래의 정보를 다시 써야 한다. 이를 보완하기 위해 아래 그림처럼, 한 쪽에 '0' 다른 한 쪽에 '1'의 상보적 값을 갖도록 하는 2Tr + 2C 구조를 사용하기도 한다.

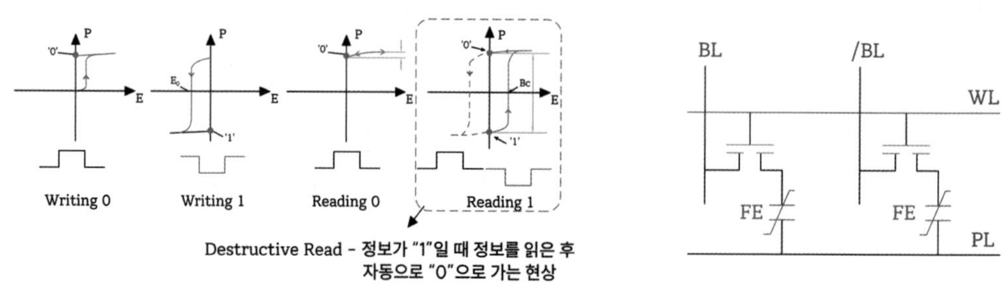

[그림 3-235] (왼쪽) FRAM의 Destructive Read 현상, (오른쪽) 2Tr +2C FRAM 회로

[표 3-21] FRAM의 장점과 단점

장점	단점
1. 자발분극에 의한 축전 → 비휘발성 2. DRAM과 유사한 구조, 양산화 용이함	1. 강유전체 두께가 얇을수록 자화 특성 감소 → 집적화 어려움 2. Destructive Read: 값을 읽고난 후 Writing 필요 (DRAM의 Refresh와 유사한 동작이 필요)

(3) FET형 FRAM (Ferroelectric FET, FeFET)

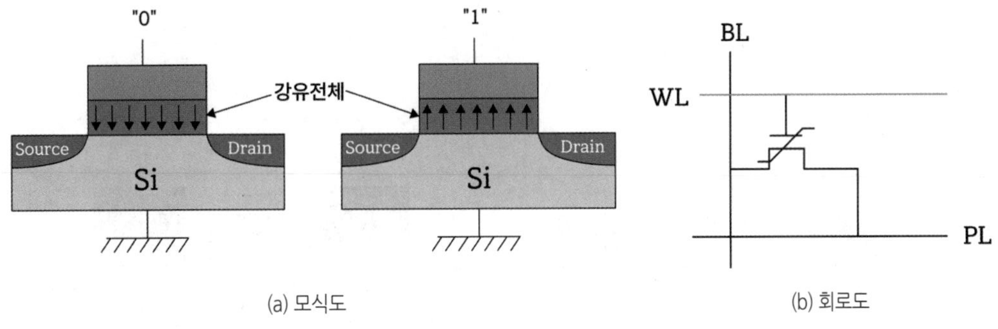

[그림 3-236] FeFET 단위 셀 소자

FET(Field-Effect-Transistor)형 FRAM은 MOSFET에서 게이트 산화막으로 사용되는 SiO_2를 강유전체로 대체한 것이다. 이를 FeFET(Ferroelectric FET)이라고도 한다. 아래의 그림과 같이 강유전체 게이트 산화막의 분극 방향에 따라서 채널의 반전 여부가 결정되는데, nMOS를 예로 들면 '+' 펄스를 게이트에 인가하였을 때는 분극값이 P_R이 되어, 분극의 방향에 따라 채널에는 − 캐리어인 전자가 모여 문턱 전압이 낮아진다($V_{TH,Low}$). 반대로 '−' 펄스를 게이트에 인가하면 분극값은 $-P_R$을 가지고, 채널에는 축적 현상이 발생하여 문턱 전압이 증가한다($V_{TH,High}$). 여기에 $V_{TH,Low}$와 $V_{TH,High}$ 사이의 기준 전압(V_R, Reference voltage)을 게이트에 인가하여 채널에 전류가 흐르는지에 따라 '1'과 '0'을 판단하게 된다.

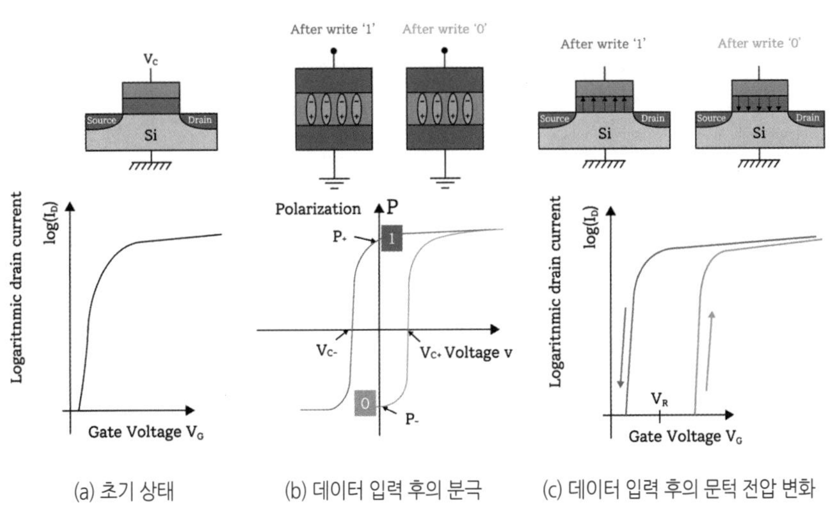

[그림 3-237] FeFET 단위 셀 소자의 동작 원리

이와 같은 FET형은 커패시터형과는 달리 정보를 읽어낼 때 정보가 파괴되지 않는다(Non-destructive). 즉, 분극반전이 일어나지 않기 때문에 분극반전의 반복에 따른 강유전체막의 피로현상을 염려하지 않아도 되는 고내구성의 소자를 실현시킬 수 있으며, 별도의 캐퍼시터를 필요로 하지 않기 때문에 소자의 집적도를 높이는데 유리하다.

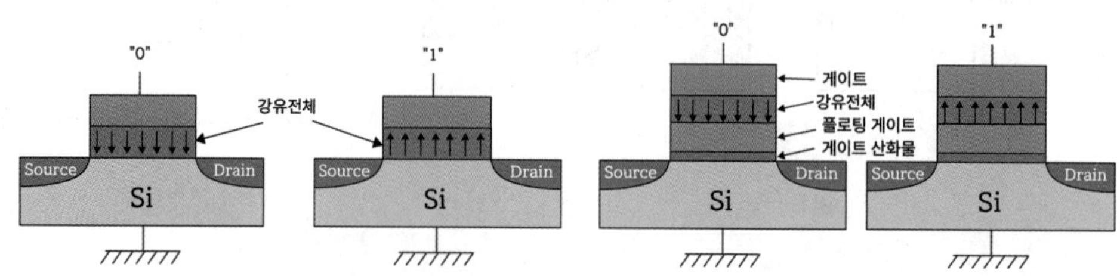

[그림 3-238] (왼쪽) MFS형, (오른쪽) MFMIS형 FeFET 모식도

현재 실용화되어 있는 강유전체는 산화물들이다. 이에 실리콘 웨이퍼 위에 직접 박막을 형성하는 MFS(Metal-Ferroelectric-Semiconductor)형 FeFET의 경우 실리콘 표면이 산화되어 산화막이 형성되거나, 일부 금속 이온들이 실리콘 내부에 확산되어 소자 특성을 열화시킨다. 이를 보완하기 위해 플래시 메모리의 플로팅 게이트(Floating gate) 구조를 차용하여 MFMIS(Metal-Ferroelectric-Metal-Insulator-Semiconductor) 구조가 제안되었고, 현재는 이 구조를 통해 실용화 연구를 하고 있다.

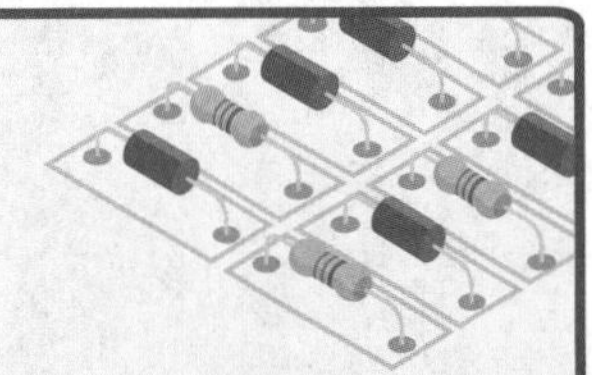

핵심 포인트 콕콕 파트3 Summary

Chapter09 뉴메모리

뉴메모리는 SRAM, DRAM, 플래시 메모리를 제외한 새로운 메모리 종류를 말한다. 이는 DRAM과 NAND 플래시 메모리가 고속/비휘발성을 동시에 만족하지 못하기 때문에 연구되고 있으며, 이를 동시에 만족하는 소자를 만들어 대체하는 것이 목표이다. 뉴메모리의 사용을 위해서는 기존 규격과의 호환성, 저비용 및 전력 소비, 안정성과 성능, 실리콘 공정 적용 가능성 등의 조건을 만족해야 한다.

뉴메모리의 대표적인 예로 MRAM, PRAM, RRAM, FRAM 등이 있다. MRAM, PRAM, RRAM은 저항 기반 소자, FRAM은 정전 기반 소자이다. 이들 중 일부는 상용화되었으나, 아직 해결해야 할 난제가 많아 기존 메모리를 완전히 대체하는 수준에는 미치지 못한다. 이외에도 FeFET 등 새로운 구조의 소자도 개발되고 있다.

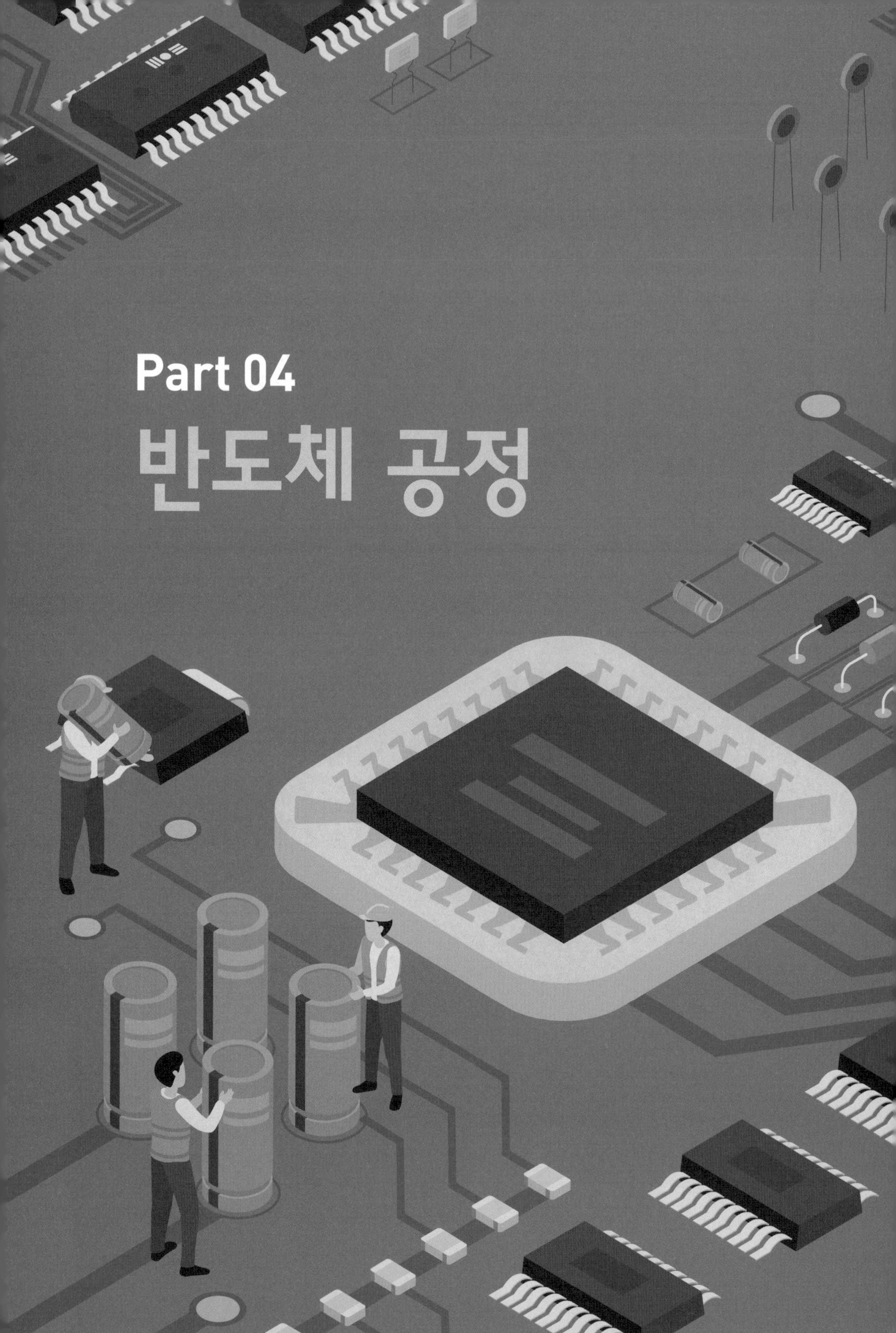

Part 04
반도체 공정

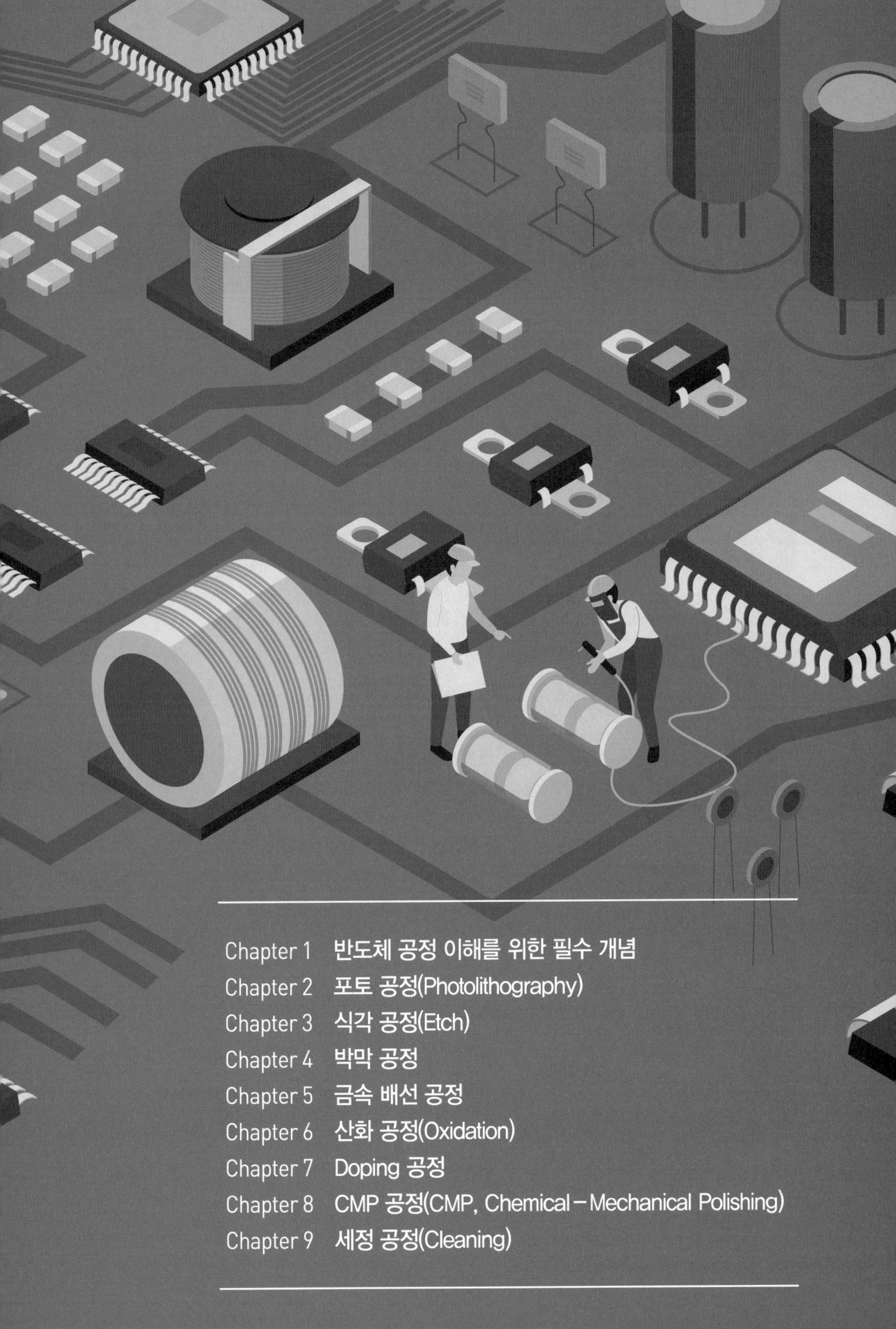

Chapter 01

반도체 공정 이해를 위한 필수 개념

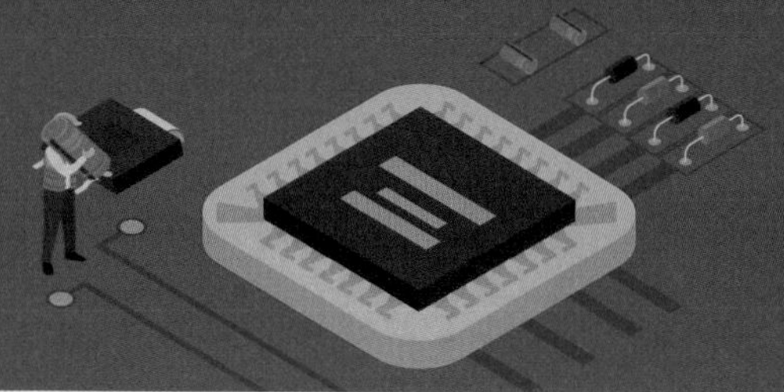

핵심요약

정의, 기초

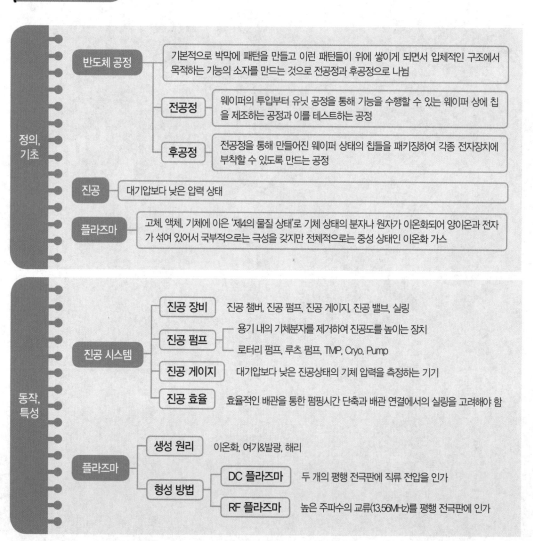

- 반도체 공정: 기본적으로 박막에 패턴을 만들고 이런 패턴들이 위에 쌓이게 되면서 입체적인 구조에서 목적하는 기능의 소자를 만드는 것으로 전공정과 후공정으로 나뉨
  - 전공정: 웨이퍼의 투입부터 유닛 공정을 통해 기능을 수행할 수 있는 웨이퍼 상에 칩을 제조하는 공정과 이를 테스트하는 공정
  - 후공정: 전공정을 통해 만들어진 웨이퍼 상태의 칩들을 패키징하여 각종 전자장치에 부착할 수 있도록 만드는 공정
- 진공: 대기압보다 낮은 압력 상태
- 플라즈마: 고체, 액체, 기체에 이은 '제4의 물질 상태'로 기체 상태의 분자나 원자가 이온화되어 양이온과 전자가 섞여 있어서 국부적으로는 극성을 갖지만 전체적으로는 중성 상태인 이온화 가스

동작, 특성

- 진공 시스템
  - 진공 장비: 진공 챔버, 진공 펌프, 진공 게이지, 진공 밸브, 실링
  - 진공 펌프
    - 용기 내의 기체분자를 제거하여 진공도를 높이는 장치
    - 로터리 펌프, 루츠 펌프, TMP, Cryo, Pump
  - 진공 게이지: 대기압보다 낮은 진공상태의 기체 압력을 측정하는 기기
  - 진공 효율: 효율적인 배관을 통한 펌핑시간 단축과 배관 연결에서의 실링을 고려해야 함
- 플라즈마
  - 생성 원리: 이온화, 여기&발광, 해리
  - 형성 방법
    - DC 플라즈마: 두 개의 평행 전극판에 직류 전압을 인가
    - RF 플라즈마: 높은 주파수의 교류(13.56MHz)를 평행 전극판에 인가

학습 포인트

반도체 공정의 의의와 공정에서의 기초가 되는 진공과 플라즈마를 이해하고 각 공정에서 어떻게 활용되는지 설명할 수 있도록 한다.

1 반도체 공정 개요

1. 8대 공정

반도체 공정은 기본적으로 박막에 패턴을 만들고 이런 패턴들이 위에 쌓이게 되면서 입체적인 구조에서 목적하는 기능을 구현하는 소자를 만드는 것이다. 이를 위해서는 막을 쌓고 그 막에 패턴을 만들고 깎아 내야하며 그 안에 또 다른 물질을 채워야 한다. 이런 일련의 과정을 반도체 공정이라고 하는데 삼성전자의 Job Description 기준으로는 Photo, Etch, CVD, Metal, Diffusion, Implant, CMP, Clean 8개의 유닛 공정을 명시하고 있으며, 블로그 기준으로는 웨이퍼 제작부터 각 공정 그리고 EDS와 패키지도 포함하여 설명하고 있다. 사실 8대 공정은 현재의 제조 기술에 맞춰 중요한 공정들을 분류하여 놓은 것이고, 이는 기술의 발전에 따라 다른 공정이 더 추가될 수도 있다. 어쨌든 중요한 것은 반도체 공정은 이러한 각 유닛 공정을 반복적으로 하여 원하는 구조의 칩을 제조한다는 것이다.

2. 전공정과 후공정

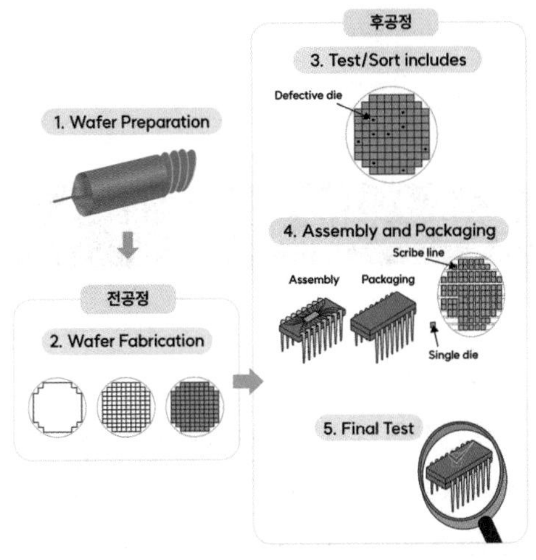

[그림 4-1] 웨이퍼 제작에서부터 전공정과 후공정의 과정

칩을 제조하는 과정을 전공정과 후공정으로 나누는데, 전공정은 웨이퍼의 투입부터 유닛 공정을 통해 기능을 수행할 수 있도록 웨이퍼 상에 칩을 제조하는 공정과 이를 테스트하는 공정이며 후공정은 전공정을 통해 만들어진 웨이퍼 상태의 칩들을 패키징하여 각종 전자장치에 부착할 수 있도록 만드는 공정이다. [그림 4-1]에서 전공정은 2번 단계를 후공정은 3~5 단계를 의미한다.

[그림 4-2]에서 세부적으로 보면, 전공정은 FEOL(Front-End-Of-Line)과 BEOL(Back-End-Of-Line)으로 나뉘고 중간에 MOL(Middle-Of-Line)을 추가하기도 한다. FEOL은 주로 소자의 제작에 필요한 공정까지로 분류하여 Gate/Source/Drain 등의 공정을 포함한다. 그 이후 MOL에서는 각 단자의 전기적인 컨택트와 배선을 이어주는 플러그를 만들어 주는 공정이며, BEOL은 배선공정을 말한다[그림 4-2].

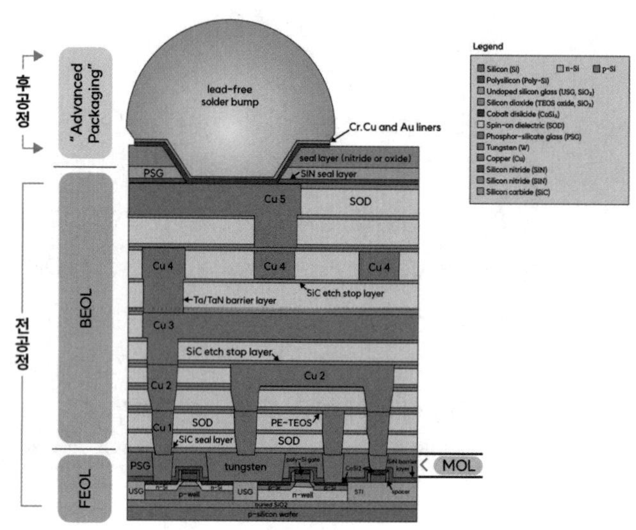

[그림 4-2] 전공정의 단계별 분류

② Wafer 공정

웨이퍼를 제조하는 것은 전자회사에서는 하지 않지만 반도체 성능에 매우 중요하므로 간략히 다루도록 한다. 웨이퍼는 반도체 단결정을 얇게 슬라이스하여 반도체 특성을 가지며 공정이 진행될 때 지지대로서의 역할을 하게 된다. 기본적으로 실리콘 단결정을 크게 만들어야 하는데 주로 많이 사용하는 방법은 초크랄스키(Czochralski, CZ) 방식과 플랫존(Float-Zone, FZ) 방식이 있고, 대구경화 측면에서 CZ가 더 많이 사용되고 있다.

CZ 방식은 액상의 Silicon(녹는점 1420℃)을 돌리면서 위로 뽑아내어 굳히는 방식으로 액상의 Silicon에 Dopant를 첨가하여 Doping을 할 수 있으며, Seed는 단결정 Silicon crystal로 Seed와 액상 Silicon은 서로 반대 방향으로 회전해야 한다. Seed의 결정성을 따라서 액상 Silicon이 Seed 위에 Film으로 단결정이 형성되면서 고체화 된다. 이 방식은 상대적으로 비용이 적게 들며, 큰 직경의 웨이퍼가 생산 가능하며 잘라내고 남은 실리콘은 재사용이 가능하다.

FZ 방식은 폴리실리콘 ingot을 RF Coil에 의해 heating 되는 곳에 넣고, 한쪽 방향으로 이동시키면서 재결정화 시켜 단결정의 ingot을 형성한다. 도가니를 사용하지 않기 때문에 고순도의 실리콘 단결정 형성이 가능하나 직경을 크게 만들기 어려워서 고순도 웨이퍼가 필요한 Power device 용으로 주로 사용되고 있다[그림 4-3].

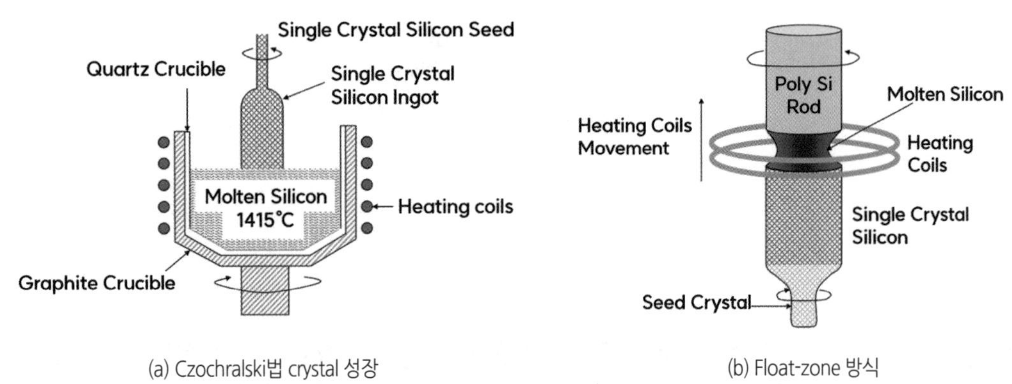

[그림 4-3] Crystal Ingot의 성장 방법

이렇게 만들어진 단결정 Ingot은 얇게 가공하는 과정이 필요한데 순차적으로 웨이퍼를 만드는 과정이 [그림 4-4]에 잘 나와 있다.

- **Edge rounding** : 회전하는 Milling cutter에 Wafer를 넣고 회전시키면서 wafer edge를 둥글게 갈아내는 것으로 모서리가 날카로우면 응력이 집중되고 열응력에 대한 저항이 낮아진다. 이는 Particle, 파손 및 격자 손상의 원인이 된다.
- **Lapping** : 웨이퍼의 뒷면을 갈아내는 과정으로 웨이퍼 두께가 감소하고 stress를 감소시킨다.
- **Wafer etching** : 이전까지의 과정에서 생성된 손상을 제거하기 위해 실리콘의 습식 식각을 진행한다. (Etching : 암모니아수 NH_4OH, 아세트산 CH_3COOH, 질산 HNO_3)
- **Polishing** : 정밀한 Slurry or Polishing 물질을 사용하여 2~3번의 Polishing 과정 수행하며 웨이퍼의 표면을 매끄럽게 만드는 과정이다.

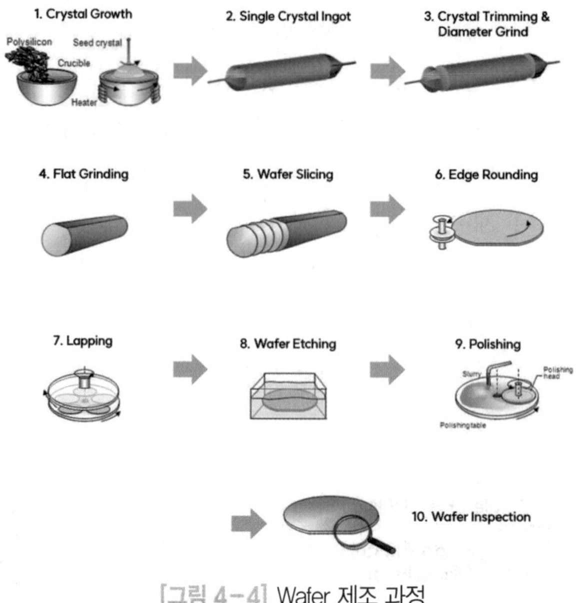

[그림 4-4] Wafer 제조 과정

③ 클린룸(Cleanroom)

반도체 제조는 매우 청정한 환경에서 진행 되는데 공기 중의 먼지나 불순물 등 반도체 공정 중에 이런 입자(particle)들이 떨어지게 되면 동작에 오류가 발생하거나 동작을 하지 않을 수 있다. 따라서 반도체 공정이 진행되는 팹(Fab.)은 먼지, 습도, 공조 등이 매우 정밀하게 제어되고 있다. 또한 사람으로부터 떨어지는 오염의 소스를 줄이기 위해 방진복(smock)으로 불리는 하얀 옷과 모자 그리고 마스크를 쓰게 되며 눈 이외의 모든 부위를 가린 채 업무를 진행한다. 이처럼 공기 속에 존재하는 입자, 온도, 습도 공기압 등이 제어되는 밀폐된 공간을 클린룸이라고 하며 공정의 신뢰성을 확보하는데 가장 기본이 된다.

클린룸의 수준을 나타내는 단위는 클래스(class)인데, 1 입방피트(ft^3)당 0.5um 이상의 입자의 개수를 기준으로 한다. 클래스가 낮을수록 파티클이 적다는 것을 의미하며, 첨단 반도체 공장의 경우 1 class 이하로 관리되고 있다. [그림 4-5 (a)]에서 볼 수 있듯이 실리콘의 제작부터 파티클이 관리되고 있으며 특히 칩의 공정이 진행되는 단계에서 클래스를 낮게 관리하고 있다. 파티클은 소자의 사이즈가 작아질수록 미치는 영향이 커지므로 미세 공정을 사용한 첨단 공정에서는 더욱 중요해지는 요소이다. 이를 위해서는 외부 공기의 파티클이나 불순물을 제거하고 클린룸에 공급해 주어야 하는데, 고성능의 필터를 사용하고 있으며 내부 공조에서도 필터를 통해 계속 파티클을 제거해 주고 있다[그림 4-5 (b)]. 클린룸 내에서는 공기가 위에서 아래로 순환하도록 관리하여 파티클이 부유하지 않도록 하며, 이를 위해 바닥의 타일에 구멍을 촘촘히 뚫어 공기가 순환되도록 설계하였다.

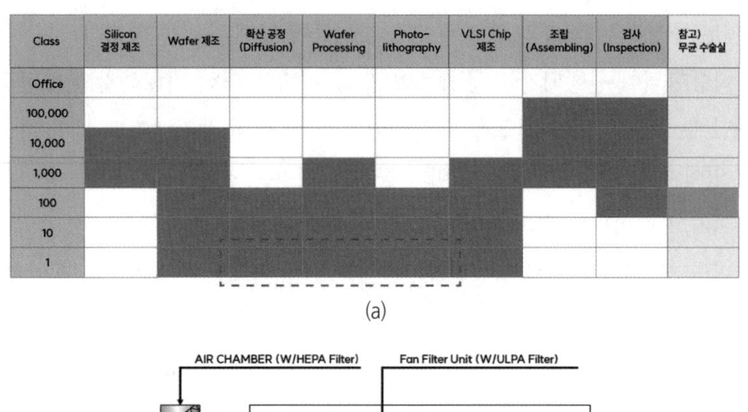

(a)

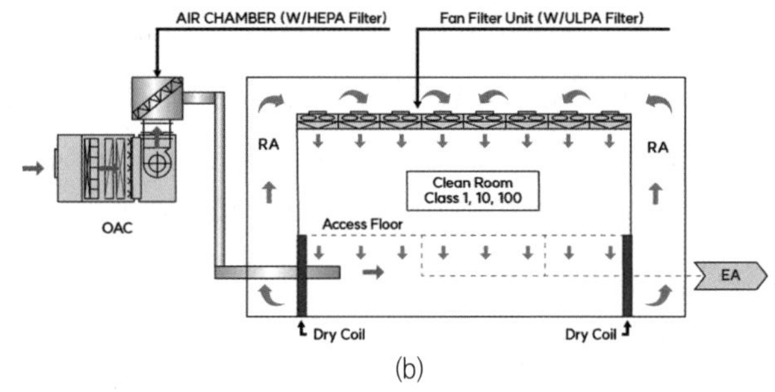

(b)

[그림 4-5] 클린룸의 청정도와 고청정클린룸

클린룸 내에는 공정을 진행할 수 있는 여러 설비들이 정렬되어 있고 공정의 자동화에 맞게 설계된 레일이 설비 위쪽으로 만들어져 공정의 기본 단위인 Lot(웨이퍼 25매로 구성)이 캐리어에 담겨 이동할 수 있도록 되어있다. 또한 노란 조명을 쓰는 특별한 공간이 존재하는데, 패턴을 만드는 포토공정의 경우 빛을 이용하여 그 에너지를 사용하기 때문에 공정에 영향을 주지 않는 노란색 조명을 사용하고 있다. 이를 엘로우룸(Yellow Room)이라고 부르고 과거에는 구분된 공간에서 공정이 진행 되었으나 최근에는 벽 자체가 파티클에 좋지 않기 때문에 영역으로만 구분할 뿐 공간적으로는 모두 개방되어 있는 상태다.

4 공정 설비와 공정 파라미터

클린룸에 배치된 공정 설비와 그와 관련된 부속 장치들에 대해 개념을 이해하도록 하자. 반도체 공정은 설비에서 자동화되어 진행되기 때문에 설비와 그 부속에 대해 이해하지 못하면 공정 파라미터를 제대로 이해할 수 없고 공정을 컨트롤 할 수 없다. 또한 설비 엔지니어도 설비 뿐 아니라 공정의 개념을 잘 알고 있어야 본인이 담당하는 설비가 공정에 미치는 영향을 잘 파악할 수 있다. 공정은 설비를 통해 이루어지고 설비는 공정의 결과에 영향을 주기 때문이다.

먼저 공정 설비의 기준이 되는 챔버는 진공, 열, 가스 등 필요한 파라미터를 제어할 수 있는 공간이다. 챔버 안에서 주로 공정이 진행되며 진공 상태에서 목적에 맞게 관련 파라미터를 조절하여 원하는 공정을 하게 된다. 열역학적으로 챔버는 단절된 계(closed system) 상태로 만들어 온도나 압력 등을 제어하여 재현성 있는 공정이 진행되도록 만들 수 있다. 챔버가 없는 열린 계(open system) 상태에서는 공정 파라미터를 동일하게 하더라고 재현성이 확보되지 않는 결과를 가져올 수도 있다.

학교 연구실 수준에서는 챔버를 단독으로 많이 사용하지만, 양산에서 쓰이는 설비에는 챔버를 여러 개 달아서 생산성을 높일 수 있도록 클러스터 형태의 설비를 이용한다. [그림 4-6 (a)]에서처럼 웨이퍼가 설비에 로딩이 되면 먼저 트랜스퍼 모듈(transfer module, TM)로 이동되고 이후 목적에 맞는 챔버에 들어가는 순서이다. TM에는 여러 개의 챔버가 연결되어 있는데 설비의 공정 목적에 맞게 모두 동일한 챔버가 달려서 공정 생산성을 높일 수도 있고, 각각 다른 챔버를 연결해서 진공이 유지된 상태에서 순서에 맞게 in-situ 공정이 순차적으로 진행 될 수도 있다. [그림 4-6 (b)]의 실제 클러스터 설비를 보면 각 챔버마다 모양이 다른 상태이기 때문에 TM을 거쳐 순차적으로 목적에 맞는 공정이 진행되는 과정을 거치게 된다. 그 과정을 순서대로 나열하면 Loadlock → TM → Chamber 1 (Process) → TM → Chamber 2 (Process) → TM → …… → Loadlock 의 과정을 통해 복합공정이 진공 상태에서 순차적으로 진행될 수 있다. 주로 CVD, PVD, ALD 등의 Deposition 공정, Dry etch 공정이 이런 형태의 Cluster tool을 사용하며, Cluster tool에 dry cleaning chamber를 연결하여 진공을 유지한 채 in-situ 공정으로 사용하기도 한다.

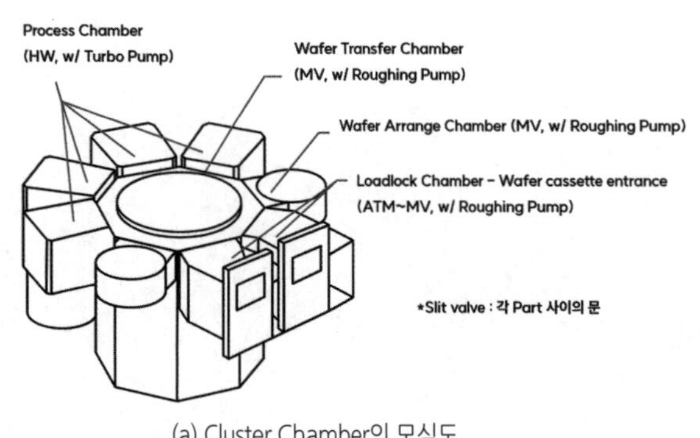

(a) Cluster Chamber의 모식도

(b) 실제 Cluster Tool의 모습(AMAT사)

[그림 4-6] Cluster 형태의 공정 설비

하지만 모든 설비가 챔버 형태로 만들어진 것은 아니다. 각 공정의 목적에 맞게 설비가 구성되게 되는데 [그림 4-7 (a)]의 열공정을 위한 퍼니스(Furnace)의 경우 쿼츠(Quartz) 재질의 튜브 속에서 적정 압력과 gas flow 조건을 가지고 외부 전열선에서 발생하는 열이 복사의 형태로 웨이퍼에 전달되게 된다. 튜브는 전열선에 의해 발생한 열이 효과적으로 전달되면서 공정이 진행되는 공간을 closed system으로 만드는 역할을 한다. [그림 4-7 (b)]의 광학계를 사용하는 EUVL 설비의 경우도 패턴 형성을 위해 광학적 원리를 사용하기 때문에 광원을 만드는 장치와 빛을 반사하는 반사경과 마스크 등 목적에 맞는 장치들로 구성되어 있다. 이처럼 반도체 설비는 각 공정을 진행하는데 가장 효율적인 장치 시스템으로 구성되어 있으며, 이러한 설비를 이해하고 공정에 미치는 영향을 알고 있을 때 제대로 된 공정을 진행할 수 있다.

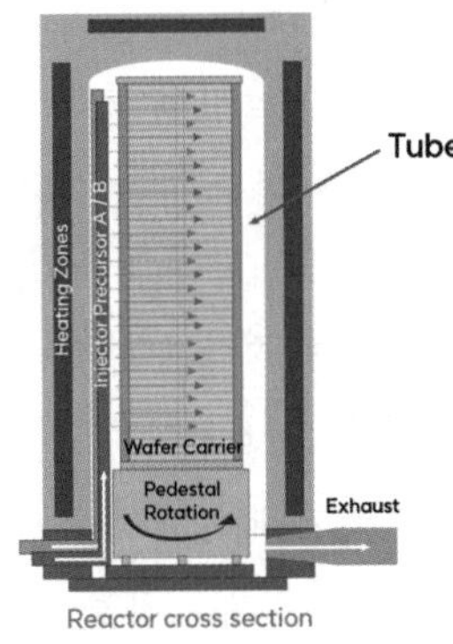

(a) 공정 설비의 예(ASM사 Furnace)

(b) 광학계 사용 설비의 예(ASML사 EUVL 설비)

[그림 4-7] 공정별 목적에 따른 설비의 활용

공정 설비는 공정이 진행되는 조건에 적합하도록 온도, 압력, 진공도 등의 공정 파라미터뿐 아니라 기계적으로 웨이퍼의 이동이나 고정 등의 역할도 해주어야 한다. [그림 4-8 (a)]처럼 웨이퍼가 설비에 제대로 로딩(loading)될 수 있도록 이동시켜주는 로봇팔(Robot Arm)의 기능도 필요하고, [그림 4-8 (b)]의 사진과 같이 웨이퍼가 챔버 내에서 고정되기도 하고 열을 전달할 수도 있는 기능도 필요하다. 웨이퍼의 고정은 진공을 사용하는 경우뿐만 아니라 웨이퍼 아래에서 강한 전압을 걸어 발생하는 정전기력을 이용해 고정하는 Electrostatic Chuck을 사용하기도 한다. 또한 Chuck은 웨이퍼와 직접적으로 닿아 있는 상태이기 때문에 공정 중 웨이퍼의 온도를 직접적인 전도의 방법으로 조절할 수 있다는 장점이 있는데, chuck 내부에 냉각수나 액체 질소를 흘려 공정온도를 낮게 컨트롤할 수도 전열선을 달아서 공정 온도를 높게 컨트롤할 수도 있도록 하고 있다.

(a) Wafer Transfer(Vaccum Robot System)

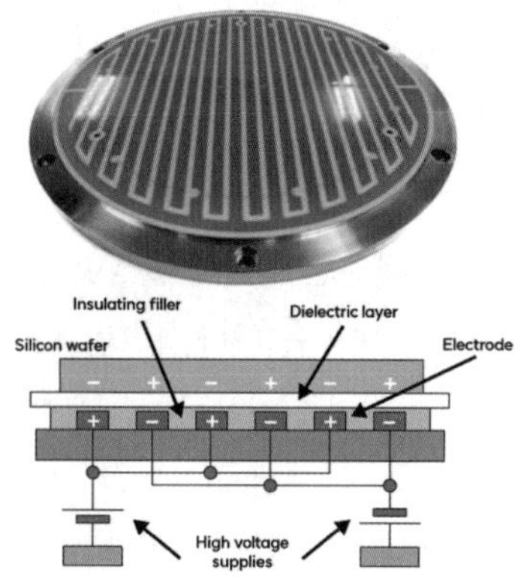

(b) Wafer Chuck(Electrostatic Chuck)

[그림 4-8] Wafer 반송계와 Chuck

또한 챔버를 중심으로 다양한 목적의 부속 장치들이 있는데, 공정 중에 공급되는 가스의 양을 측정하는 MFC(Mass Flow Controller)와 공정 후 잔존하는 가스의 1차 중화를 위한 스크러버(Scrubber)에 대해 알아보도록 하자. 먼저 MFC는 설비내로 유입되는 가스의 양을 정확히 측정하여 공정 조건을 조절할 수 있도록 쓰인다. MFC는 기체의 양을 측정하는 장치이기 때문에 측정된 값을 기준으로 유입량을 늘리거나 줄일 경우 자동화된 밸브를 열거나 닫아서 유입 가스의 양을 조절하게 된다. 유입되는 가스가 MFC를 통과하면서 두 부분을 거치게 되는데 유입되면 먼저 전열선에 의해 가열되게 되고 가열에 의해 변화된 gas의 온도가 센싱되면서 기체의 양을 측정하게 되는 원리이다. 유입되는 가스가 많다면 온도변화가 작고 가스가 적다면 온도 변화가 크기 때문에 MFC에서 특정된 수치의 피드백을 통해 밸브의 개폐가 이루어진다. 스크러버는 공정 후 생성된 물질이나 남은 가스가 유독한 경우가 많기 때문에 설비 외부로 바로 배출되지 못하도록 1차적으로 중화 또는 정화시키는 장치이다. 가스의 종류에 따라 설비가 달라지긴 하지만, 액체를 통과하면서 화학적인 반응을 기반으로 중화되거나 필터를 통해 걸러지는 원리이다. 이렇게 1차로 중화된 배출 가스는 Fab.에 부속된 중앙 정화 장치로 포집되어 외부로 배출되기 전에 정화된 후 배출되게 된다[그림 4-9]. 그 외의 중요한 펌프나 진공게이지는 진공 챕터에서 자세히 다루기로 한다.

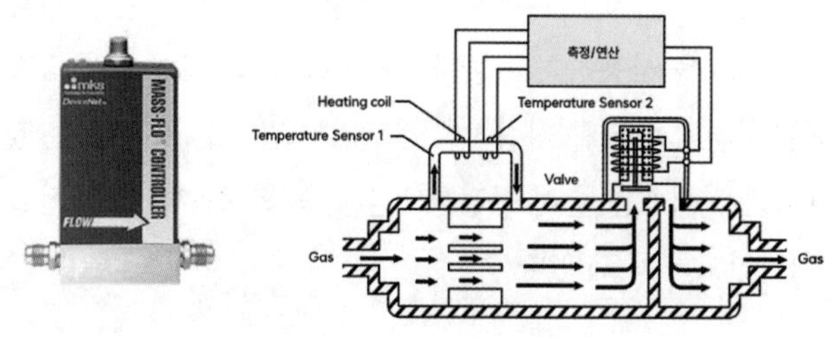

(a) Mass Flow Controller(MFC) 구조와 동작원리

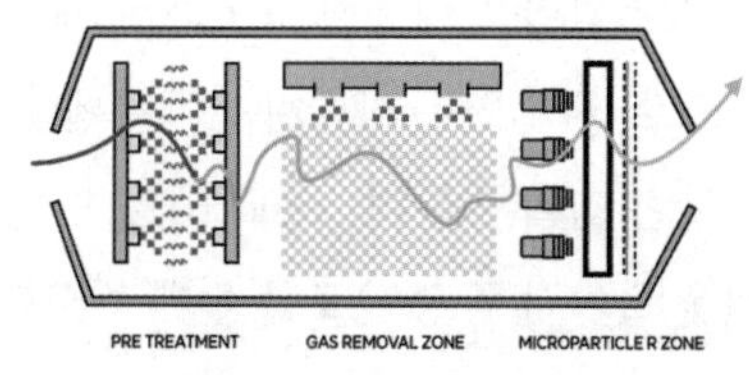

(b) Scrubber의 동작 원리

[그림 4-9] 설비 내 중요 부속 장치

이처럼 공정 설비는 수많은 장치로 구성되어 각각의 유닛 공정의 목적을 달성할 수 있도록 컨트롤 할 수 있다. 결국 공정 파라미터를 어느 범위까지 조절이 가능한가가 설비적 관점에서 중요한 포인트가 될 수 있고 이는 위에 설명된 부속장치들의 적절한 조합으로 만들어질 수 있다. 예를 들어 공정 온도 400도의 경우 chuck은 전열선으로 온도가 컨트롤 되는 것이 효율적이나, 80도의 공정의 경우 물이나 액체를 흘려 공정 온도를 맞추는 게 효율적이다.

공정에서 공정 조건과 설비적인 동작을 컨트롤 및 모니터링하기 위해 만들어놓은 시스템이 모니터링 패널이다. 설비 동작의 모든 상황과 정보가 한 패널에 표현이 되어있어 한 눈에 설비에서 일어나는 상황을 파악할 수 있다. 가스별로 주입되는 양과 어떤 밸브가 열려 있는지, 챔버 내 진공도는 얼마이고 파워는 어느 정도 공급되고 있는지 펌프 배기는 어떤 상태인지 등 공정과 관련된 모든 정보가 표시되기 때문에 엔지니어는 이 패널을 보면 어떤 공정이 진행 중인지 파악할 수 있다.

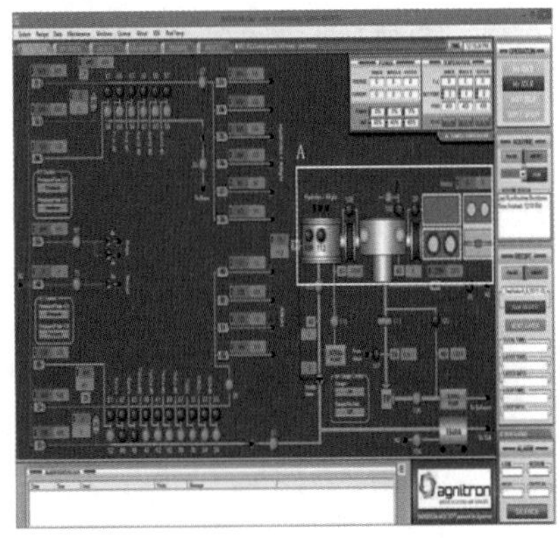

[그림 4-10] 설비 동작 모니터링 패널

반도체 공정에 있어서 가장 중요한 것이 'Recipe'라고 할 수 있는데, 각 공정에서의 파라미터 값이다. 음식을 할 때도 설탕 얼마 소금 얼마의 양을 정량화하여 맛을 낼 수 있도록 하듯이 공정에서도 압력, 온도, 파워 등이 공정이 진행되는 시간에 맞춰 컨트롤 되어야 한다. 예를 들어 산화막 100nm를 증착할 때 공정 파라미터의 시간상 변화를 알아야 하고 압력을 높이면 어떤 결과가 나오고 온도를 낮추면 어떻게 되는지 알아야 목적에 적합한 100nm의 산화막을 증착할 수 있다. 본서에서는 각 유닛공정에서의 중요 공정 파라미터와 그것들이 공정의 결과에 미치는 영향의 관점에서 기술하며, 공정이 가능하도록 하는 설비의 요소기술에 대해서도 기술하겠다.

5 진공(Vacuum)

반도체 공정을 이해하는 데 있어 진공에 대한 이해는 필수적이다. 대부분의 미세공정이 챔버(chamber)에서 진행이 되며, 이 챔버는 거의 진공 상태에서 공정이 진행되기 때문에 공정 진행 중의 진공도는 공정의 결과에 많은 영향을 미치게 된다. 반도체 공정에서 진공을 사용하는 이유는 주변 환경(잔류가스, 흡착가스)으로부터의 오염 방지/감소, 평균 자유 이동 거리(Mean Free Path, MFP) 증가 그리고 Plasma 발생 및 유지의 목적으로 사용하게 된다.

진공의 원래 의미는 '아무것도 없는 빈 공간'을 나타내지만, 보통 공학에서 사용하는 의미는 '대기압보다 낮은 압력 상태'를 말한다. 우리가 중요하게 짚고 넘어가야 할 부분은 진공도가 높고 낮음에 따라 반도체 공정의 결과물(예를 들면 증착된 박막의 특성, 에치된 후 트렌치의 profile 등)에 어떤 영향을 주는지 이해하는 것이며, 이번 챕터에서는 진공의 개념부터 기체의 성질, 그리고 진공 상태를 만들기 위한 진공 시스템의 기계적인 요소까지 학습하도록 하겠다.

1. 진공의 특성

진공은 대기압보다 낮은 압력 상태를 의미하므로 진공이란 우리가 일상생활에서 느끼는 주변의 공기보다 작은 밀도의 공기 분자가 있는 상태이다. [표 4-1]은 고체, 액체, 기체의 경우 단위 부피($1cm^3$)당 포함된 분자 수를 나타낸다.

[표 4-1] 단위 부피당 분자수 예

구분	Silicon	Water	Air
Atomic Number Density	5×10^{22}	3.3×10^{22}	2.5×10^{19}

고체와 액체의 경우 단위 부피당 포함된 분자 수가 비슷하지만(10^{22} 단위), 기체의 경우는 분자 수가 고체나 액체 대비 1/1000 정도로 감소한다. 단지 밀도가 1/1000로 감소해도 실체를 느낄 수 없는 기체 상태가 된다는 것을 기억해두자.

(1) 이상기체 방정식

진공의 특성을 이해하기 위해 우선 다음의 이상 기체 방정식을 통해 기체의 특성에 대해 이해해보자.

$PV = nRT$ [수식 4-1]

(P: 압력, V: 부피, n: 기체의 몰수, R: 이상기체 상수, T: 절대온도)

- 온도가 일정하고 기체의 유출입이 없을 때: $PV \propto Constant$ (보일의 법칙)
- 압력이 일정하고 기체의 유출입이 없을 때: $V \propto T$ (샤를의 법칙)
- 부피가 일정하고(진공챔버) 온도가 일정할 때: $P \propto n$ (기체분자 개수)

진공압력은 챔버 안에 있는 기체의 몰수에 비례한다. 다시 말하면 챔버의 압력을 낮추려면 챔버 안에 있는 기체 분자를 외부로 배출시켜야 한다는 것을 의미한다. 보통은 진공펌프(Vacuum Pump)를 이용해 기체분자를 외부로 배출시켜 진공을 만들게 된다. 이상기체 방정식은 '이상기체(Ideal Gas)'라고 부르는 것이 의미하는 것처럼 실제 기체의 특성과는 오차가 있다. 하지만 우리가 다루는 진공의 경우는 기체 분자가 충분히 희박하여 이상기체 방정식으로 설명될 수 있다.

(2) 진공의 단위

진공은 기본적으로 기체의 압력 상태를 의미하므로 압력단위와 같다. 인위적인 진공을 처음 만든 사람은 토리첼리이다. 유명한 토리첼리의 실험에서 수은주가 채워진 유리관이 일정 높이를 유지함을 발견하였고, 대기의 압력에 해당하는 수은 높이를 갖는다고 설명하였다.

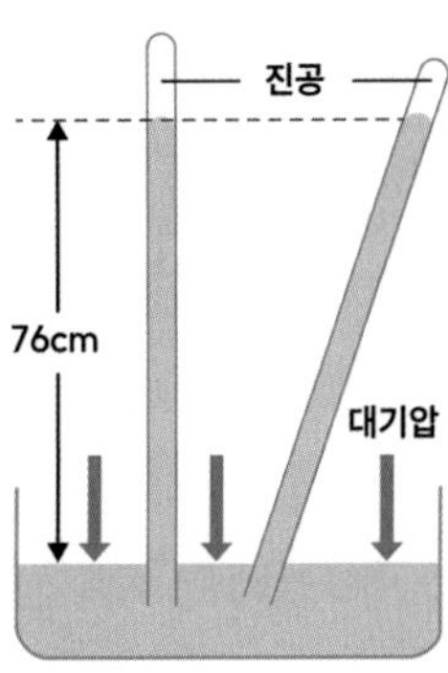

[그림 4-11] 토리첼리 실험

즉, 대기의 압력은 다음과 같이 표시할 수 있다.

$$\text{대기압} = \frac{\text{대기의 힘}}{\text{면적}} = \frac{m_{Hg}ghA}{A} = m_{Hg}gh$$

$$1\text{기압} = 760\text{mmHg} \geq \text{Torr}$$

여기서 수은 밀도 13.6g/cm^3(=13600Kg/m^3), 중력상수 980cm/sec^2(=9.8m/sec^2)를 넣어 계산하면 다음과 같다.

$$1\text{기압} = 1012928\text{dyne/cm}^2 = 1013\text{mbar}$$
$$= 101292.8\text{N/m}^2 = 101292.8\text{Pa}$$

여기서 torr와 Pa은 반도체 공정에서 진공상태를 나타내기 위해 가장 보편적으로 사용되는 단위이다. 진공도를 말할 때 장비 업체에 따라, 또 사람에 따라 선호하는 압력 단위가 다음의 관계를 기억하면 향후 진공에 대해 소통하는 데 편리하다.

$$1\text{torr} = 133\text{Pa},\ 1\text{Pa} = 0.0075\text{torr}$$

$$1\text{torr} \approx 100\text{Pa}$$

보통 압력 크기에 따라 [표 4-2]와 같이 진공 수준을 구분한다.

[표 4-2] 진공 수준 구분

구분	압력(Torr)	압력(Pa)
대기압	760	101.3kPa
저진공	760 to 25	100 kPa ~ 3kPa
중진공	25 to 1×10^{-3}	3kPa ~ 100mPa
고진공	1×10^{-3}~1×10^{-9}	100mPa ~ 100nPa
초고진공	1×10^{-9}~1×10^{-12}	100nPa ~ 100pPa
극히 높은 진공	$<1\times10^{-12}$	<100pPa
우주 공간	1×10^{-6}~$<3\times10^{-17}$	100μPa~<3fPa
완전한 진공	0	0Pa

(3) 기체의 성질

기체분자 운동론은 기체의 물리적 성질을 다음과 같은 가정 아래 설명한다.

- 기체분자는 빠르게 임의의 방향으로 움직인다.
- 기체분자는 서로 아주 멀리 떨어져 있다.
- 기체분자 간의 인력이나 반발력은 없다.
- 기체분자 간의 충돌은 완전 탄성 충돌이다.
- 기체분자의 평균 운동에너지는 절대온도에 비례한다. ($\frac{1}{2}m\overline{v^2}=\frac{3}{2}kT$)

기체분자 운동론을 이용해 이상기체 방정식, 평균 자유이동거리(MFP), 기체분자 이동속도, 단분자층 형성시간(Monolayer Time) 등을 설명할 수 있다.

① 평균 자유이동거리(MFP)

평균 자유이동거리는 [그림 4-12]과 같이 한 기체분자가 다른 기체분자와 충돌 후 또 다른 기체분자와 충돌할 때까지의 평균 거리이다. 따라서 챔버 내에 기체분자 수가 많을수록(압력이 높을수록 또는 저진공) 평균 자유이동거리가 짧아진다. 또한 기체분자의 입자 크기가 크면 충돌 확률이 높아지므로 평균 자유이동거리는 짧아지게 된다. 반도체 공정에서는 사용될 기체가 공정의 목적에 맞게 정해지게 되면 주로 공정의 압력에 의해 평균 자유이동거리가 영향을 받게 되고, 기체분자운동론을 이용하여 공기에 대해 평균 자유이동거리(λ)를 계산하면 다음과 같은 관계를 가짐을 알 수 있다.

$$\lambda(\text{cm}) \approx 0.7/P(\text{Pa}) \sim 5 \times 10^{-3}/P(\text{torr})$$

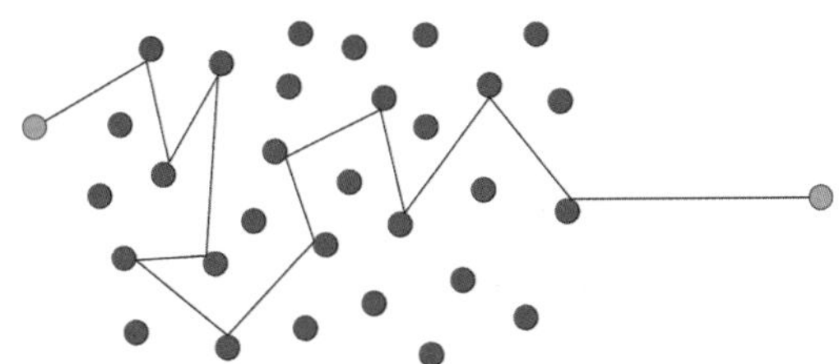

[그림 4-12] 평균 자유이동거리

고진공(10^{-5}Pa)인 경우 700m, 공정압력(10^{-1}Pa)인 경우 7cm, 대기압(10^5Pa)인 경우 70nm로 압력에 따라 평균 자유이동거리에 큰 차이가 남을 알 수 있다. 평균 자유이동거리는 증착공정, 식각공정 특성에 많은 영향을 미치게 된다. 그 이유는 입자의 충돌이 많이 일어날수록 직진성이 떨어지게 되므로 평균 자유이동거리가 커질수록 기판에 도달한 입자의 방향은 직진성을 갖게 된다. 이러한 성질을 이용하여 공정 압력을 조절하여 증착 공정을 통해 증착된 막의 특성과 식각공정 후의 형상(profile)을 조절할 수 있다.

② 단분자층 형성시간

기체 입자가 표면에 흡착되어 한 층의 원자/분자층을 형성하는 데 걸리는 시간을 단분자층 형성시간(Monolayer Formation Time)이라고 한다. 즉 단분자층 형성시간이 짧아질수록 공정 시간이 단축되기 때문에 결과물의 특성 확보가 가능한 상태라면 단분자층 형성시간을 최대한 줄이는 방향이 공정 생산성을 향상시킬 수 있다.

웨이퍼 표면과 충돌한 기체분자가 바로 흡착된다고 가정하면, 단분자층을 형성하는 데 걸리는 시간은 $\tau(\text{sec}) \approx 3 \times 10^{-4}/P(\text{Pa})$로 나타낼 수 있다. 고진공($10^{-5}$Pa)인 경우 10sec, 공정압력($10^{-1}$Pa)인 경우 3msec, 대기압($10^5$Pa)인 경우 3nsec의 단분자층 형성시간으로 압력이 높아질수록 단분자층 형성시간이 짧아지게 되는데, [그림 4-13]에서 알 수 있듯이 압력이 높아지면 층이 형성될 기판에 충돌 및 흡착될 확률이 커지기 때문이다. SIMS나 XPS 등 표면 분석이 필요한 경우 분석하는 동안 주변 기체에 의해 표면이 오염되는 것을 방지하기 위해 초고진공($\leq 10^{-7}$Pa)을 유지하는 것이 그 이유라 할 수 있다.

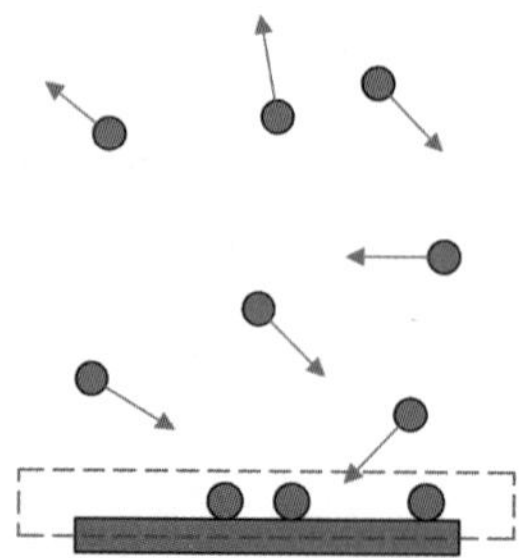

[그림 4-13] 표면 충돌 및 흡착에 의한 단분자층 형성

③ 기체분자 이동속도

기체분자의 평균 운동에너지는 절대온도에 비례하므로, 같은 온도에서 기체분자가 가벼울수록 빠르고, 무거울수록 느리게 움직임을 알 수 있다([그림 4-14]).

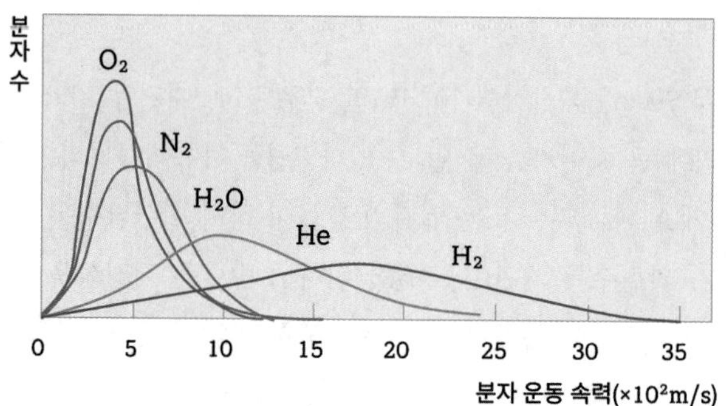

[그림 4-14] 기체분자의 속력 분포

이렇게 기체 종류에 따라 기체분자의 이동속도가 차이 나기 때문에, 뒤에서 설명할 진공펌프에서 고진공을 만들 때 수소나 헬륨 등 가벼운 기체 분자는 펌핑이 잘 안 되는 특성이 있다.

특히 탄소(carbon)의 경우 챔버에 남아 있어 불순물로 작용하여 칩의 전기적인 특성에 매우 큰 영향을 미칠 정도로 민감한 물질이지만 펌핑 효율은 떨어지기 때문에 다루는 데 유의하여야 한다.

2. 진공시스템

반도체 공정(증착, 식각)은 보통 진공장비를 이용해서 진행된다.

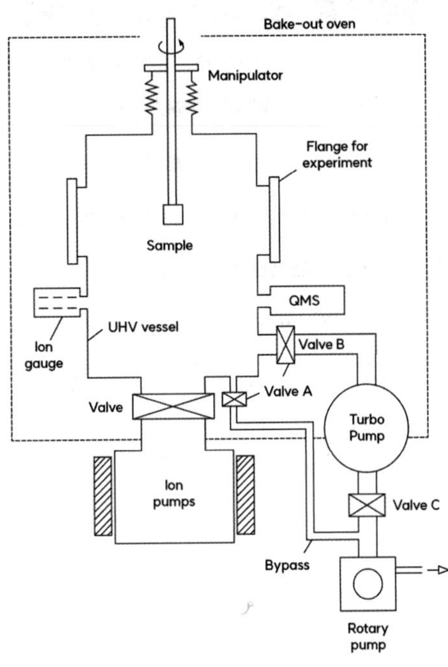

[그림 4-15] 진공장비 구성

[그림 4-15]과 같이 진공 장비는 공정을 진행하기 위해 다음의 다섯 가지 필수 요소로 구성된다.

- **진공 챔버**: 진공을 생성 및 유지하고 웨이퍼에 원하는 공정을 진행하는 공간
- **진공 펌프**: 진공 챔버의 기체를 뽑아내어 진공 상태로 만들어 주는 장치
- **진공 게이지**: 챔버 내부의 진공도를 측정하는 장치
- **진공 밸브**: 진공 챔버와 외부를 연결하는 개폐 장치
- **실링**: 진공 챔버에 여러 가지 장치를 연결할 때, 연결 부위에서 기체가 챔버 내부로 들어오게 되어 진공이 나빠지는 것을 방지하는 부품(O-ring, Gasket 등)

(1) 진공 펌프

용기 내의 기체분자를 제거하여 진공도를 높이는 장치이다. 반도체 공정에서 사용하는 진공펌프는 [그림 4-16]와 같이 보통 10^{-1} Torr 수준까지 뽑을 수 있는 저진공 펌프와 10^{-7} Torr 정도까지 뽑을 수 있는 고진공 펌프로 구분할 수 있다. 저진공 펌프는 진공챔버 내부의 저압 상태의 기체를 압

축하여 압력을 높여 외부로 배출하는 방식으로 동작한다. 주로 사용되는 저진공 펌프는 로터의 실링을 위해 오일을 사용하는 로터리 펌프, 실링 오일을 사용하지 않는 루츠 펌프(Roots Pump)가 있다.

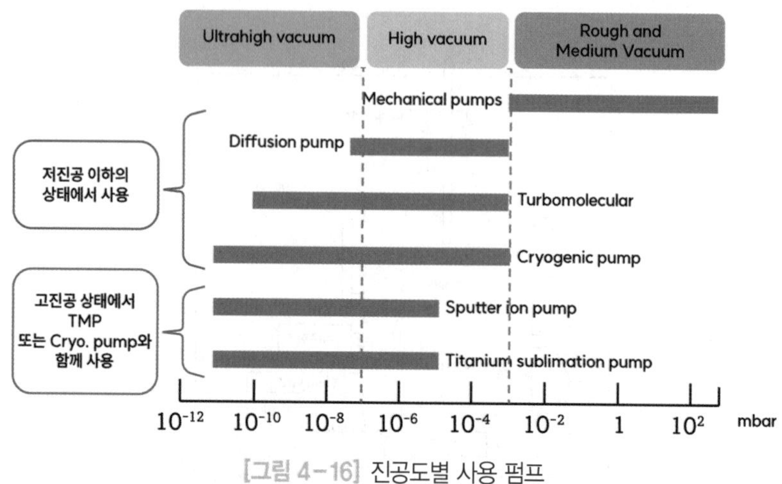

[그림 4-16] 진공도별 사용 펌프

먼저 로터리 펌프는 회전자(Rotor)가 회전하면서 기체를 흡입 → 고립 → 압축 → 배기의 방식으로 챔비를 진공상태로 만들게 되며, 오일의 역류가 발생할 수 있어 양산공정에서는 선호하지 않는다. 루츠 펌프는 로터리 펌프와 유사한 흡입 → 압축 → 배기의 원리로 진공을 만드는 방식인데 오일을 쓰지 않기 때문에 양산에서 많이 쓰이고 있다([그림 4-17]).

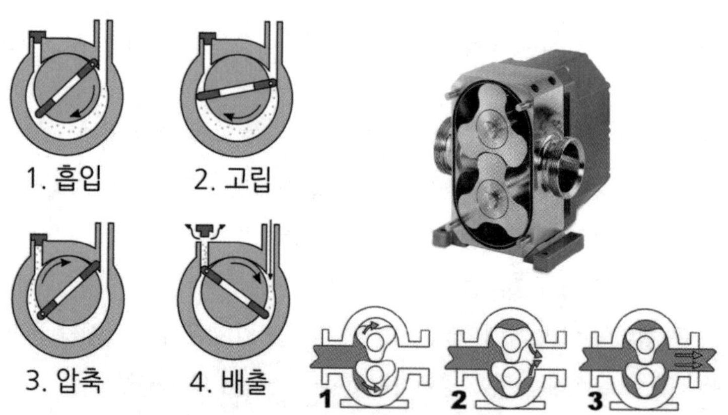

[그림 4-17] 저진공펌프의 동작 원리(루츠 펌프)

고진공 펌프는 블레이드(Blade)가 60,000~100,000rpm 정도로 빠르게 회전해서 기체 분자를 배출하는 Turbo Molecular Pump(TMP)와 극저온(<80K 영역 및 <20K 영역)으로 냉각해서 기체분자를 냉각시켜 포획하는 방식의 크라이오(Cryo) 펌프가 많이 쓰이고 있다. TMP의 경우 [그림 4-18 (a)]의 형

태로 여러 블레이드가 층층이 쌓여있고 각각의 블레이드는 기체 입자를 잘 쳐낼수 있도록 각도와 날의 수가 설계되어 있다. 보통은 효율을 극대화시키기 위해 챔버의 아래쪽이나 옆쪽에 연장배관 없이 직접적으로 부착되며 배출구는 저진공 펌프에 연결되어 있다. TMP는 매우 얇게 만들어진 블레이드와 배출되는 기체의 마찰이 필수적으로 일어나게 되어 압력이 충분히 낮아지지 않은 상태에서 연결시키게 되면 블레이드가 굉음과 함께 파괴된다.

(a) Turbo Molecular Pump(TMP) (b) Cryo. 펌프

[그림 4-18] 고진공펌프

크라이오 펌프는 액체 헬륨(He)을 사용하여 15K 수준 이하로 냉각시켜 초저온 상태를 구현하여 챔버 내의 입자를 펌프에 응결, 흡착시켜 제거하는 방식이다. [그림 4-18 (b)]에서 볼 수 있듯이 중앙의 관을 통해 액체 헬륨이 흐르면 냉각 효율을 위해 표면적을 넓게 만들어 놓은 위쪽의 핀(fin)을 초저온으로 냉각시키면서 챔버 내의 기체를 흡착시키는 원리이다. 흡사 여름에 냉장고에서 바로 꺼낸 얼음을 입안에 넣으면 얼음이 혀에 달라붙는 예와 비슷하다. 입안의 수분이 얼음에 달라붙으면서 이런 현상이 나타나게 되는데, 동일한 원리를 고진공을 만드는 크라이오 펌프에 사용하고 있다. 하지만 펌핑 효율을 위해서는 흡착된 기체를 다시 제거해 주는 과정이 필요한데, 이를 regeneration이라 하며 주기적으로 이 과정을 해주게 된다. 만약 저기압이 아닌 상태에서 크라이오 펌프를 쓰기 시작한다면 regeneration 주기가 매우 짧아지며 이는 펌프에 연결된 설비의 생산성에 영향을 미치게 되기 때문에 저진공 상태에서 크라이오 펌프를 사용한다. 대기압 정도 수준의 압력에서는 많은 기체들이 한꺼번에 냉각핀에 달라붙어 초저온이 유지되지 못하면서 펌핑 능력을 상실한다.

챔버에서 저진공 고진공의 순서로 환경에 맞는 펌프를 이용하여 진공을 잡는 과정을 [그림 4-15]을 기준으로 설명하면 다음과 같다.

- 챔버와 저진공 펌프를 연결하는 밸브A를 열어 대기압 상태의 챔버를 저진공 펌프에 연결하고 저진공 상태로 만든다.
- 챔버가 저진공 상태가 되면 밸브A를 닫고, 챔버와 고진공 펌프 사이의 밸브B와 고진공 펌프와 저진공 펌프 사이의 밸브C를 열어준다.

- 챔버가 저진공 상태에서 고진공 펌프와 연결되며 고진공 펌프를 통해 배기된 기체는 저진공 펌프를 통해 설비로부터 배기된다.
- 저진공 펌프나 고진공 펌프는 항상 가동상태이며, 챔버의 진공도는 밸브의 개폐를 통해 조절된다.

(2) 진공 게이지

진공 펌프로 진공상태를 만들고 나서는 어느 정도 수준의 진공도인지 정량적으로 확인하는 것이 중요하다. 진공 압력에 따라 고진공 게이지를 동작시키거나, 고진공 밸브를 열거나 닫고, 공정 가스를 넣어 원하는 공정을 진행한다든지 하는 여러 가지 후속 작업을 결정할 수 있기 때문이다. 대기압보다 낮은 진공상태의 기체 압력을 측정하는 기기를 진공 게이지(Gauge)라고 한다.

측정해야 하는 범위가 매우 넓어 한 가지 방식으로 진공도를 측정하는 것은 어렵고, 진공 펌프와 마찬가지로 [그림 4-19]과 같이 저진공 상태에서 사용하는 저진공 게이지와 고진공 상태를 측정할 수 있는 고진공 게이지로 구분된다. 반도체 업계에서 주로 사용하는 진공 게이지로는 기체 압력에 의한 얇은 격막의 변형을 측정하는 방식의 커패시턴스 마노미터(Capacitance Manometer), 기체가 필라멘트의 열을 뺏어갈 때 필라멘트 특성 변화(온도, 저항)를 압력으로 환산하는 피라니 게이지(Pirani gauge), 기체를 이온화시켜 이온 숫자를 직접 측정하는 이온 게이지가 있다. 이온 게이지는 고진공용 게이지로 저진공 상태에서 사용하면 열전자 방출을 위한 필라멘트가 산화되어 이후의 측정에서 오류를 일으킬 수 있으므로 사용 시 압력 상태 확인이 필요하다.

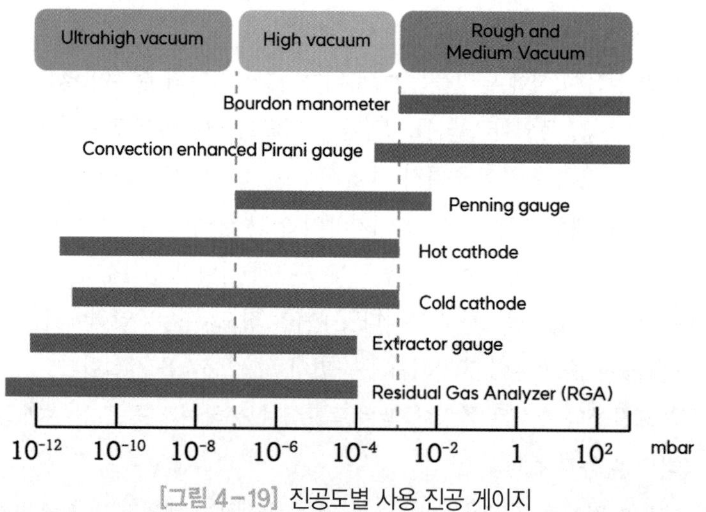

[그림 4-19] 진공도별 사용 진공 게이지

(3) 진공 효율

진공을 효율적으로 만들고 유지하기 위해서 설비를 설계할 때 중요하게 고려해야 할 부분은 효율적인 배관을 통한 펌핑시간 단축 그리고 배관 연결에서의 실링(Sealing)이다. 고진공 펌프를 설명할 때 챔버와 연장 배관 없이 직접적으로 연결된다고 설명했는데, 비슷한 개념으로 펌핑을 위한 배관은 짧고 굵게 펌프와 챔버를 연결시키는 것이 펌핑 효율(Pumping efficiency)을 높일 수 있다. 이는 소자의 conductance와 같은 개념으로 이해할 수 있는데, 배선이 짧고 두꺼운 경우 저항이 낮아지는 것과 동일하다. 진공 효율을 높이는 것은 기체의 이동이 잘 일어날 수 있는 환경을 만들어 주는 것이기 때문이다. 이를 관계식으로 살펴 보면 다음과 같다.

$$\frac{1}{Seff} = \frac{1}{C} + \frac{1}{Spump}$$ [수식 4-2]

($Seff$: effective pumping speed, $Spump$: pumping speed, C : Conductance)

즉, 펌프의 펌핑 속도를 늘리거나 배관의 conductance를 좋게 만드는 방향이 펌핑 효율을 좋게 만드는 방향이라 말할 수 있다.

또한 이렇게 만든 진공이 잘 유지될 수 있도록 하기 위해서는 각 배관의 연결 부위에 실링을 잘 해 주어야 기체가 챔버나 배관으로 들어오는 것을 막을 수 있다. 바꿔 말하면 진공의 leakage가 생기는 것을 방지할 수 있는데, 보통 공정의 온도가 150도 이하인 경우 연결 부위에 고무 재질의 O-ring을 사용하고 그 이상의 온도를 사용하는 공정의 경우 연성이 높은 구리 재질의 가스켓(Gasket)으로 연결부를 통해 기체가 들어오는 것을 방지한다([그림 4-20]).

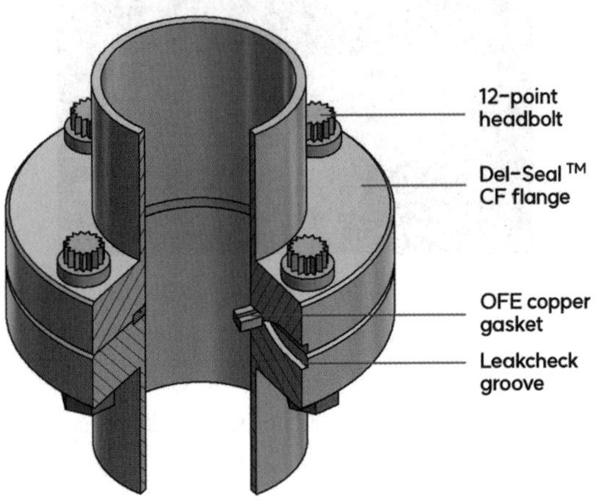

[그림 4-20] 배관에서의 볼트 체결 및 구리 가스켓실링

⑥ 플라즈마(Plasma)

보통 고체, 액체, 기체에 이은 '제4의 물질 상태'라고 하는 플라즈마는 기체 상태의 분자나 원자가 이온화되어 양이온과 전자가 섞여 있어서 국부적으로는 극성을 갖지만 전체적으로는 중성 상태인 이온화 가스이다([그림 4-21]). 우리가 매일 보는 태양의 경우도 플라즈마의 일종인데 태양의 플라즈마는 모든 원자가 이온화되어 있는 매우 높은 에너지 상태의 고온 플라즈마이고, 우리가 반도체 공정에서 사용하는 플라즈마는 기체 분자 중 0.001% 이하 정도가 이온화되어 있는 저온 플라즈마이다. 저온 플라즈마는 [그림 4-22]과 같이 보통 방전 현상에 의해서 발생되고 이러한 방식으로 형성된 플라즈마를 글로우 방전(Glow Discharge) 플라즈마라고 부른다.

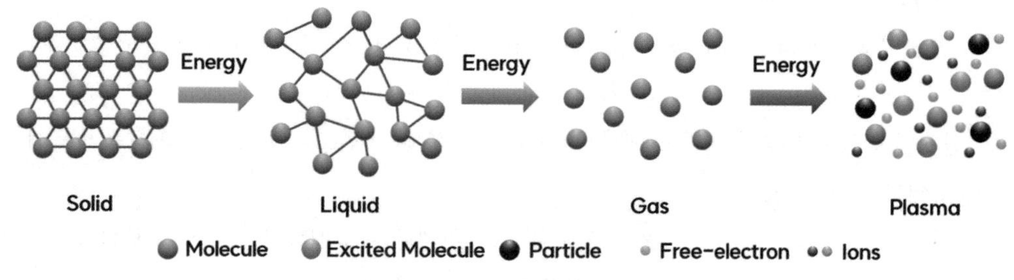

[그림 4-21] 물질의 상태 변화

[그림 4-22] 두 전극 사이에 형성된 글로우 방전(glow discharge)

플라즈마는 일종의 기체상태이지만 이온 및 전자의 존재로 인해 전기 전도체이고, 자기장에 의해 영향을 받는 특성이 있다. 비록 부분적으로는 중성상태가 깨지는 지역도 있지만 전체적으로는 전기적 중성 상태이므로 이를 준중성(Quasi neutrality)이라고 한다. 또한 외부의 전기장, 자기장에 의해 전체적으로 움직이게 되는 집합적 행동을 보인다.

1. 플라즈마의 발생

플라즈마가 발생 및 유지되는 데 있어서 전자, 원자 그리고 이온 등 다양한 입자의 반응이 일어나게 된다. 복잡한 반응 중에서 본 서에서는 반도체의 공정에서 주로 사용하고 영향을 미치는 반응에 대해 살펴보기로 하자. [표 4-3]에서 각각의 반응과 반응식 그리고 그 예를 나타냈는데 하나씩 그 원리에 대해 이해하고 반도체 공정에서 어떻게 쓰일지 이해하는 것이 중요하다.

[표 4-3] 진공 상태에서의 플라즈마 반응

Reaction	General equation	Example	Characteristics
1. Ionization (이온화)	$e^- + A \rightarrow A^+ + 2e^-$	$e^- + N_2 \rightarrow N_2^+ + 2e^-$	
2. Excitation (여기)	$e^- + A \rightarrow A^* + e^-$	$e^- + O_2 \rightarrow O_2^* + e^-$	
3. Dissociation (해리)	$e^- + AB \rightarrow e^- + A + B$	$e^- + SiH_4 \rightarrow e^- + SiH_3 + H$	반응성 Radical 형성
4. Recombination (재결합)	$A^+ + 2e^- \rightarrow e^- + A$	$N2+ + 2e^- \rightarrow e^- + N2$	Ionization의 역반응
5. Relaxation (탈여기, 발광)	$A^* \rightarrow A + hv$	$O2^* \rightarrow O2 + hv$	Excitation의 역반응, 발광성 (광학적)

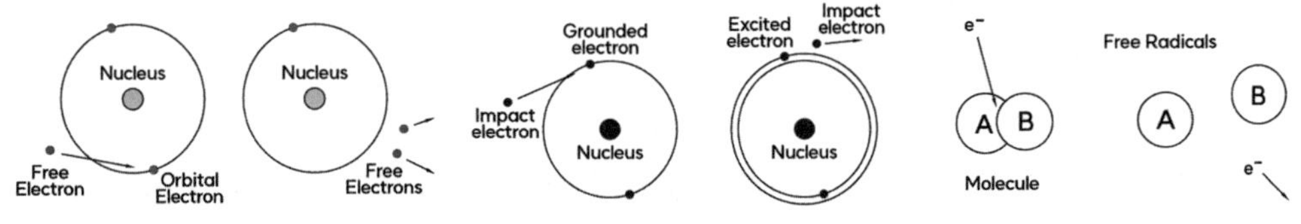

(a) 이온화(Ionization) (b) 여기(Excitation)와 발광(Relaxation) (c) 해리(Dissociation)

[그림 4-23] 플라즈마의 생성 원리

먼저 이온화의 반응은 전자가 충분한 에너지를 가지고 중성의 원자나 분자와 충돌하는 경우 이온과 또 하나의 자유전자를 발생시킨다. 이러한 과정에서 만들어진 자유전자가 다시 반응에 참여하게 되고 반복되면서 플라즈마가 생성되고 유지될 수 있도록 만든다. [그림 4-23 (a)]에서 만약 충돌하는 전자의 에너지가 충분하지 못하다면 [그림 4-23 (b)]에서 볼 수 있듯이 원자에 구속된 전자가 충돌에 의해 이온화되기에는 부족한 상태이기 때문에 들뜬 상태로 여기(Exitation)되게 되며, 이렇게 여기된 전자는 다시 안정한 상태(바닥상태)로 돌아가면서 전자 궤도의 차이의 정량화된 만큼의 에너지($A^* \rightarrow A + hv$)를 빛으로 방출하게 된다. 플라즈마에 사용하는 기체에 따라 플라즈마의 색이 다른데 각 원소에 따라 전자궤도의 준위에 따라 양자화된 에너지 값이 다르기 때문에 여기와 발광 과정이 일어날 때 다른 색의 빛이 발광되게 된다. 아르곤(Ar)의 경우 보랏빛, 질소(N_2)의 경우 주황빛을 띄게 되며 이러한 발광을 보면서 플라즈마가 잘 형성되고 있다고 정성적으로 판단할 수 있다.

플라즈마의 생성 원리 중에 빼놓을 수 없는 것이 [그림 4-23 (c)]와 같은 해리(Dissociation)인데, 전자가 분자와 충돌하여 화학적 결합을 깨고 강한 반응성을 가진 활성종(Radical)으로 만드는 과정이다. 이 반응은 이온화 에너지보다는 작고, 강한 반응성의 Radical은 분자였을 때보다 불안정한 상태이기 때문에 다른 물질과 반응을 잘할 수 있는 상태이다. 이러한 특성을 이용해서 반도체 공정에서 많이 사용하는 예가 [그림 4-24]에 정리되어 있다.

oxide etch의 fluorine radical (F)형성

$e^- + CF_4 \rightarrow e^- + CF_3 + F$

$4F + SiO_2 \rightarrow SiF_4 + 2O$

(a) Etch 공정에서의 사용 예

플라즈마가 화학반응을 촉진하여 빠른 속도로 막을 형성

$e^- + SiH_4 \rightarrow e^- + SiH_2 + 2H$

$e^- + N_2O \rightarrow e^- + N_2 + O$

$SiH_2 + 3O \rightarrow SiO_2 + H_2O$

(b) PECVD 공정에서의 사용 예

[그림 4-24] 반도체 공정에서 Radical 사용의 예

정리하면, 플라즈마 상태에서 공정에 많은 영향을 줄 수 있는 것이 이온화 반응에 의해 생성된 이온과 해리 과정에서 생성된 Radical로 볼 수 있는데, 이온은 증착법 중에 물리적 기상 증착법 (Physical Vapor Deposion, PVD) 중 가장 일반적인 스퍼터링(Sputtering) 방식에서 주로 사용하며, Radical은 화학적 기상 증착법(Chemical Vapor Deposion, CVD) 중 플라즈마를 사용하는 PECVD (Plasma Enhanced CVD) 공정에서 주로 사용한다. 또한 이온과 Radical의 조합을 사용한 반응성 이온 식각(Reactive Ion Etching, RIE) 공정은 두 가지 특성을 모두 사용하여 식각력을 높인 경우이다. 이처럼 반도체 공정에서는 플라즈마 상태에서 원하는 특성의 입자를 선택적으로 사용하여 목적에 맞는 막을 증착하거나 식각하는 용도로 사용한다.

2. 플라즈마의 특성

지금부터 플라즈마라고 하면 반도체 공정에서 사용하는 글로우 방전 플라즈마를 의미하는 것으로 한정한다. 이러한 플라즈마는 발생시키는 발생원에 의해 DC 플라즈마, RF 플라즈마, 마이크로웨이브 플라즈마로 구분할 수 있다. 플라즈마의 일반적인 특성은 다음과 같다.

- 열에너지 대신 일반적으로 컨트롤하기 쉬운 전압을 가해서 플라즈마를 발생시킨다.
- 자유전자가 전압에 의해 가속되고 중성분자와 충돌하여 이온화시킨다.
- 플라즈마 표면에서는 전극과 접촉에 의해 전자 및 이온의 손실이 있다.
- 중성 분자의 이온화에 의해 손실된 전자 및 이온이 보충되어 평형을 이룬다.
- 전자와 이온의 무게 차이로 인해 전자의 움직임이 더 빠르고, 전자의 손실 속도가 이온 손실 속도보다 더 빠르다.

이런 특성으로 인해 [그림 4-25]에서 표현된 바와 같이 플라즈마와 전극면이 닿는 경계면에서 전자의 손실이 이온의 손실보다 빠르기 때문에 전하 중성(Charge Neutrality)이 깨지며 양이온이 많아지고 전극 부위에 음의 전압이 걸리게 된다. 이러한 영역을 쉬스(Sheath)라 하고 반도체 공정에서는 쉬스 영역의 전계에 의해 양이온이 전극 쪽으로 이동하는 특성을 이용하여 다양한 플라즈마 공정을 진행하게 된다.

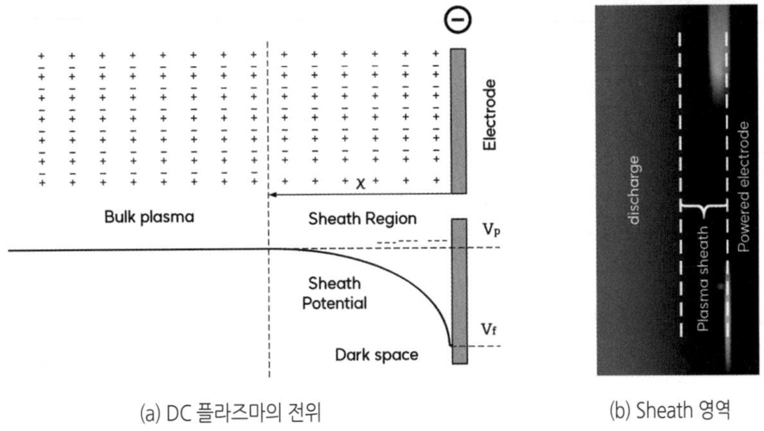

(a) DC 플라즈마의 전위 (b) Sheath 영역

[그림 4-25] DC 플라즈마의 전위와 Sheath 영역

3. 플라즈마의 형성 방법

(1) DC 플라즈마

- [그림 4-26]와 같이 두 개의 평행 전극판에 직류 전압을 인가한다. 보통 양극은 접지를 하고, 음극에 -200~-1000V 정도의 높은 바이어스(Bias) 전압이 가해진다.
- 자유전자가 전계에 의해 가속되고 중성 분자와 충돌하여 이온화시킨다.
- 양이온이 음극(cathode)에 끌려가 음극과 충돌한다. 이러한 충돌 중 ~10% 정도에서 2차 전자가 발생한다.
- 이 2차 전자는 양극(anode) 방향으로 가속되면서 이동한다.
- 가속된 전자가 플라즈마 내의 중성분자와 충돌하여 이온화시키면서 다시 전자가 방출되는 과정이 반복되며 이온화가 가속화된다.
- 이와 같이 새로 생성되는 이온-전자쌍과 전극에서 소멸되는 이온, 전자의 수가 균형을 맞추면 DC 플라즈마가 평형상태를 이루게 된다.
- 전압을 끄면 새로 공급되는 전자가 없으므로 플라즈마도 소멸한다.
- 영구자석에 의한 자기장에 의해 전자의 이동 경로를 높여 플라즈마 발생 효율을 높여주는

DC 마그네트론(magnetron) 플라즈마, 별도의 Hot filament를 이용하여 충분한 자유전자를 공급해 플라즈마 효율을 높여주는 Hot filament DC 플라즈마도 있다.

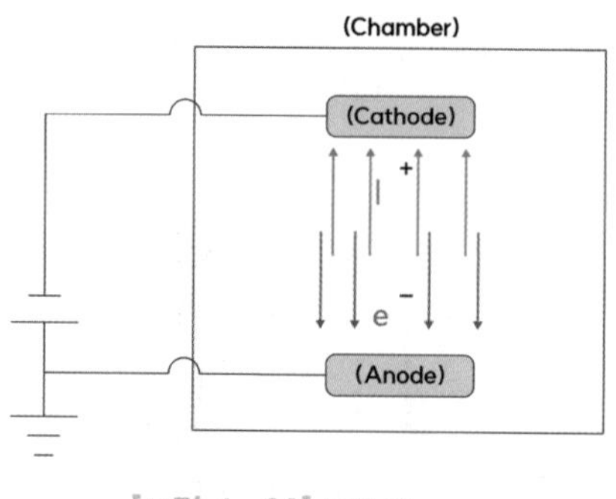

[그림 4-26] DC Plasma

DC 플라즈마를 반도체에서 가장 적절하게 사용하는 공정이 PVD 방법의 Sputtering이다. [그림 4-27]를 기반으로 앞에서 기술한 플라즈마의 형성과 박막 공정을 연결시키는 것은 매우 중요하다. 보통 Sputtering에서는 불활성기체인 Ar을 사용하여 반응이 일어나지 않도록 하며, 플라즈마 상태에서 Ar 이온과 전자를 생성한다. 생성된 Ar^+ 이온은 증착시킬 물질인 타겟(target)에 걸린 음의 전압에 의해 타겟(Cathode) 쪽으로 가속되며 이동하고, 충분한 에너지를 가지고 타켓에 충돌한다. Ar^+ 이온과의 충돌에 의해 떨어져 나온(sputtered) 타겟 물질의 원자들은 플라즈마를 지나 맞은편 전극(Anode) 쪽으로 이동하여 부착된 기판(substrate)에 증착된다. 플라즈마 내의 전자는 타겟에 걸린 음의 전압으로 인해 반발력을 받게 되고 다시 벌크 플라즈마 속으로 가속되어 들어가며, 그 가속력을 바탕으로 다시 Ar 원자와 충돌하여 이온화 반응을 일으켜 플라즈마를 유지시키는 역할을 한다. 이런 일련의 과정이 계속 반복되면서 전자는 플라즈마를 유지시키고 생성된 Ar^+ 이온은 타겟쪽으로 이동하여 충돌하고 sputterd된 타겟원자가 기판에 증착되는 과정이 연속적으로 일어난다. 원리 이외의 자세한 공정 파라미터의 영향과 특성에 관련해서는 증착 공정에서 학습하도록 하겠다.

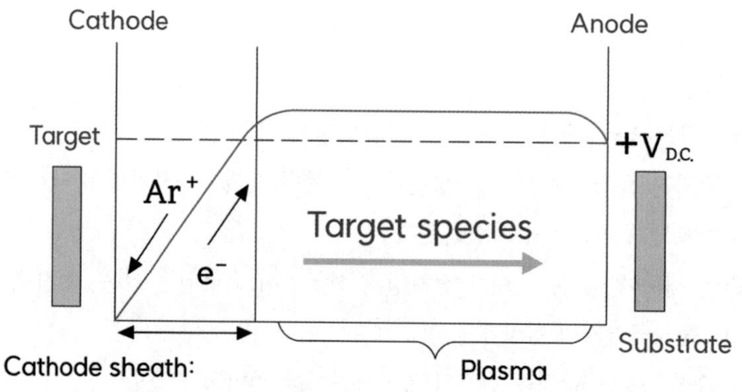

[그림 4-27] DC 플라즈마를 사용한 예(DC Sputtering)

플라즈마와 관련된 파라미터를 이해하는 데 중요한 내용 중 하나가 파셴곡선(Paschen's Curve)이다. 파셴곡선은 플라즈마 발생 전압과 전극 간격 및 공정 가스 압력의 관계를 나타낸 것이다. [그림 4-28]에 보이는 것처럼 발생 전압이 가장 낮은 P×d(P: 압력, d: 전극 간 거리) 값이 플라즈마의 발생효율이 가장 높은 영역이다. 이는 장비 디자인, 사용 가스, 전극 구조 등 여러 가지 요인에 의해 바뀌는 값이고 [그림 4-26]의 경우에는 사용 gas에 따라 P×d 가 0.5~10 torr·cm일 때 가장 효율적인 영역임을 나타낸다. 예를 들어 1 torr·cm가 가장 효율적인 특성을 보인다면, 공정 압력을 100mtorr로 사용하고 싶으면 양극과 음극 간의 거리가 10cm가 최적 조건이고, 반대로 전극 간격이 5cm인 플라즈마 장비에서는 공정 압력이 200mtorr가 되도록 공정 조건을 잡는 것이 플라즈마 효율성 측면에서 가장 바람직하다.

파셴곡선의 특성을 이전에 배운 진공상태에서 기체의 평균이동거리(MFP) 개념과 연관지어 생각해보면 이해가 잘 되어질 수 있다. 가장 효율적인 구간(가운데)을 기준으로 음의 기울기를 보이는 왼쪽 영역은 압력이 낮아지거나 전극 간의 거리가 줄어들면서 충돌 횟수가 감소하게 되어 플라즈마의 효율이 감소하게 되었고, 양의 기울기를 보이는 오른쪽 영역은 압력이 높아지거나 전극 간 거리가 늘어나면서 입자가 상대적으로 많아지면서 전자가 이온화시킬 만한 충분한 에너지를 갖지 못한 상태에서 충돌하기 때문에 플라즈마의 효율이 감소하는 것으로 이해할 수 있다.

파셴곡선의 방전전압이 작은 영역은 플라즈마 관점에서 그 조건이 효율적이라는 것이지 그 조건을 사용하여 공정을 한 결과물이 목적으로 하는 최상의 상태임을 의미하는 것은 아니다. 보통은 효율적인 구간에서 여러 조건의 split 실험을 진행 후 원하는 특성의 결과가 나오는 조건을 선택하여 공정조건으로 사용하게 된다. 또한 플라즈마의 효율에 영향을 미치는 파라미터가 인가전압, 압력 그리고 전극 간 거리임을 알 수 있는데, 실제 공정상 인가전압과 압력은 쉽게 조절할 수 있는 파라미터이지만 전극 간 거리는 챔버의 구성상 쉽게 바꿀 수 있는 파라미터는 아니다. 현업에서는 주로 인가전압과 챔버 내의 압력으로 플라즈마의 상태를 조절한다는 것을 기억해두자.

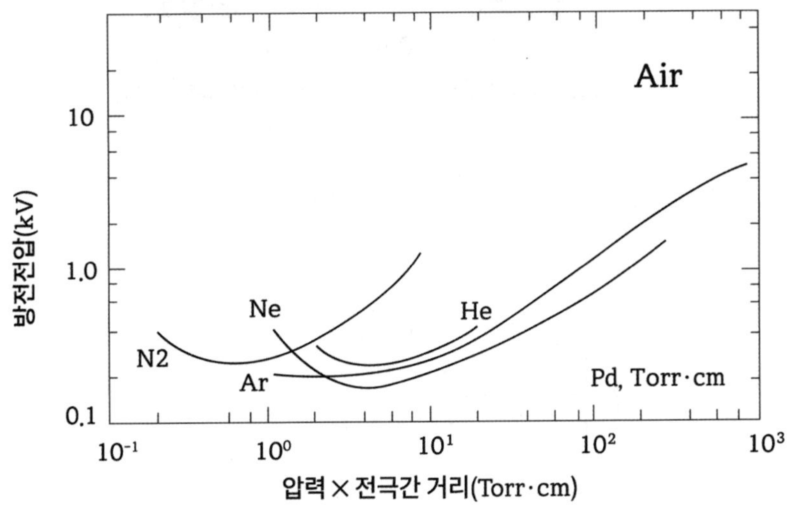

[그림 4-28] 파셴곡선(Paschen's Curve)

(2) RF(Radio Frequency) 플라즈마

RF 플라즈마는 DC 대신 높은 주파수의 교류(13.56MHz)를 두 개의 평행 전극판에 인가하는 것이다. 플라즈마 발생 시 DC 플라즈마의 경우와 마찬가지로 자유전자가 두 개의 전극에 인가된 전압에 의해 중성분자와 충돌하여 이온화가 된다. DC 플라즈마와 차이점은 교류에서는 양극, 음극이 고정되어 있지 않고 계속 서로 바뀐다는 것이다. RF 주파수에서는 이러한 극성 변경이 1초에 1,300만 번 정도 발생하므로 전자는 가볍기 때문에 주파수에 맞추어 움직이지만, 양이온은 무거워 거의 정지한 것과 같은 거동을 보인다. 이런 방식으로 전자가 두 개의 전극 사이를 빠르게 움직여 중성분자와 충돌해 이온화될 확률이 DC 플라즈마보다 높으므로 플라즈마 효율이 더 좋은 방법이다.

하지만 반도체 공정에 적용하기 위해서는 특정 전극이 양극, 음극으로 고정되어 있는 것이 바람직하다. 실제로는 RF 플라즈마 경우에도 self-bias 현상에 의해 전극의 극성이 고정된 것과 같은 효과를 나타낼 수 있다. Self-bias 현상은 두 전극의 크기를 서로 다르게 하고 한쪽 전극에만 Capacitor를 직렬로 연결함으로써 극대화할 수 있다.

[그림 4-29]과 같이 RF 플라즈마에서 빨리 변화하는 RF 신호에 맞추어 전자가 움직여 전극과 충돌하게 된다. 전극의 크기가 서로 다르면 큰 전극에서는 전자가 충분히 소멸되지만, 작은 전극에서는 전자가 소멸되지 못하고 점점 더 쌓이게 되고 이로 인해 작은 크기의 전극에 음의 bias가 걸리게 된다. 이때 작은 크기의 전극에 Capacitor를 연결하면 전자가 효과적으로 축적되므로 [그림 4-30]과 같이 음의 bias를 유지할 수 있게 된다. 이러한 현상을 self-bias라고 한다. RF 플라즈마는 전극의 표면이 도체일 경우뿐만 아니라, 부도체인 경우에도 사용할 수 있어서 절연막 증착이나 절연막 식각 등을 위한 플라즈마 장비에 주요하게 사용된다.

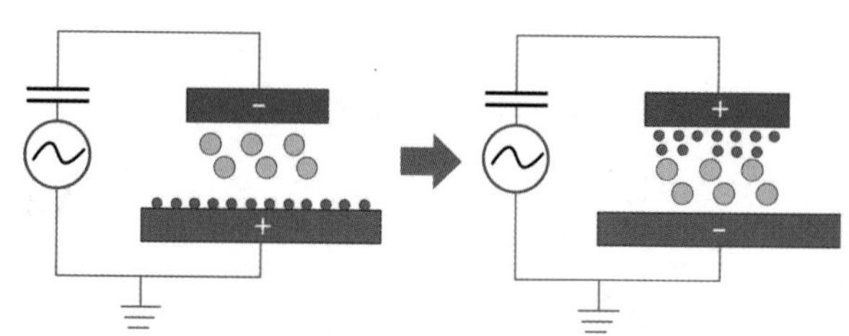

[그림 4-29] RF Plasma에서 전극 크기 차이에 따른 self-bias 형성 과정

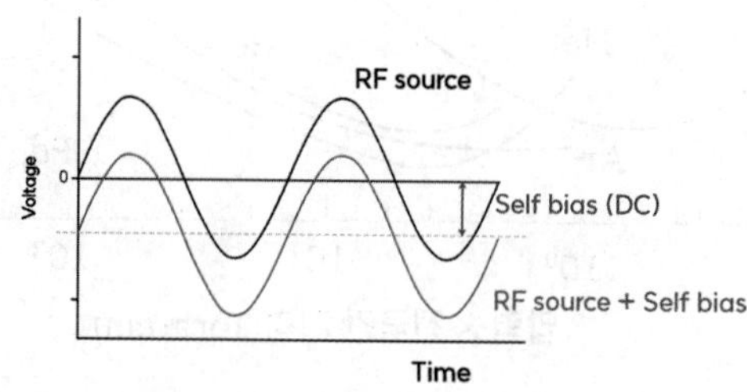

[그림 4-30] RF source 인가 시 발생하는 self-bias 효과

최근 집적도 향상에 따라 고밀도 플라즈마를 형성할 필요가 있고, 이러한 목적으로 ICP(Inductively coupled plasma) 플라즈마나 RF 주파수보다 더 높은 주파수를 사용하는 마이크로웨이브(microwave) 플라즈마도 상용화되어 있다. 이 부분은 식각공정에서 더 자세히 다루기로 한다.

실제 면접 기출문제 맛보기

실제 면접에서 나온 질문 난이도 ★★★ 중요도 ★★★★★

- 플라즈마란 무엇인지 설명하세요. 삼성전자, SK하이닉스
- 플라즈마를 사용하는 공정은 어떤 것이 있는지 설명하세요. 삼성전자, SK하이닉스

1 질문 의도 및 답변 전략

면접관의 질문 의도

플라즈마의 정의와 기체 구성을 파악하고, 공정에서는 플라즈마를 어떻게 활용하는지를 알고 있나 확인하는 문제이다.

면접자의 답변 전략

플라즈마의 형성 원리, 플라즈마를 구성하는 기체의 종류를 나열한다. 플라즈마를 사용하는 공정은 건식 식각과 CVD 중 일부가 있다는 정도로 대답하고, 이들이 플라즈마를 사용하는 이유에 대해서는 상세히 설명한다.

+ 더 자세하게 말하는 답변 전략
- 플라즈마는 이온화 과정을 통해 기체가 전기적으로 분리되어, 부분적으로 전기적 극성을 띄는 상태임을 설명한다.
- 플라즈마를 사용하는 공정의 예시는 많을 필요가 없다. 대표적인 예인 건식 식각 공정과 PECVD, 혹은 Sputter를 언급하고, 상세 내용은 후속 질문에서 답하도록 한다.
- 플라즈마를 사용하는 공정은 라디칼의 높은 반응성과 이온의 전기적 극성을 이용한 방향성을 활용하는 것임을 설명한다.

2 머릿속으로 그리는 답변 흐름과 핵심 내용

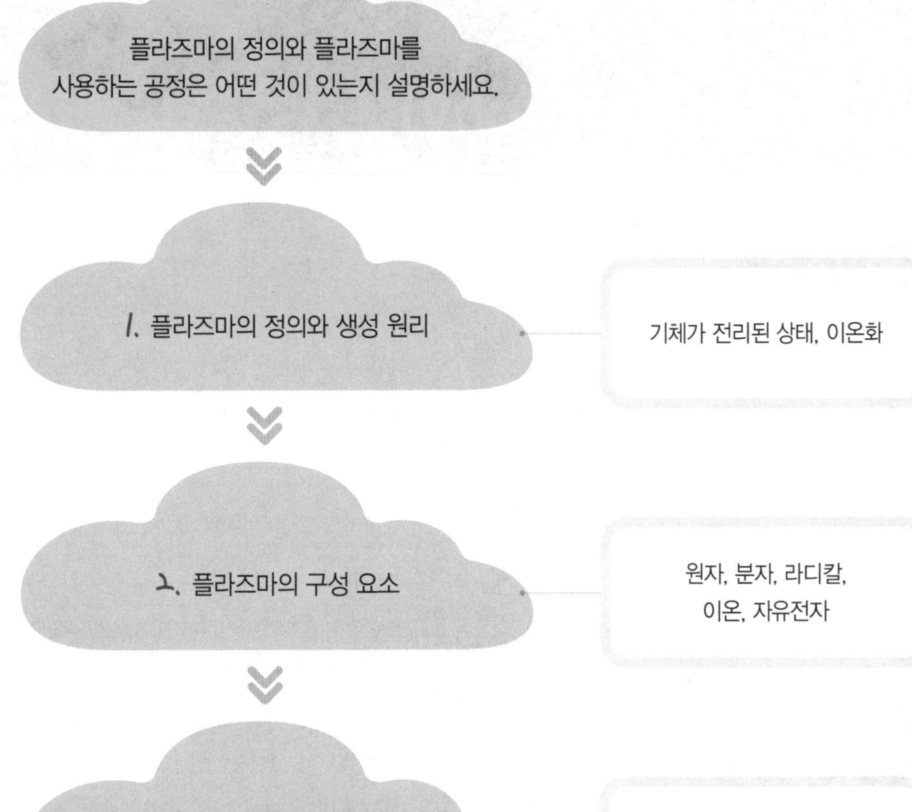
플라즈마의 정의와 플라즈마를
사용하는 공정은 어떤 것이 있는지 설명하세요.
1. 플라즈마의 정의와 생성 원리
기체가 전리된 상태, 이온화
2. 플라즈마의 구성 요소
원자, 분자, 라디칼,
이온, 자유전자
3. 플라즈마를 사용하는 공정과
사용하는 이유
건식 식각 공정과 PECVD 등,
라디칼의 반응성, 이온의 직진성

3 나만의 답안 작성해보기

자세한 모범답안을 보고 싶으시다면
[한권으로 끝내는 전공 · 직무 면접 반도체 기출편]을 참고해주세요!

Chapter 02

포토 공정 (Photolithography)

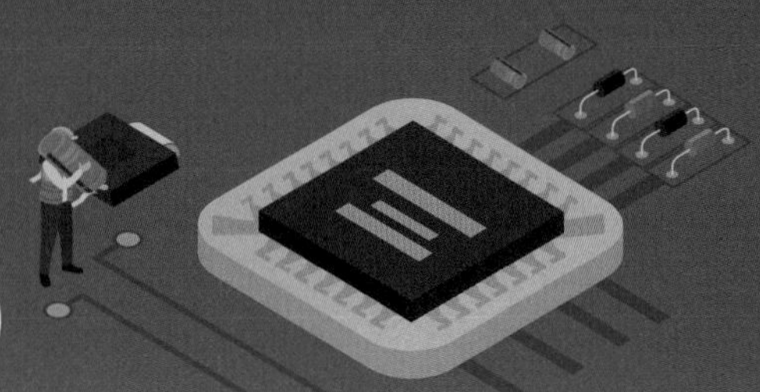

핵심요약

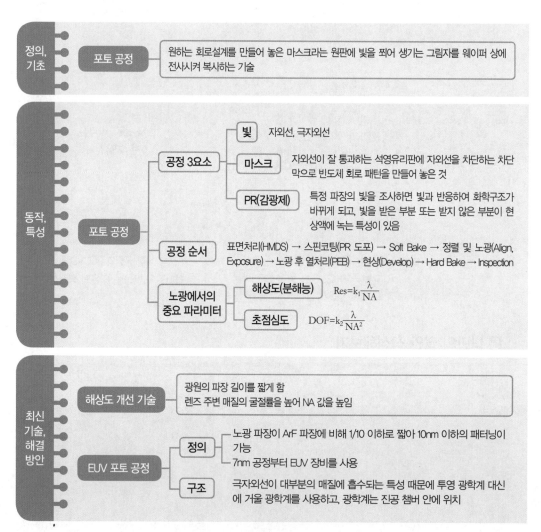

정의, 기초

- **포토 공정**: 원하는 회로설계를 만들어 놓은 마스크라는 원판에 빛을 쬐어 생기는 그림자를 웨이퍼 상에 전사시켜 복사하는 기술

동작, 특성

- **포토 공정**
  - **공정 3요소**
    - **빛**: 자외선, 극자외선
    - **마스크**: 자외선이 잘 통과하는 석영유리판에 자외선을 차단하는 차단막으로 빈도제 회로 패턴을 만들어 놓은 것
    - **PR(감광제)**: 특정 파장의 빛을 조사하면 빛과 반응하여 화학구조가 바뀌게 되고, 빛을 받은 부분 또는 받지 않은 부분이 현상액에 녹는 특성이 있음
  - **공정 순서**: 표면처리(HMDS) → 스핀코팅(PR 도포) → Soft Bake → 정렬 및 노광(Align, Exposure) → 노광 후 열처리(PEB) → 현상(Develop) → Hard Bake → Inspection
  - **노광에서의 중요 파라미터**
    - **해상도(분해능)**: $Res = k_1 \frac{\lambda}{NA}$
    - **초점심도**: $DOF = k_2 \frac{\lambda}{NA^2}$

최신 기술, 해결 방안

- **해상도 개선 기술**: 광원의 파장 길이를 짧게 함 / 렌즈 주변 매질의 굴절률을 높여 NA 값을 높임
- **EUV 포토 공정**
  - **정의**
    - 노광 파장이 ArF 파장에 비해 1/10 이하로 짧아 10nm 이하의 패터닝이 가능
    - 7nm 공정부터 EUV 장비를 사용
  - **구조**: 극자외선이 대부분의 매질에 흡수되는 특성 때문에 투영 광학계 대신에 거울 광학계를 사용하고, 광학계는 진공 챔버 안에 위치

학습 포인트

포토공정의 단계별 순서와 이론적인 내용에 대해 이해하고 미세공정 패턴을 확보하기 위한 방법을 설명할 수 있도록 한다.

1 포토 공정이란?

반도체 산업은 지난 40여 년간 '반도체 소자의 집적도는 18개월마다 두 배씩 증가한다.'는 무어의 법칙(Moore's Law)에 따라 발전을 계속해 왔다. 이렇게 소자의 집적도를 향상하는 데 가장 핵심적인 역할을 한 것은 바로 포토공정(Photolithography)이라고 말할 수 있다. 포토공정은 1G DRAM 생산을 기준으로 소자가 완성되기까지 약 20~25회 적용되는 최다 진행 공정으로 대략 메모리 제조 공정 시간의 60%, 총 생산 원가의 35%를 점하고 있다. 포토공정은 원하는 회로설계를 만들어 놓은 마스크(mask, 또는 reticle)라는 원판에 빛을 쬐어 생기는 그림자를 웨이퍼상에 전사시켜 복사하는 기술이며, 반도체의 제조 공정에서 설계된 패턴을 웨이퍼 위에 형성하는 가장 중요한 공정이다.

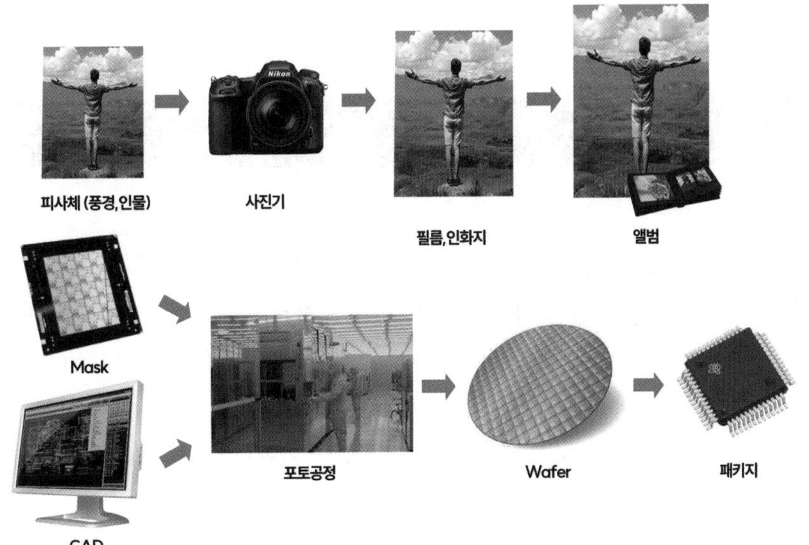

[그림 4-31] 포토공정과 사진 작업 비교

쉬운 이해를 위해 [그림 4-31]에서 보는 것과 같이 포토기술(Photolithography)과 사진작업(Photography)을 비교해 보았다. 사진을 찍고자 하는 피사체는 노광기술의 마스크에 해당하고, 사진기는 노광기, 사진 필름은 감광제(Photoresist, PR)가 도포된 웨이퍼, 필름 현상은 빛을 받은 감광제를 현상(develop)하는 과정, 현상된 필름을 이용하여 사진 인화를 하는 작업은 노광공정 후 진행하는 식각공정, 이온주입공정에 해당된다. 이러한 사진 작업이 완료되어 여러 장의 사진을 모아 놓은 앨범은 공정이 완료되어 제작된 반도체 소자에 해당된다고 볼 수 있다.

다시 말하면, 포토공정은 포토마스크(레티클)에 그려진 집적 회로 패턴을 웨이퍼로 옮기는 공정으로써, 빛에너지를 이용해 포토마스크상에 새겨진 반도체 패턴 회로를 투과(ArF 노광 방식) 또는 반사(EUV 노광 방식)시켜 웨이퍼상에 도포된 감광제에 조사(expose)한 후, 후속 현상 작업(develop)하여 전사하는 방법이다.

실제 반도체 소자는 최종적으로 3차원 구조물이지만 반도체 소자를 구성하는 각각의 박막층을 2차원 구조로 쌓아올려 만든 것이다. 이러한 2차원 구조를 포토마스크라는 일종의 원판으로 제작한 후 판화를 찍듯이 빛을 사용하여 복사하면 짧은 시간에 2차원 구조를 대량 생산하는 것이 가능하다. 물론 노광공정만으로 원하는 3차원 구조가 만들어지는 것이 아니므로 박막증착과 식각 등 다른 단위공정과 조합하여야 한다. 노광공정에서는 부분적으로 보호막을 형성하고 후속 작업에서 가려지지 않은 부분을 식각하거나 이온주입을 한다.

2 포토마스크(Photo Mask)

우선 포토마스크에 대해서 조금 더 자세히 알아볼 필요가 있다. 포토마스크는 자외선이 잘 통과하는 석영유리판에 자외선을 차단하는 차단막(보통 Cr 박막)으로 반도체 회로 패턴을 만들어 놓은 것이다. 제작 공정은 반도체 제작 공정과 동일하게 진행한다. 즉, [그림 4-32]에 나타낸 것처럼 석영판 위에 Cr 박막을 증착하고 E-beam resist를 올려 회로 패턴을 만든 다음 노출된 Cr을 식각하고 다시 Resist를 제거하면 포토마스크가 완성된다. 단, 이 포토마스크용 패턴은 원판이 없고 CAD 데이터만 있기 때문에 Resist 패턴 형성 방법이 뒤에 설명할 포토공정과는 차이가 있다. 포토마스크를 위한 패턴형성은 마치 펜으로 그림을 그리는 것처럼 전자선을 E-beam resist에 Scanning하는 방식으로 CAD 데이터에서 요구하는 내용을 E-beam resist 패턴으로 만들게 된다. 포토마스크에서 Cr 박막이 있는 부위는 자외선을 반사하고 석영(Quartz)은 자외선이 투과되기 때문에 포토마스크 위에 노광장치를 통해 자외선을 쬐어주면 포토마스크의 패턴이 웨이퍼 위에 코팅한 감광제(photoresist)로 전사가 되는 것이다.

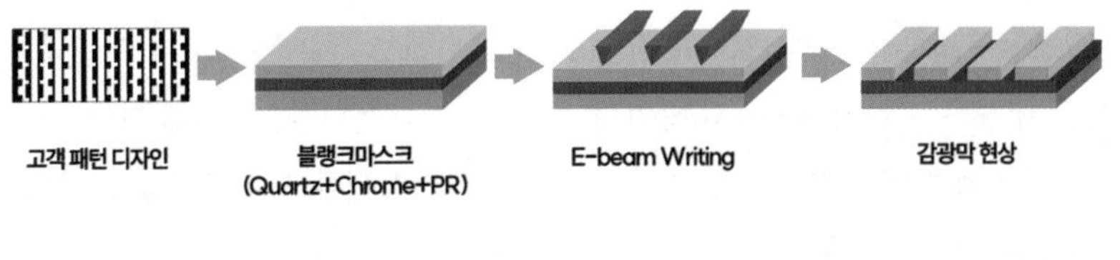

[그림 4-32] 포토마스크 제작 순서

③ 포토 공정 순서

이제는 포토공정을 자세히 살펴보자. [그림 4-33]은 반도체 소자 제작을 위한 포토공정 작업 순서를 보여준다.

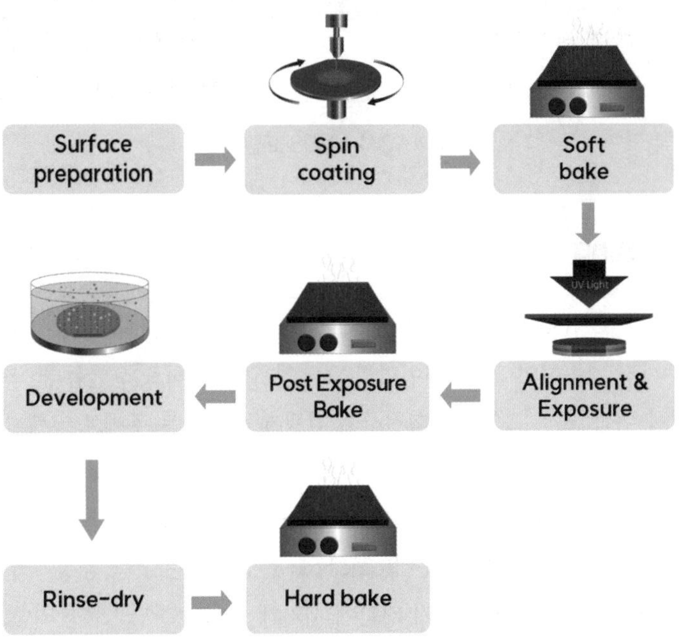

[그림 4-33] 포토공정 작업 순서

기본적으로 포토공정은 감광제(Photoresist, PR)를 코팅하고, 노광(expose) 후 빛을 받은 부분과 받지 않은 부분을 구분하는 현상(develop) 작업의 3과정으로 구성된다. 여기에 각 작업마다 사전 준비, 후속처리 과정이 더해지게 된다. [그림 4-33]은 총 7단계의 세부 포토공정을 순서대로 나타낸 내용이다.

1단계: 표면처리

첫 번째 단계는 웨이퍼의 표면을 화학 처리하여 친수성인 표면을 소수성 표면으로 바꾸어 감광제의 접착력을 향상시키는(Priming) 과정이다([그림 4-34]). 이 작업에서는 웨이퍼 표면을 HMDS (HexaMethylDiSilazane) 증기에 노출시켜 Si-O-H 형태의 친수성인 웨이퍼 표면을 $Si-O-Si-(CH_3)_3$ 형태의 소수성 표면으로 바꾸어 준다. 감광제는 보통 소수성 성질을 가지기에 소수-소수 결합을 통해 웨이퍼와 감광제의 접착력을 향상시킨다. 후속의 현상(Develop) 공정에서 알칼리 수용액에서 현상공정을 진행하게 되는데, 빛을 받은 부분과 받지 않은 부분의 용해 속도 차를 증대시키기 위하여 감광제는 점점 더 소수성이 커지므로 HMDS 처리는 필수적이다.

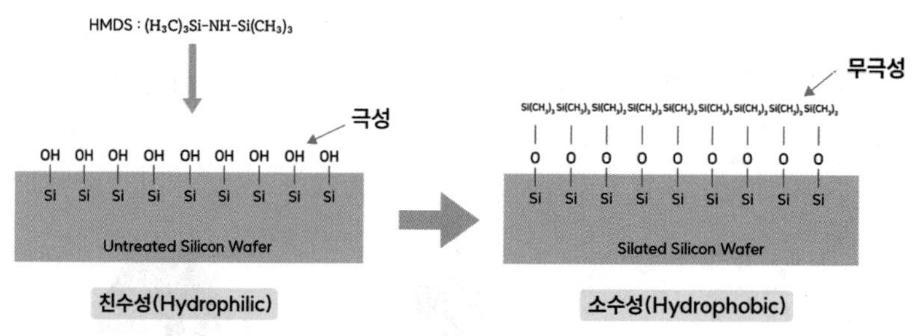

[그림 4-34] HMDS 표면 처리

2단계: Spin Coating

이후 감광제를 스핀 코팅(Spin Coating, 회전 도포 방식)하는데, 저속 회전 상태에서 감광제를 뿌린 후 특정 회전수까지 가속하여 PR이 웨이퍼의 표면에 고루 덮히도록 만든다. 최종적으로는 보통 3000~6000RPM에서 수십 초간 고속으로 회전시켜 감광제를 원하는 두께로 코팅한다([그림 4-35]). 이때 감광제의 두께는 감광제의 점도와 회전 속도에 의해 결정되는데, 각속도를 증가시키면 원심력이 증가하면서 두께가 감소하고, PR의 점도가 증가하면 PR의 두께는 증가한다. 스핀 코팅 작업 시 감광제가 웨이퍼 가장자리에서 두꺼워지는데(edge bead 현상), 이는 후속 공정에서 장비내 오염을 일으켜 파티클 또는 결함의 원인이 될 수 있기 때문에 제거해 주어야 한다. 코팅 최종 단계에서 저속 회전하면서 PR을 녹이는 용매를 뿌려주어 웨이퍼 가장자리의 PR을 제거하는 화학적인 방법과 레이저를 이용하여 그 에너지로 제거하는 광학적인 방법이 있다.

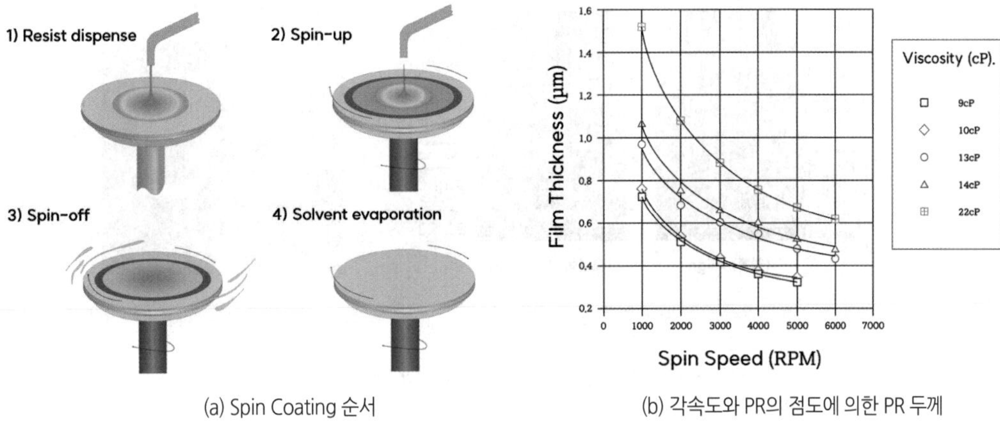

(a) Spin Coating 순서 (b) 각속도와 PR의 점도에 의한 PR 두께

[그림 4-35] Spin coating 작업 순서

3단계: Soft Bake

감광제 코팅 후, 감광제에 포함된 유기용매(Solvent)를 제거하기 위하여 낮은 온도(90~110℃)에서 Soft Bake를 실시한다. 스핀 코팅 시 발생한 원심력에 의한 감광제의 스트레스를 완화하고, 감광제 반응 특성을 일정하게 유지하여 후속 노광공정에서 환경 변화에 대한 민감도를 줄이게 된다.

4단계: Align & Exposure

Soft Bake 후에는 노광공정(Exposure)을 진행한다. 대부분의 반도체 제조 공정에서는 포토공정이 20~25회 정도 반복되는데 각 층간의 수평 위치를 정확히 맞추어 쌓아야 정확한 반도체 회로를 만들 수 있다. 이렇게 각 층간의 정확한 위치를 찾는 작업을 포토정렬(photo-alignment)이라고 하며, 이러한 정렬 작업은 정렬키(align key)를 이용하며 각 층과 층간의 위치정확도는 Overlay Accuracy라 한다.

[그림 4-36 (a)]와 같이 정렬은 아래의 층에 위쪽 층의 구조를 정렬하는 것을 의미한다. DRAM 공정의 예에서 공정에 의한 각 layer의 구조가 정렬되지 않는다면 영역에 따라서 전기적인 합선이나 단락 같은 현상이 일어날 수 있음을 의미한다. 즉 chip이 정상적인 작동을 하지 않는다는 것으로 이해할 수 있는데, 노광에서의 정렬 과정이 곧 chip이 기능을 할 수 있는 3차원 구조의 형성에 얼마나 중요한지 알 수 있다. 이러한 정렬은 chip 내부의 구조를 보면서 하는 것이 아니라 (b)에서 보는 것처럼 정렬키를 포토 마스크의 일부 영역에 만들어서 노광 전에 아래층과 위층의 정렬을 진행하게 된다. 십자가 키를 예로 들면 사이즈가 다른 두 개의 십자가를 겹쳐서 X축과 Y축으로 겹친 거리를 측정하여 정확히 가운데 정렬되도록 만들게 되는데, 보통 이러한 정렬키를 여러 개 확인하여 공정의 정밀도를 높이게 된다. 노광 공정은 뒤에 더 자세히 설명하겠다.

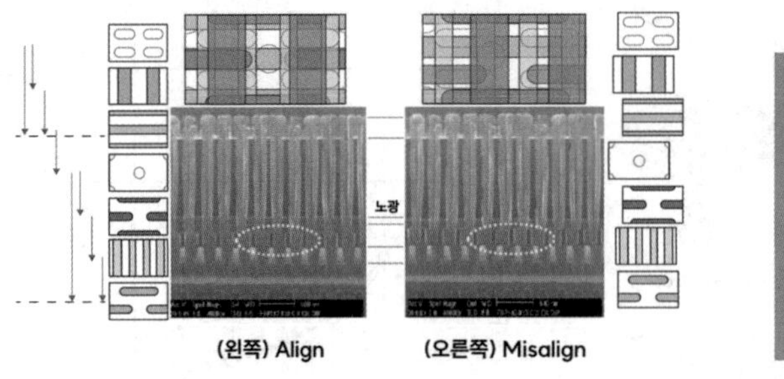

(a) DRAM 공정에서의 정렬/노광의 예

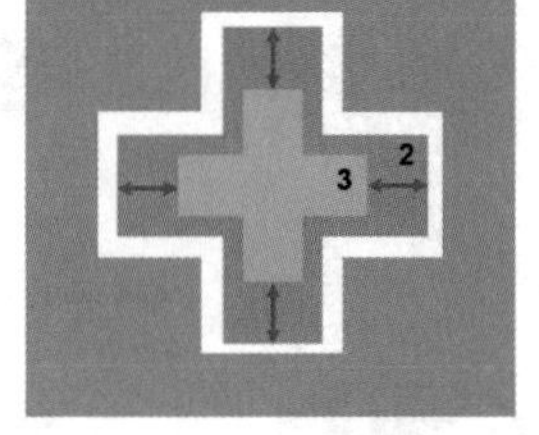

(b) Overlay 측정(Align Key)

[그림 4-36] Alignment의 의미와 Overlay

5단계: PEB

노광이 끝나면 다시 Bake를 실시하는데 이 과정을 PEB(Post Exposure Bake)라고 한다. PEB는 Soft Bake 보다 높은 온도(110~120℃) 정도에서 진행하며, 노광공정에서 빛을 받은 부위에서 발생한 산(acid)을 확산시켜 불균일한 패턴을 개선하는 효과가 있어서 PR 패턴 형성 과정에 중요한 역할을 한다. 특히 Deep UV PR(KrF 248nm, ArF 193nm)의 경우 화학증폭형 감광제(CAR, Chemically Amplified Resist)를 사용하는 경우가 많은데, 이 경우에는 PEB 과정을 통해 화학 증폭 반응이 일어나면서 PR 패턴이 형성되므로 PEB 온도를 정확히 조절하는 것이 매우 중요하다.

6단계: Develop

노광과 PEB가 끝난 감광제는 일반적인 사진필름의 현상과 마찬가지로 현상 과정을 거쳐 PR 패턴을 노출시킨다. 일반적인 포지티브 감광제의 현상액은 대부분 알칼리성 수용액을 사용하고 있으며 주로 2~5% 정도의 TMAH(TetraMethyl-Ammonium-Hydroxide) 수용액을 사용하고 있다. 현상시간과 감광제의 두께에 따라 PR 패턴의 현상이 덜 될 수도, 또는 과도하게 되어 패턴의 변형이 생길 수 있으므로 각 조건에 맞는 현상 시간의 최적화가 매우 중요하다. 방법적으로는 공정 조절 능력이 좋은 Puddle 방식을 사용한다. 현상 초기에 느린 속도로 웨이퍼를 spin하며 약간의 현상액을 뿌려 감광제 표면을 씻어낸 후 정지 상태에서 웨이퍼 위에 현상액을 표면장력으로 잡아서 현상하는 방식이다. 이 방식은 현상액의 소모량이 작고 균일도가 우수하다. 현상이 끝나면 순수(DI, Deionized water)로 충분히 씻어주어 잔여 현상액을 제거한 후 건조를 한다.

7단계: Hard Bake

이후 감광제의 변형이 일어나지 않도록 PR의 유리질 천이온도(TG)보다 높고 PAC(Photoactive compound, 광반응제)의 분해온도보다 낮은 온도에서 Hard Bake를 한다(110~130℃). Hard Bake 과정 중 잔여 Solvent 및 수분이 제거되고 감광제의 Top Corner 부위가 살짝 reflow되면서 둥근 모양이 된다. [그림 4-37]은 포토공정이 끝난 후 감광제 단면 형상을 보여준다.

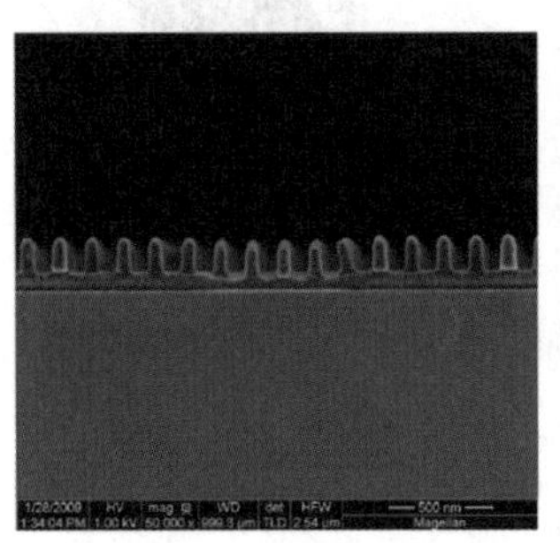
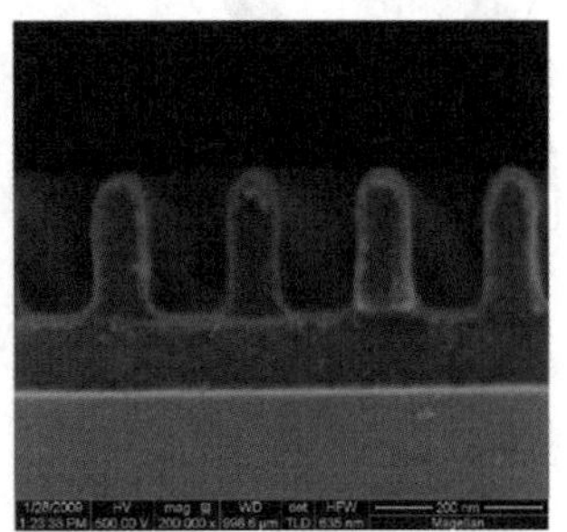

[그림 4-37] 현상(Develop) 작업 후 감광제 단면 형상

포토공정의 이러한 일련의 과정은 각각의 스텝별 공정이 진행될 때 따로 진행되는 것이 아니라 자동화된 설비에서 순차적으로 진행되는데, [그림 4-38]의 트랙 시스템을 이용하여 노광 공정 전 후에 연속적으로 진행된다.

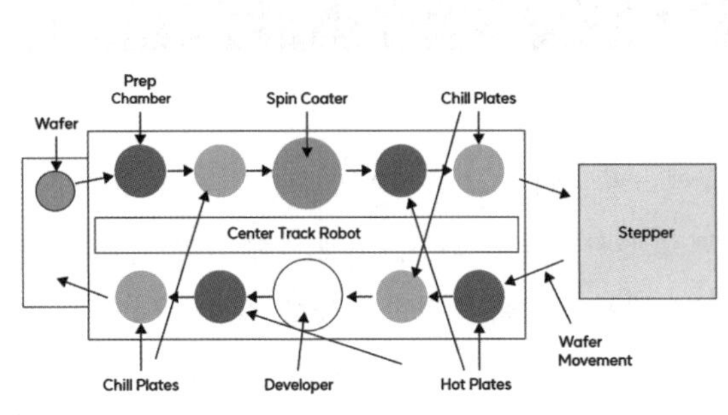

(a) Track system의 공정 모식도

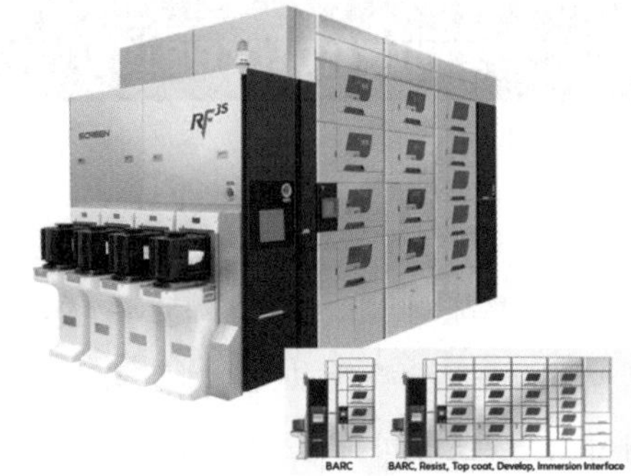

(b) Track system의 실제 모습(TEL사)

[그림 4-38] 포토공정 작업을 위한 트랙 시스템

반도체 소자 제조 공정은 증착된 박막의 식각 및 반도체 특성 조절을 위한 이온 주입 등이 반복 수행되며 각각의 단계에서 포토공정을 진행한다. 따라서 후속 식각공정을 진행할 때 감광제가 손실되지 않아야 하고, 이온주입공정을 진행할 때에는 PR 하부층까지 이온이 들어가지 않도록 충분한 감

광제 두께가 필요하다. 식각 또는 이온주입공정 등이 끝나면 감광제는 산소 플라즈마를 사용하여 제거한다. 감광제가 깨끗하게 제거되지 않으면 후속 공정에서 결함으로 작용하여 소자 불량을 유발할 수 있으므로 깨끗이 제거하여야 한다.

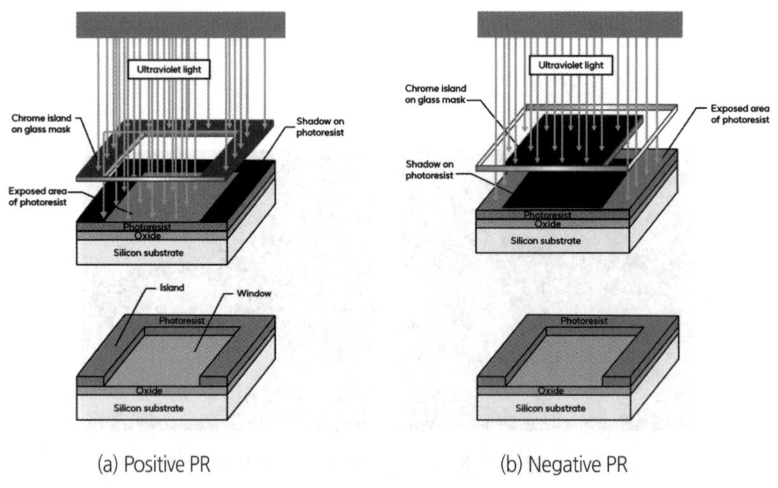

(a) Positive PR (b) Negative PR

[그림 4-39] Positive PR과 Negative PR의 특성

④ 감광제(Photoresist)

반도체 소자에 사용되는 여러 가지 물질들은 빛에 노출되어도 그 특성이 변하지 않는다. 따라서 노광공정을 통해 마스크 원판의 회로 패턴을 웨이퍼로 전사하기 위해서는 빛에 의해 특성이 변하는 어떤 매개체가 필요한데 그 매개체를 감광제라 한다. 감광제는 특정 파장의 빛을 조사하면 빛과 반응하여 화학구조가 바뀌게 되고, 빛을 받은 부분 또는 받지 않은 부분이 후속처리(현상액)에서 녹는 특성을 갖고 있다. 따라서 노광공정 후 현상 처리를 하면 빛을 받은 부분과 그렇지 않은 부분을 선택적으로 제거할 수 있다. 이때 빛을 쬔 부분이 현상액에 녹으면 Positive PR, 빛을 받지 않은 부분이 녹으면 Negative PR이라고 한다. 반도체 공정에서는 미세패턴 형성 측면에서 유리한 Positive PR이 사용되므로 이 책에서는 Positive PR에 초점을 맞추어 설명하겠다.

감광제는 Resin(고분자 수지)과 이 Resin을 녹여 액체 상태로 만드는 Solvent, 그리고 빛과 반응하여 Resin 분자 구조를 바꾸어 주는 광반응제(Photo Sensitizer)로 구성되어 있다. 이 광반응제는 PAC(photoactive compound) 또는 PAG(photo acid generator)라고 부른다.

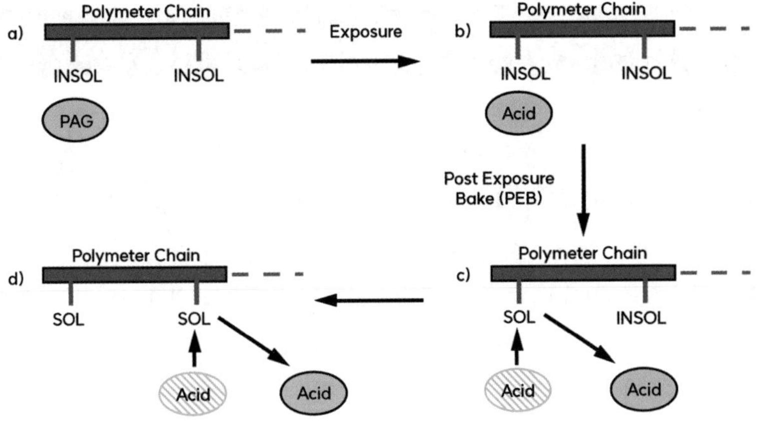

[그림 4-40] 화학증폭형 Deep UV resist

[그림 4-40]는 Deep UV PR인 화학증폭형 감광제의 빛을 쬔 부분에서 발생하는 반응을 보여준다. 즉, 빛을 쬐면 PAG이 산(Acid)으로 바뀌게 된다. 후속 PEB 공정에서 산이 Polymer Chain과 반응하여 현상액에 잘 녹을 수 있게 끊어주는데, 이때 다시 산을 방출한다. 이 방출된 산이 다시 Polymer Chain과 반응하고 산을 방출하는 연쇄작용이 이루어져 산이 열 확산할 수 있는 거리까지 Polymer chain을 끊어주게 된다. 이러한 방식으로 반응이 진행되므로 노광기의 UV 효율을 높여준다(i-line: ~30%, CAR 〉〉 100%). 또한, 노광공정에서 쬔 자외선은 Seed 역할을 하고, 대부분의 Polymer Chain을 자르는 과정은 PEB 공정 중 진행되므로 PEB 공정의 온도조절이 미세하게 관리되어야 한다.

감광제는 일정량의 빛에 반응하여 현상이 되는 것이 중요한데 이상적인 positive 감광제는 한계 노광량을 넘기면 완전히 현상되고 그 이하에서는 전혀 현상되지 않는 것이다. 이렇게 빛을 쬔 곳과 쬐지 않은 부분의 현상 정도의 차이를 용해도 차이(Contrast)라고 하고, 현상을 위해 쬐어 주는 빛의 양(dose)에 대한 PR의 반응성을 민감도(Sensitivity)라고 한다. 민감도가 작으면 분해를 위해 많은 빛이 요구되어 공정 속도가 느려진다. 반면에 민감도가 커지면 공정 속도가 빨라져서 좋을 것 같지만, 빛의 산란, 반사 등의 영향을 많이 받고 노광기의 초점거리에 의한 패턴 변화가 심해지는 등 공정 품질이 나빠지는 문제점이 있다.

예를 들면 금속 박막 등 기판의 반사가 높은 경우, 정상파(standing wave) 현상이 발생하여 현상 후 PR Profile에 여러 가지 불량을 초래할 수 있다. 이런 현상을 방지하기 위해 최신 반도체 공정에서는 반사방지막(ARC, anti-reflective coating)을 기판 위에 증착하여 반사되는 빛을 최대한 억제하는 방법을 필수적으로 사용하게 된다.

5 노광 공정(UV Exposure)

감광막에 빛을 조사하여 패턴이 형성되도록 하는 공정이다. 통상적으로 반도체 회로 패턴 제작 시에 반복적인 노광을 행할 시에는, 이전 노광으로 형성된 회로 패턴과 위치를 맞춘 정렬을 통하여 그 다음 노광을 실시한다. 이러한 목적으로 사용하는 패턴을 정렬키라고 한다.

빛을 사용하여 노광하는 포토리소그래피 장비의 기본적인 형태는 사용되는 광학계에 따라서 결정되는데, 크게 나누어서 근접 노광 방식(Contact/Proximity)과 투영 노광 방식(Projection)이 있다([그림 4-41]).

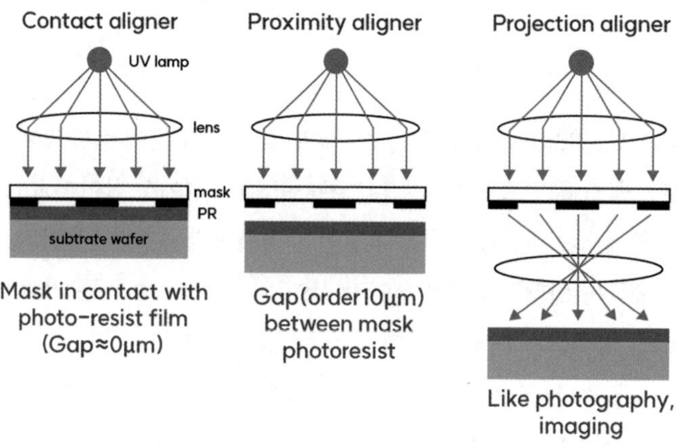

[그림 4-41] 웨이퍼 노광 방식

반도체 초창기에는 주로 접촉노광(Contact Printing) 또는 근접노광(Proximity Printing) 방식을 사용하였는데, 이 두 방식은 마스크와 웨이퍼 사이의 간격(Gap) 크기에 따라 구분된다. 접촉식의 경우, 마스크가 감광제와 밀착되어 있어 빛의 회절 영향을 적게 받아 작은 패턴 구현에 유리하지만, 감광제가 마스크에 묻어남에 따라 마스크의 수명이 짧아지는 문제점으로 현재는 학교 연구실에서 활용하는 기술이 되었다. 반면 근접노광 방식은 ~10㎛ 정도의 간격을 갖고 있어 마스크가 손상되는 문제는 없지만, 빛이 마스크를 통과하면서 회절 현상이 발생하기 때문에 정밀한 패턴 구현에 문제가 있다. 이러한 문제점을 극복하기 위해 투영 노광 방식이 현재 반도체 제조의 주력 기술로 사용되고 있는데, 마스크를 통과한 빛을 적절한 광학계를 이용해서 4 : 1 또는 5 : 1 비율로 축소하는 방식이어서 마스크의 수명이 길고, 렌즈를 사용하여 회절효과도 완화할 수 있다. 최근 양산 공정에서 주력으로 사용하는 Stepper 및 Scanner도 투영 노광 방식의 일종이다. 패턴 미세화에 따른 한계를 극복하기 위해 투영광학계 렌즈와 웨이퍼 사이에 물을 투입시키는 액침노광(Immersion Lithography) 방식도 접촉 노광 방식에서 회절 영향이 최소화되는 효과를 투영 광학계에서 구현하는 것으로도 생각할 수 있다.

노광 공정에서 Photoresist의 감광을 위해서 사용하는 빛은 우리가 볼 수 있는 가시광선이 아니라 자외선이다. [그림 4-42]에 소자 크기별로 사용되어 온 노광 장비의 파장을 나타내었다. 최초 광원으로는 초고압 수은 등을 이용하여 g-line(436nm)과 i-line(365nm)을 반도체 세대별로 사용해왔으나, 패턴 미세화의 요구가 높아짐에 따라 현재는 엑스모어 레이저를 사용해서 얻는, 더욱 파장이 짧은 단파장 광원(KrF eximer: 248nm, ArF eximer: 193nm)을 이용하고 있다. 그보다 훨씬 파장이 짧은 극자외선(EUV, Extreme Ultraviolet: 13.5nm)을 이용하는 방법이 파운드리 분야에서 7nm부터 도입되어 양산되고 있고, 메모리 분야에서도 적용 및 양산 중이다.

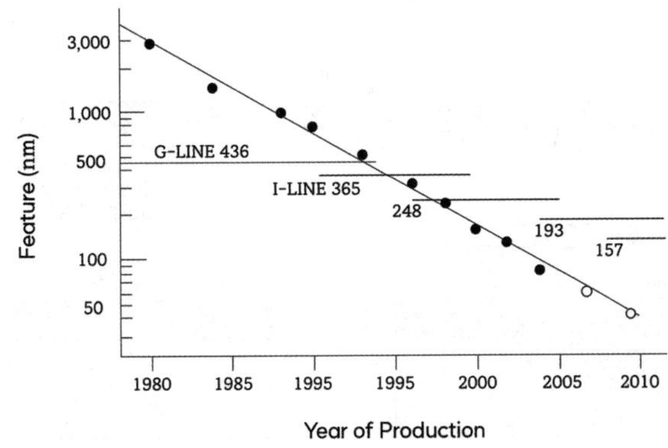

[그림 4-42] Photo Lithography Trend (© Flan IC Research 2004)

노광공정에 사용하는 빛의 파장이 계속 짧아지는 이유에 대해 다음과 같이 설명할 수 있다.

우선 포토공정에서 가장 중요한 것은 마스크 패턴을 웨이퍼에 전사하는 한계인 분해능(resolution, Res)이다. 분해능은 마스크 패턴을 노광하였을 때 전사될 수 있는(구분이 가능한) 최소 패턴 크기의 척도이다. 이론적으로 리소그래피에서 구현할 수 있는 최소 선폭의 한계는 사용되는 광학계와 공정에 의해 다음과 같은 식으로 표현된다.

$$Res = k_1 \frac{\lambda}{NA}$$ [수식 4-3]

위 식에서 k_1은 노광공정에 수반하는 공정 관련한 factor, λ는 광원의 파장, NA는 광학계의 개구수(NA, numerical aperture)를 나타낸다. 공정계수는 감광제 특성 향상, 공정최적화, 포토마스크 패턴 변경(OPC 등) 등을 통해 개선할 수 있는 내용이다. 노광장비 측면만 고려하면 짧은 파장을 사용하고 높은 NA의 광학계(큰 렌즈)를 사용하면 보다 작은 패턴을 형성할 수 있다. 그러나 마스크 패턴을 웨이퍼 기판 위에 구현하기 위해서는 광학계에서 허용하는 수직정렬 오차를 나타내는 초점심도(DOF, Depth of Focus)도 함께 고려해야 한다.

$$DOF = k_2 \frac{\lambda}{NA^2}$$ [수식 4-4]

마찬가지로 앞의 식에서 k_2는 노광공정에 수반하는 공정 factor이다. 초점심도가 크다는 것은 포토공정이 여유(Margin)가 있다는 의미이다. 초점심도는 우리가 어릴 때 돋보기로 햇빛을 모아 종이를 태우는 장난을 하면서 이미 경험하였다. 즉, 햇빛을 모은 점의 크기가 돋보기를 위아래로 움직여도 어느 정도 이하의 크기로는 절대로 작아지지 않는 경험을 하였다. 또한 돋보기가 클수록 햇빛 크기를 더 작게 만들 수 있지만 돋보기를 위아래로 움직이면 햇빛 크기가 쉽게 변하는 경험도 하였을 것이다. 이것이 돋보기가 커지면 NA가 커져서 DOF가 작아지는 경험을 한 것이다.

[그림 4-43]을 보면 초점심도가 공정 여유도 측면에서 갖는 의미를 쉽게 이해할 수 있다.

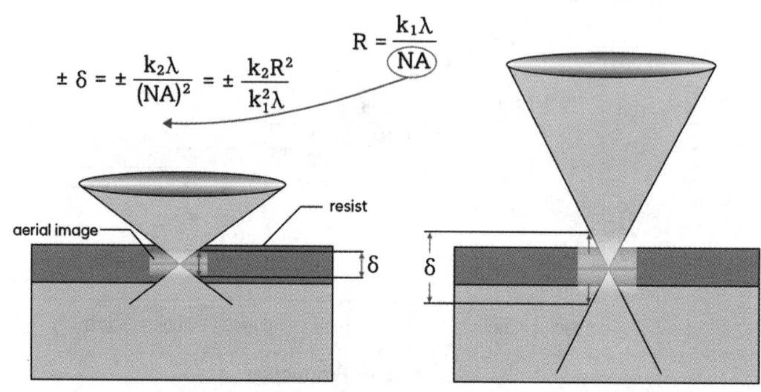

[그림 4-43] 초점심도(Depth of Focus)

즉, 초점심도가 크면 클수록 PR 두께 변화, 기판 높이 변화, 웨이퍼의 평탄도 변화 등에 둔감해짐을 알 수 있다. 해상도를 높이기 위해 λ를 작게 하거나 큰 렌즈를 사용해서 NA를 크게 하는 것은 DOF를 작게 만든다. 또한 렌즈의 크기는 노광 설비 내부의 공간적인 제한과 렌즈 정밀제작의 한계로 인해 NA값의 지속적인 증가는 불가능하다. 따라서 반도체 소자의 미세화를 위한 포토공정은 g-line(436nm)에서 i-line(365nm)을 거쳐 KrF laser(248nm)와 ArF laser(193nm)와 같이 점점 더 짧은 파장의 광원을 사용함으로 미세패턴을 구현해 왔다. 단, 초점심도가 점점 짧아지는 부작용은 CMP 공정을 사용한 웨이퍼 표면의 평탄화, PR 두께 감소 등의 방법으로 극복하고 있다.

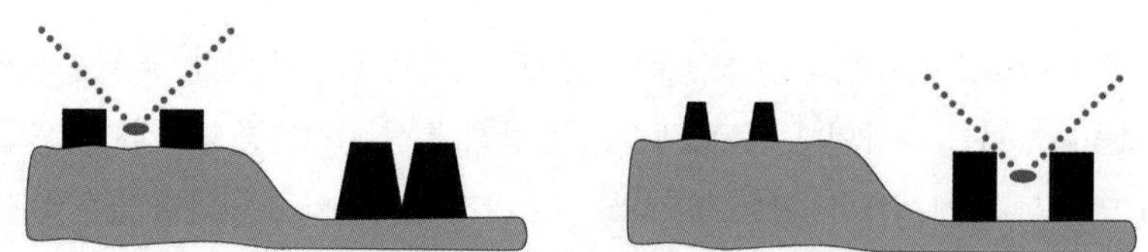

[그림 4-44] 평탄하지 않은 표면에서의 포토공정 문제점

[그림 4-44]는 웨이퍼 표면에 굴곡이 있을 때 포토공정을 하면 나타나는 문제점을 보여주고 있다. 즉, 왼쪽 그림처럼 높은 부위에 초점을 맞추면 낮은 부위에 이미지 초점이 안 맞아 패턴 형성이 안

되고, 오른쪽 그림처럼 낮은 부위에 초점을 맞추면 높은 부위의 패턴이 과도한 노광으로 인해 작아진다. 두 부분의 높이가 CMP 평탄화를 통해 일정해지면 초점심도에서 벗어나는 부위가 없기 때문에 감광제 패턴이 설계된 크기대로 전사된다.

⑥ 포토 공정 분해능 향상 기술(RET, Resolution Enhancement Technology)

반도체 소자 제작을 하기 위해서는 마스크의 패턴과 정확히 같은 형상을 웨이퍼상에 전사시켜야 한다. 그러나 소자가 미세화되면서 현재의 ArF 스캐너는 광원의 파장 길이(193nm)보다 짧은 이미지를 구현해야 했고, 다양한 분해능 향상 기술을 통해 파장 길이의 한계를 극복해왔다. 빛을 포함한 모든 파동은 좁은 간극을 통과하면 회절이 발생하고, 회절된 파동이 서로 간섭을 일으켜 원래의 마스크 패턴과 다르게 왜곡되어 전사되는데, 이러한 현상은 패턴 크기가 파장 길이보다 작을수록 더 심해진다. ArF의 패터닝 한계는 다음과 같은 정도이다.

$$Res = k_1\frac{\lambda}{NA} = k_1\frac{\lambda}{nsin\theta} \geq 0.25 \times \frac{193}{0.93} \approx 52nm \quad \text{[수식 4-5]}$$

이러한 해상도를 높이기 위해 사용하는 방법 중 하나로 렌즈 주변 매질의 굴절률을 높여 NA 값을 높이는 것이다. 만약 물속에서 노광공정을 진행하면 물의 굴절률이 193nm 파장에서 1.44이므로 해상도가 52nm에서 36nm로 증가하게 된다. 이런 방식으로 진행하는 것이 ArF 액침(immersion) 기술이다. 실제로는 장비전체를 액체 속에 담그지는 않고, 렌즈와 웨이퍼 표면 사이의 간극만 액체를 채워주어 동등한 효과를 얻는다. 이때 PR의 성분이 용해되지 않아야 하므로 DI water를 NA 향상을 위한 액체로 사용하고 또한 웨이퍼 표면의 오염을 방지하기 위하여 한쪽에서 물을 공급하고, 다른 한쪽에서는 그 물을 회수하는 형식으로 항상 순수한 물이 접촉하도록 하고 있다.

해상도를 높이는 또 다른 방법은 공정 factor k1을 향상시키는(작게 하는) 것이다. 감광제 자체의 노광특성, 현상특성을 개선하는 것과 더불어 비등축조명(OAI, off–axis–illumination)과 근접효과보정(OPC, optical proximity correction), 위상변위마스크(PSM, phase shift mask) 등의 방법이 주로 사용된다.

우선 [그림 4–45]에 나타낸 것처럼 수직입사된 빛의 경우 pitch가 작은 마스크 패턴에서 0차항보다 크게 회절된 빛은 렌즈를 통해 집광되지 못해 이미지 형성에 기여하지 못하는 경우가 있는데, 비등축조명 방식은 빛을 특정형태의 Aperture를 통해 수직입사 성분을 제거하고 경사지게 입사를 하면 0차항뿐만 아니라 H1차항(혹은 –1차항)의 빛까지 렌즈로 집속시킬 수 있어 좀 더 정확한 상을 맺을 수 있게 하여 해상도를 향상시킬 수 있는 기술이다.

[그림 4-45] 수직조명과 비등축조명 방식 비교

위상변위마스크는 마스크를 통과한 빛의 세기뿐만 아니라 위상도 조절하여 웨이퍼 상에 원치 않는 잘못된 회절 이미지를 상쇄간섭의 원리를 통해 없애는 방법이다. [그림 4-46]에 인접한 패턴의 위상차이가 180도가 되게 만들어 상쇄간섭이 일어나서 해상도가 높아지는 위상변위마스크의 개념에 대해 나타내었다. 위상변위마스크는 효과적으로 해상도를 높일 수 있는 방법이지만, 복잡한 패턴의 위상 차이를 최적화하는 것도 힘들고 마스크 제작 단가도 매우 높은 단점이 있©어 보편적으로 사용되지는 않는다.

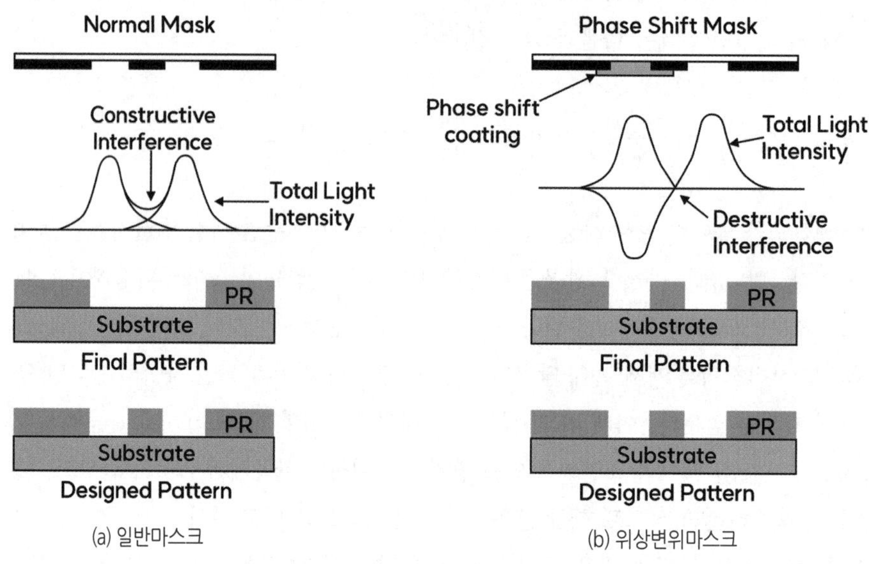

[그림 4-46] 일반마스크와 위상변위마스크의 노광특성 비교

마스크 패턴을 변형한다는 측면에서 위상변위 방법보다 많이 사용하는 방법은 광학근접효과 교정(OPC, Optical Proximity Correction)이다. 빛의 회절에 의해 마스크 패턴과 다르게 웨이퍼 상에 전사되는데, [그림 4-47]에 나타낸 것처럼 마스크 패턴 모양을 미리 변형시켜 최종 포토공정 결과물이 원하는 패턴 모양으로 되게 하는 방법이다.

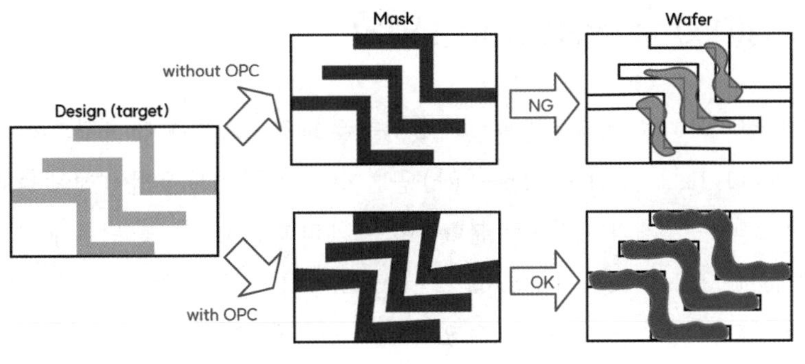

[그림 4-47] 광학근접효과 교정 개념

앞에 설명한 내용을 포함한 다양한 분해능 향상 기술을 이용하면 노광장비의 파장 한계보다 더 미세한 패턴을 형성할 수 있고 기존 노광설비를 다음 세대의 반도체 소자까지 연장하여 사용할 수 있어 설비 투자비 증가를 막을 수 있다.

7 다중 패턴(Multiple Patterning)

오늘날 최첨단 반도체 칩은 포토공정의 한계보다 더욱 미세한 패턴을 요구한다. 이러한 한계는 큰 치수(Dimension)의 패턴을 여러 번 반복 공정을 진행하여 더욱 작고 촘촘한 미세 패턴으로 만드는 다중 패턴 공법을 이용하여 극복하고 있다. [그림 4-48]에 대표적인 다중 패턴 공법을 나타내었다.

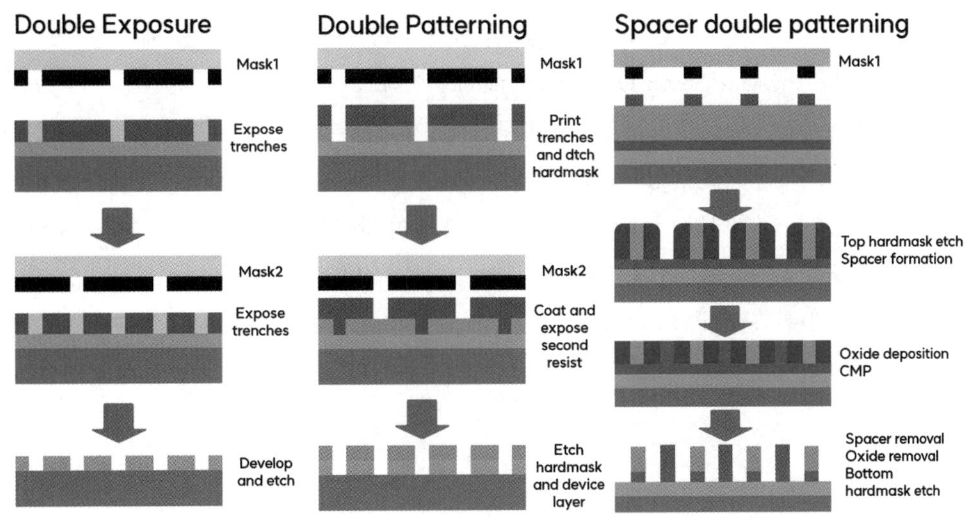

[그림 4-48] 여러 가지 다중 패턴 형성 공정

1. 더블 패터닝(Double patterning, LELE)

가장 기본적인 형태의 다중 패터닝은 패턴의 밀도를 두 배로 높이기 위해 노광과 식각 단계를 각각 두 번 반복하는 LELE(Litho－Etch－Litho－Etch) 공법이다. 이를 위해 우선 원래 만들고자 하는 패턴을 밀도가 반으로 낮은 두 개의 패턴으로 분할하여 두 개의 다른 마스크를 만든다. 이 두 개의 마스크를 이용하여 Litho Mask1－Etch, Litho Mask2－Etch와 같이 두 번 진행하면 최종적으로 원래 만들고자 했던 패턴 밀도를 갖는 패터닝을 할 수 있다. 단, 한번에 작업하는 경우에 비해 더블 패터닝에서는 첫 번째 마스크와 두 번째 마스크 사이의 정렬(alignment) 수준이 중요해진다. 이러한 과정을 3개의 마스크로 분할하여 진행하면 삼중패터닝(Triple Patterning, LELELE)이 된다.

2. 자기정렬 스페이서(SADP, Self－Aligned Spacer Double Patterning)

LELE 방식에서 요구되는 정렬 문제가 없는 더블 패터닝 기법이 포토패턴 측면부에 Spacer를 형성하고 이를 후속 식각공정을 위한 마스크로 사용하는 자기정렬 스페이서(Self－Aligned Spacer) 공법이다. 일차원적으로 설명하면 Line/Spacer로 구성된 패턴에 얇은 박막을 증착하고 식각 공정을 진행하면 처음 형성된 Line의 양옆에 Spacer가 형성된다. 원래의 Line 패턴을 제거하여 Spacer만 남기면, 패턴 수는 2배로 증가하고 Pitch는 절반으로 줄어든 패턴을 만들 수 있다. 실제 패터닝은 2차원 평면에서 진행되므로 스페이서 형성에 의해 생긴 원치 않는 패턴을 제거해야 하고, 좁은 패턴 간격에서는 스페이서를 형성할 충분한 공간이 없어서 갭필(gap－fill)된 박막을 패터닝 마스크로 사용해야 하는 등 복잡한 상황이 발생한다. 따라서 이러한 내용들을 마스크 설계에 미리 반영하여 최종 결과물이 우리가 원하는 2차원 패턴이 되도록 만드는 것이 중요하다. 또한 패턴의 임계 치수(critical dimension)는 스페이서 형성 및 시작패턴 제거에 의해 결정되기 때문에 증착두께 및 식각량에 대한 엄격한 공정 제어가 중요하다. SADP 후 Spacer를 형성하는 과정을 한 번 더 반복하면 패턴 수를 4배로 증가할 수 있고, 이를 SAQP(Self－Aligned Spacer Quadruple Patterning)이라고 한다.

SADP/SAQP는 복잡한 패턴의 형성을 실제로 구현하기가 매우 어렵다. 근본적인 원리 자체가 증착 공정에 의한 spacer가 후속으로 진행될 etch 공정에서 etch가 진행되지 않는 마스킹 역할을 해줘야 하기 때문에 다양한 치수를 구현하기 어렵고, [그림 4－49]과 같이 단순하게 벽처럼 세워진 구조나 일정한 크기의 패턴 정도를 구현하는 것이 가능하다. 그래서 주로 FinFET을 제작할 때 Si을 일정한 패턴으로 만드는데 사용한다. 반면에 Double Patterning과 Triple Patterning의 경우에는 복잡한 패턴을 나눠서 여러 번 찍는 방법이기 때문에 SADP/SAQP가 구현할 수 없는 다양한 형태의 패턴 형성도 가능하다.

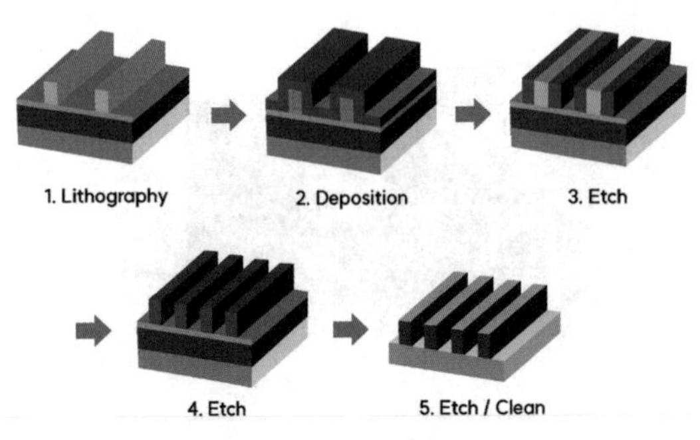

(a) Self-Aligned Double Patterning(SADP)의 과정

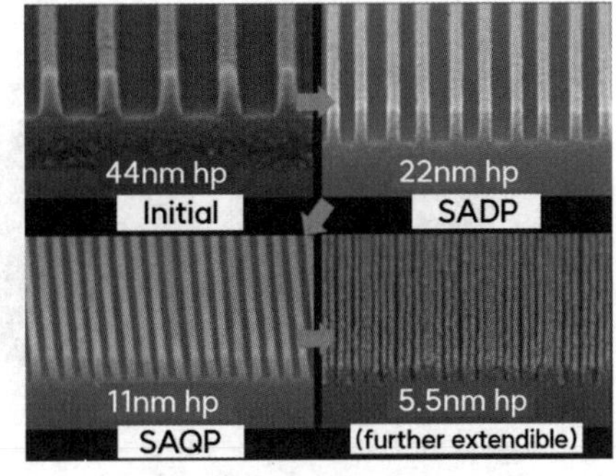

(b) SADP/SAQP에 의한 패턴 형성

[그림 4-49] SADP 공정과 패턴의 전자현미경 사진

8 차세대 리소그래피 기술, EUV(Extreme Ultra Violet)

ArF 액침노광(Immersion Lithography) 방식에서 다중 패턴을 사용하면 회로 선폭이 10nm 정도 수준까지 패턴 미세화가 가능하다. 반면, 최근 도입되는 극자외선(EUV) 노광 방식은 다중 패턴 공정을 하지 않고 노광공정을 한번만 진행해서 sub-10nm 패턴을 형성할 수 있기 때문에 노광 공정 횟수를 대폭 줄일 수 있다는 장점이 있다.

극자외선(EUV) 노광 방식은 노광 파장으로 13.5nm의 극자외선을 이용하는 노광 방식이다. 극자외선이 대부분의 매질에 흡수되는 특성 때문에 투영 광학계 대신에 거울 광학계(mirror optical system)를 사용하고, 광학계는 진공 챔버 안에 위치하게 된다. 하지만 기존 포토리소그래피의 축소 투영 방식 개념을 그대로 사용할 수 있기 때문에 현재로서는 대량생산이 가능한 유일의 차세대 노광 기술이다. 노광 파장이 ArF 파장에 비해 1/10 이하로 짧아 10nm 이하의 패터닝이 가능하기 때문에 7nm 공정 부터 EUV 장비를 사용하고 있다. 웨이퍼 생산능력(Throughput)이 기존 ArF 방식 대비 낮아서 문제였는데, 최근 웨이퍼 생산능력도 많이 개선되었고 차세대 반도체 소자를 위해서는 필수적인 노광장비가 되어 설비사의 생산능력보다 수요가 많은 상태이다. [그림 4-50]는 EUV 노광장비를 기존 ArF immersion 설비와 특성을 비교한 내용이다.

ArFi (193nm)	EUV (13.5nm)
Transmission optics (lenses)	Reflection optics (Bragg mirrors)
Excimer laser source	Laser Produced Plasma source (LPP)
Immersion (NA_{water}=1.33)	Vacuum (NA= 0.33)

[그림 4-50] ArFimmersion 장비와 EUV 장비의 비교(ASML사)

1. EUV 광원

EUVL의 13.5nm의 파장이 본격적으로 양산화되기 이전에는 EUV보다 더 짧은 파장도 고려되어 Soft X-ray까지 연구가 많이 되었으나, 광원을 만들기 어렵고 빛을 제어하기가 어려워서 방사광가속기 수준에서 연구가 많이 되고 양산화되지는 못하였다. 파장을 짧게 줄인 광원의 생성 및 제어가 용이해야 양산 장비로 쓰일 수 있는데, 많은 연구 끝에 레이저로 에너지를 전달하여 플라즈마화 된 주석 방울의 여기 및 이완 과정에서 13.5nm의 파장이 발생하는 현상을 이용하여 광원으로 이용하게 되었다.

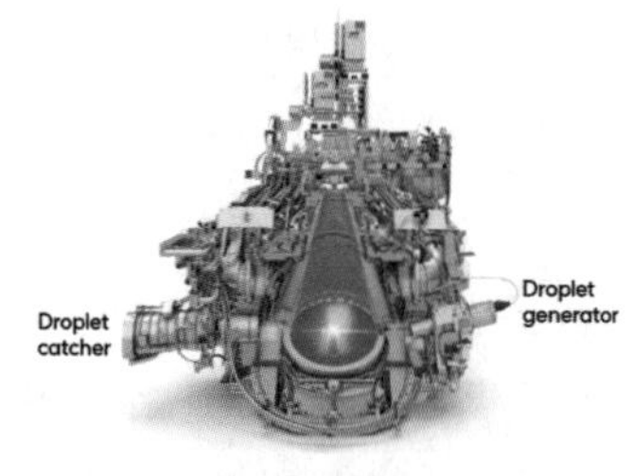

(a) EUV source 부

(b) EUV source 부 collector(반사경)

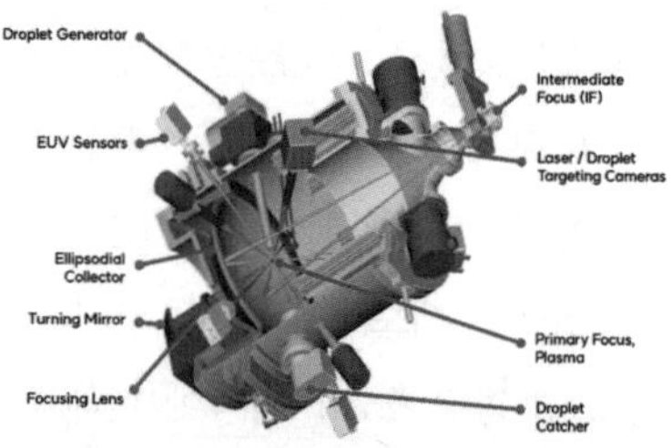

(c) Cymer LPP EUV Source Vessel

[그림 4-51] EUV 소스부와 광원 collector

[그림 4-51]에서처럼 장비의 소스부에는 droplet generator와 droplet catch가 위치하게 되는데, droplet generator에서는 주석(Sn)의 방울을 생성하고 catcher 쪽으로 무수히 많은 수의 방울을 빠르게 보내게 된다. 그 과정 중에 collector 뒤쪽에서 출력이 높은 CO_2 레이져가 입사되어 방울 주석에 도달

하여 그 에너지가 주석 방울에 전달되어 플라즈마화된다. 플라즈마속에는 이온화 과정을 통해 생성된 주석 이온과 전자들이 존재하며 여기된 후 이완된 전자로부터 방출되는 에너지(빛)이 바로 EUV 광원이 되는 13.5nm의 파장이다([그림 4-52]). 이렇게 생성된 빛은 사방으로 퍼지게 되는데 둥근 안테나 모양의 collector에 모이게 되어 장비의 광학계로 전달된다. 이렇게 레이저에 의해 플라즈마화되고 그 과정 중에 EUV를 방출하게 되어 Laser Produced Plasma(LPP) 방식으로 광원을 만들고 있다.

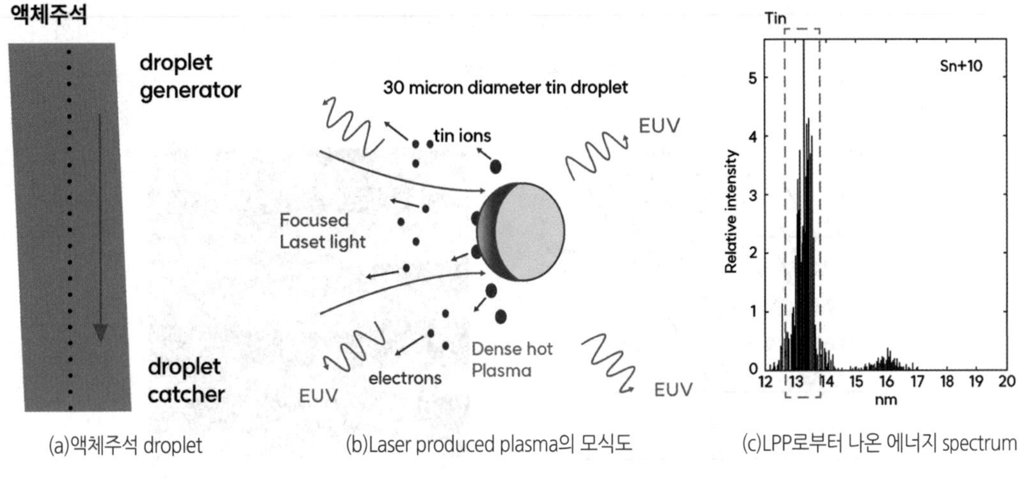

[그림 4-52] EUV 광원의 발생 방법

2. EUV 광학계

LPP 방식으로 만들어진 극자외선은 collector에 의해 반사되어 광학계로 전달되게 되는데 파장이 짧기 때문에 매질에 잘 흡수되어 기존의 렌즈를 사용하여 빛을 투과시키거나 굴절시키는 Projection 타입으로는 사용할 수 없다. 그렇기 때문에 EUV 광학계는 반사경을 사용하여 빛을 반사시켜 웨이퍼에 마스크의 패턴 정보를 전사시키는 방법을 사용한다. 가장 효율적인 방법으로 [그림 4-53]과 같이 다층박막 반사경을 사용하는데, 반사도가 높은 물질(물질A)과 다층박막을 만들기 위한 spacer(물질B)로서의 물질을 규칙적인 두께로 ABABAB 반복되도록 만들게 된다. 가장 좋은 효율을 보이는 몰리브덴(Mo)과 실리콘(Si)이 가장 많이 쓰이고 있으며 약 6~7nm의 두 층이 40층 이상이 되도록 규칙적으로 쌓아서 극자외선이 반사되도록 한다.

이러한 다층박막 반사경에서 극자외선이 반사되는 원리는 Bragg 법칙으로 설명할 수 있다.

Bragg의 법칙

$n\lambda = 2d \cdot \sin\theta$ [수식 4-6]

(n:정수, d:두 층의 두께, θ:각도)

파장, 두 층의 두께 d 그리고 각도가 일정한 조건이 되었을 때 보강간섭이 일어나게 되며 반사가 일어나게 된다. 하지만 두 층의 막(AB)를 계속 증가시켜도 약 70% 수준이 최대 반사 효율이기 때문에 반사경을 많이 사용하게 되면 웨이퍼에 도달하는 에너지는 감소한다. 10개의 반사경을 사용한 경우 최대 반사율은 2.8% 수준이 되며 이는 웨이퍼에 도달하는 에너지가 낮기 때문에 공정시간을 늘려야 해서 생산성 저하를 초래한다. 따라서 기본적으로 반사경은 제작 시 표면 거칠기(roughness)를 줄이고 층간 규칙성을 무너뜨릴 수 있는 결점(defect) 역시 최소화시켜서 반사도가 최대치인 상태여야 하며, 시스템에 사용되는 반사경수를 최대한 줄여야 소스부에서 생성한 에너지를 웨이퍼까지 전달할 수 있다. 최근에는 소스부에서 더 높은 출력을 내기 위한 방법을 지속적으로 개발 중에 있다.

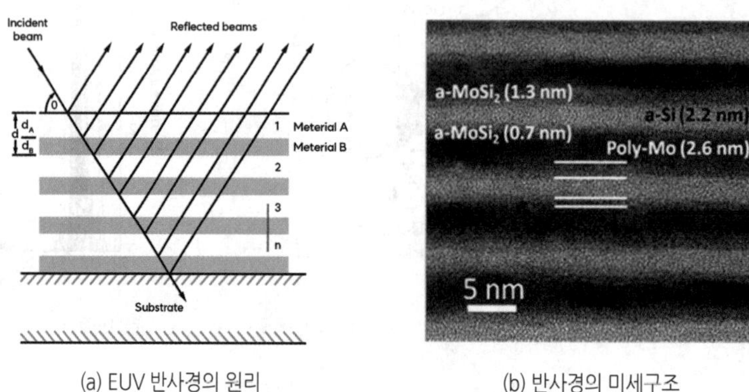

(a) EUV 반사경의 원리

(b) 반사경의 미세구조

[그림 4-53] EUV용 반사경의 구조와 원리

3. EUV용 마스크

마스크 역시 기존의 쿼츠(Quartz)에 크롬(Cr)을 이용한 투과형을 사용하면 에너지의 손실이 매우 크기 때문에 사용할 수 없고, 반사경 방식의 마스크를 사용하게 된다. [그림 4-54]에서와 같이 위에서 학습한 반사경의 표면에 극자외선이 흡수될 수 있는 흡수체(Absorber)를 부착하여 마스크에서 반사되는 영역(Mo/Si 층)과 흡수되는 영역(absorber층)의 패턴이 존재하며, 웨이퍼에는 반사되는 패턴의 극자외선만 전사되게 되어 PR과 광화학적 반응을 하게 된다. 보통 두께(A+B)는 6.7nm에 약 30nm 수준의 SiO_2가 마스크를 보호하기 위해 capping 막으로서 반사경 표면에 존재하고, 그 위의 흡수체는 Ru을 buffer로 이용하여 크롬 또는 TaN을 올려 사용한다. 또한 기판은 노광 도중 마스크에 흡수되는 에너지에 의해 변형되는 것을 방지하기 위하여 열팽창계수가 작은 물질(LTEM, Low thermal expansion material)을 사용하고 있다.

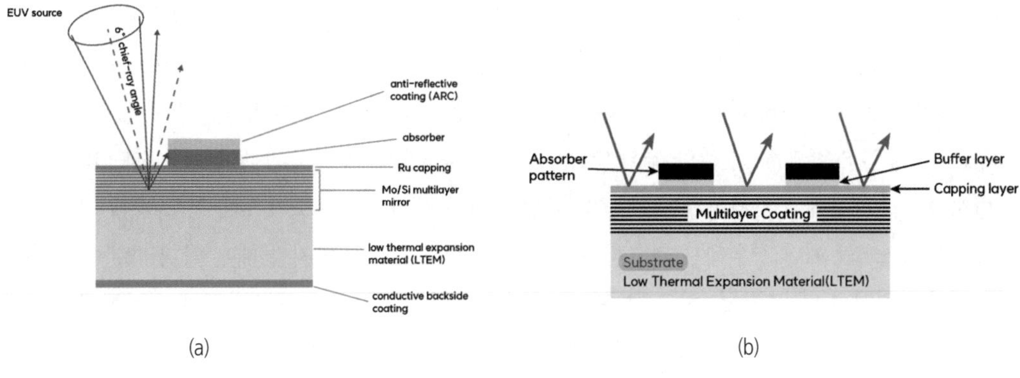

[그림 4-54] EUV용 마스크의 원리

4. EUV용 마스크의 신뢰성

앞에서 설명한 것처럼 EUV용 마스크는 복잡한 과정을 거쳐 만들어지게 되는데, 마스크의 목적이 동일한 패턴을 양산되는 모든 웨이퍼에 정보를 전달하여 동일한 패턴을 구현하는 것이기 때문에 오류가 있다면 양산에 적용할 수 없다. 따라서 마스크는 오류가 발생하면 사용하지 못하게 되는데, EUV용 마스크는 공정이 매우 복잡하고 어렵기 때문에 이러한 오류를 줄이기 쉽지 않다. [그림 4-55]와 같이 마스크의 위에 또는 다층박막과 마스크의 기판 사이에 결함이 존재한다면 결함이 있는 영역의 반사도가 낮아지면서 웨이퍼에 전달되어 PR과 반응을 할 때 차이를 유발하면서 오류가 발생할 수 있다. 현재는 결함수가 양산 가능한 수준 정도로 개발이 된 상태다.

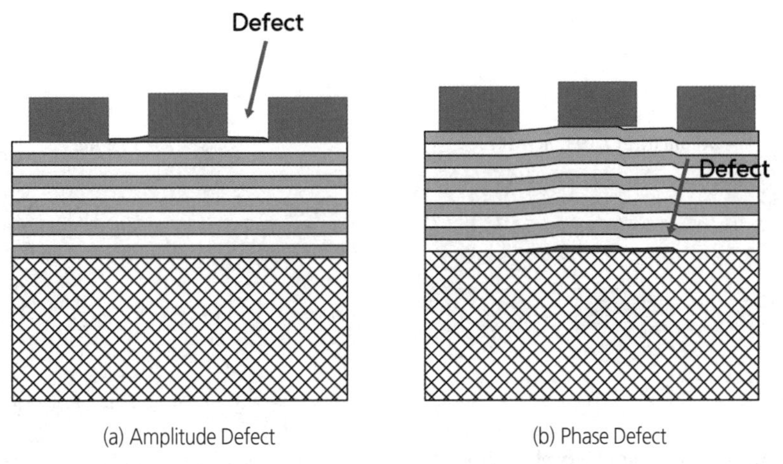

[그림 4-55] EUV용 마스크의 결함

마스크의 신뢰성에 있어 또 하나의 문제는 EUV용 펠리클(Pellicle)의 개발이다([그림 4-56]). 펠리클의 가장 중요한 역할이 반복적으로 사용해야 할 마스크를 외부의 이물질로부터 보호하는 기능인데, EUV용 마스크의 원리상 펠리클을 사용하게 되면 반사율의 저하가 유발될 수밖에 없다. 반사경의 spacer 물질인 Si을 50nm 수준의 얇은 막으로 사용한다고 할지라도 투과율이 92% 정도 되게 되는데 반사경이기 때문에 극자외선이 펠리클을 두 번 통과하게 되면 투과도가 84% 정도 밖에 되지 않는다. 또한 마스크의 패턴 상부에서 견고하게 막의 형태로 존재해야 하지만 매우 얇기 때문에 아래로 처지게 되는 현상이 나타나기도 하고, 노광 시 발생하는 열에도 견뎌야 하며 진공에서 진행되는 노광 공정에 쓰여야 하는데 얇은 막의 특성상 이를 만족시키기는 매우 어려운 상황이다.

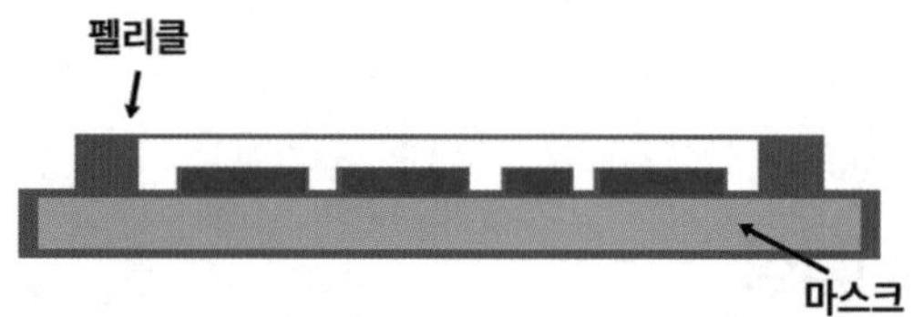

[그림 4-56] EUV용 펠리클의 구조

5. EUV용 감광제(PR)

EUV용 감광제는 기존 DUV용 감광제에 반응하는 빛의 파장이 더 짧기 때문에 다른 Mechanism에 의해 특성이 나타나게 된다. DUV에서는 빛을 흡수하여 화학적인 반응에 의해 PAG (Photo Acid Generator)가 산을 형성하게 되어 감광제가 분해되는 원리이지만, EUV에서는 14.5 nm(92eV)의 강한 에너지의 빛을 사용하기 때문에 감광액 내 대부분의 분자들을 이온화시킬 수 있고 이온화 과정에서 생성되는 primary 전자와 secondary 전자들이 PAG을 이온화하여 PR을 분해시키는 산을 만들게 된다[그림 4-57].

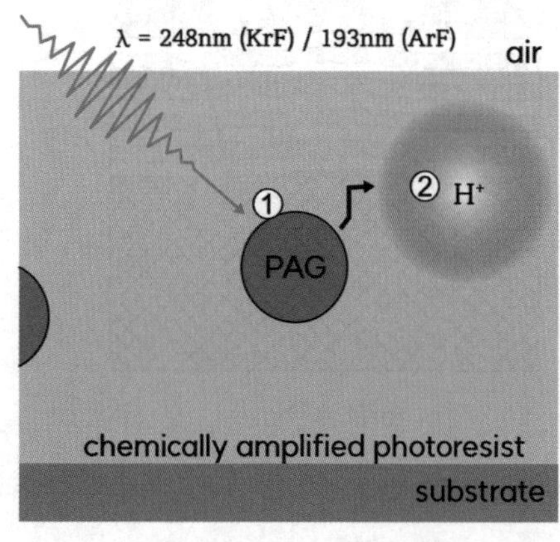

(a) Deep UV 노광에서의 PR 반응

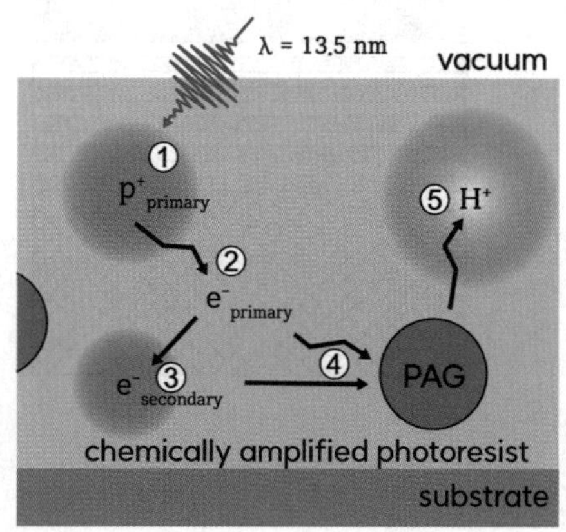

(b) EUV 노광에서의 PR 반응

[그림 4-57] DUV와 EUV 노광에서의 PR 반응 차이

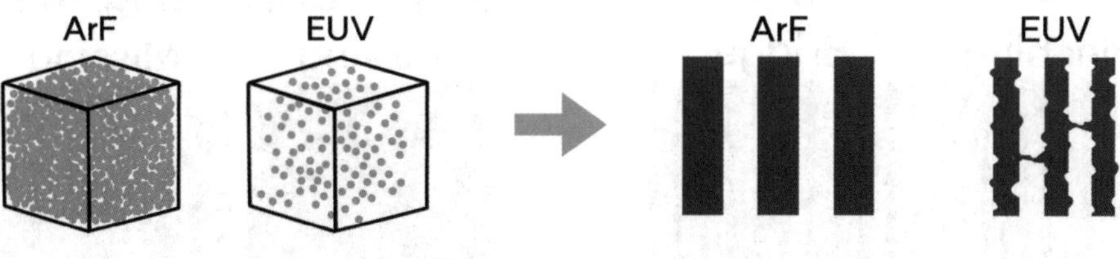

[그림 4-58] ArF와 EUV 패터닝 차이

이러한 원리의 차이에 의해 확산성이 큰 전자의 이동에 의해 패턴에 유발되는 오류가 발생하게 된다. [그림 4-58]와 같이 ArF 패터닝 보다 작은 패턴을 형성할 수는 있지만 패턴 라인의 roughness는 증가하게 된다. EUV는 ArF 광원 대비 파장이 14분의 1 수준(에너지가 14배)이고 광자의 개수 역시 14분의 1 수준이기 때문에 샷 노이즈(Shot noise) 현상이 발생하기 때문이다. 광자 수가 적기 때문에 PAG가 이온화될 확률이 작아지면서 ArF에 의한 패턴 대비 PR의 깊이 방향과 측면 방향으로 패턴의 모양에 에러가 발생하게 된다. [그림 4-59]과 같이 Line Edge Roughness(LER)와 Line Width Roughness(LWR)을 유발하게 되는데 LER은 국부적으로 거친 패턴의 라인을 형성하는 것을 의미하며, 불순물 도핑 시 dopant profile의 오류를 만들 수도 있으며 전기적인 저항에도 영향을 미칠 수 있다. LWR는 패턴의 너비 (Critical Dimension, CD) 측면에서 기준 대비 작거나 큰 상태를 만들 수 있어 소자의 전기적 특성에 영향을 미치게 된다. 이러한 현상을 방지하기 위해 유리 전이 온도가 높은 resin을 사용하거나 확산거리가 짧은 PAG를 사용하는 방향으로 연구되고 있으며, 화학증폭형 PR과 다르게 무기물질인 금속산화물질을 사용하여 이러한 문제를 해결하려 노력하고 있다.

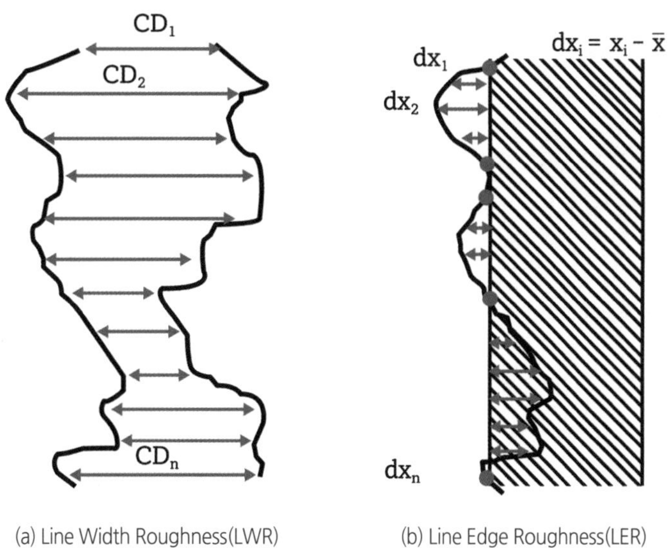

[그림 4-59] LWR과 LER

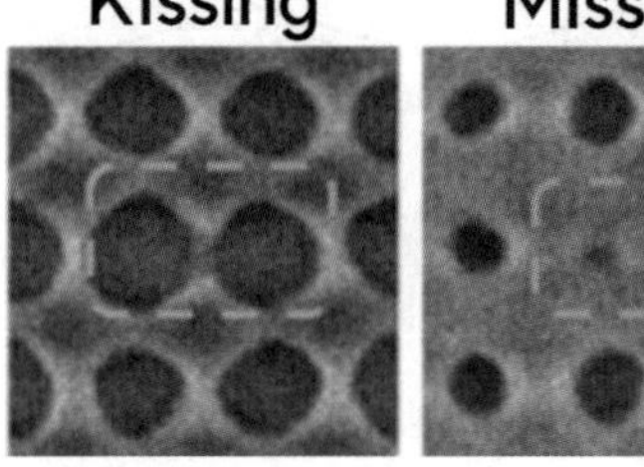

[그림 4-60] EUVL 패턴 불량의 예

실제 면접 기출문제 맛보기

실제 면접에서 나온 질문 난이도 ★~★★★★★ 중요도 ★★★★

- 포토레지스트(PR)의 역할은 무엇이고 종류는 어떤 것이 있는지 설명하세요. 삼성전자
- Positive PR과 Negative PR의 차이점에 대해 설명하세요. 삼성전자, SK하이닉스

1 질문 의도 및 답변 전략

면접관의 질문 의도

기본적인 PR의 역할 외에도, PR을 극성이나 사용하는 광원에 따라서 분류할 수 있는지를 파악하는 문제이다.

면접자의 답변 전략

PR의 극성에 따라서는 자세히 설명하고, 사용하는 광원에 따라서는 DUV용 화학증폭형 PR을 간략히 설명한다.

+ 더 자세하게 말하는 답변 전략
- PR의 역할은 간략하게, 바로 이어서 극성에 따른 PR의 종류에 대한 설명으로 넘어가도록 한다.
- Positive PR의 Sensitizer와 Negative PR의 Cross-linking을 반드시 언급하여 설명한다.
- 광원에 따른 PR을 설명할 때는 DUV용 화학증폭형 PR의 원리를 간략하게 설명한다. EUV PR은 다양한 종류가 개발되고 있다는 정도로만 이야기하거나 생략한다.

2 머릿속으로 그리는 답변 흐름과 핵심 내용

PR의 역할과 종류에 대해 설명하세요.

1. PR의 역할 — 감광제

2. 극성에 따른 PR의 종류 — Positive PR, Negative PR, Sensitizer, Cross-linking

3. 광원에 따른 PR의 종류 — 화학증폭형 PR, PAG(Photochemical Acid Generator)

3 나만의 답안 작성해보기

자세한 모범답안을 보고 싶으시다면
[한권으로 끝내는 전공 · 직무 면접 반도체 기출편]을 참고해주세요!

Memo

Chapter 03

식각 공정(Etch)

핵심요약

정의, 기초

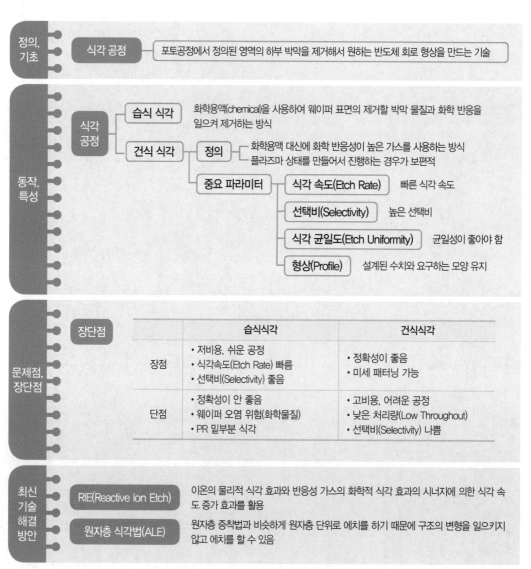

- 식각 공정 — 포토공정에서 정의된 영역의 하부 박막을 제거해서 원하는 반도체 회로 형상을 만드는 기술

동작, 특성

- 식각 공정
  - 습식 식각 — 화학용액(chemical)을 사용하여 웨이퍼 표면의 제거할 박막 물질과 화학 반응을 일으켜 제거하는 방식
  - 건식 식각
    - 정의
      - 화학용액 대신에 화학 반응성이 높은 가스를 사용하는 방식
      - 플라즈마 상태를 만들어서 진행하는 경우가 보편적
    - 중요 파라미터
      - 식각 속도(Etch Rate) — 빠른 식각 속도
      - 선택비(Selectivity) — 높은 선택비
      - 식각 균일도(Etch Uniformity) — 균일성이 좋아야 함
      - 형상(Profile) — 설계된 수치와 요구하는 모양 유지

문제점, 장단점

장단점

	습식식각	건식식각
장점	• 저비용, 쉬운 공정 • 식각속도(Etch Rate) 빠름 • 선택비(Selectivity) 좋음	• 정확성이 좋음 • 미세 패터닝 가능
단점	• 정확성이 안 좋음 • 웨이퍼 오염 위험(화학물질) • PR 밑부분 식각	• 고비용, 어려운 공정 • 낮은 처리량(Low Throughout) • 선택비(Selectivity) 나쁨

최신 기술 해결 방안

- RIE(Reactive Ion Etch) — 이온의 물리적 식각 효과와 반응성 가스의 화학적 식각 효과의 시너지에 의한 식각 속도 증가 효과를 활용
- 원자층 식각법(ALE) — 원자층 증착법과 비슷하게 원자층 단위로 에치를 하기 때문에 구조의 변형을 일으키지 않고 에치를 할 수 있음

학습 포인트

방법론적 차이에 의한 식각의 결과를 이해하고 각 공정 파라미터에 의한 에치의 효과에 대해 설명할 수 있도록 한다.

1 식각 공정이란?

식각공정은 포토공정(Photolithography)에서 정의된 영역의 하부 박막을 제거해서 원하는 반도체 회로 형상을 만드는 과정이다. 따라서 포토공정에서 만들어진 모양 그대로 식각을 할 수 있는지가 식각 능력을 판단하는 중요한 기준이 된다.

우선 포토공정에서 정의한 모양대로 박막 형상을 만드는 방법에는 [그림 4-61]에 나와 있는 것처럼 식각(Etching), Lift-Off, Damascene(상감법)의 세 가지가 있다. 식각 방식은 화학 반응을 이용하여 감광제 마스크에 의해 가려지지 않고 노출된 하부 물질을 제거하는 방법이다. 따라서 화학 반응의 결과물이 물에 녹지(습식식각) 않거나, 휘발성 반응물을 형성(건식식각)하지 않는 물질은 식각 방식으로 패턴을 형성할 수 없다. 이러한 경우에 사용하는 방법이 감광제 마스크 위에 박막을 증착한 후 감광제를 제거하여 감광제가 없었던 부위에만 박막을 남기는 Lift-off 방법이나, 하부물질을 식각 가능한 박막으로 형성한 후 감광제 마스크 작업 및 식각을 진행하여 홈(Trench)을 만들고 이 홈에다 패턴 형성을 원하는 박막을 채워 넣고 홈 위의 물질을 갈아내서 없애는 방식으로 패터닝하는 Damascene 방식이다. Lift-off는 기계적인 힘으로 박막을 분리시키기 때문에 감광제 마스크 패턴을 그대로 옮기는 능력이 떨어지며 미세패턴을 형성하는 데 불리하기 때문에 실험실 수준에서 많이 사용하고 있다. Damascene은 CMP와 같은 부가 공정이 추가되면서 공정 비용이 올라가는 문제점이 있다. 따라서 패턴을 만드는 물질과 목적에 따라 가장 효율적인 방법을 사용하여 공정을 진행하고 있다.

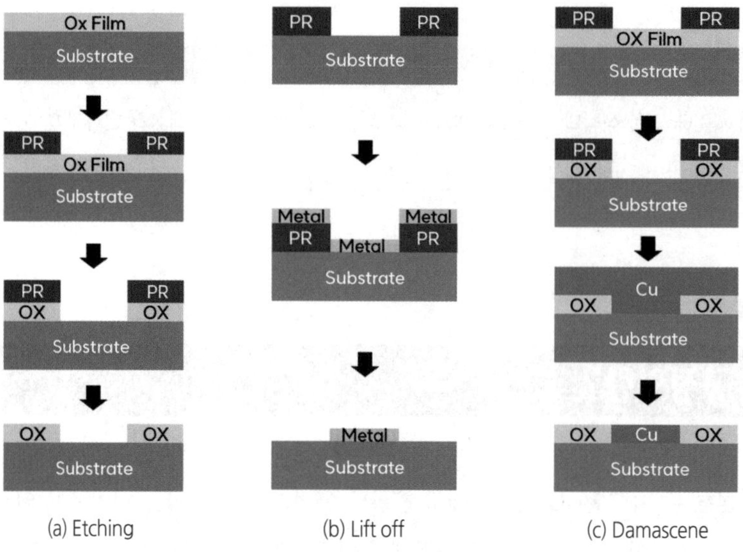

[그림 4-61] 패턴형성 방법

식각 방식은 또한 화학 용액을 사용하는 습식식각(Wet Etch)과 반응성 가스를 사용하는 건식식각(Dry Etch)으로 구분할 수 있다. 우선 습식식각에 대해 간단히 설명하겠다.

② 습식식각

습식식각은 화학 용액(chemical)을 사용하여 웨이퍼 표면의 제거할 박막 물질과 화학 반응을 일으켜 제거하는 방식이다. [그림 4-62]처럼 화학 용액 속에 웨이퍼가 담겨있어서 용액과 박막물질이 접촉한 부위에서만 화학 반응이 일어나서 박막 물질을 제거하게 된다. 따라서 표면에서의 화학 반응이 원활하기 위해서는 계속 새로운 화학 용액이 박막 표면과 접촉해야 한다. 이것은 습식식각 중에 웨이퍼를 기계적으로 움직여주거나, 화학 용액을 순환시키는 방식으로 이루어진다.

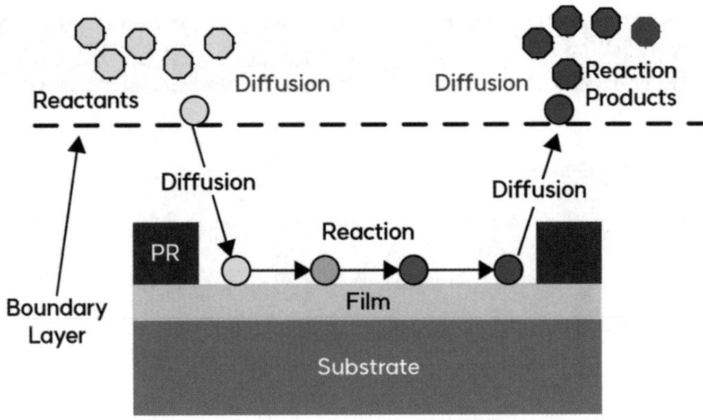

[그림 4-62] 습식식각 개념도

습식식각은 순수한 화학반응에 의해 이루어지므로 반응이 일어나는 물질과 반응이 일어나지 않는 물질 간의 식각량 차이가 명확히 구분된다. 즉, 선택비(Selectivity)가 매우 좋다는 장점이 있다. 한편 화학 반응은 등방성이므로 박막 식각 형상도 등방성 특성을 갖게 된다. 따라서 [그림 4-63]과 같이 마스크 하부 영역까지 식각되는 Undercut 현상이 나타나고, 박막 두께보다 작은 크기의 패턴은 형성할 수 없게 된다. 또한 표면 장력이 큰 화학용액 경우에는 일정 크기 이하의 홈에서는 표면 장력 때문에 용액이 침투할 수 없어서 박막 물질과 접촉할 수 없고 식각 자체가 진행되지 않을 수도 있다. 이런 문제점으로 인해 ~3㎛ 이하의 패턴을 습식식각할 수 없고 다른 방식의 식각 방법, 즉 건식식각이 도입되었다.

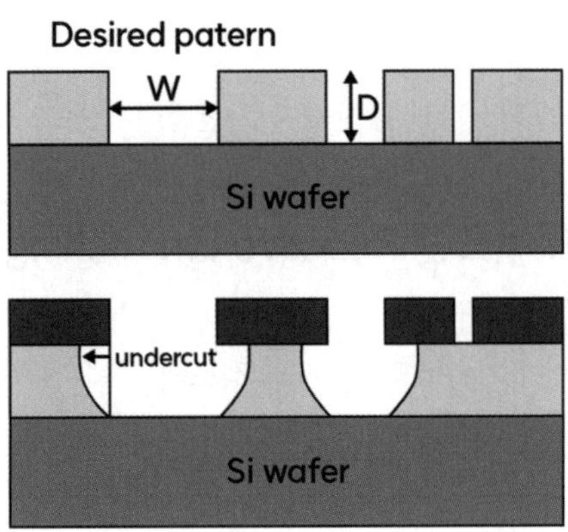

[그림 4-63] 습식식각 형상(Profile)

③ 건식식각

건식식각은 액체상태의 화학 용액(chemical) 대신에 화학 반응성이 높은 가스를 사용하는 방식이다. 박막 물질과의 화학 반응 속도를 높이기 위해 플라즈마 상태를 만들어서 진행하는 경우가 보편적이므로 본 책에서도 플라즈마 식각(Plasma Etch) 공정에 한정해서 건식식각을 다루겠다. [그림 4-64]는 플라즈마 식각 중에 발생하는 다양한 현상을 보여주는 그림이다.

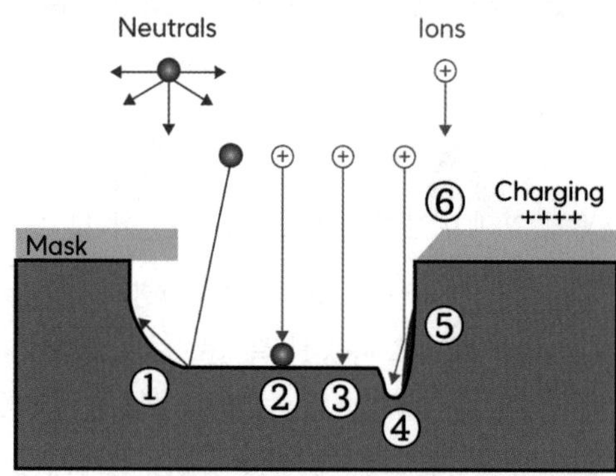

[그림 4-64] 플라즈마 식각 중 발생하는 현상

1. Chemical etching

화학 반응에 의한 식각이고 습식식각과 마찬가지로 선택비가 높고 등방성 식각 특성을 보인다.

2. Ion enhanced etching(또는 Reactive ion etching)

Ion의 작용에 의해 화학 반응이 가속화되고, 어느 정도의 선택비를 갖는 비등방성 식각 특성을 갖게 된다.

3. Physical etching(또는 Sputter etching)

Ar과 같이 화학 반응을 하지 않는 가스를 사용하여 이온이 박막 물질과의 충돌에 의해 스퍼터링되는 현상을 이용한 식각이다. 비등방성이지만 선택비는 매우 낮다.

4. Trenching

Mask edge부에서 식각이 더 많이 일어나 파이는 현상이다.

5. Sidewall passivation

화학 반응 결과물이 비휘발성이면 웨이퍼 표면에 쌓이게 된다. 이때 수평부위의 막은 ion 충돌에 의해 제거되지만, sidewall 부위의 막은 제거되지 않아 더 이상의 식각이 진행되지 않는다. 이런 현상을 Sidewall Passivation이라 하고, 이 현상을 이용해 건식식각에서 비등방성 식각을 달성할 수 있다.

6. Mask erosion

ion과의 충돌에 의해 Mask도 식각이 된다. 따라서 건식식각에서는 마스크와 식각할 박막 물질과의 선택비도 중요하다.

4 식각 특성

앞에서 설명한 습식식각과 건식식각의 특성을 [표 4-4]에 요약하였다.

[표 4-4] 습식식각과 건식식각의 특성 비교

	습식식각(wet etching)	건식식각(dry etching)
방법	화학적 반응(용액)	물리적, 화학적 반응(gas)
환경/장비	대기, Bath	진공, Chamber
장점	• 저비용, 쉬운 공정 • 식각속도(Etch Rate) 빠름 • 선택비(Selectivity) 좋음	• 정확성이 좋음 • 미세 패터닝 가능
단점	• 정확성이 안 좋음 • 웨이퍼 오염 위험(화학물질) • PR 밑부분 식각	• 고비용, 어려운 공정 • 낮은 처리량(Low Throughput) • 선택비(Selectivity) 나쁨
방향성		

건식식각은 비등방 식각이 가능하여 미세한 패턴 형성이 가능하고, 진공 분위기에서 처리가 되므로 깨끗한 공정이며, 자동화가 가능하다는 장점이 있다. 반면 플라즈마 내의 이온의 충격이나 라디칼(Radical)에 의한 소자 손상 및 오염의 문제가 있을 수 있고, 다양한 물리 · 화학 반응을 수반하므로 식각 중 발생하는 현상이 복잡하고, Cu, Pt처럼 건식식각이 어려운 물질이 있다는 단점이 있다. 건식식각 공정에서 중요하게 관리되는 내용은 다음과 같다.

1. 식각 속도(Etch Rate)

일정 시간 동안 막질을 얼마나 제거할 수 있는지를 의미한다.

$$Etch\,Rate\left(\frac{E}{R}\right) = \frac{Etch\,thickness}{Etch\,time} \qquad (\text{Å}/\text{min})$$ [수식 4-7]

동일 공정 품질에서 식각 속도가 빠를수록 단위시간당 생산성이 좋아진다. 식각 속도는 주로 표면 반응에 필요한 반응성 원자와 이온의 양(gas 종류, gas flow), 이온이 가진 에너지를 변화하여 조절한다. 또한 PR 패턴의 아래쪽에서도 습식식각의 undercut의 경우와 비슷하게 식각이 되는 경우가 있는데 이를 식각 바이어스라 한다. 습식식각의 undercut과는 미미한 양이긴 하지만 소자가 미세화되어 감에 따라 식각 바이어스는 식각 후 형상에 큰 영향을 미칠 수 있으므로 중요하게 고려해야 할 사항이다.

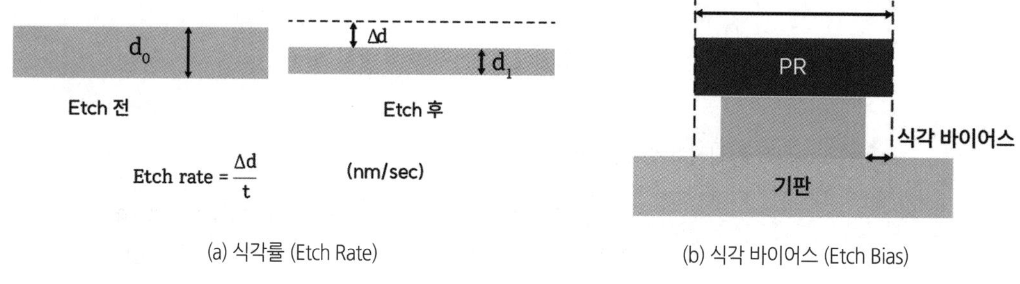

(a) 식각률 (Etch Rate)

(b) 식각 바이어스 (Etch Bias)

[그림 4-65] 식각률과 식각바이어스의 개념

2. 선택비(Selectivity)

건식식각의 경우 플라즈마를 이용하여 물리적인 힘이 식각에 사용되기 때문에 식각하고자 하는 물질과 그 외의 물질들 모두 식각이 된다. 다만 식각할 물질과 식각 속도가 다르기 때문에 최종적으로 식각되는 두께가 다르게 되는데, 선택비란 두 물질 간 식각비를 의미한다([그림 4-66]). 식각비가 높을수록 충분한 식각이 가능하므로 식각 품질을 개선할 수 있다.

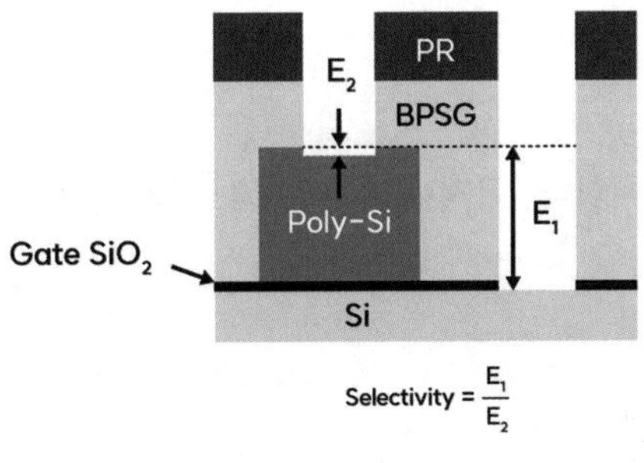

[그림 4-66] 식각공정 시 선택비

식각을 원하는 박막 A에 대해 식각을 원하지 않는 물질 B의 선택비는 다음과 같이 표시된다.

$$S_{A/B} = \frac{Etch\text{된 두께}_A}{Etch\text{된 두께}_B} \quad [수식\ 4\text{-}8]$$

보통 패턴의 박막을 식각할 경우 박막과 마스크의 선택비, 박막과 하부층에 있는 물질과의 선택비 2가지가 모두 중요하다. 식각할 물질 이외의 물질은 식각이 잘되지 않는 것이 패턴을 형성할 때 유리하므로 선택비는 높이는 방향이 공정에 유리하다.

3. 식각 균일도(Etch Uniformity)

식각이 이루어지는 속도가 웨이퍼상의 여러 지점에서 '얼마나 동일한가'를 의미한다.

수식으로는 다음과 같이 식각량이나 식각속도 모두 사용될 수 있으며, 보통은 산포의 개념으로 ±% 의 단위로 불균일도를 의미한다. ± 의 개념이므로 2로 나눠줌을 유의하자.

$$non - Uniformity\,(\pm\%) = \frac{Max - Min}{2^* Avg} \quad [수식\ 4\text{-}9]$$

일정한 시간 동안 공정을 진행한 상태에서 웨이퍼의 부위에 따라 식각 속도가 다를 경우, 형성된 모양이 부위별로 다르게 되어 특정 부위에 위치한 칩에 불량이 발생하거나 특성이 달라지고 양품 수율에 영향을 미친다. 마찬가지로 한 장의 웨이퍼 내부뿐만 아니라 웨이퍼와 웨이퍼 사이의 균일도, Lot 간의 균일도도 중요하다. 다음은 각각 균일도를 측정하는 기준이다.

- WIW(with-in wafer uniformity): wafer 1장 내에서의 균일도
- WTW(wafer to wafer): 보통 1LOT(25매) 내에서의 wafer 간 균일
- LOT to LOT: LOT 간 균일도(보통 3 LOT 또는 5 LOT)
- Tool to Tool: 동일 공정을 진행하는 설비간 균일도

4. 형상(Profile)

식각 부위 단면의 모양을 의미한다. 목적에 따라 [표 4-5]과 같이 수직 형상, 경사진 형상 등 원하는 모양을 만드는 것이 중요하다.

[표 4-5] 다양한 식각 형상

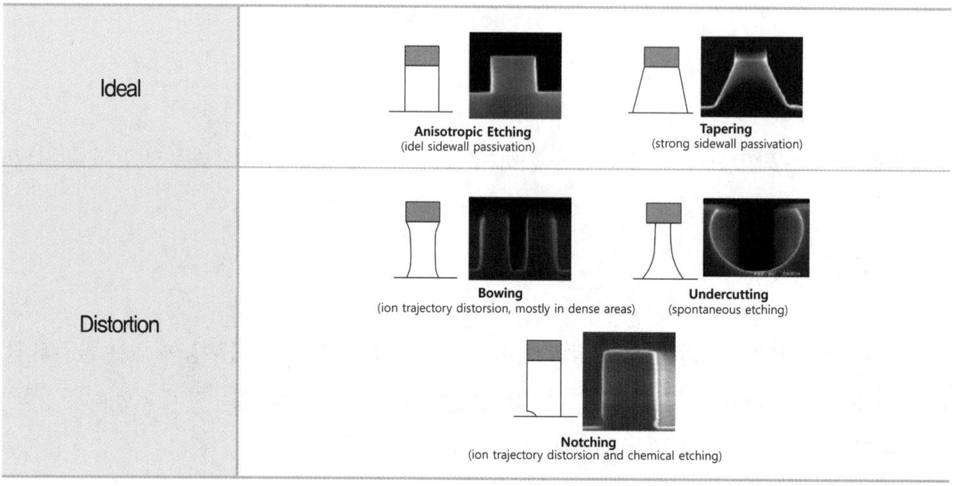

식각공정에서 요구되는 특성을 요약하면 다음과 같다.

- **경제성**: 충분히 빠른 식각속도를 가져야 한다.
- **선택비**: 식각을 진행할 때 Mask와 하부층의 손실이 작아야 한다.
- **비등방성**: 설계된 수치를 유지하고, 원하는 구조물(capacitor, trench, gate 등)에서 요구하는 모양을 유지해야 한다.
- **공정 조절 능력**: 균일성(Uniformity)과 재현성(Reproducibility)이 좋아야 한다. 또한 CD(Critical Dimension) bias가 작아야 한다.

5 건식식각과 플라즈마

Chapter 1에서 플라즈마에 대해서 살펴보았다. 본 Chapter에서는 건식식각에서 필요한 플라즈마 내용에 대해서 좀 더 살펴보겠다. 플라즈마는 중성입자, 라디칼, 하전 입자(양이온, 음이온, 전자)의 집합체로 준중성 상태의 기체이다. 우리가 반도체 공정에서 사용하는 플라즈마는 이온화된 비율이 매우 낮은 저온 플라즈마로 구성 요소는 다음과 같다.

- **중성 분자**: 자연 상태에서 존재하는 안정된 상태의 중성 기체
- **라디칼(Radical)**: 반응성이 매우 좋은 중성 기체로 플라즈마로부터 에너지를 흡수하여 활성화되어 있는 상태
- **이온(Ion)**: 중성 원자, 분자에서 전자를 잃거나 포획한 상태(양이온, 음이온) 플라즈마 공정에서 주로 이용하는 것은 양이온이다.
- **전자**: 중성 원자에서 탈출한 전자로 플라즈마를 유지하고, 외부 전압에 빠르게 반응하여 바이어스(bias) 특성을 결정한다.

저온 플라즈마는 백만 개의 가스 분자 중 1,000개 정도가 화학 반응을 활발하게 일으키는 라디칼이고 1개 정도가 이온화되어 있는 상태이다. 따라서 플라즈마를 이용한 식각공정에서 실제 식각 반응을 일으키는 것은 라디칼이고 이온의 작용에 의해 식각 특성이 변화되는 것으로 이해해야 한다.

식각 가스가 플라즈마 상태가 되면 다음과 같은 현상이 나타난다.

- **이온과 전자의 생성**

  $e+Cl_2 \rightarrow Cl_2^+ + 2e$

- **라디칼과 원자 형성**

  $e+Cl_2 \rightarrow Cl + Cl^* + e$

- **열과 빛의 발생**

  $e+Cl_2 \rightarrow Cl_2^*$ $\quad Cl_2^* \rightarrow Cl_2 + hv$

  $e+Cl \rightarrow Cl^*$ $\quad Cl^* \rightarrow Cl + hv$

그리고 플라즈마에 의해 식각이 일어나는 과정은 다음과 같다.

- **플라즈마 생성**

  $e + Cl / Cl_2 \rightarrow Cl^+ / Cl_2^+ + 2e$

- **식각제(Etchant) 생성**

  $e + Cl_2 \rightarrow 2Cl + e$
- **Etchant가 박막 표면에 흡착된다.**

  $Cl / Cl_2 \rightarrow nCl - Si_{surf}$
- **박막 표면에서 화학 반응이 발생한다.**

  $nCl - Si_{surf} \xrightarrow{(ions)} SiCl_{x(ads)}$
- **화학 반응물이 박막 표면에서 탈착하여 가스 상태로 된다.**

  $SiCl_{x(ads)} \xrightarrow{(ions)} SiCl_{x(gas)}$

이렇게 가스 상태로 된 화학 반응물은 진공펌프에 의해 외부로 배출된다.

플라즈마 식각공정 중 발생하는 현상은 크게 4가지로 구분할 수 있고 이 4가지 현상이 상호 작용하면서 식각공정이 진행된다.

1. 스퍼터 식각(Sputter etch)

높은 에너지를 갖는 이온이 웨이퍼 표면과 충돌하여 표면의 물질을 물리적으로 탈착시킨다.

2. 화학적 식각(Chemical etch)

반응성이 좋은 라디칼이 표면에 흡착하여 화학 반응을 통해 휘발성이 좋은 반응생성물이 형성되어 식각이 진행된다.

3. 식각 반응 촉진: Ion

이온 충격으로 스퍼터링 현상이 일어날 정도는 아니지만 표면 물질의 결합을 느슨하게 하여 라디칼에 의한 후속 화학 반응을 촉진시킨다.

4. 식각 반응 억제: 폴리머(Polymer) 형성

비휘발성 반응생성물이 표면에 증착되어 라디칼에 의한 화학식각을 방해한다. 이때 수평부위의 폴리머는 수직 방향으로 입사되는 이온의 충돌로 제거되어 화학식각이 계속 진행되지만, 측면(sidewall) 부위의 막은 제거되지 않아 더 이상의 화학식각이 진행되지 않는다. 건식식각에서 비등방 식각이 가능하게 되는 중요 메커니즘이다.

⑥ Reactive Ion Etch(RIE)

앞에서 살펴본 바와 같이 스퍼터 식각(Sputter etch)과 화학적 식각(Chemical etch)이 주요 etch 방식인데 만약 이 2가지를 결합하면 어떤 효과가 나타날까.

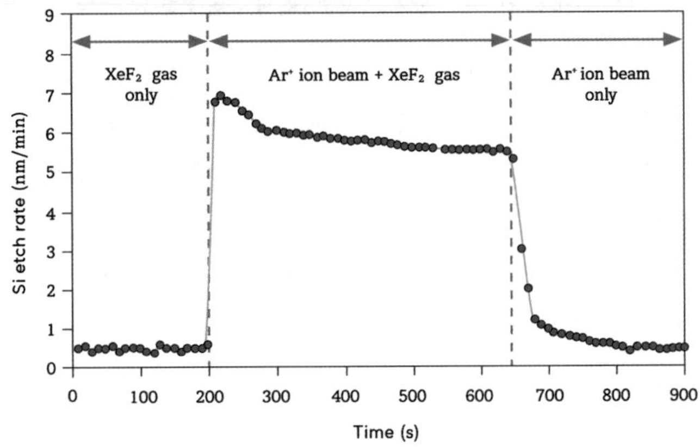

[그림 4-67] RIE(Reactive Ion Etch)의 식각 속도 개선 효과

[그림 4-67]은 화학적 식각과 물리적 식각이 결합했을 때 시너지 효과가 나타나는 것을 규명한 유명한 실험결과이다.[1] XeF_2는 불안정한 가스로서 쉽게 Xe와 F로 분리되어 F에 의한 화학 반응으로 실리콘을 식각하게 된다. 반면에 Ar은 불활성 가스로 실리콘과 전혀 화학 반응을 일으키지 않아 Ar 이온의 물리적 충격에 의한 스퍼터링 효과로 실리콘을 식각하게 된다. 즉, 각각은 순수한 화학적 식각 및 순수한 물리적 식각 특성을 갖는다. 처음에 XeF_2 만 흘려서 실리콘 식각을 진행하다 Ar 이온빔을 실리콘 표면에 같이 조사하면 실리콘 식각 속도가 10배 정도 증가함을 볼 수 있다. 다시 XeF_2를 멈추고 Ar 이온빔만 계속 조사하면 실리콘 식각 속도가 1/10로 줄어듦을 알 수 있다.

이렇게 이온의 물리적 식각 효과와 반응성 가스의 화학적 식각 효과의 시너지에 의한 식각 속도 증가 효과를 활용하는 것이 RIE(Reactive Ion Etch) 기술이다. [그림 4-68]와 같이 RIE에서는 반응성 라디칼이 박막 물질과 화학 반응을 일으켜 휘발성 반응물을 형성하여 식각공정이 진행된다. 동시에 반응성 이온이 가속되어 웨이퍼 표면과 충돌하게 된다.

1 Coburn, JAP, 1979

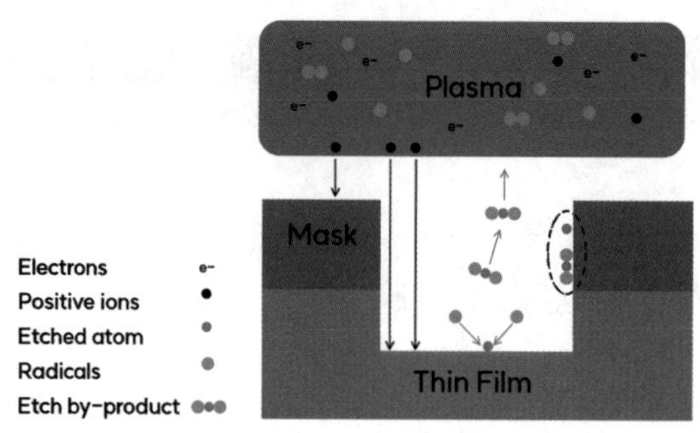

[그림 4-68] RIE의 모식도

즉, 반응성 라디칼은 등방성인데 반하여 반응성 이온은 전극에 걸려 있는 바이어스 때문에 웨이퍼에 수직방향으로 입사된다. 반응성 이온이 기판에 수직으로 충돌하는 효과에 의해 식각될 박막 물질의 화학결합이 느슨해져 반응성 라디칼과의 화학반응을 쉽게 한다. 또한 식각공정 중 발생하는 비휘발성 화합물(Polymer)을 Sputter Etch 해내는 효과가 있는데, 이는 비휘발성 막은 식각부 하단에는 적고 측면에는 많이 쌓여 측면은 식각이 안 되고 하단부만 식각이 진행되는 비등방성 식각을 진행할 수 있는 이유이다. 이와 같은 이유로 RIE 공정은 식각속도도 빠르고, 비등방성, 고선택비 식각이 가능하게 된다.

7 반도체 박막의 건식식각

반도체 공정에서 건식식각을 이용하여 진행하는 박막식각은 [표 4-6]과 같이 정리할 수 있다. 물론 실제 식각공정 중 사용하는 공정 가스는 훨씬 더 다양하고, 또 이러한 가스들 간의 조합 및 사용 비율, 공정조건 등에 의해 복잡한 양상을 보이지만, 본 책에서는 가장 기본적인 화학반응을 기초로 설명하겠다.

[표 4-6] 반도체 공정에서 사용하는 박막의 건식식각

식각공정	식각 물질	공정 가스	비고
Silicon Etch	Poly Si, Si	Cl_2, HBr 등	Gate, STI
	$Si(s)+4Cl(g) \rightarrow SiCl_4(g)$		
Oxide Etch	SiO_2(산화막)	CF_4, CHF_3 등	Contact
	$SiO_2(s)+CF_4(g) \rightarrow SiF_4(g)+CO_2(g)$		
Nitride Etch	Si_3N_4(질화막)	CF_4, CHF_3 등	STI, Spacer
	$Si_3N_4(s)+CF_4(g)+O_2(g) \rightarrow SiF_4(g)+2N_2(g)+...$		
Metal Etch	Al, W, Silicide	Cl_2, BCl_3, CF_4, CHF_3	Gate, 배선
	$2Al(s)+3Cl_2(g) \rightarrow 2AlCl_3(g)$		
P/R Strip	P/R(감광제)	O_2	식각공정 후
	$C_xH_yO_z(s)+O_2 \rightarrow CO(g)+CO_2(g)+H_2O(g)$		

박막 종류마다 여러 가지 가스를 사용하지만 기본적으로 F^-기, Cl^-기를 이용하여 휘발성 F^-화합물, Cl^-화합물을 형성시켜 식각을 진행한다고 볼 수 있다.

지금부터는 실리콘과 산화막(SiO_2)의 건식식각에 초점을 맞추어 설명하겠다. 기본적으로 게이트 전극을 형성하기 위해 얇은 게이트 산화막(20~50Å) 위에 500~1000Å 두께의 Poly Si, 그 위에 저항을 낮추기 위한 금속막(주로 W)이 적층되어 있는 구조이다. Poly Si 식각 시에 SiO_2가 노출된 상태에서 Poly Si을 깨끗이 제거하기 위한 Over-etch를 진행해야 한다. 이때 만약 게이트 산화막이 식각되어 없어지면 하부 기판의 실리콘이 노출되어 식각되기 시작하고, 이 경우 MOSFET 구조 및 특성에 문제가 발생할 수 있다. 따라서 Si와 SiO_2의 식각선택비가 ~50 : 1 이상으로 매우 좋아야 한다.

마찬가지로 SiO_2를 식각하여 하부 소스/드레인 층을 노출시키는 Contact Etch의 경우 SiO_2가 제거되어 Si이 노출된 상태에서 웨이퍼 내의 모든 Contact 구멍이 깨끗하게 뚫리게 하기 위해 Over-etch를 진행하게 된다. 이때 Si의 식각량이 많으면 불순물이 도핑된 상태의 소스/드레인 층이 없어져 MOSFET 동작을 못할 수 있다. 따라서 SiO_2와 Si의 선택비가 ~10 : 1 이상으로 좋아야 한다.

이상으로 Si과 SiO_2 간의 식각선택비가 왜 중요한가에 대해 설명하였고, 지금부터는 똑같은 실리콘으로 구성된 실리콘 및 실리콘 화합물 간의 식각 선택비를 어떻게 얻는가에 대해 설명하겠다. 우선 실리콘은 다음과 같이 반응하여 실리콘이 식각된다.

$Si + 4F \rightarrow SiF_4(g)\uparrow$

$Si + 4Cl \rightarrow SiCl_4(g)\uparrow$

반면 실리콘 산화막은 다음과 같이 F-기에서는 식각이 되지만 Cl-기에서는 식각이 되지 않는다.

$SiO_2 + 4F \rightarrow SiF_4(g)\uparrow + O_2(g)\uparrow$

$SiO_2 + 4Cl \rightarrow SiCl_4(g)\uparrow + O_2(g)\uparrow$ 열역학적으로 불가능

따라서 실리콘 식각을 할 때 Cl_2, HBr 등의 가스를 사용하여 SiO_2와의 선택비를 높이게 된다. 단 Cl-기의 식각은 F-기의 식각보다 느리기 때문에 식각 초기에는 F-기로 식각하다 게이트 산화막이 노출될 시점에서 Cl-기로 바꾸어 식각을 진행하게 된다.

반면에 SiO_2 식각은 F-기로만 식각이 되므로 CF_4, CHF_3 등 F-기를 포함하고 있는 식각 가스를 이용하여 식각을 진행하게 된다. 문제는 F-기에서 실리콘도 식각이 된다는 점인데, SiO_2 식각할 때 H_2의 양을 조절하여 실리콘 식각 속도를 낮추게 된다. 예를 들어 CF_4에 H_2를 추가하면 다음과 같이 F와 반응이 되어 챔버 내 농도가 감소하며, 상대적으로 CF_3의 농도가 증가하게 되어 폴리머를 형성하므로 Si 식각 속도가 감소하게 된다.

$H_2+2F \rightarrow 2HF$ ⇒ 플라즈마 속의 F 농도

⇒ CF_3 농도↑ ⇒ Polymer형성↑ ⇒ Si 식각속도↓

이러한 경우에도 SiO_2는 그 속에 들어 있는 산소 때문에 Polymer가 제거되기 때문에 식각속도가 저하되지 않는다. 따라서 SiO_2 : Si 선택비가 증가하게 되어 Si의 식각 대비 SiO_2의 식각율을 높인다. 위의 예와 같이 주요 식각 가스뿐만 아니라, H_2, O_2 등과 같이 반응 라디칼의 양을 조절하여 식각속도를 조절할 수 있고, Polymer 형성 또는 제거에 도움을 주는 가스를 첨가하여 목적에 맞게 식각 조건을 최적화하여 공정을 진행하게 된다.

⑧ 건식식각 장비

건식식각은 주로 RF 플라즈마를 이용하여 진행한다. RF 플라즈마는 DC 디스차지(discharge) 플라즈마에 비해 반도체 공정에 훨씬 광범위하게 응용이 되는데 그 이유는 다음과 같다.

- DC 플라즈마의 경우는 반드시 도체여야 하지만, RF 플라즈마의 경우 전극으로 도체 또는 부도체 모두를 사용할 수 있는 장점이 있다.
- DC의 경우는 반드시 노출이 되어야 하므로 전극 물질의 스퍼터링, 식각 등에 의해 웨이퍼가 오염될 확률이 높지만, RF의 경우 전극이 플라즈마 내에 노출되지 않아도 방전이 가능하다.
- RF 방전의 경우 전자가 RF의 영향으로 주파수에 맞춰 이동하게 되어 충돌이 증가하므로 이온화 효율이 일반적으로 높다.
- RF 플라즈마의 방전 유지 압력이 낮다.

RF 플라즈마를 형성하기 위해 두 개의 전극이 마주 보고 있는 용량결합형 플라즈마(CCP, Capacitor Couple Plasma) 방식을 주로 사용한다. 이 마주 보는 2개의 전극 중 하나에 웨이퍼를 올려놓고 식각 공정을 진행하게 되는데, 그라운드 전극 위에 웨이퍼가 놓여 있으면 플라즈마 모드([그림 4-69])이고, 바이어스 전극 위에 웨이퍼가 놓여 있으면 RIE 모드([그림 4-70])가 된다. 플라즈마 모드에서는 반응성 이온이 웨이퍼와 충돌하는 경우가 적어 반응성 라디칼에 의한 화학적 식각이 주로 이루어지게 되고 이로 인해 등방성 식각 특성을 갖는다. 반면에 RIE 모드에서는 반응성 이온이 웨이퍼 표면에 수직으로 충돌하고 이로 인해 비등방성 식각이 진행되며 식각속도도 빨라진다.

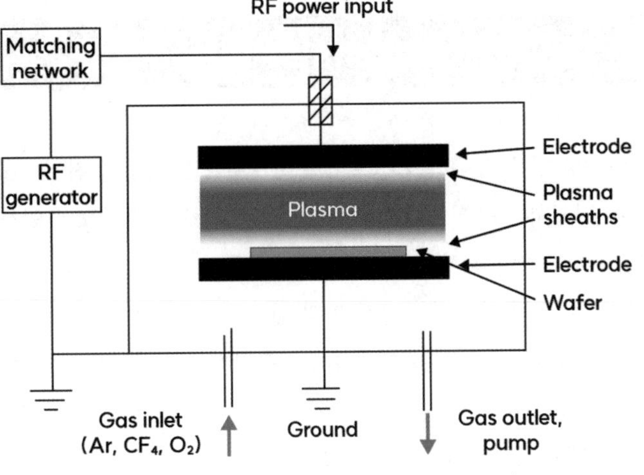

[그림 4-69] 플라즈마 모드(Plasma mode)

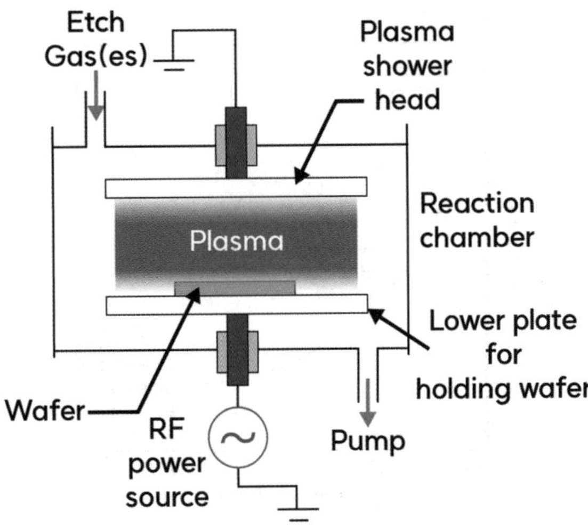

[그림 4-70] RIE(Reactive Ion Etching) 모드

⑨ 고밀도 플라즈마(High Density Plasma)

반도체의 집적도 증가로 인해 요구되는 선폭이 좁아져서 건식식각이 점점 어려워지고 있다. 건식식각 특성을 개선하기 위해서는 플라즈마 내 이온이 기판과 보다 수직으로 입사를 해야 하며, 동시에 반응성 이온의 양이 증가하여야 한다. 그러나 용량결합형 플라즈마(CCP)는 [그림 4-71]에 보이는 것처럼 기판에 입사하는 이온의 양(∝ 공정 압력)과 에너지를 독립적으로 조절할 수 없다는 단점이 있다. 낮은 압력에서 이온의 방향성을 개선하여 비등방성 식각 특성을 개선하려고 하면, 이온 밀도가 낮아 식각 속도는 느리면서 이온에너지는 높아 소자에 손상을 줄 수 있다. 반면 반응성 이온의 양을 증가시켜 식각 속도를 높이기 위해 높은 압력을 사용하면 기판에 입사하는 이온의 방향성을 방해하게 된다. 따라서 등방성 식각이 강해지고 수직 형상의 식각 패턴을 얻기 어려워진다. 이러한 이유로 용량결합형 플라즈마는 기판 손상이나 선폭의 감소 현상을 야기하게 된다.

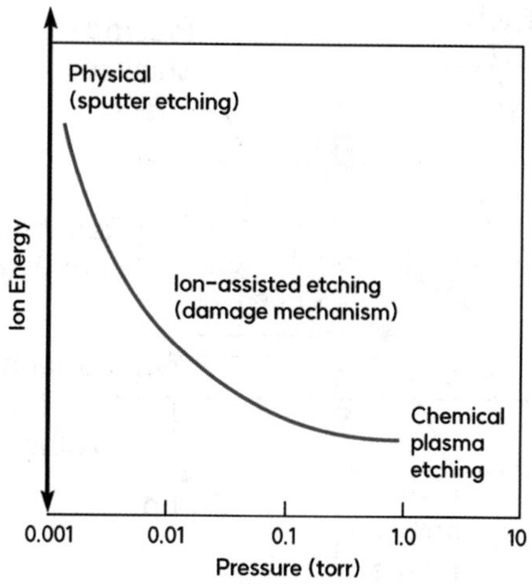

[그림 4-71] 용량결합형 플라즈마에서 공정압력과 이온에너지의 관계

이러한 단점을 개선하기 위해 용량결합형 플라즈마를 대체할 고밀도 플라즈마(high density plasma, HDP)라고 불리는 장치가 개발되어 왔다. HDP는 저압에서 동작이 가능하며 바이어스를 독립으로 조절 가능하다는 특징이 있다.

고밀도 플라즈마 장치로는 유도결합형 플라즈마(Inductive coupled plasma, ICP), 헬리콘(Helicon) 플라즈마, ECR(Electron cyclotron resonance) 플라즈마 방식이 있다. 그중에서 유도결합형 플라즈마 방식이 현재 반도체 공정에서 가장 보편적으로 적용되는 고밀도 플라즈마 방식이다.

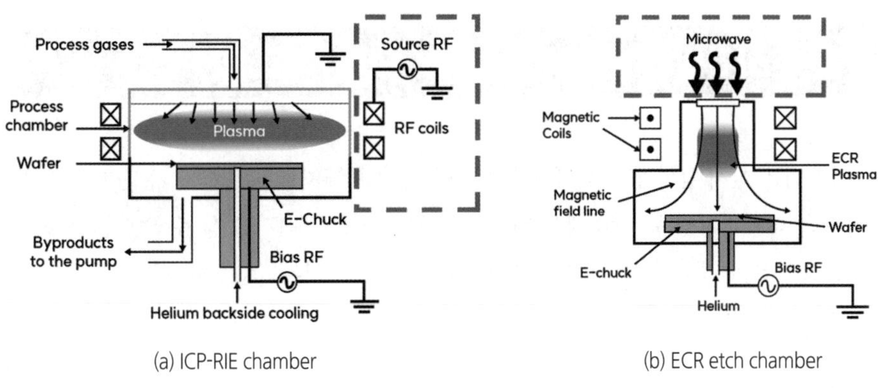

(a) ICP-RIE chamber (b) ECR etch chamber

[그림 4-72] ICP-RIE와 ECR-RIE 장비의 구조

[그림 4-72]과 같이 ICP-RIE 장치에서는 외부 코일을 통해 만든 유도전기장을 이용하는 ICP RF Power 방식으로 고밀도 플라즈마를 형성한다. 코일에 의해 유도되는 자기장과 전기장이 플라즈마 속 전자를 가속시켜 고밀도 플라즈마가 생성된다. 웨이퍼가 놓여 있는 하부전극에는 CCP RF Power를 인가하여 웨이퍼에 입사되는 이온의 에너지를 독립적으로 조절할 수 있게 된다. 고밀도 플라즈마의 효과는 [표 4-7]와 같다. 즉, CCP보다 낮은 압력에서 공정이 가능하므로 비등방성 특성이 좋아지고, 플라즈마 밀도가 높으므로 식각 속도도 빠르다. ECR-RIE는 고밀도 플라즈마를 형성하기 위해서 2.45 GHz의 Microwave를 사용하여 공명 흡수로 전자를 주위 중성가스와 연쇄충돌을 일으키게 만드는 방법이다. 높은 이방성의 식각 특성을 갖기 때문에 초고집적 소자의 미세 패턴 형성에 유리하며 낮은 이온에너지로 인해 표면에 식각에 의한 손상이 적다는 장점이 있다.

[표 4-7] CCP, ICP 및 ECR 특성 비교

공정 변수	CCP	ICP	ECR
압력(mtorr)	50~1000	0.5~50	0.05~50
플라즈마밀도(/cm^3)	10^9~10^{11}	10^{10}~10^{12}	10^{10}~10^{12}
이온에너지(eV)	200~1000	20~500(조절 가능)	20~30

⑩ 원자층 식각법(Atomic Layer Etch, ALE)

원자층 식각법은 현재 양산에서 쓰이지는 않지만 차세대 에치로 많은 연구가 진행되고 있다. 반도체 소자가 더욱 작아지고 있는 상황에서 원자층 단위로 정밀한 식각을 할 수 있다는 장점이 있기 때문에 차세대 공정에는 적용될 가능성이 매우 높다. 현재의 에치는 플라즈마 상태로 이온의 직진성을 많이 사용하고 있기 때문에 소자의 구조가 작아질수록 트렌치의 형태에 많은 영향을 끼치게 된다. [그림 4-73]에서 알 수 있듯이 트렌치의 폭이 좁아질수록 이온이 벽에 충돌할 확률이 높아지게 된다. 그러면 이온의 직진성이 약화되면서 측벽에 부딪치기 때문에 좁고 깊은 트렌치를 에치하기는 어렵게 된다. 이러한 단점을 극복할 수 있는 방법으로 고안된 공정이 원자층 식각법으로 이름에서도 알 수 있듯이 원자층 증착법과 비슷하게 원자층 단위로 에치를 하기 때문에 구조의 변형을 일으키지 않고 에치를 할 수 있다는 장점을 가지고 있다.

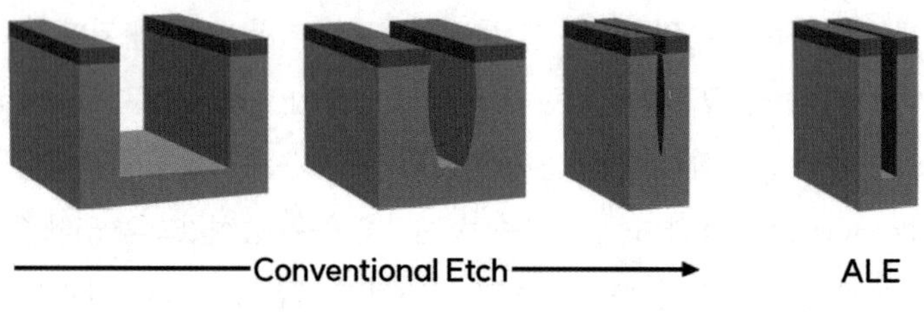

[그림 4-73] ALE 공정의 필요성

ALE 공정의 과정을 실리콘을 원자층 식각의 예로 살펴보면[그림 4-74],

- **Reaction A** : Si 표면에 염소(Cl_2)를 흡착시켜 반응이 일어나도록 한다. 이때 소스가 되는 염소 또는 염소화합물은 표면에서만 흡착 및 반응이 일어나게 되고 표면의 원자층만 실리콘 염화물이 생성되게 된다.
- **Switch Steps** : 남은 기체를 모두 퍼지 후 표면의 원자층 한층만 반응된 상태로 만들어 준다. 만약 염소가 남게 되면 후속 단계에서 실리콘과 결합되어 추가적인 에치가 될 수 있으므로 모두 제거해 주어야 한다.
- **Reaction B** : Ar^+ 이온으로 염소화합물에 물리적인 충격을 가해 염소화합물만 탈착되도록 만든다. 염소화합물의 경우 실리콘 결합을 깨기 위한 에너지 대비 20% 수준 이상만 되어도 제거가 된다.

이러한 과정이 반복되면서 원자층 한 층씩 에치가 되는 공정이 진행되고, 원하는 깊이나 두께만큼 공정을 반복하면 된다.

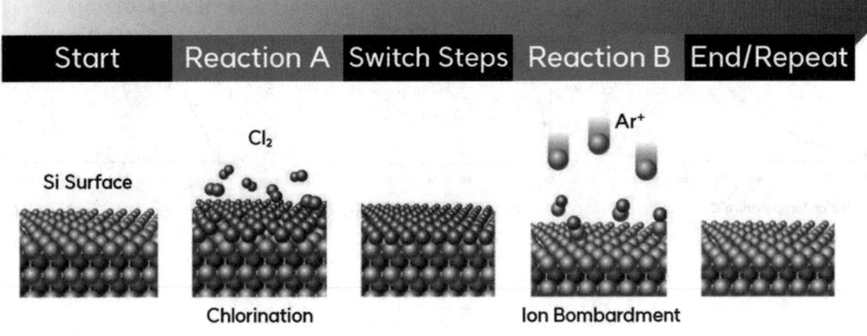

[그림 4-74] ALE 공정의 과정

ALE 공정의 단계에서 중요한 파라미터는 다음과 같다.

- **Reaction-A에서의 웨이퍼 온도** : [그림 4-75 (a)]의 결과를 보면 웨이퍼의 온도가 증가하면 식각이 되기 시작하고 온도가 더 올라갈수록 식각율이 증가한다. 이는 반응만 해야 되는 단계에서 식각이 되는 것으로 웨이퍼의 열에 의해 흡착 반응된 염소 화합물이 제거되는 것을 의미한다. 그렇게 되면 원자층 한 층만 흡착된 상태로 자기 제한적 반응이 일어나야 하는데 열에 의해 식각이 되면서 그 아래층도 식각이 반응 및 식각이 되고 연속적으로 식각이 일어나게 된다. 따라서 Reaction-A 단계에서는 웨이퍼 온도를 낮게 유지하여 반응물이 탈착이 일어나지 않도록 해야 한다.
- **Reaction-B에서의 시간** : [그림 4-75 (b)]는 Ar^+ 이온을 이용한 염소화합물 탈착 단계에서 원자층 한층만 제거하는데 시간이 얼마나 걸리는지 살펴본 결과이다. 10초 정도 진행 시 원자층 한 층이 다 제거되었다고 볼 수 있으며, 그 이상 공정을 진행하더라도 더 이상 식각이 일어나지 않음을 의미한다. 이는 ALE의 원리처럼 원자층 한 층만 식각되고 더 이상 식각이 진행되지 않는 자기제한적 식각 능력을 보여주고 있으며, 공정적으로는 10초 정도만 진행하면 원자층 한 층의 식각이 끝나게 되므로 더 이상 진행할 필요가 없음을 보여준다.
- **Reaction-B에서의 이온 에너지** : [그림 4-75 (c)] 는 염소화합물의 탈착에 필요한 Ar^+의 이온 에너지에 따른 식각을 보여주고 있는데, 20~100eV 수준에서는 일정 식각율을 보이지만 그 이상의 에너지에서는 식각율이 증가한다. 이는 염소화합물 뿐 아니라 그 아래층이 식각됨을 의미하는 것으로 일정한 윈도우 이상의 에너지에서는 하부 원자층이 식각될 수 있으므로 유의하여야 한다.

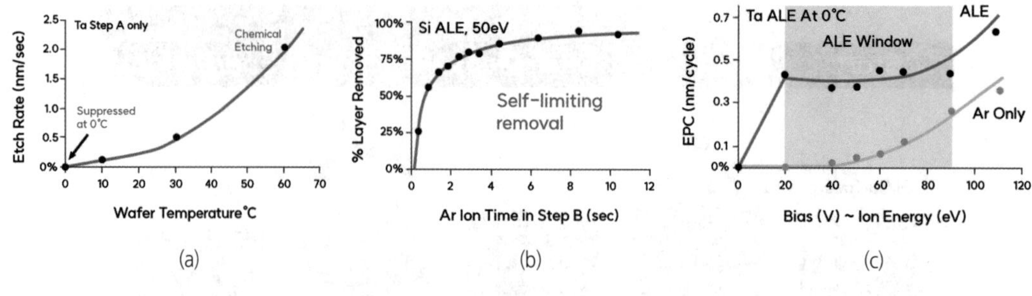

[그림 4-75] ALE 공정의 중요 파라미터

이처럼 원자층 식각 공정은 웨이퍼 온도, Ar^+ 이온의 식각 시간과 에너지 등 상당히 민감한 공정 파라미터와 공정 윈도우를 가지고 있다. 이는 소스가 되는 물질과 화합결합의 에너지 등 공정에 따라 변수가 매우 많고 식각해야 할 구조에 따라서도 영향을 받는 경우 등 고려해야 할 사항이 매우 많다. 하지만 미래 기술에서는 없어서는 안 될 기술로 인식되고 있기 때문에 세부적으로 연구 개발이 진행된다면 충분히 양산에 적용 가능한 공정법이 될 것으로 판단된다.

실제 면접 기출문제 맛보기

실제 면접에서 나온 질문 난이도 ★ 중요도 ★★★★

- 식각 공정에 대해 설명하세요. 삼성전자, SK하이닉스
- 식각 공정을 평가하는 파라미터는 무엇이 있는지 설명하세요. 삼성전자
- 건식 식각과 습식 식각의 차이점과 각각의 장단점에 대해 설명하세요. 삼성전자, SK하이닉스

1 질문 의도 및 답변 전략

면접관의 질문 의도

식각 공정의 정의, 종류와 식각 공정의 결과를 평가하는 방법에 대해 이해하는지 묻는 문제이다.

면접자의 답변 전략

식각 공정의 정의와, 등방성과 비등방성 식각에 대해 설명한다. 건식 식각과 습식 식각의 식각의 평가 항목으로 식각률(Etch rate), 선택비(Selectivity), 균일도(Uniformity) 등을 제시한다.

+ 더 자세하게 말하는 답변 전략

- 우선 식각 공정의 정의를 간략히 설명한다. 등방성, 비등방성 식각은 방향성이라는 키워드를 이용해 설명한다.
- 건식 식각과 습식 식각을 비교할 때는 설비, 매질의 차이, 제어 용이성, 방향성, 미세 패턴 적용 여부에 중점을 두어 비교한다.
- 식각 공정의 평가 항목은 식각률, 균일도, 선택비 등 숫자로 나타낼 수 있는 항목을 먼저 설명하고, 그 외에도 식각 형태와 표면 형상 등이 있음을 순서대로 설명한다.

2 머릿속으로 그리는 답변 흐름과 핵심 내용

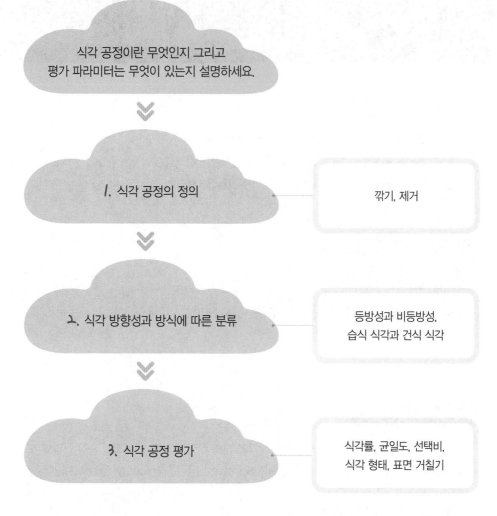

식각 공정이란 무엇인지 그리고
평가 파라미터는 무엇이 있는지 설명하세요.

1. 식각 공정의 정의

깎기, 제거

2. 식각 방향성과 방식에 따른 분류

등방성과 비등방성,
습식 식각과 건식 식각

3. 식각 공정 평가

식각률, 균일도, 선택비,
식각 형태, 표면 거칠기

3 나만의 답안 작성해보기

자세한 모범답안을 보고 싶으시다면
[한권으로 끝내는 전공 · 직무 면접 반도체 기출편]을 참고해주세요!

Memo

Chapter 04

박막 공정

핵심요약

정의, 기초

- 박막 공정: 박막을 웨이퍼 상에 증착하는 공정

동작, 특성

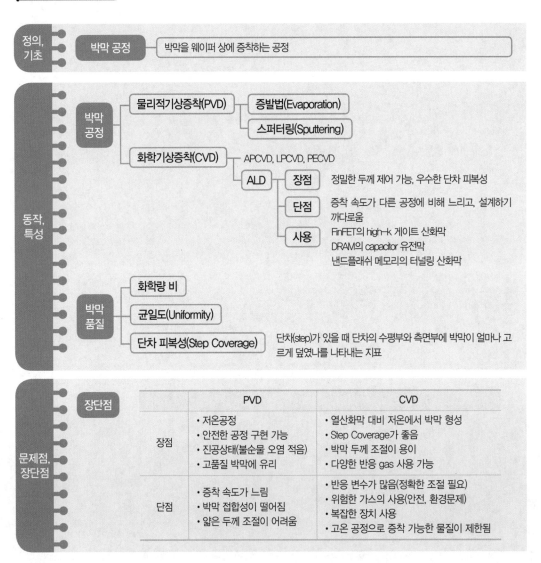

- 박막 공정
  - 물리적기상증착(PVD)
    - 증발법(Evaporation)
    - 스퍼터링(Sputtering)
  - 화학기상증착(CVD)
    - APCVD, LPCVD, PECVD
    - ALD
      - 장점: 정밀한 두께 제어 가능, 우수한 단차 피복성
      - 단점: 증착 속도가 다른 공정에 비해 느리고, 설계하기 까다로움
      - 사용: FinFET의 high-k 게이트 산화막
DRAM의 capacitor 유전막
낸드플래쉬 메모리의 터널링 산화막
- 박막 품질
  - 화학량 비
  - 균일도(Uniformity)
  - 단차 피복성(Step Coverage): 단차(step)가 있을 때 단차의 수평부와 측면부에 박막이 얼마나 고르게 덮였나를 나타내는 지표

문제점, 장단점

장단점

	PVD	CVD
장점	• 저온공정 • 안전한 공정 구현 가능 • 진공상태(불순물 오염 적음) • 고품질 박막에 유리	• 열산화막 대비 저온에서 박막 형성 • Step Coverage가 좋음 • 박막 두께 조절이 용이 • 다양한 반응 gas 사용 가능
단점	• 증착 속도가 느림 • 박막 접합성이 떨어짐 • 얇은 두께 조절이 어려움	• 반응 변수가 많음(정확한 조절 필요) • 위험한 가스의 사용(안전, 환경문제) • 복잡한 장치 사용 • 고온 공정으로 증착 가능한 물질이 제한됨

학습 포인트

박막공정의 방법론적 차이에 대해 이해하고 각 방법의 원리와 특성에 대해 설명할 수 있도록 한다.

1 박막 공정이란?

박막공정은 노광 및 식각공정과 더불어 반도체 산업의 초기부터 사용되어 온 공정이다. 3차원의 소자 구조를 만들기 위해 막을 만들고 그 막에 패턴을 만드는 방법으로 반도체 공정이 진행되고, 기술이 진화됨에 따라 목적에 따라 평탄화(CMP) 공정이나 에피택셜 성장 등 다양한 방법의 공정이 추가되고 있다. 박막 공정은 기술이 발전하면서 더 얇고 더 균일하게 증착하는 방향으로 개발되어 왔으며, 특히 3차원 구조에서 작은 Trench의 측벽과 바닥에 균일하게 막을 형성하기 위하여 많은 공정방법이 개발되었다. 이번 챕터에서는 이런 박막공정을 방법적으로 분류하고 산업의 성장 역사의 흐름에 맞추어 각 박막 성장법이 쓰이게 되는 이유와 원리 그리고 활용법에 대해 다루도록 하겠다.

먼저 1um 이하 두께의 막을 박막(thin film)이라고 하고 그 이상을 후막(thick film)이라고 하는데 1um 이하의 막을 만들기 위해서 공정적으로 많은 변화를 가지게 된다. 계속 새로운 증착법이 개발되고 있지만 통상적으로 많이 사용하는 증착법을 원리적으로 분류해보면 [그림 4-76]과 같다.

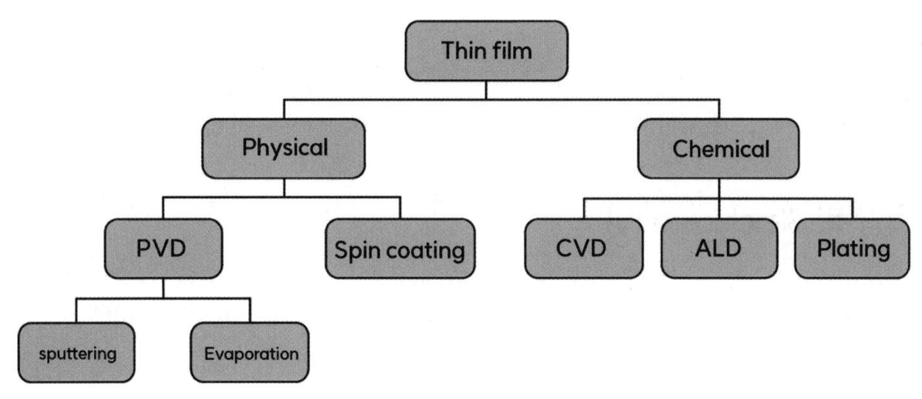

[그림 4-76] 박막공정의 분류

박막의 증착법을 분류할 때 증착하는 원리에 따라 물리적인 증착 방법과 화학적인 증착 방법으로 나눌 수 있다. 물리 기상 증착(Physical Vapor Deposition, PVD)은 증착 물질 소스가 되는 타겟을 고진공 상태에서 에너지를 가해 기화시켜 기판에 박막으로 증착시키는 증발법(Evaporation)과 플라즈마를 사용하여 이온을 타겟에 강하게 충돌시켜 떨어져 나온 원자를 기판에 증착시키는 스퍼터링

(Sputtering) 방법을 많이 쓰고 있다. 레이져를 이용하여 증착시키는 PLD(Pulsed Laser Deposition), 화합물 에피 성장에 많이 쓰이는 Molecular Beam Epitaxy(MBE) 등 많은 종류가 있으나 양산성이 뛰어나 산업계에서 많이 사용하는 Evaporation과 스퍼터링을 대표적인 예로 들겠다.

화학적인 방법의 화학 기상 증착(Chemical Vapor Deposition, CVD)은 기체 상태의 소스 물질을 기판에 이동시키고 에너지를 가해 반응을 시켜 막을 형성하게 만드는 방법이다. 공정의 압력 및 에너지를 가하는 방법과 소스 물질의 종류에 따라 다양하게 장치를 구성하여 사용하고 있는데, 증착시키고자 하는 박막의 목적에 따라 이를 구분하여 사용한다. 화학적인 증착방법의 물리적인 증착방법 대비 장점은 가스 상태의 화학 물질의 반응을 이용하면서 복잡한 구조의 형태에 막을 증착시켰을 경우 물리적인 증착법보다 더 균일하고 복잡한 구조의 형태를 잘 채울 수 있는 특성을 가지고 있다는 것이다. 하지만 소자가 더욱 더 작아지면서 이 방법도 부족해지게 되면서 원자층 단위로 막을 증착시키는 원자층 증착법(Atomic Layer Deposition)이 도입되었다. 이외에도 도금법(Plating)을 이용해 Cu 배선을 증착하는 방법으로 사용하고 있는데, 전기적인 에너지원으로 도금을 공정에 적용하는 전기도금(electroplating)도 화학적인 방법을 통해 박막을 만드는 방법이다.

② 박막 품질

박막의 품질은 여러가지 특성으로 평가 가능하지만 여기서는 주로 증착된 막이 물리적인 방법 또는 화학적인 증착 방법으로부터 차이가 많이 나는 특성 위주로 설명을 하겠다.

1. 화학량 비(Stoichiometry)

박막이 만족해야 할 특성은 우선 '우리가 원하는 물질'이 증착되어야 한다는 것이다. 즉, SiO2나 TiN을 증착하고자 하면 다른 불순물이 포함되지 않고, 화학량 비(Stoichiometry)가 맞는 박막이 증착되어야 한다. 이러한 특성은 보통 굴절률을 측정하여 간접적으로 파악할 수 있어 공정적으로 관리가 가능하다.

2. 균일도(Uniformity)

박막의 두께나 품질의 균일도(Uniformity) 또한 막의 품질로 관리해야 할 요소이다. 보통 웨이퍼 안에서(within wafer), 웨이퍼 간(wafer to wafer), 또한 Lot 간(lot to lot) 균일도가 모두 원하는 스펙

(Spec.) 이내에 들어야 한다. 공정 특성상 웨이퍼의 가운데 영역(Center)와 가장자리 영역(edge)에서 이러한 차이가 주로 나타나며 공정 균일도의 차이는 결국 칩의 전기적 특성 측면에서 큰 산포를 유발하기 때문에 최대한 줄일 수 있도록 공정 조건을 확보해야 한다.

3. 단차 피복성(Step Coverage)

실제로 공정 특성 측면에서 가장 문제가 되는 것은 단차 피복성(Step Coverage)이다. Step Coverage는 웨이퍼 표면에 [그림 4-77]과 같이 단차(step)가 있을 때 단차의 수평부와 측면부에 박막이 얼마나 고르게 덮였나를 나타내는 지표이며 다음과 같이 정의된다.

$$Step\ Coverage = \frac{\text{측면부 박막두께}}{\text{수평부 박막두께}} \times 100(\%) = \frac{t_c}{t_0} \times 100(\%) \quad [\text{수식 4-10}]$$

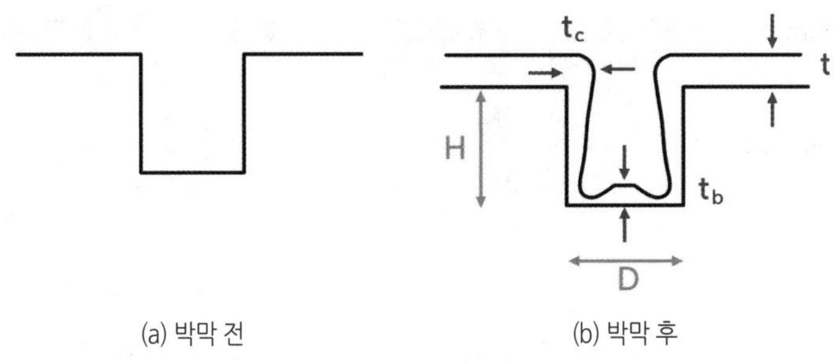

[그림 4-77] 단차가 있는 표면에 증착된 박막 형상

Step Coverage에 영향을 주는 요소로는 같은 형상비(종횡비, Aspect Ratio)의 단차에서 반응성 기체(또는 반응물)가 [그림 4-78]에 나타낸 표면에 도달하는 각도(Arrival Angle)와 [그림 4-79]에 나타낸 도달한 기체분자(또는 반응물)가 표면에서 움직이는 정도인 표면 이동도(Surface mobility)가 있다.

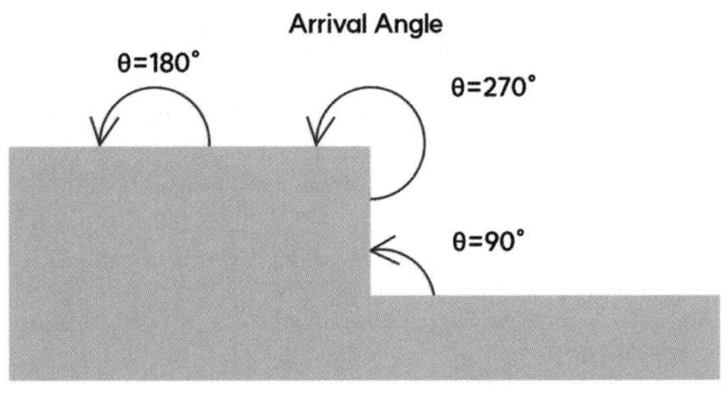

[그림 4-78] 증착할 때 구조에 따른 Arrival Angle 차이

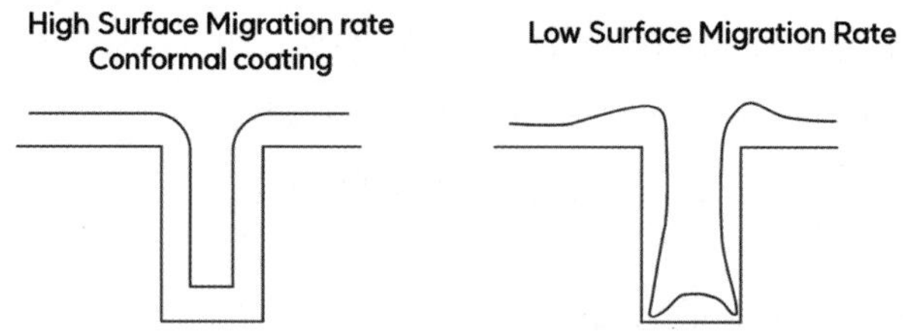

[그림 4-79] 표면 이동도(Surface mobility) 차이에 따른 박막 증착 형상 차이

도달각도는 공정 압력과 관련이 있다. 압력이 낮을수록 평균 자유이동거리(MFP)가 길어 직진성이 커지고 도달각도 측면에서 불리해지지만, 압력이 너무 높으면 윗면 모서리 부위에 증착되는 박막이 너무 두꺼워져 Step Coverage가 나빠진다. 따라서 도달각도 측면에서는 적절한 압력 범위를 선정할 필요가 있다.

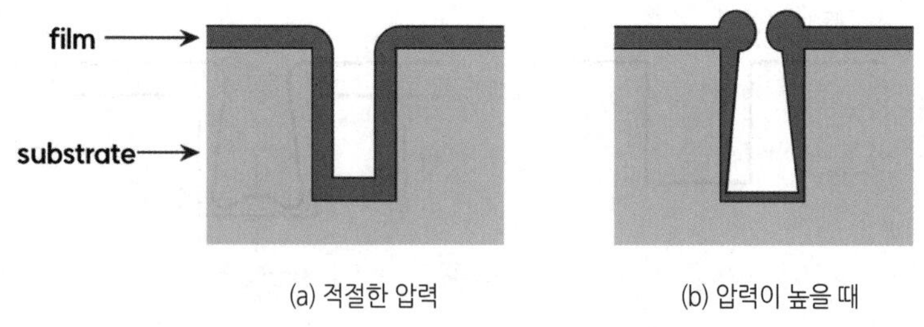

(a) 적절한 압력 (b) 압력이 높을 때

[그림 4-80] 압력에 따른 Top Corner 부위 증착 특성 변화

표면 이동도를 높여주기 위해서는 기판의 온도를 높이거나 표면 이동도가 높은 반응성 기체분자를 사용하는 방법이 있다. SiO_2의 증착을 예로 들면, Step Coverage를 개선하기 위해 SiH_4+O_2 화학반응(400℃ 이하)을 이용하면서 단순히 기판 온도를 높이면 과도한 화학 반응으로 Step Coverage는 약간의 개선이 있을 수 있지만 SiO_2 박막 품질이 떨어진다. 다른 방법으로, SiH_4 대신 SiH_2Cl_2, O_2 대신 N_2O를 사용하면 고온(900℃)에서 박막을 형성시킬 수 있고 90% 이상의 Step Coverage를 확보할 수 있다. 또한 SiH_4 대신 표면이동도가 높은 분자인 TEOS(Tetraethyl orthosilicate, $Si(OC_2H_5)$를 사용하여 650℃ 정도에서 열분해시키는 방법으로 100% 이상의 Step Coverage를 얻을 수 있다.

③ 물리적 기상 증착(PVD, Physical Vapor Deposition)

물리적 기상 증착(PVD)은 이름에 드러난 내용처럼 물리적인 현상을 이용하여 고상 물질을 기화시키고, 이를 기판에 증착시키는 방법이다. 이러한 기체화 과정은 여러 가지 방법을 사용하여 진행할 수 있지만, 산업체에서는 주로 고진공 분위기에서 고체상태의 물질을 열에너지 또는 이온의 운동에너지를 사용하여 기화시킨다. 열에너지를 사용하는 방법을 증발법(Evaporation), 이온의 운동에너지를 사용하는 방법을 스퍼터링(Sputtering)이라고 부른다. PVD 방식에 의한 박막 형성의 특징은 다음과 같다.

- 화학 반응에 의존하지 않으므로 CVD보다 더 다양한 물질을 증착할 수 있다. 원칙적으로 모든 고상 물질을 박막 증착할 수 있다.
- 기판의 온도를 타겟 물질의 기상화와 상관없이 자유롭게 선택할 수 있다.
- 진공 작업이어서 불순물 오염이 적은 박막을 증착할 수 있다.
- 진공도, 장치구조, 전압 등의 물리적 변수의 제어로 박막 특성을 조절한다.
- 기판 표면에서 원자의 재배열이 적으므로 Step Coverage 개선, 두께 균일도 조절이 CVD보다 어렵다.

1. 증발법(Evaporation)

뜨거운 물로 샤워한 후 거울을 보면 김이 서려 있어 우리의 모습을 볼 수 없는 것을 경험한 적이 있을 것이다. 이것은 뜨거운 물에서 나온 수증기가 차가운 거울 표면에 응결하여 얇은 물방울의 막을 형성하기 때문이다. 이와 같은 현상을 이용하는 것이 Evaporation이다. 즉, 진공 중에서 금속, 화합물, 또는 합금을 가열하여 증발시키고 이 증발된 뜨거운 물질이 상대적으로 차가운 웨이퍼 기판에 도달하면 표면에서 다시 고체화되면서 얇은 박막을 형성하게 되는 방법이다.

[그림 4−81]는 Evaporator를 나타낸다. 구조는 고진공($<10^{-6}$ torr) 챔버 안에 증착을 하고자 하는 타겟(target) 물질을 넣고 반대편에 웨이퍼 기판이 위치해 있다. 이 타겟 물질은 Heater를 가열해서 녹이거나, 전자빔(e−beam)을 충돌시켜 표면을 녹이게 된다. 녹은 타겟 물질은 고진공 상태에서 쉽게 증발하여 진공챔버 안에 퍼져 나간다. 이 증발한 타겟 물질이 다른 표면에 도달하면 다시 고체화되고 얇은 박막을 형성하게 된다. 원리에서 알 수 있듯이 증발한 물질이 웨이퍼까지 이동하기 위해서는 고진공이 필수적이다. 진공도가 낮은 상태라면 증발된 소스 기체가 기판에 도달하기 전까지 많은 충돌이 일어나게 되면서 증착 속도가 느려지게 된다. Evaporation은 다음의 3단계를 거쳐 박막을 형성하는 것으로 설명할 수 있다.

● 고진공 상태에서 고상 또는 액상의 증발 재료가 기화된다.
● 기화된 물질이 타겟 Source로부터 확산되어 기판까지 퍼져 나간다.
● 기판에 도달한 기화된 물질이 표면에서 응축(Condensation)된다.

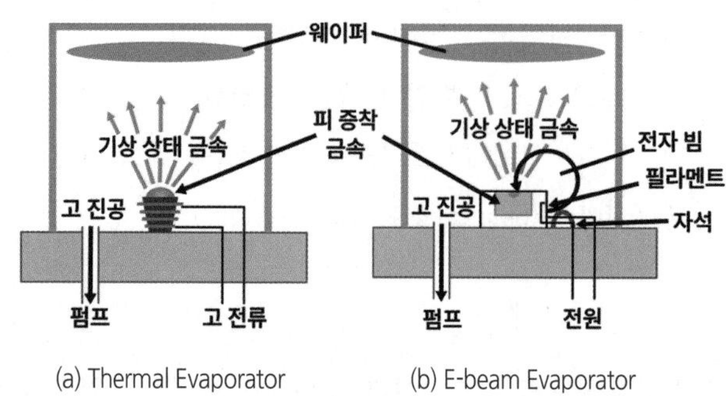

[그림 4-81] Evaporator

(1) Evaporation 방식

Evaporation 장비는 크게 저항열을 이용한 열 증발기(Thermal evaporator)와 전자빔의 충돌에 의해 증발재료를 녹이는 전자빔 증발기(E-beam evaporator)로 구분할 수 있다. 스퍼터링 방식과의 차이점은 증발과정이 열 교환과정이라는 점이고 Evaporation의 장점은 다음과 같다.

● 장치 전체의 구성이 비교적 단순하다.
● 많은 물질에 적용이 가능하다.
● 박막의 형성 원리가 비교적 단순하여 박막 성장이나 핵생성 및 성장이론에 대응하기가 쉽다.

저항열을 이용한 Thermal Evaporator는 용융점(Melting Point)이 낮은 재료의 증착에 유리하다. 고온의 녹는점을 가지는 W(텅스텐), Mo(몰리브덴)등의 물질로 보트(Boat)를 만들고 그 위에 증착물질을 얹어 증발(Evaporation)을 일으키는 방식이다. 증착 속도는 필라멘트에 공급되는 전류량을 조절함으로써 온도를 조절할 수 있고, 따라서 증발량을 변화시켜 조절할 수 있다. Thermal Evaporator의 장점은 장비 구조가 간단하고 비용이 저렴하다는 것이다. 단점으로는 보트나 저항선 자체의 증발도 발생하므로 박막에 불순물 형태로 포함될 수 있고, 두꺼운 막을 증착하기 어려우며, 고융점 금속은 증착할 수 없는 점, 낮은 접착력 등이 있다.

이러한 단점은 전자빔을 타겟 물질의 표면에 충돌시켜 온도를 높이고 증발시키는 E-beam Evaporation에 의해 극복할 수 있다. E-beam Evaporator의 장점은 증착속도가 빠르고, 고융점 재료도 증착 가능하며, 접착특성도 개선된다는 것이다. 그러나 전자가 높은 에너지로 금속과 충돌할 때 X-ray가 발생할 수 있고, X-ray에 쉽게 손상되는 공정에는 적용하기 힘들다.

(2) 공정 특성

Evaporation 공정에서 고진공을 사용하는 이유는 박막 순도, 증착 효율과 관련이 있다. 만약에 잔류 기체가 있다면 잔류기체가 증발재료와 함께 기판에 박막을 형성하여 박막 순도 및 특성에 영향을 주며, 증발된 물질과 잔류 기체의 충돌로 직진성을 방해하여 증착 효율을 떨어뜨린다. 고진공 조건에서 증발한 물질은 고진공의 평균 자유이동거리(MFP)가 수백 m 정도이므로 다른 기체 분자와 충돌하여 방향을 바꾸지 않고 처음 방향 그대로 날아가서 기판에 증착된다. Evaporation 방법은 증발 물질의 직진성뿐 아니라 기판 표면에서 물질의 이동도가 높지 않기 때문에 막의 피복능력(Step Coverage)이 좋지 않다. 또한 [그림 4-82]과 같이 단차가 있는 경우 일부 영역에 증착이 되지 않도록 막는 효과가 발생하며, 이를 쉐도잉 효과(Shadowing Effect)라고 한다.

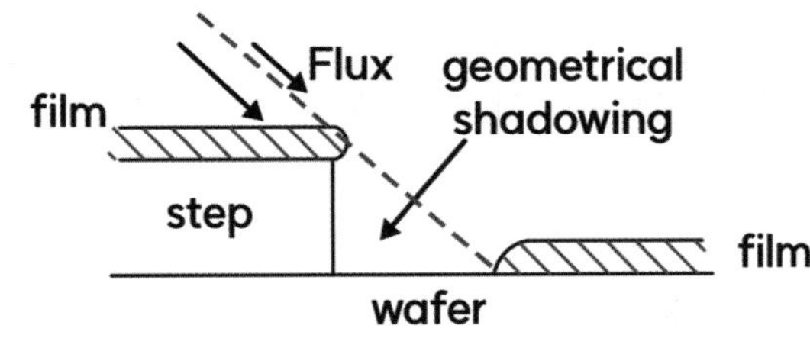

[그림 4-82] Evaporation 공정의 직진성과 Shadowing Effect

이러한 Step Coverage 문제를 개선하기 위해 웨이퍼를 회전시키거나 웨이퍼 기판을 가열시키는 방법을 사용할 수 있는데 개선 정도는 크지 않다. 이러한 여러 가지 문제로 인하여 반도체 공정에서는 더이상 Evaporation 공정을 사용하지 않고 Sputtering 방법을 주로 사용하고 있다. 반면에 기판에 손상을 주지 않는 Evaporation 특성 때문에 OLED 제조 시 형광체 증착, 형광체 위 전극 증착 등의 공정에는 아직도 활발히 사용되고 있다.

[그림 4-83]는 Evaporation 방법과 Sputtering 방법에 따른 Step Coverage 개선을 나타내고 있다. Evaporation이 고진공 상태에서 진행하여 증발된 물질이 방향을 바꾸지 않고 그대로 기판에 증착 되는데 반하여, Sputtering 방법은 공정 압력이 10mtorr 정도의 저진공이어서 Sputtering된 물질이 기판에 증착되기 전에 2~3번 충돌하기 때문에 입자의 직진성이 감소하게 되어 Shadowing 효과가 감소한다. 또한 Evapoaration은 타겟에서 원자 간 결합 에너지 이상의 에너지 정도만 공급 받게 되면 증착이 진행되기 때문에 웨이퍼 표면에 도달하면 이동할 에너지가 크지 않다. 하지만 Sputtering된 원자는 Evaporation된 원자보다 에너지가 큰 상태이기 때문에 웨이퍼 표면에서 더 많이 이동할 수 있다. 이러한 이유로 Sputtering 방식이 Evaporation 방식보다 Step Coverage가 더 좋고, 현재 반도체 공정에서 금속 박막을 증착하는 가장 주된 방식으로 사용되고 있다.

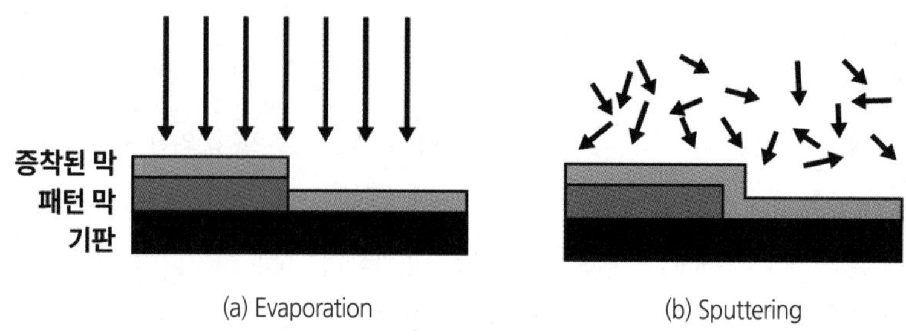

[그림 4-83] Evaporation 방식과 Sputtering 방식의 Step Coverage

2. Sputtering(스퍼터링)

Sputtering은 높은 에너지(>10eV)를 가진 입자들이 타겟물질 표면에 충돌하여 표면에 있는 타겟원자에 에너지를 전달해줌으로써 타겟원자들이 방출되는 현상으로 현재 여러 가지 박막의 증착에 광범위하게 사용되고 있다.

(1) Sputtering 현상의 이해

에너지를 가진 이온이 물질 표면과 충돌하면 여러 가지 물리현상들이 일어난다. 이온이 반사되어 튀어나올 수도(Reflection), 흡착되어 표면에 붙어 버릴 수도(Adsorption), 타겟 원자를 튀어나오게 할 수도(Sputtering), 입사된 이온이 타겟물질 속으로 깊이 들어갈 수도 있다(Implantation). 이런 다양한 충돌 현상은 입사된 이온의 에너지에 따라 다음과 같이 구분될 수 있다.

ⅰ. Adsorption or reflection: <5eV

ⅱ. Surface damage: 5~10eV

ⅲ. Sputtering: 10eV~3keV

ⅳ. Ion implantation: >10keV

[그림 4-84]는 이온이 물질과 충돌하였을 때 원자가 튀어 나오는 Sputtering 현상을 보여주는 모식도이다.

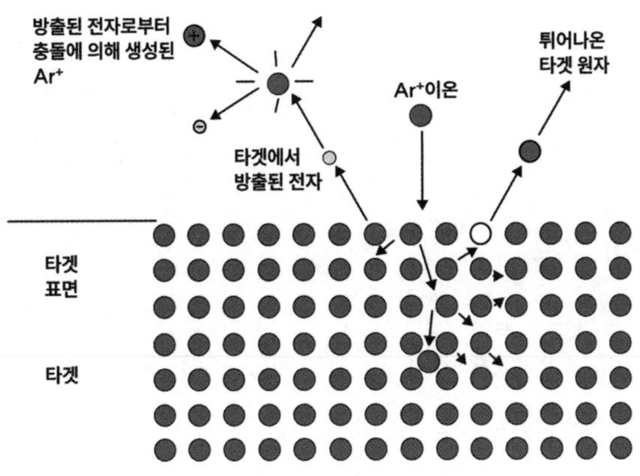

[그림 4-84] Sputtering 현상

앞의 충돌현상에서 살펴본 것처럼 효과적인 Sputtering을 위해 10V~3kV 정도의 바이어스(bias)가 걸린 플라즈마를 형성시켜 공정을 진행해야 한다. 사용 가스는 박막의 특성에 영향을 주지 않게 하기 위해 불활성 가스를 사용하는데, 스퍼터링 효율을 고려하여 Ar 가스를 가장 보편적으로 사용한다.

[그림 4-85]에 나타낸 Sputtering 과정은 다음과 같다.

- 챔버(Chamber)를 기저진공(base vacuum) 상태로 만들어 준다. 일반적으로 10^{-6}~10^{-8} Torr 정도로 압력을 유지한다. 기저압력은 스퍼터링 막질에 큰 영향을 준다.
- 이후 스퍼터링 공정 진행을 할 때, Ar 등의 공정가스를 챔버에 흘려 넣어주며 압력을 안정화시킨다. 이때 공정 압력은 1~100mTorr 정도이다.
- DC나 RF Power를 공급하여 Ar 플라즈마를 발생시킨다. 여기서 절연체 박막의 경우에는 RF, 금속 박막의 경우에는 DC와 RF 목적에 맞게 사용한다.
- 플라즈마에서 발생된 Ar 이온(Ar^+)이 타겟(Cathode)의 - 전압에 의해 가속되어 충돌한다.
- 타겟에서 스퍼터링되어 나온 원자가 기판으로 이동하게 되어 표면에 박막을 형성한다.

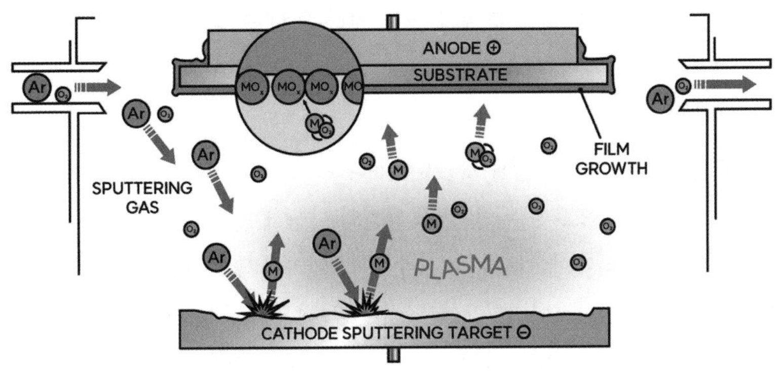

[그림 4-85] Sputtering 공정 진행 과정

이때 공정 압력이 Evaporation의 10^{-6}torr 이하 대비 1~100mtorr로 만 배 정도 높은 압력 상태에서 진행되고 있음을 주목해야 한다. 이러한 상대적으로 높은 압력은 스퍼터링된 원자와 충돌 횟수를 증가시키고 기판에 도달 각도(arrival angle)를 증가시켜 Step Coverage를 개선할 수 있게 한다.

(2) Sputtering 장비 구분

스퍼터링에 사용하는 플라즈마는 DC나 RF를 사용하여 발생시킬 수 있다. RF 플라즈마의 경우 금속뿐만 아니라 절연체도 증착할 수 있다. 그런데 반도체 공정에서 절연체는 CVD 방식으로 Step Coverage가 우수한 다양한 박막을 증착할 수 있으므로 굳이 스퍼터링 방식으로 절연체 박막을 증착할 필요가 없다. 따라서 RF 플라즈마 보다 관리하기 쉬운 DC 플라즈마 방식을 금속 박막 증착용으로 사용한다.

- **DC Sputtering**: [그림 4-86]과 같이 양극(anode)과 음극(cathode)을 마주보게 위치하여 플라즈마를 형성시키는 방식이다. 이때 타겟은 음극 부위에 설치하여 음극 역할을 하게하고 박막을 증착하고자 하는 웨이퍼 기판은 양극 위에 올려놓는 방식으로 구성되어 있다.

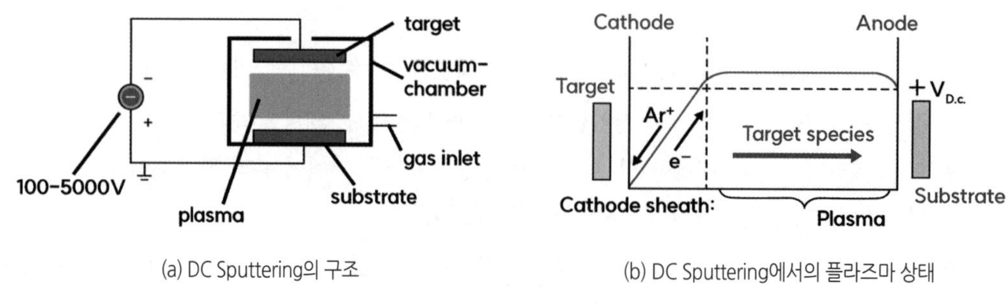

(a) DC Sputtering의 구조

(b) DC Sputtering에서의 플라즈마 상태

[그림 4-86] DC Sputtering의 구조

DC Sputtering은 구조가 간단하며, 가장 표준적인 Sputter 장치이다. 금속의 융점과 무관하게 성막 속도가 거의 일정하고, 전류량과 박막 두께가 거의 정비례하므로 두께 조절이 쉽다는 특징이 있다. Evaporation 방식 대비 박막의 균일도가 더 좋지만, 타겟이 음극 역할을 해야 하므로 금속으로 한정된다는 단점이 있다.

Sputtering의 효율이 좋다면, 다시 말해 Ar 이온이 타겟으로부터 많은 원자를 떼어낼 수 있다면 박막의 증착 속도가 빨라지게 되므로 이는 공정 생산성의 향상에 큰 영향을 미친다. 이를 스퍼터 수율(Sputter Yield)이라고 하는데 타겟에 입사된 이온수 대비 얼마나 많은 원자가 타겟으로부터 튕겨져 나오는 지의 비율로 생각할 수 있다. 이러한 스퍼터 수율은 이온이 타겟으로 입사되는 각도, 타겟 물질의 질량과 원자 간 결합 에너지 그리고 입사하는 이온의 질량과 운동 에너지에 의해 영향을 받는다.

$$Y = \frac{(\text{튕겨져나온}(Sputtered)\text{원자의 개수})}{(\text{충돌하는 이온의 개수})} = \left(\frac{Mm}{(M+m)^2}\right)\left(\frac{Em}{Um}\right)\left(\frac{\text{원자수}}{\text{이온수}}\right) \quad \text{[수식 4-11]}$$

(M: 타겟 원자의 질량, Em: 충돌 이온의 에너지, m: 충돌 이온의 질량,
UM: 타겟 물질의 결합 에너지, a: 입사 각도와 관련된 상수)

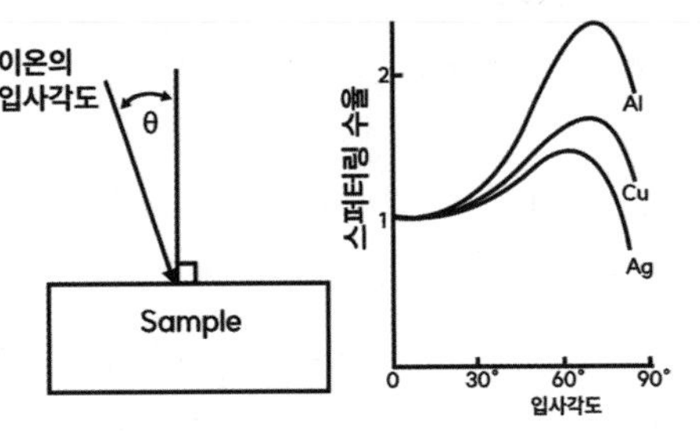

(a) 이온의 입사각도 및 타켓 물질에 따른 스퍼터링 수율

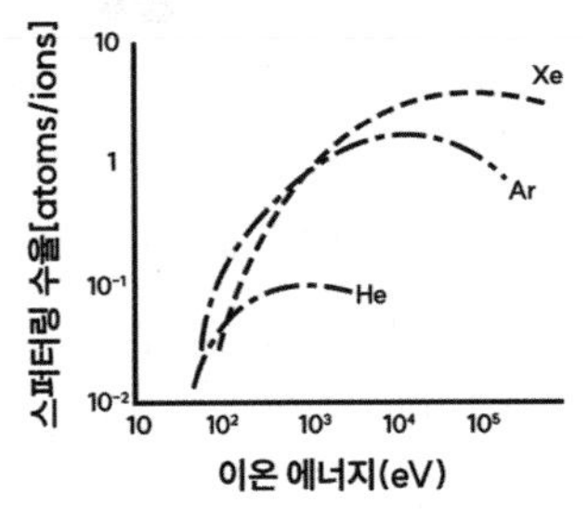

(b) 입사되는 이온의 질량과 에너지에 따른 스퍼터링 수율

[그림 4-87] Sputtering 효율에 영향을 미치는 인자들

[그림 4-87 (a)]는 이온의 입사각도 및 타겟 물질의 질량에 따른 스퍼터링 수율의 관계를 보여준다. 입사각도가 수직 방향에서 수평 방향으로 갈수록 스퍼터링 수율은 증가하다가 일정 각도를 넘어서면 급격히 감소함을 알 수 있는데, 입사각도가 60도 수준에서 이온이 타겟에 충돌했을 때의 운동에너지 전달이 가장 크기 때문이다. 또한 타겟 물질의 질량이 작은 경우 에너지 전달이 크기 때문에 스퍼터링 수율이 높게 된다. [그림 4-87 (b)]에서는 입사되는 이온의 에너지가 증가할수록 수율이 증가하다가 일정 에너지를 넘기면 감소하는 경향을 보이게 되는데, 에너지가 높아지면서 스퍼터링으로부터 이온이 주입(implantation)되는 현상으로 바뀌게 되어 튕겨져 나오게 되는 원자가 줄어들기 때문이다.

- **DC magnetron Sputtering**: [그림 4-88]와 같이 DC Sputter에서 음극 타겟 부위에 강력한 영구자석을 부착하여 자기장으로 DC 플라즈마를 타겟 주위에 집중하도록 만든 방식이다. 이 경우 자유 전자가 영구 자석에 기인한 자기장 및 음극/양극의 전기장에 의해 로렌츠의 힘을 받아 나선운동을 하며 가속하게 된다. 이러한 전자의 운동은 플라즈마 내에서 중성 Ar과 더 많은 충돌을 하게 되고 플라즈마 밀도가 증가하게 된다. 또한 플라즈마를 음극 주변에 집중시키게 되므로 스퍼터링 효율도 높아진다.

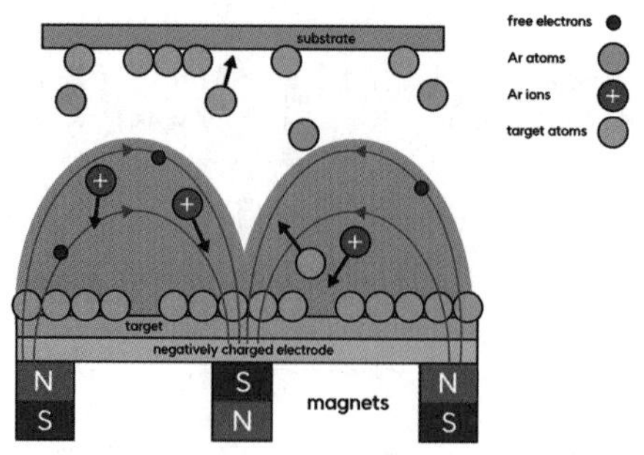

[그림 4-88] DC magnetron Sputtering의 원리

이런 원리에 따라 DC magnetron Sputtering을 사용하면 DC Sputtering 대비 높은 플라즈마 밀도를 얻을 수 있고, 플라즈마 형성에 필요한 압력을 1/10로 줄일 수 있으며, 성막속도(Deposition Rate)는 10~100배 정도 개선이 가능해 생산성이 증가한다. 그러나 자기장에 의해 플라즈마가 집중된 영역에만 타겟 소모가 집중되기 때문에 타겟 전체에서 균일한 스퍼터링이 되지 않아 증착된 박막 두께 균일도에 영향을 줄 수 있다. 또한, 부분적으로 타겟이 급격히 소모되기 때문에 타겟 수명이 감소한다. 하지만 증착 속도 증가에 의한 생산성 효과가 탁월하기 때문에 현재 반도체 공정에서 사용하는 스퍼터링은 대부분 DC magnetron 방식을 사용한다.

(3) 특수 Sputtering

① Sputtering etch

[그림 4-86 (b)]에서 전극의 방향을 바꾼다고 가정해보자. 웨이퍼에 음의 전압(Cathode)이 걸리게 되고 Ar 이온이 기판의 표면 방향으로 충돌하게 된다. 이렇게 Ar 이온이 충돌하면 기판의 표면 물질 또한 스퍼터링 된다. 보통 이런 방법을 이용하여 전극이나 도선이 되는 금속의 증착전에 자연산화막을 제거하는데, 불활성 기체를 이용한 물리적인 식각 방식이기 때문에 반응성이 없어서 금속의 저항을 줄이는데 중요한 역할을 한다. 또한 이러한 과정 중에 금속 전극이 채워질 바닥면의 면적이 증가하게 되면서 Contact 표면적 증가에 따른 Contact 저항 감소의 효과도 볼 수 있다([그림 4-89]).

더불어 IMD(Inter-Metal Dielectric)의 Trench의 개구부쪽에서는 Ar^+ 이온의 식각이 집중되면서 수직적인 profile이 변하게 되는데, faceting 효과에 의해 sputtering etch 후 개구부가 넓어지기 때문에 금속을 채우기에 더 유리한 형태를 가지게 된다.

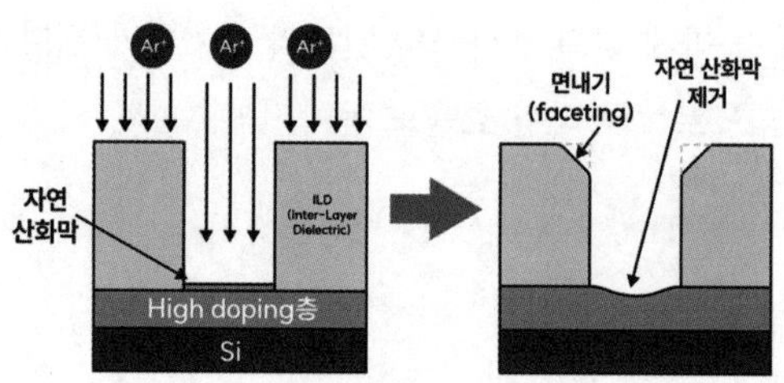

[그림 4-89] Sputtering etch의 활용

② 반응성 스퍼터링(Reactive Sputtering)

공정가스로 Ar 이외에 O_2나 N_2처럼 반응성이 있는 기체를 추가할 수 있다. 이 경우 DC Sputtering을 사용하더라도 스퍼터링된 박막은 타겟물질이 O_2나 N_2가 플라즈마 내에서 생성된 라디칼과 화학반응한 물질 즉, 산화물이나 질화물이 된다. 이런 방식을 사용하여 Al 타겟을 Ar+O_2 분위기에서 스퍼터링하여 Al_2O_3(절연막)을 증착할 수 있고, Ti 타겟을 Ar+N_2 분위기에서 스퍼터링하여 TiN(전도체)을 증착할 수 있다.

예를 들어 TiN을 반응성 스퍼터링을 사용할 때 TiN을 타겟물질로 사용하여 스퍼터링을 했을 경우보다 장점이 많은데, 스퍼터링에서 TiN처럼 화합물을 타켓으로 사용하면 Ti와 N의 스퍼터링 효율이 다르기 때문에 타켓의 화학양론비(Stoichiometry)가 형성된 박막의 그것과 동일하지 않게 된다. 그래서 반응성 스퍼터링을 이용하여 질소의 유량(gas flow)을 조절하여 Ar과 반응성 가스의 분압을 변화시켜가면서 TiN 박막의 조성을 목적한대로 만들 수 있다.

하지만 [그림 4-90]과 같이 박막 표면과 마찬가지로 타겟 표면에서도 산화반응/질화반응이 발생하는데, 이러한 반응이 스퍼터링되는 양보다 많으면 타겟이 'Poison'되었다 하고 타겟이 산화/질화 되면서 스퍼터링 효율이 떨어지게 된다. 따라서 양질의 반응성 박막을 증착하기 위해서는 반응성 가스의 유량을 조성과 증착속도를 고려하여 최적조건을 잡아야 한다.

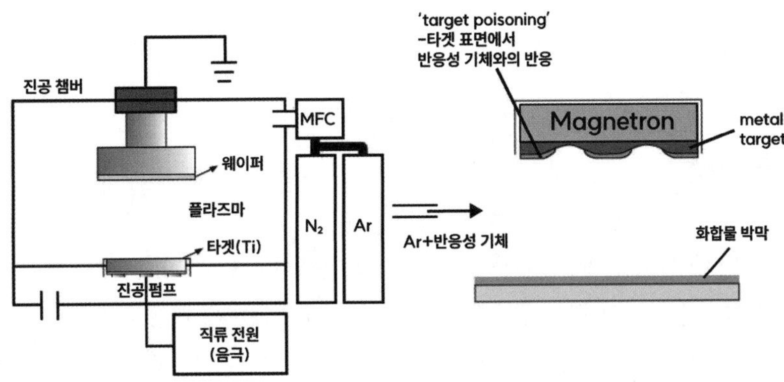

[그림 4-90] 반응성 Sputtering과 타겟 Poisoning

4 화학적 기상증착(CVD, Chemical Vapor Deposition)

PVD는 고진공에서 타겟 물질을 증발 또는 스퍼터링하여 증착하는 방법이고, 화학기상증착(CVD, Chemical Vapor Deposition)은 기체 상태의 화학반응을 이용하는 것으로 고진공 대신 대기압~중진공 ($100 \sim 10^{-1}$Pa) 상태에서 공정을 진행한다. 실리콘 산화막(SiO_2)도 화학기상증착 방식으로 다음과 같은 화학 반응을 이용하여 형성이 가능하다.

$$SiH_4(g) + O_2(g) \rightarrow \underset{\substack{\uparrow \\ \text{열, 플라즈마}}}{SiO_2(s)} + 2H_2(g)$$

화학 반응을 이용하므로 비교적 낮은 온도(400℃ 이하)에서 SiO_2 막을 증착할 수 있고, 어떤 표면에나 SiO_2 박막을 증착할 수 있다. 이러한 장점을 가지기 때문에 CVD 산화막은 열산화막(실리콘을 산화시킨 막)에 비하면 전기적 특성과 막의 밀도가 떨어지지만 배선 간 절연막의 역할은 충분히 할 수 있어 반도체 공정에 많이 사용된다.

1. CVD 증착 과정

CVD 공정은 챔버에 들어온 반응성 기체가 웨이퍼 표면에 흡착되고, 열, 플라즈마 등의 에너지를 가해 열분해, 산화, 환원 등의 화학 반응을 촉진하여 웨이퍼 표면에 반응물을 형성시켜 박막을 형성하는 방법이다. 이러한 공정은 광범위한 온도 범위 내에서 일어난다. 공정 중 발생한 반응 부산물(By-product)은 기체의 형태로 기판 표면에서 탈착되어 CVD 장비에서 배기된다. 만약 기체상태에서 화학반응이 발생해서 고체반응물이 형성되어 배출이 되지 못하고 기판 위에 증착된다면 평탄한 박막 대신 알갱이 형태의 거친 박막이 증착되어 바람직하지 않다.

[그림 4-91]에 CVD 증착이 진행되는 과정을 나타내었다. CVD 장비에서 반응성 기체가 웨이퍼 표면으로 이동하는 현상은 다음과 같이 설명된다.

- CVD 챔버 내에서 기체는 균일한 속도로 웨이퍼 표면에 평행한 방향으로 흘러간다. (Laminar Flow)
- 웨이퍼 표면에서는 기체와 웨이퍼 표면의 마찰로 인하여 기체 흐름 속도가 '0'이 되어 웨이퍼 표면에 정체층(stagnant layer, boundary layer)을 형성한다.
- 정체층 속의 반응성 기체는 웨이퍼 표면에 흡착되어 농도가 낮아진다.
- 기체흐름과 정체층 내의 반응성 기체의 농도 차이로 반응성 기체가 기체흐름으로부터 정체층을 통한 확산에 의해 웨이퍼 표면에 도달하여 표면에 계속 흡착되면서 CVD 반응이 진행된다.

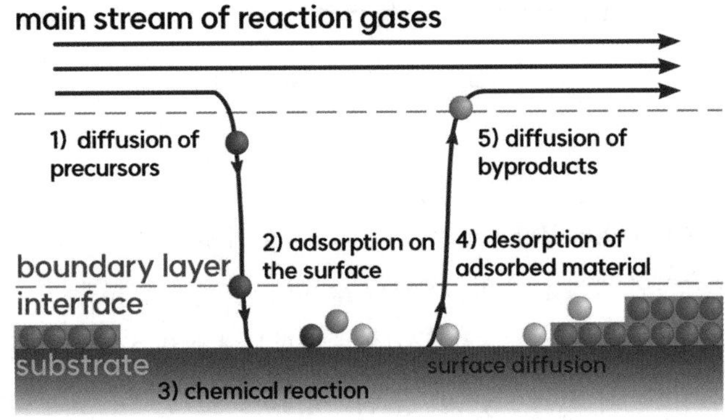

[그림 4-91] CVD 증착 진행 과정

CVD 공정은 기판의 표면 상태와 증착조건이 증착되는 원자의 표면 이동에 영향을 주고, 결과적으로 CVD 박막의 구조나 성질에 영향을 미치게 된다. 다음의 표에 CVD의 장점과 단점을 요약하였다.

[표 4-8] CVD의 장점과 단점

장점	단점
열산화막 대비 저온에서 박막 형성	반응 변수가 많음 → 정확한 조절 필요
Step Coverage가 좋음	위험한 가스의 사용 → 안전문제, 환경영향성
박막 두께 조절이 용이[수십Å(ALD)~수㎛(PECVD)]	복잡한 장치 사용
다양한 반응 gas 사용 가능	증착 가능한 물질이 제한됨

2. CVD 박막 성장(Kinetics)

이제 CVD 방식에 의해 박막이 성장되는 과정을 분석한다.

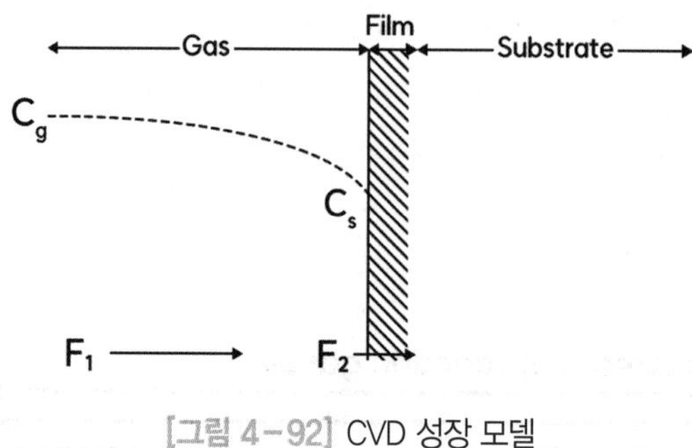

[그림 4-92] CVD 성장 모델

[그림 4-92]과 같이 CVD 박막 성장은 반응성 기체가 웨이퍼 표면 위에 흡착되는 단계(물질전달 단계, Mass transport)와 흡착된 기체 분자가 화학 반응을 하여 박막을 형성하는 단계(표면 반응, Surface reaction)의 연속 과정이다. 정상 상태(steady state)에서는 확산에 의해 이동하여 흡착되는 가스량 F_1과 표면 반응량 F_2가 같아진다. 이러한 가정하에 결과를 성리하면 [그림 4-93]와 같이 표시되고, 2개의 연속 단계 중 속도가 느린 단계에 의해 전체 CVD 박막 성장 속도가 결정된다.

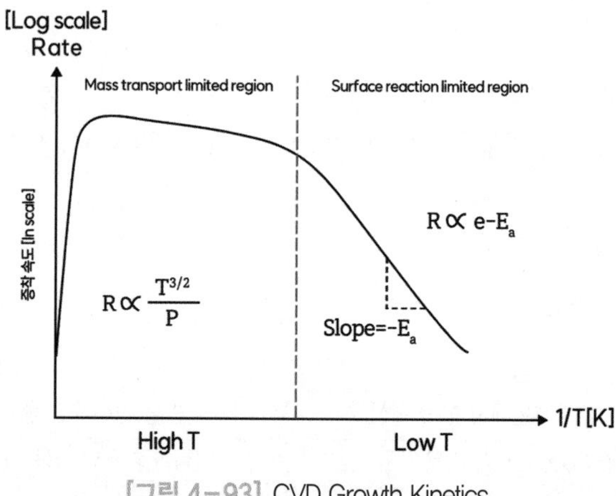

[그림 4-93] CVD Growth Kinetics

고온에서는 표면 화학 반응이 충분히 빠르지만 웨이퍼 표면에 공급되는 반응성 기체의 양이 상대적으로 부족해 CVD 박막 성장이 제한되는 Mass transport limited 영역이 된다. 저온에서는 반응성 기체가 막의 성장에 충분할 정도로 공급되나 표면 화학 반응이 느려서 CVD 박막 성장이 제한되는 Surface reaction limited 영역이 된다.

3. CVD 화학 반응

CVD 증착이 진행되기 위해서는 반응 기체와 반응 생성물(고체)의 자유에너지(free energy) 차이가 커서 자발적인 반응이 가능해야 한다. 또한 박막을 형성하는 물질 이외의 반응 생성물은 휘발성 기체로 박막 성장 중에 빠져나가야 한다.

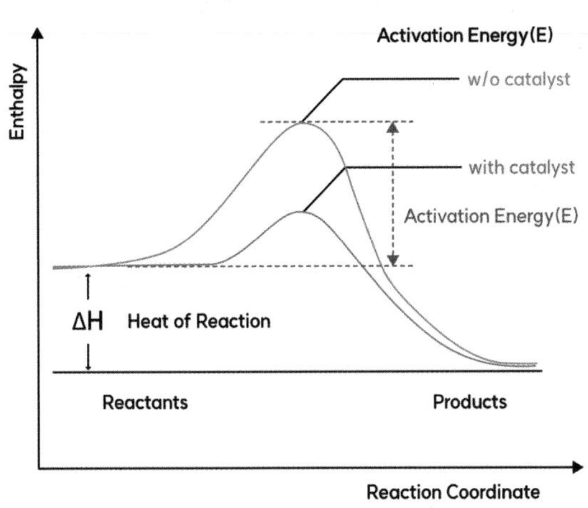

[그림 4-94] 화학 반응 에너지 변화

[그림 4-94]에 화학 반응 진행 시 에너지 변화를 나타내었다. 화학 반응이 진행되려면 자유에너지 값이 낮아지는 방향으로 진행되더라도 에너지 장벽(활성화 에너지, Activation energy)을 넘어가야 한다. 에너지 장벽을 넘기기 위해서는 열에너지나 플라즈마 에너지 등의 추가적인 에너지 공급이 필요한데, 에너지 공급이 많을수록 화학 반응이 잘 진행되는 것이므로 화학 반응 속도가 빨라진다. 화학 반응이 잘 일어나도록 하는 방법으로 촉매를 추가하여 에너지 장벽을 낮추는 방법도 있다. CVD 증착도 웨이퍼 표면이 일종의 촉매 역할을 하여 웨이퍼 표면에서 화학 반응이 기상반응보다 쉽게 진행된다.

[표 4-9]는 CVD 공정에서 사용하는 대표적인 화학 반응의 종류를 나타낸다.

[표 4-9] CVD 공정에서 일어나는 화학 반응

Type	Reaction	Example
Pyrolysis	$AB \Rightarrow A+B$	$SiH_4(g) \Rightarrow Si(s)+2H_2(g)$ 650℃
Reduction	$AX+H_2 \Leftrightarrow A+HX$	$SiCl_4(g)+2H_2(g) \Leftrightarrow Si(s)+4HCl(g)$ 1,200℃
Oxidation	$AX+O_2 \Leftrightarrow AO+XO$	$SiH_4(g)+O_2(g) \Leftrightarrow SiO_2(s)+2H_2(g)$ 400℃
Hydrolysis	$AX+H_2O \Rightarrow AO+HX$	$2AlCl_3(g)+3CO_2(g)+3H_2O(g)$ $\Rightarrow Al_2O_3(s)+6HCl(g)+3CO_2(g)$
Nitridation	$AX+NH_3 \Rightarrow AN+HX$	$3SiH_2Cl_2+4NH_3 \Rightarrow Si_3N_4+6HCl+6H_2$ 700℃

같은 종류의 박막(Si) 증착을 하기 위해 다른 가스(SiH_4 vs $SiCl_4$), 다른 공정 조건을 사용할 수 있음을 알 수 있다. CVD 증착 공정에서 사용하는 반응기체(precursor)를 바꾸어 주거나 공급 에너지를 바꾸어 주면 공정 조건 및 박막 특성도 바뀌게 된다. 따라서 소자 품질 향상을 위해서는 용도에 따라 적절한 반응가스를 선택하여 적절한 공정 방법을 사용하는 것이 중요하다.

4. CVD 장비의 분류-공정 압력에 의한 분류

[표 4-10] 압력에 따른 CVD 장비 구분

분류		조건
APCVD	Atmospheric Pressure	상압(1기압, 760torr)
LPCVD, PECVD	Low Pressure	수십 Torr ~ 수 mTorr

CVD 공정 측면에서 공정 압력이 미치는 영향에 대해 생각해 보자. 우선 압력이 높으면 화학 반응에 참여할 수 있는 분자의 개수가 많기 때문에 압력이 높을수록 화학 반응이 쉽게 일어날 것이다. 또한 앞의 '진공'에서 기체 압력에 따라 기체의 평균 자유이동거리(MFP, Mean Free Path)가 변하고 압력이 낮을수록 MFP가 길어진다고 한 것처럼 고진공(10^{-5}Pa)인 경우 700m, 공정압력(10^{-1}Pa)인 경우 7cm, 대기압(10^5Pa)인 경우 70nm로 압력에 따라 평균 자유이동거리에 큰 차이가 난다. APCVD의 공정 범위인 대기압에서는 반응성 기체나 반응 생성물이 70nm 정도의 짧은 거리에서 충돌하고 방향을 바꾸므로, 웨이퍼 표면의 모든 방향으로 도달하도록 증착이 일어나게 된다. 반면 LPCVD 및 PECVD 정도의 압력에서는 수 cm 정도의 MFP를 가지므로 어느 정도 방향성을 갖고 박막이 증착된다. 이러한 특성을 갖고 APCVD, LPCVD, PECVD의 특성을 예측/비교해 보자.

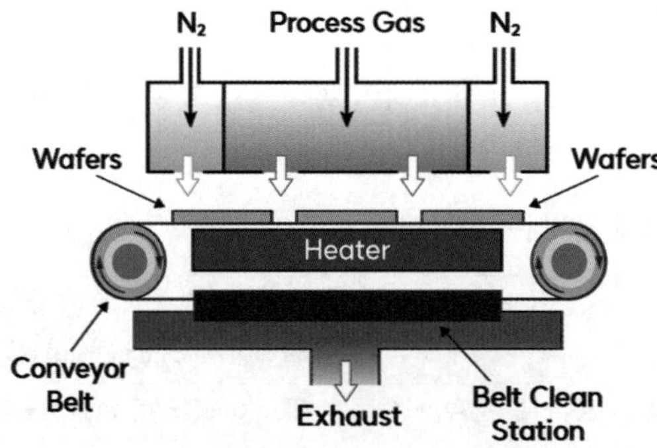

[그림 4-95] APCVD 증착 장비

우선 APCVD(Atmospheric Pressure CVD)는 충분히 많은 반응성 기체 분자가 공급되므로 화학 반응이 원활히 일어나서 낮은 온도에서 증착이 가능하고 빠른 박막 성장 속도 특성을 갖는다. 그러나 MFP가 짧은 관계로 arrival angle이 큰 탑코너 부위에 빠른 박막 증착으로 인해 Step Coverage가 나쁘다. 또한 웨이퍼 표면에서만 박막증착 반응이 일어나야 하는데, 기상반응(Vapor Phase Reaction)이 일어날 가능성이 높고, 결과적으로 기상에서 형성된 반응물이 파티클 형태로 웨이퍼 표면에 증착하여 박막 품질이 떨어질 수도 있다. 대기압 상태에서 진행하므로 반응성 기체 이외의 공기나 불순물에 기인한 박막 오염으로 인해 박막의 순도가 떨어질 수 있다. 단, 진공을 사용하지 않으므로 진공 펌프 등 진공 관련한 설비가 필요 없고, 따라서 장비가 간단하고 가격도 저렴하다는 장점이 있다. [그림 4−95]에 APCVD 장비가 나와 있다.

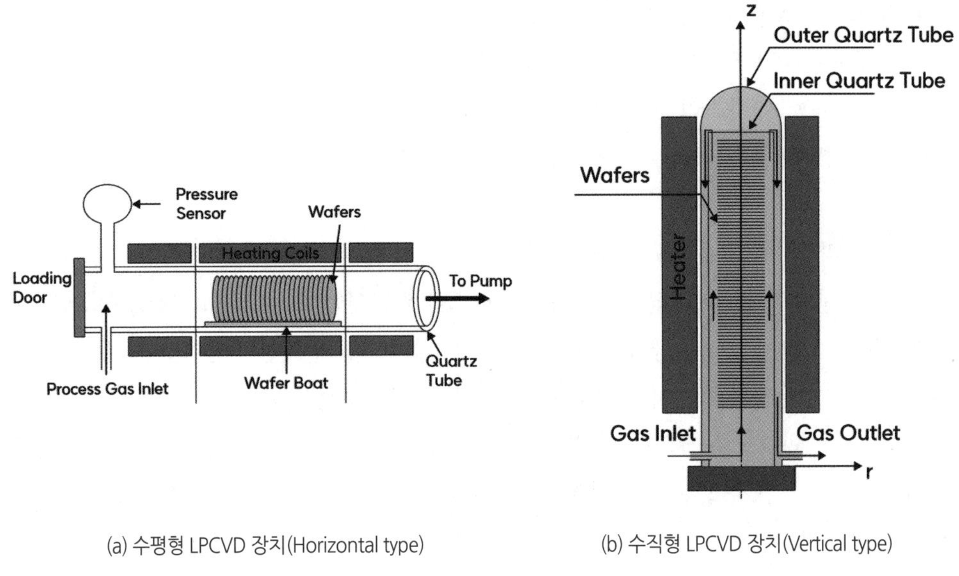

(a) 수평형 LPCVD 장치(Horizontal type)

(b) 수직형 LPCVD 장치(Vertical type)

[그림 4−96] LPCVD(Low Pressure CVD) 장비

반면 [그림 4−96]의 LPCVD(Low Pressure CVD)는 상압보다 낮은 압력에서 반응 기체들을 화학 반응시키는 것으로 진공에서 진행하므로 고순도 박막을 형성할 수 있다. 낮은 압력에서 진행하므로 화학 반응에 참여하는 기체분자의 수가 적고($P \propto n$) 따라서 박막 성장 속도도 느리다. 이를 극복하기 위해 공정 온도는 높은 영역에서 진행하고 석영로(Furnace)에서 배치(batch) 방식으로 100~200장의 웨이퍼를 한번에 진행하여 생산성을 높인다. 공정 압력이 낮고 surface reaction limited 공정이므로, Hot wall 방식을 사용하여 웨이퍼의 온도편차를 작게 조절한다. 낮은 압력, 높은 온도에서 공정을 진행하므로 박막의 순도, 균일도, Step Coverage 등이 APCVD나 PECVD 대비 매우 우수하다. 반면 진공을 사용하고 Hot wall 방식을 사용하므로 APCVD 대비 장비 구조도 복잡하고 가격도 비싸다.

반도체 공정에서 도선 물질인 Al을 증착한 후 그 위에 절연막을 증착해야 할 필요가 있다. Al은 녹는점이 ~550℃ 정도에 불과해 후속 공정은 450℃ 이하로 진행해야 한다. 예전에는 이러한 목적을 위해 APCVD 방식으로 PSG(Phosphorus-doped Silicate Glass)를 증착하였다. 그러나 앞에서 설명한 APCVD의 문제점을 극복하기 위해 새로운 방식이 도입되었고 이것이 플라즈마를 이용하는 PECVD(Plasma Enhanced CVD)이다. PECVD는 화학 반응을 촉진하기 위해 반응성 기체를 저진공 상태에서 플라즈마를 형성시켜 LPCVD와 동일한 화학 반응을 훨씬 낮은 400℃ 이하에서 진행할 수 있게 한다. 이는 플라즈마 속에 형성된 반응성 기체의 라디칼이 화학 반응을 쉽게 하기 때문이다. PECVD의 특성은 다음과 같다.

- 반응 에너지로 플라즈마 및 Heater의 열에너지를 이용한다.
- RF(Radio Frequency) 플라즈마를 형성하여 중성 상태의 반응성 가스 중 일부가 라디칼과 이온으로 분리되어 화학반응이 쉽게 일어난다.
- 낮은 온도에서 증착이 가능하다.
- 다양한 박막 특성(Stress, Resistance, Density Control 등)이 가능하다.

PECVD는 플라즈마를 효율적으로 형성시키기 위해 단일 웨이퍼 방식으로 장비가 구성된다. 저온에서 빠른 성막 속도가 장점이지만, 웨이퍼에 플라즈마에 기인한 손상(Plasma damage)이 발생할 수 있고, 박막에 수소 원자 등 불순물이 포함되어 LPCVD 대비 막질의 특성이 떨어진다. 플라즈마 손상 때문에 트랜지스터에 영향을 주지 않게 하기 위해 메탈 전공정에는 사용하지 않았으나 최근에는 저온 공정이라는 점, 박막 스트레스를 조절할 수 있다는 점 등 때문에 메탈 전공정에도 사용 범위를 늘려가는 추세이다. [그림 4-97]는 PECVD 장비의 구조 모식도와 증착 속도의 온도 의존성을 LPCVD와 비교한 결과이다.

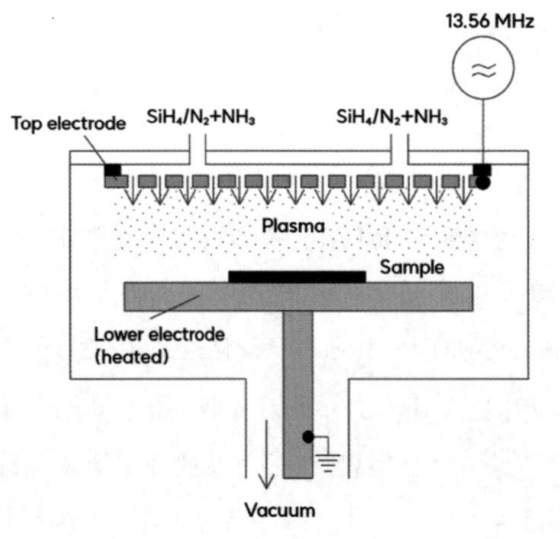

(a) PECVD의 구조 모식도

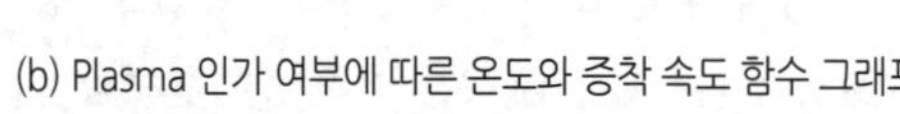

(b) Plasma 인가 여부에 따른 온도와 증착 속도 함수 그래프

[그림 4-97] PECVD의 구조 모식도 및 증착 속도의 온도의존성

이상의 내용을 요약하면 [표 4-11]과 같다.

[표 4-11] APCVD, LPCVD, PECVD 특성 비교

구분	APCVD	LPCVD	PECVD
특징	상압 공정	저압/고온 공정	플라즈마 활용
장점	• 간단한 장비 • 매우 빠른 성막 속도 • 저온 공정	• 고순도 박막 형성 • 박막 균일도 좋음 • Step Coverage 좋음	• 저온 공정 • 빠른 성막 속도
단점	• 나쁜 Step Coverage • 불순물, 파티클 오염	• 고온 공정 • 느린 성막 속도	불순물, 파티클 오염
적용 공정	PSG Passivation → PECVD로 대체	Pre-metal Dielectric Oxide, Nitride, W	Intermetal dielectric Passivation

그밖에도 [표 4-12]과 같이 다양한 방법으로 CVD 장치를 분류할 수 있다.

[표 4-12] CVD 구분 방법

반응기 압력	APCVD(Atmospheric Pressure CVD)
	LPCVD(Low Pressure CVD)
활성 에너지 공급 방식	Thermal CVD
	PECVD(Plasma Enhanced CVD)
	PCVD(Photo CVD)
반응 온도	High Temperature CVD
	Low Temperature CVD
반응기 벽 온도	Hot Wall CVD(공정 챔버 내부를 공정온도로 가열)
	Cold Wall CVD(웨이퍼만 공정온도로 가열)
공정 진행 방식	Batch-type CVD
	Single Wafer-type CVD

5. ALD(Atomic Layer Deposition)

CVD를 사용하여 PVD에서 문제가 되었던 step coverage 문제는 많이 해결되었으나, 공정이 점점 미세화 되면서 더 균일하고 얇으며, 커지는 aspect ratio를 만족시킬 만한 박막 증착법이 필요하게 되었다. 이런 요구에 맞추어 ALD(Atomic Layer Deposition) 공정이 주요 공정에 쓰이게 되었다.

ALD는 [그림 4-98]과 같이 하나의 화학 반응을 두 개의 Half-cycle로 구분하여 진행한다. 먼저 웨이퍼 기판 표면에 전구체(Precursor)를 흡착시킨 후 Purge시키고, 그 다음 Half-cycle을 진행해서 기

판에서 화학 반응시키고 또 Purge하는 과정을 거쳐 한 분자층의 박막을 형성할 수 있다. 이러한 흡착-Purge-반응-Purge 과정을 반복하여 원자 층을 한 층씩 쌓아간다고 하여 Atomic Layer Deposition이라고 하는 것이다. 이와 같은 원리로 증착이 진행되기 때문에 극히 얇은 균일한 두께의 박막을 어떤 모양의 구조에서도 Step Coverage가 90% 이상 수준으로 증착할 수 있다는 장점이 있다. 반면에 박막 성장 속도가 느려 생산성이 떨어지는 문제점이 있지만 최근 반도체 소자가 작아짐에 따라 증착해야 할 구조의 형상비(Aspect Ratio)가 50 : 1보다 훨씬 더 커지고, 요구되는 박막 두께도 얇아지므로 반도체 공정에서 수요가 점점 더 많아지고 있다.

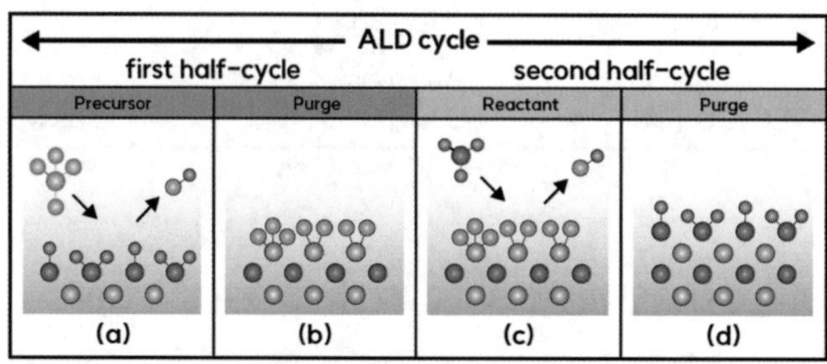

[그림 4-98] ALD 증착 Cycle

(1) ALD의 공정 원리

ALD는 박막에 따라 여러 종류의 전구체를 사용하기도 하지만 대부분의 공정에서는 2개의 전구체를 사용하여 박막을 형성하고 있다. 그 과정을 살펴보면 다음와 같다([그림 4-99]).

- 전구체A(Reactant A)를 일정 시간 동안 챔버에 주입하여 기판에 흡착되도록 한다.
- 적정 조건 내에서는 전구체 간 반응은 일어나지 않으며, 기판 내 흡착이 가능한 자리는 정해져 있기 때문에 한 층 이상 흡착이나 반응은 일어나지 않는다.(자기제한적 반응, Self-limited reaction)
- 흡착이 끝나면 아르곤 또는 질소를 주입하여 잉여의 전구체A를 배기시키는 퍼지(Purge) 과정을 진행한다. Purge 과정이 제대로 되지 않으면 원자층 한 층씩 반응시키는 ALD의 원리를 벗어나 물질의 조성이 바뀌거나 파티클(particle) 문제 등이 발생하게 된다.
- 퍼지 후에는 전구체B(Reactant B)가 챔버에 주입되고, 전구체A가 기판 표면에 원자층 한 층만 흡착 및 반응물이 되어 있는 기판 표면에 흡착되어 전구체A와 동일하게 원자층 한 층만 자기 제한적 반응을 하게 된다.
- 한 층의 반응물 이외의 잉여 반응물과 잉여의 전구체B는 퍼지를 통해 배기되고 한 사이클이 완료된다.
- 이러한 ALD 증착 사이클을 반복하여 목적으로 하는 두께의 박막을 형성할 수 있다.

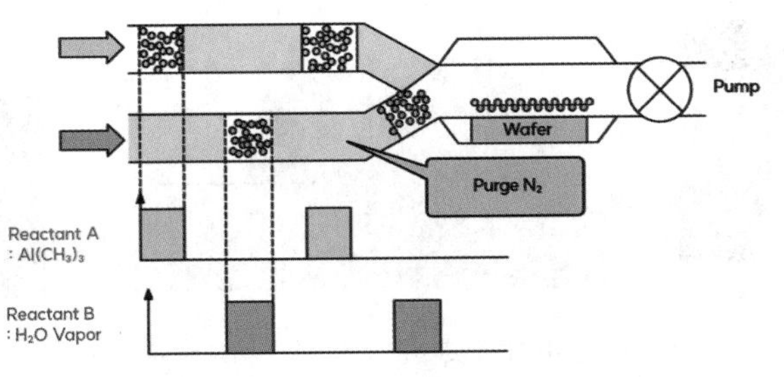

[그림 4-99] ALD 공정 사이클 예시

(2) ALD 공정의 장단점과 적용의 예

앞의 ALD 과정을 통해 형성된 막은 사이클 횟수를 컨트롤하여 정밀한 두께 제어가 가능하며 막질 또한 우수하다. 원자층 한층씩 자기 제한적 반응을 통해 증착이 되기 때문에 증착되는 표면의 구조 의존성이 크지 않고, 우수한 단차 피복성을 가진다. 마찬가지로 웨이퍼 전 영역에서 증착이 고르게 진행되는 장점을 가지게 된다. 하지만 증착 원리에서도 알 수 있듯이 증착 속도가 다른 공정에 비해 느리고, 전구체가 반응 온도에서만 분해되어야 하기 때문에 설계하기가 매우 까다롭다. 이런 이유 때문에 반도체 공정에서 전구체가 개발되지 못하기 때문에 박막 공정에 사용되지 못하는 경우가 많이 있다. ALD 공정은 아래의 [표 4-13]에 정리되어 있다.

[표 4-13] ALD 공정의 장단점

장점	단점
정밀한 두께 제어	정확한 조절 필요소스 공급의 어려움
우수한 단차 피복성(stepcoverage)	증착 공정 중 각 소스 간의 엄격한 분리 필요
저온공정	낮은 증착 속도
우수한 박막 품질	
넓은 공정 여유도	
대구경공정 용이	

이러한 장단점이 있기 때문에 ALD 공정은 FinFET에서의 high-k 게이트 산화막, DRAM의 capacitor의 고유전율을 확보하기 위한 유전막 그리고 낸드플래쉬 메모리의 터널링 산화막 등의 공정에 사용되고 있다([그림 4-100]). 얇은 막이지만 신뢰성 확보가 필요하고 종횡비(aspect ratio)가 크거나 정확한 두께 제어가 필요한 경우 증착 속도가 느리지만 필수적으로 쓰이고 있다. CVD 대비 막의 품질이 좋고 단차 피복성이 좋기 때문에 ALD 공정이 사용되고 있는 것인데, 이는 근본적으로 ALD의 분리된 소스의 공급을 기반으로 한 자기제한적 반응 때문이다. CVD의 소스 가스는 한꺼번에 기판에 도달하여 반응이 일어나는 반면 ALD는 순차적으로 주입되며 반응이 일어나는 차이가 있기 때문에 미세구조의 현대 공정에 중요한 공정으로 사용되고 있는 것이다.

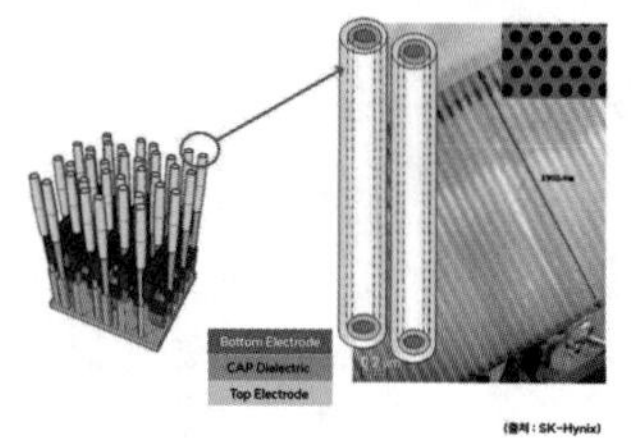
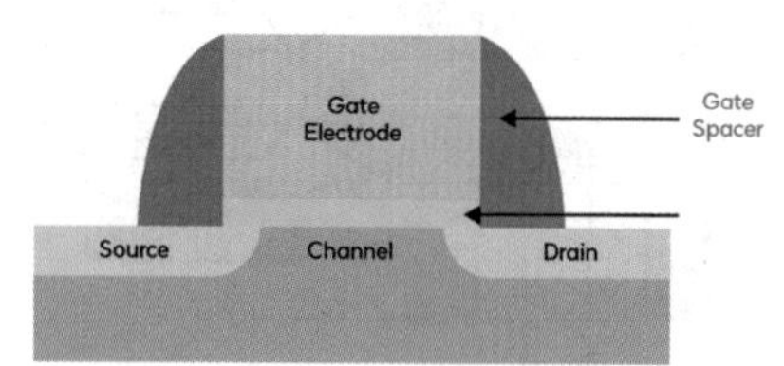

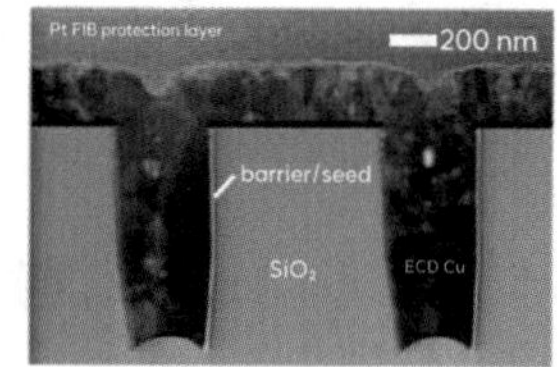

[그림 4-100] ALD 공정을 사용하는 반도체 공정의 예

(3) 온도에 따른 증착 특성

[그림 4-101]에서는 ALD 공정의 온도에 따른 증착 특성을 보여준다. ALD는 기본적으로 자기제한적 반응을 통해 박막이 성장되기 때문에 일정한 온도 범위 내에서는 동일한 증착 속도를 보인다. 하지만 이보다 온도가 낮은 경우 반응에 필요한 에너지를 충분히 공급받지 못해 성장 속도가 느려지며 소스(전구체)의 공급량이 많은 경우 전구체의 응결 현상이 일어나기도 한다. 적정 온도보다 높을 경우에는 과다한 에너지로 인해 전구체의 열분해가 일어나면서 한 층이 아닌 그 이상의 반응이 진행되면서 비정상적으로 성장 속도가 증가하게 된다. 이때는 한 층이 성장하는 자기제한적 반응을 넘어서게 되는 온도 구간이다. 온도가 높은데 소스의 공급량이 적은 경우 반응이 일어나지 못하고 탈착(desorption)이 일어나기도 한다.

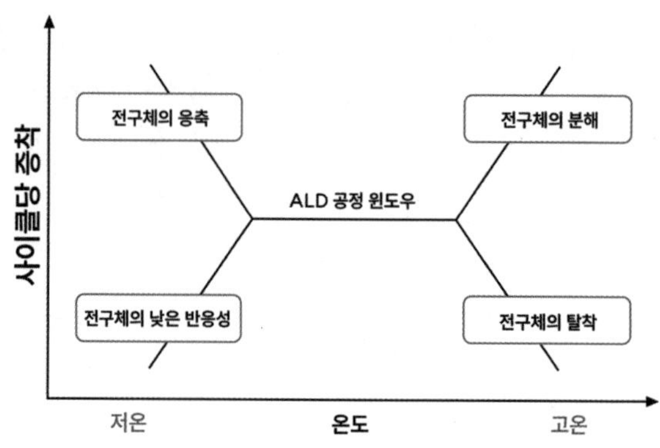

[그림 4-101] ALD 공정의 온도에 따른 증착특성

(4) ALD 공정 설비

ALD 공정에 사용되는 장치는 초기 매우 단순한 구조로 개발되어 왔다. 원리에서도 알 수 있듯이 설비에서는 기판의 온도, 전구체의 양 그리고 적절한 압력만 조절해주면 구현이 되기 때문에 [그림 4-102 (a)]에서 보는 바와 같이 동일한 공간에서 전구체A와 전구체B를 번갈아 가면서 주입하는 방법을 이용하였다. 하지만 이는 공정 시간의 증가로 ALD 공정의 가장 취약점인 생산성에 한계를 가지게 되어, [그림 4-102 (b)]처럼 공간을 분할하여 웨이퍼가 전구체A와 전구체B가 연속적으로 주입되는 영역을 회전하면서 통과하도록 만들어 동일한 효과를 내면서 공정시간을 단축시킬 수 있도록 설비를 향상시켰다. 실제로 [그림 4-102 (c)]처럼 전구체A-퍼지-전구체B-퍼지-전구체A-퍼지-전구체B-퍼지 순으로 웨이퍼가 360도를 돌게되면 2-사이클이 진행되어 상당한 공정시간을 단축할 수 있게 되었다. 현재 첨단 공정의 양산 설비는 거의 공간분할적 ALD 챔버를 사용하고 있으며, 전구체의 특성에 맞게 조금씩 파츠(parts)를 특화시키는 방법으로 공정을 최적화하여 쓰고 있다.

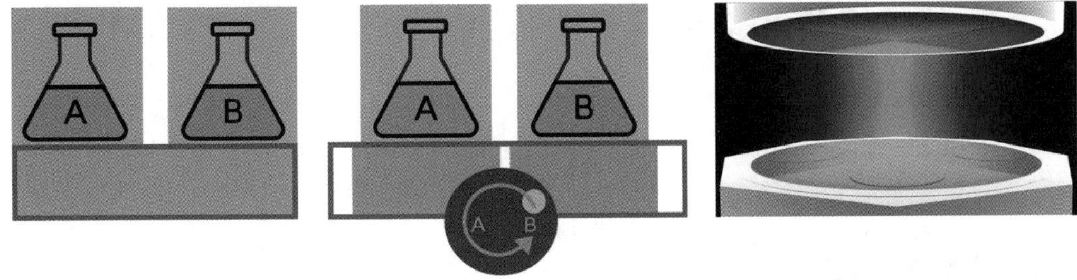

(a) 시분할적 ALD 설비 (b) 공간 분할적 ALD 설비 (c) 공간 분할적 ALD 챔버의 실제 예

[그림 4-102] ALD 공정 (a) 시분할적, (b) 공간분할적 설비의 개념도

실제 면접 기출문제 맛보기

실제 면접에서 나온 질문 난이도 ★★★ 중요도 ★★★★★

- CVD의 정의와 종류에 대해 설명하세요. 삼성전자, SK하이닉스
- CVD에서 공정 온도를 낮추는 방법에는 무엇이 있는지 설명하세요. 삼성전자

1 질문 의도 및 답변 전략

면접관의 질문 의도

CVD의 정의와 종류를 알고 있는지 그리고 이들과 관련한 활성화 에너지를 설명할 수 있는지를 묻는 문제이다.

면접자의 답변 전략

CVD의 정의와 원리를 간략히 설명한다. CVD의 종류를 설명할 때는 대표적인 예를 두세개 정도만 들고, 이들의 분류는 활성화 에너지와 연관이 있음을 설명한다.

+ 더 자세하게 말하는 답변 전략

- CVD는 투입한 가스들이 웨이퍼 표면에서 서로 반응하여 박막을 형성하는 공정임을 설명한다.
- 반응 기체와 반응 생성물 사이의 자유 에너지 차이가 커야 한다는 점과, 가스의 반응성을 높이기 위해 외부 에너지가 필요하다는 점을 설명한다.
- 외부 에너지의 종류에 따라 CVD의 종류를 분류하여 설명한다.

2 머릿속으로 그리는 답변 흐름과 핵심 내용

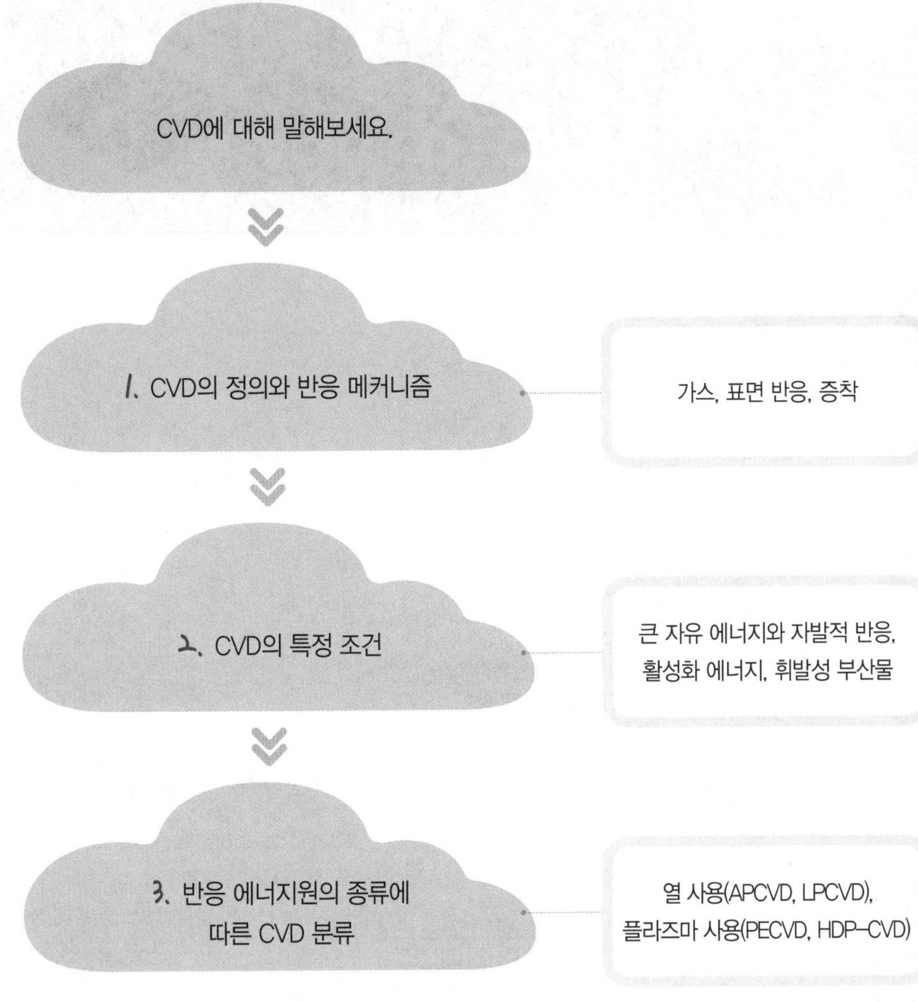
CVD에 대해 말해보세요.
1. CVD의 정의와 반응 메커니즘
가스, 표면 반응, 증착
2. CVD의 특정 조건
큰 자유 에너지와 자발적 반응,
활성화 에너지, 휘발성 부산물
3. 반응 에너지원의 종류에
따른 CVD 분류
열 사용(APCVD, LPCVD),
플라즈마 사용(PECVD, HDP-CVD)

3 나만의 답안 작성해보기

자세한 모범답안을 보고 싶으시다면
[한권으로 끝내는 전공 · 직무 면접 반도체 기출편]을 참고해주세요!

Chapter 05

금속 배선 공정

핵심요약

정의, 기초

- **금속 배선 공정**: 회로 패턴에 따라 금속선을 연결하는 공정으로 각 소자가 연결되어 기능을 수행할 수 있게 해줌

동작, 특성

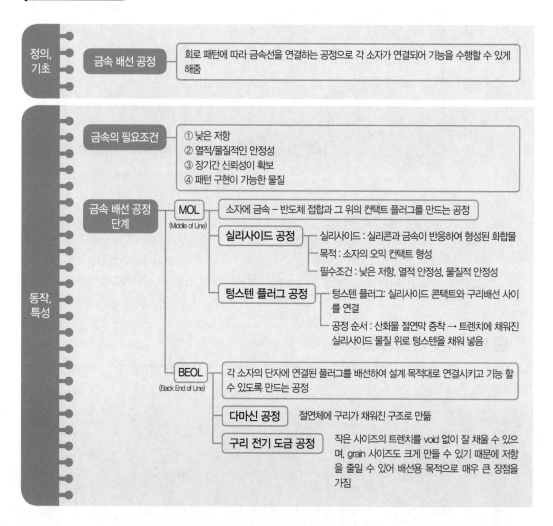

- **금속의 필요조건**
  - ① 낮은 저항
  - ② 열적/물질적인 안정성
  - ③ 장기간 신뢰성이 확보
  - ④ 패턴 구현이 가능한 물질
- **금속 배선 공정 단계**
  - **MOL** (Middle of Line): 소자에 금속 – 반도체 접합과 그 위의 컨택트 플러그를 만드는 공정
    - **실리사이드 공정**
      - 실리사이드 : 실리콘과 금속이 반응하여 형성된 화합물
      - 목적 : 소자의 오믹 컨택트 형성
      - 필수조건 : 낮은 저항, 열적 안정성, 물질적 안정성
    - **텅스텐 플러그 공정**
      - 텅스텐 플러그: 실리사이드 콘택트와 구리배선 사이를 연결
      - 공정 순서 : 산화물 절연막 증착 → 트렌치에 채워진 실리사이드 물질 위로 텅스텐을 채워 넣음
  - **BEOL** (Back End of Line): 각 소자의 단자에 연결된 플러그를 배선하여 설계 목적대로 연결시키고 기능 할 수 있도록 만드는 공정
    - **다마신 공정**: 절연체에 구리가 채워진 구조로 만듦
    - **구리 전기 도금 공정**: 작은 사이즈의 트렌치를 void 없이 잘 채울 수 있으며, grain 사이즈도 크게 만들 수 있기 때문에 저항을 줄일 수 있어 배선용 목적으로 매우 큰 장점을 가짐

학습 포인트

금속 배선 공정의 각 단계별 공정법을 이해하고 소자의 구동 측면에서 silicide, contact plug, 구리 배선 공정 스텝의 필요성에 대해 설명할 수 있도록 한다.

1 배선 공정이란?

반도체 칩의 역할은 설계한 의도대로 각 소자들을 구동하여 원하는 기능(function)을 수행하는 것이다. 실제로 칩에 설계를 할 때는 [그림 4-103 (a)]에서 볼 수 있는 것처럼 각 블록의 영역 단위로 비슷한 소자를 만들고 그 위에서 금속 배선 공정을 이용하여 각 소자가 연결되어 기능을 수행할 수 있는 방법을 이용하고 있다. 예를 들면 외곽에는 MOSFET을 사이즈 별로 만들고, 좌측에는 다이오드, 우측에는 저항과 캐패시터 등 각각의 목적에 맞는 크기와 개수로 만들게 된다. 이렇게 영역별로 소자들이 만들어지면 금속 배선 공정을 통해 각각의 소자에 오믹 또는 쇼트키 컨택트를 형성하고 이를 이어주어 원하는 기능을 할 수 있는 칩이 되는 형태이다.

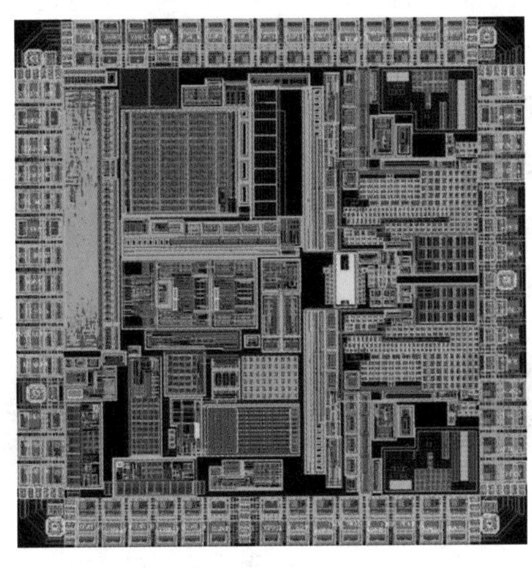

(a) 회로의 layout예

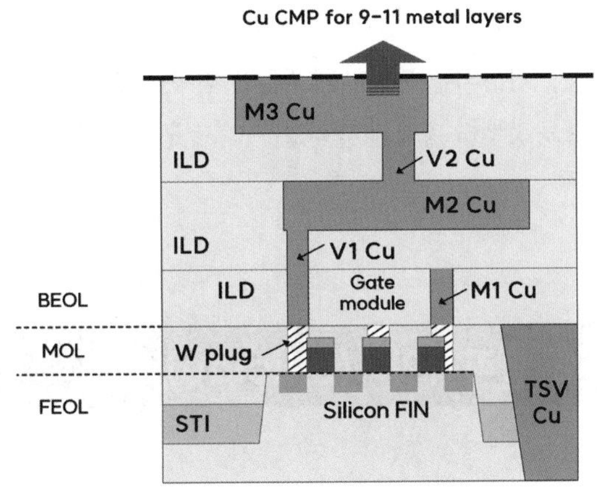

(b) 소자 간 연결을 위한 금속 배선

[그림 4-103] 금속 배선의 필요성

이를 공정적으로 순서의 개념을 가지고 보면 웨이퍼가 팹에 투입(Fab-in)되고 칩이 만들어져 팹 아웃(Fab-out)이 될 때까지 각각의 단위공정(박막, 포토, 에치, 세정 등)을 거치게 되는데 구조적인 순서로 보게 되면 [그림 4-103 (b)]와 같이 실리콘에 소자(트랜지스터나 다이오드, 캐패시터)를 만드는 FEOL(Front End of Line) 단계, 소자에 금속-반도체 접합과 그 위의 컨택트 플러그를 만드는 MOL(Middle of Line) 단계 그리고 각 소자의 단자에 연결된 플러그를 배선하여 설계한 목적대로 연결시키고 기능을 할 수 있도록 만드는 BEOL(Back End of Line) 단계로 나눌 수 있다.

금속 배선은 MOL 단계의 금속-반도체 접합을 위한 실리사이드(Silicide) 공정과 텅스텐 플러그 공정 그리고 각 소자가 목적에 맞게 연결될 수 있도록 금속을 이어주는 BEOL 공정으로 나뉘게 되는데, 금속 도선이 제 역할을 하기 위해서는 아래와 같은 조건을 만족해야 한다.

- 낮은 저항을 가져야 한다. 저항이 높으면 신호의 지연(delay)이 발생하고 저항에 의한 전력 손실이 발생하므로 낮은 저항의 금속물질을 사용하여야 한다.
- 열적/물질적인 안정성을 가져야 한다. 후속 공정의 열 공정에서 파괴되거나 녹지 않아야 하며 전기적인 물성이 변하면 안 된다.
- 칩의 구동에 있어 장기간 신뢰성이 확보되어야 한다. 반도체 칩의 경우 통상 10년 정도 기능이 동작할 수 있는 신뢰성이 필요한데 가혹한 환경 속에서도 물질적/기능적으로 신뢰성이 확보 되어야 한다.
- 패턴에 의해 배선이 되어야 하므로 포토/에치 공정을 통해 패턴의 구현이 가능한 물질이어야 한다.

위 조건을 만족시키는 금속 물질로 절연체에 패턴을 만들어 그 패턴 속에 채워 넣는 배선 공정을 진행하며, 이는 각 층(layer)의 목적에 맞게 패턴형성 → 금속 증착 또는 도금 → CMP로 연마하여 도전영역과 절연영역을 분리하는 과정을 반복 진행하여 3차원 배선을 완성하게 된다. 본 챕터에서는 실리사이드 공정부터 텅스텐 플러그 그리고 구리 전기 도금 공정까지 공정 순서에 맞춰 살펴보도록 하겠다.

② 실리사이드(Silicide) 공정

실리사이드는 실리콘과 금속이 반응하여 형성된 화합물을 말한다. 반도체 공정에서 실리콘이 금속과 반응하게 되는 경우는 MOSFET의 경우 소스와 드레인의 실리콘에 단자를 형성하는 경우와 폴리실리콘으로 Gate 전극을 사용하는 구조에서 폴리실리콘에 빠른 신호 전달을 위해 폴리실리콘의 상부를 금속과 반응시키는 경우이다. 전자를 실리사이드 공정이라 칭하고 후자를 폴리사이드(Polyside)라고 일컫는데 본질은 실리콘과 금속이 결합된 저항이 낮은 상태의 물질을 사용하기 위함이다. 최첨단의 공정에는 게이트의 전극을 금속으로 사용하면서 폴리사이드는 사용하지 않고 있으며, 이전 세대의 공정에만 적용하고 있다. 반도체 공정에서 많이 사용하는 실리사이드 물질은 $TiSi_2$, NiSi, $CoSi_2$,

WSi_2 등이 있으며 $TiSi_2$, NiSi, $CoSi_2$는 오믹 컨택트를 위한 전극 물질로 WSi_2는 레지스터의 저항물질로 널리 쓰이고 있다.

반도체 공정에서 실리사이드를 사용하기에 가장 좋은 환경은 기판이 실리콘이기 때문에 금속을 증착한 후 고온 열처리만 하게 되면 실리사이드를 만들 수 있다는 것이다. 특히 소스와 드레인의 오믹 컨택트를 위해서는 금속-실리콘 접합을 형성해줘야 하는데, 실리콘이 드러난 상태에서 금속의 증착과 열처리만으로도 오믹 컨택트를 간단히 만들 수 있기 때문에 대부분의 컨택트 공정에서 사용되고 있다. 이렇게 전기적인 목적으로 실리사이드 물질을 사용하기 때문에 몇 가지 필수 조건이 필요한데 낮은 저항, 열적 안정성 그리고 물질적 안정성 등 이다. 또한 공정상 N^+ 영역과 P^+ 영역에 물질을 분리해서 사용하기 어렵기 때문에 동일한 물질의 실리사이드로 N형/P형 실리콘에 모두 낮은 컨택트 저항 특성을 보이는 물질을 사용해야 한다. 50nm 급에서는 $CoSi_2$가 많이 쓰였으나 선폭이 그 이하로 가게 되면서 $CoSi_2$가 일부 영역에서 물질이 뭉치는 현상(agglomeration)이 나타나게 되고 과도할 경우 회로가 단선이 되는 문제가 생기게 되어 $NiSi_2$로 전환이 일어나게 된다. $NiSi_2$는 낮은 저항에 물질적 안정성이 높아 20nm 급까지 많이 쓰였으나, P-type MOSFET의 저항이 높고 열처리 시 Ni의 과도한 확산으로 실리사이드와 실리콘간 계면이 불안정하며 Ni이 실리콘을 파고들면서 손실전류가 생기는 현상이 나타나게 되어 $TiSi_2$로 전환이 이루어졌다.

본 저서에서는 $TiSi_2$ 공정 기준으로 Silicide 공정에 대해 설명하도록 하겠다.

① 산화물 절연막을 증착한 후 컨택트가 만들어질 공간에 패턴을 형성하고 에치공정으로 트렌치를 만들어 준다.

② 메탈-반도체 접합을 위해 티타늄을 PVD 방법으로 증착시키는데 경우에 따라서는 실리콘 기판의 자연산화막을 제거하기 위해 RF에치(스퍼터링 에치) 공정을 진행한 후 in-situ[1]로 티타늄을 증착시킨다. 이때 실리콘 기판의 소스 또는 드레인이 될 단자는 n^+/p^+로 도핑농도가 높은 상태여야 접촉 저항을 낮출 수 있다. 금속을 PVD 방법으로 증착하는 이유는 순수한 금속이 증착되어야 접촉저항을 낮게 형성할 수 있기 때문인데, 최근에는 컨택트 트렌치 사이즈가 급격히 작아지면서 PVD로 적용하면 over-hang 문제로 텅스텐 플러그가 제대로 채워지지 않기 때문에 CVD 공정을 적용하고 있다.

③ 티타늄을 증착시킨 후 전극물질의 산화를 방지하기 위해 진공을 깨지 않고 in-situ 공정으로 티타늄 질화막(TiN)을 CVD 방법으로 증착시킨다. TiN 막의 목적은 뒤에서 자세히 설명하겠지만 전극물질인 Ti의 산화를 방지하고, 후속 공정인 텅스텐을 증착할 때 원자핵 생성이 일어나는 자리가 되며 또한 증착 시 발생하는 불소 부산물의 확산을 방지할 목적으로 사용된다. TiN 증착이 완료되면 800도 수준에서 레이저를 이용한 어닐링 공정을 진행하는데 증착된 티타늄과 기판의 실리콘이 반응하게 되면서 티타늄 실리사이드를 형성하게 되고 오믹 컨택트를 형성하게 된다.

1 in-situation의 줄임말로 진공상태를 유지한 상태에서 다음 공정을 바로 진행하는 것을 의미한다.

④ 열처리에 의해 메탈-반도체의 접합이 오믹 컨택트로 형성되고 난 후 BEOL 공정의 배선과 연결될 수 있도록 플러그를 만들어 주게 되는데, CVD 방식으로 텅스텐을 트렌치 내부에 채워서 배선이 연결될 수 있도록 한다. 이때 텅스텐은 내부만 채워지는 것이 아니라 산화물 절연막의 위까지 웨이퍼 전부 뒤덮게 되며 성장하면서 트렌치 내부에 void가 생기지 않도록 해야 한다.

⑤ 전면에 텅스텐으로 증착된 웨이퍼를 CMP로 연마시켜 상부 텅스텐을 제거하게 되는데, CMP를 진행하다가 하부의 산화물 절연체가 드러나게 되면 텅스텐 플러그와 절연막으로 공간이 분리되면서 후속 BEOL 공정에서 배선이 연결될 구조가 완성된다. 만약 ④과정에서 텅스텐이 트렌치의 내부를 완벽히 채우지 못해서 void가 형성되었다면 CMP 공정이 진행되면서 void가 표면에 드러나게 되고 위에서 봤을 때 구멍이 생기는 현상이 발생한다. 이를 Seam이라고 하며 BEOL 공정에서 채워지게 될 구리의 비정상적인 확산이 일어나게 되는 원인이 된다.

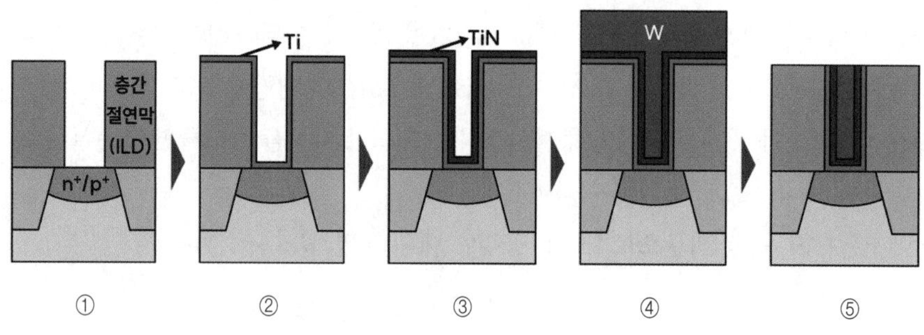

[그림 4-104] Ohmic contact 및 W plug의 형성

3 텅스텐 플러그(W plug)

실리사이드의 목적인 소자의 오믹 컨택트의 형성 후에는 소자를 구동할 수 있도록 도선을 만들어 주어야 하는데, 실리사이드 콘택트와 구리배선 사이를 연결해주는 역할을 하는 것이 텅스텐 플러그(W plug)이다. 반도체 공정의 중간 단계이기 때문에 MOL(Middle of Line)로 불리며, 공정 순서는 산화물 절연막을 증착 후 오믹 콘택트를 위해 만들어진 트렌치에 채워진 실리사이드 물질 위로 텅스텐을 채워 넣는 방식이다. 이렇게 표면까지 모두 채워지게 되면 CMP를 사용하여 절연막의 표면이 드러날 때까지 연마시키면 기둥 형태의 텅스텐 플러그가 절연물질로 둘러싸여 실리사이드 물질에 연결된 구조가 된다.

좁고 깊은 구덩이 형태의 패턴을 채우는 과정이기 때문에 CVD 방법을 통해 증착이 되며, 증착 조건에 따라 트렌치의 안쪽이 다 채워지기 전에 개구부가 막히게 되면 내부에 Void가 생기게 되고 이는 CMP 진행 후 구멍으로 드러나게 된다. 이러한 Seam 현상이 나타나면 텅스텐 플러그 위로 연결이 될 구리 배선 공정에서 불량을 유발하기 때문에, 텅스텐을 증착할 때의 온도와 소스의 양 그리고 압력 등의 공정 조건이 매우 중요하다.

텅스텐을 증착할 때 사용하는 소스는 WF_6인데 공정 온도에서 불소와 해리된 W은 성장이 되면서 트렌치를 채우게 된다. 문제는 증착 후 남게 된 불소인데 이 원소는 반응성이 매우 높기 때문에 에치에 많이 쓰이는 물질이다. 만약 실리사이드 물질 바로 위에 텅스텐을 증착한다면

- 바닥면의 실리콘과 불소와 반응이 일어나게 되어 용암이 폭발하는 듯 휘발성 반응물이 발생하게 되는데 이를 볼케이노(Volcano) 불량이라고 한다.
- 측벽의 산화물절연체와 불소가 반응하게 되면 산화물이 에치되는 효과가 생겨 산화물 절연체가 제거되어 얇은 띠 형태의 공간이 생기게 된다. 이를 박리(delamination)라고 한다.

이러한 불량을 방지하기 위해서는 실리사이드 물질과 텅스텐 사이에 확산 방지막(Diffusion Barrier layer)이 필요한데 티타늄 질화물(TiN)을 많이 사용하고 있다. 적절한 두께의 TiN은 불소의 확산을 방지하여 불소가 컨택트 영역의 바닥면 실리콘과의 반응 또는 측벽의 절연체 산화물과의 반응을 억제할 수 있으나, 두께가 두꺼워지면 TiN 물질 자체의 저항이 금속보다 매우 크기 때문에 최대한 얇게 확산 방지막으로써의 역할을 할 수 있을 정도로만 사용하여야 한다. 또한 TiN에서의 질소의 농도가 높아짐에 따라 확산방지의 성능은 좋아지나, 저항이 커지게 되므로 화학량비를 최적화 시켜야 하고 결국 TiN의 두께와 Ti와 N의 화학량비를 잘 조절하여야 저항이 낮고 확산 방지막의 역할을 잘할 수 있는 기능성 박막을 증착할 수 있다. TiN 확산 방지막은 CVD 방법을 이용하는데, 바닥면과 트렌치의 측벽 모두 균일한 두께로 증착되어야 하고 후속공정인 텅스텐을 증착할 때 개구부가 막힌 상태가 되면 안 되기 때문이다. 이러한 효과를 극대화시키기 위해서 Ti의 소스가 되는 물질과 Remote 플라즈마로 생성된 질소의 Radical을 번갈아 가면서 ALD와 흡사한 증착 방식을 사용하고 있다. ALD와 같이 원자층 한 층씩 증착되는 자기 제한적 반응이 일어나지는 않지만 소스가 동시에 공급되면서 증착이 되는 보통의 CVD 보다는 더욱 균일하고 over-hang[2]이 발생하지 않는 공정을 사용하고 있다고 이해하면 된다.

이러한 TiN 막위에 텅스텐이 성장하게 되는데, 텅스텐 증착 시 TiN 막은 텅스텐 핵성장(nucleation)이 발생하는 영역이기도 하다. 텅스텐 증착 초기에 TiN 위에 핵성장되고 공정이 계속되면서 결정립(grain)이 성장하여 좁고 깊은 트렌치를 채워나가게 된다. 이렇게 트렌치와 웨이퍼의 전면까지 다 증착이 되게 되면 CMP 공정을 이용하여 산화물 절연막까지 평탄화 공정을 진행하여 위쪽에 증착된 텅스텐을 제거시켜 텅스텐 플러그와 산화물 절연막을 분리시켜 준다.

---

2 트렌치의 개구부에 증착이 집중되면서 입구가 막히는 현상의 원인이 된다.

④ 알루미늄 배선

반도체 공정의 후반에는 각각의 소자와 연결된 컨택트 플러그를 원하는 기능을 수행하는 칩으로서의 회로 연결 공정을 하게 된다. BEOL(Back End of Line)이라 부르는 이 공정은 주로 금속을 이용하여 설계 목적에 맞게 배선을 하는 공정이다. 여기서 사용하는 금속은 저항이 낮아야 하며, 열적 물질적 안정성을 가지고 있어야 하는데 이러한 특성을 잘 만족시켰던 물질이 알루미늄(Al)이다. 알루미늄은 비저항이 2.66 uΩ · cm으로 은(1.59 uΩ · cm)에 비해 크긴 하지만 가격적인 측면이나 녹는점이 낮고 산화물을 형성하기 좋은 물질적 특성 때문에 배선 공정에서 많이 쓰였다. 특히 배선의 역할을 하면서 소자에서 오믹 컨택트 금속으로도 사용이 가능하기 때문에 매우 큰 장점을 가지고 있었으나 소자가 작아지면서 더 낮은 저항의 금속이 필요해지고 물질적인 안정성이 문제가 되면서 배선에서는 구리 공정으로 전환되게 되었다.

1. 접합 스파이킹(Junction spiking)

메탈-반도체 컨택트를 위해 알루미늄이 실리콘에 접합된 상태에서 열처리를 하게 되면 실리콘이 알루미늄으로 확산되어 들어가게 되는데, 실리콘의 알루미늄 내 고체 용해도만큼 기판의 실리콘이 없어지게 된다. 그럼 그 공간을 알루미늄이 채우게 되어 가시 모양의 아래 방향으로 뾰족한 형태로 알루미늄이 들어가게 되는데 이러한 현상을 스파이킹(spiking)이라고 한다. 통상적으로 사용하는 온도인 450도 수준의 온도에서 실리콘은 약 0.5% 정도 용해되게 되고 그 자리를 알루미늄이 채우게 되는 것이다. 이로 인해 불균일한 계면 때문에 누설전류가 커지기도 하고, 가장 큰 문제는 단자 깊이 방향으로 PN 접합에 의한 Junction depth가 존재하게 되는데 이를 spiking이 터치하게 되는 경우 소자의 통제가 되지 않게 된다.

이를 개선하기 위해서 알루미늄에 미리 1% 수준의 실리콘을 용해시켜 놓은 물질을 사용하여 기판의 실리콘이 확산되어 들어오지 못하도록 만들기도 하고, 또는 티타늄 질화물(TiN)을 확산 방지막 목적으로 사용하여 spiking이 생기지 않도록 한다.

2. Electro-migration(EM)

알루미늄 배선은 소자의 도선 역할을 하면서 신호의 이동에 따라 전류가 흐르게 되는데, 스케일이 계속 줄어들면서 배선의 너비와 폭도 줄어들게 된다. 그러면 단위 면적당 흐르게 되는 전류의 밀도가 높아지게 되는데 전자의 흐름에 따른 원자와의 충돌에 의해 원자의 이동이 발생하게 된다. 원자의 이동은 주로 결정립계(grain boundary)를 통해 일어나게 되고, 원자가 이동하기 전 원래 있던 공간에 Void가 생기게 되고 반면에 이동한 원자가 쌓이게 되는 영역에는 힐록(hillock)이라는 언덕 모양으로

솟아오른 형태가 된다. 문제는 도선에 Void가 생기면 단선(open)이 되게 되고, hillock이 생기면 단락(short)이 발생할 수 있다[그림 4-105]. 이러한 문제는 신뢰성 문제로 이어지게 되는데 처음에는 정상상태로 동작하지만 어느 정도 시간이 지나면 불량으로 이어지게 된다. 정량적으로 MTF(Mean time to Failure)의 방법으로 물질과 사용 환경에 따른 불량확률을 계산할 수 있다.

MFT $\propto$ $(J^{-2})\exp(E_a/kT)$

J : 전류밀도

E_a : activation energy (알루미늄의 경우 0.4~0.5eV)

T : 온도

EM을 개선하기 위해서는 알루미늄에 다른 물질을 소량 섞어서 grain boundary를 통한 확산을 억제해주는 방법이 있다. 알루미늄 95%에 구리 4%와 실리콘 1% 수준의 타겟을 이용한 스퍼터링을 이용하면 EM 뿐만 아니라 스파이킹 현상도 억제하는 것으로 알려져 있다. 하지만 알루미늄의 성분비가 낮아지고 구리나 실리콘의 성분비가 높아지면 합금화되면서 전기저항이 증가하기 때문에 전기 저항과 EM 및 스파이킹 현상을 제어할 수 있는 수준으로 성분비가 제어되어야 한다.

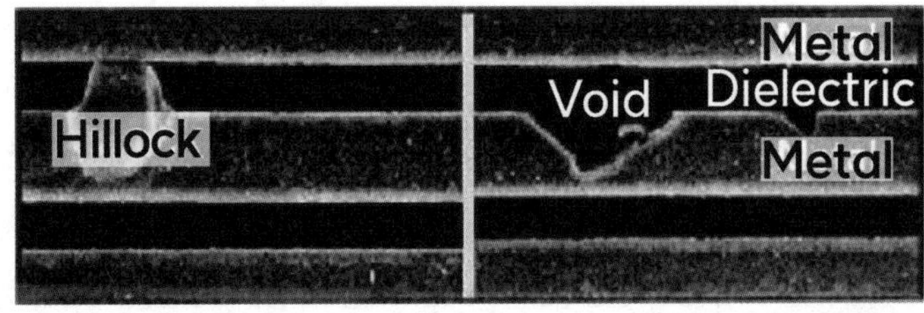

[그림 4-105] Al 배선의 electromigration 현상

추가적으로 이러한 void와 hillock은 전자의 이동에 기인한 원인 이외에 다른 이유에 의해서도 발생하게 되는데, 기판의 실리콘과 알루미늄 간 열팽창계수(Thermal expansion coefficient)가 다르기 때문에 응력이 발생하게 되고 이로 인한 원자의 이동이 발생하게 된다(Stress induced migration, SM). 알루미늄의 경우 실리콘보다 열팽창계수가 크기 때문에 온도가 올라가면 실리콘보다 더 많이 팽창하면서 실리콘 기판에 의해 압축 응력(Compressive stress)을 받게 되고 주변에서 미는 힘을 받게 되니 솟구치는 결정립 즉, hillock이 생기게 된다. 반면에 온도가 낮아지게 되면 반대로 알루미늄은 실리콘 기판보다 더 축소되려는 성질 때문에 인장 응력(Tensile stress)을 받게 되고 주변에서 잡아당기는 힘을 받게 되니 void가 발생한다.

5 Cu 전해 도금(Eletroplating)

구리는 전기전도도가 매우 높은 물질로 가정에서 쓰는 전기 줄의 원료로 사용될 만큼 전기적인 특성이 우수하다. 반도체에서도 소자와 소자 간 연결을 위해 도선이 필요한데 과거에는 주로 알루미늄(비저항 2.66 uΩ · cm)을 사용되었으나, 소자가 미세화 되고 scale down이 진행되면서 배선의 저항이 증가하면서 신호의 지연 현상이 나타나게 되어 구리(비저항 1.67 uΩ · cm) 공정으로의 전환이 필요하게 되었다. 하지만 구리 배선공정에서 기존의 방법으로 증착 후 패턴을 에치하는 경우 물질이 잘 제거되지 않는 특성을 보인다. 식각은 챔버 내에서 반응에 의해 반응물과 부산물이 형성되고 이것들이 휘발되어 제거되는 것을 이용하는 것인데, 식각 공정 시 반응을 위해 사용되는 Cl 또는 F의 할로겐 원소와의 결합을 통해 생성된 $CuCl_2$(염화구리) 또는 CuF_2(불화구리)는 잘 휘발되지 못한다. 그렇기 때문에 구리의 배선 공정은 증착 후 식각하는 방법이 아닌 절연막에 먼저 Trench를 만든 후 여기에 구리를 채우고 나서 나중에 학습하게 될 CMP 공정으로 상부의 구리를 연마한다. 이를 다마신(Damascene)공정이라 하는데 최종적으로 절연체에 구리가 채워진 구조로 만들게 된다.

1. 다마신 공정

다마신 공정은 '상감기법'이라 불리는 공정으로 고려청자를 만들던 방법과 유사하다. 청자로 예를 들면 도자기의 표면에 구현하고자 하는 형태의 모양을 파서 공간을 먼저 만든 후 거기에 다른 물질을 채우고 소결이라는 굽는 과정을 하게 되면 다른 색의 원하는 모양의 형태가 만들어지게 된다. 반도체 공정에서도 금속 배선이 되는 라인(Lead)과 하부 배선과 상부 배선을 이어주는 컨택(Via)이 필요한데, 이를 모두 다마신 공정을 이용하고 있다. 방법에 따라 라인과 비아를 차례로 진행하는 것을 Single damascene, 동시에 진행하는 것을 dual damascene 이라고 한다. 공정상 dual damascene이 더 복잡하긴 하지만 공정수를 줄일 수 있는 장점이 있기 때문에 더 선호된다.

[그림 4-106]는 dual damascene 공정순서를 나타낸 모식도이다. 구리 배선 공정은 앞서 기술한 컨택 공정의 Plug 위에 진행되어 소자를 외부 단자와 연결시켜주는 역할을 한다. 그렇기 때문에 먼저 소자의 단자(소스 또는 드레인)와 연결된 plug 위에 Via가 형성될 하부 산화막을 증착 후 실리콘 질화막을 얇게 증착하고 그 위에 구리 라인이 형성될 상부 산화막을 증착하게 된다. 이 상태에서 via 기준의 패턴을 위해 PR을 이용하여 포토공정을 진행하게 되면 ①상태가 되는데 패턴 된 PR을 에치 방지막으로 이용하여 에치를 하게 되면 상부 산화막-실리콘 질화막-하부 산화막이 차례로 에치가 되고 하단의 plug 메탈이 드러나게 된다(②상태). 그 후 구리 라인의 패턴을 PR을 이용해 포토공정을 진행하면 ③상태가 되는데 ②공정과 마찬가지고 PR을 에치 방지막으로 이용하여 에치를 하여 상부 산화막 만을 에치한다. 이 공정에서 쓰이는 에치는 상부 산화막과 실리콘 질화막간 선택비가 있는 상태여야하고, 실리콘 질화막은 하부 산화막을 에치가 되지 못하도록 막는 etch stopping layer의 역할을 하

게 된다(④상태). 여기까지 공정이 진행되면 구리가 채워질 공간이 만들어지게 되고 이 공간에 구리를 채워 넣는 과정이 후속으로 진행되게 된다.

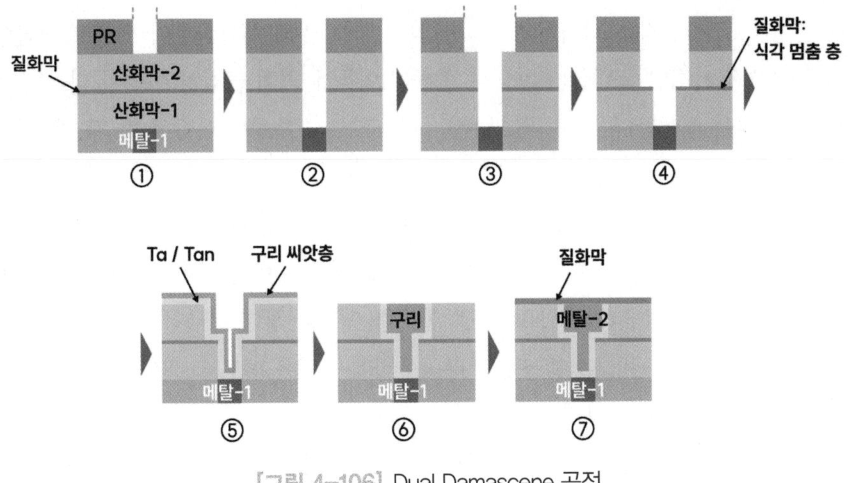

[그림 4-106] Dual Damascene 공정

④구조의 상태에서 바로 구리를 채울 수는 없는데 전해 도금법으로 구리를 성장시키기 위해서는 성장이 될 영역에 전기가 통하는 상태여야 하며 또한 구리는 확산이 매우 잘 되는 물질이라 산화막층과 하부 컨택 Plug 영역에 구리가 확산되지 못하도록 확산 방지층(Diffusion barrier layer)이 필요하다. 구리의 확산을 막기 위한 확산방지층으로 주로 탄탈륨 질화막(TaN)을 사용하며 TaN은 스퍼터링 방법으로 증착되게 되는데, 이렇게 증착된 얇은 막은 결정립(grain)이 없는 비정질(amorphous) 상태로 만들어지게 되어 결정립계(grain boundary)를 통한 확산의 방지가 가능하여 구리의 확산속도를 현저히 낮출 수 있다. TaN 막 아래에는 Ta를 증착하게 되는데 구리가 TaN과의 접착력이 좋지 않아 박리(delamination)가 일어나는 것을 방지하기 위해 TiN과 구리 모두 접착력이 좋은 Ta을 두 물질 사이에 증착하여 접착층(Glue layer)으로 사용한다. 그 후에는 스퍼터링 방법으로 구리 Seed layer를 얇게 증착해 주는데, 전해 도금 시 전하의 이동이 잘 일어나게 해주며 구리의 grain이 성장되게 되는 핵성장(nucleation)의 역할을 한다(⑤상태).

이 상태에서 구리의 전해 도금을 진행하게 되면 구리 seed layer 위에 구리가 성장하게 되고 하부 산화막과 상부 산화막의 공간에 구리가 채워지게 되는데 하부의 Via가 상부의 라인보다 더 작은 구조임에도 불구하고 아래쪽에서부터 bottom-up으로 빈 공간 없이 잘 채워지게 된다. 그 이유에 대해서는 뒤의 전해 도금 공정에서 다루도록 하겠다. 표면이 전부 구리로 덮히게 되면 배선이 절연체와 전기적으로 분리(Isolation)가 될 수 있도록 상부 산화막의 표면이 드러날 때까지 CMP 공정을 진행하여 구리를 연마시켜서 평탄화 및 배선의 분리 과정을 진행한다(⑥상태). 그리고 마지막으로 ⑦과 같이 실리콘 질화막 또는 알루미늄 질화막 등을 증착하여 구리의 산화를 막아주고, 상부에 추가의 Via와 라인 형성 목적의 산화막 증착이 될 수 있도록 한다.

2. 구리의 전해 도금 공정(Electro-plating)

구리의 전해 도금 공정은 그림 [그림 4-107]와 같이 전기 화학 반응을 기반으로 이루어진다. 우리가 흔히 아는 화학 도금 공정은 화학적인 포텐셜의 차이에 의해 화학반응이 되면서 도금이 진행되지만, 전해 도금은 전기적인 포텐셜의 차이로 전하의 이동에 의해 물질이 이온이 되거나 이온이 원자로 석출되는 과정이 일어난다. 그렇기 때문에 step coverage 특성이 우수하며 공간을 채우는 능력이 좋다.

설비적으로는 구리가 석출될 수 있도록 황산구리($CuSO_4$)와 황산(H_2SO_4)가 설비 내에 공급되고 전하의 이동을 위한 양극과 음극이 사용된다. 양극(Anode)에는 구리를 금속상태로 사용하여 구리 이온이 공급되는 소스원으로 음극(Cathode)에는 웨이퍼를 연결한 상태로 구리가 석출 될 수 있도록 한다. 양극과 음극을 기준으로 전압을 걸어주면 황산구리에서 이온화 된 Cu^{2+}가 음극의 웨이퍼 쪽에서 공급되는 전자를 받게 되어 환원의 과정을 거치며 구리로 석출되게 된다. 이런 반응은 전해 도금 공정 이전에 증착시켜놓은 구리의 seed layer 위에서 일어나게 되는데 전자의 이동(electron transfer)에 의해 석출된 구리는 seed layer 구리의 결정성과 grain의 크기 등의 특성을 바탕으로 성장하게 된다. 그렇기 때문에 구리의 seed layer 증착 조건 및 두께에 따라 grain size나 방향에 영향을 받게 되며 석출되는 구리의 특성이 결정된다.

Dissociation (Solution) : $CuSO_4 \rightarrow Cu^{2+} + SO_4^{2-}$

산화: Oxidation (Anode) : $Cu \rightarrow Cu^{2+} + 2e^-$

환원: Reduction (Cathode, wafer) : $Cu^{2+} + 2e^- \rightarrow Cu$

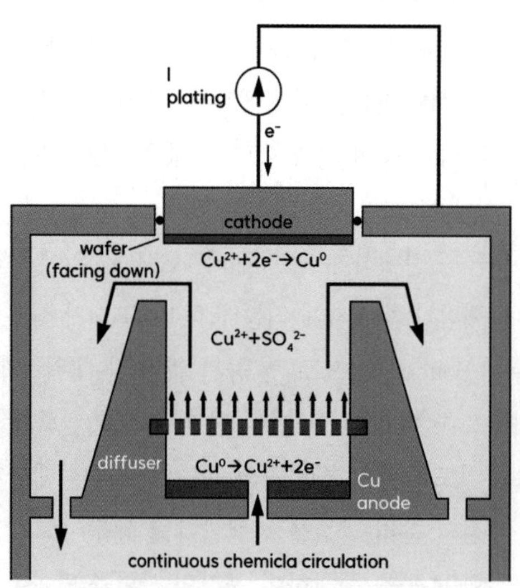

[그림 4-107] Cu electroplating 공정 모식도

구리의 전해 도금 공정에서 특이할만한 점은 PVD 증착 방법에서 문제가 되었던 over-hang 문제나 그로인한 void가 발생하지 않는다는 점인데, 이는 구리가 석출될 때 bottom-up의 형태로 화학반응이 일어나기 때문이다. 앞서 설명한 것처럼 반응이 일어나는 동안 황산구리와 황산 이외에도 여러 첨가물이 들어가게 되는데, Accelerator(촉진제)와 Inhibitor(Leveler)가 Via 안쪽과 웨이퍼 표면의 구조적 차이에 의해 분포하는 농도가 다르다. Accelerator는 전해 도금 공정 중에 Cu 이온에 전하의 이동이 잘 일어날 수 있도록 촉매 역할을 하는 첨가제인데, 의도적으로 물질을 작게 만들어서 트렌치의 바닥까지 잘 이동할 수 있기 때문에 Via의 바닥면 쪽에서 농도가 높고 빠른 반응이 일어날 수 있도록 하는 역할을 한다. 반면에 Inhibitor(Leveler)는 의도적으로 Trench의 개구부보다 크게 물질을 설계하여 웨이퍼의 표면에서 농도가 높고 전하의 이동이 잘 일어나지 않도록 방해하는 역할을 한다. 즉, 트렌치의 안쪽에서는 Accelerator에 의해 환원 반응이 빨리 일어나고 웨이퍼의 표면에서는 환원 반응이 느리게 일어나면서 Bottom-up으로 구리의 성장이 일어나게 되어 트렌치의 입구가 먼저 막히게 되는 현상이 일어나지 않게 된다. [그림 4-108]에서 볼 수 있듯이 공정 시간이 증가하면서 구리가 아래쪽부터 차올라가면서 석출되는 현상이 일어나는데 트렌치가 모두 채워질 때까지 트렌치의 개구부와 웨이퍼의 표면 쪽에서는 성장이 억제되는 것을 볼 수 있다. 이런 특성 때문에 구리의 전해 도금 공정은 작은 사이즈의 트렌치를 채우는 데 매우 유리하다.

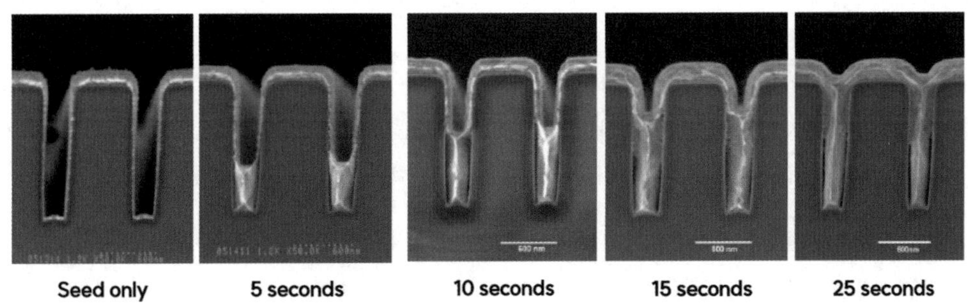

[그림 4-108] Cu electroplating 공정 진행 과정

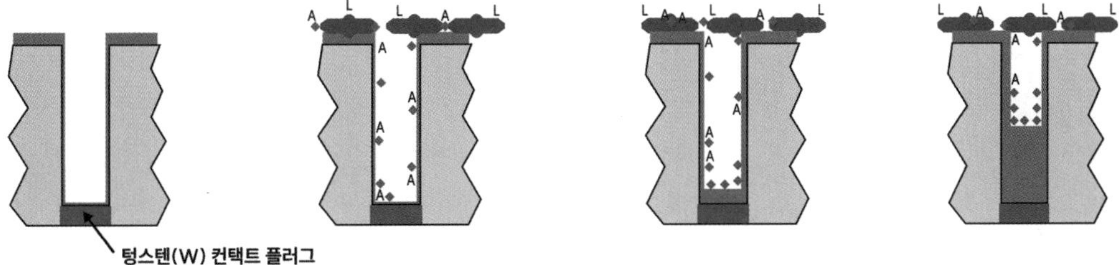

[그림 4-109] Cu Electroplating에서 첨가제의 역할

또한 전해 도금을 이용해 성장된 구리는 다른 증착법을 이용하여 성장한 막보다 grain이 큰 특성을 갖게 되는데, 이는 seed를 기반으로 그 위에 석출되면서 성장되기 때문이다. [그림 4-109] 은 CVD를 이용해서 증착한 구리와 전해 도금 공정을 이용한 구리의 grain 크기를 비교한 모식도를 보여준다. CVD를 이용했을 경우보다 전해 도금을 이용해서 성장시킨 구리의 grain의 크기가 크며, 배선 목적으로 사용하는 구리의 grain이 크다는 것은 전기적 저항 측면에서 매우 유리하다. Grain의 크기가 커지면 전자의 산란이 일어나는 grain boundary가 줄어들게 되어 전기저항이 감소하기 때문에 배선으로 사용되면 저항을 낮출 수 있다.

[그림 4-109] (왼쪽) CVD Cu, (오른쪽) Electroplated Cu

이처럼 전해 도금법을 사용하여 구리를 석출 및 성장시키게 되면 다른 공정으로 진행할 경우보다 작은 사이즈의 트렌치를 void 없이 잘 채울 수 있으며, grain 사이즈도 크게 만들 수 있기 때문에 저항을 줄일 수 있어 배선용 목적으로 매우 큰 장점을 가지게 된다.

실제 면접 기출문제 맛보기

실제 면접에서 나온 질문 난이도 ★★★ 중요도 ★★★★

- 금속 공정에서 알루미늄이 사용되지 못하는 물리적인 이유에 대해 설명하세요. 삼성전자
- Electromigration이란 무엇인지 설명하세요. SK하이닉스

1 질문 의도 및 답변 전략

면접관의 질문 의도

알루미늄의 물성적 특징을 이해하고, 배선으로 사용하는 데 있어 한계는 무엇인지를 알고 있는가 파악하려는 문제이다.

면접자의 답변 전략

알루미늄의 장점과 단점을 나열하고, 아직 알루미늄 배선이 활용되는 곳이 있다는 것을 설명하도록 한다.

+ 더 자세하게 말하는 답변 전략

- 알루미늄이 배선으로 사용되는 가장 근본적인 이유는 낮은 비저항에 있음을 설명한다. 그 외에도 공정 용이성과 저비용의 장점이 있음을 설명한다.
- 알루미늄의 물질적 한계는 신뢰성에 있음을 설명하고, 대표적인 원인인 Electromigration에 대해서 설명한다.
- 구리 배선은 낮은 비저항을 가지면서도 상기 알루미늄의 한계를 대체할 수 있음을 언급한다.

2 머릿속으로 그리는 답변 흐름과 핵심 내용

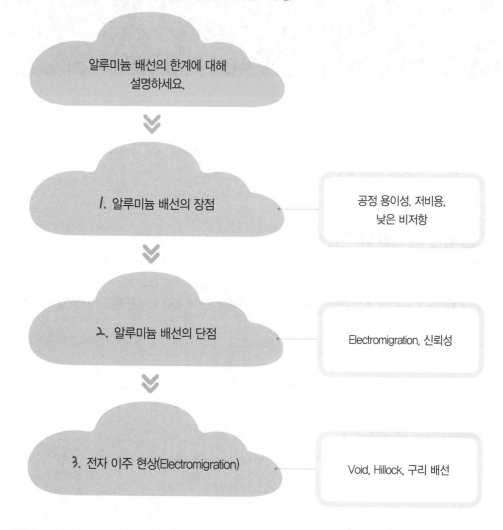

알루미늄 배선의 한계에 대해
설명하세요.

1. 알루미늄 배선의 장점 — 공정 용이성, 저비용, 낮은 비저항

2. 알루미늄 배선의 단점 — Electromigration, 신뢰성

3. 전자 이주 현상(Electromigration) — Void, Hillock, 구리 배선

3 나만의 답안 작성해보기

자세한 모범답안을 보고 싶으시다면
[한권으로 끝내는 전공 · 직무 면접 반도체 기출편]을 참고해주세요!

Memo

Chapter 06

산화 공정 (Oxidation)

핵심요약

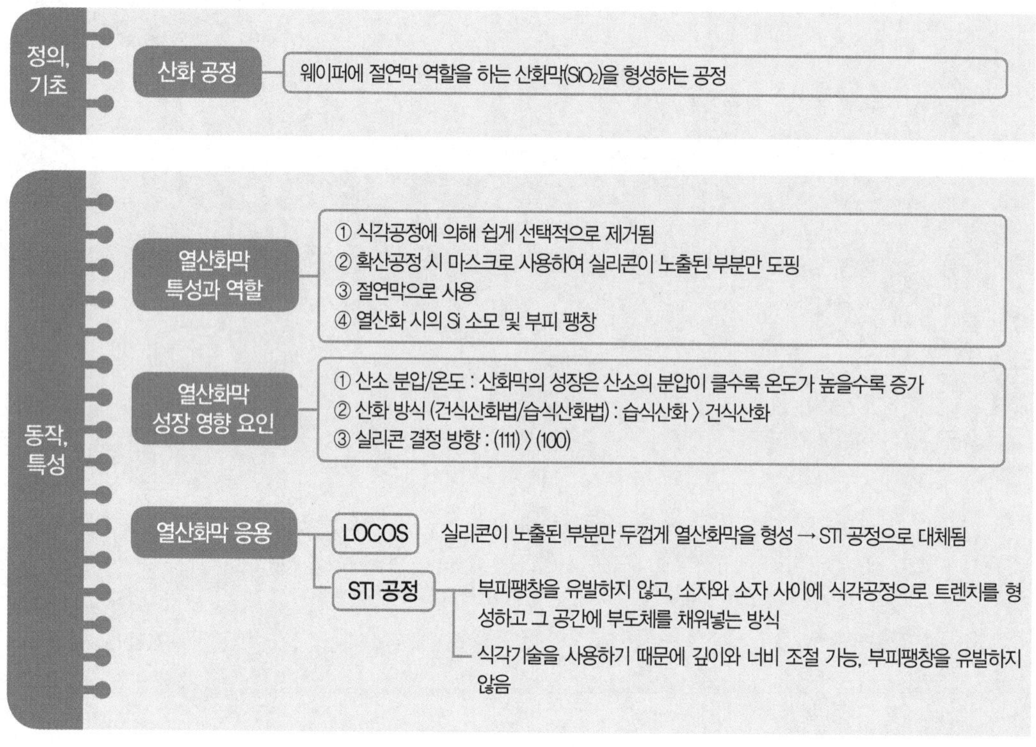

정의, 기초
산화 공정
웨이퍼에 절연막 역할을 하는 산화막(SiO2)을 형성하는 공정
동작, 특성
열산화막 특성과 역할
① 식각공정에 의해 쉽게 선택적으로 제거됨
② 확산공정 시 마스크로 사용하여 실리콘이 노출된 부분만 도핑
③ 절연막으로 사용
④ 열산화 시의 Si 소모 및 부피 팽창
열산화막 성장 영향 요인
① 산소 분압/온도 : 산화막의 성장은 산소의 분압이 클수록 온도가 높을수록 증가
② 산화 방식 (건식산화법/습식산화법) : 습식산화 〉 건식산화
③ 실리콘 결정 방향 : (111) 〉 (100)
열산화막 응용
LOCOS
실리콘이 노출된 부분만 두껍게 열산화막을 형성 → STI 공정으로 대체됨
STI 공정
부피팽창을 유발하지 않고, 소자와 소자 사이에 식각공정으로 트렌치를 형성하고 그 공간에 부도체를 채워넣는 방식
식각기술을 사용하기 때문에 깊이와 너비 조절 가능, 부피팽창을 유발하지 않음

학습 포인트

확산의 원리를 바탕으로 산화의 물리적인 의미를 이해하고, wet/dry 방법의 차이 및 실제 반도체 공정에서의 쓰임에 대해 설명할 수 있도록 한다.

1 산화 공정이란?

실리콘(Si)이 가장 보편적인 반도체 물질로 사용되는 여러 가지 이유 중 공정 관점에서 가장 중요한 점은 안정된 구조의 산화물(SiO_2) 형성이 가능하다는 것이다. SiO_2는 우리가 흔히 모래에서 볼 수 있는 석영(quartz)과 같은 물질로, 절연성이 좋은 부도체인 동시에 불순물로부터 Si을 보호하는 양질의 Mask 역할을 할 수 있다. 또한 고온의 산소분위기에서 성장시킨 열산화막(Thermal Oxide, SiO_2)은 [그림 4-110]과 같이 Si과 SiO_2의 계면특성이 우수하다. 이러한 특성 때문에 현대 반도체 기술의 기본 소자인 MOS 소자에 양질의 게이트 절연막으로 사용할 수 있고, 산화공정은 현대 반도체 기술이 가능하게 만든 핵심 공정이라 할 수 있다.

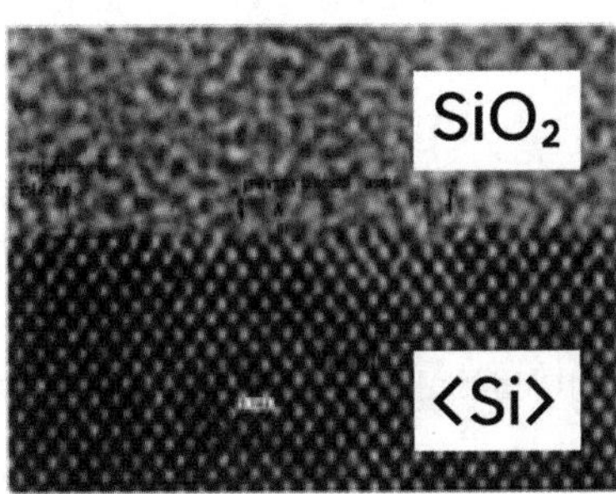

[그림 4-110] Si과 SiO_2의 계면

2 열산화막의 특성과 역할

열산화막의 특성과 반도체 제조 공정 및 소자 동작에서의 역할은 다음과 같다.

1. 식각공정에 의해 쉽게 선택적으로 제거됨

SiO_2는 불산(HF)에 쉽게 녹는 반면 Si은 전혀 식각이 되지 않기 때문에 습식식각에 의해 쉽게 패턴을 형성할 수 있다. 반도체 초창기에 선택비가 좋은 습식식각 특성은 반도체 소자 제작을 쉽게 할 수 있는 굉장히 큰 장점이었다.

2. 확산공정 시 마스크(Mask)

도펀트(dopant)를 Si 내부로 확산 또는 이온 주입할 때 특정 부분에만 선택적으로 할 필요가 있다. 반도체 집적공정에 주로 쓰이는 붕소(B), 인(P), 비소(As) 등은 Si에서의 확산 속도가 SiO_2에서보다 훨씬 크다. 이 차이를 이용하여 SiO_2 패턴을 확산마스크로 사용해 실리콘이 노출된 부분만 도핑하여 원하는 소자를 만들 수 있다. 반면 갈륨(Ga)의 경우는 확산속도가 Si보다 SiO_2에서 더 빠르기 때문에 SiO_2를 마스크로 이용할 수 없어, 반도체 도펀트로 사용하지 않는다.

3. 절연막

SiO_2는 비저항이 10^{20}ohm · cm 이상이며 band gap이 9eV 정도로 큰 절연체이다. 실리콘을 열산화시켜 SiO_2를 형성하는 경우, Si과의 계면특성이 매우 우수하여 MOS 소자의 게이트 산화막(gate oxide)으로 사용된다. 또한 누설전류가 적어서 초기 DRAM의 커패시터(Capacitor) 유전막으로도 사용되었다.

4. 열산화 시의 Si 소모 및 부피 팽창

실리콘을 열산화시켜 SiO_2를 형성할 때, 실리콘의 일부가 소모되어 SiO_2로 치환된다. 치환비는 0.46 : 1로, 즉 1m의 SiO_2 성장 시 0.46m의 실리콘이 소모되어 [그림 4-111]와 같이 약 2배로 부피가 늘어난다.

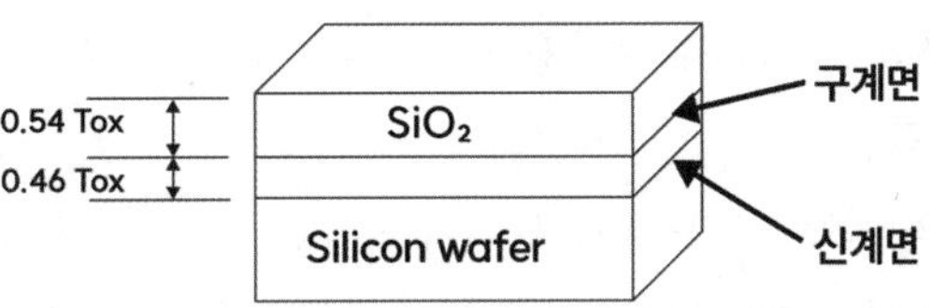

[그림 4-111] 산화공정 시 Si 소모량 및 산화막 두께

이 과정 중에 표면에 있던 오염물이나 결함이 산화막 속에 포함되면서 Si과 SiO_2의 경계면에는 오염물 및 결함이 없어지게 된다. 또한 Si 결정에서는 본래 표면 Si이 주변의 Si 원자와 결합을 할 수 없어 결합하지 못하고 남은 댕글링 본드(dangling bond)가 생기는데, 산화막을 형성함으로써 댕글링 본드가 없어져 안정한 표면을 갖는다.

Si 산화공정에 의한 SiO_2의 부피 팽창 현상은 [그림 4-112]과 같이 주변 소자와의 간섭을 방지하기 위한 고립공정(Isolation)에서 유용하게 쓰였다.

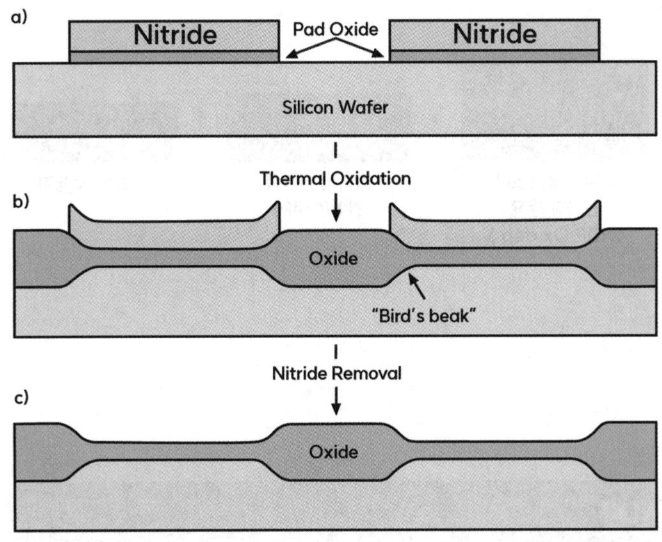

[그림 4-112] LOCOS(Local Oxidation of Silicon) Isolation 공정

산화공정 시 실리콘 질화막이 잘 산화되지 않는 특성을 이용하여 실리콘이 노출된 부분만 두껍게 열산화막을 형성할 수 있다. 이를 LOCOS(Local Oxidation of Silicon) 공정이라 한다. LOCOS 공정 중 노출된 실리콘 표면이 산화되면서 부피팽창에 의해 산화막의 두께가 변화하는 영역이 생긴다. 이 부분을 새부리 영역(Bird's Beak)이라 하며, 경사가 완만한 표면을 얻을 수 있어서 후속 공정 진행이 쉬워지는 장점이 있다. 그러나 소자가 미세화 되어 감에 따라 LOCOS는 Bird's Beak에 의한 액티브 영역(소자가 형성되는 영역)의 손실 때문에 현재는 STI(Shallow Trench Isolation) 공정이 사용된다.

STI 공정은 LOCOS 공정과는 다르게 부피팽창을 유발하지 않고, 소자와 소자 사이에 식각공정으로 트렌치를 형성하고 그 공간에 부도체를 채워넣는 방식이다. [그림 4-113]과 같이 열산화막에 질화물을 증착시킨 후 포토와 식각공정을 통해 트렌치를 형성한다. 그 후 10nm 수준의 열산화막을 트렌치 안쪽에 만드는데, 이 열산화막은 트렌치에 생긴 결함이나 전기적인 trap을 제거하여 소자의 누설전류(leakage)를 줄이는 데 중요한 역할을 한다. 이 막 위의 공간을 절연물질로 다 채워주기 위해 고밀도 플라즈마를 이용하여 산화막을 증착시켜 소자와 소자 사이를 단절시키게 된다. 그리고 질화막을 stopping layer로 사용하여 CMP(Chemical Mechanical Polishing)을 진행하고 마지막으로 이 질화막을 제거하여 STI 구조물을 만들게 된다. 식각기술을 사용하기 때문에 깊이와 너비를 조절할 수 있고, 부피팽창을 유발하지 않기 때문에 미세화된 현대 반도체 공정에서 필수적으로 사용하고 있다.

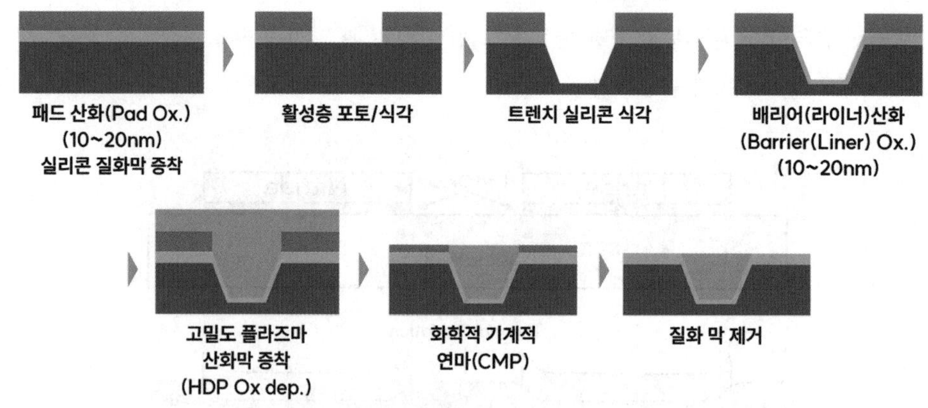

[그림 4-113] STI(Shallow Trench Isolation) 공정

3 산화막 성장

1. 산화막 형성방법

실리콘 웨이퍼는 공기 중에만 노출되어도 ~10Å 정도의 자연산화막이 형성된다. 그러나 반도체 소자는 보다 두꺼우면서도(20~5,000Å) 품질이 좋은 산화막을 필요로 한다. 이를 얻기 위해서 900~1200℃ 정도의 고온에서 산소 분위기를 만든 후 열산화 공정을 진행한다. 이러한 열산화의 화학식은 다음과 같이 간단하다.

$$Si(s) + O_2(g) \rightarrow SiO_2(s)$$

이와 같이 실리콘과 산소를 반응시켜 실리콘 산화막을 형성하는 것을 건식산화(dry oxidation)라고 부른다.

반면에 산소 대신에 수증기(H_2O)를 포함한 분위기에서 열산화시키는 방법도 있는데, 이 경우는 습식산화(wet oxidation)라고 부른다. 습식산화의 화학식은 다음과 같다.

$$Si(s)+2H_2O(g) \rightarrow SiO_2(s)+2H_2(g)$$

열산화는 실리콘 원자와 산소 원자가 결합하는 것이다. 산소분자가 산화막을 통해 확산하여 Si-SiO_2 계면에 도달하여 산화반응이 계속 일어난다. 이때 SiO_2에서 H_2O와 O_2 용해도는 H_2O가 O_2보다 1,000배 정도 크기 때문에 계면에 도달하는 양은 H_2O가 O_2보다 더 많다. 이의 결과로 습식산화의 산화속도가 건식산화보다 더 빠르다.

건식산화 공정은 산화속도가 느리지만 절연막 품질이 습식산화막 대비 우수하기 때문에, 고품질의 얇은 산화막이 필요한 경우에는 건식산화 공정을 사용한다. 반면 두꺼운 산화막이 필요한 경우에는 습식산화 공정을 사용한다. 습식산화막의 특성을 개선하기 위해 짧은 건식산화 공정을 습식산화 공정의 앞, 뒤에 추가하는 Dry-Wet-Dry의 3단계 산화공정도 보편적으로 사용되고 있다.

산화막 성장 원리는 [그림 4-114]와 같이 Deal-Grove model로 설명한다.

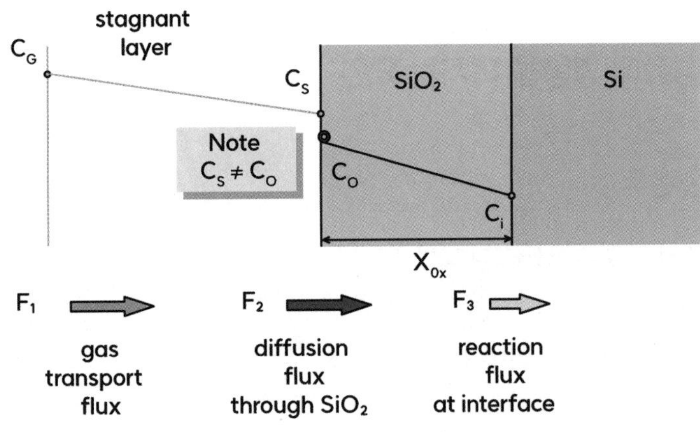

[그림 4-114] 실리콘의 열산화 모델(Deal and Grove Model)

Si의 산화공정은 산화제가 산화막 표면에 도달하고 산화막에 용해되는 과정(F_1)과 산화막을 통해 산화제가 확산하는 과정(F_2), 또 실리콘 표면에 도달한 산화제가 실리콘과 반응하여 실리콘 산화막으로 바뀌는 과정(F_3)이 정상 상태(steady state)를 이루는 상태이다. 앞에서 습식산화가 건식산화보다 산화속도가 빠른 이유로 SiO_2 내에 산화제의 용해도 차이를 말했는데, 앞의 모델에서 F_2가 높아져서 산화속도가 빨라진다.

위의 모델을 바탕으로 산화막의 성장 모델을 설명할 수 있는데, [그림 4-115]에서처럼 산화공정의 초반에는 선형적으로 산화막의 두께가 증가하다가 일정 시간 이후에는 기울기가 줄어들면서 성장 속도가 감소한다. 초반에는 산소가 공급되는 대로 반응이 일어나기 때문에 성장속도가 빠르고 선형적으로 산화막 두께가 증가하지만(Reaction controlled regime), 일정한 두께 이상의 산화막이 성장되게 되면 산소 소스가 생성된 산화막을 확산한 후에 Si과의 계면에서 반응이 진행되기 때문에 성장속도가 느려지게 된다(Diffusion controlled regime). 그렇기 때문에 일정한 두께 이상의 산화막을 필요로 하는 경우 산화공정은 시간이 오래 걸리기 때문에 사용하지 않고 증착공정으로 산화막을 형성한다.

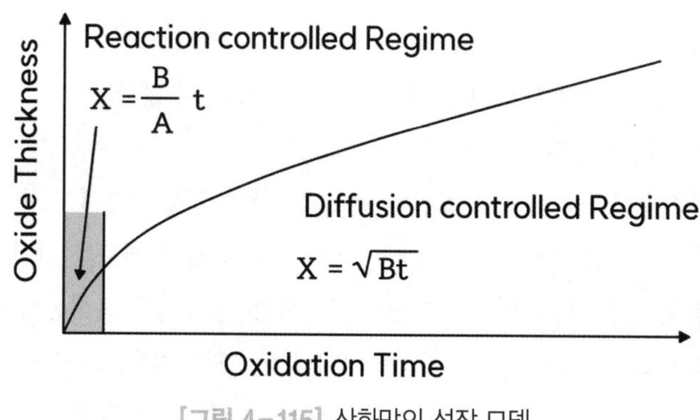

[그림 4-115] 산화막의 성장 모델

2. 열 산화막 성장에 영향을 미치는 요인

(1) 산소의 분압/온도

산화 공정은 산소의 공급과 확산 그리고 반응의 단계에 의해 진행되기 때문에 산화막의 성장은 산소의 분압이 클수록 온도가 높을수록 증가하게 된다. 특히 온도는 산소의 확산에 지배적인 영향을 주기 때문에 산화막의 두께에 가장 큰 영향을 주게 되는 요소가 된다.

(2) 산화 방식(건식산화법/습식산화법)

습식산화가 건식산화에 비해 빠르게 진행되는데 이는 위에서 간략히 서술했듯이 SiO_2에 H_2O의 용해도가 O_2 대비 1000배 정도 높기 때문이다. 산화 공정의 초반단계를 제외하면 대부분 확산에 의해 반응이 지배되는데 반응을 위한 많은 산소 소스가 공급될 수 있기 때문에 산화막의 성장이 빨라지게 된다.

(3) 실리콘 결정 방향

실리콘의 결정 방향에 따라서도 산화속도가 달라지게 되는데, 실리콘의 경우 (100)면 대비 (111)면이 산화속도가 더 빠르다. 그 이유는 면밀도의 개념으로 설명되어질 수 있는데 (100)면의 밀도 $6.8 \times 10^{14}/cm^2$보다 (111)면의 밀도 $11.8 \times 10^{14}/cm^2$가 두 배 가까이 높다. 따라서 반응이 (111)면에서 일어날 확률이 높게 되어 성장 속도가 높게 된다.

실리콘 결정 방향에 따른 산화속도는 평면 형태의 소자 구조에서는 크게 문제가 되지 않지만, 실리콘의 다른 방향의 면이 드러난 상태에서 산화 공정을 진행할 경우 두께의 차이를 초래하게 된다. 예를 들어 트렌치 구조로 만든 후 벽면과 바닥면 등 방향이 다른 실리콘이 드러난 구조에서 산화를 하게 되면 측벽의 산화속도와 바닥면의 산화속도가 달라져서 산화막의 두께가 달라지게 된다.

이러한 문제를 극복하기 위해 산화를 통해 아주 얇은 산화막을 만든 후 추가로 증착공정을 통해 원하는 두께만큼의 산화막을 만들게 되는데, 소자의 채널(channel)이 형성되는 계면은 품질이 우수한 산화 공정에 의해 만들어진 산화막을 형성하고 두께를 위한 산화막은 증착을 통해 균일한 두께를 성장시키는 방식이다. 또한 산소를 플라즈마 상태에서 라디칼로 만들어 이를 반응에 이용하는 라디칼 산화(Radical Oxidation) 방법이 있는데, 산소를 라디칼로 만들어 반응성을 높인 상태로 산화를 진행시키는 방법이다. 이 방법을 사용하게 되면 결정 방향에 의한 영향이 작아서 비교적 균일한 두께의 산화막을 만들 수 있기 때문에 DRAM과 NAND 플래시 메모리의 복잡한 구조의 트랜지스터나 위에서 설명한 STI의 계면 산화막을 형성할 때 사용하고 있다.

4 산화공정장비

열산화는 온도의 정확도(± 0.5℃)가 유지되는 산화로(Furnace)에서 진행된다. [그림 4-116]에 수평방식 열산화 장치가 나와 있다. 석영 튜브를 둘러싼 열 코일에 흐르는 전류를 제어하여 석영 튜브(Quartz Tube) 내의 공간을 일정한 온도로 유지하고, 이런 방식으로 공정이 진행되는 공간 전체를 일정한 온도로 가열하는 방식을 Hot-Wall 방식이라고 한다. 반면에 실리콘 웨이퍼만 목표 온도로 가열하는 방식이 있는데 이러한 방식은 Cold-Wall 방식이라고 하고, RTP(Rapid Thermal Annealing)에 사용된다. 실리콘 웨이퍼는 고온에서 다른 물체와 반응하지 않게 고온에서도 안정적인 석영 트레이(Quartz Tray) 위에 올려져 있다.

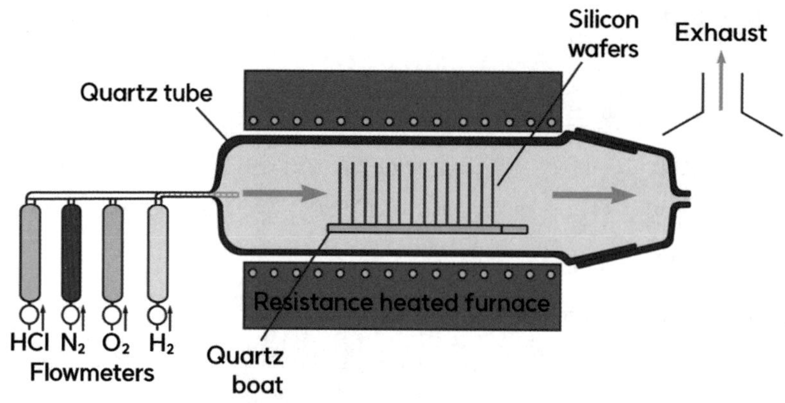

[그림 4-116] 열산화공정 Horizontal Furnace(수평방식)

사용하는 웨이퍼 크기가 300mm로 커짐에 따라 트레이에 가해지는 무게가 커져 열산화 공정을 진행할 때 석영 튜브의 변형이 우려된다. 이러한 문제를 극복하기 위해 석영 대신 SiC 튜브 및 트레이를 사용하고 장비 구조도 [그림 4-117]와 같은 수직 방식의 열산화장치(Furnace)로 변경되었다. 수직형의 경우에는 트레이 자체가 회전이 가능하기 때문에 온도 및 가스의 공급이 균일하여 산화막의 균일도 역시 수평형 대비 유리하며, 가스의 공급 측면에서도 노즐을 여러 개 사용하여(Multi-nozzle) 상부 · 중부 · 하부 개별적으로 공급이 가능하여 상부에서부터 하부까지 모든 공정 진행된 웨이퍼에서 균일한 두께의 산화막 확보가 가능하다.

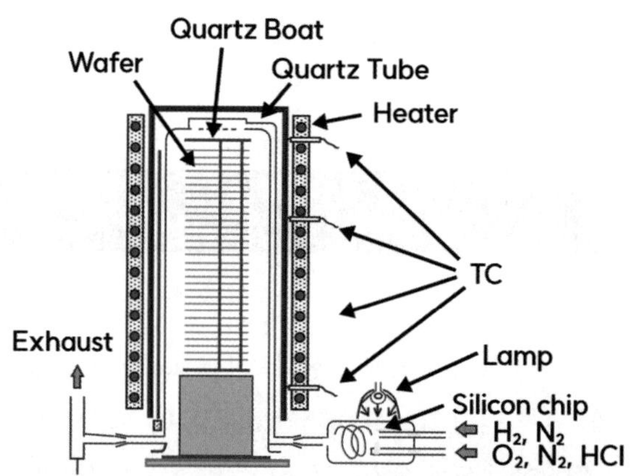

[그림 4-117] 열산화공정 Vertical Furnace(수직방식)

⑤ 질화 공정

산화 공정과 더불어 많이 쓰이는 공정이 질화 공정인데, 그 원리가 매우 비슷하다. 질소를 소스로 실리콘을 질화시키거나 실리콘 산화물의 표면을 질화시켜 더욱 견고하고 다른 물질의 확산을 방지하는 용도로 사용된다. 산화와 마찬가지로 질소 분위기 내에서 높은 열로 실리콘과 반응을 시켜 질화 실리콘을 만들거나 금속 질화물을 형성하기도 한다. 일반적으로 질화물의 경우 산화막 대비 견고하고 밀도가 높아 이전 공정에서도 게이트 산화막에 포함시켜 사용하기도 하였으며, 특히 실리콘 산화막보다 유전율이 높고 Boron의 확산을 막을 수 있는 특성 때문에 산화막의 표면을 질화시켜서 사용하거나 ONO(oxide-nitride-oxide) 구조로도 활용이 되었다. 최근에는 소자의 사이즈가 더 작아지면서 확산 방지막(diffusion barrier)의 두께도 얇아지게 되는데 이를 보상하기 위해 확산 방지막의 계면을 질화시켜 방지막의 특성을 더욱 강화시키기도 한다.

특히 플라즈마 상태에서 질소를 반응성 기체로 사용할 경우 온도를 크게 높이지 않고도 질화가 가능한 특성이 있는데 이를 Plasma Nitridation 이라 한다. 플라즈마를 사용하여 반응성을 높여 물질의 표면을 질화시키는 방법으로 표면만을 질화시켜 원하는 특성을 얻을 수 있는 장점이 있으나, 플라즈마를 사용하기 때문에 웨이퍼와 수평인 면에 비해 웨이퍼의 표면과 수직의 면, 예를 들면 트렌치의 측벽 같은 경우 바닥면보다 질화가 덜 되기 때문에 질화특성의 차이를 보인다는 단점이 있다. 하지만 앞으로의 공정은 더욱 미세한 구조에서 진행될 것으로 예상되어지기 때문에 막을 증착하거나 두껍게 하는 것 보다 질화 공정이 가진 장점이 더 부각될 것이라 생각된다.

Chapter 07

Doping 공정

핵심요약

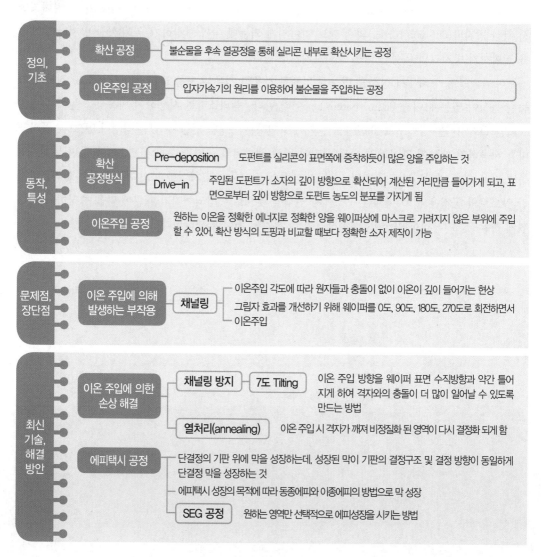

정의, 기초

- 확산 공정 – 불순물을 후속 열공정을 통해 실리콘 내부로 확산시키는 공정
- 이온주입 공정 – 입자가속기의 원리를 이용하여 불순물을 주입하는 공정

동작, 특성

- 확산 공정방식
  - Pre-deposition – 도펀트를 실리콘의 표면쪽에 증착하듯이 많은 양을 주입하는 것
  - Drive-in – 주입된 도펀트가 소자의 깊이 방향으로 확산되어 계산된 거리만큼 들어가게 되고, 표면으로부터 깊이 방향으로 도펀트 농도의 분포를 가지게 됨
- 이온주입 공정 – 원하는 이온을 정확한 에너지로 정확한 양을 웨이퍼상에 마스크로 가려지지 않은 부위에 주입할 수 있어, 확산 방식의 도핑과 비교할 때보다 정확한 소자 제작이 가능

문제점, 장단점

- 이온 주입에 의해 발생하는 부작용
  - 채널링
    - 이온주입 각도에 따라 원자들과 충돌이 없이 이온이 깊이 들어가는 현상
    - 그림자 효과를 개선하기 위해 웨이퍼를 0도, 90도, 180도, 270도로 회전하면서 이온주입

최신 기술, 해결 방안

- 이온 주입에 의한 손상 해결
  - 채널링 방지 – 7도 Tilting – 이온 주입 방향을 웨이퍼 표면 수직방향과 약간 틀어지게 하여 격자와의 충돌이 더 많이 일어날 수 있도록 만드는 방법
  - 열처리(annealing) – 이온 주입 시 격자가 깨져 비정질화 된 영역이 다시 결정화 되게 함
- 에피택시 공정
  - 단결정의 기판 위에 막을 성장하는데, 성장된 막이 기판의 결정구조 및 결정 방향이 동일하게 단결정 막을 성장하는 것
  - 에피택시 성장의 목적에 따라 동종에피와 이종에피의 방법으로 막 성장
  - SEG 공정 – 원하는 영역만 선택적으로 에피성장을 시키는 방법

학습 포인트

확산과 implant 방법의 특성을 이해하고 방법의 차이에 의한 특성의 차이에 대해 설명할 수 있도록 한다.

1 Doping 공정이란?

도핑 공정은 Si에 불순물을 주입하여 전기적으로 캐리어 역할을 할 수 있는 전자나 홀을 만드는 공정이다. 진성 반도체 Si은 부도체에 가까운 특성을 나타내기 때문에 이러한 실리콘에 전기적 특성을 부여하기 위해서는 붕소(B), 인(P) 또는 비소(As)를 불순물로 주입시켜 각각 p형, n형 반도체로 만들어 주어는 과정을 거친다.

방법은 두 가지가 있는데 역사적으로 먼저 사용했던 방법은 열을 가하여 확산 공정을 통해 불순물을 주입하는 과정이다. 불순물을 주입하는 Pre-deposition 과정과 불순물을 전기적으로 활성화시키고(Activation), 원하는 Junction 깊이를 갖도록 확산시키는 Drive-in 후속 열처리 과정으로 구성된다. 이 두 과정은 별도의 것이 아니고 동시에 진행되는 과정으로 이해하면 된다.

또 다른 방법은 현재 많이 쓰고 있는 방법으로 불순물을 이온 상태로 만들어 전자석을 이용하여 가속시키고 이온의 운동에너지를 크게 만들어 Si wafer에 물리적인 방법으로 주입하는 Implantation 방법이다. 이온 주입은 열 공정과 다르게 깊이 방향으로 원하는 양과 원하는 깊이만큼 주입할 수 있기 때문에 소자의 크기가 작아질수록 열확산에 의한 불순물 주입 방법보다 유리하다.

2 확산공정

진성 반도체 Si은 부도체에 가까운 특성을 나타낸다. 이러한 실리콘에 전기적 특성을 부여하기 위해서는 붕소(B), 인(P) 또는 비소(As)를 불순물로 주입 시켜 각각 p형, n형 반도체로 만들어 주어야 한다. 확산 공정을 통해 불순물을 주입하는 과정은 불순물을 주입하는 Pre-deposition 과정과 불순물을 전기적으로 활성화시키고(activation), 원하는 Junction 깊이를 갖도록 확산시키는 Drive-in 후속 열처리 과정으로 구성된다. 이 두 과정은 별도의 것이 아니고 동시에 진행되는 과정으로 이해하면 된다.

1. 확산 원리

확산 공정은 불순물을 포함한 가스(B_2H_6, PH_3, AsH_3 등)나 액체($POCl_3$), 고체(BN) 등을 확산원(Diffusion source)으로 하여 후속 열처리 과정을 통해 실리콘 내부로 확산(Diffusion)시키는 공정을 사용하였다.

확산의 기본 개념은 농도 차이에 의해서 물질이 농도가 높은 곳에서 낮은 곳으로 이동하는 현상인데, 가장 중요한 파라미터는 농도의 차이가 얼마나 나는지와 온도 그리고 시간으로 볼 수 있다. [그림 4-118]에서 볼 수 있듯이 두 물질이 접합을 이루고 있는 상태에서 농도 차이에 의해 확산이 일어나게 된다. 접합면에서부터 양 방향으로 확산이 일어나게 되고 시간이 흐르면서 확산이 계속 진행되어 이동하는 물질의 거리가 커지게 된다. 그래프에 나타난 확산 거리는 온도와 시간의 함수이며 이를 컨트롤 함으로서 물질이 확산되는 거리를 조절할 수 있다.

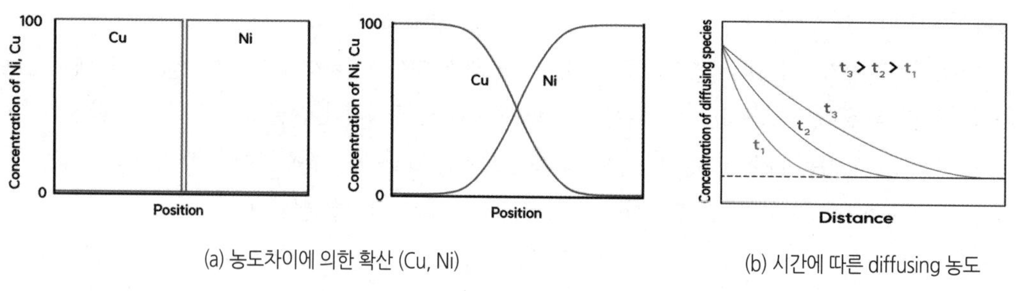

(a) 농도차이에 의한 확산 (Cu, Ni)

(b) 시간에 따른 diffusing 농도

[그림 4-118] 확산 공정의 단계별 모식도

확산은 이론적으로 Fick의 제1법칙과 제2법칙으로 설명될 수 있는데,

Fick의 제1법칙

$J = -D\frac{ac}{ax}$ [수식 4-12]

J : Flux density (atoms/cm² · s)

D : Diffusion constant (cm/s²)

C : Concentration (atoms/cm³)

Fick의 제2법칙

$\frac{ac}{at} = D\frac{a^2c}{ax^2}$ [수식 4-13]

t: time (s)

으로 표현되며, Fick의 제1법칙은 농도차에 의해 일어나는 확산은 물질마다 다른 확산계수를 가

지고 있으며 Flux의 개념이 농도와 거리차이로 계산됨을 알 수 있다. 또한 Fick의 제2법칙에서는 시간의 개념이 포함되게 되는데, 이 수식을 경계조건을 넣어 풀게 되면 결국 불순물의 농도, 시간, 온도를 알면 얼마나 확산되어 Si 쪽으로 들어가는지를 정확히 구해낼 수 있다. 이러한 계산을 통해 열확산을 통해 불순물을 확산시켜 원하는 소자의 단자를 구현하는 방법으로 반도체에서 이용하였다.

2. 확산 공정 방식(Pre-deposition, Drive-in)

확산 현상을 반도체 불순물 주입 공정에서 이용하는 방식은 Pre-deposition과 Drive-in 의 단계로 이해할 수 있는데 먼저 Pre-deposition은 개념적으로 도펀트를 실리콘의 표면쪽에 증착하듯이 많은 양을 주입하는 것을 의미한다. 보통 1000도 수준의 온도에서 산소 분위기에서 불순물이 주입되며 표면에 불순물이 산화된 형태로 얇은 막처럼 증착되는 현상이 발생하게 된다. 이렇게 형성된 B_2O_3나 P_2O_5의 불순물이 산화된 형태의 물질은 Si과의 반응에서 SiO_2 가 더욱 안정한 물질이기 때문에 산소와 실리콘이 결합하게 되고 B와 P가 실리콘으로 도펀트로서 주입되게 된다. 그 이후 Drive-in이 바로 진행되는데 물질에 따라 다르지만 1000~1200도의 온도에서 수 시간동안 열처리를 하게 되면 Pre-deposition 단계에서 주입된 도펀트가 소자의 깊이 방향으로 확산되어 계산된 거리만큼 들어가게 되고, 표면으로부터 깊이 방향으로 도펀트 농도의 분포를 가지게 된다[그림 4-119].

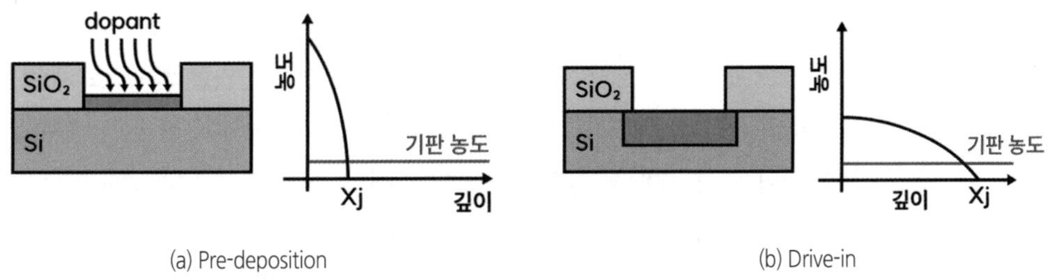

(a) Pre-deposition (b) Drive-in

[그림 4-119] 확산 공정의 단계별 모식도

확산 공정은 실리콘 단결정에 손상없이 p형, n형 반도체를 형성할 수 있다는 장점이 있지만, 정확한 불순물 양을 조절하기 힘들고 Junction 깊이를 정확히 조절하기 힘들다는 문제점이 있다. 특히 불순물 농도가 소스/드레인과 같이 $\sim 10^{15}/cm^2$ 정도로 고농도이면 농도 조절에 크게 문제가 없지만, $10^{11} \sim 10^{12}/cm^2$ 정도로 낮은 농도를 정확하게 조절해야 하는 문턱 전압 조절용 도핑은 불가능하다.

가장 문제가 되는 것은 Drive-in 공정 진행 시 등방성으로 불순물의 확산이 진행되는데, 수평적으로 확산이 진행되면 최근의 미세화된 소자를 구현하기가 어려워진다[그림 4-120]. 과거에는 소자의 크기가 컸기 때문에 수평적으로 확산이 되는 거리를 미리 계산하여 사용하였지만, 최근에는 이마저도 정밀한 소자의 특성을 제어 할 수 없기 때문에 이온 주입공정을 이용하여 도핑 공정을 진행하고 있다.

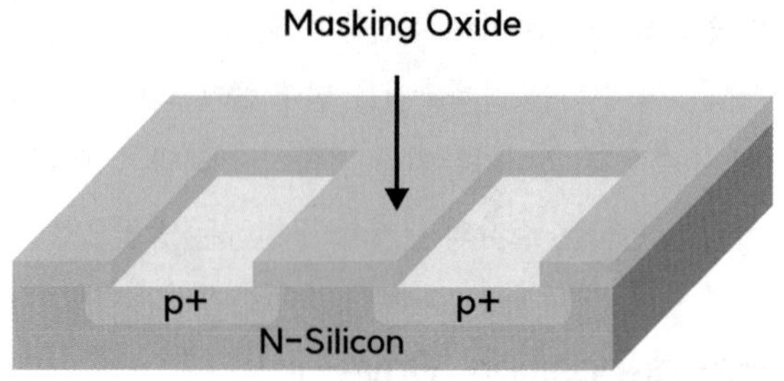

[그림 4-120] 확산 공정 후 doping 완료된 상태 모식도

3. 확산 후 농도 분포 평가방법

실리콘에 주입된 도펀트의 농도 분포를 측정하기 위해서 많이 사용하는 방법은 이차 이온 질량 분석법(Secondary Ion Mass Spectroscopy, SIMS)의 물리적인 평가 방법과 확산 저항 단면도법(Spreading Resistance Profiling, SRP)의 전기적인 평가 방법을 들 수 있다. 먼저 이차 이온 질량 분석법은 도핑된 샘플을 표면으로부터 깊이 방향으로 스퍼터링 하면서 튕겨져 나오게 되는 이온의 질량을 분석하여 깊이 방향에 따른 농도를 분석하는 장치이다. [그림 4-121]에서 보는 바와 같이 이온빔을 샘플의 표면에 주사하면 소스 이온의 에너지에 의해 샘플의 표면으로부터 실리콘에 주입된 도펀트와 실리콘이 스퍼터링 되게 된다. 소스 이온은 주로 세슘(Cs)나 산소를 사용하게 되는데 이는 분석 물질에 따라 분석에 더 효율적인 소스를 선택하게 된다. 스퍼터링된 샘플의 물질은 실리콘과 도펀트의 결합된 수에 따라 질량(mass)가 달라지게 되는데 확률적으로 도펀트만 있을 경우 실리콘만 있을 경우 두 물질이 여러 조합으로 결합되어 있는 경우 등 다양한 질량이 존재할 수 있다. 이렇게 스퍼터링 된 이차 이온들은 전자석으로 구성된 질량분석기를 통과하게 되는데 일정한 전자기력을 받게 되면서 질량이 큰 경우 크게 휘게 되고 질량이 작은 경우 적게 휘어 검출기에 도달하게 된다. 검출기에서는 위치에 따라 도달하는 이온들의 개수를 세어 질량에 따른 확률 분포를 파악할 수 있다. 이러한 과정이 샘플의 깊이 방향으로 계속 스퍼터링 되면서 검출되는 이온의 량을 정량적으로 측정하여 샘플의 깊이 방향에 따른 도펀트의 농도를 프로파일링 할 수 있다. 다만 주의할 점은 검출되는 도펀트의 농도는 전기적으로 활성화(activation) 된 상태가 아니라 주입된 모든 도펀트가 검출된다는 특성이 있다.

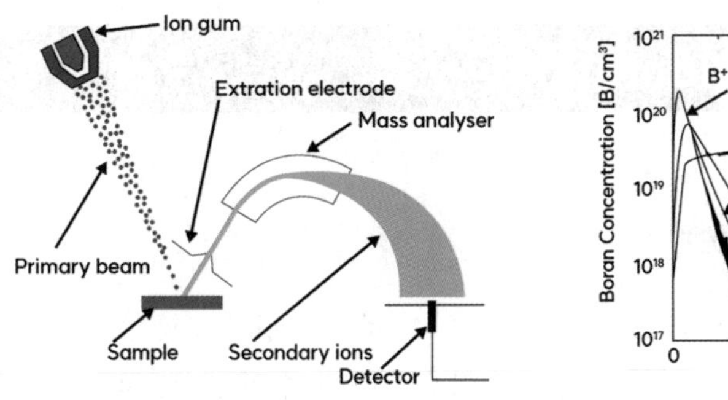

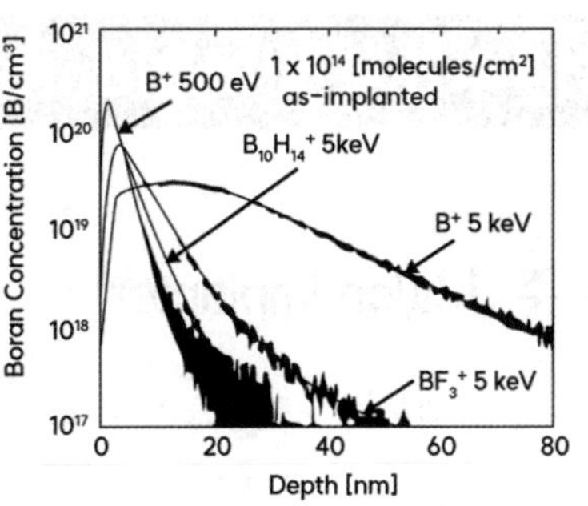

[그림 4-121] SIMS 분석법의 모식도 및 농도 분포

두 번째로 SRP에 의한 방법은 위의 SIMS 측정법과는 다르게 전기적인 저항을 측정하여 도펀트의 농도 프로파일을 얻어낸다. [그림 4-122]처럼 도핑된 실리콘을 표면과 매우 작은 각도(~1도 수준)로 갈아주게 되면 깊이 방향으로 경사진 면이 나타나게 된다. 이 경사진 면을 일정한 거리만큼 이동하면서 2개의 탐침으로 저항을 측정하게 된다. 측정된 깊이에 따른 전기 저항은 저항-비저항-도펀트 농도의 실험치에 의한 상관관계를 통해 깊이에 따른 도펀트 농도로 환산되어 진다. 표면으로부터 작은 각도로 연마하는 이유가 깊이방향으로 정밀하게 측정을 하기 위함이지만 최근의 나노 수준의 도핑 깊이를 커버하기에는 무리가 있다. 하지만 SIMS와는 다르게 전기저항 측정을 통해 결과를 얻어내기 때문에 활성화된 도펀트만 프로파일링 할 수 있다는 장점이 있다.

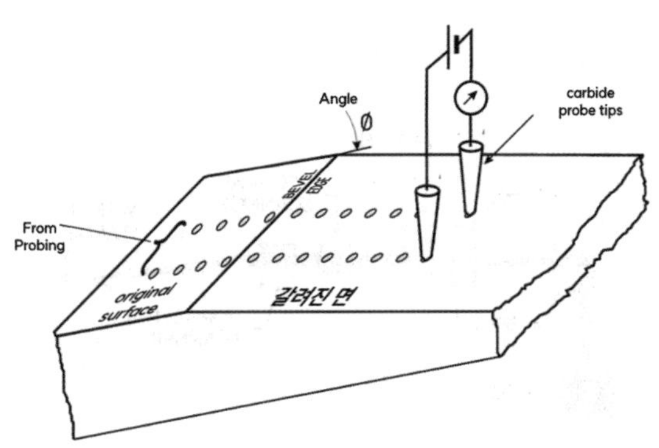

[그림 4-122] Spreading Resistance Profiling (SRP) 모식도

이러한 도핑농도 프로파일 방법은 실제의 소자내에서 도펀트 분포를 측정하는 것이 아니기 때문에 간접적으로 평가 분석하는 방법이다. SIMS와 SRP 방법 모두 실리콘 웨이퍼에 도핑 조건에 따른 상대적인 비교의 방법으로 사용하고 있다. 하지만 최근 스케일이 작아지고 복잡해지는 구조의 소자 형태에서 정확한 측정을 통한 프로파일링이 불가능하기 때문에 주로 시뮬레이션의 결과와 위의 결과를 비교 분석하면서 문제 원인 파악이나 공정 조건 평가의 방향을 검증하는 방법으로 사용하고 있다.

③ 이온주입 공정(Implantation)

1. 이온 주입기(Ion Implanter)

확산공정을 통해서는 도핑농도와 접합 깊이를 제어할 수 없고, 등방성 도핑이며 표면 저농도 도핑이 어려운 문제점을 극복하기 위해 도입된 방법이 입자가속기의 원리를 이용하여 불순물을 주입하는 방법인 이온주입(Ion Implantation) 방법이다. [그림 4－124]은 이온 주입기(Ion Implanter)의 모식도를 나타낸다.

(a) Implant 설비의 예

(b) Ion beam이 wafer에 Implant 되는 image

[그림 4－123] Ion Implant 설비와 Implantation 공정

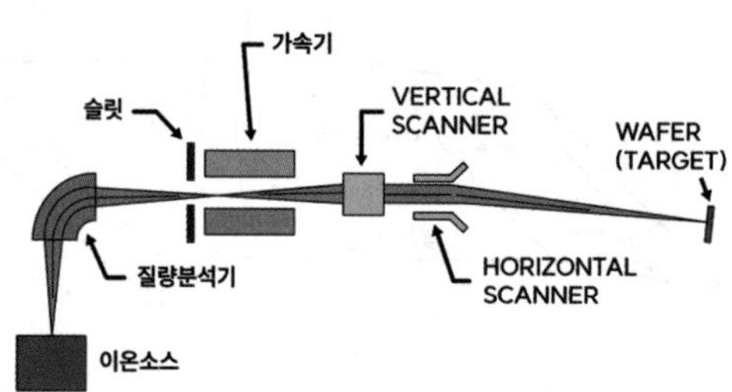

[그림 4－124] 이온 주입기 모식도

이온 주입기는 BF_3, PH_3, AsH_3 등의 가스를 이온화시키고 원하는 불순물 이온만을 추출하는 이온소스부, 추출된 이온을 원하는 에너지로 가속시키는 빔라인(beam line)부, 그리고 웨이퍼에 이온이 주입되는 곳인 엔드스테이션(End station)부로 구성된다. 이온소스부에서는 주입된 불순물가스를 고진공 조건(10^{-7}~10^{-5} torr)에서 플라즈마화시키고 이중 양이온만 추출한다. 추출된 양이온 중 원하는 불순물(B^+, BF_2^+, P^+, As^+ 등)은 Analyzer Magnet을 이용해서 분리하게 된다([그림 4－125]).

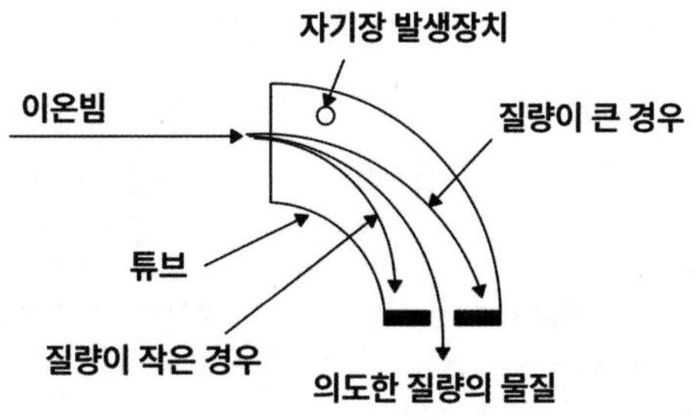

[그림 4-125] 이온 주입기의 질량분석기(Mass analyzer)

이온소스에서 전압 V로 추출된 운동에너지 $-\frac{1}{2}mv^2=qV$를 갖는 이온이 Analyzer Magnet의 자기장 $\overrightarrow{B}$를 통과하면 $m\frac{v^2}{R}=qvB$의 원운동을 하게 된다. 이 두 식을 정리하면 $\frac{m}{q}=\frac{B^2R^2}{2V}$, 즉 원하는 이온($\frac{m}{q}$)을 고정된 반지름 R을 가진 장치에서 자기장 B를 조절해서 분리해낼 수 있다는 것이다.

이렇게 추출된 원하는 이온을 빔라인부에서 원하는 에너지로 가속시키고 집속(Focusing)시킨다. 이렇게 집속된 빔을 웨이퍼 표면에 주사(Scanning)하여 이온 주입(Ion Implantation)을 진행한다. 주입된 이온의 양은 Faraday Cup이라는 장치를 이용해 측정하고 Dose(주입된 이온수/cm^2)로 표시한다.

2. 이온주입 공정

이온주입 방식으로 원하는 이온을 정확한 에너지로 정확한 양을 웨이퍼상에 마스크로 가려지지 않은 부위에 주입할 수 있어, 확산 방식의 도핑과 비교할 때보다 정확한 소자 제작이 가능하게 된다. [그림 4-126]은 이온주입 에너지에 따른 불순물 농도 형상(Profile)을 나타낸다. 즉 에너지 크기에 따라 이온 주입 깊이가 달라지고 정확한 정션(Junction) 깊이를 갖는 소자를 제작할 수 있다.

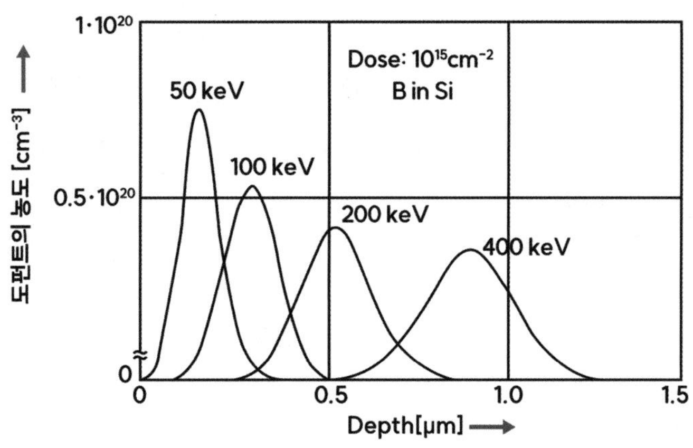

[그림 4-126] 이온주입 에너지에 따른 농도 프로파일 변화

단 이온주입은 단결정 구조에 원자 크기의 이온을 주입하는 것이기 때문에 결정구조 방향에 따라 이온주입 깊이가 영향 받을 수 있다. 이온주입 각도에 따라 원자들과 충돌이 없이 이온이 깊이 들어가는 현상이 발생할 수 있는데, 이러한 현상을 채널링(Channeling)이라고 한다([그림 4-127]).

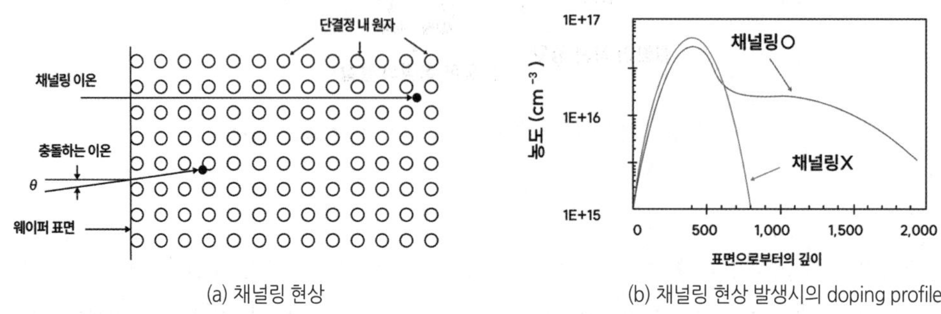

[그림 4-127] 이온주입 시 채널링(Channeling) 발생

채널링을 방지하기 위해 결정 구조 안에서 이온이 수직 방향으로 움직이지 않게 만들어 주는 방식을 택하게 된다. 실제 공정에서는 장비에서 이온 주입을 할 때 이온주입되는 웨이퍼 표면에 산화막이 있는 상태로 주입하여 실리콘 결정 구조가 표면에 노출되지 않도록 하는 방법과 이온 주입 방향을 웨이퍼 표면 수직방향과 약간 틀어지게 하는 방법(7도 Tilting), 실리콘 웨이퍼 표면에 Si 또는 Ge 이온주입 등을 하여 표면을 비정질화한 후 원하는 불순물을 이온주입하는 방법(Pre-Amorphizing Implant, PAI) 등이 사용된다.

틸트의 경우 이온 주입 시 격자와의 충돌이 더 많이 일어날 수 있도록 만드는 방법이며, 표면에 산화막이 있는 상태에서 이온을 주입하는 경우나 PAI 후 이온을 주입하는 경우 비정질 층을 지나면서 이온의 방향이 다양한 방향으로 바뀌게 되면서 채널링이 일어나는 확률을 줄이게 된다([그림 4-128]).

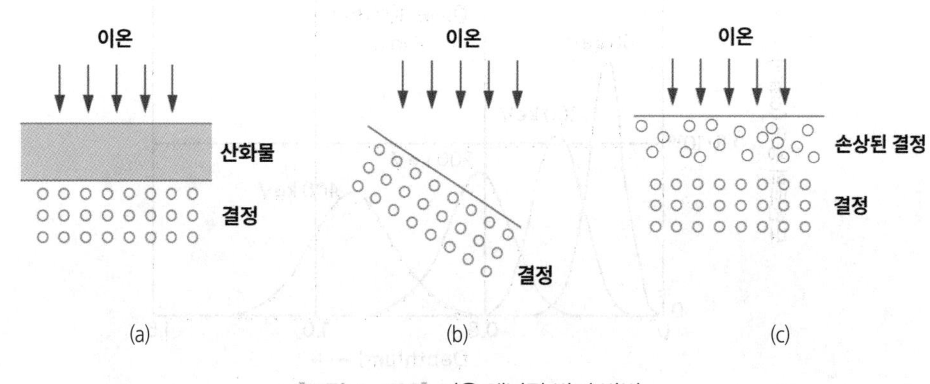

[그림 4-128] 이온 채널링 방지 방법

이온 주입 시 채널링 방지를 위해 각도를 줘서 7도 정도 틸트를 하는 경우 이온주입될 영역 주변의 구조물로 인해 이온이 수직으로 입사되는 경우와는 다르게 입사되지 않는 영역이 발생한다. 이 현상을 그림자 효과(Shadow effect)라고 하는데, [그림 4-129]에서 볼 수 있듯이 폴리실리콘의 구조물에 각도를 가지고 이온이 입사되기 때문에 경계면 근방에 이온이 주입되지 않는다. 이러한 현상을 개선하기 위해 웨이퍼를 0도, 90도, 180도 그리고 270도로 회전하면서 이온주입을 하게 되는데, 그 양을 4분의 1씩 하게 되면 원하는 양의 이온 주입이 그림자 효과가 개선된 상태로 진행된다.

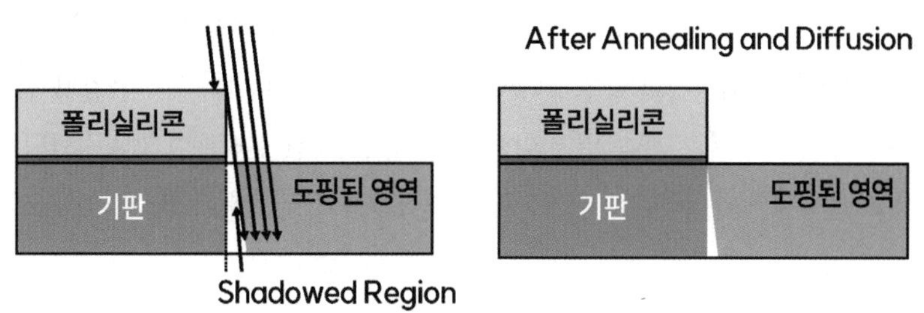

[그림 4-129] Implant 공정 시 발생하는 shadow effect

[그림 4-130]에 확산 방식과 이온주입 방식의 특성을 비교하였다. 확산 방식은 마스크 아래로 도펀트가 퍼지는 등방성 프로파일을 가지는 데 비해, 이온주입 공정은 비등방성 도펀트 프로파일을 가지므로 반도체 소자의 집적도가 높아질수록 유리함을 알 수 있다.

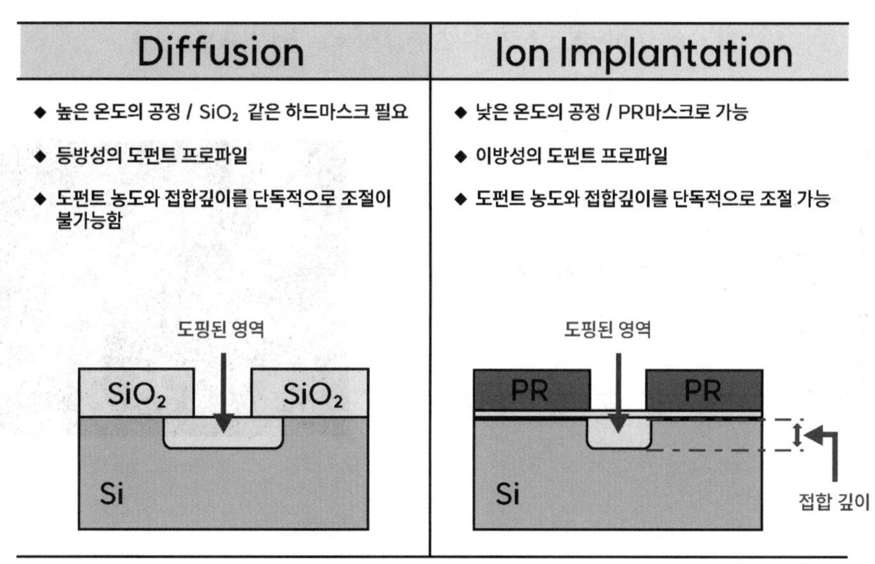

[그림 4-130] 확산공정과 이온주입의 특성 비교

반면에 이온주입 방법은 불순물을 강제로 실리콘 격자(Lattice) 구조로 넣는 방식이기 때문에 [그림 4-131]과 같이 실리콘 격자 구조에 손상을 준다. 이러한 손상은 실리콘 단결정의 비정질화, 불순물이 치환위치(Substitutional Site)에 있지 않고 격자 중간에 위치에 있는 것, 격자 구조에 Dislocation 등의 결함(Defect) 발생 등을 통칭한다. 따라서 불순물이 치환 위치를 차지하고 있고 결함이 없는 단결정 구조로 회복시키기 위해서는 후속 열처리를 수행해야 한다. 이러한 열처리를 Annealing 이라고 한다.

Annealing 공정을 진행하게 되면 이온 주입 시 격자가 깨져서 비정질화된 영역이 다시 결정화 되게 되는데 이를 재결정화(Re-crystalization)라고 한다. 이러한 열공정이 진행되는 과정을 자세히 살펴보면 비정질화된 영역과 영향을 받지 않은 단결정 영역의 계면에서부터 원자들이 단결정과 같이 재배열이 일어나면서 표면까지 재결정화가 진행되는데, 동시에 주입된 이온들이 단결정 원자 site에 위치하게 된다. 즉, 이온 주입 이후 후속 열처리에 의해 비정질화된 실리콘이 재결정화되면서 주입된 이온도 그 결정성 내에서 치환되어 들어가며, 비로소 전기적인 특성을 낼 수 있는 불순물로서의 역할을 하게 된다.

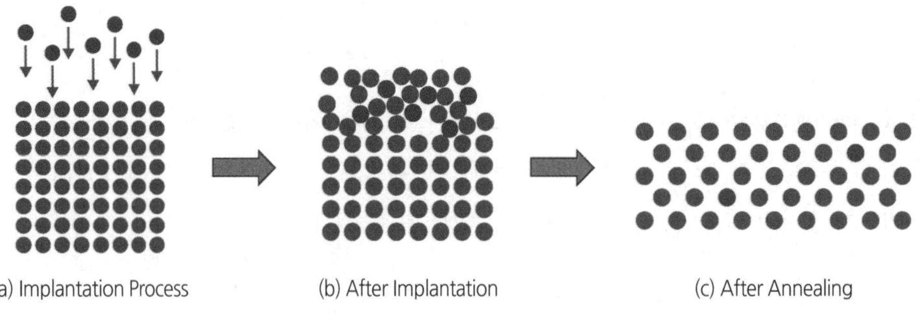

[그림 4-131] 이온주입 후 격자구조 손상 및 후속 열처리에 의한 회복

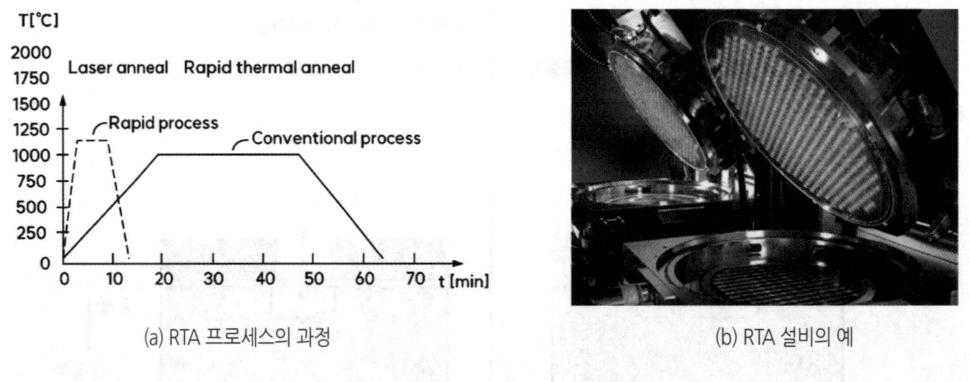

[그림 4-132] Rapid Thermal Annealing(RTA)

하지만 이온주입 공정은 고에너지 이온이 실리콘 격자와의 충돌에 의한 손상이 열처리(Anneal) 후에도 Dislocation 등 결함으로 남아 있을 수 있고 이 경우 p-n 접합 누설 전류가 증가한다. 따라서 이

온주입공정 후 적절한 열처리 공정은 매우 중요하다. 보통 저온(500~600℃)에서 이온주입에 의해 비정질화된 실리콘이 재결정화되면서 결함이 제거되지만 활성화를 위해서는 고온(750~900℃)에서 긴 시간(>30분) 동안 열처리를 하게 된다. 그러나 이 경우 소스/드레인 접합 깊이가 너무 깊어지는 문제가 있다. 이를 극복하기 위해 [그림 4-132]와 같이 초고온(900~1100℃)에서 아주 짧은 시간(~수 초) 열처리하여 Shallow Junction을 만들게 된다. 이렇게 빠른 열처리를 하기 위해서는 Furnace와 같은 Hot wall 방식 대신 RTP(Rapid Thermal Processing)와 같이 실리콘 웨이퍼만 가열하는 낱장(Single wafer) 방식의 Cold-wall 장비를 사용하게 된다.

최근에는 더 낮은 Shallow Junction을 위해 [표 4-14]과 같이 웨이퍼 표면만 마이크로 초~나노 초로 가열하는 Furnace Anneal과 Laser Anneal이 도입되어 사용 중이다. 이처럼 가해지는 에너지는 높이면서 시간을 줄이게 되면 활성화 측면에서는 동일한 결과를 얻을 수 있지만 시간을 줄임으로서 필요치 않은 물질의 확산을 막을 수 있어 소자의 사이즈가 작은 최신 공정에 유리해지게 된다. 나노미터 단위의 소자에 있어서 수 나노 정도의 확산이라 할지라도 소자의 전기적 특성에 미치는 영향은 매우 크기 때문이다.

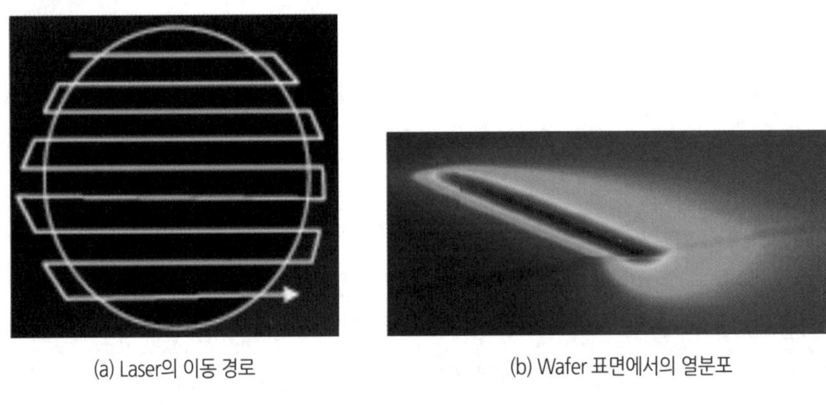

(a) Laser의 이동 경로 (b) Wafer 표면에서의 열분포

[그림 4-133] Laser의 wafer 내 이동경로와 열분포

[표 4-14] 열처리 방법 비교(Furnace vs RTA vs Laser)

종류	Furnace Anneal	Rapid Thermal Anneal	Laser Anneal
모식도	T, depth	T, depth	T, depth
가열 범위	Wafer 전체	Wafer 전체	Wafer 표면
열원	Coil	Halogen lamp	XeCl or KrF excimer laser
가열 시간	약 2~8h	1~100s	Milli-second
가열 온도	~1200도	1300도 수준	2000도 수준
방식	Batch type	Single wafer (One shot one wafer)	Single wafer (Line scan)

④ 에피택시 성장법(Epitaxial Growth, Epi.)

에피택시 성장법은 최근 20나노 이하 미세구조의 반도체에서 매우 중요한 공정 중 하나이다. 과거에는 주로 화합물 반도체를 중심으로 단결정 기반의 고효율 고성능 광학 특성을 이용하기 위해 많이 사용되는 기술이었으나, Si 기반의 반도체에서도 소자가 작아지면서 물질 본질적인 특성의 한계를 극복하기 위해 사용하고 있다. 상업적으로 가장 에피택시 공정을 성공적으로 잘 사용하는 분야가 LED 광소자 분야이며 사파이어 기판에 질화갈륨을 에피 성장시켜서 발광소자로 사용하고 있다. 본 챕터에서는 에피택시의 기본원리와 왜 소자가 작아지면서 에피공정을 도입하였는지 그리고 특성적 장점에 대해 알아보도록 하겠다.

1. 에피택시 공정

에피택시는 단결정의 기판 위에 막을 성장하는데, 성장된 막이 기판의 결정구조 및 결정 방향이 동일하게 단결정 막을 성장하는 것을 말한다. 이렇게 성장시킨 막은 특성이 기판과 동등한 수준이며 조건에 따라서는 더 품질이 좋은 막이 형성되는 경우도 있다. 이렇게 에피택시를 사용하면 기판과 동일한 결정을 얻을 수 있는데 공정 도중 불순물을 첨가하여 성장하게 되면 원하는 농도의 불순물이 포함된 단결정을 얻을 수 있다. 또한 성장시킨 막의 농도를 두께별로 바꾸거나 농도의 차이를 유발하면서 성장시킬 수 있기 때문에 소자의 junction 측면에서 매우 유용한 공정이다.

기판과 동일한 물질로 성장시키는 경우 동종에피(Homo-epi.)라 하고, 기판과 다른 물질로 성장시키는 경우 이종에피(Hetero-epi.)라 한다. 에피택시 성장의 목적에 따라 동종에피와 이종에피의 방법으로 막을 성장시킬 수 있지만, 동종에피의 경우 앞서 설명한 바와 같이 성장시키면서 불순물의 농도 조절이 필요한 경우 많이 사용하고, 이종에피의 경우 기판의 결정성을 바탕으로 다른 물질의 단결정 막을 성장할 경우 많이 사용한다. [그림 4-134]의 동종에피와 이종에피를 비교한 내용을 살펴보면, [그림 4-134 (b)]의 경우 실리콘 기판위에 Si-Ge 물질을 성장시키는 이종에피의 방법으로 Si의 결정성을 바탕으로 Si-Ge 막이 성장된다.

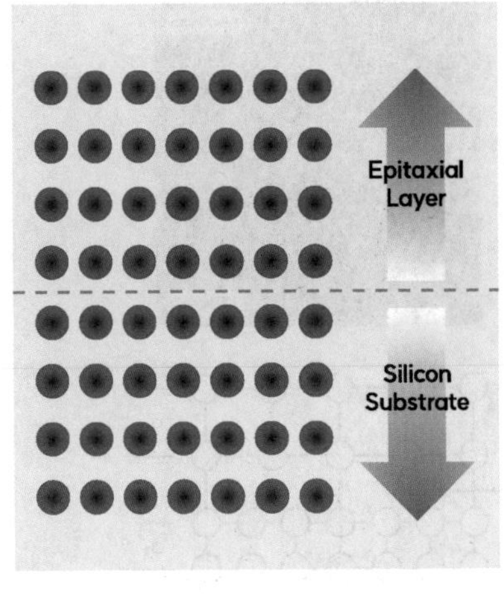

(a) Homo-epitaxial Growth

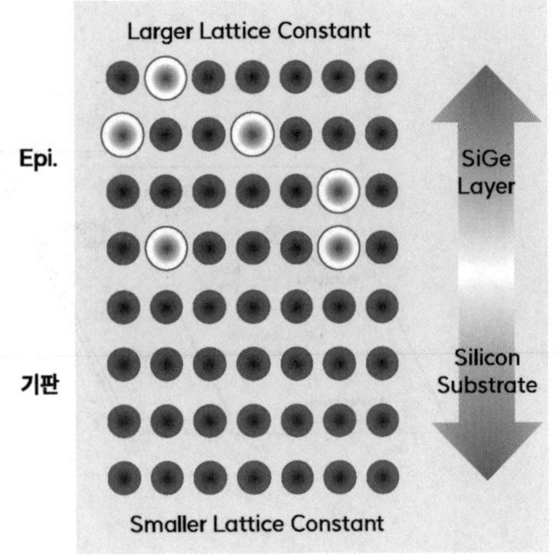

(b) Hetero-epitaxial Growth (SiGe)

[그림 4-134] 동종에피와 이종에피 비교

이종에피는 기판과 물질이 달라지기 때문에 격자 상수(lattice constant)가 다른 물질이 에피택시 성장하게 되고 그로 인해 기판과 에피 성장된 막간 스트레스가 발생하게 된다. 기판보다 격자상수가 큰 경우 에피막은 압축응력(compressive stress)을 받게 되고, 기판보다 격자상수가 작은 경우에는 인장응력(tensile stress)을 받게 된다. 이는 성장된 막이 두꺼워질수록 응력이 커지게 되는데 그 힘에 의해 기판(웨이퍼)이 휘거나 심한 경우 깨지기도 한다. 또한 기판과 격자상수의 차이가 클 경우 기판의 결정성을 에피막이 유지할 수 없기 때문에 에피택시 성장이 되지 않는다. 보통 약 5~10% 격자 상수의 차이 내에서 에피막이 성장되며 그 이상의 차이가 나는 경우 에피막이 아닌 박막이 성장 되게 된다. 이는 에피성장의 메커니즘의 관점에서 설명 될 수 있는데 [그림 4-135 (a)]와 같이 결정성을 가진 막의 표면에서 나타나는 현상에서 표면에 소스가 흡착되어 성장하는 것보다 kink나 terrace에 소스가 흡착될 경우 주변에 원자가 더 많이 모여 있기 때문에 결합을 하여 bonding이 될 때 더 안정한 상태가 된다. 따라서 에피성장은 주로 kink와 terrace를 따라서 이루어지는데 성장되는 물질의 격자상수가 큰 경우 [그림 4-135 (b)]의 경우에서처럼 기판의 격자가 작은 상태의 원자배열을 따라가지 못해 bonding이 되지 못하고 그 다음 원자와 bonding하게 된다. 이럴 경우 기판의 표면 원자가 bonding을 하지 못하고 결점(defect)이 형성되는데 이를 misfit dislocation이라 한다. misfit dislocation이 적정 수준 이내 형성이 되면 에피성장된 막은 기판의 결정성을 가지고 성장되지만 어느 수준을 넘어서면 에피성장이 일어나지 않게 된다. 결국 격자 상수의 차이가 커지면 misfit dislocation이 많아지므로 에피성장이 방해되기 때문에 격자상수의 차이가 크지 않은 물질이 에피성장 될 수 있다.

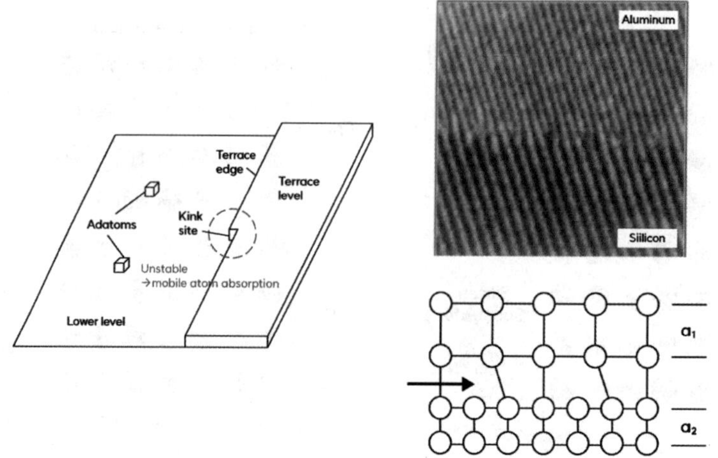

(a) wafer 표면에서의 microscopic view　　(b) 격자상수 차이에 의한 misfit dislocation

[그림 4-135] 에피성장의 원리와 격자 상수 차이에 의한 defect

2. PMOS의 Si-Ge 에피 성장

실리콘 반도체에서 에피성장이 사용되는 곳이 PMOSFET의 소스와 드레인 단자인데, 실리콘위에 Si-Ge을 이종에피 성장을 시켜서 소스와 드레인 사이의 채널영역에 stress를 유발하는 것이 목적이다. 실리콘보다 Ge의 원자가 크고 격자 상수가 크기 때문에 실리콘 자리에 Ge이 들어가면 부피가 팽창한다. 실리콘에 Ge이 많이 고용될수록 격자상수가 더 커짐을 알 수 있는데, Ge의 비율이 높아질수록 부피가 더 커지게 된다[그림 4-136]. 동일한 공간에 실리콘과 동일한 원자 수의 Si-Ge가 이종성장될 경우 부피팽창으로 인해 주변에서는 압축 응력(compressive stress)을 받게 된다. [그림 4-137]처럼 소스와 드레인 영역의 실리콘을 에치 공정으로 일부분 제거하고 그 공간에 Si-Ge을 에피성장한다면 소스 드레인 영역의 부피팽창으로 인해 게이트 아래의 채널 영역은 양쪽에서 미는 힘을 받게 된다.

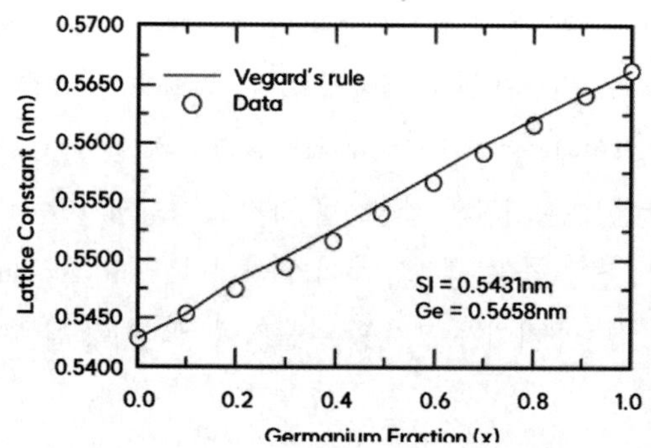

[그림 4-136] Ge 분율에 따른 Si-Ge의 격자 상수 변화

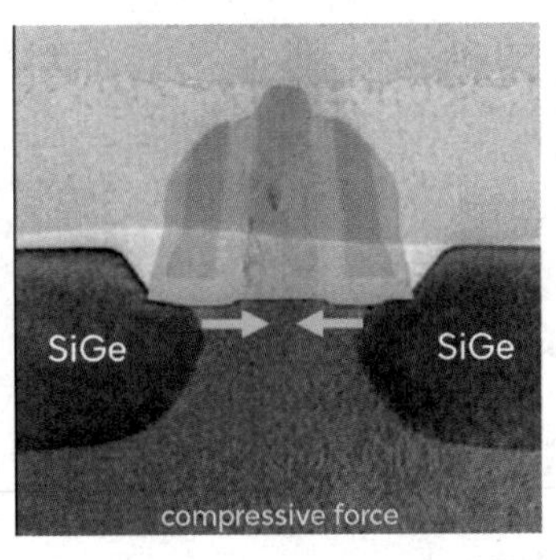

[그림 4-137] PMOSFET에서 SEG에 의한 stress 생성

먼저 원하는 영역만 선택적으로 에피성장을 시키는 방법을 SEG(Selective Epitaxial Growth)라고 하는데 [그림 4-137]의 TEM 사진처럼 실리콘이 있는 소스와 드레인 영역을 에치로 파내고 에피 공정으로 가게 되면, 먼저 수소 분위기에서 열공정을 진행하여 Si이 에치된 영역에 자연산화막 및 이물질을 제거해준다. 그 상태에서 in-situ로 Si-Ge의 에피공정을 진행하는데, PMOSFET의 소스/드레인 영역이기 때문에 p+ 도핑을 해주기 위해 Boron을 에피진행 하면서 동시에 불순물로서 주입하게 된다. 하지만 B가 많이 주입되면 에피막의 특성이 좋지 않기 때문에 초기에는 농도가 낮게 도핑을 해주다가 말미에 컨택트 저항을 낮게 하려는 목적으로 높은 도핑을 해주고 있다. Si-Ge 이종에피 성장으로 채워준 영역은 Ge이 더 무겁기 때문에 사진에서 더 짙은 명암으로 보이는 영역이다. Si-Ge은 기판의 실리콘과 격자상수의 차이가 크지 않기 때문에 bonding 하게 되면 에너지를 낮출 수 있어 에피성장이 되게 되고, Gate 위쪽의 비정질 산화물절연체로 덮인 곳에서는 성장이 되지 않는다. 이러한 SEG의 방법으로 원하는 영역만 선택적으로 에피성장을 할 수 있다.

SEG 공정을 통해 소스와 드레인 영역은 실리콘 대신 Si-Ge가 실리콘과 동일한 결정성을 가지고 에피되면서 부피가 팽창하게 되고, 채널 영역은 압축응력을 받게 되는데 PMOSFET의 경우 채널에 압축응력이 형성되면 캐리어의 이동도(mobility)가 향상되기 때문에 에피공정을 진행해 준다. PMOSFET의 캐리어인 홀(hole)은 NMOSFET의 전자보다 이동도가 3배 정도 낮은데, 이처럼 SEG 공정으로 채널에 압축응력을 갖도록 만들어 hole mobility를 향상시킨다. hole mobility가 압축응력이 작용하는 공간에서 증가하는 이유는 동일 공간에 실리콘 원자가 더 많이 존재하게 되는데 이는 effective mass가 증가하는 방향이기 때문에 에너지 밴드를 변화시키게 된다. [그림 4-138 (a)]에서 볼 수 있듯이 PMOSFET에서 채널 영역에 압축 응력이 작용하여 1.5배 수준의 hole mobility가 증가하였고, 소자적인 측면에서 성능이 향상되게 되는데 동일한 off 상태의 전류값에서 on 상태의 전류값을 비교해보면 약 1.5배 이상 전류가 증가함을 알 수 있다.

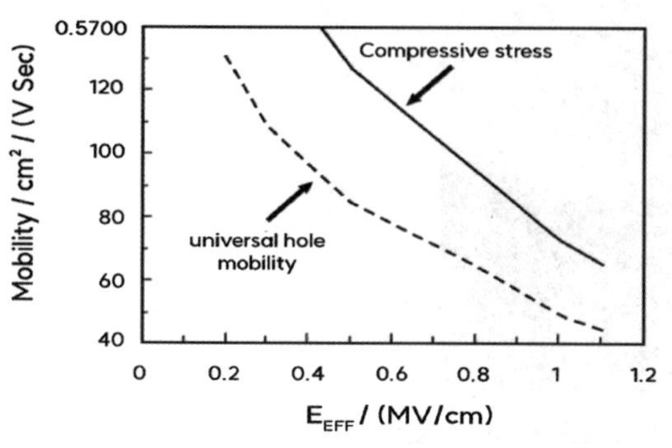

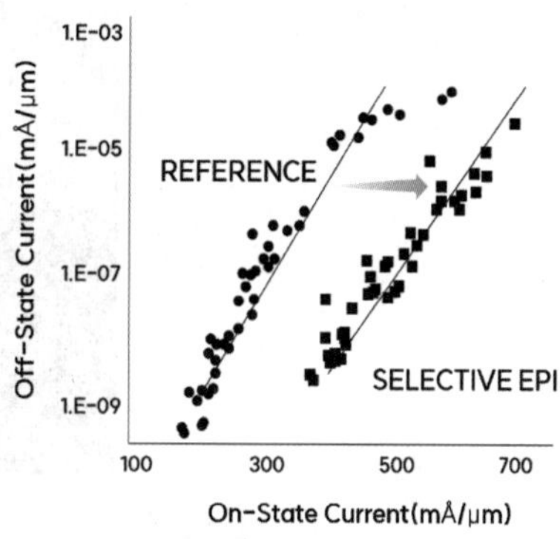

[그림 4-138] 압축응력에 의한 PMOSFET의 mobility 및 performance 특성 향상

에피공정에 있어서 중요한 공정 파라미터는 CVD와 유사하다. 소스 기체가 기판에 도착한 후 막이 형성되는 현상은 동일하지만, 기판의 결정성을 바탕으로 결정으로 성장되는 것이 에피공정이 CVD와 구별되는 것인데 성장 측면의 공정 파라미터는 매우 유사하다. 공정 온도와 압력, 소스 가스의 주입량 등은 CVD의 공정 파라미터와 동일하지만 에피성장하는 막의 품질은 매우 민감하다. 또한 에피공정 중에 도펀트 주입이 가능하지만 도펀트의 농도와 순도에 매우 큰 영향을 받는다. 보통의 경우는 공정의 원리적인 측면에서 원자들이 기판과 주변의 원자들과 결정성을 가지는 bonding을 하면서 성장하기 때문에 CVD 증착 대비 더 낮은 속도로 막이 형성되는 특성을 가진다.

이러한 모든 공정 파라미터들이 다른 증착 공정들보다 민감하기 때문에 SEG 공정에서 특정 영역이 더 크게 성장(over-growth) 하거나 작게 성장(less-growth)하는 문제가 발생한다. 따라서 각각의 공정 파라미터의 윈도우를 정밀한 실험을 통해 찾아내고 각각의 파라미터를 최적화 시켜야 대량생산이 가능한 공정으로 사용될 수 있다.

실제 면접 기출문제 맛보기

실제 면접에서 나온 질문 난이도 ★★★ 중요도 ★★★★

- 이온주입 공정에 대해 설명하세요. 2SK하이닉스
- 확산 도핑(Doping) 공정과 이온주입(Ion Implant)의 차이에 대해 설명하세요. 삼성전자, SK하이닉스

1 질문 의도 및 답변 전략

면접관의 질문 의도

이온주입 공정의 정의와 이온주입 공정이 확산 공정과 다른 점에 대해 이해하는지 묻는 문제이다.

면접자의 답변 전략

확산 공정과 이온주입 공정을 간략히 정의하고 비교한다. 여기서의 확산 공정은 확산을 이용한 도핑 공정임을 인지하도록 한다. 이온주입 공정은 어닐링 공정이 필연적으로 조합됨을 설명한다.

+ 더 자세하게 말하는 답변 전략
- 확산 공정은 확산 식에 따라 표면에서부터 도핑이 진행되고, 정밀한 공정 제어가 어렵다는 것을 설명한다.
- 이온주입 공정은 원하는 원소를 원하는 위치에 원하는 양을 도핑할 수 있고, 정규분포 식을 따르기 때문에 정밀한 공정이 가능하다는 것을 설명한다.
- 이온주입 공정은 높은 에너지에 의한 충격을 수반하므로 격자가 손상됨을 설명하고, 이에 따른 해결책을 어닐링 공정으로 제시한다.

2 머릿속으로 그리는 답변 흐름과 핵심 내용

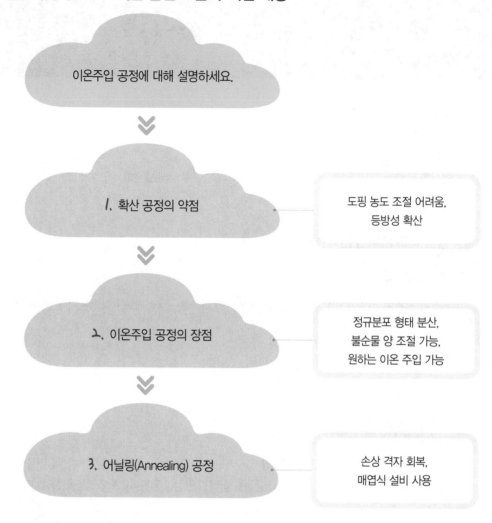

이온주입 공정에 대해 설명하세요.

1. 확산 공정의 약점
   - 도핑 농도 조절 어려움, 등방성 확산

2. 이온주입 공정의 장점
   - 정규분포 형태 분산, 불순물 양 조절 가능, 원하는 이온 주입 가능

3. 어닐링(Annealing) 공정
   - 손상 격자 회복, 매엽식 설비 사용

3 나만의 답안 작성해보기

자세한 모범답안을 보고 싶으시다면
[한권으로 끝내는 전공 · 직무 면접 반도체 기출편]을 참고해주세요!

Memo

Chapter 08

CMP 공정(CMP, Chemical –Mechanical Polishing)

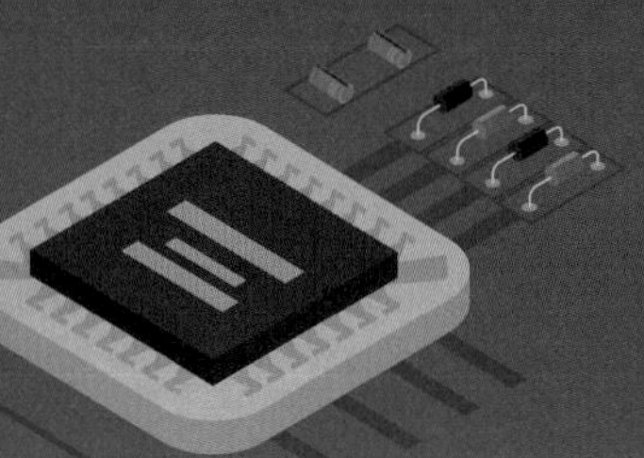

핵심요약

정의, 기초

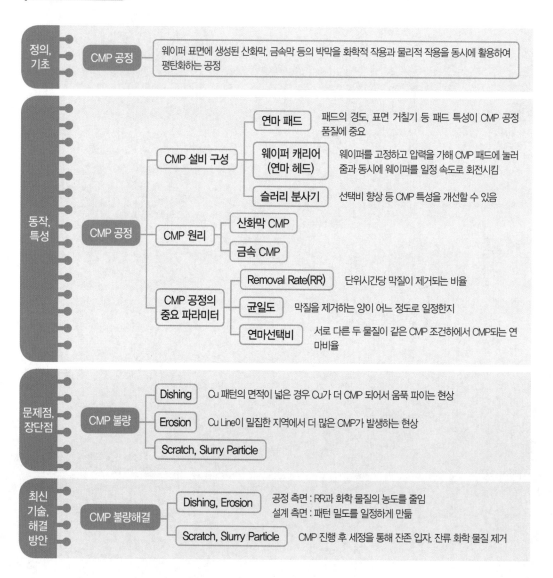

- CMP 공정
  - 웨이퍼 표면에 생성된 산화막, 금속막 등의 박막을 화학적 작용과 물리적 작용을 동시에 활용하여 평탄화하는 공정

동작, 특성

- CMP 공정
  - CMP 설비 구성
    - 연마 패드: 패드의 경도, 표면 거칠기 등 패드 특성이 CMP 공정 품질에 중요
    - 웨이퍼 캐리어(연마 헤드): 웨이퍼를 고정하고 압력을 가해 CMP 패드에 눌러 줌과 동시에 웨이퍼를 일정 속도로 회전시킴
    - 슬러리 분사기: 선택비 향상 등 CMP 특성을 개선할 수 있음
  - CMP 원리
    - 산화막 CMP
    - 금속 CMP
  - CMP 공정의 중요 파라미터
    - Removal Rate(RR): 단위시간당 막질이 제거되는 비율
    - 균일도: 막질을 제거하는 양이 어느 정도로 일정한지
    - 연마선택비: 서로 다른 두 물질이 같은 CMP 조건하에서 CMP되는 연마비율

문제점, 장단점

- CMP 불량
  - Dishing: Cu 패턴의 면적이 넓은 경우 Cu가 더 CMP 되어서 움푹 파이는 현상
  - Erosion: Cu Line이 밀집한 지역에서 더 많은 CMP가 발생하는 현상
  - Scratch, Slurry Particle

최신 기술, 해결 방안

- CMP 불량해결
  - Dishing, Erosion: 공정 측면 : RR과 화학 물질의 농도를 줄임 / 설계 측면 : 패턴 밀도를 일정하게 만듦
  - Scratch, Slurry Particle: CMP 진행 후 세정을 통해 잔존 입자, 잔류 화학 물질 제거

학습 포인트

현대 반도체 공정에서 CMP의 필요성을 이해하고 공정 설비적인 관점에서 각 파츠의 목적과 공정에서의 의미를 설명할 수 있도록 한다.

1 CMP 공정이란?

1. CMP 공정의 정의

구두가 더러워졌을 때 구두약을 발라서 잘 닦아 주면 다시 광택이 나는 것을 볼 수 있다. 이와 같이 광택을 내는 작업을 연마(Polishing)라고 한다. 기본적으로 연마공정은 거친 표면을 갈아내어 광택이 날 정도로 평평한 표면을 만드는 것이고 반도체 공정에서는 웨이퍼 표면에 생성된 산화막, 금속막 등의 박막을 화학적 작용과 물리적 작용을 동시에 활용하여 평탄화하는 공정이다([그림 4-139]).

[그림 4-139] CMP 공정

화학적-기계적 연마공정(CMP) 기술은 원래 실리콘 웨이퍼 제작 공정에서 실리콘 잉곳을 다이아몬드 와이어로 잘라낸 후 1㎛ 이상의 거친 표면을 1㎚ 이하의 거칠기를 갖는 거울면으로 만들기 위해 적용되던 기술이다. 반도체 제품이 IC, LSI, VLSI, ULSI 급으로 점점 더 고집적화됨에 따라 더욱 작은 패턴 크기가 필요해지고 이는 포토공정(Photolithography)에서 점점 짧은 파장의 빛을 사용함으로써 구현 가능하였다. 그런데 짧은 파장의 빛을 사용하면 감광제(PR)를 패터닝하는 해상도는 좋아지지만, 허용하는 초점심도가 감소하게 된다. 만약 초점심도가 0.5㎛라고 하면 감광제의 두께가 0.5㎛ 이하여야 패터닝할 때 감광제가 남는 부분이 없이 잘 패터닝된다는 의미이다. 마찬가지로 웨이퍼 표면의 평탄도도 0.5㎛ 이하여야 문제가 없게 된다. [그림 4-140]에 웨이퍼 표면의 평탄도에 따라 패터닝에 문제가 발생할 수 있다는 것을 보여주고 있다. 즉 초점심도 이내의 평탄도를 갖지 않으면 초점이 맺지 않는 영역이 발생하고 이 영역에서는 PR 패턴이 형성되지 않아 제품 불량을 유발한다.

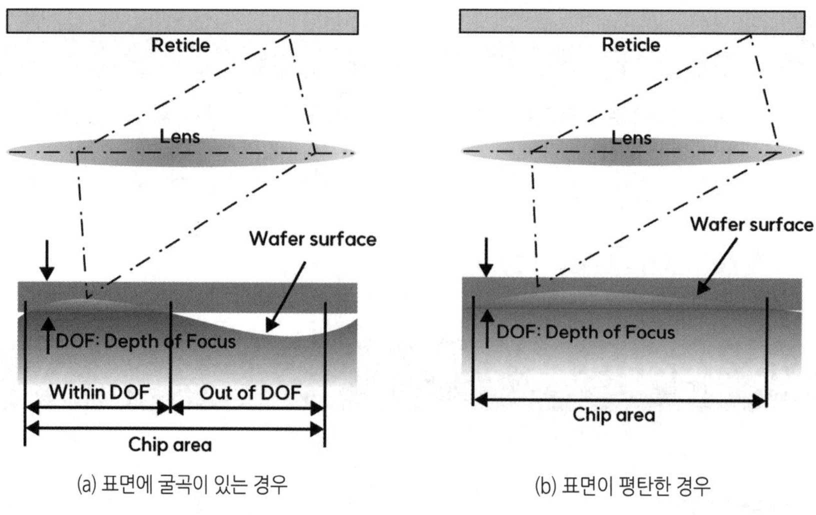

(a) 표면에 굴곡이 있는 경우 (b) 표면이 평탄한 경우

[그림 4-140] 웨이퍼 평탄도에 따른 초점심도 불량 영역 발생 가능성

이러한 문제를 극복하기 위해 평탄화 공정이 도입되었다. [그림 4-141]은 여러 가지 수준의 평탄화 공정을 나타낸다. 패턴이 조밀한 곳에서만 평탄화되는 것을 국지 평탄화(Local Planarization)라고 하고 조밀한 지역과 성긴 지역 모두 평탄화하는 것을 광역평탄화(Global Planarization) 공정이라고 한다. 포토공정의 초점심도가 컸을 때는 단차 지역에서의 금속 Step coverage 문제 및 식각공정에서 단차 하부가 식각이 안 되고 남는 현상(Stringer)이 더 큰 문제였다. 이때는 국지평탄화만 하여도 충분하였고, TEOS CVD나 HDP CVD를 진행하여 달성할 수 있었다. 그런데 이 경우에도 조밀한 지역과 성긴 지역 사이에 발생하는 단차는 해결할 수 없다.

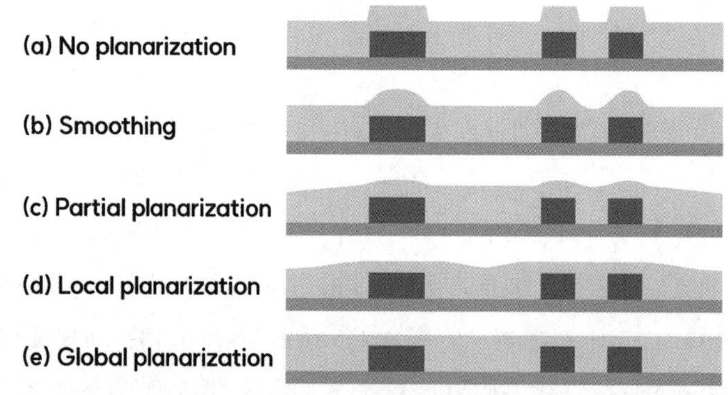

[그림 4-141] 평탄화 정도에 따른 CMP 공정의 진행 단계평탄화 수준 비교

반면에 포토공정의 초점심도가 웨이퍼상의 단차 크기보다 작게 되어 발생하는 문제는 광역평탄화 공정을 진행하여야 해결할 수 있다. 보통 0.25㎛ 이하의 패턴을 형성하기 위해서는 0.2㎛ 이하의 단차를 가져야 한다. 이러한 광역평탄화를 박막 증착 및 식각 등의 방법으로 달성하려면 여러 번의 반복

공정을 거쳐야 하고 공정 시간 및 비용이 증가하지만, 그럼에도 불구하고 완벽한 광역평탄화는 달성할 수 없다. 이러한 광역평탄화 특성은 CMP 공정을 이용하여 상대적으로 쉽게 저비용으로 구현할 수 있다. CMP 기술은 Shallow Trench Isolation, W plug, Cu Damascence 공정에 필수적인 기술이고, 점점 더 활용처를 넓혀가며 차세대 디바이스의 개발과 양산을 위해 필수적인 반도체 공정기술이 되었다.

2. CMP 공정의 적용 예

[그림 4-142]은 평탄화된 IC의 단면도를 보여준다. 다층 금속배선 공정에서 금속막뿐만 아니라 절연막도 모두 평탄화되어 있음을 볼 수 있다.

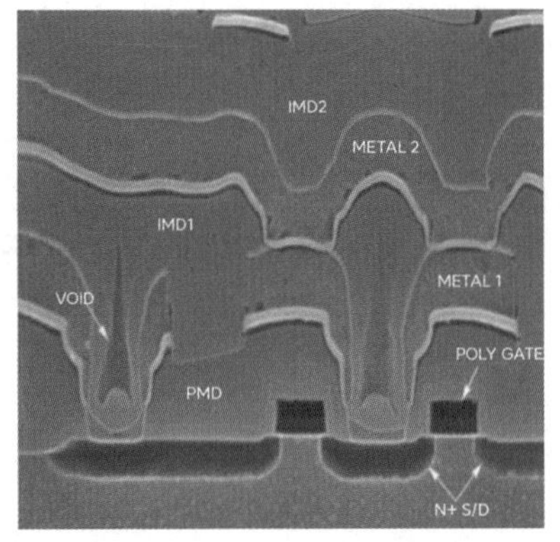

(a) Non-planarized IC product

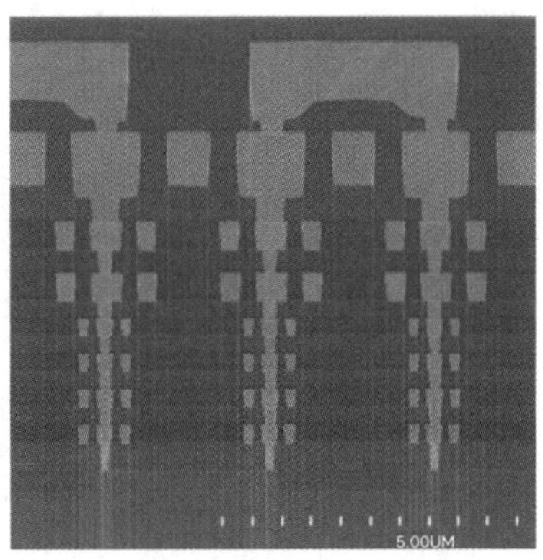

(b) Planarized IC product

[그림 4-142] 반도체 집적소자의 단면도

[그림 4-143]과 [표 4-15]에 반도체 제조 공정 중 사용되는 여러 가지 CMP 공정이 요약되어 있다.

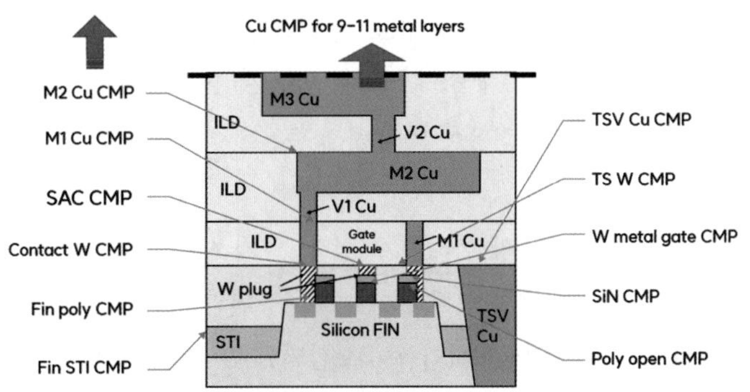

[그림 4-143] 반도체 공정 중에 사용되는 여러 가지 CMP 공정

[표 4-15] CMP 적용 공정 분류표

목적별 분류	공정별 분류	설명	기능별 분류
소자분리	STI CMP (Shallow Trench Isolation)	• 각 소자 간 분리(Isolation)을 위한 CMP로서 가장 정밀한 평탄도 조절이 필요함 • 일반적으로 평탄도 특성을 향상시키기 위하여 Stopper Material을 사용함	Oxide CMP
막질평탄화	ILD CMP (Inter Layer Dielectric)	소자영역과 금속배선 간 절연막 평탄화	
	Full ILD CMP		
	IMD CMP (Inter Metal Dielectric)	금속배선층 간 절연막 평탄화	
금속배선	Poly CMP	B/L 또는 Cell Contact Pad Poly CMP	Poly CMP
	Plug(Cont, Via) CMP	소자/배선 간 또는 금속층 간 배선	Metal CMP
	Damascene CMP	금속배선 형성	
Buffing	Gate Buffing CMP	Gate Roughness 개선	Poly CMP
	Buffing CMP	Defect 개선	Oxide/Metal CMP

2 CMP 공정 방법

CMP(Chemical−Mechanical Polishing or Planarization)는 이름이 의미하는 것처럼 화학적 요소와 기계적 요소를 결합한 Polishing을 통하여 웨이퍼 표면의 여러 박막을 선택적으로 연마하여 광역평탄화시키는 기술이라고 할 수 있다. 여기서 Mechanical Polishing은 칩 내의 각각 다른 높이를 갖는 부위가 CMP Pad와 접촉할 때 서로 다른 압력을 받고, 상대적으로 높은 부위가 높은 압력에 의해 먼저 Polishing됨으로써 평탄화를 이룰 수 있게 한다. 이때 Chemical Polishing은 기계적 마찰에 의한 긁힘 등의 불량을 완화함과 동시에 화학적 작용에 의해 물질 종류에 따라 선택적으로 연마 속도를 조절할 수 있게 해주는 역할을 한다.

CMP를 양치질과 비교하면 좀 더 쉽게 이해할 수 있다. 양치 시에 치약을 칫솔에 묻혀 울퉁불퉁한 치아를 문지르는데 물이나 침이 치약을 액체화하여 치아 표면과 닿아 있다. 이때 칫솔모는 치아를 기계적으로 닦아주고 치약은 연마제와 화학약품이 포함되어 있어서 칫솔모가 치아를 더 잘 닦게 도와주고 칫솔모에 의해 잇몸이 손상되는 것을 보호해주는 역할로 비유할 수 있다. 마찬가지 방식으로 CMP는 단차가 있는 박막을 제거 시에 화학제인 슬러리를 뿌려주며 웨이퍼 표면을 패드에 접촉시켜 압력을 가하여 웨이퍼 내의 박막 단차를 제거하는 것이다.

위에 예를 든 내용을 바탕으로 산화막 CMP의 공정적인 메커니즘을 살펴보도록 하자. 보통 산화막 CMP용 슬러리는 0.1~10㎛ 크기를 갖는 Fumed Silica(SiO_2) 입자가 분산되어 있는 콜로이드 상태의 용액이다. 실리콘 산화막의 Polishing 반응이 염기성 용액에서 더 잘 일어나기 때문에 KOH나 NH_4OH를 이용하여 pH 조절을 한다. 산화막 CMP를 진행할 때, 물과 염기성 용액에 의해 실리카 표면과 산화막 표면에 Si−O−H Bond가 생긴다. 이때 실리카 표면의 Si−O−H Bond와 산화막 표면의 Si−O−H Bond가 결합하여 실리카 표면에 Si−O−Si Bond와 H_2O가 생기며 기계적 마찰에 의해 산화막의 Si과 O가 떨어져 나가는 과정이 가속화되면서 산화막이 제거되는 CMP 공정이 진행된다. 금속의 CMP도 비슷한 방식으로 진행되므로 자세한 내용은 본 책에서는 생략하고, [그림 4−144]의 산화막 CMP와 금속 CMP의 개념도로 대체하겠다.

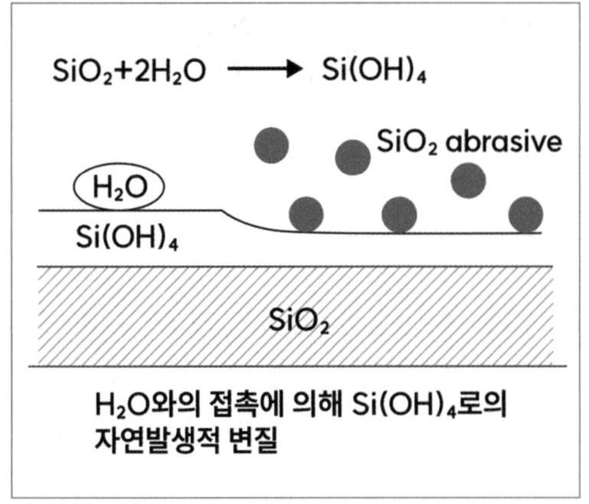

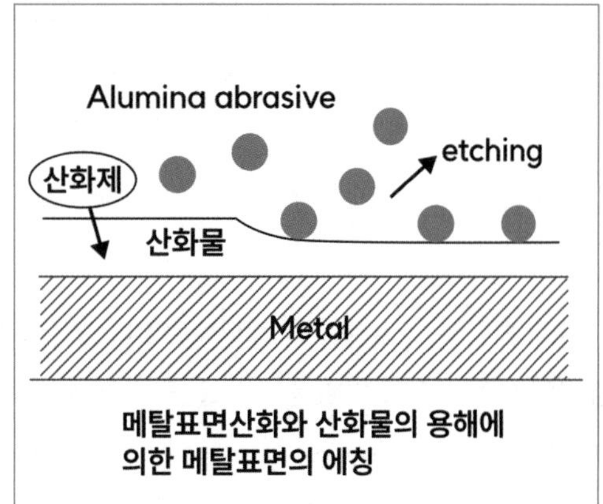

[그림 4−144] 산화막 CMP와 금속 CMP의 개념도

③ CMP 장비

CMP는 [그림 4-145]과 같이 크게 연마 패드(Polishing Pad), 웨이퍼 캐리어(Wafer Carrier), 슬러리 분사기(Slurry Dispenser)의 세 부분으로 구분할 수 있다.

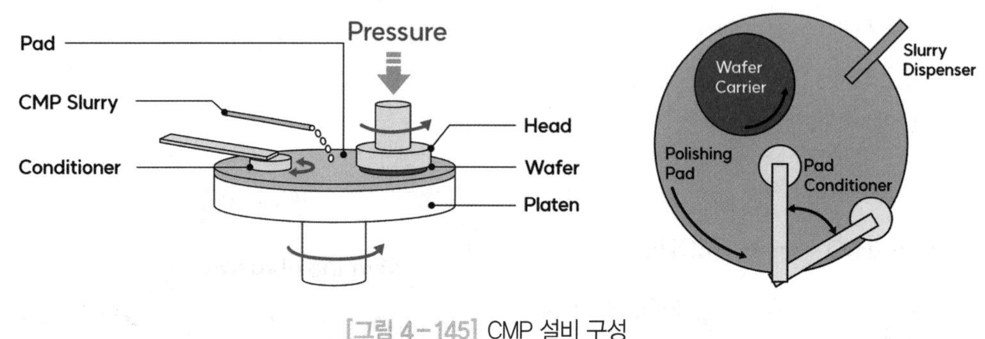

[그림 4-145] CMP 설비 구성

연마 패드는 주로 폴리우레탄 등의 다공성의 유연한 폴리머를 사용한다. 패드 특성은 CMP 공정 품질에 직접적으로 영향을 주므로 적절한 선택과 관리가 필요하다. 패드가 딱딱할수록 CMP 속도가 빠르나 긁힘(Scratch) 가능성도 높다. 균일도 측면에서는 딱딱할수록 Die 내의 균일도가 좋아지고, 웨이퍼 내 균일도 측면에서는 부드러울수록 좋기 때문에 적절한 경도를 택해야 한다. 패드의 경도는 패드 물질의 화학 조성이나 패드 표면 형상(홈이나 구멍 모양)에 의해 조절한다. 또한 패드 표면의 거칠기도 중요한 요소로, 표면이 거칠수록 평탄화 효과가 더 좋다. CMP를 진행할수록 패드 표면이 닳고 기공에 슬러리 입자가 쌓이게 되므로 표면을 다시 거칠게 만들고 흡착된 슬러리를 제거할 필요가 있다. 이러한 작업을 패드 컨디셔닝(Pad Conditioning)([그림 4-146] 참고)이라고 하는데 보통 작은 다이아몬드가 박혀 있는 디스크로 패드 표면을 긁어주면서 마모된 패드의 표면을 다시 거칠게 만들어 준다. 패드 컨디셔너는 패드 중앙에서 패드 바깥쪽으로 왕복이동을 하게 되며, 패드는 회전을 하고 있기 때문에 균일하게 패드 컨디셔닝이 진행된다. 하지만 패드 자체가 마찰에 의해 계속 소모되므로 일정 횟수 이상 사용하게 되면 교환해주어야 한다.

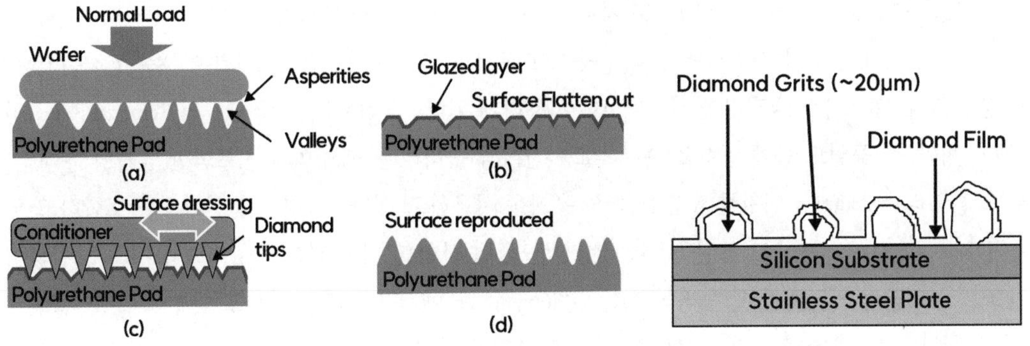

[그림 4-146] CMP Pad Conditioning 작업

웨이퍼 캐리어는 연마 헤드라고도 부른다. 웨이퍼를 고정하고 압력을 가해 CMP 패드에 눌러줌과 동시에 웨이퍼를 일정 속도로 회전시킨다. [그림 4-147]의 CMP head의 구성도를 기준으로 보면 웨이퍼는 헤드에 장착될 때 아래 방향으로 공정이 진행되는 면이 닿도록 하여 패드와 마찰이 될 수 있도록 한다. 웨이퍼는 헤드의 진공 라인과 연결이 되어 고정될 수 있도록 장착되고 웨이퍼 뒷면에는 지지가 가능한 파츠로 구성되어 있는데 일정한 부피의 공간(캐리어 챔버)이 존재한다. 그 공간은 헤드로 연결된 관을 통해 가스가 주입될 수도 빠질 수도 있도록 만들어놨는데, 공정 시 기계적인 힘을 가해야 할 경우에는 가스를 주입하여 압력을 증가시키는 방법으로 아래 방향으로 물리적인 힘이 가해지게 되어 웨이퍼에 전달된다. 반대의 경우에는 가스를 헤드 밖으로 빼내어 캐리어 챔버 공간의 압력을 낮춰 웨이퍼에 전달되는 기계적인 힘의 세기를 줄인다.

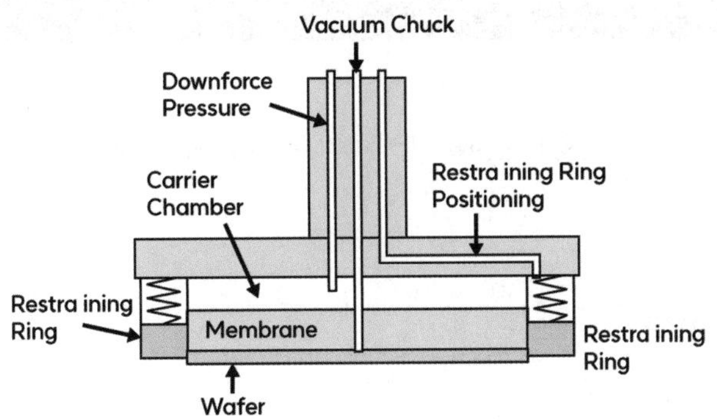

[그림 4-147] CMP head의 구성도

CMP 슬러리 분사기는 패드 위에 슬러리를 뿌려주는 장치이다. CMP 슬러리는 치약과 같은 역할로 생각하면 이해가 쉽다. 치약은 화학물질과 연마재로 구성되어 있는데, 화학물질은 치태와 세균 제거 그리고 치아를 보호하는 보호막을 형성하며 연마재는 치석 등을 제거한다. CMP 슬러리도 Chemical과 연마제, 화학첨가제로 구성된다. Chemical은 웨이퍼 표면 물질과 반응하여 연마제에 의해 쉽게 제거

될 수 있는 화합물을 만들고, 연마제는 기계적으로 웨이퍼 표면을 문질러 물질을 제거한다. 이때 적절한 화학첨가제를 추가하여 선택비 향상 등 CMP 특성을 개선할 수 있다. 이런 이유로 원하는 CMP 공정에 따라 각각 다른 슬러리를 최적화하여 사용하게 된다. 슬러리는 CMP 공정의 Removal Rate, 선택비, 평탄도, 균일도 등에 영향을 준다. 보통 산화막 슬러리는 Silica 입자를 포함한 염기성 용액을, 금속 슬러리는 Alumina 입자를 포함한 산성 용액을 사용하고 있다. 슬러리는 연마제를 포함하고 있는 DI(deionized) Water, pH 조절을 위한 첨가제, 금속 산화를 위한 산화제가 평소에 따로 보관되어 있고, CMP 공정을 진행할 때 슬러리 혼합기(Slurry Mixer)에서 요구되는 비율로 맞추어 CMP 패드 위에 뿌려주면서 사용하게 된다. [그림 4-148]에 CMP 공정에 사용되는 파츠와 물질의 미세구조 사진을 각각의 목적과 비교하여 참고하기 바란다.

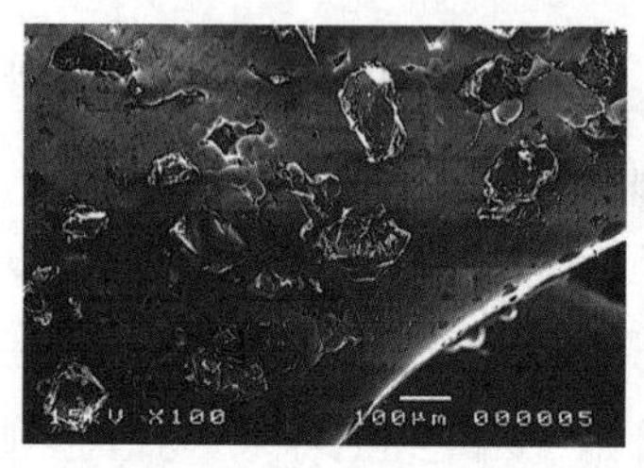

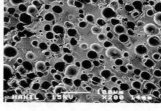

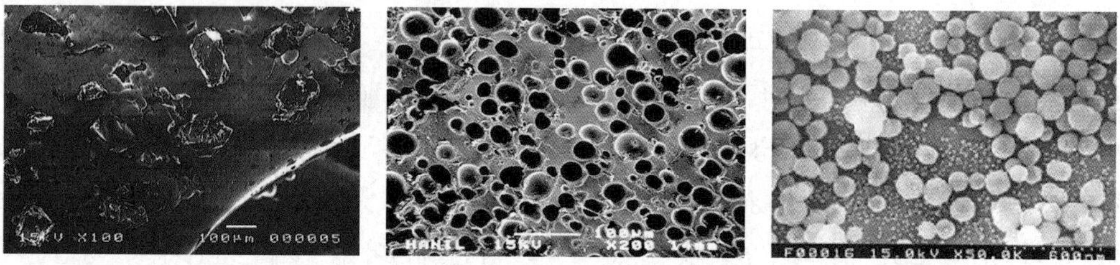

(a) Diamond conditioner

(b) Typical pad의 모습

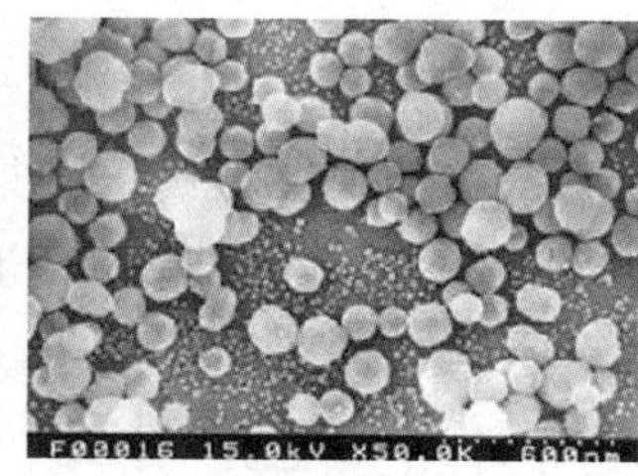

(c) Aluminum 성분의 oxide용 slurry

[그림 4-148] CMP 공정 관련 파츠의 미세구조

4 CMP 공정 특성

CMP가 얼마나 효율적으로 진행되는지를 판단하기 위해 Removal Rate, 선택비, 균일도, CMP 불량 등이 중요하다.

1. Removal Rate(RR)

Removal Rate는 CMP를 진행할 때 단위시간당 막질이 제거되는 비율을 말한다. 연마제 재료, 크기 및 크기 분포(Size Distribution) 등에 의존하고 마찰이 일어나는 표면에 가해지는 압력과 속도에 의해 RR 값이 정해지므로, CMP 패드의 경도가 높을수록 Removal Rate가 증가한다. 웨이퍼 표면의 단차 구조상 튀어나온 부분이 [그림 4-149]과 같이 다른 부분보다 상대적으로 더 큰 압력을 받아, RR이 더 빠르기 때문에 평탄화가 가능하게 된다. 프레스톤 방정식에 따르면 RR은 공정 중 가해지는 수직 방향의 기계적인 힘, 그리고 패드의 회전 속도와 웨이퍼의 회전 속도의 차이에 비례한다.

$$RR = \frac{\Delta h}{\Delta t} = K_P \cdot p \cdot \Delta v$$ [수식 4-14]

Δh : CMP 전후 막두께 차이

Δt : CMP시간

K_p : 프레스톤 계수

p: 수직 방향의 기계적인 힘

Δv : 패드와 웨이퍼 간 상대 회전 속도

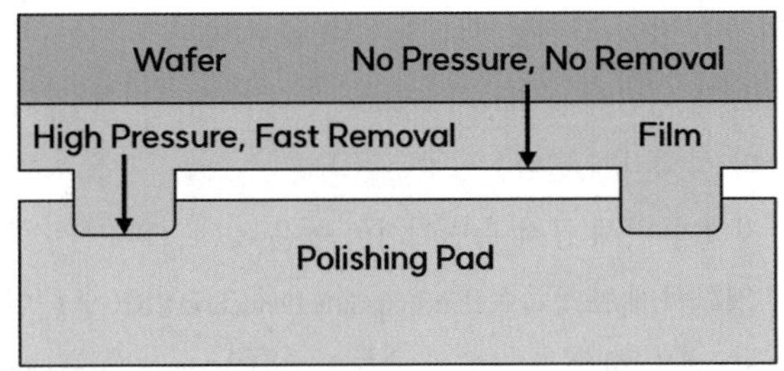

[그림 4-149] CMP 공정 중 단차 차이에 의한 CMP 압력 차이

2. 균일도(Uniformity)

CMP 공정에서는 보통 Non-uniformity라는 용어를 더 선호하나, 어느 경우나 막질을 제거하는 양이 어느 정도로 일정한가를 나타내는 용어이다. 웨이퍼 내에서 균일도(within wafer), 웨이퍼 간의 균일도(wafer to wafer), Lot 간의 균일도(lot to lot) 등이 있다. 균일도에 영향을 미치는 공정 변수는 헤드로부터 전달되는 기계적인 힘과 그 압력의 분포, 헤드와 패드의 회전 속도 및 패드와 웨이퍼의 상대적인 회전 속도의 차이 그리고 슬러리의 입자 산포 등이 있다. 이러한 변수를 조절하여 균일도를 높여야 고립 (Isolation) 목적의 CMP를 진행했을 때 국부적인 불량이 유발되지 않는다.

3. 연마선택비(Selectivity)

CMP를 진행하다 보면 상부 막질이 제거되면 하부 막질이 노출되게 된다. 이때 하부 막질은 CMP가 진행이 잘 안 되어 더 이상의 CMP 공정을 진행하지 않는 것이 평탄화 측면에서 바람직하다. 이렇게 서로 다른 두 물질이 같은 CMP 조건하에서 CMP되는 연마비율이 연마선택비이다. 예를 들면 STI(Shallow Trench Isolation) 공정에서 산화막을 CMP하면 하부 실리콘 질화막이 노출되는데, 이때 산화막과 질화막의 CMP rate는 100 : 1~300 : 1 정도로 고선택비 공정이어서 질화막은 적은 양만 연마된다. 이러한 고선택비에 의해 질화막은 산화막 CMP가 더 진행이 안 되도록 하는 CMP Stopper의 역할을 한다.

4. CMP 불량

[그림 4-150]는 구리(Cu) Damascene Interconnect의 단면 구조를 나타낸다. 왼쪽의 이상적인 경우처럼 Cu가 노출된 상태에서 더 이상의 CMP가 진행되지 않고 멈추는 것이 목적으로 하는 CMP의 형상이다. 그러나 실제 공정에서는 Cu 패턴의 면적이 넓은 경우 Cu가 더 CMP되어서 움푹 파이는 현상(Dishing), Cu Line이 밀집한 지역에서 더 많은 CMP가 발생하는 현상(Erosion) 등의 불량이 발생한다.

패턴 밀도에 따라 CMP 공정이 진행되면서 Dishing과 Erosion 현상이 나타나는 과정을 [그림 4-151]에 나타내었다. 패턴의 밀도가 높은 곳의 연마 속도가 빠르기 때문에 CMP해야 할 막이 다 제거되더라도 저밀도 패턴 영역의 하부막이 드러날 때까지 CMP를 지속하게 되는데, 그러는 과정에 고밀도 패턴 영역은 과다하게 CMP가 되면서 dishing과 erosion 현상이 나타나게 된다. 특히 RR가 높거나 두 물질간 선택비가 낮으면 더 심해지게 된다.

보통 이러한 현상을 방지하기 위해 공정 측면에서는 높은 RR로 CMP를 진행하다가 하부막이 드러날 즈음에 끝나는 시점을 정확하게 포착하여(End-point Detection) RR을 줄여 과도하게 CMP가 되는 것을 방지하며, 마지막 스텝에는 화학 물질의 농도도 낮춰 Dishing과 Erosion이 과다하게 되지 않도록 하고 있다. 설계적인 측면에서는 레이아웃(Lay Out)상에서 넓은 패턴이나 미세 패턴이 밀집되지 않도록 패턴 밀도를 일정하게 만드는 방법으로 완화할 수 있다.

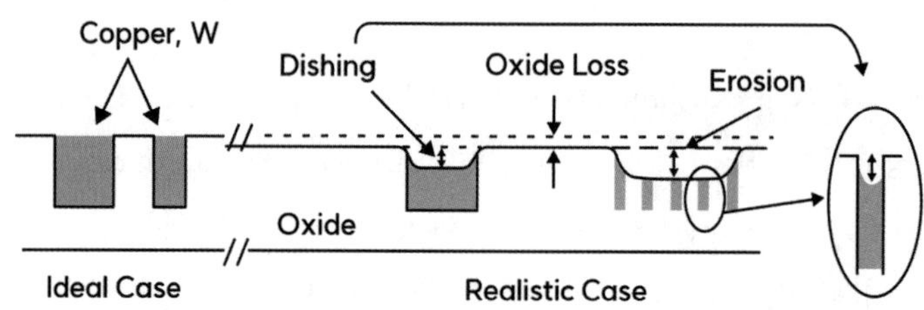

[그림 4-150] CMP 불량의 종류(Cu Damascene CMP)

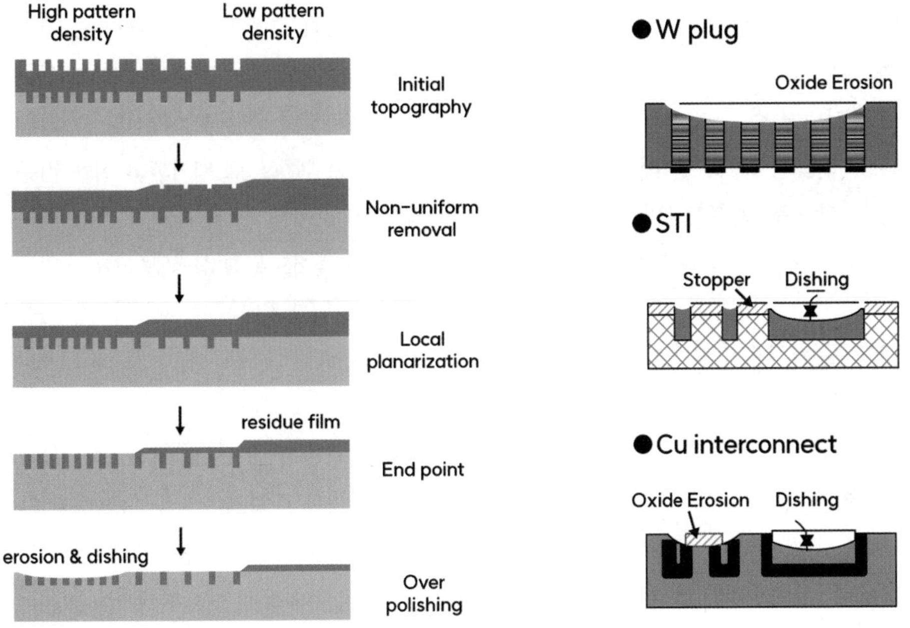

[그림 4-151] 패턴 크기와 밀도에 따른 Dishing과 Erosion

5. Scratch와 Slurry Particle

원래 CMP는 연마재 입자를 사용하고 슬러리 용액을 사용하는 일종의 Dirty Process여서 전공정에 들어오기 힘든 공정이었다. 그러나 CMP를 이용하여 얻을 수 있는 여러 가지 이점(광역 평탄화, STI 및 W Plug 공정의 용이성, Cu damascene 공정 가능)이 커서 현재는 전공정에서도 필수적인 기술이 되었다. CMP를 전공정에 적용하려면 다른 공정에 미치는 영향을 최소화하기 위해 별도의 공간을 사용하는 등 여러 가지 관리를 해야 한다. 그리고 연마제 입자로 인한 CMP 불량이 발생할 수 있기 때문에 이를 최소화하거나 사후의 세정공정으로 제거하는 것이 중요하다. [그림 4-152]에 슬러리와 관련한 여러 가지 CMP 불량을 나타내었다.

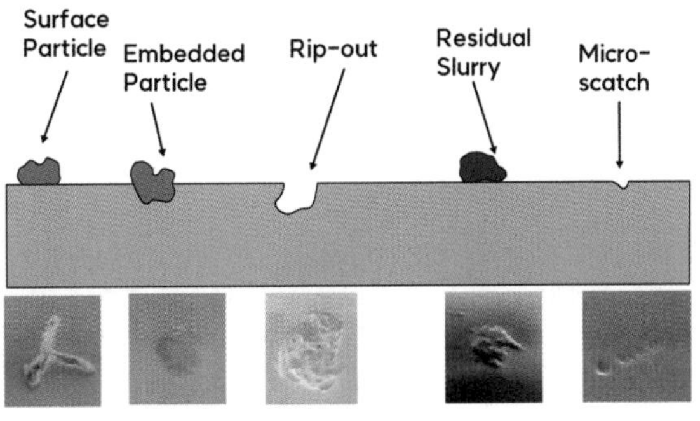

[그림 4-152] CMP Slurry 관련한 불량

여기서 Rip-out과 Scratch는 CMP 공정에서 유발되는 전형적인 불량으로서 Rip-out은 하부막에 부분적으로 약한 부분이나 결정립이 큰 경우 연마되지 못하고 뽑혀서 떨어져 나가생기는 결함이다. 이는 RR이 높거나 공정 시 기계적인 힘이 과도하게 가해질 경우 생길 확률이 높아진다. 스크래치는 일반적으로 슬러리와 패드에 의해 웨이퍼에 마찰이 크면 생기는 현상으로 웨이퍼 중심을 기준으로 회오리처럼 바깥으로 회전하는 방향의 스크래치가 웨이퍼상에 보이게 된다. 이러한 불량들은 CMP 공정 조건을 RR이나 기계적인 힘을 줄이는 방향으로 조절하면 줄어드는 양상을 보이게 된다.

6. CMP 공정 제어 방법

일반적으로 CMP 공정은 다른 공정과 다르게 일정한 공정 시간의 조건으로 진행되지 않는다. 연마를 통해 물질을 제거하는 공정이기 때문에 이전 공정에서 진행한 증착막이 모두 일정하지 않아 CMP가 마쳐지는 지점에 대해 일률적인 시간으로 제어할 수 없다. 예를 들어 타겟 두께 대비 두꺼운 경우는 더 많이 연마해 주어야 하고, 그보다 적게 증착된 경우는 더 적게 연마해 주어야 한다. 이러한 특성으로 인해 CMP 전후로 두께를 측정하고 있으며 그 차이가 연마한 두께가 된다. 이 연마한 두께는 이전 공정에서 진행된 막 두께 산포의 영향을 많이 받는다. 따라서 CMP 전에 측정한 두께를 고려하여 CMP를 진행하며 공정 후에도 두께를 측정하여 RR을 그 다음 CMP 공정에 feedback 하는 시스템을 이용하고 있다.

또한 CMP를 진행하게 되면 어느 순간 연마하는 물질 아래의 구조가 드러나게 되면서 다른 물질이 드러나게 되는데, 이 순간이 CMP가 멈춰야 하는 순간이기도 하다. 웨이퍼의 위치에 따라 산포가 있기 때문에 10~25% 수준으로 CMP를 더 해주기도 하지만(over-CMP) 어쨌든 아래층의 물질이 드러나는 상황을 감지해야 할 필요가 있다. 이런 경우 많이 쓰이는 방법이 종말점 감지(Endpoint Detection)인데 회전을 하는 platen[1]이 다른 물질이 드러나게 되면 마찰계수가 변화면서 회전력이 바뀜에 따라 미세하게 모터의 전류가 바뀌는 것을 감지하는 방법, 연마된 물질을 화학적인 방법으로 감지하는 방법 등이 많이 쓰이고 있다. 이런 시스템을 이용하여 설비 내에 있는 여러 개의 platen을 사용하여 단차제거 → 패턴 분리 → 두께 컨트롤의 단계적인 CMP 공정을 진행하게 된다.

1 CMP 패드가 놓이게 되는 웨이퍼 아래쪽의 넓은 회전판

5 CMP 후 세정

CMP 진행 후 잔존 입자 및 잔류 화학 물질을 제거하기 위해 후속 세정공정이 필요하다. 적절한 세정공정이 진행되지 않으면 불량 발생 및 수율 감소를 초래하게 된다. 보통 CMP 후 세정은 세정용액을 웨이퍼 표면에 뿌려주면서 Mechanical Scrubbing 방식으로 웨이퍼 표면을 닦아 주게 된다. 세정의 기본 개념은 연마 입자와 제타전위를 조절하여 Particle을 웨이퍼 표면에서 떨어뜨리고, 금속 불순물은 산 또는 알카리 처리로 식각해 내는 것이다. 제거 방법은 슬러리 성분 및 CMP한 막에 의해 결정되게 된다. CMP 종류별로 사용하는 후속 세정 방법은 [표 4-16]에 정리되어 있다.

[표 4-16] CMP 공정 후 세정 방법

막종	슬러리		연마미자
	용액	세정방법	
SiO_2	실리카	알칼리용액	순수 스크럽(Scrub)세정 → 희불산 Etching
	산화셀륨	중성용액	
W	알루미나	순수+산화제	• 약액(암모니아수, 구연산 등) • 스크럽세정
	실리카		
Cu	알루미나	$Fe(NO_2)$	• 희불산/전해 Cathode수 • 스크럽세정 • 초순수 전해이온수 MH_2세정+희불산세정 • 유기산함유세정액 스크럽세정+IPA증기건조 등
		$NH_2OH+K_3Fe(CN)$	
		HNO_3+BTA	
	실리카	산화제+계면활성제+순수	

실제 면접 기출문제 맛보기

실제 면접에서 나온 질문 난이도 ★★ 중요도 ★★★★

· CMP 공정을 설명하고, CMP 공정의 목적을 말해보세요. 삼성전자, SK하이닉스

1 질문 의도 및 답변 전략

면접관의 질문 의도

CMP 공정의 정의와 CMP 공정이 어떠한 목적으로 반도체 공정에 적용되었는지를 아는지 묻는 문제이다.

면접자의 답변 전략

슬러리와 누르는 압력에 의해 화학적, 물리적 연마가 조합된다는 점과 CMP 목적은 평탄화라는 것을 설명한다.

\+ 더 자세하게 말하는 답변 전략

- CMP 공정은 화학적, 물리적 연마를 통해 평탄화를 달성하기 위한 공정임을 설명한다.
- 슬러리는 용액에 산재된 나노 입자라는 것과, 화학적 반응으로 공정 재료를 부드럽게 하고 기계적 마모를 통해 연마하는 데 사용함을 설명한다.
- CMP 공정은 웨이퍼 표면과 패드 사이에 슬러리를 두고 압력을 가하여 진행한다는 것을 설명하고, (심화) 가능하다면 공정 변수에 대해서도 설명하도록 한다.

2 머릿속으로 그리는 답변 흐름과 핵심 내용

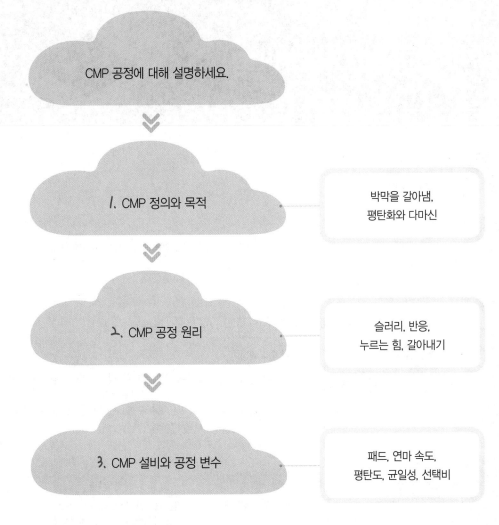

CMP 공정에 대해 설명하세요.

1. CMP 정의와 목적 — 박막을 갈아냄, 평탄화와 다마신

2. CMP 공정 원리 — 슬러리, 반응, 누르는 힘, 갈아내기

3. CMP 설비와 공정 변수 — 패드, 연마 속도, 평탄도, 균일성, 선택비

3 나만의 답안 작성해보기

자세한 모범답안을 보고 싶으시다면
[한권으로 끝내는 전공 · 직무 면접 반도체 기출편]을 참고해주세요!

Chapter 09

세정 공정(Cleaning)

핵심요약

정의, 기초

- 세정 공정: 웨이퍼 표면에 부착된 미세입자(Particle)나 유기오염물, 금속불순물을 제거하여 이로인한 불량이 생기지 않도록 방지하는 공정

동작, 특성

- 세정 공정
  - 습식 세정
    - 화학적 습식세정 – RCA: SC-1 세정, SC-2 세정
    - 기계식 습식세정
  - 건식 세정
    - 자외선/오존 세정 (UV/O3 세정): 주로 유기막을 제거하는 경우 사용되는 건식세정 방법
    - 플라즈마 세정: 플라즈마를 사용하여 표면을 세정하는 방법으로 화학적인 방법과 물리적인 방법을 이용

문제점, 장단점

장단점

	습식세정	건식세정
장점	• 공정 후 물에 의한 세척 용이 • 사용 액체에 가연성이 없음 • 다양한 화학 용액 사용 가능 • 유기물/비유기물 제거에 모두 효과가 좋음 • 선택적 제거능력이 비교적 우수 • Low Cost	• 적은 화학 용액 및 DI water 사용량 • 적은 폐액배출량, 용이한 폐액처리 • Full-scale cluster tool process 구성 가능 • High aspect ratio 구조에 유리 • particle 제어 용이, Liquid보다 Gas에서 제어가 요잉 • Wet cleaning 공정보다 안전한 Process
단점	• 유기화합물보다 건조가 느려 잔류물이 남을 가능성 존재 • 일부 유기물 제거 효과가 유기 Solvent 보다 낮음 • 대부분의 화학 용액이 유독 물질 • 높은 폐기 비용 • 진공 시스템에서 사용하기 어려움	• 고가의 장비 사용 • 중금속이나 전이금속의 제어에 대한 고려 필요 • 일반적으로 Single-water process • 고온 공정 사용 시, 금속 불순물의 확산 가능성 존재

학습 포인트

세정의 공정 과정에서의 목적과 방법에 따른 장단점을 이해하고 차세대 공정에서의 방향성에 대해 설명할 수 있도록 한다.

1 세정 공정이란?

현재 반도체 소자 제조 공정은 약 400단계 이상의 제조 공정을 가지고 있으며 이들 중 적어도 20% 이상의 공정이 웨이퍼 표면의 오염을 막기 위한 세정공정과 표면 처리 공정이다.

세정공정은 웨이퍼 표면에 부착된 미세입자(Particle)나 유기오염물, 금속불순물을 제거하여 이로 인한 불량이 생기지 않도록 방지하는 기술이다. 반도체 소자의 미세화에 따라 수율과 신뢰성 측면에서 [그림 4-153]과 같이 눈에 보이는 Particle, 유기오염물뿐만 아니라 눈에 보이지 않는 금속오염도 소자 성능 및 수율을 좌우하는 중요한 요소가 되어 이를 제거하는 세정기술이 점점 더 중요해지고 있다.

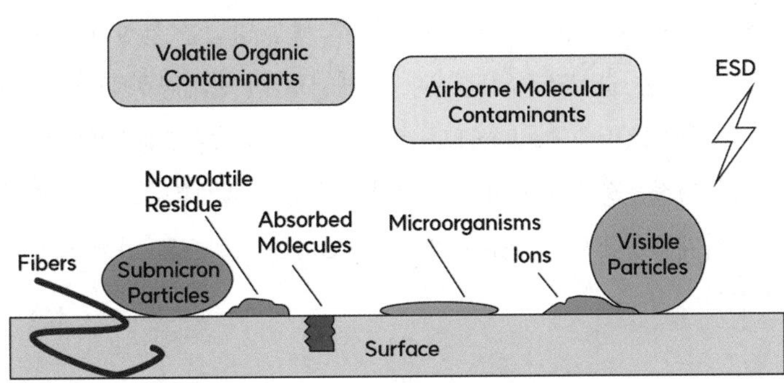

[그림 4-153] 반도체 오염의 종류

[표 4-17]에 여러 가지 표면오염이 반도체 소자 특성에 미치는 영향을 정리하였다.

[표 4-17] 표면 오염과 관련 불량

표면 오염 종류			공정, 소자 불량내용
파티클			패턴 결함 유발
금속 오염	알카리(Na, K)		MOSFET 특성 불안정, 게이트 산화막 열화
	중금속(Cu, Fe등)		Deep trap impurity, Leakage 증가
	기타금속(Al 등)		도펀트 작용, 소자 특성 바뀜
화학 오염	유기 오염		오염 부위 막 형성 불량, Haze 불량
	무기	도펀트(B, P)	MOSFET 특성 변동
		염기, 산	염 생성에 의한 파티클 오염
	자연/화학산화막		contact 저항 불량

세정공정은 반도체 웨이퍼 표면의 물질을 제거한다는 점에서 식각공정과 매우 유사하다. 하지만 그 대상이 박막 물질이 아닌 웨이퍼 표면에 존재하는 유기물/무기물 잔여물, 파티클, 흡착된 가스 등의 다른 특성을 갖는 다양한 물질을 제거해야 한다는 점이 다르다.

세정 방법을 선택할 때 중요한 것은 반도체 소자 제작 과정 중 어느 단계에서, 또 어떤 표면 상태에서 진행하는지와 공정 전처리 과정인지 아니면 후처리 과정인지를 정하는 것, 그리고 무엇을 없애기 위한 세정을 하고 있는가를 파악해야 한다는 것이다. 먼저 밑바닥에 노출된 층이 무엇인지 확인하고, 세정 용액에 의해서 식각되는지 등을 파악한 후 세정 방법을 결정하는 것이 바람직하다. 일반적으로 웨이퍼 세정 방법은 습식세정의 경우에는 게이트 전 단계공정(Front-end of Line)과 Cu, Al 등을 사용하는 후 단계공정(Back-end of Line)에 따라 각자 다른 세정 방법을 사용한다. 이는 W, TiN, Cu, Al이 전 단계 세정공정에 사용하는 산화작용이 있는 과산화수소 등 화학 약품에 취약하기 때문이다. 따라서 후 단계공정에서는 주로 솔벤트(Solvent)를 기반으로 하는 세정을 하여 금속의 손상 가능성을 최소화한다.

② 웨이퍼 세정

실리콘 웨이퍼의 세정은 습식세정법과 건식세정법으로 구분된다. 습식세정법은 화학용액을 사용하여 화학적 반응을 통해 오염을 제거하지만 화학용액이 웨이퍼 표면에 남아 있으면 부작용이 있기 때문에 화학용액을 없애기 위한 DI Rinse와 건조 과정이 수반된다. 전통적인 실리콘 웨이퍼 세정 방법은 과산화수소(H_2O_2)용액을 기반으로 한 습식 방법(RCA 세정)을 기본으로 하며, 다음과 같은 장점으로 인해 반도체 제조 공정에서 널리 사용되고 있다.

- DI Water Rinse가 가능하고 건조 후에도 잔류물이 매우 적음
- 제거될 오염물에 따라 적당한 종류의 화학용액을 선택하여 사용할 수 있음
- 매우 뛰어난 공정 재현성

그러나 많은 화학 물질의 소모와 사용 후 폐기, 그리고 패턴 크기가 작아지면서 액체가 표면장력 현상 때문에 고형상비(High Aspect Ratio) 패턴의 밑바닥을 세정하는 효과가 떨어지는 등의 문제가 있다. 또 후속 진공공정 장비와의 비호환성으로 인해 대체 가능한 건식세정 기술을 개발하고 있다.

건식세정법은 반응성 가스를 이용하여 표면의 오염을 제거하는 방법이다. 유기물 및 Si을 제거하는 경우는 각각 산화성 분위기 및 불소를 포함한 기체 상태에서 플라즈마 방전 또는 자외선 조사 등을 보조 에너지로 하여 세정효율을 높인다. 또한 세정기술 중 드라이아이스, Ar 에어졸 등의 미립자를 웨이퍼 표면에 불어서 기계적 충격으로 표면의 오염을 제거하는 방법도 있는데, 이러한 방법은 CMP 연마 후 표면 세정에 유효하다고 알려져 있다.

[그림 4-154]에 여러 가지 세정 방법을 분류하였다. 현재 세정공정은 한 가지 방법만으로 완성되지 않고, 공정 단계에 따라 습식세정과 건식세정을 적절한 방법으로 복합적으로 선택하여 사용하고 있다.

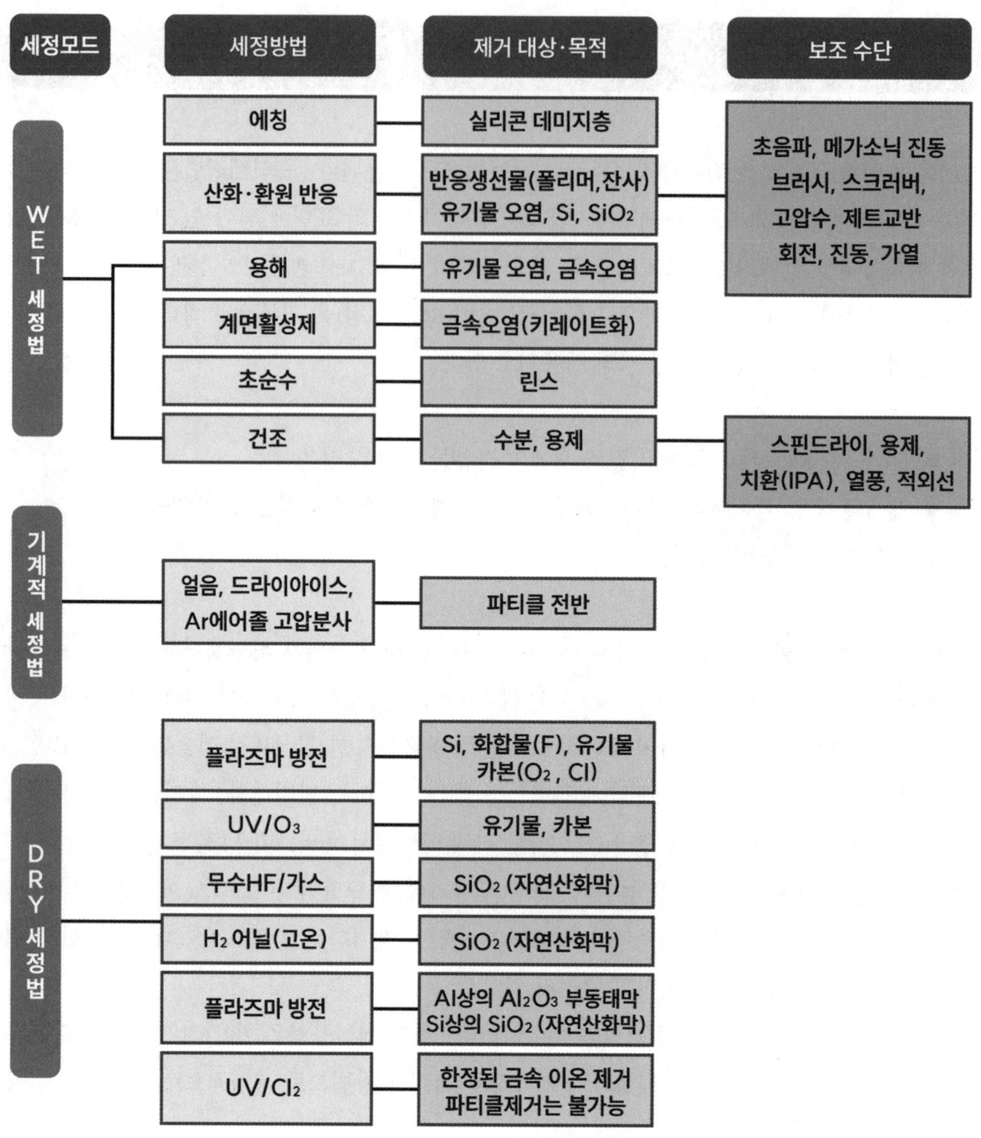

[그림 4-154] 세정방법 분류

③ 습식세정 기술

현재 대부분의 반도체 공정에서 오염물질을 제거하기 위해 사용되고 있는 대표적인 습식세정 공정은 1970년에 소개된 RCA 세정법을 기반으로 하고 있다. 이 세정공정은 H_2O_2를 기본으로 NH_4OH 용액과 혼합한 SC−1(Standard Cleaning−1, $NH_4OH : H_2O_2 : H_2O = 1 : 1 : 5 \sim 1 : 1 : 50$, 70~80℃)과 HCl 용액과 혼합한 SC−2(Standard Cleaning−2, $HCl : H_2O_2 : H_2O = 1 : 1 : 5 \sim 1 : 1 : 50$, 80~90℃)의 대표적인 공정을 비롯하여 순차적인 공정을 통해 웨이퍼 내 모든 오염물질이 제거되도록 이루어져 있다. [그림 4−155]에 SC−1과 SC−2를 사용하여 웨이퍼를 공정에 투입하기 전 RCA 세정공정을 나타내었다.

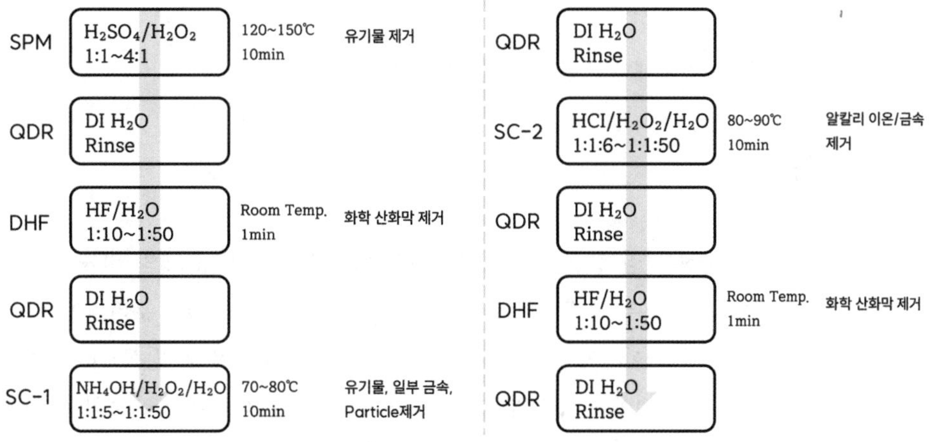

[그림 4−155] RCA 세정방법

염기성 용액을 사용하는 SC−1 세정은 APM(Ammonia Peroxide Mixture)이라고도 부르며, 산화 및 식각반응을 통해 유기오염물이나 파티클을 효과적으로 제거할 수 있다. 반면 산성 용액을 사용하는 SC−2 세정은 HPM(Hydrochloric Acid and Peroxide Mixture)이라고도 부르며, 금속불순물과 착화합물(Complex Compound)을 형성함으로써 금속불순물을 실리콘 기판 표면으로부터 탈착시킬 수 있다. 표준 RCA 세정공정은 더욱 높은 효율을 위해 계속 개선되어 왔다. 세정효과를 높이기 위해 SC−1과 SC−2 사이에 또는 전, 후 단계에 Piranha(SPM, $H_2SO_4 : H_2O_2$ 혼합물) 세정이나 DHF(diluted HF, DI : HF=50 : 1~1000 : 1) 단계를 추가하여 사용하기도 한다. 최근에는 H_2O_2 대신 오존(O_3)을 사용하여 화학용액 폐기량을 줄이는 방법도 활발히 적용되고 있다. [표 4−18]에 습식세정 방법에 대해 요약하였다.

[표 4-18] 오염의 종류와 반도체 습식세정기술

세정 방법	주요 용도
APM(SC-1) $NH_4OH/H_2O_2/H_2O$	파티클 제거, 유기물 제거
HPM(SC-2) $HCl/H_2O_2/H_2O$	금속불순물제거 $MO+2HCl \rightarrow MCl_2+H_2O$
SPM H_2SO_4/H_2O_2	유기물제거 $H_2SO_5+Organic \rightarrow CO_2+H_2O+H_2SO_4$
DHF HF/H_2O	자연산화막, 금속불순물 제거
FPM HF/H_2O_2	금속불순물 제거

습식세정 공정의 메커니즘에 대해서 좀 더 자세히 살펴보자.

1. SC-1 세정

전통적인 SC-1 세정 공정은 암모니아수, 과산화수소 그리고 물을 1 : 1 : 5의 비율로 혼합하여 75~90℃ 정도의 온도에서 10~20분 정도 세정을 실시한다. H_2O_2가 H_2O+O로 분리되어 강한 산화작용으로 표면 오염 물질들을 산화시키고 NH_4OH는 산화된 오염물질을 용해 및 식각하는 방식으로 주로 파티클을 제거한다. 이 과정에서 표면의 약한 유기오염물과 Au, Cu, Ni, Fe 등의 잔존하는 금속불순물도 어느 정도 제거된다. [그림 4-156]은 SC-1 용액의 파티클 제거 메커니즘을 보여준다. 용액 속의 H_2O_2에 의해 산화된 파티클은 NH_4OH에 의해 식각되어 떨어진다. 이때 파티클과 웨이퍼는 모두 음전하를 띠어 상호 반발력을 가져 재오염이 방지된다. NH_4OH는 Si을 식각할 수 있어 Si 표면에 Micro-roughness를 유발하므로, 현재는 NH_4OH 농도를 낮추어서 Si 식각을 줄이는 방향으로 SC-1 공정이 진행되고 있다.

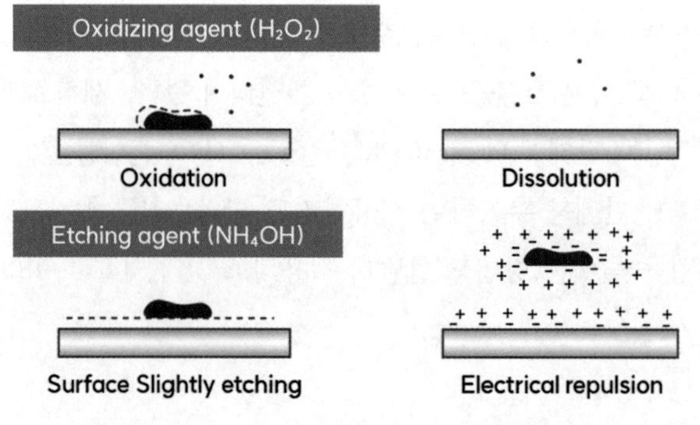

[그림 4-156] SC-1의 파티클 제거 메커니즘

2. SC-2 세정

반도체 표면이 금속오염되면 후속 열처리 중 반도체 내부로 들어가고 Deep Level Trap으로 작용해 PN 접합 전류 누설, 산화막 내압불량, 소수캐리어수명 저하 등의 문제를 일으킨다. 반도체 웨이퍼에 금속오염을 일으키는 원인은 제조장비의 마모로 인한 금속 파티클 부착, 화학 약품 및 공정 가스에 포함된 불순물 등 다양하며 현재 10^{10}atoms/cm^2 이하로 관리되고 있다.

SC-2 세정공정은 이러한 금속오염을 제거하기 위해서 사용되며 염산, 과산화수소 그리고 물을 1 : 1 : 5의 비율로 혼합하여 80~90℃ 정도의 온도에서 잔류 금속 불순물을 제거한다. 세정 후 기판 표면은 10Å 전후의 화학적 산화막이 형성되고, 금속 불순물을 제거하는 효과는 뛰어나지만 파티클 제거 효과는 약하다. 화학적 산화막을 제거하기 위해 후속으로 DHF 처리를 진행하기도 한다. 하지만 SC-2의 경우 실리콘이나 증착된 박막을 식각하지 못하기 때문에 실리콘 표면 속의 오염은 제거할 수 없는 단점을 가지고 있다.

3. Piranha 세정

Piranha 세정용액(SPM, H_2SO_4 : H_2O_2=3~4 : 1, 90~130℃)에서 10~15분 정도 담가 세정을 진행한다. Piranha는 강력한 산화제로 유기오염물 중에서도 감광제와 같은 유기 박막 및 오염물을 효과적으로 제거하며 세정 후 기판 위에 화학적 산화막을 형성한다. 감광제 제거 메커니즘은 H_2SO_4에 의해서 감광제가 탈수되고 남은 잔유물이 산화제인 H_2O_2에 의해 반응하여 제거되는 방식이다. 보통 포토공정 및 후속 식각공정이나 이온주입공정 후에 감광제를 O_2 플라즈마로 제거한 후, 잔여물을 세정하는 목적으로 사용하고 다른 세정을 하기 전에 제일 먼저 진행한다. 이후 후속 공정에 맞는 전 세정공정(SC-1, DHF, SC-2 등)을 진행하게 된다.

4. DHF(Diluted HF) 세정

자연산화막은 반드시 제거되어야 할 대상으로, 이것을 제거하는 습식세정 방법은 일반적으로 HF와 H_2O를 1 : 50~500의 비율로 혼합한 용액(DHF)을 사용한다. DHF 세정은 자연산화막 혹은 화학적 산화막을 식각하고, 이때 산화막 내에 포함되어 있는 불순물도 함께 제거된다. DHF 세정 후 실리콘 웨이퍼 표면은 소수성을 나타내고 Si 표면이 H-termination되어 있다. HF 세정 용액은 산화막 내에 포함되어 있는 금속오염물은 효과적으로 제거할 수 있지만, Cu, Au와 같은 Noble Metal은 제거하기 힘들다. 따라서 SC-2 세정이 필요하지만 DHF 내에 산화제인 과산화수소를 첨가 사용하여 SC-2 세정을 skip하는 경우도 있다. DHF에 의해 표면 산화막과 산화막 내 금속이 제거되고 과산화수소에 의해 Noble Metal이 제거되는 방식이지만, 과산화수소에 의한 웨이퍼 표면의 국부적 산화에 의해 실리콘 표면의 거칠기(Roughness)가 증가하게 되는 단점이 있다.

5. 오존(Ozone) 세정

과산화수소는 오염물과 웨이퍼 표면을 산화시키는 산화제로 사용하는데, 과산화수소는 세정공정 동안 분해되어 물(H_2O)을 생성한다. 따라서 계속 과산화수소를 보충하며 사용해야 하지만 농도를 맞출 수 없게 되어 세정액의 수명이 짧다. 이러한 문제를 해결하기 위해 과산화수소를 대체하는 새로운 세정공정으로 오존을 적용하는 경우가 점점 많아지고 있다. DI에 오존을 녹인 오존수, 산에 오존을 녹인 Acid+O_3 등이 있다.

④ 건식세정 기술

건식세정은 고순도의 가스 및 증기를 사용하여 세정을 하기 때문에 습식식각처럼 과도한 화학 용액을 사용하지 않아 환경 문제를 완화할 수 있으며, 습식세정으로는 제거하기 어려운 Hole과 Trench 등의 작은 패턴까지도 각종 잔류 오염물을 제거할 수 있는 방법이다. 또한 건식세정은 박막증착장비, 식각장비 등과 결합한 Cluster Tool 장비에서 수행됨으로써 기판 위에 불순물의 재오염 및 파티클의 기판 위 오염을 감소시킬 수 있다. 반면 대부분의 중금속은 가스와 반응하여 휘발성 반응물을 형성하기 어렵기 때문에 건식세정으로 금속오염을 제거하는 것은 효과가 떨어진다.

최근까지 개발된 건식세정 방법으로는 산화막 제거용 HF Vapor 세정, 유기막 제거용 UV/O_3 세정, 금속 불순물 제거용 UV/Cl_2 세정, 미세 유기물 제거용 H_2/O_2 플라즈마 세정 등이 있다. 이와 같은 건식세정 방법들은 기판 위에서의 세정과 관련된 화학 반응을 향상시키기 위해 플라즈마, UV 조사, 가열 등과 같은 활성화 에너지원을 사용한다.

한편 건식세정법도 습식세정 대비 단점들을 가지고 있는데 우선 공정 재현성이 낮고, 습식세정처럼 기판 여러 장을 한번에 세정하는 배치(Batch) 방식을 사용하기 힘드므로 단위시간당 공정 처리량이 작다는 문제가 있다. 따라서 습식세정의 전면적인 대체보다는 서로의 단점을 보완하는 방식으로 결합되어 사용되고 있다. [표 4-19] 습식세정과 건식세정 장단점 비교, [표 4-20]에 현재 사용되고 있는 건식세정 방법을 정리하였다.

[표 4-19] 습식세정과 건식세정 장단점 비교

	습식세정	건식세정
장점	• 공정 후 물에 의한 세척 용이 • 사용 액체에 가연성이 없음 • 다양한 화학 용액 사용 가능 • 유기물/비유기물 제거에 모두 효과가 좋음 • 선택적 제거능력이 비교적 우수 • Low cost	• 적은 화학 용액 및 DI water 사용량 • 적은 폐액배출량, 용이한 폐액처리 • Full-scale cluster tool process구성 가능 • High aspect ratio 구조에 유리 • Particle 제어 용이 : Liquid보다 Gas에서 제어가 용이 • Wet cleaning 공정보다 안전한 Process
단점	• 유기화합물보다 건조가 느려 잔류물이 남을 가능성 존재 • 일부 유기물 제거 효과가 유기 Solvent보다 낮음 • 대부분의 화학 용액이 유독 물질 • 높은 폐기 비용 • 진공 시스템에서 사용하기 어려움	• 고가의 장비 사용 • 중금속이나 전이금속의 제어에 대한 고려 필요 • 일반적으로 Single-wafer process • 고온 공정 사용 시, 금속 불순물의 확산 가능성 존재

[표 4-20] 건식세정 방법

	Gross Organics	Fine Organics	Metals	Native Oxide
Vapor Cleaning		HCl : HF : H_2O vapor		HF : H_2O vapor
UV/O_3 & UV/Cl_2 Cleaning	UV/O_3	UV/O_3 UV/O_2 H_2O vapor	UV/Cl_2	UV/HF : CH_3OH UV/NF_3 : H_2:Ar
Plasma Enhanced Cleaning	O_2/H_2 direct remote plasma	O_2/H_2 remote plasma	HCl remote plasma	H_2 remote plasma
Sputtering Cleaning				Low E Ar sputtering
Thermal Enhanced Cleaning	Oxidation	Oxidation NO : HCl : N_2	HCl anneal	H_2 anneal High T/UHV Mid T/UHV

1. 자외선/오존 세정 (UV/O_3 세정)

주로 유기막을 제거하는 경우 사용되는 건식세정 방법이다. 수백 nm 수준의 고분자막을 UV(150~600 nm 파장)를 사용하여 유기물의 중합체(Polymer)를 단위체(Monomer)로 분해하는 방식으로, 공정 후에는 H_2O, CO_2, N_2의 분자로 휘발시켜 막을 제거하게 된다. 보통 포토공정의 PR 제거나 반응성 이온 식각(RIE) 후의 폴리머를 제거하는 용도로 많이 사용된다.

2. 플라즈마 세정

플라즈마를 사용하여 표면을 세정하는 방법으로서 플라즈마에서 학습한 내용과 동일하게 화학적인 방법과 물리적인 방법을 이용한다. 플라즈마의 Radical을 반응시켜 세정 효과를 얻는 방법이 화학적인 방법인데 주로 산소 radical과 반응하여 H_2O와 CO_2의 생성물을 형성하게 되면서 웨이퍼 표면의 유기물이 제거되는 방식이다. 또한 플라즈마 내의 Ar^+ 이온의 물리적인 방법을 사용하여 Ar^+ 이온이 표면과 충돌할 때 표면의 오염 물질이 제거되는 효과를 얻기도 한다. 이러한 화학적인 방법과 물리적인 방법은 플라즈마 내에서 동시에 일어나는 현상으로 과다한 에너지 상태에서 세정 진행 시 웨이퍼 표면에 식각이 일어나는 상태가 될 수 있으므로 적절한 공정 조건이 필요하다.

3. 불산 기상 세정

기상 세정은 액체를 쓰는 습식 식각과는 다르게 증기 상태의 물질을 통해 세정을 진행한다. 가장 많이 쓰는 방법이 불산 기상 세정인데, 수분이 제거된 불산 기체를 수증기와 혼합하여 기상의 물질을 진공 상태의 챔버에 주입하여 세정하는 방법이다. 수증기는 기판 표면과 반응하여 산화물을 만들게 되는데 이 산화물이 불산에 제거되게 된다. 또한 수증기는 HF의 농도를 낮추는 역할을 하여 세정 수준을 넘어 막을 제거하는 부작용을 방지한다. 불산으로 습식세정으로 하지 않고 기상으로 하는 이유이기도 하다.

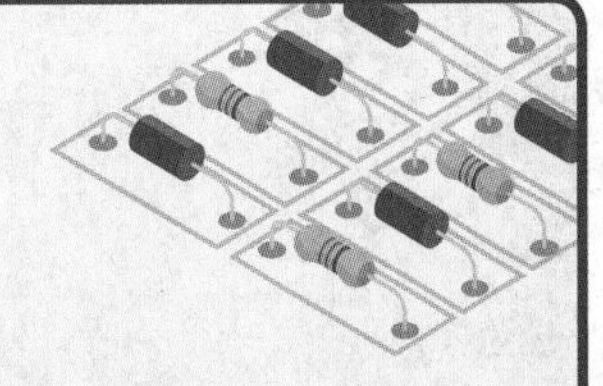

핵심 포인트 콕콕 파트4 Summary

반도체 공정은 Photo, Etch, CVD, Metal, Diffusion, Implantation, CMP, Clean 8개의 유닛 공정을 사용하여 원하는 전기적인 기능을 구현할 수 있는 구조를 한층 한층 쌓아 올려가는 과정이다. 다시 말하면, 지금까지 학습한 각각의 공정법을 사용하여 단계별로 한 스텝씩 공정을 진행하여 전공정이 끝나게 되면 최종적으로 작동하는 칩을 얻을 수 있도록 만드는 것이다. Part 4 반도체 공정을 마무리하며 아래의 맥락을 바탕으로 논리적이고 균형 잡힌 지식의 정리가 필요하다.

1. Photolithography

노광 공정의 각 스텝 별 순서를 바탕으로 내용을 이해하며, 노광 스텝에서 빛의 파장을 줄이는 의미와 더 이상 줄일 수 없는 빛의 파장 때문에 공정적으로 Double Patterning, Self-aligned Double Patterning 방법을 사용한 내용 그리고 마지막으로 EUVL을 사용하여 더 작은 패턴을 만들 수 있는 내용을 source, mirror, mask와 생산성 측면에서 정리가 필요하다.

2. Etch

주로 Dry Etch에 대한 깊은 이해가 필요하고 그 중에서도 RIE의 원리와 장단점, High Density Plasma를 이용한 ICP-RIE, ECR-RIE의 원리와 장단점에 대해서도 정리가 필요하다.

3. CVD & Metal

Physical한 방법과 Chemical한 공정 방법 각각에 대해 원리에 대한 이해와 장단점 그리고 공정법에 따른 특성 측면이 중요하며 증착에 대한 원리와 더불어 부도체 막과 금속막을 사용한 Contact Plug와 다마신 공정을 이용한 Metallization의 구조적인 이해까지 정리가 필요하다.

4. Diffusion & Implantation

열을 이용한 확산의 방법과 물리적인 에너지를 가진 입자의 주입이라는 근본적인 원리에서 발생되는 결과 차이의 이해가 가장 중요하며, Scaling Down 되는 추세에 있어 열에 의한 확산이 미치는 부작용 때문에 열처리의 온도가 높아지면서 처리시간은 더 짧아지고 있는 것을 기억하자.

5. CMP & Clean

CMP 공정은 설비적인 이해를 바탕으로 공정의 목적인 평탄화의 결과에 영향을 미치는 공정의 파라미터(압력, 회전속도 등)를 중심으로 정리하며, Clean 공정은 Wet / Dry 방식의 차이를 이해하고 특히 Dry Clean의 종류와 각 공정별 장단점을 잘 정리해 두도록 하자.

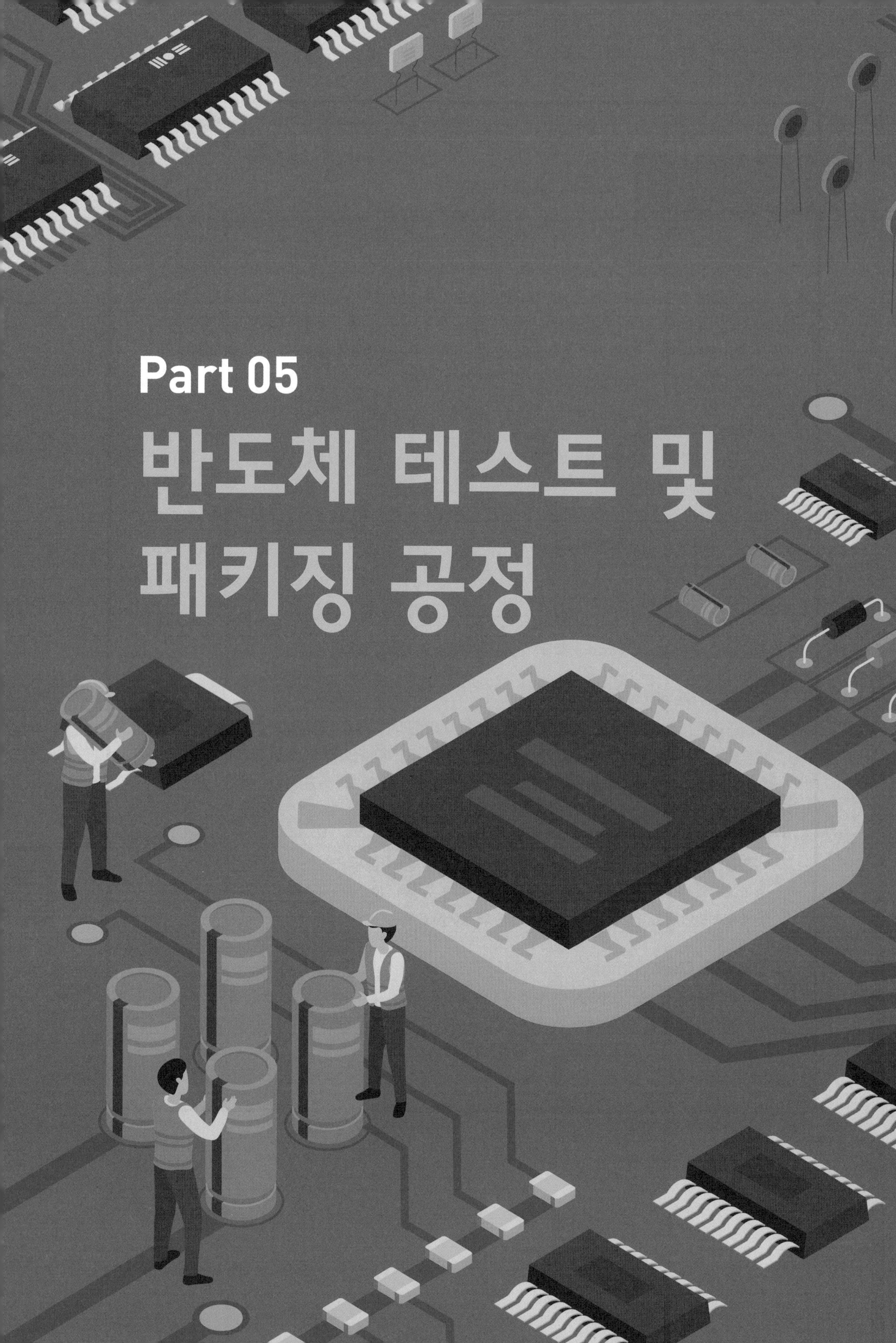

Part 05
반도체 테스트 및 패키징 공정

Chapter 01

반도체 테스트 공정

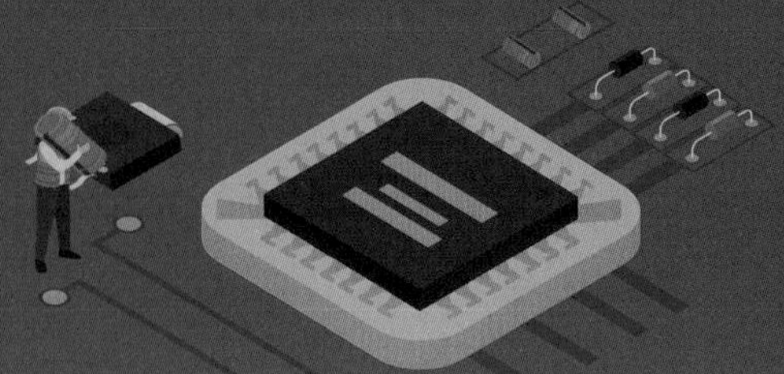

핵심요약

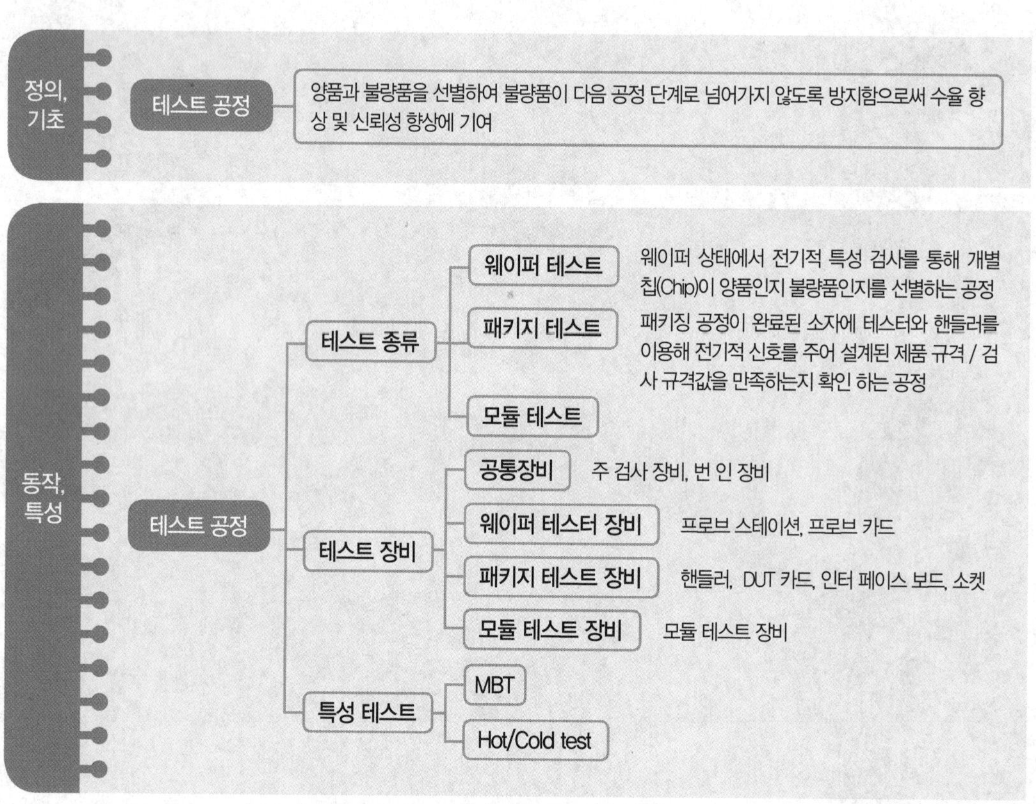
정의, 기초
테스트 공정
양품과 불량품을 선별하여 불량품이 다음 공정 단계로 넘어가지 않도록 방지함으로써 수율 향상 및 신뢰성 향상에 기여
동작, 특성
테스트 공정
테스트 종류
웨이퍼 테스트
웨이퍼 상태에서 전기적 특성 검사를 통해 개별 칩(Chip)이 양품인지 불량품인지를 선별하는 공정
패키지 테스트
패키징 공정이 완료된 소자에 테스터와 핸들러를 이용해 전기적 신호를 주어 설계된 제품 규격 / 검사 규격값을 만족하는지 확인 하는 공정
모듈 테스트
테스트 장비
공통장비
주 검사 장비, 번 인 장비
웨이퍼 테스터 장비
프로브 스테이션, 프로브 카드
패키지 테스트 장비
핸들러, DUT 카드, 인터 페이스 보드, 소켓
모듈 테스트 장비
모듈 테스트 장비
특성 테스트
MBT
Hot/Cold test

학습 포인트

반도체 테스트의 목적과 종류, 테스트 장비의 종류와 특성을 이해하여 웨이퍼 테스트와 패키지 테스트의 개요와 단계를 정의하고, 수율의 정의와 중요한 이유 그리고 수율 향상 방안 등을 설명할 수 있도록 한다.

1 테스트(Test)의 개념

1. 테스트(Test) 목적

테스트(Test)의 목적은 전 공정(Front-end)인 팹(FAB, Fabrication) 및 후 공정(Back-end)인 패키징(PKG, Packaging), 그리고 모듈(Module) 공정 완료 후 전기적 특성(Electrical Characteristics) 검사를 통해 양품과 불량품을 선별하여 불량품이 다음 공정 단계로 넘어가지 않도록 방지함으로써 수율 향상 및 신뢰성 향상에 기여하는 것이다.

2. 테스트(Test) 종류

테스트(Test)에는 전 공정(Front-end) 완료 후 웨이퍼 완성 단계에서 이루어지는 웨이퍼 테스트(Wafer Test, EDS Test Electrical Die Sorting Test))와 후 공정(Back-end) 조립 공정 후 패키지(Package) 상태에서 이루어지는 패키지 테스트(Package Test, Final Test), 그리고 반도체 완제품 상태에서 이루어지는 모듈 테스트(Module Test)가 있다.

(1) 웨이퍼 테스트[Wafer Test, EDS Test(Electrical Die Sorting Test)] 개요

전 공정(Front-end)이 완료된 웨이퍼 상태에서 전기적 특성 검사를 통해 칩이 양품인지 불량품인지를 선별하는 테스트 공정으로, EDS(Electrical Die Sorting) 테스트 또는 웨이퍼 테스트(Wafer Test), 또는 프로브 테스트(Probe Test)라고도 한다. 상온(25℃) 테스트, 고온과 저온(Hot and Cold) 테스트, 그리고 번 인(Burn-in) 테스트 등을 통해 불량으로 선별된 칩은 특정한 표시인 잉킹(Inking)을 통해 불량으로 판정한다. 반면에 양품으로 선별된 칩은 잉킹(Inking)을 하지 않는다. 최근엔 잉킹(Inking)대신 웨이퍼 맵 이미지 공정(Wafer Map Image Process)을 통해 테스터 결과에 따른 양품칩과 불량칩을 데이터(Data)로 저장하고 조립공정에는 양품 칩만 진행하고 있다. 웨이퍼 테스트(Wafer Test)를 통해 제품의 목표 수율 대비 측정결과의 수율이 낮은 경우 불량 분석(Failure Analysis)을 통해 웨이퍼 제조 공정상의 문제점이나 설계상의 문제점을 조기에 발견하여 공정 및 설계팀에 피드백하여 대책을 수립한다.

(2) 패키지 테스트(Package Test, Final Test) 개요

후 공정(Back-end)인 패키징 공정 완료 후 패키지(Package) 상태에서 최종 불량 유무를 선별하는 테스트 공정으로 패키지 테스트(Package Test)또는 파이널 테스트(Final Test)라고도 한다. 상온(25℃)에서 진행하는 DC Test, 극한 조건을 인가하는 번 인 스트레스(Burn in Stress)테스트, 번 인 테스트 후 상온(25℃)과 저온(-5℃)에서의 전기적 특성 및 기능 테스트, 그리고 고온(75℃)에서 실시하는 파이널 테스트(Final Test) 등의 단계를 통해 불량을 선별하고 양품 제품은 속도, 기능 등에 따라 등급(Bin)으로 구분한다. 각 제품의 목표 수율 달성 여부를 판단하고 목표 수율을 달성하지 못한 제품의 경우, 테스트에서 발생하는 데이터를 수집, 분석하여 결과를 제조 공정이나 조립 공정에 피드백하여 제품의 품질을 개선하는 역할을 한다.

(3) 모듈 테스트(Module Test, Board Test) 개요

모듈(Module)이란 하나의 기판 위에 여러 개의 반도체 칩을 집적시켜 스마트폰, 데스크톱(PC) 등에 장착하여 사용할 수 있는 반도체 완제품을 말한다. 모듈 테스트(Module Test)는 보드 테스트(Board Test)라고도 하며, 칩이 실장된 인쇄회로기판(PCB)과 칩과의 전기적인 연결 관계 등을 점검하기 위해 직류 전압, 전류를 인가하는 DC 테스트, 여러 기능을 점검하는 Function 테스트, 그리고 실제 고객의 환경에서 칩을 동작하는 실장 테스트를 진행한다.

2 테스트 장비의 종류와 특성

1. 테스트 장비 개요

웨이퍼 테스트(Wafer / EDS Test)와 패키지 테스트(Package / Final Test), 그리고 모듈 테스트(Module / Board Test)에서의 공통 장비로는 주 검사 장비(Main Tester)와 번 인(Burn-In)장비가 있으며 각 테스트 공정에서 필요한 추가 장비는 다음과 같다. 웨이퍼 상태에서 칩의 정상 여부를 테스트하기 위해 주 검사 장비(Main Tester)와 웨이퍼를 전기적으로 연결하는 프로브 스테이션(Probe Station), 그리고 조립이 완료된 패키지 상태에서 정상적인 동작 여부를 평가하기 위해 주 검사 장비(Main Tester)와 각각의 반도체 소자가 연결되는 핸들러(Handler)가 있다.

- 웨이퍼 테스트(Wafer Test) 장비는 웨이퍼 상태에서 칩의 정상 여부를 검사하는 프로브 스테이션(Probe Station)과 프로브 팁(Probe Tip)이 장착된 프로브 카드(Probe Card) 등이다.
- 패키지 테스트(Package Test) 장비로는 소자를 주 검사 장비(Main Tester)로 이송 및 분류하는 역할을 하는 핸들러(Handler)와 주 검사 장비와 핸들러를 연결하는 DUT(Device Under Test) 카드(Card) 또는 인터 페이스 보드(Interface Board), 그리고 DUT 또는 보드(Board) 내에 디바이스(Device)를 장착하는 소켓(Socket)등이다.
- 모듈(Module) 테스트 장비로는 PCB(인쇄 회로 기판)에 반도체 소자가 여러 개 장착되어 있는 모듈상태에서 동작상태를 검사하는 모듈 테스트 장비가 있다.

2. 주 검사 장비(Main Tester)

주 검사 장비(Main Tester)는 소자(Device) 구동에 필요한 전기적 입력 신호를 DUT(Device Under Test)에 인가하고 소자 출력 신호를 검출하여 판정한 후 핸들러(Handler)를 제어하여 칩의 성능을 등급별로 분류하도록 명령 신호를 보내는 두뇌 역할을 수행한다. 주 검사 장비는 반도체 소자 종류에 따라 메모리 검사 장비와 비메모리 검사 장비로 구분할 수 있다. 메모리 검사 장비는 DRAM, NAND Flash 메모리 등의 메모리 반도체를 검사하는 장비이며 제품의 불량 여부를 판단하고 속도 등급 등을 분류(Bin 구분)하는 기능을 한다. 비메모리 반도체 검사 장비는 로직 소자(Logic Device), 마이크로 컴포넌트(Micro Component) 등의 비메모리 반도체를 검사하는 장비이며 메모리 반도체 검사 장비에 비해 요구되는 성능은 낮으나, 다양한 변환 키트(Conversion Kit)가 요구된다. 주 검사 장비 업체로는 테러다인(Teradyne), 어드반 테스트(Advantest), 요코가와(Yokogaw), 애질런트(Agilent) 등이 있으며, 국내 업체로는 엑시콘, 유니테스트 등이 있다.

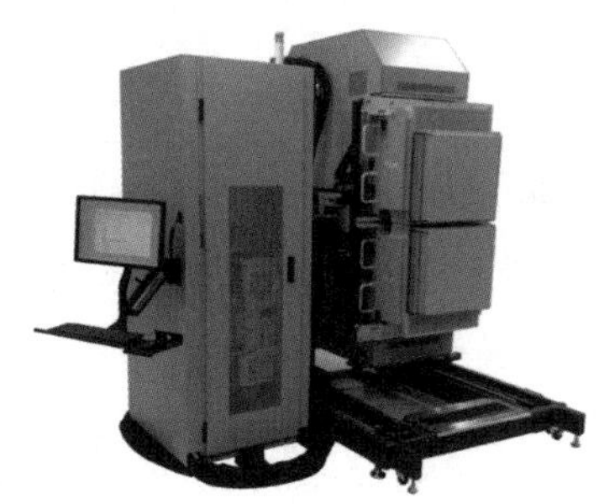

(자료: Teradyne 홈페이지)

(a) 테러다인의 메모리 테스트 솔루션 "Magnum V"

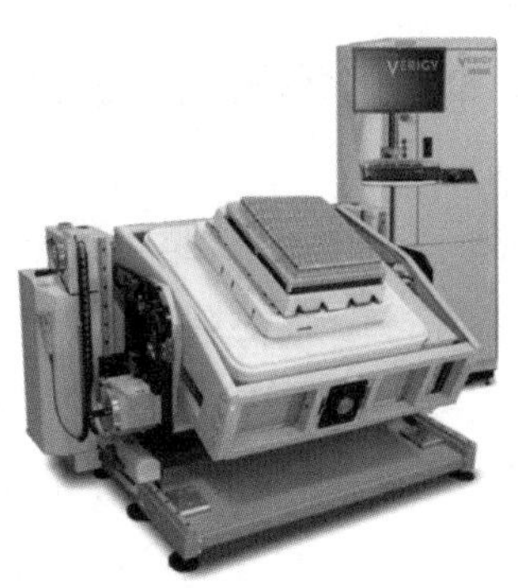

(자료: Advantest 홈페이지)

(b) 어드반테스트의 테스트 시스템 "V93000"

[그림 5-1] 주 검사 장비(Main Tester)

3. 핸들러(Handler)

핸들러(Handler)는 모든 공정이 완료된 칩(반도체 소자)을 주 검사 장비(Main Tester)로 이송 및 분류하는 역할을 한다. 주 검사 장비로 반도체 칩들을 공급해 주고 주 검사 장비에서 받은 명령대로 양품과 불량품을 속도(Speed) 등급별로 분류하는 역할을 수행한다. 핸들러(Handler)는 칩의 이송 방식에 따라 수평식과 수직식이 있으며 칩의 종류에 따라 메모리용과 비메모리용으로 구분한다. 국내업체로는 테크윙, 미래산업, 세크론 등이 있다.

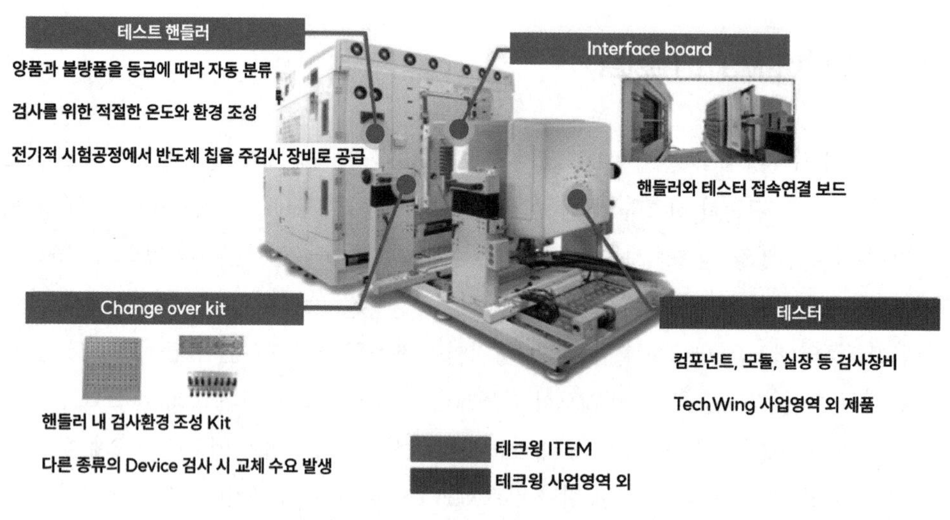

[그림 5-2] ㈜ 테크윙 테스터 핸들러

4. 프로브 스테이션(Probe Station)

전 공정(Font-end) 완료하고 후 공정(Back-end) 진행 전, 웨이퍼 상에 만들어진 칩(Chip)이 제대로 완성되었는지 테스트하기 위해 웨이퍼(Wafer)에 프로브 카드(Probe Card)에 장착되어 있는 프로브 팁(Probe Tip)을 칩의 패드(Pad)에 접촉시키고, 주 검사 장비(Main Tester)부터 전기적인 신호를 보내 칩의 정상 유무를 판정하는 웨이퍼 수준의 테스트 장비이다. 웨이퍼 테스트가 끝나면 웨이퍼를 카세트(Cassette)로 이송하고 다음 웨이퍼를 테스트할 수 있게 이송한다.

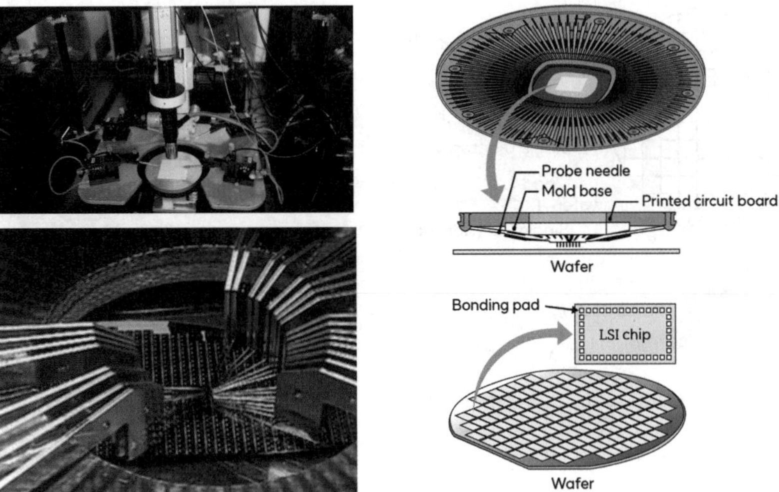

[그림 5-3] (왼쪽) 프로브 스테이션(Probe Station)과 (오른쪽) 프로브 카드(Probe Card)

5. 프로브 카드(Probe Card)

칩(Chip)의 전기적 동작 상태를 검사하기 위해, 선 형태의 프로브 팁(Probe Tip)을 인쇄 회로 기판(PCB)에 부착한 카드로, 프로브 팁(Probe Tip)이 웨이퍼(Wafer)와 메인 테스터(Main Tester)의 중간 매개체 역할을 하면서 칩의 양, 불량을 검사한다. 프로브 팁(Probe Tip)은 팁(Tip)을 수작업으로 연결해 완성하는 고부가가치 소모성 부품으로, 최근 프로브 카드(Probe Card)에 초미세 회로 선폭을 적용하기 위해 반도체 공정을 적용한 멤스(MEMS) 공정이 도입되고 있다.

프로브 카드(Probe Card) 종류에는 접촉 단자의 기계적 동작 원리에 따라 1세대 컨틸레버(Cantilever)형, 1.5세대 버티컬(Vertical)형, 2세대 멤스(MEMS)형으로 분류한다. 멤스(MEMS)형은 미세 전기전자 기계시스템(Micro electro mechanical system)으로 나노기술을 이용해 제작되는 매우 작은 기계를 의미하며 나노 머신(Nano Machine)이라는 용어로 쓰기도 한다. 멤스(MEMS) 형태의 프로브 카드는 기존의 캔틸레버(Cantilever) 형태의 프로브 카드에서 요구하는 패턴폭/여유공간(Pattern Width / Space) 100/50㎛ 수준보다 초미세 패턴 수준인 40/20㎛를 요구하고 있고, DUT(Device Under Test) 수가 증가함에 따라 그리고 프로브 카드의 평탄도가 크게 중요함에 따라 기존의 +/−300㎛ 수준에서 10% 수준인 +/−30㎛의 평탄도를 요구하고 있다. 멤스(MEMS)프로브 카드는 텅스텐(Tungsten) 탐침을 사용하는 에폭시(Epoxy) 프로브 카드에 비해 검사 속도가 빠르며, 동시에 많은 반도체를 검사 할 수 있고, 검사를 위해 반도체의 패드(입출력 단자)에 접촉할 때의 충격 강도가 기존의 에폭시 프로브 카드 대비 약하기 때문에 반도체에 가해지는 손상도 적은 장점이 있다.

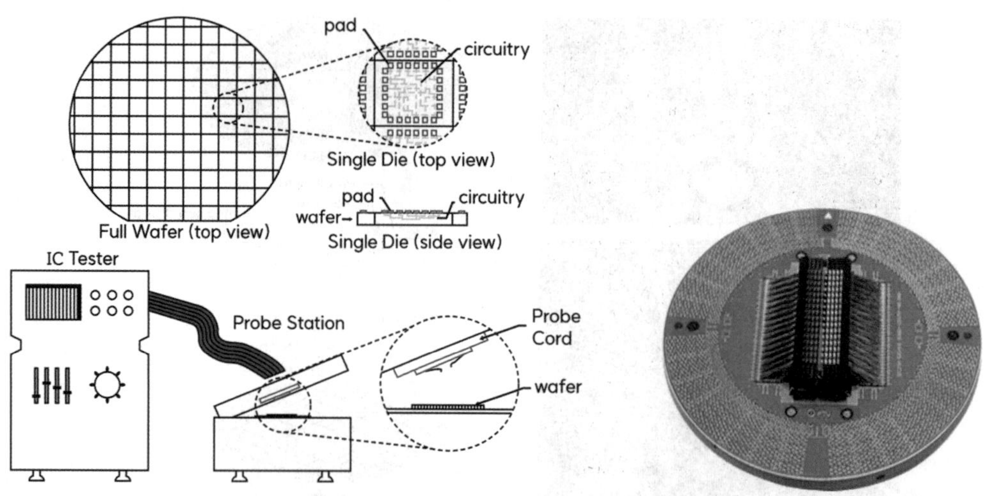

[그림 5-4] (왼쪽) 웨이퍼 테스트(EDS Test) 원리와 (오른쪽) 프로브 카드(Probe Card) (© KiSTi)

[그림 5-5] 프로브 카드 세대 구분 (왼쪽부터) 캔틸레버형(1세대), 버티컬형(1.5세대), MEMS형(2세대) (© KiSTi)

6. DUT 카드(Device Under Test / Inteface Board)

패키지 테스트에서 주 검사 장비(Main Tester)와 패키지된 소자(Device)의 핀(Pin)을 전기적 신호로 연결해 주는 매개체 역할로 DUT(Device Under Test) 카드 또는 인터페이스 보드(Interface Board)라고 한다. DUT 카드에는 VDD, VTT, GND 등의 전원 공급(Power Supply) 단자가 있다.

[그림 5-6] DUT 카드 / 인터페이스 보드(interface Board) (© At-Spex)

7. 테스트 소켓(Test Socket)

패키지(Package)가 완료된 소자(Device)와 DUT 카드 / 인터페이스 보드(Interface Board)를 전기적 신호로 연결해 주는 매개체이다. 소자(Device)를 장착한 소켓(Socket)은 DUT 카드 안에 장착되어 테스터(Tester) 장비와 전기적으로 연결된다. 즉 소켓은 테스터 장비와 패키지된 소자를 전기적으로 연결시켜 주는 소모성 부품이다. 테스트 소켓 종류에는 포고 핀 타입(Pogo Pin Type)과 실리콘 러버 타입(Silicon Rubber Type)이 있으며 포고 핀 타입의 장점은 전기적 특성과 강도, 내구성이 우수하나 접촉 불량이 자주 발생하고 표면이 날카로워 반도체 손상 가능성과 고주파 신호 손상 등의 단점이 있다. 실리콘 러버 타입은 반도체 손상 감소와 빠른 신호 전달, 그리고 고주파 신호 손상 감소 등의 장점이 있으나 전기적 특성, 강도 열세 등의 단점이 있다.

[그림 5-7] (왼쪽) DUT 카드, (오른쪽) 테스트 소켓(Test Socket) (© Leeno)

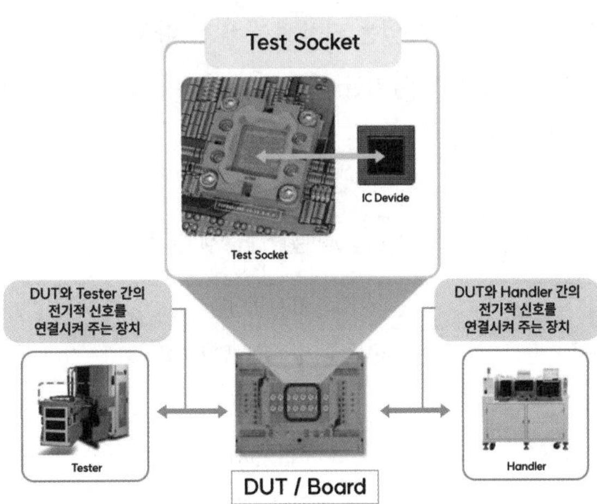

[그림 5-8] 패키지 테스트 개요

[그림 5-9] (왼쪽) 포고 핀 소켓과 (오른쪽) 실리콘 러버 소켓 (© ISC)

8. 번 인(Burn-in) 장비

웨이퍼 및 소자(Device)에 고온 및 임계 값에 가까운 전압을 가한 상태(고객이 1년 이상 사용하는 정도의 스트레스 인가)에서 동작시켜 실제 사용 시 발생할 수 있는 제품의 불량을 조기에 검출하기 위한 장비로, 웨이퍼 수준의 번 인 공정(Wafer Level Burn-in, WLBI)과 패키지 상태에서의 번 인 공정(Package Level Burn-in, PLBI)이 있다.

(1) 웨이퍼 수준의 번 인 공정(Wafer Level Burn-in, WLBI)

웨이퍼 수준의 번 인 공정(Wafer Level Burn-In, WLBI)은 웨이퍼 상태에서 번 인(Burn in)을 하기 때문에 번 인(Burn-in) 불량이 발생한 칩을 조립하는 낭비를 줄일 수 있으며 MCM(Multi Chip Module)을 위한 품질 보증된 베어칩(Bare Chip)을 확보할 수 있다. WLBI의 구성은 패키지 번 인 방식과 같이 신호 발생과 분배 부분으로 구성되며, 온도 제어 방식에 있어서는 패키지 번 인의 공기 가열 방식과 달리 직렬식이 많이 사용된다. WLBI와 웨이퍼를 연결하는 인터페이스로는 프로브 카드(Probe Card)를 이용하고 있다. WLBI은 접촉 방식에 따라 일괄 WLBI와 분할 WLBI로 나눌 수 있으며, 일괄 WLBI는 웨이퍼를 일괄적으로 접촉할 수 있는 카세트에 넣은 다음 온도 제어 유닛에 놓고 번 인(Burn in)하는 방식이고, 분할 WLBI는 전체 웨이퍼를 프로브 스테이션(Probe Station)상에서 여러 번으로 나누어 번 인(Burn in)하는 방식이다.

[표 5-1] 일괄, 분할 웨이퍼 번 인(Wafer Level Burn in, WLBI) 특징 비교

방식	일괄 WLBI	분할 WLBI
적용 품종	전 품종(핀 수에 제한 있음)	메모리에 적용
Burn-in 시간	장시간	단시간
Burn-in 커버율	칩 전체	메모리 셀 및 주변 회로부
Test	가능(일부 제한 있음)	불가능

(2) 패키지 수준의 번 인 공정(Package Level Burn-in, PLBI)

패키지 상태의 메모리 소자(Device)를 번 인 보드(Burn in Board)의 소켓(Socket)에 삽입한 뒤 챔버(Chamber) 안에 넣고, 125℃에서 일정 시간 동안 소자(Device)에 일련의 기능 테스트(Function Test)를 수행하여 제품의 기능이 정상 혹은 비정상인지 선별하기 위한 공정이다. 최근 메모리 용량이 증가함에 따라 집적도를 높이기 위해 시도되는 SiP(System in Package)와 MCP(Multi Chip Package) 등 베어 칩(Bare Chip)에서 고밀도 실장을 하는 제품이 증가하여 다핀화가 진행되는 등 PLBI 공정 비용이 증가되고 있다. 이와 같은 문제를 해결 하기 위해 메모리 반도체 제품에 DFT(Design For Testability), 또는 BIST(Built-In Self Test) 기능을 내장하여 적은 핀(Pin)을 사용하여 검사하고 있다. 패키지 번 인(Package Burn in, PLBI)은 패키지 상태의 기능 발달에 따라 Static Burn in, Dynamic Burn in, Test During Burn in으로 구분된다.

[표 5-2] 패키지 번 인(Package Burn in, PLBI) 구분 (© KiSTi)

항 목	내 용
Static Burn in	소자에 고온과 Stand by 상태에서의 고전압의 VDD전원만 가하여 초기 불량을 검출하는 방식의 번인
Dynamic Burn-in	고온과 저온에서 고전압의 VDD를 인가하고 소자가 액티브(Active) 상태로 동작하도록 하는 방식으로 초기불량을 검출하는 방식
Test During Burn-in	Dynamic Burn-in 설비에서 기능 읽기를 추가하여 일반 테스트 시스템에서 진행하고 있는 기능 항목을 실행하는 방식

9. 소자별 검사 장비 특성

소자별 검사 장비 특성은 디램 검사(DRAM Test), 플래시 메모리 검사(Flash Memory Test), 로직 검사(Logic Test)로 분류한다.

(1) 디램 검사(DRAM Test) 장비 특성

가장 고성능이 요구되며, DRAM 소자의 패키지가 완료된 상태에서 검사하는 최종단계 검사(Test)이며 양품과 불량 판정 및 속도 등급을 테스트 후 분류하는 역할을 한다.

(2) 플래시 메모리 검사(Flash Memory Test) 장비 특성

플래시 메모리 소자의 패키지가 완료된 상태에서의 최종단계 검사(Test)이다. 양품, 불량 판정 및 속도 등급 분류 역할을 하며 DRAM Test에 비해 장비 속도가 현저히 떨어진다.

(3) 로직 검사(Logic Test) 장비 특성

로직 소자(Logic Device) 등의 비메모리 반도체 검사(Test)는 고온 테스트가 가능하다. 또한 테스트 시간이 매우 짧아 인덱스 시간(Index Time)과 사이클 시간(Cycle Time)이 장비의 성능을 좌우한다. 로직 테스트 장비는 메모리보다 간단하고 저렴하나 다양하고 까다로운 컨버전 키트(Conversion Kit)가 요구되는 단점이 있다.

10. 메모리 소자 검사 항목

메모리 소자의 검사 항목은 직류(DC) 전압을 인가하여 양품과 불량품을 판정하는 직류 검사(DC Test)와 펄스 신호를 인가하여 지연시간 및 속도 등을 판정하는 교류 검사(AC Test), 그리고 메모리 셀(Cell)의 읽기, 쓰기 기능 등을 평가하는 기능 검사(Function Test)가 있다.

(1) 직류 검사(DC Test)

DUT(Device Under Test)에 규정된 전압을 인가하여 개방(Open) / 단락(Short), 입력전류, 출력전압, 전원전류 등의 DC 특성을 측정한 후 그 검출량으로 양, 불량을 판정한다.

(2) 교류 검사(AC Test)

DUT(Device Under Test)의 입력단자에 펄스 신호(Pulse Signal)를 인가하여 입출력 운반 지연시간(Delay Time), 출력 신호의 시작과 종료 시간 등의 동작 특성을 측정하여 속도 등급으로 나누어 판정한다.

(3) 기능 검사(Function Test)

각 메모리 셀(Cell)의 읽기, 쓰기 기능이나 상호 간섭 등을 시험하며, 패턴 발생기에서 발생한 시험 패턴을 DUT에 인가한 후 나타나는 출력 신호를 규정된 수준과 비교한 후, 그 비교 결과를 패턴 발생기에서 발생한 출력 기대 패턴과 비교하여 동작의 양, 불량을 평가한다.

③ 웨이퍼 테스트[Wafer Test, EDS(Electrical Die Sorting) Test]

1. 웨이퍼 테스트(Wafer Test, EDS Test) 개요

웨이퍼 상태에서 전기적 특성 검사를 통해 개별 칩(Chip)이 양품인지 불량품인지를 선별하는 공정으로 불가능한 칩은 특정한 표시인 잉킹(Inking)를 통해 불량으로 판정한다. 최근엔 잉킹(Inking) 대신 웨이퍼 맵 이미지(Wafer MAP Image)로 양품과 불량품을 구분하기도 한다. 웨이퍼 테스트는 수율(Yield)를 높이기 위한 중요한 공정으로 수율이 높을수록 생산성(Productivity)이 높아지므로 테스트를 통해 각 제품의 목표 수율(Yield) 대비 낮은 경우 불량 분석(Failure Analysis)을 통해 웨이퍼 제조 공정상의 문제점이나 설계상의 문제점을 조기에 발견하여 공정 및 설계 팀에 피드백하여 대책을 수립한다. 웨이퍼 테스트를 EDS 테스트 또는 프로브(Probe) 테스트라고도 한다.

2. 웨이퍼 테스트(EDS Test) 단계

EDS 테스트는 5단계 테스트로 진행한다.

① ET Test & WBI(Electrical Test & Wafer Burn In)

② Pre Laser(Hot/Cold)

③ Laser Repair & Post Laser

④ Tape Lamination & Back Grinding

⑤ Inking 또는 Wafer MAP Image

(1) ET Test and WBI(Electrical Test and Wafer Burn-in)

① ET(Electrical Test)

ET(Electrical Test)는 반도체 집적회로(IC) 동작에 필요한 개별 소자들(트랜지스터, 다이오드, 저항, 커패시터 등)에 전기적 직류 전압(DC), 전류 특성의 파라미터를 테스트하여 작동 여부를 판별하는 과정으로 EPM(Electrical Parameter Monitoring)이라고도 한다. 프로브 스테이션(Probe Station)에 프로브 카드(Probe card)를 이용하여 웨이퍼 다이(Die)/칩(Chip)에 전도성 팁(Tip)을 접촉시킨 후 테스터(Tester)와 칩 간의 전기적 신호를 상호 연결하여 DC Test를 진행한다. 양산 단계에서 웨이퍼 테스트의 DC Test는 칩 대신에 스크라이브 라인(Scribe Line) 내 TEG(Test Element Group) 영역을 만들어 테스트용 패턴(Pattern)을 삽입하여 트랜지스터(Transistor), 다이오드(Diode), 캐패시턴스(Capacitance), 저항(Resistor) 등을 측정한다.

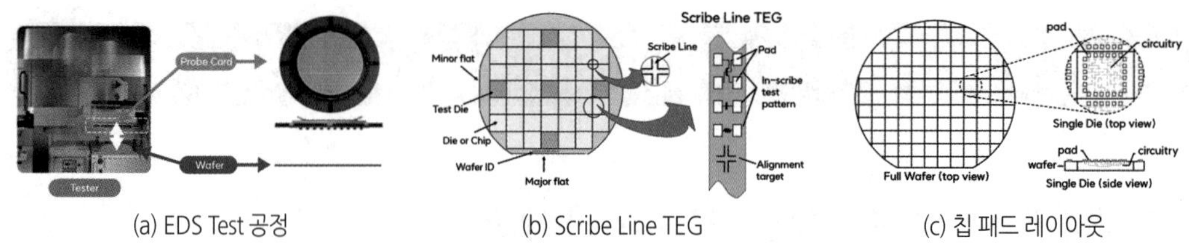

(a) EDS Test 공정 (b) Scribe Line TEG (c) 칩 패드 레이아웃

[그림 5-10] 웨이퍼 테스트(EDS Test) 개요 (© KiSTi)

② WBI(Wafer Burn-In)

WBI(Wafer Burn-In) 공정은 제품 초기에 발생하는 높은 불량률을 효과적으로 제거하기 위한 목적으로, 웨이퍼에 일정 온도의 열을 가한 다음, AC/DC 전압을 가해 제품의 약한 부분, 결함 부분 등 잠재적인 불량 요인을 찾아내 제품의 신뢰성을 향상시키는 공정이다.

③ WTS(Wafer Burn-in Test System)

WTS(Wafer Burn-in Test System)는 EDS 테스트에 적용하는 테스트 시스템(Test System)으로 초기 불량 감소 및 수선(Repair) 분석 기능 수행, 플래시 메모리 검사 대응을 위해 개발된 별도의 독립된 검사 설비이다. 웨이퍼에 고전압 스트레스(Stress)를 가함으로써 각 칩(Chip)별로 갖고 있는 결함(Defect)를 인식하고 수선(Repair) 정보를 분석하는 R/A(Redundancy Analysis, 중복 분석) 기능을 구현하여 주 검사 장비(Main Tester)를 거치지 않고 직접 레이저 수선(Laser Repair)를 수행하여 웨이퍼 상태에서의 신뢰성 및 생산성을 향상시키는 테스트 시스템이다.

(2) Pre Laser(Hot / Cold)

전기적 신호를 통해 칩들의 정상과 이상 상태를 판정하여 수선(Repair)이 가능한 칩은 수선 공정에서 처리하도록 정보를 저장한다. 또한 특정 온도에서 발생하는 불량을 잡아내기 위해 상온보다 높은/낮은 온도에 따른 테스트를 병행한다.

(3) Laser Repair & Post Laser

Pre Laser 공정에서 수선(Repair)이 가능한 칩들을 모아 레이저 빔(Laser Beam)을 이용해 수선(Repair)하는 공정으로 수선이 끝나고 나면 Post Laser 공정을 통해 수선이 제대로 이루어졌는지 검증한다.

(4) 테이프 라미네이션(Tape Lamination) & 백 그라인딩(Back Grinding)

웨이퍼 테스트(EDS 테스트)가 끝난 후 웨이퍼의 뒷면을 갈아내는 공정이다. 먼저 연마 시 발생하는 다량의 실리콘 잔여물(Dust) 및 파티클(Particle)로부터 웨이퍼 패턴 표면을 보호하기 위해 웨이퍼 전면에 자외선(UV) 테잎을 씌워 보호막을 형성하는데 이를 테이프 라미네이션(Tape Lamination)

이라 한다. 이후 웨이퍼의 후면을 미세한 다이아몬드 입자로 구성된 연마 휠(Wheel)로 갈아 칩의 두께를 얇게 한다.

웨이퍼 뒷면 연마(Back Grinding)의 목적은 ① 웨이퍼 뒷면의 불필요한 막을 제거하고, ② 두꺼운 뒷면을 깎아 저항을 줄이며, ③ 열을 효율적으로 제거하고, ④ 전자기기의 소형, 박형, 경량화를 위해 필요하다. 특히 칩의 두께가 얇을수록 IC 카드나 모바일 기기등에 탑재되는 MCP(Multi Chip Package) 구조에서 유리하다.

메모리에 사용되는 300mm 웨이퍼의 두께는 약 800um 정도로 백 그라인딩(Back Grinding) 공정을 통해 최종 두께가 50㎛에서 80um 정도만 남기고 나머지는 갈아낸다. 웨이퍼의 백 그라인딩은 3단계로 이루어지며 1차로 거친 연삭(Rough Grinding)을 한 뒤 2차로 미세 연삭(Fine Grinding)을 진행한다. 이후 연마 작업(Polishing)을 통해 거칠어진 웨이퍼의 표면을 다듬어 마무리한다. CMP(Chemical Mechanical Polishing)와 동일하게 슬러리(Slurry)와 DI 워터(Deionized Water)를 패드와 웨이퍼 사이에 투입하여 마찰력을 최소화 한다.

최종 웨이퍼 두께가 50um 이하로 더 얇아질 경우, 패키징 공정의 소잉(Sawing)/다이싱(Dicing) 공정 시 칩에 스트래치(Scratch)나 크랙(Crack)등의 결함이 발생하므로 공정 순서를 바꾸어 진행한다. 1차로 그라인딩(Grinding)하기전 웨이퍼의 다이싱(Dicing)을 반 정도(Half Cutting) 실시하는 DBG(Dicing Before Grinding)를 실시하고 이후 라미네이션(Lamination), 연삭(Grinding) 그리고 2차 다이싱 순으로 진행한다.

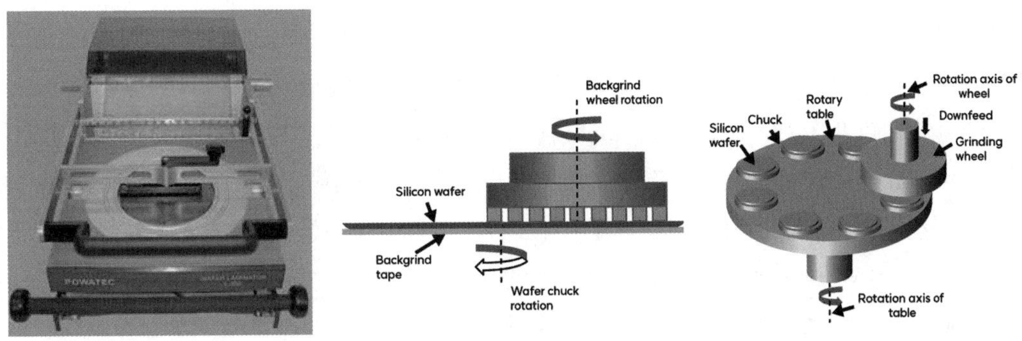

[그림 5-11] (왼쪽) Tape Lamination 공정과 (오른쪽) Back Grinding 공정 (© Infineon Technologies)

(5) 잉킹(Inking) 공정과 웨이퍼 맵 이미지 공정(Wafer MAP Image Processing)

① 잉킹(Inking) 공정

잉킹(Inking) 공정은 뒷면 연마(Back Grinding) 공정 후 웨이퍼 테스트에서의 마지막 단계로 불량 칩에 특수 잉크를 찍어 육안으로 불량 칩을 식별할 수 있도록 만드는 공정이다. 패키징(Packaging) 과정에서 잉크가 찍힌 불량 칩에 대해서는 조립을 진행하지 않으므로 조립 및 검사 공정에서 사용되는 원부자재 및 설비, 시간, 인원 등의 손실 절감 효과가 있다. 또한 웨이퍼 내에서 완성되지 않은 더미 칩(Dummy Chip, Die)의 경우도 잉킹(Inking) 공정을 통해 불량 칩으로 구분 표시한다. 이후 잉킹(Inking) 공정이 끝난 웨이퍼는 건조한 후 QC Gate의 최종 검사를 거쳐 패키징(Packaging) 공정으로 이송한다.

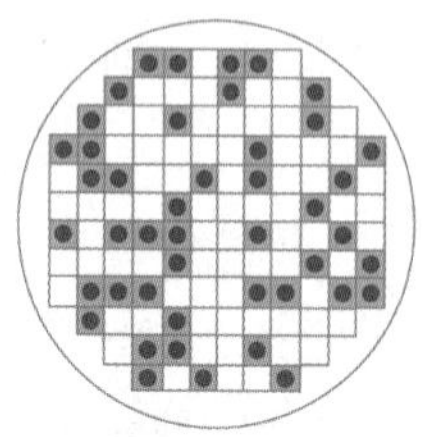

잉킹된 칩 → 불량
잉킹 안 된 칩 → 양품

[그림 5-12] 잉킹된 칩(불량)과 잉킹 안 된 칩(양품) (© 삼성전자)

② 웨이퍼 맵 이미지 공정(Wafer MAP Image Processing)

웨이퍼 맵 이미지 공정(Wafer MAP Image Processing)은 기존 잉킹(Inking) 공정 대신에 데이터(Data)만으로 양품 칩과 불량 칩을 구별하기 위한 공정이다. 최근에는 웨이퍼 사이즈가 커지고 칩(Chip) 사이즈가 작아짐에 따라 EDS 공정에서의 수율 분석(Yield Analysis) 및 각 공정 단계에서의 불량 분석(Failure Analysis)을 효율적으로 할 수 있도록 데이터(Data)만으로 양품 칩과 불량 칩을 판별할 수 있도록 처리하는 웨이퍼 맵 이미지 공정(Wafer MAP Image Processing)을 진행하고 있다. 웨이퍼 테스트(EDS) 단계에서 반도체 칩들은 Test 설비로부터 전기적으로 측정되고 측정결과에 따라 양품 칩과 불량 칩으로 분류되어 수치화되고 자료로 저장된다. 이때 결함이 발생한 셀(Cell)의 정보를 담고 있는 데이터가 웨이퍼 맵 이미지(Wafer map image)의 형태로 저장된다. 각 칩은 Wafer map image 상에서 (x, y) 좌표 값에 위치하고, 테스트 결과에 따른 빈(Bin) 값을 포함한다. 패스(Pass, Good)인 칩은 녹색으로 표시(값은 0로 할당)되고 페일(Fail)인 칩은 붉은 색으로 표시(값은 1로 할당)된다. 웨이퍼 맵 이미지(Wafer MAP Image)를 통한 각종 공정 결함(Process Defect)은 수율 저하의 원인이 되므로 불량 분석(Failure Analysis)을 통해 수율을 개선할 수 있다.

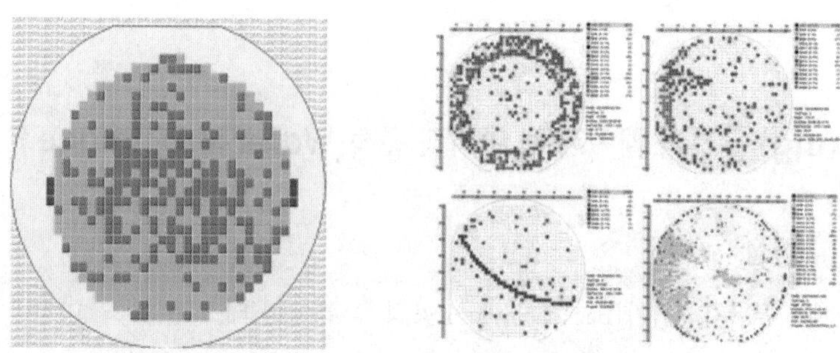

[그림 5-13] (왼쪽) 웨이퍼 맵 이미지(Wafer MAP Image)과 (오른쪽) 공정 결함이 포함된 이미지 (© 삼성전자)

4 패키지 테스트(Package Test, Final Test)

1. 패키지 테스트(Package Test, Final Test) 개요

패키징 공정이 완료된 소자(Device)에 테스터(Tester)와 핸들러(Handler)를 이용해 전기적 신호를 주어 설계된 제품 규격 / 검사 규격(Test Spec) 값을 만족하는지 확인하는 공정으로, 패키지 테스트 공정은 하드웨어(Hardware) [주 검사 장비(Main Tester), 핸들러(Handler), 번 인 장비(Burn-in), 보드(Board), 소켓(Socket)]와 소프트웨어(Software) [검사 프로그램(Test Program)]로 구성된다. 패키지 테스트 중 발생하는 데이터를 수집, 분석하여 결과를 제조공정이나 조립공정에 피드백하여 제품의 품질 및 수율(Yield)을 개선하는 역할을 한다. 파이널 테스트(Final Test)라고도 한다.

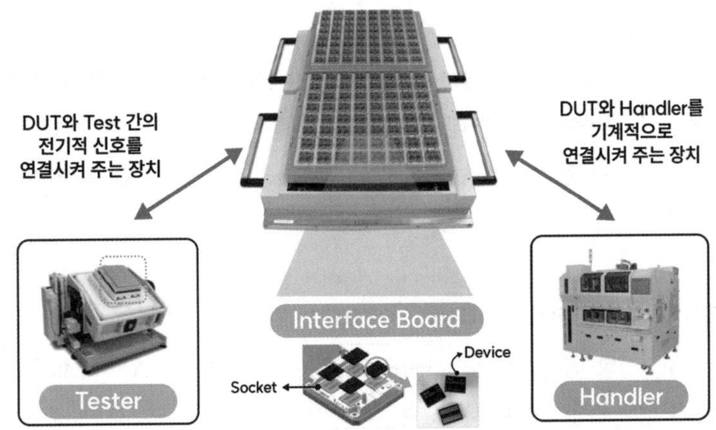

[그림 5-14] 패키지 테스트(Package Test / Final Test) 개요

2. 패키지 테스트(Package Test, Final Test) 단계

(1) 에셈블리 아웃(Assembly Out)

제품 종류, 수량, I/O 수(Bit 수) 등을 확인해 제품 검사지(Lot Card)를 작성하는 공정으로 제품 검사지에는 모든 공정 과정과 시간, 수율, 담당자, 사용 프로그램 등이 기록되어 있으며 입고 시부터 제품과 함께 이동하고, 출고 후에도 일정 기간 보관한다. 일반적으로, 로트(Lot)는 반도체 제조 공정 중 제품이 이동하는 단위를 의미하며, 웨이퍼를 제조 공정에 최초로 투입(입고)하고 모든 공정이 완료되어 반도체 제품이 포장되어 고객에게 전달될 때(출고)까지 고유의 로트 번호(Lot Number)를 가진다. 반도체 로트(Lot)에 부착된 바코드(Bar code)를 판독하여 정보를 입력하여 메모리에 저장하고, 저장된 로트(Lot) 정보를 공정 전산화 시스템으로 전송하여 온 라인 트랙 인/아웃(On line Track

In/Out)관리한다. 웨이퍼 제조 공정(Front-end, Fabrication)에는 일정 개수의 웨이퍼가 하나의 로트(Lot)를 이루어 공정 스텝별로 가공되며 가공이 완료된 웨이퍼들은 웨이퍼 테스트(Wafer Test, EDS Test)를 거치면서 개별 소자(Discrete)로 변형된다.

(2) DC Test & Loading / Burn-in(& Unloading)

DC Test는 전 공정(Front-end, Fabrication) 및 후 공정(Back-end, Assembly, Packaging)을 거치면서 발생된 불량을 선별하는 공정이다. 상온(25℃)에서 진행하는 DC Test(DC Parametric Test)는 개별 트랜지스터(Transistor)의 전기적 특성을 측정하는 전기적 파라미터 측정(EPM, Electrical Parameter Measurement)을 진행하여 소자 내 칩(Chip)의 개별 트랜지스터들이 제대로 동작하는지 확인한다. 예를 들어 각 소자(Device)들이 개방(Open) 혹은 단락(Short)되었는지 또는 단자 간 누설전류들이 발생하는지 그리고 여러 종류의 입력(Input)/출력(Output) 전압들이 규격(Spec) 한계 내 있는지 등을 점검한다. 이후 번 인(Burn-in) 공정을 진행하는데 번 인(Burn in)은 불량 가능성이 있는 제품을 사전에 제거하기 위한 공정이다.

번 인(Burn in) 공정은 초기불량(1000Hr 이내) 선별을 위해 제품에 고전압, 고온(약 125℃), 전기신호 등 극한 조건을 인가하여 별도의 테스트를 통해 양품과 불량품을 선별한다. 스트레스 테스트(Stress Test)라고도 한다. 번 인(Burn in) 완료 후 양품(Good)과 불량(Reject)을 선별하는 공정이 언로딩(Unloading)이다.

(3) MBT(Monitoring Burn-in & Tester)

종래의 번 인(Burn in) 방식은 스트레스(Stress)(전압,온도,시간)를 가한 후 소자(Device)의 양품과 불량품의 구분은 테스트 공정에서 판별하였다. 하지만 MBT(Monitoring Burn in & Tester)는 제품에 열적, 전기적인 극한 조건을 가하는 스트레스(Stress) 과정에 테스터(Tester) 기능까지 추가된 공정으로 종래의 번 인(Burn-in) 공정에 비해 불량 분석 기간을 단축할 수 있고, 품질 불량을 보다 강화할 수 있는 장점이 있다.

PLBI(Package Level Burn-in)는 패키지 상태의 메모리 소자(Device)를 번 인 보드(Burn in Board)의 소켓(Socket)에 삽입한 뒤 챔버(Chamber) 안에 넣고, 125℃에서 일정 시간 동안 소자(Device)에 일련의 동작 기능 테스트(Operating Function Test)를 수행하여 모든 셀(Cell)이 정상적으로 동작하는지 혹은 비정상으로 동작하는지를 선별하기 위한 공정이다. 패키지 번 인(Package Level Burn in, PLBI)은 패키지 상태의 기능 발달에 따라 Static Burn in, Dynamic Burn in, Test During Burn in으로 구분된다.

(4) Post Burn Test

상온(25℃)및 저온(-5℃) 공간에서 소자(Device)의 전기적 특성 및 기능(Function)을 검사하며 취약한 제품을 선별하는 단계로 속도(Speed)별로 구분하지는 않는다. 이 공정에서 발생된 불량은 전량 폐기(Scrap)처리하며 양품에 한하여 다음 단계인 파이널 검사(Final Test)를 진행한다.

(5) Final Test

상온 및 저온에서 행해지는 포스트 번 인(Post Burn in) 테스트를 통과한 반도체 소자(Device)는 테스터(Tester)와 핸들러(Handler)를 이용해 고온(약 75℃)에서 최종 전기적 검사를 수행한다. 파이널 테스트(Final Test)는 소자(Device)의 전기적 특성, 기능을 검사하는 공정으로 Final-Hot이라고도 하며 소자(Device)를 약 75℃에서 검사하여 제품의 속도(Speed) 및 기능(Function)불량 등을 빈(Bin)으로 구분하는 공정이다. 빈(Bin)이란 양품의 제품을 속도(Speed)별로 구분하는 것으로 이후의 마킹(Marking) 공정에서 등급별로 구분하여 표시한다. 파이널 테스트(Final Test)에서 발생되는 불량은 전량 폐기(Scrap)처리하고 양품에 한하여 다음 단계인 마킹(Marking) 공정을 진행한다.

5 수율(Yield)

1. 수율의 정의와 수율 모델

(1) 수율의 정의

수율(Yield)이란 웨이퍼 한 장에 설계된 최대 칩(Chip)수의 개수와 실제 생산된 정상(Good) 칩의 개수를 백분율로 계산한 것이다. 반도체 수율은 각 제조 단계에 따라 팹(FAB)수율, EDS 수율, 조립(Ass'y) 수율, 그리고 최종 검사(Final Test) 수율로 구분되고 이 4가지 수율을 곱하면 CUM(Cumulative) 수율이 된다.

$$\frac{\text{실제 생산된 정상 칩 수}}{\text{설계된 최대 칩 수}} \times 100 = \text{수율}(Yield)$$ [수식 5-1] 수율(Yield)의 정의

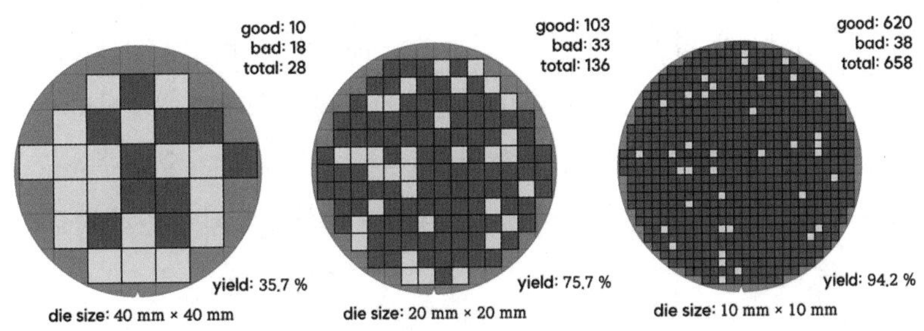

[그림 5-15] 다이 사이즈(Die Size)에 따른 수율(Yield) 변화

(2) 수율 모델(Yield Model)

머피의 수율 모델(Murphy's Yield Integral)에 따르면 반도체의 수율은 아래의 2변수 함수로 근사할 수 있다. 수율(Yield rate)의 머릿글자인 y를 편의상 종속변수로 하면 아래와 같다.

$$y(A,D) = \left(\frac{1-e^{-AD}}{AD}\right)^2$$ [수식 5-2]

여기서 A는 반도체의 면적(Area)을 제곱센티미터로 나타낸 값, D는 웨이퍼의 제곱센티미터당 결함 밀도(Defect density)를 의미한다. 반도체의 면적 정보 A는 쉽게 알 수 있으나 결함 밀도 D값은 각 반도체 회사, 특히 파운드리 업체의 중요한 기밀사항으로 알기가 어렵다. 일반적으로 다이(Die)의 크기를 줄이면 한 웨이퍼에서 생산되는 다이(Die) 수가 증가하여 수율(Yield)은 올라가고 제조 단가는 줄어드나 문제는 줄어든 면적이 일정 수준이 되면 이득보다 손실이 발생하는 문제점이 생긴다. 제플린의 면적에서 200mm^{2}라는 면적은 일종의 '분기점'으로 이보다 작아져서 얻는 이득이 뚜렷히 크지 않지만 이보다 커지면 엄청난 손실이 생긴다.

2. 수율이 중요한 이유와 수율 향상 방안

(1) 수율이 중요한 이유

투입(Input)한 수량 대비 생산(Output)되어 나온 수량의 비율이 수율이므로 수율(Yield)이 높을수록 생산성(Productivity)과 수익성(Profitable)이 향상되기 때문이다. 하지만 반도체 공정의 미세화, 집적화에 따라 여러 공정 단계 중 어느 한 부분의 결함(Defect)이나 문제점이 제품의 수율에 결정적인 영향을 미치므로 주의해야 한다.

(2) 수율 향상 방안

높은 수율(Yield)을 얻기 위해서는 양품을 많이 만들고 불량품을 줄여야 하는데 각 공정장비의 정확도(Accuracy)와 장비 성능의 최적화(Optimazation) 그리고 각종 파티클(Particle) 과 오염(Contamination) 등을 제거하기 위한 클린룸(Clean Room)의 청정도(Cleanliness) 관리 등이 매우 중요하다. 또한 반도체의 미세화 공정이 발달함에 따라 다이 사이즈를 줄여 웨이퍼 내의 전체 생산량을 늘리면 수율이 향상된다. 아래 그림에서 웨이퍼 내 일정 위치에 결함(Defcet)이 있다고 가정하면 미세화의 정도가 높을수록 양품의 비율이 높아진다는 것을 알 수 있다. 즉 미세화 공정 기술은 수율을 높여주는 역할을 하며 또한 같은 공정 안에서 더 많은 제품을 효율적으로 생산하게 되어 원가 하락으로 이어진다.

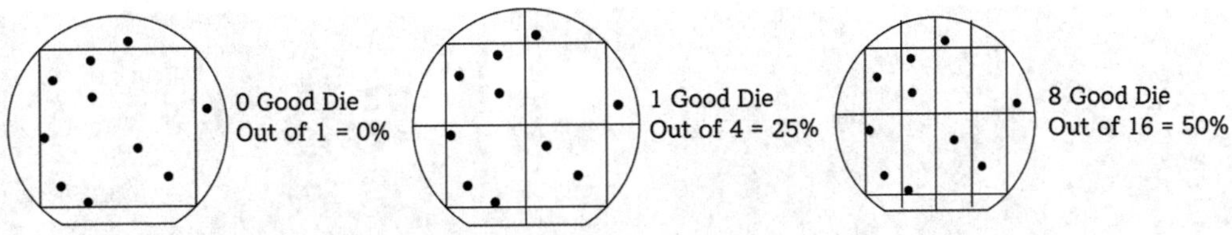

[그림 5-16] 다이 사이즈에 따른 수율 변화 (© Integrated Circuit Engineering Corporation)

실제 면접 기출문제 맛보기

실제 면접에서 나온 질문 난이도 ★★★ 중요도 ★★★

· 웨이퍼 단계 테스트와 패키지 단계 테스트의 차이를 설명하세요. SK하이닉스

1 질문 의도 및 답변 전략

면접관의 질문 의도

전공정 완료 또는 후공정 완료 후 양품과 불량품을 선별하는 테스트 목적과 방법 및 역할에 대해 제대로 이해하고 답변할 수 있는지를 보고자 하는 문제이다.

면접자의 답변 전략

테스트의 목적과 단계별 테스트 방법과 역할 등에 대해 간단하게 답변을 하면 된다.

+ 더 자세하게 말하는 답변 전략

· 테스트의 목적과 웨이퍼 단계 테스트와 패키지 단계 테스트의 방법, 그리고 양품과 불량품의 선별 방법 등에 대해 정의해야 한다.

· 테스트 결과에 따라 공정의 이상 유무를 판단하는 제품별 목표 수율과 저수율 발생 시 불량 분석 및 대책 수립 등에 대해 설명해야 한다.

· 주어진 질문에 답변은 간단명료하게 하고 필요시 추가로 질문하면 그때 답변하도록 한다.

2 머릿속으로 그리는 답변 흐름과 핵심 내용

웨이퍼 단계 테스트와
패키지 단계 테스트의 차이를 설명하세요.

1. 테스트의 목적은?

전기적 특성검사를 통해
양품과 불량품을 선별

2. 웨이퍼 단계 테스트와
패키지 단계 테스트 방법

웨이퍼 단계 테스트
(EDS Test/Wafer Test)
패키지 단계 테스트
(Final Test/Package Test)

3. 웨이퍼 단계 테스트와
패키지 단계 테스트 역할

제품별 목표수율 관리와 품질 개선

3 나만의 답안 작성해보기

자세한 모범답안을 보고 싶으시다면
[한권으로 끝내는 전공 · 직무 면접 반도체 기출편]을 참고해주세요!

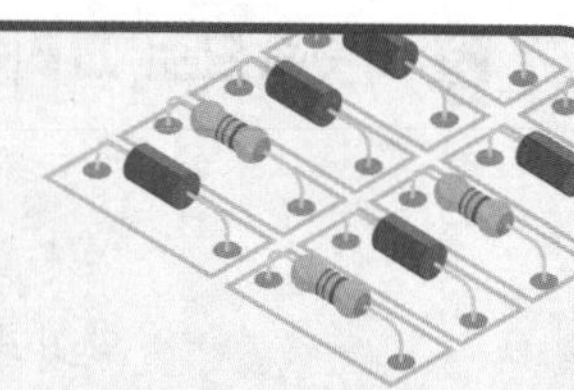

핵심 포인트 콕콕 파트5 Summary

Chapter 01 반도체 테스트 공정

반도체 테스트 공정은 전기적 특성 검사를 통해 양품과 불량품을 선별하는 공정으로 전 공정(Front-end) 완료 후 웨이퍼 상태에서 실시하는 EDS Test / Wafer Test, 그리고 후 공정(Back end) 완료후 패키지 상태에서 실시하는 Final Test / Package Test가 있다. 모든 제품마다 목표 수율(Target Yield)로 설계 및 공정 상의 문제점을 관리하고 있다.

Memo

Chapter 02

반도체 패키징 공정

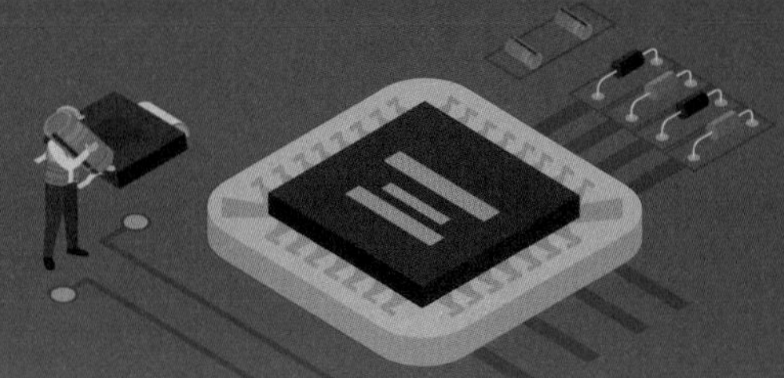

핵심요약

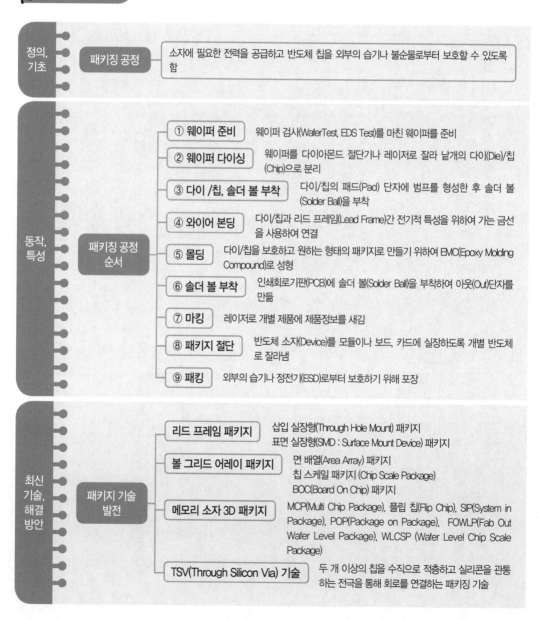

정의, 기초	패키징 공정	소자에 필요한 전력을 공급하고 반도체 칩을 외부의 습기나 불순물로부터 보호할 수 있도록 함
동작, 특성	패키징 공정 순서	① 웨이퍼 준비: 웨이퍼 검사(WaferTest, EDS Test)를 마친 웨이퍼를 준비
		② 웨이퍼 다이싱: 웨이퍼를 다이아몬드 절단기나 레이저로 잘라 낱개의 다이(Die)/칩(Chip)으로 분리
		③ 다이 /칩, 솔더 볼 부착: 다이/칩의 패드(Pad) 단자에 범프를 형성한 후 솔더 볼(Solder Ball)을 부착
		④ 와이어 본딩: 다이/칩과 리드 프레임(Lead Frame)간 전기적 특성을 위하여 가는 금선을 사용하여 연결
		⑤ 몰딩: 다이/칩을 보호하고 원하는 형태의 패키지로 만들기 위하여 EMC(Epoxy Molding Compound)로 성형
		⑥ 솔더 볼 부착: 인쇄회로기판(PCB)에 솔더 볼(Solder Ball)을 부착하여 아웃(Out)단자를 만듦
		⑦ 마킹: 레이저로 개별 제품에 제품정보를 새김
		⑧ 패키지 절단: 반도체 소자(Device)를 모듈이나 보드, 카드에 실장하도록 개별 반도체로 잘라냄
		⑨ 패킹: 외부의 습기나 정전기(ESD)로부터 보호하기 위해 포장
최신 기술, 해결 방안	패키지 기술 발전	리드 프레임 패키지: 삽입 실장형(Through Hole Mount) 패키지 표면 실장형(SMD : Surface Mount Device) 패키지
		볼 그리드 어레이 패키지: 면 배열(Area Array) 패키지 칩 스케일 패키지 (Chip Scale Package) BOC(Board On Chip) 패키지
		메모리 소자 3D 패키지: MCP(Multi Chip Package), 플립 칩(Flip Chip), SIP(System in Package), POP(Package on Package), FOWLP(Fab Out Wafer Level Package), WLCSP (Wafer Level Chip Scale Package)
		TSV(Through Silicon Via) 기술: 두 개 이상의 칩을 수직으로 적층하고 실리콘을 관통하는 전극을 통해 회로를 연결하는 패키징 기술

학습 포인트

반도체 패키징 공정의 개요와 목적 그리고 패키징 공정순서를 이해하여 주요 반도체 패키징 공정을 설명할 수 있도록 하고 반도체 패키지 기술 변화를 이해하여 최신 반도체 패키지 기술을 설명할 수 있도록 한다.

1 패키징(Packaging) 공정

1. 개요

전 공정(Front-end) 공정이 완료된 반도체 칩(Chip)은 그 자체 만으로 반도체 소자의 역할을 할 수 없으므로 패키징 공정을 통해 칩(Chip)에 있는 전기적인 신호 단자[패드(Pad)단자]를 인쇄회로기판(PCB, Printed Circuit Board)에 전기적 신호가 전달될 수 있도록 신호 패스(Path)를 만들어 줘야 한다. 또한 반도체 칩(Chip)은 외부 충격으로부터 취약하므로 칩(Chip)을 감싸서 보호해야 하고 장시간 외부 환경에서 견딜 수 있도록 하기 위해 신뢰성 있는 패키징을 해야만 한다.

2. 패키징 목적 및 기능

(1) 전력 공급

반도체 패키징은 반도체 소자에 필요한 전력을 공급하는 기능을 한다. 저잡음 전력, 접지회로 구현, 관련 재료, 공정 등은 패키징 구조와 긴밀한 연관이 있다.

(2) 신호 연결

패키징은 반도체 소자 간의 신호연결 기능을 하며 신호의 전달 속도, 연결의 신뢰성을 유지하기 위한 신호 무결성(Signal-integrity), 회로설계, 도체, 부도체, 재료, 접속 등의 기술이 필요하다.

(3) 방열(냉각)

패키징은 소자에서 발생되는 열을 방출시키는 기능을 한다. 열은 반도체 소자의 성능을 저하 시키고 신뢰성에 영향을 주므로 적절할 설계와 제작으로 소자의 동작과 신뢰성을 보장해야 한다.

(4) 집적회로(IC) 보호

물리적, 화학적 환경변화에 견디고 전자소자를 보호하는 기능을 하며, 기계적인 신뢰성을 보장할 수 있는 기계적 설계 기술와 신뢰성 기술이 필요하다.

3. 반도체 패키징 공정 순서

(1) 웨이퍼 준비(Wafer preparation)

웨이퍼 검사(WaferTest, EDS Test)를 마친 웨이퍼를 준비한다.

(2) 웨이퍼 다이싱(Wafer Dicing / Sawing)

웨이퍼를 다이아몬드 절단기(Blade)나 레이저(Laser)로 잘라 낱개의 다이(Die)/칩(Chip)으로 분리하는 공정이다.

(3) 다이/칩, 솔더 볼 부착(Die/ Chip, Solder Ball Attach)

다이/칩을 리드 프레임(Lead Frame)에 부착 또는 플립 칩(Flip Chip) 공정을 위한 다이/칩의 패드(Pad) 단자에 범프(Bump)를 형성한 후 솔더 볼(Solder Ball)을 부착하는 공정이다.

(4) 와이어 본딩(Wire Bonding)

다이/칩과 리드 프레임(Lead Frame)간 전기적 특성을 위하여 가는 금선(Au wire)을 사용하여 연결하는 공정이다.

(5) 몰딩(Molding)

열 및 습기 등의 물리적인 환경으로부터 다이/칩을 보호 하고 원하는 형태의 패키지로 만들기 위하여 EMC(Epoxy Molding Compound)로 성형하는 공정이다.

(6) 솔더 볼 부착(Solder Ball Mount)

다이/칩의 패드(Pad) 단자에 솔더 볼(Solder Ball)을 적용한 플립 칩(Flip Chip)의 경우 인쇄회로기판(PCB)에 솔더 볼(Solder Ball)을 부착하여 아웃(Out)단자를 만드는 공정이다.

(7) 마킹(Marking)

레이저(Laser)로 개별 제품에 제품정보를 새기는 공정이다.

(8) 패키지 절단(Package Trimming / Singulation)

반도체 소자(Device)를 모듈이나 보드, 카드에 실장하도록 개별 반도체로 잘라내는 공정이다.

(9) 패킹(Packing)

반도체 소자(Device)를 외부의 습기나 정전기(ESD)로부터 보호하기 위해 포장하는 공정이다.

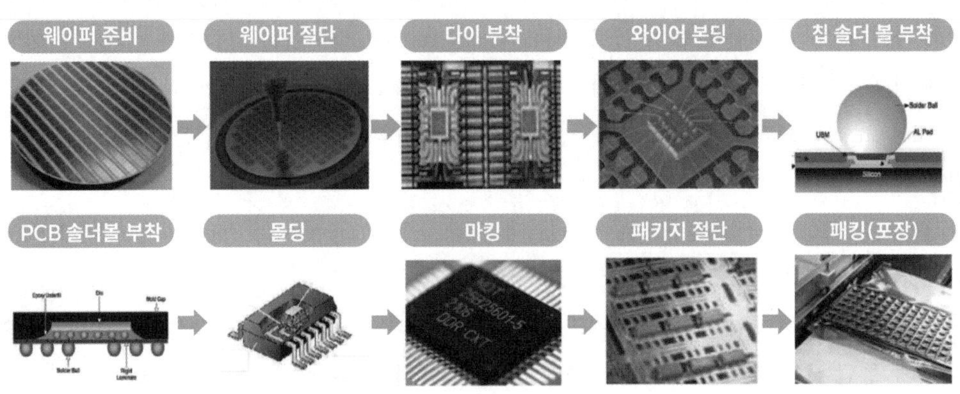

[그림 5-17] 패키징 공정 순서

4. 웨이퍼 다이싱(Wafer Dicing / Sawing) 공정

웨이퍼의 스크라이브 라인(Scribe Line)을 다이아몬드 톱(Blade)이나 레이저(Laser)로 잘라 낱개의 다이(Die)로 분리하는 공정이다. 다이싱(Dicing) 방법에는 블레이드(Blade)를 사용하는 블레이드 다이싱(Blade Dicing)방법과 UV 레이저 방법 또는 IR 레이저를 이용하는 스텔스(Stealth) 레이저 방법이 있다.

다이싱(Dicing) 공정순서는 ① 웨이퍼 뒷면에 다이싱 테이프를 부착한다. ② 웨이퍼를 절단(Dicing)한다. ③ 자외선(UV)를 조사(Irradiation)하여 다이싱 테이프에 붙어 있는 절단된 다이(Die)의 간격을 벌려 준다. ④ 분리된 다이(Die)를 다음 공정인 다이를 부착(Die Attach)을 하기 위해 픽 업(Pick-up)한다.

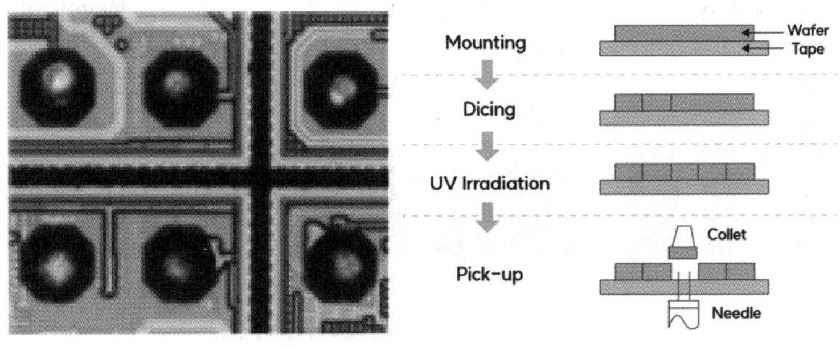

[그림 5-18] (왼쪽) 웨이퍼 다이싱(Dicing)이 완료된 사진과 (오른쪽) 공정 순서

(1) 블레이드 다이싱(Blade Dicing / Sawing) 방법

웨이퍼의 직경이 12인치로 늘어나고 두께가 매우 얇아지면서 종래의 블레이드 다이싱 공정에서 칩핑(Chipping)이나 크랙(Crack) 같은 문제가 발생되었으나 현재는 웨이퍼의 두께를 줄이는 뒷면 연마(Back Grinding) 공정을 먼저 진행한 후 다이싱 공정을 진행하여 웨이퍼에 가해지는 물리적인 손상(Damage)을 줄이고 있다. 블레이드 다이싱은 블레이드(Blade)를 고속(약 30,000RPM)으로 회전시켜 웨이퍼의 두께를 100%까지 자르는 일반적인 방법(Full Cutting)으로 블레이드(Blade)에는 수 마이크로 직경의 다이아몬드 입자들이 붙어 있고(Diamond tipped saw), 다이아몬드 입자와 실리콘 사이의 마찰력에 의해 기계적으로 웨이퍼를 절단한다. 블레이드(Blade) 두께는 약 15um이고 블레이드(Blade)에 DI(De ionized) Water를 분사하면서 자른다. DI water는 다이싱(Dicing) 시 윤활유 역할과 냉각수 역할을 한다.

블레이드 다이싱의 공정 변수로는 ① 웨이퍼 피딩 속도(Wafer feeding speed), ② 블레이드 높이(Blade Height), ③ 블레이드 각도(Blade rotation) 등이다.

블래이드 다이싱 종류에는 ① 블레이드 두 개를 사용하는 Dual Cutting과 ② 폭이 넓은 블레이드로 약 80% 절단 후 나머지는 폭이 좁은 블레이드로 마무리하는 Step Cutting, ③ 끝이 브이자 형으로 경사진 블레이드로 표면을 약 10% 정도 절단 후 나머지는 폭이 좁은 블레이드로 마무리하는 Bevel Cutting이 있다.

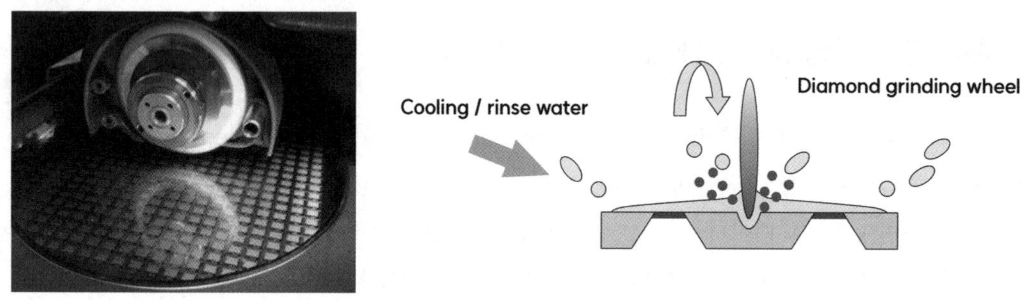

[그림 5-19] 블레이드 다이싱 방법

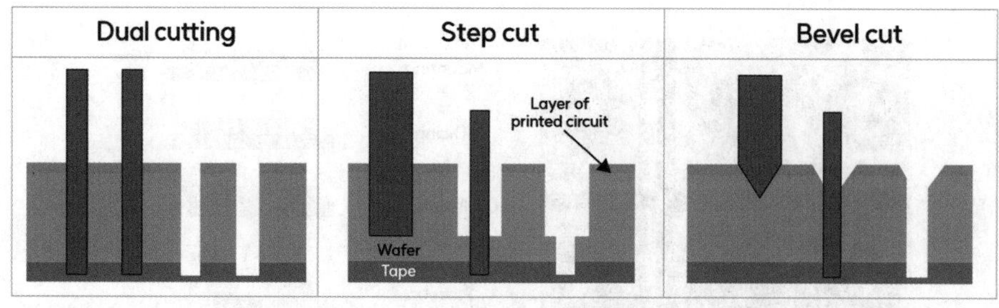

[그림 5-20] 블레이드 다이싱 종류

(2) 블레이드 다이싱(Blade Dicing / Sawing) 문제점

블레이드 다이싱은 빠른 시간 내에 많은 양의 웨이퍼를 잘라낼 수 있다는 장점이 있으나 웨이퍼를 파내는 피딩 속도(Feeding Speed)가 지나치게 증가하면 다이의 모서리가 깨지는 칩핑(Chipping)이 발생하므로 블레이드 휠의 회전수는 분당 3만 회 정도로 조절해야 한다. 또한 블레이드 휠에 있는 수 마이크로 직경의 다이아몬드 입자에 의해 스크라이브 라인(Scribe line)을 자를 때 자른 면의 폭인 커프(Kerf, 블레이드의 두께)가 스크라이브 라인(Scribe line)의 폭을 넘는 커프 로스(Kerf loss, 절단면 손실)가 발생하므로 주의해야 한다. 기타 문제점으로 다이가 금이 가는 크랙(Crack), 다이의 부스러기 또는 파편이 발생하는 데브리스(Debris), 다이에 구조적인 손상이 생기는 구조적 손상(Structural Damage), 데브리스가 칩에 달라 붙는 데브리스 어드히전(Debris adhesion) 등의 불량이 있다.

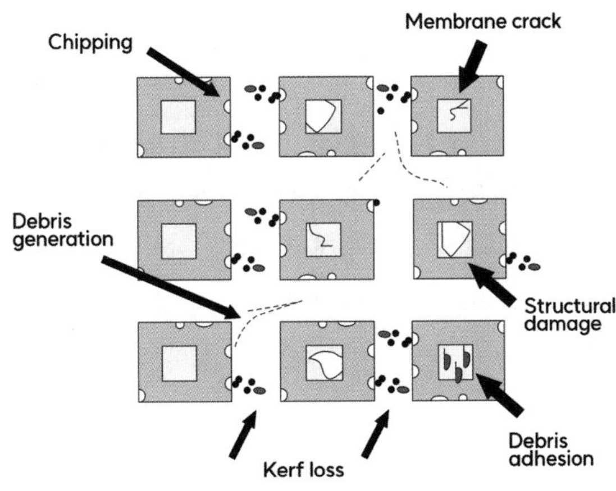

[그림 5-21] 블레이드 다이싱 문제점

(3) 레이저 다이싱(Laser Dicing / Sawing) 방법

레이저 다이싱(Laser Dicing)은 20um 이하의 매우 좁은 스크라이브 라인(Scribe Line)을 잘라낼 수 있으며 블래이드 다이싱(Blade Dicing)과 비교하여 속도는 약 10배 빠르고 스텔스 다이싱(Stealth Dicing)의 경우 웨이퍼 세정(DI-Water)을 사용하지 않는 건조 공정(Dry Process)이며 데브리스(Debris) 나 크랙(Crack)이 발생하지 않는다. 레이저 다이싱 방법에는 UV 레이저 방법과 IR을 레이저 소스(Laser Source)로 사용하는 스텔스 레이저(Stealth Laser) 방법이 있다.

① UV 레이저(UV Laser) 다이싱 방법

UV 레이저(UV Laser) 다이싱 방법은 UV 레이저를 소스로 멀티 빔(Multi beam)을 이용하여 자르는 표면 처리(Surface Processing) 방법으로 데브리스(Debris) 및 커팅 로스(Cutting Loss)가 발생하고 DI-Water 세정(Cleaning)이 필요하며 웨이퍼 처리량(Throughput)이 낮다는 단점이 있다.

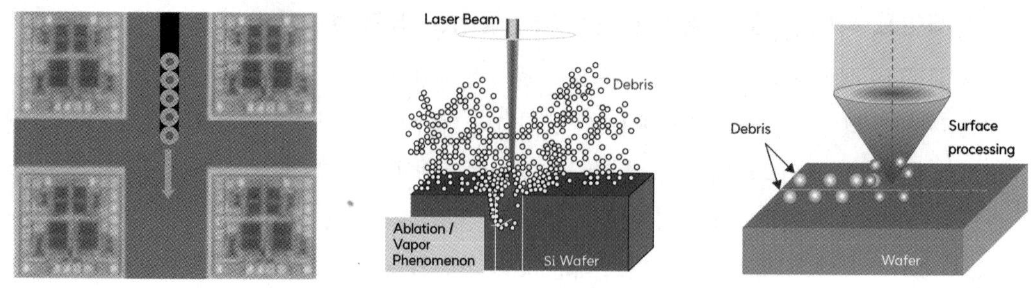

[그림 5-22] UV 레이저 다이싱 방법 (© HAMAMATSU)

② 스텔스 레이저(Stealth Laser) 다이싱 방법

스텔스 레이저(Stealth Laser) 다이싱 방법은 IR 레이저를 소스로 포커싱 렌즈(Focusing Lens)를 통해 자르는 내부 처리(Internal Processing) 방법이다. 데브리스(Debris)에 의한 오염(Containment)이 없고 웨이퍼의 세정(DI-Water)이 필요 없는 건조 공정(Dry Process)이며 표면에 손상(Surface Damage)이 없으며 웨이퍼 처리량(Throughput)이 높은 장점이 있다. 또한 10um 이하의 매우 좁은 스트리트 폭(Street width)의 스크라이브 라인(Scribe Line)을 절단할 수 있어 고품질의 멤스(MEMS) 디바이스 의 가공이 가능하고 미세화에 의한 수율 향상이 가능하다.

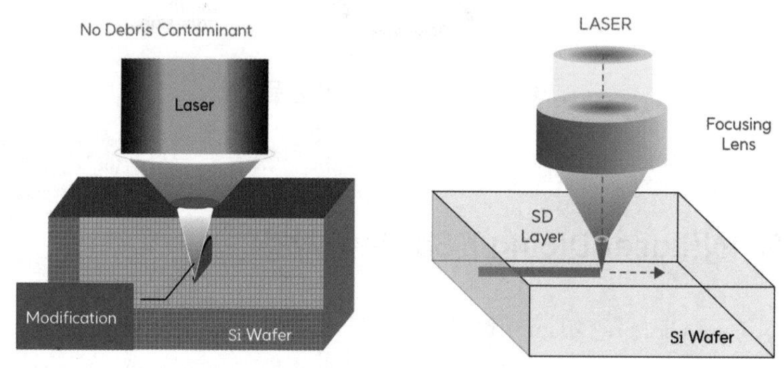

[그림 5-23] 스텔스 레이저 다이싱 방법 (© HAMAMATSU)

③ 다이 분리(Die Separation) 방법

스텔스 레이저(Stealth Laser) 다이싱 후 다이 분리기(Die Separator)를 이용해 다이싱 테이프(Dicing Tape)를 확장(Expand)하여 웨이퍼를 다이 형태로 분할한다. 열 확장(Thermal Expand) 단계에서 200℃ 이상의 고온에서 테이프를 가열 수축시켜(열 수축, Heat shrink) 테이프 외주에 생긴 처짐을 해소하여 테이프를 다시 장착하지 않고도 테이프 프레임 그대로 다음 공정에 반송할 수 있도록 한다.

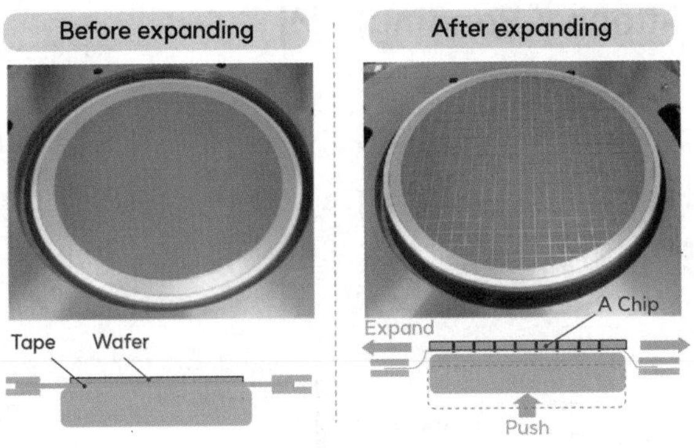

[그림 5-24] 열 확장에 의한 다이 분할 방법

5. 다이 접합(Die Attach, Die Bonding) 공정

다이 접합(Die Attach 또는 Die Bonding)이란 웨이퍼 칩과 기판(Substrate), 즉 리드 프레임 또는 인쇄회로기판(PCB)을 접착(Attach/ Bonding)해 칩과 외부 핀(Pin)을 전기적으로 연결하는 것을 말한다. 접합의 종류에는 다이 접합(Die Attatch 혹은 Die Bonding)과 와이어 본딩(Wire Bonding)방식, 그리고 플립 칩 본딩(Flip Chip Bonding)방식이 있다. 플립 칩 본딩은 다이 본딩과 와이어 본딩을 합친 형태로, 칩 패드 위에 범프(Bump)를 형성해 칩과 기판을 연결하는 방식이다. 다이 접합(Die Attach)을 마친 칩은 이후 패키징 공정에서 발생하는 물리적 압력을 견뎌야 하고, 일정한 전기 전도도나 높은 절연성을 유지해야 하며 칩의 동작 시 발생하는 열을 잘 방출할 수 있어야 하므로 매우 중요한 공정이라고 할 수 있다.

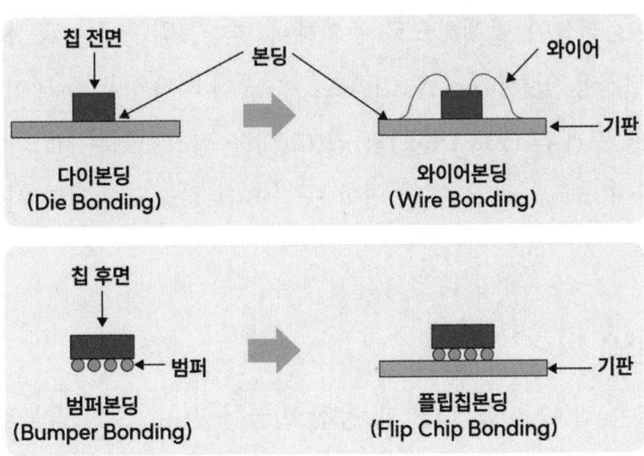

[그림 5-25] (위) 와이어 본딩 방식과 (아래) 플립 칩 본딩 방식 (© SK 하이닉스)

(1) 다이 접합(Die Attach / Bonding) 방식

개별적으로 분리된 칩(Chip)을 리드 프레임(Lead Frame)에 부착 또는 PCB(Printed Circuit Board) 위에 올려 전기적 연결을 위한 볼(Solder Ball, BGA type) 부착하는 공정으로 웨이퍼에서 분리된 칩(Chip)을 가져올 때 콜렛(Collet)를 사용하여 다이 본드(Die Bond)에 정확하게 위치시켜 접착한다.

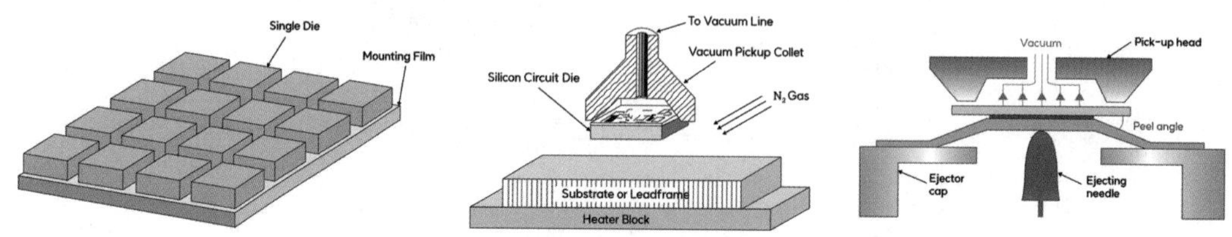

[그림 5-26] 콜렛(Collet) 로봇 암 구조

다이 부착 방식에는 접착제를 이용하는 어드시브(Adhesive) 방식과 용접 방식을 사용하는 유테틱(Eutectic) 방식이 있다.

① 어드시브(Adhesive) 방식

어드시브(Adhesive) 방식은 칩(Chip)을 에폭시(Epoxy) 또는 LOC 테이프, WBL 테이프 등의 접착 물질를 이용하여 여러 기판(Substrate)(Lead Frame, PCB, Ceramic) 등에 물리적으로 붙이는 것이다. 에폭시(Epoxy)를 이용하는 경우 기판 위에 아주 작은 양의 에폭시를 디스펜싱(Dispensing) 방식으로 정밀 도포하고, 그 위에 칩(Chip)을 올려놓은 다음 리플로우(Reflow)나 큐어링(Curing)을 통해 150~250℃ 온도로 에폭시를 경화시켜 칩(Chip)과 기판을 접합한다. 이때 에폭시의 두께가 일정하지 않으면 왜곡(Warpage) 현상이 발생하므로 주의해야 한다. 최근에는 공정이 단순하고 균일한 두께를 얻을 수 있는 칩 접착용 필름(Chip Attach Film)을 많이 사용하는 추세이며 LOC(Lead On Chip) 테이프는 패키지의 리드 프레임(Lead frame)과 칩(Chip)을 접착시키는 고 내열 양면 접착 테이프이고, WBL(Wafer Backside Lamination)은 뒷면 연마 공정(Back Grinding)에도 사용하는 칩 접착용 테이프이다.

② 유테틱(Eutectic) 방식

유테틱(Eutectic) 방식은 칩(Chip)을 붙일 때 용접 합금물질(Au-Si 합금물질 등)을 사용하여 용접으로 접합하는 방식이다. 낮은 융점의 금속 박막을 사용하여 칩(Chip)을 저온에서 접합시키는 기술로서 주석(Sn)과 납(Pb)의 경우 각각의 용융점이 231.9℃와 327.4℃이나 두 금속을 접합하여 공정을 진행하면 온도가 183℃로 낮아지게 된다. 용접 합금물질에는 주석(Sn)과 납(Pb), 구리(Cu)와 주석(Sn), 금(Au)과 주석(Sn), 금(Au)과 실리콘(Si) 등이 사용된다. 주의사항으로 칩 부착(Chip Attach)공정 온도는 합금 물질의 용융점 온도보다 높아야 한다. 예를 들어 Au-Si 합금은 실리콘(Si)이 2.85% 정도이고 녹는점이 363℃이므로 이보다 높은 400~450℃로 가열된 리드 프레임 위에서 가압되어 접합된다. 단점으로는 칩(Chip) 제조공정이 어려우며 제조단가가 비싸다. 또한 칩의 크기에 따라 융착성 저하로 한계가 있어 주로 작은 사이즈(Small Size)와 소전류 용량의 트랜지스터(Transistor) 제작에 주로 사용된다.

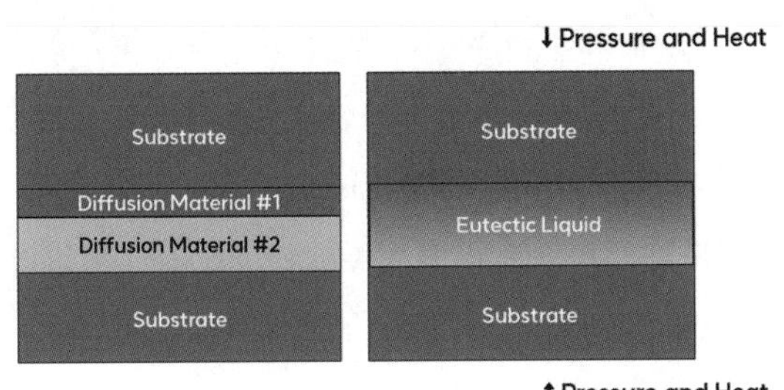

[그림 5-27] Eutectic Method (© LNF WIKI)

(2) 다이 접합 불량(Die Attatch related Failure)

다이 접합(Die Attach) 공정에서 자주 발생되는 불량으로는 ① 다이가 깨져 금이 가거나 갈라지는 Die Crackng 불량은 과도한 다이 접합면의 보이드(Void)나 접착 면적이 부족하거나 또는 접착제의 두께가 충분하지 않을 때 발생한다. ② 다이의 앞면(메탈 혹은 보호막)이 긁혀 전기적으로 개방(Open) 또는 단락(Short)이 생기는 Die Scratching 불량은 작업자의 부주의 또는 웨이퍼 테이프에서 다이를 떼어내는 콜렛(Collet)의 마모나, 부적절한 툴(Tool) 사용 시 발생한다. ③ 다이 접합 시 다이와 접착면 사이에 빈 공간(Void)이 생기거나 다이 위치가 잘못된 경우는 접착 강도 등의 문제로 다이가 떨어지는 Die Lifting 불량 등이 발생한다.

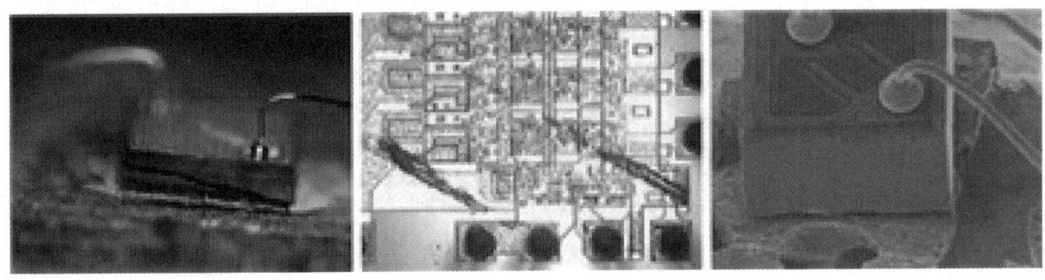

[그림 5-28] 왼쪽부터 다이 크랙(Die Cracking), 다이 긁힘(Die Scratching), 다이 떨어짐(Die Lifting)

6. 와이어 본딩(Wire Bonding) 공정

와이어 본딩(Wire Bonding) 공정은 칩(Chip)의 본딩 패드(Pad) 전극과 리드 프레임(Lead frame) 또는 인쇄회로기판(PCB)와 같은 기판(Substrate)의 전극을 와이어(Wire)로 전기적으로 연결해 주는 공정이다. 와이어 본딩 재료로는 골드(Au)이나 알루미늄(Al), 구리(Cu) 등이 있으며 골드(Au)는 전기 전도도가 좋고 산화작용이 적어 부식에 강해 가장 많이 사용되는 재료이며, 알루미늄(Al)은 골드(Au)보다 직경이 굵어 피치(Pitch)가 넓게 되며 순수 알루미늄(Al)은 루프(Loop) 형성 시 잘 끊어지므로 실리콘(Si)이나 마그네슘(Mg)을 섞은 합금을 주로 사용한다. 구리(Cu)는 산화작용을 방지하기 위해 공정중 질소가스를 사용해야 하며, 구리(Cu)는 골드(Au)보다 값이 싸고 전기적으로 우수한 성질을 가지고 있으나 골드(Au)보다 경도가 강하므로 칩의 하부에 크랙(Crack)과 칩의 표면에 손상(Damage)을 줄 수 있으므로 주의가 필요하다.

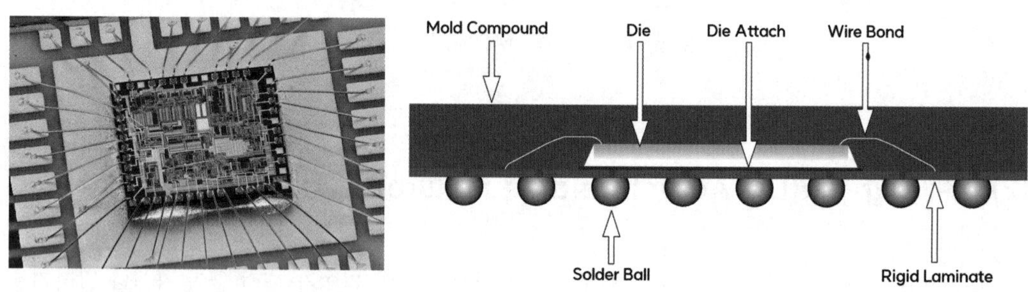

[그림 5-29] (왼쪽) 리드 프레임에 칩을 부착한 후 와이어 본딩과 (오른쪽) Ball Grid Array 와이어 본딩 (© Amkor)

(1) 와이어 본딩(Wire Bonding) 방식

와이어 본딩(Wire Bonding) 방식은 열, 압력, 초음파 에너지를 사용하여 칩(Chip)의 본딩 패드(Bonding Pad)에 와이어(Wire)를 연결하는 방식이다. 열압착 방식은 본딩 패드와 캐필러리(Capillary)를 열로 데워 압착해 연결하는 방식이고, 초음파 방식은 열을 사용하지 않고 캐필러리에 초음파를 인가하여 접착하는 방식이다. 열초음파 방식은 열과 초음파를 모두 이용하는 방식으로 접착강도가 제일 좋은 방식이다.

열 압착방식(Thermo-compression Bonding)은 칩의 본딩 패드의 온도를 약 200℃ 정도로 올리고 와이어가 주입되는 가는 바늘 모양의 도구인 캐필러리(Capillary)를 사용하여 주입된 와이어에 고 전압을 걸어주면 케필러리 끝 부분에 와이어가 녹게되고 용해된 금속의 표면장력으로 인해 와이어 직경의 2,5배 ~ 4배 정도의 볼(Ball) 모양이 형성된다.

초음파(Ultrasonic) 방식은 패드에 와이어(Wire)를 찍어내리면서 캐필러리(Capillary)와 비슷한 와이어 이동기구로 볼을 형성하지 않는 웨지(Wedge)에 초음파를 가해 패드(Pad)에 와이어를 붙이는 방식으로 접착강도가 약하다는 단점이 있다.

열초음파 방식은 열압착 방식과 초음파 방식을 합친 방식으로 캐필러리(Capillary)에 열과 압력, 초음파를 가하는 방식으로 본딩의 접착강도가 제일 좋으므로 골드 와이어(Gold wire)를 사용한 열초음파 방식을 가장 많이 사용하고 있다.

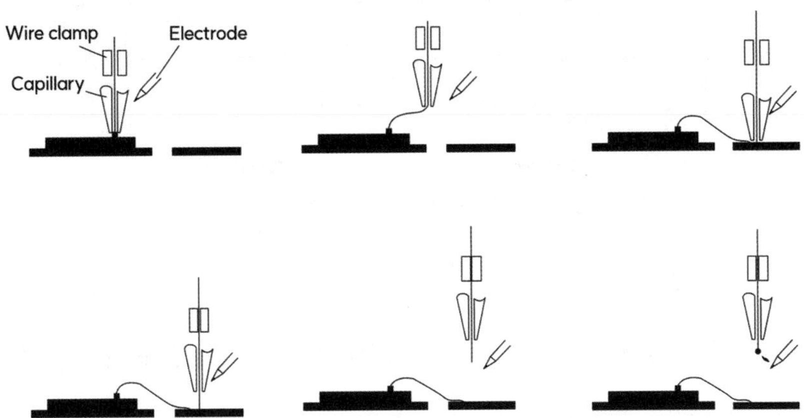

[그림 5-30] 캐필러리(Capillary)를 이용한 와이어 본딩 공정 순서

(2) 골드 와이어 볼 본딩(Gold Wire Ball Bonding) 방식

골드 와이어 볼 본딩(Gold Wire Ball Bonding) 방식은 칩(Chip)의 전극 패드(Pad)에 1차 볼 본딩(Ball Bonding)을 하고 2차로 리드 프레임(Lead Frame)이나 인쇄회로기판(PCB)의 패드(Pad)에 스티치 본딩(Stitch Bonding)이 진행된다. 1차 본딩에서 캐필러리 가운데 구멍으로 골드 와이어가 통과하면서, 와이어의 끝단에 온도를 높이면 골드(Au)가 용융되며 골드볼(Gold Ball)을 형성한다. 그 다음 캐필러리에 열과 압력, 초음파 진동을 가하며 캐필러리를 본딩 패드에 터치하면 형성된 볼이 가열된 본딩 패드에 접합된다. 1차 볼 본딩 완료 후 캐필러리를 측정된 루핑(Looping) 높이보다 약간 더 높은 위치까지 끌어올려 2차 본딩용 패드까지 이동시키면 루프가 형성되고 캐필러리에 열, 압력, 초음파 진동을 주면서, 2차로 형성된 볼을 PCB 패드에 놓으면 스티치 본딩(Stitch Bonding, 한 코를 바느질한 본딩)이 형성된다. 와이어링(Wiring)의 90% 이상을 골드, 열초음파 방식으로 진행하고 있으나 열초음파 방식이 볼넥(Ball Neck) 부분이 취약하다는 단점이 있으므로, HAZ(Heat Affected Zone) 즉, 와이어 재질이 캐필러리의 뜨거운 온도에 의해 약하게 용융된 후 응고하면서 재결정되는 와이어 영역을 신중하게 관리해야 한다.

볼(Ball) 본딩 방식은 골드(Au) 또는 구리(Cu)를 사용하고 본딩 시에 열이 필요하다. 본드의 크기는 와이어 직경의 2.5배~ 4배이고 다 방향 본딩이다.

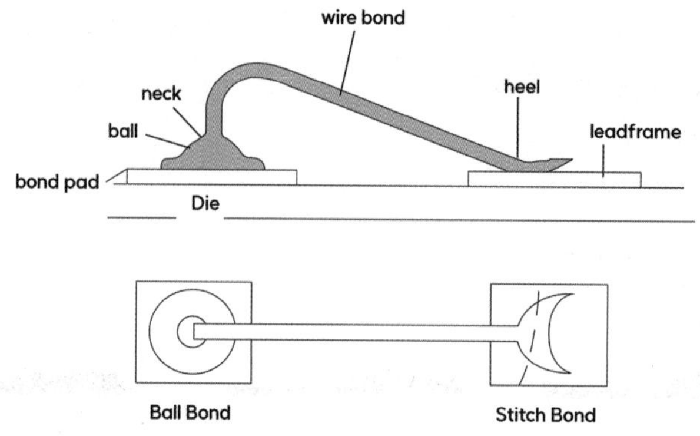

[그림 5-31] 볼(Ball) 본딩과 스티치(Stitch) 본딩 방법

(3) 알루미늄 와이어 웨지 본딩(Aluminum Wire Wedge Bonding) 방식

알루미늄 와이어 본딩(Al Wire Bonding)은 웨지(Wedge) 본딩 방식으로 볼(Ball)을 형성할 필요 없이 와이어링(Wiring)을 한다는 특징이있다. 웨지는 와이어를 본딩하고 끊어내는(Tear) 방식에서 차이가 있으며 골드 와이어 본딩이 열초음파, 캐필러리, 볼 본딩의 단계가 필요하다면, 알루미늄 와이어는 초음파, 웨지 본딩의 단계로 알루미늄 와이어 웨지 본딩(Al Wedge Wire Bonding)을 진행한다. 알루미늄(Al), 초음파 방식은 인장강도가 낮아 특별한 경우에만 사용하고 있다.

웨지(Wedge) 본딩 방식은 골드(Au) 또는 알루미늄(Al)을 사용할 수 있으며 골드(Au) 본딩 시에만 열이 필요하고 알루미늄(Al) 사용 시에는 열이 필요없다, 단 방향 본딩이며 본딩 크기가 작다.

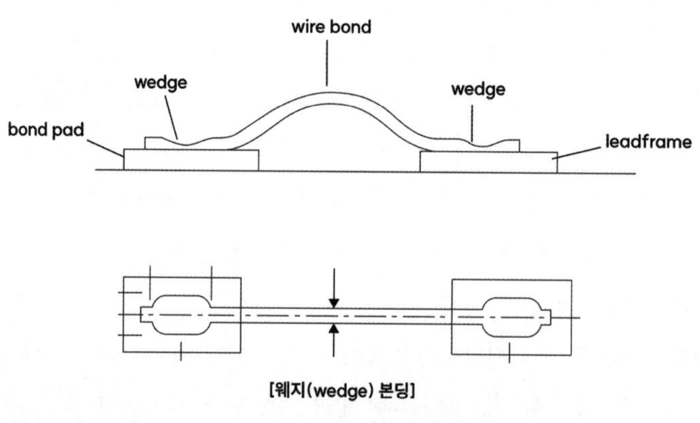

[그림 5-32] 웨지(Wedge) 본딩 방법

7. 범프(Bump) 공정

범프(Bump) 공정은 와이어 본딩(Wire bonding)을 대체하는 기술인 플립 칩(Flip Chip) 공정을 진행하기 전에 하는 공정으로 반도체 칩(Chip) 상의 본드 패드(Bond Pad) 위에 기판(Substrate)과의 연결을 위한 범프(Bump)를 만들기 위한 기술이다. 범프(Bump)의 역할은 전극의 높이를 높이는 역할과 외부 전극과 접속이 용이한 재료로 교체하는 역할을 한다.

플립 칩 패키지(Flip Chip Package) 기술은 기존 와이어 본딩(Wire Bonding) 방식이 아닌 범프(Bump) 방식으로 반도체의 속도 향상을 위해 칩(Chip)의 본딩패드(Bonding Pad)와 기판(Substrate)을 직접 볼(Ball) 형태의 범프(Bump, 돌기)로 연결하는 패키징 방식으로, 와이어 본딩(Wire Bonding) 방식보다 전기 저항이 작고 속도가 빠르며, 작은 폼팩터(Form Factor) 구현이 가능하다. 범프(Bump)의 소재로는 주로 금(Au) 또는 솔더(Solder, 주석/납/은 화합물)를 사용한다.

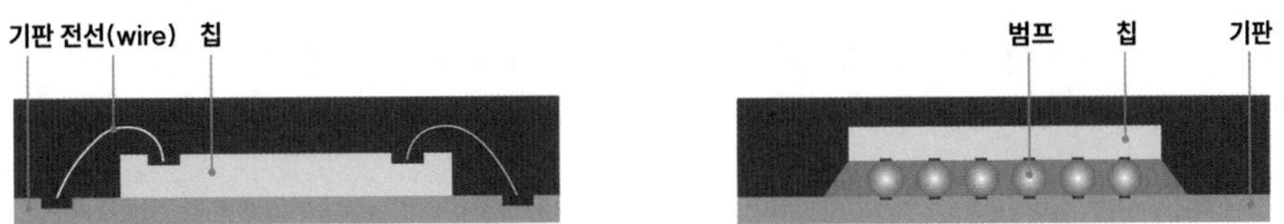

[그림 5-33] (왼쪽) 와이어 본딩 방식과 (오른쪽) 플립 칩 범프 방식 (© 삼성전자)

(1) 솔더 볼 범프 공정(Solder Ball Bump Process)

솔더 볼 범프 공정 순서는 먼저 범프(Bump)를 형성하기 전에 칩(Chip) 위의 본드 패드(Pad) 위에 금속 층을 얇게 형성시켜 주는 공정이 필요하다. 이것을 범프(Bump) 밑의 금속 층이라 하여 Under Bump Metallization을 줄여서 UBM이라고 한다.

UBM(Under Bump Metallization)은 반도체 칩(Chip)의 알루미늄(Al) 또는 구리(Cu) 전극 위에 직접 솔더(Solder) 또는 골드 범프(Au Bump)를 형성하기 어렵기 때문에 접착이 용이하고 칩(Chip)으로의 확산을 방지하기 위해 칩(Chip)의 패드(Pad) 전극과 범프(Bump) 간에 형성하는 다층 금속층으로 접합층(Adhesion Layer), 확산 방지층(Barrier Layer), 젖음성 층(Wettable Layer)의 세 가지 층으로 구성된다.

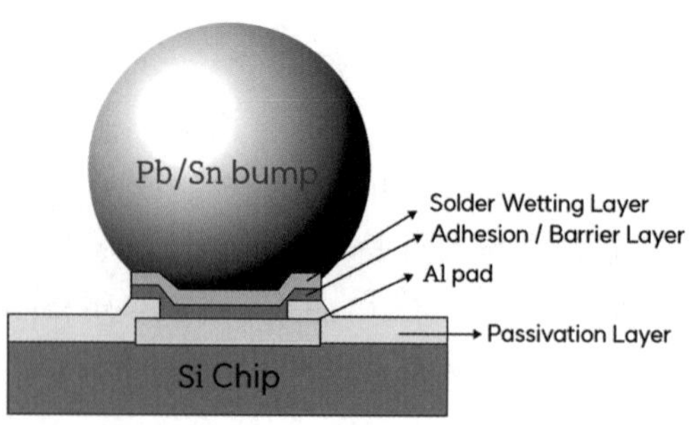

[그림 5-34] 솔더 볼 범프(Solder Ball Bump) 구조 (© Visiontech21)

UBM에 요구되는 사항은 다음과 같다. ① 웨이퍼 칩 패드(Chip Pad)의 최종 금속층이나 보호막(Passivation) 층과의 접착력이 좋아야 한다. ② 칩 패드(Chip Pad)의 최종 금속 층과 범프(Bump) 간에 전기 저항이 낮아야 한다. ③ 솔더(Solder)의 확산을 효과적으로 방지하여야 한다. ④ UBM의 최종 층은 솔더(Solder)와 젖음성(Wetting)이 좋아야 한다. ⑤ 외부로부터 IC 금속배선을 보호하여야 한다. ⑥ Si 웨이퍼에 작용하는 응력을 최소화하여야 한다. ⑦ 프로브 테스트(Probe Test)가 끝난 웨이퍼에 적용 가능하여야 한다.

범프(Bump)의 재료로는 골드(Au), 솔더(Solder), 구리(Cu) 등의 금속재료와 수지에 금속입자가 혼입된 도전성 수지 또는 수지표면에 금속재료를 피복한 수지/금속복합재료로 구별된다. 솔더 범프(Solder Bump)의 경우 리플로우(Reflow) 공정 후 표면장력 효과에 의하여 볼(Ball)모양이 형성되나, 골드 범프(Au Bump)의 경우는 도금 형태인 사각기둥 모양을 유지한다.

솔더 볼 범프 공정(Solder Ball Bump Process) 순서는 다음과 같다. ① 웨이퍼 칩(Chip) 준비, ② 스퍼터링으로 UBM을 증착, ③ 감광액(PR) 도포, ④ 노광(Expose)과 현상(Develop), ⑤ UBM 식각(Etch), ⑥ 감광액 제거(PR Strip), ⑦ 솔더 부착과 리플로우(Add solder and Reflow)

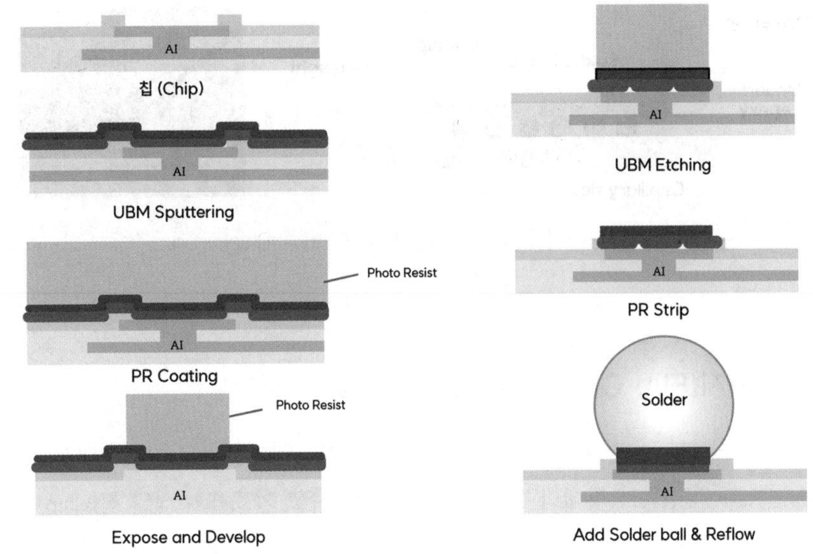

[그림 5-35] 솔더 볼 범프(Solder Ball Bump) 공정도 (© Semitracks)

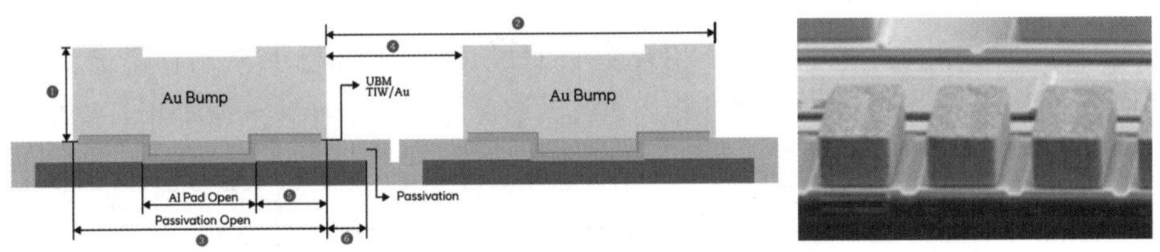

[그림 5-36] 골드 범프(Au Bump) 구조 (© LB semicon)

(2) 언더 필 공정(Under Fill Process)

언더 필(Under Fill) 공정은 밑을 메운다는 뜻으로 범프(Bump) 공정이 완료된 칩(Chip)을 뒤집어서 인쇄 회로기판(PCB) 등의 기판(Substrate)에 붙이는 플립 칩(Flip Chp) 패키지의 밑부분을 절연 수지(Epoxy)를 이용하여 메우는 공법이다. 언더 필(Under Fill) 공정 기술은 칩의 한쪽 모서리나 면에서 언더 필 재료를 주입하고 칩과 기판 사이의 솔더 범프에 의한 미세한 크기의 구멍(Cavity)에 의한 모세관 현상(Capillary action)과 플럭스(Flux)의 잔사에 의해서 칩과 기판 사이를 채우는 방법을 이용한다. 언더 필(Under Fill)은 실리콘 칩과 기판 사이에 위치하여 칩과 기판 사이의 열팽창 계수 차이로 발생하는 응력과 변형을 재분배하는 역할과 습기나 다른 모듈에 영향을 주는 전기적, 자기적 환경의 영향을 최소화하는 역할을 한다. 기타 언더 필(Under Fill)의 장점은 ① 물리적 충격의 내성 확보, ② 화학적 충격의 내성 확보, ③ 신뢰성 향상 등이다.

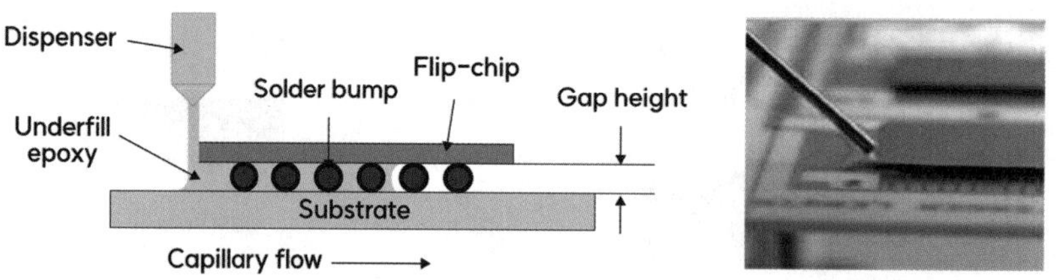

[그림 5-37] 언더 필(Under Fill) 구조 (© LB semicon)

(3) 플립 칩 패키지(Flip Chip Package) 기술

플립 칩 패키지(Flip Chip Package) 기술은 기존 와이어 본딩(Wire Bonding)방식 대신 칩(Chip)의 본딩패드(Bonding Pad)에 볼(Ball) 형태의 범프(Bump)를 형성하고 범프가 형성된 칩(Chip)을 뒤집어 인쇄회로기판(PCB)에 전기적으로 솔더 볼 범프(Solder Ball Bump)를 통해 연결하는 패키징 방식이다.

플립 칩(Flip Chip) 패키지의 장점은 다음과 같다.

① High Electrical Performance: 칩과 기판의 접속 길이가 최소화되어 임피던스가 제로에 가깝다. RF 회로에서 와이어 본딩(Wire Bonding)이나 탭(TAB)을 사용하는 경우 신호의 경로와 직렬로 연결되기 때문에 동작 주파수가 고속인 경우 입출력의 반사손실이 심해지게 되어 사용할 수 없다.

② High I/O Count: 기존의 패키지는 가장 자리만을 접속 경로로 활용하는 형태이나 플립 칩은 면 배열(Area Array) 형태로 다른 접속 방법보다 50%의 입출력(In/Out) 수의 증가를 기대할 수 있다.

③ High Package Density: QFP(Quad Flat Package)보다 25% 크기 감소와 22%의 무게 감소 효과가 있다.

④ High Thermal Performance: 열 방출 경로가 집중되지 않고 고르게 분산할 수 있으므로, 칩 내부에서 발생하는 열을 빠르게 방출할 수 있다.

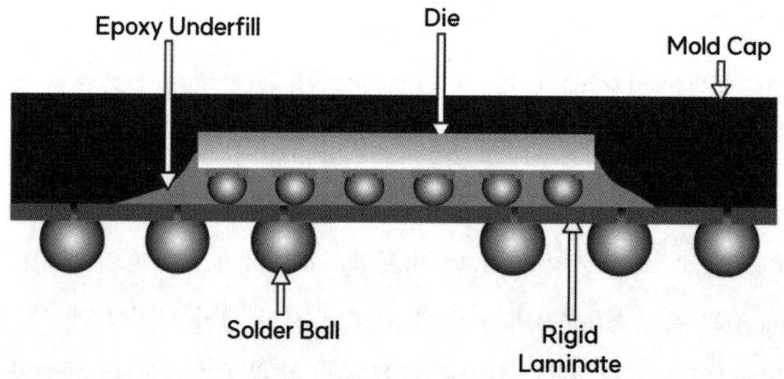

[그림 5-38] 플립 칩 패키지(Flip Chip Package) 구조도

8. 솔더 볼 부착 공정(Solder Ball Mount Process)

솔더 볼 부착 공정은 BGA(Ball Grid Arry) 등의 패키지(Package) 형태에서 반도체 칩(Chip)과 인쇄회로기판(PCB)의 패드(Pad)사이에 만들어진 솔더 볼(Solder ball)을 전기적 신호 전달이 가능하도록 기판 아래(Substrate Bottom) 부분에 솔더 볼(Solder ball)을 부착하는 공정이다. 솔더 볼이 기판에 잘 붙기 위해서는 반드시 플럭스(Flux)를 바른 후 솔더 볼을 부착해야 한다.

[그림 5-39] BGA(Ball Grid Array) 패키지 외관 및 구조도 (© Electrical Engineering Stack Exchange)

(1) 솔더 볼 부착 공정 순서(Solder Ball Mount Process Flow)

솔더 볼 부착 공정 순서는 다음과 같다. ① 플럭스 담금장치(Flux Dipping System)를 이용해 PCB 기판의 전극 패드(Pad)에 플럭스(Flux)를 도포(Dip Flux or Dispense Flux)한다. ② 솔더 볼(Solder Ball)을 놓는다. ③ 플럭스 잔여물 제거(Remove Flux residue)한다. ④ 리플로우(Reflow) 공정을 통해 솔더 볼을 접착(Mount)시킨다. ⑤ 언더 필(Under Fill)을 진행한다(Dispense undefill). ⑥ 리플로우 오븐(Reflow oven) 공정으로 큐어링(Curing)한다(Cure by reflow oven).

리플로우(Reflow) 공정은 실장된 PCB가 리플로우 장비 안에 들어가서 나오는 과정에서 온도 변화를 통해 납땜(Soldering)되는 공정으로, 시간의 경과에 따른 온도 변화를 그래프로 나타낸 것이 리플로우 프로파일(Reflow Profile)이다. 리플로우 프로파일은 4개의 온도 구역(Zone)으로 나눌 수 있으며 예열구역(Preheat), 활성화 구역(Soak), 리플로우 구역(Reflow), 그리고 냉각 구역(Cooling)등이다. 리플로우 구역(Reflow zone)이 솔더 입자를 액체화하는 구역으로 제품을 활성온도(Soak)에서 권장 피크(Peak) 온도로 올린다. 활성온도는 합금의 용융점 이하이고 피크 온도는 그 이상이다. 이 구역에서 온도를 너무 높게 설정하면 PCB의 Bow(휨), 납 젖음 불량등이 나타난다.

플럭스(Flux)는 용재라고도 하며 납에 포함된 플럭스는 납땜할 때 녹은 납 표면에 떠서 납 표면의 산화를 방지한다. 솔더링 플럭스(Soldering flux)의 주요 성분은 송진(Rosin, resin), 시너(Thinner), 그리고 활성제(Activator) 등으로 구성된다. 솔더링(Soldering) 공정에서 플럭스는 모재나 부품 표면의 오염 물질과 납땜 시 고온에 의한 표면의 산화 방지를 해 줌으로써 납땜성을 좋게 해주며, 신나 성분이 있어 모재나 부품 표면의 오염을 제거해 준다.

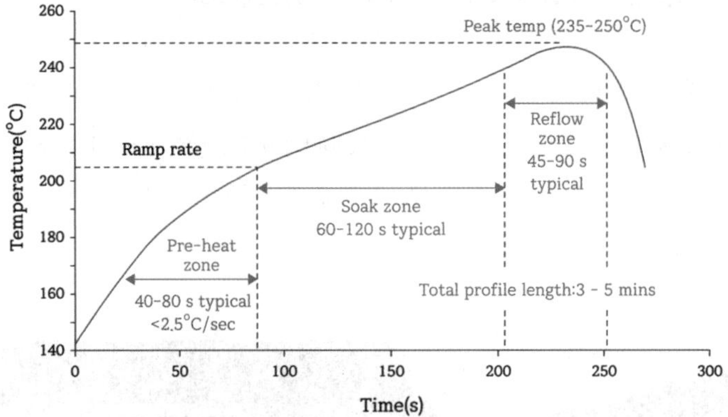

[그림 5-40] 솔더 리플로우 프로파일(Solder Reflow Profile) (© EPC)

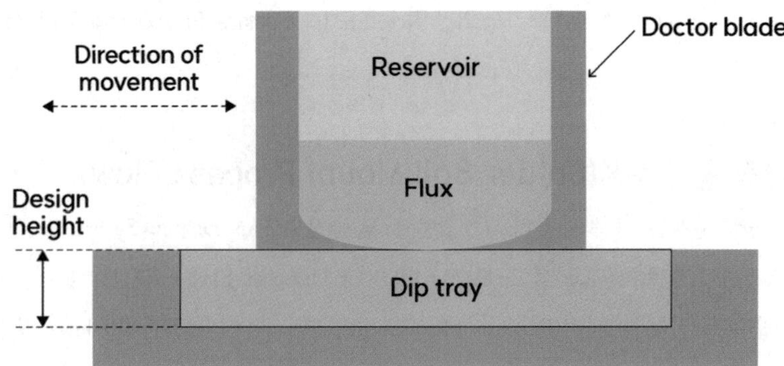

[그림 5-41] 플럭스 담금 장치 구조도 (© INDIUM co.)

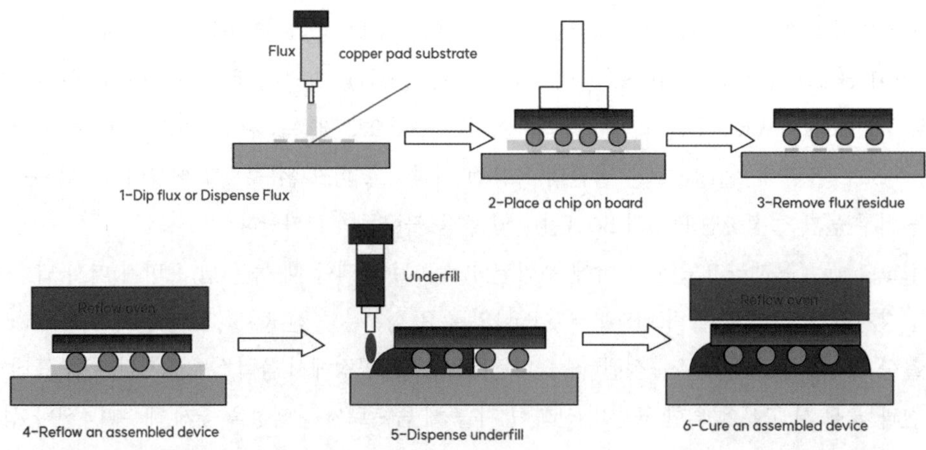

[그림 5-42] 플립 칩 패키지 공정도(Flip Chip Package process) (© IEEE, SEMANTIC SCHOLAR)

(2) 솔더 볼 부착 결함(Solder Ball Mount Defect)

솔더 볼 부착 공정에서 주로 발생되는 결함은 다음과 같다.

① Non wet open(비습식 오픈): 젖음 불량으로 솔더 볼이 기판과 기판 사이에서 떨어져 있어 전기적으로 개방(Open) 불량이다.

② Head in Pillow(비접촉): 베게 모양처럼 금속염이 랜드 솔더(Land Solder)와 범프(Bump)의 젖음(Wetting)을 방해해서 생긴 불량으로 불완전한 기계적 강도를 갖는 솔더 결함이다. 솔더 페이스트(Sloder paste; 납땜 융합금)증착이 패드를 젖게 하지만 볼은 완전히 적시지 못하는 위치에서 발생하는 솔더 조인트 결함이다.

③ Bridged Joint(땜납 브리징): 두 개의 솔더 볼이 서로 연결되어 있어 전기적으로 단락(Short) 불량이다.

④ Stretched Joint(늘어진 접합부): 솔더볼이 늘어져 있는 결함이다.

⑤ Head in Pillow open(비접촉 오픈): 헤드 인 필로우(Head in Pillow) 결함에서 젖음(Wetting)을 방해해서 생긴 솔더볼 중간이 서로 떨어진 결함으로 전기적으로 개방(Open) 불량이다.

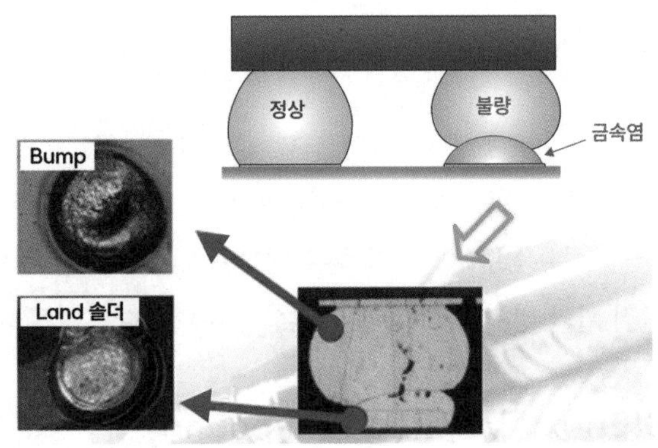

[그림 5-43] 헤드 인 필로우(Head in Pillow) 결함 (© KOKI)

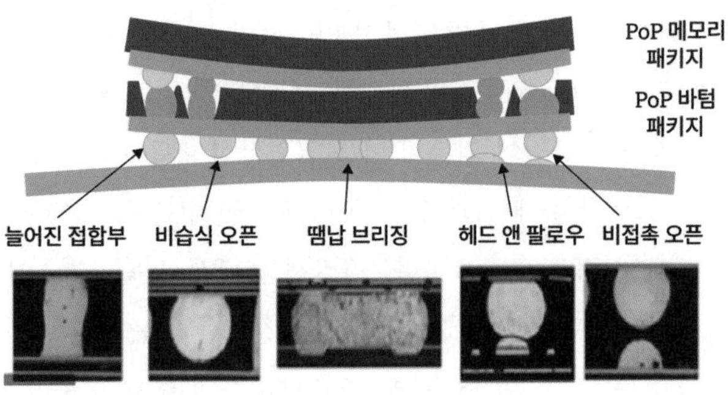

[그림 5-44] 솔더 볼 마운트(Solder Ball Mount) 결함 (© Yxlon)

(3) 솔더 볼 결함(Solder Ball Defect)

솔더 볼 결함은 다음과 같다.

① Ball discolor: 볼의 색깔이 다른 볼의 색깔과 비교하여 다른 결함이다.

② Missing Ball: 부착된 볼이 떨어져 없어진 결함이다.

③ Abnormal pitch: 솔더 볼의 간격(Pitch)이 맞지 않는 결함이다.

④ Damaged ball: 솔더 볼의 외관이 손상(Damage)을 입은 결함이다.

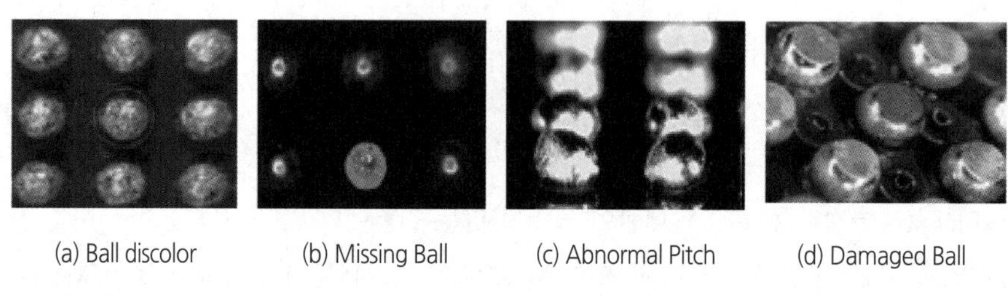

(a) Ball discolor (b) Missing Ball (c) Abnormal Pitch (d) Damaged Ball

[그림 5-45] 솔더 볼 결함

9. 몰딩 공정(Molding Process)

몰딩 공정은 칩이 실장된 기판을 고온 상태의 금형에서 열 경화성 수지인 EMC(Epoxy Molding Compound)로 밀봉하는 공정이다. 몰딩(Molding)의 목적은 ① 외부 충격으로부터 와이어 본딩된 칩을 보호하고, ② 칩에서 발생하는 열의 발산 및 수분 침투에 의한 부식을 방지하며, ③ 외부 환경으로부터 내부 소자의 전기적 열화 방지 및 기계적 안전성을 부여한다.

(1) 몰딩 재료: EMC(Epoxy Molding Compound)

EMC는 필러(Filler)와 레진(Resin)을 주성분으로 각종 배합제를 가하여 성형하기 쉽게 만든 수지로, 한번 열을 받아 모형이 형성되면 변형되지 않는 성질(열경화성 수지)을 가지는 원재료이다. 분말(Compound) 상태인 에폭시는 175℃의 온도에서 젤 상태로 녹이면 용융되며 점성이 낮아진다. 온도를 낮추면 에폭시가 경화되면서 점성이 온도와 반비례하며 높아지기 시작하고, 온도를 더욱 낮추면 에폭시는 주변의 PCB(Printed Circuit Board)나 리드프레임(Lead Frame), 와이어, 웨이퍼 등과 강한 결합력으로 매우 높은 경도의 물질이 되는데 이를 열경화성 에폭시라고 한다. 경화된 후의 EMC는 반도체 동작 시 온도가 오르내릴 때 칩과 유사하게 팽창 및 수축을 유지하도록 조절하는 것이 중요하며, 온도를 외부로 빼내는 작용이 중요하다. 따라서 혼합재의 특성이 EMC의 신뢰성을 결정하게 된다. 현재는 플라스틱(Plastic) 재질의 에폭시(Epoxy) 물질을 쓰는 몰딩(Molding) 방식을 많이 사용하고 있으며 플라스틱의 경우 습기 및 내부 보이드(Void) 등의 불량 현상이 있으나 꾸준히 개선하여 DRAM, CPU, NAND 등 거의 모든 패키지에 적용되고 있다.

[그림 5-46] EMC(Epoxy Molding Compound)

(2) 몰딩 공정(Molding Process) 방식

몰딩 방식에는 트랜스퍼 몰딩(Transfer Molding) 방식과 컴프레션 몰딩(Compression Molding) 방식이 있다. 몰드(Mold)는 어떠한 모양으로 성형한다는 의미이고 반도체를 성형(Molding)할 때는 EMC를 녹여 캐비티(Cavity)에 주입한다. 캐비티(Cavity)는 성형용 금형에서 모양이 형성되는 부분으로 안으로 파여져 있다. 따라서 몰딩의 핵심은 금형판이다.

① 트랜스퍼 몰딩(Transfer Molding) 방식

몰딩의 초기 방식으로 플런저(Plunger) 내에 용융된 수지를 캐비티(Cavity)에 주입하고 경화시키는 수지 밀봉 방식이다. 플런저(Plunger)는 실린더 내를 왕복하며 유체를 압축하여 내보내거나 유체의 압력을 전달하는 막대 모양의 피스톤이다. 트랜스퍼 몰딩 공정의 관건은 짧은 시간 안에 몰딩 금형 내부를 완전히 채우는 것이다. 만약 EMC의 흐름성이 달라지면 미충진(Incomplete mold), 공동(Void), 다공(Prosity)등의 불량 등이 발생한다. 이러한 문제를 해결하기 위해 에폭시를 좁은 통로로 이동 시킬 때, 반대편에서 진공(Vacuum)으로 뽑아내는 방식을 사용해 에폭시의 속도를 조절하고 있다.

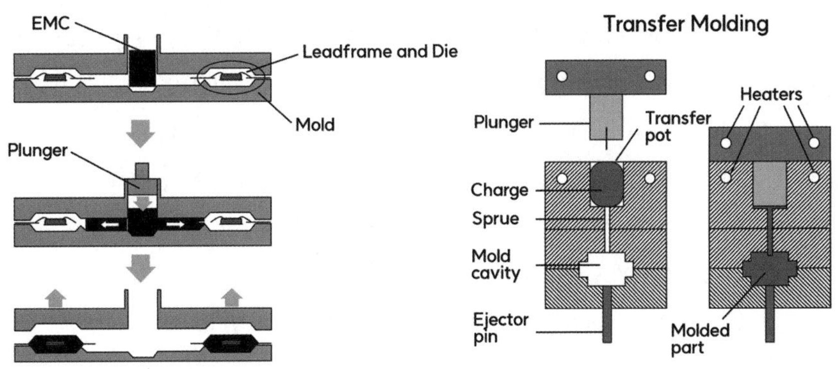

[그림 5-47] 트랜스퍼 몰딩(Transfer Molding) 방식 (© SlidePlayer / SubsTech)

② 컴프레션 몰딩(Compression Molding) 방식

기존의 트랜스퍼 몰딩 방식은 메모리 칩을 적층하는 MCP(Multi Chip Package) 기술이나 PCB 또는 리드 프레임의 대형화로 인해 에폭시가 멀리 퍼져 나가야 하는 등의 트랜스퍼 몰딩 방식의 한계가 발생한다. 따라서 컴프레션 몰딩 방식은 트랜스퍼 몰딩의 한계를 극복한 새로운 방식으로, 케비티(Cavity)에 먼저 수지(EMC)를 주입해 용융시킨 후 워크를 넣어서 수지를 성형하는 수지 밀봉 방식이다. 컴프레션 몰딩을 적용할 경우 에폭시를 멀리 전달시킬 필요가 없는 방식으로 젤 상태의 에폭시 위에 웨이퍼를 수직 하강(Face Down)시켜 몰딩하는 방식이다. 공동(Void)이나 스윕(Sweep) 현상 등의 불량을 줄이는 효과가 있으며, 불필요한 에폭시의 사용을 줄여 환경에도 도움이 된다. 또한 초대형 패널 성형 및 제품의 평탄화, 박형화도 가능하다.

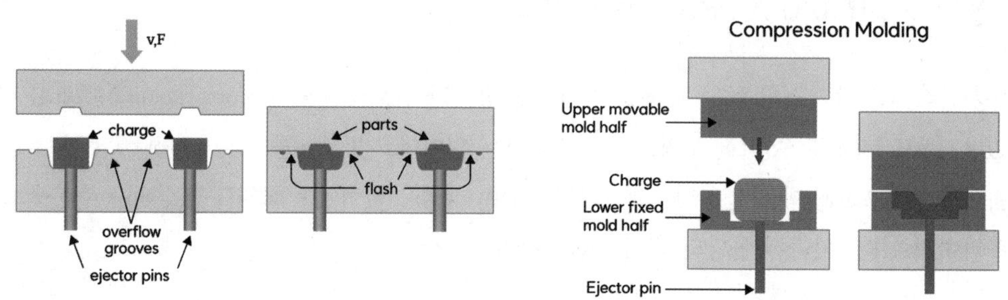

[그림 5-48] 컴프레션 몰딩(Compression Molding) 방식 (© Mark tool & Rubber / SubsTech)

(3) 자재 휨(Warpage) 현상

일반적인 패키징 공정은 스트립(Strip) 단위로 이루어진다. 즉 와이어 본딩이나 플립 칩 본딩을 시작해서 모든 공정을 마치기까지 스트립 단위로 공정이 진행되는데, 스트립 크기가 커지고 넓어지면 더 많은 패키징 개수를 한번에 처리할 수 있어 공정 비용을 낮출 수 있기 때문이다. 그러나 스트립 크기가 커지면 몰딩 공정에서 EMC를 멀리까지 빈틈없이 채워야 하므로 더욱 어렵게 되고 또한 스트립 크기가 커진만큼 변형, 즉 워페지(Warpage)도 같이 커질 수 있다. 워페지(Warpage) 현상은 몰딩(Molding) 공정에서 온도 차이나 이종 물질 간의 열팽창 계수의 차이로 인하여 제품이 휘는 현상으로 EMC(Epoxy Molding Compound)와 실리콘(Si) 웨이퍼의 열팽창 계수(CTE)가 달라 열을 가해 몰딩 수지를 입힐 때 자재 휨(Warpage)이 발생하는 현상이다. 이는 패키지 몰딩 공정 중 175℃의 온도에서 상온으로 온도가 감소함에 따라 물질 간의 열팽창계수의 차이에 의해 패키지가 휘어져 불량을 초래한다. 자재 휨(Warpage)이 커지면 솔더 볼(Solder Ball)을 부착하거나 패키지를 자르는 싱귤레이션(Singulation) 혹은 트리밍(Trimming) 공정에서 어려움이 발생할 수 있다.

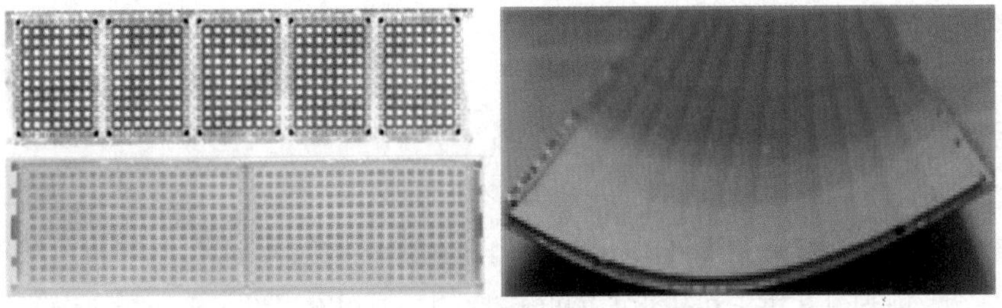

[그림 5-49] (왼쪽) 리드 프레임 패키지의 스트립(Strip)과 (오른쪽) 워페지(Warpage) 현상 (© Amkor)

자재 휨(Warpage)을 최소화 할 수 있는 방법으로는 공정(Process), 재료(Material), 구조(Structure)의 관점에서 유의해야 한다. 공정(Process)에서는 리플로우 프로파일(Reflow Profiles), 시간 조절(Time Control) 그리고 기판 패드 마무리(Substrate pad finish) 등이며 재료(Materilal) 측면에서는 다이 부착(Die Attach), 몰드 컴파운드(Mold compound), 기판 재료(Substrate materials), 그리고 솔더 볼 어레이(Solder ball array) 등이다. 구조(Structure)적인 관점에서는 라미네이트 두께(Laminate thickness), 실리콘과 몰드 비율(Silicon-Mold Ratio), 솔더 볼 사이즈와 패드(Solder ball-size/pads) 등이다. 또한 다음 사항을 유의해야 한다. ① 가급적 공정 온도를 낮추는 것이 좋다. ② 재료 간의 열팽창 계수(CTE, Coefficient Of Thermal Expansion) 차이(Missmatch)를 최소화해야 한다. 즉 CTE가 낮은 재료를 선정한다. ③ 재료의 강성도(Stiffness)를 나타내는 탄성계수(Modulus)가 낮은 소재를 선정한다. ④ 재료의 열팽창 계수(CTE) 차이(Mismatch)를 줄이기 위해 유효면적/길이를 줄인다.

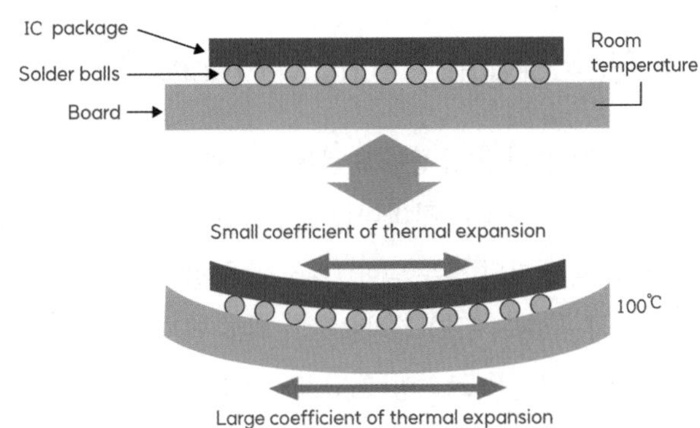

[그림 5-50] 열팽창계수 차이에 의한 자재 휨(Warpage) 현상과 솔더 접합부 크랙(Crack) (© Amkor)

10. 마킹 공정(Marking Process)

마킹 공정은 제품의 식별을 목적으로 완성된 패키지 제품의 외부에 명칭 및 용도를 자재의 표면에 표시하는 공정으로 해당 반도체의 고유명칭, 제조일, 제품의 특성, 일련 번호, 랏트 넘버(Lot No) 등을 표시한다. 패드 프린트(Pad Printing) 방식인 잉크 마킹(Ink marking)과 레이저 마킹(Laser Marking)이 있으나 레이저 빔을 이용하여 표면에 각인하는 레이저 마킹을 주로 진행한다. 레이저 종류 로는 CO_2 레이저, YAG 레이저, Diode 레이저 등이 많이 사용된다. 마킹(Marking)은 일반적으로 패키징(Packaging) 공정에서 진행한 마킹에 패키지 검사(Package Test, Final test)후에 마킹을 추가하는 애드 마킹(Add marking)을 하며 마킹 내용은 주 코드(Date code), 파트 넘버(Part Number) 등을 마킹(Marking)한다.

[그림 5-51] (왼쪽) 반도체 레이저 마킹 공정과 (오른쪽) 마킹 사례 (© 삼성전자)

11. 패키지 트리밍 공정(Package Trimming Process)

패키지 트리밍(Trimming) 공정은 마킹 공정이 완료된 반도체 제품을 모듈(Module), 보드(Board), 카드(Card) 등에 실장하도록 개별 반도체로 잘라내는 공정으로 싱귤레이션(Singulation) 공정이라고도 한다. 리드 프레임(Lead frame) 패키지의 경우 댐바(Damber)을 잘라주는데 뎀바는 리드(Lead)와 리드 사이로 몰딩(Molding) 시에 액체 상태의 몰딩 컴파운드가 외부 리드로 흘러 넘치는 것을 방지하는 댐 역할을 하며 이 댐버를 잘라주는 공정을 트리밍(Trimming)이라고 한다.

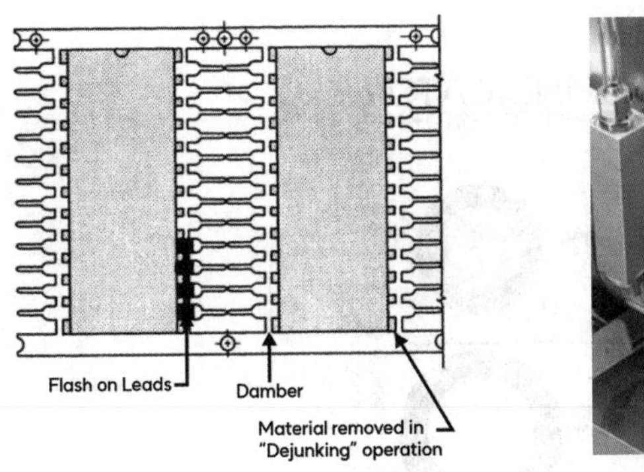

[그림 5-52] (왼쪽) 몰딩 후의 리드 프레임 패키지와 (오른쪽) 트리밍 공정 (© Amkor)

12. 패킹 공정(Packing Process)

패킹(Packing) 공정은 반도체의 모든 공정이 완료된 패키지 제품을 습도(Humidity)와 정전기(ESD) 등으로부터 안전하게 보호되도록 포장(Packing)하는 공정이다. 패킹 공정은 진공 상태에서 포장하는 진공 비닐 포장과 박스(Box) 포장, 트레이(Tray) 포장, 테이프 엔 릴(Tape and Reel) 포장 등이 있다.

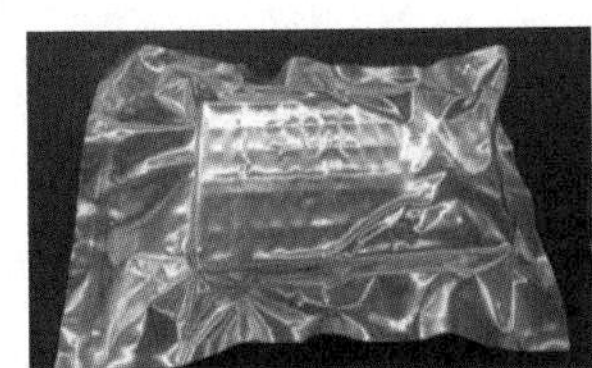

[그림 5-53] 반도체 제품 포장 방법, 왼쪽부터 진공 비닐 포장, 트레이 포장, 테이프 엔 릴 포장

(1) HIC(Humidity Indicator Card)

HIC(Humidity Indicator Card)는 습도 지시 또는 표시 카드로 반도체 패키지 제품은 습도(Humidity)에 취약하므로 포장 시 습도의 변화를 알 수 있게 하는 HIC(Humidity Indicator Card) 카드를 모이스처 베리어 백(Moisture Barrier Bag)에 패킹(Packing)할 때 함께 보관하여 습도 변화를 알 수 있게 해주고 있다. HIC는 표시된 상대 습도를 초과할 때 색(Color)이 변하도록 습기에 민감한 화학물질이 포함된 카드로, 건조한 상태에서는 블루(Blue)이나 수분을 흡수하면 핑크(Pink)로 변하여 습도의 상태를 알 수 있게 해준다.

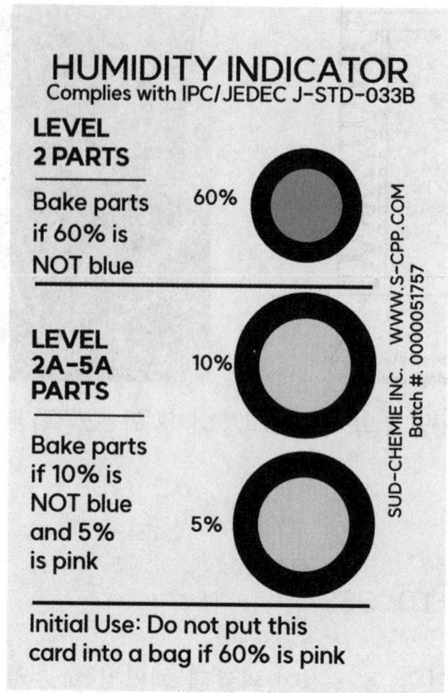

[그림 5-54] HIC(Humidity Indicator Card)의 습도 변화

(2) MSL(Moisture Sensitive Level)

MSL(Moisture Sensitive Level)은 반도체 등의 패키징 수지가 공기중의 수분을 흡수하여, 리플로우(Reflow) 시 등에 수분 기화로 인한 체적 팽창에 의해 파손에 이르는 현상을 방지하기 위해 제정된 JEDEC(Joint Electron Device Engineering Council)의 규격이다. JEDEC은 미국 전자산업협회의 반도체 표준화 기구이다. 플로우 라이프(Floor Life)는 방습 포장 개봉후 IC 패키지를 30℃ 이하, 60% RH(Relative Humidity)의 대기중에 방치한 경우의 수분 흡습 수명을 나타낸다. 즉 방습포장 개봉 후 사용 가능한 시간을 의미한다. 방습 포장 개봉 후 반도체 IC 패키지의 플로우 라이프(Floor Life)는 MSL Level로 구분한다.

MSL(Moisture Sensitive Level) Level 1은 방습 포장 개봉 후 대기중의 온,습도가 30℃, 85% RH 이하일 경우 플로우 라이프(Floor Life)는 없다. 즉, 포장을 뜯은 후에 베이킹 작업 없이 언제든지 다시 반도체 IC를 사용할 수 있다는 뜻이다. MSL Level 3의 경우는 Floor Life가 30℃, 60% RH의 조건에서 168Hr(1주간)인데, 이것은 포장을 뜯고 168Hr(1주간) 이내에 사용해야 하며 만약 168Hr(1주간)이 지나면 반드시 일정한 온,습도 조건에서 베이크(Bake)를 통해 건조한 후 IC 제품를 사용해야 한다는 뜻이다. 이것은 JEDEC 표준 규격(J-STD-020)에 규정되어 있다.

[표 5-3] 플로어 라이프(Floor Life) MSL Level (© Rohm)

LEVEL	Floor Life & Conditions	
	시간	조건
1	제한없음	≤30℃, 85% RH
2	1년	≤30℃, 60% RH
2a	4주	≤30℃, 60% RH
3	168시간 이내	≤30℃, 60% RH
4	72시간 이내	≤30℃, 60% RH
5	48시간 이내	≤30℃, 60% RH
5a	24시간 이내	≤30℃, 60% RH
6	Label에 표기된 시간	≤30℃, 60% RH

(3) 베이킹(Baking)

베이킹(Baking)은 반도체 내부의 수분을 제거하기 위하여 오븐(Oven)을 이용하여 고온(약 125℃)에서 24Hr 이상 베이크(Bake)하는 것을 의미하며 JEDEC 규격에 규정되어 있다. 일반적인 반도체 제품은 MSL(Moisture Sensitive Level) 1~3 정도가 대부분이고 복잡도가 높고 크기가 큰 제품들은 MSL 4~5의 제품도 있다. 이런 경우에는 방습 포장을 개봉하고 1일(Level 5)에서 3일(Level 4) 정도만 지나면 반드시 베이킹을 한 후 사용해야 한다. 만약 베이킹을 하지 않고 그대로 사용하는 경우 습도로 인해 반도체 패키지가 부풀어 오르거나 전기적으로 누설전류가 흘러 파손에 이르기까지 하므로 관리를 잘 해야 한다. MSL과 베이킹(Baking) 방법 등에 대해서는 제품의 라벨(Level)에 정확한 내용이 표기되어 있으므로 제품의 라벨 내용을 잘 숙지한 후 사용해야 한다.

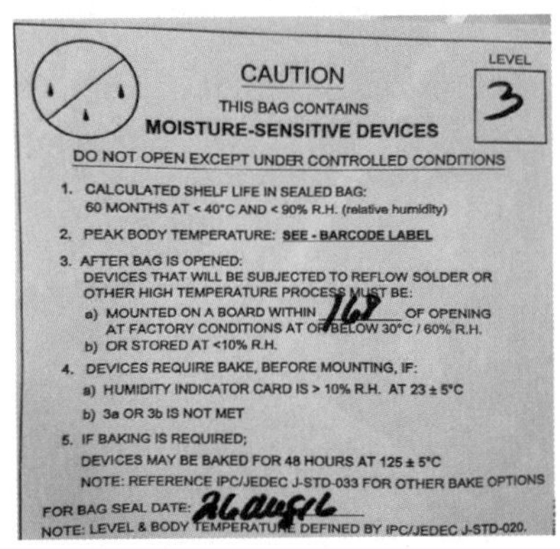

[그림 5-55] (왼쪽) 제품 포장 라벨과 (오른쪽) 베이크 오븐 (© KAP)

13. 외관 검사(Visual Inspection)

외관 검사는 반도체 후 공정(Back-end)의 마지막 단계로, 완성된 반도체 제품에 대해 2D 및 3D 검사 기술을 이용하여 외관 결함 여부를 자동으로 검사하는 단계이다. 즉 제품의 출하에 앞서 마킹(Marking) 상태, 벤트 리드(Bent lead), 솔더 볼(Solder ball)과 PCB 상태, 다이 크랙(Crack) 등 패키지 외관의 손상(Damage) 여부를 확인하는 공정이다. 특히 볼(Ball) 내면 검사는 볼 형태에서 변형이나 볼 빠짐, 볼 위치 편차, 편평도(Coplanaity) 등을 검사하고 패키지 외관 검사에서는 마킹(Marking)의 핀(Pin) 방향 표시, 문자 빠짐이나 혼입, 문자 편차, 크랙이나 오염 상태 등을 점검한다. 자동화 검사(Auto Inspection) 공정이라고도 하며 머신 비전(Machine Vision)을 통해 외관 검사(Visual inspection)를 실시한다.

머신 비전(Machine Vision) 기술은 가시광선, 적외선, 자외선, X-ray 등 다양한 파장의 빛을 이용하여 패키지 외관 등의 2D 또는 3D 영상정보를 획득하고, 이를 통해 외관으로부터 측정이 가능한 정보들을 추출하여, 비접촉 방식으로 외관 검사를 자동화를 통해 사람의 시각 및 판단 기능을 카메라와 컴퓨터 등의 장치들로 구현한 것이다.

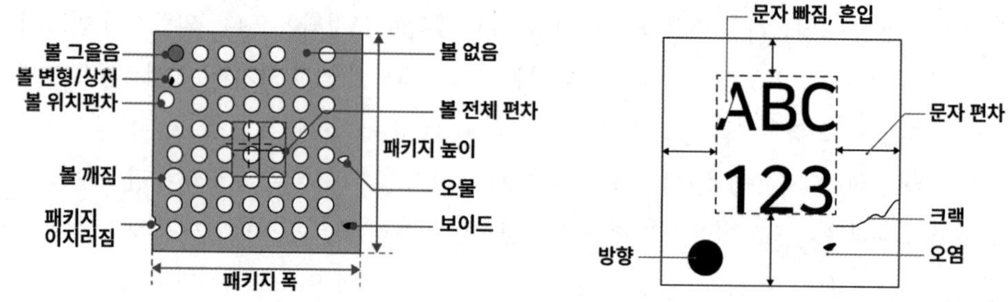

[그림 5-56] (왼쪽) 솔더 볼 외관 검사와 (오른쪽) 마킹 표면 검사 (© Visco)

2 반도체 패키지 기술

1. 반도체 패키지 기술 개요

반도체 패키지 기술은 경박단소 형태로 발전하고 있으며 패키지의 내부나 외부 형태 그리고 실장 방식에 따라 다양한 형태로 발전하고 있다. 가장 오래된 리드 프레임(Lead Frame) 형태의 삽입 실장형(Through Hole Mount)은 패키지 사이즈가 커 많은 면적을 차지하고, 반도체 칩의 기능이 발전함에 따라 입/출력(In/Out) 단자 수를 늘리는 데 한계가 있었다. 따라서 패키지 면적이 작아 밀도가 높아지는 방향으로 표면 실장형(Surface Mount) 패키지로 발전 되었으며 패키지의 핀(Pin) 수가 2면에서 4면을 모두 적용한 형태로 발전 되었다. 또한 전력 손실을 줄이고 속도 등의 성능 향상을 위해 와이어 본딩(Wire Bonding) 방식의 리드 프레임 패키지 타입(Lead frame type)에서 볼 타입(Ball type)형태의 플립칩(Flip Chip) 방식으로 변화되고 있다. 최근에는 메모리 칩을 쌓고 구멍(Hole)을 뚫어 와이어 본딩(Wire Bonding)을 대체한 3D 패키지인 TSV(Through Silicon Via) 기술이 최신 기술로 주목을 받고 있다.

2. 리드 프레임 패키지(Lead Frame Package)

(1) 삽입 실장형(Through Hole Mount) 패키지

삽입 실장형은 시스템 보드(System Board) 또는 PCB(인쇄회로기판)의 구멍(Hole)에 반도체 소자의 리드 핀을 삽입하고 솔더링(납땜)하는 방식이다. DIP(Dual inline Package)는 양쪽 아래 방향으로 리드(Lead)가 있으며 PTH(Plated Through Hole Type) 형태의 PCB 기판에 적용하는 부품으로, 칩 크기에 비해 패키지 크기가 크고 우수한 열 특성을 지닌 반면에 핀 수에 비례하여 패키지 사이즈가 커지기 때문에 많은 핀의 패키지 대응이 곤란하다. SIP(Single inline Package)는 패키지 한쪽에만 리드(Lead)가 수직으로 있는 타입이고, ZIP(Zig zag in line Package)는 리드가 교대로 구부러져 배치된 지그재그 모양이다. 또한 패키지의 리드가 바디(Body) 바닥 전면이나 일부 사각 형태로 수직으로 달려있는 PGA(Pin Grid Array) 타입도 있다. OP Amp, Comparator, Timer, PWM IC 등의 Analog IC 등에 주로 사용되며, Diode, MOSFET, BJT, IGBT 등의 전력(Power) 반도체에 사용하는 패키지로는 TO−92, TO−220, TO−247 등이 있다.

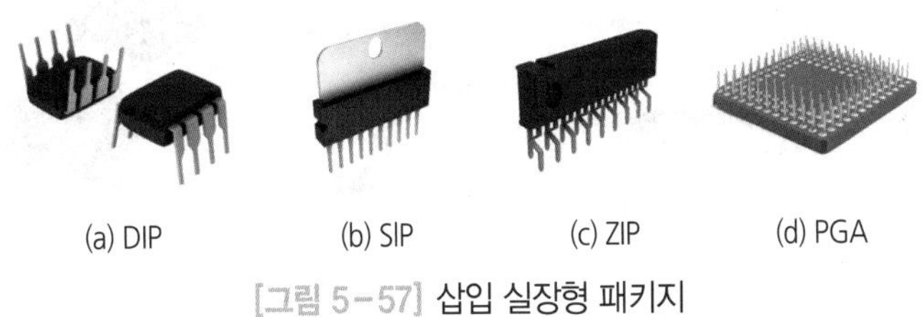

[그림 5−57] 삽입 실장형 패키지

(2) 표면 실장형(SMD, Surface Mount Device) 패키지

보드 및 기판 표면에 반도체 소자를 그대로 실장하여 땜질하여 붙이는 방법이다. DIP 타입에 비해 집적도가 높아 부품 크기를 작게 만드는 데 유리하다. 핀을 배치한 방법에 따라 핀 단자가 옆으로 난 SOP, 아래 숨어있는 QFN 패키지 등이 있다. 기타 SMD 타입의 작은 트랜지스터 패키지인 SOT-23과 D-PACK(TO-252) 패키지 등이 있다.

① SOP(Small Outline Package)

SOP(Small Outline Package)는 SMD 형태의 패키지로, 패키지 두께에 따라 TSOP(Thin SOP), SSOP(Shrink SOP), TSSOP(Thin Shrink SOP)로 구분하며, 가장 널리 쓰이는 플라스틱 패키지이다. 보통 SSOP(Shrink SOP)는 SOP보다 크기가 작고 핀 수가 적다. TSOP(Thin SOP)는 평면에서 놓고 봤을 때 플라스틱 높이가 낮은 패키지이며, 주로 PC에 사용되는 메모리 패키지로 리드 프레임을 사용하는 가장 일반적인 패키지이다. TSOP는 리드 프레임 위에 칩을 올리고 와이어 본딩 몰딩을 한 후 리드를 구부려 완성하는 패키지 구조이다. DRAM, SRAM, 플래시 메모리 패키지로 주로 사용된다. 패키지 두께가 1mm 이하이고, 리드 간 피치가 0.5mm 이하이다.

[그림 5-58] 왼쪽부터 SOP, TSSOP, SOT-23, D-PACK 패키지

② 다핀화, 소형화 추세에 따른 표면 실장형 패키지

QFP(Quad Flat Package)는 소자의 핀이 4면으로 돌출된 집적 회로 패키지이며 플라스틱 재질 사용으로 가볍다. 주로 표면실장(SMD)에 사용되며, 소켓이나 구멍 실장에는 사용할 수 없다. QFP는 핀 간격이 0.4mm에서 1.0mm이며, 핀 수가 32핀에서 304핀까지 다양한 종류가 있다. 특별한 경우는 LQFP(Low QFP)과 TQFP(Thin QFP)도 포함된다.

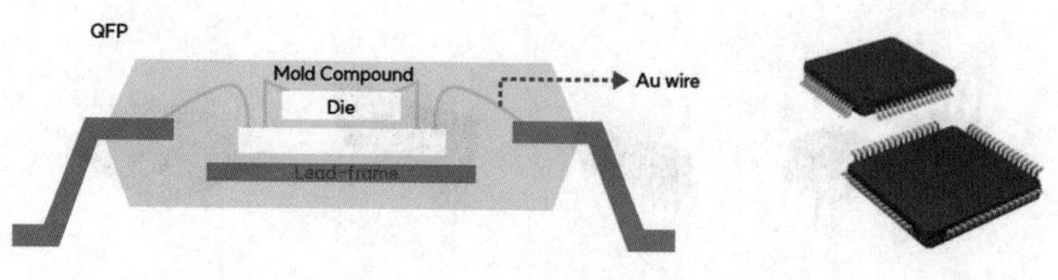

[그림 5-59] QFP 패키지 구조 및 외관

QFN(Quad Flat No Lead)는 QFP와 비슷하나 리드(Lead)가 밖으로 나와 있지 않고 밑면 네 변에 전극 패드가 나열된 구조로, QFP에 비해 실장 면적이 작으며 고밀도화가 가능하다. QFJ(Quad Flat J Lead)는 정 사각형 형태로 4방향의 Lead가 안쪽으로 구부러져 있는 'J' 자형이고, PLCC(Plastic-Leaded Chip Carrier)는 QFJ를 실장하는 소켓(Socket)이다. 또한 SOJ(Small Outline J-leaded Package)는 QFJ와 SOP 패키지를 합친 형태로 양쪽 Lead가 나와 있으며 모양이 'J'자형이다.

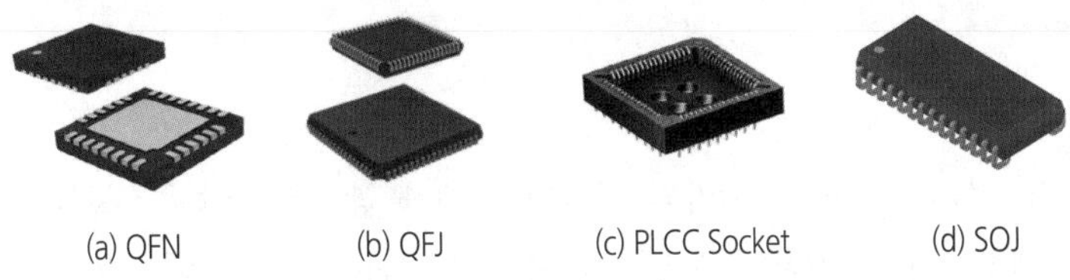
(a) QFN (b) QFJ (c) PLCC Socket (d) SOJ

[그림 5-60] QFN, QFJ, PLCC Socket, SOJ 패키지 외관

3. 볼 그리드 어레이(Ball Grid Array) 패키지

(1) 초다핀화, 초소형화, 고속동작 대응을 위한 면 배열(Area Array) 패키지

BGA(Ball Grid Array)는 이차원적 평면에 격자 형식으로 분포된 솔더볼(Solder Ball)을 통하여 칩을 PCB 등과 전기적으로 연결한 형태로 4면 주변형(Peripheral)보다 단위 패키지 면적당 매우 높은 수의 입출력(I/O)수를 가진다. 고성능 소자 패키지에 적합하며 솔더볼을 사용하여 전기적 접속을 함으로써 짧은 접속 거리에 의해 QFP보다 낮은 인덕턴스와 커패시턴스를 갖는다. 또한 열 방출 솔더볼을 칩 바로 밑에 넣어 직접적으로 열을 방출하여 열 특성이 우수하다. 패키지 종류로는 FBGA(Fine), PBGA(Plastic), CBGA(Ceramic)등이 있다.

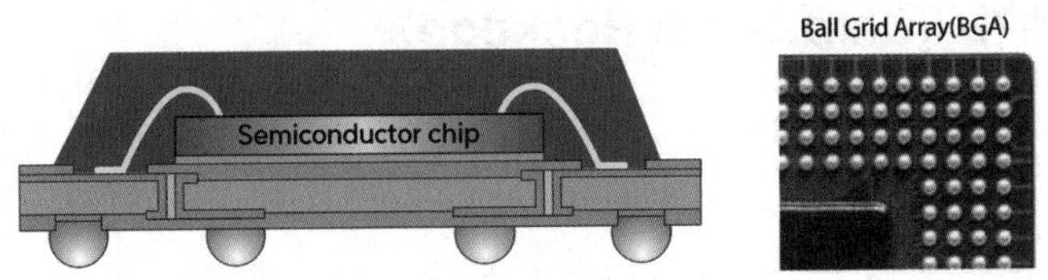

[그림 5-61] BGA 패키지 구조 및 외관

PBGA(Plastic Ball Grid Array)는 리드 프레임을 사용하는 대신 PCB 기판을 사용하여 인덕턴스(inductance)를 낮추고, 전기적/열 방출 능력과 표면 실장성(SMT)을 대폭 향상하였다. 플라스틱을 기판 재료로 쓰고 있기 때문에 수분 흡수에 따른 팝콘 크래킹(Popcorn cracking)과 같은 문제가 패키지의 신뢰성 문제를 유발하는 경우가 있다.

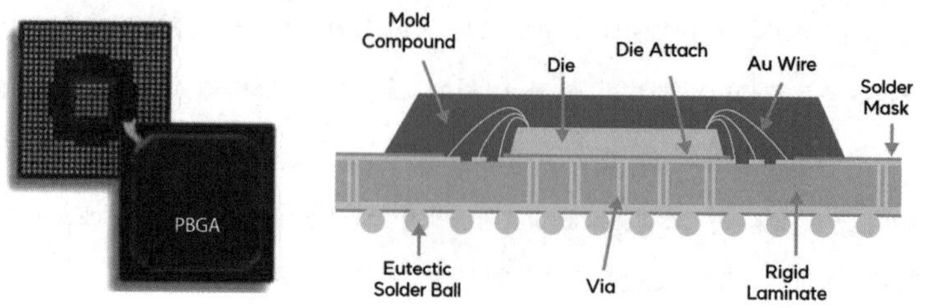

[그림 5-62] PBGA 패키지 구조 및 외관

CBGA(Ceramic Ball Grid Array)는 세라믹 기판의 무게가 상당한 비중을 차지하여, 다른 형태의 BGA보다 무겁고 제조단가가 비싸다. 알루미나 세라믹 기판을 이용하여 습기를 완전히 차단하며 PBGA와 같이 수분 흡수로 인한 문제점이 비교적 적고 견고한 구조로, 패키지가 사용되는 환경이 열적 안정성 또는 내식성 등을 요구하는 경우에 적합하다.

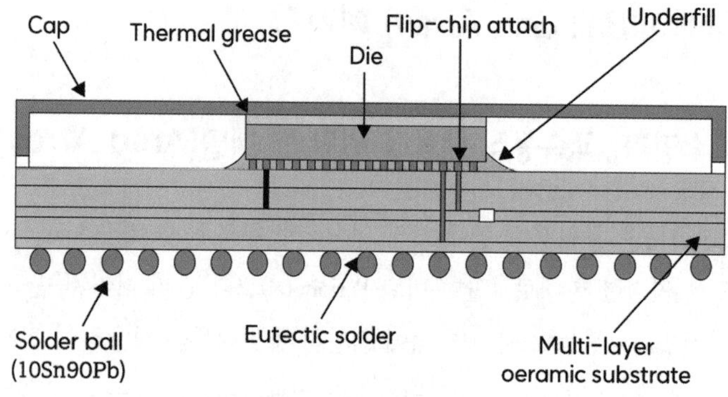

[그림 5-63] CBGA 패키지 구조 (© TWI-Global)

(2) 칩 스케일 패키지(Chip Scale Package)

미세 피치 패키지와 BGA 패키지가 더욱 발전한 패키지로 반도체 칩 크기보다 약간 큰(칩/패키지 면적 비율 80% 이상) 패키지이다. 목적은 실장면적 축소로, 기판의 크기가 반도체 칩(Chip) 크기의 120%를 넘지 않으며, 면적 축소를 위해 CSP는 일반적인 BGA에 비해 배선 밀도가 조밀하게 형성한다. 경박 단소(거의 칩과 같은 크기의 패키지 구현)와 플립 칩(Flip Chip) 기술의 크기와 성능을 나타내며 솔더볼과 같은 짧은 리드로 인한 인덕턴스의 감소와 개선된 전기적 성능을 나타낸다. 와이어 본드(Wire Bond) 타입의 CSP와 플립칩(Flip-Chip) 타입의 CSP가 있다.

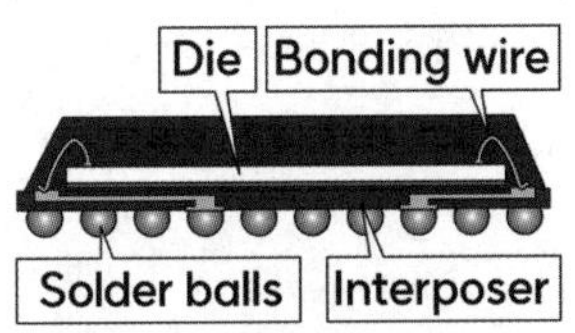

[그림 5-64] (왼쪽) 와이어 본드 형 CSP와 (오른쪽) 플립 칩 형의 CSP 패키지 구조 (© StackExchange)

(3) BOC(Board On Chip) 패키지

BOC(Board on Chip)는 CSP 중에서 메모리 DDR2에 사용되는 제품으로 DRAM 패키징을 할 때 DDR2부터는 리드 프레임(Lead Frame) 대신 BGA를 사용하게 되었으며 일반적인 BGA의 구조와는 조금 다르게 칩(Chip)이 거꾸로 실장된다. PC와 노트북에서 리드 프레임이 아닌 PCB 형태의 메모리 패키지로 사용되는 BOC(Board on Chip)는 기판에 메모리 칩의 본딩면이 부착된 형태로 칩의 본딩 패드와 기판의 본딩 패드를 기판의 중앙에 형성된 슬롯(Slot)을 통하여 와이어 본딩으로 기판의 본딩 패드와 접속하는 구조로 이루어져 있다. 기판의 본딩 면과 솔더볼 면이 한 평면상에 있는 것이 특징이며, 기존의 리드 프레임(Lead Frame)을 라미네이트(Laminate) 기판으로 대체하여 입출력 핀 수의 다양화와 칩의 수직적층도 가능하여 고속화 및 대용량화가 용이하여 메모리 칩에 광범위하게 사용하고 있다. 와이어 본딩이 슬롯을 통해 이루어지므로 전체 크기가 TSOP(Thin SOP)에 비해 작고 얇으며 신호손실 최소화로 고속화가 가능한 장점을 가지고 있다.

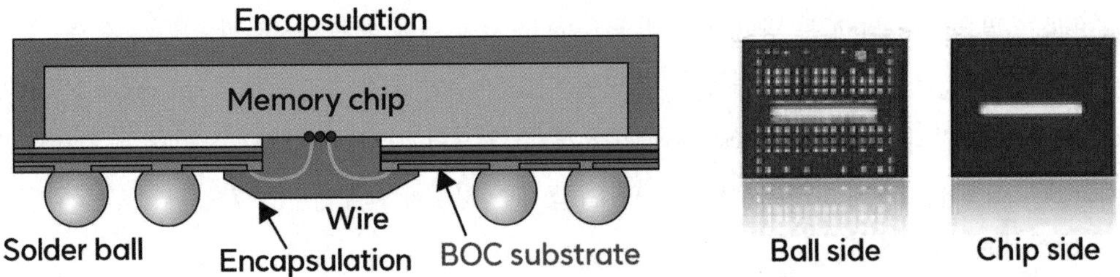

[그림 5-65] (왼쪽) BOC 패키지 구조와 (오른쪽) BOC 패키지 외관 (© Simmtech)

4. 메모리 소자 3D 패키지

스마트폰과 같은 모바일에는 다양한 종류의 3차원(3D) 패키지 솔루션이 제공되고 있으며 박형 실장화, 적층형 MCP, 3D 시스템 실장형(SIP, POP 등) 및 플립 칩(Bare Chip 실장) 패키지로 발전하고 있다. 휴대제품의 소형화를 위해서는 이들 제품을 구성하는 칩의 소형화가 이루어져야 하며, 칩을 소형화하기 위한 대표적인 패키지 기술이 3D 패키지이다. MCP(Multi Chip Package), SIP(System in Package), POP(Package on Package), 플립 칩(Flip Chip) 패키지, WLCSP(Wafer Level Chip Scale

Package), FOWLP(Fab Out Wafer Level Package), FOPLP(Fan Out Panel Level Package), Stacking InFO Package, CoWoS(Chip on Wafer on Substrate), X-Cube (Extended Cube) 등이 있다.

(1) MCP(Multi Chip Package) 패키지

MCP(Multi Chip Package)는 두 개 이상의 칩을 적층해 하나의 패키지로 만드는 기술이다. MCP 제품은 두 개의 메모리를 하나의 패키지로 합침에 따라 다양한 모바일 기기의 디자인에 따라 유연하게 제품 사이즈를 선택할 수 있으며, 이종 간의 결합으로 비용 절감 및 효율적 공간 활용이 가능하다. MCP는 박판의 기판위에 50~80um의 얇은 칩을 여러 개 적층하여 용량과 성능을 증가시킨 구조로 패키지 형태는 FBGA(Fine Pitch Ball Grid Array)이고, 플래시 메모리에 컨트롤러를 통합한 BGA 형태의 eMMC(embedded Multi Media Card)와 eMMC에 디램(DRAM)을 합친 eMCP(embedded Multi Chip Package)가 있다.

MCP용 핵심 패키지 공정 기술은 웨이퍼를 얇게 하는 기술과 얇은 칩을 적층하고 와이어 본딩하는 기술이 필요하다. 백 그라인딩(Back Grinding) 공정 진행 시 50um 두께는 일반 기계적 연마(Mechanical Grinding)와 폴리싱(Polishing)으로 진행하고, 50um 이하의 두께는 휨(Warpage) 현상을 방지하기 위해 DBG(Dicing Before Grinding) 공정 방식을 도입한다.

보통 데스크 톱(Desk Top)에서는 저장장치로 HDD나 SSD가 주로 쓰이나 일체형 PC나 저가형 노트북등에는 SSD 대신에 eMMC가 장착되어 업그레이드가 어려운 단점이 있으나 두께를 얇고 무게를 가볍게 만들 수 있는 장점도 있다. 스마트폰의 고성능, 고용량 데이터 저장을 위해 고성능, 고용량의 eMMC가 필요하나 eMMC는 병렬 인터페이스 방식으로 한번에 한 방향으로만 데이터를 전송할 수 있어 동시에 읽고 쓰는 것이 불가능하다. 최근에 이를 개선한 모바일 저전력용 embedded SSD(UFS = eMMC + SSD)인 eUFS(Universal Flash Storage)가 개발되었으며 eUFS는 LVDS(Low-Voltage Differential Signaling)의 직렬 인터페이스 방식으로 동시에 읽고 쓰는 쌍방향 소통이 가능하여 빠른 속도와 저전력 구현이 가능해졌다.

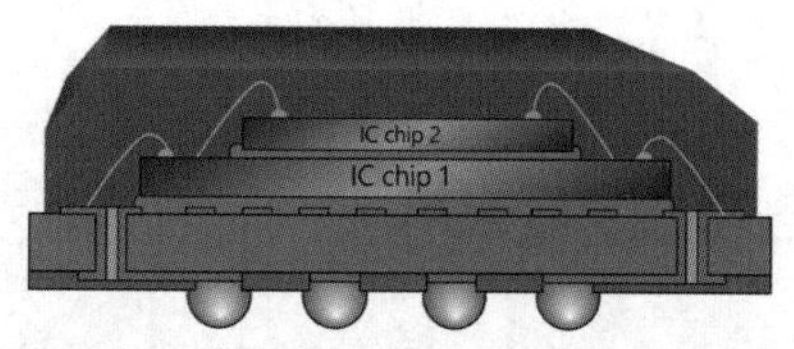

[그림 5-66] (왼쪽) eMMC 패키지와 (오른쪽) MCP 내부 구조

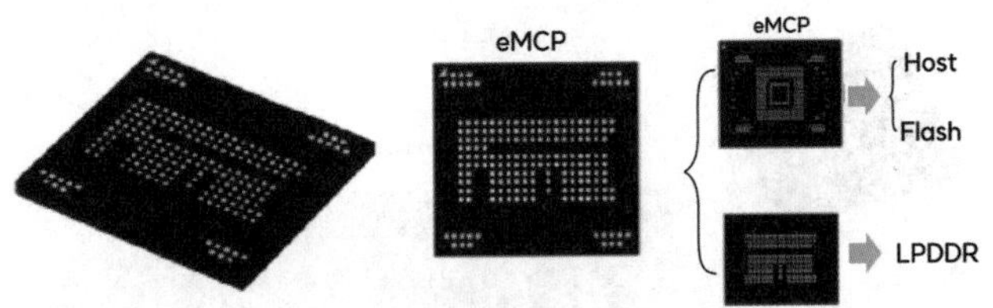

[그림 5-67] eMCP(eMMC+LPDDR) 패키지 외관

[그림 5-68] (왼쪽) eMMC와 (오른쪽) eUFS(eMMC+SSD) 패키지 외관

(2) 플립 칩 본딩 패키지(Flip Chip Bonding Package)

최근 패키지 기술은 와이어 본딩(Wire Bonding) 방식에서 전기적 특성이 우수하고 다핀화에 대응할 수 있으며 경박 단소한 BGA(Ball Grid Array) 기술을 이용하는 플립 칩(Flip Chip) 패키지로 대체되고 있다. 플립 칩(Flip Chip) 기술이란 다양한 재료 및 연결 방법을 통하여 칩을 뒤집어서 칩의 패드가 기판과 마주 보게 한 후 칩과 기판을 전기적, 기계적으로 연결하는 기술이다. 칩을 뒤집어서 기판이나 다른 칩에 붙이는 기술인 플립 칩 본딩(Flip Chip Bonding)은 웨이퍼 상에 UBM(Under Bump Metallization)을 형성하는 공정으로 범프 형성 공정, 본딩 공정, 언더 도포(Underfill) 및 경화 공정으로 구성된다. 플립 칩 패키징 기술 영역은 마이크로프로세서 ASIC, 고성능 기기(High end Devices) 등의 고성능 요구에 의한 영역(High Performance)과 칩 사이즈가 작은 모바일 분야에서의 소형화된 패키지 및 가격 경쟁력을 요구하는 영역(Cost Performance 용도)으로 구분된다. 플립 칩 패키지는 전체 패키지 사이즈 감소와 기능성 증가, 그리고 성능 향상과 신뢰성 향상, 열 특성 향상 등의 장점이 있으나, 단점으로는 베어 다이(Bare die) 테스트의 어려움과 감춰진 연결부를 검사하기 위해 엑스레이 장비가 필요하다. 또한 높은 조립 정확성이 요구되며 수리가 어렵거나 불가능할 수도 있다.

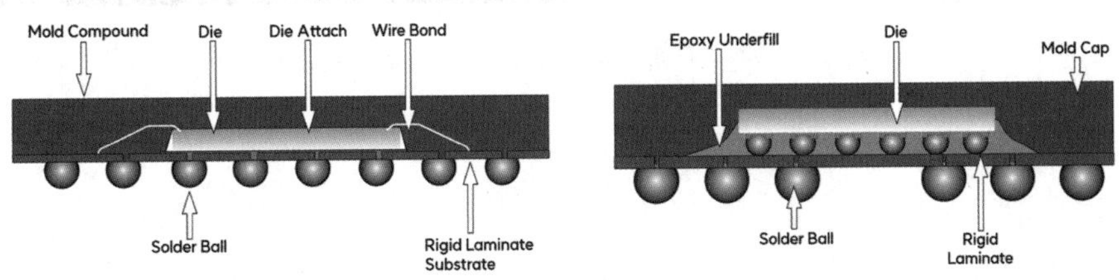

[그림 5-69] (왼쪽) 와이어 본드(Wire Bond) BGA와 (오른쪽) 플립칩(Flip Chip) BGA 패키지 구조 (© Amkor)

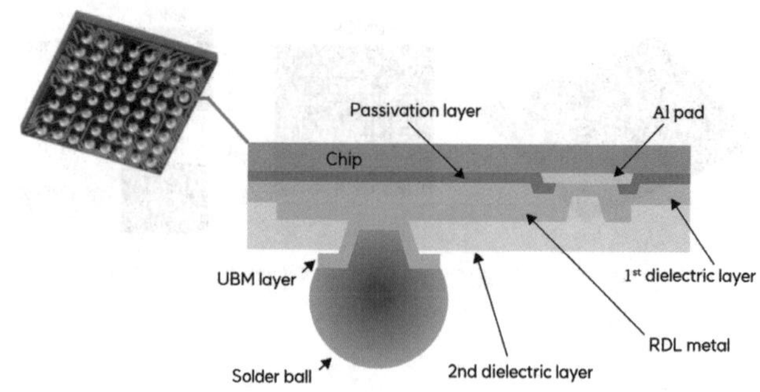

[그림 5-70] 플립 칩 본딩 구조 (© Semactic Scholar)

(3) SIP 패키지(System In Package)

하나의 칩에 마이크로 프로세서(CPU), 그래픽 프로세서(GPU), 디지털 신호처리(DSP), RAM, ROM 메모리, 모뎀, 임베디드 소프트웨어 등을 집적시켜 칩 자체가 하나의 시스템으로 기능할 수 있는 칩인 SOC(System on Chip) 기술은 칩 기술이 시스템 자체를 의미하나, SIP(System in Package) 기술은 SOC 기술을 포함한 모든 칩들을 하나의 부품으로 통합한 것으로 부품 기술이라기보다는 부품을 경제석으로 통합하여 제품 경쟁력을 높이는 시스템이다. 와이어 본딩과 플립 칩 범프의 복합기술로 칩의 수직적층과 다른 기능의 칩을 병렬로 배열하여 초경량, 초소형의 반도체 기능을 확보하는 것이 가능하다. 기타 장점으로는 적응력이 뛰어나며(Highly adaptable), SOC보다 시장 진입시간이 짧고(Shorter time to market than SoC), 메모리(Memory), 아날로그(Analog), 디지털(Digital) 등의 여러 칩 기술을 같이 사용 가능하며(Mixed die Technology), SOC보다 제조 원가가 낮다(Lower cost than SoC). 그러나 SOC보다 성능이 떨어진다(Lower performance than SoC)는 단점이 있다.

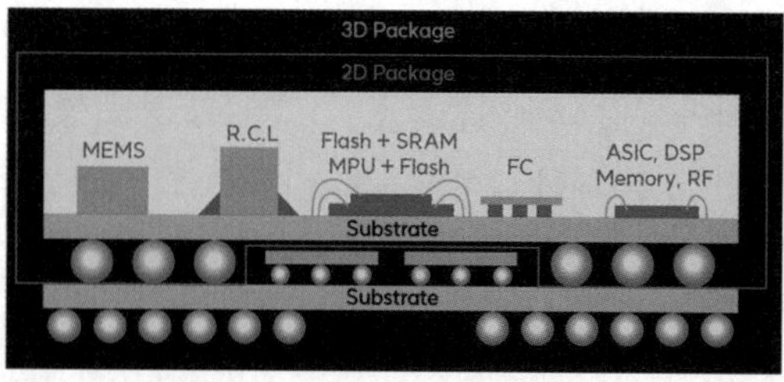

[그림 5-71] SIP 패키지 구조 (© Texas Instruments)

(4) POP 패키지(Package on Package)

로직(Logic)과 메모리(Memory)를 수직 결합해 패키지화한 것으로, 보드 공간을 줄이고 핀 카운트를 낮추고 시스템을 통합함으로써 SIP(System in Package)와 비교해서 시스템의 유연성과 확장성이 좋다는 장점이 있으나 시스템 통합에 한계가 있고, 이중 패키징(Packaging) 사용으로 미세한 오차 발생 및 불량품 발생 등의 단점이 있다.

최근 스마트폰 및 태블릿(Tablet) PC에서는 수직적 확장으로 3차원 패키지를 구현하기 위해 AP(Application Process), 베이스 밴드 칩과 메모리를 적층하는 POP 형태를 사용하여 부품 크기를 최소화하고 신호 전달이 빠르게 이루어질 수 있도록 하고 있다. POP는 연결배선의 길이를 최소화할 수 있어 이차원 배열 시 발생하는 신호 지연, 임피던스 부정합 등의 손실을 최소화할 수 있고, 공간적으로 수직 방향을 활용하므로 단위 면적당 실장 면적을 극대화하여 대용량, 초소형 부품을 구현할 수 있다. 또한 로직 패키지와 메모리 패키지를 각각 테스트한 후 패키지를 적층하므로 변동 발생 시 해당 패키지의 테스트 도구만 변경하면 되므로 시간과 비용을 획기적으로 줄일 수 있어 제작을 용이하게 하고 소자의 성능과 집적도를 향상시키는 효율적인 방법이 되고 있다.

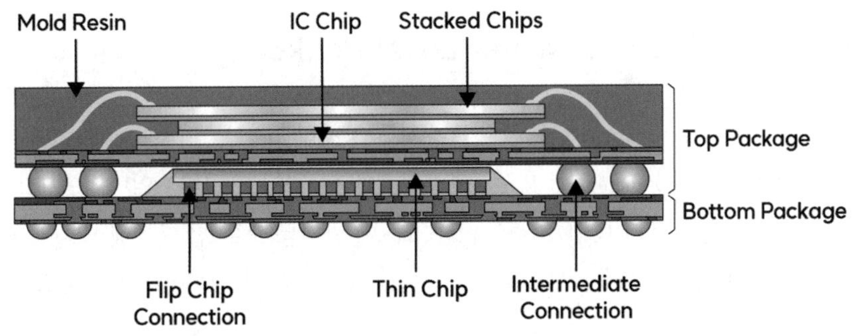

[그림 5-72] POP 패키지 구조 (© SHINKO)

(5) 웨이퍼 레벨 칩 스케일 패키지(Wafer Level Chip Scale Package)

패키지 공정을 웨이퍼 상태에서 공정을 진행하는 방법으로 패키지 크기와 반도체 칩의 크기가 동일한 기술이다. 일반적인 CSP(Chip Scale Package) 기술은 칩 상태에서 패키지를 진행하나 WLCSP(Wafer Level CSP)는 웨이퍼 통째로 패키지를 진행한 후 낱개의 칩으로 잘라낸다. 장점으로는 PCB 등의 반도체 기판(Substrate) 대신에 폴리머 층과 도전층의 적층으로 이루어진 얇은 재배선층(RDL, Redistribution Layer)을 통해 칩과 외부를 연결하여 웨이퍼 크기가 커지고 반도체 칩 크기가 작아질수록 제조 비용을 더 낮게 할수 있다. 단점으로는 번 인(Burn in) 테스트가 필요하고 패키지 데미지(Package damage) 위험과 솔더 접합부(Solder Joint)의 신뢰성(Reliability) 문제가 있다.

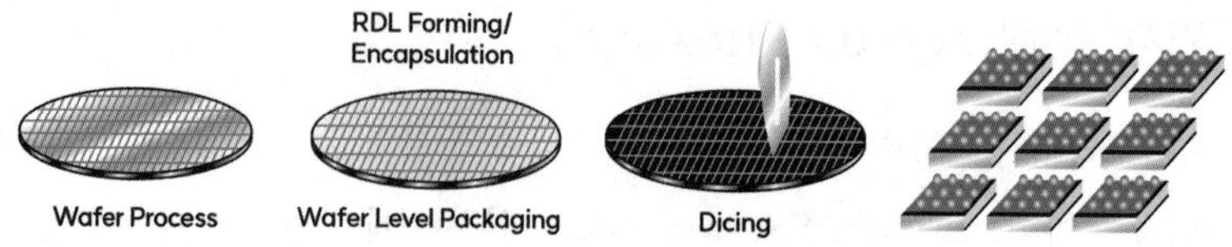

[그림 5-73] WLCSP 공정 흐름도 (© socionext)

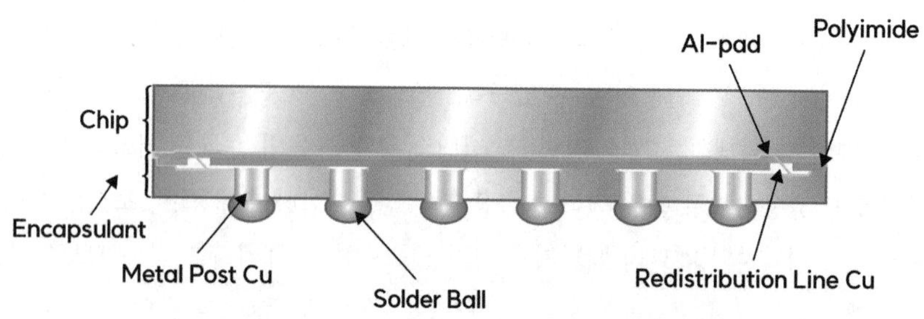

[그림 5-74] WLCSP 패키지 구조 (© socionext)

(6) FOWLP 패키지(Fan out Wafer Level Package)

FOWLP(Fan out Wafer Level Package)는 스마트폰의 중앙처리장치인 AP(Application Processor)에 사용하는 패키지 기술로 InFO(Integrated Fan out) WLP 기술이라고도 한다. 일반적인 FIWLP(Fan in Wafer Level Package)기술은 패키지 입/출력(Input/Output) 단자를 모두 칩 안쪽에 배치시켜야 하므로 칩 사이즈가 작아지면 볼 크기와 피치를 줄여야 하므로 표준화된 볼 레이아웃을 사용할 수 없다. 이러한 문제를 해결하기 위해 칩 바깥쪽까지 입출력(I/O) 단자인 솔더볼(Solder Ball)을 재배치시켜 칩과 칩 바깥 영역의 입출력 단자를 상호 연결함으로써 칩 크기가 작아지더라도 표준화된 볼 레이아웃을 그대로 사용할 수 있는 장점이 있다. FOWLP는 칩과 마더 보드 전극의 연결이 두께가 수백 um인 PCB 대신에 폴리머 층과 도전층의 적층으로 이루어진 두께가 수십 um의 얇은 재배선층(RDL, Re Distribution Layer)을 통해 전극 위에 직접 형성되어 칩 크기를 줄일 수 있고 원가 경쟁력이 높다. 공정은 원형의 글라스(Glass) 위에 칩을 올린 뒤 재배선(RDL) 작업을 진행한다. 패키지가 얇고, 배선 길이가 짧아지며, 방열 기능 향상과 효율적인 신호 전송 등의 장점이 있다.

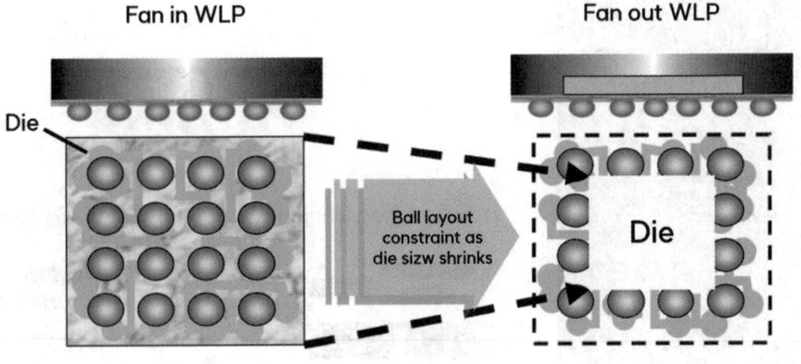

[그림 5-75] FIWLP와 FOWLP 패키지 구조 비교 (© 이슈엔테크, 2015)

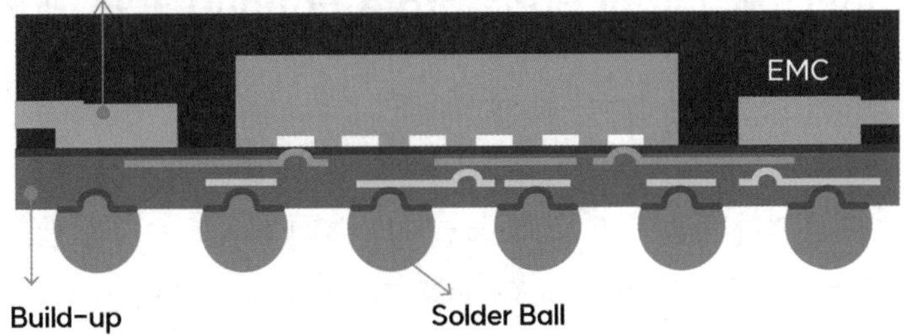

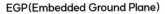

[그림 5-76] FOWLP 패키지 구조 (© 네패스)

(7) FOPLP(Fan out Panel Level Package)

FOPLP(Fan-out Panel Level Package) 기술은 삼성전자 파운드리 패키지 기술로 칩/다이와 마더 보드 전극의 연결이 인쇄회로기판(PCB) 대신 폴리머 층과 도전층의 적층으로 이루어진 얇은 재배선층(RDL; ReDistribution Layer)을 통해 이루어진다. TSMC의 FOWLP(Fan out Wafer Level Package) 기술이 300mm 웨이퍼에서 패키징 공정이 이루어지는 반면 FOPLP 기술은 웨이퍼 대신 500×500mm 면적의 사각형 패널(Panel) 위로 칩/다이를 올린 뒤 재배선(RDL) 작업을 진행한다. 팬아웃(Fan Out) 패키징은 입출력(I/O) 단자 배선을 다이 바깥쪽까지 배치하여 입출력(I/O) 단자 수를 늘려 고성능의 칩을 패키지할 수 있다. 또한 패키지가 얇고, 배선 길이가 짧아지며, 방열 기능 향상 및 신호 전송이 효율적이다. 사각형 패널을 사용함에 따라 다이(Die)을 빈틈없이 부착 가능하여 한번에 패키지할 수 있는 다이의 수가 늘어나 비용절감이 된다. 반면에 사각형의 패널을 사용함으로 기존 웨이퍼 장비의 사용이 불가하고 사각형 모서리에 대한 공정이 어렵다는 단점이 있다.

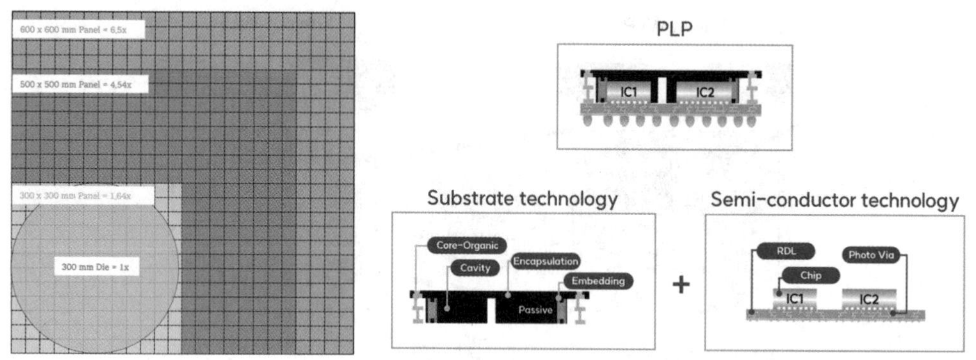

[그림 5-77] (왼쪽) 패널 사이즈와 (오른쪽) FOPLP 패키징 기술 구조 (© 삼성전자, Micronews)

(8) Stacking InFO 패키지[InFO(Integrate Fanout) + POP(Package on Package)]

스택형(Stacking) InFO(Integrated Fan out) 기술은 InFO 패키지에 POP(Package on Package) 패키지를 탑재한 InFO-POP 패키지 기술로, TIV(Through InFO Via)에 몰드 수지를 관통하는 구리전극으로 상하 실리콘 다이를 연결한 구조이다. InFO-POP 기술은 InFO 패키지의 실리콘 다이에 애플리케이션 프로세서(AP)를 배치하고, InFO 패키지 위에 놓는 반도체는 LPDDR 계의 DRAM 패키지로 이를 확장해서 InFO 패키지 온(On) InFO 패키지를 구현한 기술이다.

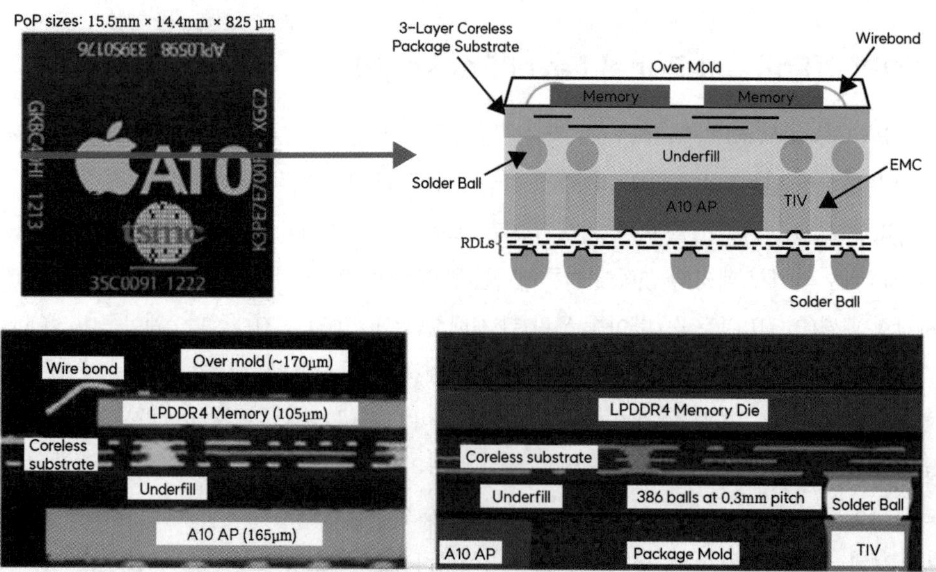

[그림 5-78] Apple A10에 적용된 InFO-PoP 기술 (© TSMC)

(9) CoWoS(Chip on Wafer on Substrate): 2.5D 패키징 기술

CoWoS(Chip on Wafer on Substrate) 기술은 2.5D 패키징 기술로 인쇄회로기판(PCB) 대신 인터포저(Interposer)판 위에 메모리와 로직 반도체를 올리는 패키지 기술이다. 기존 패키지보다 실장 면적 축소 및 칩 간 연결이 빨라 컴퓨터(HPC, High Performance Computor), 통신 칩 업체인 브로드컴 IC에 사용되는 패키지 기술이다.

인터포저(Interposer)는 미세 공정으로 제작된 IC 칩의 입/출력 단자(I/O pad) 크기가 PCB에 제작된 I/O 연결 패드와 그 크기가 맞지 않을 때 IC와 PCB 사이에 추가적으로 삽입하는 미세회로 기판으로 TSV(Through Silicon Via) 관통형 구조의 홀(Via)과 IC의 I/O를 재분배하기 위해 다층 배선 구조를 포함하고 있다. 인터포저 재질은 주로 실리콘(Silicon)을 사용하며 그 이유는 IC와의 열팽창 계수가 동일하고 반도체 미세 배선 및 홀(Via)공정이 가능하다는 장점 때문이다.

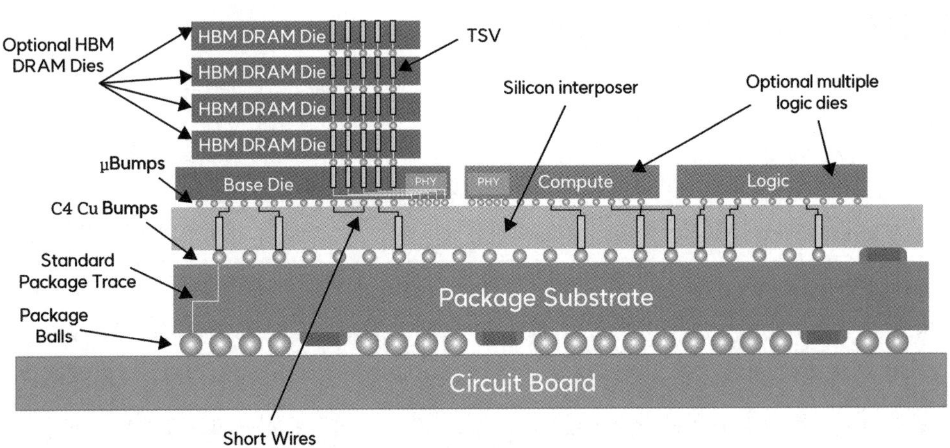

[그림 5-79] CoWos 패키징 기술 구조 (© TSMC)

(10) X-Cube(Extended-Cube): 3D 패키징 기술

X-Cube는 삼성전자 파운드리 사업부의 3차원(3D) 적층 패키지 기술이다. 전공정을 마친 다이(Die)가 형성된 웨이퍼를 수직으로 얇게 적층해 하나의 패키지로 만드는 기술이다. 7nm EUV 공정이 적용된 로직(Logic)과 메모리(SRAM)을 단독으로 설계 생산한 후 TSV 기술(Through Silicon Via)로 수직 적층하였다. 일반적인 로직 반도체는 연산 작업을 하는 로직(Logic)과 캐시 메모리 역할을 하는 S램을 나란히 배치해 설계하나, X-Cube 기술은 로직과 S램을 별도로 설계하여 생산해 수직으로 쌓기 때문에 전체 칩 면적을 줄이면서도 S램 용량을 늘릴 수 있다. 또한 위,아래 칩의 데이터 통신 채널을 설계에 따라 자유자재로 확장할 수 있고, 신호 전송 경로 또한 최소화할 수 있어 데이터 처리 속도 극대화할 수 있다는 장점이 있다. 따라서 X-Cube 기술은 슈퍼컴퓨터, 인공지능, 5G 등 고성

능 시스템 반도체를 요구하는 분야는 물론 스마트폰과 웨어러블 기기의 경쟁력을 높일 수 있는 핵심 기술로 활용될 것으로 예상된다. 평면으로 다이를 배열할 때보다 크기를 줄이고, 효율 향상이 가능한 차세대 패키징 기술인 X-Cube기술은 TSMC의 3차원 패키징 적층기술인 SoIC(System on IC)와 경쟁할 것으로 예상된다.

[그림 5-80] (왼쪽) 기존 2D IC, (가운데) 3D IC X-Cube, (오른쪽) X-Cube 구조 (© 삼성전자)

5. TSV(Through Silicon Via) 기술

(1) TSV 기술 개요

TSV는 Through Silicon Via의 약자로 '실리콘 관통 전극'이라고 부르며 웨이퍼와 웨이퍼 또는 칩과 칩을 쌓고 홀(Via)을 뚫어 관통시키는 기술로서 기존 와이어 본딩(Wire Bonding)을 이용해 칩을 연결하는 방법 대신, 칩에 미세한 구멍을 뚫어 상단 칩과 하단 칩을 전극으로 연결하는 3D 패키징 기술이다. 반도체 소자의 집적도를 높이는 방법으로 칩들을 적층하여 와이어 본딩하는 MCP(Multi Chip Package)와 패키지를 적층하는 POP(Package on Package)가 일반적으로 사용되고 있으나, 최근에는 처리속도를 높이기 위한 방법으로 두 개 이상의 칩을 수직으로 적층하고 실리콘을 관통하는 전극을 통하여 회로를 연결하는 TSV 기술이 적용되고 있다.

TSV 기술은 실리콘 웨이퍼의 상부와 하부를 전극으로 연결하여 최단거리의 신호 전송경로를 제공하므로 패키지의 경박 단소화에 가장 유리하다. TSV 기술은 CMOS 이미지 센서에 적용되고 있으며, CPU 위에 TSV 기술 와이드(Wide) I/O로 메모리를 연결하는 제품, 캐시 메모리로 고속 메모리를 올리는 제품, 휴대전화에 들어가는 베이스밴드 프로세서 위에 TSV 기술로 메모리를 올리는 제품, RF를 포함한 무선 칩에 TSV 기술을 적용하여 전원과 그라운드를 연결해서 고주파 성능을 향상시키는 제품, 애플리케이션과 베이스밴드 프로세서를 TSV 기술 인터포저(Interposer)를 이용해 모듈화하는 부품 개발 등으로 확대 적용되고 있다.

TSV 기술이 보다 많은 제품에 적용되기 위해서는 해결해야 할 문제가 많으며, 특히 열관리, 비아(Via) 형성, 박형 웨이퍼 취급 등에 주의해야 한다. 그 외에 설계 및 공정 파라미터 최적화, 본딩 환경, W2W(Wafer to Wafer) 본딩 정렬, 웨이퍼 뒤틀림, 웨이퍼 휨, 검사, 결합 신뢰성, 제조 수율 확보 등 고려해야 할 부분들이 많이 있다.

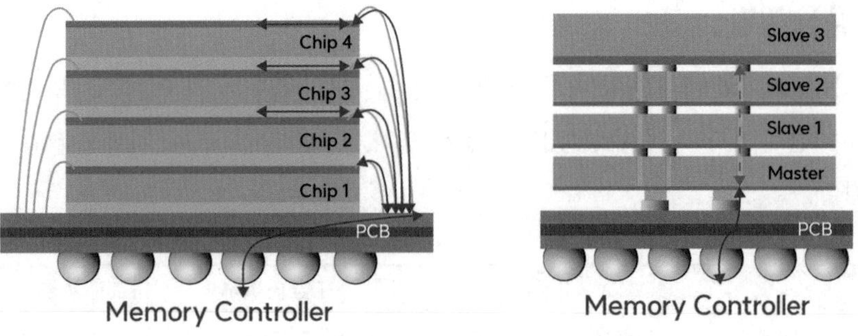

[그림 5-81] (왼쪽) 와이어 본딩 기술과 (오른쪽) 3D TSV 기술 (© 삼성전자)

(2) TSV 기술 특징

TSV는 와이어(Wire)가 필요 없으므로 칩의 공간 활용도가 상승하며 기존 와이어를 거치며 발생하는 지연시간(Delay Time)과 전력소모(Power Consumption) 등의 문제가 해결된다. 기존 와이어를 사용했을 경우와 비교하여 칩 간의 전기적인 연결(Interconnection) 감소에 따른 TSV 이점은 ① 패키지 사이즈 감소 및 박막화가 가능하다. 이는 와이어 본딩(Wire bonding) 시 칩과 칩 와이어 간 간섭 방지를 위한 스페이서(Spacer)의 두께만큼 TSV 패키지 두께가 축소된다. ② 게이트 지연시간 감소 및 속도가 개선된다. 기존 와이어에 전류가 흐를 때 발생하는 기생 저항, 인덕턴스 등의 감소로 주파수 대역폭(Bandwidth)이 증가한다. ③ 전력 소모가 줄어든다.

기존 PoP(Package on Package) 대비 TSV 사용시의 이점을 비교 정리한 아래 그림 자료에 따르면 ① 35% 패키지 축소, ② 전력소모 50% 절감, ③ 대역폭(Bandwidth) 8배 개선 등의 효과가 있었으며 이로 인한 TSV 기술은 저전력, 고성능, 경박단소 등의 특징으로 요약할 수 있다.

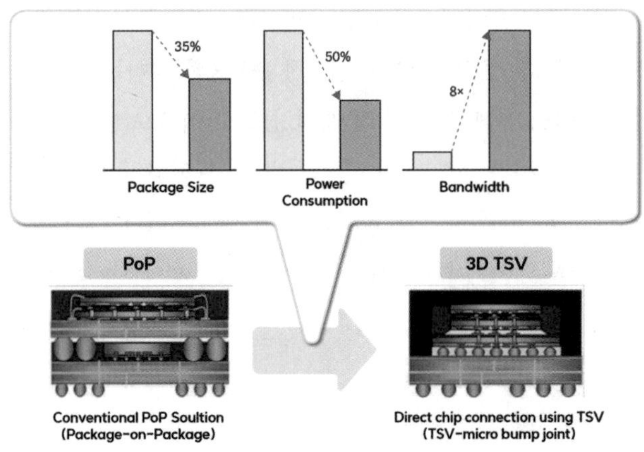

[그림 5-82] 와이어 본딩 POP와 3D TSV 기술과의 특성 비교 (© 삼성전자)

(3) TSV 공정 방법

TSV는 칩과 칩(다이와 다이), 칩(다이)과 웨이퍼, 웨이퍼와 웨이퍼 간 연결하는 방법이 있으며 각각의 방법에 대한 수율(Yield), 유연성(Flexibility), 생산 처리량(Production Throughput)에 대한 비교는 다음과 같다.

	Die to Die	Die to Wafer	Wafer to Wafer
Yield	Hign(Use Know good die)	High(Use Know good die)	Low
Flexibility	High	Good	Poor(same chip size)
Priduction Through put	Low	Good	High

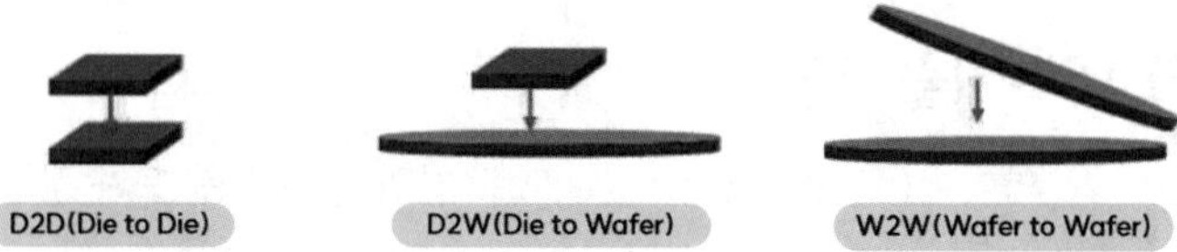

[그림 5-83] TSV 공정방법에 따른 비교 (© 삼성전자)

(4) TSV 필요 기술과 기술 방향

TSV를 이용한 3차원 패키징을 위한 필요 기술은 웨이퍼 비아 홀(Via hole) 형성 기술과 범핑(Bumping) 기술, 기능성 박막층 형성 기술, 전도성 물질 충전 기술, 웨이퍼 연마 기술, 칩 적층 기술 그리고 TSV 신뢰성 해석 등이다. 현재 TSV 시장에서 웨이퍼 비아 홀(Via hole) 형성 기술은 반도체 전 공정(FEOL, Front End Of Line) 기술과 후 공정(BEOL, Back End Of Line) 기술을 모두 보유 중이며, 메모리(Memory)와 시스템(System) IC를 모두 생산하는 종합 반도체 업체인 IDM(Integrated Device Manufacturer)이 TSV 구현 용이성에서 가장 유리하다. TSV 구현 용이성은 IDM 〉 Foundry 〉 후공정 업체 순이며 IDM은 특히 후 공정(BEOL) 진행 전 TSV를 형성하는 Via Middle 방식이 유리하다.

TSV 기술 방향은 소자(Device) 측면에서 여러 개의 칩을 마이크로 범프(Micro Bump) 없이 수직으로 직접 연결하는 3D Si 기술에서 칩 사이에 마이크로 범프(Micro Bump)를 삽입한 3D IC로 발전하고 있으며 공정 방식(Process Method)에서는 Via first에서 Via Middel 이나 Via Last 방식으로 발전하고 있다. 또한 홀(Hole) 구현방식은 레이저(Laser)에서 드라이 에칭(Dry Etching) 방식으로 발전되고 있다.

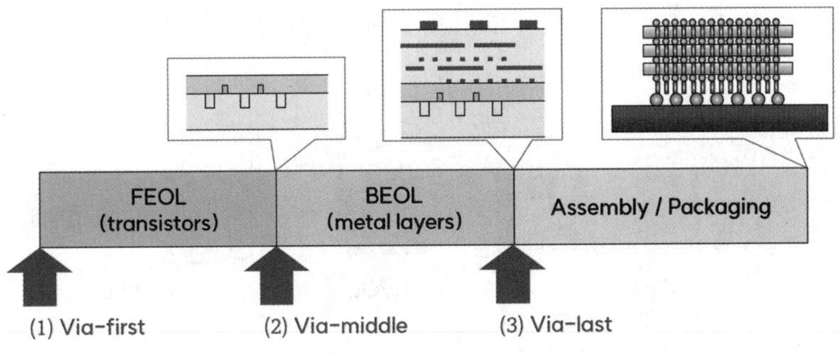

[그림 5-84] TSV 공정방식(Via First, Via Middle, Via Last)

(5) TSV 공정 방식(Process Method)

TSV 공정 방식은 홀(Via)를 형성하는 공정 단계에 따라 TSV를 CMOS 공정 이전에 형성하는 Via First, TSV를 CMOS 공정 이후, 후 공정(BEOL) 이전에 형성하는 Via Middle, 그리고 TSV를 후 공정(BEOL) 이후에 진행하는 Via Last 방식으로 구분한다.

① Via First

Via First는 셀 스택(Cell stack)이라고도 하며 주로 3D 낸드 플래시에 적용한다. 웨이퍼 위에 반도체 Layer(층)를 한층 한층 쌓는 방법으로 TSV를 CMOS 공정 이전에 형성한다. 실리콘을 식각(Etching)하고 전극을 형성시킨 뒤 900℃ 이상 고온의 전 공정(FEOL, Front End Of Line)과 400℃ 이하 저온의 후 공정(BEOL, Back End Of Line)을 거친다. 홀(Hall)을 채우는 소재로 구리(Cu)나 텅스텐(W)을 사용할 수 없고 폴리 실리콘을 사용한다.

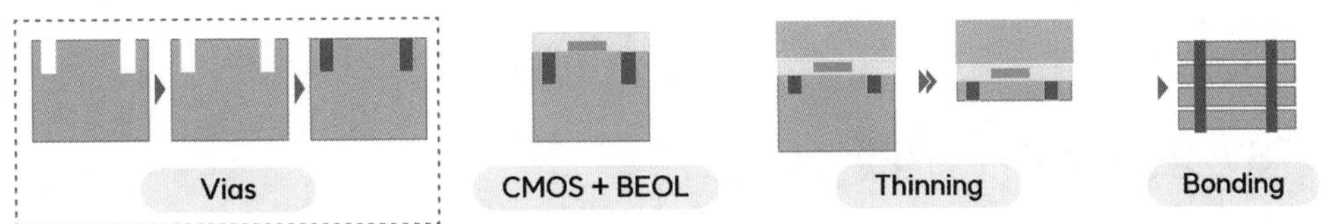

[그림 5-85] Via First TSV 공정방식

② Via Middle

Via Middle는 TSV를 CMOS 공정 이후, 후 공정(BEOL) 이전에 형성하는 방식으로 전 공정(FEOL)에서 웨이퍼를 쌓고 뚫은 뒤 기판에 연결하는 방법이다. 웨이퍼에 지름 2~3μm의 구멍을 뚫고 정렬(Align) 한다. 전 공정(BEOL)에서 TSV를 형성하고 PCB에는 플립칩(Flip Chip) 패키지를 주로 쓴다. 구리나 텅스텐과 같은 기존의 인터커넥션용 금속재 사용이 가능하고 효율적인 설계가 가능하며 TSV

깊이를 낮게 가져갈 수 있는 장점이 있다. IDM 및 Foundry에서만 적용이 가능하며 서버용 메모리 등 대용량, 고속 메모리에 사용된다.

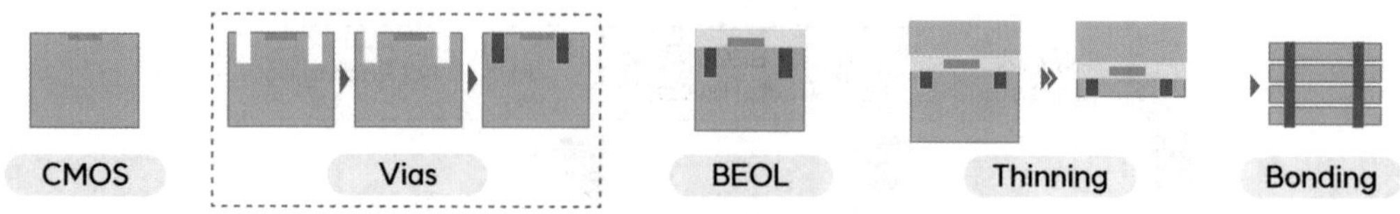

[그림 5-86] Via Middle TSV 공정방식

③ Via Last

Via Last는 TSV를 후 공정(BEOL) 이후에 진행하는 방식으로 10μm 이상의 홀(Hall)을 뚫어 바로 기판에 연결한다. CMOS 이미지센서(CIS)에 적용되는 방식이며 후 공정 조립 업체들이 웨이퍼를 받아 TSV 패키지를 구현할 수 있다. CMOS 설계 및 후 공정(BEOL) 설계 시 TSV 영역을 미리 고려하여 영역을 확보할 필요가 있으며 웨이퍼 팹(Wafer Fab) 또는 패키징(Packaging) 공정 어느 쪽에서도 TSV 공정을 할 수 있어 공정 유연성 확보가 가능하다.

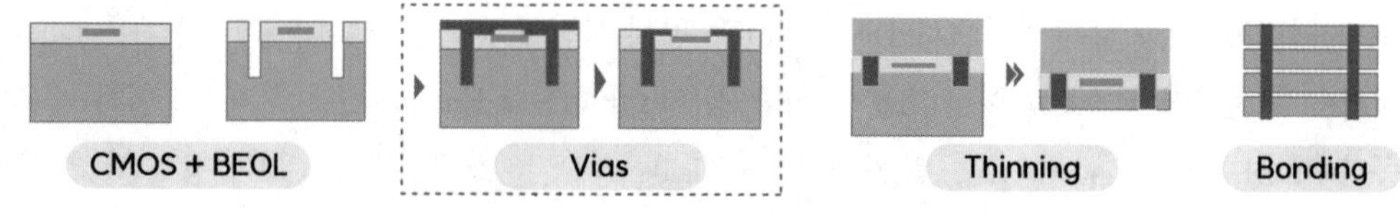

[그림 5-87] Via Last TSV 공정방식

(6) TSV 적용 3D 패키징 기술

최근 인공지능(AI), 자율주행, 고성능 컴퓨터(HPC, High Performance Computing), 고용량, 고대역폭 메모리(HBM, High Bandwidth Memory)등 다양한 응용처에서 고성능을 구현할 수 있는 최첨단 패키징 기술이 날로 중요해지고 있으며, 3D TSV 기술은 기존 기술의 한계를 극복한 혁신적인 프리미엄 반도체 패키징으로 각광받고 있다.

① 3D TSV IC: 능동소자(메모리 칩 적층 기술)

3D TSV는 50㎛ 두께의 메모리 칩들이 TSV와 마이크로 범프를 이용하여 적층하는 구조로서 메모리 적층 구조는 용량을 늘리기 위한 것으로 이종 기능 집적에 비해 비교적 간단하다. 최근 가장 난이도가 높은 D램 칩 12개를 적층해 수직으로 연결하는 12단 3D TSV 패키징 기술이 성공하였으며 기

존 와이어 본딩(Wire Bonding) 기술보다 칩들 간 신호를 주고받는 시간이 짧아져 속도와 소비전력을 획기적으로 개선할 수 있는 점이 특징으로 고대역폭 메모리(HBM, High Bandwidth Memory) 제품도 구현할 수 있다.

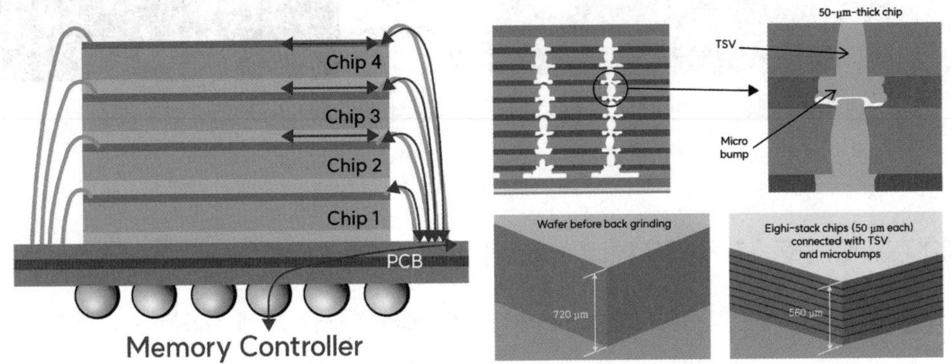

[그림 5-88] 3D TSV IC 기술 구조 (© 삼성전자)

② 2.5D TSV IC: 수동소자 인터포저(Interposer) 방식

다핀, 고전력, 고밀도의 IC 칩을 지원하는 수동 인터포저(Interposer)를 사용하는 방식으로 2.5D는 개별 2D 패키지와 인쇄회로기판(PCB)의 실장 밀도로는 접속이 어려울 때 실리콘 인터포저(Interposer)를 패키지와 PCB 사이에 형성시켜 고밀도 실장을 구현한 것으로 칩의 미세 피치 패드 어레이를 간단하고 얇은 빌드업 층을 가지지 않은 유기물 기판상에 비교적 큰 피치의 패드에 재배치하기 위해서는 중간 기판(수동 TSV 인터포저)이 필요하다.

인터포저(Interposer)는 미세 공정으로 제작된 IC 칩의 입출력 단자(I/O pad) 크기가 PCB에 제작된 I/O 연결 패드와 그 크기가 맞지 않을 때 IC와 PCB 사이에 추가적으로 삽입하는 미세회로 기판으로 TSV(Through Silicon Via) 관통형 구조의 홀(Via)과 IC의 I/O를 재분배하기 위해 다층 배선 구조를 포함하고 있다. 인터포저 재질은 주로 실리콘(Silicon)을 사용하며 그 이유는 IC와의 열팽창 계수가 동일하고 반도체 미세 배선 및 홀(Via) 공정이 가능하다는 장점 때문이다.

삼성전자의 HBM(High Bandwidth Memory) 2.5D IC는 기술적, 비용적 한계로 메모리에 우선 적용을 위한 2.5D IC가 등장하였으며 TSV 이용하여 수직으로 DRAM 칩을 적층하여 만든 HBM을 서버용 High end GPU와 연결할 때 인터포저(Interposer)를 이용하여 수평 연결을 하여 3D와 2D를 합친 방식인 2.5D Stacked IC를 개발하였다. 복잡한 설계로 인한 높은 제조기술 난이도와 홀 형성 및 관통 전극(구리) 증착 비용 등이 증가하는 문제가 있으나 최종 단계인 완전한 3D Stacked IC를 개발하기 위한 연구를 지속하고 있다.

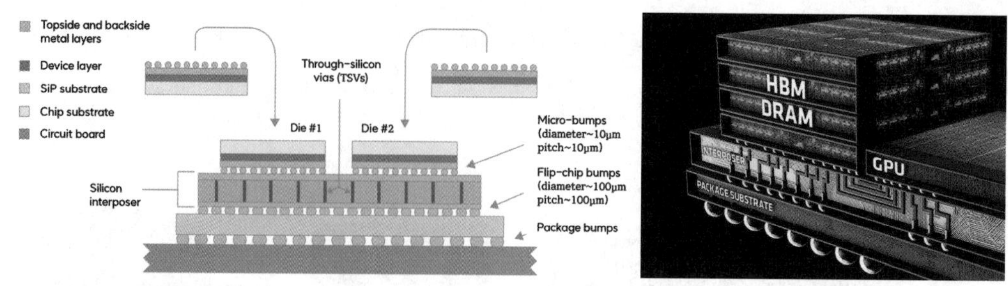

[그림 5-89] (왼쪽) 2.5D TSV IC 구조, (오른쪽) 서버용 HBM 2.5D IC (© 삼성전자)

③ 3D TSV IC: 능동소자 인터포저(Interposer) 방식

TSV를 로직(CPU)과 메모리와 같은 능동 인터포저(Active Interposer)에 사용되는 구조로, 메모리(Memory) / 로직(Logic)과 CPU / 로직(Logic) 두 개의 칩을 유기물 기판(Organic Substrate)에 수평적으로 배치하는 것에 비해 수직으로 배치함으로써 면적과 크기가 작고, 고성능 저비용 실현이 가능하다. 이 경우 메모리 / 로직 칩 밑의 CPU / 로직 칩은 능동 인터포저(Active Interposer)의 역할을 한다. CPU와 메모리 칩 소자의 고밀도와 회로의 복잡성 때문에 Via middle 또는 Via last 공정을 이용하여 TSV를 뚫을 공간 확보가 어려우며, 크기나 핀 수가 다른 CPU와 메모리 칩을 부착시키기 위해서는 설계의 자유도나 성능에 제약이 있어 개선이 필요하다.

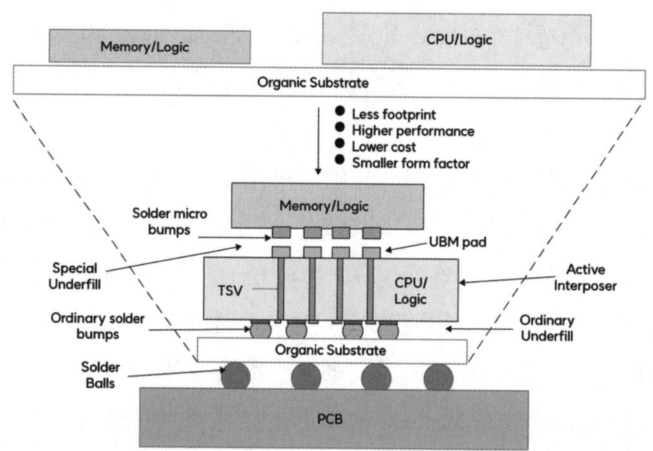

[그림 5-90] 메모리 / 로직 + CPU / 로직 3D IC (© SEMANTIC)

④ 3D TSV IC: 수동소자 인터포저(Interposer) 방식

저비용 방열 3D IC 집적 SIP(System in Package)의 실현을 위해 수동 TSV 인터포저를 통한 칩 간 연결방식이다. 능동(Active) 칩에 구멍을 내는 대신 수동 TSV 인터포저를 가진 기존의 칩을 사용하므로 경제적이며, 또한 능동 칩을 얇게 하거나 금속화가 필요 없으며, 능동 웨이퍼에 지지 웨이퍼를 임시 본딩하고 제거할 필요가 없다. 능동 인터포저(Active Interposer)의 경우 TSV 제조 수율이 99.99% 이상으로 높아야 하며, 앞뒷면 금속 공정의 웨이퍼 임시 본딩 및 제거와 CPU 웨이퍼의 박화 등에 따르는 수율 감소는 간접 비용이 증가한다. 따라서 수동 인터포저를 이용하여 메모리 칩과 TSV가 없는 CPU를 3차원 형태로 결합하는 것이 경제적이며 열관리에도 용이하고 효과적이므로 수동 인터포저가 3D IC 집적 SIP의 가장 유효한 수단이 되고 있다.

3D TSV IC SIP의 특징은 고밀도 TSV, RDL(Re Distribution Layer), IPD(Integrated Passive Device)를 가진 실리콘 인터포저로, 서로 다른 피치, 크기, 위치의 패드를 가진 다양한 무어 칩을 연결한다. MPU, GPU, ASIC, DSP, MCU, RF, 고전력 메모리와 같은 모든 고전력 칩들은 플립 칩 형태로 TSV 인터포저의 상부에 위치하여 열 방출을 용이하게 하며, MEMS(Micro Electro Mechanical System), CIS(CMOS Image Sensor), 메모리 등의 저전력 칩들은 플립 칩 또는 와이어 본딩 형태로 인터포저의 하부에 부착된다.

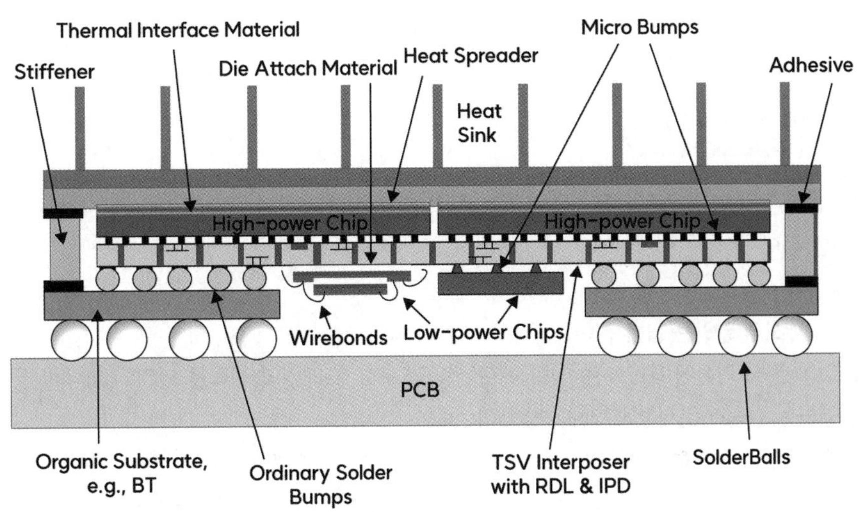

[그림 5-91] TSV / RDL / IPD 인터포저를 갖는 3D IC SIP (© 에너지 절약기술)

실제 면접
기출문제 맛보기

실제 면접에서 나온 질문 난이도 ★★★★ 중요도 ★★★★

· 플립 칩 본딩(Flip Chip Bonding)과 와이어 본딩(Wire Bonding)의 차이에 대해 설명하세요.

SK하이닉스

1 질문 의도 및 답변 전략

면접관의 질문 의도

패키징 공정에서 칩과 기판을 연결하는 방식인 와이어 본딩 기술과 플립 칩 본딩 기술을 제대로 이해하고 답변할 수 있는지를 보고자 하는 문제이다.

면접자의 답변 전략

와이어 본딩 기술의 개요와 문제점 그리고 플립 칩 기술의 개요와 장점에 대해 비교하여 답변을 하면 된다.

\+ 더 자세하게 말하는 답변 전략

· 와이어 본딩 기술에 대해서는 칩의 패드 전극과 리드 프레임의 전극을 와이어(Wire)를 통해 연결하는 방식과 문제점에 대해 설명해야 한다.

· 플립 칩 본딩 기술에 대해서는 와이어를 사용하지 않고 칩의 패드 전극에 범프 공정을 한 후 솔더볼을 부착하고 칩을 뒤집어서 PCB의 전극에 연결하는 방식과 장점을 설명해야 한다.

2 머릿속으로 그리는 답변 흐름과 핵심 내용

플립칩 본딩과 와이어 본딩의
차이에 대해 설명하세요.

1. 와이어 본딩 기술 개념과 문제점

칩을 리드 프레임 등의 기판과 연결,
신호 지연과 전력 손실

2. 플립 칩 본딩 기술의 개념과 장점

칩을 솔더볼 범프를 통해
PCB 기판과 연결, 빠른 신호 속도,
낮은 전력 손실, 빠른 열 방출

3 나만의 답안 작성해보기

자세한 모범답안을 보고 싶으시다면
[한권으로 끝내는 전공 · 직무 면접 반도체 기출편]을 참고해주세요!

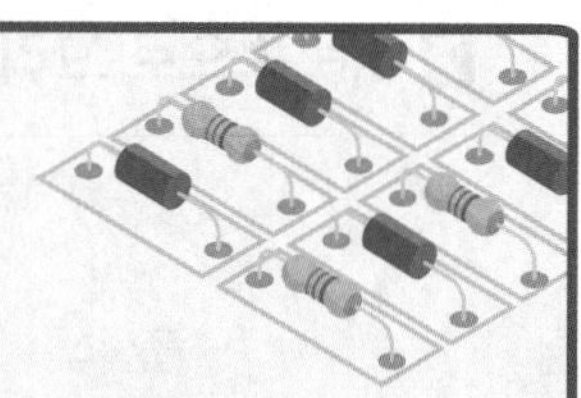

핵심 포인트 콕콕 파트5 Summary

Chapter 02 반도체 패키징 공정

반도체 패키징 공정은 전 공정(front end)이 완료된 칩 자체만으로는 반도체 소자의 역할을 할 수 없으므로 패키징 공정을 통해 칩에 전력 및 신호를 공급하고 열을 방출시키며 칩을 보호할수 있도록 하는 후 공정(Back end) 이다.

반도체 패키징 공정은 크게 리드프레임(Lead Frame)에 개별 칩을 부착한후 칩의 본딩 패드와 리드 프레임의 패드 단자를 와이어로 전기적으로 연결하는 와이어 본딩 (Wire Bonding) 방식과 칩의 패드 단자에 UBM(Under Bump Metallization)형성 및 Solder Bump 를 형성하고 칩을 거꾸로 인쇄회로기판(PCB)에 부착하는 Flip Chip Bonding 방식이 있다.

반도체 패키지 기술은 와이어 본딩(Wire Bonding) 방식의 리드 프레임 패키지 기술과 볼 그리드 어레이 (Ball Grid Array) 패키지 기술이 있으며 최근 스마트폰과 같은 모바일 기기에는 MCP, Flip Chip Bonding Package, SIP, POP, WLCSP,FOWLP, FOPLP 등 다양한 종류의 3D 패키지 기술이 사용되고 있다.

TSV(Through Silicon Via) 기술은 웨이퍼와 웨이퍼 또는 칩과 칩을 쌓고 홀(Via)을 뚫어 관통시키는 3D 패키징 기술로 기존 와이어 본딩(Wire Bonding)을 대체하는 기술이다. 반도체 소자의 집적도를 높이기 위해 칩들을 적층하여 와이어 본딩하는 MCP(Multi Chip Package)와 패키지를 적층하는 POP(Package on Package) 기술 대신에 두 개 이상의 칩을 수직으로 적층하고 실리콘을 관통하는 전극을 통하여 회로를 연결하여 최단거리의 신호 전송경로를 제공하므로 패키지의 경박 단소, 지연시간 및 속도개선 그리고 전력소모를 개선하여 인공지능(AI), 자율주행, 고성능 컴퓨터(HPC, High Performance Computing), 고용량, 고대역폭 메모리(HBM, High Bandwidth Memory)등 다양한 응용처에서 고성능을 구현할 수 있는 최첨단 패키징 기술로 각광받고 있다.

Memo

Memo

Memo

Memo

이공계 취업 아카데미 1위
렛유인

한권으로 끝내는

전공·직무 면접 반도체 이론편

최신판

필수이론 핵심요약집

이공계 취업 아카데미 1위
렛유인

한권으로 끝내는

전공·직무 면접 반도체 이론편

최신판

필수이론 핵심요약집

목차

Part 02 반도체 기초 이론

Part 03 반도체 소자

Part 04 반도체 공정

Part 05 반도체 테스트 및 패키징 공정

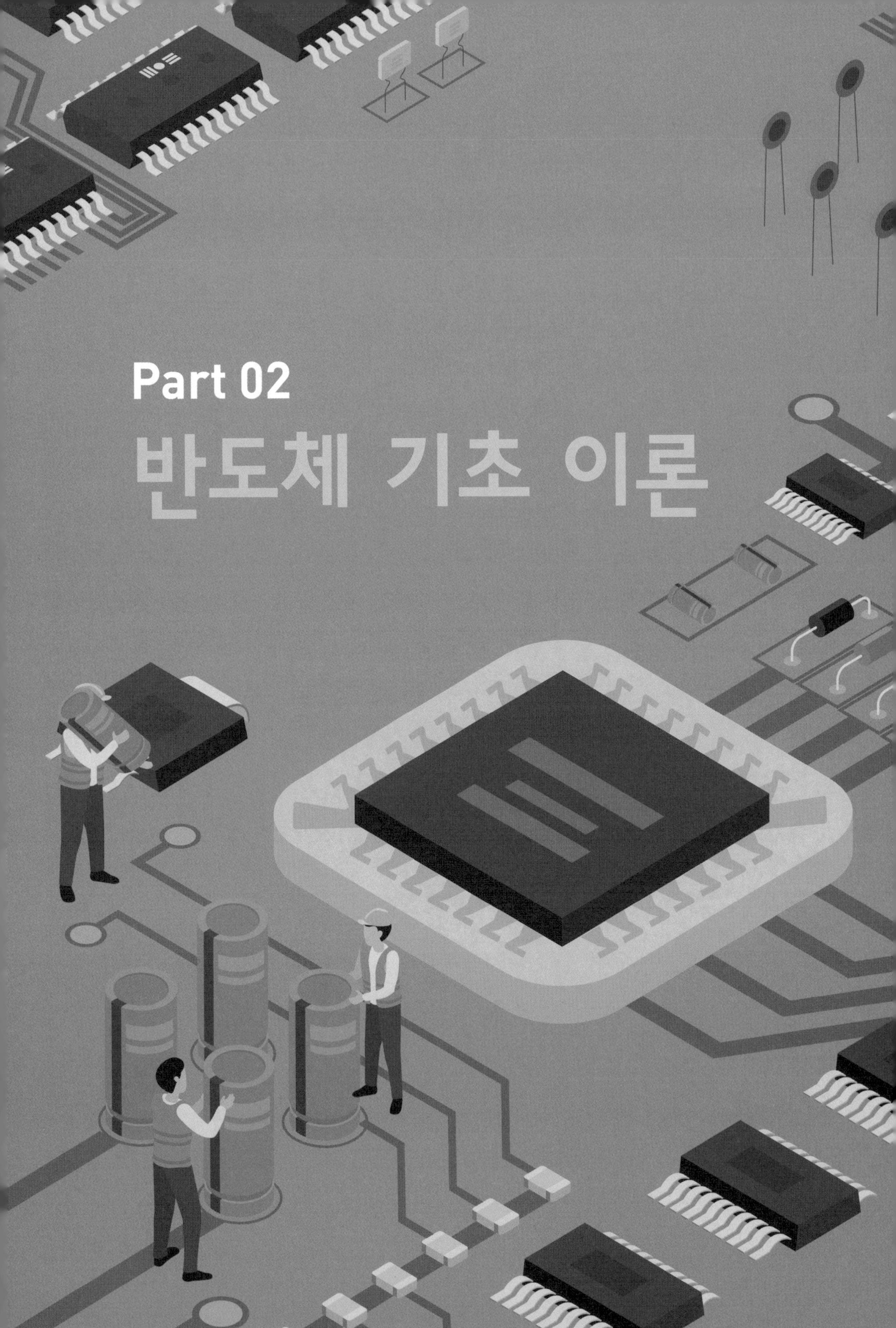

Part 02
반도체 기초 이론

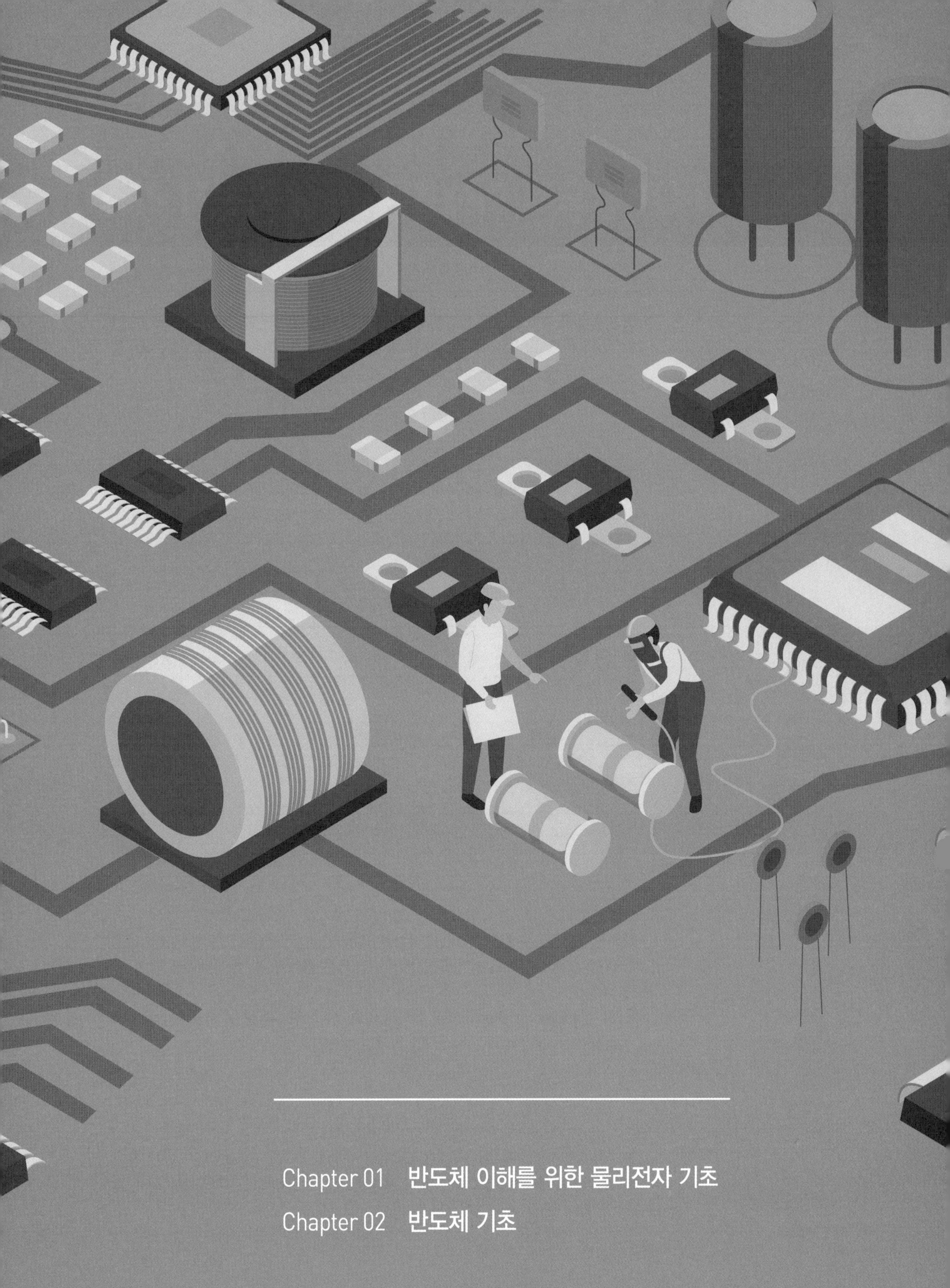

Chapter 01 반도체 이해를 위한 물리전자 기초

전하 (Charge, Q)	어떤 물질이 가지고 있는 전기의 양을 전하(Charge, Q)라 한다. 전하에는 (+)전하인 양전하와 (–)전하인 음전하로 정의할 수 있다. 같은 극끼리는 반발력이 작용하여 밀어내고, 다른 극끼리는 인력이 작용하여 서로 끌어당기는 성질을 지닌다.
전류 (Current, I)	전하들의 흐름을 나타낸 것이 바로 전류(Current, I)이다. 단위 시간 동안에 흐른 전하의 양으로 정의한다. 전류의 방향은 양전하의 이동방향과 동일하고 음전하의 이동방향과는 반대가 된다.
캐리어 (Carrier)	특정한 전하를 띄고 전하를 옮기는 물질을 캐리어라고 한다. 전자 또는 정공을 의미하며, 양전하와 음전하를 전송하는 캐리어가 각각 다르게 존재한다.

대분류	양전하	음전하
액체, 기체	양이온	음이온, 공간 전자
고체	정공	자유전자

자유전자와 정공 (Free electron), (Hole)	자유전자와 정공은 각각 (–)와 (+) 극성을 띄는 캐리어로 이들은 반도체 내에서 이온에 비해 이동이 자유로워 이들의 흐름에 따라 많은 전기현상을 해석할 수 있다. 1) 자유전자(Free electron) : 외부의 힘에 의해 자유롭게 이동할 수 있게 된 전자 2) 정공(Hole) : 가전자가 자유전자가 되어 남는 빈자리
오비탈 (Orbital)	전자의 정확한 위치는 알 수 없고 확률만을 측정할 수 있다는 사실에 기반한 '전자의 확률적 궤도'를 오비탈이라고 한다. 일정한 순서로 오비탈에 전자가 채워지며, 각 오비탈에는 전자가 최대 2개까지 존재할 수 있다.

옥텟 규칙
(Octet rule)

원자들이 분자를 구성할 때, 분자를 이루는 각각의 원자는 최외각 껍질에 전자가 8개가 들어갔을 때 가장 안정하다는 규칙이다.

고체 결정 구조

물질을 구성하고 있는 원자가 공간 내에서 규칙적으로 배열되어 결정을 이루고 있는 상태를 결정 구조라고 한다. 고체는 비결정성 고체와 결정성 고체로 나눌 수 있다.

1) 비결정성 고체
2) 결정성 고체
   단위격자 혹은 단위 구조(Unit cell)가 규칙적이고 반복적으로 배열된 물질이다. 원자 배열에 따라 단결정, 다결정, 비정질 3가지 형태로 분류할 수 있다.
   ① 단결정(Single crystalline) 고체 : 결정 내 원자 배열이 주기적인 물질
   ② 다결정(Polycrystalline) 고체 : 부분적으로 단결정을 이루고 있으나, 단결정들이 서로 다른 방향으로 여러 개 합쳐져 결정 입계로 경계가 지어지는 물질
   ③ 비정질(Amorphous) 고체 : 전혀 주기성을 띠지 않는 물질

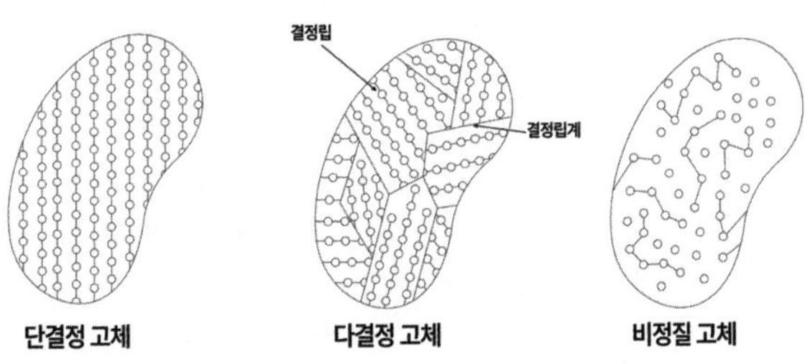

결정면과 결정 방향

1) 결정면 : 밀러 지수(Miller index)는 결정 구조의 결정면을 나타내는 지수로, 결정면은 3차원 직교 좌표의 각 축과 결정면이 만나는 점의 역수를 취하여 표시한다.
2) 결정 방향 : 결정 방향은 결정면에 수직인 방향으로 표시한다.

실리콘의 특성

1) 결정 구조 : 실리콘은 그 자체로 결합을 이뤄 결정성 고체로 존재하며, 면심 입방 구조(FCC)를 가진다.
2) 결정면, 결정방향 : 실리콘은 결정 방향에 따라 소자의 특성이 달라져 특정한 결정면과 결정 방향을 선택하여 제작한다. 양산에 사용하는 실리콘 웨이퍼는 대체로 (100)면과 [100] 혹은 [110] 방향을 사용한다.
3) 평탄면/새김눈 : 웨이퍼에 정렬을 위한 표시를 하는데, 형태에 따라 평탄면(Flat zone) 또는 새김눈(Notch)이라고 부른다. 양산에서는 웨이퍼의 면적 낭비를 최소화화기 위해 새김눈을 많이 사용한다.

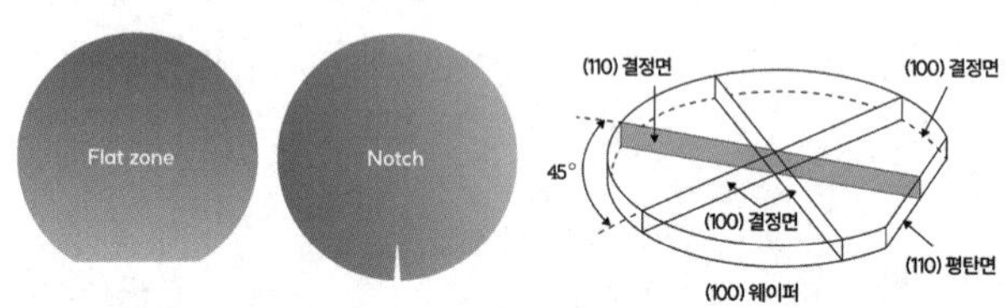

에너지 밴드 (Energy band)

격자 내 원자간 거리가 가까워지면 전자들의 위치가 겹치는데 전자들은 하나의 에너지 준위에 하나의 전자만 위치할 수 있어 에너지 준위가 조금씩 엇나가서 배치된다. 수많은 에너지 준위들은 촘촘하게 배치되어 띠처럼 보이게 되는데 이를 에너지 밴드라고 한다.

1) 전도대(Conduction Band) : 전자가 없는 상부의 빈 에너지 밴드
2) 금지대(Forbidden Band) : 전도대와 가전자대 사이에 전자가 가질 수 없는 에너지 밴드
3) 가전자대(Valence Band) : 최외각 전자로 가득 차 있는 하위 에너지 밴드
4) 밴드갭(Bandgap, E_g) : 전도대의 하단인 Ec와 가전자대의 상단인 E_V의 차이=금지대 폭

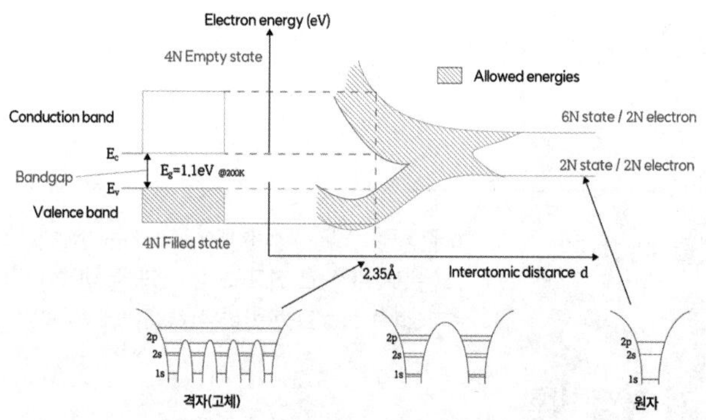

에너지 밴드에 따른 물질 분류

밴드갭 크기에 따라 도체, 부도체, 반도체 등의 물질 성질이 결정된다.

1) 도체
   밴드갭이 작거나 없는 경우 가전자대에서 전도대로 전자가 자유롭게 이동할 수 있다. 외부 전기장에 의해 자유전자가 이동하며 전류가 잘 흐르는 물질을 의미한다.
2) 부도체=절연체
   밴드갭이 커 자유전자가 생성될 확률이 낮아 전류가 잘 흐르지 않는 물질을 의미한다.
3) 반도체
   도체와 부도체의 밴드갭 크기 중간 정도로 적당한 밴드갭을 가지는 물질을 의미한다. 전류가 잘 흐르는 도체와 부도체의 중간 정도의 전기전도도를 가지며, 특별한 처리를 하지 않은 상태에서는 부도체와 유사한 성질을 가진다. 특별한 조건하에서만 전기가 통하여 필요에 따라 전류를 조절하는 데 사용된다.

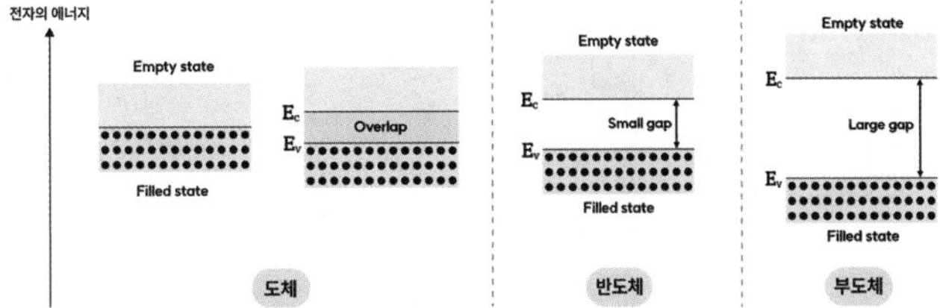

*빈 공간에 추가로 정리하고 싶은 내용을 작성해보세요!

Chapter 02 반도체 기초

진성 반도체 (Intrinsic semiconductor)	불순물이나 결함이 없는 거의 완벽한 반도체를 의미한다. 대표적으로 실리콘(Si)간의 공유결합으로만 이루어진 결정 구조가 있다.
전자의 열생성과 전자–정공쌍 (Electron–Hole Pair, EHP)	절대온도가 0K보다 높아지면서 발생한 열생성에 의해, 가전자대에 있는 전자가 열에너지를 받아 전도대로 올라가고 가전자대에 빈자리인 정공이 생긴다. 이렇게 전도대의 자유전자 – 가전자대의 정공쌍이 생기는 현상이 발생한다.
재결합 (Recombination)	위와 반대로, 전도대의 전자가 가전자대의 정공 자리로 다시 내려와 재결합하는 현상을 의미한다.
도핑 (Doping)	열적으로 생성된 전자–정공쌍 캐리어 수로만 소자로 사용하기엔 적어 캐리어 농도를 높여 반도체의 전기 전도도를 높이는 것이 필요하다. 이를 위해 순수한 반도체에 불순물(도펀트, Dopant)을 주입하는데, 이를 도핑이라고 한다.
외인성 반도체 (Extrinsic semiconductor)	진성 반도체에 Ⅲ족 또는 Ⅴ족 원소와 같은 불순물을 주입하여, 캐리어의 농도가 진성 캐리어 농도보다 높은 반도체를 외인성 반도체라 한다. 1) n형 반도체 Ⅳ족인 실리콘 반도체에 Ⅴ족 원소(인, 비소)의 불순물인 도너를 도핑하여, 다수 캐리어가 전자인 반도체를 의미한다. + 도너(Donor, N_D) : 인, 비소와 같이 전자를 내어주는 불순물 2) p형 반도체 Ⅳ족인 실리콘 반도체에 Ⅲ족 원소(붕소)의 불순물인 억셉터를 도핑하여, 다수 캐리어가 정공인 반도체를 의미한다. + 억셉터(Acceptor, N_A) : 붕소와 같이 정공을 만드는 불순물

이온화 에너지	불순물로 도핑된 반도체에서, 불순물 원자로부터 전자나 정공을 생성시키는 데 필요한 최소 에너지이다. 이온화 에너지가 작을수록 캐리어를 쉽게 내어놓는다.
캐리어 농도	반도체 내의 캐리어 농도는 어떠한 에너지 레벨에 전자가 있을 확률(페르미–디락 분포 함수)과 에너지 레벨 자체의 밀도(에너지 준위 밀도)의 곱으로 결정된다.
페르미 레벨 (Fermi level)	페르미 레벨은 페르미–디락 분포 함수의 값이 1/2가 되는 지점을 말한다. 페르미–디락 분포 함수(Fermi–Dirac distribution, f(E))는 고체 내부의 임의 에너지 레벨에서 전자가 존재할 확률 혹은 해당 에너지 레벨을 전자가 점유할 확률 함수이다.
진성 에너지 레벨 (Interinsic energy level, Ei)	진성 반도체에서의 페르미 레벨로, E_C와 E_V의 중간값인 진성 에너지 레벨(E_i)에 페르미 레벨이 위치한다($E_i=E_F$).
에너지 준위 밀도 (Density of States, DOS OR g(E))	전자가 존재할 수 있는 에너지 레벨은 양자화되어 있다. 이들이 겹쳐지면서 에너지 밴드와 같은 형태를 띠게 되고, 이를 함수로 나타낸 것이 에너지 준위 밀도이다.

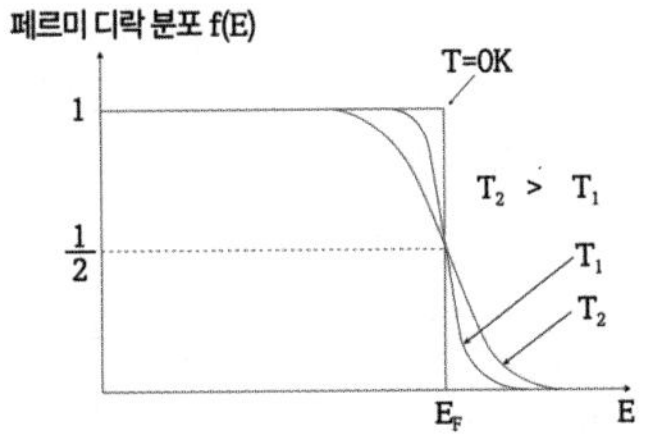

평형 상태에서의 캐리어 농도

1) 진성 반도체 : 전도대와 가전자대에 있는 각각의 전자와 정공의 농도가 동일
2) n형 반도체 : 전도대의 전자 농도가 증가
3) p형 반도체 : 가전자대의 정공 농도가 증가

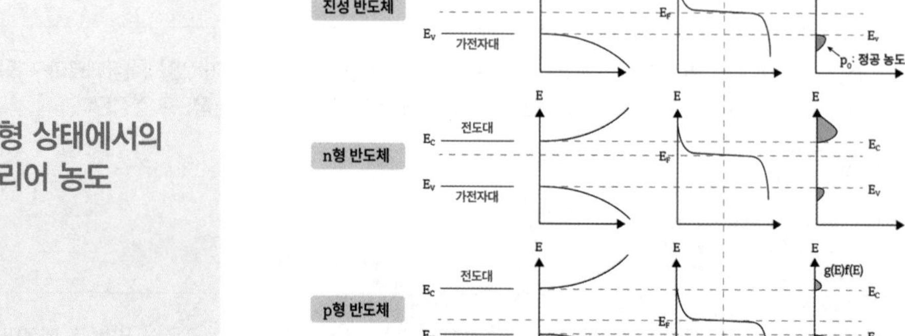

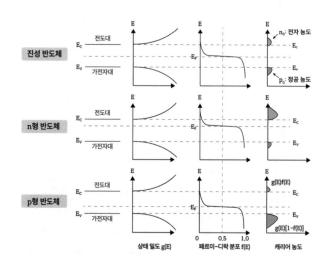

캐리어 농도의 온도 의존성

1) 이온화 영역 (0~100K)
저온(〈 100K)에서는 도너에 속한 전자가 도너 원자에 묶여 전자의 농도가 매우 낮으며, 온도가 상승할수록 도너 원자의 이온화 비율이 높아져 전자의 농도가 증가한다.
2) 외인성 영역
100K가 되면 고온 영역에 도달하기 전까지는 도너 원자가 전부 이온화 되어 전자의 농도가 주입한 원자의 수와 같아진다.
3) 진성 영역
고온 영역에서는 열생성으로 생긴 전자-정공쌍에 의해 전자 수가 매우 증가한다. 일정 온도 이상에서는 이렇게 생긴 전자 수가 도너에 의한 전자 수를 초과한다.

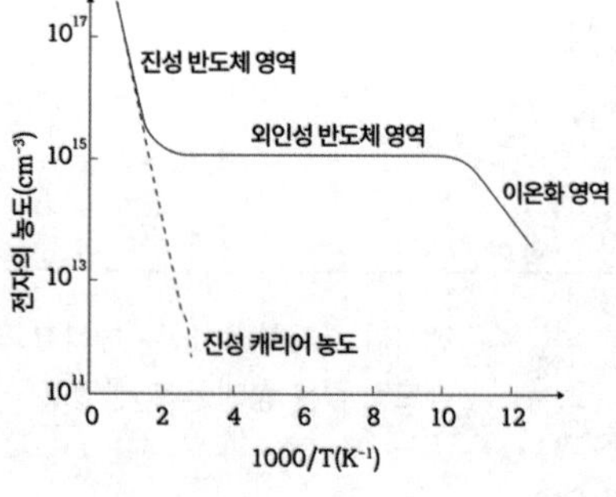

반도체 내에서 캐리어 운동

1) 열평형 상태에서의 운동

반도체 내의 전자와 정공들은 열 에너지를 받아 계속해서 매우 빠른 속도로 불규칙하게 움직이고 있다. 전체 계를 거시적 관점에서 바라보면 한 캐리어의 이동은 다른 캐리어의 이동으로 상쇄되어 캐리어들의 평균 순(Net)속도는 0이 되기 때문에 열평형 상태에서는 전류를 생성하지 않는다.

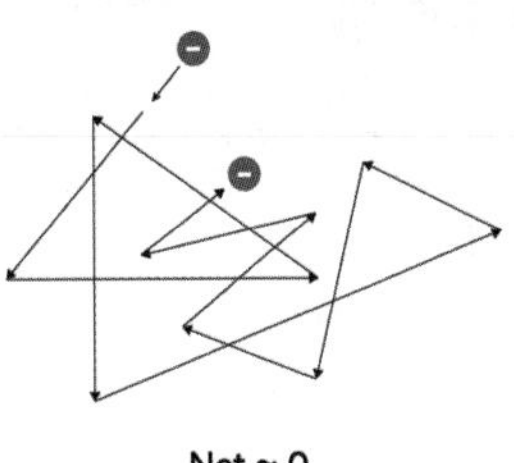

2) Drift(표동 운동)

Drift(표동)는 캐리어에 전기력을 인가했을 때 캐리어들이 이동하는 방식을 말한다. 반도체에 외부 전기장이 인가되면 캐리어들이 열적 운동과 동시에 전기장에 의한 운동도 하게 된다. 따라서 캐리어들의 평균 속도는 0이 아니게 되고, 이때의 속도를 Drift 속도, 전류를 Drift 전류라고 한다.

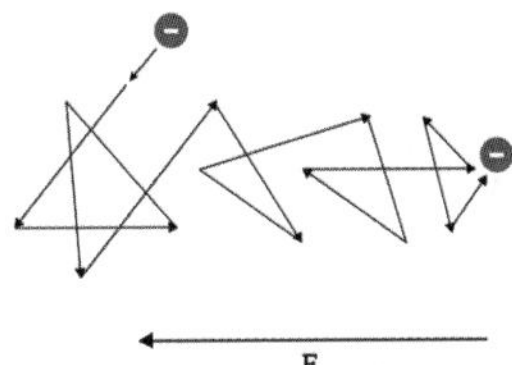

3) 확산(Diffusion)

확산이란 상대적으로 농도가 높은 곳에서 낮은 쪽으로 캐리어가 이동하는 현상으로, 확산에 의한 캐리어의 흐름을 플럭스(Flux)라고 한다. 플럭스는 캐리어 농도의 기울기에 비례하는데, 그 비례 상수를 확산 계수(D)라 한다. 확산 계수는 입자가 해당 반도체 내에서 얼마나 빨리 확산할 수 있는지를 나타내는 척도를 의미한다.

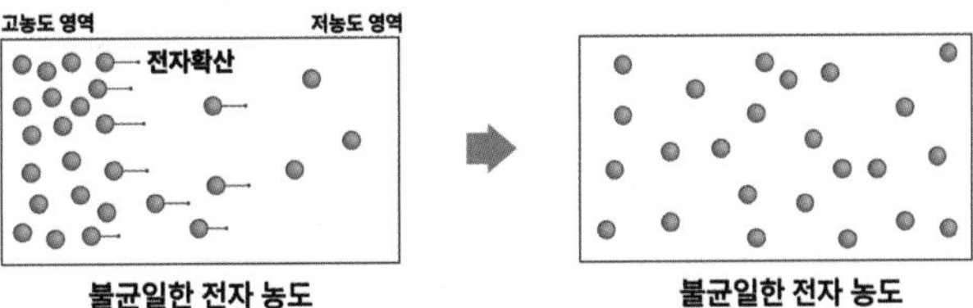

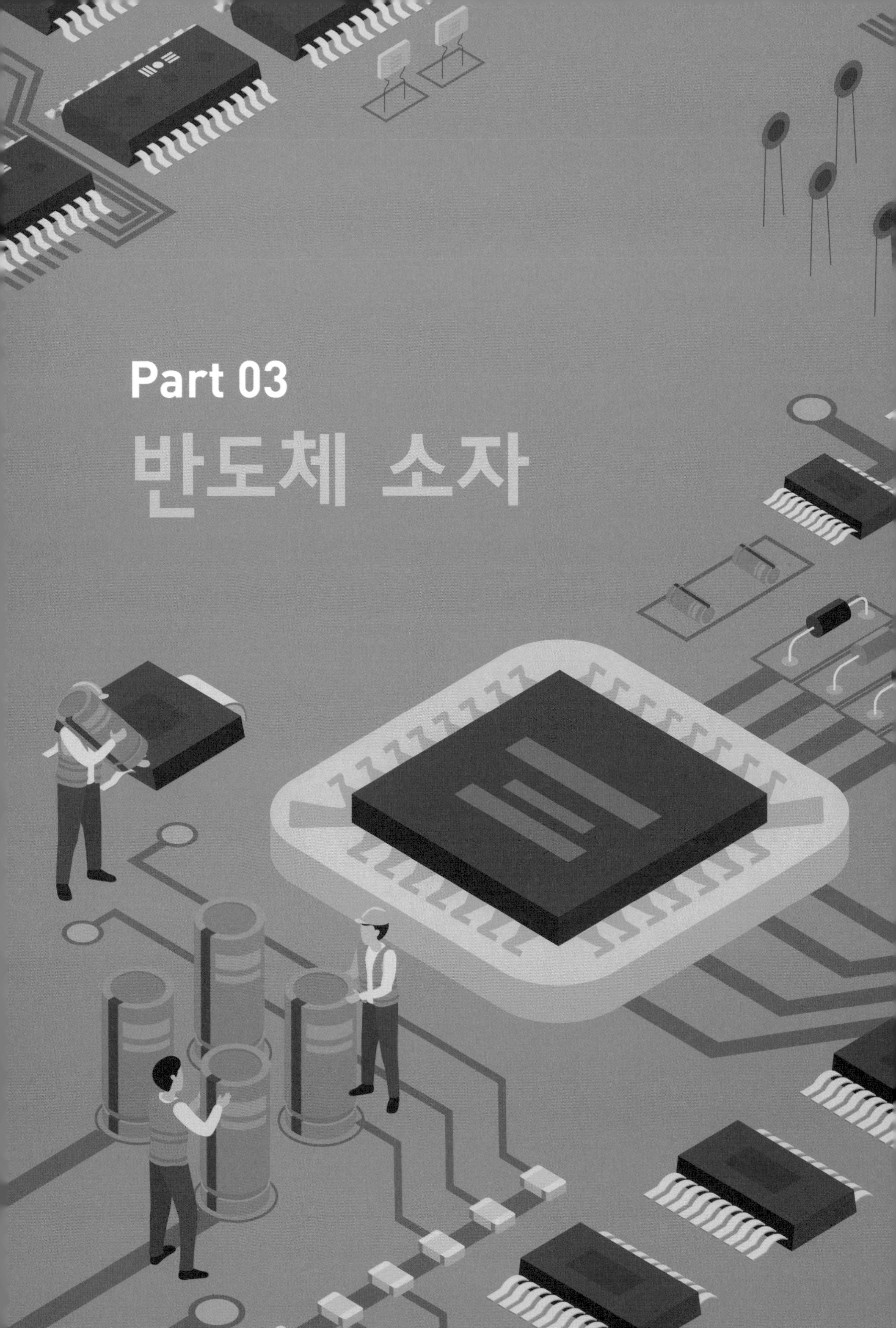

Part 03
반도체 소자

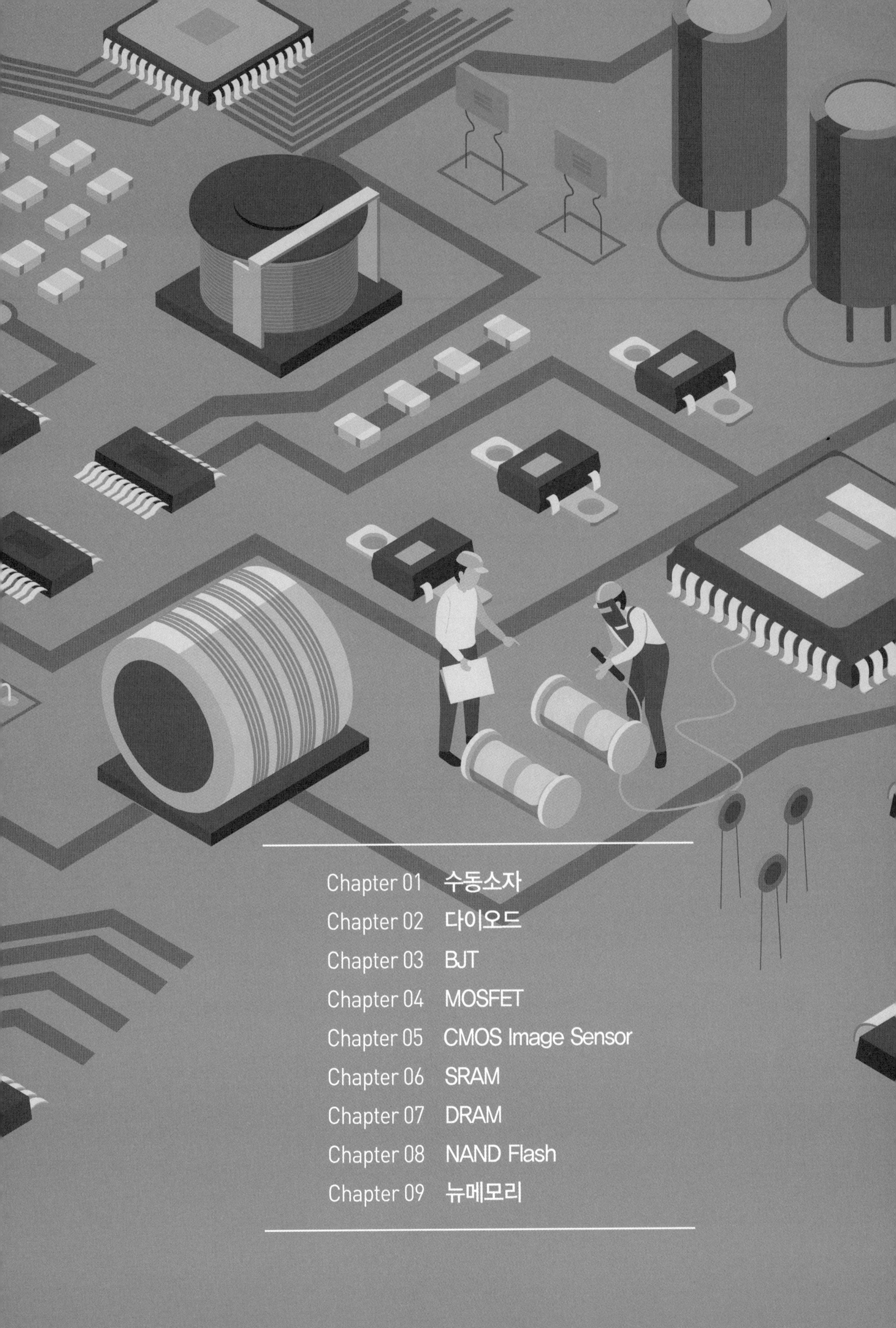

Chapter 01 수동소자

반도체 소자 (Semiconductor device)

1) 능동소자
   증폭이나 전기 에너지의 변환과 같은 능동적 기능을 하는 소자이다. 예 다이오드, 트랜지스터
2) 수동소자
   증폭이나 전기 에너지의 변환과 같은 능동적 기능을 하지 않는 소자이다. 에너지를 단지 소비, 축적, 그대로 통과시키는 작용 등 수동적인 작용만 한다. 외부전원이 필요 없이 단독으로 동작이 가능하다. 예 저항기, 인덕터, 축전기

저항기 (Resistor)

1) 저항기 : 저항 성질을 띠는 소자로 양단에 전압 V가 인가되었을 때 흐르는 전류 I는 V/R이라는 옴의 법칙(Ohm's law)을 따르는 소자를 말한다.
2) 비저항(Resistivity) : 물질이 전류의 흐름에 얼마나 세게 맞서는지를 측정한 물리량이다.
3) 저항(Resistance) : 비저항에 길이를 곱하고 단면적으로 나눈 값이다.

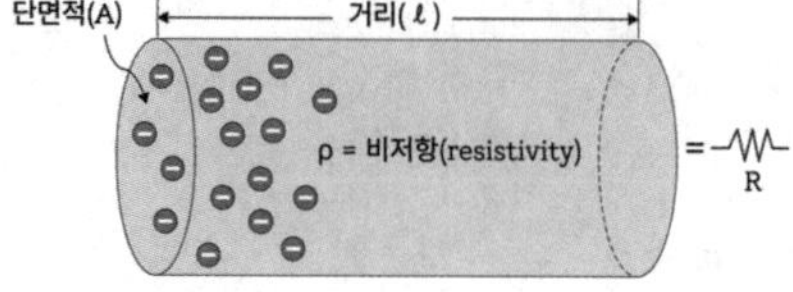

4) 반도체 공정에서의 저항 구현
   저항기는 얻고자 하는 저항의 크기와 공정 조건에 따라 비저항이 상대적으로 높은 금속이나 고농도로 도핑된 다결정 실리콘 등을 사용한다. 저항의 크기에 맞춰 단면적과 길이를 조절하는데, 한정된 공간 안에 디자인하기 위해 양단 사이를 구불구불하게 만들기도 한다.

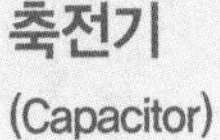

축전기
(Capacitor)

1) 축전기 : 전기(캐리어)를 모아 전기 에너지를 저장할 수 있는 부품을 말한다.
2) 정전용량(Capacitance, C) : 축전기가 전하를 저장할 수 있는 능력을 나타내는 물리량
3) 유전체(Dielectric material) : 전기장 안에서 극성을 지니게 되는 절연체를 말한다.
4) 유전율(Permittivity, ε) : 분극이 되어 전기 쌍극자들을 만들 수 있는 능력을 뜻한다.
5) 반도체 공정에서의 축전기 구현
   차지하는 면적을 줄이면서도 도체판의 단면적을 늘리는 것이 정전용량을 늘리는 데 유리하다. 이에 위아래로 배치된 도체 배선 사이에 凹 형태로 축전기를 형성하거나, 빗살무늬처럼 배치하여 단면적을 늘리는 형태가 일반적이다.

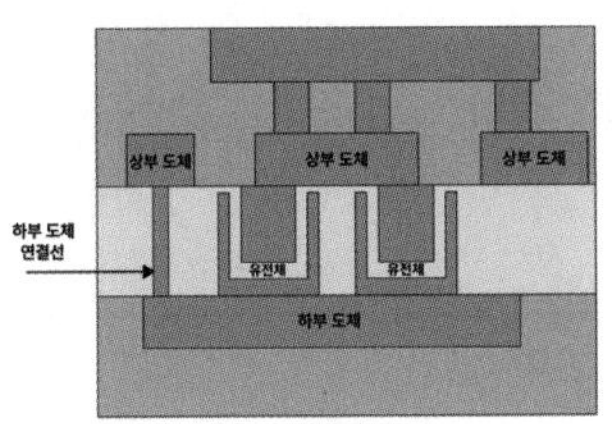

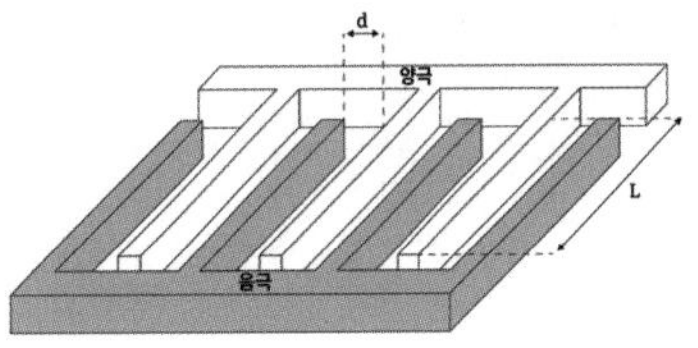

인덕터
(Inductor)

1) 인덕터 : 전류의 변화를 방해하려는 특성인 유도계수를 이용하여 전기 에너지를 저장하는 부품을 말한다.
2) 유도계수(Inductance, L) : 전류의 변화를 방해하려는 특성으로 단위는 H(헨리)이다.
3) 반도체 공정에서의 인덕터 구현 : 면적을 줄이기 위해 코일 형태의 도선을 제작한다. 대표적으로 나선(Spiral), 사행천(Meander), 단일 루프(Single loop) 형태가 있다.

인덕터 형태	장점	단점
나선	• 높은 인덕턴스 구현	• 다중 배선 필수 • 배선 층간 기생 정전용량 발생
사행천	• 단일 배선으로 구현 가능 • 적당히 높은 인덕턴스	• 작은 상호 인덕턴스 • 면적 대비 인덕턴스 효율 낮음
단일 루프	• 단일 배선으로 구현 가능 • 설계 간단, 계산 용이	• 구현할 수 있는 인덕턴스가 낮음

Chapter 02 다이오드

다이오드
(Diode)

회로와 연결되는 부분으로 2개의 단자로 구성되고, 주로 한 방향으로만 전류가 흐르도록 만든 소자를 말한다.

PN 다이오드
(PN Diode)

p형 반도체와 n형 반도체를 접합하여 만들어진 반도체 소자이다. 한쪽 방향으로만 전류가 흐르는 특징으로 교류(AC)를 직류(DC)로 변환시키는 정류소자나 논리회로를 구성하는 스위칭 소자 등으로 많이 사용된다.

열평형 상태의 PN 다이오드 특성

1) p형 반도체와 n형 반도체의 접합순간(t=0)
   자유전자와 정공의 이동이 없는 상태
2) 접합 직후($t=t_1$)
   p형 반도체의 정공은 n형 반도체로, n형 반도체의 자유전자는 p형 반도체로 이동한다. 이 과정에서 자유전자와 정공은 서로 재결합(Recombination)하게 되어 캐리어가 없는 공핍영역이 발생한다.

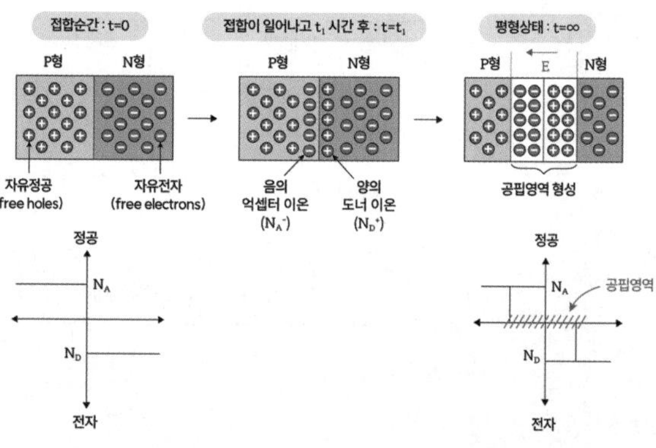

열평형 상태의 PN 다이오드 특성	3) 평형 상태(t=∞) 확산되는 캐리어와 공핍영역 내의 전기장의 방향에 따라 확산과 반대방향으로 Drift 하는 캐리어의 수가 평형을 이룬다. 평형상태의 공핍영역은 평형상태가 되기 전(t_1)에 비해 넓어지다가 특정 너비로 고정된다. 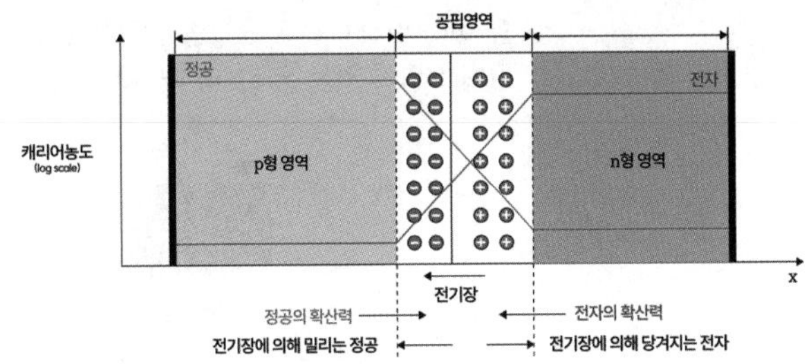
공핍영역 (Depletion region)	p형 반도체와 n형 반도체가 접합을 하면 확산을 통해 자유전자과 정공이 서로 재결합(Recombination)하게 되어 캐리어가 없는 부분이 형성되는데 이를 공핍영역이라고 한다. 공핍영역은 공간전하영역(Space charge region, SCR)이라고도 부른다.
푸아송 방정식 (Poisson)	공핍영역에서는 공간 전하에 의해 전기장이 형성된다. 푸아송(Poisson) 방정식을 이용하여 PN접합의 전하 밀도 분포와 전기장의 분포, 그리고 전위 분포를 구할 수 있다. $$\nabla \cdot \vec{E} = \frac{\rho}{\varepsilon} + \frac{q(p - n + N_D - N_A)}{\varepsilon}$$

비평형 상태의 PN 다이오드 특성

열평형 상태의 PN 다이오드에 전압(외부 에너지)을 인가하면, 비평형 상태가 되어 더 이상 일정한 페르미 에너지 준위를 갖지 않는다.

1) 순방향 바이어스(Forward bias) 상태

PN 다이오드에서 p형 반도체에 +, n형 반도체에 − 전위가 인가되었을 때를 순방향 바이어스라 한다. 순방향 전압에서는 외부에서 다수 캐리어를 공급해주기 때문에 전압이 없는 상태보다 캐리어가 없는 공핍영역의 크기가 감소한다.

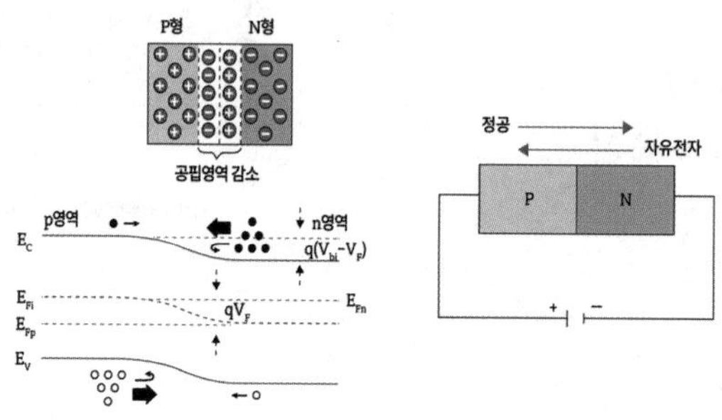

2) 역방향 바이어스(Reverse bias) 상태

순방향 바이어스와 반대로, PN 다이오드에서 p형 반도체에 −, n형 반도체에 + 전위가 인가되었을 때를 역방향 바이어스라 한다. 역방향 전압에서는 다수 캐리어들이 전극으로 이동한 상태이므로 접합부의 캐리어들이 더 부족하다. 따라서 전압이 없는 상태보다 공핍 영역의 크기가 증가한다.

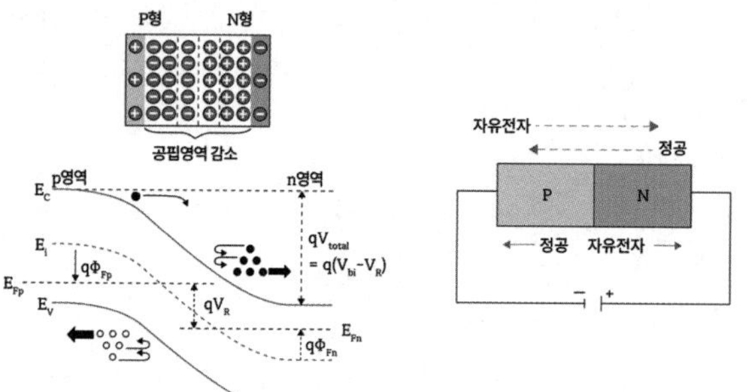

역방향 바이어스 항복 (Breakdown)	이상적인 PN 접합은 역방향 바이어스 상태에서 매우 작은 전류만 흐르지만, 임계 역바이어스 이상이 되면(강한 음전압이 인가되면) 큰 전류가 흐르게 된다. 이를 소자 항복이라 하고, 항복이 발생하면 과전류가 유발되어 소자가 파괴될 수도 있다. 1) 애벌런치 항복(Avalanche breakdown) 충격 이온화로 인해 생성된 캐리어들은 다시 높은 전기장으로부터 에너지를 받아 연쇄적인 충돌을 일으키고, 결과적으로 연쇄적인 충돌 이온화에 의해 생성된 캐리어들이 급속히 증가하여 과대한 전류를 형성하는데 이러한 현상을 애벌런치 항복 또는 눈사태 항복이라 한다. 2) 제너 항복(Zener breakdown) 터널링이 발생하면 장벽과 상관없이 캐리어가 반대편으로 이동하게 되어 n형 반도체에서 p형 반도체 쪽으로 큰 역 전류를 형성하는데 이를 제너 항복이라고 한다. 제너 다이오드는 이러한 제너 항복 소자를 의도적으로 이용하여 만든 소자이다. 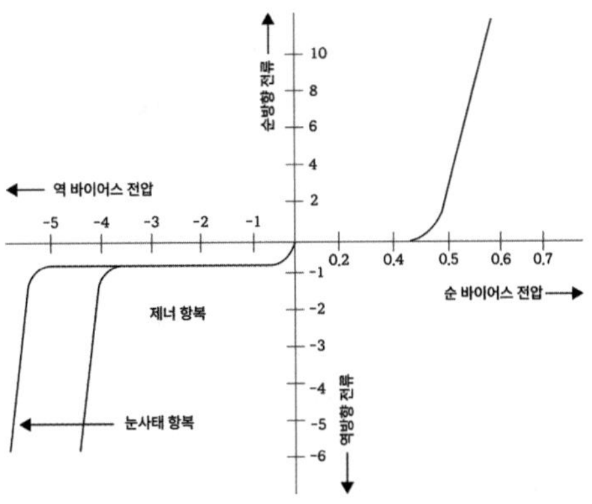
터널링 (Tunneling)	p형과 n형 반도체 모두 고농도로 도핑되었을 때, 공핍영역의 폭이 극도로 얇아져 상대적으로 낮은 역 바이어스가 인가되어도 강한 전기장이 형성된다. 이 때 p형 반도체의 가전자대와 n형 반도체의 전도대가 같은 높이로 마주 보게 될 때가 생기는데, 가전자대와 전도대 간의 거리가 가까워져 캐리어가 에너지 장벽을 뚫고 통과할 수 있는 양자역학적 현상이 발생할 수 있다. 이러한 현상을 전자의 터널링이라고 한다.

금속-반도체 접합
(Metal-Semiconductor junction)

금속과 반도체 간의 접합으로, 일함수 차이에 따라 쇼트키 접합과 옴 접합으로 분류할 수 있다.

1) 쇼트키 접합(Schottky junction) : PN 접합 다이오드와 같이 정류 특성을 가진다.
2) 옴 접합(Ohmic junction) : 전압에 전류가 선형적으로 변한다.

구분	쇼트키 접합	옴 접합
n형 반도체	$\Phi_m > \Phi_s$	$\Phi_m < \Phi_s$
p형 반도체	$\Phi_m < \Phi_s$	$\Phi_m > \Phi_s$

※ Φ_m : 금속의 일함수, Φ_s : 반도체의 일함수

일함수
(Work function, Φ)

금속에서 전자를 떼어내는 데 드는 최소한의 에너지로, 페르미 레벨과 진공 레벨(Vacuum level)의 차이로 정의한다.

전자 친화도
(Electron affinity, χ)

기체 상태의 원자가 전자 하나를 얻어 에너지 준위가 낮아지면서 방출하는 에너지이다. 전자 친화도가 클수록 그 입자는 전자를 얻기 더 쉽다는 의미이다.

쇼트키 다이오드
(Schottky diode)

쇼트키 접합을 이용한 소자로, PN 다이오드와 유사하게 한 방향으로 전류가 잘 흐르는 동작을 보인다. 순방향 바이어스에서는 PN 다이오드보다 내부 전위가 낮아 상대적으로 반도체의 자유전자가 쉽게 금속으로 이동한다.

Chapter 03 BJT

BJT (Bipolar Junction Transistor)	접합(Junction)이 두 개 있는 트랜지스터 소자를 말한다. PN 접합을 두 개씩 가지고 있다는 의미로 NPN과 PNP 2가지 형태가 있다.

BJT 동작 원리

1) 포화(Saturation) 영역 : E–B 접합(순방향), C–B 접합(순방향)
   E–B 접합에서는 drift에 의해 전자가 이미터에서 베이스로 넘어온다.
   C–B 접합에서는 낮은 정공 농도에 의한 작은 전류만 흐른다.
2) 활성(Active) 영역 : E–B 접합(순방향), C–B 접합(역방향)
   E–B 접합에서는 drift에 의해 전자가 이미터에서 베이스로 넘어온다.
   순방향인 C–B 접합에서는 공핍영역에 의해 발생한 강한 전기장에 의해 콜렉터로 이동한다.
3) 차단(Cutoff) 영역 : E–B 접합(역방향), C–B 접합(역방향)
   콜렉터 전류가 0에 가깝게 유지된다.
4) 역 활성(Inverted) 영역 : E–B 접합(역방향), C–B 접합(순방향)
   항복영역이라고도 하며, BJT가 정상 기능을 하지 않는 것으로 본다.

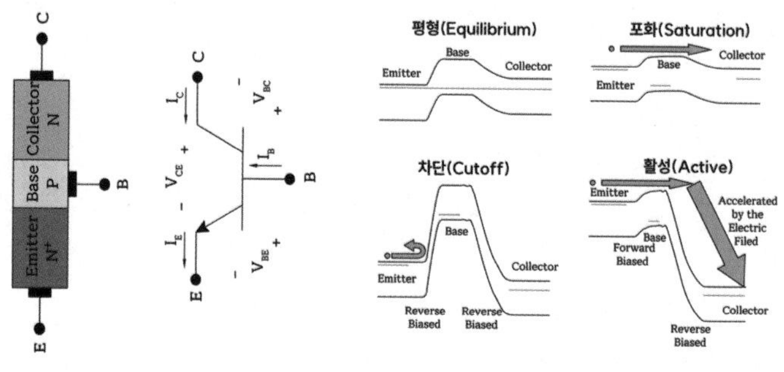

바이어스 모드(영역)	E–B 접합 바이어스	C–B 접합 바이어스	응용
포화(Saturation)	Forward	Forward	스위칭(On)
활성(Active)	Forward	Reverse	증폭기
역 활성(Inverted)	Reverse	Forward	응용 없음
차단(Cutoff)	Reverse	Reverse	스위칭(Off)

BJT의 항복

1) 애벌런치(Avalanche) 항복

베이스 영역의 폭이 어느 정도를 유지하고, V_C가 증가하여 V_{CB}에 역방향 바이어스가 인가될 때 발생한다. 열생성 또는 이미터에서 넘어온 전자가 C–B 계면의 공핍영역에서 발생한 강한 전기장에 의해 가속되어 실리콘 격자를 이온화시킨다. 이어 연쇄작용으로 과도한 전류가 흐르게 된다.

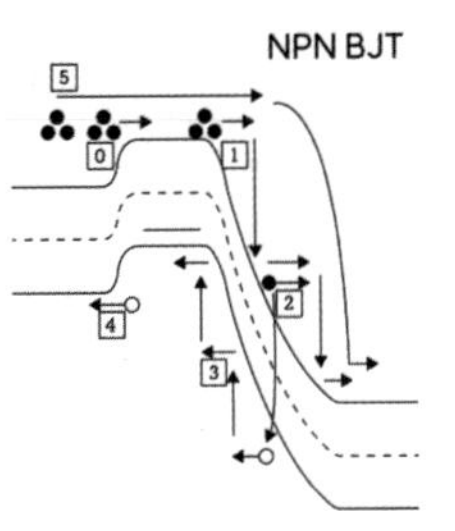

(1) → 일정 수준 이상의 전계: 전자의 운동에너지 증가
(2) → 운동에너지가 격자와 충돌하여 전자-정공 쌍 생성
(3), (4) → 생성된 전자는 전기장에 의해 Base를 거쳐 Emitter로 이동
(5) → 위를 반복하여 큰 전류 발생, Avalanche breakdown

2) 펀치-스루(Punch-through) 항복

애벌런치와 같으나, 베이스 영역의 폭이 매우 짧을 때 발생한다. C–B 계면의 공핍영역이 점점 베이스를 침범하다가, 어느 순간 베이스 영역이 없어지고 반대편의 E–B 계면의 공핍영역과 만나는 현상이 발생한다. 이미터에서 베이스로 넘어간 전자는 베이스의 상태와 상관없이 베이스 영역을 뚫고 이미터로 빨려 들어간다.

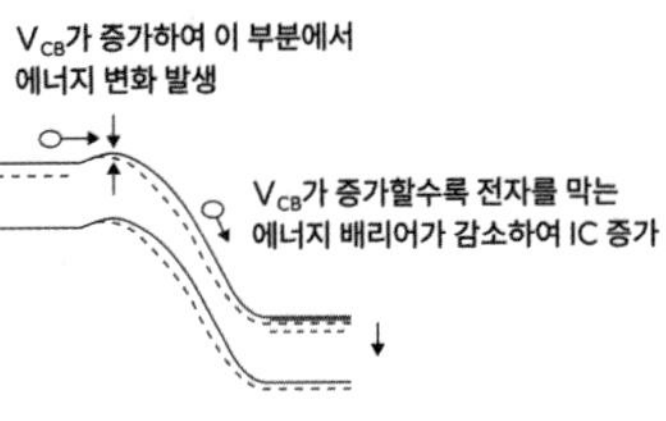

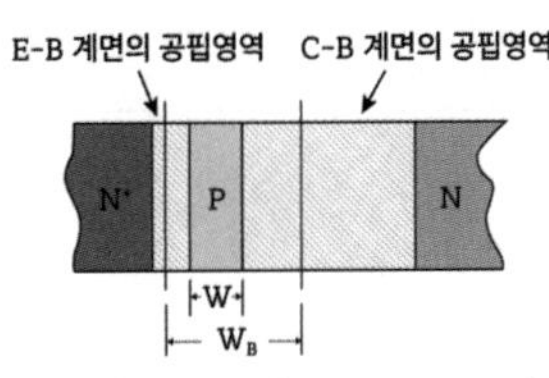

Emitter-Base 간, Collector-Base간 공핍영역이 Base에서 만남. 즉 W=0

Chapter 04 MOSFET

MOS 커패시터 (MOS Capacitor)	MOS 커패시터(Metal–Oxide–Semiconductor Capacitor)는 금속–산화막–반도체 커패시터를 의미한다. MOS 커패시터의 형태는 게이트(Gate)/소스(Source)/드레인(Drain)/기판(Body)의 4단자로 구성된 MOSFET 소자에서 중앙부(게이트, 기판)만을 따로 떼어 낸 2단자로 구성되어 있다.
이상적인 MOS 커패시터 동작	이상적인 MOS 커패시터란, 금속과 반도체의 일함수가 동일하고 실리콘 산화막 내부 및 실리콘 산화막과 실리콘 계면 등에 원치 않는 전하가 없는 경우를 말한다. 1) 평탄한 에너지 밴드(Flat band) 상태 게이트 전압(VG)이 0V인 경우이다. 금속과 반도체의 페르미 레벨(E_{Fm} ,E_{Fs})이 일직선상에 있으며, 금속과 실리콘의 일함수(Φ_m , Φ_s) 역시 동일한 위치로 맞춰져 있다. 2) 축적(Accumulation) 상태 게이트에 음의 전압이 인가되면 음전하(Q_m)가 생성되어 게이트의 페르미 레벨이 상승하게 된다. 일함수(Φ_m, Φ_s)는 인가된 전압과 무관하여 페르미 레벨 상승분만큼 산화막의 에너지 밴드가 경사지게 된다. 반도체 표면에 양전하가 유도되어 다수 캐리어가 일정한 구역에 모이게 된다. 3) 공핍(Depletion) 상태 양전압이 인가되면 양전하(Q_m)가 생성되어 게이트의 페르미 레벨은 하강한다. 산화막의 에너지 밴드 역시 축적과 반대 방향으로 기울어진다. 음전하에 의해 페르미 레벨은 E_C에 가깝게 이동하여 진성 반도체 레벨(E_i)과 같은 수준까지 이동하게 된다. 정공이 밀려나고 남은 그 자리에 있는 음의 억셉터 이온(N_A^-)이 음전하를 만들어 캐리어가 없는 상태이다. 4) 반전(Inversion) 상태 공핍 상태에서 게이트에 인가하는 양전압을 계속 증가시키면, 산화막에 유도되는 높은 양전하량을 맞추기 위해 반도체의 표면에 소수 캐리어인 전자가 유도된다. 따라서 실리콘 표면은 정공보다 전자의 농도가 증가하여 국부적으로 n형 반도체처럼 보이게 된다. 이를 반도체의 극성이 바뀌었다 하여 반전(Inversion)이라고 한다.

약 반전
(Weak inversion)

공핍 상태보다 더 높은 양전압을 인가하면 반도체의 에너지 밴드가 더욱 아래로 휘어져, 결국 E_F보다 E_i가 아래에 있는 역전 현상이 일어나는 경우이다. ($\Phi_F < \Phi_{surf} < 2\Phi_F$) 전자의 농도도 증가하지만 공핍 영역의 폭도 조금씩 증가한다.

강 반전
(Strong inversion)

약 반전에서도 전자가 증가하지만, 표면에 유도된 전자가 전기 전도성을 갖는데 충분하도록 하기 위해서는 더 많은 전자가 필요하다. 그런 전자의 농도를 p형 반도체에 도핑된 불순물의 농도와 같다고 판단하는데, 에너지밴드로 해석하면 $\Phi_{surf} = 2\Phi_F$가 될 때를 의미한다.

문턱 전압
(Threshold Voltage)

MOS 커패시터가 강 반전일 때의 게이트 전압을 문턱 전압이라고 한다. 즉, 채널에 원하는 농도의 캐리어를 만들어내기 위한 최소한의 전압을 말한다.

MOSFET
(MOS fieldeffect transistor)

FET는 Field-Effect-Transistor의 약자로, 전기장에 의해 동작을 결정하는 트랜지스터 소자를 의미한다. MOSFET은 MOS 구조를 가진 FET으로, MOS 커패시터에서 반도체 양단에 소스, 드레인 단자가 형성되어 있는 소자다. 즉, 기판, 게이트, 소스, 드레인 4단자 구조이다.

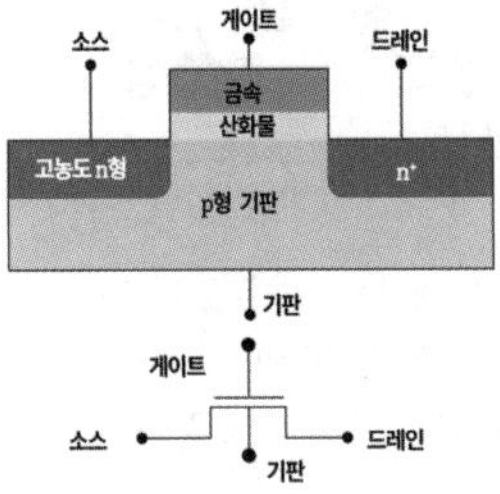

(a) n형 MOSFET (nMOS)

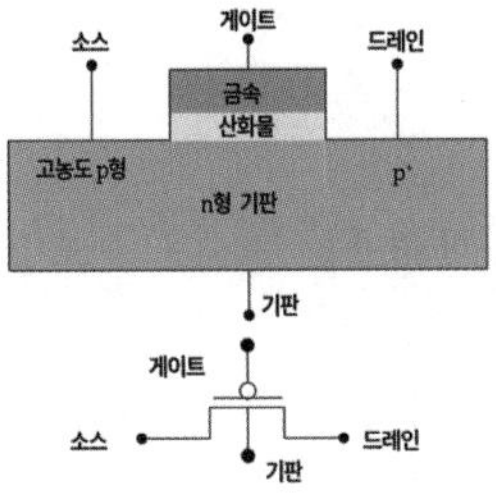

(b) p형 MOSFET (pMOS)

게이트
(Gate)

MOSFET에서 소스와 드레인 사이 전류흐름을 단속하는 Switch 역할을 한다.

소스 (Source)	전류가 나가는 곳으로 캐리어를 공급하는 단자이다.
드레인 (Drain)	Source에서 흘러 들어온 전하가 채널을 지나서 빠져 나가는 단자이다.
채널 (Channel)	소스와 드레인 사이, 게이트 밑 부분을 채널이라고 부르며 채널의 전도성은 게이트에 인가되는 전압에 의해 제어된다. PMOS에서는 P형 채널이 형성되고 nMOS에서는 N형 채널이 형성된다.
MOSFET 동작 원리	nMOS(p형 반도체 기판)기준 게이트와 드레인에 인가되는 전압에 따라 MOSFET의 동작을 나누면 4가지로 나눌 수 있다. 1) 차단 영역(Cut-off region) ($V_G < V_{TH}$) 게이트에 문턱 전압 이하의 전압($V_G < V_{TH}$)이 인가된 경우이다. 채널은 공핍 또는 약 반전 상태가 되어, 채널에 전자가 충분하지 않다. 따라서 드레인에 진압이 인가되어도 소스에서 드레인으로의 전자 이동이 거의 일어나지 않는다. 이렇게 드레인 전류가 흐르지 않거나 매우 낮은 영역을 말한다. 2) 선형 영역(Linear region) ($V_G > V_{TH}$, $V_D < V_G - V_{TH}$) 게이트에 문턱 전압 이상($V_G > V_{TH}$)을 인가하고, 드레인에 $V_G - V_{TH}$ 미만의 전압을 인가한 경우이다. 이때 채널은 강 반전 상태가 되어 전자 채널이 생성되기 때문에 소스와 드레인 간의 전자이동이 일어나 드레인 전류(I_D)가 흐르게 된다. 드레인 전류가 드레인 전압(V_D)에 의해 선형적으로 흐르게 되고, 드레인 전압과 드레인 전류가 선형적인 곡선을 보이는 영역이다.

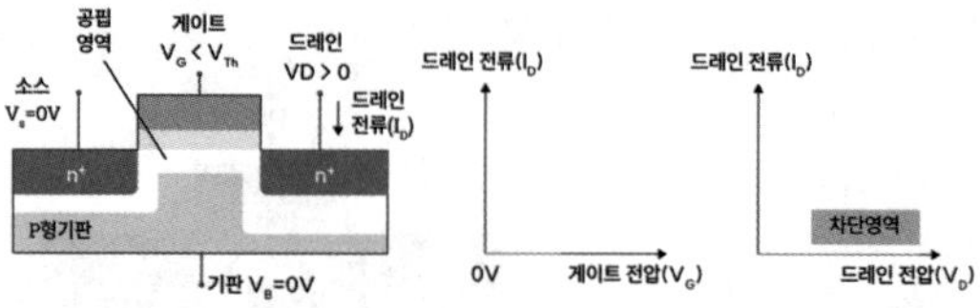

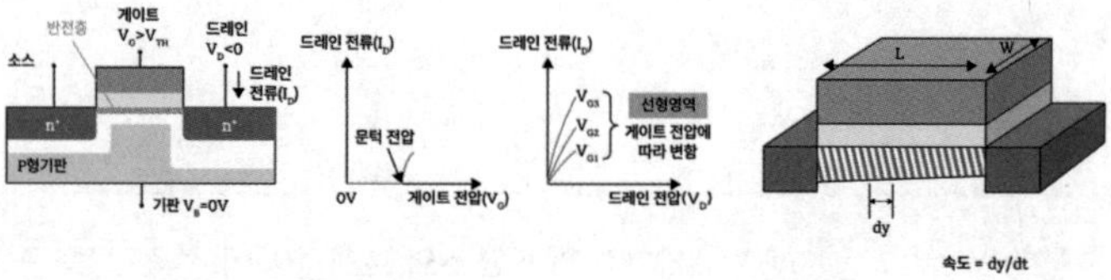

MOSFET 동작 원리

3) 핀치 오프(Pinch–off) ($V_G = V_{TH}$, $V_D = V_{DSat} = V_G - V_{TH}$)

게이트에 문턱 전압 이상($V_G > V_{TH}$)을 인가한 상태에서, 드레인에 $V_G - V_{TH}$ 만큼의 전압을 인가한 경우이다. 게이트 전압에 의해 생성된 반전된 채널층이 드레인 전압에 의해 상쇄되어, 드레인 부분에서 채널이 사라지는 핀치 오프 현상이 발생한다.

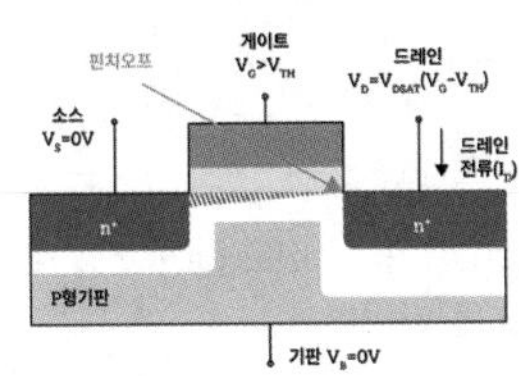

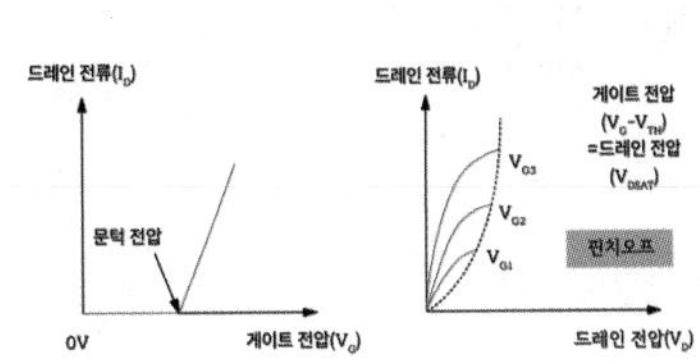

4) 포화 영역(Saturation region) ($V_G > V_{TH}$, $V_D > V_{DSat}$)

게이트에 문턱 전압 이상($V_G > V_{TH}$)을 인가한 상태에서 드레인에 V_{DSat} 이상의 전압을 인가한 경우이다. 핀치 오프 지점에서는 캐리어의 수가 감소하는데, P_N 접합의 역방향 포화 전류에 의해 캐리어의 수는 일정하게 유지된다. 따라서 드레인 전압의 증가에도 드레인 전류는 일정한 값을 유지한다.

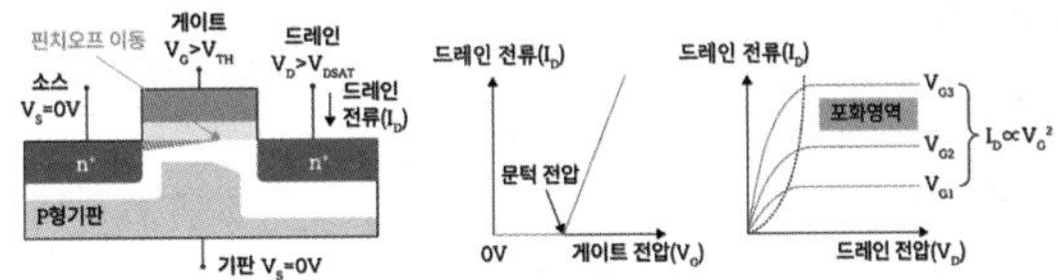

문턱 전압 이하 누설 전류 (Sub–threshold leakage)

게이트 전압이 문턱 전압보다 아래일 때($V_G < V_{TH}$)를 문턱 전압 아래 영역이라 한다. MOSFET 소자를 동작시킬 때는 전류가 흐르도록 의도하지만, 그렇지 않을 때는 흐르는 전류가 모두 누설 전류(Leakage current)가 된다. 문턱 전압 이하는 소자를 'On'으로 만든 상태가 아니므로, 문턱 전압 이하에서 흐르는 전류는 누설 전류라고 할 수 있다.

채널 길이 변조 (Channel length modulation)

드레인 전압이 증가하면 핀치 오프가 발생하는 지점이 드레인에서 소스 쪽으로 이동하여, 트랜지스터의 유효 채널 길이(Effective length, L_{eff})가 감소하게 된다. 이를 채널 길이 변조라 한다.

게이트 유도 드레인 누설 전류 (Gate Induced Drain Leakage, GIDL)	게이트와 드레인이 서로 중첩되는 드레인의 표면에서 공핍영역이 생성된다. 이때 게이트와 드레인의 전위차가 큰 경우를 가정하면, 페르미 레벨이 내려가고 에너지 밴드가 휘게 된다. 이어 가전자대의 전자가 얇아진 밴드를 터널링하여 전도대로 이동하면서 누설 전류가 발생한다.
단 채널 효과 (Short channel effect, SCE)	MOSFET의 미세화에 따라 게이트 길이(채널 길이)가 짧아지면서 문턱 전압이 낮아지는 현상(V_t roll–off)을 말한다.
드레인 전압에 의한 장벽 저하 (Drain Induced Barrier Lowering, DIBL)	드레인 전압에 의해 채널과 소스 간의 내부 전위 장벽이 낮아지면서 누설되는 드레인 전류가 증가하는 현상을 말한다. DIBL을 줄이기 위한 대책으로는 반도체 기판의 불순물 농도를 높이는 방법이 있다.
펀치 스루 (Punch–through)	채널 하부의 게이트 전압이 제어를 하지 못하는 영역에서 발생하는데, 드레인에 양 전압이 인가되었을 때 기판–드레인의 공핍영역이 기판–소스의 공핍영역과 맞닿을 수 있다. BJT와 마찬가지로 이때는 게이트와 상관없이 누설 전류가 발생한다.
반 단채널 효과 (Reverse short channel effect, RSCE)	채널 길이가 감소함에 따라 문턱 전압이 저하되는 단채널 효과와 반대로, 어느 정도 채널 길이가 감소할 때 까지는 오히려 문턱 전압이 증가하는 이 현상을 반 단채널 효과라 한다.
속도 포화 현상 (Velocity saturation)	캐리어가 매우 큰 속도로 가속되었을 때 발생하는 현상으로, On 상태의 드레인 전류를 현저히 낮추는 문제를 일으킨다.
열 캐리어 효과 (Hot carrier effect)	MOSFET의 채널 길이가 짧아지면 채널 방향의 전기장이 증가한다. 강한 전기장 내에서 캐리어는 소스에서 드레인으로 움직이면서 높은 에너지를 받게 된다. 이렇게 높은 에너지를 가진 전자를 열 캐리어(Hot carrier)이라 한다.

기생 저항과 기생 정전용량 (Parasitic resistance and Parasitic capacitance)	1) 기생 저항 기생 저항은 소자에 존재하는 여러 저항을 나타낸다. 이 중 채널 저항(R_{ch})과 외부 드레인 저항(R_{EXT})은 소자의 문턱 전압과 전류의 크기, 신뢰성에 영향을 주므로 줄이기에 쉽지 않다. 오히려 미세화가 진행되면서 영향을 받는 부분은 소스/드레인 저항(R_{SD})과 소자-배선간 접촉 저항(R_{co})이다. 2) 기생 정전용량 기생 정전용량은 채널층 형성을 위한 게이트-산화막-반도체의 정전용량을 제외한 나머지 정전용량을 의미한다. MOSFET 소자에서는 주로 게이트와 소스/드레인 간의 정전용량이 이를 차지하기 때문에, 이를 줄이기 위해 스페이서(Spacer)를 저유전체 물질(low-k)로 형성하는 기법을 사용하고 있다.
최신 MOSFET 소자	1) 실리콘 격자 변형(Strained Si) ① 이동도 향상을 위한 C-SiGe 기법 채널(Channel)의 캐리어 이동도를 높이기 위해, 채널 부분을 실리콘(Si)보다 이동도가 높은 저마늄(Ge)을 혼합하여 형성하는 기법이다. ② 응력(Stress)과 실리콘 격자 변형(Strained Si) 기법 실리콘의 격자를 변형하면 캐리어의 유효 질량을 감소시켜 캐리어의 이동도를 높이는 기법이다. 2) HKMG(High-K Metal-Gate) HKMG는 High-K Metal-Gate의 약자로, 고유전체 물질 게이트 산화막과 금속 게이트를 같이 사용하는 공정을 의미한다. 3) 절연체 기반 실리콘 MOSFET (SOI MOSFET) SOI는 절연체 위에 단결정 실리콘을 형성하고, 그 단결정 실리콘에 MOSFET을 제작하는 기술이다. 4) 핀 전계효과 트랜지스터(Fin Field-Effect-Transistor, FinFET) FinFET은 MOSFET의 일종으로, 2차원 구조를 가지는 기존 MOSFET에 비해 3차원의 지느러미(Fin) 형태의 실리콘 채널을 가진 MOSFET을 말한다. FinFET 기본 구조는 적어도 2개 이상의 채널 면이 게이트에 의해 제어되는 구조다. 5) GAA(Gate-All-Around) 게이트가 채널 전부를 감싸고 있는 구조로 채널 제어 능력을 극대화시켰다.
유전상수 (High-k)	전기장이 주어졌을 때 물질이 전하를 상대적으로 어느 정도 저장할 수 있는가를 나타내는 척도이다. 어떤 물질의 유전율(ε)과 진공 상태의 유전율(ε_0)의 비, $\varepsilon/\varepsilon_0$로 나타낸다. 유전율이라고도 부른다.

Chapter 05 CMOS Image Sensor

이미지 센서
(Image sensor)

이미지 센서는 광학적 상(image)을 전기적 신호로 변환하는 반도체 소자이다. 이미지 센서 구조는 화소(픽셀) 배열 구조로, 빛을 전기 신호로 바꿔주는 포토다이오드가 평면에 배열되어 있다. 전자회로를 이용하여 각 화소에 축적된 전자의 수를 전압으로 변환하고, 다시 이를 디지털 신호로 변환하여 메모리에 저장한다. CCD(Charge-Coupled Device) 이미지 센서와 CMOS(Complementary Metal Oxide Semiconductor) 이미지 센서의 두 종류로 구분된다.

포토다이오드
(Photodiode)

포토다이오드는 빛을 받아 전자-정공쌍을 생성하는 다이오드다. 생성된 전자는 n형 반도체로, 정공은 p형 반도체로 이동하며 전류를 생성하는데, 이 전류를 MOSFET의 게이트 전압으로 드레인으로 흐르게 할지를 제어한다.

CMOS 이미지 센서
(CIS)

CIS는 CMOS와 포토다이오드를 이용해 빛 에너지를 전기적 에너지로 변환하는 소자이다.

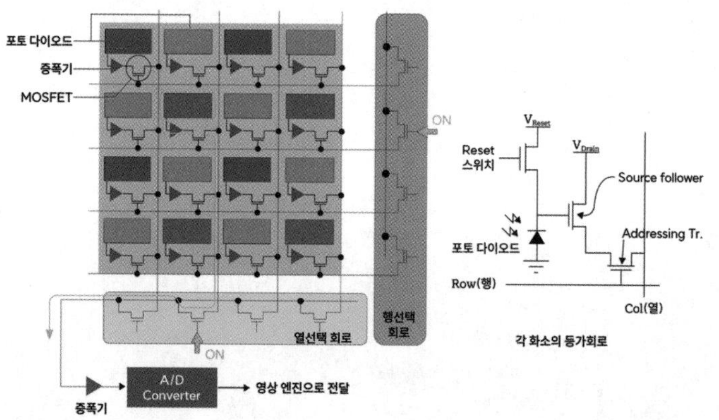

간섭현상 (Crosstalk)	화소가 미세화되면서 화소 간격이 줄어듦에 따라 빛이 주변 화소로 새어나가는 간섭현상이 발생한다. 이를 방지하기 위해, 화소와 화소 사이에 0.2um 정도 두께의 격벽을 형성하여 각각의 화소를 물리적으로 격리시키는 F-DTI(Frontside-Deep Trench Isolation) 기법을 적용한다. 또한 포토다이오드의 표면적이 감소하면서 담을 수 있는 빛(전하)의 양이 줄어들었고, 이러한 단점을 없애기 위해 데이터를 전송하는 게이트의 구조를 수직으로 바꾸는 VTG(Vertical Transfer Gate) 기술도 같이 적용되고 있다.
CMOS 이미지 센서의 영상처리 프로세스	광학 렌즈를 통해 입사된 빛이 CMOS 픽셀 어레이 위에 상을 맺고 픽셀 어레이에서는 입사된 빛의 세기에 따라 광전변화(Photon-to-Charge conversion)가 일어난다. 광전변화된 광자는 아날로그 신호 변환기에 의해 전압 또는 전류로 변환되고, 전압 또는 전류로 변환된 것을 신호처리용 DSP에서 인식하여 영상을 처리한다.

Chapter 06 SRAM

SRAM
(Static Random Access Memory)

SRAM은 전원 공급이 계속되는 한 저장된 내용을 계속 기억하며, 복잡한 재생 클록(refresh clock)이 필요없기 때문에 소용량의 메모리나 캐시메모리(cache memory)에 주로 사용한다. SRAM은 DRAM보다 속도가 5배 정도 빠르며 가격도 비싼 편이다.

장점	단점
• 어떠한 메모리 소자에 비해 동작 속도가 훨씬 빠르다. • 두 개의 인버터가 상호 보완적으로 데이터를 유지하므로, 데이터의 보관 특성이 매우 우수하다.	• 최소 6개의 MOSFET으로 구성되기 때문에 셀이 차지하는 면적이 크고, 고집적화가 어렵다.

SRAM 구조

셀은 6개의 트랜지스터, 데이터 저장 역할을 하는 교차 결합의 CMOS 인버터 데이터를 읽고 쓸 때 데이터의 입출력 선 역할을 하는 비트라인(Bit-Line, BL과 /BL), 그리고 메모리 셀의 동작을 제어하는 스위치 역할을 하는 워드라인(Word Line, WL)으로 구성된다.

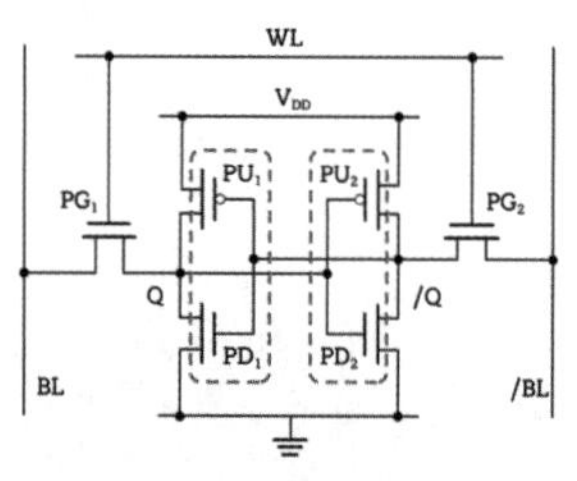

(a) 6T SRAM Cell의 회로 구성

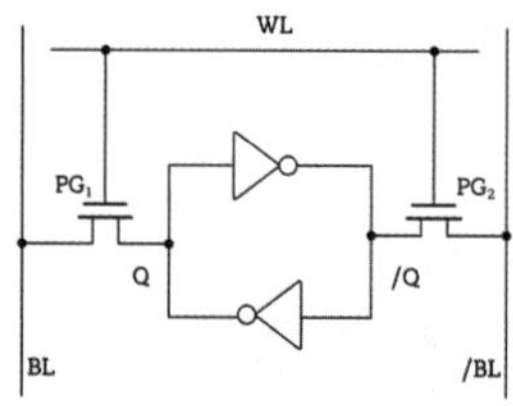

(b) 6T SRAM Cell의 단순화 구성

SRAM 동작원리

1) 대기(Standby) 동작

워드라인(WL)에 '0'이 인가되어 있어 PG1, PG2가 Off 되어 있는 상태 → 단자 Q에 논리 '0'이 인가, 단자 /Q에 '1'이 인가되어 있다고 가정. PU2는 On, PD2는 Off가 됨. 따라서 /Q는 논리 '1'을 유지 → 단자 /Q가 논리 '1'을 가지므로 PU1은 Off, PD1은 On이 됨. 따라서 Q는 논리 '0'을 유지 → 두번째와 세번째 반복

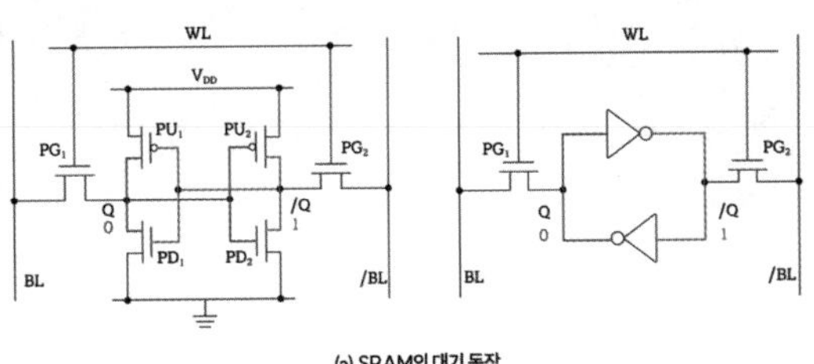

(a) SRAM의 대기 동작

2) 읽기(Read) 동작

비트라인에 High 값을 인가 → 워드라인 On → BL에 충전된 전하(High)가 빠져나가면서 BL 전위가 감소 → 두 개의 비트라인 사이에 전위차를 전압감지 증폭기가 감지 및 증폭하여 데이터를 외부로 내보냄 → 워드라인 Off

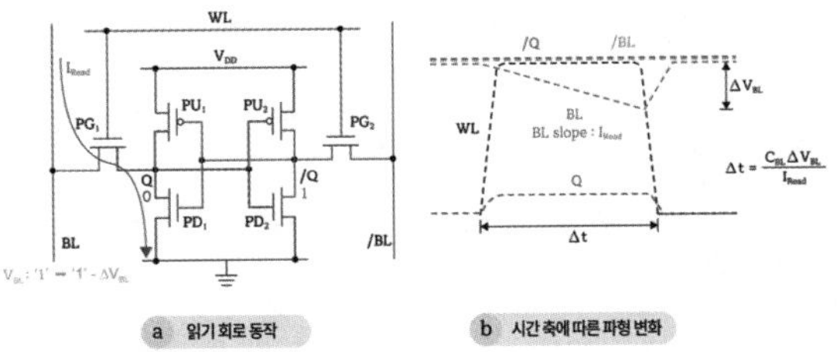

a 읽기 회로 동작　　b 시간 축에 따른 파형 변화

3) 쓰기(Write) 동작

비트라인에 전압 인가 → 워드라인 On → BL으로 전류가 흐르면서 단자의 논리 값이 이전 상태와 반대로 바뀜 → 워드라인 Off

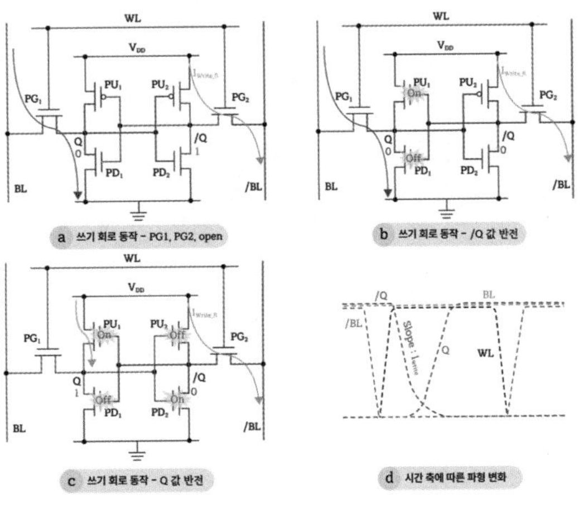

a 쓰기 회로 동작 - PG1, PG2, open　　b 쓰기 회로 동작 - /Q 값 반전

c 쓰기 회로 동작 - Q 값 반전　　d 시간 축에 따른 파형 변화

Chapter 07 DRAM

DRAM (Dynamic Random Access Memory)

DRAM은 메모리 내의 데이터가 시간에 따라 변할 수 있어 끊임없이 어떠한 값을 다시 써줘야 한다. SRAM보다는 느리지만 단순한 구조로 이루어져있어 용량 당 가격이 저렴하고 대용량의 데이터를 저장할 수 있다는 장점이 있다.
MOSFET 1개와 커패시터 1개로 구성된 1T1C 구조를 갖는다. MOSFET은 저장소에 데이터 쓰기와 읽기 등을 제어하는 스위치 역할을 하고, 커패시터는 데이터 저장의 역할을 한다.

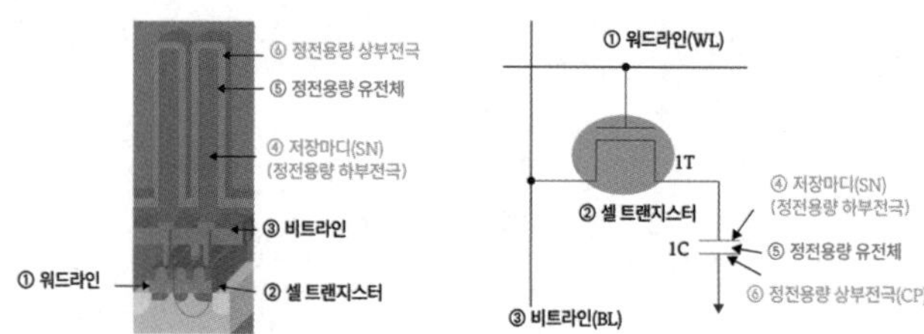

DRAM의 구동 전압

DRAM의 동작 전압

DRAM의 외부에서 인가되는 동작 전압은 내부의 전압생성 회로를 거쳐 다양한 전압 수준으로 변환되어 사용된다. 동작 전압은 저전력화 추세에 따라 점차적으로 감소하고 있다.

DRAM의 내부 전압

1) 커패시터의 스토리지 노드에 걸리는 전압(V_{SN})
   ① 접지 전압(V_{SS}) : 논리 '0'을 나타내는 전압이다.
   ② 코어 전압(V_{Core}) : 논리 '1'을 나타내는 전압으로, DRAM의 동작 전압보다 낮은 값을 갖는다.
2) 게이트에 걸리는 워드라인 전압(V_{PP})
   스토리지 노드(SN)에 코어 전압을 온전히 전달하기 위해 DRAM에서 사용하는 전압 중 가장 높은 전압을 사용한다. 통상적으로 'V_{Core}+3V_{TH}' 정도를 사용한다.
3) V_{BL}
   비트라인(BL)에 미리 인가해주는 전압(선충전 전압)이다. 읽기(Read) 동작을 통해 논리 '1' 또는 '0'의 신호를 감지한 후 이를 증폭할 때에 동작 속도를 높이고 전력 소모를 줄이기 위해 1/2V_{Core}를 사용한다.

4) V_{CP}

셀 커패시터의 셀 플레이트 전압이다. 셀 커패시터 유전체의 신뢰성을 고려하여 $1/2V_{Core}$를 사용한다.

5) 기판 전압(V_{BB})

음의 전압을 인가해주는 전압이다.

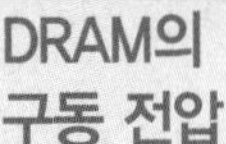

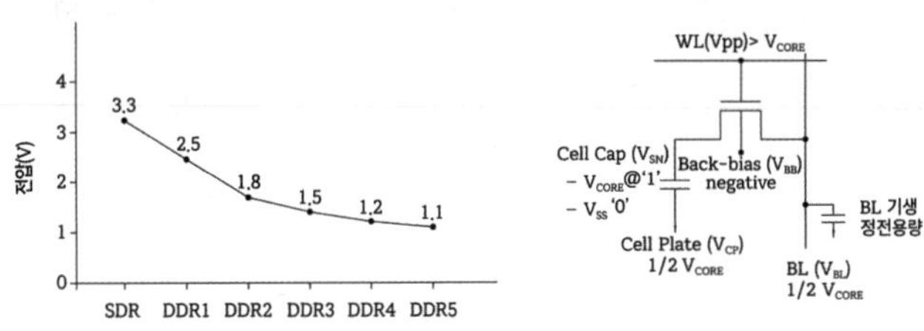

(a) DRAM 동작 전압 추세　　　(b) DRAM 내부 전압

DRAM 동작원리

1) 대기(Stand-by) 상태

EQ가 On → 3개 트랜지스터 모두 On → BL과 /BL이 선충전(Pre-charge)되어 동일한 전위 상태로 고정

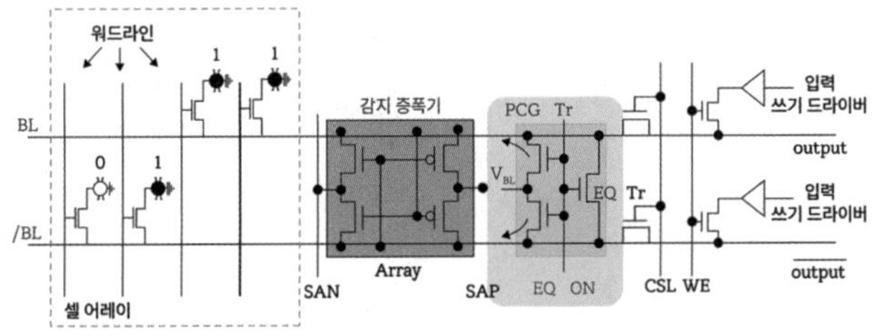

2) 쓰기(Write) 동작

데이터를 저장할 행과 열 주소(Address) 지정 → 워드라인(WL)과 CSL이 ON, 외부로부터 쓰기 명령어(WE 신호)가 입력 → 입력 쓰기 버퍼(Input write buffer)를 거친 신규 데이터가 목표한 셀(Target cell) 및 감지 증폭기의 데이터를 덮어 씌움 → 다시 워드라인(WL)이 Off되고, 다시 대기 상태로 돌아감으로써 쓰기 작업이 완료

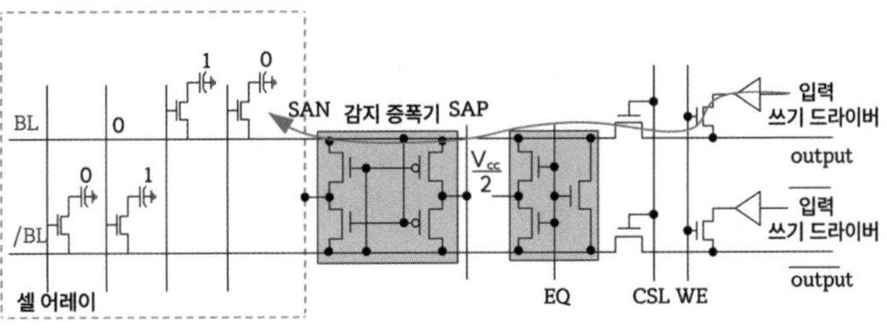

3) 읽기(Read) 동작

① 접근 단계(Access step)

EQ에 0V를 인가하여 등전위 회로를 모두 Off → BL과 /BL에 연결된 선충전 전압과의 연결이 끊겨 부유 상태가 됨 → 셀 어레이 내 논리 '1'값이 저장된 목표 셀의 워드라인을 선택(On)하면, 논리 '1'값인 V_{Core}로 충전되어 있던 셀 커패시터 내의 전하가 BL의 기생 커패시터의 전하와 전하 공유를 함

② 전하 공유(Charge model)

전하의 이동은 두 단자의 전압이 동일한 전위(V_{BL})를 가질때까지 일어난다.

③ 감지 단계(Sensing step)

전하 공유가 끝나면 작은 전압 차이(△BL)를 크게 증폭하는 단계가 필요하다. 목표 셀(논리 '1')이 달린 BL은 코어 전압(V_{Core}) 수준으로, 다른 쪽 /BL은 V_{SS}(0V)로 크게 증폭한다.

④ 복원 및 출력 단계(Resore & Output step)

워드라인(WL)은 계속 On인 상태로 BL과 /BL의 전압은 셀 MOSFET을 통해 셀 커패시터의 전하를 복원하게 된다. CSL(Column Select Line)에 전압이 인가되면 외부에서 요청한 데이터가 출력 라인을 통해 내보내진다. 모든 동작이 완료된 후, 워드라인(WL)에 0V가 인가되면서 셀 MOSFET이 Off 상태가 되고, 다시 EQ가 'On'이 되어 대기 상태로 돌아가게 된다.

DRAM 동작원리

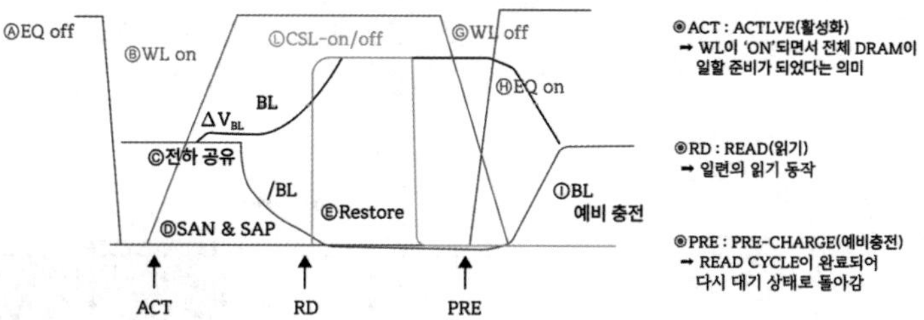

DRAM의 리프레시 (Refresh)

다양한 경로를 따라 누설 전류가 발생하면서 DRAM 메모리 셀에 논리 '1'을 쓴 후 일정 시간이 지나면, 셀 커패시터의 스토리지 노드(SN) 전압이 감소하게 된다. 따라서 주기적으로 해당 셀에 데이터를 다시 써주는 동작이 필요하다. 특정 워드라인을 On시켜 그 WL에 달려있는 전체 셀을 리프레시 한 후 다른 모든 워드라인을 순차적으로 On시켜 리프레시를 진행한다.

DRAM의 셀 누설 전류 (Cell leakage current)	1) PN 접합 누설 전류(Junction leakage) ⓐ : 셀 커패시터의 스토리지 노드(SN)와 연결된 셀 MOSFET의 소스부에서 발생하는 PN 접합 누설 전류 2) 셀 MOSFET의 오프 상태 누설 전류(Off leakage = Sub–threshold leakage) ⓑ : 셀 트랜지스터의 오프 상태 누설 전류 3) 게이트 누설 전류(Gate leakage) ⓒ : 대기 상태에서 스토리지 노드(SN) 접합부인 MOSFET의 소스/드레인과 게이트 산화막 사이에 흐르는 누설 전류 4) 유전체 누설 전류(Dielectric leakage) ⓓ : 셀 커패시터의 유전체를 통한 누설 전류 5) 분리 영역 누설 전류(Isolation leakage) ⓔ : 소자 간 분리(Isolation) 영역에서 발생하는 누설 전류 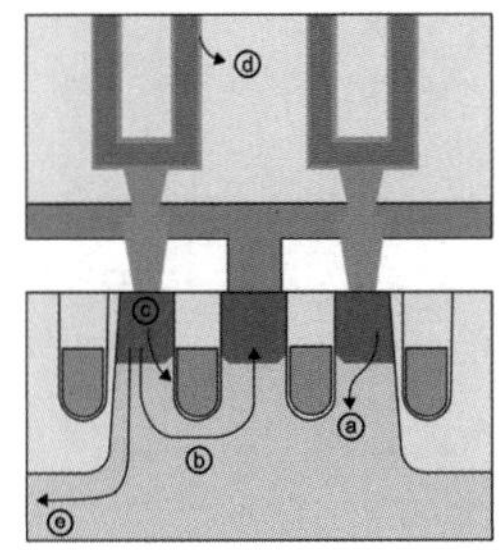 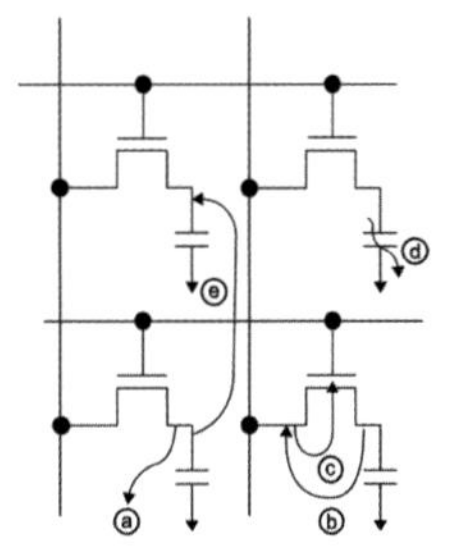
DRAM 셀 트랜지스터의 발전	1) 함몰형 채널 어레이 트랜지스터(Recessed Channel Array Transistor, RCAT) 채널이 형성될 부분의 실리콘을 적정 깊이로 식각한 함몰 게이트 구조이다. 2) S–RCAT(Spherical–Recessed Channel Array Transistor) RCAT에서 문제되었던 채널 하단부 곡률 반경을 증가시켜 채널 길이를 늘린 구조이다. 3) FFRCAT(Fence–Free RCAT) S–RCAT에서 게이트와 드레인이 면한 부분을 식각함으로써 GIDL을 줄인 구조이다. 4) 새들 핀(Saddle Fin, S–Fin) RCAT의 채널 하단에 Fin 구조를 형성하고, 게이트가 이 Fin 형태의 채널을 감싸는 3차원 트랜지스터 구조이다. 5) 수직 채널 트랜지스터 (Vertical Channel Array Transistor, VCAT) 부유 몸체 효과(Floating body effect)와 BL(또는 WL)끼리의 정전용량 결합(Capacitive coupling), 공정상의 어려움 등으로 난항을 겪고 있다.

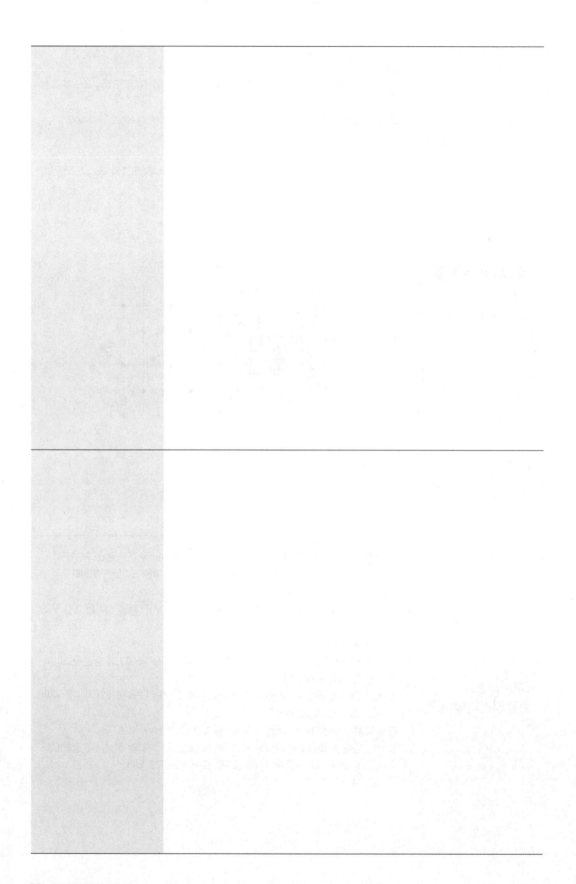

Chapter 08 NAND Flash

플래시 메모리 (Flash memory)	DRAM 대비 동작속도는 느리지만, 고용량, 높은 집적도, 저비용의 장점을 가지고 있다. 전원이 꺼져도 저장된 데이터를 유지할 수 있는 비휘발성 저장 특성을 가지며, DRAM과 달리 리프레시(Refresh) 동작이 필요하지 않아 에너지 측면에서 바라보았을 때 매우 효율적이다. 셀의 연결 방법에 따라 NAND(낸드)와 NOR(노어)형 플래시 메모리로 구분 짓는다.
플래시 메모리 구조	1) 제어 게이트(Control Gate, CG) : 셀을 선택하는 워드라인과 연결되어 있다. 셀 어레이의 구분 단위인 페이지(Page) 단위의 셀들이 워드라인을 공유한다. 2) 플로팅 게이트(Floating Gate, FG) : 데이터(전자)를 저장하는 기능을 한다. 저장된 전자가 이동할 수 있는 경로가 없기에 전원이 꺼지더라도 데이터가 유지되는 비휘발성 메모리 특성을 갖게 한다. 3) 층간 절연막(Inter Poly Dielectric, IPD) : 플로팅 게이트 내 전자가 제어 게이트로 이탈되는 것을 방지하는 절연막이다. 4) 터널 산화막(Tunnel Oxide, TOX) : 셀의 쓰기(Write) 동작(기록(Program) 또는 소거(Erase)) 시에 전자가 터널링(Tunneling) 현상으로 통과하는 산화막이다. 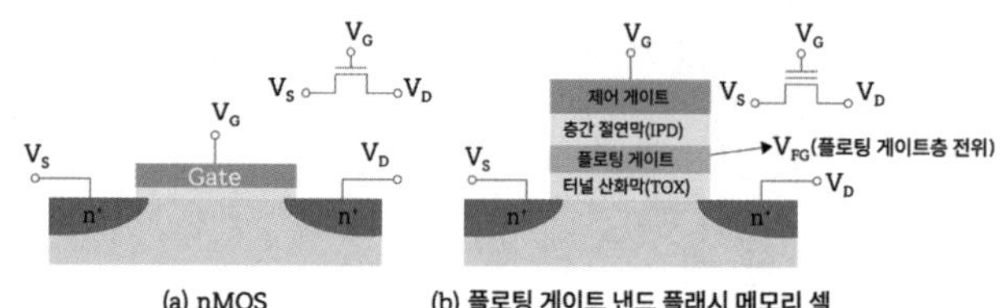 (a) nMOS (b) 플로팅 게이트 낸드 플래시 메모리 셀
플로팅 게이트 플래시 (Floating Gate Flash, FG)	nMOS의 제어 게이트와 게이트 산화물 아래에 플로팅 게이트와 터널 산화막(Tunnel oxide)이 존재하는 구조를 갖는다. 외부로부터 제어 게이트에 전압(V_G)이 인가될 때, 실제 트랜지스터동작은 셀 내부의 플로팅 게이트 전위(V_{FG})의 영향을 받는다.

플래시 메모리 종류	플래시 메모리 셀은 한 개의 셀이 몇 비트(Bit)를 저장할 수 있는지에 따라 셀의 종류를 나눈다. 셀의 종류는 공정적, 물리적 차이가 있는 것이 아니고, 제작된 셀은 동일하나 전하 저장 민감도에 따라 구분된다. 1) SLC(Single Level Cell) : '0'(기록)과 '1'(소거)의 두 가지 상태로 구분하여 1비트 데이터를 저장하는 방식 2) MLC(Multi Level Cell) : 한 개의 셀에 '00'과 '01', '10', '11'(소거)의 4가지 상태로 구분하여 2비트 데이터를 저장하는 방식 3) TLC(Triple Level Cell): '000'~'111'의 8개 상태, 3비트 데이터를 저장하는 방식 4) QLC(Quadruple Level Cell) : 16개 상태의 4비트 데이터를 저장하는 방식
NAND Flash	NAND 플래시는 플래시 메모리 셀을 직렬로 연결하고, 모든 소자에 입력을 '1'을 줄 때만 '0'을 읽는다.
NAND Flash array 의 동작원리	1) 기록 동작(ISSP 동작) 소자에 기본 전압 펄스를 주어 기록 동작 시도 → 소자 문턱 전압 측정하여 0과 1을 읽어내 기록이 안 됐으면 전압을 조금 더 높여 다시 펄스 인가 → 목표 문턱 전압에 도달한 셀은 기록 동작 중단, 도달하지 못한 셀에는 인가 전압을 조금 더 증가 → 원하는 데이터 입력될 때까지 반복 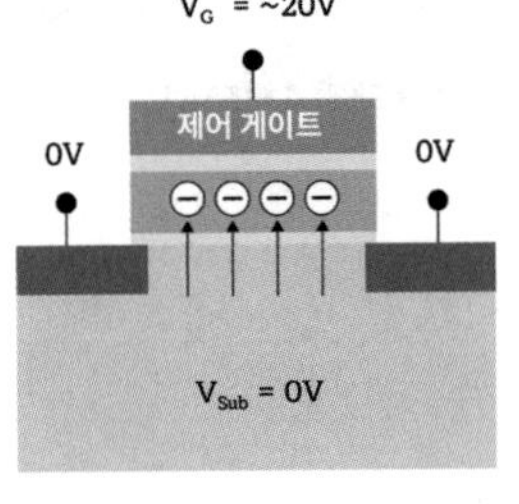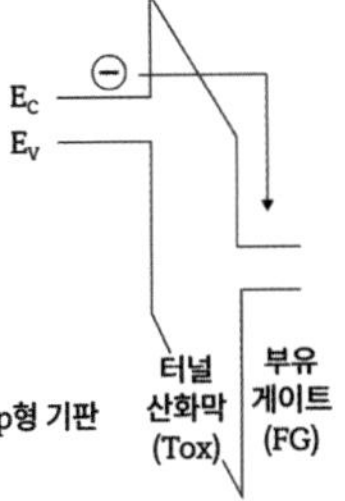

NAND Flash array의 동작원리

2) 소거 동작

소스와 드레인을 플로팅 시킴 → 소거할 블록에는 워드라인(게이트)에 0V, 소거하지 않을 블록에는 워드라인에 기판과 동일한 높은 양의 전압(~20V) 인가 → FN 터널링에 의해 데이터 소거됨

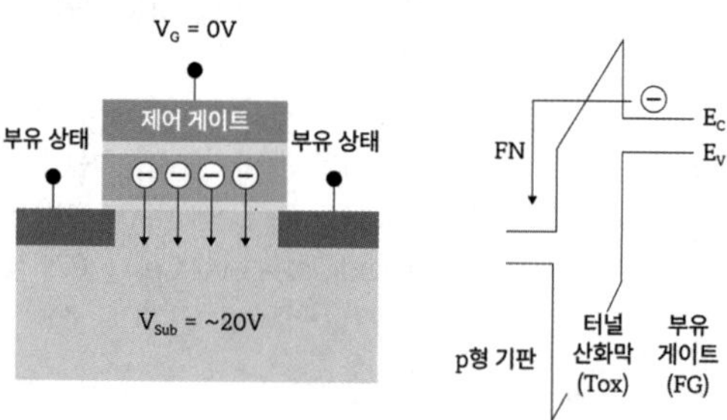

3) 읽기 동작

읽으려는 셀의 비트라인에 선충전(Pre-Charge) 전압 인가 후 전원 끊어 플로팅 상태로 만듦 → 워드라인에 읽기 전압(~0V) 인가, 나머지 셀 워드라인에는 On 상태가 될 수 있는 읽기 전압(~4.5V) 인가

- 선택된 셀이 소거 상태인 경우 : 비트라인에 선충전된 전하가 방전되어 비트라인의 전위가 내려감
- 선택된 셀이 기록 상태인 경우 : 비트라인에 선충전된 전하가 거의 방전되지 않고, 방전되는데 많은 시간이 걸림

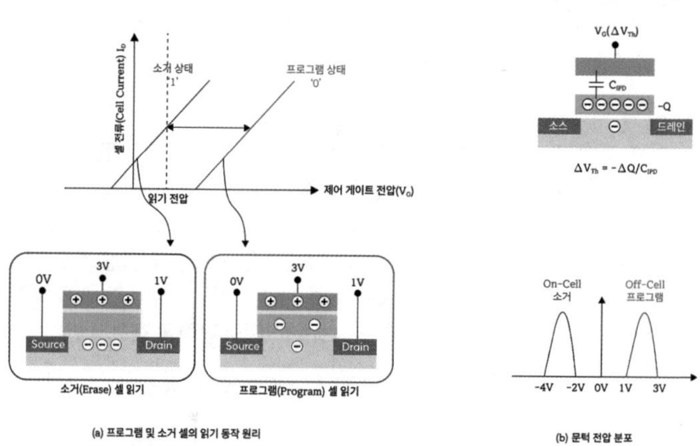

(a) 프로그램 및 소거 셀의 읽기 동작 원리

(b) 문턱 전압 분포

현재의 NAND 플래시 메모리 추세	1) 전하 포획 플래시(Charge Trap Flash, CTF) 메모리 기존 플로팅 게이트(FG) 셀에서 저장소 역할을 하는 플로팅 게이트를 전하 포획층으로 바꾼 구조이다. **플로팅 게이트** • 도체인 도핑된 다결정 실리콘(poly-silicon)을 저장소로 사용 • 다결정 실리콘의 전도대역에 자유 전자 형태로 전하가 저장 **전하 포획 플래시** • 절연체인 실리콘 질화막(Si_3N_4)을 저장소로 사용 • 실리콘 질화막의 밴드갭 내 Trap site(포획 구역)에 전자가 붙잡히는 형태로 저장
현재의 NAND 플래시 메모리 추세	2) 3차원 NAND 플래시 메모리(3D NAND Flash memory) 2D NAND 플래시 셀을 90도 회전시켜 위로 쌓은 형태를 갖는다. 3D 셀에서는 수직으로 서있는 채널 주위로 층층의 제어 게이트가 감싸고 있는 원통형의 모습을 갖는다. + GAA(Gate All Around) 게이트 구조 3D NAND 플래시 셀의 게이트 구조는 제어 게이트가 채널을 완전히 감싸는 GAA 구조이다. GAA 구조는 채널 제어 특성이 우수하여 누설 전류를 줄이고 온(On)/오프(Off) 제어가 용이하다.

Chapter 09 뉴메모리

뉴메모리 (New memory)

SRAM, DRAM, 플래시 메모리를 제외한 나머지를 뉴메모리(New memory)라 한다.

+ 뉴메모리로 사용하기 위한 조건
1) 기존 메모리 소자들이 사용하는 규격과의 호환성
2) DRAM 대비 낮은 비용과 소비 전력
3) NAND 플래시 메모리 대비 높은 안정성과 성능
4) 실리콘 공정 적용 가능성

뉴메모리 소자 종류

1) MRAM

자기 터널 접합(MTJ)를 이용해 전류를 조절하여 '0'과 '1'을 구분하는 소자다. MTJ의 저항에 따라 비트라인부터 소스라인(SL)까지 흐르는 전류의 크기가 결정되어, 전류가 잘 흐르면 '1' 흐르지 않으면 '0'으로 판단할 수 있다.

장점	단점
1. 외력이 없으면 자화 방향 변화 없음 → 비휘발성 2. Rewrite 무한대 구현 3. 고속 Reading / Writing 구현	1. 정밀한 TMR 두께 제어 필요 2. 집적도가 높아질수록TMR 간의 자성 영향으로 인한 오차 발생 3. 불균일한 자기장으로 인한 소자 특성 불균일 4. 소자 소형화 : 스위칭 자기장 증가 → 높은 구동전류 요구

2) PRAM

상변이 물질을 이용해 전류를 조절하여 '0'과 '1'을 구분하는 소자다.

장점	단점
1. 상 변화 후 상태 유지 → 비휘발성 2. CMOS 제조 공정으로 생산 가능, 양산화 용이함 3. Good scalability (〈 5nm)	1. 물질 변화에 따른 수명 제한 (쓰기) 2. 빠른 상전이 속도 확보 필요 3. Reset 동작 시 높은 전류 필요 4. Chalcogenide화합물(Ge-Se-Te:GST)을 대체할 물질 필요

뉴메모리 소자 종류	

3) RRAM

저항 변화 물질을 이용해 전류를 조절하여 '0'과 '1'을 구분하는 소자다.

장점	단점
1. 저항 특성 상태 유지 → 비휘발성 2. CMOS 제조 공정으로 생산 가능, 양산화 용이함 3. 저전력 소모	1. 물질마다 조금씩 다른 동작 특성 2. 완벽하지 않은 On/Off 상태 전환

4) FRAM

DRAM에서 사용하는 유전체인 '상유전체' 대신, '강유전체'를 사용하여 데이터를 저장하는 정전 기반 소자를 말한다.

장점	단점
1. 자발분극에 의한 축전 → 비휘발성 2. DRAM과 유사한 구조, 양산화 용이함	1. 강유전체 두께가 얇을수록 자화 특성 감소 → 집적화 어려움 2. Destructive Read: 값을 읽고난 후 Writing 필요(DRAM의 Refresh와 유사한 동작이 필요)

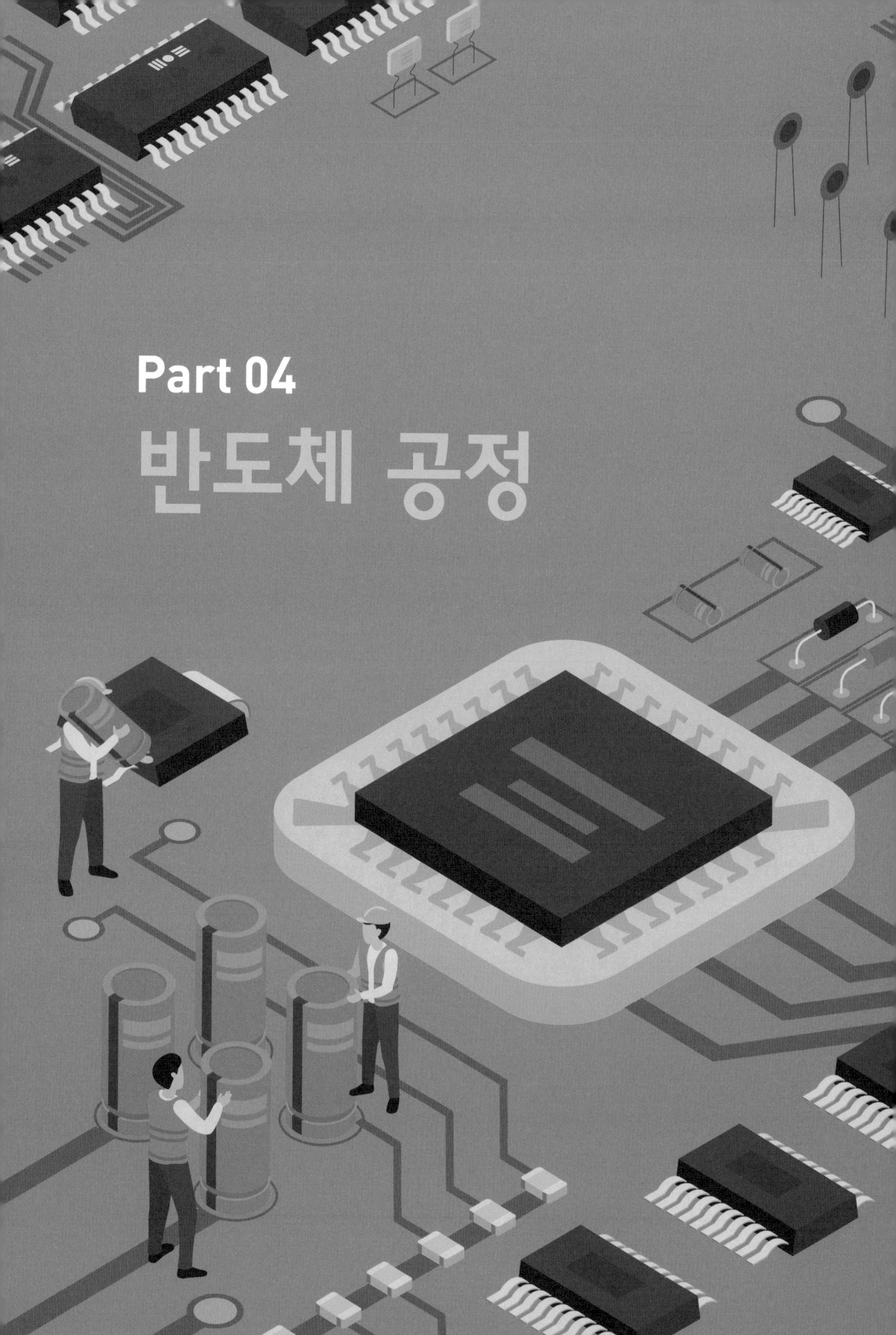

Part 04
반도체 공정

Chapter 01 반도체 공정 이해를 위한 필수 개념

8대 공정	반도체 공정은 기본적으로 박막에 패턴을 만들고 이런 패턴들이 위에 쌓이게 되면서 입체적인 구조에서 목적하는 기능을 구현하는 소자를 만드는 것이다. 삼성전자의 Job Description 기준으로는 Photo, Etch, CVD, Metal, Diffusion, Implant, CMP, Clean 8개의 유닛 공정을 명시하고 있으며, 블로그 기준으로는 웨이퍼 제작부터 각 공정 그리고 EDS와 패키지도 포함하여 설명하고 있다.
전공정	전공정은 웨이퍼의 투입부터 유닛 공정을 통해 기능을 수행할 수 있는 웨이퍼 상에 칩을 제조하는 공정과 이를 테스트하는 공정이다. FEOL(Front-End-Of-Line)과 BEOL(Back-End-Of-Line)으로 나뉘고 중간에 MOL(Middle-Of-Line)을 추가하기도 한다. 1) FEOL : 소자의 제작에 필요한 공정까지로 분류하여 Gate/Source/Drain 등의 공정을 포함한다. 2) MOL : 각 단자의 전기적인 컨택트와 배선을 이어주는 플러그를 만들어 주는 공정이다. 3) BEOL : 배선공정을 말한다.
후공정	후공정은 전공정을 통해 만들어진 웨이퍼 상태의 칩들을 패키징하여 각종 전자장치에 부착할 수 있도록 만드는 공정이다.
Wafer 공정	웨이퍼는 반도체 단결정을 얇게 슬라이스하여 반도체 특성을 가지며 공정이 진행될 때 지지대로서의 역할을 하게 된다. 실리콘 단결정을 크게 만들어야 하는데 주로 많이 사용하는 방법은 초크랄스키(Czochralski, CZ) 방식과 플랫존(Float-Zone, FZ) 방식이 있고, 대구경화 측면에서 CZ가 더 많이 사용되고 있다. 1) CZ 방식 : 액상의 Silicon을 돌리면서 위로 뽑아내어 굳히는 방식이다. 2) FZ 방식 : 폴리실리콘 ingot을 RF Coil에 의해 Heating 되는 곳에 넣고, 한쪽 방향으로 이동시키면서 재결정화시켜 단결정의 ingot을 형성한다.

진공	1) 진공 : 대기압보다 낮은 압력 상태를 말한다. 2) 반도체 공정에서 진공을 사용하는 이유 ① 주변 환경(잔류가스, 흡착가스)으로부터의 오염 방지/감소 ② 평균 자유 이동 거리(Mean Free Path, MFP) 증가 ③ Plasma 발생 및 유지의 목적
기체의 성질	1) 평균 자유이동거리(MFP) 한 기체분자가 다른 기체분자와 충돌 후 또 다른 기체 분자와 충돌할 때까지의 평균 거리이다. 챔버 내에 기체분자 수가 많을수록(압력이 높을수록 또는 저진공) 평균 자유이동거리가 짧아진다. 또한 기체분자의 입자 크기가 크면 충돌 확률이 높아지므로 평균 자유이동거리는 짧아지게 된다. 2) 단분자층 형성시간(Monolayer Formation Time) 기체 입자가 표면에 흡착되어 한 층의 원자/분자층을 형성하는 데 걸리는 시간이다. 단분자층 형성시간을 최대한 줄이는 방향이 공정 생산성을 향상시킬 수 있다. 3) 기체분자 이동속도 기체분자의 평균 운동에너지는 절대온도에 비례하므로, 같은 온도에서 기체분자가 가벼울수록 빠르고, 무거울수록 느리게 움직임을 알 수 있다.
진공 장비	1) 진공 챔버: 진공을 생성 및 유지하고 웨이퍼에 원하는 공정을 진행하는 공간 2) 진공 펌프: 진공 챔버의 기체를 뽑아내어 진공 상태로 만들어 주는 장치 3) 진공 게이지: 챔버 내부의 진공도를 측정하는 장치 4) 진공 밸브: 진공 챔버와 외부를 연결하는 개폐 장치 5) 실링: 진공 챔버에 여러 가지 장치를 연결할 때, 연결 부위에서 기체가 챔버 내부로 들어오게 되어 진공이 나빠지는 것을 방지하는 부품(O-ring, Gasket 등)
플라즈마	보통 고체, 액체, 기체에 이은 '제4의 물질 상태'라고 하는 플라즈마는 기체 상태의 분자나 원자가 이온화되어 양이온과 전자가 섞여 있어서 국부적으로는 극성을 갖지만 전체적으로는 중성 상태인 이온화 가스이다.

플라즈마의 발생	1) 이온화 반응(Ionization) : 전자가 충분한 에너지를 가지고 중성의 원자나 분자와 충돌하는 경우 이온과 자유전자를 발생시킨다. 2) 여기(Excitation) : 원자에 구속된 전자가 충돌에 의해 이온화되기에는 부족한 상태이기 때문에 들뜬상태로 여기 되며, 다시 안정한 바닥상태로 돌아가면서 빛을 방출하게 된다. 3) 해리(Dissociation) : 전자가 분자와 충돌하여 화학적 결합을 깨고 강한 반응성을 가진 활성종을 만드는 과정이다.
플라즈마의 특성	1) 열에너지 대신 전압을 가해서 플라즈마를 발생시킨다. 2) 자유전자가 전압에 의해 가속되고 중성분자와 충돌하여 이온화시킨다. 3) 플라즈마 표면에서는 전극과 접촉에 의해 전자와 이온의 손실이 있다. 4) 중성 분자의 이온화에 의해 손실된 전자 및 이온이 보충되어 평형을 이룬다. 5) 전자는 이온보다 가벼워 움직임이 빠르고, 손실속도 또한 더 빠르다. 6) 쉬스(Sheath) 영역 : 플라즈마와 전극면이 닿는 경계면에서 전자의 손실이 이온의 손실보다 빨라 전하 중성이 깨지며 양이온이 많아지고 전극부위에 음의 전압이 걸리는 영역을 말한다.
플라즈마 형성 방법	1) DC 플라즈마 두 개의 평행 전극판에 직류 전압을 인가하여 플라즈마를 발생시킨다. DC 플라즈마를 반도체에서 가장 적절하게 사용하는 공정이 PVD 방법의 Sputtering이다. 2) RF(Radio Frequency) 플라즈마 RF 플라즈마는 DC 대신 높은 주파수의 교류(13.56MHz)를 두 개의 평행 전극판에 인가하는 것이다. DC 플라즈마와 차이점은 교류에서는 양극, 음극이 고정되어 있지 않고 계속 서로 바뀐다는 것이다.

Chapter 02 포토 공정(Photolithography)

포토공정 (Photolithography)	포토공정은 원하는 회로설계를 만들어 놓은 마스크(mask, 또는 reticle)라는 원판에 빛을 쬐어 생기는 그림자를 웨이퍼 상에 전사시켜 복사하는 기술이며, 반도체의 제조 공정에서 설계된 패턴을 웨이퍼 위에 형성하는 가장 중요한 공정이다.
포토마스크 (Photo Mask)	포토마스크는 자외선이 잘 통과하는 석영유리판에 자외선을 차단하는 차단막(보통 Cr 박막)으로 반도체 회로 패턴을 만들어놓은 것이다.
감광제 (PR)	감광제는 특정 파장의 빛을 조사하면 빛과 반응하여 화학구조가 바뀌게 되고, 빛을 받은 부분 또는 받지 않은 부분이 후속처리(현상액)에서 녹는 특성을 갖고 있다. 빛을 쬔 부분이 현상액에 녹으면 Positive PR, 빛을 받지 않은 부분이 녹으면 Negative PR이라고 한다.
포토 공정	1단계: 표면처리(HMDS 처리) 웨이퍼의 표면을 화학 처리하여 친수성인 표면을 소수성 표면으로 바꾸어 감광제의 접착력을 향상시키는(Priming) 과정이다. 웨이퍼 표면을 HMDS(HexaMethylD-iSilazane) 증기에 노출시켜 Si-O-H 형태의 친수성인 웨이퍼 표면을 Si-O-Si-$(CH_3)_3$ 형태의 소수성 표면으로 바꾸어 준다. 2단계: Spin Coating 저속 회전 상태에서 감광제를 뿌린 후 특정 회전수까지 가속하여 PR이 웨이퍼의 표면에 고루 덮히도록 만든다. +edge bead 현상 : 스핀 코팅 작업 시 감광제가 웨이퍼 가장자리에서 두꺼워지는 현상

포토 공정

3단계: Soft Bake
감광제에 포함된 유기용매(Solvent)를 제거하기 위하여 낮은 온도(90~110℃)에서 Soft Bake를 실시한다. 스핀 코팅 시 발생한 원심력에 의한 감광제의 스트레스를 완화하고, 감광제 반응 특성을 일정하게 유지하여 후속 노광공정에서 환경 변화에 대한 민감도를 줄이게 된다.

4단계: Align & Exposure
대부분의 반도체 제조 공정에서 포토공정이 20~25회 정도 반복된다. 정렬키를 이용하여 각 층간의 정확한 위치를 찾는 포토정렬 후에, 감광막에 빛을 조사하여 패턴이 형성되도록 하는 노광 공정을 실시한다.

5단계: PEB(Post Exposure Bake)
노광이 끝나면 다시 Bake를 실시하는데 이 과정을 PEB라고 한다. PEB는 Soft Bake보다 높은 온도(110~120℃) 정도에서 진행하며, 노광공정에서 빛을 받은 부위에서 발생한 산(acid)을 확산시켜 불균일한 패턴을 개선하는 효과가 있다.

6단계: Develop
노광 공정이 완료된 웨이퍼에 현상액(Developer)을 분사시켜, 감광제에 빛을 받은 부분과 받지 않은 부분을 화학 작용에 의해 제거하고 최종적인 회로의 모양을 형성하는 공정이다.

7단계: Hard Bake
감광제의 변형이 일어나지 않도록 PR의 유리질 천이온도(TG)보다 높고 PAC(Photoactive compound, 광반응제)의 분해온도보다 낮은 110~130℃ 정도의 온도에서 Hard Bake를 한다. Hard Bake 과정 중 잔여 Solvent 및 수분이 제거된다.

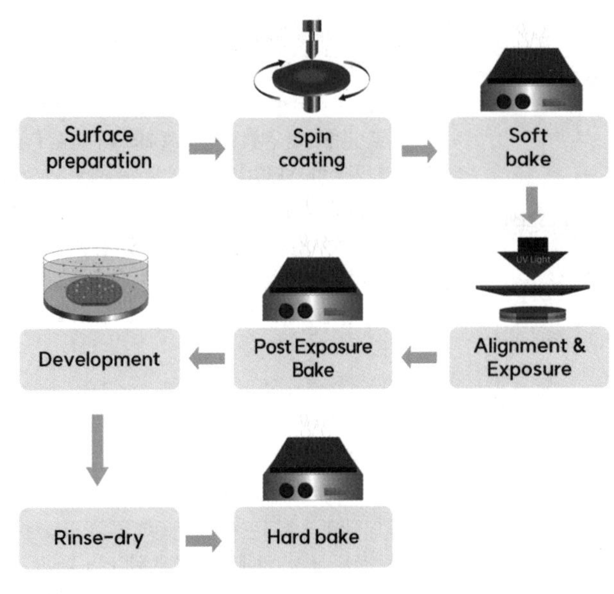

노광 공정에서 중요 파라미터	1) 분해능(resolution, Res) 마스크 패턴을 웨이퍼에 전사하는 한계로, 분해능은 마스크 패턴을 노광하였을 때 전사될 수 있는(구분이 가능한) 최소 패턴 크기의 척도이다. $Res = k_1 \frac{\lambda}{NA}$ 2) 초점심도(DOF, Depth of Focus) 광학계에서 허용하는 수직정렬 오차를 나타낸다. 초점심도가 크다는 것은 포토 공정이 여유가 있다는 의미이다. 초점심도가 크면 클수록 PR 두께 변화, 기판 높이 변화, 웨이퍼의 평탄도 변화 등에 둔감해짐을 알 수 있다. $DOF = k_2 \frac{\lambda}{NA^2}$
포토공정 분해능 향상 기술 (RET, Resolution Enhancement Technology)	1) 렌즈 주변 매질의 굴절률을 높여 NA 값을 높이는 것 렌즈와 웨이퍼 표면 사이의 간극만 굴절률이 큰 액체인 DI water를 사용하여 NA를 향상하는 기술을 ArF 액침(immersion) 기술이라 한다. 2) factor k_1을 향상시키는(작게 하는) 것 감광제 자체의 노광특성, 현상특성을 개선하는 것과 더불어 비등축조명(OAI, off-axis-illumination)과 근접효과보정(OPC, optical proximity correction), 위상변위 마스크(PSM, phase shift mask) 등의 방법이 주로 사용된다.
다중 패턴 공법	1) 더블 패터닝(Double patterning, LELE) 패턴의 밀도를 두 배로 높이기 위해 2개의 마스크를 이용하여 노광과 식각 단계를 각각 두 번 반복하는 LELE(Litho-Etch-Litho-Etch) 공법이다. 3개의 마스크로 분할하여 진행하면 삼중패터닝(Triple Patterning, LELELE)이 된다. 2) 자기정렬 스페이서(SADP, Self-Aligned Spacer Double Patterning) LELE방식에서 요구되는 정렬 문제가 없는 더블 패터닝 기법이 포토패턴 측면부에 Spacer를 형성하고 이를 후속 식각공정을 위한 마스크로 사용하는 자기정렬 스페이서 공법이다. SADP 후 Spacer를 형성하는 과정을 한 번 더 반복하면 패턴 수를 4배로 증가시킬 수 있고, 이를 SAQP(Self-Aligned Spacer Quadruple Patterning)이라고 한다.
극자외선 노광 (EUV)	노광 파장으로 13.5nm의 극자외선을 이용하는 노광 방식이다. 극자외선이 대부분의 매질에 흡수되는 특성 때문에 투영 광학계 대신에 거울 광학계를 사용하고, 광학계는 진공 챔버 안에 위치하게 된다. 노광 파장이 ArF 파장에 비해 1/10 이하로 짧아 10nm 이하의 패터닝이 가능하기 때문에 7nm 공정부터 EUV 장비를 사용하고 있다.

Chapter 03 식각 공정(Etch)

식각공정
(Etch)

포토공정(Photolithography)에서 정의된 영역의 하부 박막을 제거해서 원하는 반도체 회로 형상을 만드는 과정이다.

1) 습식식각(Wet Etch)
화학 용액(chemical)을 사용하여 웨이퍼 표면의 제거할 박막 물질과 화학 반응을 일으켜 제거하는 방식이다.

2) 건식식각(Dry Etch)
액체상태의 화학 용액(chemical) 대신에 화학 반응성이 높은 가스를 사용하는 방식이다. 박막 물질과의 화학 반응 속도를 높이기 위해 플라즈마 상태를 만들어서 진행하는 플라즈마 식각 공정이 보편적이다.

	장점	단점
방법	화학적 반응(용액)	물리적, 화학적 반응(gas)
환경/장비	대기, Bath	진공, Chamber
장점	• 저비용, 쉬운 공정 • 식각속도(Etch Rate) 빠름 • 선택비(Selectivity) 좋음	• 정확성이 좋음 • 미세 패터닝 가능
단점	• 정확성이 안 좋음 • 웨이퍼 오염 위험(화학물질) • PR 밑부분 식각	• 고비용, 어려운 공정 • 낮은 처리량 (Low Throughput) • 선택비(Selectivity) 나쁨
방향성		

건식식각에서 중요 파라미터

1) 식각 속도(Etch Rate)
일정 시간 동안 막질을 얼마나 제거할 수 있는지를 의미한다.

$$Etch\,Rate(\frac{E}{R}) = \frac{Etch\,thickness}{Etch\,time} \qquad (\text{Å}/\text{min})$$

건식식각에서 중요 파라미터	2) 선택비(Selectivity) 식각을 원하는 물질과 식각을 원하지 않는 물질 간 식각비를 의미한다. 선택비가 높을수록 충분한 식각이 가능하므로 식각 품질을 개선할 수 있다. $S_{A/B} = \frac{Etch된\ 두께_A}{Etch된\ 두께_B}$ 3) 식각 균일도(Etch Uniformity) 식각이 이루어지는 속도가 웨이퍼상의 여러 지점에서 '얼마나 동일한가'를 의미한다. $non-Uniformity(\pm\%) = \frac{Max - Min}{2^* Avg}$ 4) 형상(Profile) 식각 부위 단면의 모양을 의미한다. 수직 형상, 경사진 형상 등 원하는 모양을 만드는 것이 중요하다.
플라즈마 식각공정 중 발생하는 현상	1) 스퍼터 식각(Sputter etch) 높은 에너지를 갖는 이온이 웨이퍼 표면과 충돌하여 표면의 물질을 물리적으로 탈착시킨다. 2) 화학적 식각(Chemical etch) 반응성이 좋은 라디칼이 표면에 흡착하여 화학 반응을 통해 휘발성이 좋은 반응 생성물이 형성되어 식각이 진행된다. 3) 식각 반응 촉진 : Ion 이온 충격으로 스퍼터링 현상이 일어날 정도는 아니지만 표면 물질의 결합을 느슨하게 하여 라디칼에 의한 후속 화학 반응을 촉진시킨다. 4) 식각 반응 억제 : 폴리머(Polymer) 형성 비휘발성 반응생성물이 표면에 증착되어 라디칼에 의한 화학식각을 방해한다. 건식식각에서 비등방성 식각이 가능하게 되는 중요 메커니즘이다.
RIE (Reactive Ion Etch)	이온의 물리적 식각 효과와 반응성 가스의 화학적 식각 효과의 시너지에 의한 식각 속도 증가 효과를 활용하는 기술이다. 반응성 라디칼이 박막 물질과 화학반응을 일으켜 휘발성 반응물을 형성하여 식각 공정이 진행된다. 동시에 반응성 이온이 가속되어 웨이퍼 표면과 충돌하게 된다. 그 결과 식각속도도 빠르고, 비등방성, 고선택비 식각이 가능하게 된다. 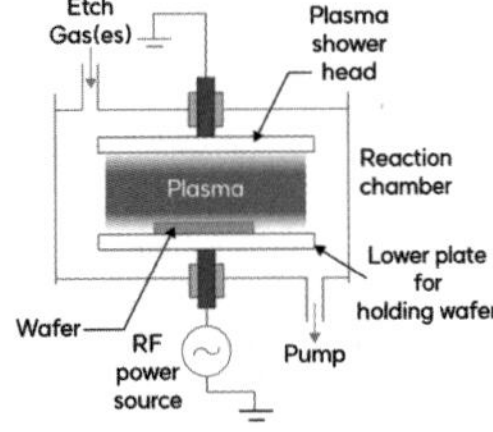

고밀도 플라즈마 (High Density Plasma)	용량결합형 플라즈마(CCP)의 단점을 개선하기 위해 고밀도 플라즈마(high density plasma, HDP)라고 불리는 장치가 개발되어 왔다. HDP는 저압에서 동작이 가능하며 바이어스를 독립으로 조절 가능하다는 특징이 있다.
원자층 식각법 (Atomic Layer Etch, ALE)	원자층 단위로 에치를 하기 때문에 구조의 변형을 일으키지 않고 정밀한 식각을 할 수 있다. 트렌치 폭이 좁아질수록 이온이 벽에 충돌할 확률이 높아지게 된다. 이온의 직진성이 약화되면서 측벽에 부딪치기 때문에 좁고 깊은 트렌치를 에치하기 어렵게 되는 단점을 극복할 수 있는 방법으로 고안된 공정이 원자층 식각법이다. 1) ALE 공정과정 (예 실리콘 원자층 식각) ① Reaction A : Si 표면에 염소(Cl_2)를 흡착시켜 반응 ② Switch Steps : 남은 기체를 모두 퍼지 후 원자층 한 층만 반응된 상태로 만들어 준다. ③ Reaction B : Ar^+ 이온으로 염소화합물에 물리적인 충격을 가해 염소화합물만 탈착되도록 만든다. 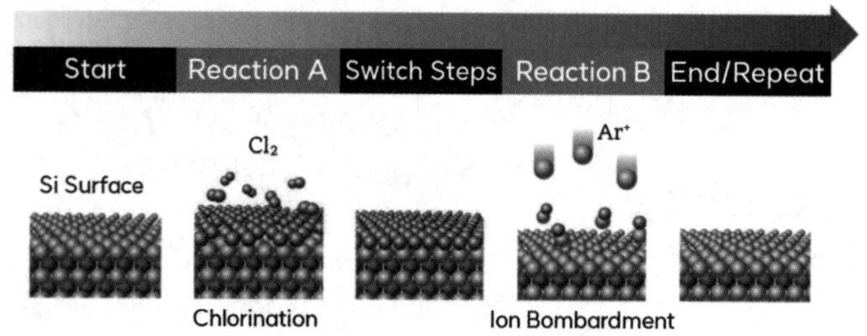

Chapter 04 박막 공정

박막공정
(Thin film)

박막을 웨이퍼 상에 증착하는 공정이다.

1) 물리적 기상 증착(Physical Vapor Deposition, PVD)
물리적인 현상을 이용하여 고상 물질을 기화시키고, 이를 기판에 증착시키는 방법이다. 열에너지를 사용하는 증발법과 이온의 운동에너지를 이용하는 스퍼터링이 있다.

2) 화학적 기상 증착(Chemical Vapor Deposition, CVD)
기체 상태의 소스 물질을 기판에 이동시키고 에너지를 가해 반응을 시켜 막을 형성하게 만드는 방법이다. 원자층 증착법(ALD)와 도금법이 있다.

① CVD 공정에서 일어나는 화학반응

Type	Reaction
Pyrolysis	$AB \Rightarrow A + B$
Reduction	$AX + H_2 \Leftrightarrow A + HX$
Oxidation	$AX + O_2 \Leftrightarrow AO + HX$
Hydrolysis	$AX + H_2O \Rightarrow AO + HX$
Nitridation	$AX + NH_3 \Rightarrow AN + HX$

② APCVD, LPCVD, PECVD 특성 비교

구분	APCVD	LPCVD	PECVD
특징	상압공정	저압/고온 공정	플라즈마 이용
장점	• 간단한 장비 • 매우 빠른 성막 속도 • 저온 공정	• 고순도 박막 형성 • 박막 균일도 좋음 • Step Coverage 좋음	• 저온 공정 • 빠른 성막 속도
단점	• 나쁜 Step Coverage • 불순물, 파티클 오염	• 고온 공정 • 느린 성막 속도	불순물, 파티클 오염
적용 공정	PSG Passivation → PECVD로 대체	Pre–metal Dieletric Oxidation, Nitride, W	Intermetal dielectric Passivation

박막공정
(Thin film)

3) PVD와 CVD의 장단점 비교

	PVD	CVD
특징	• 저온공정 • 안전한 공정 구현 가능 • 진공상태(불순물 오염 적음) • 고품질 박막에 유리	• 열산화막 대비 저온에서 박막 형성 • Step Coverage가 좋음 • 박막 두께 조절이 용이 • 다양한 반응 gas 사용 가능
적용 공정	• 증착 속도가 느림 • 박막 접합성이 떨어짐 • 얇은 두께 조절이 어려움	• 반응 변수가 많음(정확한 조절 필요) • 위험한 가스의 사용(안전, 환경문제) • 복잡한 장치 사용 • 고온 공정으로 증착 가능한 물질이 제한됨

증발법
(Evaporation)

진공 중에서 금속, 화합물, 또는 합금을 가열하여 증발시키고 이 증발된 뜨거운 물질이 상대적으로 차가운 웨이퍼 기판에 도달하면 표면에서 다시 고체화되면서 얇은 박막을 형성하게 되는 방법이다.

1) Thermal Evaporation : 저항열을 이용하며 용융점이 낮은 재료의 증착에 유리하다.
2) E-beam Evaporation : 전자빔을 타겟 물질의 표면에 충돌시켜 온도를 높이고 증발시킨다.

스퍼터링
(Sputtering)

플라즈마를 사용하여 이온을 타겟에 강하게 충돌시켜 떨어져 나온 원자를 기판에 증착시키는 방법이다.

1) Sputtering 장비 구분
① DC Sputtering : 양극(anode)과 음극(cathode)을 마주보게 위치하여 플라즈마를 형성시키는 방식
② DC magnetron Sputtering : 음극 타겟 부위에 강력한 영구자석을 부착하여 자기장으로 DC 플라즈마를 타겟 주위에 집중하도록 만든 방식이다.

박막 품질을 평가하는 특성

1) 화학량 비(Stoichiometry)
   다른 불순물이 포함되지 않고, 화학량 비가 맞는 박막이 증착되어야 한다. 이러한 특성은 보통 굴절률을 측정하여 간접적으로 파악할 수 있다.
2) 균일도(Uniformity)
   박막의 두께나 품질의 균일도는 막의 품질로 관리해야 할 요소이다. 보통 웨이퍼 안에서(within wafer), 웨이퍼 간(wafer to wafer), 또한 Lot 간(lot to lot) 균일도가 모두 원하는 스펙(Spec.) 이내에 들어야 한다.
3) 단차 피복성(Step Coverage)
   Step Coverage는 웨이퍼 표면에 단차(step)가 있을 때 단차의 수평부와 측면부에 박막이 얼마나 고르게 덮였나를 나타내는 지표이다.

$$Step\ Coverage = \frac{\text{측면부 박막두께}}{\text{수평부 박막두께}} \times 100(\%) = \frac{t_c}{t_0} \times 100(\%)$$

원자층 증착법 (Atomic Layer Deposition, ALD)

원자층 단위로 막을 증착시키는 방법이다.

1) 원자층 증착법 과정 : 웨이퍼 기판 표면에 전구체(Precursor)를 흡착 → Purge → Half-cycle을 진행해서 기판에서 화학 반응 → Purge
2) ALD 공정의 장단점

장점	단점
• 정밀한 두께 제어 • 우수한 단차 피복성 (stepcoverage) • 저온공정 • 우수한 박막 품질 • 넓은 공정 여유도 • 대구경공정 용이	• 정확한 조절 필요 • 소스 공급의 어려움 • 증착 공정 중 각 소스 간의 엄격한 분리 필요 • 낮은 증착 속도

Chapter 05 금속 배선 공정

금속 배선 공정	회로 패턴에 따라 금속선을 연결하는 공정으로 각 소자가 연결되어 기능을 수행할 수 있게 해준다. 1) MOL(Middle of Line) 단계 : 소자에 금속–반도체 접합과 그 위의 컨택트 플러그를 만든다. ① 실리사이드(Silicide) 공정 ② 텅스텐 플러그 공정 2) BEOL(Back End of Line) 단계 : 각 소자의 단자에 연결된 플러그를 배선하여 설계한 목적대로 연결시키고 기능을 할 수 있도록 만든다.
금속의 필요조건	① 낮은 저항 ② 열적/물질적인 안정성 ③ 장기간 신뢰성이 확보 ④ 패턴 구현이 가능한 물질
실리사이드 (Silicide)	실리콘과 금속이 반응하여 형성된 화합물을 말한다.
텅스텐 플러그 (W plug)	실리사이드 콘택트와 구리배선 사이를 연결해주는 역할을 한다. 실리사이드 물질 바로 위에 텅스텐 증착 시 볼케이노, 박리 같은 불량이 발생할 수 있어, 실리사이드 물질과 텅스텐 사이에 확산 방지막이 필요하다.
알루미늄 배선	알루미늄이 배선의 역할을 하면서 소자에서 오믹 컨택트 금속으로도 사용이 가능하기 때문에 매우 큰 장점을 가지고 있었으나 소자가 작아지면서 더 낮은 저항의 금속이 필요해지고 물질적인 안정성이 문제가 되면서 배선에서는 구리 공정으로 전환되게 되었다. 1) 접합 스파이킹(Junction spiking) 2) Electro–migration(EM)

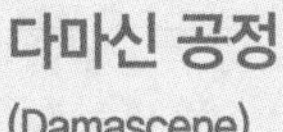

다마신 공정
(Damascene)

1) 다마신 공정
구리 배선공정에서 기존의 방법으로 증착 후 패턴을 에치하는 경우 물질이 잘 제거되지 않는 특성을 보인다. 그렇기 때문에 구리의 배선 공정은 증착 후 식각하는 방법이 아닌 절연막에 먼저 Trench를 만든 후 여기에 구리를 채우고 나서 CMP 공정으로 상부의 구리를 연마한다. 금속 배선이 되는 라인(Lead)과 하부 배선과 상부 배선을 이어주는 컨택(Via) 형성에 모두 다마신 공정을 이용하고 있다.

2) 듀얼 다마신
라인과 비아를 차례로 진행하는 것을 Single damascene, 동시에 진행하는 것을 dual damascene 이라고 한다. 공정상 dual damascene이 더 복잡하긴 하지만 공정수를 줄일 수 있는 장점이 있기 때문에 더 선호된다.

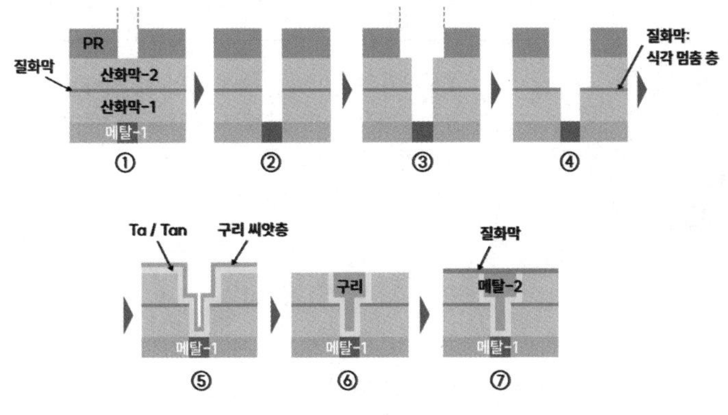

Chapter 06 산화 공정(Oxidation)

산화공정 (Oxidation)	웨이퍼에 절연막 역할을 하는 산화막(SiO_2)을 형성하는 공정이다.
열산화막(SiO_2)의 특성과 역할	1) 식각공정에 의해 쉽게 선택적으로 제거됨 2) 확산공정 시 마스크로 사용하여 실리콘이 노출된 부분만 도핑 3) 절연막으로 사용 4) 열산화 시의 Si 소모 및 부피 팽창
LOCOS 공정 (Local Oxidation of Silicon)	산화 공정에 의하여 소자 분리막을 형성하는 공정으로 산화공정 시 실리콘 질화막이 잘 산화되지 않는 특성을 이용하여 실리콘이 노출된 부분만 두껍게 열산화막을 형성할 수 있다. 소자가 미세화 되어 감에 따라 LOCOS는 Bird's Beak에 의한 액티브 영역(소자가 형성되는 영역)의 손실 때문에 현재는 STI 공정이 사용된다. + 새부리 영역(Bird's Beak) : LOCOS 공정 중 노출된 실리콘 표면이 산화되면서 부피팽창에 의해 산화막의 두께가 변화하는 현상
STI 공정 (Shallow Trench Isolation)	STI 공정은 소자와 소자 사이에 식각공정으로 트렌치를 형성하고 그 공간에 부도체를 채워 넣는 방식이다. 부피팽창을 유발하지 않기 때문에 미세화된 현대 반도체 공정에서 필수적으로 사용하고 있다.
열산화막 성장 영향 요인	1) 산소 분압/온도 : 산화막의 성장은 산소의 분압이 클수록 온도가 높을수록 증가하게 된다. 2) 산화 방식 (건식산화법/습식산화법) : 습식산화가 건식산화에 비해 빠르게 진행된다. 3) 실리콘 결정 방향 : 실리콘의 경우 (111)면이 (100)면보다 산화속도가 더 빠르다.

질화 공정	산화 공정과 더불어 많이 쓰이는 공정으로, 질소를 소스로 실리콘을 질화시키거나 실리콘 산화물의 표면을 질화시켜 더욱 견고하고 다른 물질의 확산을 방지하는 용도로 사용된다. 질소 분위기 내에서 높은 열로 실리콘과 반응을 시켜 질화실리콘을 만들거나 금속 질화물을 형성하기도 한다.

Chapter 07 Doping 공정

확산 공정 (Diffusion)	불순물을 포함한 가스나 액체, 고체 등을 확산원으로 하여 후속 열처리 과정을 통해 실리콘 내부로 확산시키는 공정을 말한다. 확산은 농도 차이에 의해 물질이 농도가 높은 곳에서 낮은 곳으로 이동하는 현상인데, 가장 중요한 파라미터는 농도 차이와 온도 그리고 시간이다. 1) Pre-deposition 과정 도펀트를 실리콘의 표면쪽에 증착하듯이 많은 양을 주입하는 것을 의미한다. 보통 1,000도 수준의 온도에서 산소 분위기에서 불순물이 주입되며 표면에 불순물이 산화된 형태로 얇은 막처럼 증착되는 현상이 발생하게 된다. 2) Drive-in 후속 열처리 과정 물질에 따라 다르지만 1,000~2,000도의 온도에서 수 시간동안 열처리를 하게 되면 Pre-deposition 단계에서 주입된 도펀트가 소자의 깊이 방향으로 확산되어 계산된 거리만큼 들어가게 되고, 표면으로부터 깊이 방향으로 도펀트 농도의 분포를 가지게 된다.
이온주입공정 (Implantation)	확산공정을 통해서는 도핑농도와 접합 깊이를 제어할 수 없고, 등방성 도핑이며 표면 저농도 도핑이 어려운 문제점을 극복하기 위해 도입된 방법이 입자가속기의 원리를 이용하여 불순물을 주입하는 방법인 이온주입 방법이다. 원하는 이온을 정확한 에너지로 정확한 양을 웨이퍼상에 마스크로 가려지지 않은 부위에 주입할 수 있어 확산 방식의 도핑과 비교할 때보다 정확한 소자 제작이 가능하게 된다.
에피택시 공정 (Epitaxial Growth, Epi.)	에피택시는 단결정의 기판 위에 막을 성장하는데, 성장된 막이 기판의 결정구조 및 결정 방향이 동일하게 단결정 막을 성장하는 것을 말한다. 기판과 동일한 물질로 성장시키는 경우 동종에피(Homo-epi.)라 하고, 기판과 다른 물질로 성장시키는 경우 이종에피(Hetero-epi.)라 한다.

채널링 (Channeling)	이온주입 각도에 따라 원자들과 충돌이 없이 이온이 깊이 들어가는 현상이다. 〔채널링 방지 방법〕 1) 장비에서 이온 주입을 할 때 이온주입되는 웨이퍼 표면에 산화막이 있는 상태로 주입하여 실리콘 결정 구조가 표면에 노출되지 않도록 한다. 2) 7도 Tilting 이온 주입 방향을 웨이퍼 표면 수직방향과 약간 틀어지게 하여 격자와의 충돌이 더 많이 일어날 수 있도록 만드는 방법이다. 그림자 효과(Shadow effect)를 개선하기 위해 웨이퍼를 0도, 90도, 180도 그리고 270도로 회전하면서 이온주입을 하게 된다. + 그림자 효과(Shadow Effect) : 7도 정도 틸트를 하는 경우 이온이 주입될 영역 주변의 구조물로 인해 이온이 수직으로 입사되는 경우와는 다르게 입사되지 않는 영역이 발생하는 것을 말한다. 3) Pre-Amorphizing Implant(PAI) 실리콘 웨이퍼 표면에 Si 또는 Ge 이온주입 등을 하여 표면을 비정질화한 후 원하는 불순물을 이온 주입하는 방법이다.
SEG (Selective Epitaxial Growth)	원하는 영역만 선택적으로 에피성장을 시키는 방법이다.

Chapter 08 CMP 공정 (CMP, Chemical-Mechanical Polishing)

CMP 공정 (Chemical-Mechanical Polishin/화학적-기계적 연마공정)	웨이퍼 표면에 생성된 산화막, 금속막 등의 박막을 화학적 작용과 물리적 작용을 동시에 활용하여 평탄화하는 공정이다. 패턴이 조밀한 곳에서만 평탄화되는 것을 국지평탄화(Local Planarization), 조밀한 지역과 성긴 지역 모두 평탄화하는 것을 광역평탄화(Global Planarization) 공정이라고 한다.
CMP 설비 구성	1) 연마 패드(Polishing Pad) : 패드가 딱딱할수록 CMP 속도가 빠르나 긁힘 가능성도 높다. 균일도 측면에서는 딱딱할수록 Die 내의 균일도가 좋아지고, 웨이퍼 내 균일도 측면에서는 부드러울수록 좋기 때문에 적절한 경도를 택해야 한다. 2) 웨이퍼 캐리어(Wafer Carrier) : 웨이퍼를 고정하고 압력을 가해 CMP 패드에 눌러줌과 동시에 웨이퍼를 일정 속도로 회전시킨다. 3) 슬러리 분사기(Slurry Dispenser) : 패드 위에 슬러리를 뿌려주는 장치이다. 슬러리는 CMP 공정의 Removal Rate, 선택비, 평탄도, 균일도 등에 영향을 준다.
CMP 공정 중요 파라미터	1) Removal Rate(RR) CMP를 진행할 때 단위시간당 막질이 제거되는 비율을 말한다. 연마제 재료, 크기 및 크기 분포 등에 의존하고 마찰이 일어나는 표면에 가해지는 압력과 속도에 의해 RR 값이 정해지므로, CMP 패드의 경도가 높을수록 Removal Rate가 증가한다. 2) 균일도(Uniformity) 막질을 제거하는 양이 어느 정도로 일정한가를 나타내는 용어이다. 웨이퍼 내에서 균일도(within wafer), 웨이퍼 간의 균일도(wafer to wafer), Lot 간의 균일도(lot to lot) 등이 있다. 3) 연마선택비(Selectivity) 서로 다른 두 물질이 같은 CMP 조건에서 CMP되는 연마비율이다.

CMP 불량	패턴의 밀도가 높은 곳의 연마 속도가 빠르기 때문에 CMP해야 할 막이 다 제거되더라도 저밀도 패턴 영역의 하부막이 드러날 때까지 CMP를 지속하게 되는데, 그러는 과정에 고밀도 패턴 영역은 과다하게 CMP가 되면서 dishing과 erosion 현상이 나타나게 된다. 특히 RR가 높거나 두 물질간 선택비가 낮으면 더 심해지게 된다. 1) Dishing Cu 패턴의 면적이 넓은 경우 Cu가 더 CMP되어서 움푹 파이는 현상이다. 2) Erosion Cu Line이 밀집한 지역에서 더 많은 CMP가 발생하는 현상이다. 3) Scratch와 Slurry Particle Rip-out과 Scratch는 CMP 공정에서 유발되는 전형적인 불량으로서 Rip-out은 하부막에 부분적으로 약한 부분이나 결정립이 큰 경우 연마되지 못하고 뽑혀서 떨어져 나가생기는 결함이다. 스크래치는 일반적으로 슬러리와 패드에 의해 웨이퍼에 마찰이 크면 생기는 현상으로 웨이퍼 중심을 기준으로 회오리처럼 바깥으로 회전하는 방향의 스크래치가 웨이퍼 상에 보이게 된다.

Chapter 09 세정 공정(Cleaning)

세정공정
(Cleaning)

웨이퍼 표면에 부착된 미세입자(Particle)나 유기오염물, 금속불순물을 제거하여 이로 인한 불량이 생기지 않도록 방지하는 기술이다. 반도체 소자의 미세화에 따라 수율과 신뢰성 측면에서 눈에 보이는 Particle, 유기오염물뿐만 아니라 눈에 보이지 않는 금속오염도 소자 성능 및 수율을 좌우하는 중요한 요소가 된다.

	습식세정	건식세정
장점	• 공정 후 물에 의한 세척 용이 • 사용 액체에 가연성이 없음 • 다양한 화학 용액 사용 가능 • 유기물/비유기물 제거에 모두 효과가 좋음 • 선택적 제거능력이 비교적 우수 • Low cost	• 적은 화학 용액 및 DI water 사용량 • 적은 폐액배출량, 용이한 폐액처리 • Full-scale cluster tool process 구성 가능 • High aspect ratio 구조에 유리 • Particle 제어 용이 : Liquid보다 Gas에서 제어가 용이 • Wet cleaning 공정보다 안전한 Process
단점	• 유기화합물보다 건조가 느려 잔류물이 남을 가능성 존재 • 일부 유기물 제거 효과가 유기 Solvent보다 낮음 • 대부분의 화학 용액이 유독 물질 • 높은 폐기 비용 • 진공 시스템에서 사용하기 어려움	• 고가의 장비 사용 • 중금속이나 전이금속의 제어에 대한 고려 필요 • 일반적으로 Single-wafer process • 고온 공정 사용 시, 금속 불순물의 확산 가능성 존재

습식세정

습식세정 공정은 화학용액을 사용하여 화학적 반응을 통해 오염을 제거하지만 화학용액이 웨이퍼 표면에 남아 있으면 부작용이 있기 때문에 화학용액을 없애기 위한 DI Rinse와 건조 과정이 수반된다. RCA 세정법을 기반으로 하며 순차적인 공정을 통해 웨이퍼 내 모든 오염물질이 제거되도록 이루어져 있다.

1) SC-1 세정
암모니아수, 과산화수소 그리고 물을 1 : 1 : 5의 비율로 혼합하여 75~90℃ 정도의 온도에서 10~20분 정도 세정을 실시한다. 강한 산화 작용으로 표면 오염 물질들을 산화시키고 NH_4OH는 산화된 오염물질을 용해 및 식각하는 방식으로 주로 파티클을 제거한다.

습식세정	2) SC－2 세정 염산, 과산화수소 그리고 물을 1 : 1 : 5의 비율로 혼합하여 75~85℃ 정도의 온도에서 잔류 금속 불순물을 제거한다. 실리콘이나 증착된 박막을 식각하지 못하기 때문에 실리콘 표면 속의 오염은 제거할 수 없는 단점을 가지고 있다. 3) Piranha 세정 Piranha는 강력한 산화제로 유기오염물 중에서도 감광제와 같은 유기 박막 및 오염물을 효과적으로 제거하며 세정 후 기판 위에 화학적 산화막을 형성한다. 4) DHF(Diluted HF) 세정 자연산화막 혹은 화학적 산화막을 식각하고, 이때 산화막 내에 포함되어 있는 불순물도 함께 제거된다. 5) 오존(Ozone) 세정 세정액 수명이 짧은 과산화수소를 대체하는 새로운 세정공정으로 오존을 적용하는 경우가 점점 많아지고 있다.
건식세정	건식세정은 고순도의 가스 및 증기를 사용하여 세정을 하기 때문에 습식식각처럼 과도한 화학 용액을 사용하지 않아 환경 문제를 완화할 수 있으며, 습식세정으로는 제거하기 어려운 Hole과 Trench 등의 작은 패턴까지도 각종 잔류 오염물을 제거할 수 있는 방법이다. 1) 자외선/오존 세정 (UV/O_3 세정) 주로 유기막을 제거하는 경우 사용되는 건식세정 방법이다. 수백 nm 수준의 고분자막을 UV(150~600nm 파장)를 사용하여 유기물의 중합체(Polymer)를 단위체(Monomer)로 분해하는 방식으로, 공정 후에는 H_2O, CO_2, N_2의 분자로 휘발시켜 막을 제거하게 된다. 2) 플라즈마 세정 플라즈마의 Radical을 반응시켜 세정 효과를 얻는 방법이 화학적인 방법인데 주로 산소 radical과 반응하여 H_2O와 CO_2의 생성물을 형성하게 되면서 웨이퍼 표면의 유기물이 제거되는 방식이다. 또한 플라즈마 내의 Ar^+ 이온의 물리적인 방법을 사용하여 Ar^+ 이온이 표면과 충돌할 때 표면의 오염 물질이 제거되는 효과를 얻기도 한다. 3) 불산 기상 세정 수분이 제거된 불산 기체를 수증기와 혼합하여 기상의 물질을 진공 상태의 챔버에 주입하여 세정하는 방법이다.

Part 05
반도체 테스트 및 패키징 공정

Chapter 01 반도체 테스트 공정

테스트 공정 (Test)	전 공정(Front-end)인 팹(FAB, Fabrication) 및 후 공정(Back-end)인 패키징(PKG, Packaging), 그리고 모듈(Module) 공정 완료 후 전기적 특성 검사를 통해 양품과 불량품을 선별하여 불량품이 다음 공정 단계로 넘어가지 않도록 방지함으로써 수율 향상 및 신뢰성 향상에 기여하는 공정이다.
웨이퍼 테스트 **[Wafer Test, EDS(Electrical Die Sorting) Test]**	전 공정(Front-end)이 완료된 웨이퍼 상태에서 전기적 특성 검사를 통해 칩이 양품인지 불량품인지를 선별하는 테스트 공정으로, EDS(Electrical Die Sorting) 테스트 또는 프로브 테스트(Probe Test)라고도 한다. 상온(25℃) 테스트, 고온과 저온(Hot and Cold) 테스트, 번 인(Burn-in) 테스트 등을 통해 불량으로 선별된 칩은 특정한 표시인 잉킹(Inking)을 통해 불량으로 판정한다. 〔웨이퍼 테스트 단계〕 ① ET Test & WBI(Electrical Test & Wafer Burn In) ② Pre Laser(Hot/Cold) ③ Laser Repair & Post Laser ④ Tape Lamination & Back Grinding ⑤ Inking 또는 Wafer MAP Image 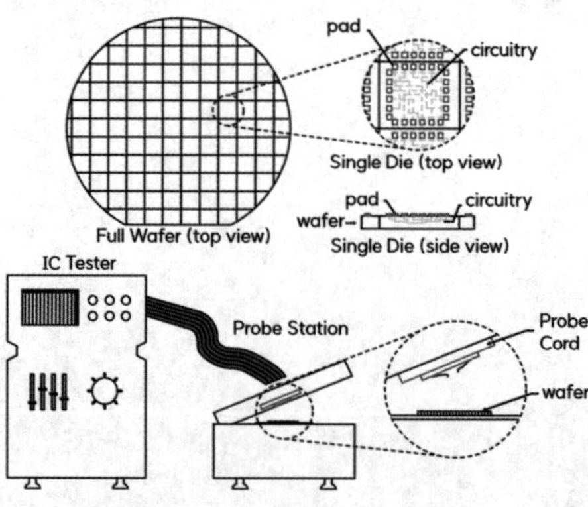

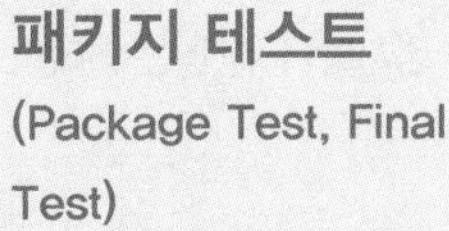

패키지 테스트
(Package Test, Final Test)

후공정(Back-end)인 패키징 공정 완료 후 패키지 상태에서 최종 불량 유무를 선별하는 테스트 공정으로 파이널 테스트(Final Test)라고도 한다. 상온(25℃)에서 진행하는 DC Test, 극한 조건을 인가하는 번 인 스트레스(Burn in Stress)테스트, 번 인 테스트 후 상온(25℃)과 저온(-5℃)에서의 전기적 특성 및 기능 테스트, 그리고 고온(75℃)에서 실시하는 파이널 테스트(Final Test) 등의 단계를 통해 불량을 선별하고 양품 제품은 속도, 기능 등에 따라 등급(Bin)으로 구분한다.

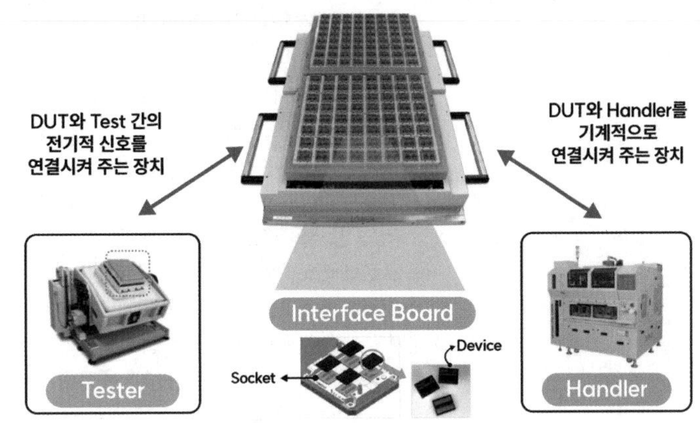

모듈 테스트
(Module Test, Board Test)

칩이 실장된 인쇄회로기판(PCB)과 칩과의 전기적인 연결 관계 등을 점검하기 위해 직류 전압, 전류를 인가하는 DC 테스트, 여러 기능을 점검하는 Function 테스트, 그리고 실제 고객의 환경에서 칩을 동작하는 실장 테스트를 진행한다.

테스트 장비

1) 공통 장비

① 주 검사 장비(Main Tester) : 소자(Device) 구동에 필요한 전기적 입력 신호를 DUT(Device Under Test)에 인가하고 소자 출력 신호를 검출하여 판정한 후 핸들러(Handler)를 제어하여 칩의 성능을 등급별로 분류하도록 명령 신호를 보내는 두뇌 역할을 수행한다.

② 번 인(Burn-In) 장비 : 웨이퍼 및 소자(Device)에 고온 및 임계 값에 가까운 전압을 가한 상태에서 동작시켜 실제 사용 시 발생할 수 있는 제품의 불량을 조기에 검출하기 위한 장비이다.

2) 웨이퍼 테스트 장비

① 프로브 스테이션(Probe Station) : 전 공정을 완료하고 후 공정을 진행하기 전 웨이퍼상에 만들어진 칩이 제대로 완성되었는지 테스트 하기 위해 칩의 정상 유무를 판정하는 장비

② 프로브 팁(Probe Tip) : 웨이퍼와 메인 테스터의 중간 매개체 역할을 하면서 칩의 양, 불량을 검사한다.

③ 프로브 카드(Probe Card) : 칩의 전기적 동작 상태를 검사하기 위해 선 형태의 프로브 팁을 인쇄 회로 기판(PCB)에 부착한 카드이다.

3) 패키지 테스트(Package Test) 장비

① 핸들러(Handler) : 모든 공정이 완료된 칩(반도체 소자)을 주 검사 장비(Main Tester)로 이송 및 분류하는 역할을 한다.

② DUT 카드(Device Under Test / Inteface Board) : 주 검사 장비와 패키지된 소자(Device)의 핀(Pin)을 전기적 신호로 연결해 주는 매개체 역할을 한다.

③ 테스트 소켓(Test Socket) : 패키지(Package)가 완료된 소자(Device)와 DUT 카드 / 인터페이스 보드(Interface Board)를 전기적 신호로 연결해 주는 매개체이다. 즉, 테스터 장비와 패키지된 소자를 전기적으로 연결시켜주는 소모성 부품이다.

4) 모듈 테스트 장비

PCB(인쇄 회로 기판)에 반도체 소자가 여러 개 장착되어 있는 모듈상태에서 동작 상태를 검사하는 장비이다.

수율 (Yield)	웨이퍼 한 장에 설계된 최대 칩(Chip)수의 개수와 실제 생산된 정상 칩의 개수를 백분율로 계산한 것이다. 반도체 수율은 각 제조 단계에 따라 팹(FAB) 수율, EDS 수율, 조립(Ass'y) 수율, 그리고 최종 검사(Final Test) 수율로 구분되고 이 4가지 수율을 곱하면 CUM(Cumulative) 수율이 된다. 1) 수율이 중요한 이유 투입(Input)한 수량 대비 생산(Output)되어 나온 수량의 비율이 수율이므로 수율이 높을수록 생산성과 수익성이 향상되기 때문이다. 2) 수율 향상 방안 ① 각 공정장비의 정확도와 장비 성능의 최적화 ② 클린룸(Clean Room)의 청정도 관리 ③ 다이 사이즈를 줄여 웨이퍼 내의 전체 생산량을 늘리기 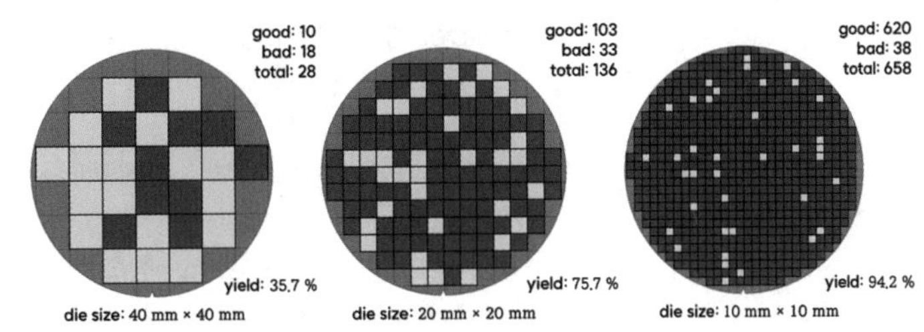

Chapter 02 반도체 패키징 공정

패키징 공정
(Packaging)

소자에 필요한 전력을 공급하고 반도체 칩을 외부의 습기나 불순물로부터 보호할 수 있도록 하는 공정이다.

〔공정 과정〕

① 웨이퍼 준비 : 웨이퍼 검사(WaferTest, EDS Test)를 마친 웨이퍼를 준비

② 웨이퍼 다이싱 : 웨이퍼를 다이아몬드 절단기나 레이저로 잘라 낱개의 다이(Die)/칩(Chip)으로 분리

③ 다이 /칩, 솔더 볼 부착 : 다이/칩의 패드(Pad) 단자에 범프를 형성한 후 솔더 볼(Solder Ball)을 부착

④ 와이어 본딩 : 다이/칩과 리드 프레임(Lead Frame)간 전기적 특성을 위하여 가는 금선을 사용하여 연결

⑤ 몰딩 : 다이/칩을 보호하고 원하는 형태의 패키지로 만들기 위하여 EMC(Epoxy Molding Compound)로 성형

⑥ 솔더 볼 부착 : 인쇄회로기판(PCB)에 솔더 볼을 부착하여 아웃 단자를 만듦

⑦ 마킹 : 레이저로 개별 제품에 제품정보를 새김

⑧ 패키지 절단 : 반도체 소자를 모듈이나 보드, 카드에 실장하도록 개별 반도체로 잘라냄

⑨ 패 킹 : 외부의 습기나 정전기(ESD)로부터 보호하기 위해 포장

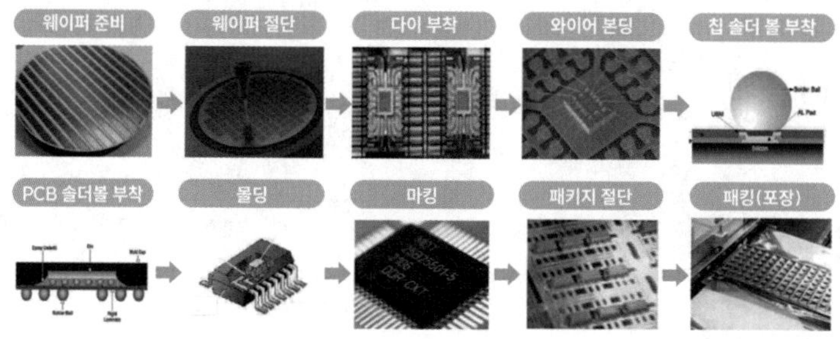

웨이퍼 다이싱 공정 (Wafer Dicing / Sawing)	웨이퍼의 스크라이브 라인(Scribe Line)을 다이아몬드 톱(Blade)이나 레이저(Laser)로 잘라 낱개의 다이(Die)로 분리하는 공정이다. 1) 블레이드 다이싱(Blade Dicing / Sawing) 방법 블레이드를 고속으로 회전시켜 웨이퍼의 두께를 100%가지 자르는 일반적인 방법으로 다이아몬드 입자와 실리콘 사이의 마찰력에 의해 기계적으로 웨이퍼를 절단한다. 2) 레이저 다이싱(Laser Dicing / Sawing) 방법 ① UV 레이저(UV Laser) 다이싱 방법 : UV 레이저를 소스로 멀티 빔(Multi beam)을 이용하여 자르는 표면 처리(Surface Processing) 방법이다. ② 스텔스 레이저(Stealth Laser) 다이싱 방법 : IR 레이저를 소스로 포커싱(Focusing Lens)를 통해 자르는 내부 처리(Internal Processing) 방법이다. ③ 다이 분리(Die Separation) 방법 : 스텔스 레이저(Stealth Laser)로 다이싱 후 다이 분리기(Die Separator)를 이용해 다이싱 테이프(Dicing Tape)를 확장하여 웨이퍼를 다이 형태로 분할한다.
다이 접합 공정 (Die Attach, Die Bonding)	웨이퍼 칩과 기판, 즉 리드 프레임 또는 인쇄회로기판(PCB)을 접착(Attach/ Bonding)해 칩과 외부 핀을 전기적으로 연결하는 공정이다. 1) 어드시브(Adhesive) 방식 칩을 에폭시(Epoxy) 또는 LOC 테이프, WBL 테이프 등의 접착 물질을 이용하여 여러 기판(Substrate)(Lead Frame, PCB, Ceramic) 등에 물리적으로 붙이는 것이다. 2) 유테틱(Eutectic) 방식 칩을 붙일 때 용접 합금물질을 사용하여 용접으로 접합하는 방식이다. 낮은 융점의 금속 박막을 사용하여 칩을 저온에서 접합시킨다.
와이어 본딩 공정 (Wire Bonding)	칩의 본딩 패드(Pad) 전극과 리드 프레임(Lead frame) 또는 인쇄회로기판(PCB)와 같은 기판의 전극을 와이어로 전기적으로 연결해주는 공정이다. 와이어 본딩 재료로는 골드(Au)이나 알루미늄(Al), 구리(Cu) 등이있다. 1) 와이어 본딩(Wire Bonding) 방식 열, 압력, 초음파 에너지를 사용하여 칩(Chip)의 본딩 패드에 와이어를 연결하는 방식이다. 2) 골드 와이어 볼 본딩(Gold Wire Ball Bonding) 방식 칩(Chip)의 전극 패드(Pad)에 1차 볼 본딩(Ball Bonding)을 하고 2차로 리드 프레임(Lead Frame)이나 인쇄회로기판(PCB)의 패드(Pad)에 스티치 본딩(Stitch Bonding)이 진행된다. 3) 알루미늄 와이어 웨지 본딩(Aluminum Wire Wedge Bonding) 방식 볼(Ball)을 형성할 필요 없이 와이어링(Wiring)을 한다는 특징이 있다.

범프(Bump) 공정	와이어 본딩을 대체하는 기술인 플립 칩(Flip Chip) 공정을 진행하기 전에 하는 공정으로 반도체 칩 상의 본드 패드(Bond Pad) 위에 기판과의 연결을 위한 범프를 만들기 위한 기술이다. 범프의 역할은 전극의 높이를 높이는 역할과 외부 전극과 접속이 용이한 재료로 교체하는 역할을 한다.
솔더 볼 부착 공정 (Solder Ball Mount Process)	BGA(Ball Grid Arry) 등의 패키지 형태에서 반도체 칩과 인쇄회로기판(PCB)의 패드 사이에 만들어진 솔더 볼을 전기적 신호 전달이 가능하도록 기판 아래 부분에 솔더 볼을 부착하는 공정이다. 솔더 볼이 기판에 잘 붙기 위해서는 반드시 플럭스(Flux)를 바른 후 솔더 볼을 부착해야 한다. 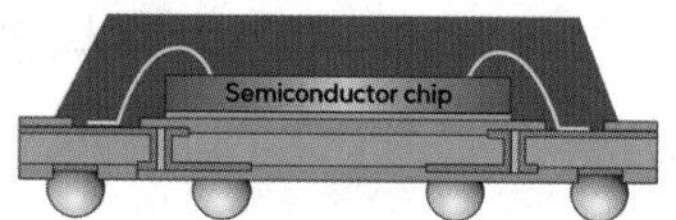
몰딩 공정 (Molding Process)	칩이 실장된 기판을 고온 상태의 금형에서 열 경화성 수지인 EMC(Epoxy Molding Compound)로 밀봉하는 공정이다. 1) 트랜스퍼 몰딩(Transfer Molding) 방식 플런저(Plunger) 내에 용융된 수지를 캐비티(Cavity)에 주입하고 경화시키는 수지 밀봉방식이다. + 플런저(Plunger) : 실린더 내를 왕복하며 유체를 압축하여 내보내거나 유체의 압력을 전달하는 막대 모양의 피스톤이다. 2) 컴프레션 몰딩(Compression Molding) 방식 트랜스퍼 몰딩 방식의 한계를 극복한 새로운 방식으로, 캐비티(Cavity)에 먼저 수지(EMC)를 주입해 용융시킨 후 워크를 넣어서 수지를 성형하는 수지 밀봉 방식이다. 3) 자재 휨(Warpage) 현상 몰딩 공정에서 온도 차이나 이종 물질 간의 열팽창 계수의 차이로 인하여 제품이 휘는 현상으로 EMC(Epoxy Molding Compound)와 실리콘(Si) 웨이퍼의 열팽창 계수(CTE)가 달라 열을 가해 몰딩 수지를 입힐 때 자재 휨(Warpage)이 발생하는 것을 말한다.

마킹 공정 (Marking Process)	제품의 식별을 목적으로 완성된 패키지 제품의 외부에 명칭 및 용도를 자재의 표면에 표시하는 공정으로 해당 반도체의 고유명칭, 제조일, 제품의 특성, 일련 번호, 랏트 넘버(Lot No) 등을 표시한다.
패키지 트리밍 공정 (Package Trimming Process)	마킹 공정이 완료된 반도체 제품을 모듈(Module), 보드(Board), 카드(Card) 등에 실장하도록 개별 반도체로 잘라내는 공정으로 싱귤레이션(Singulation) 공정이라고도 한다.
패킹 공정 (Packing Process)	반도체의 모든 공정이 완료된 패키지 제품을 습도와 정전기 등으로부터 안전하게 보호되도록 포장(Packing)하는 공정이다. 1) HIC(Humidity Indicator Card) HIC(Humidity Indicator Card)는 습도 지시 또는 표시 카드로 상대 습도를 초과할 때 색이 변하도록 습기에 민감한 화학물질이 포함되어 있다. 건조한 상태에서는 블루(Blue)이나 수분을 흡수하면 핑크(Pink)로 변한다.
패킹 공정 (Packing Process)	2) MSL(Moisture Sensitive Level) 반도체 등의 패키징 수지가 공기중의 수분을 흡수하여, 리플로우(Reflow) 시 등에 수분 기화로 인한 체적 팽창에 의해 파손에 이르는 현상을 방지하기 위해 제정된 JEDEC(Joint Electron Device Engineering Council)의 규격이다. 3) 베이킹(Baking) 반도체 내부의 수분을 제거하기 위하여 오븐(Oven)을 이용하여 고온(약 125℃)에서 24Hr 이상 베이크(Bake)하는 것을 의미하며 JEDEC 규격에 규정되어 있다.

리드 프레임 패키지 (Lead Frame Package)	1) 삽입 실장형(Through Hole Mount) 패키지 시스템 보드(System Board) 또는 PCB(인쇄회로기판)의 구멍(Hole)에 반도체 소자의 리드 핀을 삽입하고 솔더링(납땜)하는 방식이다. 2) 표면 실장형(SMD, Surface Mount Device) 패키지 보드 및 기판 표면에 반도체 소자를 그대로 실장하여 땜질하여 붙이는 방법이다. ① SOP(Small Outline Package) : SMD 형태의 패키지로 패키지의 두께에 따라 TSOP(Thin SOP), SSOP(Shrink SOP), TSSOP(Thin Shrink SOP)로 구분하며 가장 널리 쓰인다. ② QFP(Quad Flat Package) : 소자의 핀이 4면으로 돌출된 집적 회로 패키지이며 플라스틱 재질 사용으로 가볍다. ③ QFN(Quad Flat No Lead) : 리드(Lead)가 밖으로 나와 있지 않고 밑면 네 변에 전극 패드가 나열된 구조로, QFP에 비해 실장 면적이 작으며 고밀도화가 가능하다. ④ QFJ(Quad Flat J Lead) : 정사각형 형태로 4방향의 Lead가 안쪽으로 구부러져 있는 'J'자형이다. ⑤ PLCC(Plastic-Leaded Chip Carrier) : QFJ를 실장하는 소켓이다. ⑥ SOJ(Small Qutline J-leaded Package) : QFJ와 SOP 패키지를 합친 형태로 양쪽 Lead가 나와 있으며 모양이 'J'자형이다.
볼 그리드 어레이 패키지 (Ball Grid Array Package)	1) 초다판화, 초소형화, 고속동작 대응을 위한 면 배열(Area Array) 패키지 이차원적 평면에 격자 형식으로 분포된 솔더볼(Solder Ball)을 통하여 칩을 PCB 등과 전기적으로 연결한 형태로 4면 주변형(Peripheral)보다 단위 패키지 면적당 매우 높은 수의 입출력(I/O)수를 가진다. 2) 칩스케일 패키지(Chip Scale Package) 미세 피치 패키지와 BGA 패키지가 더욱 발전한 패키지로 반도체 칩 크기보다 약간 큰(칩/패키지 면적 비율 80% 이상) 패키지이다. 3) BOC(Board On Chip) 패키지 CSP 중에서 메모리 DDR2에 사용되는 제품으로 DRAM 패키징을 할 때 DDR2 부터는 리드 프레임(Lead Frame) 대신 BGA를 사용하게 되었으며 일반적인 BGA의 구조와는 조금 다르게 칩(Chip)이 거꾸로 실장된다.

휴대제품의 소형화를 위해서 제품을 구성하는 칩의 소형화가 이루어져야 하며, 칩을 소형화하기 위한 대표적인 패키지 기술이다.

메모리 소자 3D 패키지

1) MCP(Multi Chip Package) 패키지
두 개 이상의 칩을 적층해 하나의 패키지로 만드는 기술이다.
2) 플립 칩 본딩 패키지(Flip Chip Bonding Package)
다양한 재료 및 연결 방법을 통하여 칩을 뒤집어서 칩의 패드가 기판과 마주 보게 한 후 칩과 기판을 전기적, 기계적으로 연결하는 기술이다.
3) 웨이퍼 레벨 칩 스케일 패키지(Wafer Level Chip Scale Package)
칩 상태에서 패키지를 진행하는 CSP(Chip Scale Package) 기술과 달리 웨이퍼 통째로 패키지를 진행한 후 낱개의 칩으로 잘라낸다.
4) SIP 패키지(System In Package)
SOC(System on Chip)기술을 포함한 모든 칩들을 하나의 부품으로 통합한 것으로 부품 기술이라기보다는 부품을 경제적으로 통합하여 제품 경쟁력을 높이는 시스템이다.
5) POP 패키지(Package On Package)
로직(Logic)과 메모리(Memory)를 수직 결합해 패키지화한 것으로, 보드 공간을 줄이고 핀 카운트를 낮추고 시스템을 통합한 것이다.
6) FOWLP 패키지(Fan Out Wafer Level Package)
스마트폰 중앙처리장치인 AP(Application Processor)에 사용하는 패키지 기술로 InFO(Integrated Fan Out) WLP 기술이라고도 한다.
7) Stacking InFO 패키지[InFO(Integrate Fan Out) + POP(Package On Package)]
InFO 패키지에 POP(Package On Package) 패키지를 탑재한 InFO–POP 패키지 기술로 TIV(Through InFO Via)에 몰드 수지를 관통하는 구리전극으로 상하 실리콘 다이를 연결한 구조이다.
8) CoWoS(Chip on Wafer on Substrate) : 2.5D 패키징 기술
인쇄회로기판(PCB) 대신 인터포저(Interposer)판 위에 메모리와 로직 반도체를 올리는 패키지 기술이다.
9) FOPLP(Fan Out Panel Level Package)
삼성전자 파운드리 패키지 기술로 칩/다이와 마더 보드 전극의 연결이 인쇄회로기판(PCB) 대신 폴리머 층과 도전층의 적층으로 이루어진 얇은 재배선층(RDL; ReDistribution Layer)을 통해 이루어진다.
10) X–Cube(Extended–Cube) : 3D 패키징 기술
삼성전자 파운드리 사업부의 3차원(3D) 적층 패키지 기술이다. 전공정을 마친 다이(Die)가 형성된 웨이퍼를 수직으로 얇게 적층해 하나의 패키지로 만드는 기술이다.

TSV 기술 **(Through Silicon Via)**	웨이퍼와 웨이퍼 또는 칩과 칩을 쌓고 홀(Via)을 뚫어 관통시키는 기술로서 기존 와이어 본딩을 이용해 칩을 연결하는 방법 대신, 칩에 미세한 구멍을 뚫어 상단 칩과 하단 칩을 전극으로 연결하는 3D 패키징 기술이다. 실리콘 웨이퍼의 상부와 하부를 전극으로 연결하여 최단거리의 신호 전송경로를 제공하므로 패키지의 경박 단소화에 가장 유리하다. 1) TSV 공정 방식(Process Method) ① Via First : TSV를 CMOS 공정 이전에 형성한다. ② Via Middle : TSV를 CMOS 공정 이후, 후 공정(BEOL) 이전에 형성한다. ③ Via Last : TSV를 후 공정(BEOL) 이후에 형성한다.

ALL

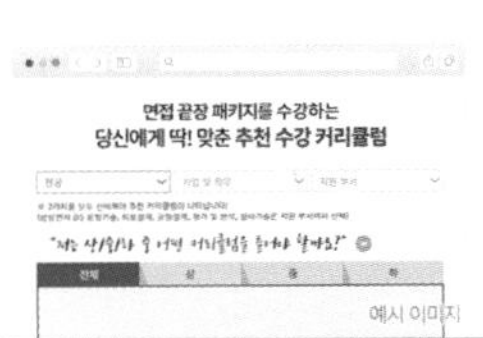
면접 끝장 패키지를 수강하는
당신에게 딱! 맞춘 추천 수강 커리큘럼
예시 이미지

수료증

삼성 SDI
취업기업분석

GSAT
온라인 모의고사

이공계 취업 아카데미 1위

렛유인의 반도체 베스트셀러 1위 시리즈

직무가 고민이라면?

반도체 지식을 쌓고 싶다면?

전공 기출로 최종합격까지!

노베이스 반린이도 이해할 수 있도록 더욱 강력해진 반도체 이론편 최신판

방대한 반도체 이론을
단 1권으로 완벽 정리

600개 이상의
일러스트 이미지 수록

들고 다니며 볼 수 있는
필수이론 핵심요약집 제공

챕터별 핵심요약으로
중요 포인트만 쏙쏙

반도체 대기업 면접 기출문제로
전공 면접까지 맛보기

도서구매 무료혜택

무료 반도체 유튜브
기초 강의

반도체 인성•전공 면접
기출문제 500제(PDF)

반도체 주요 기업
심층분석집(PDF)

삼성전자&SK하이닉스
최종 합격 후기(PDF)

* 이공계 취업 아카데미 1위 : 이공계 특화 취업 교육 부문 N사/S사/E사 네이버키워드 PC+모바일 검색량 비교 기준(2018.10~2019.9)
* 6년 반도체 스테디셀러 : YES24 주별 베스트셀러 '취업/면접/상식 부문' 2위(2018년 10월 5주차 기준), YES24 베스트셀러 '취업/면접/상식 부문' 1위(2019.04.17~2019.05.03, 2019.10.28, 2020.11.06~2020.11.17, 2021.07.17~2021.07.21 기준), YES24 2022년 8월 취업/면접/상식 월별 베스트 1위, YES24 취업/면접/상식 스테디셀러 2위(2023.04.19 기준), 알라딘 ebook 취업정보 스테디셀러 2위(2024.08.13 기준)
* 6년 연속 베스트셀러 1위 : YES24 베스트셀러 '취업/면접/상식 부문' 1위(2019.04.17~2019.05.03, 2019.10.28, 2020.11.06~2020.11.17, 2021.07.17~2021.07.21 기준), YES24 2022년 8월 취업/면접/상식 월별 베스트 1위, YES24 대학교재 전기전자공학 종합 베스트 1위(2023.10.25~11.01, 2024.07.18~07.25 기준)
* 평점 10점 만점 : YES24&알라딘 리뷰(2023.03.31 기준)
* 베스트셀러 1위 : 직무별 현직자가 말하는 반도체 직무 바이블(알라딘 취업정보 분야 베스트셀러 1위, 2023.02.13, 02.22~02.23, 03.09~03.16, 4.11 기준), 한권으로 끝내는 전공·직무 면접 반도체 기출편(YES24 베스트셀러 '취업/상식/적성검사' 부문 1위, 2021.11.09~2021.11.11, 2022.06.02 기준)
* 서울 S대학교 전공 교재 정식 선정 : [한권으로 끝내는 전공 면접 반도체 기본편] 1판 기준, [한권으로 끝내는 전공·직무 면접 반도체 이론편] 3판 기준

정가 : 32,000원

13500
9 791192 388236
ISBN 979-11-92388-23-6

이공계 취업 아카데미
LEtuin
대표전화 02-539-1779 **홈페이지** https://www.letuin.com
이메일 letuin@naver.com **유튜브** 취업사이다